当代未成年人价值观的变化与教育策略
——基于12年的实证分析

Dangdai Weichengnianren Jiazhiguan De Bianhua Yu Jiaoyu Celüe
——Jiyu 12nian De Shizheng Fenxi

（上册）

叶松庆 著

·广州·

版权所有　翻印必究

图书在版编目（CIP）数据

当代未成年人价值观的变化与教育策略：基于12年的实证分析：全二册/叶松庆著. —广州：中山大学出版社，2021.8
ISBN 978-7-306-07115-6

Ⅰ. ①当… Ⅱ. ①叶… Ⅲ. ①青少年—人生观—研究 ②人生观—青少年教育 Ⅳ. ①B821 ②G412

中国版本图书馆 CIP 数据核字（2021）第 024202 号

出版人：	王天琪
策划编辑：	高惠贞
责任编辑：	姜星宇
封面设计：	曾　婷
责任校对：	井思源
责任技编：	何雅涛
出版发行：	中山大学出版社
电　　话：	编辑部 020 - 84111946，84113349，84111997，84110779
	发行部 020 - 84111998，84111981，84111160
地　　址：	广州市新港西路 135 号
邮　　编：	510275　　传　真：020 - 84036565
网　　址：	http：//www.zsup.com.cn　E-mail：zdcbs@ mail.sysu.edu.cn
印　刷　者：	佛山市浩文彩色印刷有限公司
规　　格：	787mm×1092mm　1/16
总 印 张：	54.5
总 字 数：	1300 千字
版次印次：	2021 年 8 月第 1 版　2021 年 8 月第 1 次印刷
总 定 价：	118.00 元（全二册）

如发现本书因印装质量影响阅读，请与出版社发行部联系调换

内 容 简 介

本书所关涉的内容是未成年人价值观的发展。笔者在对国内部分省市未成年人，中学老师，中学校长，德育工作者，小学校长，基础教育工作者，家长，科技工作者，科技型中小企业家，教育、科技、人事管理部门领导，研究生，大学生等12个群体开展关于未成年人价值观的问卷调查的同时，辅以多样本个案访谈、座谈与田野调察，以原生态的视角，多渠道、多方法地得到未成年人价值观发展变化与教育引导状况等相关问题的原始数据，从生活观、体育观、恋爱观、人际观、主导观、劳动观、学习观、现代观8个维度，分析了未成年人的价值观及教育引导现状，对未成年人价值观发展变化存在的问题及其成因进行了深入探讨。在此基础上，从社会、学校、家庭、个人4个层面提出了未成年人价值观教育引导的主要策略，为进一步培养未成年人的正确价值观提供了理论与实证依据，对国家有关部门制定相关政策与措施有重要参考价值。

本书可供未成年人的教育者、未成年人的家长、相关主管部门领导，以及其他相关成年人群体阅读与参考。

撰 写 说 明

关于未成年人价值观及相关问题,笔者已关注多年。笔者曾以马克思列宁主义、毛泽东思想、邓小平理论、"三个代表"重要思想、科学发展观、习近平新时代中国特色社会主义思想为指导,较系统地研究了未成年人的价值观、思想道德、科学素质,以及企业家精神等,积累了一些研究经验,出版了《未成年人价值观的演变与教育》(2007年)、《青少年思想道德素质发展状况实证研究》(2010年)、《当代未成年人的道德观现状与教育》(2013年)、《当代未成年人道德观发展变化与引导对策的实证研究》(2016年)、《创新力的早期养成》(2019年) 5 部专著,发表了紧密相关的论文数十篇,对未成年人价值观的形成、发展、变化、教育的时代意义与研究设计、思路方法等都有较为深刻的理解,思想和材料准备较为充分。

笔者自 2006 年以来,在完成全国教育科学"十五"规划教育部重点课题"当代未成年人价值观的演变与教育策略"(DEA05070)(2006 年 5 月立项,2008 年 4 月结项)、全国教育科学"十一五"规划教育部重点课题"青少年思想道德素质发展状况实证研究"(DEA080176)(2008 年立项,2010 年 8 月结项)、安徽省哲学社会科学研究规划项目"安徽未成年人思想道德现状与教育策略"(AHSKF05 – 06D24)(2006 年立项,2008 年 6 月结项)、安徽省哲学社会科学研究规划项目"安徽未成年人思想道德素质发展状况的实证研究"(AHSK07 – 08D80)(2008 年 8 月立项,2010 年 8 月结项)、教育部人文社会科学研究 2009 年度一般项目"当代未成年人道德观发展的实证研究(2006—2009年)"(09YJA880001)(2009 年 8 月立项,2014 年 4 月结项)、安徽省软科学计划项目"安徽科普资源整合与利用机制研究"(1202503020)(2012 年 8 月立项,2014 年 12 月结项)、国家软科学研究计划项目"青少年科学素质发展与企业家精神培养的实证研究"(2010GXSD215)(2010 年 10 月立项,2012 年 5 月结项)、国家软科学研究计划出版项目"创新力的早期养成——以未成年人科学素质与企业家精神联动培育实证研究为例"(2014GXS3K035 – 2)(2015 年 9 月立项,2017 年 5 月结项)、国家社会科学基金一般项目"当代未成年人道德观发展变化与引导对策的实证研究"(12BZX080)(2012 年 7 月立项,2015 年 11 月结项)等过程中,从未成年人的价值观及教育现状入手,在未成年人、中学老师、中学校长、德育工作者、小学校长、基础教育工作者、家长、科技工作者、科技型中小企业家、教育、科技、人事管理部门领导、研究生、大学生等 12 个群体中做了大量的连续性、跟踪性、大样本的调查,获取了极为珍贵的原始数据,为研究奠定了较扎实的基础。

  本研究主要采用连续调查、个案访谈、田野调察、对话沟通、比较分析等方法，对未成年人价值观的相关问题进行了为期 12 年的跟踪性的实证研究，并借鉴了百余位研究同行的宝贵调研成果，较系统而深入地探讨了其变化现状、教育现状、存在问题及成因，在此基础上提出了教育策略。这一研究能较系统地反映未成年人价值观在 2006 年以来的原生样态，为更好地促进未成年人价值观的发展，使他们成为中国特色社会主义建设事业的接班人提供理论依据，也为后续研究夯实基础。祈盼笔者所献的绵薄之力能为社会的发展进步发挥作用。

目录 CONTENTS

第一章 引 论 1
 一、国内外研究现状述评及学术价值 1
  （一）国内研究现状述评 1
  （二）国外研究现状述评 3
  （三）学术价值 3
 二、研究内容与基本思路 4
  （一）研究内容 4
  （二）基本思路 5
 三、研究方法与重点难点 7
  （一）研究方法 7
  （二）重点难点 7
 四、主要观点与创新之处 8
  （一）主要观点 8
  （二）创新之处 9
 五、余论 10

第二章 当代未成年人价值观变化与教育的调查述要 11
 一、调查的基本情况 11
  （一）调查对象 11
  （二）样本数量确定与调查抽样方法 12
 二、未成年人的调查述要 12
  （一）未成年人所在学校的选取 12
  （二）未成年人样本的发放与回收 17
  （三）未成年人有效样本的性别分布与家庭背景 17
 三、中学老师的调查述要 20
  （一）中学老师所在学校的选取 20
  （二）中学老师样本的发放与回收 23

四、家长的调查述要　25
　　（一）家长样本所在地的选取　25
　　（二）家长样本的发放与回收　26
五、中学校长的调查述要　28
　　（一）中学校长所在学校的选取　28
　　（二）中学校长样本的发放与回收　28
六、德育工作者的调查述要　30
　　（一）德育工作者所在学校的选取　30
　　（二）德育工作者样本的发放与回收　31
七、小学校长的调查述要　32
　　（一）小学校长所在学校的选取　32
　　（二）小学校长样本的发放与回收　32
八、基础教育工作者的调查述要　34
　　（一）基础教育工作者所在单位的选取　34
　　（二）基础教育工作者样本的发放与回收　35
九、科技工作者等5个群体的调查述要　35
　　（一）科技工作者等5个群体所在地域的选取　35
　　（二）科技工作者等5个群体样本的发放与回收　36
十、各群体调查实施的总体情况　37
　　（一）各群体调查的频次　37
　　（二）各群体调查的人数　38
十一、调查实施的相关问题解析　38
　　（一）调查的选题设计与组织实施　38
　　（二）调查的内容安排与数据处理　39

第三章　当代未成年人价值观变化的现状分析之一　40
一、未成年人的生活观　40
　　（一）未成年人的人生目标　40
　　（二）未成年人的人生志向　41
　　（三）未成年人的职业意愿　44
　　（四）未成年人的生活目标　47
　　（五）未成年人的生命态度　48
　　（六）基本认识　57
二、未成年人的体育观　58
　　（一）未成年人的体育意识　59
　　（二）未成年人的体育锻炼　64
　　（三）未成年人的体育项目　75

（四）未成年人的体育运动　80
　　（五）未成年人的体育成效　85
　　（六）基本认识　91
三、未成年人的恋爱观　98
　　（一）未成年人的爱情　98
　　（二）未成年人的早恋　101
　　（三）未成年人的网恋　108
　　（四）基本认识　117
四、未成年人的人际观　119
　　（一）未成年人对人际关系的看法　119
　　（二）未成年人的人际关系现状　121
　　（三）未成年人的交友意愿与方式　135
　　（四）未成年人的网络社会交往　139
　　（五）基本认识　142

第四章　当代未成年人价值观变化的现状分析之二　144
一、未成年人的主导观　144
　　（一）未成年人了解社会主义核心价值观的情况　144
　　（二）未成年人知晓社会主义核心价值观的情况　147
　　（三）未成年人对践行社会主义核心价值观的认识　150
　　（四）未成年人对践行社会主义核心价值观的态度　152
　　（五）未成年人践行社会主义核心价值观的做法　155
　　（六）未成年人践行社会主义核心价值观的情况　158
　　（七）未成年人践行社会主义核心价值观的效果　160
　　（八）基本认识　163
二、未成年人的劳动观　165
　　（一）未成年人的劳动态度　165
　　（二）未成年人的劳动行为　167
　　（三）基本认识　179
三、未成年人的学习观　181
　　（一）未成年人的学习目的　181
　　（二）未成年人的学习态度　186
　　（三）未成年人的作业情况　188
　　（四）未成年人的考试行为　191
　　（五）基本认识　197
四、未成年人的现代观　199
　　（一）未成年人的风险意识　199

（二）未成年人的观念交融　204
　　（三）基本认识　228

第五章　对未成年人价值观变化的总体认识与多层分析　230
　一、未成年人价值观变化的总体认识　230
　　（一）未成年人价值观是社会转型发展的渐变反映　230
　　（二）未成年人价值观呈"稳中向好"的变化态势　231
　　（三）未成年人价值观的"主体诉求"意识增强　236
　　（四）未成年人价值观的变化色彩斑斓　237
　二、对未成年人价值观变化的多层分析　237
　　（一）从国家层面分析　238
　　（二）从社会层面分析　238
　　（三）从个人层面分析　242

第六章　当代未成年人价值观教育的基本状况　244
　一、学校的未成年人价值观教育状况分析　244
　　（一）学校的德育工作是否加强　244
　　（二）学校对未成年人价值观教育的重视度　250
　　（三）学校的德育工作队伍建设情况　263
　　（四）学校对德育工作的落实情况　266
　　（五）受访群体对学校德育工作的满意度　269
　　（六）综合认识　269
　二、教育者与家长的教育行为现状分析　270
　　（一）中学老师的教育行为现状分析　271
　　（二）中学校长的教育行为现状分析　298
　　（三）德育工作者的教育行为现状分析　318
　　（四）小学校长的教育行为现状分析　331
　　（五）家长的教育行为现状分析　341
　　（六）综合认识　356
　三、对当代未成年人价值观教育状况的总体认识　357
　　（一）未成年人的价值观教育成效与问题并存　357
　　（二）未成年人的价值观教育应发挥学校、社会、家庭等的协同作用　357
　　（三）不断探索网络载体与未成年人价值观教育的有机结合　358

第一章 引 论

本章从国内外研究现状述评及学术价值、研究内容与基本思路、研究方法与重点难点、主要观点与创新之处、余论5个方面对本研究的基本概况做解析。

一、国内外研究现状述评及学术价值

（一）国内研究现状述评

习近平总书记于2014年5月4日在北京大学师生座谈会上说道："价值观是人类在认识、改造自然和社会的过程中产生与发挥作用的。"[①] 价值观的形成和发展一定与自然、社会紧密相关。学术界对价值观的研究已有诸多成果。

"未成年人价值观就是未成年人对其生活中的各种事物和现象能否满足自身需要进行认识评价时所持的基本观点。"[②] 目前，把未成年人价值观作为一个独立形态进行研究的成果较少。我们所见的研究多为关涉未成年人思想、道德或思想道德素质的成果，明确地把价值观从思想道德中划分出来的较少。2004年2月26日，中共中央、国务院颁发了《关于进一步加强和改进未成年人思想道德建设的若干意见》（中发〔2004〕8号）[③]，学术界对此给予了强烈的关注，未成年人思想道德建设方面的研究成果很快多了起来。时隔十年，2014年2月12日，《人民日报》头版刊登了"社会主义核心价值观"的24字基本内容[④]，"倡导富强、民主、文明、和谐，倡导自由、平等、公正、法治，倡导爱国、敬业、诚信、友善，积极培育和践行社会主义核心价值观"[⑤]。学术界对此给予了高度关注，很快出现了一大批关于青少年社会主义核心价值观方面的研究成果。这些成果从形式上看有别于青少年思想道德方面的研究成果，但本质上是一致的，都属价值观范畴。

在理论研究方面，近年来，学术界致力于未成年人的思想道德建设现状、社会主义核心价值观的认同与践行等方面的研究，尤其在未成年人道德教育、核心价值观教育的研究上倾注了很多精力，取得了一批具有重要价值的成果。其主要观点是：在未成年人

---

①⑤ 习近平. 青年要自觉践行社会主义核心价值观：在北京大学师生座谈会上的讲话[EB/OL]. (2014-05-04)[2018-02-10]. http://www.wenming.com.

② 叶松庆. 当代未成年人价值观的演变与教育[M]. 合肥：安徽人民出版社，2007：11.

③ 中共中央，国务院. 关于进一步加强和改进未成年人思想道德建设的若干意见[M]. 北京：中国法制出版社，2004：3.

④ 社会主义核心价值观基本内容[N]. 人民日报，2014-02-12（1）.

思想道德建设与核心价值观教育中的成绩应被充分肯定,但在教育上存在理想化、形式化、实效性较弱等问题;在教育操作上,强调思想教化较多,顺应引领自觉较少;在培养方法上,虽形式多样,但对于日常养成关注不够;应当摒弃一味地说教,注重教育的可操作性、可持续性、针对性与实效性等。

在实践研究方面,社会各界以各种方式积极参与到未成年人的思想道德建设与未成年人社会主义核心价值观的培育之中,学术界也于不同的时间在不同的群体中做了相关调查,形成地域性较强的调查报告。调查的功效主要体现在以数据的形式反映未成年人思想道德建设与践行社会主义核心价值观的现状,从而提出了有针对性的教育引导措施,解决在实践中遇到的相关问题。

2004年5月10日至11日,中共中央在北京召开了全国加强和改进未成年人思想道德建设工作会议[①]。2008年以来,中央精神文明建设指导委员会(以下简称"中央文明委")分别在北京召开了全国未成年人思想道德建设工作视讯会议(2010年12月8日[②]、2012年2月8日[③])与全国未成年人思想道德建设工作电视电话会议(2013年2月22日[④]、2014年2月18日[⑤]),中央精神文明建设指导委员会办公室(以下简称"中央文明办")在北京召开了"全国未成年人思想道德建设工作测评体系"电视电话培训会(2008年9月8日[⑥]),中央文明办未成年人思想道德建设工作组、中国伦理学会在徐州召开了首届中国未成年人思想道德建设论坛(2012年11月8日至9日[⑦])等。多位党和国家领导、中央和地方政府主管部门领导与学术界专家充分肯定了2004年以来未成年人思想道德建设所取得的显著成绩,指出了存在的问题,明确了今后的努力方向,既充分反映了中共中央的高度重视和学术界的高度关注,也为理论与实践的进一步探索提供了指导精神与信息资源。

未成年人的价值观是未成年人的系统观念体系,社会主义核心价值观应起到主导作用。未成年人价值观包含很多内容,需要系统化、全方位地予以关注与培育。其变化与教育反映在研究成果上,点状、局部、短线、间断、间接的较多,连续多年跟踪、较大

---

① 全党全社会共同做好未成年人思想道德建设工作 大力培育中国特色社会主义事业建设者和接班人[N]. 人民日报, 2004-05-12 (1).

② 中国教育新闻网. 全国未成年人思想道德建设工作视讯会议发言选登[EB/OL]. (2010-12-08)[2017-05-20]. http://www.jyb.cn/china/gnxw/201012/t20101209_404910.html.

③ 把社会主义核心价值体系融入未成年人思想道德建设:全国未成年人思想道德建设工作视讯会议发言摘登[N]. 光明日报, 2012-02-19 (14).

④ 全国未成年人思想道德建设工作电视电话会议召开[EB/OL]. (2013-02-22)[2018-03-10]. http://www.gov.cn/jrzg/2013-02/22/content_2338308.htm.

⑤ 刘利民,任贤良,吴靖平,等. 培育和践行社会主义核心价值观,让未成年人健康快乐成长:全国未成年人思想道德建设工作电视电话会议发言摘要[N]. 人民日报, 2014-02-19 (8).

⑥ 中央文明办召开《全国未成年人思想道德建设工作测评体系》电视电话培训会议[N]. 天津日报, 2008-09-09 (2).

⑦ 吴潜涛,陈延斌. 未成年人道德品质养成的理论与实践:首届中国未成年人思想道德建设论坛综述[N]. 光明日报, 2012-11-26 (2).

范围的实证研究较少，系统化、多维度、多视角、全方位的研究也不多见，相关层面的研究存在一定的局限性，有着进一步深化的空间和必要性。

（二）国外研究现状述评

未成年人的价值观变化与教育是当今世界关注的热点。把未成年人的价值观变化放在全部教育的首位以及在未成年人价值观中浸入国家核心价值理念正在逐渐成为共识，很多国家在不同的基础上创立了适合本国需要、独具个性的方法。理论界则侧重于研究未成年人的思想意识、价值取向、犯罪心理、偏移行为及引导方法。由于国情和社会价值观的显著差异，研究的出发点、目的与结论存在较大差异。美国、英国、俄罗斯、新加坡、日本等国家比较重视未成年人的公民意识教育和心理品格教育。俄罗斯学者马卡连柯的《论青少年教育》、达尔戈娃的《未成年人犯罪的社会心理学问题》，美国学者R. 赫斯利普的《美国青少年的道德教育》、R. 图尔干的《道德教育》等研究成果有重要参考价值。

（三）学术价值

1. 现实意义

习近平总书记于2013年5月4日《在同各界优秀青年代表座谈时的讲话》中指出："要用中国梦打牢广大青少年的共同思想基础，教育和帮助青少年树立正确的世界观、人生观、价值观，永远热爱我们伟大的祖国，永远热爱我们伟大的人民，永远热爱我们伟大的中华民族，坚定跟着党走中国道路。"[①]可见培养未成年人正确的价值观是确保党和人民事业后继有人的战略需要，是社会主义核心价值体系建设的一项基础性工程。《中共中央关于深化文化体制改革、推动社会主义文化大发展大繁荣若干重大问题的决定》指出，"动员社会各方面共同做好青少年思想道德教育工作"[②]，可见深入进行未成年人价值观的基础性的理论研究、持续做好未成年人思想道德建设的重要性、紧迫性及现实意义。

2. 理论价值

学术界在划分不同群体的价值观时，一般把未成年人、普通青年、大学生等的价值观统称为青少年价值观。由于未成年人、普通青年、大学生等是青少年的不同阶段，不同阶段青少年价值观的形成、发展、变化与其相应阶段的特征、因素紧密相关，具有各自的机制与特点，也存在较大差异。"未成年人处在一个改革开放、社会转型、高速发展、机制灵活的社会结构中。社会存在的这种不同，决定了当代未成年人价值观有着与

---

① 习近平. 在同各界优秀青年代表座谈时的讲话 [M] //十八大以来重要文献选编：上. 北京：中央文献出版社，2014：281.

② 本书编写组.《中共中央关于深化文化体制改革推动社会主义文化大发展大繁荣若干重大问题的决定》辅导读本 [M]. 北京：人民出版社，2011：10.

过去未成年人的价值观不同的特点。"①

把未成年人价值观从青少年价值观中明确分离出来,有利于更有针对性、更聚焦、更深入地考察未成年人的价值观以及相关问题,有利于学科补充,促进思想政治教育学、教育学、伦理学等学科的建设与发展。

3. 实践价值

加强不间断的跟踪,特别是以未成年人价值观为独立形态进行实证研究很有必要(2006 年以来,课题负责人主持并完成 3 项国家级和 8 项省部级专门研究未成年人的课题,出版过 5 部专著,发表过多篇论文,已有扎实的前期基础)。可从思想政治教育学、社会学层面,直接、客观、真实、深入地探察一个连续阶段(2006—2016 年)的未成年人价值观变化和发展的运行轨迹与基本路向、存在问题与主要原因、教育成效与引导策略,为大力推进未成年人思想道德建设与进一步培育、践行社会主义核心价值观提供新的理论与实践依据。

"未成年人的价值观决定着未成年人对各种事物和现象的判断选择、好恶取舍,支配着未成年人的行为。因此,研究并把握未成年人价值观的形成、发展及特点,有着十分重要的理论意义与实践意义。"②

二、研究内容与基本思路

(一)研究内容

坚持以马克思列宁主义、毛泽东思想、邓小平理论、"三个代表"重要思想、科学发展观和习近平新时代中国特色社会主义思想为指导,在连续 12 年的实证调研(问卷、访谈、座谈为主)的基础上,主要从以下 5 个方面进行具体研究。

1. 未成年人价值观变化的现状分析

笔者对 2006—2017 年的调查与访谈进行了详细分析,以中共中央、国务院《关于进一步加强和改进未成年人思想道德建设的若干意见》为指针与思想武器,以未成年人培育与践行社会主义核心价值观为主线,从生活观、体育观、恋爱观、人际观、主导观、劳动观、学习观、现代观 8 个维度较为仔细地分析,厘清 12 年来未成年人价值观变化的基本状况。

2. 当代未成年人价值观教育的基本状况

从学校德育工作是否加强、学校对德育工作的重视度、学校的德育工作队伍建设、学校的德育工作任务的落实情况 4 个方面探讨学校的未成年人价值观教育工作现状。从中学老师的教育行为、中学校长的教育行为、德育工作者的教育行为、小学校长的教育行为、家长的教育行为 5 个方面分析未成年人价值观教育及其效果,以期反映未成年人

---

① 叶松庆. 当代未成年人价值观的演变与教育 [M]. 合肥:安徽人民出版社,2007:12.
② 叶松庆. 当代未成年人价值观的演变与教育 [M]. 合肥:安徽人民出版社,2007:12.

价值观教育的基本状况。

3. 未成年人价值观变化存在的问题

主要从意识、观念、情感基础、行为取向的梳理、传统观念与现代理念的衔接等方面入手，分析未成年人价值观变化存在的主要问题；从认识、情感、意识、行为4个方面分析未成年人价值观变化存在的基本问题；从未成年人的知与行、不同学段、教育效果3个方面分析未成年人价值观变化存在的顽固性问题；在微观与宏观的结合上加以深入认识与剖析。

4. 未成年人价值观变化与教育存在问题的成因分析

主要从影响未成年人价值观发展的首要原因（内部与外部）、未成年人价值观扭曲的原因（主要原因、具体原因）等分析社会方面的原因；在学校德育工作层面，从中学老师、中学校长、德育工作者、小学校长的教育行为等分析学校方面的原因；从家长的以身作则、家长的积极性等分析家庭方面的原因；从未成年人对待思想道德教育的表现，未成年人的自控能力、抵御能力、抗挫折能力，未成年人的某些不作为或不当作为等分析未成年人方面的原因；从网络的影响、影视文化的影响、平面媒体的影响等分析传媒方面的原因；从多群体看法等分析社会评价方面的原因，以期对未成年人价值观变化存在问题的原因有比较切实的认识。

5. 当代未成年人价值观教育引导的主要策略

在前述研究的基础上，从依靠力量、效仿群体、美德承续、媒体功能等社会层面；从领导态度、工作难点、教育方式、教育方法、引导作用等学校层面；从家长的关注度、示范作用等家庭层面；从价值取向、精神沟通、接受心理、情感体系、慎独自律等未成年人个人层面，探讨未成年人价值观教育引导的主要策略。

（二）基本思路

1. 理论层面

米尔顿·罗克奇（Milton Rokeach）于1973年编制的价值观量表涵盖了18项终极价值观和18项工具性价值观，国内学者金盛华等人在参考罗克奇价值观量表的基础上对中学生价值观进行了划分，认为中学生价值观由"目标价值和手段价值两个基本维度构成"：其中，目标价值维度包括生理与安全、享乐、物质、自我实现、认知、尊重、归属、情感、抽象感受、社会和公理11个因素；手段价值维度则包括自身能力、性格特点、与人交往的态度和行事方式4个因素。[1] 王晓峰针对青少年价值观提出，中国青少年价值观由社会平等、集体取向、遵纪守则、家庭亲情、同伴友情、超越进取、时尚潮流、享受快乐8个维度构成。[2] 应当说，不同学者从不同的视角采用不同的分析思路与方法，

---

[1] 金盛华，孙雪飞，郑建君. 中学生价值观问卷的编制及其结构验证 [J]. 应用心理学，2008，14（2）：164-172.

[2] 王晓峰. 新时代青少年价值观的构成特征与适应功能研究 [J]. 心理科学，2018，41（6）：1282-1291.

对价值观尤其是青少年价值观测量问题进行了深刻阐释。

本研究在连续12年的调查中，无论目标价值观（终极价值观）抑或手段价值观（工具价值观），均有所涉及；在对价值观研究的过程中，分别细化某一观，使之具体；在研究的过程中，始终贯彻"互相证成和交融"的理念。无论是工具价值或是目标价值，两者共同构成价值观，只是在实现途径与方式上有所不同。基于此，综合前人的研究成果，本研究将未成年人价值观划分为生活观、体育观、恋爱观、人际观、主导观、劳动观、学习观、现代观8个维度进行分析。

2. 实践层面

主要通过对未成年人、未成年人的教育者（中学老师、中学校长、德育工作者、小学校长）、未成年人的家长、其他相关成年人的连续调查，洞观未成年人价值观变化的原生态状况；通过对学校与社区以及相关人群的调查（问卷与访谈），得到未成年人价值观的教育现状与成效。进行现状分析、比较分析、总结归纳，同时借助本人以往的研究成果（专著、论文）与文献资料（其他研究者的不同地区、不同年份的调查100种以上），多角度、多方位、多层面地审视未成年人价值观的变化及其所受的教育，进而找出变化与教育存在的问题及其原因，提出有针对性的教育引导理念与策略。本研究大体分为三个阶段：

（1）第一阶段：

1）调研（2006年1月—2017年12月）。

A. 未成年人（连续12年）：27330名（2006年：2426名；2007年：3045名；2008年：4025名；2009年：2216名；2010年：1936名；2011年：1931名；2012年：2104名；2013年：2968名；2014年：2938名；2015年：1518名；2016年：1934名；2017年：289名）。

B. 中学老师（连续9年）：1859名（2008年：155名；2009年：223名；2010年：215名；2011年：218名；2012年：201名；2013年：295名；2014年：232名；2015年：154名；2016年：166名）。

C. 家长（连续7年）：1362名（2010年：98名；2011年：183名；2012年：205名；2013年：294名；2014年235名；2015年：154名；2016年：193名）。

D. 中学校长（连续4年）：469名（2013年：182名；2014年：116名；2015年：107名；2016年：64名）。

E. 德育干部（2013年）：43名。

F. 小学校长（连续3年）：135名（2013年：38名；2014年：59名；2015年：38名）。

G. 基础教育工作者（2017年）：11名。

H. 科技工作者（2010年）：91名。

I. 科技型中小企业家（2010年）：41名。

J. 教育、科技、人事管理部门领导（2010年）：34名。

K. 研究生（2010年）：131名；（2012年）：48名。

L. 大学生（2010 年）：869 名。

M. 全国未成年人思想道德建设先进社区：1 个（2013 年：芜湖市镜湖区东门社区）。

N. 全国未成年人思想道德建设示范学校：2 所（2013 年：芜湖市第十一中学、合肥市巢湖市第二中学）。

O. 访谈：合肥市巢湖市第二中学、芜湖市无为县襄安中学、淮南市凤台县左集中学、安庆市潜山中学的 6 名校长（或副校长）、9 名政教处主任（或副主任）、18 名班主任、8 名任课老师、19 名未成年人家长、18 名未成年人。

2）分析与研读文献资料（2016 年 12 月—2018 年 12 月）。对连续 12 年的调研结果进行细致分析，认真研读文献资料（主要是已公开发表的其他研究者的调研文章与报告）。

（2）第二阶段：

形成成果（2016 年 1 月—2018 年 12 月）：在调查分析与研读资料的基础上撰写专著，联系、落实出版社。

（3）第三阶段：

结题（2019 年 1—12 月）：申请课题鉴定、结项，出版专著。

三、研究方法与重点难点

（一）研究方法

1. 跟踪调查法

连续 12 年跟踪调查未成年人，从 12 个群体的视角考察未成年人价值观变化与教育状况。

2. 对话沟通法

进行个案访谈，召开小型座谈会，用不同方式与他们对话、沟通，获取问卷中未反映的第一手信息。

3. 综合分析法

获取群体、个体、家庭、教育者的调研资料后，进行定量与定性相结合的综合分析。

（二）重点难点

1. 重点

对 12 年间未成年人的价值观变化与教育状况，以及被调查群体的相关看法进行实证分析、评价，力求客观、真实、较全面地反映未成年人价值观变化的原生态及教育成效的基本面貌。

2. 难点

在研究操作上有数据采集、处理、比较等；在研究内容上有对未成年人价值观的准确评价、问题原因的深层次分析等。

四、主要观点与创新之处

（一）主要观点

1. 未成年人价值观变化的现状喜大于忧

"未成年人的价值观是一种亚稳定态的价值观。"[①] 通过对前述未成年人的 8 个 "观" 的微观分析，笔者认为，从国家层面来看，当代未成年人价值观总体上呈积极发展态势，符合社会发展预期，出现的些许 "偏离" 是未成年人价值观型塑过程中的正常现象；从社会层面来看，社会各层级群体对未成年人价值观的 "变异" 持相对理解的态度，吸纳社会的优秀资源是今后一个时期未成年人价值观发展的 "养料"；从个人层面来看，未成年人价值观发展呈现 "正态上升" 趋势，其变化主流积极向上、态势良好，符合党和国家的期望，符合社会主义核心价值体系的基本要求。笔者同时认为，国家对未成年人思想道德建设的重视是未成年人价值观向好变化的 "重要保障"；社会环境的变化是未成年人价值观变化的 "风向标"；未成年人主体的自觉性是未成年人价值观发展的 "催化剂"。未成年人价值观 "在社会价值导向与自身发展需要的双重压力下，艰难地演变着"[②]，"不能也不可能脱离社会主义核心价值体系，其发展目标不能偏离社会价值观发展的总体目标。从总体上看，我国未成年人价值观与社会预期基本一致：健康、积极向上，符合社会发展方向，既具有传统成分，更富有现代气息"[③④⑤]，其变化的现状喜大于忧。

2. 未成年人价值观教育的现状良好

未成年人的价值观教育是学校德育工作的重要组成部分，学校的德育工作取得了成效，表明未成年人的价值观教育取得了成效。学校德育工作总体上呈现出积极向上的发展态势，但仍有进一步提升和改进的空间，须契合现实发展需要，不断创新德育形式，注意多元主体间的相互协调与配合，形成多元主体的 "合力"，进一步增强未成年人价值观教育引导的实效性。总体上看，未成年人价值观教育的现状良好。

3. 未成年人的价值观变化与教育存在值得关注的问题

道德观念淡薄是未成年人价值观变化存在的重要问题。认识发生偏差、情感复杂易变、意识存在摇摆、行为凸显倾向等都是未成年人价值观变化存在的基本问题。知行不一、年长不如年幼、教育的反复性等是未成年人价值观变化存在的顽固性问题。

4. 未成年人的价值观变化与教育的问题成因较为复杂

（1）在社会方面，"社会环境的影响" 是未成年人价值观变化发生问题的首要外部

---

①② 叶松庆. 当代未成年人价值观的演变特点与影响因素：对安徽省 2426 名未成年人的调查分析 [J]. 青年研究，2006（12）：1-9.

③ 叶松庆. 当代未成年人价值观的基本状况与原因分析 [J]. 中国教育学刊，2007（8）：34-36.

④ 叶松庆. 当代未成年人道德观发展变化与引导对策的实证研究 [M]. 芜湖：安徽师范大学出版社，2016：59.

⑤ 叶松庆. 创新力的早期养成 [M]. 北京：科学出版社，2019：461.

原因,"社会影响"是未成年人违法犯罪的首要原因。

(2) 在学校方面,存在着德育工作开展缺乏经常性、不够到位、实效性不强、价值观教育方式"不是未成年人想要的"等问题。

(3) 在教育者方面,部分教育者的个人信仰有待扶正,对政治的关心度有待提高,积极性尚未得到充分调动,集体主义意识有待加强。

(4) 在家庭方面,部分家长的政治信仰有待扶正;对政治的关注度不够、作为未成年人"第一任老师"的作用有待加强等,反映出家长以身作则的表率作用还不到位;家长做未成年人思想教育工作的积极性不高、配合学校做未成年人思想道德教育的主动性不够、很少给予未成年人思想道德教育等,反映出家长的积极性没有被充分调动。

(5) 在未成年人方面,未成年人对思想道德教育不够重视、不经常参加思想道德教育活动、对上思想品德课的积极性不高等,反映出未成年人对思想道德教育不够积极。另外,未成年人具有自我控制能力不足、抵御不良侵蚀的能力不强、抗挫折能力较弱等特点。

(6) 在传媒方面,互联网络作为传播的手段,是一柄双刃剑,互联网络影响着未成年人的社会适应性,网络游戏、微信影响着未成年人的价值取向,表明互联网络存在一定的负面效应;影视剧作为传播的形式,其不当内容对未成年人的言行举止产生了不良诱导,反映出影视剧也存在一定的负面效应。

综上,还需对复杂的原因做进一步深入与细致的解析。

5. 对未成年人价值观的教育应强调针对性、可行性与实效性

未成年人时期是人的价值观形成与发展的最重要阶段[1],也是教育最有效的阶段[2][3],我们必须形成共识,强化"先入为主"的理念,在价值观培养中融入社会主义核心价值体系[4][5]。

在社会层面上,要知晓依靠力量与明确效仿群体,重视传统美德的继承传续,充分发挥媒体的教育功能;在学校层面上,领导要高度重视,工作难点要明确,教育方式要选对,教育方法要对路,充分发挥教育者的引导作用;在家庭层面上,要提高家长对未成年人价值观教育的关注度,进一步发挥家长的道德示范作用;在未成年人个人层面上,须精确把握价值取向,切实加强精神沟通,精心把握接受心理,悉心培育情感体系,大力倡导慎独自律。总而言之,要充分考虑教育的针对性、可行性与实效性。

(二) 创新之处

1. 方法创新

本研究做了连续性强、范围大、内容广、人数多、群体多的大样本问卷调查,辅之

---

[1] 叶松庆. 当代未成年人价值观的演变与教育 [M]. 合肥:安徽人民出版社,2007:9.

[2] 叶松庆. 青少年思想道德素质发展状况实证研究 [M]. 芜湖:安徽师范大学出版社,2010:3.

[3] 叶松庆. 当代未成年人的道德观现状与教育 2006—2010 [M]. 芜湖:安徽师范大学出版社,2013:10.

[4] 叶松庆. 当代未成年人道德观发展变化与引导对策的实证研究 [M]. 芜湖:安徽师范大学出版社,2016:21-22.

[5] 叶松庆. 创新力的早期养成 [M]. 北京:科学出版社,2019:3.

以个案访谈、进点调查,既重视"面",也关注"点";既研究"系统",也反映"阶段";既解读"现象",也探讨"潜质"。本研究具有原创性、开拓性、现实性与针对性,突出解决变化中的新问题,提出教育引导新思路。连续 12 年的同期群、跟踪性的实证研究是不多见的,同时还参阅、援引了近百位同行研究者、涉及全国 30 多个省(市),且在不同年份所做的调研成果,以进行佐证与比较分析,这在研究方法上是一种创新。

2. 理论创新

以往已见的研究多为未成年人价值观的单一方面(如道德观或人生观、阅读观、体育观等)或是较笼统的研究,本研究把未成年人的价值观分解为 8 个"观",对每一个"观"都进行细致考察与解读,分析其变化现状。在细致分析的基础上,对其价值观进行总体把握,这样得出的结论会更加客观,更加贴近实际,也更具体、系统与全面。未成年人不同的"观"从不同的维度客观反映未成年人价值观的不同方面,便于客观、微观、细致地了解未成年人价值观变化的真实现状,感悟其发展的不平衡性与问题的性质、程度、原因。

五、余论

未成年人的价值观不是一个孤立的概念,其涉及未成年人的思维、意识、思想、心理、生理、道德、政治、价值判断、社会行为等方方面面,是一个综合系统,分析未成年人的价值观,必须具有系统性、全面性和完整性,也就是说,需要思想政治教育学、教育学、社会学、伦理学等方面知识的综合运用。

本研究采用了独具特色的调研方式(在第二章详细介绍),参阅、整合了笔者多年来已面世的研究成果,并积极借鉴他人调查与研究的成果,基本做到信息来源多途径,方向把握较准确,涉及面较宽广,问题探讨较深入,研究层次较分明,照顾宏观、中观、微观的整合,在时间和空间上形成一个立体化的整体。

本研究除了以安徽为主,涉及北京、上海、江苏、浙江、广东、河南、湖北、山东、天津的调研外,笔者还查阅、借鉴了安徽省相关组织与他人的调研数据,同时查阅了近百位研究者分别在北京、上海、天津、江苏、浙江、山东、山西、福建、广东、广西、河南、河北、江西、湖南、湖北、四川、重庆、云南、贵州、甘肃、黑龙江、辽宁、吉林、内蒙古、西藏、新疆 26 个省(市、自治区)的调查资料(均已公开发表,在中国知网上可下载),资料丰富、内容翔实、样本多样、数据明确,对于开展相关具体研究借鉴价值较大。

所查阅的他人调研资料主要涉及未成年人的思想道德、价值观,也涉及宏观意义上的青少年、教育工作者、家长等。时间从 1980—2018 年,跨度较大,主要分为 4 个阶段:20 世纪 80 年代、20 世纪 90 年代、21 世纪初 10 年、21 世纪 10 年代至今。

由于社会对未成年人价值观的格外关注始于 2004 年,因此 2004 年前的调研成果多涉及宏观意义上的青少年思想道德(政治),然而从整体上看没有明确把青少年分为少年、青年,或特指未成年人,也未把思想、政治、道德与价值观区分开来,有些更是笼统称为"三观"(世界观、人生观、价值观)。但这些调研中的对象多特指初中生和高中生,也有一些是明确为 10 岁以上、17 岁以下的少年,有一些选题是关于价值观念方面的,所以颇具参考价值,这也正是本研究者乐此不疲、勤于参引的主要缘由。

第二章　当代未成年人价值观变化与教育的调查述要

本章对以下调研进行了详细记录、描述与分析：2006—2017年连续12年的未成年人思想道德素质发展现状问卷调查；2008—2016年连续9年的中学老师问卷调查；2010—2016年连续7年的家长问卷调查；2013—2016年连续4年（8次）的中学校长问卷调查；2013年的德育工作者问卷调查；2013—2015年连续3年（5次）的小学校长问卷调查；2017年的基础教育工作者问卷调查；2010年、2012年的研究生问卷调查；2010年的科技工作者，科技型中小企业家，教育、科技、人事管理部门领导，大学生的问卷调查；个案访谈、座谈的情况。同时对调查的组织与实施、调查选题设置与数据处理等关系未成年人价值观变化与教育状况的情况做相关说明。

一、调查的基本情况

（一）调查对象

1. 未成年人

初二年级至高二年级的学生，有极少数高三年级的学生，年龄均在13～17岁之间。

2. 中学老师

未成年人的现任老师，班主任与非班主任人数基本相当，分布在国内部分省市。

3. 家长

未成年人的家长（父亲或母亲），分布在国内部分省市。

4. 中学校长

中学校领导（调查时在任），以正校长居多，分布在国内部分省市。

5. 德育工作者

中学、小学德育专职干部，以德育（政教）处、共青团干部居多，分布在安徽省。

6. 小学校长

小学校领导（调查时在任），以正校长居多，有部分少数民族小学校长，分布在国内部分省市。

7. 基础教育工作者

县教育局领导、县教育局基础教育科（简称"基教科"）负责人、县民政局负责人、县团委负责人、中学政教处负责人、小学党支部书记等（均为调查时在任），分布在安徽省合肥市肥西、肥东与庐江三县。

8. 科技工作者

中国科学院系统研究人员、高等学校教师，主要是副高级别以上的人员。其中有"863""973"国家科技项目的首席科学家、长江学者、国家杰出青年基金获得者等，分布在北京市、上海市、安徽省、江苏省、浙江省、山东省、广东省。

9. 科技型中小企业家

他们主要是具有科技背景的中小科技型企业的负责人，包括管理者、厂长、总经理，少数大型企业的中层科技领导，分布在安徽省、江苏省、广东省。

10. 教育、科技、人事管理部门领导

安徽省教育厅、科技厅、团省委的处室领导与安徽省高校职能部门领导，少数国家部委的处室领导。

11. 研究生

分布在安徽省芜湖市、合肥市、马鞍山市高校的在读研究生。

12. 大学生

分布在安徽省芜湖市、合肥市、马鞍山市高校的在读大学生。

（二）样本数量确定与调查抽样方法

1. 样本数量确定

按照统计学要求，"未成年人价值观发展变化状况调查"取样30例以上即可视为大样本；但按照社会学研究方法的要求，样本越大越能体现调查的覆盖面、代表性和可靠性。因此，本调查中各群体的样本量（每次）确定如下：未成年人1500名左右；中学老师100名左右；家长100名左右；中学校长30名左右；小学校长20名左右；德育工作者30名左右；科技工作者50名左右；科技型中小企业家30名左右；教育、科技、人事管理部门领导30名左右。

在确定样本量时尽可能考虑调查取向的合理性与顺利抽样的可能性。

2. 调查抽样方法

在个体与学校样本的选取上，主要考虑以下因素：调查对象的代表性与广泛性。根据课题组人手不多、经费有限的实际情况，以课题组负责人所在地为中心，以安徽省为主要范围，充分考虑周边省份和经济发达地区，这就决定了本调查需要采取整群抽样与随机抽样相结合的方法。

二、未成年人的调查述要

（一）未成年人所在学校的选取

1. 不同地域（城市/县乡）中学样本的选取

遵循一个城市（县乡）确定1~5所中学的原则。事前由调查人根据调查要求联系落实中学，然后在同一时间段里实施调查，数据符合同质性分析要求。

第二章　当代未成年人价值观变化与教育的调查述要

鉴于调查的详细样本情况已发表于笔者此前出版的著作中，本书不再赘述罗列，仅列出收入著作，以供读者自主查阅，后文类似情况同此处理。2006年不同地域中学的有效样本数据可见于《当代未成年人价值观的演变与教育》[①]，2007—2008年的可见于《青少年思想道德素质发展状况实证研究》[②]，2009—2010年的可见于《当代未成年人的道德观现状与教育 2006—2010》[③]，2011—2013年的可见于《当代未成年人道德观发展变化与引导对策的实证研究》[④]。

现列2014—2017年不同地域中学的有效样本数据，如表2-1所示；列2006—2017年不同地域中学的总有效样本数据，如表2-2所示。

表2-1　不同地域中学的有效样本（2014—2017年）

年份	地域	省份								样本数	比率*
		安徽	上海	江苏	浙江	广东	河南	山东	天津		
2014	城市中学	13	—	—	—	11	—	—	—	24	51.06
	县乡中学	9	—	—	—	14	—	—	—	23	48.94
	合计	22	—	—	—	25	—	—	—	47	100
2015	城市中学	9	4	2	—	2	—	—	—	17	54.84
	县乡中学	7	—	—	3	3	1	—	—	14	45.16
	合计	16	4	2	3	5	1	—	—	31	100
2016	城市中学	8	3	3	—	3	—	—	1	18	50.00
	县乡中学	12	—	—	4	1	—	1	—	18	50.00
	合计	20	3	3	4	4	—	1	1	36	100
2017	城市中学	—	—	—	—	—	—	—	—	—	—
	县乡中学	4	—	—	—	—	—	—	—	289	100
	合计	4	—	—	—	—	—	—	—	289	100

* 表格中所列比率数据均为百分比数据，鉴于本书此列项众多，省去"%"。全书同。

[①] 叶松庆. 当代未成年人价值观的演变与教育 [M]. 合肥：安徽人民出版社，2007：9.
[②] 叶松庆. 青少年思想道德素质发展状况实证研究 [M]. 芜湖：安徽师范大学出版社，2010：3.
[③] 叶松庆. 当代未成年人的道德观现状与教育 2006—2010 [M]. 芜湖：安徽师范大学出版社，2013：10.
[④] 叶松庆. 当代未成年人道德观发展变化与引导对策的实证研究 [M]. 芜湖：安徽师范大学出版社，2016：21-22.

表2-2 不同地域中学的总有效样本（2006—2017年）

年份	城市中学	县乡中学	合计
2006	10	8	18
2007	6	5	11
2008	19	13	32
2009	12	17	29
2010	17	22	39
2011	7	14	21
2012	22	21	43
2013	35	29	64
2014	24	23	47
2015	17	14	31
2016	18	18	36
2017	—	4	4
总计	187	188	375

2. 不同类别中学样本的选取

在学校的类别上，我们考虑了完全中学（有完整的初中与高中）和非完全中学（只有初中或只有高中）、公办中学和民办中学，这样可以考察不同类别中学的学生情况。民办中学一般不大愿意接受外界的采访或调查。2006—2017年不同类别中学的总有效样本见表2-3。

表2-3 不同类别中学的总有效样本（2006—2017年）

年份	完全中学	非完全中学	合计	公办中学	民办中学	合计
2006	12	6	18	18	—	18
2007	6	5	11	10	1	11
2008	24	8	32	32	—	32
2009	16	13	29	29	—	29
2010	25	14	39	39	—	39
2011	17	4	21	20	1	21

(续表2-3)

年份	完全中学	非完全中学	合计	公办中学	民办中学	合计
2012	39	4	43	42	1	43
2013	63	1	64	62	2	64
2014	45	2	47	47	—	47
2015	30	1	31	31		31
2016	35	1	36	36		36
2017	4	—	4	3	1	4
总计	316	59	375	369	6	375

3. 不同层次中学样本的选取

2006年不同层次中学的有效样本数据可见于《当代未成年人价值观的演变与教育》[①]，2007—2008年的可见于《青少年思想道德素质发展状况实证研究》[②]，2009—2010年的可见于《当代未成年人的道德观现状与教育2006—2010》[③]，2011—2013年的可见于《当代未成年人道德观发展变化与引导对策的实证研究》[④]。

2014—2017年不同层次地域中学的有效样本数据见表2-4，2006—2017年不同层次中学的总有效样本数据见表2-5。

表2-4　不同层次中学的有效样本（2014—2017年）

年份	层次	省份								样本数	比率
		安徽	上海	江苏	浙江	广东	河南	山东	天津		
2014	省示范中学	12	—	—	—	6	—	—	—	18	38.30
	市示范中学	—	—	—	—	—	—	—	—	—	—
	普通中学	10	—	—	—	19	—	—	—	29	61.70
	合计	22	—	—	—	25	—	—	—	47	100

---

① 叶松庆. 当代未成年人价值观的演变与教育[M]. 合肥：安徽人民出版社，2007：9.

② 叶松庆. 青少年思想道德素质发展状况实证研究[M]. 芜湖：安徽师范大学出版社，2010：3.

③ 叶松庆. 当代未成年人道德观现状与教育2006—2010[M]. 芜湖：安徽师范大学出版社，2013：6.

④ 叶松庆. 当代未成年人道德观发展变化与引导对策的实证研究[M]. 芜湖：安徽师范大学出版社，2016：21-22.

(续表2-4)

年份	层次	安徽	上海	江苏	浙江	广东	河南	山东	天津	样本数	比率
2015	省示范中学	9	2	2	1	3	—	—	—	17	54.84
	市示范中学	1	—	—	—	—	—	—	—	1	3.23
	普通中学	6	2	—	2	2	1	—	—	13	41.93
	合计	16	4	2	3	5	1	—	—	31	100
2016	省示范中学	6	1	2	1	3	—	—	—	13	36.11
	市示范中学	—	—	—	—	—	—	—	—	—	—
	普通中学	14	2	1	3	1	—	1	1	23	63.89
	合计	20	3	3	4	4	—	1	1	36	100
2017	省示范中学	—	—	—	—	—	—	—	—	—	—
	市示范中学	—	—	—	—	—	—	—	—	—	—
	普通中学	4	—	—	—	—	—	—	—	4	100
	合计	4	—	—	—	—	—	—	—	4	100

表2-5 不同层次中学的总有效样本（2006—2017年）

年份	省示范中学	市示范中学	普通中学	合计
2006	10	—	8	18
2007	4	—	7	11
2008	18	1	13	32
2009	14	—	15	29
2010	21	1	17	39
2011	12	1	8	21
2012	27	1	15	43
2013	37	1	26	64
2014	18	—	29	47
2015	17	1	13	31
2016	13	—	23	36
2017	—	—	4	4
总计	191	6	178	375

（二）未成年人样本的发放与回收

2006—2017 年未成年人样本的发放与回收情况见表 2-6。

表 2-6　未成年人样本的发放与回收情况（2006—2017 年）

选项	2006年	2007年	2008年	2009年	2010年	2011年	2012年	2013年	2014年	2015年	2016年	2017年	合计
发放	2500	3160	4350	2310	2010	2000	2170	3115	3070	1570	2030	290	28575
回收	2426	3045	4025	2216	1936	1931	2104	2968	2938	1518	1934	289	27330
有效比率	97.04	96.36	92.53	95.93	96.32	96.55	96.96	95.28	95.70	96.69	95.27	99.66	95.64

（三）未成年人有效样本的性别分布与家庭背景

1. 未成年人有效样本的性别分布

2006—2017 年未成年人样本性别分布的总体情况见表 2-7。

表 2-7　未成年人样本性别分布的总体情况（2006—2017 年）

年份	男			女			合计		
	发放	回收	回收率	发放	回收	回收率	发放	回收	回收率
2006	1475	1414	95.86	1025	1012	98.73	2500	2426	97.04
2007	1714	1638	95.57	1446	1407	97.30	3160	3045	96.36
2008	2052	1821	88.74	2298	2204	95.91	4350	4025	92.53
2009	1197	1126	94.07	1113	1090	97.93	2310	2216	95.93
2010	965	917	95.03	1045	1019	97.51	2010	1936	96.32
2011	1013	954	94.18	987	977	98.99	2000	1931	96.55
2012	1127	1080	95.83	1043	1024	98.18	2170	2104	96.96
2013	1632	1540	94.36	1483	1428	96.29	3115	2968	95.28
2014	1420	1345	94.71	1650	1593	96.55	3070	2938	95.70
2015	770	739	95.97	800	779	97.38	1570	1518	96.69
2016	1090	1036	95.04	940	898	95.53	2030	1934	95.27
2017	150	149	99.33	140	140	100	290	289	99.66
合计	14605	13759	94.21	13970	13571	97.14	28575	27330	95.64

2. 未成年人有效样本的家庭背景

2006—2017 年未成年人样本父亲的职业状况见表 2-8。2006—2017 年未成年人样本母亲的职业状况见表 2-9。

表2-8 未成年人样本父亲的职业状况（2006—2017年）

类别	2006—2010年① 人数	2006—2010年① 比率	2011年 人数	2011年 比率	2012年 人数	2012年 比率	2013年 人数	2013年 比率	2014年 人数	2014年 比率	2015年 人数	2015年 比率	2016年 人数	2016年 比率	2017年 人数	2017年 比率	2006—2017年 人数	2006—2017年 比率	排序
工人	3288	24.09	430	22.27	491	23.34	779	26.25	869	29.58	271	17.85	555	28.70	20	6.92	6703	24.53	1
公务员	930	6.81	71	3.68	121	5.75	259	8.73	108	3.68	103	6.79	164	8.48	5	1.73	1761	6.44	6
老师	769	5.63	77	3.99	80	3.80	145	4.89	73	2.48	66	4.35	89	4.60	3	1.04	1302	4.76	7
农民	3635	26.63	345	17.87	255	12.12	245	8.25	225	7.66	82	5.40	151	7.81	218	75.43	5156	18.87	2
下岗人员	1219	8.93	170	8.80	130	6.18	172	5.80	200	6.81	65	4.28	118	6.10	12	4.15	2086	7.63	5
军人	134	0.98	20	1.04	20	0.95	43	1.45	40	1.36	12	0.79	10	0.52	1	0.35	280	1.02	11
做生意	1356	9.94	321	16.62	369	17.54	608	20.49	570	19.40	312	20.55	282	14.58	8	2.77	3826	14.00	3
国家干部	259	1.90	56	2.90	80	3.80	107	3.61	45	1.53	69	4.55	71	3.67	2	0.69	689	2.52	10
民营企业主	261	1.91	36	1.86	58	2.76	188	6.33	77	2.62	69	4.55	59	3.05	6	2.08	754	2.76	9
其他	1520	11.14	263	13.62	390	18.54	294	9.91	573	19.50	335	22.07	266	13.75	10	3.46	3651	13.36	4
不清楚	277	2.03	142	7.35	110	5.23	128	4.31	158	5.38	134	8.83	169	8.74	4	1.38	1122	4.11	8
合计	13648	100	1931	100	2104	100	2968	100	2938	100	1518	100	193	100	289	100	27330	100	—

① 叶松庆. 当代未成年人的道德观现状与教育2006—2010 [M]. 芜湖：安徽师范大学出版社，2013：15-16.

表2-9 未成年人样本母亲的职业状况（2006—2017年）

类别	2006—2010年[1] 人数	比率	2011年 人数	比率	2012年 人数	比率	2013年 人数	比率	2014年 人数	比率	2015年 人数	比率	2016年 人数	比率	2017年 人数	比率	2006—2017年 人数	比率	排序
工人	2187	16.02	290	15.02	337	16.02	614	20.69	760	25.87	230	15.15	451	23.32	5	1.73	4874	17.83	3
公务员	457	3.35	65	3.37	76	3.61	213	7.18	55	1.87	76	5.01	182	9.41	3	1.04	1127	4.12	7
老师	409	3.00	100	5.18	89	4.23	178	6.00	119	4.05	86	5.67	110	5.69	11	3.81	1102	4.03	8
农民	5013	36.73	451	23.36	329	15.64	350	11.79	256	8.71	109	7.18	195	10.08	230	79.58	6933	25.37	1
下岗人员	1349	9.88	212	10.98	167	7.94	228	7.68	236	8.03	76	5.01	111	5.74	20	6.92	2399	8.78	5
军人	21	0.15	3	0.16	14	0.67	29	0.98	9	0.31	12	0.79	10	0.52	0	0.00	98	0.36	11
做生意	1182	8.66	268	13.88	312	14.83	567	19.10	469	15.96	219	14.43	217	11.22	12	4.15	3246	11.88	4
国家干部	149	1.09	29	1.50	45	2.14	50	1.68	24	0.82	57	3.75	40	2.07	1	0.35	395	1.45	10
民营企业主	207	1.59	25	1.29	62	2.95	166	5.59	88	3.00	36	2.37	69	3.57	2	0.69	655	2.40	9
其他	2209	16.19	312	16.16	550	26.14	413	13.92	731	24.88	449	29.58	367	18.98	2	0.69	5033	18.42	2
不清楚	465	3.41	176	9.11	123	5.85	160	5.39	191	6.50	168	11.07	182	9.41	3	1.04	1468	5.37	6
合计	13648	100	1931	100	2104	100	2968	100	2938	100	1518	100	1934	100	289	100	27330	100	—

---

[1] 叶松庆. 当代未成年人的道德观现状与教育 2006—2010 [M]. 芜湖：安徽师范大学出版社，2013：15-16.

三、中学老师的调查述要

（一）中学老师所在学校的选取

1. 不同地域中学老师所在学校的选取

2008年不同地域中学老师所在学校数据可见于《青少年思想道德素质发展状况实证研究》[①]，2009—2010年的可见于《当代未成年人的道德观现状与教育2006—2010》[②]。

2011—2016年不同地域中学老师所在学校数据见表2-10，2008—2016年不同地域中学老师所在学校总体数据情况见表2-11。

表2-10 不同地域中学老师所在学校（2011—2016年）

省份	2011年				2012年			2013年			2014年			2015年			2016年			合计			
	城市中学	县乡中学	在高校参加培训的中学老师所在中学	小计	城市中学	县乡中学	小计	城市中学	县乡中学	小计	城市中学	县乡中学	小计	城市中学	县乡中学	小计	城市中学	县乡中学	小计	城市中学	县乡中学	在高校参加培训的中学老师所在中学	小计
安徽	6	11	25	42	14	16	30	17	18	35	14	10	24	8	8	16	8	12	20	67	75	25	167
上海	—	—	—	—	2	—	2	8	—	8	—	—	—	4	—	4	3	—	3	17	—	—	17
江苏	—	—	—	—	3	—	3	5	—	5	—	—	—	2	—	2	3	—	3	13	—	—	13
浙江	1	—	—	1	3	1	4	2	6	8	—	—	—	3	—	3	4	—	4	6	14	—	20
广东	—	—	—	—	2	—	2	4	—	4	7	11	14	25	2	3	5	1	—	4	21	22	—	43
河南	—	1	—	1	1	—	1	1	—	1	—	—	—	1	1	—	—	—	—	3	—	—	3
湖北	—	1	—	1	1	—	1	1	—	1	—	—	—	—	—	—	—	—	—	—	3	—	3
山东	—	—	—	—	—	—	—	—	—	—	—	—	—	—	1	1	—	—	1	—	1	—	1
天津	—	—	—	—	—	—	—	—	—	—	—	—	—	1	—	1	—	—	—	1	—	—	1
合计	7	13	25	45	24	19	43	35	29	64	25	24	49	16	15	31	18	18	36	125	118	25	268

说明："在高校参加培训的中学老师所在中学"是指2011年在安徽师范大学参加同一个培训班的25名中学老师所在的25所中学（一名老师来自一所中学），没有具体区分城市与县乡，也未具体区分示范与普通。后同。

---

① 叶松庆. 青少年思想道德素质发展状况实证研究 [M]. 芜湖：安徽师范大学出版社，2010：27.
② 叶松庆. 当代未成年人的道德观现状与教育2006—2010 [M]. 芜湖：安徽师范大学出版社，2013：38.

表2-11 不同地域中学老师所在学校的总体情况（2008—2016年）

年份	城市	县乡	在高校参加培训的中学老师所在中学	合计
2008	17	15	—	32
2009	13	16	—	29
2010	17	22	—	39
2011	7	13	25	45
2012	24	19	—	43
2013	35	29	—	64
2014	25	24	—	49
2015	16	15	—	31
2016	18	18	—	36
合计	172	171	25	368

2. 不同层次中学老师所在学校的选取

2008年不同层次中学老师所在学校数据可见于《青少年思想道德素质发展状况实证研究》[①]，2009—2010年的可见于《当代未成年人的道德观现状与教育2006—2010》[②]。

2011—2016年不同层次中学老师所在学校数据见表2-12，2008—2016年不同层次中学老师所在学校总体数据情况见表2-13。

表2-12 不同层次中学老师所在学校（2011—2016年）

省份	2011年				2012年				2013年				2014年				2015年				2016年				合计
	省示范中学	市示范中学	普通中学	在高校参加培训的中学老师所在中学	小计	省示范中学	市示范中学	普通中学	小计	省示范中学	市示范中学	普通中学	小计	省示范中学	市示范中学	普通中学	小计	省示范中学	市示范中学	普通中学	小计	省示范中学	市示范中学	普通中学	小计	
安徽	4	6	7	25	42	19	1	10	30	21	—	14	35	13	—	11	24	8	1	7	16	6	—	14	20	167

---

① 叶松庆.青少年思想道德素质发展状况实证研究[M].芜湖：安徽师范大学出版社，2010：27.
② 叶松庆.当代未成年人的道德观现状与教育2006—2010[M].芜湖：安徽师范大学出版社，2013：39.

(续表2-12)

省份	2011年 省示范中学	市示范中学	普通中学	在高校参加培训的中学老师所在中学	小计	2012年 省示范中学	市示范中学	普通中学	小计	2013年 省示范中学	市示范中学	普通中学	小计	2014年 省示范中学	市示范中学	普通中学	小计	2015年 省示范中学	市示范中学	普通中学	小计	2016年 省示范中学	市示范中学	普通中学	小计	合计
上海	—	—	—	—	—	1	—	1	2	5	—	3	8	—	—	—	—	2	—	2	4	1	—	2	3	17
江苏	—	—	—	—	—	3	—	—	3	4	—	1	5	—	—	—	—	2	—	—	2	2	—	1	3	13
浙江	—	1	—	—	1	3	—	1	4	3	—	5	8	—	—	—	—	1	—	2	3	1	—	3	4	20
广东	—	—	—	—	—	—	—	1	1	3	—	5	8	6	—	19	25	3	—	2	5	3	—	1	4	43
河南	—	—	1	—	1	—	—	1	1	—	—	1	1	—	—	—	—	—	—	—	—	—	—	—	—	3
湖北	—	—	1	—	1	—	1	—	1	—	—	1	1	—	—	—	—	—	—	—	—	—	—	—	—	3
山东	—	—	—	—	—	—	—	—	—	—	—	—	—	—	—	—	—	—	—	—	—	—	—	1	1	1
天津	—	—	—	—	—	—	—	—	—	—	—	—	—	—	—	—	—	—	—	—	—	—	—	1	1	1
合计	4	7	9	25	45	27	2	14	43	37	—	27	64	19	—	30	49	16	1	14	31	13	—	23	36	268

表2-13 不同层次中学老师所在学校的总体情况（2008—2016年）

年份	省示范中学	市示范中学	普通中学	在高校参加培训的中学老师所在中学	合计
2008	9	4	19	—	32
2009	8	—	21	—	29
2010	9	10	20	—	39
2011	4	7	9	25	45
2012	27	2	14	—	43
2013	37	—	27	—	64
2014	19	—	30	—	49
2015	16	1	14	—	31
2016	13	—	23	—	36
合计	142	24	177	25	368

（二）中学老师样本的发放与回收

1. 中学老师样本的发放与回收

2008—2010年中学老师样本的发放与回收情况可见于《当代未成年人的道德观现状与教育2006—2010》[1]，2011—2013年的可见于《当代未成年人道德观发展变化与引导对策的实证研究》[2]。

2014年中学老师样本的发放与回收情况见表2-14，2015年的见表2-15，2016年的见表2-16。

表2-14　中学老师样本的发放与回收情况（2014年）

省份	所在地		学校	发收		地域		性别		职别		政治面貌		
	城市（区）	县区（市）		发放	回收	城市	县乡	男	女	班主任	非班主任	共产党员	民主党派	一般群众
安徽	13	—	24	117	103	57	46	58	45	36	67	—	—	—
广东	深圳	—	2	10	9	4	5	6	3	3	6	—	—	—
	佛山	—	16	90	84	38	46	33	51	43	41	—	—	—
	东莞	—	7	40	36	20	16	15	21	14	22	—	—	—
小计	3	—	25	140	129	62	67	54	75	60	69	—	—	—
合计	16	—	49	257	232	119	113	112	120	96	136	—	—	—

说明：①2014年中学老师样本未区分政治面貌。②城市（区）指省辖市（直辖市的区县）。③县区（市）指省辖市的县或区（省辖市的县级市）。后同。

表2-15　中学老师样本的发放与回收情况（2015年）

省份	所在地		学校	发收		地域		性别		职别		政治面貌		
	城市（区）	县区（市）		发放	回收	城市	县乡	男	女	班主任	非班主任	共产党员	民主党派	一般群众
安徽	11	—	16	80	80	57	23	34	46	44	36	41	4	35
上海	4	—	4	20	19	17	2	9	10	9	10	10	2	7

---

[1] 叶松庆. 当代未成年人的道德观现状与教育2006—2010 [M]. 芜湖：安徽师范大学出版社，2013：42-43.

[2] 叶松庆. 当代未成年人道德观发展变化与引导对策的实证研究 [M]. 芜湖：安徽师范大学出版社，2016：39-40.

(续表 2-15)

省份	所在地		学校	发收		地域		性别		职别		政治面貌		
	城市（区）	县区（市）		发放	回收	城市	县乡	男	女	班主任	非班主任	共产党员	民主党派	一般群众
江苏	1	—	2	10	10	10	—	7	3	4	6	6	2	2
浙江	2	—	3	15	15	10	5	6	9	9	6	5	1	9
广东	2	—	5	25	25	22	3	13	12	12	13	11	—	14
河南	1	—	1	5	5	—	5	3	2	3	2	3	—	2
小计	10	—	15	75	74	59	15	38	36	37	37	35	5	34
合计	21	—	31	155	154	116	38	72	82	81	73	76	9	69

表 2-16 中学老师样本的发放与回收情况（2016 年）

省份	所在地		学校	发收		地域		性别		职别		政治面貌		
	城市（区）	县区（市）		发放	回收	城市	县乡	男	女	班主任	非班主任	共产党员	民主党派	一般群众
安徽	14	—	20	105	102	40	62	74	28	64	38	54	1	47
上海	3	—	3	12	11	11	—	6	5	5	6	6	1	4
江苏	1	—	3	12	11	11	—	7	4	5	6	7	1	3
浙江	3	—	4	18	18	—	18	7	11	11	7	7	—	11
广东	3	—	4	16	16	11	5	10	6	9	7	8	—	8
山东	1	—	1	4	4	—	4	3	1	2	2	4	—	—
天津	1	—	1	5	4	4	—	3	1	2	2	4	—	—
小计	12	—	16	67	64	37	27	36	28	34	30	36	2	26
合计	26	—	36	172	166	77	89	110	56	98	68	90	3	73

2. 2008—2016年中学老师样本回收的总体情况（表2-17）

表2-17 中学老师样本回收的总体情况（2008—2016年）

年份	地域			性别			职别			政治面貌			
	城市	县乡	小计	男	女	小计	班主任	非班主任	小计	共产党员	民主党派	一般群众	小计
2008	80	75	155	83	72	155	124	31	155	155			155
2009	114	109	223	121	102	223	103	120	223	223			223
2010	78	137	215	124	91	215	117	98	215	215			215
2011	95	123	218	114	104	218	110	108	218	218			218
2012	129	72	201	138	63	201	117	84	201	201			201
2013	223	72	295	146	149	295	167	128	295	134	20	141	295
2014	119	113	232	112	120	232	96	136	232	232			232
2015	116	38	154	72	82	154	81	73	154	76	9	69	154
2016	77	89	166	110	56	166	98	68	166	90	3	73	166
合计	1031	828	1859	1020	839	1859	1013	846	1859	1859			1859

四、家长的调查述要

（一）家长样本所在地的选取

主要围绕被调查的未成年人来选取家长样本的所在地（省辖市或直辖市的区县）（表2-18）。

表2-18 家长样本所在地的选取情况（2010—2016年）

年份	安徽	北京	上海	江苏	浙江	广东	湖北	山东	海南	河南	天津	合计
2010	9	1	1	1	1	1	1	1	1	—	—	17
2011	15	—	—	—	1	—	1	—	1	—	—	18
2012	16	—	2	1	2	1	1	1	—	—	—	24
2013	16	—	4	1	6	2	1	—	—	—	—	30
2014	13	—	—	—	—	3	—	—	—	—	—	16
2015	11	—	4	1	2	2	—	—	—	1	—	21
2016	14	—	2	1	3	3	—	1	—	—	1	25
合计	94	1	13	5	15	12	4	2	1	3	1	151

（二）家长样本的发放与回收

1. 家长样本的发放与回收情况

2010年家长样本的发放与回收情况可见于《当代未成年人的道德观现状与教育2006—2010》[①]，2011—2013年的可见于《当代未成年人道德观发展变化与引导对策的实证研究》[②]。

2014年家长样本的发放与回收情况见表2-19，2015年的见表2-20，2016年的见表2-21。

表2-19　家长样本的发放与回收情况（2014年）

省份	所在地		发收		地域		性别		学段		政治面貌		
	城市（区）	县区（市）	发放	回收	城市	县乡	男	女	初中	高中	共产党员	民主党派	一般群众
安徽	13	24	122	115	59	56	65	50	40	75	34	3	78
广东	3	25	125	120	48	72	64	56	76	44	30	1	89
合计	16	49	247	235	107	128	129	106	116	119	64	4	167

表2-20　家长样本的发放与回收情况（2015年）

省份	所在地		发收		地域		性别		学段		政治面貌		
	城市（区）	县区（市）	发放	回收	城市	县乡	男	女	初中	高中	共产党员	民主党派	一般群众
安徽	11	16	80	79	48	31	38	41	34	45	32	2	45
上海	4	4	20	20	20	—	13	7	—	20	8	1	11
江苏	1	2	10	10	8	2	5	5	—	10	2	1	7
浙江	2	3	15	15	5	10	7	8	10	5	3	—	12
广东	2	5	25	25	18	7	10	15	15	10	5	1	19
河南	1	1	5	5	—	5	1	4	5	—	1	1	3
合计	21	31	155	154	99	55	74	80	64	90	51	6	97

[①] 叶松庆. 当代未成年人的道德观现状与教育2006—2010 [M]. 芜湖：安徽师范大学出版社，2013：12.

[②] 叶松庆. 当代未成年人道德观发展变化与引导对策的实证研究 [M]. 芜湖：安徽师范大学出版社，2016：44-45.

表2-21 家长样本的发放与回收情况（2016年）

省份	所在地		发收		地域		性别		学段		政治面貌		
	城市（区）	县区（市）	发放	回收	城市	县乡	男	女	初中	高中	共产党员	民主党派	一般群众
安徽	14	20	114	113	45	68	61	52	48	65	36	1	76
上海	3	3	17	15	15	—	8	7	—	15	6	—	9
江苏	1	3	14	12	12	—	4	8	3	9	5	—	7
浙江	3	4	24	24	—	24	10	14	18	6	6	—	18
广东	3	5	20	18	13	5	12	6	1	17	7	—	11
山东	1	1	5	5	—	5	4	1	5	—	4	—	1
天津	1	1	6	6	6	—	1	5	6	—	2	—	4
合计	26	36	200	193	91	102	100	93	81	112	66	1	126

2. 回收的家长样本的总体情况

2010—2016年家长样本回收的总体情况见表2-22。

表2-22 家长样本回收的总体情况（2010—2016年）

年份	地域			性别			学段			政治面貌			
	城市	县乡	小计	男	女	小计	初中	高中	小计	共产党员	民主党派	一般群众	小计
2010	53	45	98	30	68	98	70	28	98		98		98
2011	65	118	183	100	83	183	87	96	183		183		183
2012	125	80	205	103	102	205	89	116	205		205		205
2013	190	104	294	141	153	294	121	173	294	81	11	202	294
2014	107	128	235	129	106	235	116	119	235	64	4	167	235
2015	99	55	154	74	80	154	64	90	154	51	6	97	154
2016	91	102	193	100	93	193	81	112	193	66	1	126	193
合计	730	632	1362	677	685	1362	628	734	1362		1362		1362

五、中学校长的调查述要

(一) 中学校长所在学校的选取

2013—2016 年中学校长所在学校的选取情况见表 2-23。

表 2-23 中学校长所在学校的选取情况 (2013—2016 年)

省份	2013 年	2014 年			2015 年					2016 年	合计
		第一批	第二批	小计	第一批	第二批	第三批	第四批	小计		
安徽	182	69	47	116	20	20	18	49	107	20	425
上海	—	—	—	—	—	—	—	—	—	3	3
江苏	—	—	—	—	—	—	—	—	—	3	3
浙江	—	—	—	—	—	—	—	—	—	4	4
广东	—	—	—	—	—	—	—	—	—	4	4
山东	—	—	—	—	—	—	—	—	—	1	1
天津	—	—	—	—	—	—	—	—	—	1	1
合计	182	69	47	116	20	20	18	49	107	36	441

说明：后文讨论时，批次以 (1) (2) ……代替。

(二) 中学校长样本的发放与回收

2013 年中学校长样本的发放与回收情况可见于《当代未成年人道德观发展变化与引导对策的实证研究》[①]，此不赘述。

1. 2014 年中学校长样本的发放与回收情况

2014 年中学校长样本发放与回收情况见表 2-24。选取样本所在省份均为安徽省，分为 2 个批次。其中，第一批调查时间为 2013 年 12 月 25 日—2014 年 1 月 10 日，调查对象为在安徽师范大学继续教育学院参加安徽省"国培计划 (2013)"短期集中培训项目 (校长研修班) 的学员；第二批调查时间为 2014 年 5 月 10 日—2014 年 5 月 20 日，调查对象为在安徽师范大学继续教育学院参加教育部"安徽省宣城市校长助力工程 (2014)"——安徽师范大学校长培训班的学员。

---

① 叶松庆. 当代未成年人道德观发展变化与引导对策的实证研究 [M]. 芜湖：安徽师范大学出版社，2016：48-54.

表2-24 中学校长样本的发放与回收情况（2014年）

批次	所在地		学校	发收		地域		性别		职别		政治面貌		
	城市（区）	县区（市）		发放	回收	城市	县乡	男	女	校长	副校长	共产党员	民主党派	一般群众
第一批	8	12	69	69	69	—	69	68	1	62	7	68	1	—
第二批	1	5	47	47	47	4	43	46	1	27	20	44	—	3
合计	9	17	116	116	116	4	112	114	2	89	27	112	1	3

2. 2015年中学校长样本的发放与回收情况

2015年中学校长样本发放与回收情况见表2-25。选取样本所在省份均为安徽省，分为4个批次。其中，第一批调查时间为2015年1月5日，调查对象为在安徽师范大学继续教育学院参加安徽省"农村中心校校长研修班（2015）"的学员，涉及宣城市、池州市、安庆市、六安市，调查中心校（或初中）20所；第二批调查时间为2015年5月20日，调查对象为在安徽师范大学继续教育学院参加安徽省"宣城市义务教育学校校长任职资格班（2015）"的学员，涉及安徽省宣城市的宣州区、绩溪县、宁国市、泾县等4县市，调查中学20所；第三批调查时间为2015年9月15日，调查对象为在安徽师范大学继续教育学院参加"安徽省第13期高（完）中校长高级研修班"的学员，涉及安徽省的芜湖、池州、宣城、亳州、六安、滁州、淮北、马鞍山、宿州、黄山、安庆、合肥等12市，调查中学18所；第四批调查时间为2015年10月15日，调查对象为在安徽师范大学继续教育学院参加"安徽省第22期高中校长提高培训班"的学员，涉及安徽省的芜湖、池州、宣城、亳州、淮南、六安、滁州、淮北、铜陵、蚌埠、马鞍山、宿州、阜阳、黄山、安庆、合肥等16市。

表2-25 中学校长样本的发放与回收情况（2015年）

批次	所在地		学校	发收		地域		性别		职别		政治面貌		
	城市（区）	县区（市）		发放	回收	城市	县乡	男	女	校长	副校长	共产党员	民主党派	一般群众
第一批	4	7	20	20	20	—	20	19	1	17	3	20	—	—
第二批	1	5	20	20	20	4	16	19	1	4	16	16	—	4
第三批	12	15	18	18	18	5	13	17	1	8	10	18	—	—
第四批	16	49	49	49	49	15	34	47	2	20	29	48	1	—
合计	33	76	107	107	107	24	83	102	5	49	58	102	1	4

3. 2016年中学校长样本的发放与回收情况

2016年中学校长样本发放与回收情况见表2-26。调查时间为2016年11月15日,调查对象为全国部分省份的现任(调查时在任)中学校长。涉及安徽省的芜湖、马鞍山、铜陵、黄山、池州、合肥、安庆、滁州、六安、淮南、蚌埠、淮北、阜阳、宿州14市,上海市,江苏省的南京市,浙江省的宁波市、杭州市、温岭市,广东省的深圳市、佛山市、东莞市,山东省的莱州市,天津市。

表2-26 中学校长样本的发放与回收情况(2016年)

省份	所在地		学校	发收		地域		性别		职别		政治面貌		
	城市(区)	县区(市)		发放	回收	城市	县乡	男	女	校长	副校长	共产党员	民主党派	一般群众
安徽	14	20	20	40	38	11	27	31	7	17	21	33	3	2
上海	3	3	3	6	5	3	2	3	2	2	3	4	—	1
江苏	3	6	3	4	4	4	—	2	2	2	2	3	1	—
浙江	3	6	4	8	8	—	8	8	—	3	5	8	—	—
广东	3	6	4	6	6	5	1	4	2	3	3	4	1	1
山东	1	1	1	2	2	—	2	2	—	1	1	2	—	—
天津	1	1	1	1	1	1	—	1	—	—	1	1	—	—
合计	28	43	36	67	64	24	40	51	13	28	36	55	5	4

六、德育工作者的调查述要

(一)德育工作者所在学校的选取

2013年德育工作者所在学校的选取情况见表2-27。

表2-27 德育工作者所在学校的选取情况(2013年)

省份	城市(区)	县区(市)	学校	合计
安徽	1	2	43	43
合计	1	2	43	43

(二) 德育工作者样本的发放与回收

2013年德育工作者样本的发放与回收情况见表2-28。

表2-28 德育工作者样本的发放与回收情况① (2013年)

省份	所在地		学校	发收		学校		性别		职别		政治面貌		
	城市（区）	县区（市）		发放	回收	中学	小学	男	女	领导干部	一般干部	共产党员	民主党派	一般群众
安徽	1	5	43	43	43	21	22	19	24	10	33	31	0	12
合计	1	5	43	43	43	21	22	19	24	10	33	31	0	12

说明：①调查时间：2013年7月20—21日。②调查对象：在安徽师范大学继续教育学院参加芜湖市弋江区德育干部培训班的学员。

2013年德育工作者职务明细情况见表2-29。

表2-29 德育工作者职务明细情况 (2013年)

级别	职务	中学	小学	合计
领导干部（职别高的）	党支部书记	1	—	1
	校长	1	—	1
	副校长	5	3	8
	德育（政教）处主任	5	3	8
	团委（团支部）书记	5	—	5
	留守儿童之家主任	1	—	1
	办公室主任	—	1	1
管理干部（职别低的）	大队辅导员	3	7	10
	德育专职干部	—	1	1
	教研组长	—	1	1
	中队辅导员	—	3	3
	班主任	—	3	3
	合计	21	22	43

---

① 叶松庆. 当代未成年人道德观发展变化与引导对策的实证研究 [M]. 芜湖：安徽师范大学出版社，2016：54-55.

七、小学校长的调查述要

(一) 小学校长所在学校的选取

2013—2015 年小学校长所在学校的选取情况见表 2-30。

表 2-30 小学校长所在学校的选取情况 (2013—2015 年)

省份	2013 年			2014 年			2015 年			合计
	第一批	第二批	小计	第一批	第二批	小计	第一批	第二批	小计	
安徽	20	18	38	3	33	36	17	21	38	112
云南	—	—	—	9	—	—	—	—	—	9
贵州	—	—	—	4	—	—	—	—	—	4
西藏	—	—	—	2	—	—	—	—	—	2
四川	—	—	—	2	—	—	—	—	—	2
甘肃	—	—	—	2	—	—	—	—	—	2
广西	—	—	—	2	—	—	—	—	—	2
山西	—	—	—	2	—	—	—	—	—	2
合计	20	18	38	26	33	59	17	21	38	135

(二) 小学校长样本的发放与回收

2013 年小学校长样本的发放与回收情况可见于《当代未成年人道德观发展变化与引导对策的实证研究》[①]，此不赘述。

1. 2014 年小学校长样本的发放与回收情况

2014 年小学校长样本的发放回收情况见表 2-31 与表 2-32。其中表 2-31 为第一批小学校长样本，调查时间为 2013 年 12 月 10 日—2014 年 1 月 10 日，调查对象为在安徽师范大学继续教育学院参加教育部"农村校长助力工程 (2013)"安徽师范大学培训班的安徽、云南、贵州、西藏、四川、甘肃、广西、山西等 8 个省 10 个民族农村学校的 26 所中心校的 26 名校长。表 2-32 为第二批小学校长样本，调查时间为 2013 年 12 月 25 日—2014 年 1 月 10 日，调查对象为在安徽师范大学继续教育学院参加"安徽省国培计划

---

① 叶松庆. 当代未成年人道德观发展变化与引导对策的实证研究 [M]. 芜湖：安徽师范大学出版社，2016：56-57.

(2013)"短期集中培训项目(校长研修班)的学员。涉及安徽省铜陵、黄山、宣城、池州、六安、宿州、亳州等7市,调查小学(或中心校)33所。

表2-31 小学校长样本的发放与回收情况(2014年第一批)

省份	所在地		学校	民族	发收		地域		性别		职别		政治面貌		
	城市(区)	县区(市)			发放	回收	城市	县乡	男	女	校长	副校长	共产党员	民主党派	一般群众
安徽	1	3	3	维吾尔族1 汉族2	3	3	—	3	3	—	3	—	3	—	—
云南	1	9	9	白族2 彝族1 布依族1 汉族5	9	9	—	9	7	2	9	—	7	—	2
贵州	1	4	4	侗族2 汉族1 苗族1	4	4	—	4	4	—	4	—	3	—	1
西藏	1	2	2	藏族2	2	2	—	2	1	1	2	—	2	—	—
四川	1	2	2	羌族1 藏族1	2	2	—	2	2	—	2	—	1	—	1
甘肃	1	2	2	汉族2	2	2	—	2	2	—	2	—	2	—	—
广西	1	2	2	壮族2	2	2	—	2	2	—	2	—	1	—	1
山西	1	2	2	汉族2	2	2	—	2	2	—	2	—	2	—	—
合计	8	26	26	26	26	26	—	26	23	3	26	—	21	—	5

表2-32 小学校长样本的发放与回收情况(2014年第二批)

省份	所在地		学校	民族	发收		地域		性别		职别		政治面貌		
	城市(区)	县区(市)			发放	回收	城市	县乡	男	女	校长	副校长	共产党员	民主党派	一般群众
安徽	7	10	33	汉族33	33	33	—	33	29	4	17	16	33	—	—
合计	7	10	33	汉族33	33	33	—	33	29	4	17	16	33	—	—

2. 2015年小学校长样本的发放与回收情况

2015年小学校长样本的发放回收情况见表2-33。选取样本所在省份均为安徽省，分为2个批次。其中，第一批调查时间为2015年1月5日，调查对象为在安徽师范大学继续教育学院参加"安徽省农村中心校校长研修班（2015）"的学员，涉及安徽省的黄山、宣城、安庆、六安等4市，调查中心校（或小学）17所；第二批调查时间为2015年5月20日，调查对象为在安徽师范大学继续教育学院参加"安徽省宣城市义务教育学校校长任职资格班（2015）"的学员，涉及安徽省宣城市的宣州区、绩溪县、泾县、郎溪县等4县（市），调查小学21所。

表2-33 小学校长样本的发放与回收情况（2015年）

省份	所在地		学校	民族	发收		地域		性别		职别		政治面貌		
	城市（区）	县区（市）			发放	回收	城市	县乡	男	女	校长	副校长	共产党员	民主党派	一般群众
第一批	4	8	17	汉族17	17	17	—	17	17	—	15	2	15	—	2
第二批	1	4	21	汉族21	21	21	2	19	18	3	2	19	19	—	2
合计	5	12	38	汉族38	38	38	2	36	35	3	17	21	34	—	4

八、基础教育工作者的调查述要

（一）基础教育工作者所在单位的选取

2017年基础教育工作者所在单位的选取情况见表2-34。

表2-34 基础教育工作者所在单位的选取情况（2017年）

地域	县教育局基教科	县民政局	团县委	中学	小学	合计
安徽省合肥市肥西县	1	2	1	1	1	6
安徽省合肥市肥东县	—	—	—	—	1	1
安徽省合肥市庐江县	—	—	—	1	—	1
合计	1	2	1	2	2	8

（二）基础教育工作者样本的发放与回收

2017年基础教育工作者样本的发放与回收情况见表2-35。

表2-35 基础教育工作者样本的发放与回收情况（2017年）

省份	所在地		单位	民族	发收		地域		性别		职别		政治面貌		
	城市（区）	县区（市）			发放	回收	城市	县乡	男	女	领导干部	一般干部	共产党员	民主党派	一般群众
安徽	1	3	7	汉族10 回族1	11	11	—	11	8	3	11	—	11	—	—
合计	1	3	7	汉族10 回族1	11	11	—	11	8	3	11	—	11	—	—

九、科技工作者等5个群体的调查述要

（一）科技工作者等5个群体所在地域的选取

2010年科技工作者，科技型中小企业家，教育、科技、人事管理部门领导，研究生，大学生所在地域（省辖市或直辖市的区县）的选取情况见表2-36。

表2-36 科技工作者，科技型中小企业家，教育、科技、人事管理部门领导，研究生，大学生所在地域的选取情况（2010年）

调查对象	安徽	北京	上海	江苏	浙江	山东	广东	合计
科技工作者	3	1	2	1	1	2	3	13
科技型中小企业家	3	—	—	1	—	—	3	7
教育、科技、人事管理部门领导	3	—	—	—	—	—	—	3
研究生	3	—	—	—	—	—	—	3
大学生	3	—	—	—	—	—	—	3
合计	15	1	2	2	1	2	6	29

（二）科技工作者等 5 个群体样本的发放与回收

2010 年科技工作者，科技型中小企业家，教育、科技、人事管理部门领导，研究生，大学生样本的发放与回收情况见表 2-37。

表 2-37 科技工作者，科技型中小企业家，教育、科技、人事管理部门领导，研究生，大学生样本的发放与回收情况（2010 年）[①]

调查对象	安徽		北京		上海		江苏		浙江		山东		广东		合计	
	发放	回收	发放	回收	发放	回收	发放	回收	发放	回收	发放	回收	发放	回收	发放	回收
科技工作者	73	71	10	10	2	2	1	1	1	1	2	2	4	4	93	91
科技型中小企业家	35	33	—	—	—	—	4	4	—	—	—	—	4	4	43	41
教育、科技、人事管理部门领导	34	34	—	—	—	—	—	—	—	—	—	—	—	—	34	34
研究生	135	131	—	—	—	—	—	—	—	—	—	—	—	—	135	131
大学生	870	869	—	—	—	—	—	—	—	—	—	—	—	—	870	869
合计	1143	1138	10	—	2	—	5	—	1	—	2	—	8	—	1171	1166

2012 年研究生样本的发放与回收情况见表 2-38。

表 2-38 研究生样本的发放与回收情况（2012 年）

调查对象	安徽		备注
	发放	回收	—
研究生	48	48	—
合计	48	48	—

[①] 叶松庆. 当代未成年人道德观发展变化与引导对策的实证研究 [M]. 芜湖：安徽师范大学出版社，2016：46.

十、各群体调查实施的总体情况

（一）各群体调查的频次

2006—2017 年各群体的调查频次见表 2-39。

表 2-39　各群体的调查频次（2006—2017 年）

年份	未成年人	中学老师	家长	中学校长	德育工作者	小学校长	基础教育工作者	科技工作者	科技型中小企业家	教育、科技、人事管理部门领导	研究生	大学生	合计
2006	√												1
2007	√												1
2008	√	√											2
2009	√	√											2
2010	√	√	√					√	√	√	√	√	8
2011	√	√	√										3
2012	√	√	√								√		4
2013	√	√	√	√	√	√							6
2014	√	√	√	√√		√√							7
2015	√	√	√	√√√		√√√							9
2016	√	√	√	√									4
2017	√						√						2
合计	12	9	7	8	1	5	1	1	1	1	2	1	49

说明：为方便阅读，调查频次为 1 时用"√"标示，调查频次为 0 时不作任何标示。

（二）各群体调查的人数

2006—2017年各群体的调查人数见表2-40。

表2-40 各群体的调查人数（2006—2017年）

年份	未成年人	中学老师	家长	中学校长	德育工作者	小学校长	基础教育工作者	科技工作者	科技型中小企业家	教育、科技、人事管理部门领导	研究生	大学生	合计
2006	2426	—	—	—	—	—	—	—	—	—	—	—	2426
2007	3045	—	—	—	—	—	—	—	—	—	—	—	3045
2008	4025	155	—	—	—	—	—	—	—	—	—	—	4180
2009	2216	223	—	—	—	—	—	—	—	—	—	—	2439
2010	1936	215	98	—	—	—	—	91	41	34	131	869	3415
2011	1931	218	183	—	—	—	—	—	—	—	—	—	2332
2012	2104	201	205	—	—	—	—	—	—	—	48	—	2558
2013	2968	295	294	182	43	38	—	—	—	—	—	—	3820
2014	2938	232	235	116	—	59	—	—	—	—	—	—	3580
2015	1518	154	154	107	—	38	—	—	—	—	—	—	1971
2016	1934	166	193	64	—	—	—	—	—	—	—	—	2357
2017	289	—	—	—	—	—	11	—	—	—	—	—	300
合计	27330	1859	1362	469	43	135	11	91	41	34	179	869	32423

十一、调查实施的相关问题解析

（一）调查的选题设计与组织实施

1. 选题设计

2006—2016年10月的调查选题均由笔者设计。因是系统性的全面调查，随着未成年人新情况的不断出现，自2015年起，在覆盖原有选题的前提下，适当增加了新选题。调查题目95%以上为单选题，便于受访者快捷答题。

2. 组织实施

（1）地点选定。调查的学校及单位基本由笔者选定。

（2）人员安排。由笔者主持并统一组织。一是由笔者所教在读研究生分别前往各自毕业的中学进行实地调查（问卷调查为主，辅之以座谈会与个案访谈调查）；二是委托被调查中学的老师或教育行政干部（均为笔者的学生）进行调查；三是通过各种渠道联络科技工作者，科技型企业家，教育、科技、人事管理部门，家长，研究生，大学生进行调查。

（二）调查的内容安排与数据处理

1. 内容安排

（1）问卷内容。①涵盖面：未成年人的思想、政治、道德、学习、生活、价值观、行为方式、思维方式、科学素质、企业家精神等各个方面。②主要特点：涉及面广、通俗易懂、选择性强。

（2）访谈内容。①涵盖面：未成年人的科学素质、企业家精神、思想、政治、道德、学习、生活、价值观、行为方式、思维方式。②主要特点：轻松、随机、易答、无虑。

2. 数据处理

（1）统计审定。由笔者组织参与调查的相关人员对2006—2017年共计9类调查表［具体为2006—2017年的未成年人思想道德素质发展现状调查表；2008—2016年的中学老师调查表；2010—2016年的家长调查表；2013—2016年（8次）的中学校长调查表；2013年的德育工作者调查表；2013—2015年（5次）的小学校长调查表；2017年的基础教育工作者调查表；2010年的科技工作者，科技型中小企业家，教育、科技、人事管理部门领导，大学生调查表；2010年、2012年的研究生调查表］进行初步人工统计，将所得数据录入计算机，使用Excel数据处理软件进行汇总、合成，并进行仔细复核、审定。

（2）误差说明。由于百分比数据精度设定为保留两位小数，小数点后第三位作四舍五入处理，造成部分项目比率加和后大于或小于100%。按照统计学要求，±0.02%为容许误差范围，本研究计算结果符合该标准。针对表中该类情况，数据栏以100计，不单独予以说明。

第三章 当代未成年人价值观变化的现状分析之一

在调研的基础上,本章从生活观、体育观、恋爱观、人际观4个维度较为仔细地分析当代未成年人价值观变化的现状。

一、未成年人的生活观

生活观是个体对人生目的、人生意义,以及日常生活的根本看法与观点。未成年时期是逐渐形成生活观的关键时期,"这一时期养成健康的生活方式,对人一生的健康至关重要"[1]。生活观对未成年人的成长成才具有重要的影响。本研究从人生目标、人生志向、职业选择、生活目标、生命态度5个方面来考察未成年人生活观的发展变化现状。

(一) 未成年人的人生目标

人生目标是人生实践中关于自身行为的"指南针"与"导航仪"。

如表3-1所示,在2006—2016年对未成年人的人生目标的调查中,各选项的排序:"实现自己的远大理想"(41.29%)、"脚踏实地,讲究实际"(29.86%)、"能有个好工作"(16.49%)、"能为国家做贡献"(10.55%)、"不清楚"(1.86%)。大部分未成年人的人生目标比较明确,仅有1.86%的未成年人对自己的人生目标不甚清楚。远大理想是人精神上的"钙",没有远大理想就会"缺钙",就会得"软骨病",使得未成年人无法承担国家赋予的重任;实现远大理想需要脚踏实地,一步一个脚印去实现自己的目标。有16.49%的未成年人选择诸如"能有个好工作"这样关乎自身发展的目标选项,表明未成年人除了关注理想外,也逐渐开始关注个体发展,行为选择"凸显自我情绪"[2]。

从2016年与2006年的比较来看,2016年未成年人选择"实现自己的远大理想"与"脚踏实地,讲究实际"的比率较2006年高(率差分别为6.88%、14.48%)。2016年选择"能为国家做贡献"与"能有个好工作"的比率较2006年低(率差分别为 -11.38%、-14.68%)。其中,"能有个好工作"的降幅最大,"脚踏实地,讲究实际"的增幅最大,表明以践行社会主义核心价值观为主要内容的理想信念教育发挥了重要作

---

[1] 赵霞,孙宏艳,张旭东. 我国城市青少年健康生活方式的发展趋势与改进 [J]. 中国青年研究,2019 (4):61-66.

[2] 叶松庆. 当代未成年人价值观的演变特点与影响因素:对安徽省2426名未成年人的调查分析 [J]. 青年研究,2006 (12):1-9.

用。总的来看,未成年人的人生目标明确[①],其价值认知是较为清晰的。

表3-1 未成年人的人生目标(2006—2016年)

年份	实现自己的远大理想		脚踏实地,讲究实际		能为国家做贡献		能有个好工作		不清楚		合计	
	人数	比率	人数	比率	人数	比率	人数	比率	人数	比率	人数	比率
2006[②]	784	32.31	572	23.58	458	18.88	612	25.23	—	—	2426	100
2007[③]	1079	35.44	702	23.05	542	17.80	722	23.71	—	—	3045	100
2008[④]	1519	37.74	989	24.57	541	13.44	976	24.25	—	—	4025	100
2009[⑤]	1156	52.17	611	27.57	179	8.08	270	12.18	—	—	2216	100
2010[⑥]	991	51.19	553	28.56	136	7.03	256	13.22	—	—	1936	100
2011	911	47.18	540	27.96	106	5.49	291	15.07	83	4.30	1931	100
2012	1036	49.24	634	30.13	160	7.60	215	10.22	59	2.81	2104	100
2013	1275	42.96	971	32.72	267	9.00	343	11.56	112	3.76	2968	100
2014	946	32.20	1258	42.82	238	8.10	410	13.96	86	2.92	2938	100
2015	711	46.84	496	32.67	81	5.34	161	10.61	69	4.54	1518	100
2016	758	39.19	736	38.06	145	7.50	204	10.55	91	4.70	1934	100
总计	11166	41.29	8062	29.81	2853	10.55	4460	16.49	500	1.86	27041	100
排序	1		2		4		3		5		—	—
2016年与2006年比较	-26	6.88	164	14.48	-313	-11.38	-408	-14.68	91	4.70	-492	—

(二)未成年人的人生志向

1. 未成年人的自述

对人生志向的考量可以了解未成年人的基本价值取向,并基于此把握未成年人在不同阶段的思想与心理变化。未成年人在不同阶段,其目标与任务不同。人生志向对未成年人不同阶段的学习与生活起着重要的"动力提升"作用。此外,未成年时期确立的人

[①] 叶松庆. 未成年人人生价值观研究 [J]. 当代青年研究, 2007 (4): 46-49.
[②] 叶松庆. 当代未成年人价值观的演变与教育 [M]. 合肥:安徽人民出版社, 2007: 93.
[③] 叶松庆. 青少年思想道德素质发展状况实证研究 [M]. 芜湖:安徽师范大学出版社, 2010: 44.
[④][⑤][⑥] 叶松庆. 当代未成年人的道德观现状与教育 2006—2010 [M]. 芜湖:安徽师范大学出版社, 2013: 69.

生志向对其今后的择业具有极强的导向意义。

如表 3-2 所示,在 2006—2016 年对未成年人的人生志向的调查中,各选项的排序:"有道德的人"(33.36%)、"对社会有用的人"(30.00%)、"出人头地的人"(13.50%)、"有大本事的人"(9.49%)、"光宗耀祖的人"(7.49%)、"平庸的人"(4.52%)"不清楚"(1.64%)。63.36% 的未成年人将成为有道德与对社会有用的人作为自己的人生志向。受中国传统文化的熏陶及家长的感染,30.48% 的未成年人将出人头地、光宗耀祖与有大本事作为自己的人生志向。人生志向并无优劣之分,关键在于"底线"的划定,即人生志向的确立应符合法律与道德要求。在"底线"确立的基础上,人生志向的选择应考虑自我价值与社会价值的统一。换言之,未成年人人生志向的确立,最重要的是能否以自己的聪明才智为社会做贡献。

从 2016 年与 2006 年的比较来看,2016 年未成年人选择"有道德的人"与"对社会有用的人"的合比率较 2006 年高(合率差为 40.30%),其中增幅最大的是"对社会有用的人"。选择"出人头地的人""光宗耀祖的人""有大本事的人"与"平庸的人"的合比率较 2006 年低(合率差为 -41.51%),其中降幅最大的是"平庸的人"(率差为 -16.76%)。关注道德与社会、压缩个人本位的元素的未成年人逐渐增多,其素质有了较好发展。

表 3-2 未成年人的人生志向(2006—2016 年)

选项	均率	排序	比率											2016 年与 2006 年比较率差
			2006 年①	2007 年	2008 年	2009 年	2010 年	2011 年	2012 年	2013 年	2014 年	2015 年	2016 年	
有道德的人	33.36	1	22.79	26.08	21.86	34.75	25.46	27.74	49.86	34.20	41.12	42.16	40.89	18.10
对社会有用的人	30.00	2	14.01	25.98	30.53	32.94	43.60	33.02	24.14	31.44	31.14	27.01	36.21	22.20
出人头地的人	13.50	3	18.51	14.81	16.12	13.81	13.17	13.55	8.13	15.36	12.46	10.74	11.82	-6.69
光宗耀祖的人	7.49	5	11.05	11.82	12.55	7.63	6.30	7.66	5.28	6.13	5.45	5.14	3.43	-7.62
有大本事的人	9.49	4	13.73	16.68	14.73	9.07	9.50	9.58	6.80	6.57	6.36	8.10	3.29	-10.44
平庸的人	4.52	6	19.91	4.63	4.21	1.80	1.97	4.82	2.52	1.99	2.01	2.70	3.15	-16.76
不清楚	1.64	7	0.00	0.00	0.00	0.00	0.00	3.63	3.27	4.31	1.46	4.15	1.21	1.21
合计	100	—	100	100	100	100	100	100	100	100	100	100	100	—

---

① 叶松庆. 当代未成年人价值观的演变与教育 [M]. 合肥:安徽人民出版社,2007:231.

2. 其他研究者的调研成果分析

如表3-3所示，蔡志良和朱坚在1999年对浙江省的杭州、宁波、嘉兴、湖州、绍兴、舟山、台州、金华、衢州、丽水、温州11个市中学生的调查显示，未成年人选择"事业上成功的人"与"有益于社会的人"的比率较高。

佘双好和万舒良2006年对湖北省武汉市青少年的调查，以及佘双好在2007年对北京、上海、重庆、黑龙江、甘肃、山东、安徽、广东、湖北、新疆10个省市（自治区）青少年的调查均显示，未成年人希望成为"在个人事业上有所成就，自我实现的人"的比率最高，其次是要成为一个"为国家和人民做出贡献，对社会有用的人"。显示了未成年人有较浓厚的集体主义意识，也较为注重自我发展。

与其他研究者的结论相呼应，本研究的调查显示，成为"有道德的人"与"对社会有用的人"是未成年人最看重的选项。"对社会有用的人"的比率增幅最大（率差为22.20%），说明未成年人的关注点有了新的变化。

表3-3 未成年人希望自己成为什么样的人

1999年浙江省的杭州、宁波、嘉兴、湖州、绍兴、舟山、台州、金华、衢州、丽水、温州11个市的中学生调查（N: 14609）[1]		2006年湖北省武汉市的青少年调查（N: 4284）[2]		2007年北京、上海、重庆、黑龙江、甘肃、山东、安徽、广东、湖北、新疆等10个省市（自治区）的青少年调查（N: 初中生1612、高中生1364、大学生778)[3]	
你最希望成为哪种类型的人		您希望自己成为什么样的人		您希望自己成为一个什么样的人	
选项	比率	选项	比率	选项	比率
事业上成功的人	26.62	为国家和人民做出贡献，对社会有用的人	21.6	为国家和人民做出贡献，对社会有用的人	33.7
有益于社会的人	26.45	在个人事业上有所成就，自我实现的人	42.1	在个人事业有所成就，自我实现的人	43.3
家庭舒适美满的人	12.7	有权势和地位的人	4.1	未标明	23.0
受人尊敬的人	10.86	有钱人	8.6	—	—
经济富裕的人	5.91	受人尊重的人	11.8	—	—
未标明	17.46	安分守己的普通人	6.4	—	—
—	—	未标明	5.4		
合计	100	合计	100	合计	100

---

[1] 蔡志良，朱坚. 浙江省中学生思想道德状况调查报告[J]. 青年研究，2000（7）：32-37.

[2] 佘双好，万舒良. 湖北省青少年思想道德发展现状及特点分析[J]. 学校党建与思想教育，2007（8）：22-25.

[3] 佘双好. 青少年思想道德现状与分析[J]. 当代青年研究，2007（11）：1-9.

（三）未成年人的职业意愿

未成年人虽还未具备就业能力与条件，但加强对未成年人职业选择的引导却是应关注的话题。职业选择是指个人根据能力、意愿与社会需要来选择自己从事的工作。尽管职业选择是一个简单的劳动选择过程，但透过职业选择，可窥探未成年人对人生目标、职业定位、生活取向等问题的看法。

1. 未成年人的自述

如表3-4所示，在2006—2016年对未成年人的职业意愿的调查中，21.47%的未成年人选择"干大事"，排在首位，表明未成年人有"抱负"与"闯劲"，希望能干一番大事业。未成年人有雄心干一番事业固然值得鼓励，但"九层之台，起于累土"，应注重其"实干"精神的培养。随着社会主义市场经济的深入发展以及校园青春类电视剧中有关"富二代"剧情在荧屏的"肆虐"，经商当老板的思想受到未成年人的青睐，15.72%的未成年人选择"经商当老板"，排名第二。未成年人选择"农民""工人""公务员"的比率偏低，所选择的职业更多地偏向于"体面"与"轻松"，对于基础性与基层性的职位，选择率偏低。

从2016年与2006年的比较来看，"其他"的比率增幅较大，未成年人的职业选择不再拘泥于调查限定的选项。随着"互联网+经济"的迅猛发展，职业的种类骤增，未成年人的职业选择更趋多样化。此外，增幅较大的是"当大官"（9.53%），未成年人希冀通过"当大官"来实现为社会服务固然是好的一面，但也应看到未成年人潜在的"官本位"思想。教育工作者应注意甄别未成年人的职业选择倾向，帮助未成年人树立正确的职业理想。

表3-4 未成年人的职业意愿（2006—2016年）

选项	均率	排序	比率											2016年与2006年比较率差
			2006年[①]	2007年[②]	2008年[③]	2009年[④]	2010年[⑤]	2011年	2012年	2013年	2014年	2015年	2016年	
干大事	21.47	1	19.50	20.95	20.77	26.58	26.96	18.33	22.15	18.80	16.68	20.55	24.89	5.39
当大官	7.18	6	5.19	17.60	4.65	4.29	4.49	5.59	5.23	6.47	5.51	5.27	14.72	9.53
经商当老板	15.72	2	16.98	16.03	18.78	17.19	18.34	18.33	12.45	16.17	14.81	12.06	11.82	-5.16
老师	11.46	4	14.30	11.79	15.28	13.54	13.27	9.01	8.03	9.87	11.37	11.20	8.43	-5.87
工人	1.49	11	0.99	1.48	0.60	0.86	1.55	0.78	1.00	1.62	2.65	1.52	3.29	2.3

[①②③④⑤] 叶松庆. 当代未成年人的道德观现状与教育 2006—2010 [M]. 芜湖：安徽师范大学出版社，2013：92.

(续表3-4)

选项	均率	排序	比率											2016年与2006年比较率差
			2006年①	2007年②	2008年③	2009年④	2010年⑤	2011年	2012年	2013年	2014年	2015年	2016年	
解放军	5.39	8	5.07	5.58	6.51	8.71	6.46	5.23	4.04	6.17	4.15	4.22	3.15	-1.92
科学家	7.02	7	8.33	8.11	10.09	8.62	10.54	5.80	5.18	6.50	4.25	5.60	4.21	-4.12
工程师	5.31	9	6.55	6.47	6.29	6.59	6.56	4.66	5.47	4.55	2.59	5.27	3.44	-3.11
律师	7.58	5	12.65	7.65	13.54	10.60	9.76	7.20	7.70	5.19	2.48	4.15	2.42	-10.23
法官	2.62	10	4.20	3.45	3.28	3.02	2.07	2.38	2.00	2.66	0.71	2.37	2.68	-1.52
农民	0.09	13	0.70	0.00	0.05	0.00	0.00	0.00	0.00	0.00	0.00	0.00	0.24	-0.46
公务员	0.83	12	5.52	0.89	0.00	0.16	0.00	0.00	0.00	0.00	0.00	0.00	2.57	-2.95
其他	13.90	3	0.02	0.00	0.00	0.00	0.00	22.69	26.75	22.00	34.80	27.79	18.14	18.12
合计	100	—	100	100	100	100	100	100	100	100	100	100	100	—

2. 其他研究者的调研成果分析

如表3-5所示,张倩苇、王凯丽和欧阳金兰在2014年11月对广东省广州市22所普通中学初中二年级和高中二年级学生的调查显示,"企业家、科学家、艺术家、工程师、医生、教师名列中学生选择的职业理想的前6位,呈现出未来中学生丰富多彩的人生画卷。29%的学生选择企业家,与广州务实重商的文化传统有关"⑥。

阚言婷在2016年对四川省绵阳市中小学生理想职业的调查显示,除去"未标明"选项外,28.1%的中小学生选择"公务员、军人、医生、律师",25.7%的中小学生选择"希望成为高级知识分子",选择"当老板"与"技术工人"的比率分别为12.9%与15.0%。未成年人更多地倾向于选择公务员、军人以及知识分子等职业,这些职业在很大程度上体现了未成年人的良好职业愿望,有较强的共通性。

张晓琴,张丽和黄永红在2016年对四川省成都市崇州农村中学的调查显示,"从受访者选择的答案可以看出,受长期职业歧视的影响,技术工人和农民都不是农村青少年优先选择的职业"⑦。

---

①②③④⑤ 叶松庆. 当代未成年人的道德观现状与教育2006—2010 [M]. 芜湖:安徽师范大学出版社,2013:92.
⑥ 张倩苇,王凯丽,欧阳金兰. 广州市中学生科学素养现状与需求的调查研究 [J]. 教育导刊,2015(10上):30-34.
⑦ 张晓琴,张丽,黄永红. 网络时代农村青少年思想道德建设现状与对策:以四川崇州市为例 [J]. 开封教育学院学报,2017,37(5):145-146.

李蔚然、李祖超和陈欣在2017年5月对辽宁、江苏、广东、湖北、湖南、江西、陕西、广西、贵州等9省（区）高中生的调查显示，"企业家成为高中生的首选，未来谁当工人、农民真是个大问题，科学家排位靠后"[1]。

表3-5 未成年人的职业意愿

2014年11月广东省广州市22所普通中学初中二年级和高中二年级学生的调查（N：2389）[2]				2016年四川省绵阳市的中小学生调查（N：1885）[3]		2016年四川省成都市崇州农村中学的调查（N：691）[4]				2017年5月辽宁、江苏、广东、湖北、湖南、江西、陕西、广西、贵州等9省（区）的高中生调查（N：6887）[5]			
未成年人的理想职业（多选题）				未成年人的理想职业		中学生的理想职业（多选题）				中学生的理想职业			
选项	比率	选项	比率	选项	比率	选项	比率	选项	比率	选项	比率	选项	比率
科学家	26.5	律师	16.7	希望成为高级知识分子	25.7	企业高层管理者	46.0	影视明星	30.0	企业家	16.3	军人	5.3
工程师	25.2	记者	11.8	当老板	12.9	个体老板	41.0	技术工人	18.0	白领	12	工程师	5.3
医生	23.2	法官	8.7	公务员、军人、医生、律师	28.1	白领	35.0	农民	4.0	教师	10.7	科学家	4.3
教师	21.4	艺术家	26.2	技术工人	15.0	医生	34.0	—	—	公务员	10.4	网红明星	3.9
企业家	29.0	运动员	13.4	未标明	33.3	军人	31.0			医生	8.9	工人	0.5
银行管理人员	17.0	公务员	13.6	—	—	教师	31.0			作家或艺术家	8.5	农民	0.4
会计师	12.2	合计	100	合计	100	公务员	30.0	合计	100	个体户	3.7	合计	100

---

[1][5] 李蔚然，李祖超，陈欣. 高中生价值观的新特征及对策分析：基于9省（区）6887名高中生价值观发展现状的调研[J]. 教育研究，2018（7）：54-60.

[2] 张倩苇，王凯丽，欧阳金兰. 广州市中学生科学素养现状与需求的调查研究[J]. 教育导刊，2015（10上）：30-34.

[3] 阚言婷. 中小学生思想道德建设的调查与对策：以绵阳市为例[J]. 产业与科技论坛，2016，15（20）：203-204.

[4] 张晓琴，张丽，黄永红. 网络时代农村青少年思想道德建设现状与对策：以四川崇州市为例[J]. 开封教育学院学报，2017，37（5）：145-146.

(四) 未成年人的生活目标

1. 未成年人的自述

如表3-6所示,在2012—2013年、2016年对未成年人的生活目标的调查中,44.39%的未成年人将"家庭美满"作为生活目标,选择"按自己的兴趣生活"与"悠闲轻松地生活"的比率分别为22.44%、16.84%。选择"为社会做贡献"的比率较小,为6.28%。

从2016年与2012年的比较来看,增幅最大的是"按自己的兴趣生活"(率差为6.76%),"收入高"的比率也有所上升。"为社会做贡献"与"社会地位高"的比率均有所下降。未成年人的生活目标趋于实际与实在,表明他们逐渐关注现实感受与利益需求。通过未成年人生活目标的变化,可看出未成年人独立性与自主性的逐渐显露,应引导他们处理好个人价值与社会价值的关系,逐渐将个人的生活目标与社会建设有机结合起来,从而实现自身的人生价值。

表3-6 未成年人的生活目标(2012—2013年、2016年)

选项	总计			2012年		2013年		2016年		2016年与2012年比较率差
	人数	比率	排序	人数	比率	人数	比率	人数	比率	
家庭美满	3110	44.39	1	971	46.15	1242	41.85	897	46.38	0.23
按自己的兴趣生活	1572	22.44	2	406	19.30	662	22.30	504	26.06	6.76
收入高	458	6.54	4	110	5.23	229	7.72	119	6.15	0.92
悠闲轻松地生活	1180	16.84	3	392	18.63	548	18.46	240	12.41	-6.22
为社会做贡献	440	6.28	5	135	6.41	183	6.17	122	6.31	-0.10
社会地位高	246	3.51	6	90	4.28	104	3.50	52	2.69	-1.59
合计	7006	100	—	2104	100	2968	100	1934	100	—

2. 其他研究者的调研成果分析

如表3-7所示,李蔚然、李祖超和陈欣在2017年5月对辽宁、江苏、广东、湖北、湖南、江西、陕西、广西、贵州等9省(区)高中生的调查显示,"大部分高中生都将家庭幸福、诚信友善、实现个人价值视为最重要的人生价值目标,选择人数占比分别为62.4%、62.5%、49.5%。此外,爱国敬业(48.2%)、健康长寿(43.8%)、享受自由(43.0%)、奉献社会(35.4%)、开拓创新(25.9%)也是倍受高中生重视的人生价值目标"[①]。

---

① 李蔚然,李祖超,陈欣.高中生价值观的新特征及对策分析:基于9省(区)6887名高中生价值观发展现状的调研[J].教育研究,2018(7):54-60.

丛瑞雪在2018年对山东省德州市中小学生的调查显示，大部分中小学生的价值取向正确，"部分中小学生价值取向已出现扭曲倾向……对'你人生的最终目标是什么？'，3.57%的中小学生选择挣很多钱，4.94%选择成为明星"[1]。

未成年人的人生价值目标也就是其生活目标，由此可看出未成年人的生活目标总体上是积极向上的。

表3-7　未成年人的生活目标

2017年5月辽宁、江苏、广东、湖北、湖南、江西、陕西、广西、贵州等9省（区）的高中生调查（N：6887）[2]		2018年山东省德州市的中小学生调查（N：392）[3]	
你的人生价值目标（多选题）		你人生的最终目标	
选项	比率	选项	比率
家庭幸福	62.4	挣很多钱	3.57
诚信友善	62.5	成为明星	4.94
实现个人价值	49.5	未标明	91.49
爱国敬业	48.2	—	—
健康长寿	43.8	—	—
享受自由	43.0	—	—
奉献社会	35.4	—	—
开拓创新	25.9	—	—
成名成家	21.6	—	—
家财万贯	16.7	—	—
合计	100	合计	100

（五）未成年人的生命态度

如果说不珍惜生命的未成年人需要及时调整心态的话，那么对企图以轻生这种极端方式终结生命的未成年人则须及时制止。由于未成年人缺乏足够的理性，"对于青少年轻生现象的看法，也表现出相当的幼稚性"[4]，"当坏心情侵袭自己时，他们往往觉得'死

---

[1][3]　丛瑞雪. 德州市中小学生社会主义核心价值观教育现状的调查与思考[J]. 现代交际，2018（20）：154-155.

[2]　李蔚然，李祖超，陈欣. 高中生价值观的新特征及对策分析：基于9省（区）6887名高中生价值观发展现状的调研[J]. 教育研究，2018（7）：54-60.

[4]　叶松庆. 当代未成年人价值观的基本特征与发展趋向[J]. 青年探索，2008（1）：6-10.

了算了'‘活着真没意思’,通常的解决方式是自杀"[1]。他们一旦有了轻生的念头,很容易付诸行动。

1. 未成年人尊重生命

(1) 未成年人的自述。

第一,对是否应当珍惜生命的看法。如表3-8所示,在2006—2016年就未成年人对是否应当珍惜生命的看法的调查中,83.14%的未成年人选"应当",居于第一位。大部分未成年人认为应当珍惜生命,毕竟生命对每个人而言仅有一次。9.48%的未成年人选择"不清楚",对于生命的重要性、生命存在的意义与价值不甚了解。7.38%的未成年人持"无所谓"的态度,"无所谓"是一种轻浮表现,表明在内心深处并未意识到生命的宝贵性。

从2016年与2006年的比较来看,2016年选择"应当"的比率较2006年高(率差为22.47%),选择"不清楚"的比率有所降低。11年间,未成年人对于是否应当珍惜生命的看法已悄然发生变化,大部分未成年人逐渐明晰生命的重要性以及生命的意义。

表3-8 未成年人对是否应当珍惜生命的看法(2006—2016年)

年份	应当		不清楚		无所谓		合计人数
	人数	比率	人数	比率	人数	比率	
2006	1423	58.66	563	23.21	440	18.13	2426
2007	2500	82.10	240	7.88	305	10.02	3045
2008	3615	89.81	220	5.47	190	4.72	4025
2009	1950	88.00	171	7.71	95	4.29	2216
2010	1694	87.50	128	6.61	114	5.89	1936
2011	1615	83.63	139	7.20	177	9.17	1931
2012	1798	85.45	175	8.32	131	6.23	2104
2013	2383	80.29	356	11.99	229	7.72	2968
2014	2642	89.93	182	6.19	114	3.88	2938
2015	1294	85.24	95	6.26	129	8.50	1518
2016	1569	81.13	294	15.20	71	3.67	1934
总计	22483	83.14	2563	9.48	1995	7.38	27041
排序	1		2		3		—
2016年与2006年比较	146	22.47	-269	-8.01	-369	-14.46	-492

---

[1] 叶松庆.偏移与矫正:当代未成年人的道德变异与纠偏策略[J].山西青年管理干部学院学报,2007,20(1):20-23.

第二,是否曾有过轻生的闪念。未成年人正处在成长的关键期,受社会外部环境及大众传媒的影响,心理上易出现不适应倾向,难免发生思想与行为偏差,这是个人成长必经的过程,是一种正常的现象。对不良的心理倾向以及由此带来的行为偏差,应该采取科学合理的方法去纠正。在未成年人中出现的类似于"轻生"这样不珍惜生命的做法是不可取也不能取的。

如表3-9所示,在2012—2013年、2016年对未成年人是否曾有过轻生闪念的调查中,各选项的排序:"没有"(65.99%)、"曾有过"(25.48%)、"不清楚"(5.52%)、"现在有"(3.01%)。轻生,是一种不负责任的极端行为,是不良心理倾向的一种外在表现。对于"曾有过"轻生闪念的未成年人要加以正确引导,帮助其树立积极、健康的心态。对"现在有"轻生闪念的未成年人要引起高度关注,及时甄别发现,一定要从心理与思想层面着手,找准未成年人轻生的思想根源,通过心理治疗与思想开导,帮助未成年人"解惑"。

从2016年与2012年的比较来看,2016年选择"没有"的比率较2012年低(率差为5.44%),选择"现在有"与"不清楚"的比率有所增加(率差分别为1.39%、5.27%)。小部分未成年人对生命存在的意义与价值的理解还有进一步明晰的空间。

表3-9 未成年人是否曾有过轻生的闪念(2012—2013年、2016年)

选项	总计			2012年		2013年		2016年		2016年与2012年比较率差
	人数	比率	排序	人数	比率	人数	比率	人数	比率	
没有	4623	65.99	1	1394	66.25	2053	69.17	1176	60.81	-5.44
曾有过	1785	25.48	2	573	27.23	709	23.89	503	26.01	-1.22
现在有	211	3.01	4	61	2.90	67	2.26	83	4.29	1.39
不清楚	387	5.52	3	76	3.62	139	4.68	172	8.89	5.27
合计	7006	100	—	2104	100	2968	100	1934	100	—

(2)成年人群体遇到未成年人轻生的情况。

第一,中学老师遇到未成年人轻生的情况。如表3-10所示,在2008—2013年、2016年对中学老师是否遇到过未成年人轻生的情况的调查中,各项的排序:"未遇到"(67.55%)、"遇到过"(26.95%)、"不清楚"(5.50%)。中学老师遇到未成年人的轻生事件时,一定要及时了解相关情况,摸清楚事件发生的"来龙去脉",并实行干预措施。对未成年人轻生的情况,中学老师应注重"前置性"预防,也就是在轻生事件发生前,能够见微知著,及时干预与沟通。中学老师应加强对未成年人的心理健康教育,定期为其开设心理辅导课程或讲座,让未成年人了解有关心理健康的知识,学会排解不良情绪,调节自己的心态。未成年人大部分的时间是在学校度过的,老师是其最亲密的人。

无论中学老师在校担任的角色（如班主任、授课教师、行政干部）是否相同，对未成年人的关爱都是相同的，对未成年人的情况都应及时了解与掌握，这不仅有利于教学活动的高效开展，也有利于防止此类事件的发生。

从2016年与2008年的比较来看，2016年选择"遇到过"的比率较2008年高（率差为3.62%），2016年选择"未遇到"的比率较2008年低（率差为-4.49%）。随着学校生命教育的逐步开展以及心理健康教育的施行，未成年人轻生的情况应越来越少，中学老师遇到未成年人轻生情况的比率也应有所降低，但本次对于中学老师的调查结果却不容乐观。2016年选择"不清楚"的比率较2008年有小幅上升，表明中学教师对未成年人心理健康的知悉度与关爱度有待进一步提高。

表3-10 中学老师是否遇到过未成年人轻生的情况（2008—2013年、2016年）

年份	遇到过		未遇到		不清楚		合计人数
	人数	比率	人数	比率	人数	比率	
2008	42	27.10	105	67.74	8	5.16	155
2009	51	22.87	160	71.75	12	5.38	223
2010	59	27.44	141	65.58	15	6.98	215
2011	81	37.16	130	59.63	7	3.21	218
2012	44	21.89	144	71.64	13	6.47	201
2013	69	23.38	210	71.19	16	5.42	295
2016	51	30.72	105	63.25	10	6.02	166
总计	397	26.95	995	67.55	81	5.50	1473
排序	2		1		3		—
2016年与2008年比较	9	3.62	0	-4.49	2	0.86	11

第二，中学校长遇到未成年人轻生的情况。如表3-11所示，在2016年对中学校长是否遇到过未成年人轻生的情况的调查中，57.81%的中学校长表示"遇到过"，"未遇到"的比率为35.94%，选择"不清楚"的比率为6.25%。半数以上的中学校长"遇到过"未成年人轻生的情况，这个比率比中学老师（26.95%）高。这与职务身份有关系：中学校长面对的是全校的未成年人，而中学老师面对的是自己任课班级的未成年人，两者面对的范围不一样，所以"遇到过"的比率相差较大。

从性别比较来看，男性中学校长选择"遇到过"的比率较女性中学校长高24.29%，选择"不清楚"的比率较女性中学校长低21.12%。应不断加强女性中学校长对这一问题的认识，提高解决此类问题的能力。

表 3-11 中学校长是否遇到过未成年人轻生的情况（2016 年）

选项	总计			性别				比较率差
	人数	比率	排序	男		女		
				人数	比率	人数	比率	
遇到过	37	57.81	1	32	62.75	5	38.46	24.29
未遇到	23	35.94	2	18	35.29	5	38.46	-3.17
不清楚	4	6.25	3	1	1.96	3	23.08	-21.12
合计	64	100	—	51	100	13	100	—

2. 未成年人反对"离家出走"

（1）未成年人的自述。

第一，对离家出走的看法。如表 3-12 所示，在 2006—2013 年、2016 年就未成年人对离家出走的看法的调查中，58.46% 的未成年人选择"不赞成"，居于首位，选择"可以理解"与"赞成"的合比率为 35.86%，选择"不清楚"的比率为 5.68%。大部分未成年人对自身离家出走明确表达了端正的态度（"不赞成"），31.16% 的未成年人表示"可以理解"，4.70% 的未成年人表示"赞成"。为何有这么多未成年人表示"可以理解"甚至持"赞成"态度？这个问题值得我们高度重视。

从 2016 年与 2006 年的比较来看，2016 年选择"不赞成"的比率较 2006 年升高较多（率差为 11.66%），2016 年选择"可以理解"与"赞成"的比率较 2006 年降低较多（率差分别为 -6.06%、-8.70%）。可以说，未成年人对"离家出走"的态度越来越理性，正确的认识占了上风。从年份对比来看，未成年人对这一问题的认识存在波动，其中，"不赞成"比率最高的年份是 2008 年，达到 63.08%；"赞成"比率最低的年份是 2009 年，仅有 1.49%。

表 3-12 未成年人对离家出走的看法（2006—2013 年、2016 年）

年份	不赞成		可以理解		赞成		不清楚		合计	
	人数	比率	人数	比率	人数	比率	人数	比率	人数	比率
2006[①]	1112	45.84	901	37.14	299	12.32	114	4.70	2426	100
2007[②]	1851	60.79	712	23.38	208	6.83	274	9.00	3045	100
2008[③]	2539	63.08	1205	29.94	73	1.81	208	5.17	4025	100

[①②] 叶松庆. 青少年思想道德素质发展状况实证研究 [M]. 芜湖：安徽师范大学出版社，2010：70.

[③] 叶松庆. 当代未成年人道德观发展变化与引导对策的实证研究 [M]. 芜湖：安徽师范大学出版社，2016：129.

(续表3-12)

年份	不赞成		可以理解		赞成		不清楚		合计	
	人数	比率	人数	比率	人数	比率	人数	比率	人数	比率
2009[①]	1359	61.33	712	32.13	33	1.49	112	5.05	2216	100
2010[②]	1183	61.11	565	29.18	78	4.03	110	5.68	1936	100
2011	1145	59.30	618	32.00	89	4.61	79	4.09	1931	100
2012	1212	57.60	772	36.69	57	2.71	63	3.00	2104	100
2013	1690	56.94	952	32.08	155	5.22	171	5.76	2968	100
2016	1112	57.50	601	31.08	70	3.62	151	7.81	1934	100
总计	13203	58.46	7038	31.16	1062	4.70	1282	5.68	22585	100
排序	1		2		4		3		—	
2016年与2006年比较	0	11.66	-300	-6.06	-229	-8.70	37	3.11	-492	—

第二，未成年人是否曾有离家出走的闪念。未成年人离家出走有可能导致其成为流浪儿童，引发各种社会问题。

如表3-13所示，在2012—2016年对未成年人是否曾有离家出走的闪念的调查中，各选项的排序："没有"（54.98%）、"曾有过"（38.12%）、"不清楚"（4.26%）、"现在有"（2.64%）。大部分未成年人没有离家出走的闪念，但这并不意味着教育者（或家长）就可放松对其的管教。对于"曾有过"或"现在有"的未成年人要认真分析其离家出走的缘由，找出有针对性的解决对策。调查数据反映的是一个调查群体的笼统面貌，至于哪些是"曾有过"与"现在有"的未成年人却无法甄别，要依靠教育者（或家长）平时的关注与了解。

从2016年与2012年的比较可知，2016年选择"不清楚"的比率较2012年高（率差为5.57%），其他选项比率均较2012年低。大部分未成年人有较为正确的认识，小部分未成年人仍存在模糊化的态度倾向。

[①][②] 叶松庆. 当代未成年人道德观发展变化与引导对策的实证研究 [M]. 芜湖：安徽师范大学出版社，2016：129.

表 3-13 未成年人是否曾有离家出走的闪念（2012—2016 年）

选项	总计			2012 年		2013 年		2014 年		2015 年		2016 年		2016 年与2012 年比较率差
	人数	比率	排序	人数	比率	人数	比率	人数	比率	人数	比率	人数	比率	
没有	6302	54.98	1	1119	53.18	1554	52.36	1792	60.99	829	54.61	1008	52.12	-1.06
曾有过	4369	38.12	2	873	41.49	1175	39.59	1042	35.47	558	36.76	721	37.28	-4.21
现在有	303	2.64	4	66	3.14	91	3.07	54	1.84	37	2.44	55	2.84	-0.30
不清楚	488	4.26	3	46	2.19	148	4.99	50	1.70	94	6.19	150	7.76	5.57
合计	11462	100	—	2104	100	2968	100	2938	100	1518	100	1934	100	—

（2）受访群体遇到未成年人离家出走的情况。

如表 3-14 所示，在 2016 年对未成年人是否遇到过未成年人离家出走的调查中，各选项的排序："未遇到"（72.13%）、"遇到过 1 次"（17.17%）、"遇到过多次"（3.88%）、"不清楚"（6.83%）。

在 2016 年对成年人群体是否遇到过未成年人离家出走的调查中，中学老师选择"未遇到"的比率为 52.41%，这一比率较未成年人低（率差为 -19.72%）。家长选择"未遇到"的比率为 70.98%，这一比率均高于中学老师与中学校长。中学校长选择"未遇到"的比率为 31.25%，是受访群体中最低的。

从未成年人与成年人群体的比较来看，未成年人选择"未遇到"的比率较成年人群体高（率差为 14.45%），未成年人选择"遇到过 1 次"与"遇到过多次"的比率均较成年人群体低（率差分别是 -6.47%、-10.54%）。成年人群体对未成年人离家出走的感受明显强烈得多。中学校长"遇到过多次"的比率（34.38%）是受访群体中最高的，反映出未成年人离家出走的情况不容乐观。

表 3-14 未成年人、中学老师、家长、中学校长遇到未成年人离家出走的情况（2016 年）

选项	总计			未成年人		成年人群体								未成年人与成年人群体比较率差
						合计		中学老师		家长		中学校长		
	人数	比率	排序	人数	比率	人数	比率	人数	比率	人数	比率	人数	比率	
未遇到	1639	69.54	1	1395	72.13	244	57.68	87	52.41	137	70.98	20	31.25	14.45
遇到过 1 次	432	18.33	2	332	17.17	100	23.64	48	28.92	34	17.62	18	28.13	-6.47
遇到过多次	136	5.77	4	75	3.88	61	14.42	23	13.86	16	8.29	22	34.38	-10.54
不清楚	150	6.36	3	132	6.83	18	4.26	8	4.82	6	3.11	4	6.25	2.57
合计	2357	100	—	1934	100	423	100	166	100	193	100	64	100	—

3. 其他研究者的调研成果分析

如表 3-15 所示,王绍华等在 2012 年对北京市延庆县(现延庆区)未成年人的调查显示,25.77% 的中学生有自杀意念,16.66% 的中学生有自杀计划,其中高中生的计划性较初中生稍强。在笔者同年的同类研究(见表 3-9,第 50 页)中,27.23% 的未成年人表示"曾有过"轻生的闪念(相当于"有自杀意念"),这与前述调查结果有着较高的相似性;2.90% 的未成年人"现在有"轻生的闪念(相当于"有自杀计划"),这一数据显著小于前述调查的数据。

牛文华等在 2013 年对辽宁省本溪市未成年人的调查显示,未成年人自杀计划的发生率为 8.26%。

杨业华、杨鲜兰和符俊在 2014 年对湖北省的未成年人思想道德状况的调查显示,93.7% 的未成年人认为"生命只有一次,应该好好珍惜",仅有 2.8% 的未成年人持"不同意"的看法。

表 3-15 未成年人对生命的认识(一)

2012 年北京市延庆县的未成年人调查(N:1602)[①]				2013 年辽宁省本溪市的未成年人调查(N:3610)[②]		2014 年湖北省的未成年人思想道德状况调查(N:小学五、六年级学生 1000,高中和初中生 8400,中职生 600)[③]	
有自杀意念		有自杀计划		自杀计划的发生率		生命只有一次,应该好好珍惜	
选项	比率	选项	比率	选项	比率	选项	比率
初中生	13.15	初中生	7.27	有	8.26	同意	93.7
高中生	12.62	高中生	9.39	未标明	91.74	不同意	2.8
—		—				说不清	3.5
合计	—	合计	—	合计	100	合计	100

如表 3-16 所示,潘丝媛、李武权和黎明在 2017 年对广东省广州市的中学生网络成瘾情况的调查显示,有"自杀意念者"404 名,占 12.51%,"自杀尝试者"66 名,占 2.04%,但 85.45% 的中学生无此相关行为。

周友焕等在 2018 年对江苏省苏州市未成年人的调查显示,86.7% 的未成年人认为

[①] 王绍华,张镇权,闫丽艳,等. 北京市延庆县青少年健康相关危险行为的调查研究 [J]. 中国学校卫生,2012,28(1):113-114.

[②] 牛文华,翟玲玲,任时,等. 2013 年本溪市青少年伤害的横断面调查 [J]. 实用预防医学,2016,23(6):697-700.

[③] 杨业华,杨鲜兰,符俊. 湖北省未成年人思想道德发展状况调查报告 [J]. 青少年学刊,2016(1):35-39.

"无论遭遇什么挫折，都不应该放弃生命"[1]。表明大多数未成年人认为生命应该得到珍惜。

贺永泉和王艳红在 2018 年对四川省乐山市中学生的调查显示，5.16% 的中学生有过自杀计划与行动，17.58% 的中学生有过自杀念头（未付诸行动），77.26% 的中学生没有此类问题。

郭志英在 2018 年 10 月对天津市城市、县镇和农村三个区域的五、六年级学生的调查显示，"大多数小学生认为生命并不完全属于我们自己，还属于家人、朋友和社会，应当珍惜"[2]。

通过对其他研究者调查数据的分析，发现未成年人对生命的尊重程度逐渐增高。

在 2012—2013 年、2016 年本研究的调查中，选择"曾有过"或"现在有"轻生闪念的未成年人比率处在较低水平，亦可看出大多数未成年人对生命的高度尊重。

表 3-16 未成年人对生命的认识（二）

2017 年广东省广州市的中学生网络成瘾情况调查（N: 3229）[3]			2018 年江苏省苏州市辖区四所中学的未成年人调查（N: 736）[4]		2018 年四川省乐山市中学生中开展生命意识状况的调查（N: 中学生 85441）[5]			2018 年 10 月天津市城市、县镇和农村三个区域的五、六年级学生的调查（N: 1303）[6]	
自杀相关行为			无论遭遇什么挫折，都不应该放弃生命		有过自杀计划或念头			生命并不完全属于我们自己，还属于家人、朋友和社会，你是否认同这一观点	
选项	人数	比率	选项	比率	选项	人数	比率	选项	比率
自杀意念者	404	12.51	不应该放弃	86.7	有过自杀计划与行动	4407	5.16	完全认同	46.4
自杀尝试者	66	2.04	有待考虑	10.1	有过自杀念头	15020	17.58	基本认同	35.1
没有	2759	85.45	应该放弃	3.2	—	—	—	不太认同	11.4
								很不认同	7.1
合计	3229	100	合计	100	合计	85441	—	合计	100

---

[1][4] 周友焕，张标，金杰，等. 中学生生命教育实践调查与对策研究 [J]. 校园心理，2019，17（3）：180-184.

[2][6] 郭志英. 天津市小学生价值观现状调查研究 [J]. 天津教科院学报，2019（1）：66-73.

[3] 潘丝媛，李武权，黎明. 广州市中学生网络成瘾与自杀相关行为的关系 [J]. 中国学校卫生，2018，39（2）：229-231.

[5] 贺永泉，王艳红. 强化生命意识教育 培塑健康向上的生命价值观：对乐山市中学生生命意识状态的调查与思考 [J]. 中共乐山市委党校学报，2018，20（6）：99-103.

（六）基本认识

本研究从人生目标、人生志向、职业选择与生命态度四个层面展开对未成年人生活观的探讨。在对四个层面现状了解的基础上，本研究认为，从总体上看，未成年人确立了正确的生活观。2006—2016年11年间，未成年人的生活观得到了积极健康的发展。

1."立志"与"立大志"成为大部分未成年人的主诉，关注个人发展也呈增长态势

在漫长的人生道路上，唯有奋力拼搏、不畏艰难才能实现人生价值。在人生价值实现的过程中离不开理想信念与志向的确立。在对未成年人人生目标的调查中，41.29%的未成年人将实现远大理想作为自己的人生目标，表明有不少未成年人追求实现远大理想（见表3-1，第41页）。在对未成年人的人生志向的调查中，63.36%的未成年人将成为有道德与对社会有用的人作为自己的人生志向，30.48%的未成年人将出人头地、光宗耀祖与有大本事作为自己的人生志向（见表3-2，第42页）。其他研究者2006年湖北省武汉市的青少年调查以及2007年北京、上海、重庆、黑龙江、甘肃、山东、安徽、广东、湖北、新疆等10个省市（自治区）的青少年调查均表明，未成年人希望自己为国家与人民做贡献，并成为对社会有用的人（见表3-3，第43页）。

虽然大部分未成年人"有志"并且能够做到"立大志"，但在本研究的调查中发现，16.49%的未成年人将"能有个好工作"作为自己的人生目标（见表3-1，第41页）。此外，其他研究者1999年浙江省的调查、2006年湖北省武汉市的调查以及2007年北京等10省市的调查数据表明，越来越多的未成年人开始关注个人事业上的成功，选择对国家与社会贡献的比率有所减少（见表3-3，第43页）。我们不能片面地用对错来判定这一人生目标，但将个人的目标与国家的前途、人民的利益结合起来才更有意义。作为当代未成年人，应立志做大事，应将个人的发展与国家、民族发展及社会需要结合起来，而不是单纯地追求一份好工作。

2. 干大事是大部分未成年人的职业意愿，"轻松""体面"的工作也备受青睐

在对未成年人职业意愿的调查中，剔除其他选项，21.47%的未成年人选择"干大事"，排在首位；15.72%的未成年人选择"经商当老板"，排在第二位；选择诸如农民、工人等基础性与基层性岗位的比率排名靠后（见表3-4，第44页）。从数据可看出：第一，大部分未成年人有明晰的职业意愿，且职业选择呈现多样化的趋势。第二，受西方社会思潮以及"电视剧价值导向不明造成未成年人价值观的混乱"[①]的影响，未成年人只是片面地看到白领的"光鲜"，因而偏爱收入高、条件舒适、体面的职业，对于基础性与基层性的工作兴趣不高。

虽然大部分未成年人尚不能真正地从事工作，但这并不意味着可停滞对未成年人择业观的教育。未成年人从小确立正确的职业观，对于其今后更好地开展工作、服务社会大有裨益。对未成年人的职业选择应强调"实干"，也就是以脚踏实地的精神做好择业

---

① 叶松庆，罗永，荣梅. 电视剧文化对未成年人价值观的影响、省略、问题：以安徽省未成年人的调查为例 [J]. 皖西学院学报，2015，31（6）：29-33.

前的准备。固然有大部分未成年人喜欢"体面""轻松"的工作,仅从个人意愿层面无可厚非。但并不是所有职业都能按照个人意愿与兴趣进行选择,还须充分考虑现实社会发展的实际,做到既不好高骛远又不消极被动,脚踏实地地为今后择业做好充分准备。落实到未成年人的实际,则要求未成年人认真学习知识,注重实践能力的培养。

3. 尊重与珍惜生命是绝大部分未成年人的共识,轻视生命价值的现象也屡见不鲜

生与死是贯穿人生始终的一对基本矛盾,从一定意义上说,珍视生命才更能体现人生观的重要意义。本研究从对珍惜生命的认识、不良心理倾向、偏差行为及其处理方式展开对生命态度的考察。在2006—2016年的调查中,83.14%的未成年人认为应当珍惜生命,大部分未成年人认同生命理应受到尊重(见表3-8,第49页)。小部分未成年人"曾有过"(25.48%)与"现在有"(3.01%)轻生的闪念,表现出不良的心理倾向(见表3-9,第50页)。小部分未成年人"曾有过"(38.12%)与"现在有"(2.64%)离家出走的闪念(见表3-13,第54页)。26.95%的中学老师与57.81%的中学校长遇到过未成年人轻生的情况(见表3-10,第51页;表3-11,第52页)。未成年人的不良思想认识与心理问题值得重视。

应在对未成年人生命态度有充分了解的基础上,切实从未成年人自身、家庭、学校三个方面着手,提高未成年人对生命的重视程度,教育未成年人珍视生命。对未成年人自身而言,要注意调整自己的情绪、心态。在遇到问题时,要以积极乐观的态度去面对。对家庭教育而言,关键在于家长。家长应转变教育观念,改进教育方式,通过与未成年人进行真挚有效的沟通,了解其心中的苦恼与困惑,并提出可操作的对策。"学校的人生观教育缺乏影响力,导致未成年人人生价值观的渐进性偏移"[①],因此,对于学校而言,应逐渐改变"以考试为中心"的应试教育;包括中学教师在内的教育者要注重加强未成年人的心理健康教育,定期举办讲座与其他形式的活动,让未成年人对于生命的意义有更为深刻的理解,从而做到尊重与珍视生命,确立正确的生命观与生活观。

二、未成年人的体育观

体育观是"人类价值观在体育方面的具体化"[②],未成年人的体育观"一般指了解必要的体育科学知识,掌握基本的训练或锻炼方法,梳理体育精神,并具有一定的应用它们处理体育实际问题、参与公共体育事务的能力"[③]。本研究从未成年人的体育意识、体育锻炼、参与的体育项目以及体育成效等方面了解未成年人的体育状况以及体育观发展现状。

---

① 叶松庆. 未成年人人生价值观研究 [J]. 当代青年研究, 2007 (4): 46-49.

② 许月云. 侨乡乡镇居民体育价值观特征及其差异性比较研究 [J]. 成都体育学院学报, 2007, 33 (2): 46-49.

③ 叶松庆. 当代城乡青少年体育观的比较研究:以安徽省城乡青少年为例 [J]. 成都体育学院学报, 2010, 36 (3): 25-29.

（一）未成年人的体育意识

1. 对身体健康的认识

（1）未成年人的自述。

第一，最看重的是"身体健康"。拥有健康的身体是进行体育锻炼的前提，而体育锻炼也会让人身心愉悦，有助于身体健康。在未成年人的成长过程中，他们会把什么东西看得最重？调查表列出了11个选项供未成年人选择。

如表3-17所示，在2009—2013年、2016年对未成年人最看重的东西的调查中，"身体健康"的选择率最高（47.99%），居于第一位，其他选项的排序："道德修养"（14.49%）、"人的尊严"（9.52%）、"学习成绩"（9.40%）、"考上大学"（5.86%）、"政治思想进步"（3.56%）、"上好的中学"（2.65%）、"科学素质"（1.96%）、"其他"（1.90%）、"企业家精神"（1.47%）、"不知道"（1.20%）。我们注意到，排在第一位的"身体健康"与第二位的"道德修养"的率差为33.50%，前者是后者的3.31倍，可见未成年人已经认识到身体健康的重要性。而且持这一认识的未成年人从2009年的43.05%上升到2016年的43.85%，显示出未成年人健康意识的增强，这种情势符合现代社会"健康第一"的价值取向。未成年人最看重身体健康，而除了日常的饮食营养均衡外，体育锻炼是维系健康的重要因素，这或可间接表明未成年人的体育意识有了较大的增强。

表3-17 未成年人最看重的东西（2009—2013年、2016年）

选项	总计			2009年		2010年		2011年		2012年		2013年		2016年		2016年与2009年比较率差
	人数	比率	排序	人数	比率	人数	比率	人数	比率	人数	比率	人数	比率	人数	比率	
身体健康	6282	47.99	1	954	43.05	818	42.25	750	38.84	1378	65.49	1534	51.68	848	43.85	0.80
学习成绩	1230	9.40	4	206	9.30	186	9.61	233	12.07	133	6.32	216	7.28	256	13.24	3.94
上好的中学	347	2.65	7	42	1.90	25	1.29	26	1.35	34	1.62	93	3.13	127	6.57	4.67
考上大学	767	5.86	5	150	6.77	179	9.25	123	6.37	62	2.95	146	4.92	107	5.53	-1.24

(续表 3-17)

选项	总计			2009 年		2010 年		2011 年		2012 年		2013 年		2016 年		2016年与2009年比较率差
	人数	比率	排序	人数	比率	人数	比率	人数	比率	人数	比率	人数	比率	人数	比率	
政治思想进步	466	3.56	6	110	4.96	41	2.12	54	2.80	33	1.57	90	3.03	138	7.14	2.18
道德修养	1897	14.49	2	400	18.05	359	18.54	353	18.28	227	10.79	322	10.85	236	12.20	-5.85
科学素质	257	1.96	8	30	1.35	47	2.43	43	2.23	28	1.33	62	2.09	47	2.43	1.08
企业家精神	192	1.47	10	48	2.17	32	1.65	32	1.66	9	0.43	54	1.82	17	0.88	-1.29
人的尊严	1246	9.52	3	220	9.93	197	10.18	209	10.82	160	7.60	334	11.25	126	6.51	-3.42
其他	248	1.90	9	50	2.26	31	1.60	49	2.53	20	0.95	79	2.67	19	0.98	-1.28
不知道	157	1.20	11	6	0.26	21	1.08	59	3.05	20	0.95	38	1.28	13	0.67	0.41
合计	13089	100	—	2216	100	1936	100	1931	100	2104	100	2968	100	1934	100	—

第二，非常爱惜自己的身体。未成年人的体育意识不仅表现为积极参与体育锻炼，还包括在日常生活中注意养成良好的个人卫生习惯，爱惜自己的身体。

如表 3-18 所示，在 2014—2016 年就未成年人对"我基本养成了良好的生活习惯，非常地爱惜自己的身体"看法的调查中，选择"有点同意"（19.65%）、"同意"（32.30%）与"非常同意"（18.81%）的合比率为 70.76%，其中"同意"居于第一位。选择含有不同意意味的选项比率偏低。大部分未成年人都能养成良好的生活习惯，爱惜自己身体。表明未成年人很在乎自身的身体健康，与上述未成年人重视身体健康的选项不谋而合。

从 2016 年与 2014 的比较来看，2016 年选择"有点不同意"与"不同意"的比率分别较 2014 年降低 2.33% 与增加 6.04%，选择"同意"的比率较 2014 年低 6.70%。从比较率差来看，未成年人对这一问题的否定性与模糊性认识有所增加，这一变化需要引起高度的重视，并针对实际情况加强对未成年人的教育与引导。

表3-18 未成年人对"我基本养成了良好的生活习惯，非常地爱惜自己的身体"的看法（2014—2016年）

选项	总计			2014年		2015年		2016年		2016年与2014年比较率差
	人数	比率	排序	人数	比率	人数	比率	人数	比率	
非常不同意	616	9.64	5	137	4.66	79	5.20	400	20.68	16.02
不同意	440	6.89	6	143	4.87	86	5.67	211	10.91	6.04
有点不同意	812	12.71	4	410	13.96	177	11.66	225	11.63	-2.33
有点同意	1256	19.65	2	699	23.79	289	19.04	268	13.86	-9.93
同意	2064	32.30	1	1031	35.09	484	31.88	549	28.39	-6.70
非常同意	1202	18.81	3	518	17.63	403	26.55	281	14.53	-3.10
合计	6390	100	—	2938	100	1518	100	1934	100	—

（2）受访群体的看法。

第一，最看重的是"身体健康"。如表3-19所示，在2016年对受访群体的调查中，选择"身体健康"的比率为42.26%，居于第一位。选择"学习成绩"的比率为16.63%，居于第二位。

从未成年人与成年人群体的比较可知，率差最大的是"学习成绩"，成年人群体选择"学习成绩"的比率较未成年人要高，包括未成年人在内的多个群体认为未成年人最为看重自身的"身体健康"。此外，成年人群体也较为看重未成年人的"学习成绩"。

表3-19 受访群体眼中未成年人最看重的东西（2016年）

选项	总计			未成年人		成年人群体								未成年人与成年人群体比较率差
						合计		中学老师		家长		中学校长		
	人数	比率	排序	人数	比率	人数	比率	人数	比率	人数	比率	人数	比率	
身体健康	996	42.26	1	848	43.85	148	34.99	50	30.12	80	41.45	18	28.13	8.86
学习成绩	392	16.63	2	256	13.24	136	32.15	50	30.12	63	32.64	23	35.94	-18.91
上好的中学	154	6.53	4	127	6.57	27	6.38	12	7.23	8	4.15	7	10.94	0.19
考上大学	141	5.98	7	107	5.53	34	8.04	15	9.04	11	5.70	8	12.50	-2.51
政治思想进步	153	6.49	5	138	7.14	15	3.55	6	3.61	6	3.11	3	4.69	3.59
道德修养	261	11.07	3	236	12.20	25	5.91	11	6.63	13	6.74	1	1.56	6.29

(续表3-19)

选项	总计			未成年人		成年人群体								未成年人与成年人群体比较率差
						合计		中学老师		家长		中学校长		
	人数	比率	排序	人数	比率	人数	比率	人数	比率	人数	比率	人数	比率	
科学素质	55	2.33	8	47	2.43	8	1.89	6	3.61	2	1.04	0	0.00	0.54
企业家精神	20	0.85	9	17	0.88	3	0.71	3	1.81	0	0.00	0	0.00	0.17
人的尊严	149	6.32	6	126	6.51	23	5.44	11	6.63	9	4.66	3	4.69	1.07
其他	20	0.85	9	19	0.98	1	0.23	0	0.00	0	0.00	1	1.55	0.75
不知道	16	0.67	11	13	0.67	3	0.71	2	1.20	1	0.51	0	0.00	-0.04
合计	2357	100	—	1934	100	423	100	166	100	193	100	64	100	—

第二，能够爱惜自己的身体。如表3-20所示，在2016年对受访群体的调查中，选择"非常不同意""不同意"与"有点不同意"的合比率为43.44%。选择"有点同意""同意"与"非常同意"的合比率为56.56%。多数受访群体认为未成年人基本养成了良好的生活习惯，非常地爱惜自己的身体。

从未成年人与成年人群体的比较来看，未成年人选择"有点同意""同意"与"非常同意"的合比率较成年人群体要稍高。成年人群体认为未成年人需要进一步养成良好的生活习惯与更加爱惜自己的身体。

表3-20 受访群体对"未成年人基本养成了良好的生活习惯，非常地爱惜自己的身体"的看法（2016年）

选项	总计			未成年人		成年人群体								未成年人与成年人群体比较率差
						合计		中学老师		家长		中学校长		
	人数	比率	排序	人数	比率	人数	比率	人数	比率	人数	比率	人数	比率	
非常不同意	475	20.15	2	400	20.68	75	17.73	27	16.27	42	21.76	6	9.38	2.95
不同意	277	11.75	5	211	10.91	66	15.60	27	16.27	26	13.47	13	20.31	-4.69
有点不同意	272	11.54	6	225	11.63	47	11.11	21	12.65	17	8.81	9	14.06	0.52
有点同意	338	14.34	3	268	13.86	70	16.55	31	18.67	25	12.95	14	21.88	-2.69
同意	666	28.26	1	549	28.39	117	27.66	41	24.70	59	30.57	17	26.56	0.73
非常同意	329	13.96	4	281	14.53	48	11.35	19	11.44	24	12.44	5	7.81	3.18
合计	2357	100	—	1934	100	423	100	166	100	193	100	64	100	—

2. 对参加体育运动的认识

未成年人的体育意识还表现在未成年人对体育运动的认识,未成年人只有积极投身于体育运动,才能在体育运动中逐渐感受体育的"魅力"。

如表3-21所示,在2011年、2016年对未成年人参加体育运动认识的调查中,85.75%的未成年人认为参加体育运动"有一定好处"与"有很大好处"。选择其他选项的比率较低。从调查数据来看,大部分未成年人对参加体育运动持积极的态度。参加体育运动可以使自己的身体得到锻炼,同时也可以释放自身的消极情绪,无论是对体能素质还是心理素质的提升都有一定的益处。

从2016年与2011年的比较来看,选择"有一定好处"的比率较2011年低14.19%,是降幅最大的选项。需要进一步提高未成年人体育锻炼的积极性,从而树立正确的体育观。

表3-21 未成年人对参加体育运动的认识(2011年、2016年)

选项	总计			2011年			2016年			2016年与2011年比较率差
	人数	比率	排序	人数	比率	排序	人数	比率	排序	
有很大好处	1799	46.55	1	870	45.05	2	929	48.04	1	2.99
有一定好处	1515	39.20	2	894	46.30	1	621	32.11	2	-14.19
没有好处	179	4.63	3	32	1.66	4	147	7.60	3	5.94
纯粹浪费时间	70	1.81	6	27	1.40	6	43	2.22	6	0.82
没有任何意义	144	3.73	5	31	1.61	5	113	5.84	4	4.23
不知道	158	4.08	4	77	3.98	3	81	4.19	5	0.21
合计	3865	100	—	1931	100	—	1934	100	—	—

3. 其他研究者的调研成果分析

如表3-22所示,黎曦和陈泷在2010年对上海2所重点中学与2所普通中学的调查显示,57.79%的未成年人认为体育运动"重要"。

姚星在2018年对河南省中学生的调查显示,"在对'体育运动重要性的认知'一题中,有68.3%的青少年认识到了体育运动的重要意义,这意味着大多数青少年都希望拥有一个强健的体魄"[1]。

---

[1] 姚星. 基于立德树人视域下河南省青少年体育价值观研究 [J]. 体育世界(学术版), 2018 (7): 44-45.

由此可见，不同时期、不同地域的未成年人都很重视体育运动的重要价值，"身体健康"得到未成年人的格外重视。这种认识是正确的，与体育的初衷相吻合，也与本研究的结果相似。

表3-22 未成年人对体育运动的认识

2010年上海2所重点中学与2所普通中学的调查 (N：189)[1]		2018年河南省的中学生调查 (N：不详)[2]	
你认为体育运动是否重要		对体育运动重要性的认知	
选项	比率	选项	比率
重要	57.79	重要	68.3
一般	32.75	还行	16.8
不重要	9.46	无所谓	14.9
合计	100	合计	100

（二）未成年人的体育锻炼

1. 体育锻炼的动机

（1）未成年人的自述。

未成年人参加体育运动的动机决定了其效果，让我们来看看未成年人参加体育运动是出于何种动机。

如3-23所示，在2009—2011年、2016年对未成年人体育锻炼动机的调查中，选择"完成课程要求"的占22.22%，这部分未成年人的体育锻炼是一种被动式的运动，只上课时参加。选择"应付考试"的占14.92%，这部分人更是将体育锻炼当作一种应付。而选择"不知道"参加体育运动是为了什么的人占8.64%。剩下来选择了"增强体质"的未成年人的比率为54.22%，只有这部分未成年人有着正确的体育运动动机。

从2016年与2009年的比较来看，2016年选择"增强体质"选项的比率较2009年低20.12%，选择应付类的选项均较2009年高。未成年人的体育锻炼稍显"功利性"，对体育锻炼的本质认识不清，需要积极加强对未成年人的教育与引导。

---

[1] 黎曦，陈泷. 中学生体育价值观及行为状况的调查分析 [J]. 内江科技，2010 (12)：159-160.

[2] 姚星. 基于立德树人视域下河南省青少年体育价值观研究 [J]. 体育世界（学术版），2018 (7)：44-45.

表3-23 未成年人体育锻炼的动机（2009—2011年、2016年）

选项	总计			2009年		2010年		2011年		2016年		2016年与2009年比较率差
	人数	比率	排序	人数	比率	人数	比率	人数	比率	人数	比率	
完成课程要求	1781	22.22	2	400	18.05	417	21.54	357	18.49	607	31.39	13.34
应付考试	1196	14.92	3	306	13.81	238	12.29	336	17.40	316	16.34	2.53
增强体质	4347	54.22	1	1351	60.97	1126	58.16	1080	55.93	790	40.85	-20.12
不知道	693	8.64	4	159	7.17	155	8.01	158	8.18	221	11.42	4.25
合计	8017	100	—	2216	100	1936	100	1931	100	1934	100	—

（2）受访群体的看法。

如表3-24所示，在2016年对受访群体的调查中，选择"增强体质"的比率为39.41%，居于第一位。

从未成年人与成年人群体的比较来看，未成年人选择"增强体质"的比率较成年人群体要高，在"完成课程要求"与"应付考试"选项上，成年人群体的选择率较未成年人高。在成年人群体眼中，未成年人的体育锻炼动机偏功利，且疲于应付。

表3-24 受访群体眼中未成年人的体育锻炼动机（2016年）

选项	总计			未成年人		成年人群体								未成年人与成年人群体比较率差
						合计		中学老师		家长		中学校长		
	人数	比率	排序	人数	比率	人数	比率	人数	比率	人数	比率	人数	比率	
完成课程要求	769	32.63	2	607	31.39	162	38.30	61	36.75	83	43.01	18	28.13	-6.91
应付考试	413	17.52	3	316	16.34	97	22.93	45	27.11	36	18.65	16	25.00	-6.59
增强体质	929	39.41	1	790	40.85	139	32.86	50	30.12	67	34.72	22	34.38	7.99
不知道	246	10.44	4	221	11.42	25	5.91	10	6.02	7	3.62	8	12.49	5.51
合计	2357	100	—	1934	100	423	100	166	100	193	100	64	100	—

（3）其他研究的调研成果分析。

如表3-25所示，王桂华、肖焕禹和陈玉忠在2005年对上海市中学生的调查显示，中学生重视体育强身健体和预防疾病的价值观念明显高于其他体育价值观，位于第一。

邓艳艳和宋军在2010年对江苏省常州市中学生的调查显示，91.11%的中学生把"健身或预防疾病"放在体育锻炼动机的第一位。

黎曦和陈泷在2010年对上海2所重点中学与2所普通中学的调查显示，92.06%的中学生把"强身健体"放在体育锻炼动机的第一位。

孙自敏在2011年对河南省各地市农村中学的调查显示，92.14%的中学生把"强身健体、促进生长发育"放在体育锻炼动机的第一位。

姚星在2018年对河南省中学生的调查显示，中学生把"强身健体"放在体育锻炼动机的第一位。

表3-25 未成年人的体育锻炼动机

2005年上海市的中学生调查（N：731）①			2010年江苏省常州市的中学生调查（N：844）②			2010年上海2所重点中学与2所普通中学的调查（N：189）③			2011年河南省各地市农村中学的调查（N：456）④			2018年河南省的中学生调查（N：不详）⑤	
体育价值取向（取前3位）			体育价值取向（取前3位）			体育价值取向（取前3位）			对体育的认识（取前3位）			体育锻炼的动机	
选项	比率	排名	选项	比率	排名	选项	比率	排名	选项	比率	排名	选项	比率
健身防病型	70.5	1	健身或预防疾病	91.11	1	强身健体	92.06	1	强身健体、促进生长发育	92.14	1	享受荣誉	67.8
调节心理型	58.7	2	提高身体素质和运动能力	90.17	2	娱乐	83.59	2	愉悦身心、调节大脑	88.29	2	提高责任心	60.1
娱乐型	57.6	3	改善情绪、缓解压力	86.02	3	上进心	71.78	3	磨炼意志品质、陶冶情操	86.10	3	培养积极的生活观	63.8
—	—	—	—	—	—	—	—	—	—	—	—	健全审美理念	54.2
—	—	—	—	—	—	—	—	—	—	—	—	纯属娱乐	88.2
—	—	—	—	—	—	—	—	—	—	—	—	强身健体	90.4
—	—	—	—	—	—	—	—	—	—	—	—	带来名利	69.2
合计	100	—	合计	100	—	合计	100	—	合计	100	—	合计	100

① 王桂华，肖焕禹，陈玉忠. 上海市中学生体育价值观现状及影响其形因素社会学分析[J]. 体育科研，2005，26（6）：77-81.

② 邓艳艳，宋军. 中学生体育锻炼主体意识的现状调查与分析[J]. 中国学校体育，2010（6）：16-17.

③ 黎曦，陈泷. 中学生体育价值观及行为状况的调查分析[J]. 内江科技，2010（12）：159-160.

④ 孙自敏. 河南省农村中学生体育价值观调查研究[J]. 山西师大体育学院学报，2011，26（S1）：31-32.

⑤ 姚星. 基于立德树人视域下河南省青少年体育价值观研究[J]. 体育世界（学术版），2018（7）：44-45.

2. 对体育锻炼的兴趣度

（1）对体育课的兴趣度。

第一，未成年人的自述。未成年人对体育课感兴趣才能让老师在有限的时间内保质保量地完成体育课的教学任务。在测量未成年人对体育课的兴趣度时，分为两个层级：一是"非常感兴趣"，二是"感兴趣"。

如表3-26所示，在2009—2016年就未成年人对体育课兴趣度的调查中，未成年人对体育课"非常感兴趣"的比率为37.98%，该项数据虽然呈波浪形，但是2015年的数值高达44.47%，是2009年的1.32倍，可见未成年人对体育课感兴趣的强烈程度。对体育课"感兴趣"的比率为42.39%，排在第一位，与"非常感兴趣"的比率合起来为80.37%，八成多的未成年人对体育课感兴趣，这是学校体育课能够发挥增强未成年人体质功能的关键所在。选择"不感兴趣"的比率为15.29%，未成年人对体育课不感兴趣的比率偏低。

从2016年与2009年的比较来看，2016年选择"非常感兴趣"的比率较2009年高1.67%，选择"不感兴趣"的比率较2009年低0.34%。从比较率差来看，未成年人对体育课的兴趣度有一定的增加，表明学校体育课受到了未成年人的喜爱，课程取得了一定成效。

表3-26 未成年人对体育课的兴趣度（2009—2016年）

年份	非常感兴趣		感兴趣		不感兴趣		不知道		合计	
	人数	比率	人数	比率	人数	比率	人数	比率	人数	比率
2009	749	33.80	1071	48.33	326	14.71	70	3.16	2216	100
2010	734	37.91	907	46.85	241	12.45	54	2.79	1936	100
2011	530	27.45	912	47.23	409	21.18	80	4.14	1931	100
2012	864	41.06	839	39.88	350	16.63	51	2.43	2104	100
2013	1310	44.14	1039	35.01	495	16.68	124	4.17	2968	100
2014	1115	37.95	1351	45.98	366	12.46	106	3.61	2938	100
2015	675	44.47	572	37.68	217	14.30	54	3.55	1518	100
2016	686	35.47	747	38.62	278	14.37	223	11.54	1934	100
总计	6663	37.98	7438	42.39	2682	15.29	762	4.34	17545	100
排序	2		1		3		4		—	
2016年与2009年比较	-63	1.67	-324	-9.71	-48	-0.34	153	8.38	-282	—

第二，受访群体的看法。如表 3-27 所示，在 2016 年对受访群体的调查中，选择"非常感兴趣"与"感兴趣"的合比率为 76.66%，其中"感兴趣"的比率为 40.26%，居于第一位。

从未成年人与成年人群体的比较来看，未成年人选择"非常感兴趣"与"感兴趣"的合比率为 74.09%，这一合比率较成年人群体的同项比率低。在成年人群体眼中，未成年人对体育课的兴趣较大。

表 3-27 受访群体眼中未成年人对体育课的兴趣度（2016 年）

选项	总计			未成年人		成年人群体								未成年人与成年人群体比较率差
						合计		中学老师		家长		中学校长		
	人数	比率	排序	人数	比率	人数	比率	人数	比率	人数	比率	人数	比率	
非常感兴趣	858	36.40	2	686	35.47	172	40.66	69	41.57	79	40.93	24	37.50	-5.19
感兴趣	949	40.26	1	747	38.62	202	47.75	81	48.80	93	48.19	28	43.75	-9.13
不感兴趣	309	13.11	3	278	14.37	31	7.33	14	8.43	11	5.70	6	9.38	7.04
不知道	241	10.22	4	223	11.53	18	4.26	2	1.20	10	5.18	6	9.38	7.27
合计	2357	100	—	1934	100	423	100	166	100	193	100.	64	100	—

（2）对课外体育锻炼的兴趣度。

第一，未成年人的自述。未成年人对课外体育活动感兴趣也是增强体质的重要环节。在测量未成年人对课外体育活动的兴趣度时，分为"非常感兴趣"与"感兴趣"两个层级。

如表 3-28 所示，在 2009—2016 年对未成年人就课外体育锻炼的兴趣度的调查中，未成年人选择"非常感兴趣"的比率为 38.10%，"感兴趣"的比率为 41.78%，这两项比率合起来为 79.88%。未成年人对课外体育活动保持较高的兴趣。

从 2016 年与 2009 年的比较来看，2016 年选择"非常感兴趣"的比率较 2009 年高 5.33%，选择"不感兴趣"的比率较 2009 年低 2.19%。从比较率差来看，未成年人对课外体育锻炼的兴趣度增加，表明课外体育锻炼的吸引力正逐渐增强，未成年人的体育行为也渐趋活跃。

表3-28 未成年人对课外体育锻炼的兴趣度（2009—2016年）

年份	非常感兴趣		感兴趣		不感兴趣		不知道		合计人数
	人数	比率	人数	比率	人数	比率	人数	比率	
2009	739	33.35	1008	45.49	350	15.79	119	5.37	2216
2010	594	30.68	964	49.79	293	15.13	85	4.40	1936
2011	578	29.93	856	44.33	378	19.58	119	6.16	1931
2012	853	40.54	750	35.65	418	19.87	83	3.94	2104
2013	1296	43.67	1076	36.25	445	14.99	151	5.09	2968
2014	1224	41.66	1365	46.46	292	9.94	57	1.94	2938
2015	652	42.95	607	39.99	200	13.18	59	3.88	1518
2016	748	38.68	704	36.40	263	13.60	219	11.32	1934
总计	6684	38.10	7330	41.78	2639	15.04	892	5.08	17545
排序	2		1		3		4		—
2016年与2009年比较	9	5.33	-304	-9.09	-87	-2.19	100	5.95	-282

第二，受访群体的看法。如表3-29所示，在2016年对受访群体的调查中，选择"非常感兴趣"与"感兴趣"的合比率为77.01%，这一合比率略高于受访群体所认为的未成年人对体育课的兴趣（76.66%，见表3-27）。选择"非常感兴趣"的比率为38.57%，居于第一位。

从未成年人与成年人群体的比较来看，未成年人选择"非常感兴趣"与"感兴趣"的合比率为75.08%，这一合比率较成年人群体的比率低。在成年人群体眼中，未成年人对体育锻炼的兴趣较大。未成年人对体育锻炼保持较高的兴趣，在一定程度上有助于其树立正确体育观。

表3-20 受访群体眼中未成年人的体育锻炼兴趣度（2016年）

选项	总计			未成年人		成年人群体							未成年人与成年人群体比较率差
						合计		中学老师		家长		中学校长	
	人数	比率	排序	人数	比率	人数	比率	人数	比率	人数	比率	人数	比率	
非常感兴趣	909	38.57	1	748	38.68	161	38.06	62	37.35	77	39.90	22	34.38	0.62
感兴趣	906	38.44	2	704	36.40	202	47.75	82	49.40	89	46.11	31	48.44	-11.35

(续表 3-29)

选项	总计			未成年人		成年人群体								未成年人与成年人群体比较率差
						合计		中学老师		家长		中学校长		
	人数	比率	排序	人数	比率	人数	比率	人数	比率	人数	比率	人数	比率	
不感兴趣	295	12.52	3	263	13.60	32	7.57	16	9.64	12	6.22	4	6.25	6.03
不知道	247	10.47	4	219	11.32	28	6.62	6	3.61	15	7.77	7	10.93	4.70
合计	2357	100	—	1934	100	423	100	166	100	193	100	64	100	—

第三，其他研究者的调研成果分析：

如表 3-30 所示，王小平和施光华在 2002 年对江苏省常州地区部分职高学生的调查显示，近四成的职高学生"喜欢"体育课。

邓艳艳和宋军在 2010 年对江苏省常州市中学生的调查显示，98.10% 的中学生愿意参加班级成立的课外体育兴趣小组的活动，表明绝大多数未成年人对体育锻炼感兴趣。

黎曦和陈泷在 2010 年对上海 2 所重点中学与 2 所普通中学的调查显示，63.49% 的中学生对学校体育课做了兴趣"高"的表达。

表 3-30 未成年人对体育锻炼的兴趣度

2002 年江苏省常州地区部分职高学生的调查（N：686）[1]		2010 年江苏省常州市的中学生调查（N：844）[2]		2010 年上海 2 所重点中学与 2 所普通中学的调查（N：189）[3]	
体育课学习兴趣状况		如果班级成立课外体育兴趣小组，您愿意去参加吗？		对体育课的兴趣	
选项	比率	选项	比率	选项	比率
喜欢	38.19	非常愿意	57.46	高	63.49
一般	53.70	比较愿意	35.07	一般	32.92
不喜欢	8.02	愿意	5.57	没兴趣	3.59
未标明	0.09	不愿意	1.07	—	—
—	—	非常不愿意	0.83		
合计	100	合计	100	合计	100

---

[1] 王小平，施光华. 高职体育教学中学生学习动机目的及体育价值观的探析 [J]. 南京体育学院学报，2002，16（2）：76，49.

[2] 邓艳艳，宋军. 中学生体育锻炼主体意识的现状调查与分析 [J]. 中国学校体育，2010（6）：16-17.

[3] 黎曦，陈泷. 中学生体育价值观及行为状况的调查分析 [J]. 内江科技，2010（12）：159-160.

（3）成为职业运动员的意向。

职业运动员是以体育运动作为自己职业的人员。未成年人要不要成为职业运动员，决定的因素有很多，最主要的还是看未成年人有没有体育天赋与潜能，但作为一种意向，未成年人还是可以表达的。

如表3-31所示，在2009—2011年、2016年对未成年人是否愿意成为职业运动员的调查中，表示"非常愿意"的未成年人比率为13.63%，表示"愿意"的未成年人比率为25.35%，这两项的合比率为38.98%，也就是说，近百分之四十的未成年人有成为职业运动员的意向。这种意向不仅成为未成年人积极参与体育锻炼的理由，也为提高青少年的体育运动水平提供了精神动力。

从2016年与2009年的比较来看，选择"非常愿意"与"愿意"的比率均有不同程度的降低，未成年人成为职业运动员的意向有所降低。

表3-31　未成年人是否成为职业运动员（2009—2011年、2016年）

选项	总计			2009年		2010年		2011年		2016年		2016年与2009年比较率差
	人数	比率	排序	人数	比率	人数	比率	人数	比率	人数	比率	
非常愿意	1093	13.63	3	363	16.38	280	14.46	247	12.79	203	10.50	-5.88
愿意	2032	25.35	2	623	28.11	511	26.39	481	24.91	417	21.56	-6.55
不愿意	4008	49.99	1	992	44.77	979	50.57	987	51.11	1050	54.29	9.52
不知道	884	11.03	4	238	10.74	166	8.57	216	11.19	264	13.65	2.91
合计	8017	100	—	2216	100	1936	100	1931	100	1934	100	—

3. 体育锻炼的积极性

（1）未成年人的自述。

《教育部　国家体育总局　共青团中央关于开展全国亿万学生阳光体育运动的通知》是2006年12月20日由教育部、国家体育总局、共青团中央联合下发的，这一决定得到相关单位的积极贯彻执行，取得了良好的效果。但全国各地对这项工作的开展程度是不平衡的，未成年人的参与情况也不平衡。未成年人参与"青少年学生阳光体育运动"的积极性究竟怎样？

如表3-32所示，在2011年、2016年对未成年人在"青少年学生阳光体育运动"中的积极性的调查中，31.88%的未成年人有积极性，9.86%的未成年人没有积极性，42.92%的未成年人认为"一般化"，谈不上积极与不积极，15.34%的未成年人把握不准自己是积极还是不积极。

从2016年与2011年的比较来看，2016年未成年人选择"积极"的比率较2011年高14.96%。未成年人参与阳光体育运动的积极性的提高，在一定程度上有助于其体育观的逐渐确立。

表3-32 未成年人在"青少年学生阳光体育运动"中的积极性（2011年、2016年）

选项	总计			2011年			2016年			2016年与2011年比较率差
	人数	比率	排序	人数	比率	排序	人数	比率	排序	
积极	1232	31.88	2	471	24.39	2	761	39.35	2	14.96
一般化	1659	42.92	1	889	46.04	1	770	39.81	1	-6.23
不积极	381	9.86	4	237	12.27	3	144	7.45	4	-4.82
不知道	593	15.34	3	334	17.30	4	259	13.39	3	-3.91
合计	3865	100	—	1931	100	—	1934	100	—	—

（2）受访群体的看法。

第一，中学老师的看法。如表3-33所示，在2013—2016年对中学老师认为的未成年人参加"青少年阳光体育运动"的积极性的调查中，中学老师认为未成年人有参与积极性的比率为51.83%，而认为未成年人参与不积极的比率为6.14%，选择"一般化"的比率为36.95%。总的来看，中学老师认为青少年参加阳光体育运动的积极性较高。

从2016年与2013年的比较来看，中学老师选择"积极"的比率有所提高，可见未成年人参与阳光体育运动的活跃度有所提高。

表3-33 中学老师认为的未成年人参加"青少年阳光体育运动"的积极性（2013—2016年）

选项	总计			2013年		2014年		2015年		2016年		2016年与2013年比较率差
	人数	比率	排序	人数	比率	人数	比率	人数	比率	人数	比率	
积极	439	51.83	1	138	46.78	117	50.43	90	58.44	94	56.63	9.85
一般化	313	36.95	2	104	35.25	107	46.12	50	32.47	52	31.33	-3.92
不积极	52	6.14	3	20	6.78	6	2.59	10	6.49	16	9.64	2.86
不清楚	43	5.08	4	33	11.19	2	0.86	4	2.60	4	2.41	-8.78
合计	847	100	—	295	100	232	100	154	100	166	100	—

第二，家长的看法。如表3-34所示，在2014—2016年对家长认为的未成年人参加"青少年阳光体育运动"的积极性的调查中，家长选择"积极"的比率为57.90%，这一比率比未成年人与中学老师的比率高。家长选择"一般化"的比率为33.16%，选择"不积极"的比率仅为1.89%。家长认为阳光体育运动对未成年人的身心健康发展有益处，且认为未成年人在这一活动中表现积极。

从2016年与2014年的比较来看，2016年选择"一般化"的比率较2014年增加8.94%，选择"积极"的比率较2014年低4.29%。从比较率差来看，家长对这一问题的评价渐趋平缓,认为阳光体育运动成效一般。

表3-34 家长认为的未成年人参加"青少年阳光体育运动"的积极性(2014—2016年)

选项	总计			2014年		2015年		2016年		2016年与2014年比较率差
	人数	比率	排序	人数	比率	人数	比率	人数	比率	
积极	337	57.90	1	144	61.28	83	53.90	110	56.99	-4.29
一般化	193	33.16	2	63	26.81	61	39.61	69	35.75	8.94
不积极	11	1.89	4	4	1.70	2	1.30	5	2.59	0.89
不清楚	41	7.04	3	24	10.21	8	5.19	9	4.66	-5.55
合计	582	100	—	235	100	154	100	193	100	—

第三,中学校长的看法。如表3-35所示,在2013—2016年对中学校长认为的未成年人参加"青少年阳光体育运动"的积极性的调查中,54.58%的中学校长认为未成年人能积极参加青少年阳光体育运动,这一比率较家长的低,但高于未成年人与中学老师。中学校长选择"一般化"的比率为39.02%。中学校长对这一问题的认识是最积极乐观的,这或多或少与其角色定位有关,中学校长作为学校的领导,高度重视未成年人的体育锻炼情况。重视程度越高越会进一步推动"青少年阳光体育运动",未成年人参与的积极性就显得较高。

表3-35 中学校长认为的未成年人参加"青少年阳光体育运动"的积极性(2013—2016年)

选项	总计		2013年		2014年				2015年								2016年		2016年与2013年比较率差
					(1)		(2)		(1)		(2)		(3)		(4)				
	人数	比率	人数	比率	人数	比率	人数	比率	人数	比率	人数	比率	人数	比率	人数	比率	人数	比率	
积极	256	54.58	105	57.69	32	46.38	21	44.68	10	50.00	11	55.00	10	55.56	30	61.22	37	57.81	0.12
一般化	183	39.02	76	41.76	33	47.83	22	46.81	8	40.00	6	30.00	5	27.78	15	30.61	18	28.13	-13.63
不积极	2	0.43	1	0.55	3	4.35	3	6.38	2	10.00	3	15.00	2	11.11	3	6.12	4	6.25	5.70
不清楚	1	0.21	0	0.00	1	1.45	1	2.13	0	0.00	0	0.00	1	5.56	1	2.04	5	7.81	7.81
合计	469	100	182	100	69	100	47	100	20	100	20	100	18	100	49	100	64	100	—

4. 体育锻炼的强度

（1）未成年人的自述。

如表3-36所示，在2006—2016年对未成年人锻炼身体情况的调查中，"经常锻炼"身体的比率为38.11%，"不经常锻炼"身体的比率为43.66%，"从不锻炼"的比率为4.98%，"只是上体育课时"进行锻炼的比率为13.25%。也就是说，三成多的未成年人把"经常锻炼"身体作为生活中的一部分，已养成良好的体育习惯。"不经常锻炼""只是上体育课时""从不锻炼"的合比率为61.89%，表明多数未成年人没有养成体育锻炼的习惯。这一调查结果与郭剑在2005年进行的全国性调查的结果——"60.4%的学生没有养成体育锻炼习惯"[1]——较为相近。

从2016年与2006年的比较来看，2016年选择"经常锻炼"的比率较2006年高8.32%，以及"从不锻炼"略有升高（率差为0.26%），其他选项的比率均较2006年低。从比较率差来看，未成年人锻炼身体的积极性有所提高，但在养成体育锻炼的习惯上仍须努力。

表3-36 未成年人锻炼身体的情况（2006—2016年）

年份	经常锻炼		不经常锻炼		从不锻炼		只是上体育课时		合计
	人数	比率	人数	比率	人数	比率	人数	比率	人数
2006[2]	843	34.75	1027	42.33	114	4.70	442	18.22	2426
2007	1077	35.37	1269	41.67	288	9.46	411	13.50	3045
2008[3]	1132	28.12	2154	53.52	118	2.93	621	15.43	4025
2009	706	31.86	1173	52.93	72	3.25	265	11.96	2216
2010[4]	598	30.89	939	48.50	72	3.72	327	16.89	1936
2011	545	28.22	1094	56.65	100	5.18	192	9.94	1931
2012[5]	890	42.30	871	41.40	129	6.13	214	10.17	2104
2013	1236	41.64	1190	40.09	183	6.17	359	12.10	2968
2014	1644	55.96	914	31.11	115	3.91	265	9.02	2938
2015	802	52.83	469	30.90	59	3.89	188	12.38	1518
2016	833	43.07	705	36.45	96	4.96	300	15.51	1934
总计	10306	38.11	11805	43.66	1346	4.98	3584	13.25	27041
排序	2		1		4		3		—
2016年与2006年比较	-10	8.32	-322	-5.88	-18	0.26	-142	-2.71	-492

---

[1] 郭剑. 良好的运动习惯从何来[N]. 中国青年报, 2008-08-06 (6).
[2] 叶松庆. 当代城乡青少年体育观的比较研究[J]. 成都体育学院学报, 2010, 36 (3): 25-29.
[3][4][5] 叶松庆. 当代未成年人体育行为对道德观发展的作用[J]. 成都体育学院学报, 2013, 39 (8): 80-85.

(2) 受访群体的看法。

如表3-37所示，在2016年对受访群体的调查中，选择"经常锻炼"选项的比率为44.46%，居于第一位，选择"不经常锻炼"的比率为36.02%，居于第二位。

从未成年人与成年人群体的比较来看，成年人群体选择"经常锻炼"的比率较未成年人选择的比率要高，未成年人选择"不经常锻炼""从不锻炼"与"只是上体育课时"的比率均较成年人群体要高。可见，在成年人群体眼中，未成年人体育锻炼的情况较好。

表3-37 受访群体眼中未成年人的体育锻炼（2016年）

选项	总计			未成年人		成年人群体								未成年人与成年人群体比较率差
						合计		中学老师		家长		中学校长		
	人数	比率	排序	人数	比率	人数	比率	人数	比率	人数	比率	人数	比率	
经常锻炼	1048	44.46	1	833	43.07	215	50.83	83	50.00	96	49.74	36	56.25	-7.76
不经常锻炼	849	36.02	2	705	36.45	144	34.04	56	33.73	69	35.75	19	29.69	2.41
从不锻炼	113	4.79	4	96	4.96	17	4.02	9	5.42	6	3.11	2	3.13	0.94
只是上体育课时	347	14.72	3	300	15.51	47	11.11	18	10.84	22	11.40	7	10.94	4.40
合计	2357	100	—	1934	100	423	100	166	100	193	100	64	100	—

（三）未成年人的体育项目

1. 最喜欢的体育项目

(1) 未成年人的自述。

大多数未成年人在体育方面都有一定的兴趣爱好，这与未成年人的体育竞技水平无关，因为多数未成年人只是把体育运动当作一种锻炼身体的手段，并非爱好体育就一定要去参加竞技比赛，喜欢也不一定要具备高超的运动技巧。调查表中明确列出了常见的足球、篮球、排球、短跑、长跑、中长跑等体育运动项目，而在"其他"中则包括了乒乓球、羽毛球、健美操、武术等表中没有明列的运动项目。未成年人会有怎样的选择？

如表3-38所示，在2006—2011年、2016年对未成年人最喜欢参加的体育运动项目的调查中，居于第一位的是"篮球"（28.08%）。篮球是大众化的体育运动项目，连续6年的比率皆是逐年上升的，表明篮球是未成年人最喜欢的体育运动项目。排在第二位的是"其他"，占25.34%。其他选项的排序："足球"（16.51%）、"短跑"（9.54%）、"排球"（6.78%）、"中长跑"（5.37%）、"不喜欢"（4.23%）、"长跑"（4.16%）。

从2016年与2006年的比较来看，2016年选择"足球"的比率较2006年低15.41%，是降幅最大的选项。选择"其他"的比率较2006年高9.77%，是增幅最大的选项。从比较率差来看，未成年人对"足球"的兴趣度急剧降低。这或多或少与足球事业的"负面"报道有一定的关联,未成年人喜欢参加的体育运动项目在一定程度上受当时的体育大环境的影响。

表3-38 未成年人最喜欢参加的体育运动项目(2006—2011年、2016年)

选项	总计			2006年①		2007年		2008年②		2009年		2010年③		2011年		2016年		2016年与2006年比较率差
	人数	比率	排序	人数	比率	人数	比率	人数	比率	人数	比率	人数	比率	人数	比率	人数	比率	
足球	2891	16.51	3	887	36.56	595	19.54	419	10.41	217	9.79	186	9.61	178	9.22	409	21.15	-15.41
篮球	4917	28.08	1	519	21.39	856	28.11	1135	28.20	680	30.69	603	31.15	623	32.26	501	25.90	4.51
排球	1188	6.78	5	119	4.91	344	11.30	221	5.49	96	4.33	148	7.64	114	5.90	146	7.55	2.64
短跑	1670	9.54	4	195	8.04	206	6.77	388	9.64	254	11.46	197	10.18	197	10.20	233	12.05	4.01
长跑	729	4.16	8	45	1.85	136	4.47	183	4.55	85	3.84	84	4.34	66	3.42	130	6.72	4.87
中长跑	941	5.37	6	64	2.64	149	4.89	194	4.82	163	7.36	128	6.61	142	7.35	101	5.22	2.58
其他	4437	25.34	2	241	9.93	430	14.12	1472	36.57	721	32.54	581	30.01	611	31.64	381	19.70	9.77
不喜欢	740	4.23	7	356	14.67	329	10.80	13	0.32	0	0.00	9	0.46	0	0.00	33	1.71	-12.96
合计	17513	100	—	2426	100	3045	100	4025	100	2216	100	1936	100	1931	100	1934	100	—

(2)受访群体的看法。

第一,家长的看法。如表3-39所示,在2014—2016年对家长认为的未成年人最喜欢参加的体育运动项目的调查中,42.95%的家长选择"篮球",居于第一位。选择"足球"的比率为25.08%。其余各选项的排序:"其他"(13.75%)、"短跑"(8.08%)、"中长跑"(4.64%)、"排球"(2.75%)、"长跑"(2.75%)。家长认为的未成年人最喜欢的体育运动与未成年人自身的选择保持较高的一致性。

从2016年与2014年的比较来看,2016年选择"足球"的比率较2014年高16.75%,这与足坛生态的净化有一定的联系。

---

①②③ 叶松庆. 当代未成年人体育行为对道德观发展的作用[J]. 成都体育学院学报,2013,39(8): 80-85.

表3-39 家长认为的未成年人最喜欢参加的体育运动项目（2014—2016年）

选项	总计			2014年		2015年		2016年		2016年与2014年比较率差
	人数	比率	排序	人数	比率	人数	比率	人数	比率	
足球	146	25.08	2	41	17.45	39	25.32	66	34.20	16.75
篮球	250	42.95	1	116	49.36	72	46.75	62	32.12	-17.24
排球	16	2.75	6	6	2.55	4	2.60	6	3.11	0.56
短跑	47	8.08	4	20	8.51	4	2.60	23	11.92	3.41
长跑	16	2.75	6	2	0.85	3	1.95	11	5.70	4.85
中长跑	27	4.64	5	13	5.53	9	5.84	5	2.59	-2.94
其他	80	13.75	3	37	15.74	23	14.94	20	10.36	-5.38
合计	582	100	—	235	100	154	100	193	100	—

第二，中学老师的看法。如表3-40所示，在2014—2016年对中学老师认为的未成年人最喜欢参加的体育运动项目的调查中，49.09%的中学老师选择"篮球"，居于第一位，这一比率较未成年人与家长高。其余各选项的排序："足球"（31.52%）、"其他"（7.61%）、"短跑"（4.71%）、"排球"（4.53%）、"中长跑"（1.63%）、"长跑"（0.91%）。接近半数的中学老师认为未成年人最喜欢的体育运动是篮球。

从2016年与2014年的比较来看，2016年选择"足球"的比率较2014年高14.32%，是增幅最大的选项。2016年选择"篮球"的比率较2014年低9.65%，是降幅最大的选项，这与家长的认识相近。

表3-40 中学老师认为的未成年人最喜欢参加的体育运动项目（2014—2016年）

选项	总计			2014年		2015年		2016年		2016年与2014年比较率差
	人数	比率	排序	人数	比率	人数	比率	人数	比率	
足球	174	31.52	2	66	28.45	37	24.03	71	42.77	14.32
篮球	271	49.09	1	123	53.02	76	49.35	72	43.37	-9.65
排球	25	4.53	5	7	3.02	8	5.19	10	6.02	3.00
短跑	26	4.71	4	16	6.90	3	1.95	7	4.22	-2.68
长跑	5	0.91	7	0	0.00	2	1.30	3	1.81	1.81
中长跑	9	1.63	6	2	0.86	6	3.90	1	0.60	-0.26
其他	42	7.61	3	18	7.76	22	14.29	2	1.20	-6.56
合计	552	100	—	232	100	154	100	166	100	—

第三，中学校长的看法。如表 3-41 所示，在 2014—2016 年对中学校长认为的未成年人最喜欢参加的体育运动项目的调查中，47.74% 的中学校长选择"篮球"，居于第一位，这一比率略高于中学老师的同项比率，远高于家长与未成年人的同项比率。其余各选项的排序："足球"（26.48%）、"中长跑"（7.67%）、"其他"（5.23%）、"长跑"（3.83%）、"排球"（0.70%）、"短跑"（0.35%）。大部分中学校长认为未成年人对球类运动更为青睐。

从 2016 年与 2014 年第一批调查比较来看，中学校长选择"足球"的比率上升幅度较大（率差为 15.76%），选择"篮球"的比率下降幅度较大（率差为 -14.33%），表明喜欢"足球"的未成年人逐渐增多，这与未成年人本身的认知取向有明显差异。此外，既需要速度又需要耐力的"中长跑"比率下降较大，中学校长认为喜欢此项运动的未成年人在减少，从侧面反映出未成年人吃苦耐劳的精神有所减退。

表 3-41　中学校长认为的未成年人最喜欢参加的体育运动项目（2014—2016 年）

选项	总计		2014 年				2015 年								2016 年		2016 年与 2014（1）比较率差
			（1）		（2）		（1）		（2）		（3）		（4）				
	人数	比率	人数	比率	人数	比率	人数	比率	人数	比率	人数	比率	人数	比率	人数	比率	
足球	76	26.48	15	21.74	9	19.15	4	20.00	5	25.00	4	22.22	15	30.61	24	37.50	15.76
篮球	137	47.74	39	56.52	26	55.32	3	15.00	9	45.00	9	50.00	24	48.98	27	42.19	-14.33
排球	2	0.70	2	2.90	2	4.26	2	10.00	2	10.00	2	11.11	2	4.08	3	4.69	1.79
短跑	1	0.35	1	1.45	1	2.13	1	5.00	0	0.00	1	5.56	1	2.04	4	6.25	4.8
长跑	11	3.83	2	2.90	1	2.13	0	0.00	0	0.00	1	5.56	1	2.04	3	4.69	1.79
中长跑	22	7.67	7	10.14	8	17.02	2	10.00	1	0.00	1	5.56	1	2.04	2	3.13	-7.01
其他	15	5.23	3	4.35	1	2.13	5	25.00	4	20.00	1	5.56	3	6.12	1	1.56	-2.79
合计	287	100	69	100	47	100	20	100	20	100	18	100	49	100	64	100	—

2. 喜欢观赏的体育项目

未成年人喜欢观赏的体育运动与喜欢的体育运动项目是一个主题、不同层面的问题，喜欢观赏是动眼不动身的体育行为，喜欢体育运动项目是既要动眼也要动身的体育行为。

如表 3-42 所示，在 2009—2011 年、2016 年对未成年人最喜欢观看的体育运动的调查中，"篮球"是未成年人最喜欢观赏的体育运动（占 32.31%），该项历年的比率比较稳定。最喜欢观赏"足球"的未成年人比率排在第四位。

"体操""乒乓球""武术"是列出的运动项目，选择率分别是 13.27%、10.10%、

9.18%,排在第三、第五、第六位。排在第二位的是"其他",这里的"其他"是除了明确列出的运动项目以外,包括径赛中的短跑、中长跑、长跑、竞走等。显然,除了"篮球"相对集中外,未成年人的体育观赏取向比较分散也比较稳定。从2016年与2009年的比较来看,率差最大的选项是"体操"选项,2016年选择"体操"的比率较2009年低5.13%。

表3-42 未成年人最喜欢观看的体育运动(2009—2011年、2016年)

选项	总计			2009年		2010年		2011年		2016年		2016年与2009年比较率差
	人数	比率	排序	人数	比率	人数	比率	人数	比率	人数	比率	
足球	820	10.23	4	196	8.84	188	9.71	190	9.84	246	12.72	3.88
篮球	2590	32.31	1	728	32.85	629	32.49	615	31.85	618	31.95	-0.90
体操	1064	13.27	3	344	15.52	265	13.69	254	13.15	201	10.39	-5.13
乒乓球	810	10.10	5	217	9.79	210	10.85	178	9.22	205	10.60	0.81
武术	736	9.18	6	238	10.74	149	7.70	194	10.05	155	8.01	-2.73
排球	424	5.29	7	104	4.69	106	5.48	93	4.82	121	6.26	1.57
其他	1198	14.94	2	305	13.76	306	15.81	268	13.88	319	16.49	2.73
不知道	375	4.68	8	84	3.79	83	4.29	139	7.20	69	3.57	-0.22
合计	8017	100	—	2216	100	1936	100	1931	100	1934	100	—

3. 其他研究者的研究成果分析

如表3-43所示,黎曦和陈泷在2010年对上海2所重点中学与2所普通中学的调查显示,"篮球、足球、排球"与"乒乓球、羽毛球"等球类是未成年人喜爱的体育项目。

经飞跃在2015年对广西壮族自治区桂林市中学生的调查显示,"篮球、足球、排球"与"乒乓球、羽毛球"等球类是未成年人喜爱的体育项目。

陈日升在2018年对福建省泉州五中、泉州一中、南安侨光中学、南安一中、安溪一中等五所中学的调查显示,男生最喜爱的课堂体育项目前三位是"篮球、足球、武术(乒乓球并列)",女生最喜爱的课堂体育项目前三位是"羽毛球、健美操、排球"。而课外体育锻炼项目则相对集中于"郊游""跑步"与"健美操"。

表 3-43 未成年人喜爱的体育项目

2010 年上海 2 所重点中学与 2 所普通中学的调查（N：189）①		2015 年广西壮族自治区桂林市的中学生调查（N：200）②		2018 年福建省泉州五中、泉州一中、南安侨光中学、南安一中、安溪一中等五所中学的调查（N：1968，初中生 800、高中生 1168）③				
你最喜爱的体育项目		你最喜爱的体育项目		你最喜爱的课堂体育项目			你最喜爱的课外体育锻炼项目（多选）	
选项	比率	选项	比率	选项	排序		选项	比率
					男生	女生		
田径	11.11	田径	11.0	篮球	1	—	三大球（篮球、足球、排球）	19.61
篮球、足球、排球	46.03	篮球、足球、排球	46.0	足球	2	—	三小球（乒乓球、羽毛球、网球）	14.0
乒乓球、羽毛球	41.80	乒乓球、羽毛球	42.0	武术	3	—	郊游	82.8
健美操	25.40	健美操	25.0	乒乓球	3	—	健美操	30.4
棋牌类	25.93	棋牌类	26.0	羽毛球	—	1	跑步	46.8
—	—	—	—	健美操	—	2	武术	28.8
—	—	—	—	排球	—	3	其他	12.0
合计	100	合计	100	合计	—	—	合计	—

（四）未成年人的体育运动

1. 参与"青少年学生阳光体育运动"

（1）未成年人的自述。

如表 3-44 所示，2011 年与 2016 年的调查数据表明，学校开展"青少年学生阳光体育运动"时"每次都参加"的未成年人比率为 22.77%，大约占未成年人总数的四分之一，"经常参加"的比率为 16.69%，"偶尔参加"的比率为 22.02%，明知道有"青少年学生阳光体育运动"却"不参加"的比率为 17.80%，不知道有此项体育活动的比率

---

① 黎曦，陈泷. 中学生体育价值观及行为状况的调查分析［J］. 内江科技，2010（12）：159-160.
② 经飞跃. CUBA 文化对中学生体育价值观的影响分析［J］. 青少年体育，2015（9）：73-74, 66.
③ 陈日升. 中学生的体育课堂需求与体育课教学发展研究：基于泉州市部分中学的调查［J］. 福建教育学院学报，2019（5）：121-123.

为20.72%。显然，只有半数的未成年人在"青少年学生阳光体育运动"中受益，普及面远未达到预期。

从2016年与2011年的比较来看，2016年选择"每次都参加"与"经常参加"的比率分别较2011年高17.35%与5.41%。未成年人的参与度有所提高，积极性也较高。

表3-44 未成年人在"青少年学生阳光体育运动"中的参与情况（2011年、2016年）

选项	总计			2011年			2016年			2016年与2011年比较率差
	人数	比率	排序	人数	比率	排序	人数	比率	排序	
每次都参加	880	22.77	1	272	14.09	4	608	31.44	1	17.35
经常参加	645	16.69	5	270	13.98	5	375	19.39	3	5.41
偶尔参加	851	22.02	2	455	23.56	2	396	20.48	2	-3.08
不参加	688	17.80	4	459	23.77	1	229	11.84	5	-11.93
不知道	801	20.72	3	475	24.60	3	326	16.86	4	-7.74
合计	3865	100	—	1931	100	—	1934	100	—	0

（2）受访群体的看法。

如表3-45所示，在2016年对受访群体的调查中，受访群体选择"每次都参加"的比率为31.78%，居于第一位。选择"经常参加"的比率为21.51%，居于第二位。

从未成年人与成年人群体的比较来看，成年人群体选择"每次都参加"与"经常参加"的比率较未成年人选择的比率要高。综合来看，成年人群体对未成年人参加"青少年学生阳光体育运动"的情况持积极乐观的态度。

表3-45 受访群体眼中未成年人在"青少年学生阳光体育运动"中的参与情况（2016年）

选项	总计			未成年人		成年人群体								未成年人与成年人群体比较率差
						合计		中学老师		家长		中学校长		
	人数	比率	排序	人数	比率	人数	比率	人数	比率	人数	比率	人数	比率	
每次都参加	749	31.78	1	608	31.44	141	33.33	53	31.93	68	35.23	20	31.25	-1.89
经常参加	507	21.51	2	375	19.39	132	31.21	61	36.75	42	21.76	29	45.31	-11.82
偶尔参加	478	20.28	3	396	20.48	82	19.39	28	16.87	46	23.83	8	12.50	1.09
不参加	248	10.52	5	229	11.84	19	4.49	6	3.61	9	4.66	4	6.25	7.35
不知道	375	15.91	4	326	16.86	49	11.58	18	10.84	28	14.51	3	4.69	5.28
合计	2357	100	—	1934	100	423	100	166	100	193	100	64	100	—

2. 参加体育课以外的体育活动

（1）未成年人的自述。

一般情况下，中学每年都要举办校园运动会，虽然运动会的时间只有短短 2～3 天，但赛前准备却是长期的。

如表 3-46 所示，在 2009—2011 年、2016 年对未成年人参加学校体育课以外体育活动的情况调查中，37.11% 的未成年人参加过"学校运动会"，参加学校运动会的未成年人一般来说要么是体育好、身体棒的，要么是体育爱好者。另外，有 26.81% 的未成年人除参加学校运动会以外还参加了一些体育活动，例如：有 6.70% 的未成年人参加了市（县）运动会，这部分未成年人一定是体育运动的佼佼者；7.06% 的未成年人参加过校外的球赛（包括足球、篮球、排球、乒乓球、羽毛球等我国的一些常规球类比赛）；还有 13.05% 的未成年人参加了"其他"体育活动。可以这样说，有四分之一强的未成年人以不同的形式参加了校外的体育比赛，展现了未成年人的体育风采。综合起来看，50.87% 的未成年人活跃在各种体育运动领域。

表 3-46 未成年人参加学校体育课以外体育活动的情况（2009—2011 年、2016 年）

选项	总计			2009 年		2010 年		2011 年		2016 年		2016 年与 2009 年比较率差
	人数	比率	排序	人数	比率	人数	比率	人数	比率	人数	比率	
学校运动会	2975	37.11	1	732	33.03	627	32.39	684	35.42	932	48.19	15.16
市（县）运动会	537	6.70	5	76	3.43	116	5.99	90	4.66	255	13.19	9.76
球赛	566	7.06	4	163	7.36	138	7.13	136	7.04	129	6.67	-0.69
其他	1046	13.05	3	298	13.45	354	18.29	213	11.03	181	9.36	-4.09
不参加	2398	29.91	2	809	36.51	606	31.30	682	35.32	301	15.56	-20.95
不知道	495	6.17	6	138	6.23	95	4.91	126	6.53	136	7.03	0.80
合计	8017	100	—	2216	100	1936	100	1931	100	1934	100	—

（2）受访群体的看法。

如表 3-47 所示，在 2016 年对受访群体的调查中，选择未成年人参加学校运动会的比率为 50.66%，居于第一位。

在未成年人与成年人群体的比较中，未成年人选择"学校运动会"的比率较成年人群体选择的比率要低 13.75%。未成年人选择"市（县）运动会"的比率较成年人群体的比率要高。

表3-47 受访群体眼中未成年人参加体育课以外体育活动的情况（2016年）

选项	总计			未成年人		成年人群体								未成年人与成年人群体比较率差
						合计		中学老师		家长		中学校长		
	人数	比率	排序	人数	比率	人数	比率	人数	比率	人数	比率	人数	比率	
学校运动会	1194	50.66	1	932	48.19	262	61.94	98	59.04	124	64.25	40	62.50	-13.75
市（县）运动会	305	12.94	3	255	13.19	50	11.82	20	12.05	17	8.81	13	20.31	1.37
球赛	161	6.83	6	129	6.67	32	7.57	15	9.04	11	5.70	6	9.38	-0.9
其他	206	8.74	4	181	9.36	25	5.91	10	6.02	13	6.74	2	3.13	3.45
不参加	320	13.58	2	301	15.56	19	4.49	5	3.01	13	6.74	1	1.56	11.07
不知道	171	7.25	5	136	7.03	35	8.27	18	10.84	15	7.77	2	3.13	-1.24
合计	2357	100	—	1934	100	423	100	166	100	193	100	64	100	—

（3）其他研究者的调研成果分析。

如表3-48所示，黎曦和陈泷在2010年对上海2所重点中学与2所普通中学的调查显示，27.51%的未成年人"经常参加"课外体育活动，"很少参加"的比率是58.20%，表明八成以上的未成年人参加过课外体育活动；一周"2～3次"与"3次以上"的比率为50.79%，超过半数的未成年人参加课外体育锻炼的意识较强，有较大的运动强度。

杜雪峰在2012年对广西壮族自治区南宁、柳州、桂林、来宾、北海等市28所中小学的调查显示，"每天参加体育锻炼的时间50%左右在30到60分钟"[①]，每周的锻炼次数为3～5次的占45%左右。半数的未成年人体育锻炼的次数与强度都符合要求。

经飞跃在2015年对广西壮族自治区桂林市中学生的调查显示，经常参加课外体育活动的比率为28.0%，"很少参加"的比率为58.0%，表明八成以上的未成年人参加过课外体育活动。但是达到体育锻炼要求次数（每周3次）的比率仅为21.0%，显然大多数未成年人的体育锻炼强度不够。

姚星在2018年对河南省中学生的调查显示，"经常"与"偶尔"主动参加课外体育锻炼的比率为83.0%，占大多数，但锻炼强度也是不够的。

陈日升在2018年对福建省泉州五中、泉州一中、南安侨光中学、南安一中、安溪一中等五所中学的调查显示，多数"未成年人很投入参加体育课外活动，这说明了中学生对体育锻炼已经有了自觉性，具有较强烈的参与锻炼投入；需要关注的是不参与锻炼人数的比例……有相当一部分人很容易受客观情况的变化而变化，锻炼的情绪（差）且锻

---

① 杜雪峰. 广西青少年阳光体育运动推进的现状调查 [J]. 科教导刊（上旬刊），2012（15）：90-91.

炼的持久性短"①。

表3-48 未成年人参加课外体育活动的情况

2010年上海2所重点中学与2所普通中学的调查（N:189）②		2012年广西壮族自治区南宁、柳州、桂林、来宾、北海市等28所中小学的调查（N:1300）③		2015年广西壮族自治区桂林市的中学生调查（N:200）④		2018年河南省的中学生调查（N:不详）⑤		2018年福建省泉州五中、泉州一中、南安侨光中学、南安一中、安溪一中等五所中学的调查（N:1968）⑥	
参加课外体育活动的情况	一周参加课外体育活动的次数	一周锻炼次数		参加课外体育活动的情况	一周参加课外体育活动的次数	主动参加课外体育锻炼		课余体育锻炼的参与欲望	
选项	比率	选项	比率	选项	比率	选项	比率	选项	比率	选项	比率
经常参加	27.51	1次及以下	49.21	3~5次	45左右	经常参加	28.0	1次或少于1次	49.0	经常	43.0	非常投入	30.10
很少参加	58.20	2~3次	29.63	未标明	55左右	很少参加	58.0	3次	21.0	偶尔	40.0	很投入	23.00
不参加	14.29	3次及以上	21.16	—	—	不参加	14.0	未标明	30.0	不会	17.0	投入	42.00
—	—	—	—	—	—	—	—	—	—	—	—	不投入	4.30
—	—	—	—	—	—	—	—	—	—	—	—	毫不投入	2.00
合计	100	合计	100	合计	100	合计	100	合计	100	合计	—

---

① 陈日升. 中学生的体育课堂需求与体育课教学发展研究：基于泉州市部分中学的调查［J］. 福建教育学院学报，2019（5）：121-123.

② 黎曦，陈泷. 中学生体育价值观及行为状况的调查分析［J］. 内江科技，2010（12）：159-160.

③ 杜雪峰. 广西青少年阳光体育运动推进的现状调查［J］. 科教导刊（上旬刊），2012（15）：90-91.

④ 经飞跃. CUBA文化对中学生体育价值观的影响分析［J］. 青少年体育，2015（9）：73-74，66.

⑤ 姚星. 基于立德树人视域下河南省青少年体育价值观研究［J］. 体育世界（学术版），2018（7）：44-45.

⑥ 陈日升. 中学生的体育课堂需求与体育课教学发展研究：基于泉州市部分中学的调查［J］. 福建教育学院学报，2019（5）：121-123.

(五)未成年人的体育成效

1. 素质得到提高的状况

(1)未成年人的自述。

未成年人的体育成效是指未成年人在体育运动中所取得的收获,这种收获不仅是各种素质得到锻炼,更重要的是心灵愉悦,获得精神上的享受与磨炼。

如表3-49所示,在2011年与2016年对未成年人在"青少年学生阳光体育运动"中哪些素质得到提高的调查中,40.16%的未成年人选择"身体素质",居于第一位。其他选项的排序:"锻炼身体意识"(16.09%)、"不知道"(13.58%)、"团队精神"(11.72%)、"自信心"(4.71%)、"体育兴趣"(4.40%)、"运动技术"(4.35%)、"创新与实践能力"(2.79%)、"其他"(2.23%)。未成年人在"青少年学生阳光体育运动"中,最重要的收获是身体素质的提升。此外,未成年人在体育运动中能提高其他方面的素质或获得其他技能。从2016年与2011年的比较来看,率差最大的选项是"身体素质",说明"阳光体育运动"对青少年身体素质的提高最为显著。

表3-49 未成年人在"青少年学生阳光体育运动"中哪些素质得到提高(2011年、2016年)

选项	总计			2011年			2016年			2016年与2011年比较率差
	人数	比率	排序	人数	比率	排序	人数	比率	排序	
身体素质	1552	40.16	1	626	32.42	1	926	47.88	1	15.46
锻炼身体意识	622	16.09	2	327	16.93	3	295	15.25	2	-1.68
运动技术	168	4.35	7	49	2.54	8	119	6.15	5	3.61
自信心	182	4.71	5	80	4.14	7	102	5.27	6	1.13
团队精神	453	11.72	4	302	15.64	4	151	7.81	4	-7.83
体育兴趣	170	4.40	6	83	4.30	5	87	4.50	7	0.20
创新与实践能力	108	2.79	8	81	4.19	6	27	1.40	9	-2.79
其他	86	2.23	9	48	2.49	9	38	1.96	8	-0.53
不知道	524	13.58	3	335	17.35	2	189	9.77	3	-7.58
合计	3865	100	—	1931	100	—	1934	100	—	

(2)受访群体的看法。

第一,中学老师的看法。如表3-50所示,在2011—2016年对中学老师认为的未成年人在"青少年学生阳光体育运动"中哪些素质得到提高的调查中,48.66%的中学老师认为未成年人在阳光体育运动中身体素质得到最大提升,居于第一位。其余选项的排序:"锻炼身体意识"(22.67%)、"团队精神"(12.24%)、"自信心"(5.69%)、"体育兴趣"(3.00%)、"运动技术"(2.84%)、"不知道"(2.84%)、"创新与实践能力"(1.50%)、"其他"(0.55%)。在中学老师眼中,未成年人在"青少年学生阳光体育运动"中"身体素质"得到提升、"锻炼身体意识"得到增强,这也是开展阳光体育运动的初衷。

从2016年与2011年的比较来看,率差最大的是"身体素质"(19.27%),2016年选择"身体素质"的比率增长幅度较大。

表3-50 中学老师认为的未成年人在"青少年学生阳光体育运动"中哪些素质得到提高(2011—2016年)

选项	总计		2011年		2012年		2013年		2014年		2015年		2016年		2016年与2011年比较率差
	人数	比率	人数	比率	人数	比率	人数	比率	人数	比率	人数	比率	人数	比率	
身体素质	616	48.66	88	40.37	90	44.78	117	39.66	129	55.60	93	60.39	99	59.64	19.27
锻炼身体意识	287	22.67	49	22.48	57	28.36	63	21.36	60	25.86	26	16.88	32	19.28	-3.20
运动技术	36	2.84	2	0.92	5	2.49	13	4.41	2	0.86	8	5.19	6	3.61	2.69
自信心	72	5.69	18	8.26	3	1.49	20	6.78	6	2.59	13	8.44	12	7.23	-1.03
团队精神	155	12.24	50	22.94	28	13.93	30	10.17	29	12.50	9	5.84	9	5.42	-17.52
体育兴趣	38	3.00	6	2.75	2	1.00	21	7.12	4	1.72	2	1.30	3	1.81	-0.94
创新与实践能力	19	1.50	2	0.92	3	1.49	10	3.39	0	0.00	1	0.65	3	1.81	0.89
其他	7	0.55	1	0.46	0	0.00	5	1.69	0	0.00	0	0.00	1	0.60	0.14
不知道	36	2.84	2	0.92	13	6.47	16	5.42	2	0.86	2	1.30	1	0.60	-0.32
合计	1266	100	218	100	201	100	295	100	232	100	154	100	166	100	—

第二,中学校长的看法。如表3-51所示,在2013—2016年对中学校长认为的未成年人在"青少年学生阳光体育运动"中哪些素质得到提高的调查中,54.29%的中学校长认为未成年人在阳光体育运动中身体素质得到最大提升,居于第一位。其余选项的排序:"锻炼身体意识"(23.81%)、"团队精神"(8.57%)、"体育兴趣"(2.86%)、"其他"(1.90%)、"创新与实践能力"(1.67%)、"不知道"(0.71%)、"运动技术"(0.48%)、"自信心"(0.24%)。在中学校长眼中,未成年人在"青少年学生阳光体育运动"中"身体素质"与"锻炼意识"得到提升,符合开展阳光体育运动的宗旨。

从 2016 年与 2013 年的比较来看，率差最大的是"身体素质"（-19.05%），2016 年选择"身体素质"的比率降低幅度较大。这一点与中学老师有着较大的认识差异。

表3-51 中学校长认为的未成年人在"青少年学生阳光体育运动"中
哪些素质得到提高（2013—2016 年）

选项	总计		2013 年		2014 年				2015 年						2016 年		2016 年与 2013 年比较率差
					（1）		（2）		（1）		（2）		（3）				
	人数	比率	人数	比率	人数	比率	人数	比率	人数	比率	人数	比率	人数	比率	人数	比率	
身体素质	228	54.29	120	65.93	31	44.93	23	48.94	12	60.00	5	25.00	7	38.89	30	46.88	-19.05
锻炼身体意识	100	23.81	43	23.63	21	30.43	12	25.53	1	5.00	6	30.00	4	22.22	13	20.31	-3.32
运动技术	2	0.48	2	1.10	2	2.90	2	4.26	2	10.00	2	10.00	2	11.11	2	3.13	2.03
自信心	1	0.24	1	0.55	1	1.45	1	2.13	1	5.00	1	5.00	1	5.56	1	1.56	1.01
团队精神	36	8.57	8	4.40	12	17.39	6	12.77	1	5.00	2	10.00	1	5.56	6	9.38	4.98
体育兴趣	12	2.86	1	0.55	1	1.45	1	2.13	2	10.00	2	10.00	1	5.56	4	6.25	5.7
创新与实践能力	7	1.67	1	0.55	1	1.45	1	2.13	1	5.00	1	5.00	1	5.56	1	1.56	1.01
其他	8	1.90	1	0.55	1	1.45	1	2.13	1	5.00	2	10.00	1	5.56	1	1.56	1.01
不知道	3	0.71	0	0.00	0	0.00	1	2.13	0	0.00	0	0.00	1	5.56	1	1.56	1.56
合计	420	100	182	100	69	100	47	100	20	100	20	100	18	100	64	100	—

说明：2015 年第四批调查表未设置该选题，故没有这批该选题的数据。

第三，受访群体看法的比较。如表3-52 所示，在 2016 年对受访群体的调查中，各选项的排序："身体素质"（49.34%）、"锻炼身体意识"（15.66%）、"不知道"（8.74%）、"团队精神"（7.81%）、"运动技术"（5.85%）、"自信心"（5.26%）、"体育兴趣"（4.20%）、"其他"（1.74%）、"创新与实践能力"（1.40%）。受访群体认为"身体素质"的提升与"锻炼身体意识"的增强是开展"青少年学生阳光体育运动"的主要成绩。

从未成年人与成年人群体的比较来看，未成年人选择"身体素质"的比率低于成年人群体的同项比率（-8.15%），且成年人群体内部在这一点上亦有所差异，而未成年人与中学校长的看法相近。其他选项的率差不大，表明受访群体的看法比较一致。

表3-52 未成年人与成年人群体认为的未成年人在"青少年学生阳光体育运动"中哪些素质得到提高（2016年）

选项	总计			未成年人		成年人群体								未成年人与成年人群体比较率差
						合计		中学老师		家长		中学校长		
	人数	比率	排序	人数	比率	人数	比率	人数	比率	人数	比率	人数	比率	
身体素质	1163	49.34	1	926	47.88	237	56.03	99	59.64	108	55.96	30	46.88	-8.15
锻炼身体意识	369	15.66	2	295	15.25	74	17.49	32	19.28	29	15.03	13	20.31	-2.24
运动技术	138	5.85	5	119	6.15	19	4.49	6	3.61	9	4.66	4	6.25	1.66
自信心	124	5.26	6	102	5.27	22	5.20	12	7.23	5	2.59	5	7.81	0.07
团队精神	184	7.81	4	151	7.81	33	7.80	9	5.42	18	9.33	6	9.38	0.01
体育兴趣	99	4.20	7	87	4.50	12	2.84	3	1.81	5	2.59	4	6.25	1.66
创新与实践能力	33	1.40	9	27	1.40	6	1.42	3	1.81	3	1.55	0	0.00	-0.02
其他	41	1.74	8	38	1.96	3	0.71	1	0.60	2	1.04	0	0.00	1.25
不知道	206	8.74	3	189	9.77	17	4.02	1	0.60	14	7.25	2	3.13	5.75
合计	2357	100	—	1934	100	423	100	166	100	193	100	64	100	—

2. 升学体育四项考试中的成绩

（1）未成年人的自述。

既然有近60%的未成年人能够活跃在各种体育运动场所，那么他们的四项升学体育考试成绩（中长跑、立定跳远、实心球掷远、坐位体前屈）应该不会差。

如表3-53所示，在2009—2011年、2016年对未成年人参加升学体育考试四项成绩的自我评价中，认为"很好"的比率占23.28%，认为"好"的比率占24.16%，自我充分肯定的未成年人占47.44%，应该说还是不错的。但也应当看到，认为"不好"的比率占8.21%，认为"一般化"（缺乏自信的表述）的比率占29.47%。表示"不知道"的比率占14.88%。

从2016年与2009年比较来看，2016年选择"很好"的比率较2009年高18.73%，选择"不知道"的比率较2009年低8.85%。从比较率差来看，未成年人的升学体育考试情况逐渐趋好。

表3-53 未成年人升学体育考试（立定跳远、实心球、1000/800米、坐位体前屈等四项）成绩的自我评价（2009—2011年、2016年）

选项	总计			2009年		2010年		2011年		2016年		2016年与2009年比较率差
	人数	比率	排序	人数	比率	人数	比率	人数	比率	人数	比率	
很好	1866	23.28	3	364	16.43	309	15.96	513	26.57	680	35.16	18.73
好	1937	24.16	2	474	21.39	505	26.08	484	25.06	474	24.51	3.12
一般化	2363	29.47	1	726	32.76	652	33.68	594	30.76	391	20.22	-12.54
不好	658	8.21	5	182	8.21	169	8.73	157	8.13	150	7.76	-0.45
不知道	1193	14.88	4	470	21.21	301	15.55	183	9.48	239	12.36	-8.85
合计	8017	100	—	2216	100	1936	100	1931	100	1934	100	—

（2）受访群体的看法。

如表3-54所示，在2016年对受访群体的调查中，选择"很好"与"好"的合比率为60.12%，其中选择"很好"的比率为34.96%，居于第一位。

从未成年人与成年人群体的比较来看，未成年人选择"很好"与"好"的合比率为59.67%，这一比率较成年人群体选择的合比率低。未成年人选择"不好"与"不知道"的比率较成年人群体选择的比率高。需要提高未成年人对升学体育考试的认识。

表3-54 受访群体对未成年人升学体育考试（立定跳远、实心球、1000/800米、坐位体前屈等四项）成绩的了解（2016年）

选项	总计			未成年人		成年人群体								未成年人与成年人群体比较率差
						合计		中学老师		家长		中学校长		
	人数	比率	排序	人数	比率	人数	比率	人数	比率	人数	比率	人数	比率	
很好	824	34.96	1	680	35.16	144	34.04	48	28.92	75	38.86	21	32.81	1.12
好	593	25.16	2	474	24.51	119	28.13	58	34.94	38	19.69	23	35.94	-3.62
一般化	495	21.00	3	391	20.22	104	24.59	39	23.49	52	26.94	13	20.31	-4.37
不好	170	7.21	5	150	7.76	20	4.73	11	6.63	6	3.11	3	4.69	3.03
不知道	275	11.67	4	239	12.36	36	8.51	10	6.02	22	11.40	4	6.25	3.85
合计	2357	100	—	1934	100	423	100	166	100	193	100	64	100	

3. 遏制"小胖子"比率的增大

未成年人的生活质量随着社会发展与经济增长不断提高，尤其是有些未成年人营养过剩或营养结构不合理，加上不注意进行体育锻炼，不自觉地成了"小胖子"。随机寻访教师、家长与未成年人，普遍的反映是，越是"小胖子"越不想锻炼，越不锻炼就越容易长成"小胖子",形成恶性循环。

如表 3-55 所示,在 2006—2011 年、2016 年就未成年人对是否是"小胖子"的自我认知的调查中,未成年人认为自己是"小胖子"的比率为 18.74%,还有 12.28% 的未成年人"不知道"自己是不是。这一认知情况略劣于 2004 年"儿童少年的肥胖率可达 15% 左右"[1] 的情况,略好于 2006 年 9 月 18 日国家体育总局、教育部在联合举办的新闻发布会上公布的 38 万名"学生肥胖率在过去 5 年迅速增加,1/4 城市男生已经算得上'胖墩儿'"[2] 的情况,也与"2013 年我国儿童青少年超重、肥胖流行程度十分严重,总肥胖率达 7.1%、总超重率达 12.2%。与 2013 年数据比较发现,2014—2016 年我国儿童青少年总肥胖率增加了 0.7 倍,总超重率增加了 0.5 倍"的情况相近[3]。

另据毕永刚在 2017 年对山西省部分地区青少年体质状况的调查,"青少年的体重指标增长幅度明显,衡量人体胖瘦程度的重要指数 BMI 逐渐增高,这说明随着居民饮食结构在日趋改善,但青少年锻炼的机会和次数却没有相应增加,这也直接导致了目前青少年的肥胖率持续攀升"[4]。

这些情况表明,2007 年 4 月 29 日全面启动的"全国亿万青少年学生阳光体育运动"已取得一定成效,但并不显著,还有较大的提升空间。

表 3-55 未成年人对是否是"小胖子"的自我认知(2006—2011 年、2016 年)

选项	总计		2006 年		2007 年		2008 年		2009 年		2010 年		2011 年		2016 年		2016 年与 2006 年比较率差
	人数	比率	人数	比率	人数	比率	人数	比率	人数	比率	人数	比率	人数	比率	人数	比率	
是	3282	18.74	413	17.02	514	16.88	666	16.55	442	19.95	388	20.04	414	21.44	445	23.01	5.99
不是	12080	68.98	1599	65.91	2087	68.54	2913	72.37	1595	71.98	1377	71.13	1311	67.89	1198	61.94	-3.97
不知道是不是	2151	12.28	414	17.06	444	14.58	446	11.08	179	8.08	171	8.83	206	10.67	291	15.05	-2.01
合计	17513	100	2426	100	3045	100	4025	100	2216	100	1936	100	1931	100	1934	100	—

---

[1] 吴鸣. 我国"小胖儿"增多 [N]. 新晚报,2004-01-30(3).

[2] 王友文. 青少年体质下降影响身心健康 [N]. 中国教育报,2007-05-29(5).

[3] 陈贻珊,张一民,孔振兴,等. 我国儿童青少年超重、肥胖流行现状调查 [J]. 中华疾病控制杂志,2017,21(9):866-869.

[4] 毕永刚. 青少年体质状况调查与对策研究:以山西省部分地区为例 [J]. 山西青年职业学院学报,2017,30(4):18-21,40.

4. 其他研究者的调研成果分析

据《体育教学》杂志2013年第1期报道,"5年来,数以千万计的学生积极参加冬季长跑活动,通过长跑锻炼了身体、培养了意志、提高了学习效率"①。

高冰和刘瑞峰在2015年对河北省沧州市中小学生(13~16岁)的调查显示,"沧州市中小学生肺活量、耐力跑、立定跳远及50米跑4项指标达标率都呈上升趋势,说明在2007年'阳光体育运动'政策开展之后,青少年的身体素质得到了改善"②。

陈晶、许菲菲和林俊在2017年对北京、山东、河南、江西、广东等省、直辖市中学的调查显示,"在目前阳光体育开展下,各个学校的学生总体上还是比较配合而且态度积极向上的。""为了更好地落实我国阳光体育运动,还是需要不断加强对于体育事业的投资。"③

(六)基本认识

1. 努力使学校的体育课正常化

尽管"对中学老师与校长而言,最大的压力还是升学率。只要这个指挥棒在,体育课就很容易成为可有可无的课程"④。有些未成年人也把参加体育活动当作"完成课程要求"与"应付考试",但学校的体育课在培养未成年人体育兴趣与增强未成年人体质上功不可没,教好体育课仍大有价值。问题是学校是否教好体育课了呢?

(1)未成年人的自述。

如表3-56所示,在2009—2011年、2013—2016年对未成年人认为的学校体育课情况的调查中,未成年人是这样认为的:学校体育课上得"正常"的比率为70.99%,"不正常"的比率为22.21%,"从不上体育课"的比率为4.07%,"不知道"的比率为2.73%。未成年人是体育课的真正参与者,他们对学校上不上体育课或者体育课上得"正常不正常"最有发言权,他们的反馈可信度较大。

表3-56 未成年人认为的学校体育课情况(2009—2011年、2013—2016年)

选项	总计		2009年		2010年		2011年		2013年		2014年		2015年		2016年		2016年与2009年比较率差
	人数	比率	人数	比率	人数	比率	人数	比率	人数	比率	人数	比率	人数	比率	人数	比率	
正常	10961	70.99	1762	79.51	1163	60.07	1094	56.65	2071	69.78	2491	84.79	1132	74.57	1248	64.53	-14.98
不正常	3429	22.21	358	16.16	597	30.84	753	39.00	587	19.78	330	11.23	281	18.51	523	27.04	10.88

---

① 佚名. 2012年全国亿万学生冬季长跑活动启动[J]. 体育教学,2013(1):7.

② 高冰,刘瑞峰. "阳光体育运动"背景下青少年体质健康现状分析:以河北省沧州市为例[J]. 安徽体育科技,2015,36(5):49-51,56.

③ 陈晶,许菲菲,林俊. 当前我国青少年阳光体育运动开展现状与对策[J]. 当代体育科技,2017,7(29):185-186.

④ 丁先明,崔丽. 代表委员担忧青少年体质[N]. 中国青年报,2013-03-08(2).

(续表 3-56)

选项	总计		2009年		2010年		2011年		2013年		2014年		2015年		2016年		2016年与2009年比较率差
	人数	比率	人数	比率	人数	比率	人数	比率	人数	比率	人数	比率	人数	比率	人数	比率	
从不上体育课	629	4.07	37	1.67	134	6.92	53	2.74	172	5.80	68	2.31	47	3.10	118	6.10	4.43
不知道	422	2.73	59	2.66	42	2.17	31	1.61	138	4.65	49	1.67	58	3.82	45	2.33	-0.33
合计	15441	100	2216	100	1936	100	1931	100	2968	100	2938	100	1518	100	1934	100	—

(2)受访群体的看法。

第一,中学老师的看法。如表3-57所示,在2009—2011年、2013—2016年对中学老师认为的学校体育课情况的调查中,中学老师认为,学校体育课上得"正常"的比率为68.33%,这一比率较未成年人选择的比率低。中学老师选择"不正常"的比率为25.95%,"从不上体育课"的比率为1.86%,"不知道"的比率为3.86%。老师是体育课的执行者,他们对学校上不上体育课或者体育课上得"正常不正常"最有发言权,他们的反馈可信度较大。

从2016年与2009年的比较来看,其中率差最大的选项是"不正常",2016年选择"不正常"的比率较2009年低7.66%,可见,学校的体育课开设情况逐渐正常化,这无疑有助于未成年人体育观的形成与确立。

表3-57 中学老师认为的学校体育课情况(2009—2011年、2013—2016年)

选项	总计		2009年		2010年		2011年		2013年		2014年		2015年		2016年		2016年与2009年比较率差
	人数	比率	人数	比率	人数	比率	人数	比率	人数	比率	人数	比率	人数	比率	人数	比率	
正常	1027	68.33	166	74.44	146	67.91	131	60.09	150	50.85	177	76.29	121	78.57	136	81.93	7.49
不正常	390	25.95	48	21.52	67	31.16	76	34.86	96	32.54	49	21.12	31	20.13	23	13.86	-7.66
从不上体育课	28	1.86	5	2.24	0	0.00	6	2.75	12	4.07	0	0.00	1	0.65	4	2.41	0.17
不知道	58	3.86	4	1.79	2	0.93	5	2.29	37	12.54	6	2.59	1	0.65	3	1.81	0.02
合计	1503	100	223	100	215	100	218	100	295	100	232	100	154	100	166	100	—

第二，中学校长的看法。如表3-58所示，在2013—2016年对中学校长认为的学校体育课情况的调查中，中学校长选择"正常"的比率为74.20%，这一比率稍高于中学老师选择的比率。中学校长选择"不正常"的比率为23.03%，选择"从不上体育课"的比率为2.35%。中学校长认为学校体育课满足了未成年人体育锻炼的要求，开设情况显正常。

表3-58 中学校长认为的学校体育课情况（2013—2016年）

选项	总计		2013年		2014年				2015年								2016年	
					（1）		（2）		（1）		（2）		（3）		（4）			
	人数	比率	人数	比率	人数	比率	人数	比率	人数	比率	人数	比率	人数	比率	人数	比率	人数	比率
正常	348	74.20	145	79.67	50	72.46	35	74.47	14	70.0	15	75.00	9	50.00	32	65.31	48	75.00
不正常	108	23.03	35	19.23	19	27.54	12	25.53	2	10.0	5	25.00	7	38.89	16	32.65	12	18.75
从不上体育课	11	2.35	2	1.10	0	0.00	0	0.00	4	20.0	0	0.00	0	0.00	1	2.04	4	6.25
不知道	2	0.43	0	0.00	0	0.00	0	0.00	0	0.00	0	0.00	2	11.11	0	0.00	0	0.00
合计	469	100	182	100	69	100	47	100	20	100	20	100	18	100	49	100	64	100

来自三个方面的大部分受访群体均认为，学校能够正常上体育课，但有部分未成年人、中学老师、中学校长认为学校的体育课"不正常"，还有部分受访群体认为学校"从不上体育课"，可见学校的体育课还存在一定的问题。要使未成年人能够进行体育锻炼，首先要让学校的体育课正常化，否则开展"青少年学生阳光体育运动"就无从谈起，更谈不上有效改善未成年人的体育行为与增强未成年人的体质。教育主管部门与学校领导应高度重视，尽快改变"体育教师严重不足，往往是文化课老师过来凑个数"[①]的状况，选好与配齐体育教师，"充分发挥体育教师在体育课中的主导作用，是扭转目前青少年体质下降局面的基础和前提"[②]。

（3）其他研究的调研成果分析。

如表3-59所示，邓艳艳和宋军在2010年对江苏省常州市的中学生的调查显示，认为体育课"合格"的未成年人比率为64.9%，还有18.7%的未成年人认为体育课"还行"，意思相当于"基本合格"，说明83.6%的未成年人认为体育课正常。同时，绝大多

---

① 丁先明，崔丽. 代表委员担忧青少年体质 [N]. 中国青年报，2013-03-08（2）.
② 刘星亮，陈义龙，刘辉，等. 青少年体质健康教育模式研究 [J]. 武汉体育学院学报，2012，46（3）：74-78.

数未成年人都表示喜欢上体育课,表明"绝大多数未成年人对于体育课还是非常喜爱的"[1]。这也从侧面反映了学校体育课是正常的,因为学校的体育课都"不上"或"上不了",也就谈不上喜爱不喜爱了。

黎曦和陈泷在2010年对上海2所重点中学与2所普通中学的调查显示,34.79%的未成年人对学校的体育课表示"满意",感到"不满意"的比率也占了近三成,说明中学的体育课虽然能正常上,但还有着较大的提升空间。

陈晶、许菲菲和林俊在2017年对北京、山东、河南、江西、广东等省、直辖市中学的调查显示,大多数未成年人对学校的体育课感到"十分满意"。

表3-59 未成年人对学校体育课的评价

2010年江苏省常州市的中学生调查（N:844）[2]				2010年上海2所重点中学与2所普通中学的调查（N:189）[3]		2017年北京、山东、河南、江西、广东等省、直辖市的中学调查（N:不详）[4]	
你认为学校体育课是否合格		你是否喜欢上体育课		对学校的体育课是否满意		对学校的体育课是否满意	
选项	比率	选项	比率	选项	比率	选项	比率
合格	64.9	喜欢	76.2	满意	34.79	十分满意	大多数
还行	18.7	还行	16.6	一般	36.87	未标明	少数
不合格	16.4	不喜欢	6.2	不满意	28.34	—	—
合计	100	合计	100	合计	100	合计	100

2. 大力改善学校的体育设施与设备

(1) 未成年人的自述。

未成年人的体育行为多种多样,有些体育行为需要运动器材与场地,有些体育行为则不需要。但学校上体育课与开展课外体育活动,都需要一定的运动器材与场地,否则无法开展。

如表3-60所示,在2011年和2016年对未成年人眼中的学校体育运动器材与场地条件的调查中,认为"很好"的比率为25.10%,认为"好"的比率为18.86%,认为"较好"的比率为11.31%。认为"不好"(11.13%)、"很不好"(7.27%)、"根本没

---

[1][2] 邓艳艳,宋军. 中学生体育锻炼主体意识的现状调查与分析 [J]. 中国学校体育,2010 (6):16-17.

[3] 黎曦,陈泷. 中学生体育价值观及行为状况的调查分析 [J]. 内江科技,2010 (12):159-160.

[4] 陈晶,许菲菲,林俊. 当前我国青少年阳光体育运动开展现状与对策 [J]. 当代体育科技,2017,7 (29):185-186.

有"（3.54%）、"不知道"（3.57%）的合比率为25.51%，如此高比率的未成年人持这类认识，表明相当部分学校的体育设施与基本条件非常差，这与"有些地方连基本的运动设施都没有"①"超过60%的学校体育设施没有达到标准，中西部地区问题尤为严重"②的情况相似。政府要加大基础教育的经费投入，让学校有能力改善体育设施与设备，为促进未成年人的体育行为打好条件基础。

表3-60　未成年人眼中的学校体育运动器材与场地条件（2011年、2016年）

选项	总计			2011年			2016年			2016年与2011年比较率差
	人数	比率	排序	人数	比率	排序	人数	比率	排序	
很好	970	25.10	1	306	15.85	3	664	34.33	1	18.48
好	729	18.86	3	236	12.22	4	493	25.49	2	13.27
较好	437	11.31	4	173	8.96	6	264	13.65	3	4.69
一般化	743	19.22	2	482	24.96	1	261	13.50	4	-11.46
不好	430	11.13	5	342	17.71	2	88	4.55	5	-13.16
很不好	281	7.27	6	230	11.91	5	51	2.64	7	-9.27
根本没有	137	3.54	8	112	5.80	7	25	1.29	8	-4.51
不知道	138	3.57	7	50	2.59	8	88	4.55	5	1.96
合计	3865	100	—	1931	100	—	1934	100	—	—

（2）中学校长的看法。

如表3-61所示，在2013年、2015—2016年对中学校长眼中的学校体育运动器材与场地条件的调查中，中学校长选择"很好"（24.08%）、"好"（26.91%）与"较好"（24.93%）的合比率为75.92%。15.86%的中学校长选择"一般化"。中学校长选择"不好"（5.67%）与"很不好"（1.98%）的合比率为7.65%。大部分中学校长认为学校的体育运动器材与场地条件能满足未成年人的需求。

从2016年与2013年的比较来看，选择"很好"与"好"的比率有所上升，可见，学校在切实添加体育运动器材与改善场地条件。

---

①② 丁先明，崔丽. 代表委员担忧青少年体质[N]. 中国青年报，2013-03-08（2）.

表 3-61　中学校长眼中的学校体育运动器材与场地条件（2013 年、2015—2016 年）

选项	总计			2013 年		2015 年 (1)		2015 年 (2)		2015 年 (3)		2015 年 (4)		2016 年		2016 年与 2013 年比较率差
	人数	比率	排序	人数	比率	人数	比率	人数	比率	人数	比率	人数	比率	人数	比率	
很好	85	24.08	3	44	24.18	3	15.00	3	15.00	3	16.67	11	22.45	21	32.81	8.63
好	95	26.91	1	53	29.12	4	20.00	3	15.00	5	27.78	10	20.41	20	31.25	2.13
较好	88	24.93	2	48	26.37	5	25.00	5	25.00	3	16.67	13	26.53	14	21.88	-4.49
一般化	56	15.86	4	26	14.29	5	25.00	3	15.00	3	16.67	13	26.53	6	9.38	-4.91
不好	20	5.67	5	9	4.95	2	10.00	4	20.00	2	11.11	2	4.08	1	1.56	-3.39
很不好	7	1.98	6	2	1.10	1	5.00	2	10.00	0	0.00	0	0.00	2	3.13	2.03
根本没有	0	0.00	8	0	0.00	0	0.00	0	0.00	0	0.00	0	0.00	0	0.00	0.00
不知道	2	0.57	7	0	0.00	0	0.00	0	0.00	2	11.11	0	0.00	0	0.00	0.00
合计	353	100	—	182	100	20	100	20	100	18	100	49	100	64	100	—

3. 进一步提高老师与家长对未成年人体育锻炼的支持力度

如表 3-62 所示，2009—2012 年、2016 年对未成年人就老师支持体育锻炼的看法的调查中，认为老师"非常支持"的比率为 24.54%，"支持"的比率为 41.52%，两项的合比率为 66.06%。大部分未成年人认为老师支持其体育锻炼。部分老师在认识上有一定的偏差，认为未成年人的主要任务是学习，体育锻炼有必要但不重要。可见，老师对未成年人体育锻炼的支持力度还有进一步提高的空间，而提高老师的支持力度是解决未成年人体育锻炼与增强体质相关问题的重中之重。

从 2016 年与 2009 年的比较来看，未成年人选择"非常支持"的比率较 2009 年要高 18.48%，老师对未成年人体育锻炼的支持力度有所提高。

表 3-62　未成年人对老师支持体育锻炼的看法（2009—2012 年、2016 年）

选项	总计			2009 年		2010 年		2011 年		2012 年		2016 年		2016 年与 2009 年比较率差
	人数	比率	排序	人数	比率	人数	比率	人数	比率	人数	比率	人数	比率	
非常支持	2484	24.54	2	483	21.80	257	13.27	386	19.99	579	27.52	779	40.28	18.48
支持	4202	41.52	1	1092	49.28	903	46.64	721	37.34	791	37.60	695	35.94	-13.34
不支持	2094	20.69	3	371	16.74	523	27.01	601	31.12	476	22.62	123	6.36	-10.38

(续表3-62)

选项	总计			2009年		2010年		2011年		2012年		2016年		2016年与2009年比较率差
	人数	比率	排序	人数	比率	人数	比率	人数	比率	人数	比率	人数	比率	
根本不管不问	597	5.90	5	95	4.29	114	5.89	115	5.96	144	6.84	129	6.67	2.38
不知道	744	7.35	4	175	7.90	139	7.18	108	5.59	114	5.42	208	10.75	2.85
合计	10121	100	—	2216	100	1936	100	1931	100	2104	100	1934	100	—

在现实中，"不少家长的思想并没有转变，他们认为学生参加体育活动是可有可无的事情"[①]。"只要孩子不生病，就要拼命学习。"[②] 看来家长的关注、重视不能停留在意识与语言层面，要落实到具体行动中，那就是要进一步加大支持未成年人体育行为的力度，妥善处理好未成年人体育锻炼与课业学习的关系，为培养未成年人的体育锻炼习惯提供良好条件，因为未成年人"体育锻炼习惯能否养成，家长的影响很重要"[③]。

4. 着力引导好未成年人的课外体育行为

未成年人的体育行为除了学校的体育课、运动会等体育活动之外，很大一部分是课外体育活动。调查已知，四分之三强的未成年人对课外体育活动有兴趣（表3-28，第69页）。兴趣是参与的导引，对课外体育活动有兴趣，未成年人才会去关注、参与。我们应注意保护未成年人的体育兴趣，"家长可以给予未成年人一定数量的金钱用于体育消费"[④]，为他们创造释放这种兴趣的优良环境，引导好未成年人的课外体育行为。"体育行为对未成年人道德观的形成与发展有重要影响"[⑤]，引导未成年人积极参与课外体育行为，在一定程度上有助于其良好道德观的形成与发展。

5. 考虑在各种升学环节中加入体能测试

要考虑在初中升高中的体育考试中加大体育分值在中考升学总分中的比重，同时也要提高中考体育考试的评分标准，采用高科技的电子评分仪器及完善的监督程序，有效遏制考试过程中的舞弊现象，使升学体育考试真实、透明、公正。"努力改变为应付升学考试而'临时抱佛脚'式的体育倾向"[⑥]，才会让中考体育考试成为每个未成年人都必须完成的硬性任务，而不是一种"摆设"。为了与大学的体育教育衔接，建议在高考中加入体能测试。教育部应把体育课与文化课放在同一地位，把"一小时"作为学校体育的

[①][③] 慈鑫. 寒假体育作业其实是把"双刃剑"[N]. 中国青年报，2013-02-22（3）.

[②] 丁先明，崔丽. 代表委员担忧青少年体质[N]. 中国青年报，2013-03-08（1）.

[④] 陈寿弘，叶松庆，徐青青，等. 青少年体育消费现状、影响因素及对策研究：以安徽省芜湖市青少年的调查为例[J]. 安徽广播电视大学学报，2016，（1）：77-80.

[⑤] 叶松庆. 当代未成年人体育行为对道德观发展的作用[J]. 成都体育学院学报，2013，39（8）：80-85.

[⑥] 叶松庆. 当代城乡青少年体育观的比较研究[J]. 成都体育学院学报，2010，36（3）：25-29.

硬性指标严格考核，促使老师与家长真正支持、督促、引导、鼓励未成年人平时的体育行为，培养他们的体育锻炼习惯，从而有效增强他们的体质。

通过以上分析，当代未成年人的体育观积极、健康、向上，但也存在对体育锻炼不够重视、没有养成良好的体育锻炼习惯、升学体育加试成绩不稳定、肥胖率居高不下等体育行为效果不理想的问题，亟待得到重视与解决。

来自各方面的因素正在不断影响未成年人的体育行为，努力使学校的体育课正常化、大力改善学校的体育设施与设备、努力提高未成年人参与"青少年学生阳光体育运动"的积极性、进一步提高老师、家长对未成年人体育锻炼的支持力度、着力引导好未成年人的课外体育行为、考虑在各种升学环节中加入体能测试等，都是利用有利因素、消除不利因素，引导未成年人强化体育意识，增多体育行为、增强身体素质，改变"青少年学生的体育素质不升反降"[①] 局面的有效途径。

三、未成年人的恋爱观

恋爱观是个体对恋爱问题的认识，恋爱观不仅关系到个体选择什么样的人作为自己的恋爱对象，还会对个人的婚姻及家庭生活产生潜在的影响。虽然对未成年人而言，不提倡过早恋爱，但是对未成年人恋爱观方面的教育确实必不可少。未成年人对与异性交往、恋爱等问题有较为明晰且正确的认识，有助于未成年人正确恋爱观的形成。本研究从未成年人恋爱以及网恋两方面来把握未成年人的恋爱观现状。

（一）未成年人的爱情

1. 恋爱在未成年人生活中的位置

未成年人看重的，同时能在其中获得满足感与愉悦感的事情，就是能令其感到幸福的事。

如表3-63所示，在2009—2013年、2016年对什么事情让未成年人感到最幸福的调查中，前五位的排序："身体好"（29.75%）、"学习成绩好"（15.75%）、"实现个人价值"（10.38%）、"生活好"（6.71%）与"考上名牌大学"（6.65%）。其中"谈恋爱"居于第十位。从排名靠前的选项来看，主要是集中在未成年人身体素质、学习情况以及远大志向的方面。关于恋爱的部分，未成年人选择的比率较小，恋爱在未成年人生活中占据的比例较低。

从2016年与2009年的比较来看，2016年选择"生活好"的比率较2009年高4.59%，是增幅最大的选项。其次，2016年选择"老师对自己好"的比率较2009年高2.97%，增幅仅次于"生活好"。在"谈恋爱"上，率差变化幅度较小。一方面，未成年人繁重的学习任务加上传统观念的影响，使其无暇顾及恋爱；另一方面，其与同学间的人际交往成熟度偏低，向恋爱方面发展的可能性较小。

---

① 王俊杰. 中考体育拿满分今年有点难 [N]. 大江晚报，2013-03-24（A4）.

表3-63 什么事情让未成年人感到最幸福（2009—2013年、2016年）

选项	总计 人数	总计 比率	排序	2009年 人数	2009年 比率	2010年 人数	2010年 比率	2011年 人数	2011年 比率	2012年 人数	2012年 比率	2013年 人数	2013年 比率	2016年 人数	2016年 比率	2016年与2009年比较 率差
身体好	3894	29.75	1	591	26.67	439	22.68	427	22.11	1023	48.62	886	29.85	528	27.30	0.63
学习成绩好	2062	15.75	2	419	18.91	356	18.39	357	18.49	199	9.46	326	10.98	405	20.94	2.03
生活好	878	6.71	4	108	4.87	107	5.53	127	6.58	127	6.04	226	7.61	183	9.46	4.59
家长对自己好	656	5.01	7	101	4.56	115	5.94	93	4.82	78	3.71	162	5.46	107	5.53	0.97
老师对自己好	170	1.30	14	19	0.86	16	0.83	15	0.78	15	0.71	31	1.04	74	3.83	2.97
评上好学生	164	1.25	16	35	1.58	11	0.57	15	0.78	16	0.76	59	1.99	28	1.45	-0.13
经常帮助别人	500	3.82	8	113	5.10	80	4.13	59	3.06	50	2.38	143	4.82	55	2.84	-2.26
见义勇为	165	1.26	15	22	0.99	19	0.98	14	0.73	20	0.95	61	2.06	29	1.50	0.51
有商业头脑	197	1.51	13	34	1.53	50	2.58	17	0.88	22	1.05	40	1.35	34	1.76	0.23
谈恋爱	401	3.06	10	57	2.57	74	3.82	63	3.26	69	3.28	93	3.13	45	2.33	-0.24
能挣大钱	407	3.11	9	110	4.96	117	6.04	46	2.38	23	1.09	64	2.16	47	2.43	-2.53
考上名牌大学	871	6.65	5	207	9.34	227	11.73	141	7.30	84	3.99	131	4.41	81	4.19	-5.15
实现个人价值	1358	10.38	3	172	7.76	94	4.86	308	15.95	236	11.22	402	13.54	146	7.55	-0.21
经常受表扬	241	1.84	12	74	3.34	90	4.65	14	0.73	9	0.43	20	0.67	34	1.76	-1.58
得到别人尊重	687	5.25	6	96	4.33	80	4.13	119	6.16	84	3.99	217	7.31	91	4.71	0.38
其他	320	2.44	11	38	1.71	48	2.48	88	4.56	34	1.62	79	2.66	33	1.71	0.00
不知道	118	0.90	17	20	0.90	13	0.67	28	1.45	15	0.71	28	0.94	14	0.72	-0.18
合计	13089	100	—	2216	100	1936	100	1931	100	2104	100	2968	100	1934	100	—

2. 未成年人的恋爱情况

(1) 未成年人的自述。

如表3-64所示,在2012—2013年、2016年对未成年人谈恋爱的情况的调查中,61.38%的未成年人表示没谈过恋爱,26.78%的未成年人表示谈过恋爱,选择"不清楚"的比率为11.85%。大部分未成年人表示没有谈过恋爱。

从2016年与2012年的比较来看,选择"谈过"与"不清楚"的比率有所上升,选择"没谈过"的比率有所降低。总的来看,部分未成年人会选择恋爱,对这部分的学生要注意加以正确的引导与教育,将两个人的共同志趣融入朦胧的恋爱之中,将对彼此的爱意转化为学习的动力。

表3-64 未成年人谈恋爱的情况(2012—2013年、2016年)

选项	总计			2012—2013年[①]			2012年比率	2016年		2016年与2012年比较率差
	人数	比率	排序	人数	比率	排序		人数	比率	
谈过	1876	26.78	2	1360	26.81	2	25.52	516	26.68	1.16
没谈过	4300	61.38	1	3165	62.40	1	65.49	1135	58.69	-6.80
不清楚	830	11.85	3	547	10.79	3	8.99	283	14.63	5.64
合计	7006	100	—	5072	100	—	100	1934	100	—

(2) 受访群体的看法。

如表3-65所示,在2016年对受访群体的调查中,选择"没谈过"的比率为53.97%,居于第一位。选择"谈过"的比率为28.98%,居于第二位。

从未成年人与成年人的比较来看,未成年人选择"谈过"的比率较成年人群体的同项比率低,选择"没谈过"的比率较成年人群体同项的比率高。在成年人群体眼中,未成年人谈恋爱的倾向较为明显。作为成年人,需要加强对未成年人恋爱的引导,使其树立正确的恋爱观。

表3-65 受访群体眼中未成年人谈恋爱的情况(2016年)

选项	总计			未成年人		成年人群体								未成年人与成年人群体比较率差
						合计		中学老师		家长		中学校长		
	人数	比率	排序	人数	比率	人数	比率	人数	比率	人数	比率	人数	比率	
谈过	683	28.98	2	516	26.68	167	39.48	78	46.99	60	31.09	29	45.31	-12.80

[①] 叶松庆. 当代未成年人道德观发展变化与引导对策的实证研究 [M]. 芜湖:安徽师范大学出版社,2016:135.

(续表3-65)

选项	总计			未成年人		成年人群体								未成年人与成年人群体比较率差
						合计		中学老师		家长		中学校长		
	人数	比率	排序	人数	比率	人数	比率	人数	比率	人数	比率	人数	比率	
没谈过	1272	53.97	1	1135	58.69	137	32.39	38	22.89	87	45.08	12	18.75	26.3
不清楚	402	17.06	3	283	14.63	119	28.13	50	30.12	46	23.83	23	35.94	-13.50
合计	2357	100	—	1934	100	423	100	166	100	193	100	64	100	—

(二)未成年人的早恋

1. 未成年人早恋的情况

未成年人受心智逐渐成熟的影响,与异性的交往也渐趋频繁。未成年人遭遇早恋的情况也屡见不鲜。

如表3-66所示,在2007—2013年、2016年对未成年人是否早恋情况的调查中,60.81%的未成年人表示没有过早恋,29.76%的未成年人表示有过早恋。9.43%的未成年人对早恋不甚了解。没有早恋的未成年人占多数,部分未成年人有过早恋。对于未成年人的恋爱,教育工作者应以正面与积极的态度面对,对早恋的未成年人要加以引导与教育。

表3-66 未成年人早恋的情况(2007—2013年,2016年)

选项	总计			2007—2013年①			2007年比率	2016年		2016年与2007年比较率差
	人数	比率	排序	人数	比率	排序		人数	比率	
有过	6000	29.76	2	5376	29.50	2	24.79	624	32.26	7.47
没有过	12259	60.81	1	11292	61.96	1	59.31	967	50.00	-9.31
不知什么是"早恋"	1900	9.43	3	1557	8.54	3	15.90	343	17.74	1.84
合计	20159	100	—	18225	100	100	—	1934	100	—

2. 受访群体的看法

如表3-67所示,在2016年对受访群体的调查中,大部分受访群体表示"没有过"

---

① 叶松庆.当代未成年人道德观发展变化与引导对策的实证研究[M].芜湖:安徽师范大学出版社,2016:135.

（45.40%），选择"有过"的比率为36.61%。

从未成年人与成年人群体的比较来看，成年人群体选择"有过"的比率较未成年人高，未成年人选择的比率较低。在成年人群体眼中，未成年人早恋的倾向更为明显。

表3-67 受访群体眼中未成年人早恋的情况（2016年）

选项	总计			未成年人		成年人群体								未成年人与成年人群体比较率差
						合计		中学老师		家长		中学校长		
	人数	比率	排序	人数	比率	人数	比率	人数	比率	人数	比率	人数	比率	
有过	863	36.61	2	624	32.26	239	56.50	112	67.47	87	45.08	40	62.50	-24.24
没有过	1070	45.40	1	967	50.00	103	24.35	27	16.27	68	35.23	8	12.50	25.65
不知什么是"早恋"	424	17.99	3	343	17.74	81	19.15	27	16.27	38	19.69	16	25.00	-1.41
合计	2357	100	—	1934	100	423	100	166	100	193	100	64	100	—

3. 对未成年人早恋的微观估计

（1）未成年人的自述。

如表3-68所示，在2013年、2016年就未成年人对早恋的微观估计的调查中，各选项的排序："5%及以下"（22.81%）、"10%左右"（21.03%）、"不清楚"（16.20%）、"50%及以上"（14.89%）、"20%左右"（10.55%）、"30%左右"（7.47%）、"40%左右"（7.06%）。在未成年人对于早恋比率的自我评估当中，表示早恋比率超过10%的比率超过了六成。说明早恋在未成年人当中是一种较为普遍的现象。

从2016年与2013年的比较来看，2016年选择"不清楚"的比率较2013年高5.01%，是增幅最大的选项。需要进一步加强对未成年人恋爱观方面的教育，帮助其树立正确的恋爱观。

表3-68 未成年人对早恋的微观估计（2013年、2016年）

选项	总计			2013年[①]			2016年			2016年与2013年比较率差
	人数	比率	排序	人数	比率	排序	人数	比率	排序	
5%及以下	1118	22.81	1	647	21.80	1	471	24.35	1	2.55
10%左右	1031	21.03	2	614	20.69	2	417	21.56	2	0.87

---

① 叶松庆. 当代未成年人情感观现状与特点：对安徽省八城市未成年人的调查分析[J]. 中国青年政治学院学报，2007（5）：33-37.

(续表3-68)

选项	总计			2013年①			2016年			2016年与2013年比较率差
	人数	比率	排序	人数	比率	排序	人数	比率	排序	
20%左右	517	10.55	5	333	11.22	5	184	9.51	5	-1.71
30%左右	366	7.47	6	241	8.12	6	125	6.46	7	-1.66
40%左右	346	7.06	7	220	7.41	7	126	6.51	6	-0.90
50%及以上	730	14.89	4	491	16.54	3	239	12.36	4	-4.18
不清楚	794	16.20	3	422	14.22	4	372	19.23	3	5.01
合计	4902	100	—	2968	100	—	1934	100	—	—

(2) 受访群体的估计。

第一，中学老师的估计。如表3-69所示，在2013年、2016年就中学老师对未成年人早恋的微观估计的调查中，选择"5%及以下"选项的比率为32.97%，居于第一位。选择"10%左右"的比率为23.43%，居于第二位。在中学老师眼中，未成年人早恋的比率较小。

从2016年与2013年的比较来看，2016年选择"5%及以下"的比率较2013年高11.55%，是增幅最大的选项。中学老师认为未成年人早恋的情况有所降低。

表3-69 中学老师对未成年人早恋的微观估计（2013年、2016年）

选项	总计			2013年		2016年		2016年与2013年比较率差
	人数	比率	排序	人数	比率	人数	比率	
5%及以下	152	32.97	1	85	28.81	67	40.36	11.55
10%左右	108	23.43	2	73	24.75	35	21.08	-3.67
20%左右	39	8.46	4	29	9.83	10	6.02	-3.81
30%左右	37	8.03	5	26	8.81	11	6.63	-2.18
40%左右	19	4.12	6	13	4.41	6	3.61	-0.80
50%及以上	12	2.60	7	9	3.05	3	1.81	-1.24
不清楚	94	20.39	3	60	20.34	34	20.48	0.14
合计	461	100	—	295	100	166	100	—

---

① 叶松庆.当代未成年人情感观现状与特点：对安徽省八城市未成年人的调查分析［J］.中国青年政治学院学报，2007（5）：33-37.

第二,家长的估计。如3-70所示,在2013年、2016年就家长对未成年人早恋的微观估计的调查中,选择"10%左右"的比率为40.45%,居于第一位。选择"5%及以下"的比率为27.72%,居于第二位。在家长眼中未成年人早恋的比率较小。

从2016年与2013年的比较来看,2016年选择"10%左右"的比率较2013年低29.24%,是降幅最大的选项。对比上表情况的发现,家长眼中未成年人的早恋比率较中学老师眼中选择的比率要高。

表3-70 家长对未成年人早恋的微观估计(2013年、2016年)

选项	总计			2013年		2016年		2016年与2013年比较率差
	人数	比率	排序	人数	比率	人数	比率	
5%及以下	135	27.72	2	73	24.83	62	32.12	7.29
10%左右	197	40.45	1	153	52.04	44	22.80	-29.24
20%左右	35	7.19	5	17	5.78	18	9.33	3.55
30%左右	61	12.53	3	51	17.35	10	5.18	-12.17
40%左右	3	0.62	7	0	0.00	3	1.55	1.55
50%及以上	8	1.64	6	0	0.00	8	4.15	4.15
不清楚	48	9.86	4	0	0.00	48	24.87	24.87
合计	487	100	—	294	100	193	100	—

第三,中学校长、德育工作者、小学校长的估计:

如表3-71所示,在2013年、2016年就中学校长对未成年人早恋的微观估计的调查中,各选项的排序:"5%及以下"(36.59%)、"10%左右"(20.33%)、"不清楚"(15.85%)、"20%左右"(13.41%)、"30%左右"(6.91%)、"40%左右"(4.07%)、"50%及以上"(2.85%)。即在中学校长眼中,未成年人早恋的比率的主要集中在30%以下,选择未成年人早恋的比率为30%以上的仅有10%左右。

在2013年就德育工作者对未成年人早恋的微观估计的调查中,各选项的排序:"5%及以下"(41.86%)、"不清楚"(25.58%)、"10%左右"(20.93%)、"20%左右"(6.98%)、"30%左右"(4.65%)、"40%左右"(0.00%)、"50%及以上"(0.00%)。更多的德育工作者选择了未成年人早恋比率在5%及以下。较少有德育工作者认为未成年人的早恋比率超过了20%。说明德育工作者较中学校长更倾向于认为未成年人的早恋比率较低,同时也有更多的德育工作者对此事表示"不清楚"。

在2013年就小学校长对未成年人早恋的微观估计的调查中,各选项的排序:"不清楚"(52.64%)、"5%及以下"(21.05%)、"10%左右"(13.16%)、"20%左右"(7.89%)、"30%左右"(2.63%)、"40%左右"(2.63%)、"50%及以上"(0.00%)。超过半数的小学校长表示对于未成年人的早恋情况不清楚,并且认为未成年人早恋的比率不是很高。这可能与小学校长接触的多是小学生有关:小学生当中进入青春期的未成年人较少,对于这方面的认识也不多。

表 3-71 中学校长、德育工作者、小学校长对未成年人早恋的微观估计（2013 年、2016 年）

选项	总计			中学校长						德育工作者（2013 年）		小学校长（2013 年）		中学校长与小学校长比较率差
				合计		2013 年		2016 年						
	人数	比率	排序	人数	比率	人数	比率	人数	比率	人数	比率	人数	比率	
5%及以下	116	35.47	1	90	36.59	62	34.07	28	43.75	18	41.86	8	21.05	15.54
10%左右	64	19.57	3	50	20.33	34	18.68	16	25.00	9	20.93	5	13.16	7.17
20%左右	39	11.93	4	33	13.41	30	16.48	3	4.69	3	6.98	3	7.89	5.52
30%左右	20	6.12	5	17	6.91	10	5.49	7	10.94	2	4.65	1	2.63	4.28
40%左右	11	3.36	6	10	4.07	7	3.85	3	4.69	0	0.00	1	2.63	1.44
50%及以上	7	2.14	7	7	2.85	7	3.85	0	0.00	0	0.00	0	0.00	2.85
不清楚	70	21.41	2	39	15.85	32	17.58	7	10.94	11	25.58	20	52.64	-36.79
合计	327	100	—	246	100	182	100	64	100	43	100	38	100	—

第四，受访群体估计的比较。如表 3-72 所示，在 2013 年、2016 年对受访群体的调查中，受访群体认为未成年人早恋的比率主要集中在"5%以下"，其次是"10%左右"。受访群体也有较高的"不清楚"的比率，其中小学校长的选择率超过了半数。与成年人群体相比，未成年人认为他们这个群体的早恋比率较高。

表 3-72 受访群体对未成年人早恋的微观估计的比较（2013 年、2016 年）

选项	5%以下	10%左右	20%左右	30%左右	40%左右	50%及以上	不清楚	有效样本量/人
未成年人（2013 年、2016 年）	22.81%	21.03%	10.55%	7.47%	7.06%	14.89%	16.20%	4902
中学老师（2013 年、2016 年）	32.97%	23.43%	8.46%	8.03%	4.12%	2.60%	20.39%	461
家长（2013 年、2016 年）	27.72%	40.45%	7.19%	12.53%	0.62%	1.64%	9.86%	487
中学校长（2013 年、2016 年）	36.59%	20.33%	13.41%	6.91%	4.07%	2.85%	15.85%	246
德育工作者（2013 年）	41.86%	20.93%	6.98%	4.65%	0.00%	0.00%	25.58%	43
小学校长（2013 年）	21.05%	13.16%	7.89%	2.63%	2.63%	0.00%	52.64%	38
比率平均值	30.50%	23.22%	9.08%	7.04%	3.08%	3.66%	23.42%	—

4. 其他研究者的调研成果分析

表3-73至表3-75反映了其他研究者关于未成年人早恋的研究成果。

在表3-73中,覃遵君1997年对湖北省鄂西南山区中学生的调查显示,大多数未成年人对于早恋持有正面积极的态度,表示只是双方之间有好感,只要不影响学习,可以不用干预,甚至会对双方都有所促进,明确表示早恋不符合传统道德要求的比率很低。

亓树新在2004年对黑龙江省哈尔滨市10所中学未成年人的调查显示,超过半数的未成年人对于早恋持肯定的态度。

罗兆夫和张秀传在2005年对河南省教育厅中小学生的调查显示,支持早恋的比率同样较高,并且接近三成的未成年人表示自己有过早恋经历。

从未成年人早恋的经历来看,本研究的调查结果与其他研究者的调查数据都表明,部分未成年人有一定的恋爱经历,且对早恋的认识呈相对成熟的态度。

表3-73 未成年人对早恋的看法(一)

1997年湖北省鄂西南山区的中学生调查(N:521)[1]		2004年黑龙江省哈尔滨市10所中学的未成年人调查(N:不详)[2]		2005年河南省教育厅的中小学生调查(N:中学生39982、小学生26328)[3]			
你对中学生早恋问题的看法		对早恋的态度		未成年人对早恋的态度		谈过恋爱的未成年人	
选项	比率	选项	比率	选项	比率	选项	比率
感情纯真,可以理解,只要不影响学习,可不加干预	47.6	持肯定态度	52.6	反对	44.74	谈过	27.57
顺其自然	8.25	未标明	47.4	赞成或认为无所谓	55.26	未标明	77.43
可以相互激励,促进学习	29.56	—	—	—	—	—	—
早恋不符合传统的道德观念	8.25	—	—	—	—	—	—
没有想过	5.76						
合计	100	合计	100	合计	100	合计	100

---

[1] 覃遵君. 山区高中生道德观素质状况的调查分析 [J]. 中学政治教学参考, 1998 (Z1): 29-32.
[2] 亓树新. 哈尔滨10所中学抽样调查:半数中学生结交网友 [N]. 中国青年报(网络版), 2004-06-08 (1).
[3] 罗兆夫, 张秀传. 河南省中小学生思想道德状况调查报告 [J]. 中国德育, 2006 (1): 44-50.

在表 3-74 中，佘双好在 2006 年 11 月—2007 年 1 月对北京、上海、重庆、黑龙江、甘肃、山东、安徽、广东、湖北及新疆维吾尔自治区 10 个省市（自治区）的调查显示，有超过 35% 的未成年人表示可以谈恋爱，并表示谈恋爱可以排解烦恼、证明自己有吸引力，以及可以相互促进学习，等等。

杨道喜在 2006 年对湖南省的未成年人的调查显示，未成年人表示中学生应该谈恋爱的比率达到 63.9%，处于一个较高的水平。

张海燕在 2009 年对江苏省太仓职业中心校网络 0601 班的调查显示，明确表示支持早恋的占 43.0%，表示"三思后行"的 43.0% 里不排除还有早恋的可能，这样一来早恋的队伍就壮大了。

未成年人的恋爱主要是基于共同的兴趣爱好，但早恋的未成年人较少将对方作为自己的终身伴侣来考虑，"从成功率上看，失败远多于成功"①。

表 3-74 未成年人对早恋的看法（二）

2006 年 11 月至 2007 年 1 月北京、上海、重庆、黑龙江、甘肃、山东、安徽、广东、湖北及新疆维吾尔自治区等 10 个省市（自治区）的调查（N：不详）②				2006 年湖南省的未成年人调查（N：291）③		2009 年江苏省太仓职业中心校网络 0601 班的调查（N：46）④	
对中学生谈恋爱的看法		中学生谈恋爱的原因		中学生应该不应该谈恋爱		你是如何看待早恋想象的	
选项	比率	选项	比率	选项	比率	选项	比率
不应该谈，中学生不是谈恋爱的年龄	22.3	有烦恼时有人排解	35.1	不应该	36.1	支持	43.0
不谈为好，中学生应以学业为主	38.2	证明自己有吸引力	19.5	应该	63.9	反对	14.0
有合适就谈，没合适的也无所谓	13.3	有人相互学习和帮助	15.4	—	—	三思后行	43.0
可以谈，学习恋爱两不误	22.1	选择人生伴侣	6.1	—	—	—	—
不谈恋爱是件很没面子的事	1.3	其他	17.0	—	—	—	—
合计	100	合计	100	合计	100	合计	100

---

①④ 张海燕. 羞答答的玫瑰，请你静悄悄的开：对中学生"早恋"问题的抽样调查及分析 [J]. 科技信息，2009（7）：534-535.

② 佘双好. 青少年思想道德现状及健全措施研究 [M]. 北京：中国社会科学出版社，2010：119.

③ 杨道喜. 当前未成年人思想道德状况调查及对策研究 [G] //湖南省人口管理与青少年犯罪研究征文评奖论文集. 湖南省社会科学界联合会学会工作处，2007（专辑）：13-15.

在表 3-75 中，王定华在 2009 年、2011 年与天津教科院合作开展的对山东、江苏、河北、湖南、甘肃、四川未成年人的调查显示，有 32.6% 的未成年人对中学阶段与异性密切交往表示赞同，将近同样比率的未成年人表示可以接受婚前性行为。反映了当前未成年人性开放的态度，同时，在青春期对异性的好奇心也敢于在行动上体现出来。

杨业华、杨鲜兰和符俊在 2014 年对湖北省未成年人思想道德状况的调查显示，63.7% 的未成年人对早恋持赞成的看法。受网络与传媒等因素的共同影响，未成年人对早恋的接纳度越来越高。

周颖、武俊青和赵瑞在 2015 年 1—3 月对上海市 5 个区的 10 所中学的调查显示，虽然持赞成态度的比率只有 14.84%，但 61.01% 的未成年人持"无所谓"态度，其中不乏默许、认同之意。可见在中学里，"早恋现象普遍存在"[1]。

表 3-75 未成年人对早恋的看法（三）

2009 年、2011 年教育部基础司与天津教科院在山东、江苏、河北、湖南、甘肃、四川的未成年人调查（N：2009 年不详、2011 年 5236）[2]		2014 年湖北省的未成年人思想道德状况调查（N：小学五、六年级学生 1000，高中和初中生 8400，中职生 600）[3]		2015 年 1—3 月上海市 5 个区的 10 所中学的调查（N：795，初中生 400、高中生 395）[4]	
对中学阶段与异性密切交往的态度	对婚前性行为		对早恋的看法		如何看待中学生谈恋爱？
选项	比率	选项	比率	选项	比率
赞同	32.6	能接受	31.2	赞成	63.7	赞成	14.84
未标明	67.4	未标明	68.8	不赞成	13.3	反对	24.15
—	—	—	—	说不清	23.0	无所谓	61.01
合计	100	合计	100	合计	100	合计	100

（三）未成年人的网恋

1. 对网恋的态度

网恋是现实人际交往转以网络载体来实现的行为，有利于打破人际交往的时空局限。

---

[1][4] 周颖，武俊青，赵瑞. 城市中学生早恋及其影响因素调查 [J]. 中国计划生育和妇产科，2016，8（2）：28-31.

[2] 王定华. 新形势下我国中小学生品德状况调查与思考 [J]. 教育科学研究，2013（1）：25-32.

[3] 杨业华，杨鲜兰，符俊. 湖北省未成年人思想道德发展状况调查报告 [J]. 青少年学刊，2016（1）：35-39.

相比在现实生活中的交往,网络的虚拟性在一定程度上对未成年人明辨是非的能力有了更高的要求。绝大多数未成年人了解网恋这种新兴的恋爱方式,那么他们了解网恋的实质与危害吗?

如表3-76所示,在2010—2016年就未成年人对网恋形式的看法的调查中,66.19%的未成年人认为网恋"不好",居于第一位。20.95%的未成年人认为"说不清",这部分未成年人观点中立,居于第二位,12.85%的未成年人认为网恋"好",居于第三位。

从2016年与2010年的比较来看,2016年选择"好"的比率较2010年高12.21%,2016年选择"不好"的比率较2010年减少9.45%,2016年选择"说不清"的比率较2010年低2.77%。未成年人对网恋形式持肯定性态度的比率逐渐增加。但就总体情况而言,大多数未成年人对网恋持"不好"的评价。

2. 真实网恋情况

(1) 未成年人的自述。

如表3-77所示,在2010—2016年对未成年人的真实网恋情况的调查中,74.60%的未成年人"没有"过网恋,居于第一位,其他选项的排序:"有"(11.76%)、"不确定"(8.92%)、"从不上网"(4.72%)。调查结果与推断的结果相同,绝大多数未成年人不曾有过真实网恋。

从2016年与2010年的比较来看,"没有"过真实网恋的比率呈现下降的趋势,从2010年的86.31%下降到2016年的65.56%,下降了20.75%。而"有"过真实网恋的比率则呈现逐年上升的趋势,从2010年的8.32%上升到2016年的18.15%,上升了9.83%。可见,未成年人有真实网恋这一现象呈现上升的趋势,这种发展趋势的变化应该引起我们的持续关注。网恋是现代人满足情感与恋爱需求的一种新模式,面对日益发展的网恋现象,应当注意其给未成年人带来的消极影响。

(2) 受访群体的看法。

从相当数量的未成年人不了解网恋并给予网恋"不好"的评价,可推断出大多数未成年人不会去网恋。

如表3-78所示,在2016年对受访群体的调查中,2016年有65.56%的未成年人"没有"过网恋,居于第一位,其他选项的排序:"有"(18.15%)、"不确定"(12.72%)、"不清楚"(3.57%)。此调查结果与推断结果相似,大多数未成年人不曾有过真实网恋。

2016年的数据与未成年人2010—2016年的同选题数据有较大差异,在"没有"这一项上,2016年为65.56%,2010—2016年为74.60%,两者率差为9.04%,表明未成年人的网恋在逐渐减少。

表 3-76 未成年人对网恋形式的看法（2010—2016 年）

选项	总计 人数	总计 比率	2010年[①] 人数	2010年 比率	2011年 人数	2011年 比率	2012年 人数	2012年 比率	2013年 人数	2013年 比率	2014年 人数	2014年 比率	2015年 人数	2015年 比率	2016年 人数	2016年 比率	2016年与2010年比较率差
好	1970	12.85	131	6.77	205	10.62	279	13.26	478	16.11	301	10.25	209	13.77	367	18.98	12.21
不好	10147	66.19	1323	68.34	1297	67.17	1306	62.07	1937	65.26	2100	71.48	1045	68.84	1139	58.89	-9.45
说不清	3212	20.95	482	24.90	429	22.22	519	24.67	553	18.63	537	18.28	264	17.39	428	22.13	-2.77
合计	15329	100	1936	100	1931	100	2104	100	2968	100	2938	100	1518	100	1934	100	—

表 3-77 未成年人的真实网恋情况（2010—2016 年）

选项	总计 人数	总计 比率	2010年[②] 人数	2010年 比率	2011年 人数	2011年 比率	2012年 人数	2012年 比率	2013年 人数	2013年 比率	2014年 人数	2014年 比率	2015年 人数	2015年 比率	2016年 人数	2016年 比率	2016年与2010年比较率差
有	1802	11.76	161	8.32	195	10.10	298	14.16	449	15.13	158	5.38	190	12.52	351	18.15	9.83
没有	11436	74.60	1671	86.31	1471	76.18	1625	77.23	2147	72.34	2100	71.48	1154	76.02	1268	65.56	-20.75
不确定	1368	8.92	104	5.37	122	6.32	120	5.70	260	8.76	387	13.17	129	8.50	246	12.72	7.35
从不上网	723	4.72	0	0.00	143	7.41	61	2.90	112	3.77	293	9.97	45	2.96	69	3.57	3.57
合计	15329	100	1936	100	1931	100	2104	100	2968	100	2938	100	1518	100	1934	100	—

①② 叶松庆. 当代未成年人的道德观现状与教育 2006—2010 [M]. 芜湖：安徽师范大学出版社，2013：210.

从未成年人与成年人群体的比较来看，未成年人选择"有"的比率较成年人群体要低12.11%，未成年人选择"没有"的比率较成年人群体要高37.90%。未成年人与成年人群体对未成年人真实网恋的宏观估计有较大差异，成年人群体认为未成年人"有"网恋的比率高于未成年人自己估计的比率。

表3-78 受访群体眼中未成年人的真实网恋（2016年）

选项	总计			未成年人		成年人群体								未成年人与成年人群体比较率差
						合计		中学老师		家长		中学校长		
	人数	比率	排序	人数	比率	人数	比率	人数	比率	人数	比率	人数	比率	
有	479	20.32	2	351	18.15	128	30.26	52	31.33	57	29.53	19	29.69	-12.11
没有	1385	58.76	1	1268	65.56	117	27.66	34	20.48	70	36.27	13	20.31	37.90
不确定	335	14.21	3	246	12.72	89	21.04	39	23.49	34	17.62	16	25.00	-8.32
不清楚	158	6.70	4	69	3.57	89	21.04	41	24.70	32	16.58	16	25.00	-17.47
合计	2357	100	—	1934	100	423	100	166	100	193	100	64	100	—

2. 对网恋的微观估计

（1）未成年人的自述。

如表3-79所示，在2013年与2016年就未成年人对网恋的微观估计的调查中，未成年人选择"5%及以下"的比率为24.50%，居于第一位，选择"不清楚"的比率为22.54%，居于第二位，选择"10%左右"的比率为20.24%，其他各选项的比率均较低。

从2016年与2013年的比较来看，选择"不清楚"的比率大幅上升，选择"5%及以下"的比率也有所上升。

表3-79 未成年人对网恋的微观估计（2013年、2016年）

选项	总计			2013年			2016年			2016年与2013年比较率差
	人数	比率	排序	人数	比率	排序	人数	比率	排序	
5%及以下	1179	24.05	1	647	21.80	1	532	27.51	2	5.71
10%左右	992	20.24	3	614	20.69	2	378	19.54	3	-1.15
20%左右	476	9.71	5	333	11.22	5	143	7.39	4	-3.83
30%左右	307	6.26	6	241	8.12	6	66	3.41	6	-4.71
40%左右	272	5.55	7	220	7.41	7	52	2.69	7	-4.72
50%及以上	571	11.65	4	491	16.54	3	80	4.14	5	-12.4
不清楚	1105	22.54	2	422	14.22	4	683	35.32	1	21.10
合计	4902	100	—	2968	100	—	1934	100	—	—

（2）中学老师的估计。

如表3-80所示，在2013年与2016年就中学老师对未成年人网恋的微观估计的调查中，选择"不清楚"的比率为42.73%，居于第一位，选择"5%及以下"的比率为29.50%，居于第二位。除"不清楚"和"5%及以下"的选项外，中学老师选择的比率较未成年人都要稍低。

从2016年与2013年的比较来看，中学老师选择"5%及以下"的比率较2013年高8.50%。其他选项均表现出不同幅度的升降。需要指出的是，四成多的中学老师对未成年人网恋情况表示"不清楚"，其需要进一步加强对未成年人相关情况的了解，以便有针对性地做好教育引导工作。

表3-80 中学老师对未成年人网恋的微观估计（2013年、2016年）

选项	总计			2013年		2016年		2016年与2013年比较率差
	人数	比率	排序	人数	比率	人数	比率	
5%及以下	136	29.50	2	78	26.44	58	34.94	8.50
10%左右	63	13.67	3	47	15.93	16	9.64	-6.29
20%左右	26	5.64	5	18	6.10	8	4.82	-1.28
30%左右	27	5.86	4	23	7.80	4	2.41	-5.39
40%左右	6	1.30	6	3	1.02	3	1.81	0.79
50%及以上	6	1.30	6	2	0.68	4	2.41	1.73
不清楚	197	42.73	1	124	42.03	73	43.98	1.95
合计	461	100	—	295	100	166	100	—

（3）家长的估计。

如表3-81所示，在2013年与2016年就家长对未成年人网恋的微观估计的调查中，家长选择"不清楚"的比率为46.61%，居于第一位，这一比率较中学老师的同项比率高。选择"5%及以下"的比率为27.52%，较中学老师的同项比率稍低。家长对这一问题的认识与中学老师较为相似，对未成年人的网恋情况了解得不够清晰。

从2016年与2013年的比较来看，2016年家长选择"5%及以下"的比率较2013年高15.36%，在家长眼中未成年人网恋的情况有小幅减少。

表3-81 家长对未成年人网恋的微观估计（2013年、2016年）

选项	总计			2013年		2016年		2016年与2013年比较率差
	人数	比率	排序	人数	比率	人数	比率	
5%及以下	134	27.52	2	63	21.43	71	36.79	15.36
10%左右	82	16.84	3	49	16.67	33	17.10	0.43
20%左右	24	4.93	4	14	4.76	10	5.18	0.42
30%左右	15	3.08	5	13	4.42	2	1.04	-3.38
40%左右	3	0.62	6	2	0.68	1	0.52	-0.16
50%及以上	2	0.41	7	0	0.00	2	1.04	1.04
不清楚	227	46.61	1	153	52.04	74	38.34	-13.70
合计	487	100	—	294	100	193	100	—

（4）中学校长、德育工作者、小学校长的估计。

如表3-82所示，在2013年和2016年对中学校长、2013年对德育工作者、2013年对小学校长就未成年人网恋的微观估计的调查中，36.39%的受访群体认为有"5%以下"的未成年人网恋。27.52%的受访群体表示对未成年人的网恋情况"不清楚"。20.18%的受访群体认为有"10%左右"的未成年人网恋。选择"20%左右"（8.26%）与"30%左右"（3.67%）的合比率为11.93%，选择40%以上的比率偏低。

近半数的受访群体对未成年人的网恋情况"不清楚"，这主要与网恋本身的私密性有一定的关联。未成年人如果不主动告诉成年人群体其网恋的事实，成年人群体仅仅通过与其表层交流，很难全面了解未成年人的实际情况。但作为学校领导与德育工作者，应及时了解掌握未成年人网恋的情况与动向，以便做好教育引导工作。

表3-82 中学校长、德育工作者、小学校长对未成年人网恋的微观估计（2013年、2016年）

选项	总计			中学校长						德育工作者（2013年）		小学校长（2013年）		中学校长与小学校长比较率差
				合计		2013年		2016年						
	人数	比率	排序	人数	比率	人数	比率	人数	比率	人数	比率	人数	比率	
5%及以下	119	36.39	1	103	41.87	86	47.25	17	26.56	7	16.28	9	23.68	18.19
10%左右	66	20.18	3	60	24.39	50	27.47	10	15.63	5	11.63	1	2.63	21.76
20%左右	27	8.26	4	24	9.76	24	13.19	0	0.00	0	0.00	3	7.89	1.87
30%左右	12	3.67	5	11	4.47	6	3.30	5	7.81	1	2.33	0	0.00	4.47

(续表3-82)

选项	总计			中学校长						德育工作者(2013年)		小学校长(2013年)		中学校长与小学校长比较率差
				合计		2013年		2016年						
	人数	比率	排序	人数	比率	人数	比率	人数	比率	人数	比率	人数	比率	
40%左右	7	2.14	6	5	2.03	0	0.00	5	7.81	1	2.33	1	2.63	-0.60
50%及以上	6	1.83	7	4	1.63	4	2.20	0	0.00	1	2.33	1	2.63	-1.00
不清楚	90	27.52	2	39	15.85	12	6.59	27	42.19	28	65.12	23	60.53	-44.68
合计	327	100	—	246	100	182	100	64	100	43	100	38	100	—

（5）受访群体估计的比较。

如表3-83所示，在2013年、2016年对受访群体的调查中，受访群体选择"不清楚"的比率为42.23%，居于第一位。选择"5%及以下"的比率为27.15%，居于第二位。在高比例选项上，受访群体选择的比率较低。

从单个群体来看，选择"不清楚"的比率最高的群体是德育工作者。从总体上看，成年人群体对未成年人的网恋情况并不清楚。

表3-83 受访群体对未成年人网恋的微观估计的比较（2013年、2016年）

选项	5%以下	10%左右	20%左右	30%左右	40%左右	50%及以上	不清楚	有效样本量/人
未成年人（2013年、2016年）	24.05%	20.24%	9.71%	6.26%	5.55%	11.65%	22.54%	4902
中学老师（2013年、2016年）	29.50%	13.67%	5.64%	5.86%	1.30%	1.30%	42.73%	461
家长（2013年、2016年）	27.52%	16.84%	4.93%	3.08%	0.62%	0.41%	46.61%	487
中学校长（2013年、2016年）	41.87%	24.39%	9.76%	4.47%	2.03%	1.63%	15.85%	246
德育工作者（2013年）	16.28%	11.63%	0.00%	2.33%	2.33%	2.33%	65.12%	43
小学校长（2013年）	23.68%	2.63%	7.89%	0.00%	2.63%	2.63%	60.53%	38
比率平均值	27.15%	14.90%	6.32%	3.67%	2.41%	3.33%	42.23%	—

3. 其他研究者的调研成果分析

表 3-84、表 3-85 与表 3-86 反映了未成年人对于网恋的看法。

在表 3-84 中，薛彦萍和刘继贞在 2005 年对河北省石家庄、唐山、廊坊、秦皇岛、保定、沧州、邢台、衡水、张家口等市青少年的调查显示，超过四成的未成年人将网恋当成一场游戏来看待，认为网恋是一种不可靠的恋爱方式。但也有超过 10% 的未成年人表示相信网恋，并且渴望可以在其中找到与自己相爱的人。

杨道喜在 2006 年对湖南省未成年人的调查也显示，有超过半数的未成年人表示相信网恋。

徐强在 2006 年对全国除港澳台等之外的 31 个省、直辖市、自治区未成年人的调查显示，有部分未成年人有过网恋经历，其中高中生的比率略高于初中生。

未成年人对网恋的态度发生了些许的改变：未成年人逐渐相信网恋，并认为可以通过网恋找到自己的恋人。但从实际网恋的比率来看，与其态度倾向不同的是，未成年人选择网恋的比率较低。

表 3-84 未成年人的网恋情况（一）

2005 年河北省石家庄、唐山、廊坊、秦皇岛、保定、沧州、邢台、衡水、张家口等市的青少年调查（N: 3748，其中，初中生 11.9%、普通高中生 19.5%、职业高中生 24.1%、大学生 42.8%）[1]		2006 年湖南省的未成年人调查（N: 291）[2]		2006 年全国除港澳台等之外的 31 个省、直辖市、自治区的未成年人调查（N: 3166）[3]		
对网络婚恋的态度		是否相信网恋		网恋情况		
选项	比率	选项	比率	选项	比率	
					初中生	高中生
仅仅是一场游戏，经不起时间的考验	40.7	不相信	45.0	网恋	5.9	6.1
没想过	47.3	相信	55.0	未标明	94.1	93.9
相信网恋并希望自己拥有网上恋人	12.1	—	—	—	—	—
合计	100	合计	100	合计	100	100

---

[1] 薛彦萍，刘继贞. 在虚拟与现实之间：对我省青少年网络道德和现实道德状况的研究报告 [J]. 河北青年管理干部学院学报，2006（3）：29-34.

[2] 杨道喜. 当前未成年人思想道德状况调查及对策研究 [G] //湖南省人口管理与青少年犯罪研究征文评奖论文集. 湖南省社会科学界联合会学会工作处，2007（专辑）：13-15.

[3] 徐强. 中国青少年学生网络文化生活现状调查分析 [J]. 青年探索，2007（1）：56-58.

在表3-85中，罗艳华在2006年对贵州省贵阳市未成年人的调查显示，有超过10%的未成年人表示有过网恋经历，有些甚至还有过多次。在对网恋的态度上，超过半数的未成年人表示无所谓。

李亚杰在2009年对中国青少年社会服务中心未成年人的网恋调查显示，88.98%的未成年人表示没有网恋经历，也不想有网恋。在对网恋真实性的看法中，59.5%的未成年人对网恋表示不信任，选择"非常真实可信"与"比较真实可信"的比率分别为2.47%与4.60%，选择相信网恋的比率不足10%。

从2006年与2009年的调查数据比较来看，选择赞成或相信网恋的比率有所上升，表明网恋的渗透性有所增强。

表3-85 未成年人的网恋情况（二）

2006年贵州省贵阳市的未成年人调查（N：282）[①]						2009年中国青少年社会服务中心的未成年人网恋调查（N：不详）[②]			
未成年人网恋的情况				对网恋的态度		未成年人的网恋情况（多选题）		网恋的真实性？	
选项	一次比率	几次比率	很多次比率	选项	比率	选项	比率	选项	比率
有网恋经历	11.0	4.0	3.0	反对	34.0	有过网恋或正在进行网恋	7.49	非常真实可信	2.47
未标明	89.0	96.0	97.0	坚决反对	9.0	以前有过，现在没有了	4.83	比较真实可信	4.60
—	—	—	—	无所谓	53.0	现在正经历"网恋"	2.66	不信任	59.5
—	—	—	—	赞成	4.0	虽然没有经历过但是想有这种经历	3.27	未标明	33.43
—	—	—	—	—	—	现在没有，也不想有	88.98	—	—
合计	100	100	100	合计	100	合计	—	合计	100

在表3-86中，张建在2012年对河北省邢台市未成年人的调查显示，有过网恋经历的未成年人比率达到了13%，表明网恋已经在未成年人当中扩散开来。

胡爱霞和向阳在2014年对湖南省吉首市各中学的网络道德调查显示，84.8%的中学

[①] 罗艳华. 中学生网络意识与行为分析：贵阳市中学生网络意识与行为调查[J]. 教育探索，2006（4）：41-42.

[②] 李亚杰. 多数未成年人不相信"网恋"[N]. 深圳商报，2009-02-01.

生选择相信网恋，不相信网恋的比率仅为15.2%。未成年人对网恋的赞同度呈大幅度增长的态势，对网恋的接受度越来越高。

在本研究对未成年人真实网恋的调查中，未成年人有网恋经历的比率也呈逐渐增长态势，与其他研究者的调查结果保持较高的一致性。知晓未成年人的网恋现状并不是本研究的落脚点，后续应针对未成年人的网恋情况做出更加细致的分析，分析网恋的成因、产生的影响并提出教育引导对策。

表3-86 未成年人的网恋情况（三）

2012年河北省邢台市的未成年人调查 (N：560)[①]		2014年湖南省吉首市各中学的网络道德调查 (N：938)[②]	
有无网恋		是否相信网恋	
选项	比率	选项	比率
有	13.0	相信	84.8
未标明	87.0	不相信	15.2
合计	100	合计	100

（四）基本认识

1. 未成年人恋爱观教育亟须进一步加强

恋爱是男女双方基于爱情而进行交往的过程。本研究通过对未成年人早恋以及网恋情况的调查，了解未成年人的恋爱观发展现状。

在未成年人恋爱情况的调查中，问"什么事情让未成年人感到幸福"时，谈恋爱被放在第十位。在未成年人的认知中，其主要任务是努力学习文化知识，谈恋爱在未成年人生活中的定位偏后（见表3-63，第99页）。但在未成年人实际的恋爱情况调查中，26.78%的未成年人表示谈过恋爱（见表3-64，第100页）。在未成年人早恋及网恋的调查中，均有一定比率的未成年人过早恋爱或陷入网恋之中（见表3-66，第101页；表3-78，第111页）。

未成年人恋爱观教育亟须进一步加强，并不是否定已有的恋爱观教育成效。在新的形势下，"社会转型""社会贫富差距的扩大"以及"西方观念的影响"[③]，对未成年人的道德观念发展产生了深远的作用；同时对未成年人的恋爱观教育也造成一定的冲击。在这种情形下，未成年人恋爱观教育的针对性（针对未成年人的实际）与实效性（正确认

[①] 张建. 网络环境下中学生德育素养的调查报告[J]. 德州学院学报, 2012, 28（4）：29-30.

[②] 胡爱霞, 向阳. 青少年网络聊天中的主要道德问题调查[J]. 教育教学论坛, 2015（11）：118-119.

[③] 叶松庆, 吴巍, 荣梅. 当代未成年人道德观发展变化的环境因素分析[J]. 中国青年政治学院学报, 2014（5）：56-61.

识恋爱、确立正确的恋爱观）亟须进一步加强。

2. 辩证看待未成年人的早恋，提高教育与引导的实效性，帮助未成年人确立正确的恋爱观

所谓"早恋"是指恋爱主体的实际年龄与身心发展特征不相符合。随着未成年人第二性征的出现，未成年人情窦初开，对异性产生好感并逐渐产生强烈的爱恋，也就是通常我们所说的"早恋"。"在对异性的好感上他们认为那不一定就是早恋，相当一部分未成年人有这种认识，但在实际生活中，这种好感容易演绎成早恋。"[①]

在未成年人早恋情况的调查中，29.76%的未成年人表示自己有过早恋的经历，56.50%的成年人认为未成年人有过早恋（见表3-66，第101页；表3-67，第111页）。从其他研究者的调查来看，持肯定性态度的比率逐渐增加，表明未成年人对早恋持逐渐开明的态度（见表3-73，第106页）。在2006年11月至2007年1月北京、上海、重庆、黑龙江、甘肃、山东、安徽、广东、湖北及新疆维吾尔自治区10个省市（自治区）的调查中，认为中学生可以谈恋爱的比率为36.7%，在恋爱原因的调查中，35.1%的中学生恋爱是为了排解自己的烦恼。在2006年湖南省的调查中，63.9%的未成年人认为应该谈恋爱（见表3-74，第107页）。在2014年湖北省的未成年人思想道德状况调查中，63.7%的未成年人表示赞成早恋（见表3-75，第108页）。

从本研究与其他研究者的调查数据来看，未成年人早恋的比率有所增加。辩证地看待未成年人的早恋，一方面要分析未成年人早恋心理的形成缘由，另一方面要注意加强对未成年人的引导，帮助未成年人确立正确的恋爱观。要明晰未成年人是基于什么缘由而恋爱的，是否是为了面子（觉得谈恋爱是很有面子的事）、烦恼排遣或出于其他原因，针对未成年人的不同心理展开教育。鉴于大众传媒尤其是"电视剧文化对未成年人价值观影响的'潜移默化'"[②]的特点，未成年人会或多或少地受到负面信息的影响，将恋爱视为儿戏，早恋只是满足自身好奇心。针对这些情况，教育工作者们既不能强行干涉与拆散，又不能严词呵斥，要注意方式方法，正视问题，并且尊重未成年人，要分析早恋可能产生的不好的后果（如耽误学习），鼓励早恋的同学将内心的爱慕之情转化为学习的动力。

3. 未成年人对网恋的知晓度与接受度逐渐提高，应透过网恋，全方位加强未成年人的恋爱观教育

随着互联网以及自媒体的快速发展，网络逐渐向未成年人群体延展。网恋是指个人的恋爱关系超越时空的局限，以网络为载体，与情感对象进行虚拟与现实的交往与互动。

在对未成年人有关网恋情况的调查中，12.85%的未成年人认为网恋形式好，未成年人有真实网恋经历的比率由2010年的8.32%逐渐上升至2016年的18.15%，增幅为9.83%（见表3-76、表3-77，第110页）。

---

① 叶松庆. 当代未成年人情感观现状与特点：对安徽省八城市未成年人的调查分析 [J]. 中国青年政治学院学报，2007（5）：33-37.

② 叶松庆，罗永，荣梅. 电视剧文化对未成年人价值观的影响方式、特点及其问题：以安徽省未成年人的调查为例 [J]. 皖西学院学报，2015，31（6）：29-33.

在其他研究者的调查中，如2005年河北省部分城市的青少年调查中，12.1%的未成年人表示相信网恋，并希望拥有网上恋人，在2006年湖南省的未成年人调查中，55.0%的未成年人表示相信网恋（见表3-84，第115页）。在2006年贵州省贵阳市、2012年河北省邢台市的未成年人调查以及2014年湖南省吉首市各中学的网络道德情况调查中，均有部分未成年人相信与有过网恋的经历（见表3-85，第116页；表3-86，第117页）。可见，不少未成年人有过网恋的经历，且对网恋的知晓度与接受度逐渐提高，本研究的结果与上述调查结果有较高的相似性。

网恋带有很强的"虚拟性"，加之未成年人的辨别能力以及心智发展水平不成熟，网恋很难"下载"到现实生活中，更多像是一种"爱的感觉"，对未成年人的身心健康发展带来一定的消极影响。其主要表现为：第一，分散未成年人的精力。未成年人的主要任务是学习，沉溺其中，势必会消耗其精力。第二，网恋的虚拟性、不确定性以及欺骗性容易引发未成年人的心理问题。未成年人单纯与容易相信别人，如若陷入网恋泥潭，很有可能受骗，与网友见面甚至可能会发生性侵事件。应该正视网恋所带来的消极影响，加强对未成年人的人生观教育，促使未成年人确立健康正确的恋爱观。

四、未成年人的人际观

交往是人们运用共同的语言或非语言的形式进行交流，以达到维系情感的目的。人们在交往过程中，形成的人与人之间的关系，就是人际关系。个人对人际关系的看法与认识就是人际观。未成年人树立正确的人际观有利于其社会性发展，增强自身的人际交往能力并且建立和谐的人际关系，直接关系到未成年人的健康、全面发展。本研究通过进行未成年人对人际关系的看法、人际关系的现状、交友意愿与方式、网络社会交往四方面的调查，了解未成年人的人际观。

（一）未成年人对人际关系的看法

1. 对同学关系的定位

同学之间的关系，是未成年人人际关系的真实写照。有亲密的同学关系表明未成年人能融洽地与同学相处，是良好的人际关系的缩影。

如表3-87所示，在2006—2011年、2015—2016年就未成年人对同学关系定位的调查中，53.16%的未成年人认为与同学的关系亲密得像兄弟姐妹一样，36.64%的未成年人则认为与同学关系一般。10.20%的未成年人选择"不清楚"。大部分未成年人与同学之间有较好的人际关系，部分未成年人则认为与同学的关系一般。针对这种情况，找出其中的缘由，让未成年人真正融入同学中，这样才有利于其良好人际关系的确立。

从2016年与2006年的比较来看，2016年选择"亲密得像兄弟姐妹"的比率较2006年高12.39%，选择"一般化"与"不清楚"的比率分别较2006年低2.64%与9.74%。从比较率差来看，未成年人对同学关系的定位越来越积极与乐观，同时"不清楚"的模糊性认知也在逐渐减少。

表3-87 未成年人对同学关系的定位（2006—2011年、2015—2016年）

选项	总计			2006—2010年①		2006年比率	2011年		2015年		2016年		2016年与2006年比较率差
	人数	比率	排序	人数	比率		人数	比率	人数	比率	人数	比率	
亲密得像兄弟姐妹	10117	53.16	1	7323	53.66	39.94	1064	55.10	718	47.30	1012	52.33	12.39
一般化	6973	36.64	2	5022	36.80	37.59	714	36.98	561	36.96	676	34.95	-2.64
不清楚	1941	10.20	3	1303	9.55	22.46	153	7.92	239	15.74	246	12.72	-9.74
合计	19031	100	—	13648	100	100	1931	100	1518	100	1934	100	—

2. 对有好朋友好不好的认识

未成年人之间相互交往，必定会产生感情。好朋友之间的感情是真挚的，在心理上是有默契的，否则很难称之为"好朋友"。良师益友有助于未成年人的健康成长，有个好朋友有利于满足自身情感需要，同时也能激发相互学习的激情，从而有利于双方共同成长成才。

如表3-88所示，在2006—2011年、2015—2016年对未成年人的"你觉得有好朋友好不好"的调查中，74.07%的未成年人选择"好"，选择"不好"的比率为13.47%，选择"不知道"与"无所谓"的比率分别为5.03%与7.44%。大部分未成年人认为好朋友对自身人际关系的建立具有重要的积极意义。

从2016年与2006年的比较来看，2016年选择"好"的比率较2006年高16.93%，选择"不好""无所谓"的比率均较2006年低。从比较率差来看，未成年人对好朋友的重要性的认识越来越强，未成年人对人际关系的认识也越来越积极乐观。

表3-88 你觉得有好朋友好不好（2006—2011年、2015—2016年）

选项	总计			2006—2011年		2006年比率	2015年		2016年		2016年与2006年比较率差
	人数	比率	排序	人数	比率		人数	比率	人数	比率	
好	14096	74.07	1	11546	74.11	51.32	1230	81.03	1320	68.25	16.93
不好	2563	13.47	2	2165	13.90	28.03	49	2.96	349	18.05	-9.98
无所谓	1415	7.44	3	1177	7.56	11.95	96	6.32	142	7.34	-4.61
不知道	957	5.03	4	691	4.44	8.70	143	9.42	123	6.36	-2.34
合计	19031	100	—	15579	100	100	1518	100	1934	100	—

---

① 叶松庆.当代未成年人的道德观现状与教育2006—2010 [M].芜湖：安徽师范大学出版社，2013：95.

（二）未成年人的人际关系现状

1. 未成年人的一般人际关系

（1）未成年人的自述。

自我人际关系的评价关乎对自身人际关系现状的认识，自我评价较高表明未成年人在日常的人际交往过程中表现出积极的发展态势。

如表3-89所示，在2010—2016年就未成年人对自身一般人际关系评价的调查中，各选项的排序："好"（36.22%）、"很好"（32.58%）、"一般化"（25.04%）、"不好"（3.38%）、"不知道"（1.70%）、"很不好"（1.09%）。其中认为自己的人际关系好（"好"与"很好"的比率之和）的比率达到了68.80%，认为不好（"很不好"与"不好"比率之和）的比率仅为4.47%。可见未成年人的一般人际关系总体上来说是好的，不过也有部分的未成年人表示自己的一般人际关系"一般化"。

从2016年与2010年的比较来看，未成年人选择"不好"的比率有所上升，较2010年上升0.36%；选择"好"的比率较2010年下降2.39%。但综合来看，总体保持着一种协调的状态。

表3-89 未成年人对自身一般人际关系的评价（2010—2016年）

选项	总计			2010—2013年[①]		2010年比率	2014年		2015年		2016年		2016年与2010年比较率差
	人数	比率	排序	人数	比率		人数	比率	人数	比率	人数	比率	
很好	5030	32.58	2	2779	30.70	28.41	987	33.59	573	37.75	691	35.73	7.32
好	5592	36.22	1	3372	37.26	38.12	1007	34.28	522	34.39	691	35.73	-2.39
一般化	3866	25.04	3	2410	26.63	27.74	754	25.66	315	20.75	387	20.01	-7.73
不好	522	3.38	4	290	3.20	2.79	112	3.81	59	3.89	61	3.15	0.36
很不好	169	1.09	6	80	0.88	1.39	42	1.43	25	1.65	22	1.14	-0.25
不知道	262	1.70	5	120	1.33	1.55	36	1.23	24	1.58	82	4.24	2.69
合计	15441	100	—	9051	100	100	2938	100	1518	100	1934	100	—

（2）受访群体的评价。

第一，教育、科技、人事管理部门领导的评价。人际交往过程中形成的对人际关系的认识与看法，会成为自身思维方式重要的"观念图式"，对一个人的成长产生深远的影响。教育、科技、人事管理部门领导对未成年人一般人际关系的看法在一定程度上反

[①] 叶松庆．当代未成年人道德观发展变化与引导对策的实证研究［M］．芜湖：安徽师范大学出版社，2016：497．

映了其自身对人际交往的判断与评价标准。

如表3-90所示,在2010年就教育、科技、人事等管理部门领导对未成年人一般人际关系评价的调查中,各选项的排序:"一般化"(70.59%)、"好"(20.59%)、"不好"(5.88%)、"很好"(2.94%)、"很不好"(0.00%)、"不知道"(0.00%)。与前面的群体不同的是,在教育、科技、人事等管理部门领导的选择中,认为未成年人人际关系"一般化"的比率最高,"好"的比率则相对较低,说明教育、科技、人事等管理部门领导对未成年人的一般人际关系并不是很看好。

从职务分类比较来看,职别高的领导相较于职别低的领导干部而言,更倾向于认为未成年人的一般人际关系向"好"。

表3-90 教育、科技、人事等管理部门领导眼中未成年人的一般人际关系(2010年)

类别	总计			正处级			副处级			人数差	比率差
	人数	比率	排序	人数	比率	排序	人数	比率	排序		
很好	1	2.94	4	0	0.00	3	1	5.26	4	-1	-5.26
好	7	20.59	2	5	33.33	2	2	10.53	2	3	22.81
一般化	24	70.59	1	10	66.67	1	14	73.68	1	-4	-7.02
不好	2	5.88	3	0	0.00	3	2	10.53	2	-2	-10.53
很不好	0	0.00	5	0	0.00	3	0	0.00	5	0	0.00
不知道	0	0.00	5	0	0.00	3	0	0.00	5	0	0.00
合计	34	100	—	15	100	—	19	100	—	-4	—

第二,中学校长、小学校长的评价。中小学校长是未成年人教育与成长过程中重要的"领路人",在与未成年人打交道的过程中,中小学校长对未成年人的人际关系有一个相对较为清晰的认识。

如表3-91所示,在2013年、2016年就中学校长对未成年人的一般人际关系评价的调查中,各选项的排序:"一般化"(52.03%)、"好"(36.18%)、"很好"(7.72%)、"很不好"(1.63%)、"不好"(1.63%)、"不知道"(0.81%)。

在2013年小学校长对未成年人的一般人际关系评价的调查中,各选项的排序:"一般化"(44.74%)、"好"(44.74%)、"很好"(2.63%)、"很不好"(2.63%)、"不好"(2.63%)、"不知道"(2.63%)。

小学校长选择"很好"与"好"的合比率为47.37%,这一合比率较中学校长的同项比率(43.90%)高3.47%。小学校长选择"不好"与"很不好"的合比率为5.26%,这一比率较中学校长的同项比率(3.26%)高2.00%;小学校长与中学校长在"一般化"的认识上也有一定差异。

从中学校长与小学校长的总比率来看,51.06%的中小学校长认为未成年人的一般人际关系"一般化",选择积极性评价("很好"与"好")的比率为44.36%,选择消极性评价("不好"与"很不好")的比率为3.52%。半数以上的中小学校长认为未成年人的一般人际关系处在"一般化"状态。

表3-91 中学校长、小学校长眼中未成年人的一般人际关系(2013年、2016年)

选项	总计			中学校长						小学校长（2013年）		中学校长与小学校长比较率差
				合计		2013年		2016年				
	人数	比率	排序	人数	比率	人数	比率	人数	比率	人数	比率	
很好	20	7.04	3	19	7.72	5	2.75	14	21.88	1	2.63	5.09
好	106	37.32	2	89	36.18	55	30.22	34	53.13	17	44.74	-8.56
一般化	145	51.06	1	128	52.03	118	64.84	10	15.63	17	44.74	7.29
不好	5	1.76	4	4	1.63	3	1.65	1	1.56	1	2.63	-1.00
很不好	5	1.76	4	4	1.63	0	0.00	4	6.25	1	2.63	-1.00
不知道	3	1.06	6	2	0.81	1	0.55	1	1.56	1	2.63	-1.82
合计	284	100	—	246	100	182	100	64	100	38	100	—

第三,中学老师、家长的评价。如表3-92所示,在2016年就中学老师与家长对未成年人的一般人际关系评价的调查中,选择"很好"与"好"的合比率为76.33%,其中选择"很好"的比率为39.28%。选择"不好"与"很不好"的合比率较小。中学老师与家长的评价显著好于中小学校长。

在中学老师与家长的比较中,家长选择"很好"的比率较中学老师高9.18%,选择"不好"与"很不好"的比率较中学老师要低。中学老师与家长对未成年人的一般人际关系的评价较好,家长的评价稍好于中学老师。

表3-92 中学老师、家长眼中未成年人的一般人际关系(2016年)

选项	总计			中学老师			家长			中学老师与家长比较率差
	人数	比率	排序	人数	比率	排序	人数	比率	排序	
很好	141	39.28	1	57	34.34	2	84	43.52	1	-9.18
好	133	37.05	2	68	40.96	1	65	33.68	2	7.28
一般化	75	20.89	3	35	21.08	3	40	20.73	3	0.35
不好	2	0.56	5	2	1.20	5	0	0.00	5	1.20

(续表3-92)

选项	总计			中学老师			家长			中学老师与家长比较率差
	人数	比率	排序	人数	比率	排序	人数	比率	排序	
很不好	1	0.28	6	1	0.60	6	0	0.00	5	0.60
不知道	7	1.95	4	3	1.81	4	4	2.07	4	-0.26
合计	359	100	—	166	100	—	193	100	—	—

第四，受访群体评价的比较。如表3-93所示，在对受访群体的调查中，对于未成年人一般人际关系的评价主要集中在"好"与"一般化"上，中学校长较多地认为"一般化"，小学校长对于这两个选项的选择率参半，而未成年人则较多地认为"很好"与"好"。

总的来说，受访群体明确表示未成年人的一般人际关系"不好"与"很不好"的比率均很低。由此可见，未成年人的一般人际关系普遍认为较好。

表3-93 受访群体评价的比较

选项	很好	好	一般化	不好	很不好	不知道	有效样本量/人
未成年人（2010—2016年）	32.58%	36.22%	25.04%	3.38%	1.09%	1.70%	15441
教育、科技、人事管理部门领导（2010年）	2.94%	20.59%	70.59%	5.88%	0.00%	0.00%	34
中学老师（2016年）	34.34%	40.96%	24.70%	1.20%	0.60%	1.81%	166
家长（2016年）	43.52%	33.68%	20.73%	0.00%	0.00%	2.07%	193
中学校长（2013年、2016年）	7.72%	36.18%	52.03%	1.63%	1.63%	0.81%	246
小学校长（2013年）	2.63%	44.74%	44.74%	2.63%	2.63%	5.26%	38
比率平均值	20.62%	35.40%	39.64%	2.45%	0.99%	1.94%	—

2. 未成年人的师生关系

（1）未成年人的自述。

师生关系是未成年人最重要也是最基本的人际关系。"学高为师，身正为范"，在未成年人与老师的交往过程中，老师的价值观念会对未成年人产生潜移默化的影响。

如表3-94所示，在2012—2013年、2016年就未成年人对师生关系评价的调查中，

29.05%的未成年人选择"一般化",未成年人认为师生关系"很好"(28.92%)与"比较好"(35.80%)的合比率为64.72%,选择"不好"的比率为2.84%。大部分未成年人认为师生关系较为和谐,明确表示"不好"的比率较低。

从2016年与2012年的比较来看,2016年选择"很好"的比率较2012年增加5.75%,选择"一般化"的比率较2012年低10.91%。未成年人选择率波动较小,表明师生关系呈现出较为稳定的发展态势。

表3-94 未成年人对师生关系的评价(2012—2013年、2016年)

选项	总计			2012年		2013年		2016年		2016年与2012年比较率差
	人数	比率	排序	人数	比率	人数	比率	人数	比率	
很好	2026	28.92	3	560	26.62	840	28.30	626	32.37	5.75
比较好	2508	35.80	1	745	35.41	1046	35.24	717	37.07	1.66
一般化	2035	29.05	2	705	33.51	893	30.09	437	22.60	-10.91
不好	199	2.84	5	45	2.14	114	3.84	40	2.07	-0.07
不清楚	238	3.40	4	49	2.33	75	2.53	114	5.89	3.56
合计	7006	100	—	2104	100	2968	100	1934	100	—

(2)受访群体的评价。

第一,中学老师、家长、中学校长的评价。如表3-95所示,在2016年对中学老师、家长、中学校长眼中未成年人的师生关系的调查中,选择"很好"与"比较好"的合比率为83.45%,其中选择"比较好"的比率为44.44%。大部分成年人群体认为未成年人的师生关系较好。

从未成年人与成年人群体的比较来看,成年人群体选择"很好"与"比较好"的比率分别较未成年人高6.64%与7.37%。成年人群体眼中未成年人的师生关系较好,未成年人选择"不好"与"不清楚"的比率较成年人群体高。因此,须进一步提高未成年人的认识,帮助他们树立正确的人际观。

表3-95 中学老师、家长、中学校长眼中未成年人的师生关系(2016年)

选项	总计			未成年人		成年人群体								未成年人与成年人群体比较率差
						合计		中学老师		家长		中学校长		
	人数	比率	排序	人数	比率	人数	比率	人数	比率	人数	比率	人数	比率	
很好	791	33.56	2	626	32.37	165	39.01	56	33.73	95	49.22	14	21.88	-6.64
比较好	905	38.40	1	717	37.07	188	44.44	83	50.00	69	35.75	36	56.25	-7.37

(续表 3-95)

选项	总计			未成年人		成年人群体							未成年人与成年人群体比较率差
						合计		中学老师		家长		中学校长	
	人数	比率	排序	人数	比率	人数	比率	人数	比率	人数	比率	人数	比率	
一般化	491	20.83	3	437	22.60	54	12.77	22	13.25	23	11.92	9	14.06	9.83
不好	45	1.91	5	40	2.07	5	1.18	3	1.81	1	0.52	1	1.56	0.89
不清楚	125	5.30	4	114	5.89	11	2.60	2	1.20	5	2.59	4	6.25	3.29
合计	2357	100	—	1934	100	423	100	166	100	193	100	64	100	—

第二，中学老师对师生关系好差的评价。如表 3-96 所示，在 2008—2013 年、2016 年就中学老师对其与未成年人的师生关系的认识（和以前相比）的调查中，选择"好"的比率为 43.38%，居于第一位。选择"差"的比率为 30.75%。中学老师认为与未成年人的师生关系比以前要好。

从 2016 年与 2008 年的比较来看，选择"好"的比率增加了 9.70%，选择"差"的比率降低了 2.83%。在中学老师眼中，与未成年人的师生关系比以前好，这无疑有助于未成年人形成良好的人际关系。

表 3-96 中学老师对其与未成年人的师生关系的认识（和以前相比）（2008—2013 年、2016 年）

选项	总计		2008—2013 年①		2008 年比率	2016 年		2016 年与 2008 年比较率差
	人数	比率	人数	比率		人数	比率	
好	639	43.38	549	42.00	44.52	90	54.22	9.70
差	453	30.75	417	31.91	24.52	36	21.69	-2.83
难以判断	381	25.87	341	26.09	30.97	40	24.10	-6.87
合计	1473	100	1307	100	100	166	100	—

3. 未成年人的同学关系

（1）未成年人的自述。

未成年人与同学之间的交往是未成年人人际交往关系中最基本的组成部分，与同学关系的好坏将反映未成年人人际交往水平的高低。

如表 3-97 所示，在 2006—2013 年、2015—2016 年对未成年人的同学关系的调查中，15.83% 的未成年人选择"一般化"，选择"很好"（37.42%）与"比较好"（39.46%）

---

① 叶松庆. 当代未成年人道德观发展变化与引导对策的实证研究 [M]. 芜湖：安徽师范大学出版社，2016：494.

的合比率为76.88%,其中"比较好"的比率居于第一位。选择"不好"的比率为2.57%,选择"好不好无所谓"与"不清楚"的比率分别为2.60%与2.11%。大部分未成年人与周围同学相处融洽,与同学之间保持较好的关系。

从2016年与2006年的比较来看,选择"很好"的比率较2006年增加了18.33%,是增幅最大的选项。2016年选择"不好""不清楚"与"好不好无所谓"的比率均较2006年低。未成年人对同学关系的认识越来越清晰,同学之间保持和谐融洽的关系。

表3-97 未成年人的同学关系(2006—2013年、2015—2016年)

选项	总计			2006—2013年①		2006年比率	2015年		2016年		2016年与2006年比较率差
	人数	比率	排序	人数	比率		人数	比率	人数	比率	
很好	9020	37.42	2	7549	36.56	26.34	607	39.98	864	44.67	18.33
比较好	9511	39.46	1	8289	40.14	36.23	631	41.57	591	30.56	-5.67
一般化	3816	15.83	3	3297	15.97	14.80	195	12.85	324	16.75	1.95
不好	620	2.57	5	546	2.64	8.04	26	1.71	48	2.48	-5.56
不清楚	509	2.11	6	459	2.22	6.84	24	1.58	26	1.34	-5.50
好不好无所谓	627	2.60	4	511	2.47	7.75	35	2.31	81	4.19	-3.56
合计	24103	100	—	20651	100	100	1518	100	1934	100	—

(2)受访群体的评价。

第一,中学老师的评价。如表3-98所示,在2008—2013年、2016年对中学老师眼中未成年人的同学关系的调查中,选择"很好"与"比较好"的合比率为70.06%,其中选择"比较好"的比率为50.17%,居于第一位。选择"一般化"的比率为26.82%,居于第二位。选择"不好""不清楚"与"好不好无所谓"的合比率为3.12%。

从2016年与2008年的比较来看,选择"很好"的比率较2008年高22.56%,选择"比较好"与"一般化"的比率有所降低。在中学老师眼中未成年人的同学关系较好。

---

① 叶松庆. 当代未成年人道德观发展变化与引导对策的实证研究[M]. 芜湖:安徽师范大学出版社,2016:495.

表3-98 中学老师眼中未成年人的同学关系（2008—2013年、2016年）

选项	总计			2008—2013年①		2008年比率	2016年		2016年与2008年比较率差
	人数	比率	排序	人数	比率		人数	比率	
很好	293	19.89	3	232	17.75	14.19	61	36.75	22.56
比较好	739	50.17	1	657	50.27	57.42	82	49.40	-8.02
一般化	395	26.82	2	375	28.69	26.45	20	12.05	-14.4
不好	17	1.15	5	15	1.15	0.65	2	1.20	0.55
不清楚	18	1.22	4	17	1.30	1.29	1	0.60	-0.69
好不好无所谓	11	0.75	6	11	0.84	0.00	0	0.00	0.00
合计	1473	100	—	1307	100	100	166	100	—

第二，家长的评价。如表3-99所示，在2010—2013年、2016年对家长眼中未成年人的同学关系的调查中，选择"很好"与"比较好"的合比率为76.87%，其中选择"比较好"的比率为43.37%，居于第一位。选择"一般化"的比率为19.22%，居于第三位。选择"不好""不清楚"与"好不好无所谓"的合比率为3.90%。在家长眼中未成年人的同学关系与中学老师的认识大致相当，认为未成年人的同学关系较好。家长的积极性认识有助于未成年人形成良好的人际关系。

表3-99 家长眼中未成年人的同学关系（2010—2013年、2016年）

选项	总计			2010—2013年②		2010年比率	2016年		2016年与2006年比较率差
	人数	比率	排序	人数	比率		人数	比率	
很好	326	33.50	2	232	29.74	24.49	94	48.70	24.21
比较好	422	43.37	1	349	44.74	48.98	73	37.82	-11.16
一般化	187	19.22	3	168	21.54	20.41	19	9.84	-10.57
不好	8	0.82	6	7	0.90	1.02	1	0.52	-0.50
不清楚	16	1.64	4	13	1.67	5.10	3	1.55	-3.55
好不好无所谓	14	1.44	5	11	1.41	0.00	3	1.55	1.55
合计	973	100	—	780	100	100	193	100	—

---

① 叶松庆.当代未成年人道德观发展变化与引导对策的实证研究［M］.芜湖：安徽师范大学出版社，2016：495.

② 叶松庆.当代未成年人道德观发展变化与引导对策的实证研究［M］.芜湖：安徽师范大学出版社，2016：496.

第三，中学校长、德育工作者、小学校长的评价。如表3-100所示，在2013年和2016年对中学校长、2013年对德育工作者、2013年对小学校长眼中未成年人的同学关系的调查中，选择"很好"与"比较好"的合比率为68.50%，其中选择"比较好"的比率为56.57%，居于第一位。选择"一般化"的比率为27.83%，居于第二位。

从三个成年人群体的比较来看，选择"很好"与"比较好"的合比率最高的群体是德育工作者，选择"不好"的比率最高的群体是中学校长。总的来看，中学校长、德育工作者、小学校长认为未成年人的同学关系较好。

表3-100 中学校长、德育工作者、小学校长眼中未成年人的同学关系

选项	总计			中学校长						德育工作者（2013年）		小学校长（2013年）		中学校长与小学校长比较率差
				合计		2013年[①]		2016年						
	人数	比率	排序	人数	比率	人数	比率	人数	比率	人数	比率	人数	比率	
很好	39	11.93	3	32	13.01	12	6.59	20	31.25	6	13.95	1	2.63	10.38
比较好	185	56.57	1	138	56.10	108	59.34	30	46.88	25	58.14	22	57.89	-1.79
一般化	91	27.83	2	68	27.64	58	31.87	10	15.63	10	23.26	13	34.21	-6.57
不好	3	0.92	5	3	1.22	1	0.55	2	3.13	0	0.00	0	0.00	1.22
不清楚	7	2.14	4	3	1.22	1	0.55	2	3.13	2	4.65	2	5.27	-4.05
好不好无所谓	2	0.61	6	2	0.81	2	1.10	0	0.00	0	0.00	0	0.00	0.81
合计	327	100	—	246	100	182	100	64	100	43	100	38	100	—

第四，受访群体评价的比较。如表3-101所示，在对受访群体的调查中，50.86%的受访群体认为未成年人的同学关系比较好，选择"很好"与"比较好"的合比率为70.93%。选择"一般化"的比率为24.50%。选择"不好""不清楚"与"好不好无所谓"的合比率为4.58%。受访群体认为未成年人的同学关系较好。

从单个群体的选择来看，选择"很好""不好"与"好不好无所谓"的比率最高的群体是未成年人，选择"比较好"的比率最高的群体是德育工作者，选择"一般化"与"不清楚"的比率最高的群体是小学校长。

[①] 叶松庆. 当代未成年人道德观发展变化与引导对策的实证研究[M]. 芜湖：安徽师范大学出版社，2016：496.

表 3-101 受访群体看法的比较

选项	很好	比较好	一般化	不好	不清楚	好不好无所谓	有效样本量/人
未成年人（2006—2013年、2015—2016年）	37.42%	39.46%	15.83%	2.57%	2.11%	2.60%	24103
中学老师（2008—2013年、2016年）	19.89%	50.17%	26.82%	1.15%	1.23%	0.75%	1473
家长（2010—2013年、2016年）	33.50%	43.37%	19.22%	0.82%	1.64%	1.44%	973
中学校长（2013年、2016年）	13.01%	56.10%	27.64%	1.22%	1.22%	0.81%	246
德育工作者（2013年）	13.95%	58.14%	23.26%	0.00%	4.65%	0.00%	43
小学校长（2013年）	2.63%	57.89%	34.21%	0.00%	5.27%	0.00%	38
比率平均值	20.07%	50.86%	24.50%	0.96%	2.69%	0.93%	—

4. 未成年人的深层人际关系

（1）未成年人的自述。

未成年人的深层人际关系更多地表现为有无知心的好朋友。好朋友的产生表明未成年人的人际交往逐渐由"相互认识"转变到"相互熟悉"再到"相互交心"，未成年人的人际交往能力与水平逐渐显现。好朋友的角色在未成年人渐趋成型的价值观中扮演着重要的角色，同时也是朋辈群体影响的最主要因素。

如表 3-102 所示，在 2006—2011 年、2015—2016 年对未成年人认为的有无好朋友情况的调查中，74.24% 的未成年人认为自己"有"好朋友，选择"没有"的比率为 13.90%，选择"打算有"与"不打算有"的比率分别为 7.23% 与 4.62%。大部分未成年人都有好朋友，说明未成年人的深层人际关系在逐渐发展。

从 2016 年与 2006 年的比较来看，2016 年选择"有"的比率较 2006 年高 22.31%，选择"没有""打算有"与"不打算有"的比率均较 2006 年低。可以看出，未成年人对同学交往的认识朝着更深层次迈进，人际关系发展良好。

表3-102 未成年人认为的有无好朋友的情况（2006—2011年、2015—2016年）

选项	总计			2006—2011年①		2006年比率	2015年		2016年		2016年与2006年比较率差
	人数	比率	排序	人数	比率		人数	比率	人数	比率	
有	14129	74.24	1	11546	74.11	51.32	1159	76.35	1424	73.63	22.31
没有	2646	13.90	2	2165	13.90	28.03	198	13.04	283	14.63	-13.40
打算有	1376	7.23	3	1177	7.56	11.95	85	5.60	114	5.89	-6.06
不打算有	880	4.62	4	691	4.44	8.70	76	5.01	113	5.84	-2.86
合计	19031	100	—	15579	100	100	1518	100	1934	100	—

（2）受访群体的评价。

第一，中学老师的评价。如表3-103所示，在2008—2013年、2016年对中学老师眼中未成年人有无好朋友情况的调查中，76.65%的中学老师选择"有"，居于第一位，选择"没有"的比率为4.55%，居于第三位。在中学老师眼中，绝大部分的未成年人都有好朋友。

从2016年与2008年的比较来看，2016年选择"有"的比率较2008年高6.53%，选择"不多"的比率有所降低。综合来看，中学老师认为未成年人表现出良好的交际观。

表3-103 中学老师眼中未成年人有无好朋友情况（2008—2013年、2016年）

选项	总计			2008—2013年②		2008年比率	2016年		2016年与2008年比较率差
	人数	比率	排序	人数	比率		人数	比率	
有	1129	76.65	1	995	76.13	74.19	134	80.72	6.53
没有	67	4.55	3	55	4.21	2.58	12	7.23	4.65
不多	232	15.75	2	214	16.37	22.58	18	10.84	-11.74
不清楚	45	3.05	4	43	3.29	0.65	2	1.20	0.55
合计	1473	100	—	1307	100	100	166	100	—

第二，家长的评价。如表3-104所示，在2010—2013年、2016年对家长眼中未成年人有无好朋友情况的调查中，选择"有"的比率为73.07%，选择"不多"的比率为16.75%。在绝大部分家长眼中，未成年人有好朋友。

---

①② 叶松庆. 当代未成年人道德观发展变化与引导对策的实证研究［M］. 芜湖：安徽师范大学出版社，2016：498.

从 2016 年与 2010 年的比较来看，2016 年选择"有"的比率较 2010 年高 1.76%，选择"不多"的比率较 2010 年低 11.13%。家长同样认为未成年人表现出良好的交际观。

表 3-104　家长眼中未成年人有无好朋友情况（2010—2013 年、2016 年）

选项	总计			2010—2013 年[①]		2010 年比率	2016 年		2016 年与 2010 年比较率差
	人数	比率	排序	人数	比率		人数	比率	
有	711	73.07	1	554	71.03	79.59	157	81.35	1.76
没有	69	7.09	3	52	6.67	0.00	17	8.81	8.81
不多	163	16.75	2	151	19.36	17.35	12	6.22	-11.13
不清楚	30	3.08	4	23	2.95	3.06	7	3.63	0.57
合计	973	100	—	780	100	100	193	100	—

第三，中学校长、德育工作者、小学校长的评价。如表 3-105 所示，在 2013 年和 2016 年对中学校长、2013 年对德育工作者、2013 年对小学校长眼中未成年人有无好朋友情况的调查中，选择"有"的比率为 68.50%，这一比率低于家长与中学老师的同项比率。

从三个成年人群体的比较来看，选择"有"的比率最高的群体是德育工作者，选择"没有"的比率最高的群体是小学校长。在成年人群体眼中，未成年人表现出良好的交际观。

表 3-105　中学校长、德育工作者、小学校长眼中未成年人有无好朋友情况（2013 年、2016 年）

选项	总计			中学校长				德育工作者（2013 年）		小学校长（2013 年）		中学校长与小学校长比较率差
				合计		2013 年[②]		2016 年				
	人数	比率	排序	人数	比率	人数	比率	人数	比率	人数	比率	
有	224	68.50	1	163	66.26	118	64.84	45	70.31	33	76.74	28	73.68	-7.42
没有	15	4.59	3	12	4.88	6	3.30	6	9.38	1	2.33	2	5.26	-0.38

---

① 叶松庆. 当代未成年人道德观发展变化与引导对策的实证研究 [M]. 芜湖：安徽师范大学出版社，2016：499.

② 叶松庆. 当代未成年人道德观发展变化与引导对策的实证研究 [M]. 芜湖：安徽师范大学出版社，2016：498.

(续表3-105)

| 选项 | 总计 | | | 中学校长 | | | | 德育工作者(2013年) | | 小学校长(2013年) | | 中学校长与小学校长比较率差 |
| | | | | 合计 | | 2013年① | | 2016年 | | | | | | |
	人数	比率	排序	人数	比率	人数	比率	人数	比率	人数	比率	人数	比率	
不多	80	24.46	2	64	26.02	56	30.77	8	12.50	8	18.60	8	21.05	4.97
不清楚	8	2.45	4	7	2.85	2	1.10	5	7.81	1	2.33	0	0.00	2.85
合计	327	100	—	246	100	182	100	64	100	43	100	38	100	0

第四，受访群体评价的比较。如表3-106所示，在就受访群体对"未成年人有无好朋友"情况的调查中，选择"有"的比率最高的群体是德育工作者，选择"没有"与"不清楚"的比率最高的群体是未成年人，选择"不多"的比率最高的群体是中学校长。大部分受访群体认为未成年人有好朋友，人际关系较好。

表3-106 受访群体对"未成年人有无好朋友"情况看法的比较

选项	有	没有	不多	不清楚	有效样本量/人
未成年人 （2006—2011年、2015—2016年）	74.24%	13.90%	7.23%	4.62%	19031
中学老师 （2008—2013年、2016年）	76.65%	4.55%	15.75%	3.05%	1473
家长 （2010—2013年、2016年）	73.07%	7.09%	16.75%	3.08%	973
中学校长 （2013年、2016年）	66.26%	4.88%	26.02%	2.85%	246
德育工作者 （2013年）	76.74%	2.33%	18.60%	2.33%	43
小学校长 （2013年）	73.68%	5.26%	21.05%	0.00%	38
比率平均值	73.44%	6.34%	17.57%	2.66%	—

---

① 叶松庆. 当代未成年人道德观发展变化与引导对策的实证研究[M]. 芜湖：安徽师范大学出版社，2016：498.

5. 其他研究者的调研成果分析

表 3-107 反映了其他不同时间、不同地区的调研者的成果。

人际关系涵盖很多层面,既包括师生关系、同学交往,也包括邻里之间的关系。

陈浩苗等在 2014 年对湖北省武汉地区青少年的调查显示,78.1% 的青少年认为邻里之间应该互相帮助,仅有 7.9% 与 3.1% 的青少年人选择"不应该互相帮助"与"根本没必要认识邻居"。可以看出,未成年人对邻里之间关系的认识较为清晰与正确。

蒋亚辉和丘毅清在 2015 年对广州市中小学生的调查显示,54.1% 的中小学生认为与同伴(同学)之间的相处挺愉快,不过还是有一定的保留。31.7% 的中小学生认为与同伴相处非常愉快,无话不说。大部分中小学生都能与同伴(同学)和谐相处。

未成年人认为良好的人际关系应该是相互协助的,无论是邻里之间还是同伴之间都应该互相帮助,这样才有利于人际关系的良性发展。

本研究表明,大部分未成年人与同学之间保持良好的关系,良好关系是在互帮互助中逐渐形成的,这与上述其他研究者的研究成果有异曲同工之妙。

表 3-107 未成年人的人际关系

2014 年湖北省武汉地区的青少年调查(N:1561,其中,小学生 175、初中生 360、高中生 396、大学生 630)[①]		2015 年广州市的中小学生调查(N:1776,其中,小学生 442、初中生 769、高中生 565)[②]	
邻里之间是否应该互相帮助		你认为你和同伴(同学)相处得怎么样?	
选项	比率	选项	比率
是的,邻居之间应该互相帮助	78.1	非常愉快,无话不说	31.7
不应该互相帮助	7.9	挺愉快的,不过不算毫无保留	54.1
根本没必要认识邻居	3.1	未标明	14.2
说不清	10.8	—	—
合计	100	合计	100

---

① 陈浩苗,严聪慧,邓慧雯,等. 青少年对公民个人层面社会主义核心价值观认同现状调查:以湖北武汉地区为例 [J]. 领导科学论坛(上),2015,(3):21-23.

② 蒋亚辉,丘毅清. 中小学生践行社会主义核心价值观现状的调查与思考:以广州市为例 [J]. 青年探索,2016,(1):68-73.

(三)未成年人的交友意愿与方式

1. 交友的意愿

未成年人交友的意愿是其建立良好人际关系的前提,同时也反映了未成年人愿意为改善或增强自身人际关系所做出的努力。

如表3-108所示,在2007—2011年、2015—2016年对未成年人的交朋友意愿的调查中,60.68%的未成年人选择"愿意",选择"不愿意"的比率为23.74%,选择"不知道"的比率为15.58%。大部分未成年人有交朋友的意愿,表明这部分的未成年人对人际交往以及人际关系有较为正确的认识。对于持"不愿意"意见的未成年人,应注意加强引导,弄清楚其为什么不愿意交朋友,是自身原因还是受到周围氛围的影响。

从2016年与2007年的比较来看,2016年选择"愿意"的比率较2007年高6.31%,选择"不愿意"与"不知道"的比率分别较2007年低3.66%与2.65%。从比较率差来看,未成年人的交朋友意愿逐渐增强,希望通过交朋友来提升自身的人际交往能力。

表3-108 未成年人对交朋友的意愿(2007—2011年、2015—2016年)

选项	总计		2007年		2008年		2009年		2010年		2011年		2015年		2016年		2016年与2007年比较率差
	人数	比率	人数	比率	人数	比率	人数	比率	人数	比率	人数	比率	人数	比率	人数	比率	
愿意	10076	60.68	1672	54.91	2417	60.05	1253	56.54	1271	65.65	1254	64.94	1025	67.52	1184	61.22	6.31
不愿意	3942	23.74	735	24.14	935	23.23	651	29.38	458	23.66	439	22.73	328	21.61	396	20.48	-3.66
不知道	2587	15.58	638	20.95	673	16.72	312	14.08	207	10.69	238	12.33	165	10.87	354	18.30	-2.65
合计	16605	100	3045	100	4025	100	2216	100	1936	100	1931	100	1518	100	1934	100	—

2. 交友的方式

(1)未成年人的自述。

交友方式是促成未成年人的交友行为的中介性因素,未成年人对交友方式的选择反映了新时期交友方式的变革及其对未成年人的影响。

如表3-109所示,在2006—2011年、2015—2016年对未成年人的交友方式的调查中,72.17%的未成年人选择"现实生活中交友",18.69%的未成年人则选择"网络交友",9.15%的未成年人选择"不知道"。

从2016年与2006年的比较来看,2016年选择"现实生活中交友"的比率较2006年高8.26%,选择"网络交友"的比率有所下降,降幅较小。

表3-109 未成年人的交友方式(2006—2011年、2015—2016年)

选项	总计			2006—2010年①		2006年比率	2011年		2015年		2016年		2016年与2006年比较率差
	人数	比率	排序	人数	比率		人数	比率	人数	比率	人数	比率	
网络交友	3556	18.69	2	2146	15.72	24.20	293	15.17	687	45.26	430	22.23	-1.97
现实生活中交友	13734	72.17	1	10428	76.41	47.32	1485	76.90	746	49.14	1075	55.58	8.26
不知道	1741	9.15	3	1074	7.87	28.48	153	7.92	85	5.60	429	22.18	-6.30
合计	19031	100	—	13648	100	100	1931	100	1518	100	1934	100	—

(2) 受访群体的看法。

第一，中学老师的看法。如表3-110所示，在2008—2013年、2016年对中学老师眼中未成年人的交友方式的调查中，61.44%的中学老师认为未成年人的交友方式仍是"现实交友"，选择"个别交友"的比率为15.89%。选择"网络交友"的比率为10.79%，选择"群体交友"与"不清楚"的比率分别为6.18%与5.70%。在中学老师眼中，未成年人的交友方式主要以"现实交友"为主。

从2016年与2008年的比较来看，2016年选择"现实交友"的比率较2008年高8.37%，选择"网络交友"的比率也有一定的增加。在中学老师眼中，未成年人的交友方式呈现出多样化。

第二，家长的看法。如表3-111所示，在2010—2013年、2016年对家长眼中未成年人的交友方式的调查中，55.91%的家长选择"现实交友"，这一比率较中学老师的同项比率低。选择"个别交友"的比率为16.55%，居于第二位。在家长眼中，未成年人的交友方式以"现实交友"为主。

从2016年与2010年的比较来看，2016年选择"现实交友"的比率较2010年高15.90%，选择"网络交友"与"现实交友"的比率均有所上升。在家长眼中，未成年人的交友方式呈现多样化。

---

① 叶松庆.当代未成年人的道德观现状与教育2006—2010[M].芜湖：安徽师范大学出版社，2013：76.

表3-110 中学老师眼中未成年人的交友方式（2008—2013年、2016年）

选项	总计		2008年		2009年		2010年		2011年		2012年		2013年		2016年		2016年与2008年比较率差
	人数	比率	人数	比率	人数	比率	人数	比率	人数	比率	人数	比率	人数	比率	人数	比率	
现实交友	905	61.44	100	64.52	129	57.85	133	61.86	123	56.42	116	57.71	183	62.03	121	72.89	8.37
网络交友	159	10.79	12	7.74	21	9.42	23	10.70	35	16.06	29	14.43	18	6.10	21	12.65	4.91
个别交友	234	15.89	19	12.26	39	17.49	35	16.28	40	18.35	33	16.42	52	17.63	16	9.64	-2.62
群体交友	91	6.18	14	9.03	19	8.52	8	3.72	12	5.50	13	6.47	19	6.44	6	3.61	-5.42
不清楚	84	5.70	10	6.45	15	6.73	16	7.44	8	3.67	10	4.98	23	7.80	2	1.20	-5.25
合计	1473	100	155	100	223	100	215	100	218	100	201	100	295	100	166	100	—

表3-111 家长眼中未成年人的交友方式（2010—2013年、2016年）

选项	总计			2010年		2011年		2012年		2013年		2016年		2016年与2010年比较率差
	人数	比率	排序	人数	比率	人数	比率	人数	比率	人数	比率	人数	比率	
现实交友	544	55.91	1	55	56.12	119	65.03	78	38.05	153	52.04	139	72.02	15.90
网络交友	95	9.76	4	3	3.06	17	9.29	28	13.66	31	10.54	16	8.29	5.23
个别交友	161	16.55	2	12	12.24	31	16.94	46	22.44	45	15.31	27	13.99	1.75
群体交友	66	6.78	5	12	12.24	8	4.37	14	6.83	28	9.52	4	2.07	-10.17
不清楚	107	11.00	3	16	16.33	8	4.37	39	19.02	37	12.59	7	3.63	12.70
合计	973	100	—	98	100	183	100	205	100	294	100	193	100	—

第三，中学校长的看法。如表3-112所示，在2016年对中学校长眼中未成年人的交友方式的调查中，59.37%的中学校长选择"现实交友"，选择"个别交友"的比率为18.75%，选择"网络交友"与"群体交友"的比率均为9.38%，选择"不清楚"的比率为3.12%。在中学校长眼中，未成年人的交友方式以"现实交友"为主。

表3-112 中学校长眼中未成年人的交友方式（2016年）

选项	人数	比率	排序
现实交友	38	59.37	1
网络交友	6	9.38	3
个别交友	12	18.75	2
群体交友	6	9.38	3
不清楚	2	3.12	5
合计	64	100	—

第四，受访群体看法的比较。如表3-113所示，在2016年就成年人群体对未成年人的交友方式的看法的比较中，选择"现实交友"的比率为68.10%，选择"个别交友"的比率为14.13%，选择"网络交友"的比率为10.11%，选择"集体交友"与"不清楚"的比率分别是5.02%与2.65%。受访群体认为未成年人的交友方式更多地表现为"现实交友"，在现实中交友，有助于未成年人树立良好的人际观。

表3-113 受访群体对未成年人的交友方式的看法的比较（2016年）

选项	现实交友	网络交友	个别交友	集体交友	不清楚	有效样本量/人
中学老师	72.89%	12.65%	9.64%	3.61%	1.20%	166
家长	72.02%	8.29%	13.99%	2.07%	3.63%	193
中学校长	59.38%	9.38%	18.75%	9.38%	3.13%	64
比率平均值	68.10%	10.11%	14.13%	5.02%	2.65%	—

(四)未成年人的网络社会交往

1. 直接会见网友

(1) 未成年人的自述。

未成年人通过网络交友已毋庸置疑,未成年人有着很强的好奇心,他们会不会与网友见面呢?

如表3-114所示,在2010—2016年对未成年人与网友见面情况的调查中,63.30%的未成年人与网友"从不见面",居于第一位。其他选项的排序:"见过面"(14.03%)、"经常见面"(9.25%)、"说不清"(7.23%)、"从不上网"(6.18%)。大多数未成年人是不与网友见面的。

从2016年与2010年的比较来看,"从不见面"的比率呈现下降的趋势,从2010年的62.14%下降到2016年的46.95%(率差为-15.19%);而"经常见面"的比率则呈现上升的趋势,从2010年的7.39%上升到2016年的18.98%(率差为11.59%)。近年来,虽然未成年人与网友见面的现象并不普遍,但呈现出上升的趋势。未成年人阅历欠缺,且思想单纯,对于陌生网友的品行等情况不够了解,很容易上当受骗,对自己造成伤害。因此,不主张未成年人与不熟识的网友见面。

表3-114 未成年人与网友见面的情况(2010—2016年)

选项	总计			2010—2013年①		2010年比率	2014年		2015年		2016年		2016年与2010年比较率差
	人数	比率	排序	人数	比率		人数	比率	人数	比率	人数	比率	
经常见面	1418	9.25	3	861	9.63	7.39	66	2.25	124	8.17	367	18.98	11.59
见过面	2151	14.03	2	1219	13.64	16.27	319	10.86	235	15.48	378	19.54	3.27
从不见面	9703	63.30	1	5847	65.41	62.14	2018	68.69	930	61.26	908	46.95	-15.19
说不清	1109	7.23	4	605	6.77	7.49	242	8.24	120	7.91	142	7.34	-0.15
从不上网	948	6.18	5	407	4.55	6.71	293	9.97	109	7.18	139	7.19	0.48
合计	15329	100	—	8939	100	100	2938	100	1518	100	1934	100	—

(2) 其他研究者的调研成果分析。

表3-115与表3-116反映了其他研究者的相关研究成果。

---

① 叶松庆. 当代未成年人道德观发展变化与引导对策的实证研究[M]. 芜湖:安徽师范大学出版社,2016:138.

在表3-115中，李亚杰在2009年对中国青少年社会服务中心的未成年人网恋调查显示，57.8%的未成年人结交了网友，41.7%的未成年人没有结交网友。在与网友见面情况的调查中，68.4%的未成年人与网友没见过面也不想见网友，17.9%的未成年人与网友见过面。

杨洋在2015年对共青团广州市委等未成年人的调查显示，70.9%的未成年人表示不会与网友见面。

在2015年本研究中，未成年人选择"从不见面"的比率为61.26%，比率上与上述其他研究者的研究结果大致相当，表明本研究的结果与他研究者的调查结果有较高的相似性。

表3-115 未成年人与网友见面的情况

2009年中国青少年社会服务中心的未成年人网恋调查（N：不详）①				2015年5月31日共青团广州市委等的未成年人调查（N：不详）②	
结交网友的情况		你与网友见面吗？		是否与网友见面	
选项	比率	选项	比率	选项	比率
结交了	57.8	在现实中与网友见过面	17.9	不去	70.9
没有结交	41.7	想见但没见过面	13.6	去	29.1
未标明	0.5	没见过面也不想见	68.4	—	—
合计	100	合计	100	合计	100

表3-116中，孙彩平等在2016年对安徽、北京、福建、吉林、浙江、重庆、四川7个省市的中学生网络生活的调查显示，2016年选择"1~5个"网友的比率较2006年高10.9%，选择"6~10个"网友的比率较2006年高1.90%，选择"没有"网友的比率较2006年低13%。

在对网友依赖情况的调查中，2016年选择"重度"选项的比率较2006年有所增长。在开始结交网友阶段的调查中，小学生较中学生选择"网络视频聊天"的比率高。

从数据上看，未成年人接触网络越来越频繁，网络交友也显得颇为平常，网络聊天也逐渐向低龄化方向发展。本研究在2015年的调查数据表明，近一半的未成年人会选择网络交友，从交友数量的变化来看，未成年人网络交友的比率呈逐渐增长的趋势。

从对趋势判断与未成年人对网络的依存度来看，本研究的调查结果与其他研究者的调查结果不谋而合。

---

① 李亚杰. 多数未成年人不相信"网恋"[N]. 深圳商报，2009-02-01.
② 杨洋. 少儿网络安全的四大隐忧[N]. 广州日报，2015-06-02.

表 3-116 未成年人有网友的数量及依赖程度

2016 年安徽、北京、福建、吉林、浙江、重庆、四川 7 个省市的中学生网络生活调查 (N: 2157)[①]								
你有网友吗			对网友的依赖			开始结交网友的阶段		
选项	比率		选项	比率		选项	比率	
	2006 年	2016 年		2006 年	2016 年		小学生	初中生
1～5 个	29.1	40.0	重度	<1.0	3.1	网络视频聊天	67.8	27.7
6～10 个	9.4	11.3	中度	—	11.5	未标明	32.2	62.3
10 个以上	未标明	15.2	未标明	>99.0	85.4	—	—	—
没有	46.5	33.5	—	—	—	—	—	—
合计	100	100	合计	100	100	合计	100	100

2. 与网友视频互动

根据未成年人使用"网络聊天"这种交往方式越来越普遍的情况,推断未成年人会经常与网友视频聊天,但调查结果却截然相反。

如表 3-117 所示,在 2010—2016 年对未成年人与网友视频互动情况的调查中,30.79% 的未成年人表示"从未"与网友视频聊天,居于第一位。其他选项的排序是:"很少"(28.07%)、"不经常"(21.67%)、"经常"(13.83%)、"从不上网"(5.64%)。数据表明,未成年人与网友视频聊天的情况并没有预想中的那么频繁。

从 2016 年与 2010 年的比较来看,选择"从未"与网友视频聊天的比率呈现下降的趋势,从 2010 年的 40.03% 下降到 2016 年的 21.10%(-18.93%);而"经常"与网友视频聊天的比率则呈现上升的趋势,从 2010 年的 13.95% 上升到 2016 年的 23.89%(9.94%)。从比较率差来看,未成年人与网友视频聊天正朝着频繁化的趋势发展。

表 3-117 未成年人与网友视频互动(2010—2016 年)

选项	总计		2010 年		2011 年		2012 年		2013 年		2014 年		2015 年		2016 年		2016 年与 2010 年比较率差
	人数	比率	人数	比率	人数	比率	人数	比率	人数	比率	人数	比率	人数	比率	人数	比率	
经常	2120	13.83	270	13.95	191	9.89	255	12.12	547	18.43	190	6.47	205	13.50	462	23.89	9.94
不经常	3322	21.67	424	21.90	489	25.32	366	17.40	814	27.43	487	16.58	314	20.69	428	22.13	0.23
很少	4303	28.07	467	24.12	500	25.89	679	32.27	778	26.21	911	31.01	460	30.30	508	26.27	2.15

---

① 孙彩平,石榴,徐静,等. 全国中学生网络生活 10 年跟踪调查结果显示:网友对青少年的影响正在扩大[J]. 辽宁教育,2016(4):12-15.

(续表 3-117)

选项	总计		2010 年		2011 年		2012 年		2013 年		2014 年		2015 年		2016 年		2016 年与2010 年比较率差
	人数	比率	人数	比率	人数	比率	人数	比率	人数	比率	人数	比率	人数	比率	人数	比率	
从未	4720	30.79	775	40.03	612	31.69	702	33.37	732	24.66	1057	35.98	434	28.59	408	21.10	-18.93
从不上网	864	5.64	0	0.00	139	7.20	102	4.85	97	3.27	293	9.97	105	6.92	128	6.62	6.62
合计	15329	100	1936	100	1931	100	2104	100	2968	100	2938	100	1518	100	1934	100	—

（五）基本认识

1. 大部分的未成年人人际关系表现良好，能确立正确的人际观

人际关系的培养是未成年人成长成才的重要组成部分，良好的人际关系可以使未成年人身心愉悦，同时也对其以后的社会适应能力的发展具有深远的意义。未成年人良好的人际关系主要表现在对人际关系的认识以及人际关系的状况等方面。

在对人际关系的认识上，超过半数的未成年人与同学之间的关系就像兄弟姐妹一样，同学之间的关系很亲密[①]。大部分未成年人的人际关系向深层次的方向发展，在调查中，超过七成的未成年人认为有好朋友是必要的（见表3-88，第120页）。同时，大部分未成年人对交友都表现出较高的积极性与意愿度。

在对未成年人人际关系状况的调查中，主要包括未成年人对自身人际关系的认知与其他方面人际关系的评价。在未成年人对自身人际关系的评价中，超过六成的未成年人对自身人际关系评价较好，成年人群体眼中未成年人的人际关系呈良好的发展态势（见表3-93，第124页）。此外，未成年人的人际关系不应拘泥于同学间的关系，还有师生关系以及邻里关系。64.72%的未成年人认为当前的师生关系呈现出"很好"与"比较好"的状态（见表3-94，第125页），中小学校长与德育工作者认为未成年人的师生关系较以前更好，这也反证了未成年人的看法（见表3-95，第125-126页；表3-96，第126页）。在2014年湖北省武汉市的青少年调查中，超过七成的未成年人认为邻里之间应该互相帮助，建立良好的人际关系，这进一步拓展了未成年人人际关系的范畴（见表3-107，第134页）。

综合本研究与其他研究者的调查结果可看出，未成年人初步确立了较为明晰的人际观，人际观发展呈现良好的态势。

---

① 叶松庆. 不同地域未成年人社交观的比较研究 [J]. 山西青年管理干部学院学报，2007，(10)：15-20.

2. 网络对未成年人人际交往的渗透与改变渐渐凸显

网络的交互性、虚拟性与间接性对未成年人的人际交往带来巨大的改变，主要表现为网络交往打破了时空的局限性，网络交往促使未成年人在交往中的主体性意识逐渐增强，同时拓宽了未成年人的视野。

本研究注意到网络对未成年人的渗透性影响，立足于未成年人的实际，从未成年人的交友方式、与网友见面及视频聊天情况等来了解网络的"渗透式"影响。对于交友方式，历年调查发现网络交友的比重呈逐渐增长的态势，2015年选择"网络交友"的比率较2006年高21.06%。近年来，网络对未成年人的影响显著增强（见表3-109，第136页）。在与网友见面情况的调查中，选择"经常见面"与"见过面"的比率分别为9.25%与14.03%（见表3-114，第139页）。在网络视频互动的调查中，13.83%的未成年人会经常与网友视频。2009年中国青少年社会服务中心的未成年人网恋调查、2015年广州市团委的未成年人调查以及2016年安徽、北京、福建、吉林等7个省市的中学生网络生活调查显示，大部分未成年人会在网络交友，也会有小部分未成年人选择与网友见面，对网友的依赖度稍显增强（见表3-115，第140页；表3-116，第141页）。其他研究者与本研究的成果均表明，网络对未成年人的影响力逐渐凸显。

网络是把"双刃剑"，虽然在未成年人人际交往中有其好的一面，但也不应忽视其消极的一面。未成年人的道德约束感不强，"道德观自我培养意识不强"，会"自觉与不自觉地自我放纵"[①]，很有可能沉溺于虚拟交友中。此外，未成年人自我保护意识较差，在不了解对方的前提下，贸然与网友见面，难免会存在一定的危险性。正确地看待网络的影响力，趋利避害，合理使用网络，才能保证未成年人健康成长。

3. 多层级人际关系的协同发展将是未成年人人际关系发展的重要组成部分

未成年人的人际关系发展是多层级人际关系协同发展的必然要求。所谓多层级人际关系是指除了带有明显未成年人"烙印"的同学关系外，还有邻里关系、师生关系以及其他的社会关系。

提高未成年人的人际交往能力以及树立正确的人际观，需要立足于多层级人际关系的协同发展的视角。笔者认为，要结合未成年人的实际与其在特定场合扮演角色的不同，根据主体性赋予的角色要求，引导其处理好不同层级的人际关系。在社会层面，未成年人作为社会的一员，要遵守社会秩序与规范，遵守社会公德。同时要注意处理好与其他社会成员之间的关系，就是通常意义上说的社会化交往的范畴。在家庭层面，要处理好与父母之间以及与邻里之间的人际关系，遵守家庭美德的相关要求。在学校层面，要正确认识同学之间的关系与正确处理好师生关系。未成年人大部分时间是在学校度过的，同学间的交往是未成年人的人际交往的重要内容，也是锻炼未成年人人际交往能力重要的人际载体。未成年人要学会处理与同学之间的关系，和睦相处，互帮互助，形成良性的交际氛围。在师生关系上，老师应遵守职业道德规范，切实以自身的实际行动去感染未成年人。未成年人更应尊重老师，聆听老师的教诲。

---

① 叶松庆. 偏移与矫正：当代未成年人的道德变异与纠偏策略 [J]. 山西青年管理干部学院学报，2007，(1)：20-23.

第四章　当代未成年人价值观变化的现状分析之二

在调研的基础上，本章从主导观、劳动观、学习观、现代观4个维度较为细致地分析当代未成年人价值观的变化现状。

一、未成年人的主导观

主导观是人的价值体系的内核，体现价值体系的根本性质与基本特征，反映价值体系的丰富内涵与实践指向，是价值体系的高度凝练与集中表达，其具有统领与影响其他观念的功能和作用。未成年人的主导观主要指社会主义核心价值观。通过对未成年人主导观的考察，了解社会主义核心价值观在未成年人群体中的认同度现状，以此把握未成年人价值观变化发展的轨迹。

（一）未成年人了解社会主义核心价值观的情况

1. 未成年人的自述

社会主义核心价值观是中共十八大提出的对全体公民的价值要求，了解社会主义核心价值观是践行社会主义核心价值观的重要基础。

如表4-1所示，在2012—2016年对未成年人了解社会主义核心价值观的情况的调查中，表示"了解"与"有点了解"的合比率为77.40%，未成年人对社会主义核心价值观有着较好的了解。明确表示"不了解"的比率为18.52%，不到总体的四分之一。

从2016年与2012年的比较来看，选择"了解"的比率上升幅度较大。未成年人对社会主义核心价值观的了解逐渐加深，社会主义核心价值观逐渐成为其价值观发展的主导。

表4-1 未成年人了解社会主义核心价值观的情况（2012—2016年）

选项	总计			2012年①		2013年②		2014年		2015年		2016年		2016年与2012年比较率差
	人数	比率	排序	人数	比率	人数	比率	人数	比率	人数	比率	人数	比率	
了解	3894	33.97	2	671	31.89	813	27.39	651	22.16	750	49.41	1009	52.17	20.28
有点了解	4978	43.43	1	902	42.87	1383	46.60	1534	52.21	563	37.09	596	30.82	-12.05
不了解	2123	18.52	3	481	22.86	689	23.21	624	21.24	145	4.55	184	9.51	-13.35
无所谓	356	3.11	4	50	2.38	83	2.80	129	4.39	60	3.95	34	1.76	-0.62
其他	111	0.97	5	0	0.00	0	0.00	0	0.00	0	0.00	111	5.74	5.74
合计	11462	100	—	2104	100	2968	100	2938	100	1518	100	1934	100	—

2. 其他研究者的调研成果分析

如表4-2所示，骆风在2014年5月对广东、河南、甘肃未成年人的调查显示，73.7%的未成年人表示"比较懂得"与"完全懂得"社会主义核心价值观的含义，选择"完全不懂"与"不太懂得"的比率较低。大部分未成年人对社会主义核心价值观有较好的了解。

2015年，陈荣生和刘波对福建省9市青少年的调查、许致鹏对内蒙古自治区高中生的调查、裴秀芳等对山西省青少年的调查显示，"知道"或"了解"社会主义核心价值的比率分别为94.35%、93.75%与73.6%。

如表4-3所示，吴亚林在2016年11月对湖北省咸宁、黄冈市中学生的调查显示，中学生对社会主义核心价值观表示"非常了解"的占25.5%，表示"比较了解"的占33.7%。也就是说，近六成的中学生了解社会主义核心价值观。

洪明在2016年5月对北京、湖南、安徽、陕西、新疆、广西等12省（市）中学生的调查显示，95.0%的中学生表示对社会主义核心价值观有较好的了解，理解程度较高。

王星星在2018年对上海市上海师范大学附属外国语中学、七宝中学、上海交通大学附属中学、罗阳中学、华东师范大学第二附属中学、西南位育中学、南洋模范中学、上海市第一中学、光明中学和浦东实验学校的调查显示，100%的中学生听说过"社会主义核心价值观"这个词，"这说明'社会主义核心价值观'一词在中学生群体的普及程度较高"③。

丛瑞雪在2018年对山东省德州市中小学生的调查显示，对于社会主义核心价值观，8.93%的中小学生表示"很了解"，80.36%的中小学生表示"比较了解"。表明"中小

---

①② 叶松庆. 当代未成年人道德观发展变化与引导对策的实证研究[M]. 芜湖：安徽师范大学出版社，2016：61.

③ 王星星. 中学生认同和践行核心价值观研究：以上海市部分中学为例[J]. 好家长，2018（3）：42-43.

学生对社会主义核心价值观内容认知度较高，绝大多数中小学生知道社会主义核心价值观的具体内容，特别是小学生能将'三个倡导'完整复述出来的占到了78.57%。"[1]

在本研究中，77.40%的未成年人表示了解社会主义核心价值观，与其他研究者的调研成果有着较高的一致性。说明社会主义核心价值观已在未成年人的价值观发展中发挥主导作用。

表4-2 青少年对社会主义核心价值观的了解（一）

2014年5月广东、河南、甘肃的未成年人调查（N：广东560、河南498、甘肃588）[2]					2015年福建省9市青少年社会主义核心价值观现状调查（N：4320）[3]		2015年内蒙古自治区的高中生调查（N：720，其中，汉族513、蒙古族192、其他民族15）[4]		2015年山西省太原、长治、运城等市的中小学生调查（N：1211）[5]	
是否懂得中央提出核心价值观的含义					对社会主义核心价值观的了解（多选题）		对社会主义核心价值观的了解		我对"社会主义核心价值观"这个概念很了解	
选项	比率				选项	比率	选项	比率	选项	比率
	总计	广东	河南	甘肃						
完全不懂	0.8	1.3	0.4	0.7	知道社会主义核心价值观	94.35	有不同程度的了解和自己的见解（其中能准确说出全部内容及理解其意义的占18.75）	93.75	完全符合	19.2
不太懂得	1.6	1.1	1.2	2.3					比较符合	54.4
一般	23.9	23.2	24.7	23.9	了解并能说出社会主义核心价值观的基本内容	59.0	完全没有听说过	6.25	不符合	26.4
比较懂得	43.7	45.6	41.4	44.0
完全懂得	30.0	28.9	32.3	29.1	坚定认同社会主义核心价值观	48.8	—	—	—	—
合计	100	100	100	100	合计	—	合计	100	合计	100

---

[1] 丛瑞雪. 德州市中小学生社会主义核心价值观教育现状的调查与思考 [J]. 现代交际, 2018 (20): 154-155.

[2] 骆风. 现代化进程中青少年道德面貌比较研究 [J]. 青年研究, 2016 (3): 1-10.

[3] 陈荣生, 刘波. 福建省青少年社会主义核心价值观的现状调查及培育对策研究 [J]. 福建教育, 2016 (1): 28-30.

[4] 许致鹏. 普通高中社会主义核心价值观教育调查 [J]. 内蒙古教育（理论版）, 2015 (4): 8-9.

[5] 裴秀芳, 郝慧颖, 安彩红, 等. 中小学生社会主义核心价值观的现状及教育对策：以山西省为例 [J]. 中国德育, 2015 (15): 10-15.

表4-3 青少年对社会主义核心价值观的了解（二）

2016年11月湖北省咸宁、黄冈两市所属农村中小学生调查（N：635）[1]		2016年5月北京、湖南、安徽、陕西、新疆、广西等12省（市）的中学生调查（N：5137）[2]		2018年上海市上师大外国语中学、七宝中学、交大附中、罗阳中学、华师二附中、西南位育中学、南模初中、上海市第一中学、光明中学和浦东实验学校的调查（N：960）[3]		2018年山东省德州市的中小学生调查（N：392)[4]	
对社会主义核心价值观的了解情况		理解社会主义核心价值观的情况		听说过"社会主义核心价值观"这个词		对"社会主义核心价值观"的了解	
选项	比率	选项	比率	选项	比率	选项	比率
非常了解	25.5	全部理解	38.1	听说过	100.00	很了解	8.93
比较了解	33.7	部分理解	56.9	—	—	比较了解	80.36
说不清	11.2	不理解	5.0	—	—	不太了解	2.68
不太了解	24.9	—	—	—	—	未标明	8.03
完全不了解	4.7	—	—	—	—	—	—
合计	100	合计	100	合计	100	合计	100

（二）未成年人知晓社会主义核心价值观的情况

1. 未成年人的自述

社会主义核心价值观包含国家、社会与个人三个层面，共24个字。能否写出具体内容能够反映未成年人对其的了解程度。

如表4-4所示，在2014—2016年对未成年人知晓社会主义核心价值观内容情况的调查中，39.01%的未成年人能写出9~12个具体内容，30.89%的未成年人一个都写不出来，能写出1~3个的比率为15.32%，能写出4~6个的比率为14.68%。大部分未成年人或多或少都能写出具体内容，但对内容了解的深刻程度则未可知。

从2016年与2014年的比较来看，选择"0个"的比率有所降低，选择"1~3个"与"4~6个"的比率在2016年都有所上升。从接受规模看，越来越多的未成年人知晓

---

[1] 吴亚林. 学生如何看待社会主义核心价值观教育［J］. 教育研究与实验，2017（5）：7-8.
[2] 洪明. 我国中学生核心价值观素养状况调查报告［J］. 中国青年研究，2016（9）：73-84.
[3] 王星星. 中学生认同和践行核心价值观研究：以上海市部分中学为例［J］. 好家长，2018（3）：42-43.
[4] 丛瑞雪. 德州市中小学生社会主义核心价值观教育现状的调查与思考［J］. 现代交际，2018（20）：154-155.

社会主义核心价值观内容；从熟练掌握其内容来看，未成年人的熟练程度有所提升，但占比并不是太高。因此，应通过多种形式加强宣传，使其内容真正被未成年人悦纳。

表4-4 未成年人知晓社会主义核心价值观内容的情况（2014—2016年）

选项	总计			2014年		2015年		2016年		2016年与2014年比较率差
	人数	比率	排序	人数	比率	人数	比率	人数	比率	
0个	1974	30.89	2	1228	41.80	449	29.58	297	15.36	-26.44
1~3个	979	15.32	3	267	9.09	263	17.32	449	23.22	14.13
4~6个	938	14.68	4	244	8.30	280	18.45	414	21.41	13.11
9~12个	2493	39.01	1	1199	40.81	526	34.65	768	39.71	-1.10
其他	6	0.10	5	0	0.00	0	0.00	6	0.31	0.31
合计	6390	100	—	2938	100	1518	100	1934	100	—

2. 其他研究者的调研成果分析

如表4-5所示，任谢元在2015年对山东省济南市在校学生的调查显示，大部分中学生对社会主义核心价值观表现出较高的知晓度，其中文科类大学生的知晓度较高。

洪明在2016年5月对北京、湖南、安徽、陕西、新疆、广西等12省（市）中学生的调查显示，92.9%的中学生"能够全部记住"或"部分记住"社会主义核心价值观的内容。

蒋道平在2016年10月对四川省成都市、绵阳市青少年的调查显示，72.2%的青少年表示"全部内容知晓"。

王岩在2017年对上海市10所中学的抽样调查显示，83.7%的中学生能够答对社会主义核心价值观的基本内容。

王星星在2018年对上海市上师大外国语中学、七宝中学、交大附中、罗阳中学、华师二附中、西南位育中学、南模初中、上海市第一中学、光明中学和浦东实验学校的调查显示，98.6%的中学生知晓社会主义核心价值观的基本内容，知道"三个倡导"的内涵。

此外，庞君芳在2018年对浙江省11个城市开展的大样本中学生理想信念教育现状的调查显示，"有26.01%的中学生对社会主义核心价值观的内容'已经熟记于心'，有65.50%的中学生不但'已经熟记于心，并且在生活中会用来指导自己的行为'"[①]。

从其他研究者的调研成果来看，大部分未成年人对社会主义核心价值观的内容表现出较高的知晓度。这与本研究的调查结果保持较高的相似性。

---

① 庞君芳. 中学生理想信念教育的现状调查：以浙江省为例 [J]. 中国德育，2018 (6)：16-19.

表 4-5 青少年对社会主义核心价值观内容的知晓度

2015年山东省济南市在校学生的调查（N：中学生20，大学生53）[①]			2016年5月北京、湖南、安徽、陕西、新疆、广西等12省（市）的中学生调查（N：5137）[②]		2016年10月四川省成都市、绵阳市青少年调查（N：514，其中初中生115、高中生171、大学生228）[③]		2017年上海市10所中学的抽样调查（N：1050）[④]		2018年上海市上师大外国语中学、七宝中学、交大附中、罗阳中学、华师二附中、西南位育中学、南模初中、上海市第一中学、光明中学和浦东实验学校的调查（N：960）[⑤]	
对社会主义核心价值观内容的知晓度			记住社会主义核心价值观内容的情况		知晓社会主义核心价值观的内容		能答对社会主义核心价值观内容的情况		对社会主义核心价值观基本内容的了解	
选项	比率		选项	比率	选项	比率	选项	比率	选项	比率
	中学生	大学生 文科类 / 艺术类								
正确	50.0	95.0 / 50.0以上	能够全部记住	40.1	全部内容知晓	72.2	能够答对	83.7	完全知道	98.6
未标明	50.0	5.0 / 50.0以下	部分记住	52.8	了解不全面、欠准确	27.8	未标明	16.3	不清楚	1.4
—	—	—	没有记住	7.1						
合计	100	100 / 100	合计	100	合计	100	合计	100	合计	100

[①] 任谢元. 青少年对社会主义核心价值观的认同的调查研究：基于济南市在校学生的实证调查 [J]. 中共济南市委党校学报，2016（1）：96-98.

[②] 洪明. 我国中学生核心价值观素养状况调查报告 [J]. 中国青年研究，2016（9）：73-84.

[③] 蒋道平. 青少年社会主义核心价值观现状及培育路径：基于四川省青少年抽样调查分析 [J]. 西南科技大学学报（社会科学版），2017，34（1）：60-65.

[④] 王岩. 上海市中学生社会主义核心价值观教育现状：基于上海市10所中学的抽样分析 [J]. 现代基础教育研究，2018（3）：155-160.

[⑤] 王星星. 中学生认同和践行核心价值观研究：以上海市部分中学为例 [J]. 好家长，2018（3）：42-43.

（三）未成年人对践行社会主义核心价值观的认识

1. 未成年人的自述

如表4-6所示，在2016年就未成年人对践行社会主义核心价值观必要性的认识的调查中，53.72%的未成年人选择"很有必要"，居于第一位，33.09%的未成年人选择"有必要"，近九成的未成年人认为践行社会主义核心价值观有很强的必要性。

2. 受访群体的看法

（1）中学老师与家长的看法。

如表4-6所示，在2016年就中学老师与家长对未成年人践行社会主义核心价值观必要性的认识的调查中，95.18%的中学老师与96.38%的家长认为未成年人"很有必要"或"有必要"践行社会主义核心价值观。

从未成年人与中学老师、家长这两个成年人群体的比较来看，未成年人选择"很有必要"的比率低于成年人群体（率差为-9.51%），选择"有必要"的比率与成年人群体相当。未成年人受限于自身的认知水平，其认识有待进一步深化。

表4-6 未成年人对践行社会主义核心价值观必要性的认识（2016年）

选项	总计			未成年人		成年人群体						未成年人与成年人群体比较率差
						合计		中学老师		家长		
	人数	比率	排序	人数	比率	人数	比率	人数	比率	人数	比率	
很有必要	1266	55.21	1	1039	53.72	227	63.23	108	65.06	119	61.66	-9.51
有必要	757	33.01	2	640	33.09	117	32.59	50	30.12	67	34.72	0.50
没有必要	91	3.97	3	85	4.40	6	1.67	4	2.41	2	1.04	2.73
无所谓	54	2.35	5	51	2.64	3	0.84	2	1.20	1	0.52	1.80
不知道	50	2.18	6	46	2.38	4	1.11	2	1.20	2	1.04	1.27
其他	75	3.27	4	73	3.77	2	0.56	0	0.00	2	1.04	3.21
合计	2293	100	—	1934	100	359	100	166	100	193	100	—

说明："其他"指未明确填写或填写不完整的份数，依此类推。

（2）中学校长与小学校长的看法。

如表4-7所示，在2015—2016年就中学校长、小学校长对未成年人践行社会主义核心价值观必要性的认识的调查中，中学校长与小学校长的态度明确，92.76%的中学校长与小学校长认为未成年人"很有必要"或"有必要"践行社会主义核心价值观。选择"没有必要""无所谓"与"不知道"的比率均较低。

从未成年人与中学校长、小学校长这两个成年人群体的比较来看，成年人群体选择"很有必要"与"有必要"的合比率（92.76%）较未成年人的同项合比率（86.81%）

高5.95%。小学校长选择"没有必要"的比率最高（19.05%）。未成年人对践行社会主义核心价值观必要性的认同度低于中小学校长。

表4-7 中学校长、小学校长对未成年人践行社会主义核心价值观必要性的认识（2015—2016年）

选项	未成年人		成年人群体										未成年人与成年人群体比较率差
			合计		中学校长						小学校长（2015年）(2)		
					2015年				2016年				
					(3)		(4)						
	人数	比率	人数	比率	人数	比率	人数	比率	人数	比率	人数	比率	
很有必要	1039	53.72	105	69.08	12	66.67	28	57.14	53	82.81	93	70.99	12	57.14	-15.36
有必要	640	33.09	36	23.68	5	27.78	19	38.78	7	10.94	31	23.66	5	23.81	9.41
没有必要	85	4.40	8	5.26	0	0.00	2	4.08	2	3.13	4	3.05	4	19.05	-0.86
无所谓	51	2.64	2	1.32	0	0.00	0	0.00	2	3.13	2	1.53	0	0.00	1.32
不知道	46	2.38	1	0.66	1	5.56	0	0.00	0	0.00	1	0.76	0	0.00	1.72
其他	73	3.77	0	0.00	0	0.00	0	0.00	0	0.00	0	0.00	0	0.00	3.77
合计	1934	100	152	100	18	100	49	100	64	100	131	100	21	100	—

3. 其他研究者的调研成果分析

如表4-8所示，裴秀芳、郝慧颖和安彩红在2015年对山西省太原、长治、运城等市中小学生的调查显示，93.9%的中小学生认为国家与学校大力宣传社会主义核心价值是有必要的，其中选择"完全符合"的比率为57.6%。

洪明在2016年5月对北京、湖南、安徽、陕西、新疆、广西等12省（市）中学生的调查显示，79.4%的中学生认为开展社会主义核心价值观建设意义重大。

蒋道平在2016年10月对四川省成都市、绵阳市青少年的调查显示，76.7%的青少年认为社会主义核心价值观"是中华民族的传统美德，我们都应该学习和了解"。

丛瑞雪在2018年5月对山东省德州市中小学生的调查显示，82.14%的中学生认为当前有必要培育与践行社会主义核心价值观。表明"德州市中小学生对培育和践行社会主义核心价值观的必要性有较高的认同度"[①]。

从其他研究者的调研成果来看，未成年人对践行社会主义核心价值观具有较高的认同度，本研究的结果与此保持较高的一致性。从这里可看出，我国倡导与践行社会主义核心价值观已逐渐达成共识。

---

① 丛瑞雪. 德州市中小学生社会主义核心价值观教育现状的调查与思考 [J]. 现代交际，2018 (20)：154-155.

表4-8　未成年人对践行社会主义核心价值观必要性的认识

2015年山西省太原、长治、运城等市的中小学生调查（N：1211）[1]		2016年5月北京、湖南、安徽、陕西、新疆、广西等12省（市）的中学生调查（N：5137）[2]		2016年10月四川省成都市、绵阳市青少年调查（N：514，其中初中生115、高中生171、大学生228）[3]		2018年5月山东省德州市的中小学生调查（N：392）[4]	
我认为国家和学校大力宣传社会主义核心价值观非常必要		对开展社会主义核心价值观建设的态度		对社会主义核心价值观的认同		认为当前有必要培育和践行社会主义核心价值观吗？	
选项	比率	选项	比率	选项	比率	选项	比率
完全符合	57.6	觉得意义重大	79.4	是中华民族的传统美德，我们都应该学习和了解	76.7	有必要	82.14
比较符合	36.3	不清楚有什么意义	14.8	只存在于书本上，与我的现实生活没有多大联系	23.3	未标明	17.68
不符合	6.1	持否定看法	5.8	它太空洞，我不喜欢它			
—	—	—	—	不知道			
合计	100	合计	100	合计	100	合计	100

（四）未成年人对践行社会主义核心价值观的态度

未成年人对社会主义核心价值观的态度倾向，表明其对此的悦纳程度，同时也关涉其对此的践行。

1. 未成年人的自述

如表4-9所示，在2016年对未成年人践行社会主义核心价值观的态度的调查中，未成年人选择"赞成"与"比较赞成"的合比率为86.15%，其中"赞成"的比率为59.88%，居于第一位。选择"不知道""无所谓""其他"的合比率为13.85%，说明这

---

[1] 裴秀芳，郝慧颖，安彩红，等. 中小学生社会主义核心价值观的现状及教育对策：以山西省为例 [J]. 中国德育，2015 (15)：10-15.

[2] 洪明. 我国中学生核心价值观素养状况调查报告 [J]. 中国青年研究，2016 (9)：73-84.

[3] 蒋道平. 青少年社会主义核心价值观现状及培育路径：基于四川省青少年抽样调查分析 [J]. 西南科技大学学报（社会科学版），2017，34 (1)：60-65.

[4] 丛瑞雪. 德州市中小学生社会主义核心价值观教育现状的调查与思考 [J]. 现代交际，2018 (20)：154-155.

部分未成年人的态度比较含糊。

2. 受访群体的看法

（1）中学老师、家长、中学校长的看法。

如表4-9所示，在2016年对成年人群体的调查中，选择"赞成"与"比较赞成"的合比率为87.47%。其中选择"赞成"比率最高的群体是中学校长，说明中学校长比其他群体对未成年人践行社会主义核心价值观的重要性了解更深，更有紧迫性。也有小部分成年人群体选择了"不知道"与"无所谓"，态度比较含糊。

表4-9 受访群体对未成年人践行社会主义核心价值观的态度（2016年）

选项	总计			未成年人		成年人群体								未成年人与成年人群体比较率差
						合计		中学老师		家长		中学校长		
	人数	比率	排序	人数	比率	人数	比率	人数	比率	人数	比率	人数	比率	
赞成	1412	59.91	1	1158	59.88	254	60.05	91	54.82	117	60.62	46	71.88	-0.17
比较赞成	624	26.47	2	508	26.27	116	27.42	53	31.93	52	26.94	11	17.19	-1.15
不知道	161	6.83	3	126	6.51	35	8.27	15	9.04	15	7.77	5	7.81	-1.76
无所谓	63	2.67	5	49	2.53	14	3.31	6	3.61	6	3.11	2	3.13	-0.78
其他	97	4.12	4	93	4.81	4	0.95	1	0.60	3	1.55	0	0.00	3.86
合计	2357	100	—	1934	100	423	100	166	100	193	100	64	100	—

（2）受访群体看法的比较。

如表4-9所示，从未成年人与成年人群体的比较来看，各项数据的差异不大，表明在对未成年人践行社会主义核心价值观的态度上，受访群体的认识基本一致。

3. 其他研究者的调研成果分析

如表4-10所示，蒋亚辉和丘毅清在2015年就广州市中小学生对践行社会主义核心价值观的态度调查显示，77.80%的中小学生"认同"与"比较认同"社会主义核心价值观，仅有1.6%的未成年人选择"不认同"。在本研究中，77.40%与69.01%的未成年人能了解与写出社会主义核心价值观的具体内容，在一定程度上表明未成年人对此持认同态度，这与蒋亚辉和丘毅清2015年广州市的调查结果相似。

刘娟、余志和游淋玉在2015年对四川省乐山市市中区安谷镇的调查显示，61.54%的青少年认为不仅要从认同层面关注核心价值观，还应关注核心价值观的践行问题。

洪明在2016年5月对北京、湖南、安徽、陕西、新疆、广西等12省（市）中学生的调查显示，97.2%的中学生"完全认同"或"部分认同"社会主义核心价值观，其中选择"完全认同"的比率为64.3%。

褚菊香在2016年12月对甘肃省敦煌市中学生的调查显示，96.1%的中学生"赞同"与"比较赞同"社会主义核心价值观。

王岩在2017年对上海市10所中学的抽样调查显示，87.9%的中学生"认可"社会主义核心价值观。

在同年（2016年）本研究的调查（表4-9）中，59.91%的未成年人表示"赞成"践行社会主义核心价值观，其中26.47%的未成年人表示"比较赞成"践行社会主义核心价值观。

从本研究与其他研究者的数据对比看出，两者皆认为社会主义核心价值观不应只停留在倡导层面，更须积极践行。两者的研究结果有较高的相似性。

表4-10　未成年人对践行社会主义核心价值观的态度

2015年广州市的中小学生调查（N：1776，其中小学生442、初中生769、高中生565）[1]		2015年四川省乐山市市中区安谷镇的调查（N：91，其中未成年人占69.23%）[2]		2016年5月北京、湖南、安徽、陕西、新疆、广西等12省（市）的中学生调查（N：5137）[3]		2016年12月甘肃省敦煌市的中学生调查（N：1058）[4]		2017年上海市10所中学的抽样调查（N：1050）[5]	
你对国家制定的"社会主义核心价值观"持何种态度		对倡导社会主义核心价值观的基本态度		认同社会主义核心价值观的情况		对社会主义核心价值观的赞同度		对社会主义核心价值观的认同	
选项	比率	选项	比率	选项	比率	选项	比率	选项	比率
认同	46.7	与每个人密切相关，须倡导更须践行	61.54	完全认同	64.3	赞同	96.1	认可	87.9
比较认同	31.1	是少数人讨论的问题，与我无关	31.86	部分认同	32.9	比较赞同			
不认同	1.6	没有必要	4.40	不认同	2.8	未标明	3.9	未标明	12.1
未标明	20.6	其他	2.20	—		—		—	
合计	100	合计	100	合计	100	合计	100	合计	100

---

[1] 蒋亚辉，丘毅清. 中小学生践行社会主义核心价值观现状的调查与思考：以广州市为例[J]. 青年探索，2016（1）：68-73.

[2] 刘娟，余志，游淋玉. 乐山市市中区安谷镇社会主义核心价值观践行情况的调查报告[J]. 社会心理科学，2015，30（10）：69-72.

[3] 洪明. 我国中学生核心价值观素养状况调查报告[J]. 中国青年研究，2016（9）：73-84.

[4] 褚菊香. 新时期旅游地区中学生价值观现状调查："新时期旅游地区中学生价值观研究"课题阶段性研究报告[J]. 中国校外教育，2017（4）：20-21.

[5] 王岩. 上海市中学生社会主义核心价值观教育现状：基于上海市10所中学的抽样分析[J]. 现代基础教育研究，2018（3）：155-160.

(五) 未成年人践行社会主义核心价值观的做法

1. 未成年人的自述

了解与写出社会主义核心价值观内容并不是其要旨所在，积极践行才是其生命力与价值所在。

如表4-11所示，在2015—2016年对未成年人践行社会主义核心价值观做法的调查中，大部分（85.31%）未成年人能践行社会主义核心价值观，其中"积极参与"的比率为51.85%。明确表示"不参与"的比率占4.23%，选择"无所谓"的比率为5.82%。

从2016年与2015年的比较来看，未成年人选择"积极参与"与"一般参与"的比率均有小幅度的下降，选择"无所谓"的比率有一定幅度的上升。对少数未成年人，除了引导其加强学习、理解外，还应引导其更多地投入到具体实践中，在实践中感受社会主义核心价值观的内涵，使其内心对此真正悦纳并能够践行。

表4-11 未成年人践行社会主义核心价值观的做法

选项	总计			2015年			2016年			2016年与2015年比较率差
	人数	比率	排序	人数	比率	排序	人数	比率	排序	
积极参与	1790	51.85	1	790	52.04	1	1000	51.71	1	-0.33
一般参与	1155	33.46	2	526	34.65	2	629	32.52	2	-2.13
不参与	146	4.23	5	65	4.28	4	81	4.19	5	-0.09
不知道会参与还是不参与	160	4.63	4	77	5.07	3	83	4.29	4	-0.78
无所谓	201	5.82	3	60	3.95	5	141	7.29	3	3.34
合计	3452	100	—	1518	100	—	1934	100	—	

2. 受访群体的看法

（1）中学老师的看法。

如表4-12所示，在2015—2016年对中学老师认为的未成年人践行社会主义核心价值观做法的调查中，83.13%的中学老师认为未成年人能践行社会主义核心价值观，选择"积极参与"的比率为44.38%，居于第一位。

从2015年和2016年的比较来看，中学老师选择"积极参与"的比率有所上升，增幅较为明显。选择"不参与"与"不知道会参与还是不参与"的比率有所下降。中学老师对未成年人践行社会主义核心价值观做法的认识与未成年人的认识相近。中学老师作为未成年人践行的引导者，对未成年人行为认识上的肯定，有助于其更好地帮助未成年人深化理解，从而有效引导他们积极践行。

表4-12 中学老师认为的未成年人践行社会主义核心价值观的做法（2015—2016年）

选项	总计			2015年			2016年			2016年与2015年比较率差
	人数	比率	排序	人数	比率	排序	人数	比率	排序	
积极参与	142	44.38	1	52	33.77	2	90	54.22	1	20.45
一般参与	124	38.75	2	67	43.51	1	57	34.34	2	-9.17
不参与	23	7.19	3	14	9.09	4	9	5.42	3	-3.67
不知道会参与还是不参与	21	6.56	4	16	10.39	3	5	3.01	4	-7.38
无所谓	10	3.13	5	5	3.25	5	5	3.01	4	-0.24
合计	320	100	—	154	100	—	166	100	—	—

（2）家长的看法。

如表4-13所示，在2015—2016年对家长认为的未成年人践行社会主义核心价值观做法的调查中，86.17%的家长认为未成年人能践行社会主义核心价值观，其中选择"积极参与"的比率为57.64%，居于第一位。

从2010年与2016年的比较来看，家长认为未成年人"积极参与"的比率在2016年有较大幅度的增长（率差为19.57%）。在其他选项上，家长选择的比率均有所降低，家长的认识进一步清晰化。家长作为未成年人的监护者，承担着对未成年人的教育职责。大部分家长的积极性评价可以认为其教育职责得以履行，并取得成效。

表4-13 家长认为的未成年人践行社会主义核心价值观的做法（2015—2016年）

选项	总计			2015年			2016年			2016年与2015年比较率差
	人数	比率	排序	人数	比率	排序	人数	比率	排序	
积极参与	200	57.64	1	72	46.75	1	128	66.32	1	19.57
一般参与	99	28.53	2	51	33.12	2	48	24.87	2	-8.25
不参与	14	4.03	4	8	5.19	4	6	3.11	3	-2.08
不知道会参与还是不参与	23	6.63	3	18	11.69	3	5	2.59	5	-9.10
无所谓	11	3.17	5	5	3.25	5	6	3.11	3	-0.14
合计	347	100	—	154	100	—	193	100	—	—

（3）中学校长与小学校长的看法。

如表4-14所示，在2015—2016年对中学校长认为的未成年人践行社会主义核心价值观做法的调查中，90.84%的中学校长认为未成年人能参与践行社会主义核心价值观，其中选择"积极参与"的比率为49.62%。

在2015年对小学校长认为的未成年人践行社会主义核心价值观做法的调查中，80.95%的小学校长认为未成年人能参与践行社会主义核心价值观，在同年中学校长的调查中，其选择"积极参与"与"一般参与"的合比率较小学校长高。

中小学校长作为学校的主要领导者，其对未成年人的评价可间接反映学校教育的成效，从而有助于其更好地找出学校在社会主义核心价值观教育方面需要加强与改进之处。

表4-14 中学校长与小学校长认为的未成年人践行社会主义核心价值观的做法（2015—2016年）

选项	总计			中学校长						小学校长（2015年）(2)		中学校长与小学校长(2)比较率差
				2015年				2016年		合计			
				(3)		(4)							
	人数	比率	排序	人数	比率	人数	比率	人数	比率	人数	比率	人数	比率
积极参与	77	50.66	1	6	33.33	21	42.86	38	59.38	65	49.62	12	57.14	-7.52
一般参与	59	38.82	2	10	55.56	23	46.94	21	32.81	54	41.22	5	23.81	17.41
不参与	10	6.58	3	1	5.56	2	4.08	3	4.69	6	4.58	4	19.05	-14.47
不知道会参与还是不参与	3	1.97	4	0	0.00	1	2.04	2	3.13	3	2.29	0	0.00	2.29
无所谓	3	1.97	4	1	5.56	2	4.08	0	0.00	3	2.29	0	0.00	2.29
合计	152	100	—	18	100	49	100	64	100	131	100	21	100	—

（4）受访群体看法的比较。

如表4-15所示，在2015—2016年受访群体对未成年人践行社会主义核心价值观的做法的看法比较中，52.13%的受访群体认为未成年人能"积极参与"社会主义核心价值观的践行，认为"一般参与"的比率为33.15%，认为未成年人能参与践行社会主义核心价值观的人数达八成以上。

从受访群体的比较来看，认为未成年人"积极参与"的比率最高的群体是家长（57.64%），认为未成年人"积极参与"的比率最低的群体是中学老师（44.38%），未成年人的该项比率处在第三位（51.85%）。家长对未成年人的了解比较细致，未成年人的自我感觉也不错。总的来看，未成年人践行社会主义核心价值观的积极性较高，其"积极参与"的做法值得肯定。

表4-15 受访群体对未成年人践行社会主义核心价值观的做法的看法比较（2015—2016年）

选项	积极参与	一般参与	不参与	不知道会参与还是不参与	无所谓	有效样本量/人
未成年人（2015—2016年）	51.85%	33.46%	4.23%	4.63%	5.82%	3452
中学老师（2015—2016年）	44.38%	38.75%	7.19%	6.56%	3.13%	320
家长（2015—2016年）	57.64%	28.53%	4.03%	6.63%	3.17%	347
中学校长（2015—2016年）	49.62%	41.22%	4.58%	2.29%	2.29%	131
小学校长（2015年）	57.14%	23.81%	19.05%	0.00%	0.00%	21
比率平均值	52.13%	33.15%	7.82%	4.02%	2.88%	—

（六）未成年人践行社会主义核心价值观的情况

1. 未成年人的自述

社会主义核心价值观的个人层面体现了在道德准则上的规定，是立足公民个人层面提出的要求，体现了社会主义价值追求与公民道德行为的本质属性。个人层面做得怎样是检验个体在践行社会主义核心价值观成效的重要方面。

如表4-16所示，在2016年对未成年人践行社会主义核心价值观（个人层面）情况的调查中，37.23%的未成年人选择"爱国"选项，23.73%的未成年人选择"友善"选项。在注重"爱国"的基础上，其比较重视"友善"，这或多或少与未成年人阶段性的成长特性有较大关联。

2. 受访群体的看法

在2016年对中学老师、家长、中学校长认为的未成年人践行社会主义核心价值观（个人层面）情况的调查中，中学老师、家长与中学校长均将"爱国"作为首选。在认为未成年人"爱国"占主导的前提下，中学老师认为其在"敬业"方面表现较好，家长与中学校长则认为未成年人在"诚信"方面表现较好。在个人层面上，成年人群体基于不同的视角对未成年人有不同的认识。践行社会主义核心价值观应关注三个层面的相互协调，从国家、社会与个人等不同层面来更好地把握其价值内涵，并在实践过程中，注意三个层面的相互统一。

表 4-16 受访群体认为的未成年人践行社会主义核心价值观（个人层面）的情况（2016 年）

选项	总计			未成年人		成年人群体								未成年人与成年人群体比较率差
						合计		中学老师		家长		中学校长		
	人数	比率	排序	人数	比率	人数	比率	人数	比率	人数	比率	人数	比率	
爱国	953	40.43	1	720	37.23	233	55.08	90	54.22	110	56.99	33	51.56	-17.85
敬业	406	17.23	4	319	16.49	87	20.57	57	34.34	22	11.40	8	12.50	-4.08
诚信	421	17.86	3	346	17.89	75	17.73	9	5.42	49	25.39	17	26.56	0.16
友善	472	20.03	2	459	23.73	13	3.07	5	3.01	4	2.07	4	6.25	20.66
都没有做好	105	4.45	5	90	4.65	15	3.55	5	3.01	8	4.15	2	3.13	1.10
合计	2357	100	—	1934	100	423	100	166	100	193	100	64	100	—

3. 其他研究者的调研成果分析

如表 4-17 所示，洪明在 2016 年 5 月对北京、湖南、安徽、陕西、新疆、广西等 12 省（市）中学生的调查显示，67.3% 的中学生表示能够做到"爱国"，56.1% 的中学生表示能够做到"敬业"，64.5% 的中学生能够做到"诚信"，67.5% 的中学生能够做到"友善"。还有 33.4%（比率平均值）的中学生"部分做到"个人层面的 4 个方面，"做不到"的比率仅占 2.75%（比率平均值）。

大部分中学生在践行社会主义核心价值观上均有较好的行为表现，其中在"友善"与"爱国"上表现尤为突出，这与本研究的调查结果有较高的一致性。

表 4-17 未成年人践行社会主义核心价值观（个人层面）的情况（2016 年）

2016 年 5 月北京、湖南、安徽、陕西、新疆、广西等 12 省（市）的中学生调查（N：5137）[①]				
践行社会主义核心价值观（个人层面）的情况				
选项	比率			
	能够做到	部分做到	做不到	合计
爱国	67.3	30.1	2.6	100
敬业	56.1	40.3	3.6	100
诚信	64.5	33.1	2.4	100
友善	67.5	30.1	2.4	100

---

① 洪明. 我国中学生核心价值观素养状况调查报告 [J]. 中国青年研究，2016（9）：73-84.

(七) 未成年人践行社会主义核心价值观的效果

正确认识未成年人践行社会主义核心价值观的效果，有助于教育者更好地改进宣传与教育方式，从而更好地引导其践行社会主义核心价值观。

1. 未成年人的自述

如表4-18所示，在2016年对未成年人践行社会主义核心价值观效果的评价的调查中，认为践行"效果显著"的比率为35.88%，再加上"效果一般"的比率（47.05%），未成年人认为自己在践行中取得了良好效果。有11.69%的未成年人"不清楚"有无效果，说明这部分未成年人对社会主义核心价值观还不甚了解。

2. 受访群体的评价

（1）中学老师与家长的评价。

如表4-18所示，在2016年对中学老师与家长认为的未成年人践行社会主义核心价值观效果评价的调查中，中学老师的各选项排序与未成年人基本一致（除"不清楚"外），45.08%的家长认为"效果显著"，其比率高于未成年人与中学老师的同项比率。

从未成年人与中学老师、家长的比较来看，家长对践行效果的评价最为积极，中学老师的评价次之。未成年人的模糊性认识较为凸出，其选择"不清楚"的比率为11.69%，是三个受访群体中的同项比率最高的。总的来看，未成年人在践行社会主义核心价值观上取得了较好的成效，但仍须通过不同的形式对其加强教育与引导，争取更大的成效。

表4-18 未成年人践行社会主义核心价值观效果的评价（2016年）

选项	总计			未成年人		成年人群体						未成年人与成年人群体比较率差
						合计		中学老师		家长		
	人数	比率	排序	人数	比率	人数	比率	人数	比率	人数	比率	
效果显著	848	36.98	2	694	35.88	154	42.90	67	40.36	87	45.08	-7.02
效果一般	1074	46.84	1	910	47.05	164	45.68	83	50.00	81	41.97	1.37
没有效果	120	5.23	4	104	5.38	16	4.46	10	6.02	6	3.11	0.92
不清楚	251	10.95	3	226	11.69	25	6.96	6	3.61	19	9.84	4.73
合计	2293	100	—	1934	100	359	100	166	100	193	100	—

（2）中学校长与小学校长的评价。

如表4-19所示，在2015—2016年对中学校长、2015年对小学校长认为的未成年人践行社会主义核心价值观效果评价的调查中，61.18%的中小学校长认为"效果一般"，29.61%的中小学校长认为"效果显著"。大部分中小学校长认为未成年人践行社会主义核心价值观取得了一定的成效。

总的来看，中学校长的评价与小学校长有较大差异，中学校长认为"效果显著"与"没有效果"的比率均大大低于小学校长（率差分别为 -31.95%、-15.23%）。

表4-19 中学校长、小学校长对未成年人践行社会主义核心价值观效果的评价（2015—2016年）

选项	总计		未成年人		成年人群体								小学校长（2015年）(2)		未成年人与成年人群体比较率差
					合计		中学校长								
							2015年				2016年		合计		
							(3)		(4)						
	人数	比率	人数	比率	人数	比率	人数	比率	人数	比率	人数	比率	人数	比率	人数	比率	
效果显著	739	35.43	694	35.88	45	29.61	1	5.56	3	6.12	29	45.31	33	25.19	12	57.14	6.27
效果一般	1003	48.08	910	47.05	93	61.18	15	83.33	42	85.71	31	48.44	88	67.18	5	23.81	-14.13
没有效果	113	5.42	104	5.38	9	5.92	0	0.00	3	6.12	2	3.13	5	3.82	4	19.05	-0.54
不清楚	231	11.07	226	11.69	5	3.29	2	11.11	1	2.04	2	3.13	5	3.82	0	0.00	8.40
合计	2086	100	1934	100	152	100	18	100	49	100	64	100	131	100	21	100	—

（3）受访群体评价的比较。

如表4-20所示，在对受访群体的调查中，40.73%的受访群体认为未成年人践行社会主义核心价值观"效果显著"，认为"效果一般"的均率为46.00%。认为未成年人践行有效果（"效果显著""效果一般"）的均率达86.73%

从受访群体的比较来看，认为未成年人践行"效果显著"的比率最高的群体是小学校长（57.14%），同项比率最低的群体是中学校长（25.19%），比未成年人的同项比率还低10.69%。认为未成年人"效果一般"的比率最高的群体是中学校长（67.18%），同项比率最低的群体是小学校长（23.81%），未成年人的同项比率处在第三位（47.05%）。在"没有效果"这一项上，小学校长的比率最高（19.05%），是平均值的2.55倍，比未成年人的同项比率（5.38%）高13.67%。总的来看，尽管受访群体的评价有差异，但未成年人践行社会主义核心价值观已取得良好的效果是不争的事实。

表4-20 受访群体对未成年人践行社会主义核心价值观效果评价的比较

选项	效果显著	效果一般	没有效果	不清楚	有效样本量/人
未成年人（2016年）	35.88%	47.05%	5.38%	11.69%	1934
中学老师（2016年）	40.36%	50.00%	6.02%	3.61%	166
家长（2016年）	45.08%	41.97%	3.11%	9.84%	193
中学校长（2015—2016年）	25.19%	67.18%	3.82%	3.82%	131
小学校长（2015年）	57.14%	23.81%	19.05%	0.00%	21
比率平均值	40.73%	46.00%	7.48%	5.79%	—

3. 其他研究者的调研成果分析

如表4-21所示，骆风在2014年5月对广东、河南、甘肃未成年人的调查显示，16.5%的未成年人在"爱国、敬业、诚信、友善"公民个人道德要求上的表现"很好"，表现"较好"的比率最高（49.5%）。从省域比较来看，认为表现"很好"比率最高的是河南省，认为表现"较好"比率最高的是广东省。

丛瑞雪在2018年对山东省德州市中小学生的调查结果表明，"大部分中小学生能够将社会主义核心价值观外化于行，能够在学习生活中自觉遵循并践行"，"践行社会主义核心价值观的实效性较高"[1]。

在本研究中，大部分受访群体（包括未成年人）认为未成年人践行社会主义核心价值观"效果显著"与"效果一般"并存，在一定程度上类似于表现"很好"与表现"较好"。本研究的结果与其他研究者的调研结果有着较高的相似性，都认为未成年人在践行社会主义核心价值观上已取得良好效果。

表4-21 未成年人在"爱国、敬业、诚信、友善"公民个人道德要求上的表现

2014年5月广东、河南、甘肃的未成年人调查（N：广东560、河南498、甘肃588）[2]				
在"爱国、敬业、诚信、友善"公民个人道德要求上的表现				
选项	比率			
	总占比	广东	河南	甘肃
很差	0.5	0.7	0.4	0.4

---

[1] 丛瑞雪. 德州市中小学生社会主义核心价值观教育现状的调查与思考[J]. 现代交际，2018(20)：154-155.

[2] 骆风. 现代化进程中青少年道德面貌比较研究[J]. 青年研究，2016(3)：1-10.

(续表4-21)

选项	比率			
	总计占比	广东	河南	甘肃
较差	1.6	2.2	1.0	1.6
中等	31.8	26.7	32.4	36.2
较好	49.5	53.1	45.7	49.2
很好	16.5	17.2	20.4	12.7
合计	100	100	100	100

（八）基本认识

1. 主导观已融入未成年人的"思想图式"，变化呈现渐进性

主导观在价值观念体系中占主导地位，具有指导未成年人认识事物的重要功能，未成年人的主导观主要指社会主义核心价值观。社会主义核心价值观被未成年人广泛接纳，表明明晰的主导观已逐渐融入未成年人的"思想图式"，对未成年人形成正确的价值体系具有重要意义。所谓"思想图式"是指个体业已形成的对事物的认知结构，这一结构包含逻辑分析、思想认识等内容。随着未成年人知识的不断积累以及心智的逐渐成熟，对事物的认识逐渐有自己的见解与想法，这种变化是渐进性的。

在对未成年人了解社会主义核心价值观情况的调查中，77.40%的未成年人表示"了解"与"有点了解"社会主义核心价值观，69.01%的未成年人能写出社会主义核心价值观的具体内容；从知晓度层面看，大部分未成年人对社会主义核心价值观逐渐有了较多的认知（见表4-1，第145页；表4-4，第148页）。在对未成年人践行情况的调查中，85.31%的未成年人能践行社会主义核心价值观，其中"积极参与"的比率为51.85%（见表4-11，第155页）。大部分成年人群体认为未成年人能积极践行社会主义核心价值观，超过八成的受访群体认为未成年人践行社会主义核心价值观逐渐取得了良好成效（见表4-20，第162页）。

未成年人对社会主义核心价值观的接受度越来越高，表明主导观越来越深入其心。未成年人的"思想图式"中逐渐自觉或不自觉地嵌入了主导观的元素，主导观的"烙印"逐渐加深，无疑有助于其形成符合社会发展需要的价值观念体系。

2. 未成年人主导观确立过程中交织着高知晓度与低体悟度

本研究认为，大部分未成年人都能写出社会主义核心价值观内容，"对社会主义核心价值观的了解逐渐明确"[①]，社会主义核心价值观较高的知晓度，"为进一步培育与践行

---

① 叶松庆. 当代未成年人道德观发展变化与引导对策的实证研究 [M]. 芜湖：安徽师范大学出版社，2016：61.

打下了坚实的基础"①。然而,未成年人对社会主义核心价值观有着较低的体悟度。体悟是指个体在实践中对某一观念有切身的体会,观念通过自身的实践活动完全或不完全地表现出来。未成年人知晓社会主义核心价值观是其践行的前提条件,知晓度影响着体悟度。

未成年人在主导观确立过程中低体悟度的表现:①知晓度作为产生体悟度的"前置性"条件,影响着体悟度。在对未成年人的调查中,仍有部分未成年人不了解(18.52%)与写不出(30.89%)社会主义核心价值观内容(见表4-1,第145页;表4-4,第148页)。不了解某一观念的话就很难谈对这一观念的体悟。②在践行中能否做到身体力行地完全或不完全诠释某一观念。在对未成年人践行社会主义核心价值观的调查中,4.23%的未成年人选择"不参与",5.82%的未成年人则表现出"无所谓"的态度(见表4-11,第155页)。在刘娟、余志和游淋玉对四川省乐山市市中区安谷镇青少年的调查中,31.86%的青少年对倡导社会主义核心价值观持"是少数人讨论的问题,与我无关"的态度(见表4-10,第154页)。本研究与其他研究者的成果都从不同侧面表明,未成年人在主导观确立过程中的体悟度较低。

高知晓度与低体悟度的交织反映了未成年人价值观发展过程中所表现出的"在精神喜新厌旧中夹杂着心理阻滞性"②。对社会主义核心价值观的高知晓度表明,未成年人对主导观保持较高的积极性与主动性;对社会主义核心价值观的低体悟度则表明,未成年人对主导观中蕴藏的优秀传统文化内涵领悟不够,对优秀传统文化可能存在一定的排斥。高知晓度与低体悟度的交织并不是一个此消彼长的过程,而是一个逐渐弥合的过程,随着社会主义核心价值观的继续贯彻与践行,二者的"间距"会逐渐缩小,未成年人的主导观也会逐渐确立。

3. 未成年人对主导观存在模糊性认识

一般而言,倡导的主导观应是明晰的,但由于接受主体的差异性,往往易造成认识模糊。未成年人对以社会主义核心价值观为主的主导观的认识存在一定的模糊性,这种模糊更多是未成年人"价值认知呈亚稳定态"③的表现。

在对未成年人了解社会主义核心价值观情况的调查中,未成年人选择"有点了解"的比率较高(43.43%)。"有点了解"表明未成年人对这一问题的认识还不透彻,存在模糊性与不清楚的地方(见表4-1,第145页)。在对未成年人践行社会主义核心价值观的做法的调查中,4.63%的未成年人"不知道会参与还是不参与"践行,模糊性认识较强(见表4-11,第155页)。其他研究者的调查结果也表明,部分未成年人对社会主义核心价值观也存在模糊性认识。

---

① 叶松庆. 当代未成年人道德观发展变化与引导对策的实证研究[M]. 芜湖:安徽师范大学出版社,2016:61.
② 叶松庆. 当代未成年人价值观的基本特征与发展趋向[J]. 青年探索,2008(1):6-10.
③ 叶松庆. 当代未成年人价值观的演变特点与影响因素:对安徽省2426名未成年人的调查分析[J]. 青年研究,2006(12):1-9.

针对未成年人对主导观存在模糊性认识的情况，消弭模糊性认识显得尤为重要。消弭并不意味着"消除"，而是指引导未成年人通过正确的认识达到准确理解主导观，并将之贯穿于实践中。

二、未成年人的劳动观

"劳动是推动人类社会进步的根本力量。"[①] "劳动创造了人，更创造了道德，锻造了有道德的好人。作为人类实践主体的劳动，不但促进着人类的道德认识、道德感情、道德意志的形成与发展，而且指导与支配着人的道德行为和道德实践。"[②] 劳动观是指人们在劳动过程中形成的对劳动的认识与看法，劳动观决定人们在劳动过程中的行为。劳动观与世界观、人生观、价值观一脉相承，未成年人树立正确的劳动观对今后走上工作岗位务实工作具有重要的意义。本研究从未成年人的劳动态度与劳动行为两方面来考察未成年人的劳动观。

（一）未成年人的劳动态度

1. 未成年人的自述

如表4-22所示，在2006—2016年对未成年人劳动态度的调查中，未成年人表示"爱劳动"的比率为60.14%，居于第一位。表示对劳动"无所谓"的有21.04%，明确表示"不爱劳动"的有15.89%，而有2.92%的未成年人表示"不知道什么叫劳动"。可见，多数的未成年人表示自己热爱劳动，虽然有部分未成年人对劳动表示无所谓，但比率并不高。

从历年的比较来看，总的来说，未成年人表示热爱劳动的比率呈上升的趋势，2016年选择爱劳动的比率较2006年高10.96%。而未成年人对待劳动无所谓的态度正在转变，其选择的比率正在降低。未成年人不知道劳动为何的比率在下降，说明未成年人对于劳动的了解程度也在不断地上升。"爱劳动是第一美德"[③] 得到越来越多未成年人的认同。

表4-22 未成年人的劳动态度（2006—2016年）

年份	爱劳动		不爱劳动		无所谓		不知道什么叫劳动		合计人数
	人数	比率	人数	比率	人数	比率	人数	比率	
2006[④]	996	41.06	440	18.14	715	29.47	275	11.34	2426
2007[⑤]	1864	61.22	401	13.17	656	21.54	124	4.07	3045

---

① 习近平. 在同全国劳动模范代表座谈时的讲话 [J]. 中国工运, 2013 (5): 4-6.
②③ 陈瑛. 爱劳动是第一美德 [N]. 光明日报, 2014-04-30 (2).
④⑤ 叶松庆. 当代未成年人的道德观现状与教育 2006—2010 [M]. 芜湖：安徽师范大学出版社, 2013: 75.

(续表 4-22)

年份	爱劳动		不爱劳动		无所谓		不知道什么叫劳动		合计人数
	人数	比率	人数	比率	人数	比率	人数	比率	
2008①	2661	66.11	508	12.62	816	20.27	40	0.99	4025
2009②	1414	63.81	360	16.25	433	19.54	9	0.41	2216
2010③	1312	67.77	284	14.67	329	16.99	11	0.57	1936
2011	1163	60.23	322	16.68	425	22.01	21	1.09	1931
2012	1229	58.41	333	15.83	493	23.43	49	2.33	2104
2013	1738	58.56	509	17.15	621	20.92	100	3.37	2968
2014	1953	66.47	421	14.33	564	19.20	0	0.00	2938
2015	927	61.07	232	15.28	318	20.95	41	2.70	1518
2016	1006	52.02	487	25.18	321	16.60	120	6.20	1934
总计	16263	60.14	4297	15.89	5691	21.04	790	2.92	27041
排序	1		3		2		4		—
2016年与2006年比较	18	10.96	47	7.04	-394	-12.87	-155	-5.14	-492

2. 受访群体的看法

如表 4-23 所示，在 2016 年对受访群体的调查中，选择"爱劳动"的比率为 52.35%，其次是"不爱劳动"为 25.63%。

从未成年人与成年人群体的比较来看，成年人群体选择"爱劳动"的比率较未成年人高，未成年人选择"无所谓"与"不知道什么是劳动"的比率分别较成年人群体高 1.94% 与 2.42%。需要进一步加强对未成年人的教育引导，从而使其明晰劳动的重要性，树立正确的劳动观。

---

①②③ 叶松庆. 当代未成年人的道德观现状与教育 2006—2010 [M]. 芜湖：安徽师范大学出版社，2013：75.

表4-23 受访群体眼中未成年人的劳动态度(2016年)

选项	总计			未成年人		成年人群体								未成年人与成年人群体比较率差
						合计		中学老师		家长		中学校长		
	人数	比率	排序	人数	比率	人数	比率	人数	比率	人数	比率	人数	比率	
爱劳动	1234	52.35	1	1006	52.02	228	53.90	83	50.00	113	58.55	32	50.00	-1.88
不爱劳动	604	25.63	2	487	25.18	117	27.66	46	27.71	56	29.02	15	23.44	-2.48
无所谓	383	16.25	3	321	16.60	62	14.66	32	19.28	18	9.33	12	18.75	1.94
不知道什么是劳动	136	5.77	4	120	6.20	16	3.78	5	3.01	6	3.11	5	7.81	2.42
合计	2357	100	—	1934	100	423	100	166	100	193	100	64	100	—

(二)未成年人的劳动行为

1. 未成年人做家务的现状

"最能体现未成年人劳动观的莫过于做不做家务活了。"①

(1)未成年人的自述。

第一,未成年人做家务的基本情况。如表4-24所示,在2006—2011年、2016年对未成年人做家务情况的调查中,各选项的排序:"经常做"为58.61%,"基本不做"为25.95%,"爸妈不让做"为6.81%,"自己不愿意做"为4.88%,"根本不做"为3.75%。可见,相当一部分未成年人表示会经常做家务,因各种原因不做家务的比率较少。

从2016年与2006年的比较来看,2016年选择"经常做"的比率较2006年高17.61%,未成年人表示经常做家务的比率在逐年上升。2016年选择"基本不做""根本不做""自己不愿做""爸妈不让做"的比率均较2006年低,不做家务的比率均有所下降。未成年人自身与家长都意识到让未成年人适当地做些家务,对培养他们独立自主的性格有着良好的帮助。总的来说,这种发展趋势需要持续下去。

---

① 叶松庆.城市未成年人与农村未成年人劳动观的比较研究[J].广东青年干部学院学报,2008,22(2):26-29.

表4-24 未成年人做家务的情况（2006—2011年、2016年）

选项	总计		2006年		2007年		2008年		2009年		2010年		2011年		2016年		2016年与2006年比较率差
	人数	比率	人数	比率	人数	比率	人数	比率	人数	比率	人数	比率	人数	比率	人数	比率	
经常做	10264	58.61	915	37.72	1593	52.32	2718	67.53	1447	65.30	1263	65.24	1258	65.15	1070	55.33	17.61
基本不做	4545	25.95	822	33.88	730	23.97	909	22.58	548	24.73	484	25.00	479	24.81	573	29.63	-4.25
根本不做	656	3.75	183	7.54	209	6.86	58	1.44	59	2.66	25	1.29	31	1.61	91	4.71	-2.83
自己不愿做	855	4.88	240	9.89	230	7.55	126	3.13	73	3.29	67	3.46	63	3.26	56	2.90	-6.99
爸妈不让做	1193	6.81	266	10.96	283	9.29	214	5.32	89	4.02	97	5.01	100	5.18	144	7.45	-3.51
合计	17513	100	2426	100	3045	100	4025	100	2216	100	1936	100	1931	100	1934	100	—

第二，未成年人做家务的频率。如表4-25所示，在2014—2016年对未成年人做家务频率的调查中，30.55%的未成年人选择"有时"做家务，26.74%的未成年人选择"经常"做家务，选择"很少"做家务的占14.24%，20.14%的未成年人选择"频繁"做家务。大部分未成年人都会做家务，但是选择高频率做家务的比率较小。

从2016年与2014年的比较来看，2016年选择"频繁"的比率较2014年高20.82%，选择诸如"很少""有时"这样的中等选项则在锐减。可见，未成年人在做家务方面的表现较好，无疑有助于其树立正确的劳动观。

表4-25 未成年人主动做家务的频率（2014—2016年）

选项	总计			2014年		2015年		2016年		2016年与2014年比较率差
	人数	比率	排序	人数	比率	人数	比率	人数	比率	
频繁	1287	20.14	3	359	12.22	289	19.04	639	33.04	20.82
经常	1709	26.74	2	761	25.90	352	23.19	596	30.82	4.92
有时	1952	30.55	1	1113	37.88	373	24.57	466	24.10	-13.78
很少	910	14.24	4	489	16.64	283	18.64	138	7.14	-9.50
从不	459	7.18	5	208	7.08	210	13.83	41	2.12	-4.96
其他	73	1.14	6	8	0.27	11	0.72	54	2.79	2.52
合计	6390	100	—	2938	100	1518	100	1934	100	—

（2）受访群体的看法。

第一，未成年人做家务的基本情况。如表4-26所示，在2016年对受访群体的调查中，选择"经常做"的比率为53.92%，居于第一位。选择"基本不做"的比率为31.23%。大部分未成年人在家会经常做家务，表现出较好的劳动意识。

从未成年人与成年人群体的比较来看，成年人群体选择"经常做"的比率较未成年人要低7.81%，未成年人选择"基本不做"的比率较成年人群体的同项比率要低。综合可知，未成年人表现出较好的劳动意识，但仍需提高成年人群体对未成年人劳动的认知，这无疑有助于树立其正确的劳动观。

表4-26 未成年人做家务的基本情况（2016年）

选项	总计			未成年人		成年人群体								未成年人与成年人群体比较率差
						合计		中学老师		家长		中学校长		
	人数	比率	排序	人数	比率	人数	比率	人数	比率	人数	比率	人数	比率	
经常做	1271	53.92	1	1070	55.33	201	47.52	70	42.17	107	55.44	24	37.50	7.81
基本不做	736	31.23	2	573	29.63	163	38.53	71	42.77	61	31.61	31	48.44	-8.9
根本不做	104	4.41	4	91	4.71	13	3.07	5	3.01	3	1.55	5	7.81	1.64
自己不愿做	68	2.89	5	56	2.90	12	2.84	3	1.81	6	3.11	3	4.69	0.06
爸妈不让做	178	7.55	3	144	7.45	34	8.04	17	10.24	16	8.29	1	1.56	-0.59
合计	2357	100	—	1934	100	423	100	166	100	193	100	64	100	—

第二，未成年人主动做家务的频率。如表4-27所示，在对受访群体的调查中，选择"频繁"与"经常"的合比率为67.67%，其中选择"频繁"的比率为35.64%，居于第一位。未成年人选择"很少"与"从不"的合比率为9.46%。大部分未成年人会主动做家务，表现出良好的劳动意识，从而有助于其树立正确的劳动观。

表4-27 未成年人主动做家务的频率（2016年）

选项	总计			未成年人		成年人群体								未成年人与成年人群体比较率差
						合计		中学老师		家长		中学校长		
	人数	比率	排序	人数	比率	人数	比率	人数	比率	人数	比率	人数	比率	
频繁	840	35.64	1	639	33.04	201	47.52	70	42.17	107	55.44	24	37.50	-14.48
经常	755	32.03	2	596	30.82	159	37.59	71	42.77	61	31.61	27	42.19	-6.77

(续表 4-27)

选项	总计			未成年人		成年人群体							未成年人与成年人群体比较率差
						合计		中学老师		家长		中学校长	
	人数	比率	排序	人数	比率	人数	比率	人数	比率	人数	比率	人数	比率	
有时	479	20.32	3	466	24.10	13	3.07	5	3.01	3	1.55	5	7.81	21.03
很少	150	6.36	4	138	7.14	12	2.84	3	1.81	6	3.11	3	4.69	4.30
从不	73	3.10	5	41	2.12	32	7.57	16	9.64	11	5.70	5	7.81	-5.45
其他	60	2.55	6	54	2.79	6	1.42	1	0.60	5	2.59	0	0.00	1.37
合计	2357	100	—	1934	100	423	100	166	100	193	100	64	100	—

2. 未成年人做家务的类型

（1）未成年人的自述。

如表 4-28 所示，在 2006—2011 年、2016 年对未成年人做家务类型的调查中，各选项的排序："洗碗"（35.40%）、"扫地"（15.31%）、"帮家里购买小物品"（14.58%）、"洗衣服"（11.57%）、"拖地板"（9.91%）、"晾晒衣服"（8.45%）、"其他"（2.26%）、"未做过"（1.74%）、"喂猪"（0.79%）。上述列举的一些类型的家务都是未成年人可以完成的日常简单的事情。从比率上来看，洗碗、扫地、购物、拖地等家务活排名靠前，但各选项之间的比率差距都不是很大。

从 2016 年与 2006 年的比较来看，未成年人都能做一些简单的家务，很多未成年人会在家里承担多样的家务，以减轻家长的负担，比如 2016 年"洗碗"的比率比 2006 年高出 13.42%，2016 年选择"未做过"的比率较 2006 年低 7.98%。总而言之，未成年人表现出良好的劳动观。

表 4-28 未成年人做家务的类型（2006—2011 年、2016 年）（多选题）

选项	总计		2006 年[①]		2007 年		2008 年		2009 年		2010 年		2011 年		2016 年		2016 年与 2006 年比较率差
	人数	比率	人数	比率	人数	比率	人数	比率	人数	比率	人数	比率	人数	比率	人数	比率	
洗碗	6200	35.40	496	20.45	554	18.19	1755	43.60	650	29.31	1052	54.34	1038	53.75	655	33.87	13.42
扫地	2681	15.31	407	16.78	578	18.99	197	4.89	415	18.73	365	18.85	307	15.90	412	21.30	4.52

---

① 叶松庆. 当代未成年人的道德观现状与教育 2006—2010 [M]. 芜湖：安徽师范大学出版社，2013：151.

(续表4-28)

选项	总计		2006年①		2007年		2008年		2009年		2010年		2011年		2016年		2016年与2006年比较率差
	人数	比率	人数	比率	人数	比率	人数	比率	人数	比率	人数	比率	人数	比率	人数	比率	
拖地板	1735	9.91	225	9.27	455	14.95	238	5.92	284	12.83	127	6.56	153	7.92	253	13.08	3.81
帮家里购买小物品	2554	14.58	356	14.67	498	16.36	959	23.83	317	14.32	140	7.23	97	5.02	187	9.67	-5.00
洗衣服	2026	11.57	207	8.53	396	13.02	730	18.13	277	12.48	84	4.34	165	8.54	167	8.63	0.10
晾晒衣服	1480	8.45	313	12.90	330	10.85	146	3.63	273	12.33	168	8.68	65	3.37	185	9.57	-3.33
其他	395	2.26	142	5.85	77	2.54	0	0.00	0	0.00	0	0.00	106	5.49	70	3.62	-2.23
喂猪	138	0.79	84	3.46	51	1.66	0	0.00	0	0.00	0	0.00	0	0.00	3	0.16	-3.30
未做过	304	1.74	196	8.08	106	3.43	0	0.00	0	0.00	0	0.00	0	0.00	2	0.10	-7.98
合计	17513	100	2426	100	3045	100	4025	100	2216	100	1936	100	1931	100	1934	100	—

说明：2006—2016年的多选题比率已换算为单选题的百分比。

（2）受访群体的看法。

如表4-29所示，2016年对受访群体的调查反映出未成年人做家务的基本情况，其中，成年人群体选择的前三位："洗碗"（38.43%）、"扫地"（21.96%）、"帮家里购买小物品"（10.39%）；未成年人选择的前三位："洗碗"（33.86%）、"扫地"（21.33%）、"拖地板"（13.09%）。

从未成年人与成年人群体的比较来看，未成年人与成年人群体选择差异不大，且均可反映未成年人有较强的劳动意识。

表4-29 未成年人做家务的基本情况（2016年）（多选题）

选项	总计			未成年人		成年人群体								未成年人与成年人群体比较率差
						合计		中学老师		家长		中学校长		
	人数	比率	排序	人数	比率	人数	比率	人数	比率	人数	比率	人数	比率	
洗碗	1340	34.65	1	1081	33.86	259	38.43	97	33.68	123	46.59	39	31.97	-4.57
扫地	829	21.44	2	681	21.33	148	21.96	69	23.96	52	19.70	27	22.13	-0.63

---

① 叶松庆. 当代未成年人的道德观现状与教育2006—2010 [M]. 芜湖：安徽师范大学出版社，2013：151.

(续表4-29)

选项	总计			未成年人		成年人群体								未成年人与成年人群体比较率差
						合计		中学老师		家长		中学校长		
	人数	比率	排序	人数	比率	人数	比率	人数	比率	人数	比率	人数	比率	
拖地板	479	12.39	3	418	13.09	61	9.05	29	10.07	23	8.71	9	7.38	4.04
帮家里购买小物品	378	9.78	4	308	9.65	70	10.39	29	10.07	22	8.33	19	15.57	-0.74
洗衣服	313	8.09	6	276	8.64	37	5.49	18	6.25	12	4.55	7	5.74	3.15
晾晒衣服	364	9.41	5	305	9.55	59	8.75	26	9.03	20	7.58	13	10.66	0.80
其他	141	3.65	7	116	3.63	25	3.71	16	5.56	8	3.03	1	0.82	-0.08
喂猪	7	0.18	9	5	0.16	2	0.30	1	0.35	1	0.38	0	0.00	-0.14
未做过	16	0.41	8	3	0.09	13	1.93	3	1.04	3	1.14	7	5.74	-1.84
合计	3867	100	—	3193	100	674	100	288	100	264	100	122	100	—

3. 未成年人参加学校组织的劳动情况

前面的分析可以看出未成年人对待做家务劳动表现得比较踊跃，那么，未成年人对待学校劳动又是什么样的情况呢？

（1）未成年人的自述。

如表4-30所示，在2006—2011年、2016年对未成年人参加学校劳动情况的调查中，各选项的排序："在教室里大扫除"（45.94%）、"帮同学做事"（18.97%）、"帮老师做事"（12.08%）、"在公共场所搞卫生"（9.46%）、"在校园里植树"（7.57%）、"其他"（5.97%）。未成年人平常在学校能够参与较多的学校劳动活动，主要体现在教室大扫除、帮助他人以及公共场所的清洁等方面。

从2016年与2006年的比较来看，2016年选择"在教室里大扫除"的比率高于2006年25.69%，未成年人积极参加这些活动，对此表现出较大的热情。同时，未成年人参加的不仅仅是某一种学校劳动，往往是多种都会参加，且各种活动的参加频次视参与机会的多少而定。

表4-30 未成年人参加学校劳动的情况（2006—2011年、2016年）（多选题）

选项	总计		2006年①		2007年		2008年		2009年		2010年		2011年		2016年		2016年与2006年比较率差
	人数	比率	人数	比率	人数	比率	人数	比率	人数	比率	人数	比率	人数	比率	人数	比率	
在教室里大扫除	8046	45.94	576	23.74	1294	42.50	1754	43.58	1122	50.63	1162	60.01	1182	61.21	956	49.43	25.69
在校园里植树	1326	7.57	209	8.62	301	9.89	197	4.89	198	8.94	70	3.62	106	5.49	245	12.67	4.05
在公共场所搞卫生	1656	9.46	587	24.20	330	10.84	238	5.91	175	7.90	139	7.18	62	3.21	125	6.46	-17.74
帮同学做事	3323	18.97	472	19.46	638	20.95	959	23.83	454	20.49	320	16.53	226	11.70	254	13.13	-6.33
帮老师做事	2116	12.08	387	15.95	331	10.87	730	18.14	231	10.42	129	6.66	106	5.49	202	10.44	-5.51
其他	1046	5.97	195	8.04	151	4.96	147	3.65	36	1.62	116	6.00	249	12.89	152	7.86	-0.18
合计	17513	100	2426	100	3045	100	4025	100	2216	100	1936	100	1931	100	1934	100	—

说明：2006—2016年的多选题比率已换算为单选题的百分比。

(2) 受访群体的看法。

如表4-31所示，在对受访群体的调查中，选择"在教室里大扫除"的比率为50.53%，选择"帮同学做事"的比率为13.22%，选择"在校园里植树"的比率为11.51%，选择"帮老师做事"的比率为11.39%。大部分受访群体表示，在学校的劳动主要是大扫除。

从未成年人与成年人群体的比较来看，率差最大的是"在校园里植树"（5.42%）。

---

① 叶松庆．当代未成年人的道德观现状与教育2006—2010［M］．芜湖：安徽师范大学出版社，2013：151.

表4-31 未成年人参加学校劳动的情况（2016年）（多选题）

选项	总计			未成年人		成年人群体								未成年人与成年人群体比较率差
						合计		中学老师		家长		中学校长		
	人数	比率	排序	人数	比率	人数	比率	人数	比率	人数	比率	人数	比率	
在教室里大扫除	1242	50.53	1	956	49.43	286	54.58	108	49.77	136	63.26	42	45.65	-5.15
在校园里植树	283	11.51	3	245	12.67	38	7.25	10	4.61	16	7.44	12	13.04	5.42
在公共场所搞卫生	149	6.06	6	125	6.46	24	4.58	10	4.61	5	2.33	9	9.78	1.88
帮同学做事	325	13.22	2	254	13.13	71	13.55	34	15.67	23	10.70	14	15.22	-0.42
帮老师做事	280	11.39	4	202	10.44	78	14.89	40	18.43	23	10.70	15	16.30	-4.45
其他	179	7.28	5	152	7.86	27	5.15	15	6.91	12	5.58	0	0.00	2.71
合计	2458	100	—	1934	100	524	100	217	100	215	100	92	100	—

说明：此表中的未成年人数据未换算为单选题。

4. 其他研究者的调研成果分析

表4-32至表4-35反映了其他研究者的相关研究情况。

如表4-32所示，1996年上海教育学院《思想政治课实施素质教育研究》课题组的未成年人调查显示，未成年人明确表示否定劳动最光荣的比率不到两成，除去"不知道"的选项，未成年人对于劳动光荣的选择比率较高。

覃遵君在1997年对湖北省鄂西南山区中学生的调查显示，未成年人对于"勤劳"的赞同度很高，并有相当多的未成年人表示经常做一些力所能及的劳动。

穆青在2001年对北京市青少年的调查显示，未成年人对于义务劳动表现出了较高的参与度。

第四章 当代未成年人价值观变化的现状分析之二

表4-32 未成年人参加劳动的情况（一）

1996年上海教育学院《思想政治课实施素质教育研究》课题组的未成年人调查（N：1885）[1]		1997年湖北省鄂西南山区的中学生调查（N：521）[2]		2001年北京市的青少年调查（N：1782，其中，初中生428、高中生552、大学生802）[3]	
劳动最光荣吗？		未成年人的劳动观念		义务劳动的参与情况	
选项	比率	选项	比率	选项	比率
否认劳动最光荣	18.07	积极主动参加为社会服务劳动	52.5	没有参与	0.4
不知道	18.87	用劳动去创造美好的生活	53.36	参与	72.4
未标明	63.06	利用节假日打工	53.93	未填	27.2
—	—	对"勤劳"持赞赏态度（排在16项品质之首）	47.98	—	—
合计	100	合计	—	合计	100

如表4-33所示，夏心军在2001年对江苏省高邮市未成年人的调查显示，超过半数的未成年人对义务劳动表示赞同，且他们自己也可以做到经常在家里做一些洗碗、洗衣服等家务劳动。

林琼斌、陈南盛和林贤东在2002年对海南省中学生的调查显示，未成年人表现出对义务劳动的较高的热心态度。

吴潜涛在2006年对全国部分省市未成年公民道德状况的调查显示，较多未成年人表示有时会在家里做家务劳动，表示做过家务劳动的比率与陈延斌和徐锋在2004年对江苏省徐州市未成年人的调查的调查结果接近。

---

[1] 上海教育学院《思想政治课实施素质教育研究》课题组.上海高中学生思想状况调查报告[J].教育研究，1997（5）：36-42.

[2] 覃遵君.山区高中生道德观素质状况的调查分析[J].中学政治教学参考，1998（Z1）：29-32.

[3] 穆青.2001年北京青少年社会公德行为特征及分析[J].北京青年政治学院学报，2001，10（4）：48-54.

表4-33 青少年参加劳动的情况（二）

2001年江苏省高邮市的未成年人调查（N:986）[1]		2002年海南省的中学生调查（N:1352）[2]		2004年江苏省徐州市的未成年人调查（N:1000）[3]		2006年全国部分省市未成年公民道德状况调查（N:2095）[4]	
对义务劳动的态度		对于义务劳动的态度		您在家里经常从事洗碗、洗衣服等家务劳动吗？		是否在家里经常做洗碗、洗衣服等家务？	
选项	比率	选项	比率	选项	比率	选项	比率
赞成	51.7	热心	73.7	经常	43.4	经常	21.67
反对	11.4	不热心	5.3	有时	35.8	有时	49.16
无所谓	36.9	无所谓	21.0	很少	18.4	很少	24.01
—	—	—	—	从不	2.4	从不	5.16
合计	100	合计	100	合计	100	合计	100

如表4-34所示，2009、2011年教育部基础司与天津教科院在山东、江苏、河北、湖南、甘肃、四川的未成年人调查，2011年李虎林和褚洪娇在甘肃省兰州市、金昌市、张掖市、陇南市、定西市的未成年人调查，2011年李祖超和向菲菲在上海市、湖北省、广东省、河南省、福建省、安徽省等6省（市）28所中等学校的未成年人调查均反映出，未成年人有较高的做家务意愿，这一点小学生做得比中学生稍好，并且能够做到经常帮助家里人做一些简单的家务。未成年人参加班级劳动的积极性也较高，能做到主动参与。

在本研究的调查中，未成年人也基本表示能够做家务与参加学校劳动，并且经过本研究的细化，未成年人表示能够参与劳动的形式多种多样。

---

[1] 夏心军. 中学生社会公德调查与分析［J］. 学校党建与思想教育，2002（4）：68-70.

[2] 林琼斌，陈南盛，林贤东. 千名海南中学生社会公德状况调查［J］. 青年探索，2003（3）：21-25.

[3] 陈延斌，徐锋. 公民品德塑造重在从青少年抓起：徐州市未成年人思想道德现状的调查与思考［J］. 道德与文明，2004（6）：46-50.

[4] 吴潜涛，等. 当代中国公民道德状况调查［M］. 北京：人民出版社，2010：134.

表 4-34 青少年参加劳动的情况（三）

2009、2011 年教育部基础司与天津教科院在山东、江苏、河北、湖南、甘肃、四川的未成年人调查（N：2009 年不详；2011 年 5236）①									2011 年甘肃省兰州市、金昌市、张掖市、陇南市、定西市的未成年人调查（N：2153）②		2011 年上海市、湖北省、广东省、河南省、福建省、安徽省等 6 省（市）28 所中等学校的未成年人调查（N：1996）③	
自己是否应该干家务				有没有帮助父母做家务					参加学校、班级开展的义务劳动		参加义务劳动	
选项	比率				选项	比率				选项	比率	选项	比率
	小学生		中学生			小学生		中学生		总是能主动参加	18.2	积极参加	83.1
	2009年	2011年	2009年	2011年		2009年	2011年	2009年	2011年	有时能主动参加	45.1	参加	—
应该	85.8	91.2	81.9	87.9	主动干家务活	58.1	62.7	—	—	只在被要求下参加	34.5	无所谓	14.9
未标明	14.2	8.8	18.1	12.1	洗简单的衣服	55.5	70.7	—	—	从不参加	2.2	不想参加	2.0
—	—	—	—	—	做简单的饭菜	65.6	63.1	—	—			反感	—
—	—	—	—	—	没有做	—	—	18.1	24.6				
合计	100	100	100	100	合计	100	100	合计		100	合计	100	100

如表 4-35 所示，杨业华、杨鲜兰和符俊在 2014 年对湖北省未成年人的调查显示，51.3% 的未成年人每年参加 1～5 次公益活动。62.0% 的未成年人会帮父母做家务，其中 24.7% 的未成年人一个星期做家务 4～10 次。

刘永生在 2014 年对广东韶关市未成年人的调查显示，89.56% 的未成年人会主动帮父母做家务。从 2014 年的调查数据来看，大部分未成年人会帮助父母做家务，与本研究的结果保持较高的一致性。

---

① 王定华. 新形势下我国中小学生品德状况调查与思考 [J]. 教育科学研究，2013（1）：25-32.
② 李虎林，褚洪娇. 甘肃省中学生思想道德素质现状调查与分析 [J]. 社科纵横，2012，27（5）：139-142.
③ 李祖超，向菲菲. 我国青少年思想道德建设现状调查分析 [J]. 学校党建与思想教育，2011（6）：34-36.

吴雅琴在 2017 年 10 月对江西省六所初中的思想道德状况的调查显示,"有不到一半(43.4%)的初中生能够体谅父母辛苦,主动帮助父母减轻家务负担"①。

郭志英在 2018 年 10 月对天津市城市、县镇和农村三个区域的五、六年级学生的调查显示,"九成以上的小学生有劳动意愿"②。

此外,李志勇和曹然在 2018 年对山西省 10 个地市 44 个县区的 240 多所中小学校 16653 名学生的调查显示,"76.8% 的小学生表示在家会主动帮助父母做家务,21% 的小学生表示会比较积极地做家务,这说明大部分的小学生有着较强的劳动意识"③。

表 4-35 青少年参加劳动的情况

2014 年湖北省的未成年人思想道德状况调查(N:小学五、六年级学生 1000,高中与初中生 8400,中职生 600)④				2014 年广东省韶关市未成年人调查(N:460,初二、初三 328,高一 132)⑤		2017 年 10 月江西省六所初中的思想道德状况调查(N:不详)⑥		2018 年 10 月天津市城市、县镇和农村三个区域的五、六年级学生的调查(N:1303)⑦	
参加公益活动		帮父母做家务的情况		经常会主动帮助父母做家务		是否经常在家帮父母做家务		做家务劳动的情况	
选项	比率	选项	比率	选项	比率	选项	比率	选项	比率
每年 1~5 次	51.3	一个星期做家务 4~10 次	24.7	会	89.56	经常	43.4	在学习之余,愿意帮助家长做一些力所能及的活儿	93.3
从未参加过	8.5	一个星期做家务 1~3 次	37.3	未标明	10.44	未标明	56.6	自己学习好就行了,家务活儿就让妈妈来做吧	2.1

---

①⑥ 吴雅琴. 初中生思想道德状况调查与分析:以江西省六所初中为对象 [J]. 学周刊, 2018 (9):27-28.

②⑦ 郭志英. 天津市小学生价值观现状调查研究 [J]. 天津教科院学报, 2019 (1):66-73.

③ 李志勇,曹然. 山西省未成年人思想道德现状调查分析 [J]. 山西青年职业学院学报, 2018, 31 (4):15-18.

④ 杨业华,杨鲜兰,符俊. 湖北省未成年人思想道德发展状况调查报告 [J]. 青少年学刊, 2016 (1):35-39.

⑤ 刘永生. 发达省份落后地区青少年思想道德现状、问题与对策分析:基于广东省韶关市乳源瑶族自治县 460 名青少年的实证调查 [J]. 青少年研究, 2014 (5):30-35.

(续表 4-35)

选项	比率	选项	比率	选项	比率	选项	比率	选项	比率
未标明	40.2	很少帮父母做家务	34.2	—	—	—	—	不会做，也没有机会做	2.5
—	—	几乎没做过家务	3.8	—	—	—	—	其他	2.7
合计	100	合计	100	合计	100	合计	100	合计	100

（三）基本认识

1. 未成年人的劳动意识逐渐增强

人的一生是一个不断劳动的过程，劳动不断促进人的全面发展。未成年人劳动意识指的是未成年人对劳动的看法，是一种带有个体倾向性与价值性的认识。未成年人正确劳动观的确立离不开其对劳动的认识，在逐渐认识的过程中形成自己的态度评价倾向。

在 2006—2016 年对未成年人热爱劳动情况的调查中，60.14% 的未成年人表示热爱劳动，而且选择热爱劳动的未成年人呈增长的趋势，其中 2016 年选择"爱劳动"的比率较 2006 年高 10.96%，这一增幅超过"无所谓""不爱劳动"的比率（见表 4-22，第 165-166 页）。未成年人热爱劳动比率的增加反映出两点：一是未成年人劳动意识在逐渐增强。《国家中长期教育改革与发展规划纲要》明确指出要加强学生的劳动教育，随着规划纲要的颁布实施，未成年人的劳动教育取得了阶段性的成效。二是未成年人对劳动的认识逐渐深刻与积极。过去未成年人认为劳动是一种单纯的"体力劳动"，对于劳动内涵的理解不够深刻。实质上，劳动包含体力劳动与脑力劳动。如今未成年人对劳动内涵的认识逐渐发生改变，由当初简单浅显的认识转向深刻积极的认识，本研究的调查数据与其他研究者的调查数据都可以佐证这一点。在本研究 2016 年的调查中，对劳动抱"无所谓"态度的比率较 2006 年低 12.87%（见表 4-22，第 165-166 页）。在其他研究者的数据中，如在 1996 年上海教育学院的调查中，18.07% 的未成年人否认劳动最光荣；在 2011 年上海市、湖北省等 6 省市的调查中，83.1% 的未成年人积极参加劳动，这一比率的巨大变化表明未成年人的劳动意识逐渐增强。

2. 大部分未成年人能积极参与具体劳动

积极参与具体劳动是未成年人确立劳动观的关键，在具体劳动中未成年人可以切身体会到劳动不易，珍惜劳动果实。未成年人做家务频率、做家务类型以及参加学校组织的劳动等方面可反映未成年人对具体劳动的参与。

在做家务频率方面，2006—2011 年与 2016 年的调查中，58.61% 的未成年人选择"经常做"，且 2016 年选择该比率的较 2006 年增加 17.61%（见表 4-24，第 168 页）。在 2014—2016 年的调查中，20.14% 的未成年人选择"频繁"做家务，2016 年未成年人选择该选项的比率较 2014 年高 20.82%（见表 4-25，第 168 页）。在做家务的类型上，大部分未成年人选择的都是洗碗、扫地、购物与拖地等力所能及的家务事，2016年选择"洗碗"的比率较2006年高13.42%。在学校组织的劳动上，未成年人主要做的是教室大扫除、帮助他人等（见表4-30，第173页）。在同类的其他研究者的调查中，如在2004年江苏徐州市的调查中，43.4%的未成年人在家里经常从事洗碗与洗衣服等家务活；在2014年湖北省的调查中，24.70%的未成年人一个星期做家务4~10次，做家务的频率较高（见表4-33，第176页；表4-35，第178-179页）。

总的来说，未成年人无论是在学校、家里都能很好地参与劳动。积极参与具体劳动对帮助未成年人树立正确劳动观具有一定的导向与强化作用。

3. 须进一步提高未成年人的劳动教育水平

从未成年人的劳动意识与参与具体劳动的积极性来看，未成年人对劳动、劳动观的认识都表现得较为乐观。但是应该看到，仍须进一步提高未成年人的劳动教育水平，促使其树立正确的劳动观。

在2006—2011年、2016年对未成年人做家务情况的调查中，大部分未成年人都能够经常做家务，但是4.88%的未成年人选择"自己不愿做"、6.81%的未成年人选择"爸妈不让做"（见表4-24，第168页），从这一比率可以看出这部分的未成年人"缺乏吃苦精神，劳动意识差"[①]，同时也应该看到影响未成年人从事具体劳动的因素包括自身与家长因素。在做家务类型的调查以及学校劳动的调查数据可以看出，一方面未成年人能够积极从事多样的具体劳动，另一方面未成年人劳动教育的载体大多数局限在学校与家庭，对于社会载体的运用还不够充分。

因此，应从以下方面提高未成年人的劳动教育水平。一是未成年人自身要正确认识劳动的重要性与必要性。劳动是人类生存与发展的基本手段。对未成年人而言，树立正确的劳动观不仅有利于其今后的就业，同时在逐渐形成与确立劳动观的过程中还可以形成如吃苦耐劳等优良品质。二是家长要树立正确的教育观念。"未成年人道德观的发展变化与家庭的道德教育的效果密切相关"[②]，劳动观与道德观有着千丝万缕的联系，未成年人劳动观的形成与确立同样受到家庭教育效果的影响，"重视家庭对未成年人劳动习惯养成的影响，有利于培养未成年人的劳动观"[③]。在如今大多数的核心家庭中，未成年人在家庭里的受重视程度进一步提高，家长为了孩子学习而不让孩子从事家务劳动现象严重，这极不利于未成年人确立正确的劳动观。三是要积极利用社会资源，不断开发社会劳动载体，加强对未成年人的劳动观的引导。如充分利用校外实践基地、充分加强与社区的合作，增强校外实践活动的效度。

---

① 王伶俐，叶松庆. 当代未成年人道德观发展的理念与教育[J]. 巢湖学院学报，2010，12 (2)：126-130.

② 叶松庆，吴巍，荣梅. 当代未成年人道德观发展变化的环境因素分析[J]. 中国青年政治学院学报，2014 (5)：56-61.

③ 叶松庆. 城市未成年人与农村未成年人劳动观的比较研究[J]. 广东青年干部学院学报，2008，22 (2)：26-29.

三、未成年人的学习观

学习是人类生存与发展的不竭动力,也是个体适应社会以获得生存与更好生活的重要保障。未成年人的学习观是指其对知识、学习的目的、在学习过程中的体验等一系列问题的认识与看法,也是体现未成年人阶段敬业精神的最佳形式。未成年人确立正确的学习观有助于其学习成绩的提高,对正确认识学习与强化学习动机等都有一定的帮助。本研究从学习目的与考试情况等方面展开对未成年人学习观的探究,也反映出未成年人的敬业精神。

(一)未成年人的学习目的

1. 未成年人的自述

学习的目的简而言之就是学习为了什么。通过未成年人对学习目的的认识,可以窥探其人生目的。

如表4-36所示,在2006—2013年、2016年对未成年人学习目的的调查中,25.10%的未成年人认为学习主要是为了"学习知识",居于第一位。居于第二位与第三位的分别是"为自己"(17.43%)、"学习本领"(14.31%)。"为祖国""为社会"的比率不高。大部分未成年人对学习目的有较清晰的认识,但部分未成年人的学习目的与国家发展及社会要求还有一定的差距。

从2016年与2006年比较来看,"学习知识"与"学习本领"的比率上升幅度较大(率差分别为21.64%、12.25%),"为祖国"与"为社会"的比率降低幅度较大(率差均为-7.84%),"为自己"与"为父母"的比率降低幅度也较大(率差分别为-9.39%、-8.89%),表明未成年人一方面注重学习"知识"与"本领",另一方面淡化了为特定对象而学习的意识,在淡化"自己"与"父母"的同时,也淡化了"国家"与"社会"。未成年人应树立"为中华崛起而读书"的雄心壮志,自觉将学习与实现中华民族的伟大复兴、实现"中国梦"紧密结合起来,从而更好地实现个人的人生价值。

2. 受访群体的看法

如表4-37所示,在对受访群体的调查中,排位前五位的选项:"学习知识"(33.14%)、"学习本领"(19.35%)、"为自己"(12.47%)、"为上大学打基础"(11.20%)、"将来干大事"(6.62%)。相当部分的受访群体认为未成年人的学习目的主要是学习知识与本领。

从未成年人与成年人群体的比较来看,成年人群体选择"学习知识"的比率较未成年人的同项比率要高10.04%。在成年人群体眼中,未成年人学习的目的主要在于知识的积累与能力的增强,尤其是家长的期望值更高。

表 4-36 未成年人的学习目的（2006—2013 年、2016 年）

选项	总计 人数	总计 比率	2006—2008年[①][②] 人数	2006—2008年 比率	2006年 比率	2009年 人数	2009年 比率	2010年 人数	2010年 比率	2011年 人数	2011年 比率	2012年 人数	2012年 比率	2013年 人数	2013年 比率	2016年 人数	2016年 比率	2016年与2006年比较比率差
学习知识	5668	25.10	1611	16.97	9.69	760	34.30	561	28.98	587	30.40	695	33.03	848	28.57	606	31.33	21.64
学习本领	3233	14.31	1311	13.81	8.33	285	12.86	264	13.64	280	14.50	266	12.64	429	14.45	398	20.58	12.25
为上大学打基础	2866	12.69	1128	11.88	11.17	260	11.73	312	16.12	308	15.95	286	13.59	368	12.40	204	10.55	-0.62
将来干大事	2077	9.20	973	10.25	11.25	191	8.62	160	8.26	158	8.18	161	7.65	294	9.91	140	7.24	-4.01
为祖国	1460	6.46	830	8.74	12.65	141	6.36	113	5.84	82	4.25	63	2.99	138	4.65	93	4.81	-7.84
为社会	1248	5.53	806	8.49	11.25	90	4.06	61	3.15	47	2.43	62	2.95	116	3.91	66	3.41	-7.84
为父母	1727	7.65	1050	11.06	13.23	135	6.09	63	3.25	109	5.64	104	4.94	182	6.13	84	4.34	-8.89
为自己	3937	17.43	1787	18.82	22.42	354	15.97	402	20.76	291	15.07	378	17.97	473	15.94	252	13.03	-9.39
不知道	369	1.63	0	0.00	0.00	0	0.00	0	0.00	69	3.57	89	4.23	120	4.04	91	4.71	4.71
合计	22585	100	9496	100	100	2216	100	1936	100	1931	100	2104	100	2968	100	1934	100	—

说明：2006—2016 年的多选题的百分比已换算为单选题的百分比。

---

① 叶松庆．当代未成年人的学习观现状与特点 [J]．青年探索，2007（2）：7-10.
② 叶松庆．青少年思想道德素质发展状况实证研究 [M]．芜湖：安徽师范大学出版社，2010：170-172.

表4-37 受访群体眼中未成年人的学习目的（2016年）

选项	总计			未成年人		成年人群体								未成年人与成年人群体比较率差
						合计		中学老师		家长		中学校长		
	人数	比率	排序	人数	比率	人数	比率	人数	比率	人数	比率	人数	比率	
学习知识	781	33.14	1	606	31.33	175	41.37	53	31.93	101	52.33	21	32.81	-10.04
学习本领	456	19.35	2	398	20.58	58	13.71	26	15.66	22	11.40	10	15.63	6.87
为上大学打基础	264	11.20	4	204	10.55	60	14.18	29	17.47	17	8.81	14	21.88	-3.63
将来干大事	156	6.62	5	140	7.24	16	3.78	8	4.82	5	2.59	3	4.69	3.46
为祖国	114	4.84	6	93	4.81	21	4.96	8	4.82	9	4.66	4	6.25	-0.15
为社会	81	3.44	9	66	3.41	15	3.55	6	3.61	6	3.11	3	4.69	-0.14
为父母	112	4.75	7	84	4.34	28	6.62	14	8.43	10	5.18	4	6.25	-2.28
为自己	294	12.47	3	252	13.03	42	9.93	19	11.45	19	9.84	4	6.25	3.10
不知道	99	4.20	8	91	4.71	8	1.89	3	4.81	4	2.07	1	1.56	2.82
合计	2357	100	—	1934	100	423	100	166	100	193	100	64	100	—

说明：2016年的多选题的百分比已换算为单选题的百分比。

3. 其他研究者的调研成果分析

如表4-38所示，陈志科在2011年天津教育科学研究院的全国中学生思想政治状况调查显示，44.6%的中学生认为学习的目的是"增长知识，开阔视野，提高自身的文化修养"，45.4%的中学生认为学习目的是"上大学，将来找份好工作"或"为了父母将来过得更好"，仅有10.0%的中学生认为学习的目的是"为了把祖国建设得更强大"。

杨业华、杨鲜兰和符俊在2014年对湖北省未成年人思想道德状况的调查显示，大部分未成年人认为学习的目的是"为了今后的生活过得更加美好"，仅有两成多的未成年人认为学习是"为了掌握本领，报效祖国"。未成年人关注自身的发展以及自身利益诉求逐渐显现，学习目的"关照"国家与社会层面的比率偏低。

陈荣生和刘波在2015年对福建省9市青少年社会主义核心价值观现状的调查显示，53.75%的青少年对待自己的学习与生活持"总是充满信心"的态度，42.76%的未成年人对生活与学习持"有时漫无目的"或"经常马马虎虎"等不认真的态度。

表 4-38 未成年人的学习目的（一）

2011 年天津教育科学研究院的全国中学生思想政治状况调查（N：不详）[1]		2014 年湖北省的未成年人思想道德状况调查（N：小学五、六年级学生 1000，高中与初中生 8400，中职生 600）[2]		2015 年福建省 9 市青少年社会主义核心价值观现状调查（N：4320）[3]	
中学生的学习目的		自己的学习目的		对于自己现在的生活与学习态度	
选项	比率	选项	比率	选项	比率
增长知识，开阔视野，提高自身的文化修养	44.6	为了今后的生活过得更加美好	63.5	总是充满信心	53.75
上大学，将来找份好工作	29.0	为了掌握本领，报效祖国	20.8	有时漫无目的	28.87
为了父母将来过得更好	16.4	未标明	15.7	经常马马虎虎	13.89
为了把祖国建设得更强大	10.0	—	—	觉得毫无意义	3.50
合计	100	合计	100	合计	100

如表 4-39 所示，裴秀芳等在 2015 年对山西太原、长治、运城等市中小学生的调查显示，中小学生将"光宗耀祖，回报自己的家庭"作为自己的学习目的排在第一位，把"将来挣更多的钱改善自己的生活条件"排在第二位，"为国家、社会作贡献"则被排在第四位。未成年人的学习目的更多地关注自身或家庭的诉求，对国家与社会关注较少。

阚言婷在 2016 年 5 月对四川省绵阳市中小学生的调查显示，38.6% 的中小学生认为学习目的在于"将来有个好工作，过舒适的生活"，排在第一位，16.2% 的中小学生选择"为祖国与社会多做贡献"，排在第四位。

张晓琴、张丽和黄永红在 2016 年对四川省成都市崇州农村中学的调查显示，"大部分农村青少年的学习目的是为了有个好工作，而'报效祖国'在学习目的中排名第三"[4]。

吴雅琴在 2017 年 10 月对江西省六所初中的思想道德状况调查显示，"初中生的理想观呈现出多元化的趋势，倾向于个人利益第一位，社会利益第二位。61.4% 的初中生是以个人利益作为自身学习的目的，32.9% 的初中生以社会利益为先，认为学习最重要的

---

[1] 陈志科. 当前中学生思想政治状况的基本判断：基于 2011 年全国中学生思想政治状况的调查与分析 [J]. 教育科学，2013，29（3）：53-59.

[2] 杨业华，杨鲜兰，符俊. 湖北省未成年人思想道德发展状况调查报告 [J]. 青少年学刊，2016（1）：35-39.

[3] 陈荣生，刘波. 福建省青少年社会主义核心价值观的现状调查及培育对策研究 [J]. 福建教育，2016（1）：28-30.

[4] 张晓琴，张丽，黄永红. 网络时代农村青少年思想道德建设现状与对策：以四川崇州市为例 [J]. 开封教育学院学报，2017，37（5）：145-146.

目的是为国家和社会多做贡献"①。

丛瑞雪在 2018 年 5 月对山东省德州市中小学生的调查显示，中小学生回答"'你觉得学习是为了什么？'25.93% 的中小学生选择回报父母、为家庭争光，10.71% 选择为了有个好工作。部分中小学生价值取向已出现扭曲倾向"②。

总的来看，无论是本研究还是其他研究者的调研结果均认为：未成年人的学习目的呈多元化，其中未成年人学习目的的"自我"性较强，也就是更多地偏向于关注自身的职业发展、今后生活以及家庭的利益，关注"国家""社会"的成分较少。未成年人作为国家的未来，肩负着促进国家发展与社会进步的重任，应自觉将学习目的同国家命运与社会发展有机结合起来。

表 4-39 未成年人的学习目的（二）

2015 年山西省太原、长治、运城等市的中小学生调查（N：1211）③		2016 年 5 月四川省绵阳市的中小学生调查（N：1885）④		2016 年四川省成都市崇州农村中学的调查（N：691）⑤		2017 年 10 月江西省六所初中的思想道德状况调查（N：不详）⑥		2018 年 5 月山东省德州市的中小学生调查（N：392）⑦	
你的学习目的		你的学习目的		你的学习目的		你的学习目的		学习为了什么	
选项	排序	选项	排序	选项	比率	选项	比率	选项	比率
光宗耀祖，回报自己的家庭	1	为了实现自己的理想	5	为祖国与社会多做贡献	16.2	能有个好工作	64.0	以个人利益作为自身的学习目的	61.4	回报父母，为家庭争光	25.93
将来挣更多的钱改善自己的生活条件	2	纯属满足父母的愿望	6	改变自己与家庭困难的处境	22.0	为了给父母争光	45.0	为国家和社会多做贡献是学习最重要的目的	32.9	为了有个好工作	10.71

---

① ⑥ 吴雅琴. 初中生思想道德状况调查与分析：以江西省六所初中为对象 [J]. 学周刊，2018 (9)：27-28.

② ⑦ 丛瑞雪. 德州市中小学生社会主义核心价值观教育现状的调查与思考 [J]. 现代交际，2018 (20)：154-155.

③ 裴秀芳，郝慧颖，安彩红，等. 中小学生社会主义核心价值观的现状及教育对策：以山西省为例 [J]. 中国德育，2015 (15)：10-15.

④ 阚言婷. 中小学生思想道德建设的调查与对策：以绵阳市为例 [J]. 产业与科技论坛，2016，15 (20)：203-204.

⑤ 张晓琴，张丽，黄永红. 网络时代农村青少年思想道德建设现状与对策：以四川崇州市为例 [J]. 开封教育学院学报，2017，37 (5)：145-146.

(续表4-39)

选项	排序	选项	排序	选项	比率	选项	比率	选项	比率	选项	比率
学习知识，增长才干，找个好工作	3	说不清楚	7	将来有个好工作，过舒适的生活	38.6	报效祖国	42.0	未标明	5.7	未标明	63.36
为国家、社会做贡献	4	—	—	说不清	22.8	挣大钱，过好日子	41.0	—	—	—	—
—	—	—	—	未标明	0.4	出人头地，提高社会地位	30.0	—	—	—	—
合计	—	—	—	合计	100	合计	100	合计	100	合计	100

（二）未成年人的学习态度

未成年人的学习态度直接关系着未成年人对学习的投入程度，同时也关系着未成年人学习观的培养。本研究就未成年人、中学老师、家长、中学校长对"未成年人学习上最感苦恼的事"展开调查，以此窥视未成年人的学习态度。

1. 未成年人的自述

如表4-40所示，在2006—2011年、2016年对未成年人学习上最感苦恼的事的调查中，排在前五位的选项："学不好"（26.78%）、"成绩差"（18.23%）、"听不懂课"（13.44%）、"别人的成绩比自己好"（12.71%）、"不敢提问"（10.83%）。学习上最感苦恼的事或多或少与学习的结果、学习的方式方法等有较大关联。

从2016年与2006年的比较来看，率差最大的是"学不好"（12.54%）。说明"学不好"这一苦恼被越来越多的未成年人感同身受。由嫉妒心理产生的"别人的成绩比自己好"这一苦恼的率差也较大（-10.57%），说明未成年人在逐渐努力克服不良的学习心理。

"听不懂课""不敢提问""作业做不出来""不敢回答问题""畏惧考试"这些苦恼元素导致"学不好"，"学不好"导致"成绩差"，"成绩差"又反过来导致"听不懂课"等，恶性循环由此而生。要注意引导未成年人跳出这种恶性循环。

表4-40 未成年人学习上最感苦恼的事（2006—2011年、2016年）

选项	总计			2006—2011年[①]		2006年比率	2016年		2016年与2006年比较率差
	人数	比率	排序	人数	比率		人数	比率	
学不好	4690	26.78	1	4080	26.19	19.00	610	31.54	12.54
成绩差	3192	18.23	2	2744	17.61	19.08	448	23.16	4.08
听不懂课	2354	13.44	3	2148	13.79	9.60	206	10.65	1.05
别人的成绩比自己好	2226	12.71	4	2086	13.39	17.81	140	7.24	-10.57
不敢提问	1896	10.83	5	1727	11.09	9.11	169	8.74	-0.37
不敢回答问题	1030	5.88	7	952	6.11	6.68	78	4.03	-2.65
作业做不出来	1052	6.01	6	967	6.21	12.94	85	4.40	-8.54
畏惧考试	793	4.53	8	740	4.75	5.78	53	2.74	-3.04
其他	280	1.60	9	135	0.87	0.00	145	7.50	7.50
合计	17513	100	—	15579	100	100	1934	100	—

2. 受访群体的看法

如表4-41所示，在2016年对受访群体的调查中，成年人群体选择"学不好"的比率较未成年人同项比率高13.61%，未成年人选择"成绩差"的比率较成年人群体同项比率高2.59%。受访群体较为一致地认为，"学不好"是未成年人在学习上最感苦恼的事，消除未成年人这一苦恼，需要未成年人与成年人的共同努力。

从对未成年人学习上最感苦恼的事的分析可看出，大部分未成年人都有学习上的苦恼，有苦恼说明在想着学习，想把学习搞好，学习态度是比较端正的。

[①] 叶松庆. 当代未成年人道德观发展变化与引导对策的实证研究 [M]. 芜湖：安徽师范大学出版社，2016：503.

表4-41 受访群体眼中未成年人学习上最感苦恼的事（2016年）

选项	总计			未成年人		成年人群体								未成年人与成年人群体比较率差
						合计		中学老师		家长		中学校长		
	人数	比率	排序	人数	比率	人数	比率	人数	比率	人数	比率	人数	比率	
学不好	801	33.98	1	610	31.54	191	45.15	68	40.96	94	48.70	29	45.31	-13.61
成绩差	535	22.70	2	448	23.16	87	20.57	34	20.48	42	21.76	11	17.19	2.59
听不懂课	253	10.73	3	206	10.65	47	11.11	19	11.45	21	10.88	7	10.94	-0.46
别人的成绩比自己好	166	7.04	5	140	7.24	26	6.15	16	9.64	5	2.59	5	7.81	1.09
不敢提问	194	8.23	4	169	8.74	25	5.91	10	6.02	11	5.70	4	6.25	2.83
不敢回答问题	91	3.86	8	78	4.03	13	3.07	5	3.01	5	2.59	3	4.69	0.96
作业做不出来	98	4.16	7	85	4.40	13	3.07	5	3.01	5	2.59	3	4.69	1.33
畏惧考试	63	2.67	9	53	2.74	10	2.36	5	3.01	4	2.07	1	1.56	0.38
其他	156	6.62	6	145	7.50	11	2.60	4	2.41	6	3.11	1	1.56	4.90
合计	2357	100	—	1934	100	423	100	166	100	193	100	64	10	—

（三）未成年人的作业情况

完成作业情况是检验未成年人学习效果的重要方式之一。

1. 未成年人的自述

如表4-42所示，在2006—2011年与2016年对未成年人完成作业的情况的调查中，各选项的排序："独立完成"（52.76%）、"和同学讨论完成"（31.52%）、"不想做"（8.02%）、"抄同学作业"（7.70%）。半数以上的未成年人学习态度较为端正，能够独立完成老师布置的作业。近三分之一的未成年人在与同学讨论中完成作业，这也不失为一种方法，在与同学讨论的过程中一方面可以增进对彼此的了解，另一方面也可以解决自身在学习上的困惑。而直接"抄同学作业"与"不想做"作业则是一种消极的学习行为。

从2016年与2006年的比较来看，"和同学讨论完成"与"独立完成"的比率有所上升（率差分别为0.11%、4.44%），"不想做"的比率也有所上升（率差为2.71%），"抄同学作业"的比率下降幅度较大（-7.27%），表明凭借自己的思考来完成作业的未成年人逐渐增多。

表 4-42 未成年人完成作业的情况（2006—2011 年、2016 年）

选项	总计		2006—2010 年[①]		2006 年比率	2011 年		2016 年		2016 年与 2006 年比较率差
	人数	比率	人数	比率		人数	比率	人数	比率	
独立完成	9240	52.76	7431	54.45	48.39	871	45.11	938	48.50	0.11
和同学讨论完成	5520	31.52	4190	30.70	29.27	678	35.11	652	33.71	4.44
抄同学作业	1348	7.70	1070	7.84	13.11	165	8.54	113	5.84	-7.27
不想做	1405	8.02	957	7.01	9.23	217	11.24	231	11.94	2.71
合计	17513	100	13648	100	1931	100	100	1934	100	—

2. 受访群体的看法

如表 4-43 所示，在 2016 年对受访群体的调查中，成年人群体选择"独立完成"的比率为 54.85%，居于第一位，较未成年人同项比率高。成年人群体与未成年人在"和同学讨论完成"上的看法相近。成年人群体选择"抄同学作业"的比率高于未成年人，选择"不想做"的比率低于未成年人。总的来看，在成年人群体眼中，半数以上的未成年人能够"独立完成"作业，但未成年人完成作业的主动性仍须提高。

表 4-43 受访群体眼中未成年人完成作业的情况（2016 年）

选项	总计			未成年人		成年人群体								未成年人与成年人群体比较率差
						合计		中学老师		家长		中学校长		
	人数	比率	排序	人数	比率	人数	比率	人数	比率	人数	比率	人数	比率	
独立完成	1170	49.64	1	938	48.50	232	54.85	79	47.59	126	65.28	27	42.19	-6.35
和同学讨论完成	793	33.64	2	652	33.71	141	33.33	71	42.77	47	24.35	23	35.94	0.38
抄同学作业	141	5.98	4	113	5.84	28	6.62	13	7.83	8	4.15	7	10.94	-0.78
不想做	253	10.73	3	231	11.94	22	5.20	3	1.81	12	6.22	7	10.94	6.74
合计	2357	100	—	1934	100	423	100	166	100	193	100	64	100	—

[①] 叶松庆. 当代未成年人的道德观现状与教育 2006—2010 [M]. 芜湖：安徽师范大学出版社，2013：74.

3. 其他研究者的调研成果分析

如表 4-44 所示，熊孝梅在 2004 年对广西壮族自治区南宁市第四中学、南宁市第三十六中学、田东县上法中学的调查显示，64.1% 的未成年人反对"抄袭作业"。

杨业华、杨鲜兰和符俊在 2014 年对湖北省未成年人的思想道德状况调查显示，68.5% 的未成年人"不赞成"抄袭作业，8.5% 的未成年人"赞成"抄袭作业，在"说不清"（23.0%）的未成年人中不排除有赞成抄袭作业者。

刘长海、汪明春和李启明在 2016 年 5 月对湖北省武汉市 J 区 10239 名初中生和 6483 名高中生的调查显示，"本区域中学生家务劳动习惯缺失，生活自理能力不足；部分学生攀比意识突出，节俭习惯不佳；无故旷课、上课捣乱、抄袭作业、考试作弊、说脏话、乱涂乱画、吸烟、欺凌等现象时有发生"[①]。其中，"无故旷课、上课捣乱、抄袭作业、考试作弊"不仅是道德观上的问题，也是学习观上的问题。

李志勇和曹然在 2018 年对山西省 10 个地市 44 个县区的 240 多所中小学校 16653 名学生的调查显示，85.1% 的小学生和 61.5% 的中学生能够"独立完成作业"，表现出良好的学习态度。

在本研究的调查结果中，5.98% 的"抄同学作业"者一定是"赞成"抄袭作业者的，在 10.73% "不想做"作业的未成年人中也不排除有赞成抄袭作业者。这一结果与其他研究者的调研结果相似。

表 4-44　未成年人对抄袭作业的认识

2004 年广西壮族自治区南宁市第四中学、南宁市第三十六中学、田东县上法中学的调查（N：596）[②]	2014 年湖北省的未成年人思想道德状况调查（N：小学五、六年级学生 1000，高中和初中生 8400，中职生 600）[③]	2016 年 5 月湖北省武汉市 J 区中学生的调查（N：初中生 10239，高中生 6483）[④]	2018 年山西省 10 个地市 44 个县区的 240 多所中小学校 16653 名学生的调查（N：16653）[⑤]
对抄袭作业的态度	对作业抄袭的态度	抄袭作业的现象	怎样对待作业

[①][④] 刘长海，汪明春，李启明. 中部地区中学德育调查报告：以武汉市 J 区为例 [J]. 中小学德育，2017（2）：54-58.

[②] 熊孝梅. 广西未成年人思想道德现状的调查分析 [J]. 广西青年干部学院学报，2005，15（6）：7-9，16.

[③] 杨业华，杨鲜兰，符俊. 湖北省未成年人思想道德发展状况调查报告 [J]. 青少年学刊，2016（1）：35-39.

[⑤] 李志勇，曹然. 山西省未成年人思想道德现状调查分析 [J]. 山西青年职业学院学报，2018，31（4）：15-18.

(续表4-44)

选项	比率	选项	比率	选项	状态	选项	比率	
							小学生	中学生
反对	64.1	不赞成	68.5	抄袭作业	时有发生	独立完成作业	85.1	61.5
未标明	35.9	赞成	8.5	—	—	未标明	14.9	38.5
—	—	说不清	23.0					
合计	100	合计	100	合计	—	合计	100	100

（四）未成年人的考试行为

未成年人学习成绩的优劣可通过考试来检验，未成年人的考试表现直接关系其学习观的塑造。如果经常考试作弊，可以断定这部分未成年人并未树立正确的学习观。考试作弊不仅是一种违纪行为，更重要的是关系到未成年人思想品德的养成。

1. 对考试作弊的认识

（1）未成年人的自述。

如表4-45所示，在2011—2016年就未成年人对考试作弊的认识的调查中，认为考试作弊是"不讲诚信"的比率为43.90%，居于第一位，说明相当多的未成年人认识到考试要讲诚信，不能作弊。其余各项的排序："不公平竞争"（29.61%）、"违反纪律"（17.02%）、"无所谓"（6.87%）、"不知道"（2.61%）。大多数未成年人认为考试作弊是一种不良行为，这种认识是积极的。也有近10%的未成年人由于认识不清而出现偏差。考试作弊不但使作弊者自身形成了一种投机取巧的坏习惯，而且还损害了他人的利益。这种不良的考试行为如果不及时发现并制止，一旦其作弊得逞，后面也容易再犯，而他人也会模仿这种行为，从而使未成年人形成对于考试的错误认识，而产生恶劣后果。

从2016年与2011年的比较来看，2016年认为考试作弊是"不讲诚信"的比率较2011年高21.41%，选择"无所谓"的比率较2011年低3.17%。从比较率差看，未成年人对考试作弊的认识有一定变化，应当诚信考试的认识逐渐占上风，认为考试作弊是"违反纪律""不公平竞争"的认识有所淡化。

表4-45 未成年人对考试作弊的认识（2011—2016年）

选项	总计		2011年		2012年		2013年		2014年		2015年		2016年		2016年与2011年比较率差
	人数	比率	人数	比率	人数	比率	人数	比率	人数	比率	人数	比率	人数	比率	
不讲诚信	5879	43.90	667	34.54	951	45.20	1334	44.95	1086	36.96	759	50.00	1082	55.95	21.41
违反纪律	2279	17.02	366	18.95	282	13.40	525	17.69	612	20.83	236	15.55	258	13.34	-5.61
不公平竞争	3965	29.61	641	33.20	634	30.13	849	28.61	1061	36.11	395	26.02	385	19.91	-13.29
无所谓	920	6.87	203	10.51	169	8.03	173	5.83	141	4.80	92	6.06	142	7.34	-3.17
不知道	350	2.61	54	2.80	68	3.23	87	2.92	38	1.29	36	2.37	67	3.46	0.66
合计	13393	100	1931	100	2104	100	2968	100	2938	100	1518	100	1934	100	—

(2) 其他研究者的调研成果分析。

如表4-46所示，舒罗伟和王立志在1997年对河北省廊坊市中专生（相当于普通高中生）的调查显示，64.71%的男生对因考试作弊而获高分的同班学生表示"蔑视、反感"，部分男生对此表现出较强烈的"嫉妒、不满"。

张邦浩在2000年对上海市中学生的调查显示，34.0%的未成年人认为考试作弊是"是一种不诚实，是道德问题"，而有42.0%的未成年人则认为"作弊是一种无奈，并不一定是道德问题"。

王星在2004年中国社会调查所对北京、上海、广州、武汉、沈阳、西安、厦门、郑州、长沙、乌鲁木齐十个城市青少年的调查显示，青少年表示作弊是一种不好的行为，但也有人表示作弊是一种可以理解的行为。而对于作弊行为的处理应当要严厉，同时老师应当加强监管力度，防止青少年考试作弊。

其他研究者的3份调研结果均表明，大部分未成年人不认同考试作弊，认为这种行为有失公平，是违纪与道德不好的表现。本研究的结果与此大致相似。

表4-46 未成年人对考试作弊的认识（一）

1997年河北省廊坊市的中专生（相当于普通高中生）的调查（N: 117）①			2000年上海市的中学生调查（N: 1373, 初中生216, 高中生1157）②		2004年中国社会调查所对北京、上海、广州、武汉、沈阳、西安、厦门、郑州、长沙、乌鲁木齐十个城市的青少年调查（N: 1000）③			
对因考试作弊而获高分的同班学生有何看法或评价			对考试作弊的看法		对作弊的态度（多选题）		怎样才能让大家都不作弊（多选题）	
选项	比率		选项	比率	选项	比率	选项	比率
	男	女						
蔑视、反感	64.71	65.06	是一种不诚实，是道德问题	34.0	作弊是不对的，作弊的同学不诚实，品德不好	53.0	学校和老师在考试时要管得严一点	63.0
嫉妒、不满	20.59	6.02	作弊是出于无奈，并不一定是道德问题	42.0	作弊可以理解，因为谁都想得到好成绩	34.0	班干部要带好头	12.0
羡慕、钦佩	5.88	8.43	—	—	作弊会带来不公平，因为不作弊的同学会吃亏	54.0	作弊的人应当受到严厉处分	73.0
—	—	—	—	—	好成绩应该靠平时的努力，而不是靠一时的作弊	63.0	平时要努力学习，谁都不要把希望寄托在作弊上	86.0
—	—	—	未标明	24.0	作弊是可耻的，因为不仅骗自己，还骗了老师、父母	43.0	应当加强考试诚信光荣、作弊可耻的道德教育	91.0
合计	100	100	合计	100	合计	100	合计	100

如表4-47所示，罗兆夫和张秀传在2005年对河南省教育厅中小学生的调查显示，未成年人对考试作弊表示坚决反对，小学生的态度更为强烈。

其土在2006年对上海市中小学生荣辱观状况的调查显示，多数受访者认为考试作弊是不应该的，不应靠此取得好成绩，但这种认识强度随着年级的增高而降低。

杨业华、杨鲜兰和符俊在2014年对湖北省未成年人思想道德状况的调查显示，大部

---

① 舒罗伟，王立志. 男女学生考试作弊心理的对比调查 [J]. 中等医学研究，1997（5）：24-27.
② 张邦浩. 当前中学生思想道德心理现状调查 [J]. 上海教育，2000（11）：37-38.
③ 王星. 关于考试作弊的调查 [N]. 人民政协报，2004-06-14.

分未成年人不赞成考试作弊（78.6%），但也有少数未成年人赞成考试作弊（7.0%）。

总的来说，虽然其他研究者的调研角度不同，反映的事实却是相同的：少数未成年人在考试时有作弊现象，但多数未成年人对考试作弊的认识持有正确的看法。

表4-47 未成年人对考试作弊的认识（二）

2005年河南省教育厅的中小学生调查（N：中学生39982，小学生2632）[1]			2006年上海市中小学生荣辱观状况调查（N：不详）[2]					2014年湖北省的未成年人思想道德状况调查（N：小学五、六年级学生1000，高中和初中生8400，中职生600）[3]	
对考试作弊行为的看法	比率		对考试作弊的态度（多选题）	比率				对考试作弊的态度	
选项	小学生	中学生	选项	小学生	初中生	高中生	三校生	选项	比率
考试作弊是不诚实表现，坚决反对	85.45	65.27	不应该	76.4	70.4	59.2	58.8	不赞成	78.6
作弊行为事不关己，听之任之	11.55	24.54	鄙视靠作弊取得好成绩	22.4%				赞成	7.0
诚实者吃亏，只要不被发现，也想作弊	3.0	10.19	为取得好成绩可以作弊	0	2.9	5.2	8.8	说不清	14.3
—	—	—	未标明	—				未标明	0.1
合计	100	100	合计					合计	100

如表4-48所示，陈浩苗等在2014年对湖北省武汉地区青少年的调查显示，39.9%的未成年人看到其他同学作弊时，会"深深鄙视这种行为，但不会去检举报告"，31.5%的未成年人"看到像没看到一样"而熟视无睹，15.3%的未成年人认为"如果监考不严、考试很难，自己也会作弊以求通过"，而"马上报告老师"的未成年人仅占13.3%。刘玉生在2014年对福建省泉州市中学生的调查显示，92.9%的未成年人认为考试作

---

[1] 罗兆夫，张秀传. 河南省中小学生思想道德状况调查报告 [J]. 中国德育，2006，1（1）：44-50.

[2] 其土. 上海市中小学生荣辱观状况分析报告 [J]. 上海青年管理干部学院学报，2007（2）：8-11.

[3] 杨业华，杨鲜兰，符俊. 湖北省未成年人思想道德发展状况调查报告 [J]. 青少年学刊，2016（1）：35-39.

弊"是不诚实的行为,应该杜绝"。

蒋亚辉和丘毅清在2015年对广州市中小学生的调查显示,81.1%的中小学生表示"无论怎样都不会作弊",18.9%的未成年人或多或少地会有作弊行为。

黄鹂鹏、梁端和陈胜辉在2018年对广西壮族自治区两所中职学校中职学生的价值观现状调查显示,"对'作弊'情况回答'非常反感'的比例是51%、回答'可以理解但自己不会去做'的比例是19%、'说不清'的比例是16%,表明他们对违反社会公德的行为十分反感,但也对一些不文明、不诚信现象表现出了理解与容忍"[1]。

总的来看,多数未成年人对考试作弊持反对(或不赞成)态度,但在实际情境中,未成年人会有一定的动摇,这种动摇表现为:一是对其他同学考试作弊行为的放纵与容忍,对作弊的严重后果未有足够的重视;二是受到其他同学作弊的影响,动摇了意志,发生作弊行为。

从本研究与其他研究者的调研结果来看,虽然部分未成年人的价值认知出现些许偏离,但综合来看,两者的研究都认为未成年人的学习观处在良好状态。

表4-48 未成年人对考试作弊的认识(三)

2014年湖北省武汉地区青少年调查(N:1561,小学生175、初中生360、高中生396、大学生630)[2]		2014年福建省泉州市的中学生调查(N:1164)[3]		2015年广州市的中小学生调查(N:1776,其中小学生442、初中生769、高中生565)[4]		2018年广西壮族自治区两所中职学校的中职学生价值观现状调查(N:268,其中18岁以下188)[5]	
对其他同学考试作弊的反应		对考试作弊的认识		考试遇到不懂的问题时		对考试作弊的态度	
选项	比率	选项	比率	选项	比率	选项	比率
深深鄙视这种行为,但不会去检举报告	39.9	是不诚实的行为,应该杜绝	92.9	无论怎么样都不会作弊	81.1	非常反感	51.0
看到像没看到一样	31.5	无所谓	7.1	如果知道有人作弊,自己才会考虑作弊	12.2	可以理解但自己不会去做	19.0

---

[1][5] 黄鹂鹏,梁端,陈胜辉. 中职学生价值观现状调查与教育对策[J]. 广西教育,2018(10):4-6,19.

[2] 陈浩苗,严聪慧,邓慧雯,等. 青少年对公民个人层面社会主义核心价值观认同现状调查:以湖北武汉地区为例[J]. 领导科学论坛(上),2015(3):21-23.

[3] 刘玉生. 当前青少年道德能力调查与分析:基于泉州市四区(市)中学生的抽样调查[J]. 泉州师范学院学报,2014,32(3):10-14.

[4] 蒋亚辉,丘毅清. 中小学生践行社会主义核心价值观现状的调查与思考:以广州市为例[J]. 青年探索,2016(1):68-73.

(续表 4-48)

选项	比率	选项	比率	选项	比率	选项	比率
会马上报告老师	13.3	—	—	偶尔的作弊不算什么，关键要保住成绩	5.1	说不清	16.0
如果监考不严、考试很难，自己也会作弊以求通过	15.3	—	—	经常作弊	1.6	未标明	14.0
合计	100	合计	100	合计	100	合计	100

2. 在考试时的表现

（1）未成年人的自述。

如表 4-49 所示，在 2014—2016 年对未成年人考试作弊情况的调查中，44.32% 的未成年人考试"从不"作弊，22.52% 的未成年人在考试时"很少"作弊，29.46% 的未成年人较常考试作弊。近半数未成年人在考试中能严格遵守纪律，做到考试从不作弊。

从 2016 年与 2014 年的比较来看，未成年人选择"频繁"与"经常"作弊的比率有一定的提高。应进一步加强对未成年人的教育，并加大对考试作弊的处罚力度，以遏制不良风气的蔓延态势，使"不想作弊""不敢作弊"与"不能作弊"逐渐成为一种共识。

表 4-49　未成年人考试作弊的情况（2014—2016 年）

选项	总计			2014 年		2015 年		2016 年		2016 年与 2014 年比较率差
	人数	比率	排序	人数	比率	人数	比率	人数	比率	
频繁	608	9.51	4	158	5.38	42	2.77	408	21.10	15.72
经常	441	6.90	5	128	4.36	65	4.28	248	12.82	8.46
有时	834	13.05	3	516	17.56	187	12.32	131	6.77	-10.79
很少	1439	22.52	2	833	28.35	341	22.46	265	13.70	-14.65
从不	2832	44.32	1	1214	41.32	827	54.48	791	40.90	-0.42
其他	236	3.69	6	89	3.03	56	3.69	91	4.71	1.68
合计	6390	100	—	2938	100	1518	100	1934	100	—

(2) 受访群体的看法。

如表4-50所示,在2016年对受访群体的调查中,未成年人选择"频繁""经常"与"有时"的合比率为40.69%,较成年人群体的同项合比率(55.08%)低。未成年人选择"很少"的比率低于成年人群体。成年人群体选择"从不"的比率低于未成年人。总的来看,受访群体认为未成年人考试作弊的情况值得关注,加强教育迫在眉睫。

表4-50 受访群体眼中未成年人考试作弊的情况(2016年)

选项	总计			未成年人		成年人群体								未成年人与成年人群体比较率差
						合计		中学老师		家长		中学校长		
	人数	比率	排序	人数	比率	人数	比率	人数	比率	人数	比率	人数	比率	
频繁	489	20.75	2	408	21.10	81	19.15	22	13.25	48	24.87	11	17.19	1.95
经常	287	12.18	4	248	12.82	39	9.22	18	10.84	11	5.70	10	15.63	3.60
有时	244	10.35	5	131	6.77	113	26.71	61	36.75	36	18.65	16	25.00	-19.94
很少	384	16.29	3	265	13.70	119	28.13	50	30.12	48	24.87	21	32.81	-14.43
从不	852	36.15	1	791	40.90	61	14.42	12	7.23	43	22.28	6	9.38	26.48
其他	101	4.29	6	91	4.71	10	2.36	3	1.81	7	3.63	0	0.00	2.35
合计	2357	100	—	1934	100	423	100	166	100	193	100	64	100	—

(五)基本认识

1. 大部分未成年人具有积极的学习观

"学习是未成年人生活的主要内容,未成年人的学习观反映了他们的生活态度。"[①] 未成年人良好的学习观在一定程度上能反映其对学习生活的重视、有向上的进取心态。从未成年人学习观现状的调查中可看出,大部分未成年人能意识到学习的重要性,学习观呈现积极发展的态势。

在对未成年人的调查中,25.10%的未成年人认为学习主要是为了"学习知识",11.99%的未成年人认为学习是"为祖国"与"为社会"(见表4-36,第182页)。在2011年天津教育科学研究院的全国中学生思想政治状况调查、2014年湖北省的未成年人思想道德状况调查与2016年5月四川省绵阳市的中小学生调查中,均有较大比率的未成年人表示学习的目的是提高自身修养,同时回馈祖国与社会(见表4-38,第184页;表4-39,

---

① 叶松庆. 当代未成年人的学习观现状与特点 [J]. 青年探索,2007 (2):7-10.

第185页)。由此看出,未成年人的学习目的较为明确。

未成年人的学习态度从未成年人学习中最苦恼的事里可看出。绝大部分未成年人都将学习上存在的不同问题列为自身最感苦恼的事,说明未成年人思考学习、重视学习,学习态度较为端正。

从未成年人完成作业与考试的情况亦能窥视未成年人的学习观状况。大部分未成年人能独立或与同学讨论完成作业,大部分未成年人对诚信考试、考试作弊有较清晰的认识与价值判断,认为考试作弊是不讲诚信、违反纪律、不公平竞争的行为,能做到诚信考试,拒绝作弊,表现出良好的学习行为。

总的来看,大部分未成年人具有积极的学习观。未成年人积极学习观的确立应向"纵深方向"发展,也就是逐渐摆脱传统应试教育的"枷锁",逐渐树立从经验性接受向创造式学习转变、从依赖性学习向自主性学习转变、从死记硬背式的学习向科学合理式学习转变。

2. 学习的实用性与功利性倾向凸显,缺乏长远眼光看待学习的重要性

在对未成年人的学习目的、学习态度、作业情况与考试表现等方面的调查分析中,可看到未成年人的学习有实用性与功利性成分,对学习的重要性缺乏长远眼光。

在对未成年人学习目的的调查中,17.43%的未成年人单纯地将学习目的归结于"为了自己"(见表4-36,第182页)。

在其他研究者2014年湖北省的未成年人调查中,63.5%的未成年人认为学习目的就是"为了今后的生活过得更加美好"(见表4-38,第184页),在2015年山西部分地市的调查中,未成年人将"光宗耀祖回馈父母"与"挣更多的钱改善生活条件"分别列在自己学习目的的前两位(见表4-39,第185页)。"学习目的是未成年人人生目的的分支"[①],从学习目的可侧面了解未成年人的人生目的,无论是本研究还是其他研究者的调研结果均表明,未成年人的学习目的带有一定的功利性与实用性,更多地考量自身(或父母)的利益诉求,考虑国家与社会利益的较少。

在未成年人完成作业情况的调查中,7.70%的未成年人会直接抄同学的作业,抄作业行为本身就是功利性的投机取巧行为(见表4-42,第189页)。在其他研究者1997年河北省廊坊市的调查中,14.31%的中专生(相当于普通高中生)对考试作弊者持羡慕与钦佩的态度,在2005年河南省、2006年上海市的调查、2014年福建省泉州市的调查、2015年广州市的调查中均有部分未成年人对考试作弊持模糊性态度(见表4-46,第193页;表4-47,第194页;表4-48,第195-196页)。少数未成年人在考试时会"频繁"与"经常"作弊,诚信考试意识较为缺失。

以上分析表明,未成年人对学习的认识有实用性与功利性成分,究其原因,是"工具理性"影响未成年人的价值判断。学习是一个长期且终身的过程,未成年人在树立正确学习观的过程中要充分认识到学习的重要性,并且积极运用长远的眼光看待学习。学

---

① 叶松庆. 当代未成年人的学习观现状与特点 [J]. 青年探索, 2007 (2): 7-10.

习追求的不是荣华富贵与享乐,而是终身的心灵慰藉与滋养,更重要的是,学习应与国家命运、社会前途相联系,为更好地实现"中国梦"出力。

3. 理性认识未成年人学习观的变化与发展

未成年人的学习观总体上是好的,但也存在着学习目的功利化、学习态度不够端正等问题,对未成年人学习观上出现的变化,应客观理性地分析。

为更好地认识未成年人学习观变化并力促其确立良好的学习观,应从以下三个方面做出努力:一是未成年人自身应提高对学习重要性的认识。学习的重要性不在于个人利益诉求,学习更重要的是为了国家的发展与社会的需要,应将自己的个人价值与社会价值统一起来。二是家长应更多地关注未成年人的心理成长与道德养成教育。"家长受教育的优劣,知识接受的多少,影响未成年人学习观的形成。"[1] 家长除结合自己的知识与经验外,还应从未成年人的实际出发,不应只将关注点停留在未成年人的学习成绩上。三是学校要加强对未成年人的教育引导。学校教育的关键是在力促未成年人树立"底线"意识、保证纪律与道德底线不被逾越的基础上,引导未成年人的学习观在正确的方向上发展。

四、未成年人的现代观

现代化是一个不断发展的历史进程,在这一过程中,不仅表现为社会客体的现代化,如政治、经济、文化等现代化,还表现为社会主体的现代化,也就是人的现代化。人的现代化表现为人的思想、观念、态度以及行为的现代化。未成年人作为社会主体重要的组成部分,在现代化进程中,未成年人在不同方面表现出一定的现代性,对这种现代性的认识就是现代观。本研究从未成年人的风险意识以及未成年人的观念两个层面把握未成年人的现代观。

(一)未成年人的风险意识

"未成年人的某些举动,看起来似乎与道德没有多少关系,实际上却是有联系的。"[2] 未成年人的风险意识就是这种情况。所谓风险意识,是指人们对社会可能发生的突发性危机事件的一种思想准备、思想意识以及与之相应的应对态度与知识储备[3]。一个人是否具有风险意识也是个人能力的体现。

1. 未成年人的自述

有学者表示当代社会已经进入风险社会,意指在全球化市场中,各种不确定的风险

---

[1] 叶松庆. 城市未成年人与农村未成年人学习观的比较研究 [J]. 广西青年干部学院学报, 2007 (6): 4-7.

[2] 叶松庆. 偏移与矫正:当代未成年人的道德变异与纠偏策略 [J]. 山西青年管理干部学院学报, 2007, 20 (1): 20-23.

[3] 黄庆桥. 科学的风险意识与和谐社会的建设 [J]. 毛泽东邓小平理论研究, 2006 (9): 68-71, 84.

时刻威胁着人们的利益,因此人们需要形成敏感的风险意识,以预防与抵御潜在的风险。未成年人虽然涉世未深,但未成年人的道德教育也应为他们的风险意识的培养发挥作用。

如表4-51所示,在2009—2011年、2013—2016年对未成年人有无风险意识的调查中,表示"有"风险意识的比率为70.92%,占据了较大的比率。表示"没有"风险意识的比率为16.79%,有12.29%的未成年人表示"不知道什么是风险意识"。可见,虽然有较多的未成年人表示自己有风险意识,但也有一定的未成年人表示没有或者对风险意识并不了解。

从2016年与2009年的比较来看,2016年选择"有"的比率较2009年低6.67%,选择"没有"的比率较2009年高0.11%。未成年人大多数是明晰什么是风险意识的,但是其具风险意识的比率有所下降。因此,加强未成年人的风险意识教育显得尤为重要,需要逐渐增强未成年人的危机意识。

表4-51 未成年人的风险意识(2009—2011年、2013—2016年)

选项	总计		2009年		2010年		2011年		2013年		2014年		2015年		2016年		2016年与2009年比较率差
	人数	比率	人数	比率	人数	比率	人数	比率	人数	比率	人数	比率	人数	比率	人数	比率	
有	10951	70.92	1540	69.49	1425	73.61	1303	67.48	2044	68.87	2250	76.58	1174	36.59	1215	62.82	-6.67
没有	2592	16.79	402	18.14	278	14.36	343	17.76	555	18.70	446	15.18	215	58.54	353	18.25	0.11
不知道什么叫"风险意识"	1898	12.29	274	12.36	233	12.04	285	14.76	369	12.43	242	8.24	129	4.88	366	18.92	6.56
合计	15441	100	2216	100	1936	100	1931	100	2968	100	2938	100	1518	100	1934	100	—

2. 受访群体的看法

(1)中学老师与家长的看法。

如表4-52所示,在2016年对中学老师与家长眼中未成年人的风险意识的调查中,选择"有"的比率为65.18%,选择"没有"的比率为18.94%。

从中学老师与家长的比较来看,中学老师选择"有"的比率较家长高4.26%,家长选择"没有"比率较中学老师要高。综合来看,更多的中学老师认为未成年人的风险意识较强。

表 4-52　中学老师、家长眼中未成年人的风险意识（2016 年）

选项	总计			中学老师			家长			中学老师与家长比较率差
	人数	比率	排序	人数	比率	排序	人数	比率	排序	
有	234	65.18	1	112	67.47	1	122	63.21	1	4.26
没有	68	18.94	2	25	15.06	3	43	22.28	2	-7.22
不知道什么叫"风险意识"	57	15.88	3	29	17.47	2	28	14.51	3	2.96
合计	359	100	—	166	100	—	193	100	—	

（2）中学校长与小学校长的看法。

如表 4-53 所示，在 2013 年和 2016 年对中学校长、2013 年对小学校长眼中未成年人的风险意识的调查中，中学校长的各选项排序："没有"（36.99%）、"不知道什么叫'风险意识'"（33.74%）、"有"（29.27%）。小学校长的各选项排序："不知道什么叫'风险意识'"（55.26%）、"没有"（34.21%）、"有"（10.53%）。可见，在这两个群体看来，未成年人的风险意识不强，这与未成年人自身的选择有一定差异。

中学校长认为未成年人"没有"风险意识排在第一位，小学校长排在第一位的是认为未成年人"不知道什么叫'风险意识'"，中小学校长都不认为未成年人已经具有风险意识。从总体上看，在中学校长与小学校长眼中未成年人的风险意识不强。

表 4-53　中学校长与小学校长眼中未成年人的风险意识

选项	总计			中学校长					小学校长（2013 年）		中学校长与小学校长比较率差
				合计		2013 年		2016 年			
	人数	比率	排序	人数	比率	人数	比率	人数	比率	人数	比率	
有	76	26.76	3	72	29.27	42	23.08	30	46.88	4	10.53	18.74
没有	104	36.62	1	91	36.99	74	40.66	17	26.56	13	34.21	2.78
不知道什么叫"风险意识"	104	36.62	2	83	33.74	66	36.26	17	26.56	21	55.26	-21.52
合计	284	100	—	246	100	182	100	64	100	38	100	—

（3）教育、科技、人事管理部门领导的看法。

如表 4-54 所示，在 2010 年就教育、科技、人事管理部门领导对未成年人的风险意识看法的调查中，认为未成年人"没有"风险意识的比率为 44.12%，"有"风险意识的比率为 29.41%，未成年人"不知道"风险意识的比率为 26.47%，这种选择与中学校长与小学校长的选择接近。但在教育、科技、人事管理部门领导眼中,未成年人对于风险意识的了解要高于中学校长与小学校长的看法。

从职别的比较来看,职别高的教育、科技、人事管理部门领导更倾向于认为未成年人没有风险意识或者是对于风险意识的了解程度不高,而职别较低的教科部门领导则倾向于认为未成年人是有风险意识的。

表4-54 教育、科技、人事管理部门领导眼中未成年人的风险意识(2010年)

选项	总计			正处级			副处级			人数差	比率差
	人数	比率	排序	人数	比率	排序	人数	比率	排序		
有	10	29.41	2	2	13.33	3	8	42.11	1	-6	-28.78
没有	15	44.12	1	8	53.33	1	7	36.84	2	1	16.49
不知道什么叫"风险意识"	9	26.47	3	5	33.34	2	4	21.05	3	1	12.29
合计	34	100	—	15	100	—	19	100	—	-4	—

(4)受访群体对未成年人的风险意识的看法的比较。

如表4-55所示,在就受访群体对未成年人的风险意识的调查比较中,45.14%的受访群体认为未成年人"有"风险意识,选择"没有"的比率为28.24%,选择"不知道什么是'风险意识'"的比率为26.62%。从单个选项来看,选择"有"的比率最高的群体是未成年人,选择"没有"与"不知道什么是'风险意识'"的比率最高的群体分别是教育、科技、人事管理部门领导与小学校长。

总的来说,大多数受访群体认为未成年人有一定的风险意识。

表4-55 受访群体对未成年人的风险意识的看法的比较

选项	有	没有	不知道什么叫"风险意识"	有效样本量/人
未成年人 (2009—2011年、2013—2016年)	70.92%	16.79%	12.29%	15441
中学老师(2016年)	67.47%	15.06%	17.47%	166
家长(2016年)	63.21%	22.28%	14.51%	193
中学校长(2013年、2016年)	29.27%	36.99%	33.74%	246
小学校长(2013年)	10.53%	34.21%	55.26%	38
教育、科技、人事管理部门领导(2010年)	29.41%	44.12%	26.47%	34
比率平均值	45.14%	28.24%	26.62%	—

3. 与成年人的比较

如表4-56所示,在科技工作者,科技型中小企业家,教育、科技、人事管理部门领导、研究生、大学生的风险意识状况的调查中,各选项的排序,科技工作者:"有"(82.42%)、"没有"(17.58%)、"不知道什么叫'风险意识'"(0.00%);科技型中小企业家:"有"(97.56%)、"没有"(2.44%)、"不知道什么叫'风险意识'"(0.00%);教育、科技、人事管理部门领导:"有"(29.41%)、"没有"(44.12%)、"不知道什么叫'风险意识'"(26.47%)。

大多数科技工作者、科技型中小企业家,部分教育、科技、人事管理部门领导拥有风险意识。这三类群体中,科技型中小企业家的风险意识较强,教育、科技、人事管理部门领导的风险意识相对较弱。调查还显示,研究生与大学生选择"有"的比率均超过65%,选择"不知道什么叫风险意识"的占比很低,多数研究生、大学生都具有较强的风险意识。

综上所述,未成年人(45.14%)的风险意识弱于科技型中小企业家(97.56%)、科技工作者(82.42%)、研究生(68.70%)与大学生(65.71%),强于教育、科技、人事管理部门领导(29.41%)。

表4-56 科技工作者,科技型中小企业家,教育、科技、人事管理部门领导、研究生、大学生的风险意识(2010年)

选项	总计			科技工作者		科技型中小企业家		教育、科技、人事管理部门领导		研究生		大学生	
	人数	比率	排序	人数	比率	人数	比率	人数	比率	人数	比率	人数	比率
有	786	67.41	1	75	82.42	40	97.56	10	29.41	90	68.70	571	65.71
没有	303	25.99	2	16	17.58	1	2.44	15	44.12	38	29.01	233	26.81
不知道什么叫"风险意识"	77	6.60	3	0	0.00	0	0.00	9	26.47	3	2.29	65	7.48
合计	1166	100	—	91	100	41	100	34	100	131	100	869	100

4. 其他研究者的调研成果分析

如表4-57所示,在2004年5—6月武汉市教育局、武汉市教科院联合调查组的未成年人思想道德状况调查中,40.5%的初中生认为自己有风险意识。

本研究调查所得45.14%的受访群体认为未成年人有风险意识的结果,与40.5%的初中生认为自己有风险意识的看法比较接近。经过了10多年,未成年人的风险意识有所增强,这也是未成年人现代性逐渐增强的一种体现。

表 4-57　未成年人的风险意识

2004 年 5—6 月武汉市教育局、武汉市教科院联合调查组的未成年人思想道德状况调查（N：3052）[①]	
有无风险意识	
选项	比率
有	40.5（初中生）
未标明	59.5（初中生）
合计	100

（二）未成年人的观念交融

1. 对正义感的解释体现的交融

（1）未成年人的自述。

正义感是个体对正义行为所表现出的一种情感，是对正义行为的赞成性倾向。见义勇为是正义感突出的表现形式之一。近年来，见义勇为逐渐演变成或倡导为见义智为，也就是在与恶势力作斗争的时候强调"智"（明智的方法、处理方式等）的重要性。结合未成年人的实际来看，未成年人处理突发问题的能力以及心理发展都不成熟，遇到危险时，采取见义智为的方式不失为一种解决问题的良策。

如表 4-58 所示，在 2006—2016 年对未成年人正义感的调查中，未成年人选择"见义智为"的比率为 51.01%，选择"都赞成"的比率为 31.10%，选择"见义勇为"的比率为 13.84%。超过一半的未成年人赞成"见义智为"，希望通过理性思考并结合自身实际应对危险。部分未成年人选择"都赞成"，这部分未成年人在认知中可能存在一定的模糊性认识，在实际情况中会不知道选择哪一种处理方式。

从 2016 年与 2006 年的比较来看，2016 年选择"见义勇为"与"见义智为"的比率较 2006 年分别高 15.21% 与 6.80%。选择的"不知道"的比率较 2006 年低 7.24%。从比较率差看，未成年人对正义感的认识逐渐清晰。选择"见义智为"的增幅较"见义勇为"低，应引导未成年人结合自身实际，做出较为理性的判断。

[①] 武汉市教育局，武汉市教科院联合调查组. 武汉市中小学德育工作和未成年人思想道德现状调查报告 [J]. 武汉市教育科学研究院学报，2006（11）：50-55.

表4-58 未成年人的正义感（2006—2016年）

选项	总计			2006—2013年①		2006年比率	2014年		2015年		2016年		2016年与2006年比较率差
	人数	比率	排序	人数	比率		人数	比率	人数	比率	人数	比率	
见义勇为	3743	13.84	3	2660	12.88	9.97	410	13.95	186	12.25	487	25.18	15.21
见义智为	13793	51.01	1	10424	50.48	46.41	1551	52.79	789	51.98	1029	53.21	6.80
都赞成	8410	31.10	2	6777	32.82	31.16	839	28.56	477	31.42	317	16.39	-14.77
不知道	1095	4.05	4	790	3.82	12.46	138	4.70	66	4.35	101	5.22	-7.24
合计	27041	100	—	20651	100	100	2938	100	1518	100	1934	100	—

（2）受访群体的看法。

如表4-59所示，在2016年对受访群体的调查中，受访群体选择"见义智为"的比率为51.63%，居于第一位，选择"见义勇为"的比率为26.39%，居于第二位。

从未成年人与成年人群体的比较来看，未成年人选择"见义智为"的比率较成年人群体要高8.77%，成年人群体选择"见义勇为"的比率较未成年人要高。综合来看，未成年人更倾向于见义智为。

表4-59 受访群体眼中未成年人的正义感（2016年）

选项	总计			未成年人		成年人群体								未成年人与成年人群体比较率差
						合计		中学老师		家长		中学校长		
	人数	比率	排序	人数	比率	人数	比率	人数	比率	人数	比率	人数	比率	
见义勇为	622	26.39	2	487	25.18	135	31.91	50	30.12	72	37.31	13	20.31	-6.73
见义智为	1217	51.63	1	1029	53.21	188	44.44	77	46.39	73	37.82	38	59.38	8.77
都赞成	367	15.57	3	317	16.39	50	11.82	20	12.05	23	11.92	7	10.94	4.57
不知道	151	6.41	4	101	5.22	50	11.82	19	11.45	25	12.95	6	9.38	-6.60
合计	2357	100	—	1934	100	423	100	166	100	193	100	64	100	—

---

① 叶松庆. 当代未成年人道德观发展变化与引导对策的实证研究［M］. 芜湖：安徽师范大学出版社，2016：122.

(3) 其他研究者的调研成果分析。

表4-60与表4-61反映了其他研究者的相关研究。

在表4-60中,未成年人表现出一定的见义勇为的态度,表示在别人遇到危机时自己会主动挺身而出,坚决制止这种违法行为的发生,这一点与1996年徐咏红对广东省广州市青少年的调查与1997年覃遵君对湖北省鄂西南山区中学生的调查的结果非常相似。同时,未成年人明确表示坐视不管的比率都很低,多数表示会见机行事。

2001年穆青对北京市青少年的调查显示,中学生的见义勇为的选择比率稍低于大学生。

表4-60 未成年人的见义勇为(一)

1996年广东省广州市青少年调查(N:1244)[①]		1997年湖北省鄂西南山区的中学生调查(N:521)[②]		2001年北京市的青少年调查(N:1782,其中,初中生428、高中生552、大学生802)[③]				
假如歹徒在光天化日之下持刀行凶时		遇到一伙歹徒持凶器抢劫财物,你怎么办?		你是否见义勇为?				
选项	比率	选项	比率	选项	比率			
					总体	初中生	高中生	大学生
自己会挺身而出	20.0	挺身而出,同歹徒进行殊死的搏斗,坚决制止行凶抢劫	23.03	是	33.1	32.8	31.1	34.7
自己会说服旁观者,对歹徒群起而攻之	41.0	见机行事,最好能制止	53.36	未标明	66.9	67.2	68.9	65.3
虽有仗义之心,但无阻止之力,只好听之任之	24.0	及时报警	48.18	—	—	—	—	—
多一事不如少一事,不如趁早躲开	4.0	—	—	—	—	—	—	—
未标明	11.0							
合计	100	合计	—	合计	100	100	100	100

---

① 徐咏红. 共同的责任:广州市青少年思想道德教育状况调查报告 [J]. 青年探索,1997 (3):10-12.

② 覃遵君. 山区高中生道德观素质状况的调查分析 [J]. 中学政治教学参考,1998 (Z1):29-32.

③ 穆青. 2001年北京青少年社会公德行为特征及分析 [J]. 北京青年政治学院学报,2001,10 (4):48-54.

在表4-61中,反映了未成年人遇见小偷时的做法。熊孝梅在2008年对广东省、湖北省、广西壮族自治区未成年人的调查显示,多数未成年人表示见到小偷时会有所作为,但并不是立即上前制止,表明了他们处理较为冷静。

齐学红、孙启进和唐秋月在2010年对江苏省未成年人的调查显示,"大声呼喊抓小偷"是一种见义勇为,因为你一喊便会吸引小偷的注意力,可能会招致小偷的攻击,而"小心谨慎地提醒受害者"也是一种见义勇为,这对未成年人来说则是一种见义智为,值得提倡。选择两种见义勇为行为的未成年人占到82.79%,说明未成年人的正义感很强。

杜勇敏在2010年对贵州省贵阳市未成年人的调查显示,未成年人有较高的见义勇为的选择比率。结合本研究调查结果与其他研究者显示调研结果发现,当代未成年人有鲜明的正义感,符合社会发展的预期。

表4-61 未成年人的见义勇为(二)

2008年广东省、湖北省、广西壮族自治区的未成年人调查（N：小学生498、初中生865、高中生842）①		2010年江苏省的未成年人调查（N：965）②		2010年贵州省贵阳市的未成年人调查（N：582）③	
如果你在商店买东西,突然看见身边小偷正在偷一位老人的钱包,你会怎么办?		如果你在公交车上亲眼看见一个小偷正在实施偷窃,你会怎么办?		是否见义勇为	
选项	比率	选项	比率	选项	比率
立即上前抓住小偷	26.3	大声呼喊抓小偷	23.62	见义勇为	66.6
打110报警	58.9	小心谨慎地提醒受害者	59.17	未标明	33.4
装作没看见	14.8	装作没看见,直接忽视	9.74	—	—
—	—	不知道怎么办	7.46		
合计	100	合计	100	合计	100

如表4-62所示,刘永生在2014年对广东省韶关市未成年人的调查显示,未成年人在公交车上碰见小偷偷别人钱包,90.43%的未成年人会大声喊叫或善意提醒被偷乘客。

---

① 熊孝梅. 未成年人思想道德现状与教育引导对策[J]. 学校党建与思想教育,2010(6):63-64.
② 齐学红,孙启进,唐秋月. 多元文化背景下中学生价值观问题的调查研究[J]. 南京晓庄学院学报,2012(2):80-84.
③ 杜勇敏. 传承教化强化公德:贵阳市中学生群体社会公德状况调查分析[J]. 贵阳学院学报(社会科学版),2011(4):95-100.

蒋亚辉和丘毅清在 2015 年对广州市中小学生的调查显示，未成年人遇到陌生老人摔倒在路边时，虽然帮助的方式不同，但绝大部分的未成年人会帮助摔倒在路边的老人。

在本研究 2014 年与 2015 年的调查中，均有超过 90% 的未成年人选择会通过见义勇为和/或见义智为的方式彰显正义感。本研究调查结果与其他研究者的研究无论是调查数据的比率还是结论的一致性均不谋而合。

表 4-62　未成年人的见义勇为（三）

2014 年广东省韶关市未成年人调查（N：460，初二、初三 328，高一 132）[①]		2015 年广州市的中小学生调查（N：1776，其中，小学生 442、初中生 769、高中生 565）[②]	
在公交车上碰见小偷偷别人钱包，你怎样处理？		假如看到一位陌生的老人摔倒在路边	
选项	比率	选项	比率
大声喊叫或善意提醒被偷乘客	90.43	毫不犹豫地去搀扶老人	29.3
未标明	9.57	找好证人后再施救	34.7
—	—	打电话报警求援	26.5
—	—	参与围观	3.5
—	—	迅速离开现场	6.0
合计	100	合计	100

2. 新途径的认同体现的交融

网络的出现与发展虽然给未成年人的道德水平带来了一定的冲击，但从总体上看，作为一种新生事物，网络的大力发展，其正功能要远远大于负功能。只要合理恰当地加以引导，制定完善的网络道德规范，势必对未成年人网络道德的提高有所帮助。

如表 4-63 所示，在 2010—2013 年、2016 年就未成年人对网络能促进道德素质提高看法的调查中，各选项的排序："比较同意"（31.63%）、"非常同意"（26.36%）、"不太同意"（22.93%）、"不确定"（12.56%）、"很不同意"（6.52%）。即未成年人在网络能够促进道德素质提高的选择上，表示同意的比率达到了 57.99%，超过了半数，表示不同意的比率为 29.45%。较多的未成年人认为网络能够促进道德素质的提高，但同时也有部分的未成年人并不这样认为。

从 2016 年与 2010 年的比较来看，持有同意观点的比率有所上升，2016 年选择"非常同意"选项的比率较 2010 年高 7.74%。发挥网络正向积极的道德作用的认识逐渐形成，并有较高的认同度。

[①] 刘永生. 发达省份落后地区青少年思想道德现状、问题与对策分析：基于广东省韶关市乳源瑶族自治县 460 名青少年的实证调查 [J]. 青少年研究，2014（5）：30-35.

[②] 蒋亚辉，丘毅清. 中小学生践行社会主义核心价值观现状的调查与思考：以广州市为例 [J]. 青年探索，2016（1）：68-73.

表4-63　网络能促进道德素质的提高（2010—2013年、2016年）

选项	总计			2010年		2011年		2012年		2013年		2016年		2016年与2010年比较率差
	人数	比率	排序	人数	比率	人数	比率	人数	比率	人数	比率	人数	比率	
非常同意	2866	26.36	2	511	26.39	417	21.60	451	21.44	827	27.86	660	34.13	7.74
比较同意	3439	31.63	1	738	38.12	582	30.14	689	32.75	760	25.61	670	34.64	-3.48
不太同意	2493	22.93	3	345	17.82	515	26.67	523	24.86	770	25.94	340	17.58	-0.24
很不同意	709	6.52	5	132	6.82	117	6.06	150	7.13	236	7.95	74	3.83	-2.99
不确定	1366	12.56	4	210	10.85	300	15.53	291	13.82	375	12.64	190	9.82	-1.03
合计	10873	100	—	1936	100	1931	100	2104	100	2968	100	1934	100	—

3. 坚拒黄毒态度体现的交融

（1）对我国开展"手机网络扫黄行动"的态度。

"网络黄毒"一直以来都是困扰社会的不良因素，特别是对于刚进入青春期的未成年中学生来说。他们开始对异性产生好感，渴望对性方面有所了解，但由于传统家庭教育在这方面的普遍缺失，学校系统的性教育尚未形成，很多未成年人便利用各种渠道来获取相关的性知识，而网络为此提供了丰富的资源，特别是手机的大量普及，手机上网有着很强的私密性，可以更好地满足未成年人在此方面的需求。但未成年人对待"网络黄毒"的态度究竟是什么样呢？

如表4-64所示，在2010—2011年、2016年对未成年人如何看待我国开展的"手机网络扫黄行动"的调查中，63.66%表示"坚决支持"，20.39%表示"比较支持"，3.38%表示"不支持"，3.15%表示"很不支持"，9.41%表示"不知道"。对于"手机网络扫黄行动"表示支持的未成年人占据了84.05%，比率很高。明确表示反对的比率仅为6.53%，比率很低。另外，还有少部分未成年人表示不知道，这部分未成年人对待网络扫黄行动态度模糊。从总体上看，未成年人对待网络扫黄的态度是比较坚决的。

从年份的比较来看，未成年人支持的态度有所变化，"坚决支持"的比率下降，"比较支持"的比率上升。

表4-64　未成年人如何看待我国开展的"手机网络扫黄行动"（2010—2011年、2016年）

选项	总计			2010年		2011年		2016年		2016年与2010年比较率差
	人数	比率	排序	人数	比率	人数	比率	人数	比率	
坚决支持	3693	63.66	1	1353	69.89	1275	66.03	1065	55.07	-14.82
比较支持	1183	20.39	2	295	15.24	374	19.37	514	26.58	11.34

(续表4-64)

选项	总计			2010年		2011年		2016年		2016年与2010年比较率差
	人数	比率	排序	人数	比率	人数	比率	人数	比率	
不支持	196	3.38	4	74	3.82	40	2.07	82	4.24	0.42
很不支持	183	3.15	5	46	2.38	55	2.85	82	4.24	1.86
不知道	546	9.41	3	168	8.67	187	9.68	191	9.88	1.21
合计	5801	100	—	1936	100	1931	100	1934	100	—

(2) 对国家依法严惩淫秽电子信息犯罪，净化互联网与手机媒体环境的态度。

如表4-65所示，在2010—2011年、2016年对未成年人是否同意国家依法严惩淫秽电子信息犯罪，净化互联网与手机媒体环境的调查中，各选项的排序："非常同意"（65.40%）、"比较同意"（17.51%）、"不知道"（8.62%）、"不太同意"（4.41%）、"很不同意"（4.05%）。同意国家对淫秽电子信息犯罪严惩的未成年人的比率高达82.91%，比率较高。表示不同意的比率为8.46%，加上表示不知道的比率，即对于国家严惩淫秽电子信息犯罪表现出不赞成倾向的未成年人的总比率在16%左右，依然远低于赞成的比率。

从2016年与2010年的比较来看，选择"非常同意"的比率有所减低，选择"比较同意"的比率有所上升。未成年人对国家依法严惩淫秽电子信息犯罪，净化互联网与手机媒体环境的做法表示积极的认可态度。

表4-65 未成年人是否同意国家依法严惩淫秽电子信息犯罪，净化互联网与手机媒体环境（2010—2011年、2016年）

选项	总计			2010年		2011年		2016年		2016年与2010年比较率差
	人数	比率	排序	人数	比率	人数	比率	人数	比率	
非常同意	3794	65.40	1	1341	69.27	1277	66.13	1176	60.81	-8.46
比较同意	1016	17.51	2	282	14.57	304	15.74	430	22.23	7.66
不太同意	256	4.41	4	105	5.42	79	4.09	72	3.72	-1.70
很不同意	235	4.05	5	65	3.36	81	4.19	89	4.60	1.24
不知道	500	8.62	3	143	7.38	190	9.85	167	8.63	1.25
合计	5801	100	—	1936	100	1931	100	1934	100	—

(3) 对举报色情侵害的态度。

如表4-66所示，在2010—2011年、2016年对未成年人怎么看"一名深受网络色情侵害大学生的举报信"的调查中,各选项的排序:"坚决支持"(52.92%)、"比较支持"(21.58%)、"不知道"(16.19%)、"很不支持"(5.26%)、"不支持"(4.05%)。其中,表示支持的比率为74.50%,不支持的比率为9.31%,基本与前面对待手机扫黄和打击淫秽电子犯罪的选择保持一致。可见,对于色情淫秽信息,未成年人均能表现出需要打击的态度。他们深知淫秽色情产品对自身的伤害,因此表示应对传播与制造色情产品的人予以严厉的打击。

从2016年与2010年的比较来看,对举报色情行为予以支持的比率有所增加。

表4-66 未成年人怎么看"一名深受网络淫秽色情侵害大学生的举报信"(2010—2011年、2016年)

选项	总计			2010年		2011年		2016年		2016年与2010年比较率差
	人数	比率	排序	人数	比率	人数	比率	人数	比率	
坚决支持	3070	52.92	1	1039	53.67	971	50.28	1060	54.81	1.14
比较支持	1252	21.58	2	382	19.73	424	21.96	446	23.06	3.33
不支持	235	4.05	5	62	3.20	71	3.68	102	5.27	2.07
很不支持	305	5.26	4	152	7.85	77	3.99	76	3.93	-3.92
不知道	939	16.19	3	301	15.55	388	20.09	250	12.93	-2.62
合计	5801	100	—	1936	100	1931	100	1934	100	—

4. 抗挫能力增强体现的交融

挫折是每个人在人生旅途中都需要经历的,可以锻炼人的坚毅品质。未成年人在遭遇各种挫折时会产生怎样的反映呢?是愈挫愈勇还是一击即溃?

(1)未成年人对待挫折的应对方式。

第一,未成年人的自述。如表4-67所示,在2006—2008年、2010—2011年、2015—2016年对未成年人应对挫折方式的调查中,54.05%的未成年人选择"勇敢抗争",20.81%的未成年人选择"接受现实"。选择"回避,寻求其他方面的成功"的比率为15.13%,选择"责怪自己"的比率为5.32%,选择"埋怨环境和他人"的比率为4.69%。较多的未成年人会选择在挫折面前勇敢抗争,但也有部分未成年人表示会接受残酷的现实或者是寻求其他方面的成功。

从2016年与2006年的比较来看,未成年人选择勇敢抗争的比率有所上升,2016年未成年人选择"勇敢抗争"的比率较2006年高8.08%,是增幅最高的选项。同时,选择"接受现实"或者是"责怪自己"的比率在下降,说明未成年人抗挫折的能力在不断地增强。

表4-67 未成年人应对挫折的方式（2006—2008年、2010—2011年、2015—2016年）

选项	总计		2006年		2007年		2008年		2010年		2011年		2015年		2016年		2016年与2006年比较率差
	人数	比率	人数	比率	人数	比率	人数	比率	人数	比率	人数	比率	人数	比率	人数	比率	
勇敢抗争	9089	54.05	1140	46.99	1352	44.40	2401	59.65	1198	61.88	1037	53.70	896	59.03	1065	55.07	8.08
回避，寻求其他方面的成功	2544	15.13	326	13.44	712	23.38	406	10.09	210	10.85	280	14.50	224	14.76	386	19.96	6.52
接受现实	3499	20.81	627	25.85	565	18.56	963	23.93	391	20.20	403	20.87	288	18.97	262	13.55	-12.3
责怪自己	894	5.32	202	8.33	215	7.06	182	4.52	85	4.39	79	4.09	65	4.28	66	3.41	-4.92
埋怨环境和他人	789	4.69	131	5.40	201	6.60	73	1.81	52	2.69	132	6.84	45	2.96	155	8.01	2.61
合计	16815	100	2426	100	3045	100	4025	100	1936	100	1931	100	1518	100	1934	100	—

第二，受访群体的看法。如表4-68所示，在2016年对受访群体的调查中，受访群体更多地认为未成年人应对挫折的主要方式是勇敢抗争，选择消极性选项的占比较低。

从未成年人与成年人群体的比较来看，未成年人选择"接受现实"与"责怪自己"的比率较成年人群体要高。因此，需要进一步加强对未成年人的相关教育，使其掌握正确的挫折应对方式。

表4-68 受访群体眼中未成年人应对挫折的方式（2016年）

选项	总计			未成年人		成年人群体								未成年人与成年人群体比较率差
						合计		中学老师		家长		中学校长		
	人数	比率	排序	人数	比率	人数	比率	人数	比率	人数	比率	人数	比率	
勇敢抗争	1286	54.56	1	1065	55.07	221	52.25	91	54.82	107	55.44	23	35.94	2.82
回避，寻求其他方面的成功	465	19.73	2	386	19.96	79	18.68	38	22.89	25	12.95	16	25.00	1.28

(续表 4-68)

选项	总计			未成年人		成年人群体								未成年人与成年人群体比较率差
						合计		中学老师		家长		中学校长		
	人数	比率	排序	人数	比率	人数	比率	人数	比率	人数	比率	人数	比率	
接受现实	311	13.19	3	262	13.55	49	11.58	18	10.84	22	11.40	9	14.06	1.97
责怪自己	79	3.35	5	66	3.41	13	3.07	5	3.01	6	3.11	2	3.13	0.34
埋怨环境和他人	216	9.16	4	155	8.01	61	14.42	14	8.43	33	17.10	14	21.88	-6.41
合计	2357	100	—	1934	100	423	100	166	100	193	100	64	100	—

（2）其他研究者的调研成果分析。

如表 4-69 所示，杨业华、杨鲜兰和符俊在 2014 年对湖北省的未成年人思想道德状况调查显示，64.2% 的未成年人在遇到挫折与困难时会迎着困难、积极进取与乐观对待。

林岳新和杨小松在 2014 年对广东省汕头市青少年的调查显示，86.96% 的青少年在遇到挫折与困难时，会选择父母或家人的支持，67.22% 的青少年会选择亲戚朋友的支持。

阚言婷在 2016 年 5 月对四川省绵阳市中小学生的调查显示，32.3% 的未成年人会"用法律武器保护自己"。

未成年人在遇到挫折与困难时，无论是通过何种形式，都能积极乐观地应对。本研究的调查结果显示超过半数的未成年人会主动勇敢抗争，超过七成的未成年人认为挫折与逆境会有助于自身的成长。在这一点上，本研究结果与上述其他研究者的研究结果不谋而合。

表 4-69 未成年人应对挫折与困难的态度

2014 年湖北省的未成年人思想道德状况调查（N：小学五、六年级学生 1000，高中和初中生 8400，中职生 600）[1]	2014 年广东省汕头市的青少年调查（N：598）[2]	2016 年 5 月四川省绵阳市的中小学生调查（N：1885）[3]
在遇到挫折和困难时	在遇到挫折与困难时（多选题）	在遇到挫折与困难时

---

[1] 杨业华，杨鲜兰，符俊. 湖北省未成年人思想道德发展状况调查报告 [J]. 青少年学刊，2016（1）：35-39.

[2] 林岳新，杨小松. 青少年需求现状的调查与研究：对汕头市青少年的调查 [J]. 广东青年职业学院学报，2014，28（95）：31-37.

[3] 阚言婷. 中小学生思想道德建设的调查与对策：以绵阳市为例 [J]. 产业与科技论坛，2016，15（20）：203-204.

(续表 4-69)

选项	比率	选项	比率	选项	比率
迎着困难、积极进取、乐观	64.2	选择父母或家人的支持	86.96	看情况而定	35.7
悲观失望	9.8	选择亲戚朋友的支持	67.22	用法律武器保护自己	32.3
未标明	26.0	选择政府办事机构或社会公益部门的求助	相对很少	以眼还眼，以牙还牙	20.3
—	—	—	—	未标明	11.7
合计	100	合计	—	合计	100

5. 积极与人合作体现的交融

积极与他人合作是形成良好人际关系的重要保障，同时也是集体观的重要方面。

（1）未成年人的自述。

未成年人与人合作，一方面有利于问题的解决，另外一方面有利于增进友谊，同时还有利于培养合作精神。

如表 4-70 所示，在 2009—2016 年对未成年人与人合作状态的调查中，选择"经常合作"的比率为 50.55%，选择"不经常合作"的比率为 39.27%。选择"不合作"与"不知道"的比率分别为 5.29% 与 4.88%。较常合作与不常合作均占有相当大的比重，表明未成年人对与人合作状态的认识有呈"两极化"的趋势。加强未成年人合作意识的教育显得尤为重要。

从 2016 年与 2009 年的比较来看，2016 年选择"经常合作"的比率较 2009 年高 6.06%。选择"不经常合作"与"不合作"的比率较 2009 年低 10.20% 与 0.11%。从比较率差来看，未成年人愿意选择合作的比率越来越高，表明未成年人的合作意识逐渐趋强。

表 4-70　未成年人与人合作的状态（2009—2016 年）

选项	总计			2009—2013 年①		2009 年比率	2014 年		2015 年		2016 年		2016 年与 2009 年比较率差
	人数	比率	排序	人数	比率		人数	比率	人数	比率	人数	比率	
经常合作	7819	50.55	1	4251	46.83	47.20	1656	56.36	882	58.10	1030	53.26	6.06
不经常合作	6075	39.27	2	3887	42.82	43.91	1041	35.43	495	32.61	652	33.71	-10.2

---

① 叶松庆. 当代未成年人道德观发展变化与引导对策的实证研究 [M]. 芜湖：安徽师范大学出版社，2016：125.

(续表 4-70)

选项	总计			2009—2013 年[①]		2009 年比率	2014 年		2015 年		2016 年		2016 年与2009 年比较率差
	人数	比率	排序	人数	比率		人数	比率	人数	比率	人数	比率	
不合作	819	5.29	3	472	5.20	4.56	186	6.33	75	4.94	86	4.45	-0.11
不知道	755	4.88	4	468	5.15	4.33	55	1.87	66	4.35	166	8.58	4.25
合计	15468	100	—	9078	100	100	2938	100	1518	100	1934	100	—

（2）受访群体的看法。

如表 4-71 所示，在 2016 年对受访群体的调查中，受访群体选择"经常合作"的比率为 52.95%，居于第一位。

从未成年人与成年人群体的比较来看，未成年人选择"经常合作"的比率较成年人群体高 1.72%，成年人群体选择"不合作"与"不知道"的比率较未成年人要高。综合来看，未成年人认为自身与人合作的状态表现良好。

表 4-71 受访群体眼中未成年人与人合作的状态（2016 年）

选项	总计			未成年人		成年人群体								未成年人与成年人群体比较率差
						合计		中学老师		家长		中学校长		
	人数	比率	排序	人数	比率	人数	比率	人数	比率	人数	比率	人数	比率	
经常合作	1248	52.95	1	1030	53.26	218	51.54	88	53.01	107	55.44	23	35.94	1.72
不经常合作	760	32.24	2	652	33.71	108	25.53	67	40.36	25	12.95	16	25.00	8.18
不合作	124	5.26	4	86	4.45	38	8.98	7	4.22	22	11.40	9	14.06	-4.53
不知道	225	9.55	3	166	8.58	59	13.95	4	2.41	39	20.21	16	25.00	-5.37
合计	2357	100	—	1934	100	423	100	166	100	193	100	64	100	—

（3）与成年人的比较。

学会与人合作是个人立足于社会的重要支撑，与人合作也是个人在激烈的社会竞争中取得成功的一个重要途径。

如表 4-72 所示，在 2010 年对科技工作者、科技型中小企业家、研究生、大学生的合作精神状况的调查中，各选项的排序：

科技工作者："经常合作"（64.84%）、"不经常合作"（32.97%）、"不合作"（2.20%）、

[①] 叶松庆．当代未成年人道德观发展变化与引导对策的实证研究 [M]．芜湖：安徽师范大学出版社，2016：125.

"不知道"（0.00%）。

科技型中小企业家："经常合作"（75.61%）、"不经常合作"（24.39%）、"不合作"（0.00%）、"不知道"（0.00%）。

多数科技工作者、科技型中小企业家都是"经常合作"的。调查还显示，研究生、大学生也具有较强的合作精神，研究生比大学生的合作精神更强。

从未成年人与科技工作者等群体的比较来看，科技工作者等群体选择"经常合作"的比率较未成年人高2.71%，未成年人选择"不经常合作"与"不知道"的比率较科技工作者等群体高。在科技工作者等群体眼中，未成年人的合作精神较好，这或多或少与科技工作者等群体自身要求合作的职业精神有关。

表4-73 未成年人与科技工作者、科技型中小企业家、研究生、大学生合作精神的比较（2010年）

选项	未成年人		成年人群体										未成年人与成年人群体比较率差
			总计		科技工作者		科技型中小企业家		研究生		大学生		
	人数	比率	人数	比率	人数	比率	人数	比率	人数	比率	人数	比率	
经常合作	953	49.23	588	51.94	59	64.84	31	75.61	81	61.83	417	47.99	-2.71
不经常合作	811	41.89	418	36.93	30	32.97	10	24.39	46	35.11	332	38.20	4.96
不合作	58	3.00	83	7.33	2	2.20	0	0.00	2	1.53	79	9.09	-4.33
不知道	114	5.89	43	3.80	0	0.00	0	0.00	2	1.53	41	4.72	2.09
合计	1936	100	1132	100	91	100	41	100	131	100	869	100	—

6. 推崇团队精神体现的交融

所谓团队精神，是指团队成员为了团队的利益与目标而相互协作、尽心尽力的意愿与作风[①]。团队精神对整个团队的凝聚力以及战斗力的提升发挥了重要作用。未成年人从小树立团队精神不仅是现代社会发展的必然要求，更是其自身内在素质发展的要求。团队精神是凝聚未成年人的重要动力。

（1）未成年人的自述。

如表4-73所示，在2009—2011年、2013—2016年对未成年人的团队精神的调查中，认为"很强"的比率为29.35%，认为"强"的比率为38.59%，二者的合比率为67.94%，说明多数的未成年人表示自己有着较强的团队精神。认为"一般化"的比率为26.65%，代表了部分未成年人的看法。此外，有3.15%的未成年人表示他们的团队精神不强，2.26%表示不知道自己的团队精神到底怎么样。超过半数以上的未成年人有一定的团队精神。

---

① 贾砚林，颜寒松，等. 团队精神[M]. 上海：上海财经大学出版社，1999：28.

团队精神的培养需要借助一定的活动载体，未成年人平时承担较为繁重的学习任务，很难抽出时间参加相关的活动。因此，这就要求教育工作者要正确处理好未成年人学习与活动之间的时间安排，保证未成年人真切地在活动中收获团队精神。

从2016年与2009年比较来看，2016年未成年人选择"很强"的比率较2009年高8.33%，选择"不强"与"一般化"的比率分别较2009年低0.05%与11.25%。从比较率差来看，未成年人团队意识逐渐增强，未成年人的凝聚力培养取得一定的成效。

表4-73 未成年人的团队精神（2009—2011年、2013—2016年）

选项	总计		2009年		2010年		2011年		2013年		2014年		2015年		2016年		2016年与2009年比较率差
	人数	比率	人数	比率	人数	比率	人数	比率	人数	比率	人数	比率	人数	比率	人数	比率	
很强	4532	29.35	660	29.78	487	25.15	518	26.83	929	31.30	693	23.59	508	33.47	737	38.11	8.33
强	5959	38.59	809	36.51	747	38.58	738	38.22	1000	33.69	1393	47.41	583	38.41	689	35.63	-0.88
一般化	4115	26.65	648	29.24	570	29.44	592	30.66	864	29.11	773	26.31	320	21.08	348	17.99	-11.25
不强	486	3.15	56	2.53	86	4.44	65	3.37	125	4.21	55	1.87	51	3.36	48	2.48	-0.05
不知道	349	2.26	43	1.94	46	2.38	18	0.93	50	1.68	24	0.82	56	3.69	112	5.79	3.85
合计	15441	100	2216	100	1936	100	1931	100	2968	100	2938	100	1518	100	1934	100	—

（2）受访群体的看法。

第一，中学老师与家长的看法。如表4-74所示，在2016年对中学老师与家长眼中未成年人团队精神的调查中，选择"很强"与"强"的合比率为76.88%，其中"强"的比率为39.83%。在中学老师与家长眼中，未成年人的团队精神表现良好。

从中学老师与家长的比较来看，家长选择"很强"与"强"的比率较中学老师高，在家长眼中未成年人的团队精神较好。因此，作为中学老师应该进一步通过课堂教育以及其他手段，凝聚未成年人的团队精神。

表4-74 中学老师、家长眼中未成年人的团队精神（2016年）

选项	总计			中学老师			家长			中学老师与家长比较率差
	人数	比率	排序	人数	比率	排序	人数	比率	排序	
很强	133	37.05	2	56	33.73	2	77	39.90	2	-6.17
强	143	39.83	1	64	38.55	1	79	40.93	1	-2.38

(续表4-74)

选项	总计			中学老师			家长			中学老师与家长比较率差
	人数	比率	排序	人数	比率	排序	人数	比率	排序	
一般化	63	17.55	3	40	24.10	3	23	11.92	3	12.18
不强	9	2.51	5	4	2.41	4	5	2.59	5	-0.18
不知道	11	3.06	4	2	1.20	5	9	4.66	4	-3.46
合计	359	100	—	166	100	—	193	100	—	—

第二，中学校长与小学校长的看法。如表4-75所示，在2013年和2016年对中学校长、2013年对小学校长眼中未成人的团队精神的调查中，中学校长的各选项排序："一般化"（46.75%）、"强"（38.62%）、"很强"（8.54%）、"不强"（4.88%）、"不知道"（1.22%）。小学校长的各选项排序："一般化"（55.26%）、"强"（34.21%）、"不强"（7.90%）、"很强"（2.63%）、"不知道"（0.00%）。

可以看出与未成年人的选择不同的是，校长们对未成年人的团队精神并没有未成年人自身那么看好，更多的校长表示未成年人的团队精神是"一般化"的，其次是"强"，"很强"的比率很低。中学校长与小学校长的选择排序大致相同，两者各项比率的差距也较小。

表4-75 中学校长、小学校长眼中未成年人的团队精神（2013年、2016年）

选项	总计			中学校长					小学校长（2013年）		中学校长与小学校长比较率差
				合计		2013年		2016年			
	人数	比率	排序	人数	比率	人数	比率	人数	比率	人数	比率	
很强	22	7.75	3	21	8.54	5	2.75	16	25.00	1	2.63	5.91
强	108	38.03	2	95	38.62	68	37.36	27	42.19	13	34.21	4.41
一般化	136	47.89	1	115	46.75	100	54.95	15	23.44	21	55.26	-8.51
不强	15	5.28	4	12	4.88	9	4.94	3	4.69	3	7.90	-3.02
不知道	3	1.06	5	3	1.22	0	0.00	3	4.69	0	0.00	1.22
合计	284	100	—	246	100	182	100	64	100	38	100	—

第三，教育、科技、人事管理部门领导的看法。如表4-76所示，在2010年对教育、科技、人事管理部门领导眼中未成年人的团队精神的调查中，各选项的排序："一般

化"（58.83%）、"强"（17.65%）、"很强"（11.76%）、"不强"（11.76%）、"不知道"（0.00%）。在教育、科技、人事管理部门领导眼中，未成年人的团队精神也是以一般化为主，这一点与中学校长以及小学校长的选择相同。在选择未成年人团队精神"很强"上，教育、科技、人事管理部门领导的选择率较高，但"强"的选择率则较低，两项比率之和更与中小学校长的同项合比率（45.78%）有较大差距。此外，有部分教育、科技、人事管理部门领导认为未成年人的团队精神"不强"，比率也超过了前面两个群体的同项比率。

从职务分类的比较来看，职务高的教育、科技、人事管理部门领导倾向于认为未成年人的团队精神强，职务低的则倾向于认为一般化与不强。

表4-76 教育、科技、人事管理部门领导眼中未成年人的团队精神（2010年）

选项	总计			正处级			副处级			人数差	比率差
	人数	比率	排序	人数	比率	排序	人数	比率	排序		
很强	4	11.76	3	2	13.33	3	2	10.53	3	0	2.80
强	6	17.65	2	5	33.33	2	1	5.26	4	4	28.07
一般化	20	58.83	1	7	46.67	1	13	68.42	1	-6	-21.75
不强	4	11.76	3	1	6.67	4	3	15.79	2	-2	-9.12
不知道	0	0.00	5	0	0.00	5	0	0.00	5	0	0.00
合计	34	100	—	15	100	—	19	100	—	-4	—

第四，受访群体看法的比较。如表4-77所示，在对受访群体的调查中，小学校长与教育、科技、人事管理部门领导认为未成年人的团队精神"一般化"的比率超过了半数。但在未成年人自身的选择中，则较多地认为他们的团队精神是"强"或者"很强"的，其选择"很强"（29.35%）与"强"（38.59%）的合比率为67.94%。与成年人群体相比，未成年人自身更持肯定意见，认为自己的团队精神较强。除了教育、科技、人事管理部门领导群体外，其他群体对于未成年人团队精神"不强"的选择比率均较低。

表4-77 受访群体对未成年人的团队精神的看法的比较

选项	很强	强	一般化	不强	不知道	有效样本量/人
未成年人（2009—2011年、2013—2016年）	29.35%	38.59%	26.65%	3.15%	2.26%	15441
中学老师（2016年）	33.73%	38.55%	24.10%	2.41%	1.20%	166
家长（2016年）	39.90%	40.93%	11.92%	2.59%	4.66%	193
中学校长（2013年、2016年）	8.54%	38.62%	46.75%	4.88%	1.22%	246
小学校长（2013年）	2.63%	34.21%	55.26%	7.90%	0.00%	38
教育、科技、人事管理部门领导（2010年）	11.76%	17.65%	58.82%	11.77%	0.00%	34
比率平均值	20.99%	34.76%	37.25%	5.45%	1.56%	—

（3）其他研究者的调研成果分析。

表4-78反映了其他研究者对于未成年人团队精神的研究。张露露、沈贵鹏在2013年对江苏省无锡市初中生公民意识的调查显示，对于团队合作利大于弊的说法表示"赞同"的比率高达75.2%，说明多数的未成年人认为团队合作是有利的。但也有少部分未成年人表示不会与人合作，这种观念需要改变。

从调查结果来看，未成年人认为团队合作是重要且有必要的，本研究也表明大部分未成年人会与其他人合作以及具备一定的团队精神，在这一点上两者的研究结果不谋而合。

表4-78 未成年人的团队精神

2013年江苏省无锡市初中生公民意识调查（N: 303）[①]			
针对有部分同学排斥、反对团队合作的现状，你的看法是什么？		在小组合作中，你经常扮演什么角色？	
选项	比率	选项	比率
无法理解，认为团队合作利大于弊	75.2	积极参与者	64.36

---

① 张露露，沈贵鹏. 初中生公民意识调查分析：以江苏省无锡市初中教育为例［J］. 现代教育科学（普教研究），2014（2）：10-12.

(续表4-78)

选项	比率	选项	比率
赞同	24.8	沉默待命者	18.81
可以理解，但不会这样做		游离分子	12.54
—	—	漠不关心者	4.29
合计	100	合计	100

(4) 与成年人的比较。

如表4-79所示，在2010年对科技工作者、科技型中小企业家、研究生、大学生的团队精神状况的调查中，各群体选项的排序：

科技工作者："强"（58.24%）、"很强"（31.87%）、"一般化"（9.89%）、"不强"（0.00%）、"不知道"（0.00%）。

科技型中小企业家："强"（60.98%）、"很强"（26.83%）、"一般化"（12.20%）、"不强"（0.00%）、"不知道"（0.00%）。

可见，大多数受访者认为自己有较强的团队精神。调查还显示，研究生、大学生也具有较强的团队精神，研究生比大学生的团队精神更强。

从未成年人与科技工作者等群体的比较来看，未成年人选择"很强""强"的比率均较成年人群体低。在"一般化"上，未成年人选择的比率稍高。相对而言，科技工作者等成年人群体的团队精神强于未成年人。

表4-79 未成年人与科技工作者、科技型中小企业家、研究生、
大学生团队精神的比较（2010年）

选项	未成年人		成年人群体									未成年人与成年人群体比较率差
			总计		科技工作者		科技型中小企业家		研究生		大学生	
	人数	比率	人数	比率	人数	比率	人数	比率	人数	比率	人数	比率	
很强	487	25.15	295	26.06	29	31.87	11	26.83	31	23.66	224	25.78	-0.91
强	747	38.58	497	43.90	53	58.24	25	60.98	65	49.62	354	40.74	-5.32
一般化	570	29.44	267	23.59	9	9.89	5	12.20	34	25.95	219	25.20	5.85
不强	86	4.44	61	5.39	0	0.00	0	0.00	1	0.76	60	6.90	-0.95
不知道	46	2.38	12	1.06	0	0.00	0	0.00	0	0.00	12	1.38	1.32
合计	1936	100	1132	100	91	100	41	100	131	100	869	100	—

7. 重视观念创新体现的交融

(1) 未成年人的自述。

创新是一个国家进步的动力来源,未成年人的创新精神关系到国家的未来与发展,非常值得我们关注。未成年人的创新性是怎样的呢?

如表4-80所示,2014—2016年对未成年人自身创新性看法的调查中,选择"一般"的比率为37.56%,居于第一位。选择"很强"的比率为21.63%,选择"强"的比率为23.51%,两者比率之和达到了45.14%。选择"不强"(9.28%)、"弱"(1.49%)、"很弱"(1.72%)与"没有"(1.10%)的合比率为13.59%。不少未成年人认为自身的创新性一般,但在一般性占主导的前提下,未成年人更倾向于认为自身具有较强的创新性。

从2016年与2014年的比较来看,2016年选择"很强"与"强"的比率分别较2014年高13.46%与7.70%。2016年选择"不强"与"一般"的比率较2014年低6.05%与18.81%。从比较率差来看,未成年人对创新性的自我认识有一定的提升,表明未成年人的创新教育取得一定的成效。笔者注意到,在安徽不同地市的科技局及教育主管部门,定期会组织针对未成年人的创新大赛,未成年人参与比赛的积极性较高,这些都为未成年人创新能力的培养奠定了基础,也进一步提高了未成年人对创新性的认识。

表4-80 未成年人对创新性的自我认知(2014—2016年)

选项	总计			2014年		2015年		2016年		2016年与2014年比较率差
	人数	比率	排序	人数	比率	人数	比率	人数	比率	
很强	1382	21.63	3	469	15.96	344	22.66	569	29.42	13.46
强	1502	23.51	2	626	21.31	315	20.75	561	29.01	7.70
一般	2400	37.56	1	1297	44.15	613	40.38	490	25.34	-18.81
不强	593	9.28	4	354	12.05	123	8.10	116	6.00	-6.05
弱	95	1.49	7	32	1.09	42	2.77	21	1.09	0.00
很弱	110	1.72	6	40	1.36	25	1.65	45	2.33	0.97
没有	70	1.10	8	38	1.29	13	0.86	19	0.98	-0.31
不清楚	238	3.72	5	82	2.79	43	2.83	113	5.84	3.05
合计	6390	100	—	2938	100	1518	100	1934	100	—

(2) 受访群体的看法。

第一,中学老师与家长的看法。如表4-81所示,在2016年对中学老师与家长眼中未成年人的创新性的调查中,两个群体选择"很强"与"强"的合比率为55.44%。其中,选择"很强"的比率为29.53%,居于第一位。

从中学老师与家长的比较来看,中学老师选择"很强"与"强"的合比率为48.80%,较家长选择的合比率(61.14%)低。家长选择"不强""弱""很弱"与"没有"的合比率为11.40%,这一比率较中学老师选择的合比率(16.25%)低。家长认为未成年人的创新性较强,其评价较中学老师要好。

表4-81 中学老师、家长眼中未成年人的创新性(2016年)

选项	总计			中学老师			家长			中学老师与家长比较率差
	人数	比率	排序	人数	比率	排序	人数	比率	排序	
很强	106	29.53	1	44	26.51	2	62	32.12	1	-5.61
强	93	25.91	3	37	22.29	3	56	29.02	2	-6.73
一般	99	27.58	2	56	33.73	1	43	22.28	3	11.45
不强	34	9.47	4	18	10.84	4	16	8.29	4	2.55
弱	1	0.28	8	1	0.60	8	0	0.00	8	0.60
很弱	11	3.06	6	6	3.61	5	5	2.59	6	1.02
没有	3	0.84	7	2	1.20	6	1	0.52	7	0.68
不清楚	12	3.34	5	2	1.20	6	10	5.18	5	-3.98
合计	359	100	—	166	100	—	193	100	—	—

第二,中学校长、德育工作者、小学校长的看法。如表4-82所示,在2013年和2016年对中学校长、2013年对德育工作者、2013年对小学校长眼中未成年人的创新性的调查中,54.07%的中学校长选择"一般",选择"很强"与"强"的合比率为35.77%。34.88%的德育工作者选择"一般",选择"很强"与"强"的合比率为44.19%。小学校长选择"一般"的比率为36.84%,选择"很强"与"强"的合比率为44.73%。这三个群体眼中未成年人的创新性为"一般"的比率均最高,相比中学校长与德育工作者,小学校长的看法要好一些。

从三个群体的总比率来看,选择"一般"的比率居于第一位,其次是"强"与"很强"。在对未成年人的调查中,未成年人选择"一般"的比率为37.56%,较三个成年人群体的同项比率低,未成年人选择"很强"与"强"的合比率为45.14%,较三个成年人群体的同项比率高。从比较率差来看,未成年人的自我评价较三个成年人群体的要好一些。

表4-82 中学校长、德育工作者、小学校长眼中未成年人的创新性（2013、2016年）

选项	总计			中学校长						德育工作者（2013年）		小学校长（2013年）		中学校长与小学校长比较率差
				合计		2013年		2016年						
	人数	比率	排序	人数	比率	人数	比率	人数	比率	人数	比率	人数	比率	
很强	35	10.70	3	22	8.94	11	6.04	11	17.19	5	11.63	8	21.05	-12.11
强	89	27.22	2	66	26.83	52	28.57	14	21.88	14	32.56	9	23.68	3.15
一般	162	49.54	1	133	54.07	107	58.79	26	40.63	15	34.88	14	36.84	17.23
不强	29	8.87	4	16	6.50	10	5.49	6	9.38	6	13.95	7	18.43	-11.93
弱	3	0.92	6	2	0.81	1	0.55	1	1.56	1	2.33	0	0.00	0.81
很弱	6	1.83	5	5	2.03	1	0.54	4	6.25	1	2.33	0	0.00	2.03
没有	1	0.31	8	1	0.41	0	0.00	1	1.56	0	0.00	0	0.00	0.41
不清楚	2	0.61	7	1	0.41	0	0.00	1	1.56	1	2.33	0	0.00	0.41
合计	327	100	—	246	100	182	100	64	100	43	100	38	100	—

第三，教育、科技、人事管理部门领导的看法。如表4-83所示，在2010年对教育、科技、人事管理部门领导眼中未成年人的创新性的调查中，各选项的排序："一般"为50.00%，"强"为35.29%，"很强"为8.82%，"不强"为5.89%，"弱""很弱""没有"与"不清楚"选项均为0。从中可以看出科教部门领导眼中未成年人的创新性与前面三个群体的看法较为相似，也是认为"一般化"的比率最高，其次是"强"，而选择"不强"的比率则很低。

从职务分类对比来看，职务高的科教部门领导更多地认为未成年人的创新性是"一般化"的，职务较低的科教部门领导更多地认为未成年人的创新性是"强"的。

从教育、科技、人事管理部门领导与未成年人的比较来看，未成年人选择"很强"与"强"的合比率为45.14%，教育、科技、人事管理部门的领导选择"很强"与"强"的合比率为44.11%。未成年人对自身创新性的评价较教育、科技、人事管理部门领导的稍好一点。

表4-83 教育、科技、人事管理部门领导眼中未成年人的创新性（2010年）

选项	总计①			正处级			副处级			人数差	率差
	人数	比率	排序	人数	比率	排序	人数	比率	排序		
很强	3	8.82	3	1	6.67	3	2	10.53	3	-1	-3.86
强	12	35.29	2	3	20.00	2	9	47.36	1	-6	-27.36

---

① 叶松庆. 创新力的早期养成[M]. 北京：科学出版社，2019：243.

(续表4-83)

选项	总计①			正处级			副处级			人数差	率差
	人数	比率	排序	人数	比率	排序	人数	比率	排序		
一般	17	50.00	1	11	73.33	1	6	31.58	2	5	41.75
不强	2	5.89	4	0	0.00	4	2	10.53	3	-2	-10.53
弱	0	0.00	5	0	0.00	4	0	0.00	5	0	0.00
很弱	0	0.00	5	0	0.00	4	0	0.00	5	0	0.00
没有	0	0.00	5	0	0.00	4	0	0.00	5	0	0.00
不清楚	0	0.00	5	0	0.00	4	0	0.00	5	0	0.00
合计	34	100	—	15	100	—	19	100	—	-4	—

第四，受访群体看法的比较。如表4-84所示，在对受访群体的调查中，受访群体认为未成年人的创新性"一般"的比率最高，特别是中学校长的比率接近60%。其次是选择"强"的比率，较多德育工作者选择"强"，较多小学校长则表示未成年人的创新性"不强"。中学校长的选择较为集中，其他群体的选择较为分散。

表4-84 受访群体对未成年人创新性的看法的比较

选项	很强	强	一般	不强	弱	很弱	没有	不清楚	有效样本量/人
未成年人（2014—2016年）	21.63%	23.51%	37.56%	9.28%	1.49%	1.72%	1.10%	3.72%	6390
中学老师（2016年）	26.51%	22.29%	33.73%	10.84%	0.60%	3.61%	1.20%	1.20%	166
家长（2016年）	32.12%	29.02%	22.28%	8.29%	0.00%	2.59%	0.52%	5.18%	193
中学校长（2013年、2016年）	8.94%	26.83%	54.07%	6.50%	0.81%	2.03%	0.41%	0.41%	246
德育工作者（2013年）	11.63%	32.56%	34.88%	13.95%	2.33%	2.33%	0.00%	2.33%	43

① 叶松庆. 创新力的早期养成[M]. 北京：科学出版社，2019：243.

(续表4-84)

选项	很强	强	一般	不强	弱	很弱	没有	不清楚	有效样本量/人
小学校长（2013年）	21.15%	23.68%	36.84%	18.43%	0.00%	0.00%	0.00%	0.00%	38
比率平均值	20.33%	26.32%	36.56%	11.22%	0.87%	2.05%	0.53%	2.14%	—

(3) 其他研究者的调研成果分析。

表4-85反映了其他研究者对未成年人创新精神的研究结果。

佘双好在2006年对湖北武汉市青少年思想道德现状的调查显示，超过四成的未成年人表示自己的创新精神较强（"强"与"较强"比率之和），表明当代未成年人有着一定的创新精神。

黄洁贞在2006年对广东省未成年人思想道德现状的调查显示，教师与家长对于未成年人创新精神的评价不及未成年人自身的评价，超过六成的未成年人表示自己经常有新的想法。

从总体上看，本研究的调查结果更接近湖北省武汉市的青少年思想道德现状的调查结果。

表4-85 未成年人的创新精神

2006年湖北省武汉市青少年思想道德现状调查（N: 3741）[①]		2006年广东省未成年人思想道德现状调查（N: 1025）[②]			
对青少年思想道德素质的评价（创新精神）		教师和家长对未成年人创新精神的评价		未成年人对创新精神的自我评价	
选项	比率	选项	比率	选项	比率
强	13.3	做得好与比较好	近四成	经常有新的想法	六成多
较强	29.2	未标明	超六成	未标明	近四成
一般	36.0	—	—	—	—
较弱	13.6	—	—	—	—
弱	5.1	—	—	—	—
合计	100	合计	100	合计	100

---

① 佘双好. 武汉市青少年思想道德现状及建设措施研究报告[J]. 学校党建与思想教育, 2006 (2): 15-19.

② 黄洁贞. 广东未成年人思想道德状况调查与分析[J]. 青年探索, 2007 (1): 35-38.

(4) 与成年人的比较。

如表4-86所示,在2015年对未成年人与成年人群体创新性比较的调查中,各群体对自身创新性的选择结果:

未成年人选择"一般"的比率为40.38%,选择"很强"(22.66%)与"强"(20.75%)的合比率为43.41%。

中学老师选择"一般"的比率为62.34%,选择"很强"(8.44%)与"强"(18.18%)的合比率为26.62%。

家长选择"一般"的比率为59.09%,选择"很强"(7.79%)与"强"(19.48%)的合比率为27.27%。

中学校长选择"一般"的比率为50.00%,选择"很强"(0.00%)与"强"(33.33%)的合比率为33.33%。

小学校长选择"一般"的比率为85.71%,选择"很强"(4.76%)与"强"(0.00%)的合比率为4.76%。

四个成年人群体认为自身创新性"一般"的比率较高,尤其是小学校长的比率最高,中学校长认为自身的创新性"很强"与"强"的合比率最高。

从未成年人与成年人群体的比较来看,未成年人对自身创新性的自我肯定的比率高于四个成年人群体,这也从一个侧面体现了未成年人张扬的现代性。

表4-86 未成年人与成年人群体创新性的比较(2015年)

选项	未成年人		成年人群体										未成年人与成年人群体比较率差
			总计		中学老师		家长		中学校长(3)		小学校长(2)		
	人数	比率	人数	比率	人数	比率	人数	比率	人数	比率	人数	比率	
很强	344	22.66	26	7.49	13	8.44	12	7.79	0	0.00	1	4.76	15.17
强	315	20.75	64	18.44	28	18.18	30	19.48	6	33.33	0	0.00	2.31
一般	613	40.38	214	61.67	96	62.34	91	59.09	9	50.00	18	85.71	-21.29
不强	123	8.10	36	10.37	15	9.74	17	11.04	2	11.11	2	9.52	-2.27
弱	42	2.77	0	0.00	0	0.00	0	0.00	0	0.00	0	0.00	2.77
很弱	25	1.65	3	0.86	2	1.30	1	0.65	0	0.00	0	0.00	0.79
没有	13	0.86	1	0.29	0	0.00	1	0.65	0	0.00	0	0.00	0.57
不清楚	43	2.83	3	0.86	0	0.00	2	1.30	1	5.56	0	0.00	1.97
合计	1518	100	347	100	154	100	154	100	18	100	21	100	—

(三) 基本认识

1. 当代未成年人的现代性趋强

现代性的发展是一个蕴含内在矛盾的历史过程。现代性既给人类带来积极的影响,同时也带来一定的消极影响。现代性带来的积极影响包括逐渐改变人们的生活方式以及促进人们观念的发展更新。同时,现代性不可避免地带来反理性因素的产生,在一定程度上造成人们观念的错位与行为的失范。本研究注重从未成年人风险意识以及未成年人思想观念等层面探讨未成年人的现代性。

调查表明,超过七成的未成年人有一定的风险意识(见表4-51,第200页)。未成年人风险意识的培养有助于其强化一定的竞争意识。在成年人群体的调查中,对未成年人的风险意识给予高度的评价。在有关未成年人的思想观念"现代性"的调查中,未成年人的正义感更多表现为"见义智为",强调结合自身能力与水平的实际应对危险。未成年人对待网络的态度逐渐明晰化,认为网络秩序应当越来越规范。此外,值得一提的是,在实际调研中发现,不同地域的未成年人网络意识表现不同,"城市未成年人网络意识要强于农村未成年人"[①]。在诸如合作意识、团队精神以及创新性的调查中,未成年人均表现出较为积极的认识。

总的来看,随着社会的发展以及思想观念的传承与更新,未成年人的现代性逐渐增强。

2. 未成年人的现代观在逐渐确立过程中,内涵趋于丰富

一般意义上,对现代观内涵的界定主要是基于对现代性的认识,现代性在日常生活中表现为多方面。未成年人的现代观内涵丰富。

本研究主要从以下方面把握未成年人现代观的内涵。一是未成年人的风险意识。中国传统文化过分强调"中庸""不冒险"。如今通过调查发现,七成多的未成年人有一定的风险意识,但部分未成年人甚至还不知道风险意识是什么。从中可以看出,未成年人"传统思想和现代意识并存,且现代意识日趋凸显"[②]。二是未成年人的正义感出现现代化倾向。未成年人不再一味强调"见义勇为",而是更多看重"见义智为",即理性看待与处理危险情况。三是未成年人对网络的态度。未成年人越来越悦纳网络,同时对网络秩序的构建与规范有较为清晰的认识。四是未成年人对待挫折的方式。未成年人认为挫折是人生必经的过程,挫折对未成年人的成长有一定的益处。五是未成年人的合作意识。未成年人的合作意识渐趋增强,合作是现代社会发展必须强调的一种素质。只有加强合作,才能不断实现共赢。六是未成年人创新性的提升。创新是现代性的重要要求,创新可以不断实现发展,同时也有助于未成年人在未来发展过程中实现"跨越式"提升。

---

① 叶松庆. 城市未成年人与农村未成年人现代观的比较研究 [J]. 北京青年政治学院学报,2008 (1):59-66.

② 秦梅玲,叶松庆. 当代未成年人道德观发展的基本现状探讨 [J]. 池州学院学报,2010,24 (1):13-16.

随着实践的不断发展，未成年人的认识也会不断向前发展，对于现代性的认识也在不断更新。因此，其现代观的内涵也会不断得到丰富与发展。

3. 正视"现代性"，塑造未成年人的"现代观"

正如前文所言，现代性给人类生活带来"两面性"的变化，既有积极影响又有消极影响。要正视现代性给未成年人带来的消极影响，从而力促未成年人确立正确的现代观。

笔者认为应从以下三个方面来应对现代性给未成年人带来的消极性影响。一是加强对未成年人的传统道德教育。现代性给未成年人带来的重要影响在于对人的精神、认识以及观念产生一定的分离作用，使未成年人感到迷茫。因此，要注重对未成年人的传统道德教育，让其明晰传统道德的价值。二是唤醒道德主体的内在自觉性。也就是促使未成年人养成德性的行为。加强自身的德性修养，重要的是自觉认识到道德的重要性。阅读对于未成年人德性养成以及道德内在自觉性具有重要的促进作用，"未成年人的阅读行为有助于引导道德取向，强化道德传承与纳新"[①]。三是学校要革新教育理念。传统意义上对未成年人的教育更多的是"灌输"。学校应适当更新教育理念，认识到未成年人在教育中的主体性地位，充分尊重与鼓励未成年人参与实践，在实践中认识相关的理念，塑造真正意义上的"现代观"。

---

① 叶松庆. 城市未成年人与农村未成年人现代观的比较研究 [J]. 北京青年政治学院学报，2008 (1)：59-66.

第五章 对未成年人价值观变化的总体认识与多层分析

"未成年人价值观的演变是未成年人生活世界的一种常态,任何时代的未成年人都要经历价值观的演变,只是由于社会背景与自身生活环境的不同,不同时代的未成年人的价值观演变有着各自的表现形式、特征、特点、阶段性结果及基本趋向。"①

本书的第三章与第四章分别立足于目标价值和手段价值两个层面,具体从生活观、体育观、恋爱观、人际观、主导观、劳动观、学习观与现代观对未成年人的价值观现状及变化进行了微观探要。对未成年人价值观变化的考察既要从微观层面考量,也要从与未成年人关系密切的成年人视角着眼考量,更应置于社会发展的大背景之中考量。

一、未成年人价值观变化的总体认识

(一) 未成年人价值观是社会转型发展的渐变反映

"人的价值观是一种对事物有明确取向的评价和判断"②,"它是经过后天的环境熏陶、教育和社会实践逐渐形成,而且不是一成不变的,它随着社会的发展变化而不断演变"③。未成年人的价值观是其自身对事物的总体性认识与观点,"已进入形成初期并不断演变着"④,并不断地"会受到外界因素的影响"⑤。

对未成年人价值观变化的考察,应注重从目标价值与手段价值两方面把握。总体上看,未成年人的价值观发展变化往往与时代发展密切相关,间接反映了时代发展的脉搏,与整个社会政治、经济、文化等变化有关。未成年人价值观的变化是一个长期性的过程,并不是一蹴而就的。注重长期性的过程必然带有强烈的社会历史性,这种社会历史性更多地强调价值观的继承性。继承性侧重于优秀价值观的保存与传播的过程,这种价值观念更多与国家意识有较为密切的关系,它蕴藏着中华优秀传统文化与民族精神的成分。与此同时,未成年人价值观变化过程的流变性是指社会发展势必会影响未成年人的价值观。当前中国处在社会转型的关键期,社会矛盾日益增多,无论是思想观念、文化结构、

---

① 叶松庆. 当代未成年人价值观的演变与教育 [M]. 合肥:安徽人民出版社,2007:13-15.
② 叶松庆. 市场经济与价值观的确立 [J]. 学海,1996 (2):46-49.
③④ 叶松庆. 当代未成年人价值观的演变特点与影响因素:对安徽省2426名未成年人的调查分析 [J]. 青年研究,2006 (12):1-9.
⑤ 叶松庆. 当代未成年人价值观的演变与教育 [M]. 合肥:安徽人民出版社,2007:13-15.

文明程度，还是行为方式等方面，都发生了深刻的变化，社会转型势必给未成年人价值观的建构、建设以及发展带来不同程度的影响，这就是所谓的"风向标"意义。"风向标"只是具有一定的导向意义，如何在社会转型过程中既把握价值观导向的主动权，又顺势引导未成年人价值观的发展，则是我们所关注的。

在目标价值层面，随着市场经济的深入发展，崇尚奋斗的意识逐渐增强，在2006—2016年对未成年人人生目标的调查中，大部分未成年人将实现远大理想作为自己的人生目标，表明未成年人追求实现远大理想。这从侧面反映了社会经济发展对未成年人价值观造成的潜在影响。随着社会转型发展，人民生活水平逐渐提高，更加追求务实，反映在未成年人层面，则是未成年人透露着较为清晰、务实的职业意愿。社会政治的发展对未成年人的价值观变化存在一定的影响。在坚持马克思主义指导思想的前提下，逐步构建出中国特色社会主义政治制度，在这一制度下，人们普遍接受诸如爱国主义与集体主义等价值导向，并且凝练出以爱国主义为核心的民族精神与以改革创新为核心的时代精神。在这一背景下，未成年人的集体意识以及大局意识逐渐增强，这在人生目标的选择上可以得到佐证。在社会主义文化大发展与大繁荣的背景下，在主流意识形态下，未成年人的价值观变化也出现多元化取向，这与社会文化发展有一定关联。

在手段价值层面，主导观、劳动观、学习观与现代观等手段价值观念对未成年人目标价值实现具有重要的促成作用。社会主义核心价值观是社会主义核心价值体系的内核，作为社会主义核心价值体系的高度凝练与集中表达，其对国民教育、精神文明建设具有重要的意义。从调查数据的分析来看，社会主义核心价值观逐渐地融入未成年人的价值观之中，逐步转化为未成年人的情感认同与行为习惯。"民生在勤，勤则不匮"，培育未成年人良好的劳动意识对其自身发展尤为重要。整个社会积极倡导树立劳动意识，未成年人对劳动的认识逐渐加深，也会进一步参与劳动。在学习观与现代观上，大部分未成年人能保持良好的学习习惯与学习态度，与周围群体能逐渐形成良好的人际关系与氛围，这与社会所倡导的新型人际关系相得益彰，充分反映了当前未成年人价值观变化与社会发展的密切关联，其价值观变化是社会转型发展的渐变反映。

（二）未成年人价值观呈"稳中向好"的变化态势

以下从未成年人与成年人群体的宏观评价来观测未成年人价值观的变化态势。

1. 未成年人的宏观评价

未成年人对自身价值观的认识是了解未成年人价值观状况的基础。

如表5-1所示，在2013—2016年对未成年人自身价值观的宏观评价的调查中，未成年人选择"非常好"和"比较好"的合比率为82.30%，选择"一般化"的比率为10.32%，选择"较差"和"很差"的合比率为7.37%。未成年人对自身价值观的评价较高。

2016年与2013年的比较来看，未成年人2016年选择"比较好"和"非常好"的比率均较2013年低，2016年选择"一般化"的比率较2013年有所增加。未成年人对自身价值观的宏观评价较好。

表 5-1 未成年人对自身价值观的宏观评价 (2013—2016 年)

选项	总计			2013 年①		2014 年		2015 年		2016 年		2016 年与 2013 年比较率差
	人数	比率	排序	人数	比率	人数	比率	人数	比率	人数	比率	
非常好	2815	30.08	2	1225	41.27	568	19.33	368	24.24	654	33.82	-7.45
比较好	4887	52.22	1	1200	40.43	2038	69.37	900	59.29	749	38.73	-1.70
一般化	966	10.32	3	244	8.22	226	7.69	140	9.22	356	18.41	10.19
较差	338	3.61	5	188	6.33	51	1.74	39	2.57	60	3.10	-3.23
很差	352	3.76	4	111	3.75	55	1.87	71	4.68	115	5.95	2.20
合计	9358	100	—	2968	100	2938	100	1518	100	1934	100	—

2. 中学老师的宏观评价

未成年人大部分的时间都在学校度过,中学老师在与未成年人相处的过程中对未成年人价值观变化的状况有较为全面客观的认识。

如表 5-2 所示,在 2014—2016 年就中学老师对未成年人价值观的宏观评价的调查中,中学老师选择"非常好"与"比较好"的合比率为 63.40%,其中"比较好"居于第一位,这一合比率较未成年人要低。中学老师选择"较差"与"很差"的合比率为 4.17%。中学老师与未成年人的看法大致相当,都认为未成年人的价值观总体表现良好。

2016 年与 2014 年比较来看,中学老师 2016 年选择"非常好"的比率较 2014 年高 25.80%,是增幅最大的选项。选择"一般化"的比率较 2014 年有所降低。从比较率差来看,中学老师对未成年人价值观变化状态持积极乐观的态度。

表 5-2 中学老师对未成年人价值观的宏观评价 (2014—2016 年)

选项	总计			2014 年		2015 年		2016 年		2016 年与 2014 年比较率差
	人数	比率	排序	人数	比率	人数	比率	人数	比率	
非常好	88	15.94	3	17	7.33	16	10.39	55	33.13	25.80
比较好	262	47.46	1	112	48.28	77	50.00	73	43.98	-4.30
一般化	179	32.43	2	94	40.52	54	35.06	31	18.67	-21.85
较差	13	2.36	4	0	0.00	7	4.55	6	3.61	3.61
很差	10	1.81	5	9	3.88	0	0.00	1	0.60	-3.28
合计	552	100	—	232	100	154	100	166	100	—

---

① 叶松庆. 当代未成年人道德观发展变化与引导对策的实证研究 [M]. 芜湖:安徽师范大学出版社,2016:155.

3. 家长的宏观评价

如表5-3所示,在2014—2016年就家长对未成年人价值观的宏观评价的调查中,家长选择"非常好"与"比较好"的合比率为71.48%,其中"比较好"居于第一位。这一合比率较中学老师选择的合比率要高,较未成年人选择的合比率要低。家长选择"较差"与"很差"的合比率为3.95%,这一合比率均较中学老师与未成年人的要低。家长对未成年人价值观变化的负性认识("较差"与"很差")较少。

从2016年与2014年的比较来看,2016年选择"非常好"的比率较2014年高26.32%,增幅较大。在其他选项上,2016年各项的比率均较2014年低。从比较率差来看,家长认为未成年人价值观变化的总体态势较为积极。但是,如何进一步在家长层面加强正面的积极性的认识,并通过家长逐渐培育未成年人的价值观显得颇为重要。

表5-3 家长对未成年人价值观变化的宏观评价(2014—2016年)

选项	总计			2014年		2015年		2016年		2016年与2014年比较率差
	人数	比率	排序	人数	比率	人数	比率	人数	比率	
非常好	151	25.95	2	38	16.17	31	20.13	82	42.49	26.32
比较好	265	45.53	1	112	47.66	75	48.70	78	40.41	-7.25
一般化	143	24.57	3	73	31.06	43	27.92	27	13.99	-17.07
较差	11	1.89	5	6	2.55	3	1.95	2	1.04	-1.51
很差	12	2.06	4	6	2.55	2	1.30	4	2.07	-0.48
合计	582	100	—	235	100	154	100	193	100	—

4. 中学校长的宏观评价

中学校长作为学校的主管领导,对未成年人价值观变化的总体评价更是对其工作成效的一种检验。

如表5-4所示,在2013—2016年就中学校长对未成年人价值观的宏观评价的调查中,中学校长选择"非常好"与"比较好"的合比率为45.63%。选择"一般化"的比率为43.07%,居于第一位。中学校长选择"较差"与"很差"的合比率为11.30%。多数中学校长认为未成年人价值观的变化呈一般化,与其他群体相比而言,中学校长的评价稍低一点。

从2016年与2013年的比较来看,中学校长选择"非常好"与"比较好"的比率均较2013年高。可见,中学校长对未成年人价值观变化的正向评价有所提升。

表5-4 中学校长对未成年人价值观变化的宏观评价（2013—2016年）

选项	总计		2013年		2014年				2015年								2016年		2016年与2013年比较率差
					(1)		(2)		(1)		(2)		(3)		(4)				
	人数	比率	人数	比率	人数	比率	人数	比率	人数	比率	人数	比率	人数	比率	人数	比率	人数	比率	
非常好	36	7.68	16	8.79	0	0.00	2	4.26	1	5.00	0	0.00	0	0.00	0	0.00	17	26.56	17.77
比较好	178	37.95	85	46.70	16	23.19	8	17.02	6	30.00	9	45.00	7	38.89	14	28.57	33	51.56	4.86
一般化	202	43.07	66	36.26	42	60.87	29	61.70	9	45.00	11	55.00	8	44.44	28	57.14	9	14.06	-22.20
较差	46	9.81	15	8.25	11	15.94	8	17.02	3	15.00	0	0.00	2	11.11	6	12.24	1	1.56	-6.69
很差	7	1.49	0	0.00	0	0.00	0	0.00	1	5.00	0	0.00	1	5.56	1	2.04	4	6.25	6.25
合计	469	100	182	100	69	100	47	100	20	100	20	100	18	100	49	100	64	100	—

5. 德育工作者的宏观评价

德育工作者作为学校分管未成年人道德教育的重要人员，其对未成年人价值观的评价不仅关系工作成效，而且关乎未成年人价值观变化的导向。

如表5-5所示，在2013年就德育工作者对未成年人价值观的宏观评价的调查中，选择"非常好"与"比较好"的合比率为58.14%，其中"比较好"居于第一位。选择"较差"与"很差"的合比率为4.65%。德育工作者对这一问题的评价较好。从受访者的性别、地域与职别来看，其看法虽有一定的差异，但总的来看，均认为未成年人价值观态势较好。

表5-5 德育工作者对未成年人价值观变化的宏观评价（2013年）

选项	总计			性别			地域			职别		
	人数	比率	排序	比率		比较率差	比率		比较率差	比率		比较率差
				男	女		城市	乡镇		领导干部	一般干部	
非常好	2	4.65	3	10.53	0.00	10.53	6.06	0.00	6.06	0.00	7.41	-7.41
比较好	23	53.49	1	36.84	66.67	-29.83	57.58	40.00	17.58	56.25	51.85	4.40
一般化	16	37.21	2	47.37	29.17	18.20	30.30	60.00	-29.70	43.75	33.33	10.42
较差	2	4.65	3	5.26	4.16	1.10	6.06	0.00	6.06	0.00	7.41	-7.41
很差	0	0.00	5	0.00	0.00	0.00	0.00	0.00	0.00	0.00	0.00	0.00
合计	43	100	—	100	100	—	100	100	—	100	100	—

6. 小学校长的宏观评价

如表5-6所示,在2013—2015年就小学校长对未成年人价值观变化的宏观评价的调查中,小学校长选择"非常好"与"比较好"的合比率为42.22%。选择"一般化"的比率为48.15%,居于第一位。小学校长选择"较差"与"很差"的合比率为9.63%。小学校长选择肯定性评价("非常好"与"比较好")的比率较中学校长与德育工作者低。

表5-6 小学校长对未成年人价值观变化的宏观评价(2013—2015年)

选项	总计			2013年（安徽省）		2014年				2015年（安徽省）				2015年(1)与2013年比较率差
						全国部分省（市）（少数民族地区）(1)		安徽省(2)		(1)		(2)		
	人数	比率	排序	人数	比率	人数	比率	人数	比率	人数	比率	人数	比率	
非常好	3	2.22	4	0	0.00	0	0.00	0	0.00	3	17.65	0	0.00	17.65
比较好	54	40.00	2	24	63.16	5	19.23	12	36.36	4	23.53	9	42.86	-39.63
一般化	65	48.15	1	12	31.58	19	73.08	19	57.58	5	29.41	10	47.62	-2.17
较差	10	7.41	3	2	5.26	2	7.69	2	6.06	2	11.76	2	9.52	6.5
很差	3	2.22	4	0	0.00	0	0.00	0	0.00	3	17.65	0	0.00	17.65
合计	135	100	—	38	100	26	100	33	100	17	100	21	100	—

7. 受访群体宏观评价的比较

如表5-7所示,在对受访群体的调查中,受访群体认为未成年人价值观"非常好"与"比较好"的合比率为60.53%,占主导地位。认为"一般化"的比率为32.63%,否定性评价("很差"与"较差")的合比率为6.85%,尤其是"很差"的比率很低。可以看出,受访群体对未成年人价值观的宏观评价较好。

表5-7 受访群体对未成年人价值观变化的宏观评价的比较

选项	非常好	比较好	一般化	较差	很差	有效样本量/人
未成年人（2013—2016年）	30.08%	52.22%	10.32%	3.61%	3.76%	9358
中学老师（2014—2016年）	15.94%	47.46%	32.43%	2.36%	1.81%	532

(续表 5-7)

选项	非常好	比较好	一般化	较差	很差	有效样本量/人
家长 (2014—2016年)	25.95%	45.53%	24.57%	1.89%	2.06%	582
中学校长 (2013—2016年)	7.68%	37.95%	43.07%	9.81%	1.49%	135
德育工作者 (2013年)	4.65%	53.49%	37.21%	4.65%	0.00%	43
小学校长 (2013—2015年)	2.22%	40.00%	48.15%	7.41%	2.22%	135
比率平均值	14.42%	46.11%	32.63%	4.96%	1.89%	—

在受访群体的宏观评价比较中,肯定性评价的比率大大高于否定性评价的比率,中性评价的比率占了近三分之一。可以认为,未成年人价值观处于"稳中向好"的变化状态。

(三) 未成年人价值观的"主体诉求"意识增强

总的来看,未成年人价值观的发展变化符合社会发展的预期[1][2][3]。在对各个层面价值观的了解中,未成年人的价值观内涵呈丰富化的状态,这种内涵的丰富化不仅是转型时期时代发展要求使然,更是当代未成年人自身特征的展现。当前,未成年人价值观内涵的丰富化,在很大程度上有助于未成年人全面性的养成。

通过对目标价值与手段价值的具体分析可知,未成年人更加注重关乎自身利益与发展、更能彰显出个性化的特征。在目标价值维度上,未成年人希冀自身能找一个轻松与体面的工作。在体育观上,未成年人的体育健身意识逐渐增强,注重锻炼与自身的身体素质。在恋爱观上,未成年人对恋爱的问题有一定的认知,部分未成年人群体存在网恋的现象。在人际观中,未成年人与周围人能形成良好的人际关系,在这一过程中,网络作为重要的媒介,发挥着重要的作用。在手段价值维度上,从主导观、劳动观、学习观与现代观的数据来看,未成年人愈加关注自身的主体性发展,在价值观变化的过程中,注重"主体诉求"意识。这种"主体诉求"意识从根本上表现出个人主义与现实化的取

---

[1] 秦梅玲,叶松庆. 当代未成年人道德观发展的基本现状探讨 [J]. 池州学院学报, 2010, 24 (1): 13-16.

[2] 叶松庆,王良欢,荣梅. 当代青少年道德观发展变化的现状、特点与趋向研究 [J]. 中国青年研究, 2014 (3): 102-109.

[3] 叶松庆. 当代未成年人道德观发展变化与引导对策的实证研究 [M]. 芜湖:安徽师范大学出版社, 2016: 154.

向。从连续年份的比率来看，未成年人这种个人主义倾向表现在对生活追求等方面。受西方社会思潮（诸如后现代主义思潮、虚无主义思潮等）的影响，未成年人的价值观出现上述变化。

（四）未成年人价值观的变化色彩斑斓

未成年人价值观的变化主要表现出理想化与世俗化共存以及聚合性与能动性交织的态势。所谓未成年人价值观变化的理想化是基于对未成年人实际提出的拔高性要求，这种要求是在对未成年人阶段性成长特征把握的基础上形成的。而世俗化趋势是因为在转型时期，未成年人受到多种因素的影响，其价值观选择的偏离性有所增加，价值选择更多是凸显自主性与利己性。对未成年人价值观变化态势做出理想化与世俗化共存的判断，并不是单纯地说未成年人价值观的好坏与否，实质上，更多的是要将未成年人价值观发展与变化引导到与国家意识形态建设相适应的轨道上。未成年人价值观的建设离不开国家的高度重视，尤其是国家对未成年人思想道德建设的重视。国家相继颁布实施了《关于进一步加强和改进未成年人思想道德建设的若干意见》《公民道德建设实施纲要》等一系列文件。国家层面的重视，不仅为未成年人价值观建设营造了良好的社会氛围，而且提供了相应的保障。

未成年人价值观的变化结构是指在丰富的价值观内涵中，多维度的价值观是一个聚合的有机整体，在这种聚合性视角下，应注重对未成年人价值观的整体性认识，并且从未成年人价值观的重要层面与层次加以分析。变化结构的能动性，指的是未成年人价值观变化发展过程的动态性，尤其是主观能动性的发挥。未成年人自身是其价值观发展所取得成效的重要施测者与检验者。未成年人作为主体积极参与到价值观的建设中，同时价值观成效的检验也是通过对未成年人的"所作所为"来考量的。此时，未成年人作为主体性因素，其内在的自觉性对未成年人价值观的发展尤为重要。关于如何提高未成年人的自觉性，笔者认为，除了加强未成年人的观念学习与传授外，更重要的是多措并举创造更多实践锻炼的条件与机会。让未成年人在真实的场景与情境下面对具体问题，在实践中明晰价值观的具体内涵，同时更加用心地去领会价值观，促进自身健康快乐地成长。

二、对未成年人价值观变化的多层分析

上述是不同群体对未成年人价值观的总体宏观性认识，从不同群体的评价可以看出，未成年人价值观的变化总体上呈较好状态，并继续向好的方向发展，这是变化的基本趋势。为系统梳理十多年来未成年人价值观的变化，笔者从国家、社会、个人三个层面予以深入分析。

(一) 从国家层面分析

当代未成年人价值观总体上呈积极、健康、向上的发展态势[1][2][3][4][5]，符合社会发展预期，出现的些许偏离是未成年人价值观逐渐塑形的正常现象。

国家高度重视未成年人的思想道德以及价值观建设。未成年人的健康成长关系着国家未来的发展，未成年人的价值取向不仅关乎整个国家精神文明建设的风貌，更是关系国家主流意识形态的建设与安全。未成年人的价值观必须与中国共产党和国家利益以及国家主流价值观保持高度的一致。

在未成年人主导观的调查中，绝大部分的未成年人都知晓社会主义核心价值观的内涵，大部分未成年人能写出社会主义核心价值观的具体内涵。在实际的践行中，绝大部分的未成年人将核心价值观的内涵自觉融入自身的行动中。可以看出，未成年人的价值观发展呈现出积极、健康、向上的发展态势，与国家"同步发展的趋向没有也不会改变"[6]。但是，由于未成年人心理成熟度、认知偏差以及接受与理解能力有限等因素的制约，未成年人的价值观会出现些许的偏离，这种"偏离"是未成年人价值观逐渐塑形的正常现象。在主导观层面，未成年人对社会主义核心价值观的内涵未真正理解透彻，模糊性认识依然存在。对于未成年人价值观出现的些许偏离，需要进一步理清偏离的成因、表现以及须采取的相关措施，这样才能保证未成年人价值观积极、健康、向上发展。

(二) 从社会层面分析

社会各个群体对未成年人"价值观变异"[7][8][9][10]持相对理解的态度，逐渐吸纳社会的优秀资源，是今后一个时期未成年人价值观逐渐发展的"养料"。

个体作为社会存在物，其本质特性在于其社会性，未成年人作为社会的一员，其价值观的发展变化受整个社会发展导向的影响，二者呈"亦步亦趋"态势。对于未成年人价值观出现的"变异"，社会各个群体（中学老师、家长以及科技工作者等）应持相对

---

[1] 叶松庆. 当代青少年社会公德的现状、特点与发展趋向 [J]. 青年研究，2008 (8)：28-34.

[2] 秦梅玲，叶松庆. 当代未成年人道德观发展的基本现状探讨 [J]. 池州学院学报，2010，24 (1)：13-16.

[3] 叶松庆. 青少年思想道德素质发展状况实证研究 [M]. 芜湖：安徽师范大学出版社，2010：85.

[4] 叶松庆. 当代未成年人的道德观现状与教育 [M]. 芜湖：安徽师范大学出版社，2013：47.

[5] 叶松庆. 当代未成年人道德观发展变化与引导对策的实证研究 [M]. 芜湖：安徽师范大学出版社，2016：154.

[6] 叶松庆. 当代未成年人价值观的基本特征与发展趋向 [J]. 青年探索，2008 (1)：6-10.

[7] 叶松庆. 当代未成年人价值观的演变与教育 [M]. 合肥：人民出版社，2007：284.

[8] 叶松庆. 当代青少年道德变异的现状、特点及趋向 [J]. 青年探索，2005 (3)：35-37.

[9] 叶松庆. 偏移与矫正：当代未成年人的道德变异与纠偏策略 [J]. 山西青年管理干部学院学报，2007 (1)：20-23.

[10] 叶松庆，王良欢，荣梅. 当代青少年道德观发展变化的现状、特点与趋向研究 [J]. 中国青年研究，2014 (3)：102-109.

理解的态度。十多年来,未成年人价值观出现的"变异"主要表现在以下几个方面。

一是个人价值逐渐凸显,未成年人更加"自我"。当代未成年人的"个性"愈来愈强,个性的张扬是未成年人阶段性特征的重要表现。但是,对于正在逐渐建构价值观的未成年人而言,要正确认识"个性""自我"与"集体利益"之间的关系。未成年人可以适当保持"自我"与"个性",但是应该以服从主流价值取向以及集体利益为前提。在未成年人集体观的调查中,未成年人在处理集体利益与个人利益的过程中,部分未成年人往往只考虑个人的利益得失(见表5-8),部分未成年人寻找各种理由不参加或不愿参加集体活动(见表5-9)。从中可以看出,未成年人关注、重视个人价值的实现,"在道德观实践中个性化表达成为风气,并逐渐凸显开来"①。其"个性化特征将进一步显现"②。

表5-8 受访群体认为的当个人利益与集体利益发生冲突时未成年人的选择(2016年)

选项	总计			未成年人		成年人群体								未成年人与成年人群体比较率差
						合计		中学老师		家长		中学校长		
	人数	比率	排序	人数	比率	人数	比率	人数	比率	人数	比率	人数	比率	
先考虑集体利益,再考虑个人利益	1399	59.36	1	1153	59.62	246	58.16	88	53.01	121	62.69	37	57.81	1.46
先考虑个人利益,再考虑集体利益	465	19.73	2	389	20.11	76	17.97	35	21.08	29	15.03	12	18.75	2.14
无条件服从集体利益	151	6.41	4	114	5.89	37	8.75	15	9.04	16	8.29	6	9.38	-2.86
只考虑个人利益	34	1.44	5	25	1.29	9	2.13	4	2.41	3	1.55	2	3.13	-0.84
说不清	308	13.07	3	253	13.08	55	13.00	24	14.46	24	12.44	7	10.94	0.08
合计	2357	100	—	1934	100	423	100	166	100	193	100	64	100	—

---

① 叶松庆,王良欢,荣梅.当代青少年道德观发展变化的现状、特点与趋向研究[J].中国青年研究,2014(3):102-109.

② 叶松庆.当代青少年社会公德的现状、特点与发展趋向[J].青年研究,2008(8):28-34.

表 5-9 受访群体眼中的未成年人参加集体活动的情况（2016 年）

选项	总计			未成年人		成年人群体								未成年人与成年人群体比较率差
						合计		中学老师		家长		中学校长		
	人数	比率	排序	人数	比率	人数	比率	人数	比率	人数	比率	人数	比率	
经常参加	984	41.75	2	751	38.83	233	55.08	84	50.60	112	58.03	37	57.81	-16.25
有时参加	1035	43.91	1	889	45.97	146	34.52	66	39.76	63	32.64	17	26.56	11.45
不参加	122	5.18	3	110	5.69	12	2.84	3	1.81	5	2.59	4	6.25	2.85
不愿参加	50	2.12	6	44	2.28	6	1.42	1	0.60	3	1.55	2	3.13	0.86
想参加但又没有时间	88	3.73	4	69	3.57	19	4.49	10	6.02	7	3.63	2	3.13	-0.92
家里不让参加，怕影响学习	78	3.31	5	71	3.67	7	1.65	2	1.20	3	1.55	2	3.13	2.02
合计	2357	100	—	1934	100	423	100	166	100	193	100	64	100	—

二是"知行不一"现象[①]依然存在。所谓"知行不一"也可理解为"价值判断与价值行为失调"[②]，未成年人往往表现出大道理都懂，但是在实际生活中，不能自觉做到或做得不够好。

如表 5-10 与表 5-11 所示，在 2014—2016 年对未成年人公德现状的调查中，大部分未成年人都知道在公交车上见到老幼病残和孕妇要主动让座、不随地吐痰、不乱扔垃圾等，但有部分未成年人依然"我行我素"。公德观的调查只是这一现象的一个"切面"。对于在未成年人价值观建设过程中出现的"知行脱节"现象，需要加强对未成年人的教育与引导。

---

① 叶松庆. 当代青少年社会公德的现状、特点与发展趋向 [J]. 青年研究，2008（8）：28-34.
② 王学梦，叶松庆. 改革开放条件下青少年价值观的现状与分析 [J]. 中国青年研究，2010（4）：5-11.

表5-10 受访群体眼中的未成年人在公交车上见到老幼病残和孕妇主动让座的情况（2016年）

选项	总计			未成年人		成年人群体								未成年人与成年人群体比较率差
						合计		中学老师		家长		中学校长		
	人数	比率	排序	人数	比率	人数	比率	人数	比率	人数	比率	人数	比率	
让	1753	74.37	1	1405	72.65	348	82.27	135	81.33	170	88.08	43	67.19	-9.62
不让	267	11.33	2	238	12.31	29	6.86	7	4.22	11	5.70	11	17.19	5.45
不想让	100	4.24	5	83	4.29	17	4.02	11	6.63	2	1.04	4	6.25	0.27
想让但又怕人家笑话	133	5.64	3	112	5.79	21	4.96	11	6.63	5	2.59	5	7.81	0.83
我家里人不让	104	4.41	4	96	4.96	8	1.89	2	1.20	5	2.59	1	1.56	3.07
合计	2357	100	—	1934	100	423	100	166	100	193	100	64	100	—

表5-11 未成年人是否随地吐痰、乱扔垃圾的自我评定

选项	总计			2014年		2015年		2016年		2016年与2014年比较率差
	人数	比率	排序	人数	比率	人数	比率	人数	比率	
频繁	450	7.04	4	73	2.48	48	3.16	329	17.01	14.53
经常	416	6.51	5	120	4.08	63	4.15	233	12.05	7.97
有时	896	14.02	3	487	16.58	135	8.89	274	14.17	-2.41
很少	1801	28.18	2	923	31.42	423	27.87	455	23.53	-7.89
从不	2539	39.73	1	1201	40.88	759	50.00	579	29.94	-10.94
其他	288	4.51	6	134	4.56	90	5.93	64	3.31	-1.25
合计	6390	100	—	2938	100	1518	100	1934	100	—

三是自觉规范意识亟待加强。未成年人往往缺乏一定的自觉规范意识，在有人监督的情况下往往行为表现良好，而在没人监督的情况下，其价值行为往往游离出正常的轨道。因此，加强未成年人的自觉性修养显得尤为重要。

四是现代性影响下优秀传统道德有所缺失。现代性给人类生活带来"两面性"的变化，既有积极影响又有消极影响。表现最为明显的消极影响是优秀传统道德的缺失。受现代性的影响，未成年人对优秀传统道德的学习与吸收较少，甚至有部分未成年人完全抛弃优秀传统道德。

五是价值行为的持久性与有效性问题需要引起注意。价值行为的持久性在于未成年人能一如既往地坚持正确的价值导向，做出合乎理性与规范的价值行为。有效性则是未

成年人的价值观对未成年人的生活、行为以及成长产生一定的效用。在未成年人价值观的调查中发现，存在一定比率的未成年人未能很好地做到价值行为的持久性与有效性。

逐渐吸纳社会的优秀资源，包括人力资源、物力资源以及精神资源，为未成年人价值观的发展提供充分的"养料"，从而逐渐消除未成年人价值观的"变异"，促进未成年人价值观的健康发展。

由于"社会发生的变化，会很快反映在未成年人身上。社会价值导向的作用非常显著"[1]，因此未成年人价值观的变化发展受社会价值导向的影响很大。但社会价值导向有时受制于很多因素，也可能在某一时段出现不稳定的情况，这就容易造成未成年人的无所适从，其价值观的变化也会出现"动态性与不确定性以及不平衡性"[2]。"不注意社会价值导向的正确性，有可能日益强化未成年人价值观的偏移倾向，严重的后果就是部分颠覆社会价值观，造成未成年人价值观迷茫，出现价值观变异现象。"[3] 而未成年人价值观变异"是当今社会价值领域中的一种应引起社会关注的变化，是社会转型过程中的一种客观反映，如果不注意矫正这种价值观变异，就可能引发未来社会价值观的整体偏移"[4]，因为在不久的将来，社会是由成长起来的当今未成年人所主导的。

（三）从个人层面分析

通过"关联"与"映射"的方式可以看出未成年人价值观发展呈现"正态上升"趋势。

"关联"与"映射"是指在结合未成年人价值观丰富的内涵以及对社会主义核心价值观充分了解的基础上，认为社会主义核心价值观的具体内涵与未成年人价值观的某一个或几个观念存在极强的关联性。

通过核心价值观内涵的统摄，把握未成年人价值观的内涵，具体表现：一是敬业层面，关联未成年人的"学习观"[5]。未成年人虽然还未达到法定就业年龄，但基于未成年人的主要任务就是学习，可以通过对未成年人"学习观"的了解来把握未成年人是否敬业。在学习观的调查中，虽然未成年人学习的实用性与功利性倾向凸显，在看待学习的重要性上缺乏长远眼光（见表4-36至表4-48，第182-196页），但总的来看，未成年人对学习保持较高的热情，学习状况表现良好，学习观总体呈积极向上的发展趋势。二是友善层面，关联未成年人的"人际观"[6][7]。社会主义核心价值观的"友善"概念内涵丰富，我们应用弹性思维去把握这一具体内涵。友善不仅意味着与长辈、朋友等保持良

---

[1] 叶松庆. 当代未成年人价值观的演变特点与影响因素：对安徽省2426名未成年人的调查分析 [J]. 青年研究，2006（12）：1-9.

[2] 叶松庆. 青少年思想道德素质发展状况实证研究 [M]. 芜湖：安徽师范大学出版社，2010：85.

[3][4] 叶松庆. 当代未成年人价值观的演变与教育 [M]. 合肥：安徽人民出版社，2007：284-285.

[5] 叶松庆. 当代未成年人的学习观现状与特点 [J]. 青年探索，2007（2）：7-10.

[6] 叶松庆. 不同地域未成年人社交观的比较研究 [J]. 山西青年管理干部学院学报，2007（10）：15-20.

[7] 叶松庆. 当代未成年人的情感观现状与特点 [J]. 中国青年政治学院学报，2007（7）：29-36.

好的人际关系（见表3-93，第124页；表3-95，第125-126页；表3-101，第130页；表3-106，第133页），而且包含与自然的和谐相处。

"关联"与"映射"的方式，是一种分析问题的视角，其只是为了更好地说明未成年人价值观的发展变化。通过分析可以看出，未成年人价值观发展呈现"正态上升"趋势，即价值观状况表现良好并逐渐朝着更积极的方向发展。

综上所述，未成年人的价值观"既没有达到社会的高预期，也没有太大的偏移，它按照社会的价值导向向前发展。其实这是一种正常的价值观发展态势"[1]。未成年人价值观在变化发展过程中"所暴露出的问题是各种文化碰撞和社会经济发展的必然，我们应以发展、宽容和信任的眼光去看待"[2]。"实事求是地认识当代未成年人的价值观，冷静地予以评价，并善意地加强引导。"[3] 以社会主义核心价值观为社会的价值导向，引导未成年人建立正确的价值评判体系，从而有效地使其形成正确的价值观。

---

[1][3] 叶松庆. 当代未成年人价值观的演变特点与影响因素：对安徽省2426名未成年人的调查分析 [J]. 青年研究，2006（12）：1-9.

[2] 王学梦，叶松庆. 改革开放条件下青少年价值观的现状与分析 [J]. 中国青年研究，2010（4）：5-11.

第六章 当代未成年人价值观教育的基本状况

本章从学校德育工作是否加强、学校对德育工作的重视度、学校的德育工作队伍建设、学校的德育工作任务的落实情况四个方面探讨学校未成年人价值观教育工作现状。从中学老师的教育行为、中学校长的教育行为、德育工作者的教育行为、小学校长的教育行为、家长的教育行为五个方面分析未成年人价值观教育及其效果,以期反映当代未成年人价值观教育的基本状况。

一、学校的未成年人价值观教育状况分析

(一)学校的德育工作是否加强

学校德育工作的主要任务是加强对未成年人的思想道德教育,使未成年人确立正确的价值观,并使其行为符合社会规范的要求。学校德育工作做得怎样,将直接关系未成年人价值观教育的成效。不同群体基于不同的角色对这一问题的认识不同。通过对中学老师、家长以及中小学校长等群体的调查,进一步明晰德育工作的成效,这将对今后一个时期如何针对性地加强未成年人价值观教育具有重要的意义。

1. 受访群体的看法

(1)未成年人的看法。

如表6-1所示,在2016年就未成年人对学校德育工作是否加强的看法的调查中,49.43%的未成年人选择"加强",居于第一位,选择"削弱"的比率占了近两成。学校德育工作得到了加强是未成年人的主流看法。

从性别的比较来看,女性未成年人选择"加强"的比率较男性未成年人高,女性未成年人对这一问题的评价较好。从政治面貌的比较看,一般青年选择"加强"的比率较高,共青团员选择"削弱"的比率较高,可以看出,共青团员对德育工作有较高的要求。

表6-1 未成年人对学校德育工作是否加强的看法（2016年）

选项	总计			性别				政治面貌				
				男		女		比较率差	共青团员		一般青年		比较率差
	人数	比率	排序	人数	比率	人数	比率		人数	比率	人数	比率	
加强	956	49.43	1	490	47.30	466	51.89	4.59	558	46.58	398	54.08	7.50
削弱	385	19.91	2	277	26.74	108	12.03	-14.71	303	25.29	82	11.14	-14.15
既没加强也没削弱	256	13.24	3	123	11.87	133	14.81	2.94	147	12.27	109	14.81	2.54
难以判断	156	8.07	5	74	7.14	82	9.13	1.99	99	8.26	57	7.74	-0.52
不清楚	181	9.36	4	72	6.95	109	12.14	5.19	91	7.60	90	12.23	4.63
合计	1934	100	—	1036	100	898	100.00	—	1198	100	736	100	—

（2）中学老师的看法。

中学老师除了承担一定的教学任务，同时也肩负着对未成年人进行思想道德教育的任务。

如表6-2所示，在2008—2016年就中学老师对学校德育工作是否加强看法的调查中，47.55%的中学老师选择"加强"，居于第一位。选择"削弱"的比率为27.38%，选择"既没加强也没削弱"的比率为15.60%。近半数的中学老师认为学校德育工作得到了加强，中学老师总体上的认识较为积极。超过四成的中学老师认为学校德育工作现状呈现削弱或维持原状的态势，学校的德育工作仍有需要改进或提升的地方。此外，中学老师在学校德育工作中，仍须进一步发挥主观能动性，为切实改进学校德育工作做出自身应有的努力。

从2016年与2008年的比较来看，2016年选择"加强"的比率较2008年高24.46%，选择"既没加强也没削弱"与"难以判断"的比率分别较2008年低12.30%与7.56%。中学老师对这一问题有着较为明晰的认识，且认为学校德育工作切实得到加强。

表6-2 中学老师对学校德育工作是否加强的看法（2008—2016年）

选项	总计			2008—2013年①		2008年②比率	2014年		2015年		2016年		2016年与2008年比较率差
	人数	比率	排序	人数	比率		人数	比率	人数	比率	人数	比率	
加强	884	47.55	1	618	47.28	40.00	90	38.79	69	44.81	107	64.46	24.46

---

① 叶松庆. 当代未成年人道德观发展变化与引导对策的实证研究［M］. 芜湖：安徽师范大学出版社，2016：346.

② 叶松庆. 当代未成年人价值观的基本现状与原因分析［J］. 中国教育学刊，2007（8）：36-38.

(续表6-2)

选项	总计			2008—2013年①		2008年②比率	2014年		2015年		2016年		2016年与2008年比较率差
	人数	比率	排序	人数	比率		人数	比率	人数	比率	人数	比率	
削弱	509	27.38	2	375	28.69	22.58	72	31.03	36	23.38	26	15.66	-6.92
既没加强也没削弱	290	15.60	3	190	14.54	21.94	55	23.71	29	18.83	16	9.64	-12.30
难以判断	130	6.99	4	92	7.04	14.19	11	4.74	16	10.39	11	6.63	-7.56
不清楚	46	2.47	5	32	2.45	1.29	4	1.72	4	2.60	6	3.61	2.32
合计	1859	100	—	1307	100	100	232	100	154	100	166	100	—

(3) 家长的看法。

学校德育工作的开展离不开家长的支持与配合。家长对德育工作加强与否的认知,反映了家长群体对学校工作的关注度,从侧面也反映出家长对自己孩子在校教育的关心程度。

如表6-3所示,在2010—2016年就家长对学校德育工作是否加强的看法的调查中,45.37%的家长认为学校德育工作得到了"加强",22.10%的家长认为学校德育工作呈"削弱"态势,12.92%的家长认为学校德育工作"既没有加强也没削弱",呈现出维持现状。大部分家长对学校德育工作持积极的看法,表明学校通过一系列的措施提升了学生的思想道德素质,这些举措取得的成效是有目共睹的。

从2016年与2010年的比较来看,2016年选择"加强"的比率较2010年增加38.74%,其他选项的比率均较2010年有所降低。家长对学校德育工作的努力持认可态度。总的来说,一方面学校的德育工作得到了家长的支持,另一方面学校实行的德育举措切实取得了良好效应。

表6-3 家长对学校德育工作是否加强的看法(2010—2016年)

选项	总计			2010—2013年③		2010年④比率	2014年		2015年		2016年		2016年与2010年比较率差
	人数	比率	排序	人数	比率		人数	比率	人数	比率	人数	比率	
加强	618	45.37	1	297	38.08	25.51	119	50.64	78	50.65	124	64.25	38.74
削弱	301	22.10	2	220	28.21	30.61	25	10.64	25	16.23	31	16.06	-14.55

---

①③④ 叶松庆. 当代未成年人道德观发展变化与引导对策的实证研究 [M]. 芜湖:安徽师范大学出版社,2016:346.

② 叶松庆. 当代未成年人价值观的基本现状与原因分析 [J]. 中国教育学刊,2007 (8):36-38.

(续表6-3)

选项	总计			2010—2013年[①]		2010年[②]比率	2014年		2015年		2016年		2016年与2010年比较率差
	人数	比率	排序	人数	比率		人数	比率	人数	比率	人数	比率	
既没加强也没削弱	176	12.92	3	110	14.10	14.29	36	15.32	17	11.04	13	6.74	-7.55
难以判断	152	11.16	4	79	10.13	13.27	41	17.45	20	12.99	12	6.22	-7.05
不清楚	115	8.44	5	74	9.49	16.33	14	5.96	14	9.09	13	6.74	-9.59
合计	1362	100	—	780	100	100	235	100	154	100	193	100	—

(4) 中学校长的看法。

中学校长作为学校教育的管理者,中学校长对学校德育工作的评价在一定程度上是对自己工作的反思性认识。

如表6-4所示,在2013—2016年就中学校长对学校德育工作是否加强的看法的调查中,38.38%的中学校长认为学校的德育工作"加强"了,37.53%的中学校长选择了"削弱",15.14%的中学校长选择"既没加强也没削弱"。中学校长选择"加强"与"削弱"的比率大致相当,中学校长对这一问题的认识存在较大差异。在今后的工作中,要注意加强学校的德育工作,切实将德育工作落到实处,摒弃学校教育中"重智育轻德育"的传统观念。

从2016年与2013年的比较来看,2016年选择"加强"的比率有所增加,选择"削弱"的比率呈下降趋势,中学校长对这一问题的认识渐趋积极。

表6-4 中学校长对学校德育工作是否加强的看法(2013—2016年)

选项	总计		2013年[③]		2014年				2015年								2016年		2016年与2013年比较率差
					(1)		(2)		(1)		(2)		(3)		(4)				
	人数	比率	人数	比率	人数	比率	人数	比率	人数	比率	人数	比率	人数	比率	人数	比率	人数	比率	
加强	180	38.38	68	37.36	28	40.58	16	34.04	4	20.00	8	40.00	6	33.33	17	34.69	33	51.56	14.20
削弱	176	37.53	70	38.46	30	43.48	23	48.94	8	40.00	6	30.00	4	22.22	24	48.98	11	17.19	-21.27
既没加强也没削弱	71	15.14	37	20.33	6	8.70	3	6.38	5	25.00	4	20.00	3	16.67	5	10.20	8	12.50	-7.83

[①][②] 叶松庆. 当代未成年人道德观发展变化与引导对策的实证研究 [M]. 芜湖:安徽师范大学出版社,2016:346.

[③] 叶松庆. 当代未成年人道德观发展变化与引导对策的实证研究 [M]. 芜湖:安徽师范大学出版社,2016:347.

(续表6-4)

选项	总计		2013年		2014年				2015年								2016年		2016年与2013年比较率差
					(1)		(2)		(1)		(2)		(3)		(4)				
	人数	比率	人数	比率	人数	比率	人数	比率	人数	比率	人数	比率	人数	比率	人数	比率	人数	比率	
难以判断	34	7.25	6	3.30	5	7.25	5	10.64	2	10.00	2	10.00	5	27.78	3	6.12	6	9.38	6.08
不清楚	8	1.71	1	0.55	0	0.00	0	0.00	1	5.00	0	0.00	0	0.00	0	0.00	6	9.38	11.95
合计	469	100	182	100	69	100	47	100	20	100	20	100	18	100	49	100	64	100	—

(5) 小学校长的看法。

如表6-5所示，在2013—2015年就小学校长对学校德育工作是否加强的看法的调查中，49.63%的小学校长认为当前学校德育工作"加强"了，28.89%的小学校长认为学校德育工作"削弱"了，11.85%小学校长认为学校德育工作"既没加强也没削弱"。小学校长对学校德育工作的评价较中学校长更为正向。在小学阶段，未成年人的心智发展尚不成熟，对道德问题的认识更多地停留在表象层面，缺乏一定的逻辑条理性，所以在小学阶段需要包括小学校长在内的工作者花更多的时间去解答小学生心中的疑惑，投入的时间越多，相应的教育效果越好。

从2015年与2013年的比较来看，2015年选择"加强"的比率有所降低，选择"削弱"的比率有所上升，需要引起小学校长对这一问题的重视与再认识。

表6-5 小学校长对学校德育工作是否加强的看法

选项	总计			2013年[①]（安徽省）		2014年				2015年（安徽省）				2015年(2)与2013年比较率差
						全国部分省(市)（少数民族地区）(1)		安徽省(2)		(1)		(2)		
	人数	比率	排序	人数	比率	人数	比率	人数	比率	人数	比率	人数	比率	
加强	67	49.63	1	22	57.89	17	65.38	12	36.36	8	47.06	8	38.10	-19.79
削弱	39	28.89	2	7	18.42	5	19.23	14	42.42	5	29.41	8	38.10	19.68
既没加强也没削弱	16	11.85	3	4	10.53	2	7.69	5	15.15	2	11.76	3	14.29	3.76

---

① 叶松庆. 当代未成年人道德观发展变化与引导对策的实证研究 [M]. 芜湖：安徽师范大学出版社，2016：348.

(续表6-5)

选项	总计			2013年（安徽省）		2014年				2015年（安徽省）				2015年(2)与2013年比较率差
						全国部分省（市）（少数民族地区）(1)		安徽省(2)		(1)		(2)		
	人数	比率	排序	人数	比率	人数	比率	人数	比率	人数	比率	人数	比率	
难以判断	12	8.89	4	5	13.16	2	7.69	2	6.06	1	5.88	2	9.52	-3.64
不清楚	1	0.74	5	0	0.00	0	0.00	0	0.00	1	5.88	0	0.00	0
合计	135	100	—	38	100	26	100	33	100	17	100	21	100	—

(6) 受访群体看法的比较。

如表6-6所示，在对受访群体的调查中，46.07%的受访群体认为学校的德育工作"加强"了，选择"削弱"的比率为27.16%，居于第二位。

从单个选项来看，选择"加强"的比率最高的群体是小学校长，选择"削弱"的比率最高的群体是中学校长，选择维持现状选项（"既没加强也没削弱"）的比率最高的群体是中学老师，选择"难以判断"的比率最高的群体是家长，选择"不清楚"的比率最高的群体是未成年人。大部分受访群体认为学校德育工作得到了加强并逐渐成为受访群体的主流认识，对于认识不清晰的群体，需要进一步加强教育与引导。

表6-6 受访群体对学校德育工作是否加强的看法的比较

选项	加强	削弱	既没加强也没削弱	难以判断	不清楚	有效样本量/人
未成年人（2016年）	49.43%	19.91%	13.24%	8.07%	9.36%	1934
中学老师（2008—2016年）	47.55%	27.38%	15.60%	6.99%	2.47%	1859
家长（2010—2016年）	45.37%	22.10%	12.92%	11.16%	8.44%	1362
中学校长（2013—2016年）	38.38%	37.53%	15.14%	7.25%	1.71%	469
小学校长（2013—2015年）	49.63%	28.89%	11.85%	8.89%	0.74%	135
比率平均值	46.07%	27.16%	13.75%	8.47%	4.54%	—

2. 基本认识

(1) 全面客观认识学校德育工作。

学校的德育工作不仅是培养未成年人良好道德品质与素养的重要举措,更是实现国家长远发展的内在要求。未成年人是社会主义事业的接班人,更是实现中华民族伟大复兴的生力军,加强未成年人的思想道德建设至关重要。通过对中学老师、家长、中学校长、小学校长的调查发现,当前学校的德育工作总体上取得了一定的成效,德育效果有所增强。学校德育工作效果的增强表明学校逐渐重视未成年人的思想道德素质建设,素质教育在学校教育中的重要地位逐渐凸显。但也应看到,部分成年人群体认为当前学校的德育工作"既没加强也没削弱",可以看出学校德育工作仍有进一步提升与改进的空间。不可否认,部分学校仍然过分强调学生的成绩,注重应试教育,忽视学生的素质教育,尤其是学生思想道德素质方面的教育。我们应全面客观地看待与认识学校德育工作,结合学校与未成年人自身的实际,切实增强学校德育工作的实效性。

(2) 学校德育工作的评价是多元主体协同参与的过程。

学校德育工作是家长和老师等多元主体共同参与的过程,因此学校德育工作成效的评价过程也应包括上述参与主体。从调查数据来看,小学校长选择"增强"选项的比率是四个成年人群体中最高的,其次是中学老师群体。家长选择"难以判断"选项的比率是四个成年人群体中最高的。中学老师、中学校长以及小学校长在学校对未成年人进行理论传授以及相应观念的灌输相对较多,是学校德育工作的具体践行者与管理者。而家长更多是通过家庭教育培养未成年人的思想道德素质,具体参与学校德育工作的机会偏少。可以看出,多元主体在学校德育工作的参与度有所不同,相应呈现出不同的评价。因此,学校德育工作的评价过程要注重多元主体的协同参与,保证评价符合客观实际,注重通过恰当的形式调动家长参与的积极性。

(3) 学校德育工作的内容应进一步契合现实发展需要,以增强学校德育的实效性。

学校德育工作总体上呈现出积极向上的发展态势,但是学校德育工作仍须进一步契合现实发展需要,增强德育的实效性。就与现实的契合而言,一是学校应密切关注社会的舆论导向与校园氛围对未成年人的影响,加强对负面舆论的管控,积极营造良好的校园德育环境,发挥环境育人的功能。二是创新学校德育形式,传统意义上的说理灌输有其合理的方面,但是收效甚微。因此,学校应不断创新德育形式,运用包括多媒体等未成年人乐于接受的形式加强对未成年人的思想道德建设。三是注意多元主体间的相互协调与配合,形成多元主体的"合力",增强学校德育的成效。

(二) 学校对未成年人价值观教育的重视度

1. 学校对未成年人价值观教育是否重视

(1) 未成年人的看法。

如表6-7所示,在2016年对未成年人认为的学校对培养未成年人价值观是否重视的调查中,未成年人选择"非常重视"与"重视"的合比率为68.72%,其中选择"非常重视"的比率为38.78%,居于第一位。选择"非常不重视"与"不重视"的合比率为12.77%。选择"不好评价"与"不知道"的比率分别为8.89%与9.62%。总的来看,未成年人认为学校重视未成年人的价值观培养。

从性别的比较来看,女性未成年人选择"不好评价"与"不知道"的比率较男性未成年人稍高。从政治面貌的比较来看,共青团员选择"重视"的比率较一般青少年选择的比率要高。

表6-7 未成年人认为的学校对培养未成年人价值观是否重视(2016年)

选项	总计			性别				政治面貌				
				男		女		共青团员		一般青年		
	人数	比率	排序	人数	比率	人数	比率	比较率差	人数	比率	人数	比率	比较率差
非常重视	750	38.78	1	395	38.13	355	39.53	1.4	454	37.90	296	40.22	2.32
重视	579	29.94	2	339	32.72	240	26.73	-5.99	387	32.30	192	26.09	-6.21
非常不重视	120	6.20	6	78	7.53	42	4.68	-2.85	76	6.34	44	5.98	-0.36
不重视	127	6.57	5	71	6.85	56	6.24	-0.61	95	7.93	32	4.35	-3.58
不好评价	172	8.89	4	77	7.43	95	10.58	3.15	96	8.01	76	10.33	2.32
不知道	186	9.62	3	76	7.34	110	12.25	4.91	90	7.51	96	13.04	5.53
合计	1934	100	—	1036	100	898	100	—	1198	100	736	100	—

(2)中学老师的看法。

中学老师在承担一定教学任务的同时也肩负着未成年人价值观教育的重任。

如表6-8所示,在2014—2016年对中学老师认为的学校对培养未成年人价值观是否重视的调查中,68.29%的中学老师认为学校对培养未成年人价值观的重视程度较高。其选择"非常不重视"与"不重视"的合比率为16.67%,选择"不好评价"的比率为13.41%。大多数中学老师认为学校重视未成年人价值观的培养工作。学校对未成年人价值观培养的重视,一方面源于未成年人阶段性的现实需要以及社会长远发展与进步的内在要求;另一方面,中学老师的角色定位决定了其价值判断与选择,除了传授知识外,更重要的是灌输正确的价值观念。

从2016年与2014年的比较来看,中学老师选择"非常重视"的比率较2014年高17.42%,选择"非常不重视"的比率较2014年低1.38%,选择"不好评价"的比率较2014年低12.77%。中学老师对这一问题的模糊性认识有所降低,认为学校的重视程度在增强。

表6-8　中学老师认为的学校对培养未成年人价值观是否重视（2014—2016年）

选项	总计			2014年		2015年		2016年		2016年与2014年比较率差
	人数	比率	排序	人数	比率	人数	比率	人数	比率	
非常重视	167	30.25	2	63	27.16	30	19.48	74	44.58	17.42
重视	210	38.04	1	83	35.78	70	45.45	57	34.34	-1.44
非常不重视	26	4.71	5	13	5.60	6	3.90	7	4.22	-1.38
不重视	66	11.96	4	28	12.07	26	16.88	12	7.23	-4.84
不好评价	74	13.41	3	45	19.40	18	11.69	11	6.63	-12.77
不知道	9	1.63	6	0	0.00	4	2.60	5	3.01	3.01
合计	552	100	—	232	100	154	100	166	100	—

（3）家长的看法。

家长通过未成年人的认知、行为等方面的变化可以感知未成年人价值观所处的状态，同时也可进一步窥探学校教育对未成年人价值观的重视程度。学校的重视程度越高，未成年人的接受度越高，其行为所呈现的积极表现也就越多。

如表6-9所示，在2014—2016年对家长认为的学校对培养未成年人价值观是否重视的调查中，家长选择"非常重视"与"重视"的合比率为72.51%，选择"非常不重视"与"不重视"的合比率为10.99%，选择"不好评价"的比率为12.71%。家长对这一问题的认识较中学老师更为积极乐观，表明家长通过与未成年人的交流和沟通，以及通过未成年人认知与行为的变化，逐步感知到学校对培养未成年人价值观的重视度。

从2016年与2014年的比较来看，2016年选择"非常重视"的比率较2014年高21.91%，选择"不重视"与"不好评价"的比率均有所降低。家长认为学校对培养未成年人价值观的重视程度有所提高。

表6-9　家长认为的学校对培养未成年人价值观是否重视（2014—2016年）

选项	总计			2014年		2015年		2016年		2016年与2014年比较率差
	人数	比率	排序	人数	比率	人数	比率	人数	比率	
非常重视	165	28.35	2	52	22.13	28	18.18	85	44.04	21.91
重视	257	44.16	1	130	55.32	63	40.91	64	33.16	-22.16
非常不重视	12	2.06	6	6	2.55	1	0.65	5	2.59	0.04
不重视	52	8.93	4	15	6.38	30	19.48	7	3.63	-2.75
不好评价	74	12.71	3	32	13.62	26	16.88	16	8.29	-5.33

(续表6-9)

选项	总计			2014年		2015年		2016年		2016年与2014年比较率差
	人数	比率	排序	人数	比率	人数	比率	人数	比率	
不知道	22	3.78	5	0	0.00	6	3.90	16	8.29	8.29
合计	582	100	—	235	100	154	100	193	100	—

(4) 中学校长的看法。

如表6-10所示,在2013—2016年对中学校长认为的学校对培养未成年人价值观是否重视的调查中,中学校长选择"非常重视"与"重视"的合比率为72.71%,选择"非常不重视"与"不重视"的合比率为19.83%。大部分中学校长认为学校重视对未成年人价值观的培养工作。

从2016年与2013年的比较来看,2016年选择"非常重视"的比率较2013年高7.11%,中学校长对这一问题的认识呈积极的态度。中学校长作为学校教育的组织者与管理者,未成年人价值观的培养工作理应作为其工作职责的重要组成部分。

表6-10 中学校长认为的学校对培养未成年人价值观是否重视的看法(2013—2016年)

选项	总计		2013年①		2014年				2015年								2016年		2016年与2013年比较率差
					(1)		(2)		(1)		(2)		(3)		(4)				
	人数	比率	人数	比率	人数	比率	人数	比率	人数	比率	人数	比率	人数	比率	人数	比率	人数	比率	
非常重视	128	27.29	61	33.52	11	15.94	5	10.64	7	35.00	8	40.00	2	11.11	8	16.33	26	40.63	7.11
重视	213	45.42	91	50.00	31	44.93	17	36.17	2	10.00	9	45.00	12	66.67	29	59.18	22	34.38	-15.62
非常不重视	18	3.84	2	1.10	4	5.80	4	8.51	1	5.00	0	0.00	1	5.56	3	6.12	3	4.69	3.59
不重视	75	15.99	17	9.34	20	28.99	18	38.30	6	30.00	1	5.00	1	5.56	5	10.20	7	10.94	1.60
不好评价	28	5.97	11	6.04	3	4.35	3	6.38	3	15.00	2	10.00	1	5.56	3	6.12	2	3.13	-2.91
不知道	7	1.49	0	0.00	0	0.00	0	0.00	1	5.00	0	0.00	1	5.56	1	2.04	4	6.25	6.25
合计	469	100	182	100	69	100	47	100	20	100	20	100	18	100	49	100	64	100	—

---

① 叶松庆. 当代未成年人道德观发展变化与引导对策的实证研究[M]. 芜湖:安徽师范大学出版社,2016:422.

(5) 小学校长的看法。

如表6-11所示,在2013—2015年对小学校长认为的学校对培养未成年人价值观是否重视的调查中,小学校长选择"非常重视"与"重视"的合比率为74.81%,选择"非常不重视"与"不重视"的合比率为20.74%。大部分小学校长认为学校重视未成年人价值观的培养工作。未成年人价值观的培养是一个长期的过程,在小学阶段也不应被忽视,小学阶段要从细节、习惯以及生活方式等多方面培养未成年人的价值观。

表6-11 小学校长认为的学校对培养未成年人价值观是否重视(2013—2015年)

选项	总计			2013年① (安徽省)		2014年				2015年 (安徽省)				2015年(2)与2013年比较率差
						全国部分省(市)(少数民族地区)(1)		安徽省(2)		(1)		(2)		
	人数	比率	排序	人数	比率	人数	比率	人数	比率	人数	比率	人数	比率	
非常重视	20	14.81	2	9	23.68	3	11.54	1	3.03	3	17.65	4	19.05	-4.63
重视	81	60.00	1	24	63.16	18	69.23	22	66.67	8	47.06	9	42.86	-20.30
非常不重视	11	8.15	4	0	0.00	1	3.85	6	18.18	2	11.76	2	9.52	9.52
不重视	17	12.59	3	1	2.63	3	11.54	4	12.12	3	17.65	6	28.57	25.94
不好评价	6	4.44	5	4	10.53	1	3.85	0	0.00	1	5.88	0	0.00	-10.53
不知道	0	0.00		0	0.00	0	0.00	0	0.00	0	0.00	0	0.00	0.00
合计	135	100	—	38	100	26	100	33	100	17	100	21	100	—

(6) 受访群体看法的比较。

如表6-12所示,在对受访群体的调查中,选择"非常重视"与"重视"的合比率为71.41%,其中选择"重视"的比率为43.51%,居于第一位。受访群体选择"不重视"与"非常不重视"的合比率为16.20%。大部分受访群体认为学校对未成年人的价值观培养较为重视。

从单个群体来看,选择"非常重视"的比率最高的群体是未成年人,选择"重视"的比率最高的群体的是小学校长,选择"非常不重视"与"不重视"的比率最高的群体分别是小学校长与中学校长。

---

① 叶松庆. 当代未成年人道德观发展变化与引导对策的实证研究[M]. 芜湖:安徽师范大学出版社,2016:422.

表6-12 受访群体就学校对培养未成年人价值观是否重视的看法的比较

选项	非常重视	重视	非常不重视	不重视	不好评价	不知道	有效样本量/人
未成年人（2016年）	38.78%	29.94%	6.20%	6.57%	8.89%	9.62%	1934
中学老师（2014—2016年）	30.25%	38.04%	4.71%	11.96%	13.41%	1.63%	552
家长（2014—2016年）	28.35%	44.16%	2.06%	8.93%	12.71%	3.78%	582
中学校长（2013—2016年）	27.29%	45.42%	3.84%	15.99%	5.97%	1.49%	469
小学校长（2013—2015年）	14.81%	60.00%	8.15%	12.59%	4.44%	0.00%	135
比率平均值	27.90%	43.51%	4.99%	11.21%	9.08%	3.30%	—

（7）其他研究者的调研成果分析。

如表6-13所示，刘长海、汪明春和李启明在2016年5月对湖北省武汉市J区10239名初中生和6483名高中生的调查发现，"各校普遍重视德育工作，课程育人、实践育人、管理育人、文化育人在各校均有所体现"①。

陈鹏和吴芍在2016年对广西壮族自治区钦州市一中、二中的1723名学生和100名教师的调查显示，有25.50%的教师认为学校"重视"德育工作，有35.20%的教师认为"比较重视"，这是多数教师的看法。

表6-13 学校对未成年人价值观教育的重视情况

2016年5月湖北省武汉市J区中学生的调查（N：初中生10239、高中生6483）②		2016年广西壮族自治区钦州市一中、二中部分学生、教师的调查（N：学生1723、教师100）③	
认为学校对德育工作的重视度		教师认为学校对德育工作的重视度	
选项	状态	选项	比率
重视	普遍	重视	25.50

---

①② 刘长海，汪明春，李启明. 中部地区中学德育调查报告：以武汉市J区为例 [J]. 中小学德育，2017（2）：54-58.

③ 陈鹏，吴芍. 钦州市城镇中学德育教育现状及改进策略：基于人本主义的研究视角 [J]. 中等教育，2016（11）：11-13.

(续表6-13)

选项	状态	选项	比率
—	—	比较重视	35.20
—	—	重视不够	31.50
—	—	不重视	7.80
—	—	合计	100

2. 中学校长与小学校长最重视的学校工作

（1）中学校长、小学校长的看法。

中学校长与小学校长对最重视的学校工作往往投入的时间与精力都比较多。认识中小学校长最重视的学校工作，有助于了解其工作的重点，对未成年人的相关教育工作做出基本的趋势预测。

如表6-14所示，在2013年和2016年对中学校长、2013年对小学校长最重视的学校工作的调查中，48.94%的中小学校长选择"学校的生存与发展"，居于第一位。选择"未成年人思想道德建设"的比率为19.37%，居于第二位。大部分中小学校长高度关注学校的生存与发展，毕竟这关乎整个学校教育。中小学校长对学校思想政治工作的关注是学校得以长足发展的必然要求，也是未成年人良好价值观形成的前提保证。中小学校长将未成年人思想道德建设工作摆在相对重要的位置。

从中学校长与小学校长的比较来看，两者对这一问题总体上保持较高的一致性，但仍存在略微的差异。中学校长较小学校长更关注学生科学素质的培养，而小学校长较中学校长更关注学生的成绩。在其他选项上，二者间也有一定的差异。应正视两者间的差异，针对中小学的实际，加强未成年人的价值观教育。

表6-14　中学校长与小学校长最重视的学校工作

选项	总计			中学校长					小学校长（2013年）[②]		中学校长与小学校长比较率差
				合计		2013年[①]		2016年			
	人数	比率	排序	人数	比率	人数	比率	人数	比率	人数	比率	
学校的生存与发展	139	48.94	1	119	48.37	95	52.20	24	37.50	20	52.63	-4.26

---

①② 叶松庆. 当代未成年人道德观发展变化与引导对策的实证研究［M］. 芜湖：安徽师范大学出版社，2016：423.

(续表6-14)

选项	总计			中学校长						小学校长(2013年②)		中学校长与小学校长比较率差
				合计		2013年①		2016年				
	人数	比率	排序	人数	比率	人数	比率	人数	比率	人数	比率	
学校的思想政治工作	22	7.75	4	22	8.94	11	6.04	11	17.19	0	0.00	8.94
未成年人思想道德建设	55	19.37	2	45	18.29	35	19.23	10	15.63	10	26.32	8.03
学生的科学素质培养	23	8.10	3	22	8.94	17	9.34	5	7.81	1	2.63	-6.31
学生的企业家精神培养	4	1.41	8	4	1.63	1	0.55	3	4.69	0	0.00	-1.63
提高学生的学习成绩	15	5.28	5	11	4.47	8	4.40	3	4.69	4	10.53	6.06
提高学生的升学率	9	3.17	6	9	3.66	6	3.30	3	4.69	0	0.00	-3.66
提高学生的体质	4	1.41	8	4	1.63	2	1.10	2	3.13	0	0.00	-1.63
提高学校的知名度	7	2.46	7	4	1.63	3	1.65	1	1.56	3	7.89	6.26
提高教师待遇	3	1.06	9	3	1.22	1	0.55	2	3.13	0	0.00	-1.22
个人的升迁去留	0	0.00	12	0	0.00	0	0.00	0	0.00	0	0.00	0.00
个人荣誉获取	0	0.00	12	0	0.00	0	0.00	0	0.00	0	0.00	0.00
学校荣誉的获取	2	0.70	10	2	0.81	2	1.10	0	0.00	0	0.00	0.81
其他	1	0.35	11	1	0.41	1	0.55	0	0.00	0	0.00	0.41
合计	284	100	—	246	100	182	100	64	100	38	100	—

（2）未成年人、中学老师、家长的看法。

如表6-15所示，在2016年对未成年人、中学老师、家长的调查中，居于前五位的选项："学校的生存与发展"（26.43%）、"学校的思想政治工作"（19.56%）、"未成年人思想道德建设"（15.61%）、"提升学生的升学率"（9.84%）、"学生的科学素质培养"

---

①② 叶松庆．当代未成年人道德观发展变化与引导对策的实证研究［M］．芜湖：安徽师范大学出版社，2016：423．

(7.51%)。大部分受访群体认为学校重视自身的发展以及未成年人的价值观教育。

从未成年人与成年人群体的比较来看,正率差最大的选项是"提高学生的升学率",率差最大的选项是"学校的生存与发展",未成年人的选择率较成年人群体要低。

表6-15 未成年人、中学老师、家长认为中学校长与小学校长最重视的学校工作(2016年)

选项	总计			未成年人		成年人群体								未成年人与成年人群体比较率差
						合计		中学老师		家长		中学校长		
	人数	比率	排序	人数	比率	人数	比率	人数	比率	人数	比率	人数	比率	
学校的生存与发展	623	26.43	1	474	24.51	149	35.22	65	39.16	60	31.09	24	37.50	-10.71
学校的思想政治工作	461	19.56	2	388	20.06	73	17.26	24	14.46	38	19.69	11	17.19	2.80
未成年人思想道德建设	368	15.61	3	302	15.62	66	15.60	23	13.86	33	17.10	10	15.63	0.02
学生的科学素质培养	177	7.51	5	144	7.45	33	7.80	12	7.23	16	8.29	5	7.81	-0.35
学生的企业家精神培养	75	3.18	7	63	3.26	12	2.84	3	1.81	6	3.11	3	4.69	0.42
提高学生的学习成绩	169	7.17	6	141	7.29	28	6.62	10	6.02	15	7.77	3	4.69	0.67
提高学生的升学率	232	9.84	4	214	11.07	18	4.26	5	3.01	10	5.18	3	4.69	6.81
提高学生的体质	47	1.99	10	31	1.60	16	3.78	6	3.61	8	4.15	2	3.13	-2.18
提高学校的知名度	46	1.95	11	43	2.22	3	0.71	2	1.20	0	0.00	1	1.56	1.51
提高教师待遇	21	0.89	12	8	0.41	13	3.07	8	4.82	3	1.55	2	3.13	-2.66
个人的升迁去留	8	0.34	14	8	0.41	0	0.00	0	0.00	0	0.00	0	0.00	0.41
个人荣誉获取	16	0.68	13	14	0.72	2	0.47	1	0.60	1	0.52	0	0.00	0.25
学校荣誉的获取	52	2.21	9	46	2.38	6	1.42	5	3.01	1	0.52	0	0.00	0.96
其他	62	2.63	8	58	3.00	4	0.95	2	1.20	2	1.04	0	0.00	2.05
合计	2357	100	—	1934	100	423	100	166	100	193	100	64	100	—

3. 学校对未成年人各方面素质培养是否重视

（1）未成年人的看法。

如表6-16所示，在2016年对未成年人认为的学校对未成年人各方面素质培养的重视度的调查中，未成年人选择"非常重视"与"重视"的合比率为61.67%，其中选择"重视"的比率为33.14%，居于第一位。选择"非常重视"与"重视"培养科学素质、企业家精神、体育素质以及阅读习惯的合比率分别为：61.84%、49.95%、69.59%与65.30%。未成年人认为学校对自身的体育素质重视程度相比其他素质要高。重视未成年人各方面素质的均衡发展，有助于未成年人综合素质的提升。

表6-16 未成年人认为的学校对未成年人各方面素质培养的重视度（2016年）

选项	总计			培养未成年人的科学素质		培养未成年人的企业家精神		培养未成年人的体育素质		培养未成年人的阅读习惯	
	人数	比率	排序	人数	比率	人数	比率	人数	比率	人数	比率
非常重视	2207	28.53	2	555	28.70	481	24.87	588	30.40	583	30.14
重视	2564	33.14	1	641	33.14	485	25.08	758	39.19	680	35.16
非常不重视	649	8.39	6	158	8.17	200	10.34	116	6.00	175	9.05
不重视	707	9.14	4	160	8.27	239	12.36	128	6.62	180	9.31
不好评价	671	8.67	5	158	8.17	217	11.22	160	8.27	136	7.03
不知道	938	12.13	3	262	13.55	312	16.13	184	9.51	180	9.31
合计	7736	100	—	1934	100	1934	100	1934	100	1934	100

（2）家长的看法。

如表6-17所示，在2016年就家长认为的学校对未成年人各方面素质培养的重视度的调查中，家长选择"非常重视"与"重视"的合比率为75.13%，选择"非常不重视"与"不重视"的合比率为9.59%。大部分家长认为学校对未成年人各方面素质的培养较为重视。

从各方面素质培养的现状来看，家长认为学校对未成年人体育素质的重视程度较高。

表6-17 家长认为的学校对未成年人各方面素质培养的重视度（2016年）

选项	总计			培养未成年人的科学素质		培养未成年人的企业家精神		培养未成年人的体育素质		培养未成年人的阅读习惯	
	人数	比率	排序	人数	比率	人数	比率	人数	比率	人数	比率
非常重视	302	39.12	1	83	43.01	62	32.12	74	38.34	83	43.01
重视	278	36.01	2	60	31.09	62	32.12	84	43.52	72	37.31

（续表6-17）

选项	总计			培养未成年人的科学素质		培养未成年人的企业家精神		培养未成年人的体育素质		培养未成年人的阅读习惯	
	人数	比率	排序	人数	比率	人数	比率	人数	比率	人数	比率
非常不重视	42	5.44	5	12	6.22	11	5.70	9	4.66	10	5.18
不重视	32	4.15	6	8	4.15	14	7.25	3	1.55	7	3.63
不好评价	45	5.83	4	12	6.22	16	8.29	9	4.66	8	4.15
不知道	73	9.46	3	18	9.33	28	14.51	14	7.25	13	6.74
合计	772	100	—	193	100	193	100	193	100	193	100

（3）中学校长的看法。

表6-18所示，在2013年、2016年就中学校长认为的学校对未成年人科学素质与企业家精神培养的重视程度的调查中，71.95%的中学校长重视培养未成年人的科学素质。从2016年与2013年的比较来看，2016年中学校长选择"非常重视"的比率较2013年高18.91%，选择"不重视"的比率则比2013年低11.88%。

此外，34.14%的中学校长重视未成年人的企业家精神培养，2016年中学校长选择"非常重视"与"重视"的合比率均较2013年高，选择"不重视"的比率则比2013年低34.46%。中学校长认为学校对未成年人科学素质与企业家精神培养的关注度逐渐提高。

表6-18 中学校长认为的学校对未成年人科学素质与企业家精神培养的重视度（2013年、2016年）

选项	培养未成年人的科学素质						培养未成年人的企业家精神					
	合计		2013年		2016年		2016年与2013年比较率差	合计		2013年		2016年		2016年与2013年比较率差
	人数	比率	人数	比率	人数	比率		人数	比率	人数	比率	人数	比率	
非常重视	54	21.95	31	17.03	23	35.94	18.91	22	8.94	10	5.49	12	18.75	13.26
重视	123	50.00	94	51.65	29	45.31	-6.34	62	25.20	41	22.53	21	32.81	10.28
非常不重视	8	3.25	6	3.30	2	3.13	-0.17	18	7.32	15	8.24	3	4.69	-3.55
不重视	37	15.04	33	18.13	4	6.25	-11.88	105	42.68	94	51.65	11	17.19	-34.46
不好评价	21	8.54	18	9.89	3	4.69	-5.2	32	13.01	20	10.99	12	18.75	7.76
不知道	3	1.22	0	0.00	3	4.69	4.69	7	2.85	2	1.10	5	7.81	6.71
合计	246	100	182	100	64	100	—	246	100	182	100	64	100	—

如表 6-19 所示,在 2013 年、2016 年就中学校长认为的学校对未成年人体育素质与阅读习惯培养的重视程度的调查中,80.08% 的中学校长认为学校重视未成年人的体育素质,占比最高。67.48% 的中学校长"非常重视"与"重视"未成年人的阅读习惯,且两项比率均有所增加,说明中学校长认为学校对培养未成年人的阅读习惯愈发重视,学校较为重视未成年人素质的培养与发展。

从 2016 年与 2013 年的比较来看,中学校长选择"非常重视"与"重视"的比率均有所增加,升幅分别为 2.54%、3.27%。说明中学校长对培养未成年人的体育素质的重视度逐渐提高。

表 6-19 中学校长对未成年人体育素质与阅读习惯培养的重视度(2013 年、2016 年)

选项	培养未成年人的体育素质								培养未成年人的阅读习惯							
	合计		2013 年		2016 年		2016 年与 2013 年比较率差		合计		2013 年		2016 年		2016 年与 2013 年比较率差	
	人数	比率	人数	比率	人数	比率			人数	比率	人数	比率	人数	比率		
非常重视	103	41.87	75	41.21	28	43.75	2.54		57	23.17	40	21.98	17	26.56	4.58	
重视	94	38.21	68	37.36	26	40.63	3.27		109	44.31	79	43.41	30	46.88	3.47	
非常不重视	11	4.47	8	4.40	3	4.69	0.29		22	8.94	18	9.89	4	6.25	-3.64	
不重视	30	12.20	25	13.74	5	7.81	-5.93		39	15.85	31	17.03	8	12.50	-4.53	
不好评价	4	1.63	4	2.20	0	0.00	-2.20		10	4.07	9	4.95	1	1.56	-3.39	
不知道	4	1.63	2	1.10	2	3.13	2.03		9	3.66	5	2.75	4	6.25	3.50	
合计	246	100	182	100	64	100	—		246	100	182	100	64	100		

(4)中学老师的看法。

如表 6-20 所示,在 2015—2016 年就中学老师认为的学校对未成年人各方面素质培养的重视度的调查中,71.25% 的中学老师认为学校"非常重视"与"重视"对未成年人各方面素质的培养,这一合比率较中学校长要低。中学老师选择"非常不重视"与"不重视"的合比率为 18.12%,这一合比率较中学校长要低,中学老师选择的负性评价("非常不重视"与"不重视")的比率较中学校长低。大部分中学老师认为学校重视未成年人各方面素质的培养。

从具体素质来看,中学老师认为学校对未成年人的阅读习惯以及体育素质较为重视,对未成年人的企业家精神的培养未引起足够重视。中学老师表示学校应重视未成年人各方面素质的均衡发展。

表6-20 中学老师认为的学校对未成年人各方面素质培养的重视度(2015—2016年)

选项	总计		培养未成年人的科学素质				培养未成年人的企业家精神				培养未成年人的体育素质				培养未成年人的阅读习惯			
			2015年		2016年		2015年		2016年		2015年		2016年		2015年		2016年	
	人数	比率	人数	比率	人数	比率	人数	比率	人数	比率	人数	比率	人数	比率	人数	比率	人数	比率
非常重视	404	31.56	39	25.32	59	35.54	16	10.39	50	30.12	34	22.08	57	34.34	90	58.44	59	35.54
重视	508	39.69	64	41.56	72	43.37	35	22.73	57	34.34	67	43.51	85	51.20	59	38.31	69	41.57
非常不重视	67	5.23	7	4.55	4	2.41	18	11.69	11	6.63	9	5.84	7	4.22	2	1.30	9	5.42
不重视	165	12.89	28	18.18	13	7.83	56	36.36	25	15.06	19	12.34	8	4.82	1	0.65	15	9.04
不好评价	87	6.80	14	9.09	13	7.83	16	10.39	12	7.23	15	9.74	6	3.61	2	1.30	9	5.42
不知道	49	3.83	2	1.30	5	3.01	13	8.44	11	6.63	10	6.49	3	1.81	0	0.00	5	3.01
合计	1280	100	154	100	166	100	154	100	166	100	154	100	166	100	154	100	166	100

4. 基本认识

(1) 学校高度重视未成年人价值观的培养工作。

未成年人形成正确的价值观对未成年人成长成才具有重要的意义,重视未成年人价值观的培养是未成年人价值观形成与确立的内在要求与前提条件。中学老师、中学校长以及家长等成年人群体选择"非常重视"与"重视"的合比率均较高。此外,中小学校长均将学校的生存发展作为其重视的工作,与此同时重视未成年人的思想道德建设,这些均有利于未成年人价值观的培养。价值观的丰富内涵在一定程度上决定了价值观培养应从多个层面展开。在中学校长与中学老师看来,多方面地培养未成年人的素质是未成年人价值观培养工作的重要切入点,多方面的素质包括科学素质、企业家精神以及体育素质等。总的来看,未成年人价值观的培养工作受到学校的高度重视,学校工作的开展均兼顾未成年人的价值观培养。

(2) 中学老师应提升对未成年人价值观培养的重视度。

2014—2016年对中学老师的调查中,68.29%的中学老师认为学校对未成年人价值观的重视程度较高(见表6-8,第252页),这一比率低于中小学校长以及家长群体。中学老师是学校的主要工作群体,学校的重视程度体现了其在内群体的重视程度。中学老师对这一问题的认识偏低,说明学校(含中学老师)对未成年人价值观培养的重视程度偏低。因此,提高中学老师的重视程度对未成年人价值观培养显得尤为重要。中学老师应从以下三个方面提升对未成年人价值观培养的重视度:一是转变自身的思想观念。中学老师的重要职责在于教书育人,中学老师不仅要传授知识给学生,更重要的是培养学生正确的价值取向。二是充分利用课上与课下资源加强未成年人的价值观建设。课上要注意知识与观念的融合，课下可通过活动以及其他的实践形式塑造未成年人正确的价值观念。三是以身作则，以实际行动感染未成年人。中学老师的一言一行都有可能被未成年人模仿，中学老师应注意规范自身行为，做到知行合一。

(3) 仍须从素质培养层面加强未成年人价值观教育。

价值观是"一种对事物有明确取向的评价与判断，价值观随着教育与实践的变化而不断变化"[①]，在不断变化中丰富内涵。未成年人各方面素质的培养有利于其形成正确的价值观，重视未成年人各方面素质的培养是价值观教育的重要内容。未成年人价值观蕴藏丰富的内涵，价值观的培养应着眼于其丰富的内涵。在中学校长以及中学老师的调查中，其均认为应从科学素质、企业家精神、体育素质以及阅读习惯等多方面来培养未成年人价值观。在各方面素质的培养过程中出现的"不均衡"现象较为严重，在一定程度上妨碍了价值观的培养与建设。因此，在未成年人价值观培养的过程中，应重视各方面素质的协调发展，要厘清各素质间的内在逻辑与相互联系之处，从整体上促进未成年人价值观的发展。

(三) 学校的德育工作队伍建设情况

1. 建设情况

学校德育工作队伍的建设是培养未成年人价值观重要的机制保障。德育工作队伍的高效协调运行有助于提高德育工作成效，对未成年人价值观的培养具有重要的促进作用。

(1) 专职的德育工作者队伍。

如表6-21所示，在2013年对中学校长、德育工作者与小学校长眼中的德育工作队伍建设的调查中，76.81%的受访群体认为已经建立了德育工作队伍。在2016年对中学校长的调查中，65.63%的中学校长认为已经建立了专职的德育工作队伍。

如表6-22所示，在2016年对未成年人、中学老师与家长眼中的德育工作队伍建设的调查中，未成年人、中学老师与家长选择"已经建立"的比率分别为38.11%、67.47%与50.78%。各个群体基本达成共识。

专职的德育工作者队伍拥有专业的知识，对未成年人的思想动态以及心理发展规律有较为专业的认识，专职的德育工作队伍运用专业的知识加强未成年人的价值观建设具有较强的针对性与实效性，是学校德育工作队伍中重要的组织力量。德育工作队伍的建立在一定程度上有利于未成年人等相关工作的展开，从而促进未成年人的全面发展。

(2) 精力充沛、结构合理、爱岗敬业、师德高尚的班主任队伍。

班主任承担着未成年人思想、学习、健康与生活等方面的工作，班主任队伍是班级工作与德育工作重要的组织者、领导者与教育者。

如表6-21所示，在中学校长、德育工作者与小学校长眼中，84.41%的受访群体认为已经建立了精力充沛、结构合理、爱岗敬业、师德高尚的班主任队伍。在2016年对中

---

① 叶松庆. 当代未成年人价值观的基本特征与发展趋向 [J]. 青年探索, 2008 (1): 6-10.

学校长的调查中,73.44%的中学校长选择了"已经建立"。

如表6-22所示,在2016年对未成年人、家长、中学老师的调查中,未成年人、中学老师、家长选择"已经建立"的比率分别为47.47%、68.67%、48.19%。可见,在未成年人、中学老师、家长眼中,已经逐渐建立起了精力充沛、结构合理、爱岗敬业、师德高尚的班主任队伍。

班主任作为未成年人德育工作的主要组成人员,在日常的班级管理中关注未成年人的价值观建设,无疑对未成年人价值观的培养大有裨益。

(3) 专业化的思想品德教师队伍。

专业化的思想品德教师队伍主要承担中学阶段思想品德以及政治课程的教学,通过包含教学在内的多样形式,加强未成年人思想道德建设,以此培养未成年人的价值观。

如表6-21所示,在大多数中学校长、德育工作者、小学校长眼中,德育工作者已建立专业化的思想品德教师队伍(63.50%)。在2016年对中学校长的调查中,中学校长选择"已经建立"的比率为62.50%,居于第一位。

如表6-22所示,在2016年对未成年人、中学老师、家长的调查中,其各群体选择"已经建立"的比率依次为:44.26%、68.67%、53.89%,德育工作队伍"已经建立"已成为受访群体的共识。专业化的思想品德教师在课堂教学中通过灌输以及其他创新性手段加强对未成年人思想品德建设与价值观教育。

表6-21 中学校长、德育工作者、小学校长眼中的德育工作队伍建设(2013年、2016年)

选项	专职的德育工作者队伍				精力充沛、结构合理、爱岗敬业、师德高尚的班主任队伍				专业化的思想品德教师队伍			
	中学校长、德育工作者与小学校长(2013年)[①]		中学校长(2016年)		中学校长、德育工作者与小学校长(2013年)[②]		中学校长(2016年)		中学校长、德育工作者与小学校长(2013年)[③]		中学校长(2016年)	
	人数	比率	人数	比率	人数	比率	人数	比率	人数	比率	人数	比率
已经建立	202	76.81	42	65.63	222	84.41	47	73.44	167	63.50	40	62.50
没有建立	56	21.29	12	18.75	33	12.55	10	15.63	87	33.08	10	15.63
不清楚	5	1.90	10	15.63	8	3.04	7	10.94	9	3.42	14	21.88
合计	263	100	64	100	263	100	64	100	263	100	64	100

---

①②③ 叶松庆. 当代未成年人道德观发展变化与引导对策的实证研究 [M]. 芜湖:安徽师范大学出版社,2016:362-363.

表 6-22 未成年人、中学老师、家长眼中的德育工作队伍建设 (2016 年)

选项	专职的德育工作者队伍						精力充沛、结构合理、爱岗敬业、师德高尚的班主任队伍						专业化的思想品德教师队伍					
	未成年人		中学老师		家长		未成年人		中学老师		家长		未成年人		中学老师		家长	
	人数	比率	人数	比率	人数	比率	人数	比率	人数	比率	人数	比率	人数	比率	人数	比率	人数	比率
已经建立	737	38.11	112	67.47	98	50.78	918	47.47	114	68.67	93	48.19	856	44.26	114	68.67	104	53.89
没有建立	487	25.18	31	18.67	24	12.44	353	18.25	23	13.86	25	12.95	406	20.99	32	19.28	27	13.99
不清楚	710	36.71	23	13.86	71	36.79	663	34.28	29	17.47	75	38.86	672	34.75	20	12.05	62	32.12
合计	1934	100	166	100	193	100	1934	100	166	100	193	100	1934	100	166	100	193	100

2. 基本认识

(1) 学校德育工作需要多专业与结构优化的队伍。

学校的德育工作是一项复杂的系统性工作,需要包括学生在内的多主体共同参与。学校德育工作的对象是学生,对学生展开针对性的教育需要重视德育工作的队伍建设。学校德育工作队伍的建设需要建立多专业与结构优化的队伍。多专业的队伍要求相关的德育工作人员与教师不仅需要具备一定的教育学与心理学等相关的知识,还需具备针对未成年人思想道德建设的相关知识,并在实际中具体运用。结构优化主要包括相关工作人员的年龄结构、学历结构、职务结构等多方面。学校德育工作的队伍建设需要多专业与结构优化的队伍,只有如此才能进一步提高学校德育工作的实效性。

(2) 学校德育工作队伍应相互协调与通力合作,保证队伍高效率运行。

学校德育工作形成的多专业与结构优化的队伍是开展德育工作的准备要素,在准备条件都达到的前提下,学校的德育工作队伍应相互协调与通力配合,保证队伍高效率工作。德育工作队伍的相互协调是指在具体的德育工作过程中,各队伍间应该注意加强沟通,在德育工作的阶段性任务中注意时间、人力、物力以及其他方面的相互协调。另外,各队伍间要通力合作,尽量避免"德育教育是政教处的事,是班主任的职责,是政治教师的事,德育教育与任课教师关系不大"[1] "德育和学生管理主要是班主任的事,其他老师不怎么管"[2] "非德育课的老师们对德育内容很少关心"[3] 等现象的发生,注重发扬

---

[1] 王艳芳,杨文英. 腾冲边境初中生学校德育教育现状调查分析 [J]. 劳动保障世界,2016 (11):61-61.

[2] 刘长海,汪明春,李启明. 中部地区中学德育调查报告:以武汉市 J 区为例 [J]. 中小学德育,2017 (2):54-58.

[3] 赵中源,王丹. 回归"德性":中学德育的应然抉择:基于广州 10 所中学德育现状调查的思考 [J]. 当代教育理论与实践,2014,6 (5):55-57.

"劲往一块使，心往一块想"的精神，不同队伍间要通力合作，保证德育工作高效率运行。

(3) 进一步加强专业化思想品德教师队伍建设。

中学校长、德育工作者、小学校长的调查显示，相较于专职德育工作者与班主任，思想品德教师队伍在整个德育工作队伍中所占的比重较小。专业化的思想品德教师应适当改进教育教学的方式，丰富教育的内容，针对未成年人的思想道德状况与实际，开展相应的工作。专业化德育工作队伍的建立在一定程度上有助于对未成年人形成良好的榜样效应，同时，专业化队伍的建设有助于进一步促进未成年人工作的规范化，对未成年人的健康成长以及全面化发展具有一定促进作用。

（四）学校对德育工作的落实情况

学校对德育工作的落实情况是检验学校德育工作成效的重要方面。德育工作都落到实处，学生的思想道德素质才能得以提升，未成年人的价值观培养才能取得一定成效。

1. 当发现学校没有按照上级要求完成德育教育任务时

如表6-23所示，在2013年与2016年就中学校长对待学校德育工作落实情况的处理方式的调查中，当发现学校没有按照上级要求完成德育教育任务时，57.32%的中学校长选择"帮助分析原因，促其整改"，居于第一位，28.05%的中学校长认为应"严肃批评，要求补做"，4.88%的中学校长选择"不清楚"。

从2016年与2013年的比较来看，率差最大的是"帮助分析原因，促其整改"（5.66%）。大部分中学校长认为学校对未落实的德育任务应该积极查找其中的原因，并提出针对性的对策。中学校长的积极认识有助于具体问题的分析与解决。

2. 当发现班主任或部下没有按照要求完成德育教育任务时

（1）中学校长的自述。

如表6-23所示，在2013年与2016年对中学校长对待学校德育工作落实情况的处理方式的调查中，当发现班主任或者部下没有按照要求完成德育教育任务时，64.63%的中学校长选择"帮助分析原因，促其整改"，这一比率较发现学校没有按照上级要求完成德育教育任务时该项的比率要高。27.64%的中学校长选择"严肃批评，要求补做"，2.85%的中学校长选择"不清楚"，这一比率较前面选项要低。

从2016年与2013年的比较来看，率差最大的是"帮助分析原因，促其整改"（19.78%）。相比学校的主体责任，中学校长对班主任或部下持相对包容的态度，主要是帮助班主任或者部下做适当的归因分析，并促使其采取相关的措施进行整改。

表6-23 中学校长对待学校德育工作落实情况的处理方式（2013年、2016年）

选项	当发现学校没有按照上级要求完成德育教育任务时								当发现您的班主任或部下没有按照要求完成德育教育任务时							
	合计		2013年		2016年		2016年与2013年比较率差		合计		2013年		2016年		2016年与2013年比较率差	
	人数	比率	人数	比率	人数	比率			人数	比率	人数	比率	人数	比率		
严肃批评，要求补做	69	28.05	50	27.47	19	29.69	2.22		68	27.64	47	25.82	21	32.81	6.99	
帮助分析原因，促其整改	141	57.32	107	58.79	34	53.13	-5.66		159	64.63	127	69.78	32	50.00	-19.78	
顺其自然，得过且过	14	5.69	11	6.04	3	4.69	-1.35		7	2.85	4	2.20	3	4.69	2.49	
虚报成绩，为其担责	6	2.44	3	1.65	3	4.69	3.04		2	0.81	0	0.00	2	3.13	3.13	
无所谓	4	1.63	3	1.65	1	1.56	-0.09		3	1.22	2	1.10	1	1.56	0.46	
不清楚	12	4.88	8	4.40	4	6.25	1.85		7	2.85	2	1.10	5	7.81	6.71	
合计	246	100	182	100	64	100	—		246	100	182	100	64	100	—	

（2）中学老师的看法。

如表6-24所示，在2016年对中学老师眼中的学校领导对德育工作落实情况的处理方式的调查中，"当发现学校没有按照上级要求完成德育教育任务"时，领导会选择"严肃批评，要求补做"的比率为37.95%，居于第一位，选择"帮助分析原因，促其整改"的比率为36.75%。"当发现您（中学老师）没有按照要求完成德育教育任务时"，领导会选择"严肃批评，要求补做"的比率为40.36%，居于第一位，选择"帮助其分析原因，促其整改"的比率为39.76%，居于第二位。中学老师眼中学校领导对德育工作的落实情况的处理方式较为妥当。

表6-24　中学老师眼中的学校领导对德育工作落实情况的处理方式（2016年）

选项	当发现学校没有按照上级要求完成德育教育任务时			当发现您没有按照要求完成德育教育任务时		
	人数	比率	排序	人数	比率	排序
严肃批评，要求补做	63	37.95	1	67	40.36	1
帮助分析原因，促其整改	61	36.75	2	66	39.76	2
顺其自然，得过且过	18	10.84	3	8	4.82	5
虚报成绩，为您担责	8	4.82	5	9	5.42	3
无所谓	2	1.20	6	7	4.22	6
不清楚	14	8.43	4	9	5.42	3
合计	166	100	—	166	100	—

3. 基本认识

（1）学校德育工作应分层落实。

学校的德育工作是一项多部门与多主体协调共同完成的工作，这里的部门与主体既包括学校的教导处、政教处等，又包括班级、班主任等。学校德育工作的落实要体现其多部门以及多主体性。因此，学校德育工作应当分层落实，处在不同层级的部门与主体须落实的责任有所不同。分层落实德育工作，有助于进一步细化德育工作，使德育工作更能从小处着手，工作的成效更为显著。此外，学校德育工作的分层落实有助于问责的实现。哪个部门或主体落实不到位，就针对其部门与主体追究责任，促使德育工作落到实处，彰显成效。

（2）归因分析并促其整改是弥补德育工作落实不到位的重要措施。

在前文的调查中，中学校长对学校层面以及班主任或其部下没有落实德育工作时，选择的首要措施就是做出归因分析，同时提出一定的整改措施。归因分析是通过各种途径了解不同层面与主体在具体的德育工作过程中所出现的问题或面临的困难。做出适当的归因分析旨在提出解决问题的对策，改善德育工作的局面。在做出归因分析并提出整改措施的过程中，应该注意分层归因、差别对待，保证整改措施切实落到实处。

（3）学校德育工作应摈弃消极不作为的思想，提高德育工作的实效性。

对于德育工作中出现的态度不积极、懈怠、虚报撒谎等行为，要注意加大相应的处罚力度，为学校德育工作的开展营造良好的氛围。德育工作关乎未成年人的成长成才，未成年人确立与形成良好的道德品质对其一生都是有益与受用的。学校德育工作在落实过程中，要注意摈弃消极不作为的思想，明确各层级主体的责任，提高德育工作的实效性。学校的德育工作应当建立相应的长效机制，同时注重德育工作者的专业化建设，不断提高其业务水平与能力，从而更好地为未成年人服务，这无疑有助于未成年人的身心健康发展。

(五)受访群体对学校德育工作的满意度

如表6-25所示,在2016年就未成年人、中学老师、家长、中学校长对学校德育工作的总体性评价的调查中,受访群体选择"很满意""满意""比较满意"的合比率为78.66%,其中选择"很满意"的比率为32.67%,居于第一位。选择"不满意"与"很不满意"的合比率为8.45%。大部分受访群体对学校的德育工作的总体性评价较好。

在未成年人与成年人群体的对比中,未成年人选择"很满意""满意""比较满意"的合比率为77.05%,这一合比率较成年人群体选择的合比率(86.05%)要低。可见,或多或少,由于亲身参与学校德育工作的统筹、协调以及具体实施,中学老师等成年人对学校的德育工作评价较高。

表6-25 未成年人、中学老师、家长、中学校长对学校德育工作的总体评价(2016年)

选项	总计			未成年人		成年人群体								未成年人与成年人群体比较率差
						合计		中学老师		家长		中学校长		
	人数	比率	排序	人数	比率	人数	比率	人数	比率	人数	比率	人数	比率	
很满意	770	32.67	1	615	31.80	155	36.64	64	38.55	73	37.82	18	28.13	-4.84
满意	720	30.55	2	561	29.01	159	37.59	63	37.95	71	36.79	25	39.06	-8.58
比较满意	364	15.44	3	314	16.24	50	11.82	18	10.84	21	10.88	11	17.19	4.42
不满意	114	4.84	5	100	5.17	14	3.31	8	4.82	2	1.04	4	6.25	1.86
很不满意	85	3.61	6	77	3.98	8	1.89	6	3.61	2	1.04	0	0.00	2.09
不好评价	304	12.90	4	267	13.81	37	8.75	7	4.22	24	12.44	6	9.38	5.06
合计	2357	10	—	1934	100	423	100	166	100	193	100	64	100	—

(六)综合认识

1. 未成年人的价值观教育成效通过学校德育工作的效果逐渐显现出来

价值观教育内涵的丰富性要求学校在对未成年人教育的过程中,要针对未成年人身心发展实际,有切入性与可操作性地开展教育。切入性是指在学校价值观教育过程中,找准与未成年人实际相结合以及最能呈现价值观内涵的教育内容与形式;可操作性是指未成年人在教育过程中以及在接受教育后,能在实践中更好地阐释学校价值观教育的内容,体现"知行合一"的特性。在未成年人价值观教育中,学校应以未成年人的德育工作为切入点,从学校对德育工作的重视程度、队伍建设等多方面加强未成年人的价值观教育。从对学校德育工作相关情况的调查数据来看,学校重视未成年人的德育工作,德育工作得到显著的增强,学校德育工作队伍逐渐优化,学校德育工作的任务得以逐渐落实。学校从多方面重视未成年人的德育工作在很大程度上促进了未成年人价值观的形成与发展。良好的德育环境有助于未成年人形成良好的价值认知、树立正确的价值判断以及做出正确的价值行为选择。未成年人有良好的价值认知、判断以及行为选择，在一定程度上表明其已经具备了正确的价值观。从对学校一系列德育工作的研判来看，未成年人的价值观教育呈现出良好与积极的发展态势。

2. 未成年人价值观教育需要学校领导、中学老师、德育工作者以及未成年人等多方协同配合

学校对未成年人的价值观教育不仅涉及学校的领导，还包括学校的中学老师、德育工作者以及未成年人自身，需要多方主体协同参与和配合完成。学校的领导（校长、副校长等）应针对本校未成年人教育实际制定出相关政策性文件与教育制度的落实方案，更好地完成相应的教育目标，为未成年人价值观教育提供制度性与政策性文件的执行保障。学校的中学老师结合授课班级的不同情况，针对学生的实际因材施教，实现学生的"个性化"培养，在价值观教育上实现同一性与差异性的统一。学校的德育工作者在具体的学校德育工作中，要立足岗位实际，不断创新德育工作的形式，结合新形势下未成年人价值观出现的新情况，积极与未成年人进行坦诚的交流与沟通，了解他们最新的思想动态及心理诉求，帮助他们解除思想观念上的困惑，从而使其树立正确的价值观。此外，未成年人自身要遵守学校的各项规章制度，积极配合老师、德育工作者以及校长的工作，从自身的认知与行为做起，培养自身良好的价值观。

3. 学校对未成年人价值观教育的过程是一个逐步完善的过程

未成年人的价值观教育是一项长期性与复杂性的工作，价值观教育的过程并不是一蹴而就的，而是一个逐步完善的过程。学校可在以下方面做出一定的努力，逐步加强未成年人的价值观教育。一是以学校德育工作为抓手，逐渐丰富未成年人价值观教育的内涵。培养未成年人的正确价值观不仅须依靠对未成年人的思想道德建设，即德育工作，而且需要加强未成年人其他各方面素质的培养，如未成年人的科学素质、企业家精神以及阅读习惯等。在这些素质的培养过程中，未成年人能逐渐清晰地认识到自身不足，并逐步改善。二是注重协调学校教育外的因素。所谓学校教育外的因素是指家庭与社会层面因素对未成年人价值观教育的影响。应注重家庭中家长对未成年人的教育，以及社会层面中正面舆论的积极导向作用。

二、教育者与家长的教育行为现状分析

本部分考察中学老师、中学校长、德育工作者、小学校长这四类教育者的教育行为，并分别从他们对待未成年人思想道德教育工作态度、与家长的配合状况、与未成年人交流状况等方面探讨不同教育者的教育行为。此外，对家长的教育行为进行较为全面的考察与分析，旨在了解不同成年人群体对未成年人教育的差异性。因为，"成年人价值观中的不良成分,也制约了未成年人价值观的正向发展"①。

(一) 中学老师的教育行为现状分析

1. 愿意做未成年人思想道德教育工作的情况

(1) 调查结果分析。

中学老师是未成年人在中学阶段学校中接触最多的群体,每个授课老师对未成年人都会产生或多或少的影响。而有些老师作为学生的班主任,对学生的了解更是非常深入细致。通过对中学老师教育行为现状的分析,可以间接了解未成年人价值观教育的状况。

第一,中学老师的自述。如表6-26所示,在2008—2016年对中学老师是否愿意做未成年人思想道德教育工作情况的调查中,选择"非常愿意"与"愿意"的合比率为87.31%,选择"不大愿意""不愿意""非常不愿意"的合比率为11.62%。大部分中学老师对做未成年人的思想道德教育工作持积极的态度,中学老师做未成年人的思想道德教育工作在一定程度上有助于改善未成年人的思想道德状况,提高未成年人的思想道德品质,对于促进未成年人价值观建设具有重要的意义。

从2016年与2008年的比较来看,2016年中学老师选择"非常愿意"的比率较2008年低2.82%,选择"不大愿意"的比率较2008年高2.41%。中学老师对这一问题的认识稍显消极。因此,中学老师仍须提高对这一问题的认识,通过多种措施提高未成年人思想道德建设的实效性。

表6-26 中学老师是否愿意做未成年人思想道德教育工作的情况(2008—2016年)

选项	总计		2008—2010年②		2008年比率	2011年		2012年		2013年③		2014年		2015年		2016年		2016年与2008年比较率差
	人数	比率	人数	比率		人数	比率	人数	比率	人数	比率	人数	比率	人数	比率	人数	比率	
非常愿意	614	33.03	236	39.80	42.58	22	10.09	55	27.36	125	42.37	66	28.45	44	28.57	66	39.76	-2.82
愿意	1009	54.28	306	51.60	48.39	135	61.93	110	54.73	148	50.17	133	57.33	91	59.09	86	51.81	3.42
不大愿意	164	8.82	30	5.06	0.00	56	25.69	26	12.94	12	4.07	23	9.91	13	8.44	4	2.41	2.41

---

① 叶松庆. 当代未成年人价值观的演变特点与影响因素:对安徽省2426名未成年人的调查分析 [J]. 青年研究, 2006 (12): 1-9.

② 叶松庆. 当代未成年人的道德观现状与教育2006—2010 [M]. 芜湖:安徽师范大学出版社, 2013: 246.

③ 叶松庆. 当代未成年人道德观发展变化与引导对策的实证研究 [M]. 芜湖:安徽师范大学出版社, 2016: 405.

（续表6-26）

选项	总计		2008—2010年[1]		2008年比率	2011年		2012年		2013年[2]		2014年		2015年		2016年		2016年与2008年比较率差
	人数	比率	人数	比率		人数	比率	人数	比率	人数	比率	人数	比率	人数	比率	人数	比率	
不愿意	34	1.83	16	2.70	7.10	2	0.92	9	4.48	4	1.36	0	0.00	2	1.30	1	0.60	-6.50
非常不愿意	18	0.97	5	0.84	1.94	3	1.38	0	0.00	6	2.03	0	0.00	1	0.65	3	1.81	-0.13
无所谓	20	1.08	0	0.00	0.00	0	0.00	1	0.50	0	0.00	10	4.31	3	1.95	6	3.61	3.61
合计	1859	100	593	100	100	218	100	201	100	295	100	232	100	154	100	166	100	—

第二，受访群体的看法。如表6-27所示，在2016年对受访群体的调查中，受访群体选择"非常愿意""愿意"的合比率为80.10%，其中选择"非常愿意"的比率为40.43%，居于第一位。选择"不大愿意""不愿意""非常不愿意"的合比率为12.13%。大部分受访群体认为老师对未成年人的思想道德教育工作抱着负责任的态度，愿意做该工作。

从未成年人与成年人群体的比较来看，未成年人选择"非常愿意""愿意"的合比率为78.43%，中学老师等成年人群体选择"非常愿意"与"愿意"的合比率为87.71%。成年人群体更倾向于认为老师愿意做未成年人的思想道德教育工作。

表6-27 受访群体对老师是否愿意做未成年人的思想道德教育工作的看法（2016年）

选项	总计			未成年人		成年人群体								未成年人与成年人群体比较率差
						合计		中学老师		家长		中学校长		
	人数	比率	排序	人数	比率	人数	比率	人数	比率	人数	比率	人数	比率	
非常愿意	953	40.43	1	764	39.50	189	44.68	66	39.76	105	54.40	18	28.13	-5.18
愿意	935	39.67	2	753	38.93	182	43.03	86	51.81	66	34.20	30	46.88	-4.10
不大愿意	182	7.72	4	159	8.22	23	5.44	4	2.41	9	4.66	10	15.63	2.78
不愿意	66	2.80	5	61	3.15	5	1.18	1	0.60	2	1.04	2	3.13	1.97
非常不愿意	38	1.61	6	30	1.55	8	1.89	3	1.81	3	1.55	2	3.13	-0.34
无所谓	183	7.76	3	167	8.63	16	3.78	6	3.61	8	4.15	2	3.13	4.85
合计	2357	100	—	1934	100	423	100	166	100	193	100	64	100	—

---

[1] 叶松庆. 当代未成年人的道德观现状与教育2006—2010 [M]. 芜湖：安徽师范大学出版社，2013：246.

[2] 叶松庆. 当代未成年人道德观发展变化与引导对策的实证研究 [M]. 芜湖：安徽师范大学出版社，2016：405.

（2）访谈结果分析。

如表6-28所示，反映了2013年中学班主任与中学老师是否愿意做未成年人的思想道德教育工作的访谈结果。在受访的班主任中，5位选择"非常愿意"，3位选择"愿意"；在受访的老师中，3位选择"愿意"，1位选择"非常愿意"。总的来看，6位受访者选择"非常愿意"，6位受访者选择"愿意"。此问题的访谈结果与调查结果基本相同，中学老师对做未成年人思想道德教育工作表现出较高的积极性。

表6-28　中学班主任与中学老师是否愿意做未成年人思想道德教育工作的访谈结果（2013年）

选项	总计	中学班主任								中学老师				
		合计	合肥市巢湖市第二中学	芜湖市无为县襄安中学			淮南市凤台县左集中学		安庆市潜山中学	合计	合肥市巢湖市第二中学	芜湖市无为县襄安中学	淮南市凤台县左集中学	安庆市潜山中学
			1	2	3	4	5	6	7	8		1	2	3	4
非常愿意	6	5		√	√	√	√	√			1	√			
愿意	6	3	√						√	√	3		√	√	√
不大愿意	0	0									0				
不愿意	0	0									0				
非常不愿意	0	0									0				
无所谓	0	0									0				
合计	12	8	1	1	1	1	1	1	1	1	4	1	1	1	1

说明：表中"1""2"……为受访者编号。后同。

2. 经常与家长配合做未成年人思想道德教育工作的情况

未成年人的思想道德教育工作不能只在学校中进行，家庭环境也是未成年人所处的最主要的环境之一，家庭思想道德教育不可或缺。这种教育通常是潜移默化的，没有一种固定的形式。家庭道德教育与学校道德教育的有机结合，则可以最大限度地发挥二者的优势，而这就需要学校与家长的及时沟通和通力配合。

（1）调查结果分析。

第一，中学老师的自述。如表6-29所示，在2008—2010年、2012—2016年对中学老师与家长配合做未成年人思想道德教育工作情况的调查中，59.23%的中学老师选择"经常"，选择"不经常"与"偶尔"的合比率为40.10%，选择"不配合"的比率极小。大多数中学老师表示会与家长配合做未成年人的思想道德教育工作。中学老师与家长的通力配合有助于进一步解开未成年人思想的"症结"，从学校与家庭两个层面展开工作，更显多元主体参与性。

从2016年与2008年的比较来看，2016年中学老师选择"经常"的比率较2008年高6.05%，选择"不经常""偶尔""不配合"的比率均有所降低。从比较率差来看，中学老师在实际工作过程中与家长配合的比率有所提高。中学老师可通过优化自身工作、提高工作与生活的效率，抽出时间与学生家长进行沟通与交流。这可在一定程度上提高工作的实效性，从而加强未成年人的思想道德教育。

表6-29 中学老师与家长配合做未成年人思想道德教育工作的情况
(2008—2010年、2012—2016年)

选项	总计		2008—2010年①		2008年比率	2012年		2013年		2014年		2015年		2016年		2016年与2008年比较率差
	人数	比率	人数	比率		人数	比率	人数	比率	人数	比率	人数	比率	人数	比率	
经常	972	59.23	332	55.99	63.23	117	58.21	197	66.78	122	52.59	89	57.79	115	69.28	6.05
不经常	425	25.90	145	24.45	23.87	55	27.36	70	23.73	79	34.05	39	25.32	37	22.29	-1.58
偶尔	233	14.20	108	18.21	11.61	29	14.43	27	9.15	31	13.36	26	16.88	12	7.23	-4.38
不配合	11	0.67	8	1.35	1.29	0	0.00	1	0.34	0	0.00	0	0.00	2	1.20	-0.09
合计	1641	100	593	100	100	201	100	295	100	232	100	154	100	166	100	—

第二，家长的看法。如表6-30所示，在2016年对家长眼中老师（或班主任）与自己配合做未成年人思想道德教育工作情况的调查中，57.51%的家长认为老师（或班主任）经常配合自身做未成年人思想道德教育工作，选择"不经常"与"偶尔"的比率分别为21.24%与15.54%，选择"不配合"的比率较低（5.70%）。家长认为老师（或班主任）会配合自身做好未成年人的思想道德教育工作。

从性别比较来看，男性家长选择"不经常"的比率较女性家长要高7.71%，是率差最大的选项，女性家长选择"偶尔"的比率较男性家长稍高。

---

① 叶松庆.当代未成年人的道德观现状与教育2006—2010[M].芜湖：安徽师范大学出版社，2013：242.

表6-30 家长眼中老师（或班主任）与自己配合做未成年人思想道德教育工作的情况（2016年）

选项	总计			性别				比较率差
				男		女		
	人数	比率	排序	人数	比率	人数	比率	
经常	111	57.51	1	59	56.19	52	59.09	2.90
不经常	41	21.24	2	26	24.76	15	17.05	-7.71
偶尔	30	15.54	3	13	12.38	17	19.32	6.94
不配合	11	5.70	4	7	6.67	4	4.55	-2.12
合计	193	100	—	105	100	88	100	—

（2）访谈结果分析。

如表6-31所示，反映了2013年中学班主任和中学老师是否与家长配合做未成年人的思想道德教育工作的访谈结果。受访的8位班主任均表示"经常"与家长配合，在受访的老师中，3位表示"经常"，1位表示"不经常"。总的来看，11位受访者表示"经常"，1位受访者表示"不经常"。就此问题，访谈结果优于调查结果，绝大多数中学班主任、中学老师经常与家长配合做未成年人的思想道德教育工作。

表6-31 中学班主任、中学老师与家长配合做未成年人的思想道德教育工作的访谈结果（2013年）

选项	总计	中学班主任								中学老师				
		合计	合肥市巢湖市第二中学		芜湖市无为县襄安中学		淮南市凤台县左集中学		安庆市潜山中学	合计	合肥市巢湖市第二中学	芜湖市无为县襄安中学	淮南市凤台县左集中学	安庆市潜山中学
			1	2	3	4	5	6	7	8		1	2	3	4
经常	11	8	√	√	√	√	√	√	√	√	3	√	√	√	
不经常	1	0									1				√
偶尔	0	0									0				
不配合	0	0									0				
合计	12	8	1	1	1	1	1	1	1	1	4	1	1	1	1

3. 经常与未成年人谈心的情况

老师与同学谈心是一种普遍的现象，通过谈心，老师可以及时地了解未成年人的生活学习状况与思想动态，以便在未成年人思想道德教育的方式方法上做出调整，更好地进行未成年人思想道德教育。

（1）调查结果分析。

第一，中学老师的自述。如表 6-32 所示，在 2008—2013 年、2015—2016 年对中学老师与未成年人的谈心情况的调查中，89.49% 的中学老师表示有过与未成年人谈心的情况，其中表示"经常"与"有时"谈心的比率均超过 40%，说明中学老师对于未成年人的重视程度较高。还有部分中学老师表示自己与未成年人"不谈心"。这部分中学老师可能是由于没有担当班主任等职责，在内心深处认为自己只要教好课，做一个术业专攻的授课老师就可以了，因而忽略了未成年人除了学习之外的其他方面的教育，需要在认识上有所加强。

从 2016 年与 2008 年的比较来看，中学老师选择"有时"的比率较 2008 年低 10.05%，是降幅最大的选项。选择"不谈心"的比率较 2008 年高 1.03%。中学老师与未成年人谈心的比率在一定程度上有所降低。究其原因，随着网络的日益发展，未成年人可选择的交流与沟通工具增多，导致其选择与老师面对面谈心的意愿不强。此外，谈心谈话需要把握一定的沟通技巧，中学老师在沟通的过程中可能会做出挫伤未成年人沟通交流积极性行为，影响谈心效果。

表 6-32　中学老师平时与未成年人谈心的情况（2008—2013 年、2015—2016 年）

选项	总计		2008—2010 年①		2008 年比率	2011 年		2012 年		2013 年		2015 年		2016 年		2016 年与 2008 年比较率差
	人数	比率	人数	比率		人数	比率	人数	比率	人数	比率	人数	比率	人数	比率	
经常	770	47.33	280	47.22	53.55	95	43.58	112	55.72	114	38.64	66	42.86	103	62.05	8.50
有时	686	42.16	281	47.39	42.58	112	51.38	80	39.80	109	36.95	50	32.47	54	32.53	-10.05
不谈	122	7.50	28	4.72	2.58	11	5.05	6	2.99	49	16.61	22	14.29	6	3.61	1.03
不清楚	49	3.01	4	0.67	1.29	0	0.00	3	1.49	23	7.80	16	10.39	3	1.81	0.52
合计	1627	100	593	100	100	218	100	201	100	295	100	154	100	166	100	—

第二，未成年人的看法：

如表 6-33 所示，在 2016 年就未成年人对老师平时找他谈心情况的调查中，28.49% 的未成年人选择"经常"，选择"有时"的比率为 44.78%，居于第一位，选择"不谈"与"不清楚"的比率分别为 14.22% 与 12.51%。未成年人认为老师平时会找其谈心谈话，但总体上频率不高。

从性别比较来看，男性未成年人选择"经常"与"有时"的比率稍高。从政治面貌上看，共青团员更倾向于选择"有时"。

---

① 叶松庆．当代未成年人的道德观现状与教育 2006—2010 [M]．芜湖：安徽师范大学出版社，2013：244．

表6-33 未成年人对老师平时是否找他谈心的看法（2016年）

选项	总计			性别				政治面貌				
				男		女		共青团员		一般青年		
	人数	比率	排序	人数	比率	人数	比率	比较率差	人数	比率	人数	比率	比较率差
经常	551	28.49	2	304	29.34	247	27.51	-1.83	324	27.05	227	30.84	3.79
有时	866	44.78	1	484	46.72	382	42.54	-4.18	557	46.49	309	41.98	-4.51
不谈	275	14.22	3	148	14.29	127	14.14	-0.15	201	16.78	74	10.05	-6.73
不清楚	242	12.51	4	100	9.65	142	15.81	6.16	116	9.68	126	17.12	7.44
合计	1934	100	—	1036	100	898	100	—	1198	100	736	100	—

如表6-34所示，在2016年就未成年人对自己有厌学情绪、离家出走想法、思想出现问题时，老师是否与其谈心或做思想工作的调查中，27.04%的未成年人选择"经常有"，选择"有时有"的比率为27.87%，居于第一位。选择"没有"的比率为17.17%，选择"老师根本不知道我的事"的比率为15.25%，选择"不清楚"的比率为12.67%。在未成年人出现消极性情绪时，大部分老师会与其谈心，以解除未成年人的困惑。但有部分老师表示不知道或未察觉。

从性别比较来看，男性未成年人"经常有""有时有"的选择比率较女性未成年人高；从政治面貌上看，一般青年（未成年人）"经常有"的选择比率高于共青团员。

表6-34 未成年人对自己有厌学情绪、离家出走想法、思想出现问题时，
老师是否与其谈心或做思想工作的看法（2016年）

选项	总计			性别				政治面貌				
				男		女		共青团员		一般青年		
	人数	比率	排序	人数	比率	人数	比率	比较率差	人数	比率	人数	比率	比较率差
经常有	523	27.04	2	288	27.80	235	26.17	-1.63	313	26.13	210	28.53	2.40
有时有	539	27.87	1	322	31.08	217	24.16	-6.92	357	29.80	182	24.73	-5.07
没有	332	17.17	3	192	18.53	140	15.59	-2.94	200	16.69	132	17.93	1.24
老师根本不知道我的事	295	15.25	4	128	12.36	167	18.60	6.24	194	16.19	101	13.72	-2.47
不清楚	245	12.67	5	106	10.23	139	15.48	5.25	134	11.19	111	15.08	3.89
合计	1934	100	—	1036	100	898	100	—	1198	100	736	100	—

（2）访谈结果分析。

第一，中学班主任与中学老师的看法。表6-35反映了2013年中学班主任与中学老师是否找未成年人谈心的访谈结果。受访的8位班主任均表示"经常"找未成年人谈心，在受访的老师中，1位表示"经常"，3位表示"有时"。从总体上看，受访的班主任与老师均表示愿意找未成年人谈心，且绝大多数受访者经常找未成年人谈心，班主任找未成年人谈心的情况要多于老师。班主任承担未成年人思想、生活、健康等多方面的教育，选择找未成年人谈心的比率稍高。

表6-35 中学班主任与中学老师是否找未成年人谈心的访谈结果（2013年）

选项	总计	中学班主任									中学老师				
		合计	合肥市巢湖市第二中学		芜湖市无为县襄安中学		淮南市凤台县左集中学		安庆市潜山中学		合计	合肥市巢湖市第二中学	芜湖市无为县襄安中学	淮南市凤台县左集中学	安庆市潜山中学
			1	2	3	4	5	6	7	8		1	2	3	4
经常	9	8	√	√	√	√	√	√	√	√	1			√	
有时	3	0									3	√	√		√
不谈	0	0									0				
不清楚	0	0									0				
合计	12	8	1	1	1	1	1	1	1	1	4	1	1	1	1

第二，未成年人的看法。表6-36反映了2013年未成年人对班主任是否找其谈心的访谈结果。在受访的19位未成年人中，12位表示班主任找过自己谈心，另外7位则表示班主任没有找过自己谈心。可见，多数受访的未成年人表示班主任找过自己谈心，但这一结果并没有对班主任访谈时了解的情况乐观。

表6-36 未成年人对班主任是否找其谈心的访谈结果（2013年）

选项	总计	合肥市巢湖市第二中学					芜湖市无为县襄安中学					淮南市凤台县左集中学					安庆市潜山中学				
		1	2	3	4	5	6	7	8	9	10	11	12	13	14	15	16	17	18	19	20
有	12		√				√	√	√		√	√			√	√	√	√		√	√
没有	7	√		√	√	√				√			√	√							
合计	19	1	1	1	1	1	1	1	1	1	1	1	1	1	1	1	1	1	0	1	1

第三，其他研究者的调研成果分析：

如表6-37所示，张淑清在2011年对山西省忻州市五中、六中、卢野中学与忻州师范学院附属中学，以及河曲、定襄、五台、原平等县的初中三个年级的161名学生及34名教师关于"教师重视与学生的沟通与交流"的调查显示，50.2%的受访者认为"很重视"，排在第一位，其他选项排序为"一般"（42.6%）、"偶尔"（7.2%）。

曹瑞、孟四清和麦清（天津市教科院）在2011年对全国未成年人关于"老师经常找你谈心吗"的调查显示，61.4%的未成年人认为"有时"，20.4%的未成年人选择"从来没有"，18.2%的未成年人认为"经常"。近五分之四的未成年人表示老师找过自己谈心，经常谈心的约占五分之一。

苏成标在2012年对安徽省灵璧县初中生关于"你觉得师生间的沟通状况怎样"的调查显示，68.0%的受访者认为"经常沟通"，28.0%的受访者认为"缺乏沟通"，4.0%的受访者认为"从不沟通，师生存在对立情绪"。

从总体上看，关于与未成年人谈心的情况，其他研究者的调研成果与此次调研结果相似。多数中学教师能够做到与未成年人谈心，不与未成年人谈心的中学教师比重相对较小。

表6-37 老师与未成年人谈心的情况

2011年山西省忻州市五中、六中、卢野中学与师院附中，以及河曲、定襄、五台、原平等县的初中三个年级的161名学生及34名教师的调查（N: 中学生161、教师34）[1]		2011年天津市教科院的全国未成年人调查（N: 5167）[2]		2012年安徽省灵璧县初中生调查（N: 100）[3]	
教师重视与学生的沟通与交流吗？		老师经常找你谈心吗？		你觉得师生间的沟通状况怎样？	
选项	比率	选项	比率	选项	比率
很重视	50.2	经常	18.2	经常沟通	68.0
一般	42.6	有时	61.4	缺乏沟通	28.0
偶尔	7.2	从来没有	20.4	从不沟通，师生存在对立情绪	4.0
合计	100	合计	100	合计	100

4. 看到未成年人正在发生不良行为时的处理方式

未成年人由于道德观念尚未完全形成，可能会无意识地做出一些不道德的行为。对

---

[1] 张淑清. 忻州市初中思想品德课教学现状调查与研究 [J]. 长治学院学报, 2012, 29 (6): 86-89.
[2] 曹瑞, 孟四清, 麦清. 中学生德育环境状况的基本判断与建议：基于2011年全国中学生德育环境状况的调查与分析 [J]. 思想理论教育, 2012 (22): 29-34.
[3] 苏成标. 思想品德教学现状调查 [J]. 中学政治教学参考, 2012 (8): 59-60.

此中学老师是怎么看的呢?

(1) 中学老师的自述。

如表6-38所示,在2008—2013年、2015—2016年对中学老师看到未成年人正在发生不良行为时的处理方式的调查中,95.45%的中学老师会对未成年人的不良行为进行干预,1.35%的中学老师选择"与己无关,不管不问",1.72%的中学老师则认为没有信心对未成年人进行教育。在表示干预的中学老师当中,41.49%的中学老师会当场制止未成年人的不良行为,表示会严肃教育与耐心引导的比率均在20%以上,有少部分的中学老师则会选择事后教育。

从2016年与2008年的比较来看,选择"与己无关,不管不问"的比率较2008年高0.55%。在干预措施中,选择"严肃教育"与"事后教育"的比率分别较2008年高5.48%与1.03%。从率差来看,选择放任态度的中学老师比率有所增加,选择事后教育的比率也有所增加。

表6-38 中学老师看到未成年人正在发生不良行为时的处理方式(2008—2013年、2015—2016年)

选项	总计		2008年		2009年		2010年		2011年		2012年		2013年		2015年		2016年		2016年与2008年比较率差
	人数	比率	人数	比率	人数	比率	人数	比率	人数	比率	人数	比率	人数	比率	人数	比率	人数	比率	
立即制止	675	41.49	63	40.65	106	47.53	90	41.86	71	32.57	76	37.81	123	41.69	61	39.61	85	51.20	10.55
严肃教育	396	24.34	41	26.45	39	17.49	48	22.33	55	25.23	43	21.39	74	25.08	43	27.92	53	31.93	5.48
事后教育	91	5.59	4	2.58	17	7.62	9	4.19	19	8.72	19	9.45	9	3.05	8	5.19	6	3.61	1.03
耐心引导	391	24.03	43	27.74	50	22.42	57	26.51	58	26.61	55	27.36	79	26.78	34	22.08	15	9.04	-18.7
与己无关,不管不问	22	1.35	1	0.65	2	0.90	1	0.47	7	3.21	4	1.99	2	0.68	3	1.95	2	1.20	0.55
没有信心教育	28	1.72	2	1.29	6	2.69	6	2.79	5	2.29	3	1.49	2	0.68	2	1.30	2	1.20	-0.09
无所谓	24	1.48	1	0.65	3	1.35	4	1.86	3	1.38	1	0.49	6	2.03	3	1.95	3	1.81	1.16
合计	1627	100	155	100	223	100	215	100	218	100	201	100	295	100	154	100	166	100	—

(2) 未成年人的看法。

如表6-39所示,在2016年对未成年人眼中老师对未成年人发生不良行为的处理方式的调查中,90.85%的未成年人认为老师会进行相应的干预,这一比率较中学老师选择的比率要低。在干预方式上,选择"立即制止"的比率为42.35%,居于第一位。未成年人眼中中学老师对未成年人出现的不良行为表现出积极的处理态度与关心倾向。

从性别比较来看,男性未成年人"严肃教育"的选择比率较女性未成年人高;从政治面貌上看,共青团员"严肃教育"的选择比率较一般青年(未成年人)高。

表6-39 未成年人眼中老师对未成年人发生不良行为的处理方式(2016年)

选项	总计			性别				政治面貌				
				男		女		共青团员		一般青年		
	人数	比率	排序	人数	比率	人数	比率	比较率差	人数	比率	人数	比率	比较率差
立即制止	819	42.35	1	436	42.08	383	42.65	0.57	486	40.57	333	45.24	4.67
严肃教育	626	32.37	2	369	35.62	257	28.62	-7.00	431	35.98	195	26.49	-9.49
事后教育	147	7.60	4	83	8.01	64	7.13	-0.88	97	8.10	50	6.79	-1.31
耐心引导	165	8.53	3	76	7.34	89	9.91	2.57	104	8.68	61	8.29	-0.39
与己无关,不管不问	70	3.62	6	20	1.93	50	5.57	3.64	27	2.25	43	5.84	3.59
没有信心教育	19	0.98	7	14	1.35	5	0.56	-0.79	15	1.25	4	0.54	-0.71
无所谓	88	4.55	5	38	3.47	50	5.57	2.10	38	3.17	50	6.79	3.62
合计	1934	100	—	1036	100	898	100	—	1198	100	736	100	—

(3) 其他研究者的调研成果分析。

如表6-40所示,关颖在2010年对全国未成年人犯关于"当有不良行为时,是否有人教育"的调查中,82.7%的受访者认为"有",17.3%的受访者认为"没有","有"的比率比"没有"的比率高65.4%。当被问及"如有,哪些人教育过你"时,89.4%的受访者选择是"父母",居于第一位,其他选项的排序:"亲属"(45.4%)、"老师"(30.8%)、"朋友"(24.0%)、"公安人员"(13.7%)、"居委会村委会工作人员"(1.9%)、"其他"(1.8%)。在大多数情况下,未成年人的不良行为一经发现,便会被制止与教育,这些制止与教育未成年人的群体通常为父母、亲属、老师等。由此可见,家庭教育与学校教育对纠正未成年人的不良行为具有重要作用。为此,在未成年人价值观教育的过程中要重视家庭教育与学校教育,充分挖掘相关教育资源,使之更好地为未成年人的健康成长服务。

表6-40 老师教育有不良行为未成年人的情况

2010年全国未成年犯抽样调查（N：924）[①]					
当有不良行为时，是否有人教育		如有，哪些人教育过你			
选项	比率	选项	比率	选项	比率
有	82.7	父母	89.4	公安人员	13.7
没有	17.3	亲属	45.4	居委会村委会工作人员	1.9
—	—	老师	30.8	其他	1.8
—	—	朋友	24.0	—	—
合计	100	—	—	—	—

5. 参加监考看见有未成年人考试作弊时的处理方式

（1）中学老师的自述。

如表6-41所示，在2013年、2016年对中学老师发现未成年人作弊时的处理方式的调查中，96.26%的中学老师做出了处理，旨在阻止未成年人作弊，使其受到相应的教育与处理。其中，选择"立即制止，但让其考完后再处理"的比率为48.13%，居于第一位。选择"无任何表示"与"装作没看见，听之任之"的比率极低。中学老师对未成年人考试作弊的处理方式表现出严格的态度倾向，从一定程度上也表明学校重视学生的考风考纪建设。

从2016年与2013年的比较来看，2016年选择"立即制止，并停止其考试"的比率较2013年高11.89%，是增幅最大的选项。

表6-41 中学老师参加监考看见有未成年人作弊时的处理方式（2013年、2016年）

选项	总计			2013年			2016年			2016年与2013年比较率差
	人数	比率	排序	人数	比率	排序	人数	比率	排序	
立即制止，并停止其考试	107	33.44	2	42	27.27	2	65	39.16	2	11.89
立即制止，但让其考完后再处理	154	48.13	1	79	51.30	1	75	45.18	1	-6.12
轻声警告	47	14.69	3	27	17.53	3	20	12.05	3	-5.48

[①] 关颖. 学校教育对未成年人犯罪影响的调查 [J]. 预防青少年犯罪研究，2012（3）：9-13，8.

(续表6-41)

选项	总计			2013年			2016年			2016年与2013年比较率差
	人数	比率	排序	人数	比率	排序	人数	比率	排序	
装作没看见，听之任之	5	1.56	4	3	1.95	4	2	1.20	5	-0.75
无任何表示	3	0.94	6	2	1.30	5	1	0.60	6	-0.7
不知怎么办	4	1.25	5	1	0.65	6	3	1.81	4	1.16
合计	320	100	—	154	100	—	166	100	—	—

（2）未成年人的看法。

如表6-42所示，在2016年关于未成年人就老师对未成年人考试作弊的处理方式的调查中，86.35%的未成年人认为老师对作弊行为会有相应的处理方式，其中选择"立即制止，并停止其考试"的比率为43.85%，居于第一位。这与中学老师的认识有所不同：中学老师会立即制止作弊行为，但还是会让未成年人参与考试。未成年人选择其他消极性应对方式的比率均较老师要高。有部分未成年人对这一问题存在一定的模糊性认识。

从性别比较来看，率差最大的是"不知怎么办"（6.96%）。从政治面貌比较来看，率差最大的是"立即制止，但让其考完试后再处理"（7.86%）。

表6-42 未成年人眼中老师对未成年人考试作弊的处理方式（2016年）

选项	总计			性别				政治面貌				
				男		女		比较率差	共青团员		一般青年		比较率差
	人数	比率	排序	人数	比率	人数	比率		人数	比率	人数	比率	
立即制止，并停止其考试	848	43.85	1	473	45.66	375	41.76	-3.9	531	44.32	317	43.07	-1.25
立即制止，但让其考完后再处理	604	31.23	2	338	32.63	266	29.62	-3.01	410	34.22	194	26.36	-7.86
轻声警告	218	11.27	3	108	10.42	110	12.25	1.83	121	10.10	97	13.18	3.08
装作没看见，听之任之	83	4.29	5	54	5.21	29	3.23	-1.98	51	4.26	32	4.35	0.09
无任何表示	55	2.84	6	29	2.80	26	2.90	0.10	40	3.34	15	2.04	-1.30
不知怎么办	126	6.51	4	34	3.28	92	10.24	6.96	45	3.76	81	11.01	7.25
合计	1934	100	—	1036	100	898	100	—	1198	100	736	100	—

6. 对校园暴力的处理方式

校园暴力在学校当中并不是很常见，一般多是学生之间的打架斗殴，但也不乏有些更为严重的暴力事件。通过对校园暴力处理方式的调查，可以在一定程度上窥探中学老师的教育行为与教育智慧。与此同时，中学老师的处理方式也会间接影响其对未成年人的教育。

（1）中学老师的自述。

如表6-43所示，在2008—2013年、2015—2016年就中学老师对"校园暴力"处理方式的调查中，46.96%的中学老师选择"直接制止"，选择"报告学校保卫部门"的比率为40.01%，选择"打110报警"的比率为4.55%。中学老师选择"想管，但管不了"与"不清楚"的合比率不足10%，说明多数中学老师在遇到校园暴力时会不同程度地参与解决。由于学校校园暴力通常情况下都不是很严重，因此，近半数的中学老师表示会自己去"直接制止"。当然，有些稍微严重的事件会"报告学校保卫部门"，让专门的人员来解决，而选择"打110报警"的比率很低。

从2016年与2008年的比较来看，中学老师选择"直接制止"的比率较2008年高19.90%，选择"报告学校保卫部门"的比率有所降低。从比较率差来看，中学老师遇到这种情况，"直接制止"的比率在上升，直接参与管理的比率均较高。

表6-43　中学老师对"校园暴力"的处理方式（2008—2013年、2015—2016年）

选项	总计		2008年		2009年		2010年		2011年		2012年		2013年		2015年		2016年		2016年与2008年比较率差
	人数	比率	人数	比率	人数	比率	人数	比率	人数	比率	人数	比率	人数	比率	人数	比率	人数	比率	
直接制止	764	46.96	70	45.16	95	42.60	76	35.35	96	44.04	84	41.79	156	52.88	79	51.30	108	65.06	19.90
报告学校保卫部门	651	40.01	63	40.65	88	39.46	96	44.65	87	39.91	104	51.74	110	37.29	51	33.12	52	31.33	-9.32
打110报警	74	4.55	6	3.87	11	4.93	13	6.05	9	4.13	10	4.98	11	3.73	12	7.79	2	1.20	-2.67
想管，但管不了	99	6.08	14	9.03	20	8.97	22	10.23	24	11.01	3	1.49	8	2.71	5	3.25	3	1.81	-7.22
不清楚	39	2.40	2	1.29	9	4.04	8	3.72	2	0.92	0	0.00	10	3.39	7	4.55	1	0.60	-0.69
合计	1627	100	155	100	223	100	215	100	218	100	201	100	295	100	154	100	166	100	—

(2) 未成年人的看法。

如表6-44所示，在2016年关于未成年人就老师对"校园暴力"的处理方式的调查中，80.46%的未成年人认为老师会采取一定措施制止校园暴力。选择"想管，但管不了"与"不清楚"的比率分别为5.69%与13.86%。在未成年人眼中，中学老师对"校园暴力"的处理方式较为妥当，有部分未成年人对此则表示"不清楚"。

从性别与政治面貌比较来看，率差最大的是"报告学校保卫部门"，分别为8.10%与3.99%。

表6-44 未成年人眼中老师对"校园暴力"的处理方式（2016年）

选项	总计			性别				政治面貌				
				男		女		比较率差	共青团员		一般青年		比较率差
	人数	比率	排序	人数	比率	人数	比率		人数	比率	人数	比率	
直接制止	961	49.69	1	502	48.46	459	51.11	2.65	602	50.25	359	48.78	-1.47
报告学校保卫部门	463	23.94	2	287	27.70	176	19.60	-8.1	305	25.46	158	21.47	-3.99
打110报警	132	6.83	4	66	6.37	66	7.35	0.98	70	5.84	62	8.42	2.58
想管，但管不了	110	5.69	5	65	6.27	45	5.01	-1.26	68	5.68	42	5.71	0.03
不清楚	268	13.86	3	116	11.20	152	16.93	5.73	153	12.77	115	15.63	2.86
合计	1934	100	—	1036	100	898	100	—	1198	100	736	100	—

7. 对未成年人上网的处理方式

（1）中学老师的自述。

如表6-45所示，在2008—2011年、2015—2016年就中学老师对未成年人上网的处理方式的调查中，各选项的排序："加强管理"（89.74%）、"视而不见"（4.33%）、"不必去管"（3.63%）、"无所谓"（2.30%）。接近90%的中学老师表示见到未成年人上网会去管理介入，余下表示不管理的各项比率均很小。

从2016年与2008年的比较来看，2016年中学老师选择"加强管理"的比率较2008年低8.65%，选择"视而不见"与"不必去管"的比率均有所上升。从比较率差来看，中学老师对未成年人上网的态度发生了一定的改变，选择宽松式的管理方式居多。因此，须进一步要求中学老师正确看待未成年人的上网情况，引导未成年人合理上网与健康上网，促进未成年人的身心和谐发展。

表6-45 中学老师对未成年人上网的处理方式（2008—2011年、2015—2016年）

选项	总计			2008年		2009年		2010年		2011年		2015年		2016年		2016年与2008年比较率差
	人数	比率	排序	人数	比率	人数	比率	人数	比率	人数	比率	人数	比率	人数	比率	
加强管理	1015	89.74	1	146	94.19	205	91.93	200	93.02	194	88.99	128	83.11	142	85.54	-8.65
视而不见	49	4.33	2	3	1.94	5	2.24	6	2.79	10	4.59	13	8.44	12	7.23	5.29
不必去管	41	3.63	3	2	1.29	7	3.14	8	3.72	10	4.59	8	5.19	6	3.61	2.32
无所谓	26	2.30	4	4	2.58	6	2.69	1	0.47	4	1.83	5	3.25	6	3.61	1.03
合计	1131	100	5	155	100	223	100	215	100	218	100	154	100	166	100	—

（2）未成年人的看法。

如今，网络已经渐渐步入普通家庭当中，特别是对于城市里的未成年人来说，他们自小就在家里学会了上网，而县乡学校的未成年人沉迷于网吧的情况也不少。通常情况下，学校是禁止未成年人上网的，要求老师遇到这种情况要严肃处理，但要杜绝这种现象则很难。

如表6-46所示，在2006—2011年、2015—2016年就未成年人眼中老师对自己上网的处理方式的调查中，各选项的排序："管，但管的不紧"（37.94%）、"管得很紧"（37.68%）、"不闻不问"（15.40%）、"见了也不管"（6.87%）、"其他"（2.12%）。在未成年人眼中，老师遇到自己上网时基本上都会管，表示管理严格与较为宽松的比率大致相当，这与中学老师的自述相似，但中学老师表现出更高的介入性。表示不会管理的比率超过20%，其中更有甚者是见到了未成年人在上网也不管不问。未成年人的网络行为应当加以引导与规范，但这并不意味着不允许或无节制地让未成年人上网。中学老师在教育和引导未成年人的过程中，应注意方式方法，既让未成年人明晰其中的利害关系，又让未成年人在实际行动中规范自身行为。

从2016年与2006年的比较来看，未成年人认为中学老师"不闻不问"与"见了也不管"的比率分别较2008年高7.92%与6.22%，选择"管得很紧"的比率较2006年的低23.52%。从比较率差来看，未成年人认为中学老师对其上网的态度更显宽松有度，表明中学老师对未成年人上网的认识更理性化。

表 6-46　未成年人认为的中学老师对自己上网的处理方式（2006—2011年、2015—2016年）

	总计		2006年		2007年		2008年		2009年		2010年		2011年		2015年		2016年		2016年与2008年比较率差
	人数	比率	人数	比率	人数	比率	人数	比率	人数	比率	人数	比率	人数	比率	人数	比率	人数	比率	
不闻不问	2930	15.40	440	18.14	383	12.58	631	15.68	226	10.20	245	12.65	312	16.16	189	17.45	504	26.06	7.92
见了也不管	1308	6.87	223	9.19	271	8.90	169	4.20	61	2.75	80	4.13	107	5.54	99	6.52	298	15.41	6.22
管,但管得不紧	7220	37.94	682	28.11	1191	39.11	1578	39.20	869	39.21	859	44.37	884	45.78	640	42.16	517	26.73	-1.38
管得很紧	7170	37.68	1081	44.56	1200	39.41	1647	40.92	1060	47.83	752	38.84	467	24.18	556	36.63	407	21.04	-23.52
其他	403	2.12	0	0.00	0	0.00	0	0.00	0	0.00	0	0.00	161	8.34	34	2.24	208	10.75	10.75
合计	19031	100	2426	100	3045	100	4025	100	2216	100	1936	100	1931	100	1518	100	1934	100	—

8. 对未成年人网瘾的处理方式

网络成瘾在未成年人当中是一种较为普遍的现象，未成年人自我控制能力较弱，很容易陷入网络游戏与虚拟的网络世界之中。那么，中学老师对待未成年人网瘾的态度是怎样的呢？

（1）中学老师的自述。

如表 6-47 所示，在 2008—2013 年、2015—2016 年就中学老师对未成年人网瘾处理方式的调查中，各选项的排序："严加管理"（53.47%）、"帮助戒除"（33.25%）、"任其自然"（6.15%）、"感到痛心"（5.84%）、"不知道怎么办"（1.29%）。超过半数的中学老师表示对于未成年人网瘾会"严加管理"，同时也有相当部分的中学老师表示会帮助未成年人戒除网瘾。网瘾需要包括中学老师在内的多方力量去干预，未成年人网瘾的处理方式应结合未成年人的实际与受网瘾危害的程度，有针对性地提出解决对策。

从 2016 年与 2008 年的比较来看，2016 年选择"任其自然"的比率较 2008 年高 12.48%，选择"帮助戒除"的比率较 2008 年低 15.52%。从比较率差来看，中学老师对"帮助戒除"的信心降低了，"任其自然"现象增多。中学老师应增加信心，采取积极措施帮助未成年人戒除网瘾。

表6-47 中学老师对未成年人网瘾的处理方式（2008—2013年、2015—2016年）

选项	总计		2008年		2009年		2010年		2011年		2012年		2013年		2015年		2016年		2016年与2008年比较率差
	人数	比率	人数	比率	人数	比率	人数	比率	人数	比率	人数	比率	人数	比率	人数	比率	人数	比率	
严加管理	870	53.47	89	57.42	140	62.78	139	64.65	132	60.55	74	36.82	126	42.71	70	45.45	100	60.24	2.82
任其自然	100	6.15	4	2.58	8	3.59	7	3.26	17	7.80	18	8.96	13	4.41	8	5.19	25	15.06	12.48
帮助戒除	541	33.25	53	34.19	62	27.80	53	24.65	59	27.06	91	45.27	129	43.73	63	40.91	31	18.67	−15.52
感到痛心	95	5.84	5	3.23	13	5.83	15	6.98	10	4.59	16	7.96	20	6.78	10	6.49	6	3.61	0.38
不知道怎么办	21	1.29	4	2.58	0	0.00	1	0.47	0	0.00	2	1.00	7	2.37	3	1.95	4	2.41	−0.17
合计	1627	100	155	100	223	100	215	100	218	100	201	100	295	100	154	100	166	100	—

（2）未成年人的看法。

如表6-48所示，在2016年就未成年人眼中老师对未成年人网瘾的处理方式的调查中，54.24%的未成年人选择"严加管理"，居于第一位。选择"任其自然"的比率为18.10%，选择"帮助戒除"的比率为13.39%，其他选项的占比较低。未成年人眼中老师对未成年人网瘾的处理方式更多地表现为严厉教育。

从性别比较来看，率差最大的是"任其自然"（10.3%），男性未成年人更倾向于认为老师对未成年人网瘾的处理方式为顺其自然。从政治面貌比较来看，共青团员选择"任其自然"的比率较高。

表6-48 未成年人眼中老师对未成年人网瘾的处理方式（2016年）

选项	总计			性别				政治面貌				
				男		女		比较率差	共青团员		一般青年		比较率差
	人数	比率	排序	人数	比率	人数	比率		人数	比率	人数	比率	
严加管理	1049	54.24	1	519	50.10	530	59.02	8.92	625	52.17	424	57.61	5.44
任其自然	350	18.10	2	237	22.88	113	12.58	−10.30	271	22.62	79	10.73	−11.89
帮助戒除	259	13.39	3	135	13.03	124	13.81	0.78	145	12.10	114	15.49	3.39
感到痛心	89	4.60	5	55	5.31	34	3.79	−1.52	62	5.18	27	3.67	−1.51
不知怎么办	187	9.67	4	90	8.69	97	10.80	2.11	95	7.93	92	12.50	4.57
合计	1934	100	—	1036	100	898	100	—	1198	100	736	100	—

第六章 当代未成年人价值观教育的基本状况

9. 对未成年人早恋的处理方式

早恋现象在未成年人当中越来越普遍。随着信息传播的加快,未成年人越来越多地受到影视剧与小说中恋爱情节的影响,加之他们处于青春期,对于性有着懵懂的认识,开始对异性产生兴趣,渴望有一个知己进行交流,很容易把对人的好感付诸实际行动,因而会发生早恋的现象。那中学老师对于未成年人早恋是这么处理的呢?

(1) 中学老师的自述。

如表6-49所示,在2012—2013年、2015—2016年就中学老师对未成年人早恋的处理方式的调查中,各选项的排序:"耐心引导学生走出早恋"(61.03%)、"严厉批评教育"(19.00%)、"做一下工作,不听就算了"(7.97%)、"束手无策,不知怎么办"(6.50%)、"放任不管,顺其自然"(5.51%)。大部分中学老师对未成年人早恋都会提出相应的干预措施,说明中学老师对待未成年人早恋的态度十分明确。由于未成年人有很强的逆反心理,单纯的批评教育很难达到杜绝早恋的效果,因此,中学老师解决该类问题的态度也趋于缓和,这是一种好的现象。

从2016年与2012年的比较来看,选择"严厉批评教育"的比率较2012年高14.94%,选择"耐心引导学生走出早恋"的比率较2012年低0.56%,"放任不管,顺其自然"的比率较2012年低10.74%。从比较率差来看,中学老师对未成年人的早恋有较为明晰的态度,而且能够更为主动地干预处理未成年人的早恋。

表6-49 中学老师对未成年人早恋的处理方式(2012—2013年、2015—2016年)

选项	总计			2012年		2013年		2015年		2016年		2016年与2012年比较率差
	人数	比率	排序	人数	比率	人数	比率	人数	比率	人数	比率	
严厉批评教育	155	19.00	2	39	19.40	39	13.22	20	12.99	57	34.34	14.94
耐心引导学生走出早恋	498	61.03	1	121	60.20	179	60.68	99	64.29	99	59.64	-0.56
做一下工作,不听就算了	65	7.97	3	0	0.00	44	14.92	15	9.74	6	3.61	3.61
放任不管,顺其自然	45	5.51	5	24	11.94	11	3.73	8	5.19	2	1.20	-10.74
束手无策,不知怎么办	53	6.50	4	17	8.46	22	7.45	12	7.79	2	1.20	-7.26
合计	816	100	—	201	100	295	100	154	100	166	100	—

(2) 未成年人的看法。

如表6-50所示,在2016年就未成年人眼中中学老师对早恋的处理方式的调查中,各选项的排序:"严厉批评教育"(43.43%)、"耐心引导学生走出早恋"(36.76%)、"束手无策,不知怎么办"(8.01%)、"做一下工作,不听就算了"(6.98%)、"放任不管,顺其自然"(4.81%)。未成年人眼中老师对早恋的处理方式呈现出"严慈相济"的态度，一方面表现为严厉的批评教育，另一方面也会给予相应的教育与引导。

从性别比较来看，各选项的率差均较小，性别差异对这一问题的影响较小，政治面貌的比较亦是如此。

表6-50 未成年人眼中老师对未成年人早恋的处理方式（2016年）

选项	总计			性别				政治面貌				
				男		女		共青团员		一般青年		
	人数	比率	排序	人数	比率	人数	比率	比较率差	人数	比率	人数	比率	比较率差
严厉批评教育	840	43.43	1	443	42.76	397	44.21	1.45	529	44.16	311	42.26	-1.90
耐心引导学生走出早恋	711	36.76	2	376	36.29	335	37.31	1.02	449	37.48	262	35.60	-1.88
做一下工作，不听就算了	135	6.98	4	75	7.24	60	6.68	-0.56	90	7.51	45	6.11	-1.4
放任不管，顺其自然	93	4.81	5	61	5.89	32	3.56	-2.33	57	4.76	36	4.89	0.13
束手无策，不知怎么办	155	8.01	3	81	7.82	74	8.24	0.42	73	6.09	82	11.14	5.05
合计	1934	100	—	1036	100	898	100	—	1198	100	736	100	—

10. 对未成年人违法犯罪的处理方式

未成年人违法犯罪的现象虽然不多，但一旦发生就需要引起关注，特别是近年来未成年人犯罪的现象越来越多，造成了诸多不良的影响。中学老师对于未成年人违法犯罪是一种什么态度？

（1）中学老师的自述。

如表6-51所示，在2008—2013年、2015—2016年就中学老师对未成年人违法犯罪的处理方式的调查中，各选项的排序："要采取强有力的措施遏制"（78.00%）、"很痛心，但无能为力"（14.44%）、"听其自然"（4.92%）、"不知怎么办"（2.64%）。多数的中学老师表示对待未成年人违法犯罪应当采取强力的措施来遏制，让他们充分认识到违法犯罪的严重性，这样才能防止这种行为的再次发生。有部分中学老师表示对于未成年人违法犯罪"很痛心，但无能为力"，也有极少部分的中学老师表示对这种现象只能"听其自然"，或者"不知怎么办"。

从2016年与2008年的比较来看，中学老师表示"要采取强有力的措施遏制"的比率比2008年高4.94%，选择"很痛心，但无能力"的比率较2008年低10.02%。从比较率差来看,中学老师对未成年人违法犯罪的处理方式趋于积极。

表6-51 中学老师对未成年人违法犯罪的处理方式(2008—2013年、2015—2016年)

选项	总计		2008年		2009年		2010年		2011年		2012年		2013年		2015年		2016年		2016年与2008年比较率差
	人数	比率	人数	比率	人数	比率	人数	比率	人数	比率	人数	比率	人数	比率	人数	比率	人数	比率	
要采取强有力的措施遏制	1269	78.00	124	80.00	183	82.06	173	80.47	171	78.44	132	65.67	224	75.93	121	78.57	141	84.94	4.94
听其自然	80	4.92	4	2.58	9	4.04	4	1.86	14	6.42	12	5.97	19	6.44	7	4.55	11	6.63	4.05
很痛心,但无能为力	235	14.44	23	14.84	25	11.21	36	16.74	31	14.22	53	26.37	39	13.22	20	12.99	8	4.82	-10.02
不知怎么办	43	2.64	4	2.58	6	2.69	2	0.93	2	0.92	4	1.99	13	4.41	6	3.90	6	3.61	1.03
合计	1627	100	155	100	223	100	215	100	218	100	201	100	295	100.	154	100	166	100	—

(2)未成年人的看法。

如表6-52所示,在2016年就未成年人眼中中学老师对未成年人违法犯罪的处理方式的调查中,未成年人认为老师"要采取强有力的措施遏制"的比率为67.17%,选择"很痛心,但无能为力"的比率为11.32%,选择"不知怎么办"的比率为11.07%,选择"听其自然"的比率为10.44%。在未成年人眼中,中学老师对未成年人违法犯罪的态度较为严厉,这也是中学老师教书育人职责使然。

从性别比较上来看,女性未成年人选择"要采取强有力的措施遏制"的比率较男性未成年人稍高。从政治面貌比较来看,共青团员选择"很痛心,但无能为力"的比率较一般青年稍高。

表6-52 未成年人眼中中学老师对未成年人违法犯罪的处理方式（2016年）

选项	总计			性别				政治面貌				
				男		女		比较率差	共青团员		一般青年		比较率差
	人数	比率	排序	人数	比率	人数	比率		人数	比率	人数	比率	
要采取强有力的措施遏制	1299	67.17	1	639	61.68	660	73.50	11.82	775	64.69	524	71.20	6.51
听其自然	202	10.44	4	134	12.93	68	7.57	-5.36	137	11.44	65	8.83	-2.61
很痛心，但无能为力	219	11.32	2	151	14.58	68	7.57	-7.01	182	15.19	37	5.03	-10.16
不知怎么办	214	11.07	3	112	10.81	102	11.36	0.55	104	8.68	110	14.95	6.27
合计	1934	100	—	1036	100	898	100	—	1198	100	736	100	—

11. 对未成年人离家出走的处理方式

（1）中学老师的自述。

如表6-53所示，在2013年与2016年就中学老师对未成年人离家出走的处理方式的调查中，72.23%的中学老师会对未成年人做耐心细致的教育引导工作，帮助未成年人走出困境；17.35%的中学老师会尽己所能，努力教育与引导未成年人，但是对具体教育成效不够重视；8.46%的中学老师会交由父母做未成年人的工作。此外，中学老师选择其他选项的比率均较低。大部分中学老师对未成年人离家出走均表现出积极的处理与应对态度，体现了良好的职业素养。有部分中学老师的处理方式较为积极，有一定的推卸责任的成分。

从2016年与2013年的比较来看，选择"做耐心细致的引导工作，帮其走出困境"的比率有所增加，表明中学老师的处理方式逐渐积极。

表6-53 中学老师对未成年人离家出走的处理方式（2013年、2016年）

选项	总计			2013年			2016年			2016年与2013年比较率差
	人数	比率	排序	人数	比率	排序	人数	比率	排序	
做耐心细致的引导工作，帮其走出困境	333	72.23	1	205	69.49	1	128	77.11	1	7.62
交给父母做工作	39	8.46	3	26	8.81	3	13	7.83	3	-0.98
尽力做工作，做不好也问心无愧	80	17.35	2	59	20.00	2	21	12.65	2	-7.35

(续表6-53)

选项	总计			2013年			2016年			2016年与2013年比较率差
	人数	比率	排序	人数	比率	排序	人数	比率	排序	
束手无策,不知怎么办	4	0.87	5	3	1.02	4	1	0.60	5	-0.42
不知道	5	1.08	4	2	0.68	5	3	1.81	4	1.13
合计	461	100	—	295	100	—	166	100	—	—

(2)未成年人的看法。

如表6-54所示,在2016年就未成年人眼中中学老师对未成年人离家出走的处理方式的调查中,56.31%的未成年人认为老师会"做耐心细致的教育引导工作,帮其走出困境",居于第一位,但比率远低于中学老师的比率。选择"不知道"的比率为14.53%,居于第二位,这一比率远高于中学老师的比率。大部分未成年人认为中学老师会积极处理未成年人离家出走的情况,对未成年人表现出爱护关心态度。

从性别比较来看,女性未成年人更倾向于认为中学老师能积极引导。

表6-54 未成年人眼中中学老师对未成年人离家出走的处理方式(2016年)

选项	总计			性别				比较率差	政治面貌				比较率差
				男		女			共青团员		一般青年		
	人数	比率	排序	人数	比率	人数	比率		人数	比率	人数	比率	
做耐心细致的引导工作,帮其走出困境	1089	56.31	1	534	51.54	555	61.80	10.26	635	53.01	454	61.68	8.67
交给父母做工作	268	13.86	3	153	14.77	115	12.81	-1.96	177	14.77	91	12.36	-2.41
尽力做工作,做不好也问心无愧	233	12.05	4	162	15.64	71	7.91	-7.73	174	14.52	59	8.02	-6.50
束手无策,不知怎么办	63	3.26	5	43	4.15	20	2.23	-1.92	43	3.59	20	2.72	-0.87
不知道	281	14.53	2	144	13.90	137	15.26	1.36	169	14.11	112	15.22	1.11
合计	1934	100	—	1036	100	898	100	—	1198	100	736	100	—

12. 应对未成年人轻生苗头的方式

（1）中学老师的自述。

如表6-55所示，在2013年与2016年就中学老师应对未成年人轻生苗头的处理方式的调查中，73.97%的中学老师会做耐心细致的教育引导工作，帮助未成年人走出困境，11.93%的中学老师交由其父母处理，11.28%的中学老师表示会努力做好工作，做不好也问心无愧。在其他选项上，中学老师选择的比率较低。中学老师对未成年人轻生苗头的处理方式较为积极与正确。

从2016年与2013年的比较来看，中学老师选择"束手无策，不知怎么办"与"尽力做工作，做不好也问心无愧"的比率有所降低。中学老师对这一问题的处理更显积极。未成年人离家出走苗头的出现，或多或少与未成年人因自身无法处理相关棘手问题而产生的心理困惑与纠结有关。中学老师在日常的学习生活中，应当注意发现未成年人的不良心理与行为倾向，及时进行教育与引导。

表6-55 中学老师应对未成年人轻生苗头的方式（2013年、2016年）

选项	总计			2013年			2016年			2016年与2013年比较率差
	人数	比率	排序	人数	比率	排序	人数	比率	排序	
做耐心细致的引导工作，帮其走出困境	341	73.97	1	216	73.22	1	125	75.30	1	2.08
交给父母做工作	55	11.93	2	35	11.86	3	20	12.05	2	0.19
尽力做工作，做不好也问心无愧	52	11.28	3	36	12.20	2	16	9.64	3	-2.56
束手无策，不知怎么办	6	1.30	5	5	1.69	4	1	0.60	5	-1.09
不知道	7	1.52	4	3	1.02	5	4	2.41	4	1.39
合计	461	100	—	295	100	—	166	100	—	

（2）未成年人的看法。

如表6-56所示，在2016年就未成年人眼中老师应对未成年人轻生苗头的方式的调查中，56.41%的未成年人认为中学老师会"做耐心细致的引导工作，帮其走出困境"，居于第一位，但比率远低于中学老师自身选择的比率。选择"不知道"的比率为16.08%，居于第二位。未成年人选择"交给父母做工作"与"尽力做工作，做不好也问心无愧"的比率分别为12.25%与12.31%。在未成年人眼中，中学老师对未成年人的轻生苗头表现出积极的态度倾向。未成年人的认识直接反映了中学老师的具体行为及教育成效，未成年人的评价性认识在一定程度上也有利于中学老师进一步改进工作，有助于其自身的良好发展。

表6-56 未成年人眼中中学老师应对未成年人轻生苗头的方式（2016年）

选项	总计			性别				政治面貌				
				男		女		比较率差	共青团员		一般青年		比较率差
	人数	比率	排序	人数	比率	人数	比率		人数	比率	人数	比率	
做耐心细致的引导工作，帮其走出困境	1091	56.41	1	529	51.06	562	62.58	11.52	635	53.01	456	61.96	8.95
交给父母做工作	237	12.25	4	149	14.38	88	9.80	-4.58	159	13.27	78	10.60	-2.67
尽力做工作，做不好也问心无愧	238	12.31	3	163	15.73	75	8.35	-7.38	175	14.61	63	8.56	-6.05
束手无策，不知怎么办	57	2.95	5	45	4.34	12	1.34	-3	41	3.42	16	2.17	-1.25
不知道	311	16.08	2	150	14.48	161	17.93	3.45	188	15.69	123	16.71	1.02
合计	1934	100	—	1036	100	898	100	—	1198	100	736	100	—

13. 对老师教育行为的评价

（1）受访群体的评价。

如表6-57所示，在2016年就受访群体对老师的教育行为的评价的调查中，受访群体选择"很满意"与"比较满意"的合比率为70.77%，其中选择"很满意"的比率为40.22%，居于第一位。选择"不满意"与"很不满意"的合比率为18.11%。大部分受访群体对老师的教育行为的评价较好。

从未成年人与成年人群体的比较来看，成年人群体选择"很满意"与"比较满意"的比率分别较未成年人高5.73%与10.59%。相比而言，成年人群体的评价较好。

表6-57 未成年人、中学老师、家长、中学校长对老师的教育行为的评价（2016年）

选项	总计			未成年人		成年人群体								未成年人与成年人群体比较率差
						合计		中学老师		家长		中学校长		
	人数	比率	排序	人数	比率	人数	比率	人数	比率	人数	比率	人数	比率	
很满意	948	40.22	1	758	39.19	190	44.92	72	43.37	101	52.33	17	26.56	-5.73
比较满意	720	30.55	2	554	28.65	166	39.24	67	40.36	68	35.23	31	48.44	-10.59
不满意	360	15.27	3	322	16.65	38	8.98	16	9.64	14	7.25	8	12.50	7.67
很不满意	67	2.84	5	60	3.10	7	1.65	2	1.20	1	0.52	4	6.25	1.45
不清楚	262	11.12	4	240	12.41	22	5.20	9	5.42	9	4.66	4	6.25	7.21
合计	2357	100	—	1934	100	423	100	166	100	193	100	64	100	—

（2）其他研究者的调研成果分析。

如表6-58所示，陈升在1998年7月—1999年9月的三次关于"在您的印象中政治老师对学生的感染力怎样"的调查显示，45.1%的受访者认为感染力"一般"，排在所有选项中的第一位，其他选项的排序为"比较强烈"（29.3%）、"没有什么感染力"（14.1%）、"很强烈"（7.9%）、"差极了"（3.6%）。近半数受访者给予了政治老师较为中肯的评价，"强烈"的比率合计为37.2%，"不强烈"的比率合计为17.7%，多数受访者对于政治老师的教育行为评价较为积极。

金萍在2009年对湖北省武汉、黄石、宜昌、十堰、鄂州、咸宁、襄樊、应城的未成年人关于"对学校任课教师师德的评价"的调查显示，小学生的各个选项的排序为"满意"（57.35%）、"比较满意"（38.35%）、"不满意或不太满意"（4.3%）；中学生的各个选项的排序为"比较满意"（41.54%）、"不满意或不太满意"（29.81%）、"满意"（28.65%）。绝大多数未成年人对学校任课教师的师德较为满意，小学生对于任课教师师德的满意程度要高于中学生。

朱军在2013年对安徽省铜陵市的未成年人关于"对老师师德的评价"的调查显示，53.9%的未成年人"比较满意"，25.3%的未成年人"满意"，20.8%的未成年人"未标明"。绝大多数受访的未成年人对老师师德给予了较高的评价。

关注未成年人对教师教育行为的评价，一方面可以窥探未成年人的具体的想法或诉求，另一方面有助于老师发现自己在工作过程中出现的问题或不妥之处。正确认识与看待未成年人的评价行为，对老师与未成年人均有一定的益处。

第六章　当代未成年人价值观教育的基本状况

表6-58　不同时期未成年人对老师的教育行为的评价

1998年7月—1999年9月的三次调查（N：9655）[①]		2009年湖北省武汉、黄石、宜昌、十堰、鄂州、咸宁、襄樊、应城的未成年人调查（N：867）[②]			2013年安徽省铜陵市未成年人思想道德状况调查（N：482）[③]	
在您的印象中政治老师对学生的感染力怎样？		对学校任课教师师德的评价			对老师师德的评价	
选项	比率	选项	比率		选项	比率
			小学生	中学生		
很强烈	7.9	满意	57.35	28.65	满意	25.3
比较强烈	29.3	比较满意	38.35	41.54	比较满意	53.9
一般	45.1	不满意或不太满意	4.3	29.81	未标明	20.8
没有什么感染力	14.1	—				
差极了	3.6	—				
合计	100	合计	100	100	合计	100

14. 基本认识

（1）未成年人对中学老师教育行为的评价较为积极乐观。

结合其他研究者的调研成果，通过不同时期未成年人对中学老师教育行为的评价不难发现，多数未成年人对中学老师教育行为持较为积极乐观的评价。对中学老师教育行为的满意程度越高，说明学校德育成效越好，对未成年人道德观的形成与发展的帮助也就越大。教师教育行为包括对未成年人思想、生活、健康以及其他各方面的教育。未成年人对教师教育行为的积极评价表明教育取得了阶段性的成效，包括道德观在内的价值观取得了长足的发展。

（2）中学老师的教育行为较为认真负责。

本部分讨论了中学老师对未成年人的教育行为。从调查结果可知，大多数的中学老师表示自己愿意做学生的思想道德教育工作，同时，还会坚持积极主动地与家长一起配合进行学生的教育工作。交心谈话是中学老师与学生沟通的一种重要的方式，调查显示绝大多数中学老师都能够做到。对待未成年人的一些不良行为与未成年人之间发生的校园暴力，立即制止是很多老师选择的干预方式，也有很多老师表现出了较好的耐心，会对其进行劝阻。对待未成年人网瘾、早恋也都有着较为清醒的认识与处理方式，做到不

[①] 陈升. 关于青少年思想道德教育状况的调查报告 [J]. 中国青年政治学院学报，2001，20 (3)：16-20.

[②] 金萍. 未成年学生眼中的学校道德教育：基于对湖北省未成年学生的调查 [J]. 湖北经济学院学报（人文社会科学版），2010（10）：155-156.

[③] 朱军. 未成年人思想道德状况调查报告 [J]. 教师通讯，2014（2）：91-92.

放弃。对于未成年人违法犯罪现象表示痛心,并主张要采取有力措施来遏制未成年人的这种行为。这表明"以教师为代表的传统教育主体,以一定的优势影响着青少年的道德价值观"①。

(3) 中学老师的教育行为意义重大。

中学老师是未成年人在学校当中思想道德教育最直接的授予者。特别是对于思想政治课程的老师来说,他们直接参与对未成年人的思想政治教育活动,对未成年人的思想道德影响很大。对于其他中学老师来说,与未成年人相处的日子使他们的一些日常行为对未成年人产生潜移默化的影响,甚至会改变未成年人的价值观、人生观。因此,中学老师的榜样作用及教育行为非常重要。应当充分认识到中学老师的教育行为的重大意义,注意提高中学老师的各方面素质,不断提高教育的实效性。

(二) 中学校长的教育行为现状分析

1. 愿意做未成年人思想道德教育工作的情况

(1) 调查结果分析。

第一,中学校长的自述。中学校长作为一个中学的主要领导,对于一个学校的思想道德教育工作有着重要的主导作用。

如表6-59所示,在2013—2016年对中学校长是否愿意做未成年人的思想道德教育工作的情况的调查中,中学校长选择"非常愿意"与"愿意"的合比率为93.57%,选择"不大愿意""不愿意""非常不愿意"的合比率为5.48%,选择"无所谓"的比率仅占0.95%。大部分中学校长都愿意做未成年人的思想道德教育工作,这不仅是其职责所赋予,也是其作为教育工作者的最基本教育素养所驱使。

从2016年与2013年的比较来看,中学校长选择"非常愿意"的比率有所上升,"愿意"的比率有所下降。从比较率差来看,中学校长对未成年人思想道德教育工作是越来越重视的。

表6-59 中学校长是否愿意做未成年人思想道德教育工作的情况 (2013—2016年)

选项	总计		2013年②		2014年				2015年						2016年		2016年与2013年比较率差
					(1)		(2)		(1)		(2)		(3)				
	人数	比率	人数	比率	人数	比率	人数	比率	人数	比率	人数	比率	人数	比率	人数	比率	
非常愿意	190	45.24	94	51.65	27	39.13	18	38.30	10	50.00	9	45.00	6	33.33	36	56.25	4.60
愿意	203	48.33	83	45.60	38	55.07	26	55.32	7	35.00	9	45.00	11	61.11	26	40.63	-4.97
不大愿意	17	4.05	3	1.65	4	5.80	3	6.38	2	10.00	2	10.00	0	0.00	1	1.56	-0.09

---

① 张将星. 大众媒体对趋势道德价值观影响调查分析 [J]. 教育研究, 2011, (4): 105-110.

② 叶松庆. 当代未成年人道德观发展变化与引导对策的实证研究 [M]. 芜湖: 安徽师范大学出版社, 2016: 405.

(续表6-59)

选项	总计		2013年①		2014年				2015年						2016年		2016年与2013年比较率差
					(1)		(2)		(1)		(2)		(3)				
	人数	比率	人数	比率	人数	比率	人数	比率	人数	比率	人数	比率	人数	比率	人数	比率	
不愿意	5	1.19	1	0.55	0	0.00	0	0.00	1	5.00	0	0.00	0	0.00	1	1.56	1.01
非常不愿意	1	0.24	0	0.00	0	0.00	0	0.00	0	0.00	0	0.00	0	0.00	0	0.00	0.00
无所谓	4	0.95	1	0.55	0	0.00	0	0.00	0	0.00	0	0.00	1	5.56	0	0.00	-0.55
合计	420	100	182	100	69	100	47	100	20	100	20	100	18	100	64	100	—

说明：2015年第四批中学校长的调查问卷中未设置此选题。

第二，受访群体的看法。如表6-60所示，在2016年对受访群体的调查中，选择"非常愿意""愿意"的合比率为71.83%，选择"不大愿意""不愿意""非常不愿意"的合比率为18.76%。大部分受访群体认为校长在对未成年人思想道德教育工作上表现出较高的积极性与重视度。

从未成年人与成年人群体的比较来看，未成年人选择"非常愿意"与"愿意"的合比率为68.40%，这一合比率较成年人群体选择的合比率（87.47%）要低。未成年人选择"不大愿意""不愿意""非常不愿意"的合比率为20.89%，较成年人群体选择的合比率（8.98%）要高。成年人群体的评价较未成年人稍好。成年人群体作为"在场"的教育工作者，对校长开展的相关工作有较高程度的了解，对相关情况的评价较为清晰准确。

表6-60 受访群体对校长是否愿意做未成年人的思想道德教育工作的看法（2016年）

选项	总计			未成年人		成年人群体								未成年人与成年人群体比较率差
						合计		中学老师		家长		中学校长		
	人数	比率	排序	人数	比率	人数	比率	人数	比率	人数	比率	人数	比率	
非常愿意	918	38.95	1	717	37.07	201	47.52	79	47.59	96	49.74	26	40.63	-10.45
愿意	775	32.88	2	606	31.33	169	39.95	68	40.96	72	37.31	29	45.31	-8.62
不大愿意	295	12.52	3	274	14.17	21	4.96	6	3.61	12	6.22	3	4.69	9.21
不愿意	73	3.10	6	64	3.31	9	2.13	3	1.81	3	1.55	3	4.69	1.18
非常不愿意	74	3.14	5	66	3.41	8	1.89	3	1.81	4	2.07	1	1.56	1.52
无所谓	222	9.42	4	207	10.70	15	3.55	7	4.22	6	3.11	2	3.13	7.15
合计	2357	100	—	1934	100	423	100	166	100	193	100	64	100	—

---

① 叶松庆. 当代未成年人道德观发展变化与引导对策的实证研究 [M]. 芜湖：安徽师范大学出版社，2016：405.

（2）访谈结果分析。

表6-61反映了2013年中学校长（副校长）是否愿意做未成年人思想道德教育工作的访谈结果。在受访的4位校长（副校长）中，3位表示"愿意"，1位表示"非常愿意"。所有受访者均表示愿意做未成年人的思想道德教育工作，表明中学校长做未成年人思想道德教育工作的积极性较高，这一访谈结果也与调查结果相似。中学校长的意愿度越高，其在实际工作中的热情也会更高，在一定程度上有助于增强未成年人的价值观教育成效。

表6-61 中学校长（副校长）是否愿意做未成年人思想道德教育工作的访谈结果（2013年）

选项	校长（副校长）				
	合计	合肥市巢湖市第二中学	芜湖市无为县襄安中学	淮南市凤台县左集中学	安庆市潜山中学
非常愿意	1		√		
愿意	3	√		√	√
不大愿意	0				
不愿意	0				
非常不愿意	0				
无所谓	0				
合计	4	1	1	1	1

2. 是否经常指导老师做未成年人的思想道德教育工作

（1）中学校长的自述。

如表6-62所示，在2016年对中学校长指导中学老师做未成年人思想道德教育工作的情况的调查中，中学校长选择"经常"的比率为53.13%，居于第一位，选择"不经常"的比率为29.69%，选择"偶尔"与"不指导"的比率分别为9.38%与7.81%。明确表示不指导老师做未成年人思想道德教育工作的校长占比较小，大部分校长会切实履行教育者的职责，指导未成年人的思想道德教育工作。

从性别比较来看，男性中学校长选择"经常"的比率较女性中学校长稍高。

表6-62 中学校长指导中学老师做未成年人思想道德教育工作的情况（2016年）

选项	总计			性别				比较率差
				男		女		
	人数	比率	排序	人数	比率	人数	比率	
经常	34	53.13	1	29	56.86	5	38.46	-18.4
不经常	19	29.69	2	17	33.33	2	15.38	-17.95
偶尔	6	9.38	3	3	5.88	3	23.08	17.20
不指导	5	7.81	4	2	3.92	3	23.08	19.16
合计	64	100	—	51	100	13	100	—

（2）中学老师的反映。

如表6-63所示，在2016年就中学老师对中学校长指导未成年人思想道德教育工作的反映的调查中，中学老师认为"经常"的比率为50.00%，较中学校长自身选择的比率要低，选择"不经常"的比率为25.30%，选择"偶尔"与"不指导"的比率分别为15.06%与9.64%。大部分中学老师认为校长能积极指导自己做未成年人的思想道德教育工作。

从性别比较来看，女性中学老师的评价较男性中学老师的稍好。

表6-63 中学老师对校长指导未成年人思想道德教育工作的反映（2016年）

选项	总计			性别				比较率差
				男		女		
	人数	比率	排序	人数	比率	人数	比率	
经常	83	50.00	1	53	48.18	30	53.57	5.39
不经常	42	25.30	2	29	26.36	13	23.21	-3.15
偶尔	25	15.06	3	17	15.45	8	14.29	-1.16
不指导	16	9.64	4	11	10.00	5	8.93	-1.07
合计	166	100	—	110	100	56	100	—

3. 经常与家长配合做未成年人思想道德教育工作的情况

（1）调查结果分析。

第一，中学校长的自述。如表6-64所示，在2013—2016年对中学校长是否经常与家长配合做未成年人的思想道德教育工作的调查中，60.76%的中学校长选择"经常"，选择"不经常"与"偶尔"的合比率为36.88%，选择"不配合"的比率仅为2.36%。大部分中学校长能够做到"家庭—学校"式合作，与家长通力做好未成年人的思想道德教育。受制于时间以及实际工作中遇到的阻滞性因素，仍有部分中学校长未能完全投入到这一配合式工作之中。

从历年的数据比较来看，选择"经常"的比率有所下降，选择"不经常"与"不配合"的比率均有不同程度的上升。从比较率差来看，选择配合的比率有所降低。究其原因，一方面，中学校长忙于学校的发展，有时很难抽出时间与家长进行配合，另一方面，家长更多地倾向于通过与任课老师以及班主任进行沟通和配合来做未成年人的思想道德教育工作。

表 6-64　中学校长是否经常与家长配合做未成年人的思想道德教育工作的情况（2013—2016 年）

选项	总计		2013 年		2014 年 (1)		2014 年 (2)		2015 年 (1)		2015 年 (2)		2015 年 (3)		2016 年		2016 年与 2013 年比较率差
	人数	比率	人数	比率	人数	比率	人数	比率	人数	比率	人数	比率	人数	比率	人数	比率	
经常	257	60.76	134	73.63	34	49.28	23	46.00	7	35.00	14	70.00	6	33.33	39	60.94	-12.69
不经常	118	27.90	36	19.78	24	34.78	22	44.00	11	50.00	4	20.00	5	27.78	16	25.00	5.22
偶尔	38	8.98	12	6.59	10	14.49	4	8.00	1	5.00	2	10.00	6	33.33	3	4.69	-1.90
不配合	10	2.36	0	0.00	1	1.45	1	2.00	1	5.00	0	0.00	1	5.56	6	9.38	9.38
合计	423	100	182	100	69	100	50	100	20	100	20	100	18	100	64	100	—

第二，家长的看法。如表 6-65 所示，在 2016 年对家长眼中中学校长与自己配合做未成年人思想道德教育工作的情况的调查中，家长选择"经常"的比率为 54.40%，居于第一位。选择"不经常""偶尔""不配合"的比率分别为 22.28%、14.51%、8.81%。大部分家长认为中学校长能与自己配合做未成年人的思想道德教育工作。

从性别比较来看，率差最大的是"经常"（13.53%）。

表 6-65　家长眼中中学校长与自己配合做未成年人思想道德教育工作的情况（2016 年）

选项	总计			性别				比较率差
				男		女		
	人数	比率	排序	人数	比率	人数	比率	
经常	105	54.40	1	62	60.78	43	47.25	-13.53
不经常	43	22.28	2	20	19.61	23	25.27	5.66
偶尔	28	14.51	3	11	10.78	17	18.68	7.90
不配合	17	8.81	4	9	8.82	8	8.79	-0.03
合计	193	100	—	102	100	91	100	—

(2) 访谈结果分析。

表6-66反映了2013年中学校长（副校长）是否经常与家长配合做未成年人的思想道德教育工作的访谈结果。在受访的4位校长（副校长）中，2位表示"经常"，2位表示"不经常"。一半的中学校长（副校长）经常与家长配合做未成年人的思想道德教育工作。但访谈结果与调查结果相比，中学校长（副校长）配合家长做未成年人的思想道德教育工作的积极性没有调查结果反映出来的高。

表6-66 中学校长（副校长）是否经常与家长配合做未成年人的思想道德教育工作的访谈结果（2013年）

选项	中学校长（副校长）				
	合计	合肥市巢湖市第二中学	芜湖市无为县襄安中学	淮南市凤台县左集中学	安庆市潜山中学
经常	2	√	√		
不经常	2			√	√
偶尔	0				
不配合	0				
合计	4	1	1	1	1

4. 经常与未成年人谈心的情况

（1）调查结果分析。

第一，中学校长的自述。如表6-67所示，在2013年、2016年对中学校长是否经常与未成年人谈心的情况的调查中，大多数的中学校长表示自己会与未成年人谈心，半数的中学校长表示自己"经常"与未成年人谈心，余下则表示这种谈心是"有时"的。中学校长选择"不谈"与"不清楚"的比率极小。中学校长与未成年人交流和沟通的频率较高，乐于并且愿意与未成年人谈心。但在实际生活中，部分未成年人与中学校长交流过程中可能存在"畏惧"的心理，导致其不敢与中学校长进行交流，更不愿意将自己的心事与中学校长分享。

从2016年与2013年的比较来看，中学校长选择"经常"与"有时"的比率均有所降低，表示"不谈心"的比率有所增加。

表6-67 中学校长是否经常与未成年人谈心的情况（2013年、2016年）

选项	总计			2013年			2016年			2016年与2013年比较率差
	人数	比率	排序	人数	比率	排序	人数	比率	排序	
经常	123	50.00	1	92	50.55	1	31	48.44	1	-2.11
有时	109	44.31	2	88	48.35	2	21	32.81	2	-15.54
不谈心	8	3.25	3	2	1.10	3	6	9.38	3	8.28
不清楚	6	2.44	4	0	0.00	4	6	9.38	3	9.38
合计	246	100	—	182	100	—	64	100	—	—

第二，未成年人的看法：

如表6-68所示，在2016年对未成年人眼中中学校长与未成年人谈心的情况的调查中，未成年人选择"不谈心"的比率为44.93%，居于第一位，选择"经常"的比率为22.39%，选择"有时"与"不清楚"的比率分别为17.94%与14.74%。大部分未成年人眼中，中学校长不与未成年人谈心。中学校长直接与未成年人的交流，在一定程度上有助于更好地解除未成年人心中的困惑。但在实际生活中，中学校长由于工作的原因，很难抽出大量的时间去切实解决未成年人的思想认识问题以及困惑之处。因此，需要班主任与中学老师投入更多的精力去解决相关问题。

表6-68 未成年人眼中中学校长与未成年人谈心的情况（2016年）

选项	总计			性别				政治面貌				
				男		女		比较率差	共青团员		一般青年		比较率差
	人数	比率	排序	人数	比率	人数	比率		人数	比率	人数	比率	
经常	433	22.39	2	248	23.94	185	20.60	-3.34	274	22.87	159	21.60	-1.27
有时	347	17.94	3	193	18.63	154	17.15	-1.48	219	18.28	128	17.39	-0.89
不谈心	869	44.93	1	456	44.02	413	45.99	1.97	556	46.41	313	42.53	-3.88
不清楚	285	14.74	4	139	13.42	146	16.26	2.84	149	12.44	136	18.48	6.04
合计	1934	100	—	1036	100	898	100	—	1198	100	736	100	—

如表6-69所示，在2016年就未成年人对自己有厌学情绪、离家出走的想法以及思想出现问题时，校长是否与他谈心或做思想工作的反映的调查中，未成年人选择"没有"的比率为25.70%，居于第一位。选择"经常有"与"有时有"的合比率为44.26%，选择

"老师根本不知道我的事"的比率为14.89%，选择"不清楚"的比率为15.15%。当未成年人出现消极性情绪时，校长出面做思想工作的比率不是很高。校长需要进一步提高对这一问题的认识，切实改善这一现状。

表6-69 未成年人对自己有厌学情绪、离家出走的想法以及思想出现问题时，校长是否与他谈心或做思想工作的反映（2016年）

选项	总计			性别				政治面貌				
				男		女		比较率差	共青团员		一般青年		比较率差
	人数	比率	排序	人数	比率	人数	比率		人数	比率	人数	比率	
经常有	474	24.51	2	264	25.48	210	23.39	-2.09	285	23.79	189	25.68	1.89
有时有	382	19.75	3	214	20.66	168	18.71	-1.95	241	20.12	141	19.16	-0.96
没有	497	25.70	1	284	27.41	213	23.72	-3.69	328	27.38	169	22.96	-4.42
老师根本不知道我的事	288	14.89	5	138	13.32	150	16.70	3.38	192	16.03	96	13.04	-2.99
不清楚	293	15.15	4	136	13.13	157	17.48	4.35	152	12.69	141	19.16	6.47
合计	1934	100	—	1036	100	898	100	—	1198	100	736	100	—

（2）访谈结果分析。

表6-70反映了2013年中学校长（副校长）与未成年人谈心情况的访谈结果。在受访的4位校长（副校长）中，3位表示"有时"，1位表示"经常"。可见，中学校长（副校长）与未成年人谈心的情况与调查的结果相似，中学校长（副校长）均表示愿意找未成年人谈心，只是在频率上存在差异。

表6-70 中学校长（副校长）是否经常与学生谈心的访谈结果（2013年）

选项	中学校长（副校长）				
	合计	合肥市巢湖市第二中学	芜湖市无为县襄安中学	淮南市凤台县左集中学	安庆市潜山中学
经常	1	√			
有时	3		√	√	√
不谈心	0				
不清楚	0				
合计	4	1	1	1	1

5. 看到未成年人正在发生不良行为时的处理方式

（1）中学校长的自述。

如表6-71所示，在2013年、2016年对中学校长看到未成年人正在发生不良行为的处理方式的调查中，各选项的排序："立即制止"（63.41%）、"严肃教育"（19.92%）、"耐心引导"（13.01%）、"事后教育"（2.03%）、"没信心教育"（1.63%）、"与己无关，不管不问"（0.00%）、"无所谓"（0.00%）。相对于中学老师来说，中学校长在对未成年人正在发生的不良行为的处理方式上，表示"立即制止"的比率高于中学老师，而选择"严肃教育"与"耐心引导"的比率则低于中学老师。在其他方面，中学校长对于未成年人这种不良行为的责任心要高于中学老师。（见表6-38，第282页）一旦遇到这类事情，均表示会过问，充分体现了担任校长的责任。

从2016年与2013年的比较来看，率差最大的是"耐心引导"（9.13%）。

表6-71 中学校长对未成年人正在发生不良行为的处理方式

选项	总计			2013年			2016年			2016年与2013年比较率差
	人数	比率	排序	人数	比率	排序	人数	比率	排序	
立即制止	156	63.41	1	118	64.84	1	38	59.38	1	-5.46
严肃教育	49	19.92	2	34	18.68	2	15	23.44	2	4.76
事后教育	5	2.03	4	1	0.55	4	4	6.25	3	5.70
耐心引导	32	13.01	3	28	15.38	3	4	6.25	3	-9.13
与己无关，不管不问	0	0.00	6	0	0.00	6	0	0.00	6	0.00
没信心教育	4	1.63	5	1	0.55	4	3	4.69	5	4.14
无所谓	0	0.00	6	0	0.00	6	0	0.00	6	0.00
合计	246	100	—	182	100	—	64	100	—	—

（2）未成年人的看法。

如表6-72所示，在2016年就未成年人眼中中学校长对未成年人正在发生不良行为的处理方式的调查中，86.09%的未成年人认为校长对不良行为会进行积极的处理与干预。其中，选择"立即制止"的比率为45.40%，居于第一位。选择消极性选项的合计率为13.92%。在未成年人眼中，校长对未成年人正在发生不良行为的处理方式较为积极。

从性别比较与政治面貌比较来看，率差最大的均是"事后教育"（分别为5.72%、5.75%）。

表6-72　未成年人眼中中学校长对未成年人正在发生不良行为的处理方式（2016年）

选项	总计			性别				政治面貌				
				男		女		共青团员		一般青年		
	人数	比率	排序	人数	比率	人数	比率	比较率差	人数	比率	人数	比率	比较率差
立即制止	878	45.40	1	454	43.82	424	47.22	3.40	540	45.08	338	45.92	0.84
严肃教育	476	24.61	2	243	23.46	233	25.95	2.49	283	23.62	193	26.22	2.60
事后教育	195	10.08	3	132	12.74	63	7.02	-5.72	147	12.27	48	6.52	-5.75
耐心引导	116	6.00	5	54	5.21	62	6.90	1.69	75	6.26	41	5.57	-0.69
与己无关，不管不问	110	5.69	6	69	6.66	41	4.57	-2.09	71	5.93	39	5.30	-0.63
没有信心教育	9	0.47	7	6	0.58	3	0.33	-0.25	4	0.33	5	0.68	0.35
无所谓	150	7.76	4	78	7.53	72	8.02	0.49	78	6.51	72	9.78	3.27
合计	1934	100	—	1036	100	898	100	—	1198	100	736	100	—

6. 参加监考看见有未成年人作弊时的处理方式

（1）中学校长的自述。

如表6-73所示，在2013年、2016年对中学校长参加监考看见有未成年人作弊的处理方式的调查中，63.82%的中学校长会"立即制止，并停止其考试"，居于第一位。选择"立即制止，但让其考完后再处理"的比率为25.20%，选择"轻声警告"的比率为8.94%。中学校长对未成年人考试作弊的态度与做法反映了学校的考风与考纪状况。绝大多数中学校长在参加监考看见有未成年人作弊时都会上前制止，只是处理的方式存在着差异。超过半数以上的中学校长会"立即制止，并停止其考试"，表明学校重视考风考纪建设，在一定程度上也有助于未成年人养成诚信考试的习惯，对其诚信品质的培养具有重要意义，间接促进了未成年人价值观的建设。

从2016年与2013年的比较来看，2016年选择"立即制止，并停止其考试"的比率较2013年低37.69%，是降幅最大的选项，选择"立即制止，但让其考完后再处理"的比率较2013年高20.85%。可见，中学校长对未成年人作弊的处理方式发生了较大的改变，在坚持纪律与原则的情况下，更加重视未成年人的考试机会。

表6-73 中学校长参加监考看见有未成年人作弊时的处理方式（2013年、2016年）

选项	总计			2013年			2016年			2016年与2013年比较率差
	人数	比率	排序	人数	比率	排序	人数	比率	排序	
立即制止，并停止其考试	157	63.82	1	134	73.63	1	23	35.94	2	-37.69
立即制止，但让其考完后再处理	62	25.20	2	36	19.78	2	26	40.63	1	20.85
轻声警告	22	8.94	3	12	6.59	3	10	15.63	3	9.04
装着没看见，听之任之	1	0.41	6	0	0.00	4	1	1.56	6	1.56
无任何表示	2	0.81	4	0	0.00	4	2	3.13	4	3.13
不知怎么办	2	0.81	4	0	0.00	4	2	3.13	4	3.13
合计	246	100	—	182	100	—	64	100	—	—

（2）未成年人的看法。

如表6-74所示，在2016年就未成年人眼中中学校长对未成年人考试作弊的处理方式的调查中，86.24%的未成年人认为中学校长对未成年人作弊的处理方式较为积极，其中选择"立即制止，并停止其考试"的比率为51.29%，居于第一位。在未成年人眼中，中学校长对作弊行为的处理方式较为严厉，体现了校长很强的职业精神与意识。

从性别比较来看，率差最大的是"轻声警告"（-6.65%）。从政治面貌比较来看，率差最大的也是"轻声警告"（-5.83%）。

表6-74 未成年人眼中中学校长对未成年人考试作弊的处理方式（2016年）

选项	总计			性别				比较率差	政治面貌				比较率差
				男		女			共青团员		一般青年		
	人数	比率	排序	人数	比率	人数	比率		人数	比率	人数	比率	
立即制止，并停止其考试	992	51.29	1	511	49.32	481	53.56	4.24	617	51.50	375	50.95	-0.55
立即制止，但让其考完后再处理	480	24.82	2	242	23.36	238	26.50	3.14	281	23.46	199	27.04	3.58
轻声警告	196	10.13	3	137	13.22	59	6.57	-6.65	148	12.35	48	6.52	-5.83

(续表 6-74)

选项	总计			性别						比较率差	政治面貌				比较率差
	人数	比率	排序	男		女					共青团员		一般青年		
				人数	比率	人数	比率				人数	比率	人数	比率	
装着没看见，听之任之	87	4.50	5	61	5.89	26	2.90			-2.99	54	4.51	33	4.48	-0.03
无任何表示	55	2.84	6	34	3.28	21	2.34			-0.94	40	3.34	15	2.04	-1.3
不知怎么办	124	6.41	4	51	4.92	73	8.13			3.21	58	4.84	66	8.97	4.13
合计	1934	100	—	1036	100	898	100			—	1198	100	736	100	—

7. 对校园暴力的处理方式

（1）中学校长的自述。

如表 6-75 所示，在 2013 年、2016 年就中学校长对"校园暴力"的处理方式的调查中，表示会"直接制止"的占大多数，对于一些情节严重的"校园暴力"则会选择"报告学校保卫部门"或者"打 110 报警"来解决。但作为校长，对这些事情应有所过问，不可不管不问。调查中也有个别中学校长表示对于"校园暴力""想管，但管不了"，有这类选择的校长缺乏足够的自信。总的来看，中学校长对"校园暴力"会选择直接制止。中学校长的直接干预与制止，可以防止"校园暴力"的扩大化，有助于事件的快速解决。同时，直接干预体现了校方对处理"校园暴力"的态度，对于进一步遏制"校园暴力"具有重要作用。

从 2016 年与 2013 年的比较来看，选择"直接制止"的比率有所降低，降幅达 16.24%。

表 6-75　中学校长对"校园暴力"的处理方式（2013 年、2016 年）

选项	总计			2013 年			2016 年			2016 年与 2013 年比较率差
	人数	比率	排序	人数	比率	排序	人数	比率	排序	
直接制止	191	77.64	1	149	81.87	1	42	65.63	1	-16.24
报告学校保卫部门	33	13.41	2	26	14.29	2	7	10.94	2	-3.35
打 110 报警	9	3.66	3	4	2.20	3	5	7.81	3	5.61
想管，但管不了	7	2.85	4	2	1.10	4	5	7.81	3	6.71
不清楚	6	2.44	5	1	0.55	5	5	7.81	3	7.26
合计	246	100	—	182	100	—	64	100	—	—

(2) 未成年人的看法。

如表6-76所示,在2016年就未成年人眼中中学校长对"校园暴力"的处理方式的调查中,大部分未成年人认为中学校长对"校园暴力"做出了积极的应对与处理。其中,选择"直接制止"的比率为56.26%,居于第一位;选择"报告学校保卫部门"的比率为20.17%,居于第二位;未成年人选择"想管,但管不了"与"不清楚"的合比率为15.46%,这一合比率高于中学校长同类选项的合比率。在未成年人眼中,中学校长对"校园暴力"的处理方式较为明晰。

从性别比较来看,率差最大的是"打110报警"(-7.46%),更多男性未成年人认为中学校长会选择报警。从政治面貌比较来看,率差最大的是"打110报警"(-5.65%),更多共青团员认为中学校长会选择报警。

表6-76 未成年人眼中中学校长对"校园暴力"的处理方式(2016年)

选项	总计			性别				政治面貌				
				男		女		比较率差	共青团员		一般青年		比较率差
	人数	比率	排序	人数	比率	人数	比率		人数	比率	人数	比率	
直接制止	1088	56.26	1	562	54.25	526	58.57	4.32	683	57.01	405	55.03	-1.98
报告学校保卫部门	390	20.17	2	215	20.75	175	19.49	-1.26	225	18.78	165	22.42	3.64
打110报警	157	8.12	4	120	11.58	37	4.12	-7.46	123	10.27	34	4.62	-5.65
想管,但管不了	39	2.02	5	26	2.51	13	1.45	-1.06	24	2.00	15	2.04	0.04
不清楚	260	13.44	3	113	10.91	147	16.37	5.46	143	11.94	117	15.90	3.96
合计	1934	100	—	1036	100	898	100	—	1198	100	736	100	—

8. 对未成年人网瘾的处理方式

(1) 中学校长的自述。

如表6-77所示,在2013年、2016年就中学校长对未成年人网瘾的处理方式的调查中,各选项的排序:"严加管理"(54.47%)、"帮助戒除"(33.74%)、"任其自然"(5.69%)、"感到痛心"(4.07%)、"不知怎么办"(2.03%)。与中学老师的选择(见表6-47,第290页),中学校长在对待未成年人网瘾的处理方式上,基本都选择进行干预。而中学校长表示"任其自然"的比率更低,表示会采取相应措施的比率更高。超过半数的中学校长表示对此事应当要"严加管理",然后是"帮助戒除"未成年人的网瘾。中学校长对网瘾未成年人积极的态度,表明中学校长对网瘾未成年人的重视,同时这也是其职责使然。未成年人的网瘾需要包括中学校长在内的多方教育主体共同干预完成,需要多方面的教育力量。

从2016年与2013年的比较来看，中学校长选择"任其自然"的比率有所增加，选择"帮助戒除"的比率有所降低。中学校长对未成年人网瘾的处理方式显得更加"宽容"。

表6-77 中学校长对未成年人网瘾的处理方式（2013年、2016年）

选项	总计			2013年			2016年			2016年与2013年比较率差
	人数	比率	排序	人数	比率	排序	人数	比率	排序	
严加管理	134	54.47	1	102	56.04	1	32	50.00	1	-6.04
任其自然	14	5.69	3	5	2.75	3	9	14.06	3	11.31
帮助戒除	83	33.74	2	70	38.46	2	13	20.31	2	-18.15
感到痛心	10	4.07	4	5	2.75	3	5	7.81	4	5.06
不知怎么办	5	2.03	5	0	0.00	5	5	7.81	4	7.81
合计	246	100	—	182	100	—	64	100	—	—

（2）未成年人的看法。

如表6-78所示，在2016年就未成年人眼中中学校长对未成年人网瘾的处理方式的调查中，87.65%的未成年人认为校长的处理方式较为积极，其中选择"严加管理"的比率为60.91%，居于第一位。选择"感到痛心"与"不知怎么办"的比率分别为3.00%与9.36%。未成年人眼中校长对网瘾的处理方式更显积极与乐观。

从性别比较与政治面貌比较来看，率差最大的选项均是"严加管理"（分别为11.65%、7.83%）。

表6-78 未成年人眼中中学校长对未成年人网瘾的处理方式（2016年）

选项	总计			性别					政治面貌				
				男		女		比较率差	共青团员		一般青年		比较率差
	人数	比率	排序	人数	比率	人数	比率		人数	比率	人数	比率	
严加管理	1178	60.91	1	575	55.50	603	67.15	11.65	694	57.93	484	65.76	7.83
任其自然	267	13.81	2	189	18.24	78	8.69	-9.55	185	15.44	82	11.14	-4.3
帮助戒除	250	12.93	3	149	14.38	101	11.25	-3.13	181	15.11	69	9.38	-5.73
感到痛心	58	3.00	5	42	4.05	16	1.78	-2.27	38	3.17	20	2.72	-0.45
不知怎么办	181	9.36	4	81	7.82	100	11.14	3.32	100	8.35	81	11.01	2.66
合计	1934	100	—	1036	100	898	100	—	1198	100	736	100	—

9. 对未成年人早恋的处理方式

（1）中学校长的自述。

如表6-79所示，在2013年、2016年就中学校长对未成年人早恋的处理方式的调查中，各选项的排序："耐心引导学生走出早恋"（80.89%）、"严厉批评教育"（10.16%）、"做一下工作，不听就算了"（4.47%）、"束手无策，不知怎么办"（2.85%）、"放任不管，顺其自然"（1.63%）。大部分中学校长表示对待未成年人早恋会"耐心引导未成年人走出早恋"，此项比率远高于其他选项的比率。

从2016年与2013年的比较来看，2016年选择"严厉批评教育"的比率有所增加，选择"耐心引导学生走出早恋"的比率有所降低。中学校长对这一问题的处理方式呈现出些许的变化。未成年人的早恋是其阶段性身心发展过程中出现的现象，对未成年人的早恋需要更多的耐心引导，而不是"暴力"拆散了事，要力图引导未成年人将注意力转移到学业上，培养其责任心与担当意识，帮助其正确认识恋爱。中学校长的做法符合未成年人的身心发展特征和接受能力与水平。

表6-79 中学校长对未成年人早恋的处理方式（2013年、2016年）

选项	总计			2013年			2016年			2016年与2013年比较率差
	人数	比率	排序	人数	比率	排序	人数	比率	排序	
严厉批评教育	25	10.16	2	9	4.95	2	16	25.00	2	20.05
耐心引导学生走出早恋	199	80.89	1	163	89.56	1	36	56.25	1	-33.31
做一下工作，不听就算了	11	4.47	3	8	4.40	3	3	4.69	4	0.29
放任不管，顺其自然	4	1.63	5	2	1.10	4	2	3.13	5	2.03
束手无策，不知怎么办	7	2.85	4	0	0.00	5	7	10.94	3	10.94
合计	246	100	—	182	100	—	64	100	—	—

（2）未成年人的看法。

如表6-80所示，在2016年就未成年人眼中中学校长对未成年人早恋的处理方式的调查中，52.38%的未成年人选择"严厉批评教育"，居于第一位。选择"耐心引导学生走出早恋"的比率为26.47%。选择其他选项的比率均在10%以下。在大部分未成年人眼中，中学校长对未成年人早恋的处理方式显得更加积极与正向。

从性别比较与政治面貌比较来看，率差最大的均是"做一下工作，不听就算了"（分别为8.14%、6.45%）。

表6-80 未成年人眼中校长对未成年人早恋的处理方式（2016年）

选项	总计			性别				比较率差	政治面貌				比较率差
				男		女			共青团员		一般青年		
	人数	比率	排序	人数	比率	人数	比率		人数	比率	人数	比率	
严厉批评教育	1013	52.38	1	536	51.74	477	53.12	1.38	631	52.67	382	51.90	-0.77
耐心引导学生走出早恋	512	26.47	2	246	23.75	266	29.62	5.87	293	24.46	219	29.76	5.30
做一下工作，不听就算了	164	8.48	4	127	12.26	37	4.12	-8.14	131	10.93	33	4.48	-6.45
放任不管，顺其自然	72	3.72	5	48	4.63	24	2.67	-1.96	50	4.17	22	2.99	-1.18
束手无策，不知怎么办	173	8.95	3	79	7.63	94	10.47	2.84	93	7.76	80	10.87	3.11
合计	1934	100	—	1036	100	898	100	—	1198	100	736	100	—

10. 对未成年人违法犯罪的处理方式

如表6-81所示，在2013年、2016年就中学校长对未成年人违法犯罪的处理方式的调查中，各选项的排序："要采取强有力的措施遏制"（87.80%）、"很痛心，但无能为力"（5.69%）、"听其自然"（3.66%）、"不知怎么办"（2.85%）。大多数的中学校长对未成年人的违法犯罪行为能够做出正面积极的回应，选择"听其自然"与"不知怎么办"的中学校长较少。未成年人违法犯罪不仅是价值观扭曲的表现，也暴露出学校教育与家庭教育的不足。因此，中学校长应通过与班主任、授课老师的交流，及早发现未成年人违法犯罪的苗头，并及时进行干预，确保未成年人的健康成长。

从2016年与2013年的比较来看，率差最大的选项是"要采取强有力的措施遏制"，比率达23.65%。

表6-81 中学校长对未成年人违法犯罪的处理方式（2013年、2016年）

选项	总计			2013年			2016年			2016年与2013年比较率差
	人数	比率	排序	人数	比率	排序	人数	比率	排序	
要采取强有力的措施遏制	216	87.80	1	171	93.96	1	45	70.31	1	-23.65
听其自然	9	3.66	3	2	1.10	3	7	10.94	2	9.84

(续表6-81)

选项	总计			2013年			2016年			2016年与2013年比较率差
	人数	比率	排序	人数	比率	排序	人数	比率	排序	
很痛心，但无能为力	14	5.69	2	8	4.40	2	6	9.38	3	4.98
不知怎么办	7	2.85	4	1	0.55	4	6	9.38	3	8.83
合计	246	100	—	182	100	—	64	100	—	—

11. 对未成年人离家出走的处理方式

（1）中学校长的自述。

如表6-82所示，在2013年、2016年就中学校长对未成年人离家出走的处理方式的调查中，83.33%的中学校长选择"做耐心细致的引导工作，帮其走出困境"。选择"交给父母做工作""束手无策，不知怎么办""不知道"的合比率为9.34%。大部分中学校长能正确看待未成年人的离家出走行为，有较为积极的处理方式。未成年人离家出走是一种消极应对生活与学习的困难与挫折的方式。未成年人离家出走易受到社会不法分子的侵害，给未成年人身心发展与家庭和谐造成严重的消极影响。对离家出走的未成年人应耐心地引导，并进一步明确其离家出走的深层次原因，是同学关系处理不当抑或家庭关系不和谐等。厘清其离家出走的原因，针对原因找出对策，防止未成年人离家出走事件的再次发生。

从2016年与2013年的比较来看，率差最大的是"做耐心细致的引导工作，帮其走出困境"（-19.71%），可见中学校长需要加强耐心细致的引导工作。

表6-82 中学校长对未成年人离家出走的处理方式（2013年、2016年）

选项	总计			2013年			2016年			2016年与2013年比较率差
	人数	比率	排序	人数	比率	排序	人数	比率	排序	
做耐心细致的引导工作，帮其走出困境	205	83.33	1	161	88.46	1	44	68.75	1	-19.71
交给父母做工作	19	7.72	2	11	6.04	2	8	12.50	3	6.46
尽力做工作，做不好也问心无愧	18	7.32	3	9	4.95	3	9	14.06	2	9.11
束手无策，不知怎么办	2	0.81	4	1	0.55	4	1	1.56	5	1.01
不知道	2	0.81	4	0	0.00	5	2	3.13	4	3.13
合计	246	100	—	182	100	—	64	100	—	—

(2) 未成年人的看法。

如表 6-83 所示,在 2016 年就未成年人眼中中学校长对未成年人离家出走的处理方式的调查中,53.05% 的未成年人认为校长会"做耐心细致的引导工作,帮其走出困境",居于第一位。选择"交给父母做工作""束手无策,不知怎么办""不知道"的合比率为 36.50%。在未成年人眼中,校长对未成年人离家出走表现出积极的态度倾向。

从性别比较与政治面貌比较来看,率差最大的均是"做耐心细致的引导工作,帮其走出困境"(分别为 10.10%、6.70%),表明男性未成年人、共青团员对中学校长的工作要求较高。

表 6-83　未成年人眼中中学校长对未成年人离家出走的处理方式(2016 年)

选项	总计			性别					政治面貌				
				男		女		比较率差	共青团员		一般青年		比较率差
	人数	比率	排序	人数	比率	人数	比率		人数	比率	人数	比率	
做耐心细致的引导工作,帮其走出困境	1026	53.05	1	501	48.36	525	58.46	10.10	605	50.50	421	57.20	6.70
交给父母做工作	277	14.32	2	163	15.73	114	12.69	-3.04	190	15.86	87	11.82	-4.04
尽力做工作,做不好也问心无愧	202	10.44	4	150	14.48	52	5.79	-8.69	140	11.69	62	8.42	-3.27
束手无策,不知怎么办	75	3.88	5	53	5.12	22	2.45	-2.67	53	4.42	22	2.99	-1.43
不知道	354	18.30	3	169	16.31	185	20.60	4.29	210	17.53	144	19.57	2.04
合计	1934	100	—	1036	100	898	100	—	1198	100	736	100	—

12. 应对未成年人轻生苗头的方式

(1) 中学校长的自述。

如表 6-84 所示,在 2013 年与 2016 年就中学校长应对未成年人轻生苗头的方式的调查中,选择"做耐心细致的引导工作,帮其走出困境"的比率为 82.11%,居于第一位。选择"尽力做工作,做不好也问心无愧"的比率为 11.79%,居于第二位。中学校长只是尽力做工作远远不够,应注意工作的方法,提高工作成效。其他选项含有"推诿""不作为"等消极意味,中学校长的选择率较小,表明中学校长的工作责任心较强,工作态度端正。

从 2016 年与 2013 年的比较来看,率差最大的是"做耐心细致的引导工作,帮其走出困境"(-18.06%),表明中学校长需要加强耐心细致的引导工作。

表6-84 中学校长应对未成年人轻生苗头的方式（2013年、2016年）

选项	总计			2013年			2016年			2016年与2013年比较率差
	人数	比率	排序	人数	比率	排序	人数	比率	排序	
做耐心细致的引导工作，帮其走出困境	202	82.11	1	158	86.81	1	44	68.75	1	-18.06
交给父母做工作	7	2.85	3	1	0.55	3	6	9.38	3	8.83
尽力做工作，做不好也问心无愧	29	11.79	2	21	11.54	2	8	12.50	2	0.96
束手无策，不知怎么办	2	0.81	5	1	0.55	3	1	1.56	5	1.01
不知道	6	2.44	4	1	0.55	3	5	7.81	4	7.26
合计	246	100	—	182	100	—	64	100	—	—

（2）未成年人的看法。

如表6-85所示，在2016年就未成年人眼中中学校长应对未成年人轻生苗头的方式的调查中，52.90%的未成年人认为校长会"做耐心细致的引导工作，帮其走出困境"，居于第一位。选择"不知道"的比率为19.44%，居于第二位，是比率相对较高的选项。在未成年人眼中，中学校长对未成年人有轻生苗头的处理方式较为积极。

从性别比较与政治面貌比较来看，率差最大的均是"尽力做工作，做不好也问心无愧"（分别为7.56%、4.48%）。

表6-85 未成年人眼中中学校长应对未成年人轻生苗头的方式（2016年）

选项	总计			性别					政治面貌				
				男		女		比较率差	共青团员		一般青年		比较率差
	人数	比率	排序	人数	比率	人数	比率		人数	比率	人数	比率	
做耐心细致的引导工作，帮其走出困境	1023	52.90	1	522	50.39	501	55.79	5.40	622	51.92	401	54.48	2.56
交给父母做工作	263	13.60	3	144	13.90	119	13.25	-0.65	160	13.36	103	13.99	0.63
尽力做工作，做不好也问心无愧	214	11.07	4	151	14.58	63	7.02	-7.56	153	12.77	61	8.29	-4.48

(续表 6-85)

选项	总计			性别				政治面貌				
				男		女		比较率差	共青团员		一般青年		比较率差
	人数	比率	排序	人数	比率	人数	比率		人数	比率	人数	比率	
束手无策,不知怎么办	58	3.00	5	39	3.76	19	2.12	-1.64	39	3.26	19	2.58	-0.68
不知道	376	19.44	2	180	17.37	196	21.83	4.46	224	18.70	152	20.65	1.95
合计	1934	100	—	1036	100	898	100	—	1198	100	736	100	—

13. 对中学校长的教育行为的评价

如表 6-86 所示,在 2016 年对未成年人、中学老师、家长、中学校长的调查中,对中学校长的教育行为感到"很满意""满意""比较满意"的合比率为 82.44%,其中选择"很满意"的比率为 41.45%,居于第一位。选择"不满意""很不满意""不清楚"的合比率为 17.56%。大部分受访群体对中学校长的教育行为表现出较高的满意度。

从未成年人与成年人群体的比较来看,未成年人选择"很满意""满意""比较满意"的合比率为 80.65%,这一合比率较成年人群体选择的合比率(90.55%)要低。成年人群体对中学校长的教育行为的评价较高。

表 6-86 未成年人、中学老师、家长、中学校长对校长的教育行为的评价(2016 年)

选项	总计			未成年人		成年人群体								未成年人与成年人群体比较率差
						合计		中学老师		家长		中学校长		
	人数	比率	排序	人数	比率	人数	比率	人数	比率	人数	比率	人数	比率	
很满意	977	41.45	1	810	41.88	167	39.48	68	40.96	74	38.34	25	39.06	2.40
满意	633	26.86	2	460	23.78	173	40.90	61	36.75	86	44.56	26	40.63	-17.12
比较满意	333	14.13	3	290	14.99	43	10.17	19	11.45	16	8.29	8	12.50	4.82
不满意	77	3.27	5	71	3.67	6	1.42	4	2.41	2	1.04	0	0.00	2.25
很不满意	59	2.50	6	53	2.74	6	1.42	4	2.41	1	0.52	1	1.56	1.32
不清楚	278	11.79	4	250	12.93	28	6.62	10	6.02	14	7.25	4	6.25	6.31
合计	2357	100	—	1934	100	423	100	166	100	193	100	64	100	—

14. 基本认识

(1) 中学校长的教育行为的作用同样不容忽视。

中学校长是一所中学的主要负责人,他们平时虽然较少直接接触学生,但学校的发展规划都需要校长的主导参与来制定,其对于学校的发展却起着至关重要的作用。校长对于学生思想道德教育的重视程度很可能代表了学校在这方面工作的成效。中学校长的教育行为更多地表现为制定学校教育方针、谋划学校发展以及为未成年人在校健康成长创造良好的环境。学校的教育方针与发展规划引领着学校的发展轨迹,未成年人在正确轨迹的引导下,身心得以发展,价值观也渐趋完善。此外,良好校园环境潜移默化的影响有助于未成年人做出正确的价值判断、认识以及行为选择。可以看出,中学校长的教育行为显得尤为重要,不可忽视。

(2) 中学校长的教育行为体现出其较强的责任心。

从调查结果可知,中学校长在对待未成年人思想道德教育工作上表现出较为积极的态度。他们时常配合家长做学生的思想道德教育工作,并能保持与学生谈心。对待未成年人的一些不良行为能做到理性对待,对待校园暴力的容忍度更低,采取更加果断的解决方式,在对待未成年人违法犯罪的状况也是如此。在对待未成年人早恋的处理方式上,中学校长则表现出很好的耐心,以耐心引导为主。而在对待未成年人网瘾的处理方式上,中学校长则表现出强硬与引导参半的选择倾向。这说明中学校长在处理未成年人不同的不良行为的方式上有着明显的区别:对于那些社会危害大的不良行为,采取果断的措施来解决,对于那些危害较小的行为则会采取较为舒缓的解决方式。从中学校长的具体教育行为可以看出,中学校长对于处理与应对未成年人在学习和生活中所遇到的各种各样的问题有很强的责任心。

(3) 中学校长还应注重与中学老师以及其他教育者的配合。

中学校长在学校政策制定、战略决策等方面发挥了重要的作用,对于具体落实到学生个体层面的工作,中学校长则往往无法兼顾。因此,中学校长需要与包括中学老师在内的多方教育者通力配合,共同携手发现未成年人学习和生活中存在的普遍问题,针对较为普遍的问题,从学校的制度上予以协调与解决。针对个别学生在学习与生活中存在的特殊问题,中学校长应积极辅助与配合老师以及家长等群体,使未成年人面临的问题得到妥善的解决。尤其对于在未成年人价值观演变过程中萌发的不良因素,中学校长应提出更加契合未成年人阶段性特征的教育对策。

(三) 德育工作者的教育行为现状分析

1. 愿意做未成年人思想道德教育工作的情况

(1) 调查结果分析。

如表6-87所示,在2013年对德育工作者是否愿意做未成年人的思想道德教育工作的情况的调查中,选择"非常愿意"与"愿意"的合比率为97.67%,选择"不大愿意"的比率为2.33%,没有德育工作者表示"不愿意""非常不愿意""无所谓"。绝大部分的德育工作者对未成年人的思想道德教育工作保持较高的热情与投入程度。德育工作者本身的职责就是做好未成年人的思想道德教育工作,使未成年人的思想与行为符合社会的规范。德育工作者在日常德育工作中与未成年人的接触较为频繁,能了解未成年人的思想道德现状,未成年人也更倾向于与德育工作者进行交流。在频繁的双向交流互动下,德育工作者选择"非常愿意"与"愿意"选项的比率显得较高。

从性别、地域、职别的比较来看，女性德育工作者、城市德育工作者与职务为领导的德育工作者更多地表示自己"非常愿意"做未成年人的思想道德教育工作。

表6-87 德育工作者是否愿意做未成年人思想道德教育工作的情况（2013年）

选项	总计			性别			地域			职别		
	人数	比率	排序	比率 男	比率 女	比较率差	比率 城市	比率 县乡	比较率差	比率 领导干部	比率 管理干部	比较率差
非常愿意	18	41.86	2	26.32	54.17	-27.85	45.45	30.00	15.45	50.00	37.04	12.96
愿意	24	55.81	1	73.68	41.67	32.02	51.52	70.00	-18.48	50.00	59.26	-9.26
不大愿意	1	2.33	3	0.00	4.17	-4.17	3.03	0.00	3.03	0.00	3.70	-3.70
不愿意	0	0.00	4	0.00	0.00	0.00	0.00	0.00	0.00	0.00	0.00	0.00
非常不愿意	0	0.00	4	0.00	0.00	0.00	0.00	0.00	0.00	0.00	0.00	0.00
无所谓	0	0.00	4	0.00	0.00	0.00	0.00	0.00	0.00	0.00	0.00	0.00
合计	43	100	—	100	100	—	100	100	—	100	100	—

（2）访谈结果分析。

表6-88反映了中学政教处主任（副主任）是否愿意做未成年人的思想道德教育工作的访谈结果。受访的4位政教处主任（副主任）均表示"愿意"做未成年人的思想道德教育工作，可见，政教处主任（副主任）参与未成年人思想道德教育工作的积极性较高。政教处主任（副主任）主要负责统筹全校学生的思想政治教育工作，未成年人的思想道德建设是其工作的既定组成部分。政教处主任（副主任）愿意做未成年人的思想道德教育工作，表明其工作的态度较好、积极性较高。

表6-88 中学政教处主任（副主任）是否愿意做未成年人的思想道德教育工作的访谈结果（2013年）

选项	合计	中学政教处主任（副主任）			
		合肥市巢湖市第二中学	芜湖市无为县襄安中学	淮南市凤台县左集中学	安庆市潜山中学
非常愿意	0				
愿意	4	√	√	√	√
不大愿意	0				
不愿意	0				
非常不愿意	0				
无所谓	0				
合计	4	1	1	1	1

2. 经常与家长配合做未成年人思想道德教育工作的情况

（1）调查结果分析。

如表6-89所示，在2013年对德育工作者是否经常与家长配合做未成年人思想道德教育工作的情况的调查中，所有的德育工作者都表示曾与家长配合做过未成年人的思想道德教育工作，表示"不配合"的比率为0.00%，其中81.40%表示"经常"与家长配合。德育工作者积极与家长配合做好未成年人的思想道德教育工作，有助于德育工作者的工作向深入化方向发展，同时有助于其提高工作的实效性。

从性别、地域、职别的比较来看，女性德育工作者、职务为领导的德育工作者更多地表示自己是"经常"与家长配合做未成年人的思想道德教育工作。而男性德育工作者、县乡学校德育工作者、普通管理干部则更多地表示自己"不经常"配合家长做未成年人的思想道德教育工作。因此，不经常与家长配合做未成年人的思想道德教育工作的德育工作者，应该积极主动与家长配合，以增强对未成年人的思想动态的了解，更好地开展今后的德育工作。

表6-89　德育工作者是否经常与家长配合做未成年人思想道德教育工作的情况（2013年）

选项	总计			性别			地域			职别		
	人数	比率	排序	比率		比较率差	比率		比较率差	比率		比较率差
				男	女		城市	县乡		领导干部	管理干部	
经常	35	81.40	1	73.68	87.50	-13.82	81.82	80.00	1.82	93.75	74.07	19.68
不经常	7	16.28	2	26.32	8.33	17.98	15.15	20.00	-4.85	0.00	25.93	-25.93
偶尔	1	2.33	3	0.00	4.17	-4.17	3.03	0.00	3.03	6.25	0.00	6.25
不配合	0	0.00	4	0.00	0.00	0.00	0.00	0.00	0.00	0.00	0.00	0.00
合计	43	100	—	100	100	—	100	100	—	100	100	—

（2）访谈结果分析。

表6-90反映了2013年中学政教处主任（副主任）与家长配合做未成年人思想道德教育工作的访谈结果。在受访的4位政教处主任（副主任）中，3位表示"经常"，1位表示"偶尔"。可见，受访的政教处主任（副主任）均表示愿意与家长配合做未成年人的思想道德教育工作，这一访谈结果与调查结果比较一致。

表 6-90　中学政教处主任（副主任）是否经常与家长配合做未成年人
思想道德教育工作的访谈结果（2013 年）

选项	中学政教处主任（副主任）				
	合计	合肥市巢湖市第二中学	芜湖市无为县襄安中学	淮南市凤台县左集中学	安庆市潜山中学
经常	3	√	√	√	
不经常	0				
偶尔	1				√
不配合	0				
合计	4	1	1	1	1

3. 经常与未成年人谈心的情况

（1）调查结果分析。

第一，德育工作者的自述。德育工作者直接与未成年人谈心，能进一步发现工作上没有顾及的问题，弥补工作的不足。

如表 6-91 所示，在 2013 年对德育工作者是否经常与未成年人谈心的情况的调查中，各选项的排序："经常"（72.09%）、"有时"（25.58%）、"不清楚"（2.33%）、"不谈"（0.00%）。同样，所有的德育工作者都表示与未成年人谈过心，了解过他们的思想动态。但相对于与家长配合开展未成年人思想道德教育工作而言，德育工作者选择"经常"与未成年人谈心的比率要稍低，说明德育工作者在这方面做得不足，仍须加强。

从性别、地域、职别的比较来看，女性德育工作者、职务为领导的德育工作者更多地表示会"经常"与未成年人谈心。而男性德育工作者、县乡学校德育工作者、普通管理干部更多地表示自己"有时"与未成年人谈心。

表 6-91　德育工作者是否经常与未成年人谈心的情况（2013 年）

选项	总计			性别			地域			职别		
	人数	比率	排序	比率		比较率差	比率		比较率差	比率		比较率差
				男	女		城市	县乡		领导干部	管理干部	
经常	31	72.09	1	68.42	75.00	-6.58	72.73	70.00	2.73	81.25	66.67	14.58
有时	11	25.58	2	31.58	20.83	10.75	24.24	30	-5.76	18.75	29.63	-10.88
不谈	0	0.00	4	0.00	0.00	0.00	0.00	0.00	0.00	0.00	0.00	0.00
不清楚	1	2.33	3	0.00	4.17	-4.17	3.03	0.00	3.03	0.00	3.70	-3.70
合计	43	100	—	100	100	—	100	100	—	100	100	—

第二，未成年人的反映。如表 6-92 所示，在 2016 年就未成年人对德育工作者是否经常与其谈心的看法的调查中，36.09% 的未成年人认为德育工作者不与其谈心。选择"经常"与"有时"的合比率为 47.51%，选择"不清楚"的比率为 16.39%。大部分未成年人认为德育工作者与未成年人谈心的频率较低，这需要引起学校德育工作者的注意与重视。

从性别比较来看，男性未成年人的评价较好。从政治面貌比较来看，一般青少年的评价较好。

表 6-92 未成年人对德育工作者是否经常与他谈心的看法（2016 年）

选项	总计			性别				政治面貌				
				男		女		共青团员		一般青年		比较率差
	人数	比率	排序	人数	比率	人数	比率	比较率差	人数	比率	人数	比率	
经常	606	31.33	2	373	36.00	233	25.95	10.05	383	31.97	223	30.30	-1.67
有时	313	16.18	4	160	15.44	153	17.04	-1.60	186	15.53	127	17.26	1.73
不谈	698	36.09	1	354	34.17	344	38.31	-4.14	459	38.31	239	32.47	-5.84
不清楚	317	16.39	3	149	14.38	168	18.71	-4.33	170	14.19	147	19.97	5.78
合计	1934	100	—	1036	100	898	100	—	1198	100	736	100	—

（2）访谈结果分析。

表 6-93 反映了 2013 年中学政教处主任（副主任）是否经常找未成年人谈心的访谈结果。在受访的 4 位政教处主任（副主任）中，2 位表示"经常"，2 位表示"有时"。可见，受访的政教处主任（副主任）均表示愿意找未成年人谈心，只是访谈结果反映的政教处主任（副主任）找未成年人谈心的频率没有调查结果反映的那样高。

表 6-93 中学政教处主任（副主任）是否经常找未成年人谈心的访谈结果（2013 年）

选项	政教处主任（副主任）				
	合计	合肥市巢湖市第二中学	芜湖市无为县襄安中学	淮南市凤台县左集中学	安庆市潜山中学
经常	2	√		√	
有时	2		√		√
不谈	0				
不清楚	0				
合计	4	1	1	1	1

4. 看到未成年人正在发生不良行为的处理方式

如表6-94所示,在2013年对德育工作者看到未成年人正在发生不良行为的处理方式的调查中,各选项的排序:"立即制止"(65.12%)、"耐心引导"(18.60%)、"严肃教育"(13.95%)、"事后教育"(2.33%)、"与己无关,不管不问"(0.00%)、"没信心教育"(0.00%)、"无所谓"(0.00%)。多数德育工作者表示遇见未成年人的不良行为能做到"立即制止",这一比率高出中学老师的同项选择率很多,也略微超过了中学校长的同项选择率。由于德育工作者的主要职责是进行未成年人的思想道德教育,他们对于此类事情很敏感,因此一旦遇见这种行为就会立即制止。倘若德育工作者对未成年人的不良行为置之不理,那么这不仅是对自身工作不负责任的表现,更是纵容未成年人思想道德状况向消极负面的方向发展。

从性别、地域、职别的比较来看,男性德育工作者、县乡学校德育工作者、普通管理干部更倾向于对有不良行为的未成年人进行"严肃教育"。而女性德育工作者、城市德育工作者则更倾向于对有不良行为的未成年人进行经常性的"耐心引导"。

表6-94 德育工作者对未成年人正在发生不良行为的处理方式(2013年)

选项	总计			性别			地域			职别		
	人数	比率	排序	比率 男	比率 女	比较率差	比率 城市	比率 县乡	比较率差	比率 领导干部	比率 管理干部	比较率差
立即制止	28	65.12	1	63.16	66.67	-3.51	63.64	70.00	-6.36	75.00	59.26	15.74
严肃教育	6	13.95	3	21.05	8.33	12.72	12.12	20.00	-7.88	0.00	22.22	-22.22
事后教育	1	2.33	4	5.26	0.00	5.26	0.00	10.00	-10	6.25	0.00	6.25
耐心引导	8	18.60	2	10.53	25.00	-14.47	24.24	0.00	24.24	18.75	18.52	0.23
与己无关,不管不问	0	0.00	5	0.00	0.00	0.00	0.00	0.00	0.00	0.00	0.00	0.00
没信心教育	0	0.00	5	0.00	0.00	0.00	0.00	0.00	0.00	0.00	0.00	0.00
无所谓	0	0.00	5	0.00	0.00	0.00	0.00	0.00	0.00	0.00	0.00	0.00
合计	43	100	—	100	100	—	100	100	—	100	100	—

5. 参加监考看见有学生作弊时的处理方式

如表6-95所示,在2013年对德育工作者参加监考看见有未成年人作弊时的处理方式的调查中,97.68%的德育工作者对未成年人的作弊行为能够及时地干预与制止,其中选择"立即制止,但让其考完后再处理"与"轻声警告"的处理方式居多。德育工作者选择这两种处理方式,不仅不影响其他未成年人考试,而且给作弊的未成年人留住"面子",对于作弊的未成年人的自尊心起到保护作用。这种较为温和的冷处理方式,在女性德育工作者、城市德育工作者、领导干部中体现得更为明显。应当指出的是,采取温和的冷处理方式并不意味着放纵与容忍学生的作弊行为,未成年人的作弊行为违反了考纪,也是一种不道德的行为,理应加强教育与引导。

从性别、地域、职别的比较来看,男性德育工作者、县乡德育工作者以及职别为管理干部的德育工作者在监考时发现未成年人作弊时,更倾向于采取"立即制止,并停止未成年人考试"的强硬方式。

表6-95　德育工作者参加监考看见有未成年人作弊时的处理方式(2013年)

选项	总计			性别			地域			职别		
	人数	比率	排序	比率		比较率差	比率		比较率差	比率		比较率差
				男	女		城市	县乡		领导干部	管理干部	
立即制止,并停止其考试	12	27.91	3	42.11	16.67	25.44	24.24	40.00	-15.76	12.50	22.22	-9.72
立即制止,但让其考完后再处理	16	37.21	1	36.84	37.50	-0.66	45.45	10.00	35.45	37.50	51.85	-14.35
轻声警告	14	32.56	2	15.79	45.83	-30.04	30.31	40.00	-9.69	43.75	25.93	17.82
装着没看见,听之任之	1	2.33	4	5.26	0.00	5.26	0.00	10.00	-10.00	6.25	0.00	6.25
无任何表示	0	0.00	5	0.00	0.00	0.00	0.00	0.00	0.00	0.00	0.00	0.00
不知怎么办	0	0.00	5	0.00	0.00	0.00	0.00	0.00	0.00	0.00	0.00	0.00
合计	43	100	—	100	100	—	100	100	—	100	100	—

6. 对校园暴力的处理方式

如表6-96所示,在2013年就德育工作者对校园暴力的处理方式的调查中,各选项的排序:"直接制止"(81.40%)、"报告学校保卫部门"(13.95%)、"想管,但管不了"(4.65%)、"打110报警"(0.00%)、"不清楚"(0.00%)。大多数的德育工作者在遇到校园暴力时,会采取"直接制止"的方式来解决。同时也有部分德育工作者表示会"报告学校的保卫部门",通过他们来解决这类事件。相比而言,德育工作者的选择与中学校长的选择相似,而与中学老师的选择则有着一定的差距。

从性别、地域、职别的比较来看,女性德育工作者、县乡学校德育工作者、职别高的德育工作者更多地表示遇到校园暴力会"直接制止"。而男性德育工作者、城市学校德育工作者、普通管理干部更多地表示会"报告学校保卫部门"。

表6-96 德育工作者对校园暴力的处理方式（2013年）

选项	总计			性别			地域			职别		
	人数	比率	排序	比率		比较率差	比率		比较率差	比率		比较率差
				男	女		城市	县乡		领导干部	管理干部	
直接制止	35	81.40	1	78.95	83.33	-4.38	78.79	90.00	-11.21	93.75	74.07	19.68
报告学校保卫部门	6	13.95	2	15.79	12.50	3.29	15.15	10	5.15	6.25	18.52	-12.27
打110报警	0	0.00	4	0.00	0.00	0.00	0.00	0.00	0.00	0.00	0.00	0.00
想管，但管不了	2	4.65	3	5.26	4.17	1.09	6.06	0.00	6.06	0.00	7.41	-7.41
不清楚	0	0.00	4	0.00	0.00	0.00	0.00	0.00	0.00	0.00	0.00	0.00
合计	43	100	—	100	100	—	100	100	—	100	100	—

7. 对未成年人网瘾的处理方式

如表6-97所示，在2013年就德育工作者对未成年人网瘾的处理方式的调查中，各选项的排序："帮助戒除"（48.84%）、"严加管理"（46.51%）、"感到痛心"（4.65%）、"任其自然"（0.00%）、"不知道怎么办"（0.00%）。德育工作者处理未成年人网瘾的方式主要是"严加管理"与"帮助戒除"。其中，选择"帮助戒除"的比率稍高，即在德育工作者看来，对于未成年人网瘾是必须要介入的，且较多的德育工作者会选择未成年人较为容易接受的"帮助戒除"的方式来解决。

从性别、地域、职别的比较来看，女性德育工作者、城市学校德育工作者更倾向于帮助未成年人戒除网瘾，而县乡学校德育工作者与职务较高的德育工作者则更多地表示对于有网瘾的未成年人要严加管理。

表6-97 德育工作者对未成年人网瘾的处理方式（2013年）

选项	总计			性别			地域			职别		
	人数	比率	排序	比率		比较率差	比率		比较率差	比率		比较率差
				男	女		城市	县乡		领导干部	管理干部	
严加管理	20	46.51	2	47.37	45.83	1.54	42.42	60.00	-17.58	50.00	44.44	5.56
任其自然	0	0.00	4	0.00	0.00	0.00	0.00	0.00	0.00	0.00	0.00	0.00
帮助戒除	21	48.84	1	47.37	50.00	-2.63	57.58	20.00	37.58	50.00	48.15	1.85
感到痛心	2	4.65	3	5.26	4.17	1.09	0.00	20.00	-20	0.00	7.41	-7.41
不知怎么办	0	0.00	4	0.00	0.00	0.00	0.00	0.00	0.00	0.00	0.00	0.00
合计	43	100	—	100	100	—	100	100	—	100	100	—

8. 对未成年人早恋的处理方式

如表6-98所示,在2013年就德育工作者对未成年人早恋的处理方式的调查中,各选项的排序:"耐心引导学生走出早恋"(88.37%)、"做一下工作,不听就算了"(6.98%)、"放任不管,顺其自然"(4.65%)、"严厉批评教育"(0.00%)、"束手无策,不知怎么办"(0.00%)。大多数的德育工作者在对待未成年人早恋方面能够做到"耐心引导学生走出早恋",使用其他的方法来解决问题的较少。说明多数的德育工作者可以坚持职业道德,对未成年人不放弃,积极引导他们树立正确的人生观、价值观。虽然其中还有少数的德育工作者表示对于未成年人这方面的工作做一下就算了或者是放任不管,但这都是极少数,不过这种认识无疑还有待改善。

从性别、地域、职别的比较来看,女性德育工作者、县乡学校德育工作者、职务高的德育工作者更倾向于选择"耐心引导学生走出早恋"。男性德育工作者、城市德育工作者以及职别是管理干部的德育工作者选择"放任不管,顺其自然"选项的比率较高。德育工作者应该选择恰当的方式予以干预,过多干预或不干预的做法都是不可取的。

表6-98 德育工作者对未成年人早恋的处理方式(2013年)

选项	总计			性别			地域			职别		
	人数	比率	排序	比率		比较率差	比率		比较率差	比率		比较率差
				男	女		城市	县乡		领导干部	管理干部	
严厉批评教育	0	0.00	4	0.00	0.00	0.00	0.00	0.00	0.00	0.00	0.00	0.00
耐心引导学生走出早恋	38	88.37	1	78.95	95.83	-16.88	87.88	90.00	-2.12	93.75	85.18	8.57
做一下工作,不听就算了	3	6.98	2	15.79	0.00	15.79	6.06	10.00	-3.94	6.25	7.41	-1.16
放任不管,顺其自然	2	4.65	3	5.26	4.17	1.09	6.06	0.00	6.06	0.00	7.41	-7.41
束手无策,不知怎么办	0	0.00	4	0.00	0.00	0.00	0.00	0.00	0.00	0.00	0.00	0.00
合计	43	100	—	100	100	—	100	100	—	100	100	—

9. 对未成年人犯罪的处理方式

如表6-99所示,在2013年就德育工作者对未成年人违法犯罪的处理方式的调查中,各选项的排序:"要采取强有力的措施遏制"(93.02%)、"很痛心,但无能为力"

（6.98%）、"听其自然"（0.00%）、"不知道怎么办"（0.00%）。超过90%的德育工作者表示对待未成年人犯罪应当采取有力的措施来遏制，充分体现了德育工作者在这类情况中的明确态度。

从性别、地域、职别的比较来看，女性德育工作者、城市学校德育工作者、职务高的德育工作者更多地表示要采取强有力的措施来遏制未成年人的违法犯罪。除此之外，还有少部分德育工作者表示对于已经发生的未成年人违法犯罪问题"很痛心，但无能为力"，这部分德育工作者对于自我定位还不是很明确。积极干预未成年人的违法犯罪行为，让他们早日认清自身的错误是德育工作者义不容辞的责任。

表6-99 德育工作者对未成年人违法犯罪的处理方式（2013年）

选项	总计			性别			地域			职别		
	人数	比率	排序	比率		比较率差	比率		比较率差	比率		比较率差
				男	女		城市	县乡		领导干部	管理干部	
要采取强有力的措施遏制	40	93.02	1	89.47	95.83	-6.36	93.94	90.00	3.94	100	88.89	11.11
听其自然	0	0.00	3	0.00	0.00	0.00	0.00	0.00	0.00	0.00	0.00	0.00
很痛心，但无能为力	3	6.98	2	10.53	4.17	6.36	6.06	10.00	-3.94	0.00	11.11	-11.11
不知怎么办	0	0.00	3	0.00	0.00	0.00	0.00	0.00	0.00	0.00	0.00	0.00
合计	43	100	—	100	100	—	100	100	—	100	100	—

10. 对未成年人离家出走的处理方式

如表6-100所示，在2013年就德育工作者对未成年人离家出走的处理方式的调查中，90.70%的德育工作者选择"做耐心细致的引导工作，帮其走出困境"。选择"尽力做工作，做不好也问心无愧"与"不知道"的合比率为9.31%。德育工作者对未成年人离家出走的处理方式，在一定程度上标志着学校德育层面对此类问题的重视程度与教育策略。德育工作者对未成年人离家出走更多的是进行教育引导，其责任担当意识较强，表明学校在德育层面上非常重视与关注未成年人离家出走事件。

从性别、地域、职别的比较来看，女性德育工作者、城市德育工作者以及职别是领导干部的德育工作者更倾向于耐心细致地引导未成年人，帮助其走出困境。男性德育工作者、县乡德育工作者以及职别是管理干部的德育工作者选择"不知道"选项的比率较高。

表6-100 德育工作者对未成年人离家出走的处理方式（2013年）

选项	总计			性别			地域			职别		
	人数	比率	排序	比率		比较率差	比率		比较率差	比率		比较率差
				男	女		城市	县乡		领导干部	管理干部	
做耐心细致的引导工作，帮其走出困境	39	90.70	1	89.47	91.67	-2.20	93.94	80.00	13.94	93.75	88.89	4.86
交给父母做工作	0	0.00	4	0.00	0.00	0.00	0.00	0.00	0.00	0.00	0.00	0.00
尽力做工作，做不好也问心无愧	3	6.98	2	5.26	8.33	-3.07	6.06	10.00	-3.94	6.25	7.41	-1.16
束手无策，不知怎么办	0	0.00	4	0.00	0.00	0.00	0.00	0.00	0.00	0.00	0.00	0.00
不知道	1	2.33	3	5.26	0.00	5.26	0.00	10.00	-10.00	0.00	3.70	-3.70
合计	43	100	—	100	100	—	100	100	—	100	100	—

11. 应对未成年人轻生苗头的方式

如表6-101所示，在2013年就德育工作者应对未成年人轻生苗头的方式的调查中，88.37%的德育工作者认为自身会耐心细致地做好对未成年人的教育引导工作，帮助其走出困境。9.30%的德育工作者认为做好自身的工作就可以了，对教育的成效关心较少。选择"不知道"的德育工作者的比率为2.33%。大部分德育工作者在发现有轻生苗头的未成年人时，所做更多的是一种耐心的教育引导，帮助未成年人认识到思想上的症结与困惑之处，从而逐渐打消其轻生的念头。

从性别比较来看，率差最大的是"做耐心细致的引导工作，帮其走出困境"（11.41%）。从地域比较来看，城市德育工作者表示"不知道"的比率较县乡德育工作者选择的比率要高。从职别比较来看，领导干部选择"不知道"的比率要稍高。因此，需要不断提高德育工作者的认识，加强其对未成年人的教育引导，逐渐将这种轻生的萌发意识遏制在初期阶段。

表6-101 德育工作者应对未成年人轻生苗头的方式（2013年）

选项	总计			性别			地域			职别		
	人数	比率	排序	比率		比较率差	比率		比较率差	比率		比较率差
				男	女		城市	县乡		领导干部	管理干部	
做耐心细致的引导工作，帮其走出困境	38	88.37	1	94.74	83.33	11.41	87.88	90.00	-2.12	87.50	88.89	-1.39
交给父母做工作	0	0.00	4	0.00	0.00	0.00	0.00	0.00	0.00	0.00	0.00	0.00
尽力做工作，做不好也问心无愧	4	9.30	2	5.26	12.50	-7.24	9.09	10.00	-0.91	6.25	11.11	-4.86
束手无策，不知怎么办	0	0.00	4	0.00	0.00	0.00	0.00	0.00	0.00	0.00	0.00	0.00
不知道	1	2.33	3	0.00	4.17	-4.17	3.03	0.00	3.03	6.25	0.00	6.25
合计	43	100	—	100	100	—	100	100	—	100	100	—

12. 对德育工作者的教育行为的评价

如表6-102所示，在2016年对未成年人、中学老师、家长、中学校长的调查中，受访群体对德育工作者的教育行为感到"很满意""满意""比较满意"的合比率为77.22%，选择"不满意"与"很不满意"的合比率为7.68%，选择"不清楚"的比率为15.10%。大部分受访群体对德育工作者的教育行为评价较高。德育工作者作为学校教育的重要组成部分，承担着对未成年人进行思想道德建设的重要职责，并注重对未成年人行为操守以及思想观念的教育。根据受访群体的积极性认识，从侧面可以看出，德育工作者的工作取得了一定的成效。

从未成年人与成年人群体的比较来看，未成年人选择"很满意""满意"以及"比较满意"的合比率为74.93%，这一合比率较成年人群体的合比率（87.71%）要低。成年人群体对德育工作者的教育行为的评价要稍好。

表 6-102 未成年人、中学老师、家长、中学校长对德育工作者的教育行为的评价（2016 年）

选项	总计			未成年人		成年人群体								未成年人与成年人群体比较率差
						合计		中学老师		家长		中学校长		
	人数	比率	排序	人数	比率	人数	比率	人数	比率	人数	比率	人数	比率	
很满意	910	38.61	1	731	37.80	179	42.32	71	42.77	86	44.56	22	34.38	-4.52
满意	572	24.27	2	425	21.98	147	34.75	58	34.94	65	33.68	24	37.50	12.77
比较满意	338	14.34	4	293	15.15	45	10.64	14	8.43	22	11.40	9	14.06	4.51
不满意	117	4.96	5	102	5.27	15	3.55	8	4.82	3	1.55	4	6.25	1.72
很不满意	64	2.72	6	57	2.95	7	1.65	2	1.20	2	1.04	3	4.69	1.30
不清楚	356	15.10	3	326	16.86	30	7.09	13	7.83	15	7.77	2	3.13	9.77
合计	2357	100	—	1934	100	423	100	166	100	193	100	64	100	—

13. 基本认识

（1）德育工作者在学校德育工作中的作用举足轻重。

德育工作者在中小学当中主要分管未成年人思想道德教育工作。他们通常是一些专门从事德育工作或者兼有其他课程的授课老师。无论如何，德育工作者作为经常在课堂上教授学生道德知识的人，对学生思想道德的成长与发展有着重要的作用。德育工作者在学校德育工作中作用的发挥，一方面依赖学校赋予德育工作者重要的教育职责与教育任务，在德育工作者职责的驱使下，努力改善未成年人的思想道德教育状况。另一方面，德育工作者在与未成年人的面对面接触与交流过程中，了解未成年人的思想动态，并结合实际切实进一步改进自身工作。

（2）德育工作者表现出更加专业的德育工作水平。

研究得知，绝大多数德育工作者表示自己愿意做未成年人的思想道德教育工作，如果不愿意做这样的工作则也很难成为一名合格的德育工作者。无论是在与家长的配合上，还是直接与未成年人的道德交流上，德育工作者都表现出较高的积极性。在对未成年人的不良行为的处理方面，德育工作者也与其他群体一样表现出了更明显的干预倾向，不会坐视不管。但"相较于其他群体人文关怀较为缺乏"[①] 来说，德育工作者表现出更多的人文关怀。对于未成年人恋爱等行为，广大德育工作者会采取耐心地教育引导这种较为舒缓的解决方式，极少会表现出敷衍或采用过激的方法来解决。

（3）德育工作者应进一步发挥"纽带"作用。

德育工作者发挥"纽带"作用是指德育工作者在老师与校长之间、老师与学生之间以及学生与校长之间做出有效的沟通与交流。在老师与校长之间，德育工作者应将学校

---

① 王东莉. 人文关怀：当代学校德育的逻辑起点 [J]. 当代青年研究，2004（4）：1-7.

的相关制度性规定及时传达给老师。一方面，让老师进一步了解学校的教育制度以及相关的德育措施。另一方面，将老师的诉求及时反映给校长，让校长了解基层工作的最新动态，以及未成年人价值观出现的新变化，进一步制定针对性的对策。在老师与学生之间，一般而言，老师与学生之间的交流最为频繁，也是最易沟通的两类主体。德育工作者应当处理二者间较为棘手的问题，而不是事无巨细地过多干涉二者间的正常沟通与交流。在学生与校长间，德育工作者的"纽带"作用更多的是发挥"传声筒"的作用，将未成年人的困惑与实际生活中难以解决的问题反馈给校长，从而使问题得到解决。德育工作者进一步发挥"纽带"作用有助于学校德育工作的开展，并在一定程度上保证德育工作的成效，从而促进未成年人正确价值观的形成与发展。

（四）小学校长的教育行为现状分析

1. 愿意做未成年人思想道德教育工作的情况

如表 6-103 所示，在 2013—2015 年对小学校长是否愿意做未成年人的思想道德教育工作的情况的调查中，小学校长选择"非常愿意"与"愿意"的合比率为 94.81%，选择"不大愿意""不愿意"与"非常不愿意"的合比率为 5.18%。大部分小学校长对未成年人的思想道德教育工作保持较高的热情并且能投入到具体的教育实践中。小学阶段的未成年人思想道德教育工作的重点在于帮助未成年人树立良好的习惯与道德认知，提高未成年人明辨是非的能力。

从 2015 年与 2013 年的比较来看，小学校长选择"非常愿意"的比率有所下降，选择"愿意"的比率有所上升，选择"不愿意"的比率增幅较大。从比较率差来看，小学校长对未成年人思想道德教育工作的重视程度有一定程度的放松，这需要引起高度重视。未成年人的思想道德教育是一项长期性的工作，需要常抓不懈，只有长期性的教育才能取得一定成效。

表 6-103 小学校长是否愿意做未成年人的思想道德教育工作的情况（2013—2015 年）

选项	总计			2013 年[①]（安徽省）		2014 年				2015 年（安徽省）				2015 年（2）与 2013 年比较率差
						全国部分省(市)（少数民族地区）（1）		安徽省（2）		（1）		（2）		
	人数	比率	排序	人数	比率	人数	比率	人数	比率	人数	比率	人数	比率	
非常愿意	56	41.48	2	18	47.37	14	53.85	10	30.30	8	47.06	6	28.57	-18.80
愿意	72	53.33	1	18	47.37	12	46.15	23	69.70	7	41.18	12	57.14	9.77

---

① 叶松庆. 当代未成年人道德观发展变化与引导对策的实证研究 [M]. 芜湖：安徽师范大学出版社，2016：405.

(续表6-103)

选项	总计			2013年（安徽省）		2014年 全国部分省（市）（少数民族地区）（1）		2014年 安徽省（2）		2015年（安徽省）				2015年(2)与2013年比较率差
										(1)		(2)		
	人数	比率	排序	人数	比率	人数	比率	人数	比率	人数	比率	人数	比率	
不大愿意	3	2.22	4	2	5.26	0	0.00	0	0.00	1	5.88	0	0.00	-5.26
不愿意	4	2.96	3	0	0.00	0	0.00	0	0.00	1	5.88	3	14.29	14.29
非常不愿意	0	0.00	5	0	0.00	0	0.00	0	0.00	0	0.00	0	0.00	0.00
无所谓	0	0.00	5	0	0.00	0	0.00	0	0.00	0	0.00	0	0.00	0.00
合计	135	100	—	38	100	26	100	33	100	17	100	21	100	—

2. 经常与家长配合做未成年人思想道德教育工作的情况

如表6-104所示，在2013年对小学校长是否经常与家长配合做未成年人的思想道德教育工作的情况的调查中，各选项的排序："经常"（73.68%）、"不经常"（21.05%）、"偶尔"（5.26%）、"不配合"（0.00%）。与其他群体一样，小学校长在是否与家长配合做未成年人的思想道德教育工作时，表示"不配合"的比率也为0.00%，即都会不同程度地与家长配合做未成年人的思想道德教育工作，并且表示"经常"这样做的比率也较高。一般而言，进入小学阶段的未成年人心智发展不成熟，需要包括小学校长在内的多级教育主体配合家长逐渐帮助未成年人树立良好的道德品质，从而帮助未成年人更好地成长与发展。

从性别、地域与职别的比较来看，女性小学校长、城市小学校长、正校长更多地表示自己会经常配合家长做未成年人的思想道德教育工作。而男性小学校长、县乡小学校长、副校长则更多地表示自己"不经常"配合家长做未成年人的思想道德教育工作。

表6-104 小学校长是否经常与家长配合做未成年人的思想道德教育工作的情况（2013年）

选项	总计			性别			地域			职别		
	人数	比率	排序	比率		比较率差	比率		比较率差	比率		比较率差
				男	女		城市	县乡		校长	副校长	
经常	28	73.68	1	62.50	92.86	-30.36	81.48	54.55	26.93	77.78	63.64	14.14
不经常	8	21.05	2	29.17	7.14	22.02	11.11	45.45	-34.34	18.52	27.27	-8.75
偶尔	2	5.26	3	8.33	0.00	8.33	7.41	0.00	7.41	3.70	9.09	-5.39
不配合	0	0.00	4	0.00	0.00	0.00	0.00	0.00	0.00	0.00	0.00	0.00
合计	38	100	—	100	100	—	100	100	—	100	100	—

3. 经常与未成年人谈心的情况

如表6-105所示,在2013年对小学校长是否经常与未成年人谈心的情况的调查中,各选项的排序:"有时"(55.26%)、"经常"(42.11%)、"不谈"(2.63%)、"不清楚"(0.00%)。大多数的小学校长表示与未成年人有过谈心,明确表示没有谈过的比率较少。在与未成年人谈过心的选择中,表示"有时"的比率高于表示"经常"的比率,即较多的小学校长表示虽然与未成年人谈过心,但频率不是很高。小学校长与未成年人频繁的交流与沟通有助于建立良好的师生关系,这对未成年人的成长极为重要。

从性别、地域、职别的比较来看,女性小学校长、城市小学校长、正校长更多地表示"经常"与未成年人谈心。而男性小学校长、副校长更多地表示"有时"与未成年人谈心。此外,县乡小学校长则较多地表示自己不与未成年人谈心。

表6-105 小学校长经常与未成年人谈心的情况(2013年)

选项	总计			性别			地域			职别		
	人数	比率	排序	比率		比较率差	比率		比较率差	比率		比较率差
				男	女		城市	县乡		校长	副校长	
经常	16	42.11	2	25.00	71.43	-46.43	44.44	36.36	8.08	44.44	36.36	8.08
有时	21	55.26	1	70.83	28.57	42.26	55.56	54.55	1.01	51.85	63.64	-11.78
不谈	1	2.63	3	4.17	0.00	4.17	0.00	9.09	-9.09	3.70	0.00	3.70
不清楚	0	0.00	4	0.00	0.00	0.00	0.00	0.00	0.00	0.00	0.00	0.00
合计	38	100	—	100	100	—	100	100	—	100	100	—

4. 看到未成年人正在发生的不良行为的处理方式

如表6-106所示,在2013年对小学校长遇见未成年人正在发生的不良行为的处理方式的调查中,各选项的排序:"立即制止"(73.68%)、"耐心引导"(13.16%)、"严肃教育"(7.89%)、"与己无关,不管不问"(2.63%)、"没信心教育"(2.63%)、"无所谓"(0.00%)。虽然大多数小学校长表示对于未成年人的不良行为不会不管不顾,但多数表示会"立即制止",表示会"耐心引导"的比率并不是很高。小学阶段的未成年人更需要硬性的规章制度来约束其行为,对其进行耐心的引导与说理往往取得的成效不佳。毕竟,小学阶段的未成年人对于抽象的道理理解得不够透彻与深入,对其更适宜采取正面的严肃批评教育,同时要注意把握正确的时机、方式、地点等因素,确保教育取得实效。

从性别、地域、职别的比较来看,女性小学校长、城市小学校长、副校长对待未成年人的不良行为更多地表示会"立即制止"。而男性小学校长与正校长更多地表示对待未成年人的不良行为会"耐心引导"。

表6-106 小学校长对未成年人正在发生不良行为的处理方式（2013年）

选项	总计			性别			地域			职别		
	人数	比率	排序	比率		比较率差	比率		比较率差	比率		比较率差
				男	女		城市	县乡		校长	副校长	
立即制止	28	73.68	1	66.67	85.71	-19.04	74.07	72.73	1.34	70.37	81.82	-11.45
严肃教育	3	7.89	3	8.33	7.14	1.19	7.41	9.09	-1.68	7.41	9.09	-1.68
事后教育	0	0.00	6	0.00	0.00	0.00	0.00	0.00	0.00	0.00	0.00	0.00
耐心引导	5	13.16	2	16.67	7.15	9.52	14.82	9.09	5.73	14.82	9.09	5.73
与己无关，不管不问	1	2.63	4	4.17	0.00	4.17	3.70	0.00	3.70	3.70	0.00	3.70
没信心教育	1	2.63	4	4.17	0.00	4.17	0.00	9.09	-9.09	3.70	0.00	3.70
无所谓	0	0.00	6	0.00	0.00	0.00	0.00	0.00	0.00	0.00	0.00	0.00
合计	38	100	—	100	100	—	100	100	—	100	100	—

5. 小学校长参加监考看见有未成年人作弊时的处理方式

如表6-107所示，在2013年对小学校长参加监考看见有未成年人作弊时的处理方式的调查中，44.74%的小学校长会"立即制止，但让其考完后再处理"，居于第一位。其他选项的排序："轻声警告"（39.47%）、"立即制止，并停止其考试"（13.16%）、"装着没看见，听之任之"（2.63%）、"无任何表示"（0.00%）、"不知怎么办"（0.00%）。该结果与德育工作者同题的调查结果相似，多数小学校长对待作弊的未成年人同样会选取较为温和的处理方式。采取温和的处理方式有助于保护未成年人的自尊心，使其意识到考试作弊的危害性。

从性别、地域、职别的比较来看，女性小学校长、城市小学校长、正校长采取"立即制止，但让其考完后再处理"的方式较多，更显温和。

表6-107 小学校长参加监考看见有未成年人作弊时的处理方式（2013年）

选项	总计			性别			地域			职别		
	人数	比率	排序	比率		比较率差	比率		比较率差	比率		比较率差
				男	女		城市	县乡		校长	副校长	
立即制止，并停止其考试	5	13.16	3	8.33	21.43	-13.10	14.81	9.09	5.72	14.81	9.09	5.72
立即制止，但让其考完后再处理	17	44.74	1	41.67	50.00	-8.33	48.15	36.36	11.78	48.15	36.36	11.78

(续表6-107)

选项	总计			性别			地域			职别		
	人数	比率	排序	比率		比较率差	比率		比较率差	比率		比较率差
				男	女		城市	县乡		校长	副校长	
轻声警告	15	39.47	2	45.83	28.57	17.26	33.33	54.55	21.21	33.33	54.55	-21.21
装着没看见，听之任之	1	2.63	4	4.17	0.00	4.17	3.70	0.00	3.70	3.71	0.00	3.71
无任何表示	0	0.00	5	0.00	0.00	0.00	0.00	0.00	0.00	0.00	0.00	0.00
不知怎么办	0	0.00	5	0.00	0.00	0.00	0.00	0.00	0.00	0.00	0.00	0.00
合计	38	100	—	100	100	—	100	100	—	100	100	—

6. 对校园暴力的处理方式

如表6-108所示，在2013年就小学校长对校园暴力的处理方式的调查中，各选项的排序："直接制止"（78.95%）、"打110报警"（18.42%）、"想管，但管不了"（2.63%）、"报告学校保卫部门"（0.00%）、"不清楚"（0.00%）。小学校长虽然选择"直接制止"校园暴力的比率最高，但仍略低于德育工作者同项的比率，同时小学校长选择"打110报警"来解决"校园暴力"的也占一定比率。对于校园暴力选择不进行干预的比率只有2.63%，即大多数的小学校长都会选择干预校园暴力。

从性别、地域、职别的比较来看，男性小学校长、城市小学校长、副校长更倾向于选择"直接制止"校园暴力行为，而女性小学校长更倾向于选择"打110报警"来解决校园暴力问题。

表6-108 小学校长对校园暴力的处理方式（2013年）

选项	总计			性别			地域			职别		
	人数	比率	排序	比率		比较率差	比率		比较率差	比率		比较率差
				男	女		城市	县乡		校长	副校长	
直接制止	30	78.95	1	79.17	78.57	0.60	81.48	72.73	8.75	77.78	81.82	-4.04
报告学校保卫部门	0	0.00	4	0.00	0.00	0.00	0.00	0.00	0.00	0.00	0.00	0.00
打110报警	7	18.42	2	16.67	21.43	-4.76	18.52	18.18	0.34	18.52	18.18	0.34
想管，但管不了	1	2.63	3	4.16	0.00	4.16	0.00	9.09	-9.09	3.70	0.00	3.70
不清楚	0	0.00	4	0.00	0.00	0.00	0.00	0.00	0.00	0.00	0.00	0.00
合计	38	100	—	100	100	—	100	100	—	100	100	—

7. 对未成年人网瘾的处理方式

如表6-109所示,在2013年小学校长对未成年人网瘾的处理方式的调查中,各选项的排序:"严加管理"(57.89%)、"帮助戒除"(28.95%)、"任其自然"(10.53%)、"感到痛心"(2.63%)、"不知怎么办"(0.00%)。多数小学校长表示对于未成年人的网瘾会加以干预,其中超过半数表示会"严加管理",而有接近30%的小学校长表示会帮助未成年人戒除网瘾。与德育工作者相比而言,小学校长更多地选择"严加管理"而较少地选择"帮助戒除"未成年人网瘾。同时,小学校长也更多地表示对于未成年人网瘾"任其自然",说明这部分小学校长的认识还不明确。

从性别、地域、职别的比较来看,女性小学校长、城市小学校长、正校长较多地表示对于未成年人网瘾要"严加管理",而男性小学校长、县乡小学校长、副校长则较多地表示会"帮助戒除"未成年人网瘾。

表6-109 小学校长对于未成年人网瘾的处理方式(2013年)

选项	总计			性别			地域			职别		
	人数	比率	排序	比率		比较率差	比率		比较率差	比率		比较率差
				男	女		城市	县乡		校长	副校长	
严加管理	22	57.89	1	41.67	85.71	-44.04	70.37	27.27	43.10	59.26	54.55	4.71
任其自然	4	10.53	3	12.50	7.14	5.36	7.41	18.18	-10.77	14.81	0.00	14.81
帮助戒除	11	28.95	2	41.67	7.14	34.53	22.22	45.45	-23.23	22.22	45.45	-23.23
感到痛心	1	2.63	4	4.16	0.00	4.16	0.00	9.10	-9.10	3.71	0.00	3.71
不知怎么办	0	0.00	5	0.00	0.00	0.00	0.00	0.00	0.00	0.00	0.00	0.00
合计	38	100	—	100	100	—	100	100	—	100	100	—

8. 对未成年人早恋的处理方式

如表6-110所示,在2013年就小学校长对未成年人早恋的处理方式的调查中,各选项的排序:"耐心引导学生走出早恋"(97.37%)、"做一下工作,不听就算了"(2.63%),余下选项的比率均为0.00%。可见,绝大多数小学校长都表示会"耐心引导学生走出早恋",其比率均高于其他群体的同项比率。也有少部分的小学校长并没有表现出很大的耐心,他们表示对于未成年人早恋"做一下工作,不听就算了"。

从性别、地域、职别的比较来看,女性小学校长、城市小学校长、正校长对待未成年人早恋表现出了更大的耐心,他们更倾向于选择"耐心引导学生走出早恋"。而男性小学校长、县乡小学校长、副校长则表现出了较少的耐心,他们更多地倾向于选择对于未成年人早恋就"做一下工作,不听就算了"。

表 6-110　小学校长对早恋的未成年人的处理方式（2013 年）

选项	总计			性别			地域			职别		
	人数	比率	排序	比率		比较率差	比率		比较率差	比率		比较率差
				男	女		城市	县乡		校长	副校长	
严厉批评教育	0	0.00	3	0.00	0.00	0.00	0.00	0.00	0.00	0.00	0.00	0.00
耐心引导学生走出早恋	37	97.37	1	95.83	100.00	-4.17	100	90.91	9.09	100.00	90.91	9.09
做一下工作，不听就算了	1	2.63	2	4.17	0.00	4.17	0.00	9.09	-9.09	0.00	9.09	-9.09
放任不管，顺其自然	0	0.00	3	0.00	0.00	0.00	0.00	0.00	0.00	0.00	0.00	0.00
束手无策，不知怎么办	0	0.00	3	0.00	0.00	0.00	0.00	0.00	0.00	0.00	0.00	0.00
合计	38	100	—	100	100	—	100	100	—	100	100	—

9. 对未成年人违法犯罪的处理方式

如表 6-111 所示，在 2013 年就小学校长对未成年人违法犯罪的处理方式的调查中，各选项的排序："要采取强有力的措施遏制"（89.47%）、"很痛心，但无能为力"（10.53%）、"听其自然"（0.00%）、"不知怎么办"（0.00%）。小学校长在对待未成年人违法犯罪的处理上态度较为明确，主要是"采取强有力的措施遏制"，其次是表示"很痛心，但无能为力"，相对于德育工作者而言，小学校长在对待未成年人违法犯罪采取强有力措施的选择比率略低，表示无能为力的选择比率略高。一般而言，小学阶段的未成年人违法犯罪的比率较小，对于发生的违法犯罪行为要予以坚决的制止。

从性别、地域、职别的比较来看，女性小学校长、城市小学校长、副校长较多地表示对待未成年人违法犯罪"要采取强有力的措施遏制"。而男性小学校长、县乡小学校长、正校长则较多地表示对待未成年人违法犯罪只是"很痛心，但无能为力"。

表6-111 小学校长对未成年人违法犯罪的处理方式（2013年）

选项	总计			性别			地域			职别		
	人数	比率	排序	比率 男	比率 女	比较率差	比率 城市	比率 县乡	比较率差	比率 校长	比率 副校长	比较率差
要采取强有力的措施遏制	34	89.47	1	83.33	100.00	-16.67	96.30	72.73	23.57	88.89	90.91	-2.02
听其自然	0	0.00	3	0.00	0.00	0.00	0.00	0.00	0.00	0.00	0.00	0.00
很痛心，但无能为力	4	10.53	2	16.67	0.00	16.67	3.70	27.27	-23.57	11.11	9.09	2.02
不知怎么办	0	0.00	3	0.00	0.00	0.00	0.00	0.00	0.00	0.00	0.00	0.00
合计	38	100	—	100	100	—	100	100	—	100	100	—

10. 对未成年人离家出走的处理方式

如表6-112所示，在2013年就小学校长对未成年人离家出走的处理方式的调查中，76.32%的小学校长选择"做耐心细致的引导工作，帮助其走出困境"，居于第一位。选择"尽力做工作，做不好也问心无愧"与"不知道"选项的比率均为7.89%。其他选项的比率均较低。大部分小学校长在未成年人离家出走事件上表现得较为细致与耐心，处理方式较为温和，符合未成年人的身心发展的特点。未成年人离家出走，作为小学校长，应该对未成年人讲明其中的危害，以防止此类事件的再次发生。

从性别、地域、职别的比较来看，女性、城市小学、正职的校长选择做耐心细致的引导工作的比率较大，而县乡小学校长与副校长选择交给父母做工作的比率较大。

表6-112 小学校长对未成年人离家出走的处理方式（2013年）

选项	总计			性别			地域			职别		
	人数	比率	排序	比率 男	比率 女	比较率差	比率 城市	比率 县乡	比较率差	比率 校长	比率 副校长	比较率差
做耐心细致的引导工作，帮其走出困境	29	76.32	1	70.83	85.71	-14.88	77.78	72.73	5.05	77.78	72.73	5.05
交给父母做工作	2	5.26	4	4.17	7.14	-2.98	3.70	9.09	-5.39	0.00	18.18	-18.18

(续表6-112)

选项	总计			性别			地域			职别		
	人数	比率	排序	比率		比较率差	比率		比较率差	比率		比较率差
				男	女		城市	县乡		校长	副校长	
尽力做工作，做不好也问心无愧	3	7.89	2	12.50	0.00	12.50	7.41	9.09	-1.68	11.11	0.00	11.11
束手无策，不知怎么办	1	2.63	5	4.17	0.00	4.17	0.00	9.09	-9.09	3.70	0.00	3.70
不知道	3	7.89	2	8.33	7.14	1.19	11.11	0.00	11.11	7.41	9.09	-1.68
合计	38	100	—	100	100	—	100	100	—	100	100	—

11. 对未成年人轻生的处理方式

如表6-113所示，在2013年就小学校长对未成年人轻生的处理方式的调查中，76.32%的小学校长会耐心细致地做好未成年人的教育引导工作，帮助未成年人走出困境。13.16%的小学校长会尽力做好工作，但是对成效关注较小。选择"不知道"与"交给父母做工作"的比率分别为7.89%与2.63%。大部分小学校长对未成年人轻生秉持积极教育引导的策略与做法。未成年人出现轻生苗头，尤其是低龄未成年人出现此类想法，小学校长应该予以积极的关注，从多个渠道了解此类想法产生的源头，找出未成年人内心的困惑与思想上的症结，部分选择"不知道"的小学校长尤其要重视起来。

从性别、地域、职别的比较来看，男性小学校长、县乡小学校长以及管理干部选择"做耐心细致的引导工作，帮其走出困境"的比率要稍高。

表6-113 小学校长遇到未成年人轻生的处理方式（2013年）

选项	总计			性别			地域			职别		
	人数	比率	排序	比率		比较率差	比率		比较率差	比率		比较率差
				男	女		城市	县乡		校长	副校长	
做耐心细致的引导工作，帮其走出困境	29	76.32	1	87.50	57.14	30.36	74.07	81.82	-7.74	66.67	100.00	-33.33
交给父母做工作	1	2.63	4	0.00	7.14	-7.14	3.70	0.00	3.70	3.70	0.00	3.70

(续表6-113)

选项	总计			性别			地域			职别		
	人数	比率	排序	比率 男	比率 女	比较率差	比率 城市	比率 县乡	比较率差	比率 校长	比率 副校长	比较率差
尽力做工作,做不好也问心无愧	5	13.16	2	12.50	14.29	-1.79	11.11	18.18	-7.07	18.52	0.00	18.52
束手无策,不知怎么办	0	0.00	5	0.00	0.00	0.00	0.00	0.00	0.00	0.00	0.00	0.00
不知道	3	7.89	3	0.00	21.43	-21.43	11.11	0.00	11.11	11.11	0.00	11.11
合计	38	100	—	100	100	—	100	100	—	100	100	—

12. 对小学校长的教育行为的评价

如表6-114所示,在2016年对未成年人、中学老师、家长、中学校长的调查中,受访群体对小学校长的教育行为感到"很满意""满意""比较满意"的合比率为78.65%,选择"不满意"与"很不满意"的合比率为6.92%,选择"不清楚"的比率为14.43%。大部分受访群体对小学校长教育行为给予了积极性评价。

从未成年人与成年人群体的比较来看,未成年人选择"很满意""满意""比较满意"选项的合比率为77.04%,较中学老师等成年人群体选择的合比率(86.06%)要低。成年人群体的评价较未成年人稍好。逐渐明晰群体间认识的差异性,并从消极性评价选项比率最高的群体着手,分析其做出消极性评价的原因,从而帮助小学校长进一步改进工作,提高其工作水平与效率。

表6-114 未成年人、中学老师、家长、中学校长对小学校长的教育行为的评价(2016年)

选项	总计			未成年人		成年人群体							未成年人与成年人群体比较率差
						合计		中学老师		家长		中学校长	
	人数	比率	排序	人数	比率	人数	比率	人数	比率	人数	比率	人数	比率	
很满意	936	39.71	1	776	40.12	160	37.83	61	36.75	84	43.52	15	23.44	2.29
满意	603	25.58	2	450	23.27	153	36.17	60	36.14	66	34.20	27	42.19	12.90
比较满意	315	13.36	4	264	13.65	51	12.06	17	10.24	23	11.92	11	17.19	1.59
不满意	111	4.71	5	100	5.17	11	2.60	5	3.01	3	1.55	3	4.69	2.57
很不满意	52	2.21	6	42	2.17	10	2.36	5	3.01	4	2.07	1	1.56	0.19
不清楚	340	14.43	3	302	15.62	38	8.98	18	10.84	13	6.74	7	10.94	6.64
合计	2357	100	—	1934	100	423	100	166	100	193	100	64	100	—

13. 基本认识

（1）小学校长的教育行为较为认真负责。

通常情况下，小学校长一方面是小学教育的掌舵人，是学校发展方向的奠定者。另一方面，小学校长也经常会投身于课堂之中，直接与未成年人交流，了解未成年人最真实的想法。

本研究表明，小学校长基本愿意做学生的思想教育工作，并且大多数表示曾配合家长一起做过孩子的思想工作。他们有时会与孩子们谈心，能够及时地发现学生的不良行为并予以改正。对待校园暴力与未成年人违法犯罪，一方面能够做到严肃处理，另一方面也都表现出很大的惋惜之情。对于未成年人早恋，他们也表现出了很大的耐心，表示能够耐心引导学生走出早恋的误区。

（2）小学校长教育行为的贡献值得肯定。

从总体上看，小学阶段是未成年人思想道德塑型的最重要时期，而在这方面最正规的教育莫过于学校的思想道德教育。为此，小学阶段的思想道德教育工作关系到伴随未成年人一生的思想道德表现。做好这些是小学教育的重大任务，是小学校长身上的重任。他们能够清醒地认识到这些，并积极去做好，是对未成年人思想道德教育莫大的贡献。调查结果显示，小学校长在这方面的做法大多值得肯定，从侧面也可以看出小学校长在未成年人教育上取得的实效。

（3）小学校长还应不断创新教育形式，丰富教育的内容，提高未成年人教育的实效性。

小学校长创新教育形式，是指小学校长应该结合小学阶段未成年人的喜好与特点，采取其喜闻乐见的方式，有针对性地开展教育。教育形式可以是生动的课堂授课、有趣的课外活动以及其他形式的家庭作业。通过多样化的教育形式促使未成年人不再墨守成规，并从中汲取有益养分，促进自身健康成长。丰富教育的内容则是小学校长根据未成年人的接受能力与水平，将复杂且难度较大的问题进一步简单化，将简单的问题进一步生动化与活泼化。小学校长注重教育形式与内容的统一性，有助于未成年人更好地吸收教育内容，提高教育的实效，同时有助于未成年人形成正确的价值观。

（五）家长的教育行为现状分析

1. 愿意做未成年人思想道德教育工作的情况

相对于教育者而言，家长对自己孩子的关心体现的是家庭的关爱，这种关心没有任何利益诉求，充满了无私与奉献。而家长除了关注孩子的学习成绩之外，也关注他们将来要成为什么样的人、具备什么样的品质。下面是家长对于未成年人的思想道德教育行为的认识。

如表6-115所示，在2010—2016年对家长是否愿意做未成年人的思想道德教育工作的情况的调查中，选择"愿意"与"非常愿意"的合比率为92.59%，而近一半的家长表示"非常愿意"。家长明确表示"不大愿意""不愿意""非常不愿意"做未成年人的思想道德教育工作的比率不到7%。说明大多数家长愿意做未成年人的思想道德教育工作，并且对此非常重视。家长注重做未成年人的思想道德教育工作有助于未成年人思想问题的直接解决，成效更为显著。

从 2016 年与 2010 年的比较来看，2016 年选择"非常愿意"的比率较 2010 年高 19.23%，选择"不大愿意"与"不愿意"的比率均有小幅降低。家长对未成年人思想道德教育工作的重视程度有所提高。家长的高度重视，无疑有助于未成年人良好的思想道德素质的提升。

表 6-115　家长是否愿意做未成年人的思想道德教育工作的情况（2010—2016 年）

选项	总计			2010—2013 年①		2010 年比率	2014 年		2015 年		2016 年		2016 年与 2010 年比较率差
	人数	比率	排序	人数	比率		人数	比率	人数	比率	人数	比率	
非常愿意	633	46.48	1	336	43.08	37.76	111	47.23	76	49.35	110	56.99	19.23
愿意	628	46.11	2	393	50.38	54.08	104	44.26	62	40.26	69	35.75	-18.33
不大愿意	71	5.21	3	43	5.51	7.14	12	5.11	9	5.84	7	3.63	-3.51
不愿意	12	0.88	4	6	0.77	1.02	3	1.28	3	1.95	0	0.00	-1.02
非常不愿意	8	0.59	6	2	0.26	0.00	0	0.00	4	2.60	2	1.04	1.04
无所谓	10	0.73	5	0	0.00	0.00	5	2.13	0	0.00	5	2.59	2.59
合计	1362	100	—	780	100	100	235	100	154	100	193	100	—

2. 经常与老师配合做未成年人思想道德教育工作的情况

（1）调查结果分析。

第一，家长的自述。如表 6-116 所示，在 2010—2016 年对家长是否经常与老师配合做未成年人思想道德教育工作的情况的调查中，各选项的排序"经常"（53.23%）、"不经常"（29.00%）、"偶尔"（15.12%）、"不配合"（2.64%）。过半数的家长表示自己"经常"与老师配合做未成年人的思想道德教育工作。家长经常配合老师做未成年人的思想道德教育工作有助于未成年人解开自己的思想困惑，促进其身心的健康发展。此外，家长注重与老师的配合，也进一步加强了家庭教育与学校教育的联系，是"家校合作"的重要表现。

从 2016 年与 2010 年的比较来看，2016 年选择"经常"的比率较 2010 年高 24.41%，选择"不经常"与"偶尔"的比率均有所降低。家长与老师的配合频率越来越高，二者间的交流与沟通更为频繁。这样有利于了解未成年人在家庭中未曾"暴露"的问题，并进一步解决未成年人在学校中尚待解决的思想问题。

---

① 叶松庆. 当代未成年人道德观发展变化与引导对策的实证研究 [M]. 芜湖：安徽师范大学出版社，2016：465.

表6-116 家长是否经常与老师配合做未成年人思想道德教育工作的情况（2010—2016年）

选项	总计			2010—2013年①		2010年比率	2014年		2015年		2016年		2016年与2010年比较率差
	人数	比率	排序	人数	比率		人数	比率	人数	比率	人数	比率	
经常	725	53.23	1	380	48.72	36.73	157	66.81	70	45.45	118	61.14	24.41
不经常	395	29.00	2	254	32.56	34.69	48	20.43	50	32.47	43	22.28	-12.41
偶尔	206	15.12	3	130	16.67	25.51	27	11.49	25	16.23	24	12.44	-13.07
不配合	36	2.64	4	16	2.05	3.06	3	1.28	9	5.84	8	4.15	1.09
合计	1362	100	—	780	100	100	235	100	154	100	193	100	—

第二，受访群体的看法。如表6-117所示，在对受访群体的调查中，受访群体认为家长"经常"配合老师做未成年人思想道德教育工作的比率为58.51%，居于第一位，选择"不经常"与"偶尔"的比率分别为18.96%与13.19%，选择"不配合"的比率为9.33%。大部分受访群体认为家长会经常配合老师做好未成年人的思想道德教育工作。

从未成年人与成年人群体的比较来看，未成年人选择"经常"的比率较成年人群体稍高，成年人群体选择"不经常"的比率较未成年人高。成年人群体或多或少考虑到时间安排、相关事务等诸多因素，认为家长很难抽出大量或专门的时间配合老师做未成年人的思想道德教育工作。应当明晰的是，未成年人的健康成长关乎国家以及民族的发展，成年人群体需要积极关注未成年人的思想道德建设。

表6-117 受访群体对家长是否经常与老师配合做未成年人的思想道德教育工作的看法（2016年）

选项	总计			未成年人		成年人群体								未成年人与成年人群体比较率差
						合计		中学老师		家长		中学校长		
	人数	比率	排序	人数	比率	人数	比率	人数	比率	人数	比率	人数	比率	
经常	1379	58.51	1	1132	58.53	247	58.39	97	58.43	118	61.14	32	50.00	0.14
不经常	447	18.96	2	344	17.79	103	24.35	40	24.10	43	22.28	20	31.25	-6.56
偶尔	311	13.19	3	258	13.34	53	12.53	21	12.65	24	12.44	8	12.50	0.81
不配合	220	9.33	4	200	10.34	20	4.73	4	2.41	8	4.15	4	6.25	5.61
合计	2357	100	—	1934	100	423	100	166	100	193	100	64	100	—

---

① 叶松庆.当代未成年人道德观发展变化与引导对策的实证研究[M].芜湖：安徽师范大学出版社，2016：466.

(2) 访谈结果分析。

表6-118反映了2013年家长与班主任、老师配合做未成年人思想道德教育工作的访谈结果。在受访的19位家长中，9位家长表示"经常"，6位家长表示"偶尔"，4位家长表示"不经常"。受访的家长均表示会同班主任、老师配合做未成年人的思想道德教育工作，且多数家长经常同班主任、老师配合。这一结果与中学老师相关问题的访谈结果相似。在家长与中学老师相互配合做未成年人思想道德教育工作方面，家长与中学老师基本形成默契。

表6-118 家长与班主任、老师配合做未成年人的思想道德教育工作的访谈结果（2013年）

选项	总计	合肥市巢湖市第二中学					芜湖市无为县襄安中学					淮南市凤台县左集中学					安庆市潜山中学			
		1	2	3	4	5	6	7	8	9	10	11	12	13	14	15	16	17	18	19
经常	9	√					√	√	√	√	√		√	√		√				
不经常	4			√								√			√					√
偶尔	6		√		√	√											√	√	√	
不开展	0																			
合计	19	1	1	1	1	1	1	1	1	1	1	1	1	1	1	1	1	1	1	1

3. 经常与未成年人谈心的情况

（1）调查结果分析。

第一，家长的自述。如表6-119所示，在2010—2013年、2016年对家长是否经常与未成年人谈心的情况的调查中，超过90%的家长表示会与未成年人谈心交流，其中表示"经常"谈心与"有时"谈心的比率均超过40%，也有少部分家长表示不与未成年人谈心。家长是未成年人的直接监护人，定期与未成年人交流可以充分了解他们的想法与情况，可以更好地理解他们的行为。家长与未成年人谈心实质上是一种情感交流，在不断的交流中产生心理与情感的"共鸣"。在形成"共鸣"后，二者间的交流会更加方便与融洽，家长在实施教育行为的过程中会更具针对性与实效性。

从2016年与2010年的比较来看，选择"经常"的比率较2010年高20.26%，是增幅最大的选项；选择"有时"的比率较2010年低23.38%，是降幅最大的选项；选择"不谈"与"不清楚"的比率略微上升。从比较率差来看，家长与未成年人谈心的频率有所升高。频繁的谈心与交流有助于营造平等的教育氛围与环境，从而提升教育效果。

表6-119 家长经常与未成年人谈心的情况（2010—2013年、2016年）

选项	总计			2010年①		2011年		2012年		2013年		2016年		2016年与2010年比较率差
	人数	比率	排序	人数	比率	人数	比率	人数	比率	人数	比率	人数	比率	
经常	462	47.48	1	36	36.73	68	37.16	113	55.12	135	45.92	110	56.99	20.26
有时	444	45.63	2	61	62.24	89	48.63	78	38.05	141	47.96	75	38.86	-23.38
不谈	58	5.96	3	1	1.02	23	12.57	13	6.34	16	5.44	5	2.59	1.57
不清楚	9	0.92	4	0	0.00	3	1.64	1	0.49	2	0.68	3	1.55	1.55
合计	973	100	—	98	100	183	100	205	100	294	100	193	100	—

第二，未成年人的看法。如表6-120所示，在2016年就未成年人对家长是否经常与其谈心的情况的调查中，47.10%的未成年人选择"经常"，选择"有时"的比率为33.20%，选择"不谈"与"不清楚"的比率分别为9.41%与10.29%。八成多的未成年人认为家长会与其谈心交流。家长与未成年人的谈心，不仅是一种情感的交流，而且是促进与维系情感发展的重要方式。同时，家长与未成年人交流能在一定程度上了解未成年人的思想动态，有助于化解未成年人心中的纠结与困惑，从而促进未成年人的身心健康发展。

从性别比较来看，率差最大的是"有时"（6.63%）。从政治面貌比较来看，率差最大的是"经常"（-8.27%）。

表6-120 未成年人对家长是否经常与他谈心的情况（2016年）

选项	总计			性别				政治面貌				
				男		女		比较率差	共青团员		一般青年		比较率差
	人数	比率	排序	人数	比率	人数	比率		人数	比率	人数	比率	
经常	911	47.10	1	512	49.42	399	44.43	-4.99	602	50.25	309	41.98	-8.27
有时	642	33.20	2	312	30.12	330	36.75	6.63	369	30.80	273	37.09	6.29
不谈	182	9.41	4	119	11.49	63	7.02	-4.47	131	10.93	51	6.93	-4.00
不清楚	199	10.29	3	93	8.98	106	11.80	2.82	96	8.01	103	13.99	5.98
合计	1934	100	—	1036	100	898	100	—	1198	100	736	100	—

---

① 叶松庆. 当代未成年人的道德观现状与教育 2006—2010 [M]. 芜湖：安徽师范大学出版社，2013：245.

（2）访谈结果分析。

表6-121反映了2013年家长找未成年人谈心的访谈结果。在受访的19位家长中，12位家长表示"经常"，7位家长表示"有时"。可见，受访的家长均表示会找未成年人谈心，且多数家长表示经常会找未成年人谈心，这一访谈结果与调查结果相似。

表6-121　家长找未成年人谈心的访谈结果（2013年）

选项	总计	合肥市巢湖市第二中学					芜湖市无为县襄安中学					淮南市凤台县左集中学					安庆市潜山中学			
		1	2	3	4	5	6	7	8	9	10	11	12	13	14	15	16	17	18	19
经常	12		√		√		√	√		√	√	√	√	√	√			√		√
有时	7	√		√		√			√							√	√		√	
不谈	0																			
不清楚	0																			
合计	19	1	1	1	1	1	1	1	1	1	1	1	1	1	1	1	1	1	1	1

4. 看到未成年人正在发生不良行为的处理方式

如表6-122所示，在2013年、2016年对家长见到未成年人正在发生不良行为的处理方式的调查中，各选项的排序："立即制止"（46.20%）、"耐心引导"（22.38%）、"严肃教育"（19.71%）、"事后教育"（4.31%）、"与己无关，不管不问"（2.67%）、"没有信心教育"（2.67%）、"无所谓"（2.05%）。虽然"立即制止"是家长的选择中比率最高的，但均低于其他群体的同项比率。家长对未成年人发生的不良行为能及时地干预与处理。

从2016年与2013年的比较来看，选择"立即制止"与"严肃教育"的比率较2013年分别高11.87%与5.97%。家长对未成年人不良行为的处理较为重视。

表6-122　家长对未成年人正在发生不良行为的处理方式（2013年、2016年）

选项	总计			2013年			2016年			2016年与2013年比较率差
	人数	比率	排序	人数	比率	排序	人数	比率	排序	
立即制止	225	46.20	1	122	41.50	1	103	53.37	1	11.87
严肃教育	96	19.71	3	51	17.35	3	45	23.32	2	5.97
事后教育	21	4.31	4	14	4.76	4	7	3.63	4	-1.13
耐心引导	109	22.38	2	79	26.87	2	30	15.54	3	-11.33

(续表 6-122)

选项	总计			2013 年			2016 年			2016 年与 2013 年比较率差
	人数	比率	排序	人数	比率	排序	人数	比率	排序	
与己无关，不管不问	13	2.67	5	10	3.40	6	3	1.55	5	-1.85
没有信心教育	13	2.67	5	11	3.74	5	2	1.04	7	-2.70
无所谓	10	2.05	7	7	2.38	7	3	1.55	5	0.83
合计	487	100	—	294	100	—	193	100	—	—

5. 当家长参加监考发现学生作弊的处理方式

如表 6-123 所示，在 2016 年对家长参加监考发现未成年人作弊的处理方式的调查中，94.30% 的家长会对未成年人作弊行为进行必要的不同形式的干预，其中选择"立即制止，并停止其考试"的比率为 42.49%，居于第一位，选择"立即制止，但让其考完后再处理"的比率为 37.82%，居于第二位。家长选择诸如"装着没看见，听之任之""无任何表示""不知怎么办"的比率较低。家长对未成年人作弊行为持严厉的态度。未成年人考试作弊不仅是违反学校规章制度的行为，同时也是诚信意识与道德素质低下的重要表现。家长的干预与处理有助于未成年人切实意识到问题的严重性并引以为戒，从而有助于其树立诚信考试观。

表 6-123 家长参加监考发现未成年人作弊的处理方式（2016 年）

选项	总计			性别				比较率差
				男		女		
	人数	比率	排序	人数	比率	人数	比率	
立即制止，并停止其考试	82	42.49	1	52	50.98	30	32.97	-18.01
立即制止，但让其考完后再处理	73	37.82	2	38	37.25	35	38.46	1.21
轻声警告	27	13.99	3	9	8.82	18	19.78	10.96
装着没看见，听之任之	4	2.07	5	1	0.98	3	3.30	2.32
无任何表示	2	1.04	6	1	0.98	1	1.10	0.12
不知怎么办	5	2.59	4	1	0.98	4	4.40	3.42
合计	193	100	—	102	100	91	100	—

6. 对校园暴力的处理方式

如表6-124所示,在2013年、2016年就家长对校园暴力的处理方式的调查中,各选项的排序:"直接制止"(48.87%)、"报告学校保卫部门"(30.60%)、"打110报警"(9.86%)、"想管,但管不了"(5.95%)、"不清楚"(4.72%)。当家长遇到校园暴力时,他们首先想到的是去"直接制止",其次是"报告学校保卫部门",二者的比率之和接近80%,代表了大多数家长的看法。而对于一些情节较为恶劣的校园暴力也有家长表示会"打110报警",通过法律的手段来解决这样的问题。也有少部分家长表示,面对校园暴力的情景时自己不清楚该怎么做,对于这部分家长,应该注意学习相关的安全防卫知识与技能,掌握应对校园暴力情况的方法与策略,进而为教育未成年人应对校园暴力提供良好的示范。

从2016年与2013年的比较来看,家长选择"直接制止"的比率较2013年高18.60%,选择"想管,但管不了"与"不清楚"的比率均有所降低。家长对校园暴力的态度更加鲜明,这有助于保护未成年人的相关权益。

表6-124 家长对校园暴力的处理方式(2013年、2016年)

选项	总计			2013年			2016年			2016年与2013年比较率差
	人数	比率	排序	人数	比率	排序	人数	比率	排序	
直接制止	238	48.87	1	122	41.50	1	116	60.10	1	18.6
报告学校保卫部门	149	30.60	2	92	31.29	2	57	29.53	2	-1.76
打110报警	48	9.86	3	40	13.61	3	8	4.15	3	-9.46
想管,但管不了	29	5.95	4	24	8.16	4	5	2.59	5	-5.57
不清楚	23	4.72	5	16	5.44	5	7	3.63	4	-1.81
合计	487	100	—	294	100	—	193	100	—	—

7. 对未成年人上网的处理方式

(1)家长的自述。

如表6-125所示,在2016年就家长对未成年人上网的态度的调查中,81.87%的家长选择"要加强管理",选择"视而不见"的比率为8.81%,选择"不必去管"与"无所谓"的比率均为4.66%。大部分家长会严格管理未成年人的上网情况。未成年人由于自制力较差以及甄别能力有限,很容易沉迷于网络。家长的管理与引导,一方面有助于未成年人正确使用网络,另一方面有助于其正确处理上网与学习间的关系,充分发挥网络的积极性作用。

从性别的比较来看,男性家长更倾向于对未成年人上网进行严格管理。

表6-125 家长对未成年人上网的态度（2016年）

选项	总计			性别				比较率差
				男		女		
	人数	比率	排序	人数	比率	人数	比率	
要加强管理	158	81.87	1	85	83.33	73	80.22	-3.11
视而不见	17	8.81	2	12	11.76	5	5.49	-6.27
不必去管	9	4.66	3	3	2.94	6	6.59	3.65
无所谓	9	4.66	3	2	1.96	7	7.69	5.73
合计	193	100	—	102	100	91	100	—

（2）未成年人的看法。

如表6-126所示，在2006—2011年、2015—2016年就未成年人眼中家长对未成年人上网的处理方式的调查中，35.59%的未成年人认为家长限制其上网，居于第一位。其余选项的排序："反对"（25.19%）、"默许"（24.74%）、"支持"（12.84%）。大部分未成年人认为家长对未成年人上网监管得较严。未成年人可以通过上网了解外界信息，扩大自己的知识面与视野。但在实际调研中发现，未成年人上网主要是聊天、打游戏等，沉迷于网络的未成年人不在少数。家长对于未成年人上网应持客观辩证的态度，既要看到未成年人上网好的一面，又要注意引导未成年人适度上网，并且注意规范自身的网络行为。

从2016年与2006年的比较来看，2016年选择"默许"与"支持"的比率分别较2006年高1.23%与15.48%，选择"反对"与"限制"的比率较2006年有所降低。随着网络的迅速普及化以及未成年人频繁地接触网络，家长对未成年人上网的处理方式发生了些许的变化，家长不再一味地反对与限制未成年人上网，而是有限度地增加未成年人上网的时间与频率。

表6-126 未成年人眼中家长对未成年人上网的处理方式（2006—2011年、2015—2016年）

选项	总计		2006年		2007年		2008年		2009年		2010年		2011年		2015年		2016年		2016年与2006年比较率差
	人数	比率	人数	比率	人数	比率	人数	比率	人数	比率	人数	比率	人数	比率	人数	比率	人数	比率	
支持	2444	12.84	302	12.44	367	12.05	503	12.50	215	9.70	185	9.56	196	10.15	136	8.96	540	27.92	15.48
默许	4708	24.74	558	23.02	828	27.19	963	23.93	548	24.73	484	25.00	497	25.74	361	23.78	469	24.25	1.23
反对	4793	25.19	656	27.03	826	27.13	1080	26.83	564	25.45	603	31.15	395	20.46	377	24.37	292	15.10	-11.93

(续表 6-126)

选项	总计		2006 年		2007 年		2008 年		2009 年		2010 年		2011 年		2015 年		2016 年		2016 年与2006 年比较率差
	人数	比率	人数	比率	人数	比率	人数	比率	人数	比率	人数	比率	人数	比率	人数	比率	人数	比率	
限制	6774	35.59	910	37.51	1024	33.63	1479	36.75	889	40.12	664	34.30	705	36.51	605	39.86	498	25.75	-11.76
从不过问	312	1.64	0	0.00	0	0.00	0	0.00	0	0.00	0	0.00	138	7.15	39	2.57	135	6.98	6.98
合计	19031	100	2426	100	3045	100	4025	100	2216	100	1936	100	1931	100	1518	100	1934	100	—

8. 对未成年人网瘾的处理方式

如表 6-127 所示，在 2013 年、2016 年就家长对未成年人网瘾的处理方式的调查中，各选项的排序："严加管理"（53.18%）、"帮助戒除"（30.80%）、"任其自然"（10.68%）、"感到痛心"（3.29%）、"不知怎么办"（2.05%）。过半数的家长表示对于未成年人网瘾应当"严加管理"。同时，也有较多的家长表示应当"帮助戒除"未成年人网瘾。但还有少部分家长表示对于未成年人网瘾无法管理，只能"任其自然"，这部分家长缺乏足够的耐心对有网瘾的未成年人进行引导。

从 2016 年与 2013 年的比较来看，选择"帮助戒除"的比率较 2013 年低 23.56%，选择"严加管理"与"任其自然"的比率分别较 2013 年高 19.19% 与 6.35%。家长对未成年人网瘾的处理方式并不是一味地强制其戒除，家长在严加管理的基础上表现出较宽容的心态。需要指出的是，任未成年人顺其自然地上网并不意味着可以放纵未成年人上网，家长需要注意加强引导与教育。

表 6-127 家长对未成年人网瘾的处理方式（2013 年、2016 年）

选项	总计			2013 年			2016 年			2016 年与2013 年比较率差
	人数	比率	排序	人数	比率	排序	人数	比率	排序	
严加管理	259	53.18	1	134	45.58	1	125	64.77	1	19.19
任其自然	52	10.68	3	24	8.16	3	28	14.51	3	6.35
帮助戒除	150	30.80	2	118	40.14	2	32	16.58	2	-23.56
感到痛心	16	3.29	4	12	4.08	4	4	2.07	4	-2.01
不知怎么办	10	2.05	5	6	2.04	5	4	2.07	4	0.03
合计	487	100	—	294	100	—	193	100	—	—

9. 对未成年人早恋的处理方式

如表 6-128 所示,在 2012—2013 年、2016 年就家长对未成年人早恋的处理方式的调查中,各选项的排序:"耐心引导学生走出早恋"(63.87%)、"严厉的批评教育"(29.05%)、"做一下工作,不听就算了"(4.05%)、"放任不管,顺其自然"(1.59%)、"束手无策,不知怎么办"(1.45%)。大多数的家长对待未成年人早恋的情况都表示需要干预,其中大部分表示会对未成年人进行耐心引导,少部分表示会进行批评教育。选择"放任不管,顺其自然"的家长的比率很少。此外,也有少部分家长表示不知道该怎么办。对于未成年人早恋,家长应了解其早恋形成的原因,并注重从家庭层面加强教育与引导,切忌因为早恋事件发生正面的家庭冲突与矛盾。

从 2016 年与 2012 年的比较来看,率差最大的是"耐心引导学生走出早恋"(-9.77%)。

表 6-128 家长对未成年人早恋的处理方式(2012—2013 年、2016 年)

选项	总计			2012 年		2013 年		2016 年		2016 年与 2012 年比较率差
	人数	比率	排序	人数	比率	人数	比率	人数	比率	
严厉的批评教育	201	29.05	2	65	31.71	56	19.05	80	41.45	9.74
耐心引导学生走出早恋	442	63.87	1	122	59.51	224	76.19	96	49.74	-9.77
做一下工作,不听就算了	28	4.05	3	16	7.80	7	2.38	5	2.59	-5.21
放任不管,顺其自然	11	1.59	4	1	0.49	2	0.68	8	4.15	3.66
束手无策,不知怎么办	10	1.45	5	1	0.49	5	1.70	4	2.07	1.58
合计	692	100	—	205	100	294	100	193	100	—

10. 对未成年人违法犯罪的处理方式

如表 6-129 所示,在 2013 年、2016 年就家长对未成年人违法犯罪的处理方式的调查中,各选项的排序:"要采取强有力的措施遏制"(78.85%)、"很痛心,但无能为力"(9.45%)、"听其自然"(7.39%)、"不知怎么办"(4.31%)。与前面的群体一样,家长在对待未成年人犯罪的处理方式上,也要求"采取强有力的措施来遏制"。当然,也有少部分家长对此表示"很痛心,但无能为力",个别家长则表示"听其自然"或者是不知道该对未成年人犯罪进行怎样的处理。

从 2016 年与 2013 年的比较来看,选择"很痛心,但无能为力"与"不知怎么办"的比率有所降低,选择"要采取强有力的措施遏制"与"听其自然"的比率有所上升。

应当注意的是，家长对未成年人违法犯罪应当秉持"零容忍"的态度，坚决制止未成年人违法犯罪，不能任由未成年人自然发展。

表6-129 家长对未成年人违法犯罪的处理方式（2013年、2016年）

选项	总计			2013年			2016年			2016年与2013年比较率差
	人数	比率	排序	人数	比率	排序	人数	比率	排序	
要采取强有力的措施遏制	384	78.85	1	222	75.51	1	162	83.94	1	8.43
听其自然	36	7.39	3	19	6.46	3	17	8.81	2	2.35
很痛心，但无能为力	46	9.45	2	37	12.59	2	9	4.66	3	-7.93
不知怎么办	21	4.31	4	16	5.44	4	5	2.59	4	-2.85
合计	487	100	—	294	100	—	193	100	—	—

11. 对未成年人离家出走的处理方式

如表6-130所示，在2016年对家长遇到未成年人离家出走的处理方式的调查中，76.17%的家长会对未成年人做耐心细致的引导工作，帮助未成年人走出困境。10.88%的家长会尽力做好工作，但是对教育成效关心不足。选择"交给父母做工作""束手无策，不知怎么办""不知道"的比率均较低。家长对未成年人离家出走的处理方式更多的是一种积极引导，通过逐渐解除未成年人心理与思想中的困惑，帮助未成年人认识到问题的严重性，从而避免类似情况的再次发生。

表6-130 家长遇到未成年人离家出走的处理方式（2016年）

选项	总计			性别				比较率差
				男		女		
	人数	比率	排序	人数	比率	人数	比率	
做耐心细致的引导工作，帮其走出困境	147	76.17	1	84	82.35	63	69.23	-13.12
交给父母做工作	13	6.74	3	8	7.84	5	5.49	-2.35
尽力做工作，做不好也问心无愧	21	10.88	2	6	5.88	15	16.48	10.6
束手无策，不知怎么办	5	2.59	5	3	2.94	2	2.20	-0.74
不知道	7	3.63	4	1	0.98	6	6.59	5.61
合计	193	100	—	102	100	91	100	—

12. 应对未成年人轻生苗头的方式

如表6-131所示，在2016年就家长应对未成年人轻生苗头的方式的调查中，74.61%的家长会耐心细致地做好引导工作，帮助未成年人走出困境。选择"尽力做好工作，做不好也问心无愧"的比率为10.36%，其他选项的比率均较低。大部分家长对未成年人出现的轻生苗头的处理方式是一种积极性的教育引导。家长作为与未成年人相处时间较长的群体之一，需要在日常生活中从未成年人的行为、言语以及其他方面发现未成年人的不良倾向，及时进行教育与引导，从而促进未成年人的发展。

从性别的比较来看，率差最大的是"做耐心细致的引导工作，帮其走出困境"（-6.02%）。

表6-131 家长对未成年人出现轻生苗头的处理方式（2016年）

选项	总计			性别				比较率差
				男		女		
	人数	比率	排序	人数	比率	人数	比率	
做耐心细致的引导工作，帮其走出困境	144	74.61	1	79	77.45	65	71.43	-6.02
交给父母做工作	17	8.81	3	11	10.78	6	6.59	-4.19
尽力做工作，做不好也问心无愧	20	10.36	2	8	7.84	12	13.19	5.35
束手无策，不知怎么办	4	2.07	5	1	0.98	3	3.30	2.32
不知道	8	4.15	4	3	2.94	5	5.49	2.55
合计	193	100	—	102	100	91	100	—

13. 对家长的教育行为的评价

（1）受访群体的评价。

如表6-132所示，在2016年对未成年人、中学老师、家长、中学校长的调查中，受访群体对家长的教育行为感到"很满意""满意""比较满意"的合比率为85.95%，其中选择"很满意"的比率为40.98%，居于第一位。选择"不满意"与"很不满意"的合比率为6.32%。受访群体对家长教育行为的评价较高，认为家长对未成年人的教育取得了良好的成效。

从未成年人与成年人群体的比较来看，未成年人选择"很满意""满意"与"比较满意"的合比率为86.03%，这一合比率较成年人群体选择的合比率（85.58%）要高，可见，未成年人的评价较成年人群体的要好。

因 2016 年未做小学校长的调查，故没有自评（表 6-114）。

表 6-132　未成年人、中学老师、家长、中学校长对家长教育行为的评价（2016 年）

选项	总计			未成年人		成年人群体								未成年人与成年人群体比较率差
						合计		中学老师		家长		中学校长		
	人数	比率	排序	人数	比率	人数	比率	人数	比率	人数	比率	人数	比率	
很满意	966	40.98	1	829	42.86	137	32.39	47	28.31	75	38.86	15	23.44	10.47
满意	686	29.10	2	530	27.40	156	36.88	63	37.95	77	39.90	16	25.00	-9.48
比较满意	374	15.87	3	305	15.77	69	16.31	29	17.47	20	10.36	20	31.25	-0.54
不满意	110	4.67	5	79	4.08	31	7.33	16	9.64	9	4.66	6	9.38	-3.25
很不满意	39	1.65	6	31	1.60	8	1.89	3	1.81	2	1.04	3	4.69	-0.29
不清楚	182	7.72	4	160	8.27	22	5.20	8	4.82	10	5.18	4	6.25	3.07
合计	2357	100	—	1934	100	423	100	166	100	193	100	64	100	—

（2）其他研究者的调研成果分析。

如表 6-133 所示，张淑清在 2011 年对山西省忻州市五中、六中、卢野中学与忻州师范学院附中，以及河曲、定襄、五台、原平等县的初中三个年级的 161 名学生及 34 名教师关于"父母从严要求自己，从言行方面为你做出榜样"的调查显示，选择"比较符合"的占 57.76%，排在所有选项中的第一位，其他选项排序为"完全符合"（29.19%）、"很少符合"（9.93%）、"不符合"（3.12%）。可见，绝大多数未成年人认为父母从严要求自己，从言行方面为自己做出榜样，这也是家长配合老师做未成年人思想道德建设工作的一种体现。

从其他研究者的调查结果来看，家长能积极配合中学老师做好未成年人的思想道德教育工作，这与本研究的调查结果保持较高的一致性。

表6-133　不同时期家长配合老师做未成年人思想道德教育工作的情况

2011年山西省忻州市五中、六中、卢野与师院附中，以及河曲、定襄、五台、原平等县的初中三个年级的161名学生及34名教师的调查（N：中学生161、教师34）[①]	
父母从严要求自己，从言行方面为你做出榜样	
选项	比率
完全符合	29.19
比较符合	57.76
很少符合	9.93
不符合	3.12
合计	100

14. 基本认识

（1）家长对未成年人思想道德的示范作用无可替代。

作为生养未成年人的人，家长在未成年人成长过程中的作用至关重要。俗话说"子不教，父之过"。家长如果做不好学龄前未成年人的思想道德培育工作，甚至是起到了坏的示范作用，对未成年人的影响将是可怕的。因为"印随效应"是每个初学者都会经历的，未成年人会有意无意地模仿与之朝夕相处的家长的言行举止。可见，家长对未成年人的思想道德的示范作用是无可替代的。应当积极重视家长对未成年人的教育作用，促进未成年人价值观的健康稳定发展。

（2）家长愿意做未成年人的思想道德教育工作。

本研究表明，绝大多数的家长都表示愿意做未成年人的思想道德教育工作，其中近半数表示非常愿意去做。但是，相对于学校群体来说，家长配合做未成年人的思想教育工作的选择比率稍低。除了那些很少陪在未成年人身边的家长外，其余家长几乎都会与未成年人谈心。对于未成年人的不良行为与违法犯罪情况，家长表现出更加复杂的心态，多元化倾向更加明显。由于家长并不是学校的主体，对于校园暴力的处理方式也倾向于求助相关方面来解决。对待未成年人网络成瘾与早恋方面，家长也表现出严肃的态度，但更多的家长表示会耐心引导，以改变未成年人错误的价值认识。

本研究还发现，不同性别的家长对待未成年人的一些不良行为的处理方式有所不同。总的来说，对待未成年人不良行为的处理方式，男性家长态度普遍较为强硬，而女性则普遍较宽容，但他们的态度都很明确，最终目的都是要解决这类行为，而不是放任自流。

（3）家长应注重营造良好的家庭环境。

环境会对人的品行、习惯、价值取向产生重要的影响。良好家庭环境的营造对未成

[①] 张淑清. 忻州市初中思想品德课教学现状调查与研究[J]. 长治学院学报，2012，29（6）：86-89.

年人思想道德建设将产生潜移默化的影响。家长应从以下三个方面加强家庭环境的建设：一是树立平等的亲子关系。家长在对未成年人进行教育的过程中要争取与之建立"好朋友"式的关系。在平等的关系中，未成年人会更积极地配合家长的教育工作。二是注意加强对未成年人的"家情"教育，让未成年人积极地参与到具体的家庭事务中，参与家庭的决策，逐渐培养"主人翁"精神。通过共同参与和协作，未成年人对家庭情况会有更加深入的了解。三是发挥长辈的先锋模范作用。长辈可以通过向未成年人讲述自身的经历，让未成年人忆苦思甜，感受时代变迁。在这一过程中，未成年人的精神境界不断得到提升，思想及觉悟会有所提高。家长注重营造良好的家庭教育环境有助于未成年人良好的道德素质与品质的形成，在一定程度上也有利于未成年人正确价值观的确立。

（六）综合认识

1. 教育者与家长的教育"不作为"现象较少

教育者与家长对于未成年人有思想道德教育的责任，教育者与家长教育行为的"不作为"现象会严重影响未成年人思想道德的形成与发展。此次调查发现，无论是教育者还是家长，均对未成年人思想道德教育工作表现出强烈的渴望。对威胁到未成年人道德形成发展的行为表现出立即制止与耐心引导的态度，对有利于未成年人道德形成发展的行为，教育者与家长则相互配合，共同致力于未成年人的道德建设。调查发现，教育者与家长在教育行为中体现出的"不作为"现象相对较少。教育者与家长在对未成年人进行教育的过程中，各方主体都能积极配合完成既定的教育任务与教育内容，保证教育取得一定的成效。

2. 教育者与家长应加强沟通、形成合力

教育者的教育行为与家长的教育行为各有优势，应加强沟通，通力合作，形成合力，相互弥补各自的劣势。这样才能有利于未成年人思想道德建设工作的开展，才能保证未成年人正确道德观念的形成与发展。教育者与家长应逐渐形成共同合作的体制与机制，在固定的机制引导下，教育者与家长行使各自的职能。针对未成年人的学习与生活实际，教育者与家长应分别基于自身的角色定位，从自身视角出发，发现未成年人成长以及价值观塑形过程中存在的问题，针对问题提出相应的对策。此外，教育者与家长的沟通与交流应注意结合与利用网络媒体。各方的沟通与交流不仅仅拘泥于面对面的形式，还可通过网络形式，进一步打破时间与空间的限制，实现及时与高效的交流，尽早解决阻碍未成年人发展的问题。

3. 教育者与家长的教育行为应在实践的基础上不断完善

虽然教育者与家长的教育行为得到了社会的肯定，但社会环境处于不断的发展变化之中，未成年人的道德环境也会随之发展变化。教育者与家长应随着未成年人道德环境的发展变化而不断完善创新自身的教育行为，只有切合社会实际与未成年人道德现状的教育行为才可以保证未成年人正确的道德观念的形成与发展。教育者与家长针对未成年人的价值观教育不应该也不能只是停留在知识或者观念层面，还应在具体实践中践行所获知的观念与知识，教育者与家长双方都要注重在实践层面不断完善自身的教育行为。

一方面，教育者与家长针对教育的内容，结合实际情况，开展一定的教育活动。在实践活动中，未成年人自身能更加明晰教育的内涵，教育者与家长也能进一步查缺补漏，更好地改进教育方式与内容。另一方面，要积极鼓励未成年人参加由教育者与家长组织的相关教育实践活动。教育者与家长教育的最终目的是力促未成年人形成正确的价值观，更好地服务于社会主义事业。未成年人在教育实践活动中的表现在一定程度上反映了教育成效，有助于教育者与家长改进教育行为。

三、对当代未成年人价值观教育状况的总体认识

（一）未成年人的价值观教育成效与问题并存

无论是从学校德育的现状还是教育者与家长的教育行为来看，各群体对未成年人价值观的教育都保持较高的热情与热心，未成年人价值观教育取得了一定的成效。总体上看，"当代未成年人价值观的总体状况符合社会的预期"[①]，从侧面也表明包括学校在内的教育力量对未成年人价值观的教育符合社会发展的预期和未成年人身心发展的阶段性特征。虽然未成年人的价值观教育现状呈现出良好的发展态势，但是仍然存在一定的问题。这些问题主要表现在认识与实践层面。在认识层面，部分教育工作者以及家长忽视未成年人的价值观培养，认为价值观的培养对未成年人成长的作用较小。其过分关注未成年人的学习成绩以及智育发展，并没有意识到正确价值观的形成与发展对未成年人的影响是持久与深远的。在实践层面，家长和教育工作者忽视在实际活动中培养未成年人的价值认知，教育形式的单一化以及教育内容的单调化造成未成年人学习兴趣下降，很难做到自觉遵守相关的规范，使价值观教育的成效受到一定的限制。因此，应从认识与实践两个层面进一步改善未成年人价值观教育的现状，促使未成年人价值观建设取得长足发展。

（二）未成年人的价值观教育应发挥学校、社会、家庭等的协同作用

未成年人不同于成年人，成年人在与社会不断接触和融合中逐渐实现自身的社会化，从而形成自身的价值观，未成年人的价值观教育主要依托学校教育，通过学校教育获得相关的知识、理念以及促进自身各方面素质的提升。应该指出的是，未成年人价值观的形成与发展离不开社会以及家庭等方面的影响，未成年人价值观出现的些许"变异"，"归因于未成年人时期特有的个性与家庭、学校、社会环境共同作用的结果"[②]。因此，未成年人的价值观教育还应注重发挥社会、家庭等多元主体的协同作用。发挥多元主体的协同作用应注意以下三个方面的问题：一是注意立足不同主体的实际，把握不同层面教育的差异性。社会教育有较强的包容性，学校教育则更显专业性，家庭教育则具示范

---

① 叶松庆. 当代未成年人价值观的基本状况与原因分析［J］. 中国教育学刊，2007，(8)：36-38.
② 王学梦，叶松庆. 改革开放条件下青少年价值观的现状与分析［J］. 中国青年研究，2010，(4)：5-11.

性。在实际教育过程中,要看到其特殊之处以及所擅长之处。二是建立相应的体制与机制,使得多元主体间能更加高效地协调工作,摆脱"各自为营,互相推诿"的不利局面。应进一步明确各主体在未成年人价值观教育中的责任以及相应的目标与任务。三是要兼顾多元性,重点抓好学校教育与家庭教育。在保证多元主体协同作用的同时,重点抓好学校与家庭对未成年人的价值观教育,毕竟老师与家长同未成年人的亲密程度以及交流沟通频率都相对较高,能够为教育提供更为直接的条件。

(三)不断探索网络载体与未成年人价值观教育的有机结合

未成年人的价值观发展总体上符合社会发展的预期,但是随着社会转型的加剧,未成年人的价值观会发生一定变化,这种变化是一种必然的现象,教育工作者应注意加强对未成年人教育实际的研判,并针对新的形势做出一定的分析。当前,随着网络的迅速发展以及"互联网+"逐渐向校园"蔓延",网络逐渐影响着未成年人的价值认识、价值判断,对未成年人价值观的形成与发展产生了重要的影响。在新的形势下,如何借助网络载体加强对未成年人的价值观教育是一个极为迫切且值得思考的问题。未成年人可以通过网络学习知识、交友以及娱乐消遣,网络对未成年人的行为产生重要的影响。笔者认为把握网络载体与未成年人价值观教育之间的关系,应注意以下两个方面的问题:一是网络载体服务于未成年人的价值观教育,但不能取代现实的学校教育与家庭教育。网络载体的形式更为多样且易于为学生所接受,教育工作者要善于利用网络载体加强对未成年人的价值观教育。二是加强对未成年人网络方面的教育,培育其网络素养。拥有较好的网络素养有助于未成年人正确认识网络、使用网络并且不至于沉迷网络。网络素养较高,则能汲取网络中优秀的教育资源,进一步加强自我教育,从而形成正确的价值观。

当代未成年人价值观的变化与教育策略
——基于12年的实证分析

Dangdai Weichengnianren Jiazhiguan De Bianhua Yu Jiaoyu Celüe
——Jiyu 12nian De Shizheng Fenxi

（下册）

叶松庆 著

·广州·

目录 CONTENTS

第七章 当代未成年人价值观变化与教育的问题所在 359
  一、存在的主要问题 359
    （一）受访群体的看法 359
    （二）基本认识 363
  二、存在的不同维度问题 364
    （一）认知发生偏差 364
    （二）情感多元易变 373
    （三）意识存在摇摆 411
    （四）行为略显倾向 432
  三、存在的顽固性问题 474
    （一）"知行不一"的问题 474
    （二）"年长不如年幼"的问题 480
    （三）"教育的反复性"的问题 488
  四、对未成年人价值观与教育存在问题的总体认识 488
    （一）教育要求与未成年人价值观发展应保持适度张力 488
    （二）协调与控制影响因素并使之发挥同向作用 488
    （三）未成年人自我教育的重要性凸显 489

第八章 当代未成年人价值观变化与教育问题的成因 490
  一、社会方面的原因 490
    （一）影响未成年人价值观变化与教育的首要因素 490
    （二）部分未成年人价值观偏移的原因 500
    （三）综合认识 507
  二、学校方面的原因 508
    （一）组织层面 508
    （二）个人层面 530
    （三）综合认识 551

三、家庭方面的原因　551
　　（一）部分家长以身作则做得不够　551
　　（二）家长的积极性尚未被充分调动　560
　　（三）综合认识　564
四、未成年人方面的原因　565
　　（一）未成年人对待思想道德教育的表现不够积极　565
　　（二）未成年人的适应能力欠缺　582
　　（三）未成年人某些不作为或不当作为的原因所在　592
　　（四）综合认识　611
五、传媒方面的原因　611
　　（一）互联网络的负面影响　611
　　（二）影视文化的负面影响　617
　　（三）平面媒体的负面影响　628
　　（四）综合认识　630
六、社会评价方面的原因　630
　　（一）受访群体的评价　630
　　（二）综合认识　638
七、对未成年人价值观变化与教育问题成因的总体认识　639
　　（一）未成年人价值观与教育受到多种因素的共同作用　639
　　（二）注意协调因素间的"分散性"和"共融性"关系　639
　　（三）充分发挥"原始性"因素的基础作用　639

第九章　当代未成年人价值观教育的主要策略　640
一、社会层面　640
　　（一）知晓依靠力量　640
　　（二）明确效仿群体　653
　　（三）重视美德传承　662
　　（四）发挥媒体功能　673
　　（五）综合认识　705
二、学校层面　705
　　（一）领导重视要强化　705
　　（二）工作难点要明确　716
　　（三）教育方向要选准　726
　　（四）引导方法要对路　735
　　（五）引领措施要得力　760
　　（六）综合认识　779

三、家庭层面 779
　　（一）进一步调动家长的积极性 779
　　（二）充分发挥家长的积极作用 785
　　（三）综合认识 786

四、未成年人个人层面 787
　　（一）切实正视自身不足 787
　　（二）精准了解价值取向 798
　　（三）努力强化接受心理 807
　　（四）积极培育幸福体系 828
　　（五）努力做到慎独自律 834
　　（六）综合认识 843

五、对未成年人价值观教育主要策略的总体认识 844
　　（一）充分发挥学校教育的主力军作用 844
　　（二）注意协调社会、学校、家庭力量，形成教育合力 844
　　（三）大力强化未成年人的主体意识与自我教育 844

参考文献 846

后记 855

第七章　当代未成年人价值观变化与教育的问题所在

本章从未成年人价值观变化与教育存在的主要问题、存在的不同维度问题、存在的顽固性问题，以及对未成年人价值观发展存在问题的总体认识四个方面来探讨未成年人价值观变化与教育的问题。从未成年人、中学老师、家长、中学校长、小学校长五个视角存在的问题进行分析，得出基本结论。

一、存在的主要问题

（一）受访群体的看法

1. 中学校长的看法

如表7-1所示，在2013—2016年对中学校长就未成年人价值观变化存在的主要问题的看法的调查中，38.17%的中学校长选择"道德观念淡薄"，居于第一位。选择"道德意识差"的比率为19.40%，选择"传统道德与现代道德衔接不够"的比率为16.20%，选择"传统美德没有传承"的比率为12.79%，其他选项的占比较低。中学校长认为未成年人价值观变化存在的主要问题表现在道德观念和道德意识层面。

从2016年与2013年的比较来看，率差最大的是"传统道德与现代道德衔接不够"，中学校长认为未成年人价值观变化中存在该问题的比率有所降低。中学校长所关注的未成年人价值观变化问题的焦点仍在未成年人的道德方面，未成年人的思想道德建设关乎未成年人的价值观发展。

表7-1　中学校长对未成年人价值观变化存在的主要问题的看法（2013—2016年）

选项	总计		2013年①		2014年				2015年								2016年		2016年与2013年比较率差
					(1)		(2)		(1)		(2)		(3)		(4)				
	人数	比率	人数	比率	人数	比率	人数	比率	人数	比率	人数	比率	人数	比率	人数	比率	人数	比率	
道德意识差	91	19.40	36	19.78	13	18.84	18	38.30	3	15.00	1	5.00	1	5.56	6	12.24	13	20.31	0.53

---

① 叶松庆．当代未成年人道德观发展变化与引导对策的实证研究［M］．芜湖：安徽师范大学出版社，2016：164.

(续表 7-1)

选项	总计		2013 年[①]		2014 年				2015 年								2016 年		2016 年与 2013 年比较率差
					(1)		(2)		(1)		(2)		(3)		(4)				
	人数	比率	人数	比率	人数	比率	人数	比率	人数	比率	人数	比率	人数	比率	人数	比率	人数	比率	
道德观念淡薄	179	38.17	71	39.01	30	43.48	17	36.17	5	25.00	9	45.00	7	38.89	18	36.73	22	34.38	-4.63
道德基础不牢	41	8.74	15	8.24	3	4.35	2	4.26	4	20.00	2	10.00	2	11.11	5	10.20	8	12.50	4.26
传统美德没有传承	60	12.79	21	11.54	9	13.04	6	12.77	3	15.00	3	15.00	2	11.11	7	14.29	9	14.06	2.52
现代道德没有建立	18	3.84	7	3.85	3	4.35	0	0.00	1	5.00	0	0.00	1	5.56	2	4.08	4	6.25	2.40
传统道德与现代道德衔接不够	76	16.20	31	17.03	11	15.94	4	8.51	3	15.00	5	25.00	4	22.22	11	22.45	7	10.94	-6.09
其他	4	0.85	1	0.55	0	0.00	0	0.00	1	5.00	0	0.00	1	5.56	0	0.00	1	1.56	1.01
合计	469	100	182	100	69	100	47	100	20	100	20	100	18	100	49	100	64	100	—

2. 小学校长的看法

如表 7-2 所示，在 2013—2015 年对小学校长就未成年人价值观变化存在的主要问题的看法的调查中，31.11% 的小学校长选择"道德观念淡薄"，选择"传统道德与现代道德衔接不够"的比率为 26.67%，选择"道德基础不牢"与"传统美德没有传承"的比率均为 12.59%，选择"道德意识差"的比率为 10.37%。其他选项的比率均较低。小学校长眼中未成年人价值观变化存在的问题主要表现在"道德观念淡薄"以及"传统道德与现代道德衔接不够"等方面。相比中学校长，小学校长更加侧重传统道德在逐渐演

---

① 叶松庆. 当代未成年人道德观发展变化与引导对策的实证研究 [M]. 芜湖：安徽师范大学出版社，2016：164.

进过程中，与现代社会以及现代道德相适应的问题。在传统道德与现代道德逐渐交织的过程中，包括小学校长在内的教育工作者应注意积极引导，帮助未成年人甄别传统道德与现代道德的差异性，使未成年人更好地养成良好的道德观念。

从2015年与2013年的比较来看，率差最大的是"道德意识差"（11.03%），小学校长认为"道德意识差"的问题在未成年人价值观演化过程中的比重变低。

表7-2 小学校长对未成年人价值观变化存在的主要问题的看法（2013—2015年）

选项	总计			2013年①（安徽省）		2014年				2015年（安徽省）				2015年(2)与2013年比较率差
						全国部分省（市）(少数民族地区)(1)		安徽省(2)		(1)		(2)		
	人数	比率	排序	人数	比率	人数	比率	人数	比率	人数	比率	人数	比率	
道德意识差	14	10.37	5	6	15.79	2	7.69	2	6.06	3	17.65	1	4.76	-11.03
道德观念淡薄	42	31.11	1	11	28.95	9	34.62	10	30.30	6	35.29	6	28.57	-0.38
道德基础不牢	17	12.59	3	5	13.16	4	15.38	4	12.12	2	11.76	2	9.52	-3.64
传统美德没有传承	17	12.59	3	2	5.26	2	7.69	8	24.24	2	11.76	3	14.29	9.03
现代道德没有建立	7	5.19	6	2	5.26	0	0.00	1	3.03	1	5.89	3	14.29	9.03
传统道德与现代道德衔接不够	36	26.67	2	12	31.58	8	30.77	8	24.24	2	11.76	6	28.57	-3.01
其他	2	1.48	7	0	0.00	1	3.85	0	0.00	1	5.89	0	0.00	0
合计	135	100		38	100	26	100	33	100	17	100	21	100	—

3. 未成年人、中学老师、家长、中学校长的看法

如表7-3所示，在2016年对未成年人、中学老师、家长、中学校长就未成年人价值观变化存在的主要问题的看法的调查中，受访群体选择"道德意识差"的比率为41.03%，居于第一位。选择"道德观念淡薄"的比率为28.68%，居于第二位。其他选项的比率均不足10%。总的来说，大部分的受访群体认为未成年人价值观存在的主要问

---

① 叶松庆. 当代未成年人道德观发展变化与引导对策的实证研究[M]. 芜湖：安徽师范大学出版社，2016：165.

题表现为"道德意识差"与"道德观念淡薄"。道德意识与观念均属道德的"形而上"层面,更多地表现为思想性认识。在受访群体眼中,未成年人对道德规范以及优良传统道德认识不足。

从未成年人与成年人群体的比较来看,未成年人选择"道德意识差"的比率较高。相比于未成年人,成年人群体选择"传统美德没有传承"的比率较高。未成年人侧重于道德意识、道德观念等,而成年人除此之外对道德传承以及与现代道德衔接等问题较为关注。

表 7-3 未成年人、中学老师、家长、中学校长对未成年人价值观变化存在的主要问题的看法(2016 年)

选项	总计			未成年人		成年人群体								未成年人与成年人群体比较率差
						合计		中学老师		家长		中学校长		
	人数	比率	排序	人数	比率	人数	比率	人数	比率	人数	比率	人数	比率	
道德意识差	967	41.03	1	810	41.88	157	37.12	61	36.75	83	43.01	13	20.31	4.76
道德观念淡薄	676	28.68	2	559	28.90	117	27.66	40	24.10	55	28.50	22	34.38	1.24
道德基础不牢	209	8.87	3	179	9.26	30	7.09	16	9.64	6	3.11	8	12.50	2.17
传统美德没有传承	160	6.79	4	114	5.89	46	10.87	20	12.05	17	8.81	9	14.06	-4.98
现代道德没有建立	88	3.73	7	66	3.41	22	5.20	12	7.23	6	3.11	4	6.25	-1.79
传统道德与现代道德衔接不够	149	6.32	5	109	5.64	40	9.46	13	7.83	20	10.36	7	10.94	-3.82
其他	108	4.58	6	97	5.02	11	2.60	4	2.41	6	3.11	1	1.56	2.42
合计	2357	100	—	1934	100	423	100	166	100	193	100	64	100	—

4. 受访群体看法的比较

如表 7-4 所示,对受访群体的看法进行比较发现,大部分受访群体的关注点仍在道德意识与道德观念层面,选择"道德意识差"与"道德观念淡薄"的合比率为 60.44%,其中选择"道德意识差"的比率为 30.28%,居于第一位。受访群体对未成年人价值观变化中的德育意识与观念较为看重。

从单个群体的选项来看,选择"道德意识差"的比率最高的群体是家长,选择"道德观念淡薄""传统美德没有传承"的比率最高的群体是中学校长,选择"道德基础不牢"与"传统道德与现代道德衔接不够"的比率最高的群体是小学校长,选择"现代道德没有建立"的比率最高的群体是中学老师,选择"其他"的比率最高的群体是未成年人。大部分受访群体的侧重点主要集中在道德意识和道德观念层面。因此,在对未成年人进行价值观的教育时,需要注意从点滴的细节与加强道德规范教育等多个层面入手,帮助未成年人逐渐树立正确的价值观。

表7-4 受访群体看法的比较

选项	道德意识差	道德观念淡薄	道德基础不牢	传统美德没有传承	现代道德没有建立	传统道德与现代道德衔接不够	其他	有效样本量/人
未成年人（2016年）	41.88%	28.90%	9.26%	5.89%	3.41%	5.64%	5.02%	1934
中学老师（2016年）	36.75%	24.10%	9.64%	12.05%	7.23%	7.83%	2.41%	166
家长（2016年）	43.01%	28.50%	3.11%	8.81%	3.11%	10.36%	3.11%	193
中学校长（2013—2016年）	19.40%	38.17%	8.74%	12.79%	3.84%	16.20%	0.85%	469
小学校长（2013—2015年）	10.37%	31.11%	12.59%	12.59%	5.19%	26.67%	1.48%	135
比率平均值	30.28%	30.16%	8.67%	10.43%	4.56%	13.34%	2.57%	—

（二）基本认识

1. 道德层面是未成年人价值观变化的重要关注领域

价值观涵盖内容丰富,其中道德层面为重要的方面。在对未成年人价值观问题的调查中,道德意识、道德观念以及现代道德与传统道德衔接等方面的问题较为突出。对未成年人价值观层面发生的变化,各级教育工作者需要注意加强对这方面问题的认识与把握,从未成年人道德的不同层面来整体了解未成年人价值观的变化情况。

2. 注重从道德层次、道德历史性等层面把握未成年人价值观的变化

从上述调查数据来看,受访群体认为未成年人价值观变化出现"道德意识差"的比率较为突出,"道德观念淡薄"同样具有较高的比率。可见,在对受访群体的调查中,大部分的群体认为未成年人价值观领域变化存在的问题主要体现在道德层面。此外,传统道德与现代道德的衔接问题是受访群体关注的另一个重要问题,这一层面体现出了道德的历史性问题。如何让现代道德与传统道德有效衔接,是教育者们需要关注的方面。

3. 注重解决未成年人价值观变化过程中出现的问题

针对未成年人价值观变化过程中出现的诸多关于道德层面的问题,各级教育工作者应该提出相应的教育对策。教育工作者除了要改进教育理念、增强道德观念教育外,还需要利用现有条件积极地创设具体的教育情境,让未成年人在具体的情境中加强对有关问题的认识,从而帮助其树立正确的价值观。

二、存在的不同维度问题

(一)认知发生偏差

1. 对同性示好体现的偏差

(1)未成年人的自述。

如表7-5所示,在2006年、2012—2013年、2016年就未成年人对同性有无好感的调查中,各选项的排序:"没有"(45.76%)、"有"(23.90%)、"有时有"(16.51%)、"不知道"(13.84%)。有超过三成的未成年人对同性有好感。从时间上来看,在2006年的调查中,未成年人表示对同性有好感的比率只占6.55%,但在此后的调查中这一比率有明显的上升,2016年的调查中高达37.23%,高出2006年30.68%。同时,未成年人明确表示对于同性没有好感的比率有所降低,2016年较2006年低28.26%。选择"不知道"的比率也有所降低,未成年人对这一问题的认识逐渐清晰化。未成年人对同性产生好感是未成年人阶段性个性特征发展的重要表现,教育工作者对未成年人要加以耐心引导与教育,从而帮助未成年人树立正确的认识。

表7-5 未成年人对同性有无好感(2016年、2012—2013年、2016年)

选项	总计			2006年		2012年		2013年		2016年		2016年与2006年比较率差
	人数	比率	排序	人数	比率	人数	比率	人数	比率	人数	比率	
有	2254	23.90	2	159	6.55	545	25.90	830	27.96	720	37.23	30.68
有时有	1557	16.51	3	283	11.67	331	15.73	510	17.18	433	22.39	10.72
没有	4316	45.76	1	1338	55.15	1088	51.71	1370	46.16	520	26.89	-28.26
不知道	1305	13.84	4	646	26.63	140	6.66	258	8.70	261	13.50	-13.13
合计	9432	100	—	2426	100	2104	100	2968	100	1934	100	—

（2）受访群体的看法。

如表 7-6 所示，在 2016 年受访群体眼中未成年人对同性有无好感的调查中，59.86% 的受访群体认为未成年人对同性有好感，其中表示"有"的比率为 37.29%，居于第一位。选择"没有"的比率为 24.52%，选择"不知道"的比率为 15.61%。大部分受访群体认为未成年人对同性表现出好感。当然，"未成年人之间的同性情感只是一种很单纯的友谊，感情是真挚的"[1]。同性之间较为融洽的关系有助于朋辈群体间友谊的进一步深化，但也有演化成同性恋的可能。

从未成年人与成年人群体的比较来看，未成年人与成年人群体选择肯定性选项（"有"与"有时有"）的率差较小。选择"没有"与"不知道"的率差较大，其中未成年人选择"没有"的比率较高，成年人群体选择"不知道"的比率较高。成年人群体应进一步加强与未成年人的沟通交流，充分了解未成年人的想法，并对未成年人在实际中的相关问题给予关注，促进未成年人健康成长。

表 7-6　受访群体眼中未成年人对同性有无好感（2016 年）

选项	总计			未成年人		成年人群体								未成年人与成年人群体比较率差
						合计		中学老师		家长		中学校长		
	人数	比率	排序	人数	比率	人数	比率	人数	比率	人数	比率	人数	比率	
有	879	37.29	1	720	37.23	159	37.59	54	32.53	91	47.15	14	21.88	-0.36
有时有	532	22.57	3	433	22.39	99	23.40	45	27.11	35	18.13	19	29.69	-1.01
没有	578	24.52	2	520	26.89	58	13.71	23	13.86	25	12.95	10	15.63	13.18
不知道	368	15.61	4	261	13.50	107	25.30	44	26.51	42	21.76	21	32.81	-11.80
合计	2357	100	—	1934	100	423	100	166	100	193	100	64	100	—

（3）受访群体对未成年人对同性好感的认识。

如表 7-7 所示，在 2016 年受访群体就未成年人就同性好感的认识的调查中，47.86% 的受访群体眼中认为未成年人对同性产生好感更多的是出于友谊。选择"出于性格相投"与"出于爱慕"的比率分别为 13.32% 和 13.36%。其他选项的比率均较低。大部分受访群体认为未成年人会基于友谊、性格与爱慕等因素而对同性产生好感。未成年人处在个体性与独立性渐趋增强的阶段，会逐渐寻求"心理支持"，会基于不同的因素选择与同性交流，并产生一定的好感。

从未成年人与中学老师等成年人群体的比较来看，率差最大的是"出于兴趣相近"

---

[1] 叶松庆．当代未成年人情感观现状与特点：对安徽省八城市未成年人的调查分析 [J]．中国青年政治学院学报，2007（5）：33-37．

（-4.79%），成年人群体选择同项的比率较未成年人要高。

表7-7 受访群体对未成年人对同性好感的认识（2016年）

选项	总计			未成年人		成年人群体								未成年人与成年人群体比较率差
						合计		中学老师		家长		中学校长		
	人数	比率	排序	人数	比率	人数	比率	人数	比率	人数	比率	人数	比率	
出于友谊	1128	47.86	1	920	47.57	208	49.17	73	43.98	112	58.03	23	35.94	-1.60
出于爱慕	315	13.36	2	269	13.91	46	10.87	20	12.05	20	10.36	6	9.38	3.04
出于性格相投	314	13.32	3	267	13.81	47	11.11	24	14.46	15	7.77	8	12.50	2.70
出于兴趣相近	147	6.24	5	104	5.38	43	10.17	17	10.24	18	9.33	8	12.50	-4.79
出于感情好	100	4.24	7	82	4.24	18	4.26	7	4.22	5	2.59	6	9.38	-0.02
出于能玩得来	184	7.81	4	144	7.45	40	9.46	15	9.04	16	8.29	9	14.06	-2.01
其他	51	2.16	8	48	2.48	3	0.71	1	0.60	1	0.52	1	1.56	1.77
说不清道不明	118	5.00	6	100	5.17	18	4.26	9	5.42	6	3.11	3	4.69	0.91
合计	2357	100	—	1934	100	423	100	166	100	193	100	64	100	—

（4）其他研究者的调研成果分析。

表7-8反映了其他研究者的研究结果。余双好在2006年11月—2007年1月对北京、上海、重庆、黑龙江、甘肃、山东、安徽、广东、湖北及新疆维吾尔自治区等10个省市（自治区）的初高中生与大学生一年级新生的调查显示，有超过两成的未成年人对同性恋表示出可以理解的态度，其中有5.6%的未成年人对同性恋者表示了赞同的态度。尽管如此，仍有超过半数的未成年人表示对同性恋者不太接受或不接受。

张炳富、涂敏霞和刘玉玲在2006年5月对广东省广州市中学生的调查显示，当问及"在网络上交友的对象"时，受访者无论男女未成年人，与同龄同性对象交友的比率均最高（高于同龄异性12.6%），虽然这与同性恋无关，但这也是未成年人与同性示好的一种表现。

黄凤荣等在2009年10月对52名青少年（15～19岁）同性恋者的调查显示，"本研究对象以学生为主，且发现自己喜欢同性的年龄从5～19岁不等，性取向的认同年龄平均为14.28岁，早于首次同性性行为的平均年龄16.98岁"[1]。这其实是未成年人同性恋的情况反映。

于建平等在2013年对北京市中心某城区全日制14所中学在校学生的调查显示，"中学生对同性恋的态度较为宽容"[2]。还有"33.8%的中学生表示周围同学中有同性恋，其中受其影响的占6.5%。中学校园存在同性恋现象已是一种客观存在的社会现象"[3]。

2018年，华东师范大学范淑颖教授在《1998—2017年中国青少年网恋网婚现象研究述论》一文中指出，"青少年网络关系建立过程中不时涌出的新状况已经超出了广大研究者所预设的情境"[4]，"青少年在网络交往过程中不断出现与传统预设相背离的现象"[5]，暗示并预示着青少年在网恋网婚中已经出现了一些异常的现象。因为"学校、家庭对青少年异性早恋问题的过度干涉都有可能造成青少年的同性恋倾向和行为"[6]。此外，青少年"他们在懵懂和好奇中尝试'恋爱'，这种'恋爱'一旦失败，就很容易偏向对同性之间的爱恋"[7]。

笔者在2009年10月采访过一对女同性恋者，她们就是在未成年阶段（中学）"彼此有好感"进而演变成同性恋的。[8] 可见，在未成年阶段对同性示好不能完全排除其演变成同性恋的可能。

从总体上看，当代未成年人对于同性恋的态度较为开放、宽容，这与他们对同性示好及示好增多有一定关联，同性示好出现的偏差值得重视。

由于研究青少年尤其是未成年人同性恋的成果极少，因此予以支撑的数据有限。

---

[1] 黄凤荣，黄红，庄鸣华，等. 上海市52名青少年男同性恋者社会心理和性行为状况调查 [J]. 上海交通大学学报（医学版），2010，30（5）：581-584.

[2][3] 于建平，马迎华，李民，等. 北京市某城区619名中学生同性恋认知态度调查 [J]. 首都公共卫生，2013，7（3）：110-113.

[4][5] 范淑颖. 1998—2017年中国青少年网恋网婚现象研究述论 [J]. 青少年研究与实践，2018（4）：98-103.

[6] 于建平，马迎华，李民，等. 北京市某城区619名中学生同性恋认知态度调查 [J]. 首都公共卫生，2013，7（3）：110-113.

[7] 魏艳玲. 中学生"同性恋"现象成因分析及对策 [J]. 新西部（理论版），2017（3）：114-115.

[8] 叶松庆. 边缘性的城市青年特殊群体：对某市青年同性恋者的个案研究 [J]. 青年探索，2010（1）：69-76.

表7-8 未成年人对同性恋的态度

2006年11月至2007年1月北京、上海、重庆、黑龙江、甘肃、山东、安徽、广东、湖北及新疆维吾尔自治区等10个省市（自治区）的初高中生和大学生一年级新生的调查（N：3758，其中初中生1605名、高中生1359名、大学新生776名）[1]		2006年5月广东广州市的中学生调查（N：812）[2]				2013年北京市中心某城区全日制14所中学在校学生的调查（N：619)[3]	
对同性恋的态度		在网络上交友的情况				对同性恋的态度（多选）	
选项	比率	选项	比率			选项	比率
			男	女	均率		
赞同	5.6	十几岁的同性	77.9	83.9	81.2	不会拒绝和别人讨论同性恋相关话题	52.7
能够理解	21.8	十几岁的异性	66.8	70.0	68.6	可以接受身边有同性恋存在	49.1
居中	18.6	—	—	—	—	应该保护同性恋的权益	42.2
不太接受	20.1	—	—	—	—	应该承认同性恋婚姻合法化	39.1
不接受	33.9	—	—	—	—	赞成同性恋抚养孩子	38.3
—	—	—	—	—	—	周围同学中有同性恋	33.8
合计	100	合计				合计	—

2. 相信算命体现的偏差

（1）未成年人相信算命的情况。

第一，未成年人的自述。如表7-9所示，在2007—2016年对未成年人相信算命情况的调查中，各选项的排序："不相信"（57.92%）、"有点相信，但不全信"（28.40%）、

---

[1] 佘双好. 青少年思想道德现状及健全措施研究[M]. 北京：中国社会科学出版社，2010，12：121.

[2] 张炳富，涂敏霞，刘玉玲. 广州青少年网络生活调查报告[J]. 中国青年研究，2006（2）：10-16.

[3] 于建平，马迎华，李民，等. 北京市某城区619名中学生同性恋认知态度调查[J]. 首都公共卫生，2013，7（3）：110-113.

"相信"（9.28%）、"不知道"（5.34%）。接近60%的未成年人表示自己是不相信算命的。但有超过35%的未成年人表示算命有可信之处，有些甚至认为算命是可信的。

从2016年与2007年的比较来看，2016年选择"相信"的比率有所增加，这需要引起教育工作者的高度重视。选择"有点相信，但不全信"的比率较2007年高3.25%，这或多或少与如今星座、运势等在未成年人当中盛行有较大的关联。

表7-9 未成年人相信算命的情况（2007—2016年）

年份	不相信		相信		有点相信，但不全信		不知道		合计
	人数	比率	人数	比率	人数	比率	人数	比率	
2007[①]	1721	56.52	331	10.87	701	23.02	292	9.59	3045
2008[②]	2428	60.32	249	6.19	1250	31.06	98	2.43	4025
2009	1434	64.71	150	6.77	583	26.31	49	2.21	2216
2010	1143	59.04	121	6.25	608	31.40	64	3.31	1936
2011	1086	56.24	177	9.17	624	32.31	44	2.28	1931
2012	1127	53.56	274	13.02	608	28.90	95	4.52	2104
2013	1890	63.68	308	10.38	674	22.71	96	3.23	2968
2014	1574	53.57	275	9.36	1035	35.23	54	1.84	2938
2015	927	61.07	137	9.03	400	26.35	54	3.56	1518
2016	928	47.98	263	13.60	508	26.27	235	12.15	1934
总计	14258	57.92	2285	9.28	6991	28.40	1081	5.34	24615
排序	1		3		2		4		—
2016年与2007年比较	-793	-8.54	-68	2.73	-193	3.25	-57	2.56	-1111

第二，受访群体的看法。如表7-10所示，在2016年受访群体认为的未成年人相信算命的情况的调查中，48.71%的受访群体选择"不相信"，选择"相信"与"有点相信，但不全信"的合比率为38.90%，选择"不知道"的比率为12.39%。多数受访群体认为未成年人不相信算命，但是仍有接近四成的受访群体认为未成年人或多或少的相信算命。

[①] 叶松庆. 当代城乡青少年迷信观的比较研究[J]. 青年探索, 2009（3）: 92-96.
[②] 叶松庆. 青少年的科学素质状况实证分析[J]. 青年研究, 2011（5）: 39-50.

从未成年人与成年人群体的比较来看,成年人群体选择"不相信"的比率较未成年人高,未成年人选择"有点相信,但不全信"的比率较成年人群体要高。可见,成年人群体自身有丰富的知识以及成熟的认知水平,因而对这一问题有较为明晰的认识。在这种认识的促使下,会认为未成年人具有与其较为相似的认识。综合来看,教育者需要对未成年人开展相应的教育,使未成年人对算命有较为充分的认识,从而树立科学的思维方式。

表 7-10 受访群体认为的未成年人相信算命的情况(2016 年)

选项	总计			未成年人		成年人群体								未成年人与成年人群体比较率差
						合计		中学老师		家长		中学校长		
	人数	比率	排序	人数	比率	人数	比率	人数	比率	人数	比率	人数	比率	
不相信	1148	48.71	1	928	47.98	220	52.01	76	45.78	113	58.55	31	48.44	-4.03
相信	326	13.83	3	263	13.60	63	14.89	30	18.07	27	13.99	6	9.38	-1.29
有点相信,但不全信	591	25.07	2	508	26.27	83	19.62	36	21.69	29	15.03	18	28.13	6.65
不知道	292	12.39	4	235	12.15	57	13.48	24	14.46	24	12.44	9	14.06	-1.33
合计	2357	100	—	1934	100	423	100	166	100	193	100	64	100	—

(2)未成年人相信求签、相面、星座预测、碟仙、笔仙、周公解梦的情况。

第一,未成年人的自述。如表 7-11 所示,在 2007—2013 年、2016 年就未成年人对相信求签、相面、星座预测等情况的调查中,未成年人选择"不相信"的比率为 38.68%,居于第一位。选择"很相信"与"有些相信"的合比率为 42.27%。选择"不知道"的比率为 19.05%。大部分的未成年人对诸如求签、相面等带有强烈迷信意味的做法表示相信。

从 2016 年与 2007 年的比较来看,选择"很相信"与"不知道"的比率较 2007 年高。因此,教育工作者需要继续加强对未成年人的教育与引导,帮助未成年人甄别其中的弊端与错误观念,树立科学的精神与思维方式,正确认识周围的世界,从而帮助其确立正确的价值观。

表7-11 未成年人相信求签、相面、星座预测、碟仙、笔仙、
周公解梦的情况（2007—2013年、2016年）

选项	总计			2007—2013年[①]		2007年比率	2016年		2016年与2007年比较率差
	人数	比率	排序	人数	比率		人数	比率	
很相信	2365	11.73	4	1974	10.83	13.63	391	20.22	6.59
有些相信	6156	30.54	2	5635	30.92	28.47	521	26.94	-1.53
不相信	7797	38.68	1	7259	39.83	35.01	538	27.82	-7.19
不知道	3841	19.05	3	3357	18.42	22.89	484	25.03	2.14
合计	20159	100	—	18225	100	100	1934	100	—

第二，受访群体的看法。如表7-12所示，在2016年对受访群体的调查中，受访群体选择"很相信"与"有些相信"的合比率为47.56%，其中选择"有些相信"的比率为27.15%，居于第一位。选择"不相信"与"不知道"的比率分别为26.43%与26.01%。受访群体认为未成年人对这些问题的认识仍较为模糊并带有相信的意味，可见，对未成年人进行相关教育的力度需要进一步加强。

从未成年人与成年人群体的比较来看，未成年人的认识相比成年人群体的认识较好。要针对看法的差异性做出一定的分析，找准未成年人认识论上的根源，促成未成年人认识的纠正与改变。

表7-12 受访群体认为的未成年人相信求签、相面、星座预测、碟仙、
笔仙、周公解梦的情况（2016年）

选项	总计			未成年人		成年人群体								未成年人与成年人群体比较率差
						合计		中学老师		家长		中学校长		
	人数	比率	排序	人数	比率	人数	比率	人数	比率	人数	比率	人数	比率	
很相信	481	20.41	4	391	20.22	90	21.28	29	17.47	50	25.91	11	17.19	-1.06
有些相信	640	27.15	1	521	26.94	119	28.13	46	27.71	52	26.94	21	32.81	-1.19
不相信	623	26.43	2	538	27.82	85	20.09	33	19.88	43	22.28	9	14.06	7.73
不知道	613	26.01	3	484	25.03	129	30.50	58	34.94	48	24.87	23	35.94	-5.47
合计	2357	100	—	1934	100	423	100	166	100	193	100	64	100	—

---

① 叶松庆.当代未成年人道德观发展变化与引导对策的实证研究[M].芜湖：安徽师范大学出版社，2016：140.

(3) 其他研究者的调研成果分析。

表 7-13 反映了其他研究者对于未成年人相信算命的情况调查。

张建华在 1999 年对江苏省苏州市的中学生科学素质状况的调查显示,"有 9 人非常相信算命,有 142 人对算命有点相信或不太相信,193 人完全不信算命,也有学生说不清楚。在曾经算过命的学生中,大多认为算命是寻求启示或感到好玩,极个别学生是相信算命的"[①]。

李和平和安拴虎在 2003 年对河北省石家庄、邯郸、张家口、衡水、沧州、保定、唐山、邢台、承德 9 个地区的 13 所中学的调查显示,虽然超过半数的未成年人表示"不相信"算命,但有 2.0% 的未成年人"相信"算命,还有 42.0% 的未成年人"半信半疑",也就是相当部分未成年人有些相信了。

张金宝、瞿晶和石秀芹(山东省济南市教育局)在 2006 年未成年人的调查显示,虽然超过半数的未成年人表示不相信算命,但仍然有超过三成的未成年人表示对算命"半信半疑"。

聂伟在 2011 年对深圳、中山等初中生的调查显示,89.60% 的初中生表示不同意算命可以预知灾祸,选择同意的占比为 30.80%。

陈志科(天津教育科学研究院)在 2011 年对全国中学生思想政治状况的调查显示,选择"无稽之谈,纯属骗人"选项的比率为 45.60%,34.00% 的中学生表示出"半信半疑"的态度。

通过对其他研究者调研结果的分析,进一步扩展对这一问题的认识。分析发现,其他研究者与笔者的研究结果具有较大的相似性。

表 7-13 未成年人相信算命的情况

1999 年江苏省苏州市的中学生科学素质状况调查(N:410)[②]	2003 年河北省石家庄、邯郸、张家口、衡水、沧州、保定、唐山、邢台、承德 9 个地区的 13 所中学的调查(N:475)[③]	2006 年山东省济南市教育局的未成年人调查(N:59852,其中,小学生 11092 名、中学生 48760 名)[④]	2011 年深圳、中山、北京、成都的初中生调查(N:1406)[⑤]	2011 年天津教育科学研究院的全国中学生思想政治状况调查(N:不详)[⑥]

[①②] 张建华. 苏南农村中学生的科学素质调查与分析 [J]. 生物学杂志, 2000, 17 (5): 37-38.

[③] 李和平, 安拴虎. 河北省中学生方术迷信调查报告 [J]. 河北师范大学学报(教育科学版), 2003, 5 (6): 74-78.

[④] 张金宝, 瞿晶, 石秀芹. 未成年人思想道德现状的调查与思考 [J]. 当代教育科学, 2011 (20): 29-31.

[⑤] 聂伟. 当代青少年科学素质状况调查研究:基于深圳、中山、北京、成都初中生的调查 [J]. 青年探索, 2011 (2): 67-68.

[⑥] 陈志科. 当前中学生思想政治状况的基本判断:基于 2011 年全国中学生思想政治状况的调查与分析 [J]. 教育科学, 2013, 29 (3): 53-59.

(续表 7-13)

对算命的态度			对算命的态度		对算命的信任度		对当前流行的面相、算命、占卜的相信度		对算命的看法	
选项	人数	比率	选项	比率	选项	比率	选项	比率	选项	比率
非常相信	9	2.20	不相信	52.0	不相信	56.0	不同意算命可以预知灾祸	89.6	无稽之谈，纯属骗人	45.6
有点相信或不太相信	142	34.63	相信	2.0	半信半疑	32.0	同意"某些数字比其他数字更吉利"的说法	30.8	半信半疑，可以作为一种参考	34.0
完全不信	193	47.07	半信半疑	42.0	非常相信	2.0	一个人的面相可以解释他的内心世界	35.5	游戏，结果无关紧要	19.7
说不清	66	16.10	未表态	4.0	感到迷茫	10.0	相信"眼皮不停地跳代表有事情发生"	29.8	深信不疑	0.6
合计	410	100	合计	100	合计	100	合计	—	合计	100

（二）情感多元易变

1. 容忍考试作弊体现的多元易变

（1）未成年人的自述。

如表 7-14 所示，在 2006—2016 年就未成年人对别人考试作弊的反应的调查中，选择"很反感"的比率为 42.96%，居于第一位。选择"无所谓"的比率为 27.93%。其他选项的比率较小。未成年人对别人考试作弊表现出较为明晰的态度。考试作弊不仅违反学校有关管理规定，同时也是不诚信以及道德素质低下的重要表现。当看见别人考试作弊时，未成年人自身除了引以为戒外，应该对作弊行为表现出正确的态度，摒弃作弊的想法。

从 2016 年与 2006 年的比较来看，选择"很反感"的比率有所降低，是降幅最大的选项，选择"无所谓"的比率有所增加，是增幅最大的选项。教育工作者应当切实让未成年人明白无论是自身作弊还是看见他人作弊，都应当表现出明确与正向的态度，摒弃作弊，树立诚信考试观。

表 7-14　未成年人对别人考试作弊的反应（2006—2016 年）

选项	总计			2006—2013 年①		2006 年② 比率	2014 年		2015 年		2016 年		2016 年与 2006 年比较率差
	人数	比率	排序	人数	比率		人数	比率	人数	比率	人数	比率	
很反感	11618	42.96	1	8442	40.88	62.28	1559	53.06	752	49.54	865	44.73	-17.55
不反感	2496	9.23	3	1895	9.18	17.43	219	7.45	102	6.72	280	14.48	-2.95
无所谓	7552	27.93	2	6088	29.48	10.18	617	21.00	397	26.15	450	23.27	13.09
不知道怎么办	1404	5.19	5	1077	5.22	2.76	164	5.58	87	5.73	76	3.93	1.17
报告老师	737	2.73	7	544	2.63	1.65	111	3.78	32	2.11	50	2.59	0.94
事后和同学讲	1521	5.62	4	1210	5.86	1.98	172	5.85	78	5.14	61	3.15	1.17
回家和父母讲	624	2.31	8	546	2.64	1.07	27	0.92	22	1.45	29	1.50	0.43
干脆不讲	1089	4.03	6	849	4.11	2.65	69	2.35	48	3.16	123	6.36	3.71
合计	27041	100	—	20651	100	100	2938	100	1518	100	1934	100	—

（2）受访群体的看法。

如表 7-15 所示，在 2016 年对受访群体的调查中，受访群体选择"很反感"的比率为 45.23%，居于第一位。选择"不反感"与"无所谓"的合比率为 35.25%。其他选项的比率均低于 10%。大部分受访群体认为未成年人对别人考试作弊表现出反感与厌恶的态度。

从未成年人与成年人群体的比较来看，成年人群体选择"很反感"的比率较未成年人高，未成年人选择"不反感"与"无所谓"的比率较成年人要高。仍有部分未成年人对这一问题存在一定的模糊性认识，需要引起教育者的重视，对未成年人加以正确的引导与教育。

---

① 叶松庆. 当代未成年人道德观发展变化与引导对策的实证研究 [M]. 芜湖：安徽师范大学出版社，2016：134.

② 叶松庆. 当代未成年人的学习观现状与特点 [J]. 青年探索，2007（2）：7-10.

表7-15 受访群体眼中未成年人对别人考试作弊的反应（2016年）

选项	总计			未成年人		成年人群体								未成年人与成年人群体比较率差
						合计		中学老师		家长		中学校长		
	人数	比率	排序	人数	比率	人数	比率	人数	比率	人数	比率	人数	比率	
很反感	1066	45.23	1	865	44.73	201	47.52	75	45.18	103	53.37	23	35.94	-2.79
不反感	318	13.49	3	280	14.48	38	8.98	16	9.64	20	10.36	2	3.13	5.50
无所谓	513	21.76	2	450	23.27	63	14.89	25	15.06	21	10.88	17	26.56	8.38
不知道怎么办	108	4.58	5	76	3.93	32	7.57	14	8.43	11	5.70	7	10.94	-3.64
当场报告老师	75	3.18	7	50	2.59	25	5.91	15	9.04	7	3.63	3	4.69	-3.32
事后和同学讲	88	3.73	6	61	3.15	27	6.38	10	6.02	11	5.70	6	9.38	-3.23
回家和父母讲	58	2.46	8	29	1.50	29	6.86	9	5.42	15	7.77	5	71.81	-5.36
干脆不讲	131	5.56	4	123	6.36	8	1.89	2	1.20	5	2.59	1	1.56	4.47
合计	2357	100	—	1934	100	423	100	166	100	193	100	64	100	—

（3）其他研究者的调研成果分析。

表7-16、表7-17与表7-18是其他学者的研究成果。

如表7-16所示，覃遵君在1997年对湖北鄂西南山区的中学生的调查显示，未成年人对考试作弊的现象表示坚决反对的居多。

舒罗伟和王立志在1997年对河北廊坊市的中专生的调查显示，较多的未成年人反对作弊，但有少部分未成年人表示作弊没有什么，其中男生的比率高于女生，与张邦浩在2000年对上海市的中学生的调查结果相似。

王星（中国社会调查所）在2004年对北京、上海、广州、武汉、沈阳、西安、厦门、郑州、长沙、乌鲁木齐十个城市的青少年调查显示，有两成未成年人表示看见别人作弊时会做出不同形式的举报行为。

表 7-16 青少年对考试作弊的看法（一）

1997 年对湖北省鄂西南山区的中学生的调查（N:521）①		1997 年对河北省廊坊市的中专生的调查（N:117）②			2000 年对上海市的中学生调查（N:1373，初中生 216、高中生 1157）③		2004 年中国社会调查所对北京、上海、广州、武汉、沈阳、西安、厦门、郑州、长沙、乌鲁木齐十个城市的青少年调查（N:1000）④	
诚实守信是传统美德		你对考试作弊有何认识或看法			对待学校中的作弊		如果在考场上你发现同学在作弊，你会怎么做呢？	
选项	比率	选项	比率 男	比率 女	选项	比率	选项	比率
自己不作弊是对的	72.36	欺人害己	67.65	79.52	人人都可能作弊，为此没有什么大错	6.0	马上举手报告老师	9.0
作弊是不诚实的表现，坚决反对		是不道德行为	11.76	8.43	最好不作弊，但偶尔有一两次也无妨	19.0	考完后单独当面告诉老师	6.0
未标明	27.64	作弊没什么	14.71	6.02	未标明	75.0	考完后写匿名信或打匿名电话告诉老师	8.0
—	—	未标明	5.88	6.03	—	—	很眼红，也想作弊，但不敢	21.0
—	—	—	—	—	—	—	自己也跟着作弊	16.0
—	—	—	—	—	—	—	不管别人作不作弊，自己不作弊，也不报告老师	40.0
合计	100	合计	100	100	合计	100	合计	100

如表 7-17 所示，熊孝梅在 2004 年对广西壮族自治区中学生的调查显示，超过六成的未成年人反对考试作弊。

吴明在 2005 年对湖北省利川市未成年人的调查显示，超过三成的未成年人会举报作弊。

---

① 覃遵君. 山区高中生道德观素质状况的调查分析 [J]. 中学政治教学参考，1998（Z1）：29-32.
② 舒罗伟，王立志. 男女学生考试作弊心理的对比研究 [J]. 中等医学研究，1997（5）：24-27.
③ 张邦浩. 当前中学生思想道德心理现状调查 [J]. 上海教育，2000（11）：37-38.
④ 王星. 关于考试作弊的调查 [N]. 人民政协报，2004-06-01.

第七章 当代未成年人价值观变化与教育的问题所在

佘双好在2006年11月—2007年1月对北京、上海、重庆、黑龙江、甘肃、山东、安徽、广东、湖北及新疆维吾尔自治区等10个省市（自治区）的初高中生与大学生一年级新生的调查显示，多数未成年人对于其他同学考试作弊会做出一些暗示或者内心看不起。

蒋义丹在2008年对广东省广州市的未成年人的调查显示，较多的未成年人认为考试作弊不可原谅，自己可能会去告发这种行为。

表7-17 青少年对考试作弊的看法（二）

2004年广西壮族自治区的中学生调查（N：初中293、高中296）[①]		2005年湖北省利川市的未成年人调查（N：998）[②]		2006年11月至2007年1月，北京、上海、重庆、黑龙江、甘肃、山东、安徽、广东、湖北及新疆维吾尔自治区等10个省市（自治区）的初高中生与大学生一年级新生的调查（N：3758，其中，初中生1605、高中生1359、大学新生776）[③]		2008年广东省广州市的未成年人调查（N：668）[④]	
对考试作弊的态度		当你的同学在考试中作弊，你会举报吗？		对考试作弊时的态度		对考试作弊的同学态度	
选项	比率	选项	比率	选项	比率	选项	比率
反对	64.1	与己无关，不会举报	68.9	当场向老师揭发	9.3	不可原谅，会去告发	34.9
未标明	35.9	未标明	31.1	向老师暗示	11.9	作弊不对，但不敢告发	28.1
—	—	—	—	向作弊人暗示	22.5	作弊是他自己的事，不会告发	31.4
—	—	—	—	内心看不起，但不表现	32.0	作弊没错，可以理解	5.6
—	—	—	—	反正不管自己的事，不管不问	24.3	—	—
合计	100	合计	100	合计	100	合计	100

[①] 熊孝梅. 广西未成年人思想道德现状的调查分析 [J]. 广西青年干部学报, 2005, 15 (6): 7-10.

[②] 吴明. 湖北利川未成年人思想道德状况的调查 [N]. 人民政协报, 2007-01-10.

[③] 佘双好. 青少年思想道德现状及健全措施研究 [M]. 北京：中国社会科学出版社, 2010: 113.

[④] 蒋义丹. 未成年人群体道德成长的矛盾分析 [J]. 青年探索, 2008 (3): 50-53, 59.

如表 7-18 所示，叶瑞祥、卢璧锋和许佩卿在 2009 年对广东省潮州市中小学生的调查显示，少部分未成年人对于考试作弊现象"反应冷漠，无所谓"，也有极少数未成年人会对这种行为表示同情甚至纵容、支持。

李虎林、褚洪娇在 2011 年对甘肃省兰州市、金昌市、张掖市、陇南市、定西市城乡中学生的调查显示，"在讨论'你对考试作弊有什么看法'时，所有的中学生都能够认识到这是一种不诚实的行为，但是从不作弊的只占 37.3%，接近三分之二的中学生有作过弊的行为，这是非常令人担忧的"。

李卫卫在 2012 年对河北省石家庄市青少年的调查显示，中小学生较大学生而言，对于考试作弊行为的举报态度表现得更加坚决，大学生更多地表示不会举报考试作弊的行为。

许致鹏在 2015 年对内蒙古自治区高中生的调查显示，选择"默认"选项的比率为 52.1%，选择"无所谓"的比率为 30.8%。

罗华荣、李冠凤在 2015 年对上海市未成年人的调查显示，67.33% 的未成年人表示很反感作弊，自己明确不会作弊。

从总体上看，未成年人无论是对于考试作弊的认识，还是在有没有作弊行为上，均表现出了较令人满意的态度。

表 7-18 青少年对考试作弊的看法（三）

2009 年广东省潮州市的中小学生调查（N：小学高年级 2000、初中生 13979、高中生 4670、社会青年 1000）[1]	2011 年甘肃省兰州市、金昌市、张掖市、陇南市、定西市的城乡中学生调查（N：2153）[2]	2012 年河北省石家庄市的青少年调查（N：500）[3]	2015 年内蒙古自治区的高中生调查（N：720，其中，汉族 513、蒙古族 192、其他民族 15）[4]	2015 年上海市的未成年人调查（N：600）[5]

---

[1] 叶瑞祥，卢璧锋，许佩卿. 潮州市青少年思想道德现状调查与思考 [J]. 韩山师范学院学报，2010，31（1）：104-108.

[2] 李虎林，褚洪娇. 甘肃省中学生思想道德素质现状调查与分析 [J]. 社科纵横，2012，27（5）：139-142.

[3] 李卫卫. 关于对青少年诚信问题的调查与思考 [J]. 青年文学家，2012（12）：153.

[4] 许致鹏. 普通高中社会主义核心价值观教育调查 [J]. 内蒙古教育：理论版，2015（4）：8-9.

[5] 罗华荣，李冠凤. 来沪人员随迁子女思想品德状况调查研究 [J]. 现代基础教育研究，2015，20（6）：99-107.

(续表7-18)

对考试作弊现象		未成年人对考试作弊的看法		自己的行为		同学作弊你是否举报	在考试中发现其他同学作弊,你是怎样对待的?		当同学考试作弊	
							比率			
选项	比率	选项	状态	选项	比率	选项	中小学生	大学生	选项	比率	选项	比率

对考试作弊现象	比率	未成年人对考试作弊的看法	状态	自己的行为	比率	同学作弊你是否举报	中小学生	大学生	选项	比率	选项	比率
反应冷漠,无所谓	10.3	不赞成	所有人	从不作弊	37.3	面对作弊行为会选择举报	41.67	18.5	默认	52.1	很反感,自己从不作弊	67.33
表示同情、纵容、支持	3.0	—	—	作过弊	62.7	视情况而定	44.67	55.5	无所谓	30.8	可以理解	15.67
未标明	86.7	—	—	—	—	不会举报	13.66	26.0	别人做我也做	10.8	没什么大不了,我也干过	8.67
—	—	—	—	—	—	—	—	—	告发	6.3	总比不及格、不考好	8.33
合计	100	合计	100	合计	100	合计	100	100	合计	100	合计	100

如表7-19所示,陈浩苗等在2015年对湖北省武汉市青少年的调查显示,39.9%的青少年表示会深深鄙视这种作弊行为,但不会去检举报告,也仍有部分未成年人对这一问题存在模糊性认识。

蒋亚辉、丘毅清在2016年对广州市未成年人的调查显示,选择"无论怎么样都不会作弊"的比率为81.1%,可见,大部分未成年人对这一问题有较为清晰的认识。

褚菊香在2016年对甘肃省敦煌市中学生的调查显示,选择"认为很正常"的比率为32.8%,这一比率较其他选项的比率要低。

阚言婷在2016年对四川省绵阳市中小学的调查显示,42.7%的中小学生会给予制止。

其他调研者的调查结果表明,青少年对考试作弊表现出反感的态度。这与本研究的调查结果保持较高的一致性。

表 7-19 青少年对考试作弊的看法（四）

2015年6—8月湖北省武汉市的青少年调查（N：1561，其中，小学生175、初中生360、高中生396、大学生630）[1]		2016年广州市的未成年人调查（N：1776，其中，小学生442、初中生769、高中生565）[2]		2016年12月甘肃省敦煌市的中学生调查（N：1058）[3]		2016年5月四川省绵阳市的中小学生调查（N：1885）[4]	
青少年对其他同学考试作弊的反应		未成年人对考试作弊的看法		如何看待同学考试作弊		对同学违纪的反应	
选项	比率	选项	比率	选项	比率	选项	比率
深深鄙视这种行为，但不会去检举报告	39.9	无论怎么样都不会作弊	81.1	认为很正常	32.8	制止	42.7
看到像没看到一样	31.5	如果知道有人作弊，自己才会考虑作弊	12.2	未标明	67.2	自己不做，也不管别人如何做	33.4
会马上报告老师	13.3	偶尔的作弊不算什么，关键是要保住成绩	5.1	—	—	自己也这样做	6.1
如果监考不严，考试很难，自己也会作弊以求通过	15.3	经常作弊	1.6	—	—	不会制止	14.3
—	—	—	—	—	—	未标明	3.5
合计	100	合计	100	合计	100	合计	100

2. 容忍网络黄毒、吸毒体现的多元易变

（1）未成年人的自述。

网络黄毒、吸毒对未成年人的危害很大，未成年人对此有怎样的看法？

第一，对"网络黄毒"的看法。如表 7-20 所示，在 2007—2016 年就未成年人对网络黄毒看法的调查中，表示"深恶痛绝"的比率为 64.82%，居于第一位。余下的表示

---

[1] 陈浩苗，严聪慧，邓慧雯，等. 青少年对公民个人层面社会主义核心价值观认同现状调查：以湖北武汉地区为例 [J]. 领导科学论坛，2015（3）：21-23.

[2] 蒋亚辉，丘毅清. 中小学生践行社会主义核心价值观现状的调查与思考：以广州市为例 [J]. 青年探索，2016（1）：68-73.

[3] 褚菊香. 新时期旅游地区中学生价值观现状调查："新时期旅游地区中学生价值观研究"课题阶段性研究报告 [J]. 中国校外教育，2017（4）：20-21.

[4] 阚言婷. 中小学生思想道德建设的调查与对策：以绵阳市为例 [J]. 产业与科技论坛，2016，15（20）：203-204.

"没有什么大不了"的比率为19.14%,"不知道"的比率为16.04%。多数的未成年人表示对网络黄毒深恶痛绝,但也有少部分未成年人表示网络黄毒"没有什么大不了",只要我们有足够的克制能力,不去碰这些东西,它自然不会对我们产生影响。而有少部分未成年人对此表示"不知道",这部分未成年人可能对网络黄毒有着另外一番想法。

从2016年与2007年的比较来看,2016年选择"不知道"的比率有所增加,选择其他选项的比率有所下降,未成年人对网络黄毒存在一定的模糊性认识,需要进一步加以明晰,教育工作者要加以正确的教育与引导。

表7-20 未成年人对网络黄毒的看法(2007—2016年)

年份	深恶痛绝		没有什么大不了		不知道		合计人数
	人数	比率	人数	比率	人数	比率	
2007	1716	56.35	793	26.04	536	17.60	3045
2008	2971	73.81	504	12.52	550	13.66	4025
2009	1561	70.44	298	13.45	357	16.11	2216
2010	1429	73.81	281	14.51	226	11.67	1936
2011	1199	62.09	485	25.12	247	12.79	1931
2012	1276	60.65	465	22.10	363	17.25	2104
2013	1822	61.39	620	20.89	526	17.72	2968
2014	1885	64.16	530	18.04	523	17.80	2938
2015	1036	68.25	299	19.70	183	12.06	1518
2016	1061	54.86	436	22.54	437	22.59	1934
总计	15956	64.82	4711	19.14	3948	16.04	24615
排序	1		2		3		—
2016年与2007年比较	-655	-1.49	-357	-3.5	-99	4.99	-1111

第二,了解社会上未成年人吸毒的情况。吸毒是一种损害身心健康、威胁社会稳定的严重不良行为,在我国吸毒人群中,未成年人群体占有一定比重。通过相关禁毒宣传,未成年人或多或少了解一些吸毒的危害。

如表7-21所示,在2007—2011年、2016年对未成年人是否知道社会上有未成年人吸毒情况的调查中,八成多的未成年人知道社会上有未成年人吸毒的情况,只有16.73%的未成年人对此不了解。

从2016年与2007年的比较来看，2016年选择"知道"的比率较2007年低22.19%，选择"不知道"的比率有所增加。从比较率差来看，大部分的未成年人对青少年吸毒情况的知晓度有所降低。教育工作者需要提高未成年人对于吸毒等相关问题的认识，使其明晰吸毒的危害性。

表7-21 未成年人是否知道社会上有未成年人吸毒的情况（2007—2011年、2016年）

选项	总计		2007年		2008年		2009年		2010年		2011年		2016年		2016年与2007年比较率差
	人数	比率	人数	比率	人数	比率	人数	比率	人数	比率	人数	比率	人数	比率	
知道	12563	83.27	2395	78.65	3646	90.58	2019	91.11	1730	89.36	1681	87.05	1092	56.46	-22.19
不知道	2524	16.73	650	21.35	379	9.42	197	8.89	206	10.64	250	12.95	842	43.54	22.19
合计	15087	100	3045	100	4025	100	2216	100	1936	100	1931	100	1934	100	—

第三，在看到电视剧中吸毒、赌博场面时的感觉。如表7-22所示，在2014—2016年对未成年人看到电视剧中吸毒、赌博场面时的感觉的调查中，47.57%的未成年人表示"无所谓，见怪不怪"，居于第一位。选择"刺激，偶尔想尝试一下"的比率为15.09%，选择"恐怖，马上停止观看"的比率为37.34%。大部分的未成年人对这一场景表现出无所谓的态度倾向。无所谓的态度倾向在一定程度上表明未成年人对这一问题的认识有待进一步深化，电视剧中诸如吸毒与赌博等负面场景对未成年人价值观的发展会产生潜移默化的影响。

从2016年与2014年的比较来看。率差最大的是"无所谓，见怪不怪"（9.78%）。未成年人选择该选项的比率有所降低，在一定程度上表明教育工作者们的相关教育取得了一定的成效。

表7-22 未成年人看到电视剧中吸毒、赌博场面时的感觉（2014—2016年）

选项	总计			2014年		2015年		2016年		2016年与2014年比较率差
	人数	比率	排序	人数	比率	人数	比率	人数	比率	
刺激，偶尔想尝试一下	964	15.09	3	386	13.14	209	13.77	369	19.08	5.94
无所谓，见怪不怪	3040	47.57	1	1454	49.49	818	53.89	768	39.71	-9.78

(续表7-25)

选项	总计			2014年		2015年		2016年		2016年与2014年比较率差
	人数	比率	排序	人数	比率	人数	比率	人数	比率	
恐怖，马上停止观看	2386	37.34	2	1098	37.37	491	32.35	797	41.21	3.84
合计	6390	100	—	2938	100	1518	100	1934	100	—

（2）受访群体对未成年人吸毒情况的了解。

如表7-23所示，在2016年对受访群体的调查中，62.02%的受访群体对未成年人的吸毒情况表示有一定的了解，其中选择"有，不多"的比率为23.46%，选择"没有""不可能有""不了解"的比率分别为13.87%、12.18%、11.92%。大部分的受访群体对未成年人的吸毒情况有一定的了解，只是了解的程度有一定的差异性。

从未成年人与成年人群体的比较来看，率差最大的是"没有"，成年人群体选择"没有"的比率较未成年人选择的要高。成年人群体应该加强对未成年人的吸毒等相关知识的教育，从而帮助未成年人树立正确的价值观。

表7-23 受访群体对未成年人吸毒情况的了解（2016年）

选项	总计			未成年人		成年人群体								未成年人与成年人群体比较率差
						合计		中学老师		家长		中学校长		
	人数	比率	排序	人数	比率	人数	比率	人数	比率	人数	比率	人数	比率	
有，不少	516	21.89	2	437	22.60	79	18.68	26	15.66	46	23.83	7	10.94	3.92
有，不多	553	23.46	1	501	25.90	52	12.29	20	12.05	25	12.95	7	10.94	13.61
有，个别	393	16.67	3	343	17.74	50	11.82	18	10.84	25	12.95	7	10.94	5.92
没有	327	13.87	4	163	8.43	164	38.77	51	30.72	86	44.56	27	42.19	-30.34
不可能有	287	12.18	5	243	12.56	44	10.40	28	16.87	3	1.55	13	20.31	2.16
不了解	281	11.92	6	247	12.77	34	8.04	23	13.86	8	4.15	3	4.69	4.73
合计	2357	100	—	1934	100	423	100	166	100	193	100	64	100	—

（3）其他研究者的调研成果分析。

在现实生活中，有些未成年人对待网络黄毒不是停留在"没有什么大不了"上，而是真正去尝试，导致吸毒的现象屡有出现。

如表7-24所示,穆青在1998年对北京市青少年的调查显示,有2.8%的未成年人表示有过吸毒经历。

周晓露在1999年对全国登记在册的吸毒人数情况的调查显示,35岁以下青年占据了绝对的比率,这其中就有不少未成年人。

历倩雯在1999年对上海市登记在册的吸毒人数情况的调查显示,17岁以下的未成年人吸毒者有60人,占比0.71%。青少年吸毒的比率较小。

表7-24 青少年吸毒的情况(一)

1998年北京市的青少年调查 (N:962)[①]		1999年全国登记在册的吸毒人数情况[②]		1999年上海市登记在册的吸毒人数情况[③]		
吸毒经历		总人数68.1万名		总人数8400名		
选项	比率	选项	比率	选项	人数	比率
没有	97.2	35岁以下青年(18岁以下未成年人占一定比率)	80.0	17岁以下	60	0.71
有	2.8	35岁以上	20.0	17岁以上	8340	99.29
合计	100	合计	100	合计	8400	100

如表7-25所示,宋诗权、周晓露在2000年对重庆市某地区的相关调查显示,接近2%的中小中学生有过吸毒的经历。

孙抱弘、包蕾萍在2004年对上海市11～18周岁青少年的调查显示,在"明显违反公共规范行为的认识中,'吸毒'因其明显的危害性,遭到绝大多数青少年的拒绝,不过还是有3.3%的被调查者持可接受与难评价的态度"[④]。

在2006年湖北省教育科学研究所课题组的调查中,少部分未成年人受到过毒品的诱惑且其中有未成年人吸毒成瘾。

张博玲、沈杰在2008年对云南省昆明市的相关调查显示,吸毒的青少年涉及各个民族,具有一定的普遍性。

韩丹在2008年对江苏省南京市登记在册的吸毒人数情况的调查显示,吸毒人员以年轻人为主,其中未成年人也占据了一定的比例。

---

① 穆青. 北京青少年发展状况调查报告[J]. 北京青年政治学院学报,1999(1):66-75.
② 周晓露. 未成年人吸毒与犯罪的预防及对策[J]. 青年探索,2001(1):51-53.
③ 历倩雯. 禁毒战线警报:未成年人吸毒情况严重[J]. 青少年犯罪问题,2011(6):52-53.
④ 孙抱弘,包蕾萍. 上海市青少年思想道德现状的调查与分析[J]. 伦理学研究,2004(4):79-87.

表7-25 青少年吸毒的情况（二）

2000年重庆市某地区的调查（N:2941）①			2004年上海市11～18周岁的青少年调查（N:1155）②		2006年湖北省教育科学研究所的未成年人调查（N:8788,其中,小学生2449、初中生5495、高中生844）③			2008年云南省昆明市的调查（N:72）④			2008年江苏省南京市登记在册的吸毒人数情况⑤		
在校中学生吸毒			未成年人对吸毒的态度		未成年人吸毒情况			72名16岁以下未成年人吸毒			吸毒总人数9100名		
选项	人数	比率	选项	比率	选项	比率		选项	人数	比率	选项	人数	比率
						总计	高中生						
吸毒（14～16岁）	50	1.7	完全可接受	1.1	从未沾染毒品	96.1	—	汉族	35	48.61	80后青少年	2673	29.37
不吸毒	2891	98.3	可接受	0.3	虽未吸毒但受到毒品的诱惑	3.1	—	彝族	19	26.39	90后青少年	201	2.21
—	—	—	难评价	1.9	曾经有过吸毒行为	0.55	4.3	回族	7	9.72	18岁以下未成年人	117	1.29
—	—	—	不可接受	10.3	已经吸毒成瘾	0.25	1.8	苗族	5	6.95	其他	6109	67.13
—	—	—	完全不可接受	86.4	—			景颇族	3	4.17	—	—	—
—	—	—	—	—	—			傣族	3	4.17	—	—	—
合计	50	100	合计	100	合计	100		合计	72	100	合计	9100	100

如表7-26所示，李虎林、褚洪娇在2011年对甘肃省兰州市、金昌市、张掖市、陇南市、定西市未成年人的调查显示，少部分未成年人觉得赌博与吸毒是一种好玩的事情，

---

① 宋诗权，周晓露.中学生吸毒现象触目惊心［J］.中国青年研究，2000（1）：41-43.
② 孙抱弘，包蕾萍.上海市青少年思想道德现状的调查与分析［J］.伦理学研究，2004（4）：79-87.
③ 湖北省教育科学研究所课题组.湖北省未成年人思想品德现状调查及对策思考［J］.中国德育，2008（5）：38-44.
④ 张博玲，沈杰.72例16岁以下未成年人吸毒原因调查［J］.中国药物依赖性杂志，2008，17（2）：151-153.
⑤ 韩丹.未成年人吸毒成瘾与对策研究［J］.唯实，2011（2）：91-94.

有一种想尝试的心态。这种心态需要转变。

杨昆、陶斌在2013年对吉林省长春市的相关调查显示，吸毒人员低龄化情况越来越明显。

熊威、陶真在2013年对广东省广州市青少年的调查显示，2012年青少年吸毒人数相对于2002年有了很大的提升，同时占吸毒总人数的比率也明显上升，说明青少年吸毒的情况越来越严重。

从2016年广东省高院与检察院公布的调查数据来看，2015年有49名未成年人因为涉及吸毒而被判刑。

陈晓云等在2018年对C省拘留所、强制隔离戒毒所、未成年人强制隔离戒毒所201名25岁以下吸毒青少年的调查显示，吸毒小学生占18.91%，初中生占62.19%，高中生占14.43%。"男性最小年龄为15岁，女性最小年龄为16岁。"①

表7-26 青少年吸毒的情况（三）

2011年甘肃省兰州市、金昌市、张掖市、陇南市、定西市的未成年人调查（N：2153）②		2013年吉林省长春市的调查（N：967）③			2013年广东省广州市的青少年调查（N：不详）④		2016年4月广东省高院与检察院公布的调查数据⑤		2018年C省拘留所、强制隔离戒毒所、未成年人强制隔离戒毒所201名25岁以下吸毒青少年的调查（N：男性135、女性66）⑥				
你怎样看待赌博与吸毒		吸毒低龄化			青少年吸毒问题日益严重		2015年因涉毒被判刑的未成年人（14～16岁）		受访者分布				
选项	比率	选项	人数	比率	选项	青少年比率	选项	青少年人数/万	选项	人数	性别	人数（比率）			
												小学	初中	高中职	大专及其他
不参与	76.9	青少年	684	70.73	2002年全市登记在册吸毒人数30万	25.0	7.5	走私、贩卖、运输、制造毒品罪	396	男	31(22.96)	81(60.0)	16(11.85)	7(6.18)

①⑥ 陈晓云，朱晓莉，泽政，等．吸毒青少年毒品使用状况调查及对学校毒品预防教育的启示：基于C省监管场所201份25岁以下青少年样本的分析［J］．青少年犯罪研究，2018（2）：28-41．

② 李虎林，褚洪娇．甘肃省中学生思想道德素质现状调查与分析［J］．社科纵横，2012，27（5）：139-142．

③ 杨昆，陶斌．吸毒人员呈低龄化趋势［N］．城市晚报，2013-06-27．

④ 熊威，陶真．广州市青少年犯罪调查报告［J］．探求，2013（6）：97-102．

⑤ 赵杨．容留未成年人吸毒将直接入罪：广东去年535名未成年人因涉毒被判刑［N］．南方日报，2016-04-09（2）．

(续表 7-26)

选项	比率	选项	人数	比率	选项	青少年比率	青少年人数/万	选项	人数	性别	人数（比率）			
											小学	初中	高中职	大专及其他
坚决远离	76.9	其他	283	29.27	2012年全市登记在册吸毒人数145万	42.5	61.625	吸毒	49	女	7(10.61)	44(66.67)	13(19.70)	2(3.03)
好玩，自己也想试试	4.6	—	—	—	—	—	—	—	—	—	—	—	—	—
离自己很遥远，不予评价	18.5	—	—	—	—	—	—	—	—	—	—	—	—	—
合计	100	合计	967	100	合计	—	—	合计	445	总计	38(18.91)	125(62.19)	29(14.43)	9(1.99)

武鸣在 2010 年 8 月 31 日《黑龙江晨报》报道"广西灌阳县的一名初中一年级的学生，因为吸食毒品而死亡。调查称中学生吸毒非个案"[①]的消息；邓振富在 2010 年 8 月 1 日《南国早报》报道"14 岁中学生因吸食 K 粉过量死亡"[②]的消息；闫莉青在 2011 年 1 月 28 日《重庆商报》报道"11 名中学生集体吸毒"[③]的消息；某记者在 2012 年 9 月 10 日《楚天民报》报道"湖北公安县 30 名中学生吸毒贩毒，年龄最小者仅 13 岁"[④]的消息；徐伟在 2013 年 9 月 9 日《法制日报》报道"重庆一名中学生过生日当天一起吸毒"[⑤]的消息。情况确实令人不安。

宋诗权、周晓露在 1999 年对重庆市某区两所中学的调查结果显示，"因各种原因而吸毒的中学生达 50 余人，年龄均在 14—16 岁，占该地区学生总数（包括高中部）的 1.7%"。"最为严重的是，近两年，吸、贩毒现象已开始侵入中学。在校中学生吸毒成瘾者呈明显上升之势。"[⑥]

赖廷娟等在 2014 年对广西壮族自治区藤县的相关调查显示，"根据该县 2014 年具体的在册吸毒人员数据得知，不满 18 岁的有 27 人。随着时间的不断向前推移，青少年吸

---

① 武鸣. 广西一初中生吸毒死亡调查称中学生吸毒非个案 [N]. 黑龙江晨报，2010-08-31.
② 邓振富. 14 岁中学生因吸食 K 粉过量死亡 [N]. 南国早报，2010-08-01.
③ 闫莉青. 11 名中学生集体吸毒 [N]. 重庆商报，2011-01-28.
④ 佚名. 公安县 30 名中学生吸毒贩毒，年龄最小者仅 13 岁 [N]. 楚天民报，2012-09-10.
⑤ 徐伟. 年伦祥留守未成年人吸毒案多发亟待关注 [N]. 法制日报，2013-09-09.
⑥ 宋诗权，周晓露. 中学生吸毒现象触目惊心 [J]. 中国青年研究，2000（1）：41-43.

毒人员的年龄却不断向后倒退，14 岁、13 岁、12 岁"①。

缪金祥在 2015 年对江苏省常州市未成年人吸毒现状的调查显示，"未成年人涉毒问题仍屡有发生，且呈现出年龄向 14～16 周岁的低龄化、涉及毒品种类集中于冰毒的定向化发展趋势。今年以来江苏常熟市共查处吸毒人员 361 人，其中未成年人有 37 人，占总数的 10.25%"②。

张洪玮、沈荣和张治奎援引的 2016 年国家禁毒委员会发布的《2016 年中国毒品形势报告》显示，"2016 年，不满 18 岁吸毒人员 2.2 万名，占 0.9%。……初次吸毒年龄在 18 岁以下的比例达到 39.2%，已近 4 成"③。

王召收、程玲在 2017 年 7 月对浙江省平阳县青少年吸毒现状的调查显示，"青少年逐步成为吸毒人群的'主力军'，最小的吸毒者只有 14 岁"④。

李玲在 2018 年 1 月对安徽省未成年戒毒所（男性吸毒人员 65 名）与安徽省女子戒毒所（女性吸毒人员 50 名）的调查显示，"吸毒人员的年龄分布具有明显的低龄化趋势"⑤。

褚宸舸、张永林在 2019 年对陕西省青少年吸毒违法问题的调查显示，"截止到 2018 年 9 月 1 日，陕西省……登记在册 35 岁以下（含 35 岁）吸毒人员占吸毒人员登记在册总人数的 36.68%。其中，18 岁以下未成年人 68 人"⑥。

以上种种调查、报道以及公布的数据只是有记录的信息，还有很多隐藏的吸毒者，这其中不乏未成年人。虽然未成年人吸毒的比率显示不高，但他们对国家与社会的未来有着重要的影响，他们吸毒会给社会带来严重的负面影响。

3. 盲目接受早恋体现的多元易变

（1）未成年人的自述。

如表 7-27 所示，在 2016 年就未成年人对早恋人数的宏观估计中，40.49% 的未成年人选择"多"，选择"不多"的比率为 31.39%，选择"不清楚"的比率为 28.13%。大部分的未成年人认为早恋人数较多，选择"不多"与"不清楚"的比率大致相当，均占有较高的比率。

从性别比较来看，女性未成年人选择"不清楚"的比率较大。从省域比较来看，安徽省未成年人选择"多"的比率较高。

---

① 赖廷娟，徐白雪，彭俊，等. 论广西贫困地区青少年吸毒的现象与影响：以藤县为例 [J]. 法制博览，2017（23）：65-66.

② 缪金祥. 刍议未成年人吸毒问题的预防对策：以江苏为例 [J]. 云南警官学院学报，2015（3）：100-102.

③ 张洪玮，沈荣，张治奎. 青少年吸毒现状与原因调查 [J]. 法制与社会，2018（3）：152-155.

④ 王召收，程玲. 当前青少年吸毒状况及其干预方法与策略探究：以温州市平阳县为例 [J]. 法制与社会，2019（14）：151-152.

⑤ 李玲. 青少年毒品犯罪的原因及对策探析：基于安徽省青少年吸毒人员的调查 [J]. 哲学法学研究，2019（4）：63-64.

⑥ 褚宸舸，张永林. 陕西省青少年吸毒违法问题调查 [J]. 人民法治，2019（12）：36-44.

表7-27 未成年人对早恋情况的宏观估计（2016年）

选项	总计			性别				省域				
				男		女		比较率差	安徽		外省		比较率差
	人数	比率	排序	人数	比率	人数	比率		人数	比率	人数	比率	
多	783	40.49	1	425	41.02	358	39.87	1.15	452	41.97	331	38.62	3.35
不多	607	31.39	2	378	36.49	229	25.50	10.99	336	31.20	271	31.62	-0.42
不清楚	544	28.13	3	233	22.49	311	34.63	-12.14	289	26.83	255	29.75	-2.92
合计	1934	100	—	1036	100	898	100	—	1077	100	857	100	—

（2）受访群体的估计。

第一，中学老师的估计。中学老师在与未成年人朝夕相处的过程中，比较容易发现未成年人早恋的"苗头"。

表7-28反映了中学老师眼中未成年人的早恋情况。各选项的排序："不多"（51.81%）、"多"（30.85%）、"不清楚"（17.33%）。超过半数的中学老师认为未成年人谈恋爱现象不普遍，但也有三成多的中学老师表示未成年人谈恋爱现象较为普遍。这个比率与未成年人谈过恋爱的比率接近。

从2016年与2008年的比较来看，2016年选择"多"的比率较2008年高17.13%。中学老师认为未成年人早恋人数"多"的比率在上升，"不多"的比率在下降，2016年较2008年下降48.60%，即越来越多的中学老师认为未成年人早恋的倾向比较多。

表7-28 中学老师对未成年人早恋情况的宏观估计（2008—2013年、2015—2016年）

年份	多		不多		不清楚		合计人数
	人数	比率	人数	比率	人数	比率	
2008	36	23.23	108	69.68	11	7.10	155
2009	56	25.11	142	63.68	25	11.21	223
2010	70	32.56	114	53.02	31	14.42	215
2011	91	41.74	96	44.04	31	14.22	218
2012	40	19.90	116	57.71	45	22.39	201
2013	98	33.22	156	52.88	41	13.90	295
2015	44	28.57	76	49.35	34	22.08	154
2016	67	40.36	35	21.08	64	38.55	166
总计	502	30.85	843	51.81	282	17.33	1627

(续表7-28)

排序	2		1		3		—
2016年与2008年比较	31	17.13	-73	-48.60	53	31.45	11

第二,家长的估计。家长通过与未成年人的交流以及从未成年人的行为表现中可以发现未成年人是否早恋。

如表7-29所示,在2010—2013年、2016年对家长眼中未成年人早恋情况的调查中,各选项的排序:"多"(37.82%)、"不多"(36.38%)、"不清楚"(25.80%)。更多的家长认为未成年人早恋的情况较多,居于第一位。认为未成年人早恋不多的比率也较中学老师的选择比率有了较大的降低。说明家长比中学老师更加觉得未成年人早恋的情况较多。

从2016年与2010年的比较来看,2016年选择"多"的比率较2010年高8.65%,选择"不知道"的比率较2010年低10.43%。可见,家长眼中未成年人早恋的人数越来越多。

表7-29 家长眼中未成年人早恋情况的宏观估计(2010—2013年、2016年)

选项	总计			2010年		2011年		2012年		2013年		2016年		2016年与2010年比较率差
	人数	比率	排序	人数	比率	人数	比率	人数	比率	人数	比率	人数	比率	
多	368	37.82	1	23	23.47	45	24.59	36	17.56	202	68.71	62	32.12	8.65
不多	354	36.38	2	46	46.94	83	45.36	105	51.22	26	8.84	94	48.70	1.76
不清楚	251	25.80	3	29	29.60	55	30.05	64	31.22	66	22.45	37	19.17	-10.43
合计	973	100	—	98	100	183	100	205	100	294	100	193	100	—

第三,中学校长的估计。如表7-30所示,在2016年就中学校长对未成年人早恋情况的宏观估计的调查中,选择"不多"的比率为64.06%,这一比率较未成年人、家长与中学老师选择的比率均要高。可见,在中学校长眼中未成年人早恋人数仍不多。

从性别比较来看,女性中学校长认为未成年人早恋的人数较多。中学校长认为未成年人早恋不多的认识或多或少与其对未成年人的了解程度深浅有较大的关联。

表7-30 中学校长对未成年人早恋情况的宏观估计(2016年)

选项	总计			性别				比较率差
	人数	比率	排序	男		女		
				人数	比率	人数	比率	
多	9	14.06	3	6	11.76	3	23.08	-11.32
不多	41	64.06	1	36	70.59	5	38.46	32.13
不清楚	14	21.88	2	9	17.65	5	38.46	-20.81
合计	64	100	—	51	100	13	100	—

第四,受访群体估计的比较。如表7-31所示,在对受访群体的调查中,受访群体选择"不多"的比率为45.91%,选择"多"的比率为30.80%,"不清楚"的占比为23.29%。大部分受访群体认为未成年人早恋的比率不高。

从单个群体来看,选择"多"的比率最高的群体是未成年人,选择"不多"的比率最高的群体是中学校长。此外,未成年人选择"不清楚"的比率为28.13%。应当看到中学老师与家长在"不多"上存在较大的差异,究其原因,可能是家长不在学校,对未成年人的了解只是通过与未成年人自身及其好朋友。对真实情况的不了解,可能加强了家长的"惯性认识",认为未成年人在校早恋的情况较多。

表7-31 受访群体对未成年人早恋情况的宏观估计的比较

选项	多	不多	不清楚	有效样本量/人
未成年人(2016年)	40.49%	31.39%	28.13%	1934
中学老师(2008—2013年、2016年)	30.85%	51.81%	17.33%	1627
家长(2010—2013年、2016年)	37.82%	36.38%	25.80%	973
中学校长(2016年)	14.06%	64.06%	21.88%	64
比率平均值	30.80%	45.91%	23.29%	—

(3)其他研究者的调研成果分析。

如表7-32所示,1987年《人民教育》杂志记者倪振良、张红菊在广州市所做的中学生调查显示,"本刊记者在调查报告中反映的中学生'早恋'问题,不仅广州有,在全国其它地方也有。值得注意的是，中学生'早恋'现象呈上升趋势"①。

王中彬在1996年对四川省华蓥市中学生的调查显示，10.0%的中学生"早恋过"，16.0%的中学生"正在恋"。

申卫平在2005年对湖南省邵东县（现邵东市）高二年级312名学生的问卷调查发现，"有早恋倾向和有早恋行为的相当普遍"②。

胡序怀等在2009年4—6月对广东省深圳市的普通中学、重点中学和职业学校初中二年级和高中二年级学生的调查显示，"已经早恋"的比率为17.6%。

张海燕在2009年对江苏省太仓职业中心校网络0601班的调查显示，"你在18岁以前有过恋爱或类似的经历吗？你身边早恋的同学多么？对于这两个问题三分之二的同学选择有过和有很多人。这表明早恋在中学生中已成为普遍显现（现象）……同时也反映出早恋的年龄越来越趋前，即低龄化"③。

吴苇、邹清和曾静在2014年对江西省南昌市卫生学校未成年人的调查显示，"有早恋经历或正处于'爱恋'（包括暗恋）阶段的学生高达80%。其中，早恋年龄最小的为10岁，一般年龄在15～16岁。早恋学生中曾发生过性行为的占16.6%"④。

周颖、武俊青和赵瑞在2015年1—3月对上海市5个区的10所中学的调查显示，有过早恋的中学生比率为21.51%。

陈建业在2017年对浙江省宁波市鄞州区中学生的调查显示，234位受访者认为中学生的早恋情况"很多"。

中学生早恋也就是未成年人早恋的现象不断增多，"尽管学校明令不许，家长也不赞成，然而，却挡不住正值青春期的孩子对情感懵懂的渴望"⑤。这反映了未成年人价值取向出现了一些偏差。

中学生"早恋低龄化趋势"⑥早已不是"趋势"，而是一种现实。

---

① 倪振良，张红菊. 广州中学生"早恋"问题调查 [J]. 人民教育，1987（1）：25-26.
② 申卫平. 中学生早恋调查及分析 [C] //全国教育科研"十五"成果论文集：第五卷. 2005（专辑）：1987-1990.
③ 张海燕. 羞答答的玫瑰，请你静悄悄的开：对中学生"早恋"问题的抽样调查及分析 [J]. 科技信息，2009（7）：534-535.
④ 吴苇，邹清，曾静. 中职学生早恋原因分析与干预策略研究 [J]. 职教论坛，2014（2）：94-95.
⑤ 柳娜. 中学生早恋是"堵"还是"疏"：平凉中学生早恋现象调查 [N]. 平凉日报，2017-05-07（2）.
⑥ 张榆桐. 谈初中生早恋的问题 [J]. 辽宁教育学院学报（社会科学版），1989（1）：26-29.

第七章　当代未成年人价值观变化与教育的问题所在

表7-32　未成年人早恋的情况

1987年《人民教育》杂志记者所做的中学生早恋调查（N: 不详）①		1996年四川省华蓥市的中学生调查（N: 220）②		2005年湖南省邵东县的中学生调查（N: 312）③		2009年4—6月广东省深圳市的中学生调查（N: 10766）④		2009年江苏省太仓职业中心校网络0601班的调查（N: 46）⑤		2014年江苏省南昌市卫生学校的未成年人调查（N: 300）⑥		2015年1—3月上海市5个区的10所中学的调查（N: 795，初中生400、高中生395）⑦		2017年浙江省宁波市鄞州区的中学生调查（N: 345）⑧	
早恋现象		早恋情况		早恋情况		早恋情况		早恋比例		早恋情况		早恋的比例		早恋的现象	
选项	状态	选项	比率	选项	比率	选项	比率	选项	比率	选项	比率	选项	比率	选项	状态
早恋	呈上升趋势	早恋过	10.0	早恋倾向	20%以上	已经早恋	17.6	有过	66.7	有早恋经历或正处于"爱恋"（包括暗恋）	80.0	有过早恋	21.51	很多	234
—	—	正在恋	16.0	早恋行为		目前暂时没有恋爱，但表示将来会恋爱	23.9	很多	66.7	无	20.0	未谈过	78.49	较少	90
—	—	单相思	40.0	—	—	不会恋爱	33.0	—	—	—	—	—	—	没有	1
—	—	从未恋过	34.0	—	—	不清楚	25.6	—	—	—	—	—	—	不清楚	20
合计	—	合计	100	合计	—	合计	100	合计	—	合计	100	合计	100	合计	345

---

① 倪振良，张红菊. 广州中学生"早恋"问题调查［J］. 人民教育，1987（1）：25-26.

② 王中彬. 一份中学生早恋的调查报告与对策［J］. 教学与管理，1996（5）：25-27.

③ 申卫平. 中学生早恋调查及分析［C］//全国教育科研"十五"成果论文集：第五卷. 2005（专辑）：1987-1990.

④ 胡序怀，陶林，张玲，等. 深圳中学生早恋发生及影响和关联因素调查［J］. 中国性科学，2012，21（1）：32-37.

⑤ 张海燕. 羞答答的玫瑰，请你静悄悄的开：对中学生"早恋"问题的抽样调查及分析［J］. 科技信息，2009（7）：534-535.

⑥ 吴苇，邹清，曾静. 中职学生早恋原因分析与干预策略研究［J］. 职教论坛，2014（2）：94-95.

⑦ 周颖，武俊青，赵瑞. 城市中学生早恋及其影响因素调查［J］. 中国计划生育和妇产科，2016，8（2）：28-31.

⑧ 陈建业. 探析高中生的早恋问题［J］. 才智，2017（7）：117.

4. 浏览黄色信息体现的多元易变

（1）未成年人浏览黄色网站或黄色网页的动机。

第一，未成年人的自述。"青少年不加选择地'上网'，受到黄色网站的毒害不浅，诱发一些青少年的性犯罪。"[①] 那么，未成年人浏览黄色网站的动机到底是什么呢？

如表7-33所示，在2010—2011年、2016年对未成年人浏览黄色网站或黄色网页动机的调查中，各选项的排序："无意识地浏览"（27.31%）、"从不浏览"（26.36%）、"其他"（14.24%）、"说不清"（13.10%）、"有意识地浏览"（12.81%）、"从不上网"（6.19%）。表示上过网的未成年人较多，但上网时从来不浏览黄色网站的比率只有26.36%，即多数的未成年人在上网的时候或多或少地浏览了黄色网站，一成多的未成年人是有意识地浏览。应当注意的是，未成年人浏览黄色网站或黄色网页会对其身心健康产生或多或少的消极性影响。

从2016年与2010年的比较来看，选择"有意识地浏览"的比率较2010年高8.12%，未成年人基于不同的动机与原因会选择浏览黄色网站或黄色网页，教育工作者应做好对未成年人的"疏导"与"教育"。

表7-33 未成年人浏览黄色网站或黄色网页的动机（2010—2011年、2016年）

选项	总计			2010年		2011年		2016年		2016年与2010年比较率差
	人数	比率	排序	人数	比率	人数	比率	人数	比率	
有意识地浏览	743	12.81	5	215	11.11	156	8.08	372	19.23	8.12
无意识地浏览	1584	27.31	1	701	36.21	405	20.97	478	24.72	-11.49
说不清	760	13.10	4	398	20.56	176	9.11	186	9.62	-10.94
其他	826	14.24	3	622	32.12	90	4.66	114	5.89	-26.23
从不浏览	1529	26.36	2	0	0.00	899	46.56	630	32.57	32.57
从不上网	359	6.19	6	0	0.00	205	10.62	154	7.96	7.96
合计	5801	100	—	1936	100	1931	100	1934	100	—

第二，受访群体的看法。如表7-34所示，在2016年对受访群体的调查中，受访群体选择"从不浏览"的比率为28.89%，居于第一位。45.61%的未成年人会浏览黄色网站或黄色网址，其中更多的受访群体认为未成年人是在无意识的状态下浏览的。选择"有意识浏览"的占比为19.77%。可见，在受访群体眼中，未成年人或多或少会浏览黄色网站或黄色网页，部分未成年人可能是无意识地浏览，这需要教育工作者或相关部门

---

① 叶松庆.青少年违法犯罪的社会学思考 [J].青少年研究，2001（1）：46-47.

做好相关的监管,尽量使未成年人接触符合其阶段性身心发展的内容。

表7-34 受访群体认为未成年人浏览黄色网站或黄色网页的动机(2016年)

选项	总计			未成年人		成年人群体								未成年人与成年人群体比较率差
						合计		中学老师		家长		中学校长		
	人数	比率	排序	人数	比率	人数	比率	人数	比率	人数	比率	人数	比率	
有意识浏览	466	19.77	3	372	19.23	94	22.22	27	16.27	55	28.50	12	18.75	-2.99
无意识浏览	609	25.84	2	478	24.72	131	30.97	55	33.13	52	26.94	24	37.5	-6.25
说不清	296	12.56	4	186	9.62	110	26.0	51	30.72	44	22.80	15	23.44	-16.38
其他	137	5.81	6	114	5.89	23	5.44	9	5.42	9	4.66	5	7.81	0.45
从不浏览	681	28.89	1	630	32.57	51	12.06	19	11.45	27	13.99	5	7.81	20.51
从不上网	168	7.13	5	154	7.96	14	3.31	5	3.01	6	3.11	3	4.69	4.65
合计	2357	100	—	1934	100	423	100	166	100	193	100	64	100	—

(2)未成年人浏览黄色网站的情况。

第一,未成年人的自述。如表7-35所示,在2010—2016年对未成年人浏览黄色网站情况的调查中,未成年人选择"从未"浏览的比率为59.51%,居于第一位。但28.90%的未成年人或多或少会浏览黄色网站。选择"从不上网"的未成年人的比率为11.59%。大部分未成年人不会浏览黄色网站,仅有近三分之一的未成年人会浏览。

从2016年与2010年的比较来看,选择"经常"与"不经常"的比率较2010年分别增加了10.97%与9.78%,未成年人浏览黄色网站的比率有较大幅度的上升。针对这一现状,教育工作者需要找准这一变化的原因,提出针对性的教育对策。此外,未成年人自身需要提高对这一问题的认识,促成自身行为的转变。

表7-35 未成年人浏览黄色网站的情况(2010—2016年)

选项	总计			2010—2013年[①]		2010年比率	2014年		2015年		2016年		2016年与2010年比较率差
	人数	比率	排序	人数	比率		人数	比率	人数	比率	人数	比率	
经常	1274	8.31	5	720	8.05	5.68	147	5.00	85	5.60	322	16.65	10.97
不经常	1353	8.83	4	732	8.19	8.21	171	5.82	102	6.72	348	17.99	9.78

---

① 叶松庆. 当代未成年人道德观发展变化与引导对策的实证研究[M]. 芜湖:安徽师范大学出版社,2016:136.

(续表 7-35)

选项	总计			2010—2013 年[①]		2010 年比率	2014 年		2015 年		2016 年		2016 年与 2010 年比较率差
	人数	比率	排序	人数	比率		人数	比率	人数	比率	人数	比率	
很少	1803	11.76	2	1140	12.75	13.43	249	8.48	160	10.54	254	13.13	-0.30
从未	9122	59.51	1	5644	63.14	72.68	1790	60.93	930	61.26	758	39.19	-33.49
从不上网	1777	11.59	3	703	7.86	0.00	581	19.78	241	15.88	252	13.03	13.03
合计	15329	100	—	8939	100	100	2938	100	1518	100	1934	100	—

第二，受访群体的看法。如表 7-36 所示，在 2016 年对受访群体的调查中，36.53% 的受访群体认为未成年人"从未"浏览过黄色网站。51.37% 的受访群体认为未成年人或多或少会浏览黄色网站。

从未成年人与成年人群体的比较来看，率差最大的是"很少"，比率达 19.49%。此外，未成年人选择"从未"与"从不上网"的比率较成年人群体要高。成年人群体认为未成年人会浏览的比率高于未成年人。

表 7-36 受访群体眼中未成年人浏览黄色网站的情况（2016 年）

选项	总计			未成年人		成年人群体									未成年人与成年人群体比较率差
						合计		中学老师		家长		中学校长			
	人数	比率	排序	人数	比率	人数	比率	人数	比率	人数	比率	人数	比率		
经常	397	16.84	3	322	16.65	75	17.73	18	10.84	52	26.94	5	7.81		-1.08
不经常	422	17.90	2	348	17.99	74	17.49	31	18.67	29	15.03	14	21.88		0.50
很少	392	16.63	4	254	13.13	138	32.62	64	38.55	46	23.83	28	43.75		-19.49
从未	861	36.53	1	758	39.19	103	24.35	34	20.48	59	30.57	10	15.63		14.84
从不上网	285	12.09	5	252	13.03	33	7.80	19	11.45	7	3.63	7	10.94		5.23
合计	2357	100	—	1934	100	423	100	166	100	193	100	64	100		—

[①] 叶松庆. 当代未成年人道德观发展变化与引导对策的实证研究 [M]. 芜湖：安徽师范大学出版社，2016：136.

(3) 未成年人浏览色情、淫秽网页或信息的频率。

第一,未成年人的自述。如表7-37所示,在2014—2016年对未成年人浏览色情、淫秽网页或信息情况的调查中,未成年人选择"从不"的比率为58.25%,居于第一位。但有37.47%的未成年人或多或少会选择浏览,"频繁"与"经常"的合比率为14.62%。可见,近四成的未成年人会不同程度地浏览色情或淫秽网页或信息。

从2016年与2014年的比较来看,率差最大的是"从不",2016年选择该选项的比率较2014年低26.99%。从比较率差可以看出,2016年未成年人选择浏览的比率较2014年增加了25.64%,一减一增反映出未成年人浏览的人数增多。移动媒体与自媒体的发展,可能为未成年人的浏览行为提供了一定的"便利",未成年人浏览的频率有所增加。针对这一变化,需要加强未成年人对这一问题的认识,从而帮助未成年人做出正确的选择,促进自身的发展。

表7-37 未成年人浏览色情、淫秽网页或信息的情况(2014—2016年)

选项	总计			2014年		2015年		2016年		2016年与2014年比较率差
	人数	比率	排序	人数	比率	人数	比率	人数	比率	
频繁	524	8.20	3	113	3.85	82	5.40	329	17.01	13.16
经常	410	6.42	5	73	2.48	59	3.89	278	14.37	11.89
有时	485	7.59	4	218	7.42	112	7.38	155	8.01	0.59
很少	975	15.26	2	506	17.22	240	15.81	229	11.84	-5.38
从不	3722	58.25	1	2028	69.03	881	58.04	813	42.04	-26.99
其他	274	4.29	6	—	0.00	144	9.49	130	6.72	6.72
合计	6390	100	—	2938	100	1518	100	1934	100	—

第二,受访群体的看法。如表7-38所示,在2016年对受访群体的调查中,受访群体选择"从不"的比率为37.84%,居于第一位。但有55.53%的受访群体认为未成年人会浏览色情、淫秽网页或信息。

从未成年人与成年人群体的比较来看,率差最大的是"从不",比率达23.36%。未成年人的自我估计好于成年人群体对未成年人的估计。

表7-38 受访群体眼中未成年人浏览色情、淫秽网页或信息的频率（2016年）

选项	总计			未成年人		成年人群体								未成年人与成年人群体比较率差
						合计		中学老师		家长		中学校长		
	人数	比率	排序	人数	比率	人数	比率	人数	比率	人数	比率	人数	比率	
频繁	399	16.93	2	329	17.01	70	16.55	18	10.84	46	23.83	6	9.38	0.46
经常	335	14.21	3	278	14.37	57	13.48	31	18.67	20	10.36	6	9.38	0.89
有时	245	10.39	5	155	8.01	90	21.28	64	38.55	18	9.33	8	12.5	-13.27
很少	330	14.0	4	229	11.84	101	23.88	34	20.48	38	19.69	29	45.31	-12.04
从不	892	37.84	1	813	42.04	79	18.68	9	5.42	58	30.05	12	18.75	23.36
其他	156	6.62	6	130	6.72	26	6.15	10	6.02	13	6.74	3	4.69	0.57
合计	2357	100	—	1934	100	423	100	166	100	193	100	64	100	—

（4）其他研究者的调研成果分析。

表7-39反映了其他研究者对未成年人浏览黄色网站的研究结果。

王斌等在2002年对江西省未成年人的调查显示，有9.0%的未成年人浏览过色情网站，接近一成。

罗兆夫、张秀传在2005年对河南省中小学生的调查显示，表示浏览过的比率高达12.27%，其中4.26%的未成年人表示会经常浏览。

彭烨、王宗暄在2005年对重庆市万州区、黔江区、沙坪坝区、南岸区、江北区、北碚区、长寿区、永川市（现永川区）、合川市（现合川区）、綦江县（现綦江区）、开县（现开川区）等11个区（市）县青少年的调查显示，青少年表示浏览过黄色网站的比率高达41.5%，其中表示经常浏览的比率为7.9%。

在2010年中国青少年研究中心课题组的调查中，选择"主动搜索浏览"的比率为8.2%，占比相对较低。但是应该看到，这一现象在未成年人当中较为普遍，给其他未成年人带来了一些负面示范作用。

表7-39 未成年人浏览黄色网站的情况（一）

2002年江西省的未成年人调查（N：476）[1]		2005年河南省教育厅的中小学生调查（N：中学生39982、小学生26328）[2]		2005年重庆市万州区、黔江区、沙坪坝区、南岸区、江北区、北碚区、长寿区、永川市、合川市、綦江县、开县等11个区（市）县的青少年调查（N：3140)[3]		2010年中国青少年研究中心课题组的未成年人调查（N：11864）[4]	
你浏览过色情网站吗？		你浏览过成人网站（黄色）吗？		你浏览色情网站吗？		不同的网民浏览色情网站	
选项	比率	选项	比率	选项	比率	选项	比率
浏览过	9.0	经常浏览	4.26	经常	7.9	未成年人网民	38.5
未标明	91.0	偶尔浏览	8.01	偶尔	33.6	未成年人网瘾	58.8
—	—	从未浏览	87.72	未标明	58.5	主动搜索浏览	8.2
合计	100	合计	100	合计	100	合计	—

如表7-40所示，张建在2012年对河北省邢台市未成年人的调查显示，未成年人表示自己有网络文明行为的比率只有三成，有超过三成的未成年人表示上过一些非法的网站。

陆耀庭、董碧水在2014年关于青少年手机网络使用调查显示，选择"偶尔或经常"使用手机浏览不良信息的未成年人的比率分别达52.40%与67.0%。部分未成年人存在浏览黄色网站这一行为，其中部分未成年人会使用手机来浏览不良信息，严重影响自身的健康发展与成长。

---

[1] 王斌，熊英，王珇珇，等.关于网络对中学生思想道德发展影响的调查与思考[J].江西教育科研，2002（9）：17-16，46.

[2] 罗兆夫，张秀传.河南省中小学生思想道德状况调查报告[J].中国德育，2006，1（1）：44-50.

[3] 彭烨，王宗瞳.从重庆青少年触网调查中看网络中的青少年思想道德建设[C]//和谐社会与青少年思想道德建设研究报告.天津：天津社会科学院出版社，2006（专辑）：390-400.

[4] 中国青少年研究中心课题组.关于未成年人网络成瘾状况及对策的调查研究[J].中国青年研究，2010（6）：7-29.

表7-40 未成年人浏览黄色网站的情况（二）

2012年河北省邢台市的未成年人调查（N：560）[①]				2014年共青团浙江省委关于青少年手机网络使用调查（N：不详）[②]		
在网络上有过文明行为吗？		上非法网站		手机上网浏览不良信息（色情、暴力）		
选项	比率	选项	比率	选项	比率	
					14～17岁	18～22岁
经常有	4.0	经常	3.0	偶尔或经常	52.4	67.0
偶尔有	28.0	偶尔	8.0	未标明	47.6	33.0
—	—	误入	25.0			
未标明	68.0	未标明	64.0			
合计	100	合计	100	合计	100	100

周文学等在其研究中指出，"新浪网调查统计显示，在经常上网的青少年中，有近50%的光顾过色情网站，有的不仅经常访问与浏览性网页，还下载其中的黄色图片以资消遣，有的还在网上创作庸俗低级的带有性暗示、性挑逗的话语，极个别的还发展到私下制作黄色网页供人浏览。更令人担忧的是一些青少年充当网恋或网婚的主力军，过早涉入家庭，影响了学业，甚至走向犯罪。"[③]

亓树新在2004年对黑龙江省哈尔滨市10所中学未成年人的调查显示，"有8.3%的学生明确回答浏览过黄色网站"[④]。

5. 网瘾日益增多体现的多元易变

"未成年人网络成瘾是指未成年人沉迷网络，造成身心健康问题与社会功能损害的网络使用状态。"[⑤] 人民日报2013年9月27日报道，"我国城市青少年网瘾超过2400万，还有1800多万青少年有网瘾倾向"[⑥]。

[①] 张建. 网络环境下中学生德育素养的调查报告[J]. 德州学院，2012，28（4）：29-30.

[②] 陆耀庭，董碧水. 59%青少年通过手机上网浏览不良信息[N]. 中国青年报，2014-01-04（1）.

[③] 周文学，刘占英，范景武，等. 加强青少年网络道德建设的思考：青少年网络道德失范的表现及对策探析[J]. 内蒙古工业大学学报：社会科学版，2008，17（1）：4-7，13.

[④] 亓树新. 哈尔滨10所中学抽样调查：半数中学生结交网友[N]. 中国青年报（网络版），2004-06-08（1）.

[⑤] 中国青少年研究中心课题组. 关于未成年人网络成瘾状况及对策的调查研究[J]. 中国青年研究，2010（6）：7-29.

[⑥] 李晓宏. 聚焦·青少年网瘾调查（上）：网瘾也是精神疾病[N]. 人民日报，2013-09-27（19）.

（1）未成年人网瘾的宏观估计。

第一，未成年人的自述。如表7-41所示，在2013年、2016年就未成年人对网瘾的宏观估计的调查中，40.55%的未成年人选择"多"，选择"不多"与"占10%左右"的比率分别为27.60%与10.36%，选择"不清楚"的比率为21.48%。未成年人认为自身群体中有网瘾的占比较高。

从2016年与2013年的比较来看，选择"多"的比率较2013年高4.24%，是增幅最高的选项。未成年人网瘾比率的增加表明未成年人对网络等媒介的接触程度较高，教育工作者除了要合理安排未成年人使用网络等媒介外，同时要注意控制未成年人的上网时间，帮助未成年人正确处理学习生活与上网间的关系，从而使其养成健康的生活方式。

表7-41 未成年人对网瘾的宏观估计（2013年、2016年）

选项	总计			2013年			2016年			2016年与2013年比较率差
	人数	比率	排序	人数	比率	排序	人数	比率	排序	
多	1988	40.55	1	1154	38.88	1	834	43.12	1	4.24
不多	1353	27.60	2	878	29.58	2	475	24.56	2	-5.02
占10%左右	508	10.36	4	321	10.82	4	187	9.67	4	-1.15
不清楚	1053	21.48	3	615	20.72	3	438	22.65	3	1.93
合计	4902	100	—	2968	100	—	1934	100	—	—

第二，中学老师的宏观估计。如表7-42所示，在2008—2013年、2016年就中学老师对未成年人网瘾的宏观估计的调查中：43.31%的中学老师认为"不多"，居于第一位，仅比排在第二的认为"多"的比率41.89%多1.42%，几乎没有差异；9.23%的中学老师选择"不清楚"，排在第三位；"占10%左右"的比率为5.57%，排在第四位。

从连续7年的数据比较来看，认为"不多"的比率有所下降，从2008年的58.71%下降到2016年41.57%，率差为17.14%，是降幅最大的选项。选择"不清楚"与"占10%左右"的比率有所上升。数据显示，中学老师眼中未成年人有网瘾的情况呈现增长的趋势。

表7-42 中学老师对未成年人网瘾的宏观估计（2008—2013年、2016年）

选项	总计		2008年		2009年		2010年		2011年		2012年		2013年		2016年		2016年与2008年比较率差
	人数	比率	人数	比率	人数	比率	人数	比率	人数	比率	人数	比率	人数	比率	人数	比率	
多	617	41.89	53	34.19	101	45.29	125	58.14	112	51.38	64	31.84	110	37.29	52	31.33	-2.86
不多	638	43.31	91	58.71	100	44.84	70	32.56	75	34.40	81	40.30	152	51.53	69	41.57	-17.14
占10%左右	82	5.57	4	2.58	11	4.93	10	4.65	12	5.50	27	13.43	0	0.00	18	10.84	8.26
不清楚	136	9.23	7	4.52	11	4.93	10	4.65	19	8.72	29	14.43	33	11.19	27	16.27	11.75
合计	1473	100	155	100	223	100	215	100	218	100	201	100	295	100	166	100	—

第三，家长的宏观估计。如表7-43所示，在2010—2013年、2016年就家长对未成年人网瘾的宏观估计的调查中，43.27%的家长认为未成年人有网瘾的"多"，居于第一位，其他选项的排序为："不多"（30.42%）、"不清楚"（19.32%）、"占10%左右"（6.99%）。

从2016年与2010年的比较来看，2016年选择"多"的比率较2010年低11.12%，是降幅最大的选项。选择"不多"的比率较2010年高11.76%，是增幅最大的选项。从比较率差来看，虽然家长选择高频率选项的比率有所降低，但未成年人网瘾人数确实存在增多的趋势。家长在日常家庭生活中，应注意加强对未成年人的教育与引导。

表7-43 家长对未成年人网瘾的宏观估计（2010—2013年、2016年）

选项	总计			2010年		2011年		2012年		2013年		2016年		2016年与2010年比较率差
	人数	比率	排序	人数	比率	人数	比率	人数	比率	人数	比率	人数	比率	
多	421	43.27	1	50	51.02	90	49.18	50	24.39	154	52.38	77	39.90	-11.12
不多	296	30.42	2	23	23.47	54	29.51	75	36.59	76	25.85	68	35.23	11.76
占10%左右	68	6.99	4	4	4.08	9	4.92	32	15.61	9	3.06	14	7.25	3.17
不清楚	188	19.32	3	21	21.43	30	16.39	48	23.41	55	18.71	34	17.62	-3.81
合计	973	100	—	98	100	183	100	205	100	294	100	193	100	—

第四,中学校长的宏观估计。如表7-44所示,在2016年就中学校长对未成年人网瘾的宏观估计的调查中,51.56%的中学校长选择"不多",居于第一位。选择"不清楚"的比率为23.44%,选择"多"与"占10%左右"的合比率为25.00%。中学校长总体上认为有网瘾的未成年人占比不多。

从性别比较来看,男性中学校长认为未成年人多有网瘾的占比较高。

表7-44 中学校长对未成年人网瘾的宏观估计(2016年)

选项	总计			性别				比较率差
	人数	比率	排序	男		女		
				人数	比率	人数	比率	
多	12	18.75	3	11	21.57	1	7.69	13.88
不多	33	51.56	1	27	52.94	6	46.15	6.79
占10%左右	4	6.25	4	2	3.92	2	15.38	-11.46
不清楚	15	23.44	2	11	21.57	4	30.77	-9.20
合计	64	100	—	51	100	13	100	—

第五,受访群体宏观估计的比较。如表7-45所示,在对受访群体的调查中,受访群体选择"多"的比率最高,为36.46%,居于第一位,其他选项的排序为:"不多"(35.00%)、"不清楚"(20.89%)、"占10%左右"(7.65%),多数受访者认为未成年人网瘾情况多。可见随着未成年人频繁地接触网络,对网络的涉入程度较高,产生网瘾的占比较大。

从单个群体的比较来看,选择"多"的比率最高的群体是中学老师与家长,选择"不多"与"不清楚"的比率最高的群体是"中学校长",选择"占10%左右"的比率最高的群体是未成年人。应正视群体间的差异性认识,从不同视角提出解决未成年人网瘾问题的对策,从而促进未成年人的全面发展。

表7-45 受访群体对未成年人网瘾的宏观估计比较

选项	多	不多	占10%左右	不清楚	有效样本量/人
未成年人 (2016年)	40.55%	27.60%	10.36%	21.48%	4902
中学老师 (2008—2013年、2016年)	43.27%	30.42%	6.99%	19.32%	1473
家长 (2010—2013年、2016年)	43.27%	30.42%	6.99%	19.32%	973

(续表7-45)

选项	多	不多	占10%左右	不清楚	有效样本量/人
中学校长（2016年）	18.75%	51.56%	6.25%	23.44%	64
比率平均值	36.46%	35.00%	7.65%	20.89%	—

(2) 其他研究者的调研成果分析。

如表7-46所示，曾瑾、陈希宁在2006年对四川省成都市大、中学生网瘾情况比较的调查显示，"结果表明，中学生网络成瘾行为报告率为20.3%，比以往报道的成瘾率14.8%要高，可能与判定标准不同有关。大学生网络成瘾率为5.8%。中学生网络成瘾率远大于大学生"[①]。可见未成年人的网瘾率高于成年人。

2010年由中国青少年网络协会发布的《中国青少年网瘾报告（2009）》称，"本次调查结果显示，目前我国城市青少年网民中，网瘾青少年的比例约为14.1%……以及'13—17岁'（14.3%）的网瘾比例"[②]。未成年人网瘾的比率高于青少年网瘾的比率。

在2010年中国青少年研究中心课题组的调查中，网瘾未成年人占未成年人网民的比率为6.8%，占比较小，但是不容忽视未成年人网民的占比较高，在一定程度上会促进网瘾未成年人群体的产生。

马海燕在2013年对杭州市上城区初二学生网络使用的调查显示，17.1%的初二学生存在网瘾的问题。

如表7-47所示，闫静在2015年对内蒙古包头市中学生的调查显示，未成年人网瘾与手机网瘾的比率分别为24.47%与59.73%，占比较高。

王熙慧、张亚茹和高修银在2017年对江苏省徐州市中学生网瘾情况的调查显示，未成年人网瘾者比率为16.41%。

潘丝媛、李武权和黎明在2017年对广东省广州市中学生网络成瘾情况的调查显示，网络成瘾的中学生比率为14.68%。

通过对本研究与其他研究者的调研成果分析发现，2006年以来，多年、多地域的未成年人网瘾比率均高于《中国青少年网瘾报告（2009）》中"'13—17岁'的网瘾比例（14.3%）"，"我国中学生网络成瘾情况普遍存在"[③]，而且情况较为严重，需要引起教育者足够的重视。特别是针对移动媒体下未成年人的网络成瘾问题更需要关注。

---

① 曾瑾，陈希宁. 成都市大、中学生网络成瘾行为的比较研究 [J]. 现代预防医学，2006，33 (10)：1790-1791，1794.

② 中国青少年网络协会. 中国青少年网瘾报告 (2009) [EB/OL]. (2010-02-01) [2019-05-08]. https://edu.qq.com/a/20100201/000119_4.htm.

③ 张志华，孙业桓. 中国中学生网络成瘾现况及流行特征的Meta分析 [J]. 中国学校卫生，2018，39 (10)：1481-1485.

表 7-46 未成年人的网瘾情况（一）

2006 年四川省成都市大、中学生网瘾情况比较的调查（N：882）①		2010 年 2 月 10 日中国青少年网络协会发布的《中国青少年网瘾报告（2009）》②		2010 年中国青少年研究中心课题组的未成年人调查（N：11864）③		2013 年杭州市上城区初二学生网络使用调查（N：2469）④	
网瘾率		未成年人网瘾		未成年人网民与网瘾		未成年人网瘾	
选项	比率	选项	比率	选项	比率	选项	比率
中学生	20.3	青少年	14.1	未成年人网民占未成年人	73.5	初二学生	17.1
大学生	5.8	13～17 岁	14.3	未成年人网瘾占未成年人网民	6.8	—	—
—	—	—	—	重度者	1.4	—	—
合计	—	合计	—	合计	—	合计	—

表 7-47 未成年人的网瘾情况（二）

2015 年内蒙古包头市中学生调查（N：380）⑤				2017 年江苏省徐州市中学生网瘾情况调查（N：1688）⑥		2017 年广东省广州市中学生网络成瘾情况调查（N：3229）⑦	
未成年人网瘾		未成年人手机瘾		中学生网瘾		中学生网瘾	
选项	比率	选项	比率	选项	比率	选项	比率
有瘾者	24.47	有瘾者	59.73	网瘾	16.41	网络成瘾	14.68
未标明	75.53	未标明	40.27	非网瘾	83.59	未标明	85.32
合计	100	合计	100	合计	100	合计	100

---

① 曾瑾，陈希宁. 成都市大、中学生网络成瘾行为的比较研究［J］. 现代预防医学，2006，33（10）：1790-1791，1794.

② 中国青少年网络协会. 中国青少年网瘾报告（2009）［EB/OL］.（2010-02-01）［2019-05-08］. https://edu.qq.com/a/20100201/000119_4.htm.

③ 中国青少年研究中心课题组. 关于未成年人网络成瘾状况及对策的调查研究［J］. 中国青年研究，2010（6）：7-29.

④ 马海燕. 初二学生网络使用调查及对策研究［J］. 中小学心理健康教育，2013（5）：17-17.

⑤ 闫静. 中学政治课学生网络媒介素养培养研究：基于包头市第二中学的调查［J］. 才智，2015（6）：164-165.

⑥ 王熙慧，张亚茹，高修银. 徐州市城区中学生网络成瘾导致的伤害及影响因素研究［J］. 实用预防医学，2017，24（5）：536-539，47.

⑦ 潘丝媛，李武权，黎明. 广州市中学生网络成瘾与自杀相关行为的关系［J］. 中国学校卫生，2018，39（2）：229-231.

6. 网友成分多样体现的多元易变

（1）未成年人网友的成分。

既然多数未成年人都会网络交友，那么这些网友的成分情况怎样，未成年人与他们是否熟识呢？未成年人网友成分的调查有助于分析未成年人的交友标准，从而更好地引导未成年人树立正确的择友观，尤其是在网络环境下的交友标准。

第一，未成年人的自述。如表7-48所示，在2010—2016年对未成年人网友身份的调查中，居于第一位的是"朋友的朋友"，占据了47.24%，其次是"不曾谋面的陌生人"，占据了23.24%。此外，还有22.00%的未成年人表示"不知道"自己的网友是什么样的人。从这方面来看，表示自己对网友不熟悉的比率高达45.24%（"不曾谋面"与"不知道"之和），超过半数的未成年人是不了解自己的网友的，即网友有很大的匿名性。由于未成年人防范意识较弱，在陌生的网友面前很容易上当受骗。

从2016年与2010年的比较来看，未成年人选择"从不上网"的比率有所上升，选择其他选项的比率有所降低。但从历年的比较来看，未成年人网友的成分呈现波动变化的状态，总的来说，陌生的网友占比偏高。

表7-48 未成年人网友的身份（2010—2016年）

选项	总计		2010年		2011年		2012年		2013年		2014年		2015年		2016年		2016年与2010年比较率差
	人数	比率	人数	比率	人数	比率	人数	比率	人数	比率	人数	比率	人数	比率	人数	比率	
朋友的朋友	7242	47.24	832	42.98	706	36.56	1029	48.91	1409	47.47	1624	55.28	841	55.40	801	41.42	-1.56
不曾谋面的陌生人	3562	23.24	544	28.10	589	30.50	463	22.01	771	25.98	504	17.15	273	17.98	418	21.61	-6.49
不知道	3372	22.00	560	28.93	456	23.61	455	21.63	627	21.13	517	17.60	258	17.00	499	25.80	-3.13
从不上网	1153	7.52	—	0.00	180	9.32	157	7.46	161	5.42	293	9.97	146	9.62	216	11.17	11.17
合计	15329	100	1936	100	1931	100	2104	100	2968	100	2938	100	1518	100	1934	100	—

第二，受访群体的看法。如表7-49所示，在2016年对受访群体的调查中，40.73%的受访群体选择"朋友的朋友"，选择"不曾谋面的陌生人"与"不知道"的合比率为48.37%。选择"从不上网"的比率为10.90%。受访群体更多地倾向于认为未成年人的网友是朋友的朋友。但也应看到，不熟悉的朋友占比较高。由于未成年人缺乏一

定的甄别与判断能力,因此需要教育工作者帮助未成年人正确认识这一问题。

从未成年人与成年人群体的比较来看,率差最大的是"不知道",比率达4.22%。

表7-49 受访群体眼中未成年人的网友身份(2016年)

选项	总计			未成年人		成年人群体								未成年人与成年人群体比较率差
						合计		中学老师		家长		中学校长		
	人数	比率	排序	人数	比率	人数	比率	人数	比率	人数	比率	人数	比率	
朋友的朋友	960	40.73	1	801	41.42	159	37.59	63	37.95	78	40.41	18	28.13	3.83
不曾谋面的陌生人	514	21.81	3	418	21.61	96	22.70	37	22.29	45	23.32	14	21.88	-1.09
不知道	626	26.56	2	499	25.80	127	30.02	49	29.52	56	29.02	22	34.38	-4.22
从不上网	257	10.90	4	216	11.17	41	9.69	17	10.24	14	7.25	10	15.63	1.48
合计	2357	100	—	1934	100	423	100	166	100	193	100	64	100	—

(2)其他研究者的调研成果分析。

表7-50反映了其他研究者对未成年人网友成分的了解情况。

张建在2012年对河北省邢台市未成年人的调查显示,多数人对网友的性别表示不清楚。

杨洋在2015年对共青团广州市委、广州市少工委、广州市少年宫等单位的未成年人的调查显示,选择"来历不明"的比率为82.6%。网络交友有着很大的匿名性,很多不怀好意的人假用他人信息与未成年人交流,容易使未成年人上当受骗。

徐静、曹艺珂在2017年对吉林省、安徽省、福建省、重庆市等10个省市自治区中学生的调查显示,"陌生人""先熟人后陌生人"占有一定的比率,"有些中学生的网络交往对象会在熟人与陌生人之间转换",显现网友的成分多元化以及网友身份的不确定性。

因此,未成年人自身在网络交友的过程中要提高警惕性,严加防范。

表 7-50　未成年人对网友成分的了解情况

2012 年河北省邢台市的未成年人调查（N: 560）[1]		2015 年 5 月 31 日共青团广州市委、广州市少工委、广州市少年宫等单位的未成年人调查（N: 不详）[2]			2017 年吉林省、安徽省、福建省、重庆市等 10 个省市自治区的中学生调查（N: 2762）[3]	
对网友的性别是否清楚		新结交的网友			初中生网友的成分	
选项	比率	选项		比率	选项	比率
不清楚	多数人	别人主动加	来历不明	58.4	陌生人	2.23
未标明	少数人	电脑或手机弹出		24.2	先陌生人后熟人	6.14
—	—	未标明		17.4	先熟人后陌生人	11.96
—	—	—		—	熟人	79.11
—	—	—		—	未标明	0.56
合计	100	合计		100	合计	100

7. 上课频玩手机体现的多元易变

随着手机的普及，越来越多的未成年人拥有手机。家长给未成年人添置手机的初衷是希望可以时刻与自己的子女保持联系。但是拥有手机的副作用是未成年人将大量的时间倾注其中，特别是现在智能手机盛行，可玩性很高，有的未成年人甚至在上课时间都在玩手机游戏或者是上网聊天。

（1）未成年人的自述。

如表 7-51 所示，在 2010—2016 年对未成年人上课玩手机情况的调查中，各选项的排序："从来不玩"（40.26%）、"没有手机"（17.11%）、"偶尔玩"（15.46%）、"不经常玩"（11.68%）、"经常玩"（10.35%）、"其他"（5.14%）。说明除了没有手机的未成年人之外，多数的未成年人能够做到上课不玩手机，但也有相当一部分未成年人表示自己上课经常或者偶尔会玩手机。

从 2016 年与 2010 年的比较来看，2016 年选择"经常玩"的比率较 2010 年高 8.33%，选择"不经常玩"的比率较 2010 年高 4.92%。未成年人上课玩手机的情况越来越多，需要引起足够的重视，以免耽误与妨碍未成年人的正常学业。

---

[1] 张建. 网络环境下中学生德育素养的调查报告 [J]. 德州学院，2012，28（4）：29-30.
[2] 杨洋. 近两成初中生曾遭网络欺凌 [N]. 广州日报，2015-06-02（A18）.
[3] 徐静，曹艺珂. 中学生网络交友新特点及指导策略 [J]. 人民教育，2018（1）：56-60.

表 7-51　未成年人上课玩手机的情况（2010—2016 年）

选项	总计		2010 年		2011 年		2012 年		2013 年		2014 年		2015 年		2016 年		2016 年与 2010 年比较率差
	人数	比率	人数	比率	人数	比率	人数	比率	人数	比率	人数	比率	人数	比率	人数	比率	
经常玩	1587	10.35	181	9.35	176	9.11	185	8.79	350	11.79	209	7.11	144	9.49	342	17.68	8.33
不经常玩	1790	11.68	203	10.49	221	11.44	202	9.60	444	14.96	267	9.09	155	10.21	298	15.41	4.92
偶尔玩	2370	15.46	325	16.79	357	18.49	308	14.64	498	16.78	439	14.94	205	13.50	238	12.31	-4.48
从来不玩	6171	40.26	611	31.56	623	32.26	944	44.87	1097	36.96	1390	47.31	763	50.26	743	38.42	6.86
其他	788	5.14	148	7.64	65	3.37	73	3.47	138	4.65	52	1.77	46	3.03	266	13.75	6.11
没有手机	2623	17.11	468	24.17	489	25.32	392	18.63	441	14.86	581	19.78	205	13.50	47	2.43	-21.74
合计	15329	100	1936	100	1931	100	2104	100	2968	100	2938	100	1518	100	1934	100	—

（2）受访群体的看法。

如表 7-52 所示，在 2016 年对受访群体的调查中，受访群体选择"从来不玩"的比率为 35.64%，居于第一位。选择"经常玩""不经常玩"与"偶尔玩"的合比率为 48.53%。选择"其他"与"没有手机"的比率分别为 11.84% 与 3.99%。大部分受访群体眼中未成年人上课玩手机的比率较高。

从未成年人与成年人群体的比较来看，未成年人选择"经常玩"的比率较成年人群体选择的比率要低。未成年人选择"从来不玩"的比率更高。未成年人上课玩手机的情况较为普遍，教育工作者需要进一步加强对未成年人的教育与引导。上课玩手机不仅影响未成年人对课堂知识的吸收，同时也是违反教学纪律的一种行为。因此，需要引起一定的重视。

表 7-52　受访群体眼中未成年人上课玩手机的情况（2016 年）

选项	总计			未成年人		成年人群体								未成年人与成年人群体比较率差
						合计		中学老师		家长		中学校长		
	人数	比率	排序	人数	比率	人数	比率	人数	比率	人数	比率	人数	比率	
经常玩	438	18.58	2	342	17.68	96	22.70	37	22.29	52	26.94	7	10.94	-5.02
不经常玩	358	15.19	3	298	15.41	60	14.18	23	13.86	26	13.47	11	17.19	1.23

(续表7-52)

选项	总计			未成年人		成年人群体							未成年人与成年人群体比较率差
						合计		中学老师		家长		中学校长	
	人数	比率	排序	人数	比率	人数	比率	人数	比率	人数	比率	人数	比率	
偶尔玩	348	14.76	4	238	12.31	110	26.00	51	30.72	33	17.10	26	40.63	-13.69
从来不玩	840	35.64	1	743	38.42	97	22.93	28	16.87	53	27.46	16	25.00	15.49
其他	279	11.84	5	266	13.75	13	3.07	3	1.81	7	3.63	3	4.69	10.68
没有手机	94	3.99	6	47	2.43	47	11.11	24	14.46	22	11.40	1	1.56	-8.68
合计	2357	100	—	1934	100	423	100	166	100	193	100	64	100	—

8. 痴迷聊天网游体现的多元易变

如表7-53所示，在2010—2016年对未成年人手机上网用途的调查中，38.41%是"聊天"，15.18%是"玩游戏"，选择"浏览网页"的比率为10.79%，选择"没有手机"的比率为13.45%，其他选项的比率均在10%以下。未成年人手机上网的用途主要是聊天、玩游戏。未成年人手机上网用于与学习有关的查阅资料以及发邮件的比率较低。教育工作者们需要对未成年人手机上网的用途加以引导，使得手机上网是用作学习等相关事项。

从2016年与2010年的比较来看，选择"玩游戏"的比率较2010年高18.52%，是增幅最大的选项。综合来看，需要对未成年人手机上网用途进行相应引导，避免未成年人沉迷于手机游戏，影响未成年人身心健康发展。

表7-53 未成年人手机上网的用途（2010—2016年）

选项	总计		2010年		2011年		2012年		2013年		2014年		2015年		2016年		2016年与2010年比较率差
	人数	比率	人数	比率	人数	比率	人数	比率	人数	比率	人数	比率	人数	比率	人数	比率	
聊天	5888	38.41	847	43.75	732	37.91	731	34.74	1231	41.48	985	33.53	645	42.49	717	37.07	-6.68
玩游戏	2327	15.18	183	9.45	157	8.13	306	14.54	412	13.88	485	16.51	243	16.01	541	27.97	18.52
发邮件	649	4.23	64	3.31	51	2.64	131	6.23	128	4.31	123	4.19	45	2.96	107	5.53	2.22
浏览网页	1654	10.79	161	8.32	229	11.86	254	12.07	353	11.89	283	9.63	185	12.19	189	9.77	1.45

(续表7-53)

选项	总计		2010年		2011年		2012年		2013年		2014年		2015年		2016年		2016年与2010年比较率差
	人数	比率	人数	比率	人数	比率	人数	比率	人数	比率	人数	比率	人数	比率	人数	比率	
查阅资料	1514	9.88	243	12.55	135	6.99	196	9.32	279	9.40	325	11.06	156	10.28	180	9.31	-3.24
浏览黄色信息	335	2.19	34	1.76	30	1.55	20	0.95	65	2.19	51	1.74	27	1.78	108	5.58	3.82
其他	901	5.88	161	8.32	163	8.44	150	7.13	179	6.03	105	3.57	99	6.52	44	2.28	-6.04
没有手机	2061	13.45	243	12.55	434	22.48	316	15.02	321	10.82	581	19.78	118	7.77	48	2.48	-10.07
合计	15329	100	1936	100	1931	100	2104	100	2968	100	2938	100	1518	100	1934	100	—

（三）意识存在摇摆

1. 认同早恋体现的摇摆

前面探讨了未成年人的早恋情况，那么未成年人对待早恋的态度是什么样的呢？

（1）未成年人的自述。

如表7-54所示，在2006—2013年、2016年就未成年人对早恋的态度的调查中，表示"不赞成"的比率为32.70%，居于第一位。选择"觉得很正常"的比率为29.78%，选择"可以理解"的比率为27.09%，选择"搞不清楚"的比率为10.43%。未成年人反对早恋的比率只有30%左右，不是很高。而对早恋"觉得很正常"或者是"可以理解"的比率接近60%，比率很高，这样的早恋认知是未成年人早恋比率较高的一个重要原因。

从2016年与2006年的比较来看，2016年选择"不赞成"的比率较2006年低5.02%，选择"觉得很正常"的比率较2006年高6.62%。从比较率差来看，未成年人对早恋的态度更倾向于理解与"宽松化"。

表7-54 未成年人对早恋的态度

选项	总计		2006—2010年[①]		2006年[②]比率	2011年		2012年		2013年		2016年		2016年与2006年比较率差
	人数	比率	人数	比率		人数	比率	人数	比率	人数	比率	人数	比率	
不赞成	7385	32.70	4572	33.50	38.58	544	28.17	636	30.23	984	33.15	649	33.56	-5.02
觉得很正常	6725	29.78	3868	28.35	21.35	705	36.51	693	32.94	918	30.93	541	27.97	6.62
可以理解	6119	27.09	3611	26.46	21.93	562	29.10	640	30.42	899	30.29	407	21.04	-0.89
搞不清楚	2356	10.43	1597	11.70	18.14	120	6.21	135	6.42	167	5.63	337	17.43	-0.71
合计	22585	100	13648	100	100	1931	100	2104	100	2968	100	1934	100	—

（2）受访群体的看法。

如表7-55所示，在2016年对受访群体的调查中，34.41%的受访群体选择"不赞成"，受访群体选择"觉得很正常"与"可以理解"的合比率为48.41%，选择"搞不清楚"的比率为17.18%。从受访群体的调查数据来看，受访群体对未成年人早恋持不赞成与理解、正常的比率大致相当。早恋是未成年人阶段性特征的重要表现，也是情愫萌发的表现，对未成年人早恋进行引导，有助于其树立良好的恋爱观。

从未成年人与成年人群体的比较来看，中学老师等成年人群体选择"不赞成"的比率较高，可见，成年人群体持反对意见的比重较大。

表7-55 受访群体眼中未成年人对早恋的态度（2016年）

选项	总计			未成年人		成年人群体								未成年人与成年人群体比较率差
						合计		中学老师		家长		中学校长		
	人数	比率	排序	人数	比率	人数	比率	人数	比率	人数	比率	人数	比率	
不赞成	811	34.41	1	649	33.56	162	38.30	48	28.92	90	46.63	24	37.5	-4.74
觉得很正常	640	27.15	2	541	27.97	99	23.40	45	27.11	38	19.69	16	25.0	4.57

[①] 叶松庆. 当代未成年人的道德观现状与教育2006—2010 [M]. 芜湖：安徽师范大学出版社，2013：10.

[②] 叶松庆. 当代未成年人的情感观现状与特点 [J]. 中国青年政治学院学报，2007（5）：29-36.

(续表7-55)

选项	总计			未成年人		成年人群体								未成年人与成年人群体比较率差
						合计		中学老师		家长		中学校长		
	人数	比率	排序	人数	比率	人数	比率	人数	比率	人数	比率	人数	比率	
可以理解	501	21.26	3	407	21.04	94	22.22	43	25.90	40	20.73	11	17.19	-1.18
搞不清楚	405	17.18	4	337	17.43	68	16.08	30	18.07	25	12.95	13	20.31	1.35
合计	2357	100	—	1934	100	423	100	166	100	193	100	64	100	—

2. 同情追星体现的摇摆

电视剧与电影文化的大力发展，塑造了众多英雄式的人物，越来越多影视明星进入人们的视野，未成年人正值青春期萌发之际，对于那些被塑造出来的"完美"人物充满痴迷。特别是一些未成年少女，盲目追星，给自己与家庭带来了巨大的危害，"杨丽娟事件"便是其中的典型代表[①]。杨丽娟痴迷某位著名明星，家里为满足其追星愿望，不惜变卖家产"支持"其追星，其父亲甚至卖肾来满足其追星愿望，其父亲在自杀后留下的遗书中大骂这位明星。"杨丽娟事件"是一起因为疯狂追星导致家破人亡的典型事件，此后还出现了"杨丽娟2号"[②]。那么，未成年人对"杨丽娟事件"的看法是什么样的呢？

（1）未成年人的自述。

如表7-56所示，在2007—2011年、2016年就未成年人对"杨丽娟事件"的看法的调查中，各选项的排序："反对"（27.54%）、"不可理解"（23.05%）、"同情"（19.40%）、"鄙视"（17.46%）、"不知道"（8.27%）、"赞赏"（4.28%）。对于此类极端追星的行为，大多数未成年人能够理性对待，表示出不同程度的否定态度。也有少数未成年人表示赞赏这种行为。参照陶元红、左群英所做的研究，虽然有"53.81%的初中生对杨丽娟事件这一追星现象持不赞成态度"[③]，但仍有部分未成年人还是持赞赏态度的，这部分未成年人本身可能就是一个较为疯狂的追星者。

从2016年与2007年的比较来看，未成年人选择"同情"与"赞赏"的比率均较2007年要高。未成年人对"杨丽娟事件"呈现出一种潜在的支持性态度，从侧面可以反映出未成年人的"追星观"发生了一定程度的"变异"，需要引起教育工作者的注意。

---

① 陈新焱. 畸形家教酿成的追星悲剧："杨丽娟事件"再解读[J]. 成功，2007（4）：25-27.
② 王亦高，王博. 再论新闻炒作：从"杨丽娟2号"说开去[J]. 东南传播，2014（12）：111-113.
③ 陶元红，左群英. 重庆市90后中学生思想道德素质现状调查与研究报告[J]. 中小学德育，2011（5）：21-25.

表 7-56 未成年人对"杨丽娟事件"的看法

选项	总计			2007 年		2008 年		2009 年		2010 年		2011 年		2016 年		2016 年与 2007 年比较率差
	人数	比率	排序	人数	比率	人数	比率	人数	比率	人数	比率	人数	比率	人数	比率	
同情	2927	19.40	3	551	18.10	743	18.46	349	15.75	345	17.82	369	19.11	570	29.47	11.37
赞赏	645	4.28	6	93	3.05	73	1.81	64	2.89	96	4.96	49	2.54	270	13.96	10.91
反对	4155	27.54	1	901	29.59	1134	28.17	671	30.28	562	29.03	523	27.08	364	18.82	-10.77
鄙视	2634	17.46	4	457	15.01	710	17.64	432	19.49	388	20.04	415	21.49	232	12.0	-3.01
不可理解	3478	23.05	2	689	22.63	1123	27.90	550	24.82	400	20.66	418	21.65	298	15.41	-7.22
不知道	1248	8.27	5	354	11.63	242	6.01	150	6.77	145	7.49	157	8.13	200	10.34	-1.29
合计	15087	100	—	3045	100	4025	100	2216	100	1936	100	1931	100	1934	100	—

(2) 受访群体的看法。

如表 7-57 所示，在 2016 年对受访群体的调查中，42.72% 的受访群体选择"同情"与"赞赏"，选择"反对""鄙视"与"不可理解"的合比率为 47.09%，选择"不知道"的比率为 10.18%。受访群体一部分对杨丽娟表示出同情、赞赏等肯定性意味的态度，也有持反对等否定性态度，持反对态度的占比较大。

从未成年人与成年人群体的比较来看，成年人群体表示"反对"与"不可理解"的比率较高。成年人群体需要通过对此类事件的分析来加强对未成年人的教育引导，从而帮助未成年人树立正确的"追星观"。

表 7-57 受访群体眼中未成年人对"杨丽娟事件"的看法（2016 年）

选项	总计			未成年人		成年人群体								未成年人与成年人群体比较率差
						合计		中学老师		家长		中学校长		
	人数	比率	排序	人数	比率	人数	比率	人数	比率	人数	比率	人数	比率	
同情	698	29.61	1	570	29.47	128	30.26	50	30.12	62	32.12	16	25	-0.79
赞赏	309	13.11	4	270	13.96	39	9.22	13	7.83	20	10.36	6	9.38	4.74
反对	462	19.60	2	364	18.82	98	23.17	39	23.49	45	23.32	14	21.88	-4.35

(续表7-57)

选项	总计			未成年人		成年人群体								未成年人与成年人群体比较率差
						合计		中学老师		家长		中学校长		
	人数	比率	排序	人数	比率	人数	比率	人数	比率	人数	比率	人数	比率	
鄙视	267	11.33	5	232	12.0	35	8.27	15	9.04	11	5.70	9	14.06	3.73
不可理解	381	16.16	3	298	15.41	83	19.62	27	16.27	45	23.32	11	17.19	-4.21
不知道	240	10.18	6	200	10.34	40	9.46	22	13.25	10	5.18	8	12.5	0.88
合计	2357	100	—	1934	100	423	100	166	100	193	100	64	100	—

3. 盲目崇拜体现的摇摆

（1）未成年人的自述。

如表7-58所示，在2006—2013年、2016年对未成年人崇拜人物的调查中，各选项的排序："著名科学家"（17.20%）、"国家领导人"（14.21%）、"电影、电视明星"（11.44%）、"歌星"（10.55%）、"战斗英雄"（10.38%）、"其他"（9.28%）、"见义勇为者"（9.00%）、"你的中学老师"（4.12%）、"超女"（2.91%）、"富翁"（2.66%）、"劳动模范"（2.11%）、"父母"（2.10%）、"你的小学老师"（2.05%）、"自己"（2.00%）。可见，未成年人最崇拜的人已多样化。其中大致可以分为几大类，学者型人物（如科学家等）、政治性人物（如国家领导人等）、英雄式人物（如战斗英雄等）、明星式人物（如影视明星等）、普通人物（如老师等）。

从表7-58可知，虽然选择科学家的比率居于第一位，但未成年人选择明星式人物的总比率最高，这说明未成年人崇拜的多样化。同时，未成年人缺乏对于普通式人物的崇拜，体现了未成年人渴望摆脱平庸，但这也有可能"造成盲目崇拜"[①]。因此，未成年人在选择自己崇拜的人物时要脚踏实地，要出于希望从他们的身上学到有用的东西，而不是任凭自己的喜好来决定。

从2016年与2006年的比较来看，率差最大的是"著名科学家"，比率达16.40%。

---

① 王淑清，叶松庆.当代青少年盲目追星群体的价值观现状与引导[J]黄山学院学报，2016，18（2）：135-140.

表7-58 未成年人最崇拜的人物（2006—2013年、2016年）

类别	总计			2006—2010年①		2006年②比率	2011年		2012年		2013年		2016年		2016年与2006年比较率差
	人数	比率	排序	人数	比率		人数	比率	人数	比率	人数	比率	人数	比率	
国家领导人	3209	14.21	2	1625	11.91	6.76	244	12.64	305	14.50	601	20.25	434	22.44	15.68
著名科学家	3884	17.20	1	2185	16.01	5.73	347	17.97	437	20.77	487	16.41	428	22.13	16.40
战斗英雄	2344	10.38	5	1449	10.62	5.19	232	12.01	167	7.94	309	10.41	187	9.67	4.48
见义勇为者	2032	9.0	7	1295	9.49	7.54	148	7.66	168	7.98	341	11.49	80	4.14	-3.40
电影电视明星	2583	11.44	3	1721	12.61	11.75	194	10.05	215	10.22	247	8.32	206	10.65	-1.10
歌星	2383	10.55	4	1730	12.68	16.45	235	12.17	133	6.32	142	4.78	143	7.39	-9.06
你的中学老师	930	4.12	8	555	4.07	5.19	74	3.83	150	7.13	124	4.18	27	1.40	-3.79
你的小学老师	462	2.05	13	312	2.29	3.83	34	1.76	44	2.09	56	1.89	16	0.83	-3.00
超女	658	2.91	9	519	3.80	7.05	28	1.45	33	1.57	64	2.16	14	0.72	-6.33
劳动模范	477	2.11	11	95	0.70	3.92	98	5.08	117	5.56	153	5.15	14	0.72	-3.20
富翁	600	2.66	10	289	2.12	11.91	113	5.85	85	4.04	96	3.23	17	0.88	-11.03
父母	474	2.10	12	104	0.76	4.29	68	3.52	67	3.18	104	3.50	131	6.77	2.48
自己	452	2.0	14	201	1.47	8.29	42	2.18	53	2.52	85	2.86	71	3.67	-4.62
其他	2097	9.28	6	1568	11.49	2.10	74	3.83	130	6.18	159	5.36	166	8.58	6.48
合计	22585	100	—	13648	100	100	1931	100	2104	100	2968	100	1934	100	0

① 叶松庆.当代未成年人的道德观现状与教育2006—2010[M].芜湖：安徽师范大学出版社，2013：120.

② 叶松庆.当代未成年人价值观的演变特点与影响因素：对安徽省2426名未成年人的调查分析[J].青年研究，2006（12）：1-9.

（2）其他研究者的调研成果分析。

表7-59至表7-61反映了其他研究者的相关研究结果。

在表7-59中，尚凤敏在2001年对辽宁省阜新市中学生的调查显示，"革命领袖"与"英雄人物"是未成年人最崇拜的对象，其次是"影视明星"与"体育明星"等。

苏春雪在2004年对山西省晋城市5所中学的调查显示，"有248人（84.6%）回答有崇拜的偶像，有22人（7.5%）没有崇拜的偶像，有23人回答不知道是否有崇拜的偶像。有偶像崇拜的人数明显高于无偶像崇拜的人数。由此可见，偶像崇拜是青少年普遍存在的行为表现"[①]。对歌星影星的崇拜率为58.0%，排在第一位。

罗兆夫、张秀传在2005年对河南省教育厅的中小学生的调查显示，未成年人最崇拜的人是"在平凡岗位上做出突出贡献的人"。

杨根乔在2007年对安徽省9个城市未成年人的调查显示，"影视明星"在未成年人崇拜群体中的比率最高。

杜时忠在2007年对湖北省嘉鱼县未成年人的调查显示，"历史名人"是未成年人最崇拜的人，其中高中生比初中生表现出了更高的崇拜比率。

表7-59 未成年人的崇拜情况（一）

2001年辽宁省阜新市的中学生调查（N：1012）[②]		2004年山西省晋城市5所中学的调查（N：293）[③]		2005年河南省教育厅的中小学生调查（N：中学生39982、小学生26328）[④]		2007年安徽省9个城市的未成年人调查（N：5552）[⑤]		2007年湖北省嘉鱼县的未成年人调查（N：3203，其中，小学生996、初中生991、高中生701、教师298、家长217）[⑥]		
你最崇拜的人是谁		你最崇拜的对象		学生最崇拜的人		你最崇拜的偶像是属于下列哪一类		你最崇拜的人		
选项	排序	选项	比率	选项	比率	选项	比率	选项	比率	
									初中生	高中生
革命领袖和英雄人物	1	歌星影星	58.0	在平凡岗位上做出突出贡献的人	39.31	歌星、影星	24.9	历史名人	38.5	45.1

---

①③ 苏春雪. 青少年偶像崇拜的理性认识：山西省晋城市青少年偶像崇拜的调查分析 [J]. 沧桑，2005（4）：123-124.

② 尚凤敏. 关于阜新市中小学生政治思想道德素质现状的调查 [J]. 辽宁教育研究，2001（10）：17.

④ 罗兆夫，张秀传. 河南省中小学生思想道德状况调查报告 [J]. 中国德育，2006，1（1）：44-50.

⑤ 杨根乔. 当前青少年思想道德状况存在的问题及其对策 [J]. 当代世界与社会主义，2008（2）：117-119.

⑥ 杜时忠. 学校德育实效的调查研究 [J]. 教育研究与实验，2007（2）：12-19.

(续表7-59)

选项	排序	选项	比率	选项	比率	选项	比率	选项	比率	
									初中生	高中生
影视明星和体育明星	2	其他艺术家	36.0	科学家	20.51	科学家、艺术家	23.4	同伴	17.8	3.7
老师和父母	3	作家、科学家	9.5	父母	14.45	体育明星	10.4	父母	17.7	21.7
科学家	4	企业家	5.0	影星歌星	9.22	企业家	12.9	教师	10.9	3.6
—	—	父母、师长、亲朋	6.8	老师	8.90	政治领袖	9.5	明星	—	10.1
—	—	历史人物	9.2	体育明星	5.42	富豪	2.6	未标明	15.1	15.8
—	—	公众名人	5.4	有权的人	2.19	其他	3.3	—		
—	—	其他	2.5	—		劳模	3.2	—		
—	—	—		—		未标明	9.8	—		
合计	—	合计	100	合计	100	合计	100	合计	100	100

在表7-60中，崔美玉、朱猜猜在2011年对吉林省延吉市的朝、汉族初中生的调查显示，选择"政治领袖"的占比较大，选择歌星、影星的比率同样占有较大的比率，朝鲜族与汉族的初中生对于最崇拜的人的选择比率差距不大，说明他们的文化价值观的差异较小。

丁继成在2011年对黑龙江省哈尔滨市中学生的调查显示，超过四成的未成年人认为"影视明星"是其最崇拜的人。

从调查数据可知，未成年人的崇拜呈现出多样化的发展态势，但"影视明星""歌星"仍是其主要崇拜对象。"在崇拜偶像问题上，容易被'光环效应'、'晕轮效应'影响，导致盲目模仿、追逐和信赖。"[①]

---

① 卓越，赵妍妍. 电视选秀类节目对中学生价值观的影响调查[J]. 时代教育，2018（7）：103，109.

表7-60 未成年人的崇拜情况（二）

2011年吉林省延吉市的朝、汉族初中生调查 (N: 200)①						2011年黑龙江省哈尔滨市的中学生调查 (N: 569)②		
朝、汉族初中生的文化价值观						你最崇拜的是谁		
选项	比率		选项	比率		选项	比率	排序
	朝鲜族	汉族		朝鲜族	汉族			
政治领袖	36.50	37.60	影星	23.10	20.75	影视明星	43.7	1
歌星	28.60	33.50	商业名人	14.90	8.60	体育明星	21.6	2
体育明星	26.50	33.25	老师	22.10	16.70	家长和教师	17.1	3
科学家	28.50	21.80	优秀学生	10.80	10.80	历史杰出人物	6.9	5
文艺名人	20.90	15.30	军事将领	14.10	20.63	未标明	10.7	4
父母	10.50	28.10	自己	30.40	29.50	—		
英雄模范	15.80	13.50	其他长辈	10.00	10.00	—		
合计	—	—	合计	—	—	合计	100	

在表7-61中，王红英在2012年对甘肃省临洮县未成年人的调查显示，选择民族英雄的占比较大，比率达16.9%，选择其他选项的也有一定的比率。

崔美玉在2013年对吉林省散杂地区朝鲜族中学的调查显示，影星、文艺名人等是未成年人最崇拜的偶像。

夏晴在2015年对全国各地区青少年网络流行文化的调查显示，44.9%的青少年选择"娱乐名人"，选择"体育名人"的比率为21.7%，其他选项的比率均较低。

表7-61 未成年人的崇拜情况（三）

2012年甘肃临洮县的未成年人调查 (N: 1910)③	2013年吉林省散杂地区朝鲜族中学的调查 (N: 411)④	2015年全国各地区青少年网络流行文化调查 (N: 411)⑤
你所羡慕的理想人物	你最崇拜的偶像	你所追慕的偶像

---

① 崔美玉，朱猜猜. 朝汉族初中生人生价值观与文化价值观的调查分析 [J]. 吉林省教育学院学报，2011，27（8）：92-94.

② 丁继成. 哈尔滨市未成年人思想道德状况调研报告 [M]. 学理论，2011（18）：104-106.

③ 王红英. 甘肃临洮县初中未成年人思想道德状况分析 [J]. 教育革新，2012（12）：22.

④ 崔美玉. 吉林省散杂地区朝鲜族中学生价值观调查分析 [J]. 吉林省教育学院学报，2013，29（9）：88-90.

⑤ 夏晴. 移动互联时代青少年偶像崇拜文化的变迁研究 [J]. 中国青年研究，2015（12）：17-22.

(续表 7-61)

选项	比率	选项	排序	选项	排序	选项	比率	选项	比率
民族英雄	16.9	政治领袖	—	影星	1	娱乐名人	44.9	道德模范	
企业家	11.6	歌星	—	商业名人	—	体育名人	21.7	老师	1.5
无产阶级革命家	8.0	体育明星	—	老师	—	专业人士	13.6	政治领袖	
作家	7.0	科学家	—	优秀学生	—	父母	6.0	其他偶像，包括同学、男朋友、哥哥、老板、一位残疾人等	7.8
明星	6.9	文艺名人	2	军事将领	—	商业名人	2.5	—	—
未标明	49.6	父母	3	自己	—	历史与虚拟人物	2.0	—	—
—	—	英雄模范	—	其他长辈	—	—	—	—	—
合计	100	合计	—	合计	—	合计	—	—	100

在表 7-62 中，杨迪在 2017 年对河北省唐山市第二中学的调查显示，"中学生崇拜的偶像类型与其所学专业有很大的相关性；13.5% 的人认为偶像崇拜浪费了自己的时间；女生较男生而言更容易产生偶像崇拜行为，而且更为狂热"[1]。

刘琴、兰盛瑜在 2017 年对四川省成都、宜宾、南充、乐山、泸州、遂宁等地区听障青少年的调查显示，42.8% 的青少年崇拜的偶像是"影视明星"，排在第一位。

黄鹏鹏、梁端和陈胜辉在 2018 年对广西壮族自治区两所中职学校的中职学生价值观现状调查显示，有 42% 的中职学生崇拜的偶像是娱乐明星，政治人物占 16%，商界人物占 4%，英雄人物占 2%。有 30% 的中职学生没有崇拜的偶像。"中职学生崇拜的偶像大多集中在娱乐明星身上，反映了中职学生价值取向标准的倾向。"[2]

结合笔者的研究可知，当代未成年人心目中的偶像开始发生转变，越来越多影视明星、体育明星等成为未成年人的崇拜对象。

---

[1] 杨迪. 当前青少年偶像崇拜行为的调查分析及应对策略 [J]. 管理观察，2017 (5)：94-95, 99.
[2] 黄鹏鹏, 梁端, 陈胜辉. 中职学生价值观现状调查与教育对策 [J]. 广西教育, 2018 (10)：4-6, 19.

表7-62 未成年人的崇拜情况（四）

2017年河北省唐山市第二中学的调查（N: 240）[①]		2017年四川省成都、宜宾、南充、乐山、泸州、遂宁等地区的听障青少年调查（N: 201）[②]		2018年广西壮族自治区两所中职学校的中职学生价值观现状调查（N: 268，其中18岁以下188）[③]	
中学生偶像崇拜类型		崇拜的偶像		崇拜的偶像	
选项	比率	选项	比率	选项	比率
文科生崇拜政治名人	26.0	身边的榜样	11.4	娱乐明星	42
理科生崇拜体育明星	24.0	体育明星	17.4	无偶像	30
体育生崇拜体育明星	42.0	伟大人物或英雄人物	28.4	政治人物	16
艺术生崇拜文艺明星	41.0	影视明星	42.8	商界人物	4
—	—	—	—	英雄人物	2
—	—	—	—	父母	2
—	—	—	—	科学家	2
—	—	—	—	文学家	2
合计	—	合计	100	合计	100

4. 崇尚中庸体现的摇摆

在其他群体的眼中，未成年人对"人不为己，天诛地灭"这句话的看法是怎么样的呢？下面进行具体分析。

（1）在"人不为己，天诛地灭"看法中的中庸性。

第一，中学老师的看法。如表7-63所示，在2008—2013年、2016年就中学老师眼中未成年人对"人不为己，天诛地灭"看法的调查中，各选项的排序："不赞成"（27.16%）、"既不赞成也不反对"（25.53%）、"赞成"（23.56%）、"不知道"（10.32%）、"无所谓"（7.20%）、"反对"（6.25%）。在中学老师眼中，大部分未成年人不认同该说法，并认为这种说法带有强烈的自私性与个人主义的色彩。

从2016年与2008年的比较来看，选择"赞成"的比率有所降低，选择"反对"的比率有所增加，表明中学老师认为未成年人对这一问题逐渐有了较为清晰的认识。

[①] 杨迪. 当前青少年偶像崇拜行为的调查分析及应对策略［J］. 管理观察，2017（5）：94-95，99.
[②] 刘琴，兰盛瑜. 四川地区听障青少年思想道德现状调查研究［J］. 贵州工程应用技术学院学报，2018，36（2）：75-80.
[③] 黄鹂鹂，梁端，陈胜辉. 中职学生价值观现状调查与教育对策［J］. 广西教育，2018（10）：4-6，19.

表7-63 中学老师眼中未成年人对"人不为己，天诛地灭"这句话的看法（2008—2013年、2016年）

选项	总计		2008年		2009年		2010年		2011年		2012年		2013年		2016年		2016年与2008年比较率差
	人数	比率	人数	比率	人数	比率	人数	比率	人数	比率	人数	比率	人数	比率	人数	比率	
赞成	347	23.56	36	23.23	65	29.15	49	22.79	74	33.94	29	14.43	63	21.36	31	18.67	-4.56
不赞成	400	27.16	31	20	62	27.80	55	25.58	55	25.23	71	35.32	72	24.41	54	32.53	12.53
既不赞成也不反对	376	25.53	49	31.61	49	21.97	52	24.19	55	25.23	56	27.86	89	30.17	26	15.66	-15.95
反对	92	6.25	7	4.52	8	3.59	11	5.12	5	2.29	7	3.48	32	10.85	22	13.25	8.73
无所谓	106	7.20	14	9.03	16	7.17	18	8.37	15	6.88	20	9.95	18	6.10	5	3.01	-6.02
不知道	152	10.32	18	11.61	23	10.31	30	13.95	14	6.42	18	8.96	21	7.12	28	16.87	5.26
合计	1473	100	155	100	223	100	215	100	218	100	201	100	295	100	166	100	—

第二，家长的看法。如表7-64所示，在2010—2013年、2016年就家长眼中未成年人对"人不为己，天诛地灭"看法的调查中，各选项的排序："不赞成"（35.35%）、"既不赞成也不反对"（24.67%）、"赞成"（19.42%）、"不知道"（9.66%）、"反对"（5.86%）、"无所谓"（5.04%）。在家长眼中，未成年人对待这种观念表示不赞成的比率居于第一位，说明家长对未成年人的表现持乐观态度。

从2016年与2010年的比较来看，2016年选择"赞成"的比率较2010年高10.60%，选择诸如"既不赞成也不反对"的中立性选项的比率有所降低。从比较率差来看，家长眼中，未成年人对这句话持肯定性认识的比率有所增加。

表7-64 家长眼中未成年人对"人不为己，天诛地灭"这句话的看法（2010—2013年、2016年）

选项	总计		2010年		2011年		2012年		2013年		2016年		2016年与2010年比较率差
	人数	比率	人数	比率	人数	比率	人数	比率	人数	比率	人数	比率	
赞成	189	19.42	15	15.31	47	25.68	22	10.73	55	18.71	50	25.91	10.60
不赞成	344	35.35	28	28.57	63	34.43	114	55.61	76	25.85	63	32.64	4.07
既不赞成也不反对	240	24.67	25	25.51	47	25.68	51	24.88	82	27.89	35	18.13	-7.38

(续表7-64)

选项	总计		2010年		2011年		2012年		2013年		2016年		2016年与2010年比较率差
	人数	比率	人数	比率	人数	比率	人数	比率	人数	比率	人数	比率	
反对	57	5.86	7	7.14	4	2.19	12	5.85	18	6.12	16	8.29	1.15
无所谓	49	5.04	6	6.12	9	4.92	4	1.95	21	7.14	9	4.66	-1.46
不知道	94	9.66	17	17.35	13	7.10	2	0.98	42	14.29	20	10.36	-6.99
合计	973	100	98	100	183	100	205	100	294	100	193	100	—

第三，中学校长的看法。如表7-65所示，在2013年、2016年就中学校长眼中未成年人对"人不为己，天诛地灭"看法的调查中，各选项的排序："不赞成"（28.46%）、"既不赞成也不反对"（26.42%）、"赞成"（14.63%）、"无所谓"（12.60%）、"反对"（10.98%）、"不知道"（6.91%）。在中学校长的眼中，未成年人对待这种观念保持中立（"既不赞成也不反对"+"无所谓"）的选择比率最高。

第四，德育工作者的看法。如表7-65所示，在2013年就德育工作者眼中未成年人对"人不为己，天诛地灭"看法的调查中，各选项的排序："赞成"（25.58%）、"既不赞成也不反对"（20.93%）、"不赞成"（为20.93%）、"无所谓"（13.95%）、"不知道"（11.63%）、"反对"（6.98%）。在德育工作者的眼中，未成年人赞成这种观念的比率处在第一位，同时认为未成年人不知道的比率也较高。

第五，小学校长的看法。如表7-65所示，在2013年就小学校长眼中未成年人对"人不为己，天诛地灭"看法的调查中，各选项的排序："不知道"（31.58%）、"既不赞成也不反对"（23.68%）、"赞成"（18.42%）、"不赞成"（13.16%）、"无所谓"（10.53%）、"反对"（2.63%）。在小学校长的眼中，未成年人对待这种观念表示不知道的比率最高，其次是保持中立。

总的来说，在中学校长、德育工作者与小学校长眼中，未成年人对这句话表现出不赞成的态度并对这一问题有较为清晰的认识。

表 7-65　中学校长、德育工作者、小学校长眼中未成年人对"人不为己，天诛地灭"这句话的看法（2013年、2016年）

选项	总计			中学校长						德育工作者（2013年）		小学校长（2013年）		中学校长与小学校长比较率差
				合计		2013年		2016年						
	人数	比率	排序	人数	比率	人数	比率	人数	比率	人数	比率	人数	比率	
赞成	54	16.51	3	36	14.63	30	16.48	6	9.38	11	25.58	7	18.42	-3.79
不赞成	84	25.69	1	70	28.46	45	24.73	25	39.06	9	20.93	5	13.16	15.30
既不赞成也不反对	83	25.38	2	65	26.42	51	28.02	14	21.88	9	20.93	9	23.68	2.74
反对	31	9.48	6	27	10.98	15	8.24	12	18.75	3	6.98	1	2.63	8.35
无所谓	41	12.54	4	31	12.60	27	14.84	4	6.25	6	13.95	4	10.53	2.07
不知道	34	10.40	5	17	6.91	14	7.69	3	4.69	5	11.63	12	31.58	-24.67
合计	327	100	—	246	100	182	100	64	100	43	100	38	100	—

第六，受访群体看法的比较。如表7-66所示，在对成年人群体的调查中，各群体眼中未成年人对于"人不为己，天诛地灭"的看法同样也是"赞成""不赞成"以及"既不赞成也不反对"的比率相当。其中，较多德育工作者表示"赞成"，较少小学校长表示"不赞成"，较多中学校长表示"既不赞成也不反对"与"反对"。此外，较多小学校长选择了"不知道"。需要正视各个群体间的差异性，从而有针对性地对未成年人进行相关的教育与引导，从而帮助其树立正确的观念。

表 7-66　受访群体看法比较

受访群体	赞成	不赞成	既不赞成也不反对	反对	无所谓	不知道	有效样本量/人
中学老师（2008—2013年、2016年）	23.56%	27.16%	25.53%	6.25%	7.20%	10.32%	1473
家长（2010—2013年、2016年）	19.42%	35.35%	24.67%	5.86%	5.04%	9.66%	973
中学校长（2013年、2016年）	14.63%	28.46%	26.42%	10.98%	12.60%	6.91%	246

(续表 7-66)

受访群体	赞成	不赞成	既不赞成也不反对	反对	无所谓	不知道	有效样本量/人
德育工作者（2013年）	25.58%	20.93%	20.93%	6.98%	13.95%	11.63%	43
小学校长（2013年）	18.42%	13.16%	23.68%	2.63%	10.53%	31.58%	38
比率平均值	20.32%	25.01%	24.25%	6.54%	9.86%	14.02%	—

（2）在"人应当及时享乐"看法中的中庸性。

第一，受访群体的看法。如表 7-67 所示，在 2013 年对受访群体的调查中，27.67% 的受访群体认为未成年人对"人应当及时享乐""不赞成"，认为未成年人"既不赞成也不反对"的比率为 26.91%，认为未成年人"反对"的比率为 19.48%，认为未成年人"赞成"的比率为 14.35%。综合来看，受访群体眼中未成年人对此看法更倾向于持"反对"与"不赞成"的态度。

从单个群体的选择来看，选择"赞成"的比率最高的群体是德育工作者，选择"不赞成"比率最高的群体是小学校长，选择"反对"的比率最高的群体是未成年人。

表 7-67　受访群体眼中未成年人对"人应当及时享乐"的理解（2013年）

选项	总计			未成年人		中学老师		家长		中学校长		德育工作者		小学校长	
	人数	比率	排序	人数	比率	人数	比率	人数	比率	人数	比率	人数	比率	人数	比率
赞成	548	14.35	4	352	11.86	77	26.10	59	20.07	39	21.43	12	27.91	9	23.68
不赞成	1057	27.67	2	832	28.03	78	26.44	81	27.55	48	26.37	7	16.28	11	28.95
既不赞成也不反对	1028	26.91	1	828	27.90	51	17.29	82	27.89	48	26.37	14	32.56	5	13.16
反对	744	19.48	3	678	22.84	33	11.19	21	7.14	8	4.40	3	6.98	1	2.63
无所谓	255	6.68	5	173	5.83	35	11.86	16	5.44	24	13.19	5	11.63	2	5.26
不知道	188	4.92	6	105	3.54	21	7.12	35	11.91	15	8.24	2	4.64	10	26.32
合计	3820	100	—	2968	100	295	100	294	100	182	100	43	100	38	100

第二，其他研究者的调研成果分析。如表 7-68 所示，涂敏霞、刘艺非在 2014 年对广东省广州市青少年就"人应当及时行乐"看法的调查显示，选择"同意"的比率为 54.99%，选择"不同意"的比率为 15.59%。这一调查结果表明，未成年人对此问题持肯定性态度的比率较大。从与本研究的比较来看，广州市的未成年人选择认同这一观点的比率较高，本研究中同样存在部分未成年人认同这一观点。可见，未成年人对及时行

乐有自身个性化的理解，教育工作者应当注意加强教育与引导。

表7-68 未成年人对"人应当及时行乐"的认同度

选项	2014年广东省广州市的青少年调查 (N: 6645，其中2010年1373、2012年1677、2014年3598)①			
	你对"人应当及时行乐"的看法			
	比率			
	三年均率	2010年	2012年	2014年
不同意	15.59	14.23	16.57	15.96
一般	27.62	25.55	28.59	28.71
同意	54.99	58.83	52.99	53.15
不清楚	1.81	1.39	1.85	2.18
合计	100	100	100	100

（3）在对其他问题的看法中的中庸性。

第一，未成年人的自述：

对"人不欺我，我不欺人；人若欺我，我必欺人"为人处世原则的看法。如表7-69所示，在2013年、2016年就未成年人对"人不欺我，我不欺人；人若欺我，我必欺人"为人处世原则的看法的调查中，未成年人选择"中立"的比率为32.19%，选择"比较同意"与"非常同意"的合比率为30.28%，选择"非常反对"与"比较反对"的合比率为31.15%。相当比例的未成年人认同这一看法。

从2016年与2013年的比较来看，"非常反对"的比率与"比较反对"的比率均有所上升。可见，未成年人对这一观点的认识呈现出较好的态势。应当指出的是，不应忽视选择中立性认识的未成年人，正是因为中立性，其思想认识会存在一定的摇摆性，需要引起教育工作者的注意。

---

① 涂敏霞，刘艺非. 新媒体时代青年价值观的嬗变：广州市青年价值观的趋势研究 [J]. 青少年研究与实践，2016（1）：87-96.

表 7-69 未成年人对一些为人处世原则的看法（2013 年、2016 年）

选项	对"人不欺我，我不欺人；人若欺我，我必欺人"为人处世原则的看法							对"各人自扫门前雪，休管他人瓦上霜"为人处世原则的看法						
	合计		2013 年		2016 年		2016 年与 2013 年比较率差	合计		2013 年		2016 年		2016 年与 2013 年比较率差
	人数	比率	人数	比率	人数	比率		人数	比率	人数	比率	人数	比率	
非常反对	725	14.79	329	11.08	396	20.48	9.40	1254	25.58	764	25.74	490	25.34	-0.40
比较反对	802	16.36	458	15.43	344	17.79	2.36	1350	27.54	812	27.36	538	27.82	0.46
中立	1578	32.19	1116	37.60	462	23.89	-13.71	1263	25.76	860	28.98	403	20.84	-8.14
比较同意	913	18.63	608	20.49	305	15.77	-4.72	423	8.63	283	9.54	140	7.24	-2.30
非常同意	571	11.65	343	11.56	228	11.79	0.23	253	5.16	120	4.04	133	6.88	2.84
说不清	313	6.39	114	3.84	199	10.29	6.45	359	7.32	129	4.35	230	11.89	7.54
合计	4902	100	2968	100	1934	100	—	4902	100	2968	100	1934	100	—

对"各人自扫门前雪，休管他人瓦上霜"为人处世原则的看法。如表 7-69 所示，在 2013 年、2016 年就未成年人对"各人自扫门前雪，休管他人瓦上霜"为人处世原则看法的调查中，未成年人选择"中立"的比率为 25.76%，选择"比较反对"与"非常反对"的合比率为 53.12%，选择"比较同意"与"非常同意"的合比率为 13.79%。大部分的未成年人对这一问题持反对性态度。但从单个比率来看，较多的未成年人对这个观念保持中立。

通过以上的分析可知，较多的未成年人对一些为人处事原则持中立态度，显现中性化，"既不赞成也不反对，态度暧昧，观点隐晦，这些原本在成年人身上的状态，在未成年人中也有表现"①，导致一些未成年人青睐中庸之道，缺乏明确价值判断，失去上进心。

第二，受访群体的看法：

受访群体眼中未成年人对"人不欺我，我不欺人；人若欺我，我必欺人"为人处世原则的看法。如表 7-70 所示，在 2016 年对受访群体的调查中，选择"中立"的比率为 24.10%，居于第一位，选择"非常反对"与"比较反对"的比率分别为 20.87% 与 17.82%。

---

① 叶松庆. 当代未成年人价值观的演变与教育 [M]. 合肥：安徽人民出版社，2007：57.

选择"比较同意"与"非常同意"的比率分别为16.80%与10.52%。受访群体在表示中立的基础上，更多地表现为反对性倾向。

从未成年人与成年人群体的比较来看，未成年人选择"说不清"的比率高于成年人群体2.25%，可见，未成年人的不确定认识甚于成年人群体。

表7-70 受访群体眼中未成年人对"人不欺我，我不欺人；人若欺我，我必欺人"
为人处世原则的看法（2016年）

选项	总计			未成年人		成年人群体								未成年人与成年人群体比较率差
						合计		中学老师		家长		中学校长		
	人数	比率	排序	人数	比率	人数	比率	人数	比率	人数	比率	人数	比率	
非常反对	492	20.87	2	396	20.48	96	22.70	35	21.08	53	27.46	8	12.5	-2.22
比较反对	420	17.82	3	344	17.79	76	17.97	32	19.28	30	15.54	14	21.88	-0.18
中立	568	24.10	1	462	23.89	106	25.06	38	22.89	51	26.42	17	26.56	-1.17
比较同意	396	16.80	4	305	15.77	91	21.51	32	19.28	41	21.24	18	28.13	-5.74
非常同意	248	10.52	5	228	11.79	20	4.73	10	6.02	6	3.11	4	6.25	7.06
说不清	233	9.89	6	199	10.29	34	8.04	19	11.45	12	6.22	3	4.69	2.25
合计	2357	100	—	1934	100	423	100	166	100	193	100	64	100	—

受访群体眼中未成年人对"各人自扫门前雪，休管他人瓦上霜"为人处世原则的看法。如表7-71所示，在2016年对受访群体的调查中，选择"比较反对"的比率为27.49%，居于第一位，选择"非常反对"的比率为26.13%，居于第二位，选择"中立"的比率为20.28%，选择"比较同意"与"非常同意"的比率均不足10%。多数受访群体对这一问题表现出反对性态度的前提下，倾向于"中立"的也较多。

从未成年人与中学老师等成年人群体的比较来看，未成年人选择"中立"的比率较成年人群体要高，这在一定程度上反映了未成年人的中庸性。

表 7-71 受访群体认为未成年人对"各人自扫门前雪，休管他人瓦上霜"为人处世原则的看法（2016 年）

选项	总计			未成年人		成年人群体							未成年人与成年人群体比较率差
						合计		中学老师		家长		中学校长	
	人数	比率	排序	人数	比率	人数	比率	人数	比率	人数	比率	人数	比率	
非常反对	616	26.13	2	490	25.34	126	29.79	42	25.30	68	35.23	16	25	-4.45
比较反对	648	27.49	1	538	27.82	110	26.0	41	24.70	53	27.46	16	25	1.82
中立	478	20.28	3	403	20.84	75	17.73	33	19.88	32	16.58	10	15.63	3.11
比较同意	192	8.15	5	140	7.24	52	12.29	22	13.25	17	8.81	13	20.31	-5.05
非常同意	154	6.53	6	133	6.88	21	4.96	10	6.02	9	4.66	2	3.13	1.92
说不清	269	11.41	4	230	11.89	39	9.22	18	10.84	14	7.25	7	10.94	2.67
合计	2357	100	—	1934	100	423	100	166	100	193	100	64	100	—

5. 雇佣思想体现的摇摆

（1）未成年人的看法。

如表 7-72 所示，在 2010—2013 年、2016 年就未成年人对"中小学生雇人写作业""大学生雇人打扫寝室卫生"现象的看法调查中，各选项的排序："不赞成"（37.74%）、"反对"（25.54%）、"既不赞成也不反对"（17.05%）、"赞成"（13.60%）、"不知道"（6.07%）。未成年人对雇人写作业、打扫卫生等现象表示不赞成或反对的比率达到了 63.28%，处于较高的比率。但仍有 13.60% 的未成年人表示赞成这种行为，也有部分未成年人表示对这种行为保持中立。

从 2016 年与 2010 年的比较来看，未成年人对这种行为持赞成的比率在上升，反对的比率总体下降。从总体上看，未成年人雇人写作业和打扫卫生等行为是不合理的。对那些有钱人家的孩子来说，这将会助长他们懒惰的习性，使得他们形成"钱是万能的"的错误认识。毕竟这些都是未成年人应尽的义务，需要自己完成，才能起到锻炼与提高自身的作用。

表 7-72 未成年人对"中小学生雇人写作业""大学生雇人打扫寝室卫生"现象的看法（2010—2013 年、2016 年）

选项	总计			2010 年		2011 年		2012 年		2013 年		2016 年		2016 年与 2010 年比较率差
	人数	比率	排序	人数	比率	人数	比率	人数	比率	人数	比率	人数	比率	
赞成	1479	13.60	4	185	9.56	238	12.33	258	12.26	423	14.25	375	19.39	9.83
不赞成	4103	37.74	1	803	41.48	788	40.81	831	39.50	995	33.52	686	35.47	-6.01

(续表 7-72)

选项	总计			2010 年		2011 年		2012 年		2013 年		2016 年		2016 年与 2010 年比较率差
	人数	比率	排序	人数	比率	人数	比率	人数	比率	人数	比率	人数	比率	
既不赞成也不反对	1854	17.05	3	227	11.73	270	13.98	466	22.15	621	20.92	270	13.96	2.23
反对	2777	25.54	2	643	33.21	530	27.45	479	22.77	811	27.32	314	16.24	-16.97
不知道	660	6.07	5	78	4.02	105	5.43	70	3.32	118	3.99	289	14.94	10.92
合计	10873	100	—	1936	100	1931	100	2104	100	2968	100	1934	100	—

(2) 受访群体的看法。

如表 7-73 所示,在 2016 年对受访群体的调查中,选择"不赞成"的比率为 36.64%,居于第一位,选择"反对"的比率为 20.57%,选择"赞成"选项的比率为 19.15%。成年人群体并不赞成"中小学生雇人写作业"与"大学生雇人打扫寝室卫生",这些做法无疑会助长中小学生与大学生的惰性,对勤劳与坚毅品格的养成极为不利。

从单个选项的比率来看,选择"不赞成"的比率最高的群体是中学校长,家长选择"赞成"的比率最高。对这一问题,家长应该引起重视,从点滴的生活细节中来逐步改变未成年人的不良习惯。

表 7-73 受访群体眼中未成年人对"中小学生雇人写作业""大学生雇人打扫寝室卫生"现象的看法(2016 年)

选项	总计			中学老师		家长		中学校长		中学老师与家长比较率差
	人数	比率	排序	人数	比率	人数	比率	人数	比率	
赞成	81	19.15	3	29	17.47	45	23.32	7	10.94	-5.85
不赞成	155	36.64	1	54	32.53	72	37.31	29	45.31	-4.78
既不赞成也不反对	56	13.24	4	26	15.66	21	10.88	9	14.06	4.78
反对	87	20.57	2	32	19.28	46	23.83	9	14.06	-4.55
不知道	36	8.51	5	22	13.25	7	3.63	7	10.94	9.62
其他	8	1.89	6	3	1.81	2	1.04	3	4.69	0.77
合计	423	100	—	166	100	193	100	64	100	—

6. 儿戏婚姻体现的摇摆

"未成年人征婚"看似是一件很荒唐的事情,但在现实生活中,这种现象却在不断上演。那么同样是未成年人,对待自己的同龄人征婚是什么样的看法呢?

(1) 未成年人的看法。

如表7-74所示,在2010—2013年、2016年就未成年人对"未成年人征婚"现象的看法的调查中,各选项的排序:"不正常"(46.60%)、"不好评论"(25.28%)、"很正常"(17.58%)、"不知道"(6.66%)、"无所谓"(3.88%)。接近半数的未成年人表示这种行为是不正常的,而认为这是一种正常现象的占17.58%,也代表了部分未成年人的想法。此外,有部分未成年人表示这种现象不好评价。

从2016年与2010年的比较来看,未成年人认为这是一种不正常现象的比率在下降,2016年较2010年下降了13.18%。总的来说,未成年人还没有达到法定的结婚年龄就过早地步入成年人生活的节奏是不符合社会预期的。

表7-74 未成年人对"未成年人征婚"现象的看法(2010—2013年、2016年)

选项	总计			2010年		2011年		2012年		2013年		2016年		2016年与2010年比较率差
	人数	比率	排序	人数	比率	人数	比率	人数	比率	人数	比率	人数	比率	
很正常	1911	17.58	3	303	15.65	303	15.69	402	19.11	509	17.15	394	20.37	4.72
不正常	5067	46.60	1	1006	51.96	1009	52.25	946	44.96	1356	45.69	750	38.78	-13.18
不好评论	2749	25.28	2	427	22.06	445	23.05	624	29.66	807	27.19	446	23.06	1.00
无所谓	422	3.88	5	66	3.41	72	3.73	71	3.37	140	4.72	73	3.77	0.36
不知道	724	6.66	4	134	6.92	102	5.28	61	2.90	156	5.25	271	14.01	7.09
合计	10873	100	—	1936	100	1931	100	2104	100	2968	100	1934	100	—

(2) 受访群体的看法。

如表7-75所示,在2016年对受访群体的调查中,受访群体选择"不正常"的比率为40.98%,居于第一位,选择"不好评论"的比率为20.92%,选择"很正常"的比率为20.15%。受访群体更多地表现出反对态度。

从未成年人与成年人群体的比较来看,未成年人选择"很正常"的比率较成年人群体选择的比率要高。部分未成年人并未切实理解这一现象背后的含义,未成年人未达到法定结婚年龄,任何形式的征婚均有潜在的不利于健康成长的隐忧。

表 7-75　受访群体眼中未成年人对"未成年人征婚"现象的看法（2016 年）

选项	总计			未成年人		成年人群体								未成年人与成年人群体比较率差
						合计		中学老师		家长		中学校长		
	人数	比率	排序	人数	比率	人数	比率	人数	比率	人数	比率	人数	比率	
很正常	475	20.15	3	394	20.37	81	19.15	24	14.46	50	25.91	7	10.94	1.22
不正常	966	40.98	1	750	38.78	216	51.06	87	52.41	98	50.78	31	48.44	-12.28
不好评论	493	20.92	2	446	23.06	47	11.11	17	10.24	22	11.40	8	12.5	11.95
无所谓	92	3.90	5	73	3.77	19	4.49	5	3.01	8	4.15	6	9.38	-0.72
不知道	331	14.04	4	271	14.01	60	14.18	33	19.88	15	7.77	12	18.75	-0.17
合计	2357	100	—	1934	100	423	100	166	100	193	100	64	100	—

（四）行为略显倾向

1. 考试作弊体现的倾向

（1）未成年人的考试表现。

如表 7-76 所示，在 2006—2016 年对未成年人考试表现的调查中，47.69% 的未成年人表示"从不作弊"，居于第一位，大部分的未成年人对考试有严肃认真的态度，能正确对待考试。28.82% 的未成年人表示自己"有时作弊"或"经常作弊"，对这部分的未成年人需要进行严厉的批评教育，帮助其树立正确的考试观。选择"想作弊但又怕被老师发现"的比率为 11.73%，对于这部分"摇曳性"的未成年人，教育工作者需要做好耐心细致的教育引导工作。

从 2016 年与 2006 年的比较来看，2016 年"从不作弊"的比率有所增加，选择"有时作弊"的比率较 2006 年低 6.35%，是降幅最大的选项。未成年人在考试中的表现趋好。

表 7-76　未成年人的考试表现（2006—2016 年）

选项	总计			2006—2013 年[①]		2006 年[②] 比率	2014 年		2015 年		2016 年		2016 年与 2006 年比较率差
	人数	比率	排序	人数	比率		人数	比率	人数	比率	人数	比率	
从不作弊	12896	47.69	1	9376	45.40	40.07	1725	58.71	909	59.88	886	45.81	5.74
有时作弊	6424	23.76	2	5369	26.00	24.40	457	15.55	249	16.40	349	18.05	-6.35

---

① 叶松庆. 当代未成年人道德观发展变化与引导对策的实证研究［M］. 芜湖：安徽师范大学出版社，2016：145.

② 叶松庆. 当代未成年人的学习观现状与特点［J］. 青年探索，2007（2）：7-10.

(续表 7-76)

选项	总计			2006—2013 年[①]		2006年[②]比率	2014 年		2015 年		2016 年		2016 年与2006 年比较率差
	人数	比率	排序	人数	比率		人数	比率	人数	比率	人数	比率	
经常作弊	1368	5.06	5	1010	4.89	8.41	138	4.70	55	3.62	165	8.53	0.12
想作弊但又怕被老师发现	3172	11.73	4	2573	12.46	11.17	292	9.94	144	9.49	163	8.43	-2.74
根本不想作弊	3181	11.76	3	2323	11.25	15.95	326	11.10	161	10.61	371	19.18	3.23
合计	27041	100	—	20651	100	100	2938	100	1518	100	1934	100	—

（2）受访群体的看法。

第一，中学老师的看法。如表 7-77 所示，在 2008—2013 年和 2016 年对中学老师眼中未成年人考试作弊情况的调查中，56.89% 的中学老师认为未成年人会"有时作弊"，居于第一位，远高于未成年人自身的选择。22.67% 的中学老师认为未成年人"想作弊又怕被老师发现"。选择"从不作弊"与"根本不想作弊"的合比率为 8.35%。在中学老师眼中有相当一部分的未成年人考试会作弊，这需要引起包括中学老师在内的教育工作者的重视。

从 2016 年与 2008 年的比较来看，2016 年选择"从不作弊"的比率较 2008 年高 20.83%，选择"有时作弊""经常作弊"与"想作弊但又怕被老师发现"的比率均较 2008 年低。中学老师眼中，未成年人对考试作弊的认识较为清晰，考试作弊的比率有所降低。

表 7-77 中学老师眼中未成年人考试作弊的情况（2008—2013 年、2016 年）

选项	总计			2008—2013 年[③]		2008 年比率	2016 年		2016 年与2008 年比较率差
	人数	比率	排序	人数	比率		人数	比率	
从不作弊	98	6.65	4	57	4.36	3.87	41	24.70	20.83
有时作弊	838	56.89	1	762	58.30	56.13	76	45.78	-10.35
经常作弊	178	12.08	3	167	12.78	9.68	11	6.63	-3.05

[①][③] 叶松庆. 当代未成年人道德观发展变化与引导对策的实证研究 [M]. 芜湖：安徽师范大学出版社，2016：145.

[②] 叶松庆. 当代未成年人的学习观现状与特点 [J]. 青年探索，2007（2）：7-10.

(续表 7-77)

选项	总计			2008—2013 年①		2008 年比率	2016 年		2016 年与 2008 年比较率差
	人数	比率	排序	人数	比率		人数	比率	
想作弊又怕被老师发现	334	22.67	2	303	23.18	29.68	31	18.67	-11.01
根本不想作弊	25	1.70	5	18	1.38	0.64	7	4.22	3.58
合计	1473	100	—	1307	100	100	166	100	—

第二,家长的看法。如表 7-78 所示,在 2010—2013 年、2016 年对家长眼中未成年人考试作弊情况的调查中,43.78% 的家长认为未成年人会"有时作弊",这一比率较中学老师选择的同类选项的比率要低。家长选择"从不作弊"与"根本不想作弊"的比率分别为 25.80% 与 5.65%。在家长眼中,未成年人存在考试作弊的情况。

从 2016 年与 2010 年的比较来看,2016 年选择"从不作弊"的比率较 2010 年高 27.19%,是增幅最大的选项。从比较率差来看,家长认为未成年人考试作弊情况有所减少,可见,未成年人也逐渐确立起了诚信考试观。

表 7-78 家长眼中的未成年人考试作弊的情况(2010—2013 年、2016 年)

选项	总计			2010—2013 年②		2010 年比率	2016 年		2016 年与 2010 年比较率差
	人数	比率	排序	人数	比率		人数	比率	
从不作弊	251	25.80	2	167	21.41	16.33	84	43.52	27.19
有时作弊	426	43.78	1	366	46.92	52.04	60	31.09	-20.95
经常作弊	82	8.43	4	74	9.49	8.16	8	4.15	-4.01
想作弊又怕被老师发现	159	16.34	3	132	16.92	17.35	27	13.99	-3.36
根本不想作弊	55	5.65	5	41	5.26	6.12	14	7.25	1.13
合计	973	100	—	780	100	100	193	100	—

---

① 叶松庆. 当代未成年人道德观发展变化与引导对策的实证研究 [M]. 芜湖:安徽师范大学出版社,2016:145.

② 叶松庆. 当代未成年人道德观发展变化与引导对策的实证研究 [M]. 芜湖:安徽师范大学出版社,2016:146.

第七章 当代未成年人价值观变化与教育的问题所在

第三,中学校长、德育工作者、小学校长的看法。如表7-79所示,在2013年和2016年对中学校长、2013年对德育工作者、2013年对小学校长眼中未成年人考试作弊情况的调查中,63.61%的受访群体选择"有时作弊",选择"从不作弊"与"根本不想作弊"的合比率为7.03%,选择"想作弊但又怕被老师发现"的比率为18.65%。大部分的受访群体认为未成年人存在考试作弊的情况。从根本上加强对未成年人考试教育,需要多方面的力量共同参与。

表7-79 中学校长、德育工作者、小学校长眼中的未成年人考试作弊情况（2013年、2016年）

选项	总计		中学校长						德育工作者(2013年)		小学校长(2013年)		中学校长与小学校长比较率差
			合计		2013年①		2016年						
	人数	比率	人数	比率	人数	比率	人数	比率	人数	比率	人数	比率	
从不作弊	18	5.50	15	6.10	2	1.10	13	20.31	1	2.33	2	5.26	0.84
有时作弊	208	63.61	163	66.26	132	72.53	31	48.44	21	48.84	24	63.16	3.10
经常作弊	35	10.70	18	7.32	14	7.69	4	6.25	15	34.88	2	5.26	2.06
想作弊但又怕被老师发现	61	18.65	45	18.29	34	18.68	11	17.19	6	13.95	10	26.32	-8.03
根本不想作弊	5	1.53	5	7.81	5	2.03	0	0.00	0	0.00	0	0.00	2.03
合计	327	100	246	100	182	100	64	100	43	100	38	100	—

（3）其他研究者的调研成果分析。

表7-80至表7-83反映了其他研究者的相关研究成果。

在表7-80中,徐萍在1995年对南师大附中、南大附中、十七中、丰润中学、雨花台中学、尧化中学、南农附中、中国石化公司子弟学校、新联机械厂中学、仙林农牧场中学、五塘中学等代表不同类型的11所学校未成年人的调查显示,近四成的未成年人表示考试中从来没有作过弊,但也有超过四成的未成年人表示作过弊,其中一成未成年人表示经常有作弊的情况。

舒罗伟、王立志在1997年对河北省廊坊市中专生的调查显示,未成年人表示偶尔作弊的比率很高,且男生高于女生。

王星(中国社会调查所)在2004年对北京、上海、广州、武汉、沈阳、西安、厦门、郑州、长沙、乌鲁木齐10个城市青少年的调查显示,未成年人大多表示自己考试不

---

① 叶松庆.当代未成年人道德观发展变化与引导对策的实证研究[M].芜湖:安徽师范大学出版社,2016:146.

会作弊,但身边有很多人会出现作弊的行为。

表7-80 不同时间与地区未成年人考试作弊的情况(一)

1995年南师大附中、南大附中、十七中、丰润中学、雨花台中学、尧化中学、南农附中、中国石化公司子弟学校、新联机械厂中学、仙林农牧场中学、五塘中学等代表不同类型的11所学校的未成年人调查(N:1500)①			1997年河北省廊坊市的中专生调查(N:117)②			2004年中国社会调查所对北京、上海、广州、武汉、沈阳、西安、厦门、郑州、长沙、乌鲁木齐10个城市的青少年调查(N:1000)③			
从小学到现在			你在考试时作过弊没有			自己是否考试作弊		同学是否考试作弊	
选项	人数	比率	选项	比率		选项	比率	选项	比率
				男	女				
从来没有	608	39.23	经常作弊	2.9	2.14	偶尔作弊	16.0	有,很多	47.0
偶尔有	405	26.13	偶尔作弊	85.29	72.29	不作弊	84.0	有,不多	30.0
经常有	158	10.19	不作弊	2.94	19.28	—	—	没有	23.0
以前有现在没有	153	9.87	未标明	8.87	6.83	—	—	—	—
以前没有现在有	34	2.19	—	—	—	—	—	—	—
几乎每次都有	5	0.32	—	—	—	—	—	—	—
未标明	187	12.07	—	—	—	—	—	—	—
合计	1550	100	合计	100	100	合计	100	合计	100

在表7-81中,马开军在2004年对浙江省慈溪市职业高中的调查显示,72.0%的中学生认为可以作弊,并认为"实际上考试作弊和想作弊的学生比例比问卷调查中的多得多"④。

罗兆夫、张秀传在2005年对河南省教育厅中小学生的调查显示,少部分未成年人表示考试诚实会吃亏,自己也有作弊的想法,这一点中学生比小学生的选择比率要高。

穆青在2006年对北京市中学生的调查显示,随着年级的增高,未成年人作弊的概率增加。

---

① 徐萍. 1500名中学生道德现状的调查及对策初探[M]. 南京高师学报, 1995, 11(5): 47-51.
② 舒罗伟, 王立志. 男女学生考试作弊心理的对比研究[J]. 中等医学研究, 1997, (5): 24-27.
③ 王星. 关于考试作弊的调查[N]. 人民政协报, 2004-06-01.
④ 马开军. 职高学生人生价值观的调查与思考[J]. 中国职业技术教育, 2005(26): 42-43.

高玉峰在2007年对河北省科技师范学院的调查显示,有两成的未成年人表示考试有过作弊行为,其中有些未成年人考试作弊甚至被老师发现并受到处罚过。

表7-81　不同时间与地区未成年人考试作弊的情况(二)

2004年浙江省慈溪市职业高中的调查(N: 454)①		2005年河南省教育厅的中小学生调查(N: 中学生39982、小学生26328)②			2006年北京市的中学生调查(N: 初中生5140、高中生2388)③				2007年河北省科技师范学院的调查(N: 2104,其中,小学生360、中学生446、高中生440、学生858)④	
对考试作弊的想法		对待考试作弊的想法			在考试作弊问题上				在考试时	
选项	比率	选项	比率		选项	比率			选项	比率
			小学生	中学生		初一	初二	高一		
不作弊更好,作点弊也无妨	72.0	诚实者吃亏,只要不被发现,也想作弊	3.0	10.19	总是有一些同学会作弊	19.4	26.3	36.3	有考试作弊行为	19.5
不作弊太傻了	6.0	未标明	97.0	89.81	偶尔作过一、二次	36.4	51.3	58.5	考试作弊被老师发现过	2.7
未标明	22.0	—	—	—	从来没有作弊过	62.2	45.9	37.3	未标明	77.8
合计	100	合计	100	100	合计	—	—	—	合计	100

在表7-82中,王定华在2009年与2011年教育部基础司与天津教科院对山东、江苏、河北、湖南、甘肃、四川未成年人的调查显示,中学生与小学生都有考试作弊的情况,但中学生更为严重,两个群体的作弊比率在下降。

在2011年上海市社科院青少所的未成年人调查中,近半数未成年人表示为了取得好成绩或者是跟随他人,自己也可能会在考试中作弊。

李虎林、褚洪娇在2011年对甘肃省兰州市、金昌市、张掖市、陇南市、定西市未成

---

① 马开军. 职高学生人生价值观的调查与思考 [J]. 中国职业技术教育, 2005 (26): 42-43.
② 罗兆夫, 张秀传. 河南省中小学生思想道德状况调查报告 [J]. 中国德育, 2006, 1 (1): 44-50.
③ 穆青. 首都中学生思想道德特征 [M]. 北京青年政治学院学报, 2006, 15 (3): 16-21.
④ 高玉峰. 青少年荣辱观现状及教育对策 [J]. 青年探索, 2007 (3): 48-51.

年人的调查显示,超过六成的未成年人表示自己在考试中有过作弊的行为,占据了很高的比率。

表7-82 不同时间与地区未成年人考试作弊的情况(三)

2009年、2011年教育部基础司与天津教科院在山东、江苏、河北、湖南、甘肃、四川的未成年人调查(N:2009年不详、2011年5236)①			2011年上海市社科院青少所的未成年人调查(N:不明)②		2011年甘肃省兰州市、金昌市、张掖市、陇南市、定西市的未成年人调查(N:2153)③	
未成年人考试作弊情况			在对待考试作弊的问题上		考试是否作弊	
选项	比率		选项	比率	选项	比率
	2009年	2011年				
中学生作弊	49.8	42.6	对待考试作弊,只要能考得好成绩就可以或无所谓	24.5	从不作弊	37.3
小学生作弊	16.9	13.1	如果其他人作弊,我可能也会跟着作弊	23.8	作过弊	62.7
未标明	33.3	44.3	未标明	51.7	—	—
合计	100	100	合计	100	合计	100

在表7-83中,李卫卫在2012年对河北省石家庄市青少年的调查显示,有两成的未成年人表示在考试中会视情况来决定作不作弊。

赵丽霞在2012年对山东、江苏、河北、湖南、四川、甘肃等六省中学生的调查显示,有27.8%的未成年人表示在考试中有过作弊的现象。

张勇在2013年对新疆青少年的调查显示,只有32.0%的未成年人表示从来没有作过弊,其他未成年人或多或少地有过作弊的情况。

裴秀芳等在2015年对山西省太原等城市中小学生关于其他同学作弊的态度的调查显示,13.1%的未成年人会假装看不见,选择"别人作弊,我也跟着作弊"的比率为3.6%。

从总体上看,结合本研究的认识,未成年人作弊现象时多时少,但近几年未成年人的考试作弊现象有增无减。

---

① 王定华.新形势下我国中小学生品德状况调查与思考[J].教育科学研究,2013(1):27-32.
② 佚名.调查显示:近三成学生认为考试作弊"无所谓"[N].新闻晚报,2011-12-16.
③ 李虎林,褚洪娇.甘肃省中学生思想道德素质现状调查与分析[J].社科纵横,2012,27(5):139-142.

表7-83 不同时间与地区未成年人考试作弊的情况（四）

2012年河北省石家庄市的青少年调查（N：500）①		2012年山东、江苏、河北、湖南、四川、甘肃等六省的中学生调查（N：10403，其中，高二1933、初二3234、小学四年级2683、小学六年级2553）②		2013年新疆的青少年调查（N：7120，其中，中小学生732、大学生6800）③		2015年山西省太原、长治、运城等市的中小学生调查（N：1211）④	
在有人作弊，甚至因作弊而获得不当利益的情况下		是否有过作弊行为		你曾有过考试作弊的想法和经历吗？		当看到有同学考试作弊等不诚信的行为时，你的态度是	
选项	比率	选项	比率	选项	比率	选项	比率
不会作弊	80.0	作过弊	27.8	从来没有过	32.0	立即报告给老师	47.5
视情况而定和会作弊	20.0	未标明	72.2	有想法，也做过，很幸运没被抓住	22.0	不报告，但鄙视这种行为	35.8
—	—	—	—	曾经有过，没敢实施	40.0	假装没看见	13.1
—	—	—	—	未标明	6.0	别人作弊，我也跟着作弊	3.6
合计	100	合计	100	合计	100	合计	100

2. 真实算命体现的倾向

（1）未成年人的算命现象。

前面讨论了未成年人相信算命的情况，调查显示未成年人相信算命的比率较高，那么未成年人究竟有没有付之行动算过命呢？"一般而言，相信算命的青少年，一有机会就会真的去算命。"⑤

---

① 李卫卫. 关于对青少年诚信问题的调查与思考 [J]. 青年文学家，2012（12）：153.
② 赵丽霞. 当前我国中小学生基本道德品质调查研究 [J]. 中国教育学刊，2012（7）：76-79.
③ 张勇. 新疆青少年价值观现状调查与分析 [J]. 新疆社会科学，2013（3）：20-23.
④ 裴秀芳，郝慧颖，安彩红，等. 中小学生社会主义核心价值观的现状及教育对策：以山西省为例 [J]. 中国德育，2015（15）：10-15.
⑤ 叶松庆. 当代城乡青少年迷信观的比较研究 [J]. 青年探索，2009（3）：92-96.

第一，未成年人的自述：

2007—2016年的调查。如表7-84所示，在2007—2016年对未成年人真实算命情况的调查中，各选项的排序："没算过"（60.45%）、"算过"（28.87%）、"搞不清楚"（10.68%）。未成年人表示没有算过命的比率较高，但有接近30%的未成年人表示自己算过命，占据较高的比率。

从2016年与2007年的比较来看，未成年人算过命的比率波动下降，2016年较2007年低9.96%。虽然未成年人算过命，但这并不代表他们就相信算命，而且多数的未成年人表示，算命多是应家长要求所致。很多家长，特别是农村的家长会带着未成年人算命，以期了解未成年人学习等方面的状况。此外，未成年人选择"搞不清楚"的比率较2007年高11.96%，可见，需要进一步加强对未成年人的教育引导，帮助其厘清对这一问题的认识。

表7-84 未成年人真实算命的情况（2007—2016年）

年份	算过		没算过		搞不清楚		合计人数
	人数	比率	人数	比率	人数	比率	
2007[①]	1081	35.50	1555	51.07	409	13.43	3045
2008[②]	1133	28.15	2566	63.75	326	8.10	4025
2009[③]	616	27.80	1448	65.34	152	6.86	2216
2010[④]	560	28.93	1156	59.71	220	11.36	1936
2011	604	31.28	1162	60.18	165	8.54	1931
2012	681	32.37	1145	54.42	278	13.21	2104
2013	873	29.41	1786	60.18	309	10.41	2968
2014	645	21.95	2165	73.69	128	4.36	2938
2015	419	27.60	947	62.38	152	10.01	1518
2016	494	25.54	949	49.07	491	25.39	1934
总计	7106	28.87	14879	60.45	2630	10.68	24615
排序	2		1		3		—
2016年与2007年比较	-587	-9.96	-606	-2.00	82	11.96	-1111

[①②③④] 叶松庆．青少年的科学素质状况实证分析[J]．青年研究，2011（5）：39-50．

2014—2016年的调查。如表7-85所示,在2014—2016年对未成年人自己花钱算命频率的调查中,选择"频繁""经常""有时"的合比率为20.22%。选择"从不"的比率为62.00%,居于第一位。大部分未成年人表示自己不会花钱算命,但是仍有两成多的未成年人会做出这一行为。

从2016年与2014年的比较来看,选择"频繁"与"经常"的比率较2014年高,选择"从不"的比率较2014年低20.08%,是降幅最大的选项。从比较率差来看,未成年人自己花钱算命的比率有所增加,从侧面表明未成年人对这一问题的认识有待进一步深化,需要多方面教育力量加以引导。

表7-85 未成年人自己花钱算命的频率(2014—2016年)

选项	总计			2014年		2015年		2016年		2016年与2014年比较率差
	人数	比率	排序	人数	比率	人数	比率	人数	比率	
频繁	428	6.70	4	61	2.08	27	1.78	340	17.58	15.50
经常	305	4.77	6	38	1.29	49	3.23	218	11.27	9.98
有时	559	8.75	3	279	9.50	98	6.46	182	9.41	-0.09
很少	727	11.38	2	418	14.23	160	10.54	149	7.70	-6.53
从不	3962	62.00	1	1989	67.70	1052	69.30	921	47.62	-20.08
其他	409	6.40	5	153	5.21	132	8.70	124	6.41	1.20
合计	6390	100	—	2938	100	1518	100	1934	100	—

第二,受访群体的看法:

对未成年人真实算命情况的了解。如表7-86所示,在2016年对受访群体的调查中,受访群体选择"没算过"的比率为48.51%,居于第一位,选择"搞不清楚"的比率为28.73%,居于第二位,选择"算过"的比率为22.76%。近半数的受访群体认为未成年人没有算过命,选择"算过"与"不清楚"的比率也较高。

从未成年人与成年人群体的比较来看,未成年人选择"没算过"的比率较成年人群体选择的比率要高。未成年人较成年人群体的认识要稍好。成年人群体除了应进一步明晰对这一问题的认识,同时又要通过多种方式加强对未成年人教育引导,从而促使未成年人固化正确的认识与态度倾向。

表7-86 受访群体对未成年人真实算命情况的了解（2016年）

选项	总计			未成年人		成年人群体								未成年人与成年人群体比较率差
						合计		中学老师		家长		中学校长		
	人数	比率	排序	人数	比率	人数	比率	人数	比率	人数	比率	人数	比率	
算过	519	22.76	3	419	22.56	100	23.64	34	20.48	57	29.53	9	14.06	-1.08
没算过	1106	48.51	1	947	51.00	159	37.59	56	33.73	86	44.56	17	26.56	13.41
搞不清楚	655	28.73	2	491	26.44	164	38.77	76	45.78	50	25.91	38	59.38	-12.33
合计	2280	100	—	1857	100	423	100	166	100	193	100	64	100	—

对未成年人算命频率的了解。如表7-87所示，在2016年对受访群体的调查中，选择"从不"的比率为44.34%，居于第一位，选择"频繁""经常""有时"的合比率为37.54%，选择"很少"与"其他"的比率分别为10.78%与7.34%。部分受访群体认为未成年人不会自己花钱算命，但也有部分受访群体表示未成年人会做出这一举动。

从未成年人与成年人群体的比较来看，未成年人选择"从不"的比率较成年人群体选择的比率要高。要进一步厘清未成年人算命的动机，并针对性地教育未成年人。

表7-87 受访群体对未成年人自己花钱算命（包括电脑算命）频率的了解（2016年）

选项	总计			未成年人		成年人群体								未成年人与成年人群体比较率差
						合计		中学老师		家长		中学校长		
	人数	比率	排序	人数	比率	人数	比率	人数	比率	人数	比率	人数	比率	
频繁	418	17.73	2	340	17.58	78	18.44	26	15.66	46	23.83	6	9.38	-0.86
经常	259	10.99	3	218	11.27	41	9.69	12	7.23	21	10.88	8	12.5	1.58
有时	208	8.82	5	182	9.41	26	6.15	12	7.23	10	5.18	4	6.25	3.26
很少	254	10.78	4	149	7.70	105	24.82	41	24.70	41	21.24	23	35.94	-17.12
从不	1045	44.34	1	921	47.62	124	29.31	39	23.49	67	34.72	18	28.13	18.31
其他	173	7.34	6	124	6.41	49	11.58	36	21.69	8	4.15	5	7.81	-5.17
合计	2357	100	—	1934	100	423	100	166	100	193	100	64	100	—

（2）未成年人对"求签、相面、星座预测、碟仙、笔仙、周公解梦"的应对方式。

第一，未成年人的自述。如表7-88所示，在2007—2013年、2016年就未成年人对"求签、相面、星座预测、碟仙、笔仙、周公解梦"的应对方式的调查中，选择"不理睬"的比率为54.76%，居于第一位，选择"查询有关书籍或询问亲友"的比率为17.42%，居于第二位，选择"按预测者提供的方法避灾"的比率为11.19%。大部分的未成年人均表现出不理睬的态度。诸如求签、相面等方式是一种带有强烈迷信色彩的活动，有悖于科学精神，未成年人参与这些迷信活动，不利于其科学素质的养成。

从2016年与2007年的比较来看，2016年选择"不理睬"的比率较2007年高4.39%，选择"按预测者提供的方法避灾"的比率较2007年低7.66%，是降幅最大的选项。从比较率差来看，未成年人表现出较为积极的态度，理性与科学意识有所增强。

表7-88 未成年人对"求签、相面、星座预测、碟仙、笔仙、周公解梦"的
应对方式（2007—2013年、2016年）

选项	总计			2007—2013年[①]		2007年比率	2016年		2016年与2007年比较率差
	人数	比率	排序	人数	比率		人数	比率	
不理睬	11040	54.76	1	10090	55.36	44.73	950	49.12	4.39
查询有关书籍或询问亲友	3511	17.42	2	3151	17.29	16.12	360	18.61	2.49
按预测者提供的方法避灾	2256	11.19	4	2032	11.15	19.24	224	11.58	-7.66
不知道	3352	16.63	3	2952	16.20	19.91	400	20.68	0.77
合计	20159	100	—	18225	100	100	1934	100	—

第二，受访群体的看法。如表7-89所示，在2016年对受访群体的调查中，受访群体选择"不理睬"的比率为49.60%，居于第一位，选择"不知道"的比率为21.04%，居于第二位，选择"查询有关书籍或询问亲友"的比率为18.84%，居于第三位。受访群体认为未成年人不会理睬此类迷信活动。

从未成年人与成年人群体的比较中，未成年人选择"按预测者提供的方法避灾"的比率较成年人群体的同项选择的比率要高。未成年人对这一问题存在一定的模糊性认识，成年人群体需要加强对未成年人科学素质与科学精神的教育。

[①] 叶松庆. 当代未成年人道德观发展变化与引导对策的实证研究［M］. 芜湖：安徽师范大学出版社，2016：148.

表7-89 受访群体对未成年人"求签、相面、星座预测、碟仙、笔仙、周公解梦"的应对方式的看法（2016年）

选项	总计			未成年人		成年人群体								未成年人与成年人群体比较率差
						合计		中学老师		家长		中学校长		
	人数	比率	排序	人数	比率	人数	比率	人数	比率	人数	比率	人数	比率	
不理睬	1169	49.60	1	950	49.12	219	51.77	76	45.78	119	61.66	24	37.50	-2.65
查询有关书籍或询问亲友	444	18.84	3	360	18.61	84	19.86	34	20.48	34	17.62	16	25.00	-1.25
按预测者提供的方法避灾	248	10.52	4	224	11.58	24	5.67	8	4.82	12	6.22	4	6.25	5.91
不知道	496	21.04	2	400	20.68	96	22.70	48	28.92	28	14.51	20	31.25	-2.02
合计	2357	100	—	1934	100	423	100	166	100	193	100	64	100	—

（3）其他研究者的调研成果分析。

如表7-90所示，李和平、安拴虎在2003年对河北省石家庄、邯郸、张家口、衡水、沧州、保定、唐山、邢台、承德9个地区的13所中学的调查显示，有34.0%的未成年人算过命。

陈先哲在2005年对广东省广州市中小学生的调查显示，"中学生所占的比例远远超出了小学生，而这项内容恰恰属于网络迷信的范畴，由此可见，在青少年群体当中，网络迷信毒害较深的，是中学生这一群体"[①]。

高玉峰（河北省科技师范学院）在2007年对未成年人算命情况的调查显示，表示有时会占卜的比率超过了三成，初中生与小学生之间比率差距不大，但高中生与大学生的选择比率就有明显的升高，其中大学生的选择率已经超过了四成，表明当代大学生有着较为明显的迷信倾向。

聂伟在2011年对深圳、中山、成都、北京四地初中生的调查显示，"对于目前比较流行的面相、算命、鬼神等问题，青少年能够正确判断科学和伪科学，89.6%的青少年不同意'算命可以预知灾祸'的说法"[②]，但仍有10.4%的青少年选择相信。

就青少年迷信状况来说，"'相信'算命的青少年会找机会去算命，'有点相信但不

---

① 陈先哲. 网络迷信对中学生的影响调查及对策研究 [J]. 现代中小学教育，2005 (9)：55-57.
② 聂伟. 当代青少年科学素质状况调查研究：基于深圳、中山、北京、成都的问卷调查 [J]. 山东省团校学报，2011 (2)：30-33.

全信'的青少年不一定去,因此,真的算过命的青少年比率比相信算命的青少年比率小"[1]。本研究的调查与其他研究者的调研结果基本类似。因此,需要加强对未成年人对此类问题的认识,逐渐纠正未成年人的不良认识。

表7-90 未成年人真实算命(占卜)的情况

2003年河北省石家庄、邯郸、张家口、衡水、沧州、保定、唐山、邢台、承德9个地区的13所中学的调查(N:475)[2]		2005年广东省广州市的中小学生调查(N:389,小学生192、中学生197)[3]				2007年河北省科技师范学院的调查(N:2104,其中,小学生360、初中生446、高中生440、大学生858)[4]						2011年在深圳、中山、成都、北京四地的初中生调查(N:1406)[5]	
真实算命的情况		真实算命的情况				相信迷信的情况						算命可以预知灾祸	
选项	比率	选项	比率			选项	比率					选项	比率
			传统算命		网络算命		总计	小学生	初中生	高中生	大学生		
			小学	初中	小学	初中							
从来没有算过命	62.0	算过	3.7	16.2	11.5	81.7	非常相信命运,经常占卜	4.5	—	—	—	—	非常同意	1.7
偶尔算过命	32.0	未标明	96.3	83.8	89.5	18.3	相信命运有时占卜	33.0	25.1	24.3	30.9	42.1	比较同意	8.7
经常算命	2.0	—	—	—	—	—	找算命先生算算	13.2	—	—	—	—	比较不同意	21.5
未表态	3.0	—	—	—	—	—	未标明	50.7	—	—	—	—	非常不同意	68.1
合计	100	合计	100	100	100	100	合计	100	—	—	—	—	合计	100

3. 追求利己休现的倾向

(1)未成年人对"人不为己,天诛地灭"的理解。

第一,未成年人的自述。人们经常说"人不为己,天诛地灭"这句话。意指人活着

---

[1] 叶松庆. 青少年的科学素质发展状况实证研究[J]. 青年研究,2011(5):39-50.
[2] 李和平,安拴虎. 河北省中学生方术迷信调查报告[J]. 河北师范大学学报(教育科学版),2003,5(6):74-78.
[3] 陈先哲. 网络迷信对中学生的影响调查及对策研究[J]. 现代中小学教育,2005(9):55-57.
[4] 高玉峰. 青少年荣辱观现状及教育对策[J]. 青年探索,2007(3):48-51.
[5] 聂伟. 当代青少年科学素质状况调查研究:基于深圳、中山、北京、成都的问卷调查[J]. 山东省团校学报,2011(2):30-33.

的时候要时刻为自己考虑。但从集体主义角度来说，这种极端的利己主义思想并不可取。人可以满足自己的一己之利，但应该取之有道。即在不损害他人与集体利益的情况下满足自己的需求。因此，对待"人不为己，天诛地灭"的观点应当辩证，不能无所不用其极。那么未成年人对"人不为己，天诛地灭"这种观念的看法是怎样的呢？

如表7-91所示，在2006—2013年、2016年就未成年人对"人不为己，天诛地灭"的理解的调查中，各选项的排序："既不赞成也不反对"（35.11%）、"不赞成"（23.99%）、"赞成"（20.25%）、"反对"（9.97%）、"无所谓"（5.53%）、"不知道"（5.15%）。在未成年人眼中对"人不为己，天诛地灭"这种观念持赞成的比率超过了明确反对的比率，但仍有35.11%的未成年人表示出模棱两可的态度倾向。

从历年的比较来看，未成年人反对这种观念的比率在降低，2016年表示"反对"的比率较2006年下降了8.75%，是降幅最大的选项。此外，选择"赞成"的比率有所升高，需要引起相应的重视。总的来说，未成年人的认识逐渐向较好的方向发展。

表7-91 未成年人对"人不为己，天诛地灭"的理解（2006—2013年，2016年）

选项	总计			2006—2010年[①]		2006年[②]比率	2011年		2012年		2013年		2016年		2016年与2006年比较率差
	人数	比率	排序	人数	比率		人数	比率	人数	比率	人数	比率	人数	比率	
赞成	4574	20.25	3	2471	18.11	19.50	428	22.16	493	23.43	641	21.60	541	27.97	8.47
不赞成	5419	23.99	2	3310	24.25	21.64	429	22.22	489	23.24	729	24.56	462	23.89	2.25
既不赞成也不反对	7929	35.11	1	4680	34.29	29.68	792	41.02	854	40.59	1085	36.56	518	26.78	-2.90
反对	2251	9.97	4	1674	12.27	12.32	148	7.66	133	6.32	227	7.65	69	3.57	-8.75
无所谓	1250	5.53	5	854	6.26	9.11	96	4.97	70	3.33	159	5.36	71	3.67	-5.44
不知道	1162	5.15	6	659	4.83	7.75	38	1.97	65	3.09	127	4.28	273	14.12	6.37
合计	22585	100	—	13648	100	100	1931	100	2104	100	2968	100	1934	100	0

[①] 叶松庆. 当代未成年人的道德观现状与教育2006—2010 [M]. 芜湖：安徽师范大学出版社，2013：70.

[②] 叶松庆. 当代未成年人价值观的演变特点与影响因素：对安徽省2426名未成年人的调查分析 [J]. 青年研究，2006（12）：1-9.

第二，受访群体的看法。如表7-92所示，在2016年对受访群体的调查中，受访群体选择"赞成"的比率为26.64%，居于第一位，选择"不赞成"与"反对"的合比率为30.68%，选择中立性的"既不赞成也不反对"的比率为25.16%。大部分的受访群体认为未成年人对这一观念持赞成的态度，同时选择中立性态度的比率较高。

从未成年人与成年人群体的比较来看，未成年人选择肯定性态度比率较成年人群体要高。可见，未成年人对这一观点有较高的认同度，需要引导其甄别观点背后所蕴藏的逻辑，从而促使未成年人健康成长。

表7-92 受访群体眼中未成年人对"人不为己，天诛地灭"的理解（2016年）

选项	总计			未成年人		成年人群体								未成年人与成年人群体比较率差
						合计		中学老师		家长		中学校长		
	人数	比率	排序	人数	比率	人数	比率	人数	比率	人数	比率	人数	比率	
赞成	628	26.64	1	541	27.97	87	20.57	31	18.67	50	25.91	6	9.38	7.40
不赞成	604	25.63	2	462	23.89	142	33.57	54	32.53	63	32.64	25	39.06	-9.68
既不赞成也不反对	593	25.16	3	518	26.78	75	17.73	26	15.66	35	18.13	14	21.88	9.05
反对	119	5.05	5	69	3.57	50	11.82	22	13.25	16	8.29	12	18.75	-8.25
无所谓	89	3.78	6	71	3.67	18	4.26	5	3.01	9	4.66	4	6.25	-0.59
不知道	324	13.75	4	273	14.12	51	12.06	28	16.87	20	10.36	3	4.69	2.06
合计	2357	100	—	1934	100	423	100	166	100	193	100	64	100	—

第三，其他研究者的调研成果分析：

表7-93反映了张邦浩在2000年就上海市中学生对"人不为己，天诛地灭"的理解的调查结果。其中有13.0%的未成年人赞同这个观念，余下大部分都表示了反对。反映了未成年人对于这种自私的价值观念的赞同度并不高，这与本研究的调查结果非常相似。

其土在2006年对上海市中小学生荣辱观状况的调查显示，对于这种观念持同意（"非常同意"与"比较同意"之和）态度的比率为31.1%。同时，年级越高，对此的同意比率越高。

余双好、万舒良在2006年对湖北省武汉市青少年的调查显示，未成年人较少地表达自私自利的观点，较多地表达了利他的观点，其中也有较多未成年人有着追逐利益的私心。在其他研究调研成果中，未成年人对这问题的认识持肯定性态度的比率较低。

总的来说，虽然其他调研从不同的视角对这一问题展开了调查，但是就调研结果来说，与本研究具有较高的相似性。

表7-93 未成年人对"人不为己,天诛地灭"的理解

2000年上海市的中学生调查（N：1373，初中生216、高中生1157）[1]		2006年上海市中小学生荣辱观状况调查（N：不详）[2]					2006年湖北省武汉市的青少年调查（N：3962）[3]			
你对"人不为己，天诛地灭"的看法		对于"人不为己，天诛地灭"的看法					人与人之间的关系			
选项	比率	选项	比率				选项	比率	选项	比率
			总计	小学	初中	高中				
赞同	13.0	非常同意	14.4	—	—	—	我为人人，人人为我	51.5	利益的交换	3.6
未标明	87.0	比较同意	16.7	12.7	17.9	20.2	利益的妥协于双赢	11.7	主观为自己，客观为别人	3.5
—	—	中立	16.0	—	—	—	毫不利己，专门利人，无死忘我，爱人如己	9.1	人不为己，天诛地灭	2.2
—	—	非常不同意	52.2	61.2	57.9	37.6	优胜劣汰，适者生存	5.9	说不清	5.0
—	—	未标明	0.7	—	—	—	利己不损人	4.3	—	—
合计	100	合计	100	—	—	—	合计			100

（2）拾金归还欲取报酬。

第一，未成年人的自述。如表7-94所示，在2013年、2016年就未成年人对"把失物还给失主是否应得到报酬"的看法的调查中，各选项的排序："不应该"（35.35%）、"看情况而定"（31.54%）、"应该"（22.54%）、"说不清"（10.57%）。接近四成的未成年人表示应该要拾金不昧，但仍然有半数以上的未成年人表示捡到东西归还时应当获取报酬或者视情况而定来获取报酬。说明当代未成年人拾金不昧的精神有待提升。

从2016年与2013年的比较来看，选择"不应该"的比率较2013年低10.05%，是

---

[1] 张邦浩. 当前中学生思想道德心理现状调查[J]. 上海教育, 2000（11）: 37-38.
[2] 其土. 上海市中小学生荣辱观状况分析报告[J]. 上海青年管理干部学院学报, 2007（2）: 8-11.
[3] 佘双好, 万舒良. 湖北省青少年思想道德发展及特点分析[J]. 学校党建与思想教育, 2007（8）: 22-25.

降幅最大的选项。从比较率差可知,未成年人的拾金不昧精神需要通过教育引导予以增强。

表7-94 未成年人对"把失物还给失主应否得到报酬"的看法(2013年、2016年)

选项	总计			2013年			2016年			2016年与2013年比较率差
	人数	比率	排序	人数	比率	排序	人数	比率	排序	
应该	1105	22.54	3	656	22.10	3	449	23.22	3	1.12
看情况而定	1546	31.54	2	923	31.10	2	623	32.21	1	1.11
不应该	1733	35.35	1	1167	39.32	1	566	29.27	2	-10.05
说不清	518	10.57	4	222	7.48	4	296	15.31	4	7.83
合计	4902	100	—	2968	100	—	1934	100	—	—

第二,受访群体的看法。如表7-95所示,在2016年对受访群体的调查中,受访群体选择"看情况而定"的比率为32.29%,居于第一位,选择"不应该"的比率为28.85%,居于第二位,选择"应该"的比率为23.80%,选择"说不清"的比率为15.06%。受访群体更多地倾向于认为未成年人视具体情况来获得报酬,对这一认识,应当辩证性地看待,正确、理性地分析当时所处的环境等因素。

从未成年人与成年人群体的比较来看,成年人群体选择"应该"的比率较未成年人稍高。成年人群体需要进一步加强对这一问题的认识,从而更好地教育与引导未成年人。

表7-95 受访群体认为的未成年人对"把失物还给失主应否得到报酬"的看法(2016年)

选项	总计			未成年人		成年人群体									未成年人与成年人群体比较率差
						合计		中学老师		家长		中学校长			
	人数	比率	排序	人数	比率	人数	比率	人数	比率	人数	比率	人数	比率		
应该	561	23.80	3	449	23.22	112	26.48	42	25.30	59	30.57	11	17.19		-3.26
看情况而定	761	32.29	1	623	32.21	138	32.62	61	36.75	57	29.53	20	31.25		-0.41
不应该	680	28.85	2	566	29.27	114	26.95	33	19.88	58	30.05	23	35.94		2.32
说不清	355	15.06	4	296	15.31	59	13.95	30	18.07	19	9.84	10	15.63		1.36
合计	2357	100	—	1934	100	423	100	166	100	193	100	64	100		—

第三，其他研究者的调研成果分析：

如表 7-96 所示，陈延斌、徐锋在 2004 年对江苏省徐州市未成年人的调查显示，能正确处理的比率为 87.7%，由于主观与客观原因不能正确处理的比率为 12.3%。

马开军在 2004 年对浙江省慈溪市职业高中的调查显示，有 20.0% 的未成年人认为"不拿白不拿"，"自私的现象也在增多，感到'人与人之间缺少一种真诚'"。①

孙抱弘、包蕾萍在 2004 年对上海市 11～18 周岁青少年的调查显示，"在最基本的'拾金不昧'的行为取向上，如'在路上捡到 1000 块钱时'，认同私占、私分的青少年达到 16.0%，另有 10.5% 的青少年表示只有在别人知道的情况下才会交出去。这种明显损人利己、违背基本公共伦理规范的比例居然达到 26.5%"。②

2004 年年底，四川省成都、绵阳、德阳、乐山、南充、遂宁、广元、攀枝花、内江等市的小学四年级至高中二年级的学生调查显示，近 20% 的未成年人认为拾金不昧的行为"虽是美德，但已过时"，甚至"觉得很傻"。

李虎林、褚洪娇在 2011 年对甘肃省兰州市、金昌市、张掖市、陇南市、定西市城乡中学生的调查显示，17.0% 的未成年人"当拾到钱包之类的物品时"要"占为己有"。

对以上调研结果分析可知，未成年人中"拾金想昧"或拾金想得到报酬占有一定的比率。

表 7-96 未成年人对把失物还给失主应否得到报酬的看法

2004 年江苏省徐州市的未成年人调查 (N: 1000)③	2004 年浙江省慈溪市职业高中的调查 (N: 454)④	2004 年上海市 11～18 周岁的青少年调查 (N: 1155)⑤	2004 年年底，四川省成都、绵阳、德阳、乐山、南充、遂宁、广元、攀枝花、内江等市的小学四年级至高中二年级的学生调查 (N: 2153)⑥	2011 年甘肃省兰州市、金昌市、张掖市、陇南市、定西市的城乡中学生调查 (N: 2153)⑦
如果您拾到一笔钱，您会怎么做	对拾金不昧的态度（多选）	在路上捡到 1000 块钱时	对待拾金不昧的态度	当拾到钱包之类的物品时

①④ 马开军. 职高学生人生价值观的调查与思考 [J]. 中国职业技术教育，2005 (26)：42-43.

②⑤ 孙抱弘，包蕾萍. 上海市青少年思想道德现状的调查与分析 [J]. 伦理学研究，2004 (4)：79-87.

③ 陈延斌，徐锋. 公民品德塑造重在从青少年抓起：徐州市未成年人思想道德现状的调查与思考 [J]. 道德与文明，2004 (6)：46-50.

⑥ 民进四川省委. 未成年人思想道德建设现状调查 [J]. 四川统一战线，2005 (1)：24-26.

⑦ 李虎林，褚洪娇. 甘肃省中学生思想道德素质现状调查与分析 [J]. 社科纵横，2012，27 (5)：139-142.

(续表 7-96)

选项	比率	选项	比率	选项	比率	选项	比率	选项	比率
设法寻找失主，将钱交还失主	26.5	是一种美德	72.0	认同私占、私分	16.0	虽是美德，但已过时	近 20.0	占为己有	17.0
先寻找失主，找不到再将这笔钱留下来	7.6	会千方百计送还失主	25.0	只有在别人知道的情况下才会交出去	10.5	觉得很傻		未标明	83.0
寻找失主，找不到就将这笔钱交给有关部门	61.2	不拿白不拿	20.0	未标明	73.5	未标明	近 80.0	—	—
钱多就不交，钱少就交	4.7	—		—		—		—	
自己留下来，因为是捡的		—		—		—		—	
合计	100	合计	100	合计	100	合计	100	合计	100

4. 请客送礼体现的倾向

（1）未成年人的情况。

如表 7-97 所示，在 2012—2013 年、2016 年对未成年人给老师送礼情况的调查中，表示"经常送"的有 13.69%，"有时送"的比率为 31.19%，二者比率之和为 44.88%，说明有相当多的未成年人表示自己给老师送过礼。表示"没送过"的比率为 46.86%，只比送过礼的高出 1.98%。

从 2016 年与 2012 年的比较来看，2016 年选择"经常送"与"有时送"的比率均较 2012 年要高。未成年人给老师送礼的风气有所盛行。除了加强对未成年人的教育与引导外，还需要加强对老师的师德与师风建设，促进师生间关系的良性发展。

表 7-97 未成年人给老师送礼的情况（2012—2013 年、2016 年）

选项	总计			2012 年		2013 年		2016 年		2016 年与 2012 年比较率差
	人数	比率	排序	人数	比率	人数	比率	人数	比率	
经常送	959	13.69	3	169	8.03	421	14.18	369	19.08	11.05
有时送	2185	31.19	2	654	31.08	870	29.31	661	34.18	3.10

(续表7-97)

选项	总计			2012年		2013年		2016年		2016年与2012年比较率差
	人数	比率	排序	人数	比率	人数	比率	人数	比率	
没送过	3283	46.86	1	1188	56.46	1487	50.10	608	31.44	-25.02
不清楚	579	8.26	4	93	4.43	190	6.41	296	15.31	10.88
合计	7006	100	—	2104	100	2968	100	1934	100	—

（2）中学老师的看法。

那么作为收礼人的老师眼中未成年人的送礼情况是什么样的呢？

如表7-98所示，在2008—2013年、2016年对中学老师眼中未成年人给老师送礼情况的调查中，各选项的排序："不会"（59.00%）、"送不送无所谓"（19.82%）、"会"（17.31%）、"不清楚"（3.87%）。多数的中学老师认为未成年人是不会送礼的，这与未成年人自身的选择有些不同。可能对于老师来说，学生取得好的成绩已是对师恩的最好回报。

从2016年与2008年的比较来看，中学老师认为未成年人会送礼的比率呈现波动上升的状态，2012年表现最高，2013年有所下降，但在2016年选择的比率又有所上升，这也是学生给老师送礼盛行的体现。因此，有必要对未成年人加强教育与引导，促进良好师风建设。

表7-98 中学老师眼中未成年人给老师送礼的情况（2008—2013年、2016年）

选项	总计		2008年		2009年		2010年		2011年		2012年		2013年		2016年		2016年与2008年比较率差
	人数	比率	人数	比率	人数	比率	人数	比率	人数	比率	人数	比率	人数	比率	人数	比率	
会	255	17.31	20	12.90	35	15.70	16	7.44	45	20.64	57	28.36	50	16.95	32	19.28	6.38
不会	869	59.00	90	58.06	140	62.78	155	72.09	121	55.50	95	47.26	177	60.00	91	54.82	-3.24
送不送无所谓	292	19.82	38	24.52	37	16.59	35	16.28	44	20.18	47	23.38	66	22.37	25	15.06	-9.46
不清楚	57	3.87	7	4.52	11	4.93	9	4.19	8	3.67	2	1.00	2	0.68	18	10.84	6.32
合计	1473	100	155	100	223	100	215	100	218	100	201	100	295	100	166	100	—

（3）中学校长、德育工作者、小学校长的看法。

如表7-99所示，在2013年和2016年对中学校长、2013年对德育工作者、2013年对小学校长就逢年过节学生是否给其送礼情况的调查中，71.87%的受访群体表示"不会"，选择"送不送无所谓"的比率为13.46%，选择"会"的比率为10.40%。大部分的受访群体表示学生不会送礼。在成年人群体眼中，师生间保持较为健康的友谊与感情，但仍有部分未成年人会送礼。

表7-99 逢年过节，学生会给您送礼吗？（2013年、2016年）

选项	总计			中学校长						德育工作者（2013年）		小学校长（2013年）		中学校长与小学校长比较率差
				合计		2013年		2016年						
	人数	比率	排序	人数	比率	人数	比率	人数	比率	人数	比率	人数	比率	
会	34	10.40	3	26	10.57	16	8.79	10	15.63	5	11.63	3	7.89	2.68
不会	235	71.87	1	175	71.14	135	74.18	40	62.50	27	62.79	33	86.84	-15.70
送不送无所谓	44	13.46	2	34	13.82	29	15.93	5	7.81	8	18.60	2	5.26	8.56
不清楚	14	4.28	4	11	4.47	2	1.10	9	14.06	3	6.98	—	0.00	4.47
合计	327	100	—	246	100	182	100	64	100	43	100	38	100	—

（4）家长的看法。

未成年人给老师送礼，基本都是家长所授意的。

如表7-100所示，在2010—2013年、2016年对家长眼中未成年人给老师送礼情况的调查中，各选项的排序："不会"（45.63%）、"会"（24.97%）、"不清楚"（17.88%）、"送不送无所谓"（11.51%）。家长较中学老师在给老师送礼方面表现出了更高的肯定性，同时也有更多的家长对待是否给老师送礼的回答很含糊。

从2016年与2010年的比较来看，2016年选择"会"的比率较2010年高14.87%，是增幅最大的选项。可见，当前送礼风气盛行。如果不给老师送礼，"老师对自己的孩子照顾不周怎么办？"是家长最揪心的问题。而一旦家长送礼了，又是对这种风气的助长，从而造成了送礼风气的恶性循环。

表7-100 家长眼中未成年人给老师送礼的情况（2010—2013年、2016年）

选项	总计			2010年		2011年		2012年		2013年		2016年		2016年与2010年比较率差
	人数	比率	排序	人数	比率	人数	比率	人数	比率	人数	比率	人数	比率	
会	243	24.97	2	23	23.47	60	32.79	38	18.54	48	16.33	74	38.34	14.87
不会	444	45.63	1	38	38.78	73	39.89	95	46.34	160	54.42	78	40.41	1.63
送不送无所谓	112	11.51	4	11	11.22	21	11.48	19	9.27	40	13.61	21	10.88	-0.34
不清楚	174	17.88	3	26	26.53	29	15.84	53	25.85	46	15.64	20	10.36	-16.17
合计	973	100	—	98	100	183	100	205	100	294	100	193	100	—

5. 习惯说谎体现的倾向

（1）未成年人的网络说谎。

第一，未成年人的自述：

2010—2016年的调查。如表7-101所示，在2010—2016年对未成年人网络说谎情况的调查中，各选项的排序："偶尔说"（45.31%）、"从不说"（26.60%）、"经常说"（12.21%）、"不知道"（9.07%）、"不上网"（6.81%）。其中明确表示从不说谎的比率超过四分之一，而表示"偶尔说"与"经常说"的比率之和达到57.52%，说明未成年人网络说谎的比率较高，多数的未成年人都出现过网络说谎的情况。

从2016年与2010年的比较来看，未成年人表示"经常说"的比率有所波动，表示"经常说"的比率在2016年较2010年略微上升。需要引起相关教育工作者的重视，切实加强对未成年人的教育与引导。

表7-101 未成年人网络说谎的情况（2010—2016年）

选项	总计		2010年		2011年		2012年		2013年		2014年		2015年		2016年		2016年与2010年比较率差
	人数	比率	人数	比率	人数	比率	人数	比率	人数	比率	人数	比率	人数	比率	人数	比率	
经常说	1871	12.21	227	11.73	238	12.33	282	13.40	460	15.50	136	4.63	207	13.64	321	16.60	4.87
偶尔说	6946	45.31	938	48.45	1010	52.30	957	45.48	1380	46.50	1322	45.00	619	40.78	720	37.23	-11.22
从不说	4078	26.60	519	26.81	426	22.06	598	28.42	668	22.51	907	30.87	446	29.38	514	26.58	-0.23

(续表 7-101)

选项	总计		2010 年		2011 年		2012 年		2013 年		2014 年		2015 年		2016 年		2016 年与 2010 年比较率差
	人数	比率	人数	比率	人数	比率	人数	比率	人数	比率	人数	比率	人数	比率	人数	比率	
不知道	1390	9.07	252	13.02	106	5.49	134	6.37	308	10.38	280	9.53	130	8.56	180	9.31	-3.71
从不上网	1044	6.81	0	0.00	151	7.82	133	6.32	152	5.12	293	9.97	116	7.64	199	10.29	10.29
合计	15329	100	1936	100	1931	100	2104	100	2968	100	2938	100	1518	100	1934	100	—

2014—2016 年的调查。如表 7-102 所示，在 2014—2016 年对未成年人上网时说谎、说脏话、容易激动情况的调查中，选择"从不"的比率为 39.69%，居于第一位。选择"频繁""经常""有时"与"很少"的合比率为 54.73%。选择"其他"的比率为 5.59%。未成年人上网时撒谎、说脏话与容易激动的比率相对较高。

从 2016 年与 2014 年的比较来看，2016 年选择"频繁"的比率较 2014 年高 16.64%，是增幅最大的选项，选择"从不"的比率较 2014 年低 31.15%，是降幅最大的选项。未成年人上网撒谎、说脏话的比率有所增加，需要引起教育者的高度重视。

表 7-102　未成年人上网时说谎、说脏话、容易激动的情况（2014—2016 年）

选项	总计			2014 年			2015 年		2016 年		2016 年与 2014 年比较率差
	人数	比率	排序	人数	比率	排序	比率		人数	比率	
频繁	465	7.28	4	55	1.87		52	3.43	358	18.51	16.64
经常	375	5.87	5	82	2.79		50	3.29	243	12.56	9.77
有时	954	14.93	3	388	13.21		161	10.61	405	20.94	7.73
很少	1703	26.65	2	885	30.12		355	23.39	463	23.94	-6.18
从不	2536	39.69	1	1403	47.75		812	53.49	321	16.60	-31.15
其他	357	5.59	6	125	4.25		88	5.80	144	7.45	3.20
合计	6390	100	—	2938	100		1518	100	1934	100	—

第二，受访群体的看法。如表 7-103 所示，在 2016 年对受访群体的调查中，受访群体选择"偶尔说"的比率为 37.12%，居于第一位，选择"从不说"的比率为 24.06%。大部分受访群体认为未成年人网络说谎的比率相对较高。

从未成年人与成年人群体的比较来看,未成年人选择"从不说"的比率较成年人群体选择的比率要高。总的来说,大部分受访群体表示未成年人会偶尔说谎,但是未成年人对自身的认识较成年人群体的认识要好。

表7-103 受访群体对未成年人网络说谎的估计(2016年)

选项	总计			未成年人		成年人群体								未成年人与成年人群体比较率差
						合计		中学老师		家长		中学校长		
	人数	比率	排序	人数	比率	人数	比率	人数	比率	人数	比率	人数	比率	
经常说	408	17.31	3	321	16.60	87	20.57	27	16.27	45	23.32	15	23.44	-3.97
偶尔说	875	37.12	1	720	37.23	155	36.64	67	40.36	66	34.20	22	34.38	0.59
从不说	567	24.06	2	514	26.58	53	12.53	19	11.45	26	13.47	8	12.5	14.05
不知道	292	12.39	4	180	9.31	112	26.48	48	28.92	48	24.87	16	25	-17.17
从不上网	215	9.12	5	199	10.29	16	3.78	5	3.01	8	4.15	3	4.69	6.51
合计	2357	100	—	1934	100	423	100	166	100	193	100	64	100	—

第三,其他研究者的调研成果分析:

如表7-104所示,胡爱霞、向阳在2015年对湖南省界首市青少年的调查显示,40.1%的青少年选择"半信半疑",29.1%的青少年选择"很少相信",选择"完全相信"的比率为4.4%。

刘姣等在2015年对四川省未成年人的调查显示,28.3%的未成年人不提供真实信息,选择"偶尔提供真实信息"的比率为60.7%。从其他研究中的调研成果分析来看,存在未成年人在网络上说谎的情况。

表7-104 未成年人网络说谎的情况

2015年湖南省界首市的青少年调查($N: 938$)[①]		2015年四川省的未成年人调查($N: 1432$)[②]
对网友说的话	网络欺骗行为	在交互平台不提供真实信息(等于说谎)

[①] 胡爱霞,向阳. 青少年网络聊天中的主要道德问题调查研究[J]. 教育教学论坛,2015(11):118-119.

[②] 刘姣,刘焕,李旭,等. 新媒体环境影响四川省青少年思想道德素质的研究[J]. 佳木斯职业学院学报,2016(6):156-157.

(续表7-104)

选项	比率	选项	比率	选项	比率
大多相信	15.2	欺骗行为很正常	27.8	不提供真实信息	28.3
半信半疑	40.1	欺骗对方是为了保护自己	37.8	提供真实信息	10.3
很少相信	29.1	不能欺骗对方	34.4	偶尔提供真实信息	60.7
完全不信	11.2	—	—	未标明	0.7
完全相信	4.4	—	—	—	—
合计	100	合计	100	合计	100

(2) 未成年人的现实说谎。

第一，未成年人的自述。如表7-105所示，在2012—2016年对未成年人平时跟别人说谎情况的调查中，选择"经常说"与"有时说"的合比率为63.27%，其中"有时说"的比率为53.89%，居于第一位。选择"不说"的比率为29.64%，居于第二位。选择"不知道"的比率较小。大部分的未成年人存在平时跟别人说谎的情况。

从2016年与2012年的比较来看，选择"不说"的比率较2012年高10.95%，选择"有时说"的比率较2012年低31.38%，是降幅最大的选项。可见，未成年人平时跟别人说谎的情况有一定程度的改善。

表7-105 未成年人平时跟别人说谎的情况（2012—2016年）

选项	总计			2012年①			2013年②		2014年		2015年		2016年		2016年与2012年比较率差
	人数	比率	排序	人数	比率	排序	比率	排序	人数	比率	人数	比率	人数	比率	
经常说	1075	9.38	3	170	8.08		302	10.18	151	5.14	144	9.49	308	15.93	7.85
有时说	6177	53.89	1	1363	64.78		1683	56.70	1693	57.62	792	52.17	646	33.40	-31.38
不说	3397	29.64	2	505	24.00		747	25.17	984	33.49	485	31.95	676	34.95	10.95
不知道	813	7.09	4	66	3.14		236	7.95	110	3.74	97	6.39	304	15.72	12.58
合计	11462	100	—	2104	100		2968	100	2938	100	1518	100	1934	100	—

---

①② 叶松庆. 当代未成年人道德观发展变化与引导对策的实证研究[M]. 芜湖：安徽师范大学出版社，2016：150.

第二，受访群体的看法。如表 7-106 所示，在 2016 年对受访群体的调查中，受访群体选择"经常说"与"有时说"的合比率为 52.01%，选择"有时说"选项的比率为 35.51%，居于第一位；选择"不说"的比率为 32.41%，居于第二位。大部分受访群体表示未成年人平时会存在说谎的情况，需要切实进一步加强对未成年人的教育与引导。

从未成年人与成年人群体的比较来看，未成年人选择"不说"的比率较成年人群体要高，选择"经常说"与"有时说"的比率较成年人群体要低，可见，未成年人认为自身平时说谎的情况较少，认识较为积极。

表 7-106 受访群体对未成年人现实说谎的估计（2016 年）

选项	总计			未成年人		成年人群体								未成年人与成年人群体比较率差
						合计		中学老师		家长		中学校长		
	人数	比率	排序	人数	比率	人数	比率	人数	比率	人数	比率	人数	比率	
经常说	389	16.50	3	308	15.93	81	19.15	26	15.66	49	25.39	6	9.38	-3.22
有时说	837	35.51	1	646	33.40	191	45.15	80	48.19	71	36.79	40	62.50	-11.75
不说	764	32.41	2	676	34.95	88	20.80	27	16.27	54	27.98	7	10.94	14.15
不知道	367	15.57	4	304	15.72	63	14.89	33	19.88	19	9.84	11	17.19	0.83
合计	2357	100	—	1934	100	423	100	166	100	193	100	64	100	—

第三，其他研究者的调研成果分析。表 7-107 至表 7-109 反映了其他研究者的相关研究状况。

在表 7-107 中，覃遵君在 1997 年对湖北省鄂西南山区中学生的调查显示，超过六成的未成年人表示不应当说假话。

耿玉松、殷洪金在 2004 年对山东省泰山市新泰一中未成年人的调查显示，有 40.6% 的未成年人表示有过在现实生活中说谎的经历。

中共徐州市委宣传部课题组在 2005 年对江苏省徐州市未成年人的调查显示，接近半数的未成年人表示有必要说谎，其中 16~18 岁的未成年人选择的比率要高于 11~15 岁的未成年人，并且城市未成年人的选择比率高于农村未成年人。

罗兆夫、张秀传在 2005 年对河南省教育厅中小学生的调查显示，超过 70% 的未成年人表示说过谎，占据了较高的比率。

第七章 当代未成年人价值观变化与教育的问题所在

表 7-107 未成年人现实说谎的情况（一）

1997年湖北省鄂西南山区的中学生调查（N: 521）①		2004年山东省泰山市新泰一中的未成年人调查（N: 不详）②		2005年江苏省徐州市的未成年人调查（N: 3200）③					2005年河南省教育厅的中小学生调查（N: 66310，其中，中学生39982、小学生26328）④	
对说谎的看法（多选题）		现实生活中说谎		未成年人的诚信观					你说过谎吗	
					比率					
选项	比率	选项	比率	选项	11～15岁		16～18岁		选项	比率
					城市	农村	城市	农村		
做正直真诚的人，不应该说假话	61.03	说过谎	40.6	有必要就撒谎	48.0	44.3	67.7	60.1	从不说	28.1
说假话不对，令人鄙视										
说点假话可以理解	35.12	未标明	59.4	未标明	52.0	55.7	32.3	39.9	偶尔说过	69.39
自己不说假话，别人说不要揭穿他	19.77	—	—						经常说	2.5
不说假话成不了大事	7.4	—	—	—	—	—	—	—	—	—
合计	—	合计	100		100	100	100	100	合计	100

在表 7-108 中，黄洁贞在 2006 年对广东省未成年人思想道德现状的调查显示，有超过两成的家长表示未成年人有时候会撒谎，比未成年人自身的选择乐观很多。

陈虹等在 2006 年对福建省闽东中学生、中专生的调查显示，在说谎的未成年人当中，以偶尔说谎的为主，表示经常说谎的比率很低。

匡文在 2007 年对湖南省衡阳市第八中学的调查显示，超过半数的未成年人表示为了实现个人目的，蓄意说谎是应该的。

---

① 覃遵君. 山区高中生道德观素质状况的调查分析 [J]. 中学政治教学参考, 1998（Z1）：29-32.
② 耿玉松, 殷洪金. 关于未成年人思想道德建设的调查 [J]. 泰山乡镇企业职工大学学报, 2005, 12（1）：28-29.
③ 中共徐州市委宣传部课题组. 切实加强未成年人的思想道德建设：徐州市未成年人思想道德素质状况的调查与思考 [J]. 淮海文汇, 2005（1）：16-19.
④ 罗兆夫, 张秀传. 河南省中小学生思想道德状况调查报告 [J]. 中国德育, 2006, 1（1）：44-50.

表7-108　未成年人现实说谎的情况（二）

2006年广东省未成年人思想道德现状调查（N：1025）①				2006年福建省闽东中学生、中专生的调查（N：1686）②		2007年湖南省衡阳市第八中学的调查（N：不详）③	
未成年人的看法		家长的看法		是否说谎		为了实现个人目的，蓄意说谎是应该的	
选项	比率	选项	比率	选项	比率	选项	比率
认为周围同学"经常"与"有时"撒谎	42.8	认为自己的孩子有时撒谎	21.8	经常说谎	6.0	赞成	23.9
未标明	57.2	认为自己的孩子从不撒谎	42.9	从不说谎	2.0	比较赞成	26.2
—	—	未标明	35.3	偶尔说谎	92.0	未标明	49.9
合计	100	合计	100	合计	100	合计	100

在表7-109中，蒋义丹在2008年对广东省广州市未成年人的调查显示，66.5%的未成年人表示曾为了推脱自己的过失而撒过谎，其中选择"偶尔"选项的比率为44.0%，居第一位。

史明在2010年对云南省曲靖市高中生的调查显示，未成年人明确表示没有说过谎的比率很低（1.08%），大多数未成年人表示偶尔或者少数时候有过撒谎的经历。

赵丽霞在2012年对山东、江苏、河北、湖南、四川、甘肃等六省中学生的调查显示，未成年人对家长与老师说谎的比率均较高，其中对家长说谎比率更高。

陈浩苗等在2015年对湖北省武汉市青少年的调查显示，53.7%的青少年表示在说谎后会感到愧疚，会想办法弥补，该选项居于第一位，仅有13.8%的青少年表示"没什么感觉"。

从总体上看，未成年人无论在现实生活中还是在网络虚拟的生活中都有着较高的说谎比率，这与笔者的调查结果类似。

---

① 黄洁贞. 广东未成年人思想道德状况调查与分析 [J]. 青年探索, 2007 (1): 37-38.
② 陈虹, 许剑兰, 郭玉兰, 等. 学生思想道德现状调查结果浅析 [J]. 卫生职业教育, 2006 (24): 97-96.
③ 匡文. 中学生价值观调查报告 [J]. 科教文汇, 2007 (9): 150.

第七章 当代未成年人价值观变化与教育的问题所在

表7-109 未成年人现实说谎的情况（三）

2008年广东省广州市的未成年人调查（N: 668）①		2010年云南省曲靖市的高中生调查（N: 93，其中，汉族学生81、彝族5、回族2、纳西族3、其他少数民族2）②		2012年山东、江苏、河北、湖南、四川、甘肃等六省的中学生调查（N: 10403，其中，高二1933、初二3234、小学四年级2683、小学六年级2553）③		2015年6—8月湖北省武汉市的青少年调查（N: 1561，其中，小学生175、初中生360、高中生396、大学生630）④	
你曾为了推脱自己的过失而撒谎吗？		你说过谎吗？		对父母、老师撒谎		撒谎后的感觉	
选项	比率	选项	比率	选项	比率	选项	比率
从不	33.5	没有	1.08	对父母撒谎	60.9	会感到愧疚，并想办法弥补	53.7
偶尔	44.0	经常有	6.45	对老师撒谎	52.0	有点害怕，怕谎言揭穿	18.6
有时	18.7	习惯性说谎	5.38	—	—	当时愧疚，时间久了就无所谓了	13.9
经常	3.8	偶尔有过	49.46	—	—	没什么感觉	13.8
—	—	少数时候	37.63	—	—	—	—
合计	100	合计	100	合计	—	合计	100

6. 慎独不够体现的倾向

（1）有人在与无人在时的表现不一。

如表7-110所示，在2012—2016年对未成年人就其自身当有人在与无人在时的表现的调查中，选择"一样"的比率为48.38%，居于第一位，选择"很不一样"与"不一样"的合比率为41.10%，选择"不知道"的比率为10.52%。大部分的未成年人有人在与无人在时的表现较为一致。但是仍有部分未成年人呈现出"表里不一"的情形。

从2016年与2012年的比较来看，选择"一样"的比率有所降低，选择"不知道"的比率有所增加。从比较率差来看，未成年人的慎独意识不强，需要进一步加强教育与引导。

---

① 蒋义丹. 未成年人群体道德成长的矛盾分析［J］. 青年探索，2008（3）：50-53，59.
② 史明. 高中学生说谎的五个心理因素调查分析报告［J］. 佳木斯教育学院学报，2010（5）：38-39.
③ 赵丽霞. 当前我国中小学生基本道德品质调查研究［J］. 中国教育学刊，2012（7）：76-79.
④ 陈浩苗，严聪慧，邓慧雯，等. 青少年对公民个人层面社会主义核心价值观认同现状调查：以湖北武汉地区为例［J］. 领导科学论坛，2015（3）：21-23.

表 7-110 未成年人有人在与无人在时的表现（2012—2016 年）

选项	总计			2012 年		2013 年		2014 年		2015 年		2016 年		2016 年与2012 年比较率差
	人数	比率	排序	人数	比率	人数	比率	人数	比率	人数	比率	人数	比率	
一样	5545	48.38	1	1000	47.53	1395	47.00	1549	52.72	786	51.78	815	42.14	-5.39
很不一样	1751	15.28	3	326	15.49	511	17.22	363	12.36	231	15.22	320	16.55	1.06
不一样	2960	25.82	2	604	28.71	753	25.37	776	26.41	378	24.90	449	23.22	-5.49
不知道	1206	10.52	4	174	8.27	309	10.41	250	8.51	123	8.10	350	18.10	9.83
合计	11462	100	—	2104	100	2968	100	2938	100	1518	100	1934	100	—

（2）当无人在时，未成年人也会不遵守规则。

如表 7-111 所示，在 2014—2016 年就未成年人对其自身当无人在时，也会不遵守规则（如闯红灯、不遵守秩序、乱扔垃圾等）情况的调查中，选择"非常不同意""不同意"与"有点不同意"的合比率为 69.35%，其中"非常不同意"的比率为 29.08%，居于第一位。选择"有点同意""同意"与"非常同意"的合比率为 30.65%。未成年人在无人在时，遵守规则的情况不太理想，需要加强教育与引导。

从 2016 年与 2014 年的比较来看，2016 年选择"非常不同意"的比率较 2014 年高 16.47%，是增幅最大的选项。当无人在时，未成年人的规则意识有待进一步提高。

表 7-111 当无人在时，未成年人也会不遵守规则（如闯红灯、不遵守交通秩序、乱扔垃圾等）的看法（2014—2016 年）

选项	总计			2014 年		2015 年		2016 年		2016 年与2014 年比较率差
	人数	比率	排序	人数	比率	人数	比率	人数	比率	
非常不同意	1858	29.08	1	657	22.36	450	29.64	751	38.83	16.47
不同意	1541	24.12	2	705	24.00	302	19.89	534	27.61	3.61
有点不同意	1032	16.15	3	533	18.14	274	18.05	225	11.63	-6.51
有点同意	999	15.63	4	581	19.78	233	15.35	185	9.57	-10.21
同意	540	8.45	5	311	10.59	143	9.42	86	4.45	-6.14
非常同意	420	6.57	6	151	5.14	116	7.64	153	7.92	2.78
合计	6390	100	—	2938	100	1518	100	1934	100	—

7. 传递不良信息体现的倾向

（1）未成年人利用手机传递黄色信息的情况。

第一，未成年人的自述。如表 7-112 所示，在 2010—2016 年对未成年人利用手机传递黄色信息情况的调查中，各选项的排序："从未"（57.84%）、"没有手机"（18.87%）、"很少"（8.87%）、"经常"（8.10%）、"偶尔"（6.31%）。在未成年人当中，表示用手机传递过黄色信息的比率还是比较低的。这取决于几个因素，首先是未成年人拥有手机的比率不高，其次是未成年人的交际圈相对和谐，传播黄色信息的渠道较少。但也有部分未成年人表示传递过黄色信息，应注意从源头上阻止黄色信息在未成年人当中的传播。

从 2016 年与 2010 年的比较来看，未成年人表示传递过黄色信息的比率在上升，2016 年表示"经常"与"偶尔"的比率之和较 2010 年上升了 18.17%，这亟待引起教育工作者的高度重视。

表 7-112　未成年人利用手机传递黄色信息的情况（2010—2016 年）

选项	总计		2010 年		2011 年		2012 年		2013 年		2014 年		2015 年		2016 年		2016 年与 2010 年比较率差
	人数	比率	人数	比率	人数	比率	人数	比率	人数	比率	人数	比率	人数	比率	人数	比率	
经常	1242	8.10	128	6.61	79	4.09	147	6.99	305	10.28	160	5.45	85	5.60	338	17.48	10.87
偶尔	968	6.31	69	3.56	81	4.19	95	4.52	207	6.97	190	6.47	116	7.64	210	10.86	7.30
很少	1360	8.87	319	16.48	110	5.70	169	8.03	200	6.74	161	5.48	151	9.95	250	12.93	-3.55
从未	8867	57.84	1002	51.76	1154	59.76	1216	57.79	1759	59.27	1846	62.83	980	64.56	910	47.05	-4.71
没有手机	2892	18.87	418	21.59	507	26.26	477	22.67	497	16.75	581	19.78	186	12.25	226	11.69	-9.90
合计	15329	100	1936	100	1931	100	2104	100	2968	100	2938	100	1518	100	1934	100	—

第二，受访群体的看法。如表 7-113 所示，在 2016 年对受访群体的调查中，受访群体选择"从未"的比率为 43.95%，居于第一位，选择"经常""偶尔"与"很少"的比率分别为 17.14%、11.84% 与 15.02%。12.05% 的受访群体表示没有手机。大部分受访群体认为未成年人利用手机传递黄色信息的比率较低。

从未成年人与中学老师等成年人群体的比较来看，未成年人选择"从未"的比率较成年人群体要高，可见未成年人对自身的评价稍好些。

表 7-113 受访群体眼中未成年人利用手机传递黄色信息的情况（2016 年）

选项	总计			未成年人		成年人群体								未成年人与成年人群体比较率差
						合计		中学老师		家长		中学校长		
	人数	比率	排序	人数	比率	人数	比率	人数	比率	人数	比率	人数	比率	
经常	404	17.14	2	338	17.48	66	15.60	17	10.24	43	22.28	6	9.38	1.88
偶尔	279	11.84		210	10.86	69	16.31	29	17.47	25	12.95	15	23.44	-5.45
很少	354	15.02	3	250	12.93	104	24.59	53	31.93	32	16.58	19	29.69	-11.66
从未	1036	43.95	1	910	47.05	126	29.79	43	25.90	68	35.23	15	23.44	17.26
没有手机	284	12.05	4	226	11.69	58	13.71	24	14.46	25	12.95	9	14.06	-2.02
合计	2357	100	—	1934	100	423	100	166	100	193	100	64	100	—

（2）未成年人使用手机时接收到黄色、暴力信息后的处理方式。

第一，未成年人的自述。如表 7-114 所示，在 2010—2013 年、2016 年对未成年人使用手机时接收到黄色、暴力信息后的处理方式的调查中，选择"直接删除"的有 46.68%，排在第一位。其他选项除了 15.17% 的未成年人表示"没有手机"外，有 14.69% 的未成年人表示会"浏览后删除"，9.23% 的未成年人表示"由它去"，9.74% 的未成年人表示"浏览后保存"，另外还有 4.49% 的未成年人表示会"转发给同学或朋友"。近半数的未成年人表示在收到不良信息时能够做到不心动而直接删除，少数未成年人会选择浏览。但也有少部分未成年人自己浏览后还可能会将信息保存或者转发，这就给这类不良信息的传播增加了途径，使之扩散得更广泛。

从 2016 年与 2010 年的比较来看，选择"直接删除"的比率较 2010 年低 20.98%，选择"浏览后保存"的比率有所升高。可见，未成年人愿意接受与传播这类不良信息的行为在略微增长，需要引起注意。

表 7-114 未成年人使用手机时接收到黄色、暴力信息后的处理方式（2010—2013 年、2016 年）

选项	总计		2010 年		2011 年		2012 年		2013 年		2016 年		2016 年与 2010 年比较率差
	人数	比率	人数	比率	人数	比率	人数	比率	人数	比率	人数	比率	
浏览后保存	1059	9.74	155	8.01	111	5.75	178	8.46	297	10.01	318	16.44	8.43
浏览后删除	1597	14.69	341	17.61	254	13.15	329	15.64	339	11.42	334	17.27	-0.34
直接删除	5076	46.68	1169	60.38	825	42.72	887	42.16	1433	48.28	762	39.40	-20.98

(续表 7-114)

选项	总计		2010年		2011年		2012年		2013年		2016年		2016年与2010年比较率差
	人数	比率	人数	比率	人数	比率	人数	比率	人数	比率	人数	比率	
转发给同学或朋友	488	4.49	57	2.94	44	2.28	99	4.71	184	6.20	104	5.38	2.44
由它去	1004	9.23	214	11.06	168	8.70	220	10.46	226	7.61	176	9.10	-1.96
没有手机	1649	15.17	0	0.00	529	27.40	391	18.57	489	16.48	240	12.41	12.41
合计	10873	100	1936	100	1931	100	2104	100	2968	100	1934	100	—

第二,受访群体的看法。如表 7-115 所示,在 2016 年对受访群体的调查中,受访群体选择"直接删除"的比率为 37.12%,居于第一位,选择"浏览后删除"的比率为 18.33%,选择"浏览后保存"以及"转发给同学或朋友"的合比率为 21.81%。受访群体认为未成年人使用手机时接收到黄色、暴力信息后会直接删除,表明受访群体眼中未成年人具有较好的辨别是非的意识。但是仍有部分未成年人会选择保存或者转发,这无疑扩大了消极影响,不利于未成年人的身心健康发展。

从未成年人与成年人群体的比较来看,未成年人选择"直接删除"的比率较成年人群体要高。可见,未成年人表现出较高的素质与意识。

表 7-115 受访群体眼中未成年人使用手机时接收到黄色、暴力信息后的处理方式(2016 年)

选项	总计			未成年人		成年人群体								未成年人与成年人群体比较率差
						合计		中学老师		家长		中学校长		
	人数	比率	排序	人数	比率	人数	比率	人数	比率	人数	比率	人数	比率	
浏览后保存	388	16.46	3	318	16.44	70	16.55	25	15.06	38	19.69	7	10.94	0.11
浏览后删除	432	18.33	2	334	17.27	98	23.17	42	25.30	30	15.54	26	40.63	-5.90
直接删除	875	37.12	1	762	39.40	113	26.71	40	24.10	61	31.61	12	18.75	12.69
转发给同学或朋友	126	5.35	6	104	5.38	22	5.20	10	6.02	8	4.15	4	6.25	0.18
由它去	238	10.10	5	176	9.10	62	14.66	24	14.46	32	16.58	6	9.38	-5.56
没有手机	298	12.64	4	240	12.41	58	13.71	25	15.06	24	12.44	9	14.06	-1.30
合计	2357	100	—	1934	100	423	100	166	100	193	100	64	100	—

(3) 未成年人传播反动、色情等不良信息的情况。

第一，未成年人的自述。如表7-116所示，在2014—2016年对未成年人传播反动、色情等不良信息情况的调查中，62.18%的未成年人表示从不传播。选择"频繁""经常""有时"与"很少"的合比率为34.38%。从调查数据来看，大部分的未成年人不会传播反动、色情等不良信息。

从2016年与2014年的比较来看，选择"从不"的比率有所减低，选择"频繁""经常"与"有时"的比率有所上升。从比较率差来看，未成年人传播反动、色情等不良信息的情况趋向严重。教育工作者需要对这一问题重视起来，注意找出这一问题的原因，并针对性地提出教育引导对策。

表7-116 未成年人传播反动、色情等不良信息的情况（2014—2016年）

选项	总计			2014年		2015年		2016年		2016年与2014年比较率差
	人数	比率	排序	人数	比率	人数	比率	人数	比率	
频繁	448	7.01	4	79	2.69	46	3.03	323	16.70	14.01
经常	337	5.27	5	105	3.57	45	2.96	187	9.67	6.10
有时	541	8.47	3	235	8.00	123	8.10	183	9.46	1.46
很少	871	13.63	2	447	15.21	237	15.61	187	9.67	-5.54
从不	3973	62.18	1	2072	70.52	1017	67.00	884	45.71	-24.81
其他	220	3.44	6	0	0.00	50	3.29	170	8.79	8.79
合计	6390	100	—	2938	100	1518	100	1934	100	—

第二，受访群体的看法。如表7-117所示，在2016年对受访群体的调查中，受访群体选择"从不"的比率为43.40%，居于第一位。受访群体选择"频繁""经常""有时"的合比率为35.85%。受访群体认为未成年人参与传播反动、色情等不良信息的比率较低。

从未成年人与成年人群体的比较来看，未成年人选择"从不"的比率较相关群体要高。未成年人对自身的评价比成年人要稍好。

表 7-117 受访群体眼中未成年人传播反动、色情等不良信息的情况（2016 年）

选项	总计			未成年人		成年人群体								未成年人与成年人群体比较率差
						合计		中学老师		家长		中学校长		
	人数	比率	排序	人数	比率	人数	比率	人数	比率	人数	比率	人数	比率	
频繁	403	17.10	2	323	16.70	80	18.91	28	16.87	45	23.32	7	10.94	-2.21
经常	224	9.50	4	187	9.67	37	8.75	13	7.83	20	10.36	4	6.25	0.92
有时	218	9.25	5	183	9.46	35	8.27	14	8.43	14	7.25	7	10.94	1.19
很少	282	11.96	3	187	9.67	95	22.46	42	25.30	29	15.03	24	37.5	-12.79
从不	1023	43.40	1	884	45.71	139	32.86	43	25.90	76	39.38	20	31.25	12.85
其他	207	8.78	6	170	8.79	37	8.75	26	15.66	9	4.66	2	3.13	0.04
合计	2357	100	—	1934	100	423	100	166	100	193	100	64	100	—

（4）其他研究者的调研成果分析。

表 7-118 反映了其他研究者对于未成年人传递黄色信息情况的研究成果。其中，2005 年浙江省的青少年使用互联网专项调查显示，有 21.0% 的未成年人表示"有时"甚至"经常"浏览一些不良信息并私自进行传播。

陈虹等在 2006 年对福建省闽东中学生、中专生的调查显示，35.0% 的未成年人浏览过黄色网站。

陶元红、左群英在（教科院德育研究中心）2011 年对重庆市未成年人的调查显示，近两成的未成年人有过浏览色情网站的经历。可见，网络上色情信息无孔不入，未成年人置身网络世界中难免会或多或少地受到黄色信息的干扰，自制力不强就很容易观看浏览这些信息。

表 7-118 未成年人传递黄色信息的情况

2005 年浙江省的青少年使用互联网专项调查（N:2062，其中，中小学生 835、青年 810、教师 212、家长 205）[1]	2006 年福建省闽东中学生、中专生的调查（N:1686）[2]	2011 年重庆市教科院德育研究中心的未成年人调查（N:11617）[3]

---

[1] "青少年运用互联网现状调查及相关政策法规研究"课题组. 青少年运用互联网现状及对策研究：来自浙江省的调查报告[J]. 中国青年政治学院学报, 2005 (6): 13-18.

[2] 陈虹, 许剑兰, 郭玉兰, 等. 学生思想道德现状调查结果浅析[J]. 卫生职业教育, 2006 (24): 97-96.

[3] 陶元红, 左群英. 重庆市 90 后中学生思想道德素质现状调查与研究报告[J]. 中小学德育, 2011 (5): 21-25.

(续表7-118)

18岁以下的未成年人下载不良信息，私自传播观看		浏览黄色网站		对上网时遇到突然弹出有色情图像小广告的情况	
选项	比率	选项	比率	选项	比率
经常	4.1	经常浏览	9.0	马上关闭该广告	80.37
有时	16.9	偶尔浏览	26.0	浏览一下或看完再关闭	16.78
未标明	79.0	没有浏览	65.0	看完并保存该网址，以后继续登录收看	2.85
合计	100	合计	100	合计	100

8. 拾金想昧体现的倾向

"拾金就昧与拾金不昧是根本对立的，任何社会都不会提倡拾金就昧。"[①] 而今天的未成年人却有了新的看法，表明未成年人的道德行为有偏移倾向。

（1）捡到50元钱后的处理方式。

第一，未成年人的自述。如表7-119所示，在2006—2016年对未成年人捡到钱的处理方式的调查中，各选项的排序："交给老师"（36.80%）、"交给警察"（21.94%）、"暗自窃喜，放进自己口袋"（15.15%）、"等候失主"（13.16%）、"不知道该怎么办"（12.95%）。除了选择交给老师与警察的比率较高外，其余的选项比率差距不大，多数的未成年人表示能够拾金不昧。但也有15.15%的未成年人表示捡到钱的时候会放进自己的口袋。这体现了一种自私的思想倾向，与社会公德相违背。

从2016年与2006年的比较来看，选择"交给老师"与"交给警察"的比率有所上升，选择"暗自窃喜，放进自己的口袋"与"不知道怎么办"的比率有所降低。未成年人具有较好的拾金不昧的意识。

表7-119 未成年人捡到钱的处理方式（2006—2016年）

选项	总计			2006—2013年[②]		2006年[③] 比率	2014年		2015年		2016年		2016年与2006年比较率差
	人数	比率	排序	人数	比率		人数	比率	人数	比率	人数	比率	
交给老师	9951	36.80	1	7768	37.62	30.67	1032	35.13	507	33.40	644	33.30	2.63
交给警察	5934	21.94	2	4212	20.40	17.35	791	26.92	409	26.94	522	26.99	9.64
等候失主	3558	13.16	4	2810	13.61	15.83	380	12.93	221	14.56	147	7.60	-8.23

---

① 叶松庆. 当代未成年人的道德观问题调查与对策分析 [J]. 山东省青年管理干部学院学报，2007（3）：20-24.

② 叶松庆. 当代未成年人道德观发展变化与引导对策的实证研究 [M]. 芜湖：安徽师范大学出版社，2016：119.

③ 叶松庆. 当代青少年社会公德的现状、特点与发展趋向 [J]. 青年研究，2008（8）：28-34.

(续表 7-119)

选项	总计			2006—2013 年[①]		2006 年[②] 比率	2014 年		2015 年		2016 年		2016 年与 2006 年比较率差
	人数	比率	排序	人数	比率		人数	比率	人数	比率	人数	比率	
暗自窃喜,放进自己的口袋	4097	15.15	3	3205	15.52	15.66	404	13.75	200	13.18	288	14.89	-0.77
不知道怎么办	3501	12.95	5	2656	12.85	20.47	331	11.27	181	11.92	333	17.22	-3.25
合计	27041	100	—	20651	100	100	2938	100	1518	100	1934	100	—

第二,受访群体的看法。如表 7-120 所示,在 2016 年对受访群体的调查中,选择"交给警察""交给老师"与"等候失主"的合比率为 70.47%,其中选择"交给老师"的比率为 37.42%,居于第一位。表示会将钱放入自己的口袋与不知所措的受访群体的占比为 29.53%。在成年人群体眼中未成年人表现出较高的道德素质。

从未成年人与成年人群体的比较来看,未成年人选择"暗自窃喜,放进自己的口袋"与"不知道怎么办"的比率均较中学老师等成年人群体要高。部分未成年人存在模糊的认识,需要加强教育引导。

表 7-120 受访群体眼中未成年人捡到钱物的处理方式(2016 年)

选项	总计			未成年人		成年人群体								未成年人与成年人群体比较率差
						合计		中学老师		家长		中学校长		
	人数	比率	排序	人数	比率	人数	比率	人数	比率	人数	比率	人数	比率	
交给老师	882	37.42	1	644	33.30	238	56.26	100	60.24	104	53.89	34	53.13	-22.96
交给警察	603	25.58	2	522	26.99	81	19.15	25	15.06	45	23.32	11	17.19	7.84
等候失主	176	7.47	5	147	7.60	29	6.86	10	6.02	14	7.25	5	7.81	0.74
暗自窃喜,放进自己的口袋	305	12.94	4	288	14.89	17	4.02	7	4.22	6	3.11	4	6.25	10.87
不知道怎么办	391	16.59	3	333	17.22	58	13.71	24	14.46	24	12.44	10	15.63	3.51
合计	2357	100	—	1934	100	423	100	166	100	193	100	64	100	—

[①] 叶松庆. 当代未成年人道德观发展变化与引导对策的实证研究 [M]. 芜湖:安徽师范大学出版社,2016:119.

[②] 叶松庆. 当代青少年社会公德的现状、特点与发展趋向 [J]. 青年研究,2008(8):28-34.

(2) 当在取款时自动取款机多给钱的处理方式。

表7-121反映了未成年人在取款时自动取款机多给钱的做法。

陈延斌、徐锋在2004年对江苏省徐州市未成年人的调查显示,各选项的排序:"考虑一下,最终还要将钱退还给银行"(54.2%)、"立即将钱退给银行"(26.9%)、"将钱拿走"(13.1%)、"经过犹豫之后,将钱留下不声张,但良心上受到谴责"(5.8%)。

吴潜涛在2006年对全国部分省市未成年公民道德状况的调查显示,各选项的排序:"立即将钱退给银行"(42.37%)、"考虑一下,最终还要将钱退还给银行"(34.06%)、"经过犹豫之后,将钱留下不声张,但良心上受到谴责"(12.98%)、"将钱拿走"(10.59%)。

在2013年本研究的调查中,各选项的排序:"考虑一下,最终还要将钱退还给银行"(28.23%)、"立即将钱退给银行"(26.92%)、"经过犹豫之后,将钱留下不声张,但良心上受到谴责"(26.38%)、"将钱拿走"(18.46%)。

在2006年全国部分省市未成年公民道德状况调查与2016年本研究的调查中,未成年人表示无论是直接将多出的钱拿走还是犹豫后拿走的比率均有所上升,表示直接退还或者是犹豫后退还的比率均有所下降。表明如今的未成年人在归还失物方面的主动性有所降低,占有的欲望增加。

表7-121 未成年人在取款时自动取款机多给钱的处理方式

选项	总计			2004年江苏省徐州市的未成年人调查（N:1000）①		2006年全国部分省市未成年公民道德状况调查（N:2095）②		本研究的全国部分省（市）的未成年人调查						2016年与2006年比较率差
								合计		2013年		2016年		
	人数	比率	排序	人数	比率	人数	比率	人数	比率	人数	比率	人数	比率	
将钱拿走	1362	17.03	4	131	13.1	222	10.59	1009	20.58	548	18.46	461	23.84	13.25
经过犹豫之后,将钱留下不声张,但良心上受到谴责	1547	19.34	3	58	5.8	272	12.98	1217	24.83	783	26.38	434	22.44	9.46
考虑一下,最终还要将钱退还给银行	2458	30.73	2	542	54.2	714	34.06	1202	24.52	838	28.23	364	18.82	-15.24
立即将钱退给银行	2631	32.90	1	269	26.9	888	42.37	1474	30.07	799	26.92	675	34.90	-7.47
合计	7998	100	—	1000	100	2096	100	4902	100	2968	100	1934	100	—

---

① 陈延斌,徐锋.公民品德塑造重在从青少年抓起:徐州市未成年人思想道德现状的调查与思考[J].道德与文明,2004(6):46-50.

② 吴潜涛,等.当代中国革命道德状况调查[M].北京:人民出版社,2010:134.

(3) 其他研究者的调研成果分析。

表 7-122 至表 7-124 反映了其他研究者的相关研究。

在表 7-122 中，骆风在 1998 年对广东省广州市中学生的调查显示，多数未成年人表示在大街上捡到钱之后会主动上交，其中初一学生比初二学生有着更为积极的上交态度。并且在两个年级当中，女生都比男生表现得更加主动。

陈延斌、徐锋在 2004 年对江苏省徐州市未成年人的调查显示，有 61.1% 的未成年人表示捡到钱应该要上交，26.5% 的未成年人表示要归还给失主，余下的表示可以将钱留下来。

其土在 2006 年对上海市中小学生荣辱观状况的调查显示，未成年人对于捡到东西归还失主的想法的赞同度较高，但随着年级的升高，这种赞同度逐渐降低，而高中生表示归还的比率已经下降到不到半数。

表 7-122　未成年人拾到钱物时的处理方式（一）

1998 年广东省广州市的中学生调查 (N：512)①					2004 年江苏徐州市的未成年人调查 (N：1000)②		2006 年上海市中小学生荣辱观状况调查 (N：不详)③				
逛大街突然发现地上有 50 元钱且他人没看到时的处理方式（多选题）					如您拾到一笔钱，您会怎么做		捡到任何东西都要想办法交给失主				
选项	比率				选项	比率	选项	比率			
	初一		初二					小学生	初中生	高中生	三校生
	男生	女生	男生	女生							
偷偷捡起来	7.50	0.00	2.70	1.37	设法找到失主，将钱交还失主	26.5	非常同意	78.5	72.2	49.7	40.6
拣起为己有	8.50	0.00	20.50	3.30	先寻找失主，找不到再将这笔钱留下	7.6	未标明	21.5	27.8	50.3	59.4
与同伴分享	12.50	6.80	31.50	22.70	寻找失主，找不到就将这笔钱交给有关部门	61.1	—	—	—	—	—
交给父母	6.25	6.80	9.60	7.60	钱多就不交，钱少就交	4.7	—	—	—	—	—
交给公安等	68.75	86.40	39.70	65.10	自己留下来，因为是捡的		—	—	—	—	—
合计	—	—	—	—	合计	100	合计	100	100	100	100

① 骆风. 沿海开放地区中学生品德性别差异的调查研究 [J]. 青年探索, 2000 (4)：9-13.

② 陈延斌, 徐锋. 公民品德塑造重在从青少年抓起：徐州市未成年人思想道德现状的调查与思考 [J]. 道德与文明, 2004 (6)：46-50.

③ 其土. 上海市中小学生荣辱观状况分析报告 [J]. 上海青年管理干部学院学报, 2007 (2)：8-11.

在表 7-123 中,白显良、佘双好在 2006 年对武汉市青少年的调查显示,有 73.5% 的未成年人表示在捡到贵重物品时会上交给有关部门处理。明确表示会留下来的比率为 12.4% 左右。

佘双好、万舒良在 2006 年对湖北省武汉市中小学生的调查显示,与在 2006 年武汉市的青少年调查基本类似,未成年人也较多地表示捡到失物时会上交给有关部门。

在 2007 年河北省科技师范学院的青少年调查中,有 72.6% 的青少年表示捡到东西会主动寻找失主或者是上交。其中,初中生表现出了最高的上交比率,而大学生表示上交的比率最低。

表 7-123　未成年人拾到钱物时的处理方式(二)

2006 年武汉市的青少年调查（N: 3741）[1]		2006 年湖北省武汉市的青少年调查（N: 4284,其中,小学生 900、初中生 1555、高中生 1109）[2]		2007 年河北省科技师范学院的青少年调查（N: 2104,其中,小学生 360、初中生 446、高中生 440、大学生 858）[3]					
如果你捡到一个钱包,内有贵重财物,你一般怎样做		如果你捡到一个钱包,内有贵重财物,您一般怎样做		当在大街上拾到一笔钱时					
选项	比率	选项	比率	选项	比率				
					总计	小学生	初中生	高中生	大学生
归还失主或上交给有关部门处理	50.2	归还失主或上交给有关部门处理	51.1	寻找失主或主动交给警察	72.6	84.3	91.9	81.8	56.9
内心很矛盾,但最后还是上交	23.3	内心很矛盾,但最后还是上交	25.9	根本不去寻找失主就据为己有,把钱装进自己的口袋	7.4	5.0 以下	5.0 以下	5.0 以下	9.9
犹豫不决,最后没有上交	4.1	犹豫不决,最后没有上交	5.6	在找不到失主的情况下自己留下	20.0	10.0 左右	10.0 左右	10.0 左右	33.2
如果没人发现就归自己	8.3	如果没人发现就归自己	6.9	—	—	—	—	—	—
看情况	13.2	看情况	8.1						
—	—	未标明	2.4						
合计	100	合计	100	合计	100	100	100	100	100

[1]　白显良,佘双好. 武汉市青少年思想道德状况调查 [J]. 当代青年研究,2006 (6): 51-55.
[2]　佘双好,万舒良. 湖北省青少年思想道德发展现状及特点分析 [J]. 学校党建与思想教育,2007 (8): 22-25.
[3]　课题组. 青少年荣辱观现状及教育对策 [J]. 政工研究动态,2007 (8): 21-23.

在表7-124中，魏泽在2009年对全国31个省市中学生的调查显示，当未成年人拾到别人钱物时，设法归还的比率高达79.5%，反映了多数未成年人表示愿意归还，不过也有未成年人表示看情况而定，有的未成年人甚至表示如果有报酬则会归还失物。

叶瑞祥、卢壁风和许佩卿在2009年对广东省潮州市中小学生的调查显示，未成年人同样表现出了较高的归还比率，但也有少部分未成年人表示视情况而定，有些也表示交还失主时要求得到回报。

刘玉生在2014年对福建省泉州市中学生的调查显示，71.50%的未成年人会交给有关部门处理，选择"没人看见归自己"与"犹豫不决，最后没有交"的比率为5.6%。

刘丽、丛娇和谭苗苗在2015年对山东省临沂市中小学生的调查显示，62.0%的中小学生会毫不犹豫地交给老师，选择自己留下的占比为18.50%。其他调查者的数据与本研究保持较高的相似性。

表7-124 未成年人拾到钱物时的处理方式（三）

2009年全国31个省市的中学生调查（N:1106，其中，初中生315、高中生791）[1]		2009年广东省潮州市的中小学生调查（N:小学高年级2000、初中生13979、高中生4670、社会青年1000）[2]		2014年福建省泉州市的中学生调查（N:1164）[3]		2015年山东省临沂市的中小学生调查（N:380）[4]	
当拾到别人钱物时，你会采取哪种行为？（多选题）		拾到贵重物品时怎么做？		如果捡到一个装有巨款的钱包将如何处理？		当在无人时捡到财物	
选项	比率	选项	比率	选项	比率	选项	比率
设法归还	79.5	交还失主	76.4	交有关部门处理	71.5	毫不犹豫地交给老师	62.0
根据数额大小而定	60.7	交还失主，要求回报	7.5	没人看见就归自己	5.6	自己留下	18.5
没人看见就不归还	27.3	视情况定	11.7	犹豫不决，最后没有交	5.6	未标明	19.5
有奖归还	26.5	将物品归自己所有	4.4	其他	17.3	—	—
不管是否有人看见都不归还	6.1	—	—	—	—	—	—
合计	—	合计	100	合计	100	合计	100

[1] 魏泽. 我国中学生社会公德行为的调查与分析[J]. 思想理论教育, 2009 (20): 29-32.
[2] 叶瑞祥, 卢壁风, 许佩卿. 潮州市青少年思想道德现状调查与思考[J]. 韩山师范学院学报, 2010, 31 (1): 104-108.
[3] 刘玉生. 当前青少年道德能力调查与分析：基于泉州市四区（市）中学生的抽样调查[J]. 泉州师范学院学报, 2014, 32 (3): 10-14.
[4] 刘丽, 丛娇, 谭苗苗. 当代中小学生道德现状调查[J]. 留学生, 2015 (2): 46-47.

三、存在的顽固性问题

顽固性问题的形成可谓"冰冻三尺,非一日之寒",那么,解决它也非"一日之功",需要决心、耐心、恒心与持久心。顽固性问题主要表现为以下三个方面:知行不一、年长不如年幼以及教育的反复性。

(一)"知行不一"的问题

"评价一个人是否是一个真正道德人,关键是看其是否能实施道德行为。"[1] 以未成年人的道德观为例,本研究的实证调查分析认为[2][3][4],未成年人的道德认知比较饱满,道德情感比较丰富,道德意识比较清晰,但道德行为没有给社会留下足以放心的印象。也就是说未成年人的道德认知与道德行为不一致,公称"知行不一"。未成年人的"知行不一现象衬射道德冲突"[5],笼罩并困扰着整个未成年人群体。

1994年8月,中国青少年发展基金会、可口可乐中国有限公司与北京师范大学教育系联合进行的未成年人调查认为,"少年儿童对公用设施公共财产的爱护、保护、责任心等公共意识,在很大程度上仍停留在观念层次。即口头、笔下及谈话里。对水龙头流水、长明灯、椅子横七竖八倒地、无人时电扇照转都熟视无睹,这说明爱护公物等公共意识及社会责任感还没有成为其自觉的甚至自动化的行为习惯"[6]。

1996年3月,黎洪伟所做的上海市青少年思想道德文化状况调研分析认为,"一些青少年对公德规范的遵从不够自觉与自律,表现为道德意识增强而道德素养不高,正义感增强而正义行为缺乏的明显反差"[7]。

1996年4—6月,上海教育学院"思想政治课实施素质教育研究"课题组所做的上海高中学生思想状况调查报告指出,"许多教师指出,道德认知与道德实践的脱节,道德权益与道德责任脱节,是当前高中学生在道德素养方面存在的突出问题"[8]。

1997年10月,在覃遵君所做的湖北省"当前山区高中生思想道德素质状况调查"

---

[1] 吴潜涛,等. 当代中国公民道德状况调查 [M]. 北京:人民出版社,2010:221.

[2] 叶松庆. 青少年思想道德素质发展状况实证研究 [M]. 芜湖:安徽师范大学出版社,2010:221.

[3][5] 叶松庆. 当代未成年人的道德观现状与教育 2006—2010 [M]. 芜湖:安徽师范大学出版社,2013:206.

[4] 叶松庆. 当代未成年人道德观发展变化与引导对策的实证研究 [M]. 芜湖:安徽师范大学出版社,2016:166.

[6] 魏曼华. 少年儿童社会公德调查 [J]. 青年研究,1995(2):6-12.

[7] 黎洪伟. 90年代上海青年的心路历程:青少年思想道德文化状况调研分析报告 [J]. 当代青年研究,1996(6):42-44.

[8] 上海教育学院"思想政治课实施素质教育研究"课题组. 上海高中学生思想状况调查报告 [J]. 教育研究,1997(5):36-42.

中,"有51.63%的学生能主动帮助老弱病,还有39.35%的学生表示'不让座不对',但自己不打算让座的仍占36.84%。道德认识与道德实践脱节,在这里表现得比较明显"①。

1999年2—3月,北京市青少年研究所的调查显示,"从调查的情况看,绝大多数青少年对公共财物的态度是好的,是爱护的。具体来说,分别有19.9%与73.6%的青少年对公共财物的态度是'非常爱护'和'比较爱护';只有5.3%与1.1%的青少年对公共财物'不太爱护'和'非常不爱护'。……尽管在主观意识上绝大多数青少年对公共财物是持爱护态度的,但实际行为上却让人感到有些不安。虽然,有71.0%的青少年没有毁坏过学校的财物(如桌椅),15.9%的青少年'记不清楚'是否毁坏过学校的财物,但也有13.1%的青少年承认毁坏过学校的财物,应该说这个比率是比较高的"②。这里明确地反映了未成年人的知行不一。

2000年7—9月"北京市青少年社会公德状况调查及对策研究"课题组的调查认为,"在公德认知方面,青少年普遍表现得较好,对基本的公德行为与范畴,他们都有比较清晰的认识,但在具体行为方面的表现却不容乐观。在对8种与青少年日常生活密切相关的失德行为调查中,答案均表现出了较高的反感率,但统计结果也显示了另一方面的现象,与高度反感伴生的正是这些行为的普遍存在"③。

2001年张凤云所做的天津市第十四中的中学生思想、道德现状调查认为,"青少年的道德认知能力很好,认知水平很高,但有认知不一定就形成观念,更距信念相差甚远"。"在道德行为与道德习惯上,绝大多数学生对义务道德(不应做什么)有明确认识,有自控能力,而在社会需求与社会倡导的道德行为上还有不尽人意之处。"④

2001年夏心军所做的江苏省高邮市的未成年人调查认为,"中学生的公德意识和公德行为存在着较大的差距。对有益于社会和他人的事情,中学生一方面表示赞成,对违反社会公德的事情表示反对;但遇到具体的情况或实际行动的时候,却又时常有相反举措。有的学生常常由于自身的利益,仅仅考虑自己的得失与需要,而将道德行为和道德认识完全隔离开来"⑤。

2002年王斌等所做的江西省的未成年人调查显示,"在具体道德实践中,'知情脱离''知行脱离'的现象仍大量存在"⑥。

2002年,洪明,李丽所做的贵州省贵阳市的中学生调查表明,"中学生的态度和行为人相径庭。绝大多数中学生对违背社会公德的现象持'非常反感'的态度……但正是

---

① 覃遵君.山区高中生价值观素质状况的调查分析[J].中学政治教学参考,1998(Z1):29-32.
② 纪秋发.北京市青少年道德状况调查报告[J].青年研究,2000(2):18-24.
③ 穆青.北京青少年发展状况调查报告[J].北京青年政治学院学报,1999(1):66-75.
④ 张凤云.青少年思想、道德现状问卷调查与分析[J].天津市教科院学报,2002(1):79-81.
⑤ 夏心军.中学生社会公德调查与分析[J].学校党建与思想教育,2002(4):68-70.
⑥ 王斌,熊英,王珝珝,等.关于网络对中学生思想道德发展影响的调查与思考[J].江西教育科研,2002(9):17-16,46.

他们'经常'或'偶尔'做一做他们自己'非常反感'的某些违背社会公德的事"①。

2003年李颖所做的福建省沿海偷渡频发地区四所中学的调查表明,"青少年的思想和行动之间可能存在很大的脱节,这一点青少年自身往往无法意识到"②。

2004年5月,中共徐州市委宣传部课题组的未成年人思想道德状况调查显示,"道德认知与道德实践、知与行脱节是我国思想道德建设中的普遍问题,在未成年人身上同样如此。如'您对于别人随地吐痰的看法',认为是'不文明的习惯'的高达93.7%;而'在随地吐痰的习惯上,您自己是怎么做的',回答'经常吐'(6.0%)和'偶尔吐'(93.8%)的合起来竟接近百分之百,'从不吐'的只有0.2%。这种差距相当惊人,它鲜明地反映出当代未成年人道德认知与道德行为的严重相悖"③。"最为突出的是道德行为习惯养成不足,知与行相脱节。"④

2004年5—6月,武汉市教育局、教科院联合调查组的未成年人思想道德状况调查表明,"道德观念和行为多数符合行为规范要求,但也存在知与行的不协调性。少数学生不付诸自己的实践,知行不统一,缺乏应有的道德感和道德责任感"⑤。

2004年10月,熊孝梅所做的广西壮族自治区南宁市的未成年人调查认为,"知行背离在成人社会见怪不怪的现象,已经蔓延到未成年人群体。如在问及'如果你在商店买东西,突然看见身边小偷正在偷一位老人的钱包,你会怎么办?'这一问题时,56.5%的人回答'装作没看见',23.8%回答'悄悄告诉售货员',只有19.9%的回答'立即上前抓住小偷'"⑥。

2005年崔凤祥所做的山东省的青少年思想道德现状调查认为,青少年"认识与行动脱节,认同公德却追求私利。对许多道德规范、社会公德的要求,青少年普遍是认同的。但在实际的行动中,在公德与私利的选择中,相当一部分学生首先考虑的是自己的个人得失,造成了认知与行动的脱。如在调查中85.7%的青少年认同在人多的地方要排队,但在现实中能自觉做到的则只占30.6%"⑦。

2005年10月—2006年6月,湖北省教育科学研究所课题组的未成年人调查认为,

---

① 洪明,李丽. 中学生社会公德状况调查分析[J]. 湘潭师范学院学报:自然科学版,2002,24(4):111-115.

② 李颖. 福建沿海偷渡频发地区青少年学生思想现状的调查分析[J]. 青年探索,2003(5):18-21.

③ 陈延斌,徐锋. 公民品德塑造重在从青少年抓起:徐州市未成年人思想道德现状的调查与思考[J]. 道德与文明,2004(6):46-50.

④ 中共徐州市委宣传部课题组. 切实加强未成年人的思想道德建设:徐州市未成年人思想道德素质状况的调查与思考[J]. 淮海文汇,2005(1):16-19.

⑤ 武汉市教育局,武汉市教科院联合调查组. 武汉市中小学德育工作和未成年人思想道德现状调查报告[J]. 武汉市教育科学研究院学报,2006(11):50-55.

⑥ 熊孝梅. 广西未成年人思想道德现状的调查分析[J]. 广西青年干部学报,2005,15(6):7-10.

⑦ 崔凤祥. 山东省青少年思想道德现状调查及改进对策研究[J]. 山东商业职业技术学院学报,2005,5(4):63-67.

未成年人"基本道德品质良好,日常行为习惯相对较差;道德认知水平较高,道德实践能力较低"[①]。

2006年吴潜涛所做的"全国青少年道德素质状况调查"认为,当代青少年"知行脱节问题严重。从调查数据中,很明显能看出青少年群体知、行之间的差距还是非常大"[②]。

2006年5月,林琼斌所做的海南省海口市的未成年人调查认为,"有90%的人认同'市场经济条件下需要勤俭节约'的观点,42%的人认为'浪费水电'是'很普遍'和'普遍'的现象,48.11%的人认为'随意乱倒剩饭菜'的现象'很普遍'和'普遍',说明青年学生虽然认识到浪费是不可取的,但现实生活中又忽视了自己身边的浪费现象。他们对社会公德行为和范畴有比较清晰的认识,但在被问能否自觉履行时,却不容乐观,有知行不一的倾向"[③]。这也是典型的"知行不一"现象。

2006年王芳所做的山西省未成年人思想道德建设现状调查表明,"部分未成年人道德认识与道德行为有所脱节"[④]。

2006年张金宝、瞿晶和石秀芹所做的山东省济南市教育局的未成年人调查显示,未成年人的"道德认识与行为不统一,对道德行为缺乏起码的判断能力"[⑤]。

2006年11月,曹雪娟所做的江苏省吴江市(现吴江区)的未成年人调查认为,"不少同学知行不一,93%的同学都认为应该养成热爱劳动的好品德,但具体到做家务,有22%的人要'看情况',有11%的人是'从来不做'。70%的同学对'闯红灯'虽不认同,但却有多达36%的同学闯过红灯"[⑥]。

2007年杨韶刚、万增奎所做的江苏省与广东省的青少年道德观念现状调查认为,当代青少年"认同诚信理念,但却考试作弊,弄虚作假。认同爱护公物、勤俭节约的社会公德,但校园长明灯、长流水以及乱扔、乱倒、乱张贴等破坏社会公德的现象却屡见不鲜。表现出青少年道德认知与道德行为的多元化和知行脱节的矛盾化倾向"[⑦]。

2007年10月—2008年5月熊孝梅所做的广东、湖北、广西等3个省(区)的未成年人调查显示,"一部分未成年人就会'见利忘义',做出与道德规范相背离的行为。如在问及'如果你在商店买东西,突然看见身边小偷正在偷一位老人的钱包,你会怎么办?'这一问题时,14.8%的人回答'装作没看见',58.9%回答'打110报警',只有

---

① 湖北省教育科学研究所课题组. 湖北省未成年人思想品德现状调查及对策思考 [J]. 中国德育,2008 (5): 38-44.

② 吴潜涛,等. 当代中国公民道德状况调查 [M]. 北京:人民出版社,2010: 221.

③ 林琼斌. 青少年社会公德行为特征向度分析 [J]. 前沿,2006 (8): 78-80.

④ 王芳. 山西省未成年人思想道德建设的现状调查 [J]. 山西政报,2006 (8): 39.

⑤ 张金宝,瞿晶,石秀芹. 未成年人思想道德现状的调查与思考 [J]. 当代教育科学,2011 (20): 29-31.

⑥ 曹雪娟. 青少年荣辱观教育现状与对策:吴江市《成长支点》读书活动问卷调查情况分析 [J]. 群众,2006 (12): 52-53.

⑦ 杨韶刚,万增奎. 中国青少年道德观念现状与特点的调查研究 [J]. 广东外语外贸大学学报,2008,19 (5): 83-86.

26.3%的回答'立即上前抓住小偷'。可见,知行背离在成人社会见怪不怪的情况,已经蔓延到未成年人群体中,这显然应引起重视并应从根本上加以改变"①。

2008年蒋义丹所做的广东省广州市的未成年人调查表明,"未成年人群体存在道德认知与道德行为脱节的情况,而且道德行为明显低于道德认知水平。例如,在诚信问题上,大部分未成年人认为'诚信'是人的品质中最重要的一种,将它列为'人的最重要品质'的首位,然而却有66.5%的人表示'曾为了推脱自己的过失撒过谎',明显存在知行脱节、道德行为低于道德认知水平的情况;在'对考试作弊的同学态度'上,63%的人明确表态'作弊是不对的',但'会去告发'的人只有34.9%,而28.1%的人不敢告发,也即是说28.1%的人是知行脱节的"②。

2010年赵丽霞所做的国家社会科学基金(教育学)2009年度国家一般课题"学校德育热点问题分析及政策建议"对山东、江苏、河北、湖南、四川与甘肃6个省份共10403名"90后"中小学生的调查显示,"当前我国中小学生基本道德品质发展面临的一个突出问题是知行脱节。例如,当看到别人在校园或教室里扔废纸、零食及包装等时,认为那样做不对的占91.1%;能主动捡起废纸、零食及包装等的仅占49.0%。中小学生道德认知与道德行为相脱节,'知善'但不'行善'以及'道德不作为'现象十分普遍"③。

2010年2月,齐学红、孙启进和唐秋月所做的江苏省的未成年人调查表明,"在中学生的道德价值观上,道德认知与道德行为之间存在着明显的不一致现象、知行脱节状态严重。例如,在公交车上遇见小偷,大家都知道要弘扬社会正气,见义勇为,维护社会的安宁,可是在真实的社会现实中却没有多少人能够做到挺身而出。道德价值观的知行不一现象值得我们深思"④。

2010年佘双好所做的北京、上海、重庆、黑龙江、甘肃、山东、安徽、广东、湖北及新疆维吾尔自治区等10个省市(自治区)的初高中生与大学生一年级新生的调查表明,"青少年在基础文明素质方面表现出较高的素养观念和行为之间存在着较大距离"⑤。

2010年5月—6月,杜勇敏所做的贵州省贵阳市的未成年人调查表明,"中学生群体对社会公德认知不是不了解,只是尚未内化为个人的自我追求,更没有转化为行为习惯的养成"⑥。

2011年1月—3月,李虎林、褚洪娇所做的甘肃省的未成年人调查认为,"中学生的诚信行为落后于诚信认知。对于'你对考试作弊有什么看法',所有的中学生都能够认

---

① 熊孝梅. 未成年人思想道德现状与教育引导对策[J]. 学校党建与思想教育,2010(6):63-64.
② 蒋义丹. 未成年人群体道德成长的矛盾分析[J]. 青年探索,2008(3):50-53,59.
③ 赵丽霞. 当前我国中小学生基本道德品质调查研究[J]. 中国教育学刊,2012(7):76-79.
④ 齐学红,孙启进,唐秋月. 多元文化背景下中学生价值观问题的调查研究[J]. 南京晓庄学院学报,2012(2):80-84.
⑤ 佘双好. 青少年道德观念发展特点及教育策略[J]. 当代青年研究,2010(5):23-29.
⑥ 杜勇敏. 传承教化强化公德:贵阳市中学生群体社会公德状况调查分析[J]. 贵阳学院学报:社会科学版,2011(4):97-100.

识到这是一种不诚实的行为,但是从不作弊的只占37.3%,接近三分之二的中学生有作过弊的行为,这是非常令人担忧的"①。

2011年1月,江亚涛所做的江苏省靖江市的中学生调查表明,当代中学生"崇尚正义,但个人的行为实践不能与自己的思想认识同步"②。

2013年,府雅倩所做的苏州市第26中学的调查表明,"在学生中道德责任认知与道德责任行为之间存在严重的脱节"③。

2013年谢璐璐、邱佳佳所做的海南省海口市的未成年人调查认为,"学生们缺乏道德实践,往往会在日常生活中出现知行不合的情况"④。

2016年孙瑞宁、霍然所做的江苏省南京市的中学生调查认为,"85.8%的中学生能够分辨是非,分清丑恶,但仅有43.4%的学生能在日常生活中做到遵纪守法,遵守社会公德。如以公正为例,全部认同者为65.2%,全部理解的为77.9%,而完全能够践行的为43.2%,认同与践行相差22个百分点。中学生核心价值观素质存在着'知行落差'问题"⑤。

2017年6月于铁山所做的广东省广州市越秀区的青少年调查认为,"青少年对于社会热点问题关注呈现出'知多行少'的特征。一方面,青少年对于社会热点问题关注度较高;另一方面,青少年对于社会热点问题的行动力较低"⑥。

由此看来,"知行不一"是当代未成年人道德观中的"一个老问题,长期以来尽管得到社会的关注,但没有随着时间的推移而有明显改观"⑦。未成年人道德观的"知行不一"表现,"有其自身长期养成习惯的原因,也有受其他群体类似现象影响的原因,在短期内改变是有困难的"⑧,它将在一定时期内在未成年人道德观的发展变化中持续存在。这种陋习的改变依赖于成人道德观现状的显著改变,也是今后未成年人道德观发展中值得特别重视的问题。

"先秦儒家伦理以及受其影响的汉唐宋明以来的儒家伦理,将认识论与道德修养论结合起来,强调道德认知与道德践行的统一,体现了中国哲学和伦理学一个重要特点。"⑨"知行统一是人类在道德生活中的基本诉求,坚持知行统一对于人们的道德修养、道德教

---

① 李虎林,褚洪娇. 甘肃省中学生思想道德素质现状调查与分析[J]. 社科纵横,2012,27(5):139-142.

② 江亚涛. 中学生道德品质现状的调查研究[J]. 中学教学参考,2011(6):110.

③ 府雅倩. 中学生思想道德状况调查:以苏州市X学校为例[J]. 世纪桥,2013(5):53-54.

④ 谢璐璐,邱佳佳. 中学德育管理现状调查报告:以海南省海口市为例[J]. 淮北职业技术学院学报,2013,12(5):31-34.

⑤ 孙瑞宁,霍然. 高中生社会主义核心价值观教育的成效分析与优化对策:基于江苏省南京市部分高中的调研分析[J]. 经营管理者,2017(3):312-313.

⑥ 于铁山. 新媒体背景下青少年对社会热点问题关注的探究:基于广州市越秀区的调查[J]. 广西青年干部学院学报,2019,29(1):14-17.

⑦⑧ 叶松庆. 当代青少年社会公德的现状、特点与发展趋向[J]. 青年研究,2008(12):28-34.

⑨ 张岱年. 中国哲学大纲[M]. 北京:中国社会科学出版社,1982:496.

育和道德建设具有至关重要的意义。"①

"要明确我们的道德教育目的是培养真正有道德的人,这就是说,他们必须是知行统一、言行一致的人,不能是停留在认识上而不付诸实践,光会嘴上说而不能实际行动的'口头巨人,行动上的矮子',更不能是'嘴上一套,心里一套'的'伪君子'。要坚持用这个尺度来衡量我们道德教育的对象,要用这个标准经常来检验和评价我们道德教育的成果。"②

以上列举了大量的相关研究来佐证当代未成年人"知行不一"问题的真实存在,证实了"'知行不一'现象将持续存在"③,而且没有较好地予以有效解决。本研究认为未成年人出现"知行不一"情形的主要原因在于,未成年人尚处在心智发展不成熟阶段,对教育工作者所灌输的理念存在模糊性认识或认识不透彻的现象。此外,教育工作者较为重视传统教育方式,侧重对未成年人的理论"灌输",未成年人在接受过程中,缺乏个体性的主动性思考,无法在实际的生活中进一步"激活"所接受的观念或理论。教育工作者们应该使用形式多样的教育教学方式,同时积极创设一定的教育情境,使未成年人在具体教育情境中去进一步明晰这些价值观念与理论。

(二)"年长不如年幼"的问题

处在不同年龄层次和阶段的未成年人,在践行道德行为过程中的表现有所不同。年长的未成年人有较强的道德意识和较为充沛的道德情感,但是其在付诸实际的道德行为过程中,行为表现不及年幼的未成年人。在笔者前些年所做的调查中,也发现"高中生的道德认知比初中生的道德认知要清晰明了得多,在道德实践中却出现明显反差"④,这无疑进一步反映了"年长不如年幼"的问题。⑤

1997 年徐咏虹所做的广州市青少年思想道德教育状况调查报告指出,"社会公德意识与年龄成反比。从统计结果看,在青少年中年龄越大的社会公德意识越差"⑥。

如表 7-125 所示,1999 年 2—3 月,张邦浩所做的北京市青少年研究所的调查显示,孝敬父母的一个重要表现就是要尊重父母。而不同年龄青少年的选择差异表现在:低年龄段的青少年选择非常尊重和比较尊重父母的比率较高年龄段未成年人选择的比率要高。可见,年长的未成年人的孝道行为不如年幼的未成年人,未成年人的"道德认识与行为的偏差还相当明显"⑦。

---

① 温克勤. 略论先秦儒家伦理的知行统一论 [J]. 道德与文明,2005 (2):30-33.
② 陈瑛. 遵规重行:青少年道德教育成功之本 [J]. 学校党建与思想教育,2008 (6):4-5.
③ 叶松庆. 青少年思想道德素质发展状况实证研究 [M]. 芜湖:安徽师范大学出版社,2010:221.
④ 叶松庆. 当代青少年社会公德的现状、特点与发展趋向 [J]. 青年研究,2008 (12):28-34.
⑤ 叶松庆. 当代未成年人道德观发展变化与引导对策的实证研究 [M]. 芜湖:安徽师范大学出版社,2016:166.
⑥ 徐咏虹. 共同的责任:广州市青少年思想道德教育状况调查报告 [J]. 青年探索,1997 (3):10-12.
⑦ 张邦浩. 当前中学生思想道德心理现状调查 [J]. 上海教育,2000 (11):37-38.

表 7-125　不同学段未成年人的表现（一）

1999 年北京市青少年研究所的调查（N：不详）①				2004 年广西南宁市精神文明办公室的未成年人大型调查（N：6168，其中，学生 5824、家长和教师 344）②		
你是否尊重父母？				你对有关政治和社会公益活动的态度		
选项	比率			选项	比率	
	13～15 岁	16～19 岁	20～25 岁		11～15 岁	16～18 岁
非常尊重	69.12	63.11	64.14	积极参加	34.79	29.86
比较尊重	29.15	33.13	35.16	大家参加我也参加	37.15	37.36
不尊重	1.13	3.16	0.7	不感兴趣和参加与否都无所谓	23.64	32.71
不清楚	0.6	0.6	—	未标明	4.42	0.07
合计	100	100	100	合计	100	100

2000 年 7—9 月，"北京市青少年社会公德状况调查及对策研究"课题组的调查认为，"在公德方面的'知行脱节'现象随着年龄的增长愈趋明显"③。这里反映了年长未成年人的知行不一盛于年幼未成年人。

2000 年明旭军所做的山东省部分中小学的调查认为，"在道德行为上，中学生水平低于小学生，在总体上青少年的行为水平低于认识水平"④。

2004 年 4 月，广西南宁市精神文明办公室黄东桂所做的对南宁市所辖七县五区的未成年人进行的大型问卷调查显示，低年龄段的青少年选择参加社会公益活动的比率较高年龄段的未成年人要高，其中，高二的未成年人参加"政治和社会公益活动"的积极性明显低于初二的未成年人。

如表 7-126 所示，2004 年 5 月，中共徐州市委宣传部课题组的未成年人思想道德状况调查显示，高年龄段的未成年人认为必要时会选择撒谎的比率比低年龄段选择的比率要高。可见，大龄未成年人功利化的倾向是比较明显的。

2004 年 4—5 月，黄洁贞所做的广东省未成年人思想道德现状调查表明，未成年人中不同年龄群体思想道德差异较大，其中高中生选择"为了祖国，我可以牺牲一切"的比率较小学生选择的比率要低，其中小学生选择的比率最高。年龄越大对自身群体的评价越低，积极因素随年龄的增加而递减。

2005 年 4—5 月，河南省教育厅在全省范围集中开展了中小学生思想道德状况网上调

---

① 纪秋发.北京市青少年道德状况调查报告 [J].青年研究，2000（2）：18-24.
② 黄东桂.南宁市未成年人思想道德状况分析 [J].中国教育学刊，2006（8）：36-39.
③ 穆青.北京青少年发展状况调查报告 [J].北京青年政治学院学报，1999（1）：66-75.
④ 明旭军.青少年学生品德现状的调查分析 [J].胜利油田师范专科学校学报，2006，14（2）：51-53.

查显示，小学生乘坐公交主动让座的比率较中学生要高，小学生选择坚决反对作弊的比率较中学生要高。从对一些问题的看法可以直观地看出，小学生的思想道德素质较中学生稍好，这无疑又是"年长不如年幼"问题的重要例证。

表7-126 不同学段未成年人的表现（二）

2004年中共徐州市委宣传部课题组的未成年人调查（N:不详）①			2004年广东省未成年人思想道德现状调查（N:1025）②				2005年河南省教育厅的中小学生思想道德状况调查（N:66310，其中，中学生39982、小学生26328）③		
有必要就撒谎			在爱国、奉献方面与撒谎				你对一些问题的看法		
选项	比率		选项	比率			选项	比率	
	11~15岁	16~18岁		小学生	初中生	高中生		小学生	中学生
认可	48	67.6	为了祖国，我可以牺牲一切	64.6	45.1	36.2	公交车上主动让座	89.95	78.57
—	—	—	有时撒谎	26.5	30.7	40.6	坚决反对考试作弊	85.45	65.27
合计	—	—	合计	—	—	—	合计	—	—

2004年5—6月，武汉市教育局、教科院联合调查组的未成年人思想道德状况调查显示，"问及是否为后上车的一位老大爷主动让座，回答肯定的小学生为96.4%，初中生为79.9%，高中生为57.9%。问及如果你不小心打破了一块教室玻璃，别人都不知道，那么你打算怎么办？选择主动向班干部或者教师承认的小学生为55.6%，初中生为37.1%，高中生为55.6%"。④

2004年年底，民进四川省委所做的四川省成都、绵阳、德阳、乐山、南充、遂宁、广元、攀枝花、内江等市的小学四年级至高中二年级的学生调查显示，"未成年人考试作弊现象较为普遍，缺乏诚信。选择'偶尔'（5次以下）的占到37%，而且这个比例随

---

① 中共徐州市委宣传部课题组. 切实加强未成年人的思想道德建设：徐州市未成年人思想道德素质状况的调查与思考 [J]. 淮海文汇，2005（1）：16-19.
② 黄洁贞. 广东未成年人思想道德状况调查与分析 [J]. 青年探索，2007（1）：37-38.
③ 罗兆夫，张秀传. 河南省中小学生思想道德状况调查报告 [J]. 中国德育，2006，1（1）：44-50.
④ 武汉市教育局，武汉市教科院联合调查组. 武汉市中小学德育工作和未成年人思想道德现状调查报告 [J]. 武汉市教育科学研究院学报，2006（11）：50-55.

着年龄的增加呈逐渐上升的趋势,在小学四年级,这种回答仅有14%,而到高中阶段则高达58%"①。

2005年重庆市云阳县凤鸣中学团委、政教处的未成年人调查认为,"在调查中我们还发现,年段越高,学生的道德品质现状越令人担忧。……学段越高的学生,其认识不准确、心理不健康、行为不规范的倾向越严重"。例如,"学生年龄越大,对早恋的认识越模糊";年段越高,奉献精神和团结协作精神"渐呈'弱化'趋势";"在行为规范方面,高中生明显比初中生差"②。

2006年吴潜涛所做的"全国青少年道德素质状况调查"认为,"如人们一直以考试作弊为耻,但在18岁以下的青少年学生中却有16.08%的被访者对其既不反对也不赞成;而且随着年龄的增长,持此种态度的人越来越多;对'即使有了钱,也要勤俭节约'的看法,年龄越大越说不清楚"③。

2006年6月,首都精神文明建设委员会办公室与北京青年政治学院青少年研究所联合举办了"北京市未成年人思想道德状况"调研表明,"在学校组织社区服务和公益劳动时,67.4%的初中生和49.3%的高中生表示自己会'积极主动地参加'。从数据上看,随着年龄的增长,参与公益劳动的积极性在减退,'感到厌烦、尽量不参加'的比率相应增高;热爱劳动、尊敬老师、节俭和奉献精神随年龄下降稍为明显,从初中到高中下降率均在20%左右;年龄对某些传统道德和革命道德的认同造成了消极的影响;对个人的道德要求、集体主义价值观和无神论信仰有一定的随年龄增长下降的趋势"④。

2006年夏天,孙抱弘所做的上海市21所中小学的未成年人调查显示,"未成年人群体中的相当一部分人,随着年龄的增长,其公共道德素质不升反降"⑤。

笔者在2006—2007年的两次调查中发现,"高中生的道德认知比初中生的道德认知要清晰明了得多,在道德实践中却出现反差。比如,在让座问题上,高中生要'让'的比率高达73.2%,比初中生同一选项比率高11.7%,但在实际中'让'的比率却比初中生低5.18%。可见,当代青少年的思想道德的认知与实践存在明显的年龄差异"⑥。

2006年11月—2007年1月,余双好所做的北京、上海、重庆、黑龙江、甘肃、山东、安徽、广东、湖北及新疆维吾尔自治区等10个省市(自治区)的调查认为,"青少年在基础文明素质方面表现出较高的素养观念和行为之间存在较大的差距"⑦。

2007年杨韶刚、刀增奎所做的江苏省与广东省的青少年道德观念现状调查显示,

---

① 民进四川省委. 未成年人思想道德建设现状调查 [J]. 四川统一战线, 2005 (1): 24-26.
② 重庆云阳县凤鸣中学"中学生思想道德现状调查"课题组. 农村中学生思想道德现状调查及对对策研究 [J]. 教育论坛, 2006 (16): 39-40.
③ 吴潜涛, 等. 当代中国公民道德状况调查 [M]. 北京: 人民出版社, 2010: 208.
④ 穆青. 首都中学生思想道德特征 [M]. 北京青年政治学院学报, 2006, 15 (3): 16-21.
⑤ 孙抱弘. 荣辱观: 在理性与利益的天平上: 当代未成年人荣辱知行现状 [J]. 中国青年政治学院学报, 2007 (6): 47-51.
⑥ 叶松庆. 当代青少年社会公德的现状、特点与发展趋向 [J]. 青年研究, 2008 (12): 28-34.
⑦ 余双好. 青少年道德观念发展特点及教育策略 [J]. 当代青年研究, 2010 (5): 23-29.

"'诚'随着年龄递增反而呈下降趋势"①。

如表 7-127 所示,2008 年 1 月,何进军所做的广东省江门市的未成年人调查显示,"当问及'如果你发现好朋友考试中作弊,其他人并没有注意到,你会'这一问题,对于小学生来讲,87.3% 的小学生会选择告诉老师",表明自身的正确立场。而中学生选择当作没看到的比率较高。可见,小学生能较为积极地做出很好的行为表现。

2009 年魏泽所做的全国 31 个省市中学生调查表明,"初中生与高中生的社会公德行为在各选项上表现出一定的差异,整体上不一致,这反映出中学生的社会公德水平并没有随着学历的提升而呈现增长趋势"②。

2009 年、2011 年天津市教育科学研究院赵丽霞所做的中学生调查显示,小学生在排队上车、不闯红灯、反对乱扔垃圾、不讲脏话以及考试不作弊方面的做法较中学生要稍好。从这一组数据可以看出,无论是道德认知还是道德行为,至少在上述各项中,中学生的水平低于小学生。

表 7-127 不同学段未成年人的表现

2008 年广东省江门市的未成年人调查 (N: 977)③			2009 年、2011 年天津市教育科学研究院的中学生调查 (N: 10403)④				
如果你发现好朋友考试中作弊,其他人并没有注意到,你会?			排队上车,不闯红灯				
选项	比率		选项	小学生		中学生	
	小学生	中学生		2009 年	2011 年	2009 年	2011 年
告诉老师	87.3	44.9	能做到排队上车	88.9	79.0	88.6	70.1
当作没看到	—	40.6	不闯红灯	80.6	86.1	86.1	59.3
希望好友蒙蔽过关	—	14.5	反对乱扔垃圾	93.6	97.1	97.1	84.9
—	—	—	说脏话是缺乏修养的表现	86.1	88.4	54.9	72.9
—	—	—	不说脏话	88.1	78.0	38.6	47.4
—	—	—	考试作弊	16.9	13.1	49.8	42.6
合计	—	—	合计	—	—	—	—

---

① 杨韶刚,万增奎. 中国青少年道德观念现状与特点的调查研究 [J]. 广东外语外贸大学学报,2008,19 (5):83-86.
② 魏泽. 我国中学生社会公德行为的调查与分析 [J]. 思想理论教育,2009 (20):29-32.
③ 何进军. 青少年思想道德现状及建设的调查研究 [J]. 学校党建与思想教育,2008 (4):45-47.
④ 赵丽霞. 当前我国中小学生基本道德品质调查研究 [J]. 中国教育学刊,2012 (7):76-79.

如表 7-128 所示，在 2011 年廖凤林所做的北京市 10 年来中小学生思想道德测评的调查中，小学生在不抄作业、考试不作弊、不讲脏话以及劝阻别人说脏话方面的做法较初中生与高中生要稍好。

表 7-128　不同学段的未成年人抄袭作业与考试作弊的情况

2011 年北京市 10 年来中小学生思想道德测评（N：不详）[①]			
抄袭作业、考试作弊、说脏话等			
选项	比率		
	小学生	初中生	高中生
抄袭作业	12.0	35.4	63.9
考试作弊	6.8	16.5	34.6
说脏话	15.1	15.7	24.5
劝阻别人说脏话	12.4	26.2	39.7

如表 7-129 所示，2011 年李虎林、魏银萍所做的甘肃省兰州、近场、张掖、陇南、定西市的中学生思想道德素质状况调查显示，初中生的各项思想道德素质均高于高中生。

表 7-129　不同学段的未成年人思想道德素质的差异

2011 年甘肃省兰州、近场、张掖、陇南、定西市的中学生思想道德素质状况调查（N：2153）[②]														
初一至高三思想道德素质														
选项	均值													
	爱国主义	集体主义	爱护公物	维护公共秩序	民主法制	尊重他人	乐于助人	诚实守信	家庭邻里关系	自尊自律	维护自身权益	人生追求	勤劳节俭	节能环保	总分
初一	3.50	2.91	3.45	3.44	3.16	3.10	3.45	3.41	3.41	3.56	3.33	3.33	3.17	3.46	3.34
初二	3.37	2.88	3.30	3.30	3.04	3.09	3.37	3.23	3.28	3.43	3.21	3.22	3.07	3.39	3.23
初三	3.31	2.77	3.26	3.24	2.97	3.05	3.35	3.15	3.25	3.37	3.18	3.16	2.93	3.34	3.17

---

① 廖凤林. 数字背后的北京市中小学生思想道德状况：对 10 年来北京市中小学生思想道德测评数据的分析与思考 [J]. 北京教育（普教），2013（5）：8-10.

② 李虎林，魏银萍. 不同群体中学生思想道德素质的差异、成因与德育建议：基于甘肃省 2153 名中学生的调查 [J]. 内蒙古师范大学学报（教育科学版），2012，25（6）：56-59.

(续表 7-129)

选项	均值													
	爱国主义	集体主义	爱护公物	维护公共秩序	民主法制	尊重他人	乐于助人	诚实守信	家庭邻里关系	自尊自律	维护自身权益	人生追求	勤劳节俭	节能环保	总分
高一	3.24	2.81	3.24	3.14	3.00	3.09	3.35	2.97	3.15	3.24	2.93	3.15	2.89	3.35	3.11
高二	3.22	2.79	3.19	3.09	2.97	3.08	3.35	2.91	3.14	3.24	2.84	3.09	2.85	3.32	3.08
高三	3.28	2.72	3.24	3.09	2.94	3.14	3.36	3.00	3.20	3.26	2.84	3.10	2.91	3.34	3.11
总计	3.50	2.80	3.27	3.19	3.00	3.09	3.37	3.08	3.22	3.33	3.01	3.16	2.95	3.36	3.15

2011年西北师范大学教育学院李虎林教授的调查认为，"中学生的思想道德素质在随年龄递增平缓下降的同时发展并不稳定"[1]。

2011年孙自敏所做的河南省各地市农村中学的调查认为，未成年人的"基本骨架正随年级的升高而呈下衰趋势。……随着年龄的增长，知识层面的增宽，对体育价值的取向趋于复杂，对体育价值的认识逐呈直接化、现实化，尤其毕业班健康意识及思想明显低于其他年级，而趋于追求直接现实化"[2]。

2015年6月5日，《济南日报》记者李劭强撰文指出，"在校青少年中，受教育程度越高，诚信观水平越低。呈现出逆向发展态势"[3]，认为"要想想我们的教育出了什么问题，我们的社会出了什么问题"[4]。

2016年5月，刘长海、汪明春和李启明所做的湖北省武汉市J区10239名初中生和6483名高中生的调查发现，"学生品德发展状况与学生年级之间呈反比例关系，而且高中生对学校德育实施状况的评价显著低于初中生的评价"，"年龄越大、品德自评越低"[5]。

2018年8月，天津市教育科学院郭志英所做的小学生调查显示，"不同年级小学生生命价值观存在显著差异，说明五年级的生命价值观优于六年级"[6]。

2018年丛瑞雪所做的山东省德州市的中小学生调查表明，"对社会主义核心价值观教育内容感兴趣的小学生占34.5%，初中生占11.61%，高中生占8.57%"[7]。

---

[1] 李虎林，魏银萍. 不同群体中学生思想道德素质的差异、成因与德育建议：基于甘肃省2153名中学生的调查[J]. 内蒙古师范大学学报（教育科学版），2012，25（6）：56-59.

[2] 孙自敏. 河南省农村中学生体育价值观调查研究[J]. 山西师大体育学院学报，2011，26（S1）：31-32.

[3][4] 李劭强. 为何受教育程度越高越缺乏诚信意识[N]. 中国青年报，2015-06-05（2）.

[5] 刘长海，汪明春，李启明. 中部地区中学德育调查报告：以武汉市J区为例[J]. 中小学德育，2017（2）：54-58.

[6] 郭志英. 天津市小学生价值观现状调查研究[J]. 天津教科院学报，2019（1）：66-72.

[7] 丛瑞雪. 德州市中小学生社会主义核心价值观教育现状的调查与思考[J]. 现代交际，2018（20）：154-155.

2018年李志勇、曹然所做的山西省10个地市44个县区的240多所中小学校16653名学生的调查显示,"未成年人思想道德状况随着年龄的增大问题逐渐增多。例如,社会道德方面,50.1%的中学生非常积极地参与献爱心的活动,部分中学生态度模糊不清。在集体主义观念方面,60.5%的中学生在重视集体利益的同时也提出要兼顾个人利益,与大部分小学生赞同的无条件服从集体利益形成对比。当面对弱势群体,需要助人的时候,中学生愿意主动助人的人数也明显低于小学生。在劳动意识方面,中学生积极主动帮助父母做家务的占66%,比例低于小学生。在面对错误时,67.1%的中学生能够认识到错误并勇于承认,这个数据也低于小学生。85.1%的小学生能够做到独立完成作业,但是这个数据在中学阶段下降到了61.5%。个别道德焦点问题仍然存在,小学阶段校园欺凌的发生率相对较低,选择偶尔发生的占32.4%,57%的小学生表示不存在校园欺凌现象。但是中学阶段校园欺凌偶尔发生的比例较高,占比42.8%"[1]。

总的来说,当代未成年人在道德层面中仍旧表现为"随着年级的升高,多种品德素质呈现下滑趋势"[2],确切地说,这已不再是一种趋势性表现,更多的是一种现实性层面存在的问题。这种现象的产生并非一种偶然,这与未成年人渐进性与阶段性的认识有较为密切的联系。年幼的未成年人对诸如家长、中学老师以及德育工作者等群体所给予的教育均表现出较高的认同度与接受度。这种认同度与接受度较高的表现,可能或多或少是由于年幼未成年人较年长的未成年人缺乏较大的胆量与气魄,存疑意识相对较低,更多地表现为一种接受状态。随着未成年人知识水平以及认知能力的不断提高,存疑意识逐渐增强,其不再是一味地接受教育者们灌输的教育理论与观点,会产生一定的反思性认识。此外,随着未成年人年龄的增长,身心发展逐渐处于青春期,追求个性的意识逐渐增强。特立独行成为未成年人个性化的重要标签。受到这些因素的重要影响,高龄的未成年人会出现不遵守相关教育规范与原则的现象,在具体的道德行为上有较疏离的表现,他们的积极性与对他们的教育成效不及低龄未成年人。

未成年人群体中出现的这类问题,并不是短时间形成的,而是一个累积的过程。由于未成年人的道德观表现为一种"亚稳定"的发展态势,这种道德观念深受社会、家庭、学习以及其他多方面因素的共同影响。教育工作者并不能希冀一蹴而就地迅速解决这一问题,应当通过不断地努力,尽快扭转这一不积极的发展态势,积极引导未成年人"常怀善念,更要常行善举,知行合一、行胜于言"[3],逐步缩小不同年龄段间未成年人道德观的差距,并使得未成年人各方面的发展符合社会发展的预期。

---

[1] 李志勇,曹然. 山西省未成年人思想道德现状调查分析[J]. 山西青年职业学院学报,2018,31(4):15-18.

[2] 曾燕波. 上海未成年人思想品德现状调查[J]. 当代青年研究,2005(9):13-22.

[3] 本报评论员. 知行合一培育道德责任感:三论着力培育和践行社会主义核心价值观[N]. 人民日报,2014-02-26(1).

(三)"教育的反复性"① 的问题

1. 教育的反复性定义

教育的反复性问题就是教育在未成年人身上起到一定的作用,但随着时间的推移,效果逐渐消退,进而恢复到原来的状态。也就是说,某一教育需要反复进行,当取得效果后还会恢复到原点,周而复始。教育的反复性问题也是一个顽固性问题,需要引起多方教育工作者的关注,并积极地提出相应的对策予以逐步解决。

2. 教育的反复性表现

教育的反复性表明对未成年人教育的实效性不强。这与未成年人的接受效果以及各级教育工作者的施教效果有一定的关联。未成年人作为重要的教育接受者,其接受知识以及相关的观念具有一定的反复性,这种反复性更多地表现在认识逐渐从稳定到亚稳定状态。此外,各级教育工作在教育方式、内容等方面,与不同年龄段、不同层次未成年人群体的衔接度不高,在一定程度上加剧了教育的反复性。因此,对教育工作者而言,应当积极地创新教育的形式,并促使教育内容连贯与循序渐进,使未成年人在接受的过程中不会产生突兀感。未成年人也应积极转变自身的态度倾向,使自身能"善听""能听""入脑""入心"与"行动"。在不同的接受阶段均保持较高的一致性与连贯性,这在一定程度上有助于减少教育反复性的发生。

四、对未成年人价值观与教育存在问题的总体认识

(一)教育要求与未成年人价值观发展应保持适度张力

所谓张力,是指教育工作者提出的教育要求要适当超越未成年人目前的价值观发展的现状,从而使未成年人价值观发展有进一步提升的可能。但是,这一超越又不能高到未成年人经过努力也无法企及的高度。在对未成年人价值观变化与教育情况了解的基础上,发现存在的主要问题表现在道德方面,其中在不同维度上表现为认知、情感、意识与行为层面,不同层面出现的不同问题,或多或少与教育工作者的教育要求同未成年人实际价值观发展之间的"张力失衡"有一定的关联。保持适当的张力,要求教育者的教育要求须适合未成年人价值观发展的实际,提出适宜的教育内容、手段以及方法。保持张力是推动未成年人价值观不断发展的必然要求,同时也是未成年人德育育人的根本性质所决定的。

(二)协调与控制影响因素并使之发挥同向作用

有多种因素影响未成年人价值观,既有来自家庭中家长的影响,又有来自中学老师、

---

① 马仕清. 探究未成年人思想道德教育反复性大的原因 [J]. 雅安职业技术学院学报,2014,28(1):23-24.

德育工作者等学校的因素。但是总的来说，主要划分为两个层面：一是各级教育者有目的或无意识地、直接或间接地、潜在或显在地施加的影响；二是来自社会环境的影响，主要表现为社会思潮以及其他思想观念的潜在影响。这些因素在一定程度上具有复杂性，未成年人自身对其进行甄别难度较大。因此，需要不同层级的教育工作者注意协调与控制各种对未成年人价值观产生影响的因素，并使之发挥同向作用。换言之，教育工作者不仅要实施积极的影响，同时要对影响未成年人价值观健康发展的各种外部性因素加以分析，尽最大努力对各种因素加以调控，使未成年人的价值观向社会要求的方向发展，这是未成年人价值观发展轨迹的必然要求。

（三）未成年人自我教育的重要性凸显

未成年人价值观的不断发展与教育，在一定程度上依赖于各级教育工作者，同时更重要的是未成年人自身的自我教育。未成年人既是教育的客体也是教育的主体。当未成年人接受来自中学老师等成年人群体的教育时，其是教育对象，即教育的客体。未成年人受到教育的影响，在其自身进行反思性与加工性认识时，又是教育的主体。未成年人自身应注重自我教育的重要性，这是基于未成年人作为教育的主体而言的。具体言之，未成年人自身要充分接受教育者教授的涵盖思想观念等综合性教育，自身要针对价值观变化过程中出现的不同维度的问题，尝试着从不同的角度找出其产生的缘由，并力图从自身视角找出解决问题的策略。从这个意义上讲，未成年人的自我教育无疑是教育工作者展开教育的有益补充。只有如此，未成年人的价值观发展才能不断朝着社会发展预期健康发展，未成年人才能得以不断成长。

第八章　当代未成年人价值观变化与教育问题的成因

本章主要从影响未成年人价值观变化与教育的首要因素、未成年人违法犯罪的原因等社会方面，从组织层面、教育者个人层面等学校方面，从部分家长的以身作则做得不够、家长的积极性尚未充分调动等家庭方面，从未成年人对待思想道德教育的表现不够积极、未成年人的自控能力与抵御能力及抗挫折能力欠缺、未成年人某些不作为或不当作为的原因所在等未成年人方面，从网络的负面影响、影视文化的负面影响、平面媒体的负面影响等传媒方面，分析未成年人价值观变化与教育存在问题的成因。

一、社会方面的原因

（一）影响未成年人价值观变化与教育的首要因素

1. 首要外部因素

（1）未成年人的自述。

如表 8-1 所示，在 2013—2016 年对未成年人认为的影响未成年人价值观变化与教育的首要外部因素的调查中，选择"社会环境的影响"的比率为 60.42%，居于第一位。选择"经济生活变动的冲动"的比率为 30.01%，居于第二位。选择"西方观念的影响"的比率为 9.57%，居于第三位。大部分未成年人认为在自身价值观变化与教育过程中，"社会环境的影响"作用尤为突出。

从 2016 年与 2013 年的比较来看，2016 年选择"社会环境的影响"的比率较 2013 年要低 10.50%，其他选项的比率均较 2013 年要高。社会环境通过有形的或无形的、直接的或间接的方式对未成年人产生潜在的影响。应注意积极引导未成年人适应社会环境的变化，自觉接受社会环境的积极影响。

表 8-1　未成年人认为的影响未成年人价值观变化与教育的首要外部因素（2013—2016 年）

选项	总计			2013 年①		2014 年		2015 年		2016 年		2016 年与 2013 年比较率差
	人数	比率	排序	人数	比率	人数	比率	人数	比率	人数	比率	
经济生活变动的冲击	2808	30.01	2	888	29.92	781	26.58	480	31.62	659	34.07	4.15
社会环境的影响	5654	60.42	1	1768	59.57	1996	67.94	941	61.99	949	49.07	-10.50
西方观念的影响	896	9.57	3	312	10.51	161	5.48	97	6.39	326	16.86	6.35
合计	9358	100	—	2968	100	2938	100	1518	100	1934	100	

（2）受访群体的看法。

第一，中学老师的看法。如表 8-2 所示，在 2013—2016 年对中学老师认为的影响未成年人价值观变化与教育的首要外部因素的调查中，62.69% 的中学老师认为社会环境是首要的外部因素，这一比率较未成年人选择的比率要高。选择"经济生活变动的冲击"的比率为 32.11%，居于第二位。选择"西方观念的影响"的比率为 5.19%。在中学老师眼中，"社会环境的影响"仍是未成年人价值观变化与教育的首要外部因素。

从 2016 年与 2013 年的比较来看，2016 年选择社会环境因素、西方观念的影响等因素的比率有所降低，选择"经济生活变动的冲击"的比率有所增加。在中学老师眼中，经济因素在未成年人价值观变化与教育过程中的作用进一步凸显。

表 8-2　中学老师认为的影响未成年人价值观变化与教育的首要外部因素（2013—2016 年）

选项	总计			2013 年②		2014 年		2015 年		2016 年		2016 年与 2013 年比较率差
	人数	比率	排序	人数	比率	人数	比率	人数	比率	人数	比率	
经济生活变动的冲击	272	32.11	2	87	29.49	88	37.93	37	24.03	60	36.14	6.65
社会环境的影响	531	62.69	1	186	63.05	136	58.62	109	70.78	100	60.24	-2.81
西方观念的影响	44	5.19	3	22	7.46	8	3.45	8	5.19	6	3.61	-3.85
合计	847	100	—	295	100	232	100	154	100	166	100	—

---

① 叶松庆.当代未成年人道德观发展变化与引导对策的实证研究［M］.芜湖：安徽师范大学出版社，2016：170.
② 叶松庆.当代未成年人道德观发展变化与引导对策的实证研究［M］.芜湖：安徽师范大学出版社，2016：171.

第二，家长的看法。如表8-3所示，在2013—2016年对家长认为的影响未成年人价值观变化与教育的首要外部因素的调查中，62.90%的家长认为"社会环境的影响"是未成年人价值观演变的首要外部因素，这一比率较中学老师选择的比率要高。选择"经济生活变动的冲击"的比率为29.57%，选择"西方观念的影响"的比率为7.53%。大部分家长认为未成年人价值观演变过程中，"社会因素的影响"占比最大，其次是经济与观念因素。

从2016年与2013年的比较来看，选择"社会环境的影响"选项的比率较2013年低16.77%，这一降幅较未成年人与中学老师均要高。

表8-3 家长认为的影响未成年人价值观变化与教育的首要外部因素（2013—2016年）

选项	总计			2013年[①]		2014年		2015年		2016年		2016年与2013年比较率差
	人数	比率	排序	人数	比率	人数	比率	人数	比率	人数	比率	
经济生活变动的冲击	259	29.57	2	84	28.57	40	17.02	52	33.77	83	43.01	14.44
社会环境的影响	551	62.90	1	194	65.99	172	73.19	90	58.44	95	49.22	-16.77
西方观念的影响	66	7.53	3	16	5.44	23	9.79	12	7.79	15	7.77	2.33
合计	876	100	—	294	100	235	100	154	100	193	100	—

第三，中学校长的看法。如表8-4所示，在2013—2016年对中学校长认为的影响未成年人价值观变化与教育的首要外部因素的调查中，64.61%的中学校长认为首要的是社会环境因素，这一选项的比率较家长、中学老师与未成年人选择的比率要高。选择"经济生活变动的冲击"的比率为26.44%。中学校长更倾向于认为社会环境因素占主导。

从2016年与2013年的比较来看，选择"西方观念的影响"选项的比率较2013年高11.75%，是增幅最大的选项，选择"社会环境的影响"选项较2013年低8.12%，是降幅最大的选项。从比较率差来看，中学校长对西方观念的影响因素较为看重。

---

① 叶松庆.当代未成年人道德观发展变化与引导对策的实证研究［M］.芜湖：安徽师范大学出版社，2016：171.

表8-4 中学校长认为的影响未成年人价值观变化与教育的首要外部因素（2013—2016年）

选项	总计		2013年①		2014年				2015年								2016年		2016年与2013年比较率差
					（1）		（2）		（1）		（2）		（3）		（4）				
	人数	比率	人数	比率	人数	比率	人数	比率	人数	比率	人数	比率	人数	比率	人数	比率	人数	比率	
经济生活变动的冲击	124	26.44	50	27.47	17	24.64	26	55.32	6	30.00	2	10.00	0	0.00	8	16.33	15	23.44	-4.03
社会环境的影响	303	64.61	120	65.93	48	69.57	21	44.68	10	50.00	15	75.00	16	88.89	36	73.47	37	57.81	-8.12
西方观念的影响	42	8.96	12	7.00	4	5.80	0	0.00	4	20.00	3	15.00	2	11.11	5	10.20	12	18.75	11.75
合计	469	100	182	100	69	100	47	100	20	100	20	100	18	100	49	100	64	100	—

第四，小学校长的看法。如表8-5所示，在2013—2015年对小学校长认为的影响未成年人价值观变化与教育的首要外部因素的调查中，选择"社会环境的影响"的比率为80.00%，居于第一位，这一比率均较前面受访群体选择的比率要高。选择"经济生活变动的冲击"与"西方观念的影响"的分别为16.30%与3.70%。小学校长选择"社会环境的影响"的比率最高。

从2015年与2013年的比较来看，选择"社会环境的影响"的比率较2013年高24.69%，是增幅最大的选项。与此同时，选择"经济生活变动的冲击"的比率有所降低。"西方观念的影响"的比率变化不大。小学校长认为未成年人的价值观与教育受"经济生活变动的冲击"较小，受"社会环境的影响"较大。

---

① 叶松庆. 当代未成年人道德观发展变化与引导对策的实证研究 [M]. 芜湖：安徽师范大学出版社，2016：172.

表 8-5　小学校长认为的影响未成年人价值观变化与教育的首要外部因素（2013—2015 年）

选项	总计			2013 年[①]（安徽省）		2014 年				2015 年（安徽省）				2015 年(2) 与 2013 年比较率差
						全国部分省（市）(少数民族地区)(1)		安徽省(2)		(1)		(2)		
	人数	比率	排序	人数	比率	人数	比率	人数	比率	人数	比率	人数	比率	
经济生活变动的冲击	22	16.30	2	13	34.21	2	7.69	2	6.06	3	17.65	2	9.52	-24.69
社会环境的影响	108	80.00	1	25	65.79	24	92.31	28	84.85	12	70.59	19	90.48	24.69
西方观念的影响	5	3.70	3	0	0.00	0	0.00	3	9.09	2	11.76	0	0.00	0.00
合计	135	100	—	38	100	26	100	33	100	17	100	21	100	—

2. 首要内部因素

（1）未成年人的自述。

如表 8-6 所示，在 2013—2016 年对未成年人认为的影响自身价值观变化与教育的首要内部因素的调查中，选择"道德教育乏力"的比率为 53.33%，居于第一位。选择"普遍不重视个人修养"的比率为 25.83%。选择"制度不健全"与"领导干部不率先垂范"的比率分别为 11.61% 与 9.23%。大部分未成年人认为在自身价值观变化与教育过程中，"道德教育乏力"是首要内因。

从 2016 年与 2013 年的比较来看，选择"领导干部不率先垂范"的比率较 2013 年低 6.10%，是降幅最大的选项。选择"制度不健全"的比率有所增加。未成年人认为制度与机制性因素的比率有所上升。因此，需要进一步加强对未成年人制度与规范化教育。

[①] 叶松庆.当代未成年人道德观发展变化与引导对策的实证研究[M].芜湖：安徽师范大学出版社，2016：172.

表8-6 未成年人认为的影响未成年人价值观变化与教育的首要内部因素（2013—2016年）

选项	总计			2013年①		2014年		2015年		2016年		2016年与2013年比较率差
	人数	比率	排序	人数	比率	人数	比率	人数	比率	人数	比率	
道德教育乏力	4991	53.33	1	1560	52.56	1477	50.27	934	61.53	1020	52.74	0.18
制度不健全	1086	11.61	3	326	10.98	325	11.06	126	8.30	309	15.98	5.00
领导干部不率先垂范	864	9.23	4	405	13.65	186	6.33	127	8.37	146	7.55	-6.10
普遍不重视个人修养	2417	25.83	2	677	22.81	950	32.33	331	21.81	459	23.73	0.92
合计	9358	100	—	2968	100	2938	100	1518	100	1934	100	—

（2）受访群体的看法。

第一，中学老师的看法。如表8-7所示，在2013—2016年对中学老师认为的影响未成年人价值观变化与教育的首要内部因素的调查中，中学老师选择"道德教育乏力"的比率为52.89%，居于第一位。选择"普遍不重视个人修养"的比率为22.08%，选择"制度不健全"与"领导干部不率先垂范"的比率分别为18.06%与6.97%。中学老师更多地倾向于认为未成年人价值观变化与教育问题的首要内因在于"道德教育乏力"。

从2016年与2013年的比较来看，中学老师选择"制度不健全"比率较2013年高6.28%，是增幅最大的选项。选择"道德教育乏力"的比率较2013年低3.45%。中学老师倾向于制度性因素。

表8-7 中学老师认为的影响未成年人价值观变化与教育的首要内部因素（2013—2016年）

选项	总计			2013年②		2014年		2015年		2016年		2016年与2013年比较率差
	人数	比率	排序	人数	比率	人数	比率	人数	比率	人数	比率	
道德教育乏力	448	52.89	1	195	66.10	86	37.07	63	40.91	104	62.65	-3.45
制度不健全	153	18.06	3	33	11.19	54	23.28	37	24.03	29	17.47	6.28
领导干部不率先垂范	59	6.97	4	19	6.44	19	8.19	11	7.14	10	6.02	-0.42
普遍不重视个人修养	187	22.08	2	48	16.27	73	31.47	43	27.92	23	13.86	-2.41
合计	847	100	—	295	100	232	100	154	100	166	100	—

---

①② 叶松庆. 当代未成年人道德观发展变化与引导对策的实证研究[M]. 芜湖：安徽师范大学出版社，2016：168.

第二,家长的看法。如表 8-8 所示,在 2013—2016 年对家长认为的影响未成年人价值观变化与教育的首要内部因素的调查中,其中 55.82% 的家长选择"道德教育乏力",居于第一位。选择"普遍不重视个人修养"与"制度不健全"的比率分别为 21.23% 与 14.95%。家长认为"道德教育乏力"是首要内因。

从 2016 年与 2013 年的比较来看,率差最大的是"制度不健全"。选择"普遍不重视个人修养"的比率较 2013 年低 2.49%。家长认为道德层面因素的比率有所降低。

表 8-8 家长认为的影响未成年人价值观变化与教育的首要内部因素(2013—2016 年)

选项	总计			2013 年①		2014 年		2015 年		2016 年		2016 年与 2013 年比较率差
	人数	比率	排序	人数	比率	人数	比率	人数	比率	人数	比率	
道德教育乏力	489	55.82	1	186	63.27	110	46.81	72	46.75	121	62.69	-0.58
制度不健全	131	14.95	3	43	14.63	29	12.34	25	16.23	34	17.62	2.99
领导干部不率先垂范	70	7.99	4	15	5.10	27	11.49	18	11.69	10	5.18	0.08
普遍不重视个人修养	186	21.23	2	50	17.00	69	29.36	39	25.32	28	14.51	-2.49
合计	876	100	—	294	100	235	100	154	100	193	100	—

第三,中学校长的看法。如表 8-9 所示,在 2013—2016 年对中学校长认为的影响未成年人价值观变化与教育的首要内部因素的调查中,选择"道德教育乏力"的比率为 57.78%,居于第一位。选择"普遍不重视个人修养"的比率为 20.90%,选择"制度不健全"的比率为 14.29%。中学校长认为"道德教育乏力"是首要的内部因素。

从 2016 年与 2013 年的比较来看,选择"普遍不重视个人修养"的比率较 2013 年高 18.15%,其他选项的比率均有所降低。在中学校长眼中,未成年人不重视自身个人修养的占比较大。

---

① 叶松庆. 当代未成年人道德观发展变化与引导对策的实证研究 [M]. 芜湖:安徽师范大学出版社,2016:168.

第八章 当代未成年人价值观变化与教育问题的成因

表8-9 中学校长认为的影响未成年人价值观变化与教育的首要内部因素（2013—2016年）

选项	总计		2013年①		2014年				2015年								2016年		2016年与2013年比较率差
					(1)		(2)		(1)		(2)		(3)		(4)				
	人数	比率	人数	比率	人数	比率	人数	比率	人数	比率	人数	比率	人数	比率	人数	比率	人数	比率	
道德教育乏力	271	57.78	115	63.19	35	50.72	28	59.57	10	50.00	9	45.00	12	66.67	27	55.10	35	54.69	-8.50
制度不健全	67	14.29	35	19.23	13	18.84	4	8.51	5	25.00	1	5.00	1	5.56	1	2.04	7	10.94	-8.29
领导干部不率先垂范	33	7.04	11	6.04	5	7.25	0	0.00	3	15.00	7	35.00	0	0.00	4	8.16	3	4.69	-1.35
普遍不重视个人修养	98	20.90	21	11.54	16	23.19	15	31.91	2	10.00	3	15.00	5	27.78	17	34.69	19	29.69	18.15
合计	469	100	182	100	69	100	47	100	20	100	20	100	18	100	49	100	64	100	—

第四，小学校长的看法。如表8-10所示，在2013—2015年对小学校长认为的影响未成年人价值观变化与教育的首要内部因素的调查中，55.56%的小学校长选择"道德教育乏力"。选择"普遍不重视个人修养"的比率为20.74%，居于第二位。选择制度性因素的比率为12.59%，选择领导干部因素的比率为11.11%。小学校长认为未成年人价值观演变的过程中，道德教育是首要的内因。

从2015年与2013年的比较来看，选择"道德教育乏力"的比率有所上升，选择个人修养因素的比率有所降低。

---

① 叶松庆. 当代未成年人道德观发展变化与引导对策的实证研究[M]. 芜湖：安徽师范大学出版社，2016：169.

表8-10 小学校长认为的影响未成年人价值观变化与教育的首要内部因素（2013—2015年）

选项	总计			2013年① (安徽省)		2014年 全国部分省(市)(少数民族地区)(1)		2014年 安徽省(2)		2015年 (安徽省)(1)		2015年 (安徽省)(2)		2015年(2)与2013年比较率差
	人数	比率	排序	人数	比率	人数	比率	人数	比率	人数	比率	人数	比率	
道德教育乏力	75	55.56	1	19	50.00	14	53.85	17	51.52	12	70.59	13	61.90	11.90
制度不健全	17	12.59	3	4	10.53	2	7.69	7	21.21	1	5.88	3	14.29	3.76
领导干部不率先垂范	15	11.11	4	1	2.63	3	11.54	8	24.24	3	17.65	0	0.00	-2.63
普遍不重视个人修养	28	20.74	2	14	36.84	7	26.92	1	3.03	1	5.88	5	23.81	-13.03
合计	135	100	—	38	100	26	10	33	100	17	100	21	100	—

3. 其他研究者的调研成果分析

表8-11是对未成年人就影响社会主义核心价值观确立因素的调查。

任谢元在2015年10月对山东省济南市大中学生（部分未成年人）的调查显示，55.0%的学生认为是"腐败现象，不正之风"影响了自己的社会主义核心价值观的确立。45.0%的学生倾向于认为是自身的弱点与网络时代的负面信息的影响。

洪明在2016年5月对北京、湖南、安徽、陕西、新疆、广西等12省（市）未成年人的调查显示，56.0%的未成年人"对当今社会风气与青少年亚文化持负面评价"，54.0%的未成年人"认为当今青少年的价值观存在很大问题"。

张晓琴、张丽和黄永红在2016年对四川省成都市崇州农村中学的调查显示，"只有55%的受访者认为学校的思政课对提高自己的思想道德水平有很大帮助，34%的受访者认为有点帮助。这表明农村学校对德育工作重视度不够"②。这是影响未成年人社会主义核心价值观确立的重要因素之一。

庞君芳在2018年对浙江省大样本中学生理想信念教育现状的调查显示，"学生在对学校现行的思政课和各类理想信念教育活动的认识中，认为'开展很少，没有效果'的

---

① 叶松庆. 当代未成年人道德观发展变化与引导对策的实证研究［M］. 芜湖：安徽师范大学出版社，2016：170.
② 张晓琴，张丽，黄永红. 网络时代农村青少年思想道德建设现状与对策：以四川崇州市为例［J］. 开封教育学院学报，2017，37（5）：145-146.

占 9.92%，认为'缺少实际效果'的占 32.06%"①。这说明对进行的社会主义核心价值观的教育形式需要创新，这也是影响未成年人社会主义核心价值观确立的重要因素。

对影响未成年人社会主义核心价值观确立因素的分析，从侧面表明未成年人价值观演变过程中的影响因素。

表 8-11　未成年人认为影响社会主义核心价值观确立的因素

2015 年 10 月山东省济南市的大中学生调查（N：中学生 20、大学生 53）②		2016 年 5 月北京、湖南、安徽、陕西、新疆、广西等 12 省（市）的未成年人调查（N：5137）③		2016 年四川省成都市崇州农村中学的调查（N：691）④		2018 年浙江省大样本中学生理想信念教育现状的调查（N：4528）⑤	
影响社会主义核心价值观确立的因素		未成年人对一些问题的评价		学校的思政课对提高自己的思想道德水平		对学校现行的思政课和各类理想信念教育活动的认识	
选项	比率	选项	比率	选项	比率	选项	比率
腐败现象、不正之风的影响	55.0	对当今社会风气与青少年亚文化持负面评价	56.0	有很大帮助	55.0	开展很少，没有效果	9.92
网络信息时代各种媒体传播的负面信息的作用与影响	45.0	认为当今青少年的价值观存在很大问题	54.0	有点帮助	34.0	缺少实际效果	32.06
当代青少年自身存在的弱点	—	—	—	没有帮助	11.0	未标明	41.98
合计	100	合计	—	合计	100	合计	100

---

①⑤ 庞君芳. 中学生理想信念教育的现状调查：以浙江省为例［J］. 中国德育，2018（6）：16-19.

② 任谢元. 青少年对社会主义核心价值观认同的调查研究：基于济南市在校学生的实证调查［J］. 中共济南市委党校学报，2016（1）：98-98.

③ 洪明. 我国中学生核心价值观素养状况调查报告［J］. 中国青年研究，2016（9）：73-84.

④ 张晓琴，张丽，黄永红. 网络时代农村青少年思想道德建设现状与对策：以四川崇州市为例［J］. 开封教育学院学报，2017，37（5）：145-146.

4. 基本认识

(1) 社会环境的变化是影响未成年人价值观发展的主要外因。

未成年人作为社会成员,其行为表现受到社会环境的影响较大。社会环境对未成年人价值观的影响具有一定的潜在性。社会环境由多种要素构成,表现为多维性。随着社会的不断发展,社会环境的组成要素不断丰富,未成年人由于心智发展水平较低与知识结构相对不稳定,很容易受到影响。因此,需要加强对未成年人的教育与引导,提高未成年人对不良社会风气的甄别能力,从而促使其价值观的健康稳定发展。

(2) 道德教育的实效性是影响未成年人价值观发展的主要内因。

未成年人价值观的内涵丰富,其中重要表现为未成年人的道德素质。提高未成年人的道德素质在一定程度上有助于未成年人正确价值观的形成。在对未成年人价值观发展的内因的调查中,道德教育乏力是重要的影响因素。因此,需要进一步增强对未成年人道德教育的实效性,从而促使未成年人价值观的稳定发展。对未成年人进行道德教育不仅需要传授相关的思想与理念,更重要的是不断创新教育形式,采取生动活泼的方式来加强对未成年人的教育,从而保证道德教育的实效性。

(3) 注意协调内因与外因间的关系,从而促使未成年人价值观的健康发展。

未成年人价值观的发展在一定程度上依赖对未成年人的价值观教育以及外部环境因素的影响。各级教育者应当认识到社会环境因素影响的广泛性与潜在性,同时要结合未成年人的实际,努力提高未成年人教育的实效性。在未成年人价值观演变的过程中,注意协调内因与外因的关系,充分发挥各种因素的"合力",为未成年人价值观的发展保驾护航。

(二) 部分未成年人价值观偏移的原因

下面以未成年人的违法犯罪为例进行分析。

1. 主要原因

(1) 未成年人的自述。

如表 8-12 所示,在 2016 年就未成年人认为的未成年人违法犯罪原因的调查中,39.04% 的未成年人认为"社会影响"占比较大,居于第一位。选择"学校教育不力"的比率为 16.34%,选择"综合因素"的比率为 13.39%,选择"家庭因素"的比率为 11.22%。其余选项的比率均在 10% 以下。未成年人认为违法犯罪更多是社会不良风气的影响,其次是学校及家庭因素的影响。因此,尤其要重视对未成年人的社会教育、家庭以及学校教育。

从性别比较来看,男性未成年人更加倾向于认为学校教育不力是重要原因;从省域比较来看,安徽省的未成年人选择同辈人影响的占比较高。

表 8-12 未成年人认为的未成年人违法犯罪的原因（2016年）

选项	总计			性别				省域				
				男		女		比较率差	安徽省		外省（市）		比较率差
	人数	比率	排序	人数	比率	人数	比率		人数	比率	人数	比率	
社会影响	755	39.04	1	386	37.26	369	41.09	3.83	410	38.07	345	40.26	2.19
学校教育不力	316	16.34	2	203	19.59	113	12.58	-7.01	166	15.41	150	17.50	2.09
家庭因素	217	11.22	4	102	9.85	115	12.81	2.96	120	11.14	97	11.32	0.18
同龄人影响	187	9.67	5	125	12.07	62	6.90	-5.17	130	12.07	57	6.65	-5.42
自身因素	100	5.17	6	41	3.96	59	6.57	2.61	54	5.01	46	5.37	0.36
综合因素	259	13.39	3	123	11.87	136	15.14	3.27	135	12.53	124	14.47	1.94
不清楚	100	5.17	6	56	5.41	44	4.90	-0.51	62	5.76	38	4.43	-1.33
合计	1934	100	—	1036	100	898	100	—	1077	100	857	100	—

（2）受访群体的看法。

第一，中学老师的看法。如表 8-13 所示，在 2008—2013 年、2016 年对中学老师认为的未成年人违法犯罪原因的调查中，39.38% 的中学老师认为未成年人违法犯罪的主要原因在于受"社会影响"，"社会影响"包括社会不良风气以及其他消极社会思潮的影响。中学老师选择"综合因素"的比率为 27.90%，居于第二位，选择"家庭因素"的比率为 17.92%，居于第三位。在其他选项上，中学老师选择的比率均不足 10%。与未成年人的看法较为相似，中学老师也认为未成年人违法犯罪的首因在于"社会影响"。与未成年人不同的是，中学老师更聚焦于"综合因素"的影响，认为未成年人违法犯罪是多种因素共同作用的结果。

从 2016 年与 2008 年的比较来看，中学老师认为"社会影响"与"学校教育不力"的比率均较 2008 年有所升高，选择"综合因素"的比率有所降低。可见，中学老师愈发意识到"社会影响"与学校教育的重要性。

表8-13 中学老师认为的未成年人违法犯罪的原因（2008—2013年、2016年）

选项	总计			2008—2013年①		2008年比率	2016年		2016年与2008年比较率差
	人数	比率	排序	人数	比率		人数	比率	
社会影响	580	39.38	1	510	39.02	30.97	70	42.17	11.20
学校教育不力	83	5.63	4	68	5.20	4.52	15	9.04	4.52
家庭因素	264	17.92	3	245	18.75	17.42	19	11.45	-5.97
同龄人影响	63	4.28	5	54	4.13	3.87	9	5.42	1.55
自身因素	35	2.38	7	22	1.68	3.87	13	7.83	3.96
综合因素	411	27.90	2	385	29.46	37.42	26	15.66	-21.76
不清楚	37	2.51	6	23	1.76	1.94	14	8.43	-6.49
合计	1473	100	—	1307	100	100	166	100	—

第二，家长的看法。如表8-14所示，在2010—2013年、2016年对家长认为的未成年人违法犯罪原因的调查中，40.08%的家长选择"社会影响"，这一比率均较中学老师与未成年人选择的比率要高。家长选择"综合因素"的比率为24.77%，居于第二位，选择"学校教育不力"与"家庭因素"的比率分别为10.07%与15.72%，其他选项的比率均在10%以下。大部分家长认为未成年人犯罪的原因中，"社会影响"的比重较大，选择"综合因素"的影响次之。

从2016年与2010年的比较来看，家长选择"社会影响"与"学校教育不力"的比率均有所上升，选择"综合因素"的比率有所降低。应注重未成年人所处社会环境的进一步优化。与此同时，要进一步增强学校教育的实效性，促进未成年人价值观的健康稳定发展。

表8-14 家长认为的未成年人违法犯罪的原因（2010—2013年、2016年）

选项	总计			2010—2013年②		2010年比率	2016年		2016年与2010年比较率差
	人数	比率	排序	人数	比率		人数	比率	
社会影响	390	40.08	1	294	37.69	32.65	96	49.74	17.09
学校教育不力	98	10.07	4	64	8.21	6.12	34	17.62	11.50
家庭因素	153	15.72	3	131	16.79	20.41	22	11.40	-9.01

①② 叶松庆. 当代未成年人道德观发展变化与引导对策的实证研究[M]. 芜湖：安徽师范大学出版社，2016：284.

(续表 8-14)

选项	总计			2010—2013 年[①]		2010 年比率	2016 年		2016 年与 2010 年比较率差
	人数	比率	排序	人数	比率		人数	比率	
同龄人影响	42	4.32	5	35	4.49	2.04	7	3.63	1.59
自身因素	23	2.36	7	11	1.41	1.02	12	6.22	5.20
综合因素	241	24.77	2	225	28.85	34.69	16	8.29	-26.40
不清楚	26	2.67	6	20	2.56	3.06	6	3.11	0.05
合计	973	100	—	780	100	100	193	100	—

第三，中学校长、德育工作者、小学校长的看法。如表 8-15 所示，在 2013 年和 2016 年对中学校长、2013 年对德育工作者、2013 年对小学校长的认为未成年人违法犯罪原因的调查中，受访群体选择"社会影响"的比率为 41.28%，居于第一位。选择"综合因素"的比率为 32.72%，居于第二位，选择"家庭因素"的比率为 14.37%，居于第三位。其他选项的比率均在 10% 以下。受访群体认为"社会影响"是触发未成年人违法犯罪的首因，其次是"综合因素"与"家庭因素"。

从三个成年人群体的比较来看，中学校长与德育工作者将"社会影响"作为首因，其中德育工作者认为"综合因素"与"社会影响"的比重大致相当。小学校长选择"综合因素"的比率居于第一位。三个群体对未成年人违法犯罪原因的认识有一些差异，认为需要针对不同的侧重点对未成年人进行相应的教育与引导。

表 8-15 中学校长、德育工作者、小学校长认为的未成年人违法犯罪的原因（2013 年、2016 年）

选项	总计			中学校长						德育工作者（2013 年）		小学校长（2013 年）		中学校长与小学校长比较率差
	人数	比率	排序	合计		2013 年[②]		2016 年		人数	比率	人数	比率	
				人数	比率	人数	比率	人数	比率					
社会影响	135	41.28	1	105	42.68	77	42.31	28	43.75	15	34.88	15	39.47	3.21
学校教育不力	17	5.20	4	13	5.28	10	5.49	3	4.69	4	9.30	0	0.00	5.28

---

① 叶松庆. 当代未成年人道德观发展变化与引导对策的实证研究 [M]. 芜湖：安徽师范大学出版社，2016：284.

② 叶松庆. 当代未成年人道德观发展变化与引导对策的实证研究 [M]. 芜湖：安徽师范大学出版社，2016：285.

(续表 8-15)

选项	总计			中学校长						德育工作者(2013年)		小学校长(2013年)		中学校长与小学校长比较率差
				合计		2013年[①]		2016年						
	人数	比率	排序	人数	比率	人数	比率	人数	比率	人数	比率	人数	比率	
家庭因素	47	14.37	3	38	15.45	21	11.54	17	26.56	6	13.95	3	7.89	7.56
同龄人影响	13	3.98	5	10	4.07	4	2.20	6	9.38	2	4.65	1	2.63	1.44
自身因素	6	1.83	6	4	1.63	1	0.55	3	4.69	1	2.33	1	2.63	-1.00
综合因素	107	32.72	2	15	34.88	69	37.91	5	7.81	74	30.08	18	47.37	-17.29
不清楚	2	0.61	7	2	0.81	0	0.00	2	3.13	0	0.00	0	0.00	0.81
合计	327	100	—	246	100	182	100	64	100	43	100	38	100	—

2. 具体原因

如表 8-16 所示,在 2016 年对受访群体的调查中,37.76% 的受访群体选择"自己的法律意识浅薄,不知自己是违法犯罪"。选择"学校对学生很少或不进行法制教育导致无法制观念引发"的比率为 14.64%。其他选项的比率均在 10% 以下。未成年人自身因素以及学校的相关法制教育较为薄弱是未成年人违法犯罪的最主要具体原因。社会不良风气、朋辈群体的影响以及网络不良信息的影响同样占据较高的比重。

从未成年人与成年人群体的比较来看,成年人群体倾向于认为未成年人自身法律意识淡薄是违法犯罪的最主要具体原因,未成年人则倾向于认为学校法制教育缺乏是未成年人违法犯罪的最主要具体原因。

表 8-16 受访群体眼中未成年人违法犯罪的最主要具体原因(2016 年)

选项	总计			未成年人		成年人群体								未成年人与成年人群体比较率差
						合计		中学老师		家长		中学校长		
	人数	比率	排序	人数	比率	人数	比率	人数	比率	人数	比率	人数	比率	
自己的法律意识淡薄,不知自己是违法犯罪	890	37.76	1	705	36.45	185	43.74	65	39.16	95	49.22	25	39.06	-7.29

---

① 叶松庆. 当代未成年人道德观发展变化与引导对策的实证研究[M]. 芜湖:安徽师范大学出版社,2016:285.

(续表 8-16)

选项	总计			未成年人		成年人群体								未成年人与成年人群体比较率差
						合计		中学老师		家长		中学校长		
	人数	比率	排序	人数	比率	人数	比率	人数	比率	人数	比率	人数	比率	
学校对学生很少或不进行法制教育导致无法制观念引发	345	14.64	2	305	15.77	40	9.46	12	7.23	24	12.44	4	6.25	6.31
受社会上坏人的引诱或逼迫，不知不觉中发生	220	9.33	3	180	9.31	40	9.46	16	9.64	18	9.33	6	9.38	-0.15
受同龄坏伴的影响参与校园暴力等	195	8.27	5	173	8.95	22	5.20	10	6.02	3	1.55	9	14.06	3.75
受网络、影视色情、暴力的影响，神秘好奇、争强好胜	206	8.74	4	172	8.89	34	8.04	15	7.83	12	6.22	7	10.94	0.85
效仿网络游戏的虚拟行为，在现实生活中尝试	63	2.67	9	47	2.43	16	3.78	6	3.61	8	4.15	2	3.13	-1.35
自己好逸恶劳、贪图享受而去偷窃、抢劫	82	3.48	7	68	3.52	14	3.31	5	3.01	7	3.63	2	3.13	0.21
一时哥们义气引发	40	1.70	11	32	1.65	8	1.89	6	3.61	1	0.52	1	1.56	-0.24
家长的不当行为引致	43	1.82	10	35	1.81	8	1.89	3	1.81	3	1.55	2	3.13	-0.08

(续表 8-16)

选项	总计			未成年人		成年人群体								未成年人与成年人群体比较率差
						合计		中学老师		家长		中学校长		
	人数	比率	排序	人数	比率	人数	比率	人数	比率	人数	比率	人数	比率	
老师的不当行为引致	15	0.64	15	11	0.57	4	0.95	1	0.60	3	1.55	0	0.00	-0.38
学校的不当做法引致	11	0.47	16	6	0.31	5	1.18	3	1.81	2	1.04	0	0.00	-0.87
自己心胸狭窄，敌视、仇视别人引发	30	1.27	12	24	1.24	6	1.42	3	1.81	2	1.04	1	1.56	-0.18
青春期、逆反期的心理与行为反应过度	102	4.33	6	85	4.40	17	4.02	10	6.02	6	3.11	1	1.56	0.38
遇事不冷静、冲动，易激情犯罪	74	3.14	8	58	3.00	16	3.78	7	4.22	7	3.63	2	3.13	-0.78
破罐子破摔，无所谓	22	0.93	13	19	0.98	3	0.71	1	0.60	1	0.52	1	1.56	0.27
其他	19	0.81	14	14	0.72	5	1.18	3	1.81	1	0.52	1	1.56	-0.46
合计	2357	100	—	1934	100	423	100	166	100	193	100	64	100	—

3. 基本认识

（1）社会不良风气与环境是未成年人违法犯罪的重要诱因。

在对未成年人违法犯罪主要原因的调查中，选择社会影响的比率居于重要的位置。因此，需要重视社会不良风气与环境对未成年人的影响。未成年人处在青春期，个体性意识逐渐增强，有较强的好奇心理与模糊性认识，社会不良风气与环境对其的影响具有一定的潜在性。未成年人沾染上不良风气以及不良习惯，这些不良风气与习惯经过相当一段长时间的发展，很可能会触发未成年人违法犯罪。

（2）未成年人自身的素质与意识较低与未成年人违法犯罪间存在潜在的关联。

未成年人自身的素质与意识会对其行为产生一定的影响。如果未成年人素质低下，且其错误的认识未被及时纠正，其思想观念发展将不符合社会发展的预期。未成年人走上违法犯罪道路是一个逐渐累积的过程,如果不从细微之处发现未成年人思想观念上的误区,那么细小的误区就有可能会对未成年人价值观产生较大的消极性影响。

(3) 需要不断加强对未成年人的法治观教育,从而有助于未成年人价值观的养成。

加强对未成年人的法治观教育,在一定程度上有助于降价未成年人违法犯罪的比率。加强对未成年人的法治观教育,需要从社会、家庭、学校以及个人层面形成合力以加强教育。法治观教育同时也是未成年人价值观养成的重要内容与组成部分。

(三) 综合认识

1. 社会环境因素是未成年人价值观形成的重要因素

未成年人作为社会性的"存在物",其思想观念与行为习惯会受到社会环境的影响。社会环境对未成年人的影响具有一定的广泛性,对价值观的影响只是重要的表现之一。社会环境的影响具有一定的多重性,这种影响具有一定的良性与恶性、积极性与消极性。此外,社会的影响方式的多样性,主要表现为直接性与间接性、个别性,以及浅层次的影响。"社会的急剧变化,有相当一些层面的问题来不及妥善解决,人们的心理准备和物质准备也不够充分,在社会价值冲突加剧和各种价值意识激烈交锋面前,反应欠灵敏,认知较迟缓,很难做到价值选择上的泾渭分明。混沌的价值取向,必然会有混沌的价值表现,这些状态在未成年人身上同样存在。传统道德的传承受到社会负面力量的抵制、消磨和制约,导致道德本身的交错、脱节、乏力,对未成年人价值观的形成与演变产生负面作用,以至在未成年人的价值观中掺杂了非理性成分,在一定程度上导致未成年人价值观的部分偏移。"[①] 可见,社会环境是未成年人价值观形成的重要因素。

2. 社会环境对未成年人价值观的影响具有一定的开放性与复杂性

社会环境作为外部因素,其开放性主要表现在空间、时间与环境的动态发展,在对未成年人的教育中,教育者应当注意创设一定的教育情境,同时要注意把握未成年人成长发展的阶段性特征。此外,注意未成年人身心条件的动态发展变化。教育工作者要注意社会环境对未成年人价值观影响的开放性与复杂性,切实提高教育的实效性。

3. 切实改善社会环境的影响,以期取得教育效果的实效性

教育工作者要切实改善社会环境的影响,努力促成环境的积极性与正向性影响。社会环境的影响具有多样性、复杂性与开放性。教育工作者可以通过教育情境的创设以及社会环境的微观模拟来加强对未成年人的教育与引导。正确评价未成年人在微观环境与创设环境中的表现,从而促成教育效果的最大化。

[①] 叶松庆. 当代未成年人价值观的演变特点与影响因素:对安徽省2426名未成年人的调查分析 [J]. 青年研究, 2006 (12): 1-9.

二、学校方面的原因

(一) 组织层面

1. 学校开展德育工作缺乏经常性

(1) 未成年人的自述。

如表 8-17 所示,在 2016 年就未成年人对学校是否经常性开展德育工作看法的调查中,82.73% 的未成年人认为学校会不同程度地开展未成年人的德育工作,其中选择"经常"的比率为 41.31%,居于第一位。选择"不开展"的比率为 17.27%。大部分未成年人认为学校开展德育工作的频率相对较高。学校作为未成年人德育培养的主阵地,通过形式各样的德育活动对未成年人进行教育与引导,有助于帮助未成年人形成正确的价值观。

从性别的比较来看,女性未成年人选择"经常"的比率较男性未成年人选择的比率要高。从省域的比较来看,外省(市)未成年人选择"经常"的比率较安徽省未成年人选择的比率要高。

表 8-17 未成年人对学校是否经常性开展德育工作的看法 (2016 年)

选项	总计			性别				省域				
				男		女		安徽省		外省(市)		
	人数	比率	排序	人数	比率	人数	比率	比较率差	人数	比率	人数	比率	比较率差
经常	799	41.31	1	398	38.42	401	44.65	6.23	377	35.00	422	49.24	14.24
不经常	450	23.27	2	281	27.12	169	18.82	-8.30	263	24.42	187	21.82	-2.60
偶尔	351	18.15	3	160	15.44	191	21.27	5.83	199	18.48	152	17.74	-0.74
不开展	334	17.27	4	197	19.02	137	15.26	-3.76	238	22.10	96	11.20	-10.90
合计	1934	100	—	1036	100	898	100	—	1077	100	857	100	—

(2) 受访群体的看法。

第一,中学老师的看法。如表 8-18 所示,在 2008—2016 年就中学老师对学校是否经常性开展德育工作看法的调查中,97.42% 的中学老师认为学校会开展未成年人的德育工作,其中选择"经常"的比率为 49.11%,居于第一位。中学老师选择"不开展"的比率为 2.58%。在中学老师眼中,学校的德育工作开展状况较好。

从 2016 年与 2008 年的比较来看,2016 年选择"经常"的比率较 2008 年高 8.58%,是增幅最大的选项。中学老师作为学校德育工作的主要组织者,承担着对未成年人的思想品德教育的重任。中学老师的肯定性评价表明了学校的未成年人德育工作具有成效。

表8-18 中学老师对学校是否经常性开展德育工作的看法（2008—2016年）

选项	总计			2008—2013年①		2008年比率	2014年		2015年		2016年		2016年与2008年比较率差
	人数	比率	排序	人数	比率		人数	比率	人数	比率	人数	比率	
经常	913	49.11	1	646	49.43	52.26	89	38.36	77	50.00	101	60.84	8.58
不经常	614	33.03	2	440	33.66	30.32	94	40.52	40	25.97	40	24.10	-6.22
偶尔	284	15.28	3	192	14.69	15.48	42	18.10	34	22.08	16	9.64	-5.84
不开展	48	2.58	4	29	2.22	1.94	7	3.02	3	1.95	9	5.42	3.48
合计	1859	100	—	1307	100	100	232	100	154	100	166	100	—

第二，家长的看法。如表8-19所示，在2008—2016年就家长对学校是否经常性开展德育工作的看法的调查中，95.81%的家长认为学校会积极开展未成年人的德育工作，其中45.23%的家长选择"经常"，居于第一位。选择"不开展"的比率为4.19%。大部分家长认为学校会开展一定的德育活动来加强未成年人的道德教育。

从2016年与2008年的比较来看，2016年选择"经常"的比率较2008年高27.84%，是增幅最大的选项，选择"不经常"与"偶尔"的比率均有所减低。在家长眼中，学校的德育工作呈现出良好的发展态势，这无疑有助于未成年人价值观的逐渐塑形。

表8-19 家长对学校是否经常性开展德育工作的看法（2008—2016年）

选项	总计			2008—2013年②		2008年比率	2014年		2015年		2016年		2016年与2008年比较率差
	人数	比率	排序	人数	比率		人数	比率	人数	比率	人数	比率	
经常	616	45.23	1	329	42.18	24.49	117	49.79	69	44.81	101	52.33	27.84
不经常	413	30.32	2	252	32.31	43.88	72	30.64	46	29.87	43	22.28	-21.60
偶尔	276	20.26	3	163	20.90	26.53	46	19.57	32	20.78	35	18.13	-8.40
不开展	57	4.19	4	36	4.62	5.10	0	0.00	7	4.55	14	7.25	2.15
合计	1362	100	—	780	100	100	235	100	154	100	193	100	—

---

① 叶松庆. 当代未成年人道德观发展变化与引导对策的实证研究［M］. 芜湖：安徽师范大学出版社，2016：351.

② 叶松庆. 当代未成年人道德观发展变化与引导对策的实证研究［M］. 芜湖：安徽师范大学出版社，2016：352.

第三，中学校长的看法。如表8-20所示，在2013—2016年就中学校长对学校是否经常性开展德育工作的看法的调查中，98.29%的中学校长认为学校会积极开展未成年人的德育工作，选择"经常"的比率为64.39%，居于第一位，这一比率均较其他群体选择的比率要高。中学校长选择"不开展"的比率为1.71%，占比极低。大部分的中学校长认为学校德育工作状况良好，持否定性评价的占比很低。

从2016年与2013年的比较来看，2016年选择"不经常"的比率较2013年低16.37%，是降幅最大的选项。中学校长认为学校的未成年人德育工作状况较好。

表8-20　中学校长对学校是否经常性开展德育工作的看法（2013—2016年）

选项	总计		2013年[①]		2014年				2015年								2016年		2016年与2013年比较率差
					（1）		（2）		（1）		（2）		（3）		（4）				
	人数	比率	人数	比率	人数	比率	人数	比率	人数	比率	人数	比率	人数	比率	人数	比率	人数	比率	
经常	302	64.39	129	70.88	44	63.77	15	31.91	4	20.00	13	65.00	14	77.78	36	73.47	47	73.44	2.56
不经常	113	24.09	44	24.18	18	26.09	21	44.68	9	45.00	4	20.00	3	16.67	9	18.37	5	7.81	-16.37
偶尔	46	9.81	8	4.40	7	10.14	11	23.40	6	30.00	3	15.00	1	5.56	4	8.16	6	9.38	4.98
不开展	8	1.71	1	0.55	0	0.00	0	0.00	1	5.00	0	0.00	0	0.00	0	0.00	6	9.38	8.83
合计	469	100	182	100	69	100	47	100	20	100	20	100	18	100	49	100	64	100	—

第四，小学校长的看法。如表8-21所示，在2013—2015年就小学校长对学校是否经常性开展德育工作的看法的调查中，小学校长认为学校能积极开展未成年人的德育工作，其中选择"经常"的比率为75.56%，居于第一位。小学校长选择"不开展"的比率为0.00%。受访的小学校长均认为学校会开展相应的德育活动。小学校长作为重要的德育工作领导者，其对德育活动的了解与熟悉程度较高，从侧面也反映出其切实开展了相应的德育活动。

从2015年与2013年的比较来看，选择"经常"的比率有所降低，这需要引起教育工作者的高度重视。

[①] 叶松庆. 当代未成年人道德观发展变化与引导对策的实证研究［M］. 芜湖：安徽师范大学出版社，2016：352.

表8-21 小学校长对学校是否经常性开展德育工作的看法（2013—2015年）

选项	总计			2013年①（安徽省）		2014年				2015年（安徽省）				2015年(2)与2013年比较率差
						全国部分省（市）(少数民族地区)(1)		安徽省(2)		(1)		(2)		
	人数	比率	排序	人数	比率	人数	比率	人数	比率	人数	比率	人数	比率	
经常	102	75.56	1	32	84.21	20	76.92	28	84.85	10	58.82	12	57.14	-27.07
不经常	22	16.30	2	5	13.16	4	15.38	5	15.15	3	17.65	5	23.81	10.65
偶尔	11	8.15	3	1	2.63	2	7.69	0	0.00	4	23.53	4	19.05	16.42
不开展	0	0.00	4	0	0.00	0	0.00	0	0.00	0	0.00	0	0.00	0.00
合计	135	100	—	38	100	26	100	33	100	17	100	21	100	—

第五，受访群体看法的比较。如表8-22所示，在对受访群体的调查中，受访群体选择"经常"的比率为55.12%，居于第一位。选择"不经常"与"偶尔"的合比率为39.73%，选择"不开展"的比率为5.15%。大部分受访群体认为学校开展了未成年人的德育工作。

从单个选项来看，选择"经常"的比率最高的群体是小学校长，选择"不经常"的比率最高的群体是中学老师，选择"偶尔"的比率最高的群体是家长，未成年人选择"不开展"的比率最高。未成年人对这一问题的认识与成年人群体有一定的差异。

表8-22 受访群体看法的比较

选项	经常	不经常	偶尔	不开展	有效样本量/人
未成年人（2016年）	41.31%	23.27%	18.15%	17.27%	1934
中学老师（2008—2016年）	49.11%	33.03%	15.28%	2.58%	1859

---

① 叶松庆. 当代未成年人道德观发展变化与引导对策的实证研究 [M]. 芜湖：安徽师范大学出版社，2016：353.

(续表8-22)

选项	经常	不经常	偶尔	不开展	有效样本量/人
家长 (2010—2016年)	45.23%	30.32%	20.26%	4.19%	1362
中学校长 (2013—2016年)	64.39%	24.09%	9.81%	1.71%	469
小学校长 (2013—2015年)	75.56%	16.30%	8.15%	0.00%	135
比率平均值	55.12%	25.40%	14.33%	5.15%	—

此外，在社会主义核心价值观教育方面，蒋道平经过调查发现，"329人（64%）认为学校举办过相关活动，185人（36%）认为学校没有举办过。中学则主要开展学科教育，价值观教育及社会实践较少"[①]。从侧面可以看出，大部分的学校会开展诸如社会主义核心价值观等相应的德育活动。但是，仍有部分学校不重视未成年人的德育工作。

（3）学校不能经常性开展德育工作的最主要原因。

如表8-23所示，在2016年对受访群体的调查中，28.89%的受访群体认为"学校领导不重视"是学校不能经常开展德育工作的最主要原因。15.66%的受访群体选择"大家只顾抓升学率"，选择"没有时间与精力开展"的比率为13.92%，选择"老师的积极性不高"的比率为13.07%，选择"不清楚"的比率为11.88%，其他选项的比率均在10%以下。学校领导的重视程度、老师的积极性以及未成年人的时间均影响学校德育工作的展开。

从未成年人与成年人群体的比较来看，成年人群体选择"学校领导不重视"的比率较未成年人选择的比率要高，未成年人倾向于认为受到时间等因素限制的比率较大。因此，要重视群体间的认识差异，提出相应的教育对策，以便提高德育的实效性。

---

① 蒋道平. 青少年社会主义核心价值观现状及培育路径：基于四川省青少年抽样调查分析[J]. 西南科技大学学报（社会科学版），2017，34（1）：60-65.

表8-23 受访群体认为的学校不能经常开展德育工作的最主要原因（2016年）

选项	总计			未成年人		成年人群体								未成年人与成年人群体比较率差
						合计		中学老师		家长		中学校长		
	人数	比率	排序	人数	比率	人数	比率	人数	比率	人数	比率	人数	比率	
学校领导不重视	681	28.89	1	541	27.97	140	33.10	69	41.57	63	32.64	8	12.50	-5.13
老师的积极性不高	308	13.07	4	252	13.03	56	13.24	19	11.45	23	11.92	14	21.88	-0.21
大家只顾抓升学率	369	15.66	2	296	15.31	73	17.26	29	17.47	34	17.62	10	15.63	-1.95
没有时间与精力开展	328	13.92	3	283	14.63	45	10.64	19	11.45	17	8.81	9	14.06	3.99
开展多了怕学生厌烦	113	4.79	6	86	4.45	27	6.38	10	6.02	14	7.25	3	4.69	-1.93
开展多了影响学生的学习成绩	105	4.45	7	79	4.08	26	6.15	7	4.22	12	6.22	7	10.94	-2.07
上面抓得不紧就少开展或不开展	74	3.14	9	62	3.21	12	2.84	5	3.01	5	2.59	2	3.13	0.37
家长不希望多开展	24	1.02	10	17	0.88	7	1.65	1	0.60	4	2.07	2	3.13	-0.77
其他	75	3.18	8	63	3.26	12	2.84	4	2.41	2	1.04	6	9.38	0.42
不清楚	280	11.88	5	255	13.19	25	5.91	3	1.81	19	9.84	3	4.69	7.28
合计	2357	100	—	1934	100	423	100	166	100	193	100	64	100	—

2. 未成年人的某些认识与表现证明学校德育工作不够到位

（1）认为学校的价值观教育做得不够多。

第一，未成年人的自述。如表8-24所示，在2014—2016年对未成年人是否认为学校的价值观教育做得不够多的调查中，未成年人选择"非常不同意""不同意"与"有点不同意"的合比率为56.66%。选择"有点同意""同意"与"非常同意"的合比率为43.36%，其中，未成年人选择"有点同意"的比率为19.33%，居于第二位。未成年人认为学校对未成年人价值观教育做得不够多，仍有继续加强与改进的空间。

从 2016 年与 2014 年的比较来看，2016 年选择"非常不同意"的比率较 2014 年高 15.66%，是增幅最大的选项。选择"有点同意"的比率较 2014 年低 10.89%，是降幅最大的选项。学校对未成年人价值观教育有逐渐加强的趋势，这有助于未成年人价值观的健康发展。

表 8-24　未成年人对学校的价值观教育做得不够多的看法（2014—2016 年）

选项	总计			2014 年		2015 年		2016 年		2016 年与 2014 年比较率差
	人数	比率	排序	人数	比率	人数	比率	人数	比率	
非常不同意	1095	17.14	4	339	11.54	230	15.15	526	27.20	15.66
不同意	1338	20.94	1	575	19.57	272	17.92	491	25.39	5.82
有点不同意	1187	18.58	3	586	19.95	305	20.09	296	15.31	-4.64
有点同意	1235	19.33	2	680	23.14	318	20.95	237	12.25	-10.89
同意	847	13.26	5	494	16.81	198	13.04	155	8.01	-8.80
非常同意	688	10.77	6	264	8.99	195	12.85	229	11.84	2.85
合计	6390	100	—	2938	100	1518	100	1934	100	—

第二，受访群体的看法。如表 8-25 所示，在 2016 年对受访群体的调查中，选择"非常不同意""不同意"与"有点不同意"的合比率为 69.54%，其中选择"非常不同意"的比率为 27.83%，居于第一位。未成年人选择"有点同意""同意"与"非常同意"的合比率为 30.46%。在受访群体眼中，学校的价值观教育做得较多，认为做得不够多的比率远低于做得够多的比率。

从未成年人与成年人群体的比较来看，成年人群体选择含有不同意意味的比率均较未成年人要高，未成年人选择"有点同意"与"非常同意"的比率较成年人群体的选择比率要高。成年人群体的评价较未成年人稍好。

表 8-25　受访群体认为学校的价值观教育做得不够多（2016 年）

选项	总计			未成年人		成年人群体								未成年人与成年人群体比较率差
						合计		中学老师		家长		中学校长		
	人数	比率	排序	人数	比率	人数	比率	人数	比率	人数	比率	人数	比率	
非常不同意	656	27.83	1	526	27.20	130	30.73	52	31.33	58	30.05	20	31.25	-3.53
不同意	614	26.05	2	491	25.39	123	29.08	48	28.92	53	27.46	22	34.38	-3.69
有点不同意	369	15.66	3	296	15.31	73	17.26	27	16.27	36	18.65	10	15.63	-1.95

(续表8-25)

选项	总计			未成年人		成年人群体								未成年人与成年人群体比较率差
						合计		中学老师		家长		中学校长		
	人数	比率	排序	人数	比率	人数	比率	人数	比率	人数	比率	人数	比率	
有点同意	265	11.24	4	237	12.25	28	6.62	13	7.83	10	5.18	5	7.81	5.63
同意	196	8.32	6	155	8.01	41	9.69	12	7.83	23	11.92	6	9.38	-1.68
非常同意	257	10.90	5	229	11.84	28	6.62	14	8.43	13	6.74	1	1.56	5.22
合计	2357	100	—	1934	100	423	100	166	100	193	100	64	100	—

(2) 对《学生守则》的知晓程度不高。

第一，未成年人的自述。如表8-26所示，在2013年、2016年对未成年人就《学生守则》知晓程度的调查中，选择"知道"与"基本知道"的合比率为71.97%，其中选择"基本知道"的比率为41.11%。选择"基本不知道"与"不知道"的合比率为28.03%。大部分未成年人对《学生守则》保持较高的知晓程度，表明学校对未成年人的制度性与规范性教育取得了一定的成效。

从2016年与2013年的比较来看，2016年选择"基本知道"的比率较2013年低11.87%，是降幅最大的选项。选择"不知道"的比率较2013年高8.86%。未成年人对《学生守则》的知晓程度有所降低。

表8-26 未成年人对《学生守则》的知晓程度（2013年、2016年）

选项	总计			2013年		2016年		2016年与2013年比较率差
	人数	比率	排序	人数	比率	人数	比率	
知道	1513	30.86	2	886	29.85	627	32.42	2.57
基本知道	2015	41.11	1	1359	45.79	656	33.92	-11.87
基本不知道	760	15.50	3	455	15.33	305	15.77	0.44
不知道	614	12.53	4	268	9.03	346	17.89	8.86
合计	4902	100	—	2968	100	1934	100	—

第二，受访群体的看法。如表8-27所示，在2016年对受访群体的调查中，受访群体认为未成年人"知道"与"基本知道"《学生守则》的合比率为69.49%，其中选择"知道"的比率为34.66%，居于第二位。选择"基本不知道"与"不知道"的合比率为30.51%。大部分受访群体认为未成年人对《学生守则》有一定的知晓程度。

从未成年人与成年人群体的比较来看，成年人群体选择"知道"与"基本知道"的比率均较未成年人高。未成年人选择"基本不知道"与"不知道"的比率较成年人群体高。成年人群体对未成年人的评价较未成年人自身稍好。因此，未成年人需要进一步加强自身对《学生守则》的学习，从而加大对其的知晓程度，在一定程度上也有利于未成年人更好地遵守《学生守则》，从而养成良好的行为习惯。

表8-27 受访群体眼中的未成年人对《学生守则》的知晓程度（2016年）

选项	总计			未成年人		成年人群体								未成年人与成年人群体比较率差
						合计		中学老师		家长		中学校长		
	人数	比率	排序	人数	比率	人数	比率	人数	比率	人数	比率	人数	比率	
知道	817	34.66	2	627	32.42	190	44.92	79	47.59	81	41.97	30	46.88	-12.5
基本知道	821	34.83	1	656	33.92	165	39.01	64	38.55	77	39.90	24	37.50	-5.09
基本不知道	333	14.13	4	305	15.77	28	6.62	9	5.42	17	8.81	2	3.13	9.15
不知道	386	16.38	3	346	17.89	40	9.46	14	8.43	18	9.33	8	12.50	8.43
合计	2357	100	—	1934	100	423	100	166	100	193	100	64	100	—

第三，其他研究者的调研成果分析。如表8-28所示，骆风在2014年5月对广东、河南与甘肃未成年人遵守《学生守则》情况的调查显示，选择"没有遵守"与"很少遵守"的合比率为4.9%，选择"基本遵守"与"完全遵守"的合比率为74.8%，其中选择"基本遵守"的比率为53.6%，居于第一位。大部分未成年人能够遵守《学生守则》，与本研究的调查结果具有较高的相似性。

表8-28 未成年人遵守《学生守则》的情况

2014年5月广东、河南、甘肃的未成年人调查 （N：广东560、河南498、甘肃588）[①]				
按照《中小学生守则》做事的情况				
选项	比率			
	总计	广东	河南	甘肃
没有遵守	1.0	7.0	8.0	1.4
很少遵守	3.9	2.2	3.9	5.4
一般	20.4	17.7	20.0	23.2

---

① 骆风. 现代化进程中青少年道德面貌比较研究[J]. 青年研究, 2016 (3): 1-10.

(续表 8-28)

选项	比率			
	总计	广东	河南	甘肃
基本遵守	53.6	55.4	52.9	52.5
完全遵守	21.2	23.9	22.4	17.5
合计	100	100	100	100

（3）未成年人对社会主义荣辱观、社会主义核心价值观的了解程度。

第一，未成年人对社会主义荣辱观的熟悉程度。如表 8-29 所示，在 2016 年就未成年人对"八荣八耻"社会主义荣辱观的熟悉程度的调查中，虽然有 51.81% 的未成年人对"八荣八耻"社会主义荣辱观保持较高的熟悉度，但仍有 48.19% 的未成年人不了解或不熟悉"八荣八耻"社会主义荣辱观。可见了解程度不理想，也从另一个方面影响了未成年人价值观的发展。

表 8-29　未成年人对"八荣八耻"社会主义荣辱观的熟悉程度（2016 年）

选项	人数	比率
很熟悉	438	22.65
熟悉	564	29.16
不熟悉	549	28.39
很不熟悉	96	4.96
根本不了解	66	3.41
我对此不清楚	221	11.43
合计	1934	100

第二，未成年人对社会主义核心价值观的了解程度。未成年人对社会主义核心价值观的了解在一定程度上也可以看出未成年人价值观的发展态势。在就未成年人对社会主义核心价值观的了解程度调查中，选择"了解"与"有点了解"的合比率为 77.40%，可见当代未成年人对于社会主义核心价值观有着一定的了解，但是仍有 18.52% 的未成年人"不了解"（见表 4-1，第 145 页）。可见了解程度不太理想。

第三，其他研究者的调研成果分析：

如表 8-30 所示，任谢元在 2015 年 10 月对山东省济南市中学生的调查显示，80.0% 的未成年人表示知道或有些知道。

孙瑞宁、霍然在 2016 年 9 月对江苏省南京市 3 所高中的中学生的调查显示，40% 的未成年人对社会主义核心价值观的内容表示全部能记住。

蒋道平在2016年10月对四川省成都市、绵阳市青少年的调查显示，89.7%的青少年表示听过社会主义核心价值观这个词。

褚菊香在2016年12月对甘肃省敦煌市中学生的调查显示，表示"不知道"与"完全不理解"选项的合比率为18.5%。在对践行社会主义核心价值观情况的调查中，60.3%的中学生表示还没全部记住，4.5%的中学生表示全部做不到。

表8-30 未成年人了解社会主义核心价值观的情况（一）

2015年10月山东省济南市中学生调查（N：中学生20、大学生53）[1]			2016年9月江苏省南京市3所高中的中学生调查（N：800）[2]		2016年10月四川省成都市、绵阳市的青少年调查（N：514，其中，初中生115、高中生171、大学生228）[3]		2016年12月甘肃省敦煌市的中学生调查（N：1058）[4]			
对社会主义核心价值观的了解（中学生）			对社会主义核心价值观的认知		是否听说过"社会主义核心价值观"这个词		对社会主义核心价值观的了解		践行社会主义核心价值观的情况	
选项	人数	比率	选项	比率	选项	比率	选项	比率	选项	比率
知道或有些知道	16	80.0	内容能全部记住	40.0	听说过	89.7	不知道	10.5	还没全部记住	60.3
不知道	4	20.0	未标明	60.0	没听说过	10.3	完全不理解	8.0	全部做不到	4.5
—							未标明	81.5	未标明	35.2
合计	20	100	合计	100	合计	100	合计	100	合计	100

如表8-31所示，吴亚林在2016年11月对湖北省咸宁、黄冈两市所属农村中小学进行的问卷调查显示，"中小学生对社会主义核心价值观的整体了解情况并不乐观，……

---

[1] 任谢元. 青少年对社会主义核心价值观认同的调查研究：基于济南市在校学生的实证调查 [J]. 中共济南市委党校学报，2016（1）：98-98.

[2] 孙瑞宁，霍然. 高中生社会主义核心价值观教育的成效分析与优化对策：基于江苏省南京市部分高中的调研分析 [J]. 经营管理者，2017（3）：312-313.

[3] 蒋道平. 青少年社会主义核心价值观现状及培育路径：基于四川省青少年抽样调查分析 [J]. 西南科技大学学报（社会科学版），2017，34（1）：60-65.

[4] 褚菊香. 新时期旅游地区中学生价值观现状调查："新时期旅游地区中学生价值观研究"课题阶段性研究报告 [J]. 中国校外教育，2017（4）：20-21.

大约只有1/4的学生完全记住了社会主义核心价值观24个字"①。

黄鹂鹏、梁端和陈胜辉在2018年3月对广西壮族自治区两所中职学生的调查显示，"在'您对社会主义核心价值观的认知如何'的回答中，39%的学生'了解基本内容'，但仍有50%的学生仅'了解一些'，只是了解其中的部分内容，说明中职学生对社会主义核心价值观有一定的了解，但了解不准确、不深入、不全面。完全认同社会主义核心价值观的学生占51%，比较认同的学生占40%。主观上认同社会主义核心价值观，在行动上认为自己在践行社会主义核心价值观方面做得'很好'的人仅占14%，50%的中职学生选择'一般'，有18%对这个问题'说不清'"②。

从其他研究者的调研结果来看，未成年人对社会主义核心价值观了解的深度与系统性还有待加强。

表8-31 未成年人了解社会主义核心价值观的情况（二）

2016年11月湖北省咸宁、黄冈两市所属农村中小学生调查（N：635）③		2018年3月广西壮族自治区两所中职的学生调查（N：268，其中，18岁以下188）④					
是否记得社会主义核心价值观的内容		您对社会主义核心价值观的认知如何		认同社会主义核心价值观		践行社会主义核心价值观	
选项	比率	选项	比率	选项	比率	选项	比率
完全记得	25.8	了解基本内容	39.0	完全认同	51.0	做得很好	14.0
记得一部分	39.8	了解其中的部分内容	50.0	比较认同	40.0	做得一般	50.0
不怎么记得	21.7	未标明	11.0	未标明	9.0	说不清	18.0
完全不记得	12.6	—	—	—	—	未标明	18.0
合计	100	合计	100	合计	100	合计	100

（4）学校德育工作不够到位的原因。

如表8-32所示，在2016年对受访群体的调查中，认为学校德育工作不够到位的最主要原因是"学校领导不重视，抓得不严，督促不紧"。选择"老师不重视，能不做就不做"的比率为15.78%，选择"学生自己不重视，能不参与就不参与"的比率为

---

①③ 吴亚林. 学生如何看待社会主义核心价值观教育[J]. 教育研究与实验，2017（5）：7-8.
②④ 黄鹂鹏，梁端，陈胜辉. 中职学生价值观现状调查与教育对策[J]. 广西教育，2018（10）：4-6，19.

14.43%，选择"德育是软任务，反正效果很难量化，也没人关注"的比率为10.86%，选择"不清楚"的比率为10.31%，其他选项的比率均不到10%。大部分受访群体认为学校德育不够到位是受学校领导、老师以及学生自身的重视程度等多种因素的综合影响。

从未成年人与成年人群体的比较来看，成年人群体更倾向于认为学校领导不重视。未成年人选择"不清楚"的比率较成年人要高，因此，需要进一步加强对未成年人的引导工作。

表8-32 受访群体眼中的学校德育工作不够到位的最主要原因（2016年）

选项	总计			未成年人		成年人群体							未成年人与成年人群体比较率差
						合计		中学老师		家长		中学校长	
	人数	比率	排序	人数	比率	人数	比率	人数	比率	人数	比率	人数	比率	
学校领导不重视，抓得不严，督促不紧	695	29.49	1	548	28.34	147	34.75	49	29.52	82	42.49	16	25.00	-6.41
老师不重视，能不做就不做	372	15.78	2	306	15.82	66	15.60	20	12.05	33	17.10	13	20.31	0.22
学生自己不重视，能不参与就不参与	340	14.43	3	284	14.68	56	13.24	30	18.07	17	8.81	9	14.06	1.44
德育是软任务，反正效果很难量化，也没人关注	256	10.86	4	204	10.55	52	12.29	20	12.05	18	9.33	14	21.88	-1.74
做多了影响学科教学	90	3.82	7	65	3.36	25	5.91	14	8.43	7	3.63	4	6.25	-2.55
能应付上级检查就行了	152	6.45	6	130	6.72	22	5.20	16	9.64	5	2.59	1	1.56	1.52
家长希望提高学生的学习成绩，不希望占用时间	86	3.65	8	65	3.36	21	4.96	6	3.61	11	5.70	4	6.25	-1.60

(续表 8-32)

选项	总计			未成年人		成年人群体								未成年人与成年人群体比较率差
						合计		中学老师		家长		中学校长		
	人数	比率	排序	人数	比率	人数	比率	人数	比率	人数	比率	人数	比率	
其他	123	5.22	9	107	5.53	16	3.78	5	3.01	8	4.15	3	4.69	1.75
不清楚	243	10.31	5	225	11.63	18	4.26	6	3.61	12	6.22	0	0.00	7.37
合计	2357	100	—	1934	100	423	100	166	100	193	100	64	100	—

3. 学校的思想道德教育方式存在问题

（1）未成年人的自述。

如表 8-33 所示，在 2014—2016 年就未成年人对"学校的思想道德教育方式不是我想要的，甚至会让我厌烦"看法的调查中，选择"非常不同意""不同意"与"有点不同意"的合比率为 57.76%，其中"不同意"的比率为 22.07%，居于第一位。选择"有点同意""同意"与"非常同意"的合比率为 42.24%。大部分未成年人认为学校的思想道德教育方式是适合自身发展的，是自己想要的。

从 2016 年与 2014 年的比较来看，2016 年选择"非常不同意"的比率较 2014 年高 15.44%，是增幅最大的选项。2016 年选择"有点不同意"的比率均较 2014 年要低。在未成年人眼中，学校的思想道德教育方式较好。

表 8-33 未成年人对"学校的思想道德教育方式不是我想要的，甚至会让我厌烦"的看法（2014—2016）

选项	总计			2014 年		2015 年		2016 年		2016 年与 2014 年比较率差
	人数	比率	排序	人数	比率	人数	比率	人数	比率	
非常不同意	1181	18.48	3	403	13.72	214	14.10	564	29.16	15.44
不同意	1410	22.07	1	575	19.57	287	18.91	548	28.34	8.77
有点不同意	1100	17.21	4	575	19.57	303	19.96	222	11.48	-8.09
有点同意	1287	20.14	2	687	23.38	349	22.99	251	12.98	-10.40
同意	823	12.88	5	475	16.17	222	14.62	126	6.51	-9.66
非常同意	589	9.22	6	223	7.59	143	9.42	223	11.53	3.94
合计	6390	100	—	2938	100	1518	100	1934	100	—

（2）受访群体的看法。

如表8-34所示，在2016年对受访群体对"学校的思想道德教育方式不是未成年人想要的，甚至会让未成年人厌烦"的看法的调查中，选择"非常不同意""不同意"与"有点不同意"的合比率为70.21%，其中选择"非常不同意"的比率为29.78%，居于第一位。选择"有点同意""同意"与"非常同意"的合比率为29.78%。受访群体对这一观点持反对性态度较多。换言之，受访群体更倾向于认为学校的思想道德教育方式契合未成年人的实际，为未成年人所悦纳。

从未成年人与成年人群体的比较来看，未成年人选择含有不同意意味选项的比率均较成年人群体要低。可见，未成年人对学校思想道德教育方式的评价较成年人群体要好。因此，需要进一步获取成年人群体的认可。

表8-34 受访群体对"学校的思想道德教育方式不是未成年人想要的，甚至会让未成年人厌烦"的看法（2016年）

选项	总计			未成年人		成年人群体								未成年人与成年人群体比较率差
						合计		中学老师		家长		中学校长		
	人数	比率	排序	人数	比率	人数	比率	人数	比率	人数	比率	人数	比率	
非常不同意	702	29.78	1	564	29.16	138	32.62	48	28.92	70	36.27	20	31.25	-3.46
不同意	679	28.81	2	548	28.34	131	30.97	54	32.53	56	29.02	21	32.81	-2.63
有点不同意	274	11.62	4	222	11.48	52	12.29	21	12.65	22	11.40	9	14.06	-0.81
有点同意	309	13.11	3	251	12.98	58	13.71	23	13.86	24	12.44	11	17.19	-0.73
同意	149	6.32	6	126	6.51	23	5.44	11	6.63	10	5.18	2	3.13	1.07
非常同意	244	10.35	5	223	11.53	21	4.96	9	5.42	11	5.70	1	1.56	6.57
合计	2357	100	—	1934	100	423	100	166	100	193	100	64	100	—

（3）学校思想道德教育方式存在问题的最主要原因。

如表8-35所示，在2016年对受访群体眼中的学校思想道德教育方式存在问题的最主要原因的调查中，"领导与老师没有精心设计与选择方式"（28.60%），居于第一位。选择敷衍了事以及教育方式落后选项的比率分别为23.21%与22.32%。选择"不清楚"的比率为18.37%，选择"其他"的比率为7.51%。在受访群体眼中，学校思想道德教育方式存在问题的成因表现在成年人群体的重视程度、对未成年人思想道德教育的态度以及教育方式的创新层面。

从未成年人与成年人群体的比较来看，成年人群体更加倾向于认为重视程度以及教育方式创新层面不足是最主要原因，而未成年人倾向于认为学校的态度（敷衍了事）是最主要原因。此外，未成年人选择"不清楚"的比率较成年人群体要高，可见，其存在一定的模糊性认识,需要进一步加强教育与引导。

表8-35 受访群体眼中的学校思想道德教育方式存在问题的最主要原因(2016年)

选项	总计			未成年人		成年人群体								未成年人与成年人群体比较率差
						合计		中学老师		家长		中学校长		
	人数	比率	排序	人数	比率	人数	比率	人数	比率	人数	比率	人数	比率	
领导与老师没有精心设计与选择方式	674	28.60	1	529	27.35	145	34.28	50	30.12	68	35.23	27	42.19	-6.93
只是为了应付差事,敷衍了事,随便把事情做了就算了	547	23.21	2	456	23.58	91	21.51	42	25.30	39	20.21	10	15.63	2.07
习惯了"灌输""批评教育"等老一套做法,不想创新	526	22.32	3	403	20.84	123	29.08	52	31.33	54	27.98	17	26.56	-8.24
其他	177	7.51	5	152	7.86	25	5.91	11	6.63	8	4.15	6	9.38	1.95
不清楚	433	18.37	4	394	20.37	39	9.22	11	7.83	24	12.44	4	6.25	11.15
合计	2357	100	—	1934	100	423	100	166	100	193	100	64	100	—

4. 学校的德育实效性差的最主要原因所在

(1) 未成年人的自述。

如表8-36所示,在2016年对未成年人最认同的学校德育实效性差的主要原因的调查中,36.66%的未成年人选择"观念的错位导致德育功能的缺失"。选择市场因素、教育过程因素以及教育体系因素的比率分别为14.22%、15.36%与11.48%。未成年人认为学校德育实效性差的原因主要表现为德育观念、市场因素以及教育过程等多方面因素的综合作用。因此,要提高学校德育实效性,就应从这几个层面进一步完善。此外,也应看到部分未成年人对这一问题的认识存在不清楚之处,需要加强对其的教育,努力促成未成年人与成年人群体多方面教育,共同做好学校德育工作。

从性别的比较来看,女性未成年人的模糊性认识较强。从省域的比较来看,安徽省的未成年人倾向于认为是教育体系因素的影响。

表8-36 未成年人最认同的学校德育实效性差的主要原因（2016年）

选项	总计			性别				省域			
				男		女		安徽省		外省（市）	
	人数	比率	排序	人数	比率	人数	比率	比较率差	人数	比率	人数	比率	比较率差
观念的错位导致德育功能的缺失	709	36.66	1	385	37.16	324	36.08	-1.08	375	34.82	334	38.97	4.15
市场的泛化导致德育内容的失范	275	14.22	4	176	16.99	99	11.02	-5.97	145	13.46	130	15.17	1.71
过程的不科学导致德育效果的低下	297	15.36	3	154	14.86	143	15.92	1.06	175	16.25	122	14.24	-2.01
体系不健全导致德育管理的乏力	222	11.48	5	148	14.29	74	8.24	-6.05	153	14.21	69	8.05	-6.16
说不清	431	22.29	2	173	16.70	258	28.73	12.03	229	21.26	202	23.57	2.31
合计	1934	100	—	1036	100	898	100	—	1077	100	857	100	—

（2）受访群体的看法。

第一，中学老师的看法。如表8-37所示，在2014—2016年对中学老师最认同的学校德育实效性差的主要原因的调查中，选择"市场的泛化导致德育内容的失范"的比率为31.34%，选择"观念的错位导致德育功能的缺失"的比率为31.16%，分别居第一、二位。选择德育过程与德育体系因素的比率分别为17.39%与13.77%。可见，在中学老师眼中学校德育实效性差的主要原因表现在德育观念与市场的泛化。

从2016年与2014年的比较来看，中学老师选择市场因素的比率有所降低，选择观念因素与德育体系因素的比率则相应增加。可见，中学老师对外部环境因素的重视程度有所减低，更加注重德育过程本身的因素，诸如德育体系与过程等因素。

表8-37 中学老师最认同的学校德育实效性差的主要原因(2014—2016年)

选项	总计			2014年		2015年		2016年		2016年与2014年比较率差
	人数	比率	排序	人数	比率	人数	比率	人数	比率	
观念的错位导致德育功能的缺失	172	31.16	2	66	28.45	32	20.78	74	44.58	16.13
市场的泛化导致德育内容的失范	173	31.34	1	83	35.78	61	39.61	29	17.47	-18.31
过程的不科学导致德育效果的低下	96	17.39	3	46	19.83	22	14.29	28	16.87	-2.96
体系不健全导致德育管理的乏力	76	13.77	4	24	10.34	30	19.48	22	13.25	2.91
说不清	35	6.34	5	13	5.60	9	5.84	13	7.83	2.23
合计	552	100	—	232	100	154	100	166	100	—

第二,家长的看法。如表8-38所示,在2014—2016年对家长最认同的学校德育实效性差的主要原因的调查中,34.88%的家长选择"观念的错位导致德育功能的缺失"。选择"市场的泛化导致德育内容的失范"的比率为22.16%。选择德育过程以及德育体系因素的比率分别为13.92%与14.09%。选择"说不清"的比率为14.95%。家长认为学校德育实效性差的主要原因为德育观念与市场因素。

从2016年与2014年的比较来看,选择德育体系与说不清选项的比率均有所降低。此外,选择德育观念因素的比率较2014年高22.14%,是增幅最大的选项。可见,家长更加注重德育观念的作用。

表8-38 家长最认同的学校德育实效性差的主要原因(2014—2016年)

选项	总计			2014年		2015年		2016年		2016年与2014年比较率差
	人数	比率	排序	人数	比率	人数	比率	人数	比率	
观念的错位导致德育功能的缺失	203	34.88	1	60	25.53	51	33.12	92	47.67	22.14
市场的泛化导致德育内容的失范	129	22.16	2	55	23.40	51	33.12	23	11.92	-11.48
过程的不科学导致德育效果的低下	81	13.92	5	38	16.17	16	10.39	27	13.99	-2.18

(续表 8-38)

选项	总计			2014 年		2015 年		2016 年		2016 年与 2014 年比较率差
	人数	比率	排序	人数	比率	人数	比率	人数	比率	
体系不健全导致德育管理的乏力	82	14.09	4	37	15.74	25	16.23	20	10.36	-5.38
说不清	87	14.95	3	45	19.15	11	7.14	31	16.06	-3.09
合计	582	100	—	235	100	154	100	193	100	—

第三，中学校长的看法。如表 8-39 所示，在 2013—2016 年对中学校长最认同的学校德育实效性差的主要原因的调查中，34.76% 的中学校长认为是观念性因素。27.62% 的中学校长认为是"市场的泛化，导致德育内容的失范"。选择德育过程以及德育体系方面的因素的比率均为 15.48%，表示"说不清"的比率较小。中学校长认为学校德育实效性差的主要原因在于教育观念的错位、市场的泛化。

从 2016 年与 2013 年的比较来看，2016 年选择观念性因素的比率较 2013 年低 7.76%。因此，在学校德育过程中，需要进一步加强未成年人道德观念教育，从而促进未成年人的德育发展。

表 8-39 中学校长最认同的学校德育实效性差的主要原因（2013—2016 年）

选项	总计		2013 年①		2014 年				2015 年						2016 年		2016 年与 2013 年比较率差
					(1)		(2)		(1)		(2)		(3)				
	人数	比率	人数	比率	人数	比率	人数	比率	人数	比率	人数	比率	人数	比率	人数	比率	
观念的错位导致德育功能的缺失	146	34.76	71	39.01	22	31.88	19	40.43	8	40.00	3	15.00	3	16.67	20	31.25	-7.76
市场的泛化导致德育内容的失范	116	27.62	50	27.47	18	26.09	6	12.77	5	25.00	13	65.00	6	33.33	18	28.13	0.66
过程的不科学导致德育效果的低下	65	15.48	29	15.93	7	10.14	11	23.40	5	25.00	0	0.00	2	11.11	11	17.19	1.26

---

① 叶松庆. 当代未成年人道德观发展变化与引导对策的实证研究 [M]. 芜湖：安徽师范大学出版社，2016：419.

(续表8-39)

选项	总计		2013年①		2014年				2015年						2016年		2016年与2013年比较率差
					(1)		(2)		(1)		(2)		(3)				
	人数	比率	人数	比率	人数	比率	人数	比率	人数	比率	人数	比率	人数	比率	人数	比率	
体系不健全导致德育管理的乏力	65	15.48	22	12.09	20	28.99	2	4.26	2	10.00	4	20.00	4	22.22	11	17.19	5.1
说不清	28	6.67	10	5.49	2	2.90	9	19.15	0	0.00	0	0.00	3	16.67	4	6.25	0.76
合计	420	100	182	100	69	100	47	100	20	100	20	100	18	100	64	100	—

第四,小学校长的看法。如表8-40所示,在2013—2015年对小学校长最认同的学校德育实效性差的主要原因的调查中,33.33%的小学校长认为市场的泛化导致学校德育实效性差。小学校长选择观念性因素的比率为25.93%。选择体系与过程因素的比率为21.48%与10.37%。小学校长认为学校德育实效性差的主要原因表现在市场因素以及观念因素。

从2015年与2013年的比较来看,选择市场与体系因素的比率分别较2013年高18.67%与18.04%。因此,需要进一步引导未成年人积极对待市场环境的变化,从而促进自身素质的提高。

表8-40 小学校长最认同的学校德育实效性差的主要原因(2013—2015年)

选项	总计			2013年②(安徽省)		2014年				2015年(安徽省)				2015年(2)与2013年比较率差
						全国部分省(市)(少数民族地区)(1)		安徽省(2)		(1)		(2)		
	人数	比率	排序	人数	比率	人数	比率	人数	比率	人数	比率	人数	比率	
观念的错位导致德育功能的缺失	35	25.93	2	13	34.21	2	7.69	9	27.27	6	35.29	5	23.81	-10.4
市场的泛化导致德育内容的失范	45	33.33	1	11	28.95	10	38.46	12	36.36	2	11.76	10	47.62	18.67

---

① 叶松庆. 当代未成年人道德观发展变化与引导对策的实证研究 [M]. 芜湖:安徽师范大学出版社,2016:419.

② 叶松庆. 当代未成年人道德观发展变化与引导对策的实证研究 [M]. 芜湖:安徽师范大学出版社,2016:420.

(续表 8-40)

选项	总计			2013 年①(安徽省)		2014 年				2015 年(安徽省)				2015年(2)与2013年比较率差
						全国部分省(市)(少数民族地区)(1)		安徽省(2)		(1)		(2)		
	人数	比率	排序	人数	比率	人数	比率	人数	比率	人数	比率	人数	比率	
过程的不科学导致德育效果的低下	14	10.37	4	5	13.16	2	7.69	2	6.06	5	29.41	0	0.00	-13.16
体系不健全导致德育管理的乏力	29	21.48	3	4	10.53	10	38.46	7	21.21	2	11.76	6	28.57	18.04
说不清	12	8.89	5	5	13.16	2	7.69	3	9.09	2	11.76	0	0.00	-13.16
合计	135	100	—	38	100	26	100	33	100	17	100	21	100	—

第五，受访群体看法的比较。如表 8-41 所示，在对受访群体的调查中，受访群体选择观念因素的比率为 32.68%，居于第一位。选择市场因素的比率为 25.73%，选择过程因素、体系因素与说不清选项的比率均在 20% 以下。受访群体认为观念与市场因素的占比较大。

从单个群体的比较来看，选择观念因素与说不清的比率最高的群体是未成年人，选择市场因素的比率最高的群体是小学校长，选择过程因素比率最高的群体是中学老师。

表 8-41 受访群体看法的比较

选项	观念的错位导致德育功能的缺失	市场的泛化导致德育内容的失范	过程的不科学导致德育效果的低下	体系不健全导致德育管理的乏力	说不清	有效样本量/人
未成年人（2016 年）	36.66%	14.22%	15.36%	11.48%	22.29%	1934
中学老师（2014—2016 年）	31.16%	31.34%	17.39%	13.77%	6.34%	552

---

① 叶松庆. 当代未成年人道德观发展变化与引导对策的实证研究 [M]. 芜湖：安徽师范大学出版社，2016：420.

(续表8-41)

选项	观念的错位导致德育功能的缺失	市场的泛化导致德育内容的失范	过程的不科学导致德育效果的低下	体系不健全导致德育管理的乏力	说不清	有效样本量/人
家长（2014—2016年）	34.88%	22.16%	13.92%	14.09%	14.95%	582
中学校长（2013—2016年）	34.76%	27.62%	15.48%	15.48%	6.67%	420
小学校长（2013—2015年）	25.93%	33.33%	10.37%	21.48%	8.89%	135
比率平均值	32.68%	25.73%	14.50%	15.26%	11.83%	725

（3）其他研究者的调研成果分析。

2015年10月，任谢元所做的山东省济南市的中学生调查认为，"30%的中学生认为学校现在开设的各类思政课、政府各种形式的宣传对社会主义核心价值观教育的'作用不大'或'没起作用'"[①]。

2016年5月，洪明所做的北京、湖南、安徽、陕西、新疆、广西等12省（市）的未成年人调查认为，"目前的教育活动对中学生价值观形成的影响力亟待提高。究其原因，一则是学校重视程度不高，调查显示，只有54.0%的学生表示学校真正重视价值观教育；其二，是教育方法不当，36.6%的中学生明确表示在价值观教育上，'老师虽然观点正确，出发点是好的，但教育方法不好'……改进核心价值观的教育方法，提高教育效益极其重要"[②]。

2016年10月，孙瑞宁、霍然所做的江苏省南京市3所高中的中学生调查认为，"超过七成（75.3%）的学生表示目前的首要任务是学习与考大学，对于社会主义核心价值观所要求的品质培养心有余力不足。调研结果表明，目前高中生的社会主义核心价值观教育还不能真正深入到学生的内心，导致学生对核心价值观的重视程度远远低于一般课程的学习。思想上的不重视，学校教育的程序化，教育的表面化导致社会主义核心价值观在中学的教育与深入人心困难重重"[③]。

2016年12月，褚菊香所做的甘肃省敦煌市的中学生调查显示，"仅有39.8的中学生是通过学校德育课才对价值观有所了解，大部分学生是通过自己从生活中体会或通过其

---

① 任谢元.青少年对社会主义核心价值观认同的调查研究：基于济南市在校学生的实证调查[J].中共济南市委党校学报，2016（1）：98-98.
② 洪明.我国中学生核心价值观素养状况调查报告[J].中国青年研究，2016（9）：73-84.
③ 孙瑞宁，霍然.高中社会主义核心价值观教育的成效分析与优化对策：基于江苏省南京市部分高中的调研分析[J].经营管理者，2017（3）：312-313.

他途径了解价值观的。可见中学生从学校德育课受到的价值观教育严重不足"[1]。

5. 基本认识

（1）学校教育应从教育内容与教育形式等多个层次来加强对未成年人价值观教育。

学校教育作为未成年人教育的重要组成部分，对未成年人价值观的塑造与养成具有重要的影响力。但学校"重智轻德"的状况依然存在[2][3][4]，要注意改变。

加强未成年人的价值观建设需要学校不断更新教育理念与教育观念，丰富教育的内涵。同时，学校应当不断创新教育形式，运用现代化的教学手段来传播相关知识与理念，使课堂更加生动化，也是取得教育实效性的重要方面。

（2）学校注意防控外部不良环境因素对未成年人价值观产生的影响。

外部不良环境因素主要表现为社会不良风气以及落后的习俗对未成年人价值观所产生的影响。学校应当注意防控不良环境因素对未成年人价值观所造成的不好影响。学校对外部环境的防控应加强与政府有关部门的协调，从源头上治理外部环境的侵蚀。

（3）学校应从教育体系与教育过程等方面加强对未成年人的价值观建设。

学校的教育体系应当从课堂教育、教材编写以及其他多方面的体系来构建，多措并举地加强对未成年人的思想道德建设以及价值观建设。此外，学校还应注重从教育的过程着手，注重对未成年人进行全方位的教育教学，从而为未成年人价值观建设提供有利条件与基础。

（二）个人层面

1. 教育者的个人信仰有待扶正

（1）未成年人与教育者的自述。

如表8-42所示，在对受访群体的调查中，就信仰问题而言，受访群体选择"共产主义"的比率为37.58%，居于第一位。选择"社会主义"的比率为26.43%，其他选项的排序："没有信仰"（16.02%）、"不知道"（8.95%）、"资本主义"（6.51%）、"宗教"（4.51%）。大部分受访群体的信仰主要为"共产主义"与"社会主义"。

从未成年人与成年人群体的比较来看，成年人群体选择"共产主义"与"社会主义"的比率较未成年人高。此外，未成年人选择"不知道"与"没有信仰"的比率较成年人群体高，这符合未成年人认识的阶段性特征。

---

[1] 褚菊香. 新时期旅游地区中学生价值观现状调查："新时期旅游地区中学生价值观研究"课题阶段性研究报告 [J]. 中国校外教育，2017（4）：20-21.

[2] 王艳芳，杨文英. 腾冲边境初中生学校德育教育现状调查分析 [J]. 劳动保障世界，2016（11）：61-61.

[3] 覃炳良，杨肖，韦文宏，等. 民族地区中学德育工作现状调查报告 [Z]. 全国教育科研"十五"成果论文集，2018（1）：928-932.

[4] 宣海宁. 学校德育工作管理中存在的问题及对策分析：以河南省信阳市某中学为例 [J]. 企业导报，2016（17）：30，32.

表 8-42 受访群体信仰情况的自述（2013—2016 年）

选项	总计			未成年人（2013—2016 年）		成年人群体							中学校长（2016 年）		未成年人与成年人群体比较率差
						合计		中学老师							
								2013 年		2016 年		合计			
	人数	比率	排序	人数	比率	人数	比率	人数	比率	人数	比率	人数	比率	人数	比率	
共产主义	924	37.58	1	701	36.25	223	42.48	114	38.64	83	50.00	197	42.73	26	40.63	-6.23
社会主义	650	26.43	2	464	23.99	186	35.43	111	37.63	51	30.72	162	35.14	24	37.50	-11.44
资本主义	160	6.51	5	137	7.08	23	4.38	11	3.73	3	1.81	14	3.04	9	14.06	2.7
宗教	111	4.51	6	92	4.76	19	3.62	10	3.39	5	3.01	15	3.25	4	6.25	1.14
没有信仰	394	16.02	3	337	17.43	57	10.86	45	15.25	12	7.23	57	12.36	0	0.00	6.57
不知道	220	8.95	4	203	10.50	17	3.24	4	1.36	12	7.23	16	3.47	1	1.56	7.26
合计	2459	100	—	1934	100	525	100	295	100	166	100	461	100	64	100	—

（2）受访群体对中学老师信仰情况的看法。

如表 8-43 所示，在 2016 年受访群体认为的中学老师信仰情况的调查中，"共产主义"与"社会主义"的合比率为 59.65%。选择"资本主义"与"宗教"的合比率为 11.00%。选择"没有信仰"的比率为 4.79%。选择"不知道"的比率为 24.55%。受访群体认为中学老师的信仰主要为"共产主义"与"社会主义"。此外，选择"不知道"的比率较高。

从未成年人与成年人群体的比较来看，成年人群体选择"共产主义"与"社会主义"的比率均较未成年人要高。

表 8-43 受访群体认为的中学老师信仰情况（2016 年）

选项	总计			未成年人		成年人群体						未成年人与成年人群体比较率差
						合计		中学校长		家长		
	人数	比率	排序	人数	比率	人数	比率	人数	比率	人数	比率	
共产主义	801	36.56	1	686	35.47	115	44.75	23	35.94	92	47.67	-9.28

(续表8-43)

选项	总计			未成年人		成年人群体						未成年人与成年人群体比较率差
						合计		中学校长		家长		
	人数	比率	排序	人数	比率	人数	比率	人数	比率	人数	比率	
社会主义	506	23.09	3	428	22.13	78	30.35	21	32.81	57	29.53	-8.22
资本主义	136	6.21	4	128	6.62	8	3.11	3	4.69	5	2.59	3.51
宗教	105	4.79	5	98	5.07	7	2.72	4	6.25	3	1.55	2.35
没有信仰	105	4.79	5	97	5.02	8	3.11	3	4.69	5	2.59	1.91
不知道	538	24.55	2	497	25.70	41	15.95	10	15.63	31	16.06	9.75
合计	2191	100	—	1934	100	257	100	64	100	193	100	—

(3) 受访群体对中学校长信仰情况的看法。

如表8-44所示，在2016年就受访群体对中学校长信仰情况的调查中，受访群体选择"共产主义"与"社会主义"的合比率为60.92%。选择"资本主义"与"宗教"的比率分别为6.37%与3.84%。选择"没有信仰"的比率为3.49%。选择"不知道"的比率为25.38%。大部分受访群体认为中学校长的信仰主要表现在"共产主义"与"社会主义"。

从未成年人与成年人群体的比较来看，成年人选择"共产主义"与"社会主义"的比率较未成年人要高。可见，成年人群体认为中学校长信仰情况较好。

表8-44 受访群体对中学校长信仰情况的看法（2016年）

选项	总计			未成年人		成年人群体						未成年人与成年人群体比较率差
						合计		中学老师		家长		
	人数	比率	排序	人数	比率	人数	比率	人数	比率	人数	比率	
共产主义	912	39.77	1	721	37.28	191	53.20	90	54.22	101	52.33	-15.92
社会主义	485	21.15	3	394	20.37	91	25.35	41	24.70	50	25.91	-4.98
资本主义	146	6.37	4	131	6.77	15	4.18	9	5.42	6	3.11	2.59

(续表 8-44)

选项	总计			未成年人		成年人群体						未成年人与成年人群体比较率差
						合计		中学老师		家长		
	人数	比率	排序	人数	比率	人数	比率	人数	比率	人数	比率	
宗教	88	3.84	5	87	4.50	1	0.28	1	0.60	0	0.00	4.22
没有信仰	80	3.49	6	75	3.88	5	1.39	1	0.60	4	2.07	2.49
不知道	582	25.38	2	526	27.20	56	15.60	24	14.46	32	16.58	11.60
合计	2293	100	—	1934	100	359	100	166	100	193	100	—

2. 教育者对政治的关心度不够

（1）未成年人与教育者的自述。

如表 8-45 所示，在对受访群体的调查中，受访群体认为自己"很关心"与"关心"政治的合比率为 74.14%，其中选择"关心"的比率为 43.92%，居于第一位。受访群体选择"不关心"与"很不关心"的合比率为 19.07%，选择"不知道"的比率为 6.79%。大部分受访群体对政治表示出关心的态度。

从未成年人与成年人群体的比较来看，成年人群体选择"关心"的比率较未成年人要高。未成年人选择"不关心"与"不知道"的比率较成年人群体高。成年人群体对政治表现出较高的关心度。因此，需要引导未成年人关心政治，提高其对政治的知晓度，从而为今后更好地参与政治生活打下坚实的基础。

表 8-45 受访群体关心政治情况的自述（2012—2016 年）

选项	总计			未成年人（2012—2016 年）		成年人群体						中学校长（2016 年）		未成年人与成年人群体比较率差
						合计		中学老师						
								2013 年		2016 年		合计		
	人数	比率	排序	人数	比率	人数	比率	人数	比率	人数	比率	人数	比率	
很关心	743	30.22	2	589	30.46	154	29.33	69	23.39	57	34.34	126	27.33	28	43.75	1.13
关心	1080	43.92	1	818	42.30	262	49.90	152	51.53	85	51.20	237	51.41	25	39.06	-7.60
不关心	391	15.90	3	332	17.17	59	11.24	39	13.22	17	10.24	56	12.15	3	4.69	5.93
很不关心	78	3.17	5	51	2.64	27	5.14	20	6.78	1	0.60	21	4.56	6	9.38	-2.50
不知道	167	6.79	4	144	7.45	23	4.38	15	5.08	6	7.83	21	4.56	2	3.13	3.07
合计	2459	100	—	1934	100	525	100	295	100	166	100	461	100	64	100	—

(2) 受访群体对中学老师是否关心政治的看法。

如表 8-46 所示,在 2016 年对受访群体的调查中,受访群体认为中学老师"很关心"与"关心"政治的合比率为 68.46%,其中选择"很关心"的比率为 36.33%,居于第一位,选择"不关心"与"很不关心"的合比率为 9.90%,选择"不知道"的比率为 21.63%。大部分的受访群体认为中学老师对政治有较高的关心度。中学老师作为教育者,对政治的了解有助于其更好地教育与引导未成年人。

从未成年人与成年人群体的比较来看,成年人群体认为中学老师"很关心"与"关心"政治的合比率较未成年人的同项比率要高 19.43%,未成年人对中学老师的了解程度低于成年人群体。

表 8-46 受访群体对中学老师是否关心政治的看法 (2016 年)

选项	总计			未成年人		成年人群体						未成年人与成年人群体比较率差
						合计		中学校长		家长		
	人数	比率	排序	人数	比率	人数	比率	人数	比率	人数	比率	
很关心	796	36.33	1	693	35.83	103	40.08	16	25.00	87	45.08	-4.25
关心	704	32.13	2	587	30.35	117	45.53	35	54.69	82	42.49	-15.18
不关心	114	5.20	4	101	5.22	13	5.06	4	6.25	9	4.66	0.16
很不关心	103	4.70	5	95	4.91	8	3.11	6	9.38	2	1.04	1.80
不知道	474	21.63	3	458	23.68	16	6.23	3	4.69	13	6.74	17.45
合计	2191	100	—	1934	100	257	100	64	100	193	100	—

(3) 受访群体对中学校长是否关心政治的看法。

如表 8-47 所示,在 2016 年对受访群体的调查中,受访群体认为中学校长"很关心"与"关心"政治的合比率为 73.40%,其中选择"很关心"的比率为 38.64%,居于第一位。选择"不关心"与"很不关心"的合比率为 10.64%,选择"不知道"的比率为 15.96%。大部分受访群体认为中学校长对政治有较高的关心度。中学校长作为学校领导者,关心政治的程度高于中学老师。

从未成年人与成年人群体的比较来看,成年人群体认为中学校长"很关心"与"关心"政治的合比率较未成年人的同项比率高 17.67%,未成年人对中学校长的评价低于成年人群体。

表 8-47 受访群体对中学校长是否关心政治的看法（2016 年）

选项	总计			未成年人		成年人群体						未成年人与成年人群体比较率差
						合计		中学老师		家长		
	人数	比率	排序	人数	比率	人数	比率	人数	比率	人数	比率	
很关心	886	38.64	1	688	35.57	198	55.15	86	51.81	112	58.03	-19.58
关心	797	34.76	2	678	35.06	119	33.15	60	36.14	59	30.57	1.91
不关心	148	6.45	4	139	7.19	9	2.51	4	2.41	5	2.59	4.68
很不关心	96	4.19	5	93	4.81	3	0.84	1	0.60	2	1.04	3.97
不知道	366	15.96	3	336	17.37	30	8.36	15	9.04	15	7.77	9.01
合计	2293	100	—	1934	100	359	100	166	100	193	100	—

3. 教育者的积极性没有得到充分调动

（1）中学老师的情况。

第一，中学老师的自述。如表 8-48 所示，在 2014—2016 年对中学老师是否愿意做未成年人思想道德教育工作的情况的调查中，选择"非常愿意"与"愿意"的合比率为 88.04%，其中选择"愿意"的比率为 56.16%，居于第一位。选择"不大愿意""不愿意"与"非常不愿意"的合比率为 8.51%，选择"无所谓"的比率为 3.44%。大部分中学老师愿意做未成年人的思想道德教育工作。

从 2016 年与 2014 年的比较来看，2016 年选择"非常愿意"的比率较 2014 年高 11.31%，选择"不大愿意"的比率较 2014 年低。中学老师做未成年人思想道德教育工作的情况较好。

表 8-48 中学老师是否愿意做未成年人思想道德教育工作的情况（2014—2016 年）

选项	总计			2014 年		2015 年		2016 年		2016 年与 2014 年比较率差
	人数	比率	排序	人数	比率	人数	比率	人数	比率	
非常愿意	176	31.88	2	66	28.45	44	28.57	66	39.76	11.31
愿意	310	56.16	1	133	57.33	91	59.09	86	51.81	-5.52
不大愿意	40	7.25	3	23	9.91	13	8.44	4	2.41	-7.50
不愿意	3	0.54	6	0	0.00	2	1.30	1	0.60	0.60
非常不愿意	4	0.72	5	0	0.00	1	0.65	3	1.81	1.81
无所谓	19	3.44	4	10	4.31	3	1.95	6	3.61	-0.70
合计	552	100	—	232	100	154	100	166	100	—

第二，受访群体对其他任课老师是否愿意做未成年人思想道德教育工作的看法。如表8-49所示，在2016年对受访群体的调查中，认为其他任课老师（班主任以外）"非常愿意"与"愿意"做未成年人思想道德教育工作的合比率为68.77%，其中"愿意"的比率为34.62%，居于第一位。选择"不大愿意""不愿意"与"非常不愿意"的合比率为20.11%。大部分受访群体表示其他任课老师（班主任以外）愿意做未成年人思想道德教育工作。

从未成年人与成年人群体的比较来看，成年人群体选择含有愿意意味选项的比率均较未成年人要稍高。如何促成其他任课老师与未成年人的密切交流，是进一步做好未成年人思想道德教育工作的重要着力点。

表8-49 受访群体对其他任课老师（班主任以外）是否愿意做未成年人思想道德教育工作的看法（2016年）

选项	总计			未成年人		成年人群体								未成年人与成年人群体比较率差
						合计		中学老师		家长		中学校长		
	人数	比率	排序	人数	比率	人数	比率	人数	比率	人数	比率	人数	比率	
非常愿意	805	34.15	2	637	32.94	168	39.72	57	34.34	86	44.56	25	39.06	-6.78
愿意	816	34.62	1	653	33.76	163	38.53	79	47.59	65	33.68	19	29.69	-4.77
不大愿意	231	9.80	4	189	9.77	42	9.93	12	7.23	18	9.33	12	18.75	-0.16
不愿意	140	5.94	5	121	6.26	19	4.49	6	3.61	8	4.15	5	7.81	1.77
非常不愿意	103	4.37	6	88	4.55	15	3.55	7	4.22	7	3.63	1	1.56	1.00
无所谓	262	11.12	3	246	12.72	16	3.78	5	3.01	9	4.66	2	3.13	8.94
合计	2357	100	—	1934	100	423	100	166	100	193	100	64	100	—

第三，未成年人对其他任课老师（班主任以外）与自己谈心情况的反映。如表8-50所示，在2016年对未成年人群体的调查中，59.77%的未成年人认为任课老师（班主任以外）会与自己谈心，其中选择"经常谈"的比率为24.92%，居于第二位。选择"从未谈过"的比率为19.91%，选择"不清楚"的比率为20.32%。大部分未成年人认为任课老师（班主任以外）会与自己谈心交流，这无疑在一定程度上可以解决未成年人的困惑，促进未成年人思想道德素质的提高。也有近20%的未成年人认为任课老师（班主任以外）与自己"从未谈过"心。

从性别的比较来看，男性未成年人认为"经常谈"和"有时谈"的比率较高；从省域的比较来看，安徽省外的未成年人认为"有时谈"和"经常谈"的比率较高。

表8-50 未成年人对其他任课老师（班主任以外）与自己谈心情况的反映（2016年）

选项	总计			性别					省域				
				男		女		比较率差	安徽省		外省（市）		比较率差
	人数	比率	排序	人数	比率	人数	比率		人数	比率	人数	比率	
经常谈	482	24.92	2	289	27.90	193	21.49	-6.41	261	24.23	221	25.79	1.56
有时谈	674	34.85	1	385	37.16	289	32.18	-4.98	343	31.85	331	38.62	6.77
从未谈过	385	19.91	4	169	16.31	216	24.05	7.74	226	20.98	159	18.55	-2.43
不清楚	393	20.32	3	193	18.63	200	22.27	3.64	247	22.93	146	17.04	-5.89
合计	1934	100	—	1036	100	898	100	—	1077	100	857	100	—

（2）中学校长的情况。

第一，中学校长的自述。如表8-51所示，在2014—2016年对中学校长是否愿意做未成年人思想道德教育工作的调查中，中学校长选择"非常愿意"与"愿意"的合比率为90.87%，其中选择"愿意"的比率超过半数。选择不愿意选项的合比率较低，选择"无所谓"的比率为1.24%。大部分中学校长会积极做未成年人的思想道德教育，中学校长与未成年人的直接交流，有助于其了解未成年人群体的思想动态，以进一步加强对未成年人的教育与引导。

从2016年与2014年的比较来看，2016年选择"非常愿意"的比率略有上升，选择"愿意"的比率降幅较大。

表8-51 中学校长是否愿意做未成年人思想道德教育工作的情况（2014—2016年）

选项	总计		2014年				2015年						2016年		2016年与2014年比较率差
			（1）		（2）		（1）		（2）		（3）				
	人数	比率	人数	比率	人数	比率	人数	比率	人数	比率	人数	比率	人数	比率	
非常愿意	96	39.83	27	39.13	18	36.00	10	50.00	9	45.00	6	33.33	26	40.63	1.50
愿意	123	51.04	38	55.07	29	58.00	7	35.00	9	45.00	11	61.11	29	45.31	-9.76
不大愿意	14	5.81	4	5.80	3	6.00	2	10.00	2	10.00	0	0.00	3	4.69	-1.11
不愿意	4	1.66	0	0.00	0	0.00	1	5.00	0	0.00	0	0.00	3	4.69	4.69
非常不愿意	1	0.41	0	0.00	0	0.00	0	0.00	0	0.00	0	0.00	1	1.56	1.56
无所谓	3	1.24	0	0.00	0	0.00	0	0.00	0	0.00	1	5.56	2	3.13	3.13
合计	241	100	69	100	50	100	20	100	20	100	18	100	64	100	—

第二,受访群体对其他校领导(校长以外)是否愿做未成年人思想道德教育工作的看法。如表8-52所示,在2016年对受访群体的调查中,受访群体认为其他校领导(校长以外)"非常愿意"与"愿意"做未成年人思想道德教育工作的合比率为61.95%,其中选择"非常愿意"的比率为32.12%,居于第一位。选择"不大愿意""不愿意"与"非常不愿意"的合比率为23.51%。大部分受访群体表示其他校领导(校长以外)愿意做未成年人的思想道德教育工作。

从未成年人与成年人群体的比较来看,未成年人认为"非常愿意"的比率低于成年人群体(率差为-10.13%)。未成年人与成年人群体的认识有差异。

表8-52 受访群体对其他校领导(校长以外)是否愿意做未成年人思想道德教育工作的看法(2016年)

选项	总计			未成年人		成年人群体								未成年人与成年人群体比较率差
						合计		中学老师		家长		中学校长		
	人数	比率	排序	人数	比率	人数	比率	人数	比率	人数	比率	人数	比率	
非常愿意	757	32.12	1	586	30.30	171	40.43	56	33.73	86	44.56	29	45.31	-10.13
愿意	703	29.83	2	544	28.13	159	37.59	79	47.59	61	31.61	19	29.69	-9.46
不大愿意	237	10.06	4	205	10.60	32	7.57	8	4.82	18	9.33	6	9.38	3.03
不愿意	225	9.55	5	204	10.55	21	4.96	5	3.01	10	5.18	6	9.38	5.59
非常不愿意	92	3.90	6	80	4.14	12	2.84	6	3.61	4	2.07	2	3.13	1.30
无所谓	343	14.55	3	315	16.29	28	6.62	12	7.23	14	7.25	2	3.13	9.67
合计	2357	100	—	1934	100	423	100	166	100	193	100	64	100	—

第三,未成年人对其他学校领导(校长以外)与自己谈心情况的反映。如表8-53所示,在2016年就未成年人对其他校领导(校长以外)与自己谈心情况的反映的调查中,38.63%的未成年人表示其他校领导(校长以外)会与自己谈心。选择"从未谈过"的比率为32.83%,选择"不清楚"的比率为28.54%。未成年人倾向于认为其他校领导(校长以外)很少与自己谈心或从未与自己谈心。因此,校领导应该积极与未成年人交流,了解其思想动态,帮助其解决有关问题。

从性别的比较来看,男性未成年人选择"经常谈"与"有时谈"的比率较高;从省域的比较来看,安徽省外的未成年人认为其他校领导与其谈心的频率较高。

表8-53 未成年人对其他校领导（校长以外）与自己谈心情况的反映（2016年）

选项	总计			性别					省域				
				男		女		比较率差	安徽省		外省（市）		比较率差
	人数	比率	排序	人数	比率	人数	比率		人数	比率	人数	比率	
经常谈	433	22.39	3	255	24.61	178	19.82	-4.79	229	21.26	204	23.80	2.54
有时谈	314	16.24	4	194	18.73	120	13.36	-5.37	169	15.69	145	16.92	1.23
从未谈过	635	32.83	1	301	29.05	334	37.19	8.14	351	32.59	284	33.14	0.55
不清楚	552	28.54	2	286	27.61	266	29.62	2.01	328	30.45	224	26.14	-4.31
合计	1934	100	—	1036	100	898	100	—	1077	100	857	100	—

（3）教育者积极性没有得到充分调动的原因。

如表8-54所示，在2016年对受访群体的调查中，31.01%的受访群体认为教育者积极性没有被充分调动的最主要原因在于"学校没有高要求"，居于第一位。其次，是责任心缺乏与单纯追求升学率所致。另有一些是主观、客观因素所致。

从未成年人与成年人群体的比较来看，成年人群体倾向于认为过分追求升学率影响了教育者积极性的充分调动。

表8-54 受访群体眼中教育者积极性没有得到充分调动的最主要原因（2016年）

选项	总计			未成年人		成年人群体								未成年人与成年人群体比较率差
						合计		中学老师		家长		中学校长		
	人数	比率	排序	人数	比率	人数	比率	人数	比率	人数	比率	人数	比率	
学校没有高要求	731	31.01	1	605	31.28	126	29.79	37	22.29	75	38.86	14	21.88	1.49
缺乏责任心	335	14.21	3	289	14.94	46	10.87	18	10.84	20	10.36	8	12.50	4.07
心思不在这上面	170	7.21	5	151	7.81	19	4.49	7	4.22	9	4.66	3	4.69	3.32
学校是以学生升学率论英雄的，学生品德好并不能直接给老师带来荣耀	327	13.87	4	230	11.89	97	22.93	43	25.90	35	18.13	19	29.69	-11.04

(续表 8-54)

选项	总计			未成年人		成年人群体								未成年人与成年人群体比较率差
						合计		中学老师		家长		中学校长		
	人数	比率	排序	人数	比率	人数	比率	人数	比率	人数	比率	人数	比率	
待遇一般，多一事不如少一事	111	4.71	6	71	3.67	40	9.46	24	14.46	6	3.11	10	15.63	-5.79
有厌烦心理	66	2.80	9	53	2.74	13	3.07	7	4.22	5	2.59	1	1.56	-0.33
有畏难情绪	36	1.53	11	24	1.24	12	2.84	7	4.22	3	1.55	2	3.13	-1.60
精力不济	87	3.69	7	60	3.10	27	6.38	13	7.83	10	5.18	4	6.25	-3.28
自己的思想问题需要别人来关心、解决	46	1.95	10	35	1.81	11	2.60	6	3.61	4	2.07	1	1.56	-0.79
其他	75	3.18	8	64	3.31	11	2.60	3	1.81	6	3.11	2	3.13	0.71
不清楚	373	15.83	2	352	18.20	21	4.96	1	0.60	20	10.36	0	0.00	13.24
合计	2357	100	—	1934	100	423	100	166	100	193	100	64	100	—

4. 部分教育者的为人师表有一定的欠缺

（1）部分教育者在未成年人面前出现过不道德的行为。

第一，未成年人的自述。如表 8-55 所示，在 2014—2016 年对未成年人看见过老师的一些不道德行为的调查中，53.50% 的未成年人选择含有同意意味的选项。选择含有不同意意味选项的合比率为 46.50%。有较大比率的未成年人看见过老师做出一些不道德的行为。中学老师对自身行为的控制与规范有待进一步深化。

从 2016 年与 2014 年的比较来看，选择含有不同意意味选项的比率有所提高。中学老师有必要进一步提高自身的道德修养，尽量减少自己的不道德行为。

表 8-55 未成年人看见过老师的一些不道德行为（214—2016 年）

选项	总计			2014 年		2015 年		2016 年		2016 年与 2014 年比较率差
	人数	比率	排序	人数	比率	人数	比率	人数	比率	
非常不同意	1081	16.92	3	208	7.08	171	11.26	702	36.30	29.22
不同意	1065	16.67	4	351	11.95	243	16.01	471	24.35	12.40

(续表8-55)

选项	总计			2014年		2015年		2016年		2016年与2014年比较率差
	人数	比率	排序	人数	比率	人数	比率	人数	比率	
有点不同意	825	12.91	5	419	14.26	215	14.16	191	9.88	-4.38
有点同意	1431	22.39	1	951	32.37	305	20.09	175	9.05	-23.32
同意	1257	19.67	2	734	24.98	350	23.06	173	8.95	-16.03
非常同意	731	11.44	6	275	9.36	234	15.42	222	11.48	2.12
合计	6390	100	—	2938	100	1518	100	1934	100	—

第二，受访群体的看法。如表8-56所示，在2016年对受访群体的调查中，选择"非常不同意""不同意"与"有点不同意"的合比率为71.61%，其中选择"非常不同意"的比率为36.49%，居于第一位。选择"有点同意""同意"与"非常同意"的合比率为28.39%。大部分中学老师不会在未成年人面前出现不道德的行为。

从未成年人与成年人群体的比较来看，成年人群体选择不同意意味选项的比率较未成年人要高。成年人群体认为中学老师的道德行为较好。但也反映出部分中学老师的道德素养有所欠缺，需要加强其修养。

表8-56 受访群体认为老师在未成年人面前出现过不道德行为（2016年）

选项	总计			未成年人		成年人群体								未成年人与成年人群体比较率差
						合计		中学老师		家长		中学校长		
	人数	比率	排序	人数	比率	人数	比率	人数	比率	人数	比率	人数	比率	
非常不同意	860	36.49	1	702	36.30	158	37.35	64	38.55	72	37.31	22	34.38	-1.05
不同意	596	25.28	2	471	24.35	125	29.55	53	31.93	57	29.53	15	23.44	-5.20
有点不同意	232	9.84	4	191	9.88	41	9.69	17	10.24	17	8.81	7	10.94	0.19
有点同意	226	9.59	5	175	9.05	51	12.06	16	9.64	22	11.40	13	20.31	-3.01
同意	197	8.36	6	173	8.95	24	5.67	10	6.02	10	5.18	4	6.25	3.28
非常同意	246	10.44	3	222	11.48	24	5.67	6	3.61	15	7.77	3	4.69	5.81
合计	2357	100	—	1934	100	423	100	166	100	193	100	64	100	—

（2）部分教育者在考试时也有作弊行为发生。

第一，中学老师的自述。如表8-57所示，在2013年与2016年对中学老师的考试行为的调查中，67.89%的中学老师表示"从不作弊"与"根本不想作弊"。选择"有时作弊""经常作弊"与"想作弊但又怕被老师发现"的合比率为32.11%。大部分中学老师对待考试有正确的纪律意识，能做到诚信考试。有少数中学老师存在考试作弊行为，这需要引起高度重视。

从2016年与2013年的比较来看，选择"从不作弊"的比率较2013年高10.60%，是增幅最大的选项。可见，中学老师的考试行为表现较好。

表8-57 中学老师的考试行为（2013年、2016年）

选项	总计			2013年		2016年		2016年与2013年比较率差
	人数	比率	排序	人数	比率	人数	比率	
从不作弊	252	54.66	1	150	50.85	102	61.45	10.60
有时作弊	89	19.31	2	65	22.03	24	14.46	-7.57
经常作弊	27	5.86	5	21	7.12	6	3.61	-3.51
想作弊但又怕被老师发现	32	6.94	4	27	9.15	5	3.01	-6.14
根本不想作弊	61	13.23	3	32	10.85	29	17.47	6.62
合计	461	100	—	295	100	166	100	—

第二，中学校长、德育工作者、小学校长的自述。如表8-58所示，在2013年和2016年对中学校长、2013年对德育工作者、2013年对小学校长的考试行为的调查中，受访群体选择"从不作弊"与"根本不想作弊"的合比率为78.90%，其中选择"从不作弊"的比率为68.81%，居于第一位。选择"有时作弊""经常作弊"与"想作弊但又怕被老师发现"的合比率为21.10%。中学校长等成年人群体的考试行为表现较好，能端正考试态度，遵守考试纪律。但是仍有两成多的受访者表示或多或少会作弊，这个数据反映了少数学校领导与德育工作者的诚信行为较差，也给未成年人带来不良影响。

表 8-58 中学校长、德育工作者、小学校长的考试行为（2013 年、2016 年）

选项	总计			中学校长						德育工作者（2013 年）		小学校长（2013 年）		中学校长与小学校长比较率差
				合计		2013 年		2016 年						
	人数	比率	排序	人数	比率	人数	比率	人数	比率	人数	比率	人数	比率	
从不作弊	225	68.81	1	169	68.70	132	72.53	37	57.81	29	67.44	27	71.05	-2.35
有时作弊	43	13.15	2	30	12.20	24	13.19	6	9.38	6	13.95	7	18.42	-6.22
经常作弊	5	1.53	5	4	1.63	1	0.55	3	4.69	0	0.00	1	2.63	-1.00
想作弊但又怕被老师发现	21	6.42	4	13	5.28	9	4.95	4	6.25	6	13.95	2	5.26	0.02
根本不想作弊	33	10.09	3	30	12.20	16	8.79	14	21.88	2	4.65	1	2.63	9.57
合计	327	100	—	246	100	182	100	64	100	43	100	38	100	—

（3）部分教育者的集体主义意识有待加强。

第一，当个人利益与集体利益发生冲突时的处理方式：

中学老师的自述。如表 8-59 所示，在 2013 年、2016 年对中学老师当个人利益与集体利益发生冲突时的处理方式的调查中，60.52% 的中学老师会"先考虑集体利益，再考虑个人利益"，居于第一位。选择考虑个人利益在先的选项合比率为 17.57%。大部分中学老师都能正确处理好集体利益与个人利益的关系。也有少数中学老师首先考虑，甚至只考虑个人利益。

从 2016 年与 2013 年的比较来看，选择"先考虑集体利益，再考虑个人利益"的比率较 2013 年高 22.16%，是增幅最大的选项。从大部分中学老师能较好地处理集体利益与个人利益的关系中可看出其有良好的道德素养。

表 8-59 中学老师当个人利益与集体利益发生冲突时的处理方式（2013 年、2016 年）

选项	总计			2013 年		2016 年		2016 年与 2013 年比较率差
	人数	比率	排序	人数	比率	人数	比率	
先考虑集体利益，再考虑个人利益	279	60.52	1	155	52.54	124	74.70	22.16
先考虑个人利益，再考虑集体利益	59	12.80	2	46	15.59	13	7.83	-7.76

（续表 8-59）

选项	总计			2013 年		2016 年		2016 年与2013 年比较率差
	人数	比率	排序	人数	比率	人数	比率	
无条件服从集体利益	45	9.76	4	38	12.88	7	4.22	-8.66
只考虑个人利益	22	4.77	5	18	6.10	4	2.41	-3.69
说不清	56	12.15	3	38	12.88	18	10.84	-2.04
合计	461	100	—	295	100	166	100	—

中学校长、德育工作者、小学校长的自述。如表 8-60 所示，在 2013 年和 2016 年对中学校长、2013 年对德育工作者、2013 年对小学校长当个人利益与集体利益发生冲突时的处理方式的调查中，67.58% 的受访群体表示会"先考虑集体利益，再考虑个人利益"。选择先考虑个人利益以及只考虑个人利益的合比率为 10.09%。大部分受访群体均能很好地处理个人利益与集体利益的关系。也有少数受访者对个人利益看得较重，对未成年人价值观的发展有不良影响。

表 8-60 中学校长、德育工作者、小学校长当个人利益与集体利益发生冲突时的处理方式
（2013 年、2016 年）

选项	总计			中学校长						德育工作者（2013 年）		小学校长（2013 年）		中学校长与小学校长比较率差
				合计		2013 年		2016 年						
	人数	比率	排序	人数	比率	人数	比率	人数	比率	人数	比率	人数	比率	
先考虑集体利益，再考虑个人利益	221	67.58	1	170	69.11	129	70.88	41	64.06	28	65.12	23	60.53	8.58
先考虑个人利益，再考虑集体利益	26	7.95	4	14	5.69	8	4.40	6	9.38	8	18.60	4	10.53	-4.84
无条件服从集体利益	33	10.09	3	23	9.35	19	10.44	4	6.25	4	9.30	6	15.79	-6.44
只考虑个人利益	7	2.14	5	6	2.44	0	0.00	6	9.38	0	0.00	1	2.63	-0.19
说不清	40	12.23	2	33	13.41	26	14.29	7	10.94	3	6.98	4	10.53	2.88
合计	327	100	—	246	100	182	100	64	100	43	100	38	100	—

第二,当集体利益与个人利益相矛盾时的处理方式:

中学老师的自述。如表8-61所示,在2013年与2016年对中学老师当集体利益与个人利益相矛盾时的处理方式的调查中,49.02%的中学老师认为应"以集体利益为主,兼顾个人利益"。选择"集体利益无条件服从个人利益"与"个人利益为主,兼顾集体利益"的合比率为13.24%。大部分中学老师能够正确处理个人利益与集体利益的关系,也有少数中学老师只顾及个人利益,而忽视了集体利益。

从2016年与2013年的比较来看,中学老师选择重视集体利益的比率有所提高。中学老师的集体利益为重的意识在不断强化。

表8-61 中学老师当集体利益与个人利益相矛盾时的处理方式(2013年、2016年)

选项	总计			2013年		2016年		2016年与2013年比较率差
	人数	比率	排序	人数	比率	人数	比率	
个人利益无条件服从集体利益	124	26.90	2	43	14.58	81	48.80	34.22
集体利益为主,兼顾个人利益	226	49.02	1	177	60.00	49	29.52	-30.48
个人利益为主,兼顾集体利益	53	11.50	3	34	11.53	19	11.45	-0.08
集体利益无条件服从个人利益	8	1.74	5	7	2.37	1	0.60	-1.77
说不清	50	10.85	4	34	11.53	16	9.64	-1.89
合计	461	100	—	295	100	166	100	—

中学校长、德育工作者、小学校长的自述。如表8-62所示,在2013年和2016年对中学校长、2013年对德育工作者、2013年对小学校长当集体利益与个人利益相矛盾时的处理方式的调查中,50.46%的受访群体表示会以"集体利益为主,兼顾个人利益",居于第一位。选择"个人利益无条件服从集体利益"的比率为34.56%,选择其他选项的占比较小。大部分受访群体能正确处理集体利益与个人利益之间的关系,也有少数受访者只顾及个人利益,而忽视了集体利益。

表 8-62 中学校长、德育工作者、小学校长当集体利益与个人利益相矛盾时的处理方式（2013 年、2016 年）

选项	总计			中学校长						德育工作者（2013年）		小学校长（2013年）		中学校长与小学校长比较率差
				合计		2013年		2016年						
	人数	比率	排序	人数	比率	人数	比率	人数	比率	人数	比率	人数	比率	
个人利益无条件服从集体利益	113	34.56	2	90	36.59	62	34.07	28	43.75	14	32.56	9	23.68	12.91
集体利益为主，兼顾个人利益	165	50.46	1	119	48.37	100	54.95	19	29.69	23	53.49	23	60.53	-12.16
个人利益为主，兼顾集体利益	18	5.50	4	12	4.88	8	4.40	4	6.25	3	6.98	3	7.89	-3.01
集体利益无条件服从个人利益	10	3.06	5	10	4.07	4	2.20	6	9.38	0	0.00	0	0.00	4.07
说不清	21	6.42	3	15	6.10	8	4.40	7	10.94	3	6.98	3	7.89	-1.79
合计	327	100	—	246	100	182	100	64	100	43	100	38	100	—

（4）教育者相信算命的情况有待扭转。

第一，相信算命：

中学老师的自述。如表 8-63 所示，在 2013 年与 2016 年对中学老师相信算命情况的调查中，中学老师选择"不相信"的比率为 54.23%，居于第一位。选择"相信"与"有点相信，但不全信"的合比率为 37.10%。可见，超过半数的中学老师表示"不相信"算命。算命本身含有封建迷信的落后成分，中学老师作为教育工作者，应当积极树立科学的思维方式。

从 2016 年与 2013 年的比较来看，选择"不相信"的比率较 2013 年高 16.92%，中学老师"不相信"算命的比率有较大幅度的升高。但有 8.03% 的中学老师"相信"算命与 29.07% 的中学老师"有点相信，但不全信"算命，这是值得注意的情况。

第八章 当代未成年人价值观变化与教育问题的成因

表 8-63 中学老师相信算命的情况

选项	总计			2013 年		2016 年		2016 年与 2013 年比较率差
	人数	比率	排序	人数	比率	人数	比率	
不相信	250	54.23	1	142	48.14	108	65.06	16.92
相信	37	8.03	4	22	7.46	15	9.04	1.58
有点相信,但不全信	134	29.07	2	104	35.25	30	18.07	-17.18
不知道	40	8.68	3	27	9.15	13	7.83	-1.32
合计	461	100	—	295	100	166	100	—

中学校长、德育工作者、小学校长的自述。如表 8-64 所示，在 2013 年和 2016 年对中学校长、2013 年对德育工作者、2013 年对小学校长相信算命情况的调查中，71.25% 的受访群体表示"不相信"。选择"相信"与"有点相信，但不全信"的合比率为 22.33%。选择"不知道"的比率为 6.42%。大部分受访群体对算命均有较为清晰的认识，能正确认识算命的迷信色彩。

从单个群体的比较来看，选择"不相信"的比率最高的群体是中学校长，选择"不知道"的比率最高的群体是小学校长。虽然这三个群体"不相信"的比率较大地高于中学老师，但也有 3.06% 的比率表示"相信"，19.27% 的比率表示"有点相信，但不全信"，这类比率并不低。学校领导与德育工作者首先要有正确的思想观念，否则会无形中增加未成年人价值观发展的难度。

表 8-64 中学校长、德育工作者、小学校长相信算命的情况（2013 年、2016 年）

| 选项 | 总计 | | | 中学校长 | | | | | | 德育工作者（2013 年）[②] | | 小学校长（2013 年）[③] | | 中学校长与小学校长比较率差 |
				合计		2013 年[①]		2016 年						
	人数	比率	排序	人数	比率	人数	比率	人数	比率	人数	比率	人数	比率	
不相信	233	71.25	1	185	75.20	139	76.37	46	71.88	23	53.49	25	65.79	9.41
相信	10	3.06	4	4	1.63	1	0.55	3	4.69	3	6.98	3	7.89	-6.26
有点相信,但不全信	63	19.27	2	40	16.26	34	18.68	6	9.38	17	39.53	6	15.79	0.47
不知道	21	6.42	3	17	6.91	8	4.40	9	14.06	0	0.00	4	10.53	-3.62
合计	327	100	—	246	100	182	100	64	100	43	100	38	100	—

[①][②][③] 叶松庆.当代未成年人道德观发展变化与引导对策的实证研究[M].芜湖：安徽师范大学出版社，2016：235.

第二，算命的情况：

中学老师的自述。如表 8-65 所示，在 2013 年与 2016 年对中学老师算命情况的调查中，49.67% 的中学老师表示"没算过"，选择"算过"的比率为 34.06%。选择"搞不清楚"的比率为 16.27%。大部分中学老师表示没算过命。但值得注意的是，三分之一强的中学老师存在算命情况，表明这部分中学老师对这一问题存在模糊性认识。也有少数中学老师表示"搞不清楚"，这也是一种含混的认识，需要加强对这部分老师的思想观念引导。

从 2016 年与 2013 年的比较来看，中学老师"没算过"命的比率，2016 年较 2013 年增加了 6.15%，但"算过"命的比率，2016 年较 2013 年增加了 2.32%，说明中学老师对这一问题的认识还有较大的矫正必要。

表 8-65　中学老师算命的情况（2013 年、2016 年）

选项	总计			2013 年		2016 年		2016 年与 2013 年比较率差
	人数	比率	排序	人数	比率	人数	比率	
算过	157	34.06	2	98	33.22	59	35.54	2.32
没算过	229	49.67	1	140	47.46	89	53.61	6.15
搞不清楚	75	16.27	3	57	19.32	18	10.84	-8.48
合计	461	100	—	295	100	166	100	—

中学校长、德育工作者、小学校长的自述。如表 8-66 所示，在 2013 年和 2016 年对中学校长、2013 年对德育工作者、2013 年对小学校长算命情况的调查中，69.72% 的受访群体表示"没算过"，居于第一位。选择"算过"的比率为 27.22%，选择"搞不清楚"的比率为 3.06%。大部分受访群体表示不会算命，但也有部分受访群体表示"算过"。

从三个成年人群体的比较来看，中学校长"算过"的比率（26.83%）高于小学校长（18.42%），德育工作者"算过"的比率（37.21%）是三个群体中最高的，这些数据反映出学校领导与德育工作者的思想观念问题，应引起足够的重视。

表 8-66　中学校长、德育工作者、小学校长算命的情况（2013 年、2016 年）

选项	总计			中学校长						德育工作者 （2013 年[②]）		小学校长 （2013 年[③]）		中学校长 与小学 校长比较 率差
				合计		2013 年[①]		2016 年						
	人数	比率	排序	人数	比率	人数	比率	人数	比率	人数	比率	人数	比率	
算过	89	27.22	2	66	26.83	50	27.47	16	25.00	16	37.21	7	18.42	8.41
没算过	228	69.72	1	175	71.14	129	70.88	46	71.88	25	58.14	28	73.68	-2.54
搞不清楚	10	3.06	3	5	2.03	3	1.65	2	3.13	2	4.65	3	7.89	-5.86
合计	327	100	—	246	100	182	100	64	100	43	100	38	100	—

（5）部分教育者欠缺一定的为人师表意识的最主要原因。

如表 8-67 所示，在 2016 年对未成年人与成年人群体的调查中，受访群体认为部分教育者欠缺一定的为人师表意识的最主要原因是"受社会负面影响过多"的比率为 33.52%，居于第一位。选择"对自己要求不严"的比率为 13.79%。选择"他们也是凡夫俗子，也有无所适从的时候"的比率为 13.70%。选择"不清楚"的比率为 13.53%。其他选项的比率均在 10% 以下。

从未成年人与成年人群体的比较来看，未成年人选择"不清楚"的比率较成年人群体选择的比率要高。选择"受社会负面影响过多"的比率较成年人群体的比率要低。

表 8-67　受访群体眼中教育者欠缺一定的为人师表意识的最主要原因（2016 年）

选项	总计			未成年人		成年人群体								未成年人 与成年人 群体比较 率差
						合计		中学老师		家长		中学校长		
	人数	比率	排序	人数	比率	人数	比率	人数	比率	人数	比率	人数	比率	
受社会负 面影响过多	790	33.52	1	623	32.21	167	39.48	65	39.16	80	41.45	22	34.38	-7.27
对自己要求 不严	325	13.79	2	266	13.75	59	13.95	23	13.86	26	13.47	10	15.63	-0.20
责任心不强	159	6.75	5	133	6.88	26	6.15	10	6.02	12	6.22	4	6.25	0.73

[①][②][③] 叶松庆. 当代未成年人道德观发展变化与引导对策的实证研究 [M]. 芜湖：安徽师范大学出版社，2016：252.

(续表 8-67)

选项	总计			未成年人		成年人群体								未成年人与成年人群体比较率差
						合计		中学老师		家长		中学校长		
	人数	比率	排序	人数	比率	人数	比率	人数	比率	人数	比率	人数	比率	
思想境界一般	144	6.11	6	114	5.89	30	7.09	11	6.63	13	6.74	6	9.38	-1.20
道德素质不高	102	4.33	8	89	4.60	13	3.07	8	4.82	5	2.59	0	0.00	1.53
时间、精力不够	111	4.71	7	88	4.55	23	5.44	11	6.63	7	3.63	5	7.81	-0.89
他们也是凡夫俗子，也有无所适从的时候	323	13.70	3	246	12.72	77	18.20	27	16.27	37	19.17	13	20.31	-5.48
其他	84	3.56	9	72	3.72	12	2.84	6	3.61	4	2.07	2	3.13	0.88
不清楚	319	13.53	4	303	15.67	16	3.78	5	3.01	9	4.66	2	3.13	11.89
合计	2357	100	—	1934	100	423	100	166	100	193	100	64	100	—

5. 基本认识

（1）教育者言行对未成年人价值观的确立与发展有一定的影响。

学校教育工作者对未成年人价值观的影响，不仅表现在教育理念的传递与灌输，还表现在课堂教学上。此外，"成人价值取向的功利化倾向，某些层面的价值选择的含混，部分价值行为的不规范等，为未成年人树立了负性榜样"[1]。可见，教育工作者的行为表现在一定程度也会严重地影响未成年人价值观的形成与发展。因此，学校教育工作者应当注意自身思想与行为的示范性，从而为未成年人价值观形成与发展奠定基础。

（2）教育工作者应该努力提高自身的专业水平与素养。

2015 年 3 月，湖北大学马克思主义学院陈浩苗老师"在调查中发现，老师的正确教导对学生的影响很小，老师的正确教导没有发挥应有的作用，教育工作者不得不反思"[2]。通过例证可以看出，教育工作者针对低年龄段的未成年人，其教育的专业化素养并未完

---

[1] 叶松庆. 当代未成年人价值观的演变特点与影响因素：对安徽省 2426 名未成年人的调查分析 [J]. 青年研究，2006（12）：1-9.

[2] 陈浩苗，严聪慧，邓慧雯，等. 青少年对公民个人层面社会主义核心价值观认同现状调查：以湖北武汉地区为例 [J]. 领导科学论坛，2015（3）：21-23.

全发挥出来。因此，教育者需要努力提高自身的专业化水平与素养，以提高教育的实效性。

（3）教育工作者应注意统筹与协调和其他教育力量间的关系。

教育工作者在努力提高自身专业素养的前提下，应注意积极协调其他教育力量（如家长、各级主管部门），形成合力。在积极协调的过程中，应当注意契合未成年人思想道德与价值观发展的实际，切实改进工作，提高教育的实效性。

（三）综合认识

1. 学校教育对未成年人价值观的形成具有重要的影响

在校接受学校教育是未成年人价值观形成与确立的重要途径。要增强对学校教育重要性的认识，强化学校"全员、全过程、全方位"的育人机制，发挥学校教育系统的凝聚力，提高教育者思想道德素质与开展教育的积极性。同时，注意把握与突出学生本位和主体意识，从学校教育的多个方面来加强对未成年人的教育与引导，提高学校教育效果。

2. 学校教育应注重内涵式发展，切实契合未成年人的实际

学校教育应注重内涵式发展，从提高学校教育的实效性以及提升专业队伍建设入手，注重未成年人良好的品德形成。同时，要契合未成年人自身的实际，不可低估未成年人的潜在动力，也不可提出过高的要求，注意加强对未成年人的引导。

3. 学校应注意凸显未成年人的主体性地位，从多方面加强对未成年人的教育

学校教育一定要注重凸显未成年人的主体性地位，切实重视未成年人自身的发展，关注未成年人的发展诉求，以未成年人自身的长远利益为重，体现"以生为本"的教育指导方针，将解决实际问题与解决思想道德问题相结合，在学校的教育要求、日常管理与服务学生中，做到全员育人、全方位育人、全过程育人。这无疑有助于提高教育的实效性，同时增强未成年人教育的针对性。

三、家庭方面的原因

（一）部分家长以身作则做得不够

1. 家长的政治信仰有待扶正

（1）家长的自述。

如表8-68所示，在2013年与2016年对家长的政治信仰情况的调查中，家长选择"共产主义"与"社会主义"的合比率为62.01%，其中选择"共产主义"的比率为32.44%，居于第一位。选择"资本主义""宗教"的合比率为11.91%。家长的政治信仰主要表现在"共产主义"与"社会主义"，但仍有部分家长信仰"资本主义"或"宗教"，"没有信仰"与"不知道"有没有信仰的比率也占26.07%。家长的政治信仰对未成年人政治观的形成会产生很大的影响。

从 2016 年与 2013 年的比较来看,信仰"社会主义"的比率较 2013 年高 11.10%,但信仰"共产主义"的比率下降了 9.97%,信仰"资本主义"与"宗教"的比率也有所升高。可见,家长的政治信仰需要被扶正,否则无法正确引导未成年人。

表 8-68　家长的政治信仰情况（2013 年、2016 年）

选项	总计			2013 年		2016 年		2016 年与 2013 年比较率差
	人数	比率	排序	人数	比率	人数	比率	
共产主义	158	32.44	1	107	36.39	51	26.42	-9.97
社会主义	144	29.57	2	74	25.17	70	36.27	11.10
资本主义	31	6.37	5	17	5.78	14	7.25	1.47
宗教	27	5.54	6	16	5.44	11	5.70	0.26
没有信仰	70	14.37	3	45	15.31	25	12.95	-2.36
不知道	57	11.70	4	35	11.90	22	11.40	-0.50
合计	487	100	—	294	100	193	100	—

（2）未成年人的看法。

如表 8-69 所示,在 2016 年对未成年人眼中家长的政治信仰情况的调查中,未成年人认为家长信仰"共产主义"与"社会主义"的合比率为 58.38%,其中选择"共产主义"的比率为 37.10%,居于第一位。选择"资本主义"与"宗教"的合比率为 8.37%。在大部分未成年人眼中,家长的政治信仰较好,这与家长对自身的认识有些近似。

表 8-69　未成年人眼中家长的政治信仰情况（2016 年）

选项	总计			父亲		母亲		父亲与母亲比较率差
	人数	比率	排序	人数	比率	人数	比率	
共产主义	1435	37.10	1	732	37.85	703	36.35	1.50
社会主义	823	21.28	3	408	21.10	415	21.46	-0.36
资本主义	187	4.83	5	88	4.55	99	5.12	-0.57
宗教	137	3.54	6	55	2.84	82	4.24	-1.40
没有信仰	283	7.32	4	130	6.72	153	7.91	-1.19
不知道	1003	25.93	2	521	26.94	482	24.92	2.02
合计	3868	100	—	1934	100	1934	100	—

2. 家长对政治的关注度不够

（1）家长的自述。

如表8-70所示，在2013年与2016年就家长对政治的关注度调查中，家长选择"很关心"与"关心"的合比率为72.07%，其中选择"关心"的比率为54.62%，居于第一位。选择"不关心"与"很不关心"的合比率为20.54%。大部分家长认为自己关心政治，但20.54%的家长"不关心"政治，7.39%的家长"不知道"自己关不关心政治（糊涂状态），无法正确引导未成年人。

从2016年与2013年的比较来看，2016年选择"很关心"与"关心"的比率下降了7.82%，"很不关心"与"不关心"的比率升高了7.18%，加大了家长不关心政治的倾向。

表8-70 家长对政治的关注度（2013年、2016年）

选项	总计			2013年		2016年		2016年与2013年比较率差
	人数	比率	排序	人数	比率	人数	比率	
很关心	85	17.45	2	55	18.71	30	15.54	-3.17
关心	266	54.62	1	166	56.46	100	51.81	-4.65
不关心	82	16.84	3	47	15.99	35	18.13	2.14
很不关心	18	3.70	5	5	1.70	13	6.74	5.04
不知道	36	7.39	4	21	7.14	15	7.77	0.63
合计	487	100	—	294	100	193	100	—

（2）未成年人的看法。

如表8-71所示，在2016年就未成年人眼中家长对政治的关注度调查中，未成年人选择"很关心"与"关心"的合比率为66.88%，其中选择"很关心"的比率为35.34%，居于第一位。选择"不关心"与"很不关心"的合比率为16.47%。在大部分未成年人眼中家长对政治较为关心，认为"很关心"的比率高于家长的同项比率。

从父母亲的比较来看，父亲对政治的关注度较母亲要高。

表8-71 未成年人眼中家长对政治的关注度（2016年）

选项	总计			父亲		母亲		父亲与母亲比较率差
	人数	比率	排序	人数	比率	人数	比率	
很关心	1367	35.34	1	741	38.31	626	32.37	5.94
关心	1220	31.54	2	657	33.97	563	29.11	4.86

(续表 8-71)

选项	总计			父亲		母亲		父亲与母亲比较率差
	人数	比率	排序	人数	比率	人数	比率	
不关心	542	14.01	4	188	9.72	354	18.30	-8.58
很不关心	95	2.46	5	41	2.12	54	2.79	-0.67
不知道	644	16.65	3	307	15.87	337	17.43	-1.56
合计	3868	100	—	1934	100	1934	100	—

3. 家长的"第一任老师"作用有待加强

(1) 在未成年人面前有不道德行为的情况。

第一,未成年人的看法。如表 8-72 所示,在 2014—2016 年就未成年人对"爸爸妈妈经常会有不道德行为"的看法的调查中,选择"非常不同意""不同意"与"有点不同意"的合比率为 72.38%,其中选择"非常不同意"的比率为 33.49%,居于第一位。选择"有点同意""同意"与"非常同意"的合比率为 27.62%。大部分未成年人认为自己的爸妈偶尔会有一些不道德的行为,近三成的未成年人认为爸妈会有一些不道德行为。总体上看,大部分家长的行为给未成年人的印象很好。

表 8-72 未成年人对"爸爸妈妈经常会有不道德行为"的看法(2014—2016 年)

选项	总计			2014 年		2015 年		2016 年		2016 年与 2014 年比较率差
	人数	比率	排序	人数	比率	人数	比率	人数	比率	
非常不同意	2140	33.49	1	880	29.95	445	29.31	815	42.14	12.19
不同意	1594	24.95	2	716	24.37	384	25.30	494	25.54	1.17
有点不同意	891	13.94	4	455	15.49	231	15.22	205	10.60	-4.89
有点同意	938	14.68	3	529	18.01	242	15.94	167	8.63	-9.38
同意	431	6.74	5	220	7.49	130	8.56	81	4.19	-3.30
非常同意	396	6.20	6	138	4.70	86	5.67	172	8.89	4.19
合计	6390	100	—	2938	100	1518	100	1934	100	—

第二，受访群体的看法。如表8-73所示，在2016年对受访群体的调查中，受访群体选择"非常不同意""不同意"与"有点不同意"家长经常会有不道德的行为的合比率为77.13%，其中选择"非常不同意"的比率为40.26%，居于第一位。选择"有点同意""同意"与"非常同意"的合比率为22.86%。大部分的受访群体认为家长不经常有不道德行为。

从未成年人与成年人群体的比较来看，未成年人较成年人群体倾向于认为家长较少地存在不道德行为。

表8-73 受访群体对"家长经常会有不道德行为"的看法（2016年）

选项	总计			未成年人		成年人群体								未成年人与成年人群体比较率差
						合计		中学老师		家长		中学校长		
	人数	比率	排序	人数	比率	人数	比率	人数	比率	人数	比率	人数	比率	
非常不同意	949	40.26	1	815	42.14	134	31.68	47	28.31	72	37.31	15	23.44	10.46
不同意	611	25.92	2	494	25.54	117	27.66	46	27.71	53	27.46	18	28.13	-2.12
有点不同意	258	10.95	3	205	10.60	53	12.53	21	12.65	18	9.33	14	21.88	-1.93
有点同意	220	9.33	4	167	8.63	53	12.53	28	16.87	16	8.29	9	14.06	-3.90
同意	128	5.43	6	81	4.19	47	11.11	19	11.45	24	12.44	4	6.25	-6.92
非常同意	191	8.10	5	172	8.89	19	4.49	5	3.01	10	5.18	4	6.25	4.40
合计	2357	100	—	1934	100	423	100	166	100	193	100	64	100	

（2）家长在考试时的行为。

如表8-74所示，在2013年与2016年对家长考试行为的调查中，家长选择"从不作弊"与"根本不想作弊"的合比率为67.35%，其中选择"从不作弊"的比率为56.26%，居于第一位。家长选择"有时作弊""经常作弊"与"想作弊但又怕被老师发现"的合比率为32.65%。大部分家长的考试行为表现良好，但仍有部分家长会出现考试作弊的行为。

从2016年与2013年的比较来看，家长选择"从不作弊"的比率有所增加，选择"有时作弊"的比率有所降低。家长的考试行为呈良好状态，但有作弊行为的家长需要自省，否则对未成年人的影响不好。

表8-74 家长的考试行为（2013年、2016年）

选项	总计			2013年		2016年		2016年与2013年比较率差
	人数	比率	排序	人数	比率	人数	比率	
从不作弊	274	56.26	1	159	54.08	115	59.59	5.51
有时作弊	99	20.33	2	66	22.45	33	17.10	-5.35
经常作弊	17	3.49	5	11	3.74	6	3.11	-0.63
想作弊但又怕被老师发现	43	8.83	4	26	8.84	17	8.81	-0.03
根本不想作弊	54	11.09	3	32	10.88	22	11.40	0.52
合计	487	100	—	294	100	193	100	—

（3）家长的集体主义意识有待加强。

第一，当个人利益与集体利益发生冲突时的处理方式。如表8-75所示，在2013年与2016年对家长当个人利益与集体利益发生冲突时的处理方式的调查中，59.34%的家长选择"先考虑集体利益，再考虑个人利益"，16.02%的家长优先考虑个人方面的利益，个人主义较为凸显。总的来看，大部分家长会优先考虑集体利益，以集体利益为主，小部分家长会优先考虑"个人利益"。

从2016年与2013年的比较来看，选择"先考虑集体利益，再考虑个人利益"的比率较2013年高8.99%，是增幅最大的选项。家长的集体观趋好。

表8-75 家长当个人利益与集体利益发生冲突时的处理方式（2013年、2016年）

选项	总计			2013年		2016年		2016年与2013年比较率差
	人数	比率	排序	人数	比率	人数	比率	
先考虑集体利益，再考虑个人利益	289	59.34	1	164	55.78	125	64.77	8.99
先考虑个人利益，再考虑集体利益	73	14.99	2	43	14.63	30	15.54	0.91
无条件服从集体利益	63	12.94	3	44	14.97	19	9.84	-5.13
只考虑个人利益	5	1.03	5	3	1.02	2	1.04	0.02
说不清	57	11.70	4	40	13.61	17	8.81	-4.80
合计	487	100	—	294	100	193	100	—

第二,当集体利益与个人利益相矛盾时的处理方式。如表8-76所示,在2013年与2016年对家长当集体利益与个人利益相矛盾时的处理方式的调查中,43.33%的家长选择"集体利益为主,兼顾个人利益",16.63%的家长会着重考虑个人利益。大部分家长会以集体利益为重,小部分家长会看重个人利益。

从2016年与2013年比较来看,选择"个人利益无条件服从集体利益"的比率较2013年高25.83%,是增幅最大的选项。可见,家长能较为正确地处理集体利益与个人利益的关系,集体观趋好。

表8-76 家长当集体利益与个人利益相矛盾时的处理方式(2013年、2016年)

选项	总计			2013年		2016年		2016年与2013年比较率差
	人数	比率	排序	人数	比率	人数	比率	
个人利益无条件服从集体利益	136	27.93	2	52	17.69	84	43.52	25.83
集体利益为主,兼顾个人利益	211	43.33	1	143	48.64	68	35.23	-13.41
个人利益为主,兼顾集体利益	70	14.37	3	49	16.67	21	10.88	-5.79
集体利益无条件服从个人利益	11	2.26	5	9	3.06	2	1.04	-2.02
说不清	59	12.11	4	41	13.95	18	9.33	-4.62
合计	487	100	—	294	100	193	100	—

(4)家长相信算命的情况有待扭转。

第一,相信算命的情况。如表8-77所示,在2013年与2016年对家长相信算命情况的调查中,60.78%的家长表示"不相信"算命,家长选择"相信"与"有点相信,但不全信"的合比率为34.29%,选择"不知道"的比率为4.93%。虽然大部分家长表示"不相信"算命,但有近四成的家长对这一问题表现出不正确或模糊性认识。

从2016年与2013年的比较来看,选择"不相信"的比率较2013年高10.04%,选择"有点相信,但不全信"的比率较2013年低14.21%。家长"相信"(含有点相信)算命的人数有所减少。而三成多家长的不正确或模糊性认识没有改变,这无益于未成年人的成长。

表 8-77 家长相信算命的情况（2013 年、2016 年）

选项	总计			2013 年		2016 年		2016 年与 2013 年比较率差
	人数	比率	排序	人数	比率	人数	比率	
不相信	296	60.78	1	167	56.80	129	66.84	10.04
相信	47	9.65	3	27	9.18	20	10.36	1.18
有点相信，但不全信	120	24.64	2	89	30.27	31	16.06	-14.21
不知道	24	4.93	4	11	3.74	13	6.74	3.00
合计	487	100	—	294	100	193	100	—

第二，算过命的情况。如表 8-78 所示，在 2013 年与 2016 年对家长算过命情况的调查中，54.00% 的家长表示"没算过"，选择"算过"的比率为 37.17%，选择"搞不清楚"的比率较低，为 8.83%。超过半数的家长表示没算过命。有近四成的家长算过命，是受访的成年人群体（中学老师：34.06%；中学校长：26.83%；德育工作者：37.21%；小学校长：18.42%）（见表 8-65，第 548 页；表 8-66，第 549 页）中比率较高的。

从 2016 年与 2013 年的比较来看，家长选择"算过"的比率较 2013 年低 7.50%，选择"没算过"的比率较 2013 年高 6.67%。虽然家长的认识趋好，但近四成家长的不当行为在一定程度上影响了未成年人价值观的发展。

表 8-78 家长算过命的情况（2013 年、2016 年）

选项	总计			2013 年		2016 年		2016 年与 2013 年比较率差
	人数	比率	排序	人数	比率	人数	比率	
算过	181	37.17	2	118	40.14	63	32.64	-7.50
没算过	263	54.00	1	151	51.36	112	58.03	6.67
搞不清楚	43	8.83	3	25	8.50	18	9.33	0.83
合计	487	100	—	294	100	193	100	—

4. 家长以身作则做得不够的原因

如表 8-79 所示，在 2016 年对受访群体的调查中，32.50% 的受访群体认为"家长的素质不高，无法以身作则"是家长以身作则做得不够的最主要原因。16.33% 的受访群体则选择"家长的思想境界一般，不想以身作则"。受访群体选择"家长的教育意识不强，不重视以身作则"的比率为 15.44%。其他选项的比率均在 10% 以下。在大部分受访群体眼里,家长的素质、思想境界以及教育意识等方面问题导致家长以身作则做得不够。

从未成年人与成年人群体的比较来看,成年人群体倾向于认为是由于"家长的教育意识不强,不重视以身作则"导致以身作则做得不够。此外,未成年人选择"不清楚"的比率较成年人群体要高。因此,需要进一步提高未成年人的认知度,有效地督察家长的行为,让家长更好地以身作则。

表8-79 受访群体眼中家长以身作则做得不够的最主要原因(2016年)

选项	总计			未成年人		成年人群体								未成年人与成年人群体比较率差
						合计		中学老师		家长		中学校长		
	人数	比率	排序	人数	比率	人数	比率	人数	比率	人数	比率	人数	比率	
家长的素质不高,无法以身作则	766	32.50	1	607	31.39	159	37.59	59	35.54	75	38.86	25	39.06	-6.20
家长的思想境界一般,不想以身作则	385	16.33	2	322	16.65	63	14.89	21	12.65	28	14.51	14	21.88	1.76
家长的教育意识不强,不重视以身作则	364	15.44	3	267	13.81	97	22.93	40	24.10	43	22.28	14	21.88	-9.12
家长太忙,顾不上以身作则	234	9.93	4	189	9.77	45	10.64	18	10.84	21	10.88	6	9.38	-0.87
家长自己活得很难,无从以身作则	108	4.58	7	96	4.96	12	2.84	7	4.22	4	2.07	1	1.56	2.12
家长认为自己无足轻重,无所谓以身作则	73	3.10	8	57	2.95	16	3.78	10	6.02	5	2.59	1	1.56	-0.83
其他	194	8.23	6	176	9.10	18	4.26	9	5.42	8	4.15	1	1.56	4.84
不清楚	233	9.89	5	220	11.38	13	3.07	2	1.20	9	4.66	2	3.13	8.31
合计	2357	100	—	1934	100	423	100	166	100	193	100	64	100	—

(二)家长的积极性尚未被充分调动

1. 家长做未成年人思想教育工作的积极性不够

如表 8-80 所示,在 2014—2016 年对家长是否愿意做未成年人的思想道德教育工作情况的调查中,家长选择"非常愿意"与"愿意"的合比率为 91.41%,其中选择"非常愿意"的比率为 51.03%,选择"不大愿意""不愿意"与"非常不愿意"的合比率为 6.87%。大部分家长表示愿意做未成年人的思想道德教育工作,但小部分家长则表现出消极性态度。可以想象,连自己孩子的思想道德教育工作都不愿意做,这部分家庭的家庭教育肯定是缺失的。

从 2016 年与 2014 年的比较来看,选择"非常愿意"的比率较 2014 年高 9.76%,是增幅最大的选项。家长的积极性有一定程度的提高,但继续提升的空间还较大。

表 8-80 家长是否愿意做未成年人的思想道德教育工作的情况(2014—2016 年)

选项	总计			2014 年		2015 年		2016 年		2016 年与 2014 年比较率差
	人数	比率	排序	人数	比率	人数	比率	人数	比率	
非常愿意	297	51.03	1	111	47.23	76	49.35	110	56.99	9.76
愿意	235	40.38	2	104	44.26	62	40.26	69	35.75	-8.51
不大愿意	28	4.81	3	12	5.11	9	5.84	7	3.63	-1.48
不愿意	6	1.03	5	3	1.28	3	1.95	0	0.00	-1.28
非常不愿意	6	1.03	5	0	0.00	4	2.60	2	1.04	1.04
无所谓	10	1.72	4	5	2.13	0	0.00	5	2.59	0.46
合计	582	100	—	235	100	154	100	193	100	—

2. 家长积极配合学校做未成年人的思想道德教育的主动性不够

(1)家长的自述。

如表 8-81 所示,在 2016 年对家长是否愿意主动积极配合老师做未成年人的思想道德教育工作的调查中,家长选择"非常愿意"与"愿意"的合比率为 90.67%,其中选择"非常愿意"的比率为 58.55%,居于第一位。选择"不大愿意""不愿意"与"非常不愿意"的合比率为 4.67%,选择"无所谓"的比率为 4.66%。大部分家长表示愿意主动积极配合老师做未成年人的思想道德教育工作,但有部分家长行为不积极。缺少了家长的主动积极配合,就增大了教师的工作难度,效果也会打折扣。

从性别比较来看,男性家长的意愿度较女性家长稍高。

表 8-81 家长是否愿意主动积极配合老师做未成年人的思想道德教育工作的自述（2016 年）

选项	总计			男		女		比较率差
	人数	比率	排序	人数	比率	人数	比率	
非常愿意	113	58.55	1	56	54.90	57	62.64	7.74
愿意	62	32.12	2	40	39.22	22	24.18	-15.04
不大愿意	2	1.04	5	1	0.98	1	1.10	0.12
不愿意	5	2.59	4	1	0.98	4	4.40	3.42
非常不愿意	2	1.04	5	1	0.98	1	1.10	0.12
无所谓	9	4.66	3	3	2.94	6	6.59	3.65
合计	193	100	—	102	100	91	100	—

（2）受访群体的看法。

如表 8-82 所示，在 2016 年对受访群体的调查中，认为家长"非常愿意"与"愿意"主动积极配合老师做未成年人思想道德教育工作的合比率为 76.79%，其中选择"非常愿意"的比率为 49.85%，居于第一位。选择"不大愿意"与"不愿意"的合比率为 8.57%。虽然大部分受访群体认为家长能积极配合，但 8.57% 的受访群体认为家长不愿意积极配合，还有 14.65% 的受访群体认为家长会觉得做不做"无所谓"。如果家长"不愿意""不大愿意"或"无所谓"，那未成年人的思想道德教育工作就成了教师的"单兵作战"。

从未成年人与成年人群体的比较来看，成年人群体的评价较未成年人要稍好。

表 8-82 受访群体对家长是否愿意主动积极配合老师做未成年人思想道德教育工作的看法（2016 年）

选项	总计			未成年人		成年人群体								未成年人与成年人群体比较率差
						合计		中学老师		家长		中学校长		
	人数	比率	排序	人数	比率	人数	比率	人数	比率	人数	比率	人数	比率	
非常愿意	1175	49.85	1	968	50.05	207	48.94	69	41.57	113	58.55	25	39.06	1.11
愿意	635	26.94	2	482	24.92	153	36.17	70	42.17	62	32.12	21	32.81	-11.25
不大愿意	128	5.43	4	106	5.48	22	5.20	14	8.43	2	1.04	6	9.38	0.28
不愿意	74	3.14	5	56	2.90	18	4.26	5	3.01	5	2.59	8	12.50	-1.36
无所谓	345	14.64	3	322	16.65	23	5.44	8	4.82	11	5.70	4	6.25	11.21
合计	2357	100	—	1934	100	423	100	166	100	193	100	64	100	—

3. 家长给予未成年人的道德教育很少

（1）未成年人的看法。

如表8-83所示，在2014—2016年就未成年人认为父母对其道德教育很少的认同度调查中，未成年人选择"非常不同意""不同意"与"有点不同意"的合比率为71.59%，其中选择"非常不同意"的比率为29.37%，居于第一位。选择"有点同意""同意"与"非常同意"的合比率为28.40%。有近三成的未成年人认为家长对其的道德教育很少。

从2016年与2014年的比较来看，未成年人2016年选择"非常不同意"的比率较2014年高20.42%。未成年人认为家长的道德教育逐渐增多，但总体上看还不够。

表8-83 未成年人认为父母对其道德教育很少的认同度（2014—2016年）

选项	总计			2014年		2015年		2016年		2016年与2014年比较率差
	人数	比率	排序	人数	比率	人数	比率	人数	比率	
非常不同意	1877	29.37	1	687	23.38	343	22.60	847	43.80	20.42
不同意	1742	27.26	2	785	26.72	427	28.13	530	27.40	0.68
有点不同意	956	14.96	3	490	16.68	237	15.61	229	11.84	-4.84
有点同意	790	12.36	4	450	15.32	240	15.81	100	5.17	-10.15
同意	538	8.42	5	348	11.84	139	9.16	51	2.64	-9.20
非常同意	487	7.62	6	178	6.06	132	8.70	177	9.15	3.09
合计	6390	100	—	2938	100	1518	100	1934	100	—

（2）受访群体的看法。

如表8-84所示，在对受访群体的调查中，未成年人"非常不同意""不同意"与"有点不同意"家长对未成年人的道德教育很少的合比率为81.96%，其中选择"非常不同意"的比率为42.04%，居于第一位。选择"有点同意""同意"与"非常同意"的合比率为18.03%。有近二成的受访群体认为家长对未成年人的道德教育很少。

从未成年人与成年人群体的比较来看，成年人群体选择"非常不同意"的比率较未成年人的比率低9.76%，而选择"有点同意"与"同意"的比率则比未成年人的比率高9.45%，成年人群体自认为做得"很少"的比率较大，所以在现实中，成年人对自身所做的道德教育有较高要求。

表 8-84 受访群体认为家长对未成年人道德教育很少的认同度（2016 年）

选项	总计			未成年人		成年人群体								未成年人与成年人群体比较率差
						合计		中学老师		家长		中学校长		
	人数	比率	排序	人数	比率	人数	比率	人数	比率	人数	比率	人数	比率	
非常不同意	991	42.04	1	847	43.80	144	34.04	41	24.70	81	41.97	22	34.38	9.76
不同意	656	27.83	2	530	27.40	126	29.79	45	27.11	64	33.16	17	26.56	-2.39
有点不同意	285	12.09	3	229	11.84	56	13.24	28	16.87	19	9.84	9	14.06	-1.40
有点同意	144	6.11	5	100	5.17	44	10.40	27	16.27	9	4.66	8	12.50	-5.23
同意	80	3.39	6	51	2.64	29	6.86	17	10.24	10	5.18	2	3.13	-4.22
非常同意	201	8.53	4	177	9.15	24	5.67	8	4.82	10	5.18	6	9.38	3.48
合计	2357	100	—	1934	100	423	100	166	100	193	100	64	100	—

4. 家长的积极性没有被充分调动的原因

如表 8-85 所示，在 2016 年对受访群体的调查中，受访群体认为家长的积极性尚未被充分调动的最主要原因是"家长的教育意识不强，没有认识到其重要性"的比率为 40.14%。选择"不清楚"的比率为 20.15%。选择"学校对家长没有明确要求，家长觉得可做可不做"与家长时间制约因素的比率分别为 18.41% 与 11.75%。其余选项的比率均不足 10%。大部分受访群体认为家长积极性尚未被充分调动的主要原因在于家长意识以及学校对家长的要求方面。

从未成年人与成年人的比较来看，成年人群体倾向于认为是家长的教育意识不强所致，而未成年人则倾向于认为是学校对家长缺乏明确要求所致。

表 8-85 受访群体眼中家长的积极性尚未被充分调动的最主要原因（2016 年）

选项	总计			未成年人		成年人群体								未成年人与成年人群体比较率差
						合计		中学老师		家长		中学校长		
	人数	比率	排序	人数	比率	人数	比率	人数	比率	人数	比率	人数	比率	
家长的教育意识不强，没有认识到其重要性	946	40.14	1	732	37.85	214	50.59	77	46.39	102	52.85	35	54.69	-12.74
学校对家长没有明确要求，家长觉得可做可不做	434	18.41	3	375	19.39	59	13.95	27	16.27	24	12.44	8	12.50	5.44

(续表 8-85)

选项	总计			未成年人		成年人群体								未成年人与成年人群体比较率差
						合计		中学老师		家长		中学校长		
	人数	比率	排序	人数	比率	人数	比率	人数	比率	人数	比率	人数	比率	
家长太忙,有积极性也是白搭	277	11.75	4	222	11.48	55	13.00	33	19.88	20	10.36	2	3.13	-1.52
家长认为思想道德教育是学校的事,自己可以不管不问	97	4.12	6	63	3.26	34	8.04	17	10.24	8	4.15	9	14.06	-4.78
家长自己活得很累,自顾不暇,根本没有积极性可言	128	5.43	5	104	5.38	24	5.67	7	4.22	13	6.74	4	6.25	-0.29
不清楚	475	20.15	2	438	22.65	37	8.75	5	3.01	26	13.47	6	9.38	13.90
合计	2357	100	—	1934	100	423	100	166	100	193	100	64	100	—

(三) 综合认识

1. 部分家长对未成年人的教育意识须加强

从调查来看,部分家长对共产主义与社会主义的认识不足,其政治信仰须进一步匡正。此外,家长对自身"第一任老师"的身份认识不充分,家长应当对未成年人加强思想道德教育,而不是过多地关注未成年人的学习成绩。因此,有必要进一步增强家长的教育意识,从思想层面促使家长重视未成年人综合素质的发展,尤其是价值观的积极健康发展。

2. 部分家长对未成年人的教育态度须端正

根据对家长的调查,部分家长对做好未成年人思想道德教育的积极性不高,对未成年人的思想道德建设的主动性有待进一步提高,与此同时,与学校的协同配合度有待进一步加强。从这些行为表现可知,部分家长对未成年人的教育态度须端正,父母的教育态度也会感染未成年人对事物的接收与理解,从而对未成年人的教育产生潜移默化的影响。

3. 部分家长对未成年人的教育行为须规范

家长更多地对学生的学习予以强调与关注,不断告诫未成年人努力学习。但是也应看到,家长忽视了对未成年人思想道德行为的规范教育,"尤其是未成年人的监护人的负面影响,消耗了未成年人价值观演变中的能量,迫使未成年人的价值观在不同的时空中与不同的层面上徘徊、观望、等待"①。因此,家长应努力以身作则,从自身做起,不断规范自己的行为。在日常生活中,注重对未成年人的教育与引导,通过生活中发生的生动案例,运用多种方式来加强对未成年人的教育。

四、未成年人方面的原因

(一)未成年人对待思想道德教育的表现不够积极

1. 未成年人对思想道德教育不够重视

(1)未成年人的自述。

如表8-86所示,在2016年就未成年人对思想道德教育的态度的调查中,选择"很重视"与"比较重视"的合比率为72.70%,其中选择"很重视"的比率为43.33%,居于第一位。选择"不重视""很不重视""无所谓""反感"的合比率为27.30%。大部分未成年人对思想道德教育表现出较为重视的态度,但有近三成的未成年人不重视思想道德教育。

从性别的比较来看,男性未成年人的认识稍好;从省域的比较来看,安徽省未成年人的认识较外省(市)未成年人的认识要好。

表8-86 未成年人对思想道德教育的态度(2016年)

选项	总计			性别					省域				
				男		女		比较率差	安徽省		外省(市)		比较率差
	人数	比率	排序	人数	比率	人数	比率		人数	比率	人数	比率	
很重视	838	43.33	1	477	46.04	361	40.20	-5.84	486	45.13	352	41.07	-4.06
比较重视	568	29.37	2	277	26.74	291	32.41	5.67	305	28.32	263	30.69	2.37
不重视	182	9.41	3	102	9.85	80	8.91	-0.94	106	9.84	76	8.87	-0.97
很不重视	59	3.05	6	30	2.90	29	3.23	0.33	38	3.53	21	2.45	-1.08
无所谓	116	6.00	5	67	6.47	49	5.46	-1.01	65	6.04	51	5.95	-0.09
反感	171	8.84	4	83	8.01	88	9.80	1.79	77	7.15	94	10.97	3.82
合计	1934	100	—	1036	100	898	100	—	1077	100	857	100	—

---

① 叶松庆.当代未成年人价值观的演变特点与影响因素:对安徽省2426名未成年人的调查分析[J].青年研究,2006(12):1-9.

（2）受访群体的看法。

第一，中学老师的看法。如表8-87所示，在2008—2016年就中学老师眼中未成年人对思想道德教育的态度的调查中，中学老师选择"很重视"与"比较重视"的合比率为47.12%，其中选择"比较重视"的比率为32.33%，居于第二位。选择"不重视""很不重视""无所谓"与"反感"的合比率为52.88%。在中学老师看来，近半数的未成年人对思想道德教育较为重视，但有相当部分的未成年人表现出消极的态度倾向。

从2016年与2008年的比较来看，中学老师2016年选择"很重视"的比率较2008年高25.05%，是增幅最大的选项。在中学老师眼中未成年人对思想道德教育的重视度有所提高。

表8-87　中学老师眼中未成年人对思想道德教育的态度（2008—2016年）

选项	总计			2008—2013年[①]		2008年比率	2014年		2015年		2016年		2016年与2008年比较率差
	人数	比率	排序	人数	比率		人数	比率	人数	比率	人数	比率	
很重视	275	14.79	3	164	12.53	12.90	28	12.07	20	12.99	63	37.95	25.05
比较重视	601	32.33	2	397	30.41	36.13	81	34.91	61	39.61	62	37.35	1.22
不重视	662	35.61	1	487	37.24	29.68	89	38.36	59	38.31	27	16.27	-13.41
很不重视	76	4.09	5	49	3.72	3.23	19	8.19	6	3.90	2	1.20	-2.03
无所谓	196	10.54	4	165	12.67	15.48	15	6.47	8	5.19	8	4.82	-10.66
反感	49	2.64	6	45	3.44	2.58	0	0.00	0	0.00	4	2.41	-0.17
合计	1859	100	—	1307	100	100	232	100	154	100	166	100	—

第二，家长的看法。如表8-88所示，在2010—2016年就家长眼中未成年人对思想道德教育的态度的调查中，家长选择"很重视"与"比较重视"的合比率为63.88%，其中选择"比较重视"的比率为37.52%，居于第一位。选择"不重视""很不重视""无所谓"与"反感"的合比率为36.12%。家长的评价较中学老师的稍好，但家长同样认为部分未成年人对思想道德教育不够重视。

从2016年与2010年的比较来看，家长2016年选择"很重视"的比率较2010年高34.83%，是增幅最大的选项。在家长眼中，未成年人对思想道德教育的态度越来越好。

---

① 叶松庆. 当代未成年人道德观发展变化与引导对策的实证研究[M]. 芜湖：安徽师范大学出版社，2016：377.

表 8-88 家长眼中未成年人对思想道德教育的态度（2010—2016 年）

选项	总计			2010—2013 年①		2010 年比率	2014 年		2015 年		2016 年		2016 年与 2010 年比较率差
	人数	比率	排序	人数	比率		人数	比率	人数	比率	人数	比率	
很重视	359	26.36	2	145	18.59	7.14	87	37.02	46	29.87	81	41.97	34.83
比较重视	511	37.52	1	305	39.10	40.82	81	34.47	64	41.56	61	31.61	-9.21
不重视	310	22.76	3	205	26.28	27.55	45	19.15	31	20.13	29	15.03	-12.52
很不重视	21	1.54	5	16	2.05	1.02	3	1.28	0	0.00	2	1.04	0.02
无所谓	141	10.35	4	100	12.82	19.39	17	7.23	13	8.44	11	5.70	-13.69
反感	20	1.47	6	9	1.15	4.08	2	0.85	0	0.00	9	4.66	0.58
合计	1362	100	—	780	100	100	235	100	154	100	193	100	—

第三，中学校长的看法。如表 8-89 所示，在 2013—2016 年就中学校长眼中未成年人对思想道德教育的态度的调查中，中学校长选择"很重视"与"比较重视"的合比率为 42.85%。选择"不重视""很不重视""无所谓"与"反感"的合比率为 57.15%，其中选择"不重视"的比率为 34.05%，居于第一位。中学校长眼中未成年人对思想道德教育不够重视，需要进一步加强对未成年人的教育与引导，从而提高其重视程度。

从 2016 年与 2013 年的比较来看，中学校长 2016 年选择"很重视"的比率较 2013 年高 42.01%，是增幅最大的选项。在中学校长眼中，未成年人对思想道德教育的态度有所改善。

表 8-89 中学校长眼中未成年人对思想道德教育的态度（2013—2016 年）

选项	总计		2013 年②		2014 年				2015 年						2016 年		2016 年与 2013 年比较率差
					(1)		(2)		(1)		(2)		(3)				
	人数	比率	人数	比率	人数	比率	人数	比率	人数	比率	人数	比率	人数	比率	人数	比率	
很重视	56	13.33	6	3.30	7	10.14	6	12.77	3	15.00	2	10.00	3	16.67	29	45.31	42.01
比较重视	124	29.52	46	25.27	18	26.09	30	63.83	9	45.00	5	25.00	1	5.56	15	23.44	-1.83
不重视	143	34.05	84	46.15	28	40.58	4	8.51	2	10.00	11	55.00	10	55.56	4	6.25	-39.9
很不重视	18	4.29	7	3.85	5	7.25	0	0.00	1	5.00	1	5.00	0	0.00	4	6.25	2.4

---

① 叶松庆. 当代未成年人道德观发展变化与引导对策的实证研究 [M]. 芜湖：安徽师范大学出版社，2016：378.

② 叶松庆. 当代未成年人道德观发展变化与引导对策的实证研究 [M]. 芜湖：安徽师范大学出版社，2016：379.

(续表8-89)

选项	总计		2013年		2014年				2015年						2016年		2016年与2013年比较率差
					(1)		(2)		(1)		(2)		(3)				
	人数	比率	人数	比率	人数	比率	人数	比率	人数	比率	人数	比率	人数	比率	人数	比率	
无所谓	69	16.43	35	19.23	11	15.94	7	14.89	4	20.00	1	5.00	4	22.22	7	10.94	-8.29
反感	10	2.38	4	2.20	0	0.00	0	0.00	1	5.00	0	0.00	0	0.00	5	7.81	5.61
合计	420	100	182	100	69	100	47	100	20	100	20	100	18	100	64	100	—

说明：2015年第四批中学校长的调查问卷中未设置此选题。

第四，小学校长的看法。如表8-90所示，在2013—2015年就小学校长眼中未成年人对思想道德教育的态度的调查中，小学校长选择"很重视"与"比较重视"的合比率为38.52%。选择"不重视""很不重视""无所谓"与"反感"的合比率为61.48%，其中选择"不重视"的比率为36.30%，居于第一位。小学校长眼中未成年人对自身思想道德教育不够重视。在小学阶段的未成年人，受制于心智发展水平以及知识储备等因素，对思想道德教育的认识不足，对其重视程度自然而然会打折扣。

从2015年与2013年的比较来看，小学校长认为未成年人的认识呈现出积极转变，重视程度有所提高。

表8-90 小学校长眼中未成年人对思想道德教育的态度（2013—2015年）

选项	总计			2013年①（安徽省）		2014年				2015年（安徽省）				2015年(2)与2013年比较率差
						全国部分省（市）（少数民族地区）(1)		安徽省(2)		(1)		(2)		
	人数	比率	排序	人数	比率	人数	比率	人数	比率	人数	比率	人数	比率	
很重视	13	9.63	4	5	13.16	3	11.54	3	9.09	2	11.76	0	0.00	-13.16
比较重视	39	28.89	2	10	26.32	4	15.38	9	27.27	6	35.29	10	47.62	21.3
不重视	49	36.30	1	11	28.95	14	53.85	14	42.42	4	23.53	6	28.57	-0.38
很不重视	6	4.44	5	2	5.26	1	3.85	1	3.03	1	5.88	1	4.76	-0.5
无所谓	25	18.52	3	9	23.68	4	15.38	6	18.18	3	17.65	1	14.29	-9.39
反感	3	2.22	6	1	2.63	0	0.00	0	0.00	1	5.88	1	4.76	2.13
合计	135	100	—	38	100	26	100	33	100	17	100	21	100	—

---

① 叶松庆. 当代未成年人道德观发展变化与引导对策的实证研究[M]. 芜湖：安徽师范大学出版社，2016：379.

(3) 未成年人对思想道德教育态度不够积极的原因。

如表8-91所示,在2016年对受访群体的调查中,45.65%的受访群体选择"受了社会上'学习成绩高于一切'说法的影响,把思想品德培养放在第二位",20.20%的受访群体认为未成年人"对思想道德教育有抵触情绪"。选择"不清楚"的比率为10.69%。其余选项的比率均在10%以下。受访群体认为未成年人对思想道德教育态度不够积极的主要原因为"成绩本位"思想、未成年人的接纳程度以及学校与老师的教育方式。

从未成年人与成年人群体的比较来看,成年人群体选择"成绩本位"的比率较未成年人群体要高,这与未成年人自身所处的阶段有较大的关联。

表8-91 受访群体眼中未成年人对思想道德教育的态度不够积极的最主要原因(2016年)

选项	总计			未成年人		成年人群体								未成年人与成年人群体比较率差
						合计		中学老师		家长		中学校长		
	人数	比率	排序	人数	比率	人数	比率	人数	比率	人数	比率	人数	比率	
受了社会上"学习成绩高于一切"说法的影响,把思想品德培养放在第二位	1076	45.65	1	848	43.85	228	53.90	92	55.42	107	55.44	29	45.31	-10.05
对思想道德教育有抵触情绪	476	20.20	2	392	20.27	84	19.86	35	21.08	36	18.65	13	20.31	0.41
老师的教育方式不是未成年人想要的	200	8.49	4	156	8.07	44	10.40	19	11.45	15	7.77	10	15.63	-2.33
老师也只关注未成年人的学习成绩	112	4.75	5	98	5.07	14	3.31	3	1.81	4	2.07	7	10.94	1.76
老师的不当言行引起未成年人的疑虑	77	3.27	6	65	3.36	12	2.84	7	4.22	4	2.07	1	1.56	0.52
家长的不当言行使未成年人颇感失望	27	1.15	9	19	0.98	8	1.89	6	3.61	2	1.04	0	0.00	-0.91

(续表8-91)

选项	总计			未成年人		成年人群体								未成年人与成年人群体比较率差
						合计		中学老师		家长		中学校长		
	人数	比率	排序	人数	比率	人数	比率	人数	比率	人数	比率	人数	比率	
学校的强制教育做法让未成年人感到不满	50	2.12	7	43	2.22	7	1.65	2	1.20	3	1.55	2	3.13	0.57
感到受其教育效果不大，不想再继续下去	19	0.81	10	16	0.83	3	0.71	2	1.20	1	0.52	0	0.00	-0.35
未成年人的认识有偏差	19	0.81	10	16	0.83	3	0.71	0	0.00	3	1.55	0	0.00	-0.82
其他	49	2.08	8	44	2.28	5	1.18	0	0.00	4	2.07	1	1.56	0.72
不清楚	252	10.69	3	237	12.25	15	3.55	0	0.00	14	7.25	1	1.56	5.87
合计	2357	0.00	—	1934	100	423	100	166	100	193	100	64	100	—

2. 未成年人不经常参加思想道德教育活动

（1）未成年人的自述。

如表8-92所示，在2010—2016年对未成年人参加思想道德教育活动情况的调查中，37.69%的未成年人表示"不经常参加"，居于第一位。选择"经常参加"与"有时参加"的比率分别为28.25%与20.94%。选择"不知道"的比率为13.12%。大部分未成年人能参与思想道德活动，但其参与的积极性有待进一步提高。

从2016年与2010年的比较来看，未成年人2016年选择"经常参加"的比率较2010年高17.34%，是增幅最大的选项，表明未成年人参加思想道德教育活动的情况呈良好的发展态势。

表 8-92 未成年人参加思想道德教育活动情况的自述 (2010—2016 年)

选项	总计		2010 年		2011 年		2012 年		2013 年		2014 年		2015 年		2016 年		2016 年与2010 年比较率差
	人数	比率	人数	比率	人数	比率	人数	比率	人数	比率	人数	比率	人数	比率	人数	比率	
经常参加	4330	28.25	374	19.32	325	16.83	601	28.56	913	30.76	820	27.91	588	38.74	709	36.66	17.34
不经常参加	5778	37.69	863	44.58	860	44.54	825	39.21	1173	39.52	1030	35.06	539	35.51	488	25.23	-19.35
有时参加	3210	20.94	401	20.71	333	17.24	436	20.72	549	18.50	845	28.76	290	19.10	356	18.41	-2.30
不知道	2011	13.12	298	15.39	413	21.39	242	11.50	333	11.22	243	8.27	101	6.65	381	19.70	4.31
合计	15329	100	1936	100	1931	100	2104	100	2968	100	2938	100	1518	100	1934	100	—

(2) 受访群体的看法。

如表 8-93 所示,在 2016 年对受访群体的调查中,认为未成年人"经常参加"思想道德教育活动的比率为 38.48%,居于第一位。选择"不经常参加"的比率为 24.73%,选择"有时参加"与"不知道"的占比分别为 19.01% 与 17.78%。大部分受访群体眼中未成年人能积极参加思想道德教育活动,但积极性高的未成年人占比仍不够。

从未成年人与成年人群体的比较来看,成年人群体选择"经常参加"的比率较未成年人群体选择的比率要高。

表 8-93 受访群体眼中未成年人参加思想道德教育活动的情况 (2016 年)

选项	总计			未成年人		成年人群体								未成年人与成年人群体比较率差
						合计		中学老师		家长		中学校长		
	人数	比率	排序	人数	比率	人数	比率	人数	比率	人数	比率	人数	比率	
经常参加	907	38.48	1	709	36.66	198	46.81	74	44.58	90	46.63	34	53.13	-10.15
不经常参加	583	24.73	2	488	25.23	95	22.46	38	22.89	44	22.80	13	20.31	2.77
有时参加	448	19.01	3	356	18.41	92	21.75	47	28.31	37	19.17	8	12.50	-3.34
不知道	419	17.78	4	381	19.70	38	8.98	7	4.22	22	11.40	9	14.06	10.72
合计	2357	100	—	1934	100	423	100	166	100	193	100	64	100	—

(3) 未成年人不经常参加思想道德教育活动的原因。

如表8-94所示,在2016年对受访群体的调查中,46.03%的受访群体表示未成年人不经常参加思想道德教育活动是"学习负担太重,没心思参加"所致。15.06%的受访群体选择"想参加,但又没有时间",选择"感到厌烦,不想参加"的比率为11.67%。其他选项的比率均在10%以下。大部分未成年人不经常参加思想道德教育活动的主要原因为学习负担、时间受限以及倦怠情绪。

从未成年人与成年人群体的比较来看,成年人群体更倾向于认为是学习负担重使然。此外,未成年人对这一问题仍存在一定的模糊性认识,需要进一步加强教育与引导。

表8-94 受访群体眼中的未成年人不经常参加思想道德教育活动的最主要原因(2016年)

选项	总计			未成年人		成年人群体								未成年人与成年人群体比较率差
						合计		中学老师		家长		中学校长		
	人数	比率	排序	人数	比率	人数	比率	人数	比率	人数	比率	人数	比率	
学习负担太重,没心思参加	1085	46.03	1	860	44.47	225	53.19	89	53.61	107	55.44	29	45.31	-8.72
想参加,但又没有时间	355	15.06	2	296	15.31	59	13.95	23	13.86	23	11.92	13	20.31	1.36
感到厌烦,不想参加	275	11.67	3	231	11.94	44	10.40	19	11.45	19	9.84	6	9.38	1.54
效果较小,不愿参加	146	6.19	5	115	5.95	31	7.33	13	7.83	12	6.22	6	9.38	-1.38
老师督促不紧就不参加	68	2.89	6	55	2.84	13	3.07	5	3.01	4	2.07	4	6.25	-0.23
老师不经常搞教育活动	45	1.91	9	41	2.12	4	0.95	2	1.20	2	1.04	0	0.00	1.17
老师也不想让我参加多了	37	1.57	10	31	1.60	6	1.42	2	1.20	1	0.52	3	4.69	0.18
家长要求不高,可不参加	19	0.81	11	11	0.57	8	1.89	5	3.01	2	1.04	1	1.56	-1.32
家长不希望我参加多了	5	0.21	13	3	0.16	2	0.47	2	1.20	0	0.00	0	0.00	-0.31
学校抓得不紧,能躲则躲	19	0.81	11	14	0.72	5	1.18	2	1.20	3	1.55	0	0.00	-0.46

(续表8-94)

选项	总计			未成年人		成年人群体								未成年人与成年人群体比较率差
						合计		中学老师		家长		中学校长		
	人数	比率	排序	人数	比率	人数	比率	人数	比率	人数	比率	人数	比率	
学校没有提供更多的机会	52	2.21	8	41	2.12	11	2.60	2	1.20	8	4.15	1	1.56	-0.48
其他	54	2.29	7	48	2.48	6	1.42	2	1.20	3	1.55	1	1.56	1.06
不清楚	197	8.36	4	188	9.72	9	2.13	0	0.00	9	4.66	0	0.00	7.59
合计	2357	100	—	1934	100	423	100	166	100	193	100	64	100	—

3. 未成年人对上思想品德课的积极性不高

（1）思想上不够重视。

第一，未成年人的自述。未成年人对思想道德教育的重视程度反映在未成年人对待"实体性"的课程方面。

如表8-95所示，在2016年对未成年人的调查中，选择"很重视"与"比较重视"的合比率为67.32%，其中选择"很重视"的比率为39.35%，居于第一位。未成年人选择"不重视"与"很不重视"的合比率为15.05%。大部分未成年人对思想品德课较为重视，态度较为端正。但有部分未成年人对思想品德课程不够重视，需要进一步对其引导，以提升教育效果。

第二，受访群体的看法：

中学老师的看法。如表8-95所示，在2016年对中学老师的调查中，选择"很重视"与"比较重视"的合比率为65.06%，其中选择"很重视"的比率为37.95%，居于第一位。中学老师选择"不重视"与"很不重视"的合比率为27.11%。大部分中学老师认为未成年人对思想品德课程较为重视。值得注意的是，有近三成的中学老师认为未成年人并不重视思想品德课程。因此，中学老师应当创新教育方式与手段，使思想品德课程更加生动形象，提高未成年人学习的积极性。

家长的看法。如表8-95所示，在2016年对家长的调查中，选择"很重视"与"比较重视"的合比率为71.51%，其中选择"很重视"的比率为39.90%，选择"不重视"与"很不重视"的合比率为19.17%。家长对这一问题的认识较中学老师更为积极乐观。但有近两成的家长认为未成年人对思想品德课程不够重视。因此，如何从家长层面加强对未成年人的教育是值得进一步思考的问题。

中学校长的看法。如表8-95所示，在2016年对中学校长的调查中，选择"很重视"与"比较重视"的合比率为59.38%，其中选择"比较重视"的比率为42.19%。中学校长选择"不重视"与"很不重视"的合比率为31.25%。中学校长是所调查的成年人群体中评价不够积极的群体。中学校长作为学校教育的组织者与领导者,其看法与认识在一定程度上反映了学校思想品德课程教育的实效性。因此,如何进一步提高学校思想品德课程的实效性是中学校长亟待思考的问题。

表8-95 未成年人对思想品德课的重视程度(2016年)

选项	总计			未成年人		成年人群体								未成年人与成年人群体比较率差
						合计		中学老师		家长		中学校长		
	人数	比率	排序	人数	比率	人数	比率	人数	比率	人数	比率	人数	比率	
很重视	912	38.69	1	761	39.35	151	35.70	63	37.95	77	39.90	11	17.19	3.65
比较重视	674	28.60	2	541	27.97	133	31.44	45	27.11	61	31.61	27	42.19	-3.47
不重视	301	12.77	3	216	11.17	85	20.09	38	22.89	32	16.58	15	23.44	-8.92
很不重视	92	3.90	6	75	3.88	17	4.02	7	4.22	5	2.59	5	7.81	-0.14
无所谓	191	8.10	4	162	8.38	29	6.86	12	7.23	13	6.74	4	6.25	1.52
反感	187	7.93	5	179	9.26	8	1.89	1	0.60	5	2.59	2	3.13	7.37
合计	2357	100	—	1934	100	423	100	166	100	193	100	64	100	—

(2)对思想品德课不大喜爱。

第一,未成年人的自述。如表8-96所示,在2006—2016年对未成年人心目中最喜爱的课程的调查中,17.45%的未成年人选择"思想品德"课。选择"体育"课的比率为17.43%,选择"数学""语文"与"外语"课的比率分别为17.03%、16.63%与11.30%。在未成年人最喜爱的课程中,思想品德课程占比最大,这从侧面反映出思想品德课程所传递与教育的成效显著。但也应看到,思想品德课程虽被排在首位,但是选择的比率较其他科目的差距不大,优势并未完全显现。

从2016年与2007年的比较来看,未成年人2016年选择"思想品德"课的比率较2007年高17.16%,可见近年的思想道德教育取得了较好成效,也在一定程度上提升了未成年人对思想品德课的喜爱度。

表 8-96 未成年人心目中最喜爱的课程（2006—2016 年）

选项	总计			2006—2013 年①		2007 年比率	2014 年		2015 年		2016 年		2016 年与2007 年比较率差
	人数	比率	排序	人数	比率		人数	比率	人数	比率	人数	比率	
思想品德	4719	17.45	1	3271	15.84	11.43	628	21.38	267	17.59	553	28.59	17.16
语文	4496	16.63	4	3484	16.87	22.00	473	16.10	230	15.15	309	15.98	-6.02
数学	4606	17.03	3	3738	18.10	27.42	402	13.68	239	15.74	227	11.74	-15.68
外语	3055	11.30	5	2552	12.36	17.21	271	9.22	104	6.85	128	6.62	-10.59
体育	4712	17.43	2	3957	19.16	12.02	171	5.82	290	19.10	294	15.20	3.18
劳动	830	3.07	8	397	1.92	2.13	339	11.54	60	3.95	34	1.76	-0.37
科学常识	1844	6.82	7	807	3.91	0.00	563	19.16	236	15.55	238	12.31	12.31
其他	2049	7.58	6	1782	8.63	4.05	91	3.10	92	6.06	84	4.34	0.29
不知道	730	2.70	9	663	3.21	3.74	0	0.00	0	0.00	67	3.46	-0.28
合计	27041	100	—	20651	100	100	2938	100	1518	100	1934	100	—

说明：由于 2006 年的选项较少，故用了 2007 年的数据作比较。

第二，受访群体的看法：

中学老师的看法。如表 8-97 所示，在 2008—2016 年对中学老师眼中未成年人最喜爱的课程的调查中，选择"体育"的比率为 56.37%，居于第一位。选择"科学常识"与"思想品德"的比率分别为 8.93% 与 7.80%，思想品德课被排在第三位。大部分中学老师认为未成年人最喜爱的课是"体育"。

从 2016 年与 2008 年的比较来看，中学老师 2016 年选择"思想品德"的比率较 2008 年高 16.53%，选择"体育"的比率 2016 年较 2008 年低 21.06%，说明中学老师认为未成年人对这两门课的喜爱度有较大幅度的变化，但思想品德课在总体上占比还较小。需要进一步提升未成年人对思想品德课的喜爱度。

---

① 叶松庆. 当代未成年人道德观发展变化与引导对策的实证研究 [M]. 芜湖：安徽师范大学出版社，2016：386.

表 8-97　中学老师眼中未成年人最喜爱的课程（2008—2016 年）

选项	总计			2008—2013 年[①]		2008 年比率	2014 年		2015 年		2016 年		2016 年与 2008 年比较率差
	人数	比率	排序	人数	比率		人数	比率	人数	比率	人数	比率	
思想品德	145	7.80	3	84	6.43	5.16	19	8.19	6	3.90	36	21.69	16.53
语文	117	6.29	5	78	5.97	7.10	8	3.45	12	7.79	19	11.45	4.35
数学	94	5.06	7	65	4.97	6.45	11	4.74	3	1.95	15	9.04	2.59
外语	107	5.76	6	94	7.19	5.16	0	0.00	3	1.95	10	6.02	0.86
体育	1048	56.37	1	729	55.78	63.23	153	65.95	96	62.34	70	42.17	-21.06
劳动	46	2.47	8	32	2.45	2.58	0	0.00	9	5.84	5	3.01	0.43
科学常识	166	8.93	2	113	8.65	7.10	30	12.93	13	8.44	10	6.02	-1.08
其他	136	7.32	4	112	8.57	3.22	11	4.74	12	7.79	1	0.60	-2.62
合计	1859	100	—	1307	100	100	232	100	154	100	166	100	—

家长的看法。如表 8-98 所示，在 2010—2016 年对家长眼中未成年人最喜爱的课程的调查中，选择"体育"的比率为 34.80%，居于第一位。选择"科学常识"与"语文"的比率分别为 16.15%、11.60%，选择"思想品德"与"数学"的比率分别为 10.65%、10.50%，其他选项的比率均不足 10%。家长眼中未成年人最喜欢的课程主要是"体育"与"科学常识"等，"思想品德"被排在第四位。可见，在家长眼中，未成年人对思想品德课并未表现出较高的喜爱度。

从 2016 年与 2010 年的比较来看，家长 2016 年选择"思想品德"课程的比率较 2010 年高 19.33%，选择"科学常识"的比率较 2010 年低 12.61%，说明家长认为未成年人对这两门课的喜爱度在变化。在家长眼里，未成年人对体育课的喜爱度比较稳定，在 2016 年的占比与思想品德课相近。

[①] 叶松庆. 当代未成年人道德观发展变化与引导对策的实证研究 [M]. 芜湖：安徽师范大学出版社，2016：387.

表8-98 家长眼中未成年人最喜爱的课程（2010—2016年）

选项	总计			2010—2013年①		2010年比率	2014年		2015年		2016年		2016年与2010年比较率差
	人数	比率	排序	人数	比率		人数	比率	人数	比率	人数	比率	
思想品德	145	10.65	4	58	7.44	10.20	18	7.66	12	7.79	57	29.53	19.33
语文	158	11.60	3	88	11.28	13.27	29	12.34	16	10.39	25	12.95	-0.32
数学	143	10.50	5	81	10.38	9.18	28	11.91	16	10.39	18	9.33	0.15
外语	67	4.92	7	45	5.77	4.08	9	3.83	6	3.90	7	3.63	-0.45
体育	474	34.80	1	279	35.77	30.61	79	33.62	63	40.91	53	27.46	-3.15
劳动	24	1.76	8	15	1.92	1.02	3	1.28	3	1.95	3	1.55	0.53
科学常识	220	16.15	2	135	17.31	22.45	39	16.60	27	17.53	19	9.84	-12.61
其他	131	9.62	6	79	10.13	9.18	30	12.77	11	7.14	11	5.70	-3.48
合计	1362	100	—	780	100	100	235	100	154	100	193	100	—

中学校长的看法。如表8-99所示，在2013—2016年就中学校长对未成年人最喜爱的课程的调查中，64.52%的中学校长选择"体育"课。选择"科学常识"与"语文"的比率均为7.62%。中学校长眼中未成年人选择"思想品德"课的比率为4.52%，占比较小。在中学校长眼中未成年人对思想品德课喜爱度不高。

从2016年与2013年的比较来看，中学校长2016年选择"思想品德"的比率较2013年高13.43%，增幅较大。表明中学校长认为未成年人对思想品德课的喜爱度有所提高。

表8-99 中学校长眼中未成年人最喜爱的课程（2013—2016年）

选项	总计		2013年②		2014年				2015年						2016年		2016年与2013年比较率差
					(1)		(2)		(1)		(2)		(3)				
	人数	比率	人数	比率	人数	比率	人数	比率	人数	比率	人数	比率	人数	比率	人数	比率	
思想品德	19	4.52	4	2.20	0	0.00	4	8.51	1	5.00	0	0.00	0	0.00	10	15.63	13.43
语文	32	7.62	16	8.79	4	5.80	0	0.00	1	5.00	0	0.00	1	5.56	10	15.63	6.84
数学	21	5.00	11	6.04	0	0.00	4	8.51	2	10.00	0	0.00	1	5.56	3	4.69	-1.35

---

①② 叶松庆. 当代未成年人道德观发展变化与引导对策的实证研究 [M]. 芜湖：安徽师范大学出版社，2016：388.

(续表 8-99)

选项	总计		2013 年[①]		2014 年				2015 年						2016 年		2016 年与 2013 年比较率差
					(1)		(2)		(1)		(2)		(3)				
	人数	比率	人数	比率	人数	比率	人数	比率	人数	比率	人数	比率	人数	比率	人数	比率	
外语	15	3.57	2	1.10	0	0.00	0	0.00	7	35.00	0	0.00	0	0.00	6	9.38	8.28
体育	271	64.52	123	67.58	54	78.26	27	57.45	6	30.00	16	80.00	14	77.78	31	48.44	-19.14
劳动	10	2.38	1	0.55	8	11.59	0	0.00	1	5.00	0	0.00	0	0.00	0	0.00	-0.55
科学常识	32	7.62	17	9.34	2	2.90	7	14.89	1	5.00	1	5.00	1	5.56	3	4.69	-4.65
其他	20	4.76	8	4.40	1	1.45	5	10.64	1	5.00	3	15.00	1	5.56	1	1.56	-2.84
合计	420	100	182	100	69	100	47	100	20	100	20	100	18	100	64	100	—

说明：2015 年第四批中学校长的调查问卷中未设置此选题。

第三，其他研究者的调研成果分析：

如表 8-100 所示，李祖超、向菲菲在 2011 年对上海市、湖北省、广东省、河南省、福建省、安徽省 6 省（市）28 所中等学校未成年人的调查显示，超过六成的未成年人对思想道德课表示"很喜欢或喜欢"。

阚言婷在 2016 年 5 月对四川省绵阳市中小学的调查显示，42.3% 的中小学生认为有必要开设思政课，27.3% 的中小学生对思政课感兴趣。61.7% 的在思政课堂上表现出较高的专注度，能够认真听讲并做笔记。总的来说，大部分的中小学生对开设思政课的必要性、兴趣以及参与度表现较高。但是，也应看到部分未成年人表现出不积极的态度。

陈鹏、吴芍在 2016 年对广西壮族自治区钦州市一中、二中的 1723 名学生和 100 名教师的调查显示，有"70.0% 的钦州市中学生认为德育课'和我关联不大'，课堂上讲的是一回事，实际上又是另外一回事"[②]。

王艳芳、杨文英在 2016 年对云南省腾冲 3 所边境中学德育工作状况的调查显示，"在三所学校的思想品德课上，认真听讲的学生较少，每所学校只有五分之一的学生认真学习思想品德课程，有三分之一的学生不认真听讲，大约一半的学生上课从不认真听讲。三所学校学生学习思想品德课的态度都不够认真，反映出学生接受德育教育效果不理想"[③]。

从本研究与其他研究者比较来看，两者具有较高的相似性。

---

① 叶松庆. 当代未成年人道德观发展变化与引导对策的实证研究 [M]. 芜湖：安徽师范大学出版社，2016：388.

② 陈鹏，吴芍. 钦州市城镇中学德育教育现状及改进策略：基于人本主义的研究视角 [J]. 中等教育，2016 (11)：11-13.

③ 王艳芳，杨文英. 腾冲边境初中生学校德育教育现状调查分析 [J]. 劳动保障世界，2016 (11)：61-61.

表8-100 未成年人对思政课的感兴趣度

2011年上海市、湖北省、广东省、河南省、福建省、安徽省6省（市）28所中等学校的未成年人调查（N：1996）[1]		2016年5月四川省绵阳市的中小学生调查（N：1885）[2]						2016年广西壮族自治区钦州市一中、二中部分学生、教师的调查（N：学生1723、教师100）[3]		2016年云南省腾冲3所边境中学德育工作状况的调查（N：不详）[4]	
对思想道德课程看法		未成年人对思政课开设必要性的认识		未成年人对思政课的感兴趣度		未成年人在思政课的表现		对思想品德课的态度		对思想品德课的态度	
选项	比率	选项	比率	选项	比率	选项	比率	选项	比率	选项	比率
很喜欢或喜欢	62.3	有必要	42.3	感兴趣	27.3	认真听讲做笔记	61.7	与我关联不大	70.0	认真听讲	21.0
兴趣一般	32.7	不太必要	9.2	不太感兴趣	37.3	只听，不做笔记	19.9	与我有很大关联	30.0	不认真听讲	35.0
不喜欢或很不喜欢	5.0	没必要	5.6	厌恶，反感	7.1	心不在焉，根本不听	10.0	—	—	从不认真听讲	44.0
—	—	未标明	42.9	未标明	28.3	未标明	8.4	—	—	—	—
合计	100	合计	100	合计	100	合计	100	合计	100	合计	100

（3）未成年人对上思想品德课积极性不高的主要原因。

第一，受访群体的看法。如表8-101所示，在2016年对受访群体的调查中，40.14%的受访群体认为"课程本身缺乏吸引力"是未成年人上思想品德课积极性不高的主要原因；认为"课是副课，无关紧要"的比率为16.84%，居于第二位；选择"课程内容枯燥，听起来费力"的比率为12.69%；其他选项的占比较小。大部分受访群体认为未成年人上思想品德课积极性不高的主要原因表现在思政课本身的吸引力、内容以及学科定位等多种因素上。

从未成年人与成年人群体的比较来看，未成年人更侧重于自身的喜爱与兴趣，而成

---

[1] 李祖超，向菲菲. 我国青少年思想道德建设现状调查分析 [J]. 学校党建与思想教育，2011 (6)：34-36.

[2] 阚言婷. 中小学生思想道德建设的调查与对策：以绵阳市为例 [J]. 产业与科技论坛，2016，15 (20)：203-204.

[3] 陈鹏，吴芍. 钦州市城镇中学德育教育现状及改进策略：基于人本主义的研究视角 [J]. 中等教育，2016 (11)：11-13.

[4] 王艳芳，杨文英. 腾冲边境初中生学校德育教育现状调查分析 [J]. 劳动保障世界，2016 (11)：61-61.

年人群体则认为课程本身以及课程定位是影响其积极性的主要因素。

表8-101 受访群体眼中未成年人对上思想品德课积极性不高的主要原因（2016年）

选项	总计			未成年人		成年人群体								未成年人与成年人群体比较率差
						合计		中学老师		家长		中学校长		
	人数	比率	排序	人数	比率	人数	比率	人数	比率	人数	比率	人数	比率	
课程本身缺乏吸引力	946	40.14	1	765	39.56	181	42.79	70	42.17	84	43.52	27	42.19	-3.23
课是副课，无关紧要	397	16.84	2	311	16.08	86	20.33	38	22.89	34	17.62	14	21.88	-4.25
我不喜欢这课，不想上	182	7.72	5	157	8.12	25	5.91	8	4.82	13	6.74	4	6.25	2.21
课程内容枯燥，听起来费力	299	12.69	3	249	12.87	50	11.82	22	13.25	19	9.84	9	14.06	1.05
老师的讲授水平低，提不起兴趣	61	2.59	8	50	2.59	11	2.60	7	4.22	3	1.55	1	1.56	-0.01
认为该课是说教，有抵触情绪	51	2.16	9	38	1.96	13	3.07	7	4.22	5	2.59	1	1.56	-1.11
觉得该课起不了多大作用，不愿听	71	3.01	7	49	2.53	22	5.20	10	6.02	9	4.66	3	4.69	-2.67
受学校领导不重视的影响	29	1.23	10	28	1.45	1	0.24	1	0.60	0	0.00	0	0.00	1.21
受老师不重视的影响	14	0.59	12	13	0.67	1	0.24	1	0.60	0	0.00	0	0.00	0.43
受家长不重视的影响	13	0.55	13	8	0.41	5	1.18	1	0.60	3	1.55	1	1.56	-0.77
受同学间不重视的相互影响	26	1.10	11	20	1.03	6	1.42	1	0.60	4	2.07	1	1.56	-0.39
其他	72	3.05	6	64	3.31	8	1.89	0	0.00	6	3.11	2	3.13	1.42
说不清	196	8.32	4	182	9.41	14	3.31	0	0.00	13	6.74	1	1.56	6.10
合计	2357	100	—	1934	100	423	100	166	100	193	100	64	100	—

第二,其他研究者的调研成果分析:

如表8-102所示,王艳芳、杨文英在2016年对云南省腾冲3所边境中学德育工作状况的调查发现,"许多学生都觉得德育教育内容乏味,没有新意,没有兴趣听老师说,有时候甚至有轻微的逆反心理"[①]。这是未成年人对上思想品德课积极性不高的主要原因之一。

李志勇、曹然在2018年对山西省10个地市44个县区的240多所中小学校16653名学生的调查显示,"超过八成的中小学生表示当前思想道德教育课程开展的方式以灌输式教学为主,但是大部分学生更喜欢灵活多变的教学方式"[②]。灌输式的教学方式不大受未成年人的欢迎,导致其对上思想品德课的积极性不高。

表8-102 未成年人对上思想品德课积极性不高的主要原因

2016年云南省腾冲3所边境中学德育工作状况的调查（N:不详）[③]					2018年山西省10个地市44个县区的240多所中小学校的调查（N:16653）[④]	
对德育课程内容的看法					对思想道德教育课程的教学方式的看法	
选项	比率				选项	状态
	明光中学	滇滩中学	猴桥中学	均值		
内容过于陈旧	60.0	62.0	59.0	60.33	当前是灌输式的教学方式	超过八成
未标明	40.0	38.0	41.0	39.67	更喜欢灵活多变的教学方式	大部分
—					—	—
—					—	—
合计	100	100	100	100	—	—

4. 基本认识

(1) 未成年人的思想道德水平有待进一步提高。

部分未成年人在意识上对思想道德教育不够重视,参与学校组织的思政课的积极性不高。这些均表明未成年人自身的思想道德水平有待进一步提高。未成年人思想道德水平的提高关系到国家与民族整体素质的提升。因此,需要进一步加强教育与导致。

(2) 未成年人思想道德水平不高由多种因素导致。

目前,社会中存在不良的思想道德行为,特别是成年人群体的某些行为不是特别理

[①][③] 王艳芳,杨文英. 腾冲边境初中生学校德育教育现状调查分析 [J]. 劳动保障世界,2016(11): 61-61.

[②][④] 李志勇,曹然. 山西省未成年人思想道德现状调查分析 [J]. 山西青年职业学院学报,2018, 31 (4): 15-18.

想。首先,与未成年人群体有密切联系的老师、家长的行为不能完全作为未成年人学习的榜样。社会环境的反作用、榜样的缺失成为制约未成年人思想道德发展的一个因素。其次,学校与家庭的道德教育不足。调查表明,在学习成绩与思想道德素质的选择中,大多数家长与老师会选择关注未成年人的学习成绩,使对思想道德教育的疏忽成为常态。我们要打破只关注未成年人的学习、不重视思想道德素质的观念。此外,未成年人自身价值观尚在完善阶段,也在一定程度上与未成年人思想道德水平不高有较大关联。

(3) 进一步加强对未成年人思想道德理论与实践教育。

思想道德教育的过程是由内化到外化的阶段,内化是第一步。因此,首先要加强对未成年人思想道德理论的教育。未成年人大部分的时间在学校,老师承担着传授思想道德教育观念的重任,要将德育观念教育与知识的讲授结合在一起,让学生接受这种思想道德教育。其次,任何理论与观念,不付诸行动都是无用的,理论教育的成果也需要在实践中显现出来,所以要加强未成年人的思想道德实践教育。

(二) 未成年人的适应能力欠缺

1. 自我控制能力不够

(1) 部分未成年人自认为自控能力不强。

第一,未成年人的自述。如表 8-103 所示,在 2009—2016 年就未成年人对自身自控能力的认识的调查中,未成年人选择"很强"与"强"的合比率为 57.53%,其中"强"的比率为 32.35%,居于第一位。选择"一般化"的比率为 31.56%,选择"不强"的比率为 8.50%。大部分未成年人认为自身具有较强的自控力,也有部分未成年人表示自身自控力不强。

从 2016 年与 2009 年的比较来看,未成年人 2016 年选择"强"的比率较 2009 年降低 10.48%,而 2016 年选择"很强"的比率较 2009 年升高 10.51%,这一降一升,表示对"强"这一层面的认识基本未变。2016 年选择"不知道"的比率较 2009 年升高 8.36%,部分未成年人对自身的控制力还缺乏了解。

表 8-103 未成年人对自身自控能力的认识 (2009—2016 年)

选项	总计		2009 年		2010 年		2011 年		2012 年		2013 年		2014 年		2015 年		2016 年		2016 年与 2009 年比较率差
	人数	比率	人数	比率	人数	比率	人数	比率	人数	比率	人数	比率	人数	比率	人数	比率	人数	比率	
很强	4418	25.18	496	22.38	404	20.87	397	20.56	455	21.63	807	27.19	792	26.96	431	28.39	636	32.89	10.51
强	5675	32.35	765	34.52	688	35.54	652	33.76	734	34.89	912	30.73	1033	35.16	426	28.06	465	24.04	-10.48
一般化	5538	31.56	752	33.94	624	32.23	681	35.27	697	33.13	902	30.39	884	30.09	484	31.88	514	26.58	-7.36

(续表8-103)

选项	总计		2009年		2010年		2011年		2012年		2013年		2014年		2015年		2016年		2016年与2009年比较率差
	人数	比率	人数	比率	人数	比率	人数	比率	人数	比率	人数	比率	人数	比率	人数	比率	人数	比率	
不强	1492	8.50	175	7.90	178	9.19	186	9.63	197	9.36	292	9.84	203	6.91	128	8.43	133	6.88	-1.02
不知道	422	2.41	28	1.26	42	2.17	15	0.78	21	1.00	55	1.85	26	0.88	49	3.23	186	9.62	8.36
合计	17545	100	2216	100	1936	100	1931	100	2104	100	2968	100	2938	100	1518	100	1934	100	—

第二，受访群体的看法。如表8-104所示，在2016年对受访群体的调查中，受访群体选择"很强"与"强"的合比率为54.78%，其中选择"很强"的比率为31.74%，居于第一位。选择"一般化"的比率为28.55%，选择"不强"的比率7.93%。半数以上的受访群体认为未成年人的自控能力较强。

从未成年人与成年人群体的比较来看，未成年人选择"很强"与"强"的比率较成年人群体要高，未成年人自我感觉还不错，成年人群体却认为未成年人的心智还未成熟，为人处事容易情绪化，控制能力还较弱，因此认为"强"这一层面的比率就比未成年人低。

表8-104 受访群体眼中未成年人的自控能力（2016年）

选项	总计			未成年人		成年人群体								未成年人与成年人群体比较率差
						合计		中学老师		家长		中学校长		
	人数	比率	排序	人数	比率	人数	比率	人数	比率	人数	比率	人数	比率	
很强	748	31.74	1	636	32.89	112	26.48	43	25.90	57	29.53	12	18.75	6.41
强	543	23.04	3	465	24.04	78	18.44	28	16.87	38	19.69	12	18.75	5.60
一般化	673	28.55	2	514	26.58	159	37.59	66	39.76	72	37.31	21	32.81	-11.01
不强	187	7.93	5	133	6.88	54	12.77	25	15.06	15	7.77	14	21.88	-5.89
不知道	206	8.74	4	186	9.62	20	4.73	4	2.41	11	5.70	5	7.81	4.89
合计	2357	100	—	1934	100	423	100	166	100	193	100	64	100	—

（2）部分未成年人在网络上难以控制自身行为与情绪。

第一，未成年人的自述。如表 8-105 所示，在 2010—2016 年对未成年人网络行为与情绪控制情况的调查中，63.25% 的未成年人表示"能"控制自身的网络行为与情绪。选择"要看具体情况"的比率为 15.64%，选择"不能"的比率为 10.75%，选择"说不清"的比率为 4.94%。大部分未成年人认为能控制自身的网络行为与情绪。

从 2016 年与 2010 年的比较来看，未成年人 2016 年选择"能"的比率较 2010 年低 9.07%。说明未成年人对网络行为与情绪的控制处在不稳定状态。

表 8-105　未成年人网络行为与情绪控制的情况（2010—2016 年）

选项	总计			2010—2012 年①		2010 年比率	2013 年		2014 年		2015 年		2016 年		2016 年与 2010 年比较率差
	人数	比率	排序	人数	比率		人数	比率	人数	比率	人数	比率	人数	比率	
能	9696	63.25	1	3993	66.87	71.07	1798	60.58	1719	58.51	987	65.02	1199	62.00	-9.07
不能	1648	10.75	3	583	9.76	9.40	356	11.99	305	10.38	148	9.75	256	13.24	3.84
要看具体情况	2398	15.64	2	808	13.53	11.98	517	17.42	483	16.44	241	15.88	349	18.05	6.07
说不清	757	4.94	5	317	5.31	7.55	173	5.83	138	4.70	55	3.62	74	3.83	-3.72
从不上网	830	5.41	4	270	4.53	0.00	124	4.18	293	9.97	87	5.73	56	2.90	2.90
合计	15329	100	—	5971	100	100	2968	100	2938	100	1518	100	1934	100	—

第二，受访群体的看法。如表 8-106 所示，在 2016 年对受访群体的调查中，受访群体认为未成年人的自控能力"很强"与"强"的合比率为 72.85%，其中选择"很强"的比率为 56.43%，居于第一位。选择"不强"的比率为 3.99%，选择"不知道"的比率为 3.52%。七成以上的受访群体眼中未成年人的自控力表现较好。

从未成年人与成年人群体的比较来看，未成年人选择"很强"比率较高，成年人群体选择"强"的比率较高，未成年人在"强"这一层面的比率比成年人群体高 13.30%，表明未成年人对自身自控能力有较大的信心，而成年人群体并不认同。

---

① 叶松庆. 当代未成年人道德观发展变化与引导对策的实证研究［M］. 芜湖：安徽师范大学出版社，2016：137.

表8-106 受访群体眼中未成年人的自控能力（2016年）

选项	总计			未成年人		成年人群体								未成年人与成年人群体比较率差
						合计		中学老师		家长		中学校长		
	人数	比率	排序	人数	比率	人数	比率	人数	比率	人数	比率	人数	比率	
很强	1330	56.43	1	1199	62.00	131	30.97	45	27.11	71	36.79	15	23.44	31.03
强	387	16.42	3	256	13.24	131	30.97	49	29.52	60	31.09	22	34.38	-17.73
一般化	463	19.64	2	349	18.05	114	26.95	52	31.33	39	20.21	23	35.94	-8.90
不强	94	3.99	4	74	3.83	20	4.73	8	4.82	9	4.66	3	4.69	-0.90
不知道	83	3.52	5	56	2.90	27	6.38	12	7.23	14	7.25	1	1.56	-3.48
合计	2357	100	—	1934	100	423	100	166	100	193	100	64	100	—

2. 抵御不良侵蚀的能力不强

（1）未成年人的自述。

如表8-107所示，在2016年就未成年人对自身抵御不良侵蚀能力估计的调查中，选择"能够抵制"的比率为46.90%，选择"难以确定"的比率为37.54%，选择"不能抵制"的比率为15.56%。大部分的未成年人认为自身有抵制不良侵蚀的能力。

从性别的比较来看，男性未成年人认为自己的抵御能力较强。从省域的比较来看，外省（市）未成年人认为自己的抵御能力较强。

表8-107 未成年人对自身抵御不良侵蚀的能力估计（2016年）

选项	总计			性别				省域				
				男		女		比较率差	安徽省		外省（市）		比较率差
	人数	比率	排序	人数	比率	人数	比率		人数	比率	人数	比率	
能够抵制	907	46.90	1	525	50.68	382	42.54	-8.14	486	45.13	421	49.12	3.99
不能抵制	301	15.56	3	154	14.86	147	16.37	1.51	199	18.48	102	11.90	-6.58
难以确定	726	37.54	2	357	34.46	369	41.09	6.63	392	36.40	334	38.97	2.57
合计	1934	100	—	1036	100	898	100	—	1077	100	857	100	—

（2）受访群体的看法。

第一，中学老师的看法。如表8-108所示，在2013—2016年就中学老师对"以青少年自身的判断能力是否能够自觉抵制电影、电视剧传递出来的不良信息"看法的调查中，选择"不能抵制"的比率为53.01%，选择"难以确定"与"能够抵制"的比率分别为 27.51% 与 19.48%。在中学老师眼中，大部分未成年人不能抵制不良信息的侵蚀，需要进一步加强教育与引导。

从 2016 年与 2013 年的比较来看，2016 年中学老师选择"不能抵制"的比率较 2013 年低了 23.03%，2016 年选择"能够抵制"的比率较 2013 年高了 3.50%，表明中学老师认为未成年人抵制不良信息的能力在逐渐增强。

表 8-108　中学老师对"以青少年自身的判断能力是否能够自觉抵制电影、电视剧传递出来的不良信息"的看法（2013—2016 年）

选项	总计			2013 年		2014 年		2015 年		2016 年		2016 年与 2013 年比较率差
	人数	比率	排序	人数	比率	人数	比率	人数	比率	人数	比率	
能够抵制	165	19.48	3	75	25.42	23	9.91	19	12.34	48	28.92	3.50
不能抵制	449	53.01	1	171	57.97	130	56.03	90	58.44	58	34.94	-23.03
难以确定	233	27.51	2	49	16.61	79	34.05	45	29.22	60	36.14	19.53
合计	847	100	—	295	100	232	100	154	100	166	100	—

第二，家长的看法。如表 8-109 所示，在 2013—2016 年就家长对"以青少年自身的判断能力是否能够自觉抵制电影、电视剧传递出来的不良信息"看法的调查中，选择"不能抵制"的比率为 41.44%，这一比率较中学老师选择的比率要低 11.57%。选择"难以确定"的比率为 29.45%，选择"能够抵制"的比率为 29.11%。大部分家长认为未成年人的抵制力较弱。

从 2016 年与 2013 年的比较来看，2016 年家长选择"能够抵制"的比率较 2013 年高 15.71%，2016 年选择"不能抵制"的比率较 2013 年低 8.29%，表明家长认为未成年人抵制不良信息的能力在逐渐增强。

表 8-109　家长对"以青少年自身的判断能力是否能够自觉抵制电影、电视剧传递出来的不良信息"的看法（2013—2016 年）

选项	总计			2013 年		2014 年		2015 年		2016 年		2016 年与 2013 年比较率差
	人数	比率	排序	人数	比率	人数	比率	人数	比率	人数	比率	
能够抵制	255	29.11	3	65	22.11	52	22.13	65	42.21	73	37.82	15.71
不能抵制	363	41.44	1	131	44.56	103	43.83	59	38.31	70	36.27	-8.29
难以确定	258	29.45	2	98	33.33	80	34.04	30	19.48	50	25.91	-7.42
合计	876	100	—	294	100	235	100	154	100	193	100	—

第三,中学校长的看法。如表8-110所示,在2013—2016年就中学校长对"以青少年自身的判断能力是否能够自觉抵制电影、电视剧传递出来的不良信息"看法的调查中,选择"不能抵制"的比率为56.93%,居于第一位。选择"难以确定"的比率为32.20%,选择"能够抵制"的比率为10.87%。大部分中学校长认为未成年人的抵制力较弱。

从2016与2013年的比较来看,2016年中学校长选择"不能抵制"的比率较2013年低33.29%,2016年选择"能够抵制"的比率较2013年高14.35%,中学校长认为未成年人抵制不良信息的能力较弱,但在逐渐增强。

表8-110 中学校长对"以青少年自身的判断能力是否能够自觉抵制电影、电视剧传递出来的不良信息"的看法(2013—2016年)

选项	总计		2013年		2014年				2015年								2016年		2016年与2013年比较率差
					(1)		(2)		(1)		(2)		(3)		(4)				
	人数	比率	人数	比率	人数	比率	人数	比率	人数	比率	人数	比率	人数	比率	人数	比率	人数	比率	
能够抵制	51	10.87	8	4.40	10	14.49	10	21.28	7	35.00	0	0.00	0	0.00	4	8.16	12	18.75	14.35
不能抵制	267	56.93	126	69.23	41	59.42	14	29.79	2	10.00	19	95.00	10	55.56	32	65.31	23	35.94	-33.29
难以确定	151	32.20	48	26.37	18	26.09	23	48.94	11	55.00	1	5.00	8	44.44	13	26.53	29	45.31	18.94
合计	469	100	182	100	69	100	47	100	20	100	20	100	18	100	49	100	64	100	—

第四,德育工作者的看法。如表8-111所示,在2013年就德育工作者对"以青少年自身的判断能力是否能够自觉抵制电影、电视剧传递出来的不良信息"看法的调查中,选择"不能抵制"的比率为55.81%,居于第一位,选择"难以确定"的比率为41.86%,居于第二位,选择"能够抵制"的比率为2.33%。德育工作者对未成年人抵制力的认识较为消极。

从性别的比较来看,没有女性德育工作者认为未成年人"能够抵制"不良信息。从地域的比较来看,没有城市德育工作者认为未成年人"能够抵制"不良信息。

表 8-111 德育工作者对"以青少年自身的判断能力是否能够自觉抵制电影、电视剧传递出来的不良信息"的看法（2013 年）

选项	总计			性别			省域		
	人数	比率	排序	比率 男	比率 女	比较率差	比率 城市	比率 县乡	比较率差
能够抵制	1	2.33	3	5.26	0.00	5.26	0.00	10.00	-10.00
不能抵制	24	55.81	1	57.89	54.17	3.72	63.64	30.00	33.64
难以确定	18	41.86	2	36.84	45.83	-8.99	36.36	60.00	-23.64
合计	43	100	—	100	100	—	100	100	—

第五，小学校长的看法。如表 8-112 所示，在 2013—2015 年就小学校长对"以青少年自身的判断能力是否能够自觉抵制电影、电视剧传递出来的不良信息"看法的调查中，选择"不能抵制"的比率为 71.85%，居于第一位。选择"难以确定"的比率为 25.93%。小学校长对未成年人抵制力的认识不够乐观，也说明了未成年人亟待提高自身的抵制力。

从 2015 与 2013 年的比较来看，2015 年小学校长选择"不能抵制"的比率较 2013 年高 4.13%，2015 年选择"能够抵制"的比率较 2013 年高 2.13%。小学校长认为未成年人抵制不良信息的能力很弱，但逐渐增强是基本趋势。

表 8-112 小学校长对"以青少年自身的判断能力是否能够自觉抵制电影、电视剧传递出来的不良信息"的看法（2013—2016 年）

选项	总计			2013 年（安徽省）		2014 年				2015 年（安徽省）（1）		2015 年（2）		2015 年（2）与 2013 年比较率差
						全国部分省（市）（少数民族地区）（1）		安徽省（2）						
	人数	比率	排序	人数	比率	人数	比率	人数	比率	人数	比率	人数	比率	
能够抵制	3	2.22	3	1	2.63	0	0.00	0	0.00	1	5.88	1	4.76	2.13
不能抵制	97	71.85	1	31	81.58	19	73.08	25	75.76	4	23.53	18	85.71	4.13
难以确定	35	25.93	2	6	15.79	7	26.92	8	24.24	12	70.59	2	9.52	-6.27
合计	135	100	—	38	100	26	100	33	100	17	100	21	100	—

3. 抗挫折能力较弱

（1）未成年人应对挫折与逆境的态度。

未成年人应对挫折的方式在一定程度上反映了其对挫折的态度，消极应对挫折表明未成年人没有意识到挫折教育对其自身成长的重要意义。而积极应对挫折并勇敢抗争，则表明未成年人将挫折与逆境当作自身逐渐成熟的重要考验，是成长过程中必须面对与经历的。

如表8-113所示，在2014—2016年就未成年人对"挫折与逆境是对自己的意志力及是否成熟的最好考验"的看法的调查中，未成年人选择"非常同意""同意"与"有点同意"的合比率为68.48%的，其中选择"同意"的比率为27.87%，居于第一位。31.52%的未成年人不认同这种看法。大部分未成年人对成长过程中出现的挫折与逆境有一个明晰正确的认识，对于这一点值得肯定。

从2016年与2014年的比较来看，2016年未成年人选择"非常同意""同意"与"有点同意"的比率较2014年均有降低，2016年不认同选项的比率均有升高，尤其是"非常不同意"的比率升高24.94%。可见，相当一部分未成年人对如何应对人生挫折与逆境还缺乏必要的心理准备。

表8-113 未成年人对"挫折与逆境是对自己的意志力及是否成熟的最好考验"的看法（2014—2016年）

选项	总计			2014年		2015年		2016年		2016年与2014年比较率差
	人数	比率	排序	人数	比率	人数	比率	人数	比率	
非常不同意	824	12.90	4	156	5.31	83	5.4	585	30.25	24.94
不同意	517	8.09	6	196	6.67	87	5.73	234	12.10	5.43
有点不同意	673	10.53	5	306	10.42	160	10.54	207	10.70	0.28
有点同意	1249	19.55	3	731	24.88	303	19.96	215	11.12	-13.76
同意	1781	27.87	1	935	31.82	460	30.30	386	19.96	-11.86
非常同意	1346	21.06	2	614	20.90	425	28.00	307	15.87	-5.03
合计	6390	100	—	2938	100	1518	100	1934	100	—

（2）未成年人应对挫折与逆境的方式。

第一，未成年人应对挫折的方式：

未成年人的自述。如表8-114所示，在2016年就未成年人应对挫折方式的调查中，55.07%的未成年人能够积极"勇敢抗争"，但有19.96%的未成年人选择"回避，寻求其他方面的成功"，13.55%未成年人表示会"接受现实"，还有3.41%的未成年人"责怪自己"与8.01%的未成年人会"埋怨环境与他人"。虽然大部分的未成年人能够积极应对挫折，但有部分未成年人采取消极的态度与方式来应对。

受访群体的看法。如表8-114所示，在2016年对受访群体的调查中，54.56%的受访群体表示会选择"勇敢抗争",19.73%选择"回避,寻求其他方面的成功",13.19%选择"接受现实"。大部分受访群体认为未成年人能较积极地应对挫折。

从未成年人与成年人群体的比较来看,未成年人选择诸如"回避,寻求其他方面的成功""接受现实"与"责怪自己"等消极性应对方式的比率较成年人群体要高。

表8-114 受访群体眼中未成年人应对挫折的方式(2016年)

选项	总计			未成年人		成年人群体								未成年人与成年人群体比较率差
						合计		中学老师		家长		中学校长		
	人数	比率	排序	人数	比率	人数	比率	人数	比率	人数	比率	人数	比率	
勇敢抗争	1286	54.56	1	1065	55.07	221	52.25	91	54.82	107	55.44	23	35.94	2.82
回避,寻求其他方面的成功	465	19.73	2	386	19.96	79	18.68	38	22.89	25	12.95	16	25.00	1.28
接受现实	311	13.19	3	262	13.55	49	11.58	18	10.84	22	11.40	9	14.06	1.97
责怪自己	79	3.35	5	66	3.41	13	3.07	5	3.01	6	3.11	2	3.13	0.34
埋怨环境与他人	216	9.16	4	155	8.01	61	14.42	14	8.43	33	17.10	14	21.88	-6.41
合计	2357	100	—	1934	100	423	100	166	100	193	100	64	100	—

第二,未成年人应对逆境的方式。如表8-115所示,在2016年对受访群体的调查中,49.38%的受访群体认为未成年人对待逆境会"勇敢抗争",选择"回避,寻求其他方面的成功"与"接受现实"的比率分别为22.61%与19.22%,选择"责怪自己"与"埋怨环境与他人"的比率分别为4.54%与4.24%。大部分受访群体认为未成年人能较积极地应对逆境,有部分受访群体认为未成年人应对逆境时更多地表现为接受或回避。

从未成年人与成年人群体的比较来看,未成年人选择消极性应对方式的比率较成年人群体高。

表 8-115 受访群体眼中未成年人应对逆境的方式（2016 年）

选项	总计			未成年人		成年人群体								未成年人与成年人群体比较率差
						合计		中学老师		家长		中学校长		
	人数	比率	排序	人数	比率	人数	比率	人数	比率	人数	比率	人数	比率	
勇敢抗争	1164	49.38	1	953	49.28	211	49.88	76	45.78	117	60.62	18	28.13	-0.60
回避，寻求其他方面的成功	533	22.61	2	457	23.63	76	17.97	36	21.69	23	11.92	17	26.56	5.66
接受现实	453	19.22	3	398	20.58	55	13.00	21	12.65	26	13.47	8	12.50	7.58
责怪自己	107	4.54	4	84	4.34	23	5.44	11	6.63	8	4.15	4	6.25	-1.10
埋怨环境与他人	100	4.24	5	42	2.17	58	13.71	22	13.25	19	9.84	17	26.56	-11.54
合计	2357	100	—	1934	100	423	100	166	100	193	10	64	100	

4. 基本认识

（1）未成年人自控能力、抵御能力、抗挫折能力欠缺与未成年人的阶段性特征有较大关联。

未成年人身心发展处于不成熟阶段。未成年人的身心处于不断完善的状态，特别是他们心理中"幼稚性"的成分占据很大比重，主要表现在意志品质的不健全与分辨是非能力的欠缺。未成年人无法长时间专注地去完成一件事情，甚至在一段时间内注意力转移多次，无法长期固定自己的关注点。在情绪方面，会因受到外界因素的影响而波动较大，自我情绪把控不足。这些都是意志品质薄弱的体现。同时，未成年人的阅历尚浅，社会经验缺乏，对于是非的判断还处在学习层面，在分辨能力上较为薄弱。这些都与未成年人的阶段性特征发展有关

（2）需要重视未成年人相关能力的培养。

在调查中，未成年人自控力与抵制力不强，容易受到不良思想的影响，缺乏对不同思想的价值判断，认为自己接受的观念都是正确的，这样不利于他们树立社会主义核心价值观。因此，未成年人要加强科学理论知识的学习，用知识武装头脑，提升辨别是非的能力；学校教师要积极主动且有效地给学生传授基本的价值理念，指导学生树立正确的世界观、人生观与价值观。同时深入学生的日常行为，从实践方面指导与调整学生的具体行为。

（3）应当对未成年人进行目标管理的训练。

目标可以明确事情的方向，有助于我们提高做事的效率以及做事的动力。未成年人要树立自己的长期目标与短期目标，将目标融入自己的生活中。作为中国特色社会主义

的接班人，未成年人肩负着祖国的未来、民族的希望，要把树立共产主义远大理想与中国特色社会主义共同理想作为自己的远大目标。党与政府要加强这方面的宣传教育，潜移默化地将此与未成年人的人生规划相结合。学校也要培养未成年人树立良好目标的习惯，从小事着手，养成做事制定计划的习惯，学校老师加强指导，按时完成每个小目标，不断用一个个小目标的实现来促进未成年人的长远发展。

（三）未成年人某些不作为或不当作为的原因所在

1. 未成年人不喊"老师好"的原因

（1）未成年人的自述。

如表8-116所示，在2012—2013年、2016年对未成年人不喊"老师好"原因的调查中，选择"敬畏老师"的比率为34.73%，居于第一位。选择"担心老师不理睬"的比率为29.60%，选择"不知道"的比率为23.45%。大部分未成年人不喊"老师好"主要是出于敬畏与担心老师不予理睬。未成年人喊"老师好"是礼貌与涵养的重要的表现，但部分未成年人仍没有做到。

从2016年与2012年的比较来看，选择"不知道"的比率有所上升，可见，持有模糊性认识的未成年人比率有所增大。

表8-116　未成年人不喊"老师好"的原因（2012—2013年、2016年）

选项	总计			2012年①		2013年②		2016年		2016年与2012年比较率差
	人数	比率	排序	人数	比率	人数	比率	人数	比率	
敬畏老师	2433	34.73	1	773	36.74	983	33.12	677	35.01	-1.73
担心老师不理睬	2074	29.60	2	620	29.47	932	31.40	522	26.99	-2.48
怕同学笑话	392	5.60	5	107	5.09	174	5.86	111	5.74	0.65
不值得喊	464	6.62	4	141	6.70	225	7.58	98	5.07	-1.63
不知道	1643	23.45	3	463	22.01	654	22.04	526	27.20	5.19
合计	7006	100	—	2104	100	2968	100	1934	100	—

（2）受访群体的看法。

如表8-117所示，在2016年对受访群体的调查中，36.32%的受访群体认为未成年人是因为"敬畏老师"。选择"不知道"的比率为27.07%，选择"担心老师不理睬"的比率为25.92%。其他选项的比率较低。大部分受访群体认为未成年人因敬畏与模糊性

---

①② 叶松庆．当代未成年人道德观发展变化与引导对策的实证研究[M]．芜湖：安徽师范大学出版社，2016：173．

认识而不喊"老师好"。

从未成年人与成年人群体的比较来看,成年人群体选择"敬畏老师"的比率较高,而未成年人选择"担心老师不理睬"的比率较高。

表 8-117 受访群体眼中未成年人不喊"老师好"的原因(2016 年)

选项	总计			未成年人		成年人群体								未成年人与成年人群体比较率差
						合计		中学老师		家长		中学校长		
	人数	比率	排序	人数	比率	人数	比率	人数	比率	人数	比率	人数	比率	
敬畏老师	856	36.32	1	677	35.01	179	42.32	68	40.96	89	46.11	22	34.38	-7.31
担心老师不理睬	611	25.92	3	522	26.99	89	21.04	31	18.67	40	20.73	18	28.13	5.95
怕同学笑话	134	5.69	4	111	5.74	23	5.44	8	4.82	11	5.70	4	6.25	0.30
不值得喊	118	5.01	5	98	5.07	20	4.73	11	6.63	3	1.55	6	9.38	0.34
不知道	638	27.07	2	526	27.20	112	26.48	48	28.92	50	25.91	14	21.88	0.72
合计	2357	100	—	1934	100	423	100	166	100	193	100	64	100	—

2. 未成年人在公交车上不让座的原因

(1) 未成年人的自述。

如表 8-118 所示,在 2013 年、2016 年对未成年人自己认为的不让座原因的调查中,选择"由于某种原因,我自己也需要坐"的比率为 27.93%,居于第一位。选择"社会风气不好"的比率为 26.92%,选择"说不清"的比率为 26.03%,选择"看到别人不让我也不让"的比率为 10.51%。大部分未成年人表示,出于自身的需要而选择不让座。还有部分未成年人归因于社会风气以及从众心理。

从 2016 年与 2013 年的比较来看,未成年人 2016 年选择外部性环境因素以及盲目从众心理选项的比率均较 2013 年要高,2016 年选择"说不清"的比率较 2013 年有所降低。未成年人的认识逐渐明确,不让座的原因也在分化。

表8-118 未成年人自己认为的不让座的原因（2013年、2016年）

选项	总计			2013年[①]			2016年			2016年与2013年比较率差
	人数	比率	排序	人数	比率	排序	人数	比率	排序	
社会风气不好	1281	26.92	2	686	24.28	3	595	30.77	1	6.49
看到别人不让我也不让	500	10.51	4	192	6.80	4	308	15.93	4	9.13
由于某种原因，我自己也需要坐	1329	27.93	1	852	30.16	2	477	24.66	2	-5.50
家人不给我让	152	3.19	6	88	3.12	6	64	3.31	6	0.19
怕别人笑话	258	5.42	5	135	4.78	5	123	6.36	5	1.58
说不清	1239	26.03	3	872	30.87	1	367	18.98	3	-11.89
合计	4759	100	—	2825	100	—	1934	100	—	—

（2）受访群体的看法。

如表8-119所示，在2016年对受访群体的调查中，受访群体认为未成年人不让座是基于"社会风气不好"的比率为32.41%，居于第一位。选择"由于某种原因，我（他）自己也需要坐"的比率为23.08%，选择"看到别人不让我（他）也不让"的比率为17.35%，选择"家人不给我（他）让"与"怕别人笑话"的比率分别为3.35%与5.98%。在大部分受访群体眼中，未成年人选择不让座主要是由社会风气以及自身需要与不良心理导致。

从未成年人与成年人群体的比较来看，未成年人较倾向于认为是由自身需要导致，而成年人群体选择社会风气以及未成年人不良心理的比率较大。

表8-119 受访群体眼中未成年人不让座的原因（2016年）

选项	总计			未成年人		成年人群体							未成年人与成年人群体比较率差
						合计		中学老师		家长		中学校长	
	人数	比率	排序	人数	比率	人数	比率	人数	比率	人数	比率	人数	比率	
社会风气不好	764	32.41	1	595	30.77	169	39.95	66	39.76	88	45.60	15	23.44	-9.18

[①] 叶松庆．当代未成年人道德观发展变化与引导对策的实证研究［M］．芜湖：安徽师范大学出版社，2016：172.

(续表8-119)

选项	总计			未成年人		成年人群体								未成年人与成年人群体比较率差
						合计		中学老师		家长		中学校长		
	人数	比率	排序	人数	比率	人数	比率	人数	比率	人数	比率	人数	比率	
看到别人不让我（他）也不让	409	17.35	4	308	15.93	101	23.88	35	21.08	42	21.76	24	37.50	-7.95
由于某种原因，我（他）自己也需要坐	544	23.08	2	477	24.66	67	15.84	32	19.28	24	12.44	11	17.19	8.82
家人不给我（他）让	79	3.35	6	64	3.31	15	3.55	7	4.22	3	1.55	5	7.81	-0.24
怕别人笑话	141	5.98	5	123	6.36	18	4.26	11	6.63	6	3.11	1	1.56	2.10
说不清	420	17.82	3	367	18.98	53	12.53	15	9.04	30	15.54	8	12.50	6.45
合计	2357	100	—	1934	100	423	100	166	100	193	100	64	100	—

3. 未成年人见到跌倒的人不去扶的原因

（1）未成年人的自述。

如表8-120所示，在2012—2013年、2016年对未成年人见到跌倒的人不去扶的原因的调查中，选择"受到南京'彭宇案'的影响"的比率为47.60%，居于第一位；选择"不知道怎样去扶"的比率为14.86%，居于第二位；选择"自身道德素质不高尚"的比率为14.52%；选择"不清楚"的比率为13.42%；其他选项的比率均占比不足10%。大部分未成年人受到社会事件的影响而选择不去扶，其中部分学生不知道怎么去扶。值得注意的是，部分未成年人是由于自身道德素质不高与意识不强而选择不去扶的。

从2016年与2012年的比较来看，选择由于自身素质不高选项的比率有所提高，选择受社会事件影响选项的比率趋低，毕竟社会事件的影响具有一定的时效性。

表8-120 未成年人见到跌倒的人不去扶的原因（2012—2013年、2016年）

选项	总计			2012年①		2013年②		2016年		2016年与2012年比较率差
	人数	比率	排序	人数	比率	人数	比率	人数	比率	
受南京"彭宇案"的影响	3335	47.60	1	1135	53.94	1430	48.18	770	39.81	-14.13
自身道德素质不高尚	1017	14.52	3	286	13.59	426	14.35	305	15.77	2.18
人家不去扶我（他）也不去扶	673	9.61	5	190	9.03	342	11.52	141	7.29	-1.74
不知道怎样去扶	1041	14.86	2	292	13.88	449	15.13	300	15.51	1.63
不清楚	940	13.42	4	201	9.55	321	10.82	418	21.61	12.06
合计	7006	100	—	2104	100	2968	100	1934	100	—

（2）受访群体的看法。

如表8-121所示，在2016年对受访群体的调查中，41.24%的受访群体认为未成年人见到跌倒的人不去扶的原因主要是"受到南京'彭宇案'的影响"。选择"不知道怎样去扶"与"自身道德素质不高"的比率分别为15.32%与14.64%。大部分受访群体认为未成年人不去扶是受社会事件的影响，以及受自身素质不高与不知所措的限制。

从未成年人与成年人群体的比较来看，未成年人选择"自身道德素质不高尚"与"不清楚"的比率较高。

表8-121 受访群体眼中未成年人见到跌倒的人不去扶的原因（2016年）

选项	总计			未成年人		成年人群体								未成年人与成年人群体比较率差
						合计		中学老师		家长		中学校长		
	人数	比率	排序	人数	比率	人数	比率	人数	比率	人数	比率	人数	比率	
受南京"彭宇案"的影响	972	41.24	1	770	39.81	202	47.75	79	47.59	98	50.78	25	39.06	-7.94

---

①② 叶松庆. 当代未成年人道德观发展变化与引导对策的实证研究［M］. 芜湖：安徽师范大学出版社，2016：173.

(续表8-121)

选项	总计			未成年人		成年人群体								未成年人与成年人群体比较率差
						合计		中学老师		家长		中学校长		
	人数	比率	排序	人数	比率	人数	比率	人数	比率	人数	比率	人数	比率	
自身道德素质不高尚	345	14.64	4	305	15.77	40	9.46	16	9.64	15	7.77	9	14.06	6.31
人家不去扶我（他）也不去扶	191	8.10	5	141	7.29	50	11.82	20	12.05	24	12.44	6	9.38	-4.53
不知道怎样去扶	361	15.32	3	300	15.51	61	14.42	24	14.46	24	12.44	13	20.31	1.09
不清楚	488	20.70	2	418	21.61	70	16.55	27	16.27	32	16.58	11	17.19	5.06
合计	2357	100	—	1934	100	423	100	166	100	193	100	64	100	—

4. 未成年人去算命的原因

（1）未成年人的自述。

如表8-122所示，在2007—2016年对未成年人算过命或将去算命是什么原因促使的调查中，44.63%的未成年人选择"好奇心"，22.97%的未成年人表示"不清楚"，选择"家里大人叫我（他）去算"的比率为17.21%，选择"相信灵验"与"从众心理"的比率分别为9.20%与5.97%。大部分未成年人出于好奇心理而选择去算命，相当部分未成年人浑然不知算命所包含的封建与迷信的成分，相信算命灵验。部分未成年人受家人与从众心理的影响较大。

从2016年与2007年的比较来看，2016年未成年人选择"好奇心"的比率较2007年高16.78%，2016年选择"相信灵验"的比率较2007年高4.35%，2016年选择"家里大人叫我（他）去算"的比率较2007年低15.33%。可以看出，一方面未成年人的自主性增强、"好奇心"突显，另一方面相信迷信的心理也在增强。

表8-122 如果你算过命或将去算命，是什么因素促使的？（2007—2016年）

年份	好奇心		相信灵验		家里大人叫我（他）去算		从众心理		不清楚		合计人数
	人数	比率	人数	比率	人数	比率	人数	比率	人数	比率	
2007	958	31.46	387	12.71	714	23.45	351	11.53	635	20.85	3045
2008	1947	48.37	203	5.04	622	15.45	170	4.22	1083	26.91	4025
2009	1041	46.98	146	6.59	365	16.47	142	6.41	522	23.56	2216

(续表 8-122)

年份	好奇心		相信灵验		家里大人叫我（他）去算		从众心理		不清楚		合计人数
	人数	比率	人数	比率	人数	比率	人数	比率	人数	比率	
2010	968	50.00	118	6.10	314	16.22	99	5.11	437	22.57	1936
2011	903	46.76	206	10.67	329	17.04	56	2.90	437	22.63	1931
2012	961	45.67	238	11.31	366	17.40	84	3.99	455	21.63	2104
2013	1342	45.22	261	8.79	589	19.85	170	5.73	606	20.42	2968
2014	261	40.47	26	4.03	113	17.52	14	2.17	231	35.81	645
2015	649	42.75	140	9.22	273	17.98	95	6.26	361	23.78	1518
2016	933	48.24	330	17.06	157	8.12	153	7.91	361	18.67	1934
总计	9963	44.63	2055	9.20	3842	17.21	1334	5.97	5128	22.97	22322
排序	1		4		3		5		2		—
2016年与2007年比较	-25	16.78	-57	4.35	-557	-15.33	-198	-3.62	-274	-2.18	-1111

说明：2014年只要求已经算过命的未成年人填写此题。

（2）受访群体的看法。

如表 8-123 所示，在 2016 年对受访群体的调查中，受访群体选择"好奇心"的比率为 49.55%，居于第一位。选择"不清楚"的比率为 18.63%，选择"相信灵验""从众心理"与"家里大人叫我（他）去算"的比率分别为 15.91%、8.06% 与 7.85%。受访群体眼中未成年人算命的主要原因表现在好奇心方面。

从未成年人与成年人群体的比较来看，成年人群体选择"好奇心"的比率较大，未成年人由于不正确的认识，盲目"相信灵验"的比率较大。

表 8-123 受访群体眼中未成年人算命的原因（2016年）

年份	总计			未成年人		成年人群体								未成年人与成年人群体比较率差
						合计		中学老师		家长		中学校长		
	人数	比率	排序	人数	比率	人数	比率	人数	比率	人数	比率	人数	比率	
好奇心	1168	49.55	1	933	48.24	235	55.56	92	55.42	116	60.10	27	42.19	-7.32
相信灵验	375	15.91	3	330	17.06	45	10.64	16	9.64	24	12.44	5	7.81	6.42
家里大人叫我（他）去算	185	7.85	5	157	8.12	28	6.62	15	9.04	5	2.59	8	12.50	1.50

(续表 8-123)

年份	总计			未成年人		成年人群体								未成年人与成年人群体比较率差
						合计		中学老师		家长		中学校长		
	人数	比率	排序	人数	比率	人数	比率	人数	比率	人数	比率	人数	比率	
从众心理	190	8.06	4	153	7.91	37	8.75	10	6.02	14	7.25	13	20.31	-0.84
不清楚	439	18.63	2	361	18.67	78	18.44	33	19.88	34	17.62	11	17.19	0.23
合计	2357	100	—	1934	100	423	100	166	100	193	100	64	100	—

5. 未成年人曾有过轻生念头的原因

（1）未成年人的自述。

如表 8-124 所示，在 2016 年就未成年人对自身曾有过轻生念头原因的调查中，被未成年人排在前五位的分别是："学习压力太大"（47.88%）、"家庭没有温暖"（18.92%）、"受到老师批评"（4.96%）、"对生活失去信心"（3.67%）与"没有评上三好学生"（3.62%）。未成年人轻生念头的产生与学习有较大关联，其次是家庭的因素。因此，需要加强对未成年人学习上的正确引导，帮助其正确对待学习。

（2）受访群体的看法。

如表 8-124 所示，在 2016 年对受访群体的调查中，被受访群体排在前五位的分别是："学习压力太大"（48.11%）、"家庭没有温暖"（19.69%）、"受到老师批评"（4.84%）、"没有评上三好学生"（3.56%）与"对生活失去信心"（3.35%）。大部分受访群体认为未成年人轻生更多是由学习成绩不好或与学习有关的因素导致的。此外，选择家庭因素的占比也较大。因此，需要对未成年人加以引导，使其树立对学习的正确认识，同时给予其足够的家庭温暖。

从未成年人与成年人群体的比较来看，双方群体均认为未成年人群体中个别人有轻生念头主要是因为"学习压力太大"，除此之外，成年人群体相对较多地认为未成年人有轻生念头有"家庭没有温暖"的原因。

表 8-124 受访群体眼中未成年人曾有过轻生念头的原因（2016 年）

选项	总计			未成年人		成年人群体								未成年人与成年人群体比较率差
						合计		中学老师		家长		中学校长		
	人数	比率	排序	人数	比率	人数	比率	人数	比率	人数	比率	人数	比率	
学习压力太大	1134	48.11	1	926	47.88	208	49.17	79	47.59	108	55.96	21	32.81	-1.29
家庭没有温暖	464	19.69	2	366	18.92	98	23.17	45	27.11	33	17.10	20	31.25	-4.25

(续表 8-124)

选项	总计			未成年人		成年人群体								未成年人与成年人群体比较率差
						合计		中学老师		家长		中学校长		
	人数	比率	排序	人数	比率	人数	比率	人数	比率	人数	比率	人数	比率	
受到老师批评	114	4.84	3	96	4.96	18	4.26	10	6.02	7	3.63	1	1.56	0.7
没有评上三好学生	84	3.56	4	70	3.62	14	3.31	4	2.41	5	2.59	5	7.81	0.31
家庭经济条件太差而脸上无光	53	2.25	8	42	2.17	11	2.60	7	4.22	3	1.55	1	1.56	-0.43
失恋	44	1.87	10	41	2.12	3	0.71	1	0.60	1	0.52	1	1.56	1.41
受到同学谩骂侮辱	24	1.02	14	19	0.98	5	1.18	4	2.41	0	0.00	1	1.56	-0.20
自尊心太强	59	2.50	7	53	2.74	6	1.42	1	0.60	4	2.07	1	1.56	1.32
对生活失去信心	79	3.35	5	71	3.67	8	1.89	1	0.60	6	3.11	1	1.56	1.78
自卑感太强	44	1.87	10	38	1.96	6	1.42	1	0.60	3	1.55	2	3.13	0.54
觉得活着没有意思	44	1.87	10	39	2.02	5	1.18	1	0.60	3	1.55	1	1.56	0.84
跟家长赌气	11	0.47	18	9	0.47	2	0.47	1	0.60	1	0.52	0	0.00	0.00
吓一下老师	13	0.55	16	11	0.57	2	0.47	1	0.60	0	0.00	1	1.56	0.10
经受不住挫折	63	2.67	6	51	2.64	12	2.84	1	0.60	10	5.18	1	1.56	-0.20
无法面对失败	30	1.27	13	22	1.14	8	1.89	2	1.20	5	2.59	1	1.56	-0.75
受到同学或同伴同一行为的影响	8	0.34	19	6	0.31	2	0.47	1	0.60	1	0.52	0	0.00	-0.16

(续表8-124)

选项	总计			未成年人		成年人群体								未成年人与成年人群体比较率差
						合计		中学老师		家长		中学校长		
	人数	比率	排序	人数	比率	人数	比率	人数	比率	人数	比率	人数	比率	
受电视剧情节影响	9	0.38	19	7	0.36	2	0.47	1	0.60	1	0.52	0	0.00	-0.11
受网络、微信不良信息影响	13	0.55	16	9	0.47	4	0.95	1	0.60	2	1.04	1	1.56	-0.48
其他原因	21	0.89	15	19	0.98	2	0.47	1	0.60	0	0.00	1	1.56	0.51
不清楚	46	1.95	9	39	2.02	7	1.65	3	1.81	0	0.00	4	6.25	0.37
合计	2357	100	—	1934	100	423	100	166	100	193	100	64	100	—

6. 未成年人曾有过离家出走行为的原因

（1）未成年人的自述。

如表8-125所示，在2016年就未成年人对曾有过离家出走行为原因的调查中，被未成年人排在前五位的分别是："怕考试过不了关"（31.13%）、"父母管得太严或根本不管"（22.91%）、"不清楚"（7.86%）"做了丢人的事而无脸见人"（7.60%）、"跟家长赌气"（6.46%）。未成年人认为自身群体中个别人离家出走是因为"怕考试过不了关"（31.13%）或"父母管得太严或根本不管"（22.91%），即主要是由学习与家庭的因素所致。

（2）受访群体的看法。

如表8-125所示，在2016年对受访群体的调查中，被受访群体排在前五位的分别是："怕考试过不了关"（31.78%）、"父母管得太严或根本不管"（23.29%）、"做了丢人的事而无脸见人"（7.25%）、"不清楚"（6.96%）与"跟家长赌气"（6.28%）。受访群体认为未成年人离家出走，主要是学习压力大以及家庭父母的教育方式不当等因素使然。

从未成年人与成年人群体的比较来看，未成年人与成年人群体选择的前五项中有四项重叠，这四项的比率也较为相近，表明两个群体的看法基本一致，"怕考试过不了关"与"父母管得太严或根本不管"是主要原因。

表8-125 受访群体眼中未成年人曾有过离家出走行为的原因（2016年）

选项	总计			未成年人		成年人群体								未成年人与成年人群体比较率差
						合计		中学老师		家长		中学校长		
	人数	比率	排序	人数	比率	人数	比率	人数	比率	人数	比率	人数	比率	
怕考试过不了关	749	31.78	1	602	31.13	147	34.75	54	32.53	75	38.86	18	28.13	-3.62
父母管得太严或根本不管	549	23.29	2	443	22.91	106	25.06	48	28.92	38	19.69	20	31.25	-2.15
受到老师批评	120	5.09	7	106	5.48	14	3.31	6	3.61	6	3.11	2	3.13	2.17
做了丢人的事而无脸见人	171	7.25	3	147	7.60	24	5.67	10	6.02	7	3.63	7	10.94	1.93
失恋	86	3.65	8	67	3.46	19	4.49	15	9.04	3	1.55	1	1.56	-1.03
生活没有乐趣	129	5.47	6	108	5.58	21	4.96	8	4.82	8	4.15	5	7.81	0.62
觉得好玩	39	1.65	11	28	1.45	11	2.60	4	2.41	6	3.11	1	1.56	-1.15
跟家长赌气	148	6.28	5	125	6.46	23	5.44	8	4.82	12	6.22	3	4.69	1.02
吓一下老师	19	0.81	14	13	0.67	6	1.42	6	3.61	0	0.00	0	0.00	-0.75
反正在外面玩几天再回来也无所谓	28	1.19	13	19	0.98	9	2.13	6	3.61	2	1.04	1	1.56	-1.15
受到同学或同伴同一行为的影响	32	1.36	12	22	1.14	10	2.36	1	0.60	6	3.11	3	4.69	-1.22
受电视剧情节的影响	18	0.76	15	15	0.78	3	0.71	0	0.00	2	1.04	1	1.56	0.07
受网络、微信不良信息的影响	50	2.12	10	42	2.17	8	1.89	0	0.00	8	4.15	0	0.00	0.28

(续表 8-125)

选项	总计			未成年人		成年人群体								未成年人与成年人群体比较率差
						合计		中学老师		家长		中学校长		
	人数	比率	排序	人数	比率	人数	比率	人数	比率	人数	比率	人数	比率	
其他原因	55	2.33	9	45	2.33	10	2.36	0	0.00	10	5.18	0	0.00	-0.03
不清楚	164	6.96	4	152	7.86	12	2.84	0	0.00	10	5.18	2	3.13	5.02
合计	2357	100	—	1934	100	423	100	166	100	193	100	64	100	—

7. 未成年人缺乏见义勇为的最主要原因

（1）未成年人的自述。

如表 8-126 所示，在 2013 年、2016 年对未成年人认为缺乏见义勇为最主要原因的调查中，选择"事不关己，高高挂起"的比率为 33.03%，居于第一位。选择"缺乏安全感，怕遭到报复"的比率为 22.77%，选择"缺乏社会保障机制，英雄流血又流泪"的比率为 19.40%。应当指出的是，现在不提倡、不鼓励未成年人见义勇为，也是未成年人缺乏见义勇为的原因之一。但从未成年人本身来说，"与己无关"思想的滋长与社会性因素的影响是缺乏见义勇为的主要原因。

从 2016 年与 2013 年的比较来看，未成年人 2016 年选择"事不关己，高高挂起"的比率较 2013 年高 10.01%，持有"与己无关"思想的未成年人的比率增大，见义勇为行为将继续减少。

表 8-126 未成年人认为缺乏见义勇为的最主要原因（2013 年、2016 年）

选项	总计			2013 年①			2016 年			2016 年与 2013 年比较率差
	人数	比率	排序	人数	比率	排序	人数	比率	排序	
事不关己，高高挂起	1619	33.03	1	863	29.08	1	756	39.09	1	10.01
缺乏安全感，怕遭到报复	1116	22.77	2	680	22.91	2	436	22.54	2	-0.37
缺乏社会保障机制，英雄流血又流泪	951	19.40	3	666	22.44	3	285	14.74	3	-7.70

---

① 叶松庆. 当代未成年人道德观发展变化与引导对策的实证研究 [M]. 芜湖：安徽师范大学出版社，2016：174.

(续表8-126)

选项	总计			2013年①			2016年			2016年与2013年比较率差
	人数	比率	排序	人数	比率	排序	人数	比率	排序	
怕被误解,带来不必要的麻烦	622	12.69	4	429	14.45	4	193	9.98	4	-4.47
社会已不提倡、不鼓励未成年人见义勇为	328	6.69	5	203	6.84	5	125	6.46	6	-0.38
其他	266	5.43	6	127	4.28	6	139	7.19	5	2.91
合计	4902	100	—	2968	100	—	1934	100	—	—

(2)受访群体的看法。

如表8-127所示,在2016年对受访群体的调查中,受访群体选择"事不关己,高高挂起"的比率为38.65%,居于第一位。选择"缺乏安全感,怕遭到报复"的比率为22.61%,选择"缺乏社会保障机制,英雄流血又流泪"与"怕被误解,带来不必要的麻烦"的比率分别为14.68%与10.56%。大部分受访群体认为未成年人缺乏见义勇为的主要原因在于对周围人与事的淡漠。此外,外部保障性因素的缺乏,也是使未成年人感到害怕重要原因。

从未成年人与成年人群体的比较来看,两类群体的看法比较相近,都认为"事不关己,高高挂起"与"缺乏安全感,怕遭到报复"是未成年人缺乏见义勇为的主要原因。

表8-127 受访群体眼中未成年人缺乏见义勇为的最主要原因(2016年)

选项	总计			未成年人		成年人群体								未成年人与成年人群体比较率差
						合计		中学老师		家长		中学校长		
	人数	比率	排序	人数	比率	人数	比率	人数	比率	人数	比率	人数	比率	
事不关己,高高挂起	911	38.65	1	756	39.09	155	36.64	59	35.54	76	39.38	20	31.25	2.45

---

① 叶松庆.当代未成年人道德观发展变化与引导对策的实证研究[M].芜湖:安徽师范大学出版社,2016:174.

(续表 8-127)

选项	总计			未成年人		成年人群体								未成年人与成年人群体比较率差
						合计		中学老师		家长		中学校长		
	人数	比率	排序	人数	比率	人数	比率	人数	比率	人数	比率	人数	比率	
缺乏安全感,怕遭到报复	533	22.61	2	436	22.54	97	22.93	37	22.29	40	20.73	20	31.25	-0.39
缺乏社会保障机制,英雄流血又流泪	346	14.68	3	285	14.74	61	14.42	28	16.87	25	12.95	8	12.50	0.32
怕被误解,带来不必要的麻烦	249	10.56	4	193	9.98	56	13.24	22	13.25	24	12.44	10	15.63	-3.26
社会已不提倡、不鼓励未成年人见义勇为	148	6.28	6	125	6.46	23	5.44	9	5.42	11	5.70	3	4.69	1.02
其他	170	7.21	5	139	7.19	31	7.33	11	6.63	17	8.81	3	4.69	-0.14
合计	2357	100	—	1934	100	423	100	166	100	193	100	64	100	—

8. 未成年人不讲诚信的原因

(1) 未成年人的自述。

如表 8-128 所示,在 2016 年对未成年人不讲诚信的原因的调查中,45.19%的未成年人表示"思想道德素质不高"是不讲诚信的主要原因,选择"别人不讲诚信占了便宜,我讲了就要吃亏,所以不讲"的比率为 15.67%,选择"别人不讲我也不讲"的比率为 12.93%,表示"不清楚"的比率为 10.34%,其他选项的比率均在 10%以下。大部分未成年人认为不讲诚信主要是由于自身思想道德素质不高以及外部因素的影响。

(2) 受访群体的看法。

如表 8-128 所示,在 2016 年对受访群体的调查中,45.18%的受访群体认为由于未成年人自身"思想道德素质不高"导致未成年人不讲诚信,这是主要原因。选择"别人不讲诚信占了便宜,我讲了就要吃亏,所以不讲"的比率为 15.87%,选择"别人不讲我也不讲"的比率为 12.94%。其他选项的比率均在 10%以下。

从未成年人与成年人群体的比较来看,两类群体的选择排序与比率比较接近,看法比较一致。

表 8-128 未成年人不讲诚信的原因（2016 年）

选项	总计			未成年人		成年人群体								未成年人与成年人群体比较率差
						合计		中学老师		家长		中学校长		
	人数	比率	排序	人数	比率	人数	比率	人数	比率	人数	比率	人数	比率	
思想道德素质不高	1065	45.18	1	874	45.19	191	45.15	66	39.76	97	50.26	28	43.75	0.04
别人不讲我也不讲	305	12.94	3	250	12.93	55	13.00	20	12.05	27	13.99	8	12.50	-0.07
别人不讲诚信占了便宜，我讲了就要吃亏，所以不讲	374	15.87	2	303	15.67	71	16.78	35	21.08	24	12.44	12	18.75	-1.11
受了老师不讲诚信的影响	78	3.31	7	58	3.00	20	4.73	10	6.02	3	1.55	7	10.94	-1.73
受了家长不诚信的影响	63	2.67	8	52	2.69	11	2.60	4	2.41	5	2.59	2	3.13	0.09
受了其他成年人不讲诚信的影响	82	3.48	6	59	3.05	23	5.44	15	9.04	5	2.59	3	4.69	-2.39
受了同龄人不讲诚信的影响	100	4.24	5	84	4.34	16	3.78	8	4.82	7	3.63	1	1.56	0.56
其他	61	2.59	9	54	2.79	7	1.65	4	2.41	2	1.04	1	1.56	1.14
不清楚	229	9.72	4	200	10.34	29	6.86	4	2.41	23	11.92	2	3.13	3.66
合计	2357	100	—	1934	100	423	100	166	100	193	100	64	100	—

9. 未成年人考试作弊的原因

（1）未成年人的自述。

如表 8-129 所示，在 2016 年对未成年人考试作弊的原因的调查中，选择"诚信意识差"的比率为 38.52%。选择"遵守纪律意识淡薄"的比率为 16.18%，选择"没有学好，怕过不了关"的比率为11.32%，其他选项的比率较低，均不足10%。大部分未成年人认为考试作弊是"诚信意识差""遵守纪律意识淡薄"以及本身"没有学好，怕过不了关"所致。

（2）受访群体的看法。

如表8-129所示，在对受访群体的调查中，受访群体选择"诚信意识差"的比率为38.60%，选择"遵守纪律意识淡薄"的比率为15.95%，选择"没有学好，怕过不了关"的比率为11.62%，其他选项的比率较低。可见，受访群体眼中未成年人考试作弊的原因更多是由思想意识不当以及学习不够努力导致的。

从未成年人与成年人群体的比较来看，两类群体的看法比较接近，成年人群体倾向于认为未成年人的侥幸心理也是其考试作弊的重要原因。

表8-129 未成年人考试作弊的原因（2016年）

选项	总计			未成年人		成年人群体								未成年人与成年人群体比较率差
						合计		中学老师		家长		中学校长		
	人数	比率	排序	人数	比率	人数	比率	人数	比率	人数	比率	人数	比率	
诚信意识差	910	38.60	1	745	38.52	165	39.01	60	36.14	81	41.97	24	37.50	-0.49
遵守纪律意识淡薄	376	15.95	2	313	16.18	63	14.89	26	15.66	31	16.06	6	9.38	1.29
公平竞争意识差	174	7.38	4	142	7.34	32	7.57	15	9.04	11	5.70	6	9.38	-0.23
没有学好，怕过不了关	274	11.62	3	219	11.32	55	13.00	24	14.46	23	11.92	8	12.50	-1.68
看到别人作弊没事，自己也心存侥幸心理试试	158	6.70	5	112	5.79	46	10.87	22	13.25	16	8.29	8	12.50	-5.08
想得高分，评上优秀学生	73	3.09	8	61	3.15	12	2.84	5	3.01	4	2.07	3	4.69	0.31
为了满足自尊心	97	4.12	7	76	3.93	21	4.96	11	6.63	4	2.07	6	9.38	-1.03
为了实现家长的期望	66	2.80	9	60	3.10	6	6.42	1	0.60	4	2.07	1	1.56	1.68

(续表 8-129)

选项	总计			未成年人		成年人群体								未成年人与成年人群体比较率差
						合计		中学老师		家长		中学校长		
	人数	比率	排序	人数	比率	人数	比率	人数	比率	人数	比率	人数	比率	
为了达到老师的要求	46	1.95	10	42	2.17	4	0.95	1	0.60	2	1.04	1	1.56	1.22
平时只顾网游，无心学习，考试时只好作弊	31	1.32	11	26	1.34	5	1.18	1	0.60	3	1.55	1	1.56	0.16
其他	26	1.10	12	24	1.24	2	0.47	0	0.00	2	1.04	0	0.00	0.77
不清楚	126	5.35	6	114	5.89	12	2.84	0	0.00	12	6.22	0	0.00	3.05
合计	2357	100	—	1934	100	423	100	166	100	193	100	64	100	—

10. 未成年人缺乏创造性的原因

（1）未成年人的自述。

如表 8-130 所示，在 2014—2016 年对未成年人缺乏创造性的原因的调查中，32.64% 的未成年人选择"教育观念陈旧"，选择"教育体制不能适应社会发展的需要"的比率为 18.64%，选择"学生缺乏自主性"的比率为 16.64%。部分未成年人选择社会思维、教师教育以及学生的能力等多种因素。未成年人缺乏创造性是由多种因素共同作用的结果，其中更多地表现为教育方面的因素。

从 2016 年与 2014 年的比较来看，选择教育观念因素的比率有所增加，选择学生自主性的比率有所降低。因此，需要不断从教育层面来培养未成年人的创造性。

表 8-130 未成年人缺乏创造性的原因（2014—2016 年）

选项	总计			2014 年		2015 年		2016 年		2016 年与 2014 年比较率差
	人数	比率	排序	人数	比率	人数	比率	人数	比率	
教育观念陈旧	2086	32.64	1	789	26.86	543	35.77	754	38.99	12.13
教育体制不能适应社会发展的需要	1191	18.64	2	543	18.48	307	20.22	341	17.63	-0.85
教师缺乏创造性	394	6.17	6	128	4.36	112	7.38	154	7.96	3.60

(续表 8-130)

选项	总计			2014 年		2015 年		2016 年		2016 年与 2014 年比较率差
	人数	比率	排序	人数	比率	人数	比率	人数	比率	
学生缺乏自主性	1063	16.64	3	608	20.69	226	14.89	229	11.84	-8.85
学生的能力基础太差	281	4.40	7	153	5.21	57	3.75	71	3.67	-1.54
社会思维僵化	436	6.82	4	260	8.85	111	7.31	65	3.36	-5.49
缺乏政策的有效引导	196	3.07	8	118	4.02	29	1.91	49	2.53	-1.49
国家重视不够	100	1.56	10	45	1.53	31	2.04	24	1.24	-0.29
社会关注度不高	164	2.57	9	94	3.20	39	2.57	31	1.60	-1.60
其他	79	1.24	11	30	1.02	16	1.05	33	1.71	0.69
不知道	400	6.26	5	170	5.79	47	3.10	183	9.46	3.67
合计	6390	100	—	2938	100	1518	100	1934	100	—

(2) 受访群体的看法。

如表 8-131 所示，在 2016 年对受访群体的调查中，39.03% 的受访群体选择"教育观念陈旧"，选择"教育体制不能适应社会发展的需要"的比率为 18.54%，选择"学生缺乏自主性"的比率为 12.22%。其他选项的比率较低。大部分受访群体倾向于认为教育层面的原因导致未成年人缺乏一定的创造性。

从未成年人与成年人群体的比较来看，成年人群体选择教育体制性方面因素的比率较大。

表 8-131 受访群体眼中未成年人缺乏创造性的原因（2016 年）

选项	总计			未成年人		成年人群体							未成年人与成年人群体比较率差
						合计		中学老师		家长		中学校长	
	人数	比率	排序	人数	比率	人数	比率	人数	比率	人数	比率	人数	比率	
教育观念陈旧	920	39.03	1	754	38.99	166	39.24	66	39.76	77	39.90	23	35.94	-0.25
教育体制不能适应社会发展的需要	437	18.54	2	341	17.63	96	22.70	39	23.49	38	19.69	19	29.69	-5.07

(续表8-131)

选项	总计			未成年人		成年人群体								未成年人与成年人群体比较率差
						合计		中学老师		家长		中学校长		
	人数	比率	排序	人数	比率	人数	比率	人数	比率	人数	比率	人数	比率	
教师缺乏创造性	187	7.93	6	154	7.96	33	7.80	17	10.24	10	5.18	6	9.38	0.16
学生缺乏自主性	288	12.22	3	229	11.84	59	13.95	24	14.46	27	13.99	8	12.50	-2.11
学生的能力基础太差	89	3.78	7	71	3.67	18	4.26	8	4.82	10	5.18	0	0.00	-0.59
社会思维僵化	77	3.27	8	65	3.36	12	2.84	4	2.41	5	2.59	3	4.69	0.52
缺乏政策的有效引导	61	2.59	9	49	2.53	12	2.86	6	3.61	4	2.07	2	3.13	-0.33
国家重视不够	26	1.10	11	24	1.24	2	0.47	1	0.60	1	0.52	0	0.00	0.77
社会关注度不高	39	1.65	10	31	1.60	8	1.89	1	0.60	7	3.63	0	0.00	0.295
其他	194	8.23	5	33	1.71	6	1.42	0	0.00	5	2.59	1	1.56	0.29
不知道	218	9.25	4	183	9.46	11	2.60	0	0.00	9	4.66	2	3.13	6.86
合计	2357	100	—	1934	100	423	100	166	100	193	100	64	100	—

11. 基本认识

（1）未成年人的综合素质有待进一步提高。

未成年人在美德方面的践行还不是太理想。例如，有一定比例的未成年人在公交车上不让座或是碰见老人跌倒不扶。这部分的未成年人的道德品质是令人担忧的，我们需要积极引导这部分学生，提高他们的道德素质。未成年人"自我为中心"特征明显，对于礼让、尊老等美德的内化不是太深入，由此导致外化效果不佳。可见，未成年人的综合素质亟待进一步加强与提高。

（2）未成年人不作为或不当作为不利于其思想道德素质的提升。

未成年人依然保持着孩童时期的模仿力，善于模仿他人的行为，尤其乐于仿照同龄人的举动。一部分未成年人诸如不让座或是见到老人摔倒不扶的举动，或者其他不正确的行为导向，极易引起未成年人之间的相互学习。长此以往，只会增加不践行美德的未成年人比例，未成年人整体的道德素质可能会走下坡。

（3）应多措并举加强对未成年人的引导。

良好的社会风气对人们思想道德素质的提升具有一定的促进作用，针对未成年人群体中存在的不作为或不当作为，应当积极改善社会风气，传播社会正能量。同时，要发挥榜样示范的作用，做好"引路人"的工作。榜样的力量是无穷的，在未成年人群体中选择道德行为优秀的未成年人，发动其他未成年人积极向其学习，以其行为感染未成年人群体，保持优秀道德举止的未成年人群体，提升中等程度的未成年人群体，改善有不良道德行为的未成年人群体。最后，学校也应积极组织开展相应的素质教育活动，并注意积极协调与家庭之间的关系，以逐步形成教育合力。

（四）综合认识

1. 未成年人的思想道德意识有待加强

未成年人的思想道德意识表现为未成年人对相关问题的道德层面的认识，同时也蕴藏了对相关价值问题的判断。大部分未成年人的道德意识表现较好，但仍有部分未成年人对思想道德教育的重要性与必要性认识不足。因此，有必要进一步提高未成年人的思想道德意识，从而为未成年人价值观的确立与形成奠定良好的基础。

2. 未成年人应注重道德行为的养成与规范化

从调查数据的多个层面来看，大部分未成年人具有良好的道德行为与操守，但是部分未成年人在具体的道德行为表现上，做得仍然不够。因此，未成年人需要注重自身道德行为的养成，在日常的生活中促进道德观念的进一步外化，同时注意结合一定的社会主流价值标准，注重自身道德行为的规范化。

3. 未成年人自身应从多个方面加强思想道德修养

未成年人思想道德修养的提高不仅依赖于未成年人自身，还须从家庭、社会以及学校教育等多个层面来实现。在社会层面，未成年人应努力抵制社会不良风气的影响与侵蚀。在家庭层面，应注意同家长积极配合，养成良好的家庭美德。在个人层面，需要通过诸如阅读、同学间交流以及其他多种方式实现道德修养的提高。

五、传媒方面的原因

（一）互联网络的负面影响

1. 互联网络作为一柄双刃剑有着负面效应

（1）未成年人的自述。

如表8-132所示，在2010—2013年、2016年对未成年人是否同意"互联网络是一柄双刃剑"的说法的调查中，选择"非常同意"与"比较同意"的合比率为85.38%，其中选择"非常同意"的比率为60.09%，居于第一位。选择"不太同意"与"很不同意"的合比率为7.99%。选择"不确定"的比率为6.62%。大部分未成年人认为"互联网络是一柄双刃剑"，具有较好的辩证意识，能认识网络的利弊。

从 2016 年与 2010 年的比较来看,2016 年未成年人选择"非常同意"的比率较 2010 年低 17.77%,是降幅最大的选项。2016 年未成年人选择"不确定"的比率较 2010 年高 7.91%,说明未成年人对网络利弊存在模糊性认识的比重增大。

表 8-132 未成年人是否同意"互联网络是一柄双刃剑"的说法(2010—2013 年、2016 年)

选项	总计			2010 年		2011 年		2012 年		2013 年		2016 年		2016 年与 2010 年比较率差
	人数	比率	排序	人数	比率	人数	比率	人数	比率	人数	比率	人数	比率	
非常同意	6534	60.09	1	1304	67.36	1234	63.90	1279	60.79	1758	59.23	959	49.59	-17.77
比较同意	2750	25.29	2	383	19.78	470	24.34	615	29.23	743	25.03	539	27.87	8.09
不太同意	576	5.30	4	97	5.01	84	4.35	93	4.42	174	5.86	128	6.62	1.61
很不同意	293	2.69	5	51	2.63	38	1.97	42	2.00	108	3.64	54	2.79	0.16
不确定	720	6.62	3	101	5.22	105	5.44	75	3.56	185	6.23	254	13.13	7.91
合计	10873	100	—	1936	100	1931	100	2104	100	2968	100	1934	100	—

(2)受访群体的看法。

如表 8-133 所示,在 2016 年对受访群体调查中,受访群体选择"非常同意"与"比较同意"的合比率为 79.16%,其中选择"非常同意"的比率为 52.52%,居于第一位。选择"不太同意"与"很不同意"的合比率为 8.95%。大部分的受访群体认为未成年人对网络有较为清晰的认识,能意识到"互联网络是一柄双刃剑"。

从未成年人与成年人群体的比较来看,成年人群体选择"非常同意"的比率较未成年人群体要高。

表 8-133 受访群体是否同意"互联网络是一柄双刃剑"的说法(2016 年)

选项	总计			未成年人		成年人群体								未成年人与成年人群体比较率差
						合计		中学老师		家长		中学校长		
	人数	比率	排序	人数	比率	人数	比率	人数	比率	人数	比率	人数	比率	
非常同意	1238	52.52	1	959	49.59	279	65.96	110	66.27	130	67.36	39	60.94	-16.37
比较同意	628	26.64	2	539	27.87	89	21.04	47	28.31	29	15.03	13	20.31	6.83
不太同意	150	6.36	4	128	6.62	22	5.20	3	1.81	15	7.77	4	6.25	1.42
很不同意	61	2.59	5	54	2.79	7	1.65	1	0.60	2	1.04	4	6.25	1.14
不确定	280	11.88	3	254	13.13	26	6.15	5	3.01	17	8.81	4	6.25	6.98
合计	2357	100	—	1934	100	423	100	166	100	193	100	64	100	—

2. 互联网络影响了未成年人的社会适应性

（1）未成年人的自述。

如表8-134所示，在2010—2013年、2015—2016年对未成年人如何看待"互联网络使人越来越孤独，不适应社会"的说法的调查中，选择"非常同意"与"比较同意"的合比率为49.51%，选择"不太同意"与"很不同意"的合比率为38.67%，其中"不太同意"的比率为28.95%，居于第一位。大部分未成年人认为"互联网络使人越来越孤独，不适应社会"，但仍有部分未成年人并不认同这种说法。

从2016年与2010年的比较来看，2016年未成年人选择"非常同意"的比率较2010年高16.41%，是增幅最大的选项，说明越来越多的未成年人意识到互联网络对人的社会适应性的负面影响。

表8-134 未成年人如何看待"互联网络使人越来越孤独，不适应社会"的说法
（2010—2013年、2015—2016年）

选项	总计			2010年		2011年		2012年		2013年		2015年		2016年		2016年与2010年比较率差
	人数	比率	排序	人数	比率	人数	比率	人数	比率	人数	比率	人数	比率	人数	比率	
非常同意	3153	25.45	2	412	21.28	374	19.37	444	21.10	707	23.82	487	32.08	729	37.69	16.41
比较同意	2981	24.06	3	511	26.39	488	25.27	457	21.72	666	22.44	355	23.39	504	26.06	-0.33
不太同意	3587	28.95	1	594	30.68	659	34.13	794	37.74	850	28.64	401	26.42	289	14.94	-15.74
很不同意	1205	9.72	5	182	9.40	166	8.60	221	10.50	386	13.01	132	8.70	118	6.10	-3.30
不确定	1465	11.82	4	237	12.24	244	12.64	188	8.94	359	12.10	143	9.42	294	15.20	2.96
合计	12391	100	—	1936	100	1931	100	2104	100	2968	100	1518	100	1934	100	—

（2）受访群体的看法。

如表8-135所示，在2016年对受访群体的调查中，受访群体选择"非常同意"与"比较同意"的合比率为64.70%，其中选择"非常同意"的比率为38.10%，居于第一位。选择"不太同意"与"很不同意"的合比率为21.08%。大部分受访群体较为认同互联网络所带来的疏离感与孤独感。

从未成年人与成年人群体的比较来看，未成年人选择含有同意意味选项的比率较成年人群体要低，说明成年人群体比未成年人更能感受到互联网络的负面影响。

表 8-135　受访群体如何看待"互联网络使人越来越孤独，不适应社会"的说法（2016 年）

选项	总计			未成年人		成年人群体								未成年人与成年人群体比较率差
						合计		中学老师		家长		中学校长		
	人数	比率	排序	人数	比率	人数	比率	人数	比率	人数	比率	人数	比率	
非常同意	898	38.10	1	729	37.69	169	39.95	68	40.96	81	41.97	20	31.25	-2.26
比较同意	627	26.60	2	504	26.06	123	29.08	57	34.34	51	26.42	15	23.44	-3.02
不太同意	356	15.10	3	289	14.94	67	15.84	18	10.84	27	13.99	22	34.38	-0.90
很不同意	141	5.98	5	118	6.10	23	5.44	11	6.63	7	3.63	5	7.81	0.66
不确定	335	14.21	4	294	15.20	41	9.69	12	7.23	27	13.99	2	3.13	5.51
合计	2357	100	—	1934	100	423	100	166	100	193	100	64	100	—

3. 网络游戏、影视等影响了未成年人的价值取向

（1）未成年人的自述。

如表 8-136 所示，在 2014—2016 年对未成年人有时想用网游、影视、动画片中的暴力行为对待身边人的调查中，选择"非常不同意""不同意"与"有点不同意"的合比率为 77.83%，其中"非常不同意"的比率为 42.91%，居于第一位。选择"有点同意""同意"与"非常同意"的合比率为 22.18%。大部分未成年人能正确认识网游、影视、动画片中的暴力行为并能妥善处理相关问题。

从 2016 年与 2014 年的比较来看，2016 年未成年人选择"非常不同意"的比率较 2014 年高 11.27%，2016 年选择"有点同意"的比率较 2014 年低 10.30%。可见，未成年人的认识呈良好的趋势。

表 8-136　未成年人有时想用网游、影视、动画片中的暴力行为对待身边的人（2014—2016 年）

选项	总计			2014 年		2015 年		2016 年		2016 年与 2014 年比较率差
	人数	比率	排序	人数	比率	人数	比率	人数	比率	
非常不同意	2742	42.91	1	1182	40.23	564	37.15	996	51.50	11.27
不同意	1497	23.43	2	694	23.62	320	21.08	483	24.97	1.35
有点不同意	734	11.49	3	337	11.47	244	16.07	153	7.91	-3.56
有点同意	661	10.34	4	406	13.82	187	12.32	68	3.52	-10.30
同意	385	6.03	5	223	7.59	108	7.11	54	2.79	-4.80
非常同意	371	5.81	6	96	3.27	95	6.26	180	9.31	6.04
合计	6390	100	—	2938	100	1518	100	1934	100	0

第八章 当代未成年人价值观变化与教育问题的成因

（2）受访群体的看法。

如表8-137所示，在2016年对受访群体认为未成年人有时想用网游、影视、动画片中的暴力行为对待身边的人的说法的调查中，选择"非常不同意""不同意"与"有点不同意"的合比率为81.25%，其中选择"非常不同意"的比率为49.09%，居于第一位。选择"有点同意""同意"与"非常同意"的合比率为18.75%。大部分受访群体认为未成年人能正确认识网游、影视以及动画片中的暴力行为，能够妥善处理。

从未成年人与成年人群体的比较来看，未成年人选择"非常不同意"的比率较成年人群体选择的比率要高，未成年人对自身群体的评价较成年人群体对其的稍好。

表8-137 受访群体认为未成年人有时想用网游、影视、
动画片中的暴力行为对待身边的人（2016年）

选项	总计			未成年人		成年人群体								未成年人与成年人群体比较率差
						合计		中学老师		家长		中学校长		
	人数	比率	排序	人数	比率	人数	比率	人数	比率	人数	比率	人数	比率	
非常不同意	1157	49.09	1	996	51.50	161	38.06	52	31.33	88	45.60	21	32.81	13.44
不同意	566	24.01	2	483	24.97	83	19.62	31	18.67	43	22.28	9	14.06	5.35
有点不同意	192	8.15	4	153	7.91	39	9.22	19	11.45	13	6.74	7	10.94	-1.31
有点同意	146	6.19	5	68	3.52	78	18.44	40	24.10	21	10.88	17	26.56	-14.92
同意	96	4.07	6	54	2.79	42	9.93	17	10.24	20	10.36	5	7.81	-7.14
非常同意	200	8.49	3	180	9.31	20	4.73	7	4.22	8	4.15	5	7.81	4.58
合计	2357	100	—	1934	100	423	100	166	100	193	100	64	100	—

4. 微信的兴起影响了未成年人的价值取向

（1）未成年人的自述。

如表8-138所示，在2016年就未成年人对微信的兴起影响未成年人价值取向的看法的调查中，认为"完全（颠覆性）改变"与"在很大程度上改变"的合比率为44.42%，选择"有限度地改变"的比率为17.48%，选择"不大可能改变"与"不能改变"的合比率为30.51%，选择"不清楚"的比率为7.60%。四成以上的未成年人认识到微信的兴起较严重地影响了自己的价值取向。

（2）受访群体的看法。

如表8-138所示，在对受访群体的调查中，23.84%的受访群体认为微信的兴起会"完全（颠覆性）改变"未成年人的价值取向，23.04%的受访群体选择"在很大程度上改变"，选择"不大可能改变"的比率为17.69%。受访群体认为微信的兴起或多或少改变了未成年人的价值取向，应足够重视微信对未成年人价值观所造成的影响。

从未成年人与成年人群体的比较来看，成年人群体倾向于认为微信的兴起对未成年人价值取向的影响较大。

表8-138 受访群体对微信的兴起影响未成年人价值取向的看法（2016年）

选项	总计			未成年人		成年人群体								未成年人与成年人群体比较率差
						合计		中学老师		家长		中学校长		
	人数	比率	排序	人数	比率	人数	比率	人数	比率	人数	比率	人数	比率	
完全（颠覆性）改变	562	23.84	1	449	23.22	113	26.71	41	24.70	57	29.53	15	23.44	-3.49
在很大程度上改变	543	23.04	2	410	21.20	133	31.44	70	42.17	48	24.87	15	23.44	-10.24
有限度地改变	416	17.65	4	338	17.48	78	18.44	18	10.84	38	19.69	22	34.38	-0.96
不大可能改变	417	17.69	3	376	19.44	41	9.69	14	8.43	20	10.36	7	10.94	9.75
不能改变	252	10.69	5	214	11.07	38	8.98	9	5.42	25	12.95	4	6.25	2.09
不清楚	167	7.09	6	147	7.60	20	4.73	14	8.43	5	2.59	1	1.56	2.87
合计	2357	100	—	1934	100	423	100	166	100	193	100	64	100	—

5. 基本认识

（1）大部分未成年人对网络有较为明晰的认识。

网络对人的影响具有两面性，大部分未成年人对网络有较为清晰的认识，既能看到网络有利的一面，同时也注意到其弊端。可见，未成年人具有良好的认识。但也应看到，部分未成年人对网络缺乏清晰全面的认识，在具体的使用过程中可能会导致网络行为失范。因此，要注意密切关注未成年人对网络的全面性认识。

（2）网络对未成年人价值观产生潜在影响。

未成年人在接触与使用网络的过程中，其思想观念难免会受到网络的影响。因此，教育工作者在教育的过程中应当看到这种潜在的影响。网络的潜在影响一般同未成年人与网络的接触程度以及涉入程度有关。因此，要注意控制未成年人上网的时间。

（3）未成年人应正确认识网络与运用网络。

未成年人应正确认识网络，对网络的利弊有较为全面的认识。此外，在运用网络的过程中，要不断提高自身的鉴别与甄别能力。从网络生活的点滴小事做起，规范自身的网络行为，从而为正确价值观的确立奠定坚实的基础。

(二)影视文化的负面影响

1. 影视剧对未成年人意识的不良影响

(1)形成脱离实际的幻觉。

第一,观看电影、电视剧后会有与现实生活相脱离的感觉。如表8-139所示,在2013—2016年对未成年人观看电影、电视剧后是否会有与现实生活想脱离的感觉的调查中,51.78%的未成年人选择"没有",居于第一位。选择"有"的比率为36.81%,选择"其他"的比率为11.40%。三分之一强的未成年人在观看影视剧后会有与现实生活相脱离的感觉,形成脱离实际的幻觉。

从2016年与2013年的比较来看,2016年未成年人选择"有"的比率较2013年高10.42%,是增幅最大的选项,2016年未成年人选择"没有"的比率较2013年低18.83%。观看电影、电视剧后有与现实生活相脱离感觉的未成年人人数在增多。

表8-139 未成年人观看电影、电视剧后是否会有与现实生活相脱离的感觉(2013—2016年)

选项	总计			2013年①		2014年		2015年		2016年		2016年与2013年比较率差
	人数	比率	排序	人数	比率	人数	比率	人数	比率	人数	比率	
有	3445	36.81	2	952	32.08	1200	40.84	471	31.03	822	42.50	10.42
没有	4846	51.78	1	1722	58.02	1439	48.98	927	61.07	758	39.19	-18.83
其他	1067	11.40	3	294	9.91	299	10.18	120	7.91	354	18.30	8.39
合计	9358	100	—	2968	100	2938	100	1518	100	1934	100	—

第二,暴力镜头会使未成年人有血脉偾张的感觉。如表8-140所示,在2013—2016年对未成年人观看暴力镜头时是否会有血脉偾张的感觉的调查中,55.24%的未成年人表示"不会有",选择"会有"的比率为30.87%。大部分未成年人对影视剧中的暴力镜头表现出较为理性的态度,有部分未成年人在观看暴力镜头后会有血脉偾张的感觉。

从2016年与2013年的比较来看,2016年未成年人选择"不会有"的比率较2013年低5.98%,2016年未成年人选择"会有"的比率较2013年低4.22%,"不会有"的降幅高于"会有"的降幅,未成年人在观看暴力镜头后会有血脉偾张的感觉的人数略有增多。

---

① 荣梅.电视剧文化对未成年人价值观形成与发展的影响:以安徽省未成年人的调查为例[J]. 安徽广播电视大学学报,2015(2):64-68,77.

表8-140 未成年人观看暴力镜头时是否会有血脉偾张的感觉

选项	总计			2013年		2014年		2015年		2016年		2016年与2013年比较率差
	人数	比率	排序	人数	比率	人数	比率	人数	比率	人数	比率	
会有	2889	30.87	2	1043	35.14	792	26.96	456	30.04	598	30.92	-4.22
不会有	5169	55.24	1	1537	51.79	1784	60.72	962	63.37	886	45.81	-5.98
其他	1300	13.89	3	388	13.07	362	12.32	100	6.59	450	23.27	10.20
合计	9358	100	—	2968	100	2938	100	1518	100	1934	100	—

（2）造成思想意识的错位。

第一，对荧幕上热播的"穿越剧"有不同的认识。如表8-141所示，在2013—2016年就未成年人对荧幕上热播的"穿越剧"的看法的调查中，选择"很有意思"与"很有价值"的合比率为43.90%，其中选择"很有意思"的比率为32.40%，居于第一位。选择"没有意思"与"毫无价值"的合比率为43.20%。大部分未成年人对穿越剧表现出较高的兴趣，要防止"穿越剧"所传递的消极性信息对未成年人的消极影响。

从2016年与2013年的比较来看，2016年未成年人选择"很有价值"的比率较2013年高14.23%，是增幅最大的选项。2016年未成年人选择"没有意思"的比率较2013年低10.99%，是降幅最大的选项。说明认同"穿越剧"价值并加以赞赏的未成年人增多，相应地，有相反认识的未成年人也同步增多。

表8-141 未成年人对荧幕上热播的"穿越剧"的看法（2013—2016年）

选项	总计			2013年①		2014年		2015年		2016年		2016年与2013年比较率差
	人数	比率	排序	人数	比率	人数	比率	人数	比率	人数	比率	
很有意思	3032	32.40	1	1091	36.76	858	29.20	426	28.06	657	33.97	-2.79
很有价值	1076	11.50	5	250	8.42	215	7.32	173	11.40	438	22.65	14.23
没有意思	2544	27.19	2	862	29.04	898	30.57	435	28.66	349	18.05	-10.99
毫无价值	1498	16.01	3	396	13.34	634	21.58	288	18.97	180	9.31	-4.03

---

① 荣梅，徐青青，叶松庆．利用电视剧文化促进未成年人价值观发展的教育引导对策［J］．淮北师范大学学报（哲学社会科学版），2015，36（5）：167-172．

(续表 8-141)

选项	总计			2013 年[①]		2014 年		2015 年		2016 年		2016 年与2013 年比较率差
	人数	比率	排序	人数	比率	人数	比率	人数	比率	人数	比率	
不清楚	1208	12.91	4	369	12.43	333	11.33	196	12.91	310	16.03	3.60
合计	9358	100	—	2968	100	2938	100	1518	100	1934	100	—

第一，萌生不切实际的念头。如表 8-142 所示，在 2013—2016 年就未成年人对观看穿越剧后是否会有一种想"穿越"的念头的调查中，选择"不会"的比率为 51.66%，居于第一位，选择"会"的比率为 38.42%，居于第二位。超过半数的未成年人不会有"穿越"的想法，有近四成的未成年人会萌发诸如"穿越"等不切实际的念头。

从 2016 年与 2013 年的比较来看，2016 年未成年人选择"会"的比率较 2013 年低 3.69%，2016 年选择"不会"的比率较 2013 年低 2.92%，"会"与"不会"的比率都有降低。但 2016 年 39.30%的未成年人会"有一种想'穿越'的念头"，就足以让人担忧。

表 8-142　未成年人观看穿越剧后是否会有一种想"穿越"的念头（2013—2016 年）

选项	总计			2013 年		2014 年		2015 年		2016 年		2016 年与2013 年比较率差
	人数	比率	排序	人数	比率	人数	比率	人数	比率	人数	比率	
会	3595	38.42	2	1276	42.99	1013	34.48	546	35.97	760	39.30	-3.69
不会	4834	51.66	1	1382	46.56	1750	59.56	858	56.52	844	43.64	-2.92
其他	929	9.93	3	310	10.44	175	5.96	114	7.51	330	17.06	6.62
合计	9358	100	—	2968	100	2938	100	1518	100	1934	100	—

第三，形成不可实现的假想。如表 8-143 所示，在 2013—2016 年对未成年人认为"穿越"有没有可能实现的调查中，53.87%的未成年人选择"没有可能"，居于第一位，选择"有可能"的比率为 37.24%，居于第二位。半数以上的未成年人没有假想，近四成的未成年人有假想。

从 2016 年与 2013 年的比较来看，2016 年未成年人选择"没有可能"的比率较 2013

---

① 荣梅，徐青青，叶松庆. 利用电视剧文化促进未成年人价值观发展的教育引导对策［J］. 淮北师范大学学报（哲学社会科学版），2015，36（5）：167-172.

年低10.20%，2016年选择"有可能"的比率有所上升。会形成不可实现的假想的未成年人比率在增大。

表8-143　未成年人认为"穿越"有没有可能实现（2013—2016年）

选项	总计			2013年①		2014年		2015年		2016年		2016年与2013年比较率差
	人数	比率	排序	人数	比率	人数	比率	人数	比率	人数	比率	
有可能	3485	37.24	2	1028	34.64	1132	38.53	614	40.45	711	36.76	2.12
没有可能	5041	53.87	1	1710	57.61	1641	55.85	773	50.92	917	47.41	-10.20
其他	832	8.89	3	230	7.75	165	5.62	131	8.63	306	15.82	8.07
合计	9358	100	—	2968	100	2938	100	1518	100	1934	100	—

2. 影视剧对未成年人行为的不良诱导

（1）诱导未成年人尝试"穿越"行为。

如表8-144所示，在2013—2016年对未成年人是否模仿过穿越剧中的行为，尝试让自己穿越的调查中，81.83%的未成年人选择"没有，那很傻"，选择"有，试试也许真的行"的比率为18.17%。四分之三强的未成年人认为没有实质性的穿越模仿，有近四分之一弱的未成年人受到违背科学的剧情的诱导。

从2016年与2013年的比较来看，2016年未成年人选择"没有，那很傻"的比率较2013年低14.31%，相应地，2016年选择"有，试试也许真的行"的比率较2013年高14.31%。会接受诱导尝试"穿越"的未成年人比率在增大。

表8-144　未成年人是否模仿过穿越剧中的行为，尝试让自己穿越

选项	总计			2013年		2014年		2015年		2016年		2016年与2013年比较率差
	人数	比率	排序	人数	比率	人数	比率	人数	比率	人数	比率	
没有，那很傻	7658	81.83	1	2389	80.49	2586	88.02	1403	92.42	1280	66.18	-14.31
有，试试也许真的行	1700	18.17	2	579	19.51	352	11.98	115	7.58	654	33.82	14.31
合计	9358	100	—	2968	100	2938	100	1518	100	1934	100	—

---

① 叶松庆，罗永，荣梅. 电视剧文化对未成年人价值观的影响方式、特点及其问题：以安徽省未成年人的调查为例［J］. 皖西学院学报，2015，31（6）：29-33.

（2）暴力镜头诱导未成年人日常行为的选择。

第一，未成年人的自述。如表8-145所示，在2013—2016年对未成年人是否会模仿影视剧人物的暴力行为的调查中，69.34%的未成年人选择"不会"，选择"会"的比率为19.62%。

从2016年与2013年的比较来看，2016年未成年人选择"不会"的比率较2013年低19.67%，是降幅最大的选项。选择"会"的比率有所增加。未成年人模仿暴力行为的比率有所增加。

表8-145 未成年人是否会模仿影视剧人物的暴力行为（2013—2016年）

选项	总计			2013年		2014年		2015年		2016年		2016年与2013年比较率差
	人数	比率	排序	人数	比率	人数	比率	人数	比率	人数	比率	
会	1836	19.62	2	665	22.41	355	12.08	201	13.24	615	31.80	9.39
不会	6489	69.34	1	1971	66.41	2389	81.31	1225	80.70	904	46.74	-19.67
其他	1033	11.04	3	332	11.19	194	6.60	92	6.06	415	21.46	10.27
合计	9358	100	—	2968	100	2938	100	1518	100	1934	100	—

第二，受访群体的看法。如表8-146所示，在2016年对受访群体的调查中，41.41%的受访群体认为未成年人"不会"模仿影视剧任务的暴力行为，选择"会"的比率为38.23%。四成多的未成年人"不会"去模仿，也有近四成的未成年人存在模仿的做法。

从未成年人与成年人群体的比较来看，成年人群体选择"会"的比率较未成年人要高35.81%，其比率是未成年人同项比率的2.13倍。由此可见成年人群体内心的担忧，认为未成年人暴力行为的出现与影视剧人物暴力行为的诱导大有关联。

表8-146 受访群体对未成年人是否会模仿影视剧人物的暴力行为的看法（2016年）

选项	总计			未成年人		成年人群体								未成年人与成年人群体比较率差
						合计		中学老师		家长		中学校长		
	人数	比率	排序	人数	比率	人数	比率	人数	比率	人数	比率	人数	比率	
会	901	38.23	2	615	31.80	286	67.61	116	69.88	127	65.80	43	67.19	-35.81
不会	976	41.41	1	904	46.74	72	17.02	21	12.65	44	22.80	7	10.94	29.72
其他	480	20.36	3	415	21.46	65	15.37	29	17.47	22	11.40	14	21.88	6.09
合计	2357	100	—	1934	100	423	100	166	100	193	100	64	100	—

3. 促使未成年人迷恋电影与电视的原因

(1) 未成年人观看电影与电视的原因。

如表8-147所示,在2013—2016年就未成年人对什么原因促使自己看电影与电视的调查中,31.49%的未成年人认为"对剧情感兴趣"是主要原因。28.46%的未成年人选择"同学推荐",选择"很随意地看"与"影片宣传"的比率分别为15.98%与17.25%。未成年人会基于对剧情的兴趣等影视剧本身的因素来选择观看,另受朋辈群体的影响也较大。

从2016年与2013年的比较来看,2016年未成年人选择"影片宣传"的比率较2013年有所增加。2016年选择"对剧情感兴趣"的比率较2013年低5.07%。2016年选择"同学推荐""对剧情感兴趣""影片宣传"的比率都超过20%。综合来说,这三种因素是促使未成年人迷恋影视的主因。

表8-147 什么原因促使自己看电影与电视(2013—2016年)

选项	总计			2013年[①]		2014年		2015年		2016年		2016年与2013年比较率差
	人数	比率	排序	人数	比率	人数	比率	人数	比率	人数	比率	
同学推荐	2663	28.46	2	853	28.74	830	28.25	426	28.06	554	28.65	-0.09
影片宣传	1614	17.25	3	492	16.58	471	16.03	243	16.01	408	21.10	4.52
很随意地看	1495	15.98	4	579	19.51	435	14.81	197	12.98	284	14.68	-4.83
对剧情感兴趣	2947	31.49	1	858	28.91	1092	37.17	536	35.31	461	23.84	-5.07
其他	639	6.83	5	186	6.27	110	3.74	116	7.64	227	11.74	5.47
合计	9358	100	—	2968	100	2938	100	1518	100	1934	100	—

(2) 未成年人喜爱观看影视剧的原因。

第一,未成年人的自述。如表8-148所示,在2014—2016年对未成年人喜爱观看影视剧的原因的调查中,55.31%的未成年人选择"消遣娱乐",10.61%的未成年人选择"了解社会现实",选择"我的生活中有一些困惑,从收看中可以找到答案"的比率为12.72%。大部分未成年人会基于消遣娱乐、了解社会现实以及寻求解答疑惑。可见,未成年人喜爱观看影视剧是受多种因素共同影响的。

从2016年与2014年的比较来看,选择"消遣娱乐"以及寻求现实性困惑的解答的

[①] 叶松庆,罗永,荣梅. 电视剧文化对未成年人价值观的影响方式、特点及其问题:以安徽省未成年人的调查为例 [J]. 皖西学院学报,2015,31 (6):29-33.

比率有所增加。未成年人认为"消遣娱乐"是自己喜爱观看影视剧的主因,也是自己迷恋影视剧的主因。

表8-148 未成年人喜爱观看影视剧的原因(2014—2016年)

选项	总计			2014年		2015年		2016年		2016年与2014年比较率差
	人数	比率	排序	人数	比率	人数	比率	人数	比率	
消遣娱乐	3534	55.31	1	1586	53.98	844	55.60	1104	57.08	3.10
我的生活中有一些困惑,从收看中可以找到答案	813	12.72	2	334	11.37	186	12.25	293	15.15	3.78
了解社会现实	678	10.61	3	391	13.31	147	9.68	140	7.24	-6.07
向往影视人物的生活方式,想按照影视中的人物来打造自己	318	4.98	5	133	4.53	115	7.58	70	3.62	-0.91
跟随潮流,别人看我也看	206	3.22	7	84	2.86	61	4.02	61	3.15	0.29
加强交流的一个方式	230	3.60	6	102	3.47	69	4.55	59	3.05	-0.42
其他	611	9.56	4	308	10.48	96	6.32	207	10.70	0.22
合计	6390	100	—	2938	100	1518	100	1934	100	—

第二,受访群体的看法。如表8-149所示,在2016年对受访群体的调查中,受访群体选择"消遣娱乐"的比率为57.11%,居于第一位。选择"我的生活中有一些困惑,从收看中可以找到答案"的比率为14.04%。其他选项的比率均不足10%。大部分受访群体眼中未成年人喜爱观看影视剧的原因是基于"消遣娱乐",其他因素占比较低。

从未成年人与成年人群体的比较来看,未成年人选择寻求答案、了解社会现实选项的比率较成年人群体要高。

表 8-149　受访群体眼中未成年人喜爱观看影视剧的原因（2016 年）

选项	总计			未成年人		成年人群体								未成年人与成年人群体比较率差
						合计		中学老师		家长		中学校长		
	人数	比率	排序	人数	比率	人数	比率	人数	比率	人数	比率	人数	比率	
消遣娱乐	1346	57.11	1	1104	57.08	242	57.21	103	62.05	110	56.99	29	45.31	-0.13
我的生活中有一些困惑，从收看中可以找到答案	331	14.04	2	293	15.15	38	8.98	8	4.82	21	10.88	9	14.06	6.17
了解社会现实	155	6.58	4	140	7.24	15	3.55	7	4.22	7	3.63	1	1.56	3.69
向往影视人物的生活方式，想按照影视中的人物来打造自己	129	5.47	5	70	3.62	59	13.95	23	13.86	22	11.40	14	21.88	-10.33
跟随潮流，别人看我也看	85	3.61	7	61	3.15	24	5.67	13	7.83	4	2.07	7	10.94	-2.52
加强交流的一个方式	87	3.69	6	59	3.05	28	6.62	11	6.63	16	8.29	1	1.56	-3.57
其他	224	9.50	3	207	10.70	17	4.02	1	0.60	13	6.74	3	4.69	6.68
合计	2357	100	—	1934	100	423	100	166	100	193	100	64	100	—

4."问题少年"受到不良影视文化的影响

（1）未成年人的自述。

如表 8-150 所示，在 2016 年对未成年人是否认为"问题少年"受到不良影视文化影响的调查中，55.53% 的未成年人选择"受到"，选择"没有受到"的比率为 20.84%，选择"其他"的比率为 23.63%。大部分未成年人认为"问题少年"受到不良影视文化的影响。因此，在对未成年人进行相关教育的过程中，必须加强对不良影视文化的管理与控制，从而减小其对未成年人的影响。

从性别的比较来看，女性未成年人认为"受到"的比率较高。从地域的比较来看，安徽省未成年人认为"没有受到"的比率较高。

表8-150　未成年人是否认为"问题少年"受到不良影视文化的影响（2016年）

选项	总计			性别					省域				
				男		女		比较率差	安徽省		外省（市）		比较率差
	人数	比率	排序	人数	比率	人数	比率		人数	比率	人数	比率	
受到	1074	55.53	1	554	53.47	520	57.91	4.44	599	55.62	475	55.43	-0.19
没有受到	403	20.84	3	280	27.03	123	13.70	-13.33	236	21.91	167	19.49	-2.42
其他	457	23.63	2	202	19.50	255	28.40	8.90	242	22.47	215	25.09	2.62
合计	1934	100	—	1036	100	898	100	—	1077	100	857	100	—

（2）受访群体的看法。

第一，中学老师的看法。如表8-151所示，在2013—2016年对中学老师是否认为"问题少年"受到了不良影视文化影响的调查中，76.39%的中学老师选择"受到"，居于第一位，选择"没有受到"的比率为14.40%。中学老师较未成年人自身更加倾向于认为"问题少年"受到了不良影视文化的影响。

从2016年与2013年的比较来看，2016年中学老师选择"受到"的比率较2013年有所上升。因此，需要进一步加强对不良影视文化的监管，从而为未成年人健康成长营造良好的社会环境。

表8-151　中学老师是否认为"问题少年"受到不良影视文化的影响（2013—2016年）

选项	总计			2013年		2014年		2015年		2016年		2016年与2013年比较率差
	人数	比率	排序	人数	比率	人数	比率	人数	比率	人数	比率	
受到	647	76.39	1	220	74.58	180	77.59	119	77.27	128	77.11	2.53
没有受到	122	14.40	2	51	17.29	34	14.66	19	12.34	18	10.84	-6.45
其他	78	9.21	3	24	8.14	18	7.76	16	10.39	20	12.05	3.91
合计	847	100	—	295	100	232	100	154	100	166	100	—

第二，家长的看法。如表8-152所示，在2013—2016年对家长是否认为"问题少年"受到了不良影视文化影响的调查中。76.03%的家长选择"受到"，10.52%的家长选择"没有受到"。更多的家长倾向于认为"问题少年"受到了不良影视文化的影响。

从2016年与2013年的比较来看，2016年家长选择"受到"比率较2013年略高，2016年选择"没有受到"的比率较2013年也有所增加。总的来说，多数家长认为不良影视文化在很大程度上影响了"问题少年"。

表8-152 家长是否认为"问题少年"受到了不良影视文化的影响（2013—2016年）

选项	总计			2013年		2014年		2015年		2016年		2016年与2013年比较率差
	人数	比率	排序	人数	比率	人数	比率	人数	比率	人数	比率	
受到	666	76.03	1	221	75.17	194	82.55	105	68.18	146	75.65	0.48
没有受到	92	10.52	3	25	8.50	16	6.81	30	19.48	21	10.88	2.38
其他	118	13.47	2	48	16.33	25	10.64	19	12.34	26	13.47	-2.86
合计	876	100	—	294	100	235	100	154	100	193	100	—

第三，中学校长的看法。如表8-153所示，在2013—2016年对中学校长是否认为"问题少年"受到了不良影视文化影响的调查中，选择"受到"的比率为88.27%，选择"没有受到"的比率为4.48%。大部分中学校长认为"问题少年"受到不良影视文化的影响。

从2016年与2013年的比较来，2016年中学校长选择"受到"的比率较2013年有所降低，但问题依然存在。多数中学校长认为少年之所以成为"问题少年"，不良影视文化难辞其咎。

表8-153 中学校长是否认为"问题少年"受到了不良影视文化的影响（2013—2016年）

选项	总计		2013年		2014年				2015年								2016年		2016年与2013年比较率差
					(1)		(2)		(1)		(2)		(3)		(4)				
	人数	比率	人数	比率	人数	比率	人数	比率	人数	比率	人数	比率	人数	比率	人数	比率	人数	比率	
受到	414	88.27	172	94.51	56	81.16	40	85.11	15	75.0	16	80.00	15	83.33	44	89.80	56	87.50	-7.01
没有受到	21	4.48	2	1.10	4	5.80	2	4.26	4	20.00	2	10.00	1	5.56	3	6.12	3	4.69	3.59
其他	34	7.25	8	4.40	9	13.04	5	10.64	1	5.00	2	10.00	2	11.11	2	4.08	5	7.81	3.41
合计	469	100	182	100	69	100	47	10	20	100	20	100	18	100	49	100	64	100	—

（3）受访群体看法的比较。

如表8-154所示，在2013—2016年对未成年人与成年人群体的调查中，受访群体选择"受到"的比率为74.06%，选择"没有受到"的比率为12.56%。大部分受访群体认为"问题少年"受到了不良影视文化的影响。

从单个群体来看,选择"受到"比率最高的群体是中学校长(88.27%),选择"没有受到"比率最高的群体是未成年人(20.84%)。从受访群体的整体认识来看,"问题少年"受到了不良影视文化的较大影响,有必要进一步加强对影视文化的监管。

表8-154 受访群体看法的比较

选项	受到	没有受到	其他	有效样本量/人
未成年人(2016年)	55.53%	20.84%	23.63%	1934
中学老师(2013—2016年)	76.39%	14.40%	9.21%	847
家长(2013—2016年)	76.03%	10.52%	13.47%	976
中学校长(2013—2016年)	88.27%	4.48%	7.25%	469
比率平均值	74.06%	12.56%	13.39%	—

5. 基本认识

(1)影视剧文化对未成年人的思想观念与行为将产生一定的影响。

电视剧文化对未成年人的价值观的影响主要表现在对其行为与思想观念的影响。未成年人在观看完影视剧后,其原有的思想意识会受到潜在的影响。这种潜在的意识影响或多或少会进而影响其做出的行为选择。在调查中,部分未成年人表示会模仿电视剧中的相关情节,说明影视剧已经对未成年人的行为选择产生了一定的影响。

(2)影视剧文化对未成年人价值观产生潜在的影响。

未成年人会将观看影视剧作为主要的休闲娱乐的方式,在观看的过程中,难免会受影视剧文化的影响。未成年人由于自身心智发展不成熟,缺乏一定的判断力,对影视剧的题材与内容缺乏一定的甄别能力。未成年人在观看的过程中,其价值观的形成与发展难免会受到一定的影响。要辩证分析影视剧文化的影响,既要看到其积极的一面,同时又要看到其消极的一面。

(3)充分发挥影视剧文化的积极与正面的导向作用。

影视剧文化对未成年人的影响具有两面性,我们既要看到好的一面,如丰富未成年人的课外生活,是一种很好的娱乐消遣方式。此外,影视剧文化对未成年人价值观也会产生消极性影响,其中一些情节有可能被未成年人所模仿,从而产生消极性后果,不利于未成年人正确价值观的形成与发展。

(三) 平面媒体的负面影响

1. 未成年人的自述

如表 8-155 所示，在 2010—2016 年对未成年人认为影响阅读的因素的调查中，选择"本人的情绪"的比率为 25.19%，选择"社会变化"的比率为 24.20%，选择"同学的阅读倾向"与"未成年人的时尚"的比率分别为 11.59% 与 11.23%。未成年人认为影响阅读的因素是多样的，主要表现为社会性因素、个人的兴趣爱好以及朋辈群体的影响。

从 2016 年与 2010 年的比较来看，2016 年未成年人选择"社会变化"的比率有所上升，2016 年选择"本人的情绪"的比率有所下降。

表 8-155 未成年人认为影响阅读的因素（2010—2016 年）

选项	总计		2010 年①		2011 年②		2012 年		2013 年		2014 年		2015 年		2016 年		2016 年与 2010 年比较率差
	人数	比率	人数	比率	人数	比率	人数	比率	人数	比率	人数	比率	人数	比率	人数	比率	
社会变化	3710	24.20	327	16.89	347	17.97	590	28.04	738	24.87	718	24.44	394	25.96	596	30.82	13.93
未成年人的时尚	1722	11.23	165	8.52	185	9.58	189	8.98	346	11.66	310	10.55	169	11.13	358	18.51	9.99
成年人的价值观	1426	9.30	223	11.52	237	12.27	203	9.65	262	8.83	227	7.73	111	7.31	163	8.43	-3.09
同学的阅读倾向	1777	11.59	188	9.71	135	6.99	274	13.02	480	16.17	422	14.36	139	9.16	139	7.19	-2.52
本人的情绪	3862	25.19	563	29.08	640	33.14	538	25.57	576	19.41	852	29.00	457	30.11	236	12.20	-16.88
作者的知名度	796	5.19	106	5.48	92	4.76	72	3.42	195	6.57	103	3.51	88	5.80	140	7.24	1.76
出版社的名望	182	1.19	40	2.07	22	1.14	21	1.00	35	1.18	31	1.06	13	0.86	20	1.03	-1.04
书刊的价格	737	4.81	165	8.52	113	5.85	102	4.85	133	4.48	106	3.61	59	3.89	59	3.05	-5.47
不知道	1117	7.29	159	8.21	160	8.29	115	5.47	203	6.84	169	5.75	88	5.80	223	11.53	3.32
合计	15329	100	1936	100	1931	100	2104	100	2968	100	2938	100	1518	100	1934	100	—

---

① 叶松庆. 当代未成年人的微阅读现状与引导对策 [J]. 中国出版，2013 (21)：62-65.
② 叶松庆. 2013 年当代未成年人的阅读趋势 [J]. 出版发行研究，2014 (4)：53-56.

2. 受访群体的看法

如表8-156所示,在2016年对受访群体的调查中,受访群体选择"社会变化"的比率为31.86%,居于第一位。选择"未成年人的时尚"的比率为18.24%,选择"本人的情绪"的比率为11.24%。大部分受访群体认为社会性因素占主导,其次是未成年人阶段性特征所展现出的个性因素。

从未成年人与成年人群体的比较来看,未成年人较为重视个人的情绪因素,而成年人群体则较为重视朋辈群体的影响。

表8-156 受访群体眼中影响未成年人阅读的因素(2016年)

选项	总计			未成年人		成年人群体								未成年人与成年人群体比较率差
						合计		中学老师		家长		中学校长		
	人数	比率	排序	人数	比率	人数	比率	人数	比率	人数	比率	人数	比率	
社会变化	751	31.86	1	596	30.82	155	36.64	58	34.94	78	40.41	19	29.69	-5.82
未成年人的时尚	430	18.24	2	358	18.51	72	17.02	34	20.48	27	13.99	11	17.19	1.49
成年人的价值观	204	8.66	6	163	8.43	41	9.69	13	7.83	21	10.88	7	10.94	-1.26
同学的阅读倾向	228	9.67	5	139	7.19	89	21.04	39	23.49	32	16.58	18	28.13	-13.85
本人的情绪	265	11.24	3	236	12.20	29	6.86	18	10.84	8	4.15	3	4.69	5.34
作者的知名度	151	6.41	7	140	7.24	11	2.60	2	1.20	7	3.63	2	3.13	4.64
出版社的名望	24	1.02	9	20	1.03	4	0.95	2	1.20	2	1.04	0	0.00	0.08
书刊的价格	63	2.67	8	59	3.05	4	0.95	0	0.00	3	1.55	1	1.56	2.10
不知道	241	10.22	4	223	11.53	18	4.26	0	0.00	15	7.77	3	4.69	7.27
合计	2357	100	—	1934	100	423	100	166	100	193	100	64	100	—

3. 基本认识

(1)平面媒体对未成年人阅读有较大的影响。

与网络媒体不同的是,平面媒体是以纸张为载体发布新闻或者资讯的媒体,主要指书刊以及其他出版物。现阶段,虽然网络阅读占有一定的比率,但在现实生活中,未成年人的阅读方式仍以纸质型阅读为主。平面媒体是未成年人重要的阅读方式。积极加强平面媒体建设,有助于促进未成年人良好阅读观的形成与发展。

(2) 注意重视平面媒体带来的消极性影响。

平面媒体中塑造的人物，会让一些未成年人产生潜在的模仿欲望，甚至会去刻意学习其中所蕴藏的不良行为与习惯。应当重视平面媒体带来的诸多如不良生活习惯、不健康的心理以及对传统价值观的扭曲等消极性影响。在发挥平面媒体的积极性作用的同时，注意防控其所带来的消极性影响，从而帮助未成年人逐渐确立正确的价值观。

(3) 重视平面媒体重要的载体性作用。

未成年人的阅读观是未成年人价值观的重要组成部分，重视未成年人的阅读，无疑对其价值观建设具有良好的塑形作用。充分发挥平面媒体的载体性作用，运用平面媒体的优势，进一步加强未成年人的思想道德建设，从而帮助未成年人形成正确的价值观。

（四）综合认识

1. 正确认识新媒体对未成年人价值观演变造成的影响

新媒体的出现大大丰富了未成年人的选择，未成年人的视野以及知识面也相应地开阔很多。未成年人在接触与运用传媒的过程中，其价值观念难免会受到影响，这种影响主要表现为积极的、正向的，也表现为消极的、负面的。各级教育工作者应当积极看待传媒对未成年人价值观造成的影响，趋利避害，实现教育效果的正向化。

2. 注意积极防控传媒对未成年人价值观带来的消极影响

传媒对未成年人造成影响的"双刃性"，应当积极防控传媒对未成年人价值观带来的消极性影响。针对消极影响的生成过程，对未成年人在这一过程中的行为表现做出相应的分析与评价，对其具体的行为做出适当的归因分析，从而实现教育效果的最大化。

3. 善于运用传媒加强对未成年人的教育

应当积极运用传媒加强对未成年人的教育，未成年人自身要提高鉴别与甄选能力，选择网络或新媒体中适合自身阶段性特征的成分加以吸收。此外，学校应创设良好的传媒环境，使用多媒体教育手段加强对未成年人的教育与引导，从而实现教育效果的最大化。

六、社会评价方面的原因

（一）受访群体的评价

1. 未成年人的自述

如表 8-157 所示，在 2016 年对未成年人认为的对当前未成年人价值观现状评价不太高原因的调查中，排在前三位的选项："未成年人的风气不好"（34.54%）、"未成年人中影响较坏的道德问题比较突出"（19.29%）、"未成年人的道德追求普遍降低了"（17.11%），其他选项的比率较低。未成年人认为自身素质较低、社会风气、不良事件的影响是对未成年人价值观评价不太高的主要原因。

从性别的比较来看，男性未成年人选择"未成年人的风气不好""未成年人中影响较坏的道德问题比较突出""未成年人的道德追求普遍降低了"等自身因素的比率较高。从地域的比较来看,外省(市)未成年人选择"未成年人的风气不好"的比率较高。

表8-157 未成年人认为的对当前未成年人价值观现状评价不太高的原因(2016年)

选项	总			性别				省域				
				男		女		比较率差	安徽省		外省(市)		比较率差
	人数	比率	排序	人数	比率	人数	比率		人数	比率	人数	比率	
未成年人的风气不好	668	34.54	1	372	35.91	296	32.96	-2.95	347	32.22	321	37.46	5.24
未成年人中影响较坏的道德问题比较突出	373	19.29	2	212	20.46	161	17.93	-2.53	211	19.59	162	18.90	-0.69
未成年人的道德追求普遍降低了	331	17.11	3	198	19.11	133	14.81	-4.3	219	20.33	112	13.07	-7.26
讲诚信的未成年人太少	119	6.15	5	51	4.92	68	7.57	2.65	76	7.06	43	5.02	-2.04
不懂感恩的未成年人太多	64	3.31	7	31	2.99	33	3.67	0.68	36	3.34	28	3.27	-0.07
知行一致的未成年人太少	67	3.46	6	37	3.57	30	3.34	-0.23	38	3.53	29	3.38	-0.15
不孝顺父母的未成年人太多	28	1.45	8	11	1.06	17	1.89	-0.83	21	1.95	7	0.82	1.13
其他	284	14.68	4	124	11.97	160	17.82	5.85	129	11.98	155	18.09	6.11
合计	1934	100	—	1036	100	898	100	—	1077	100	857	100	—

2. 受访群体的看法

(1)中学老师的看法。

如表8-158所示,在2014—2016年对中学老师认为的对当前未成年人价值观现状评价不太高原因的调查中,排在前三位的选项:"未成年人的道德追求普遍降低了"(26.99%)、"未成年人的风气不好"(25.36%)、"未成年人中影响较坏的道德问题比较突出"（21.56%），其他选项的比率较低。中学老师较倾向于认为是未成年人自身原因所致。

从2016年与2014年的比较来看，2016年中学老师选择"未成年人的风气不好"的比率较2014年高20.36%，是增幅最大的选项。越来越多的中学老师认为未成年人自身的问题是对其价值观现状评价不太高的主要原因。

表8-158 中学老师认为的对当前未成年人价值观现状评价不太高的原因（2014—2016年）

选项	总计			2014年		2015年		2016年		2016年与2014年比较率差
	人数	比率	排序	人数	比率	人数	比率	人数	比率	
未成年人的风气不好	140	25.36	2	45	19.40	29	18.83	66	39.76	20.36
未成年人中影响较坏的道德问题比较突出	119	21.56	3	57	24.57	33	21.43	29	17.47	-7.10
未成年人的道德追求普遍降低了	149	26.99	1	78	33.62	49	31.82	22	13.25	-20.37
讲诚信的未成年人太少	21	3.80	6	3	1.29	3	1.95	15	9.04	7.75
不懂感恩的未成年人太多	69	12.50	4	27	11.64	27	17.53	15	9.04	-2.60
知行一致的未成年人太少	33	5.98	5	14	6.03	11	7.14	8	4.82	-1.21
不孝顺父母的未成年人太多	10	1.81	8	6	2.59	0	0.00	4	2.41	-0.18
其他	11	1.99	7	2	0.86	2	1.30	7	4.22	3.36
合计	552	100	—	232	100	154	100	166	100	—

（2）家长的看法。

如表8-159所示，在2014—2016年对家长认为的对当前未成年人价值观现状评价不太高原因的调查中，排在前三位的选项："未成年人的风气不好"（24.74%）、"未成年人的道德追求普遍降低了"（23.37%）、"未成年人中影响较坏的道德问题比较突出"（19.59%），其他选项的比率较低。家长认为未成年人价值观现状评价不太高的原因是多种因素共同作用的结果。

从2016年与2014年的比较来看，2016年家长选择"未成年人的风气不好"的比率较2014年高22.88%，2016年的此项比率是2014年同项比率的2.34倍，说明家长对未成年人自身的问题看得较重。

表 8-159　家长认为的对当前未成年人价值观现状评价不太高的原因（2014—2016 年）

选项	总计			2014 年		2015 年		2016 年		2016 年与2014 年比较率差
	人数	比率	排序	人数	比率	人数	比率	人数	比率	
未成年人的风气不好	144	24.74	1	40	17.02	27	17.53	77	39.90	22.88
未成年人中影响较坏的道德问题比较突出	114	19.59	3	44	18.72	39	25.32	31	16.06	-2.66
未成年人的道德追求普遍降低了	136	23.37	2	66	28.09	41	26.62	29	15.03	-13.06
讲诚信的未成年人太少	22	3.78	6	8	3.40	3	1.95	11	5.70	2.30
不懂感恩的未成年人太多	103	17.70	4	62	26.38	25	16.23	16	8.29	-18.09
知行一致的未成年人太少	18	3.09	7	2	0.85	11	7.14	5	2.59	1.74
不孝顺父母的未成年人太多	12	2.06	8	2	0.85	2	1.30	8	4.15	3.30
其他	33	5.67	5	11	4.68	6	3.90	16	8.29	3.61
合计	582	100	—	235	100	154	100	193	100	

（3）中学校长的看法。

如表 8-160 所示，在 2013—2016 年对中学校长认为的对当前未成年人价值观现状评价不太高原因的调查中，排在前三位的选项："未成年人的道德追求普遍降低了"（34.97%）、"未成年人的风气不好"（22.60%）、"未成年人中影响较坏的道德问题比较突出"（20.04%），其他选项的比率较低。中学校长较多地表示未成年人的道德追求普遍降低，即未成年人没有树立起崇高的道德理想。

从 2016 年与 2013 年的比较来看，2016 年中学校长选择"未成年人道德追求普遍降低了"的比率有所下降，2016 年选择"未成年人的风气不好"的比率有所增加。

表8-160 中学校长认为的对当前未成年人价值观现状评价不太高的原因（2013—2016年）

选项	总计		2013年		2014年				2015年								2016年		2016年与2013年比较率差
					(1)		(2)		(1)		(2)		(3)		(4)				
	人数	比率	人数	比率	人数	比率	人数	比率	人数	比率	人数	比率	人数	比率	人数	比率	人数	比率	
未成年人的风气不好	106	22.60	45	24.73	12	17.39	14	29.79	5	25.00	4	20.00	1	5.56	3	6.12	22	34.38	9.65
未成年人中影响较坏的道德问题比较突出	94	20.04	35	19.23	13	18.84	13	27.66	5	25.00	5	25.00	4	22.22	12	24.49	7	10.94	-8.29
未成年人的道德追求普遍降低了	164	34.97	62	34.07	33	47.83	15	31.91	5	25.00	6	30.00	7	38.89	21	42.86	15	23.44	-10.63
讲诚信的未成年人太少	22	4.69	2	1.10	5	7.25	0	0.00	1	5.00	2	10.00	4	22.22	3	6.12	5	7.81	6.71
不懂感恩的未成年人太多	52	11.09	29	15.93	4	5.80	2	4.26	2	10.00	3	15.00	0	0.00	6	12.24	6	9.38	-6.55
知行一致的未成年人太少	19	4.05	5	2.75	2	2.90	3	6.38	1	5.00	0	0.00	0	0.00	4	8.16	4	6.25	3.50

(续表 8-160)

选项	总计		2013年		2014年				2015年								2016年		2016年与2013年比较率差
					(1)		(2)		(1)		(2)		(3)		(4)				
	人数	比率	人数	比率	人数	比率	人数	比率	人数	比率	人数	比率	人数	比率	人数	比率	人数	比率	
不孝顺父母的未成年人太多	3	0.64	0	0.00	0	0.00	0	0.00	1	5.00	0	0.00	1	5.56	0	0.00	1	1.56	1.56
其他	9	1.92	4	2.19	0	0.00	0	0.00	0	0.00	0	0.00	1	5.56	0	0.00	4	6.25	4.06
合计	469	100	182	100	69	100	47	100	20	100	20	100	18	100	49	100	64	100	—

(4) 德育工作者的看法。

如表 8-161 所示，在 2013 年对德育工作者认为当前未成年人价值观现状评价不太高的原因的调查中，排在前三位的选项："未成年人的道德追求普遍降低了"（25.58%）、"未成年人中影响较坏的道德问题比较突出"（23.26%）、"不懂感恩的未成年人太多"（20.93%），其他选项的比率较低。四分之一的德育工作者有"未成年人的道德追求普遍降低了"的认识。

从性别、地域与职别的比较来看，女性德育工作者倾向于认为"未成年人的风气不好"，城市学校德育工作者较多地表示"未成年人中影响较坏的道德问题比较突出"，而职别高的德育工作者倾向于认为"未成年人的道德追求普遍降低了"。

表 8-161 德育工作者认为当前未成年人价值观现状评价不太高的原因（2013年）

选项	总计			性别			地域			职别		
	人数	比率	排序	比率		比较率差	比率		比较率差	比率		比较率差
				男	女		城市	乡镇		领导	管理干部	
未成年人的风气不好	6	13.95	4	5.26	20.83	-15.57	12.12	20.00	-7.88	12.50	14.81	-2.31
未成年人中影响较坏的道德问题比较突出	10	23.26	2	26.32	20.83	5.48	27.27	10.00	17.27	18.75	25.93	-7.18
未成年人的道德追求普遍降低了	11	25.58	1	31.58	20.83	10.75	24.24	30.00	-5.76	31.25	22.22	9.03

（续表 8－161）

选项	总计			性别			地域			职别		
	人数	比率	排序	比率		比较率差	比率		比较率差	比率		比较率差
				男	女		城市	乡镇		领导	管理干部	
讲诚信的未成年人太少	1	2.33	7	0.00	4.17	－4.17	3.03	0.00	3.03	0.00	3.70	－3.70
不懂感恩的未成年人太多	9	20.93	3	21.05	20.83	0.22	18.18	30.00	－11.82	25.00	18.52	6.48
知行一致的未成年人太少	2	4.65	6	5.26	4.17	1.10	6.06	0.00	6.06	0.00	7.41	－7.41
不孝顺父母的未成年人太多	0	0.00	8	0.00	0.00	0.00	0.00	0.00	0.00	0.00	0.00	0.00
其他	4	9.30	5	10.53	8.34	2.19	9.10	10.00	－0.90	12.50	7.41	5.09
合计	43	100	—	100	100	—	100	100	—	100	100	—

（5）小学校长的看法。

如表 8－162 所示，在 2013—2015 年对小学校长认为当前未成年人价值观现状评价不太高原因的调查中，排在前三位的选项："未成年人的道德追求普遍降低了"（35.56%）、"未成年人中影响较坏的道德问题比较突出"（20.74%）、"不懂感恩的未成年人太多"（15.56%），其他选项的比率较低。小学校长选择的前三位看法的比率均超过了 15%，表明小学校长对这三个方面均较为重视。

从 2015 年与 2013 年的比较来看，2015 年小学校长选择"未成年人道德追求普遍降低了"的比率较 2013 年高了 19.18%，2015 年选择"知行一致的未成年人太少"的比率较 2013 年高了 15.92%。道德追求降低与知行不一导致未成年人价值观现状评价不太高，得到越来越多的小学校长的认同。

表 8－162 小学校长认为的对当前未成年人价值观现状评价不太高的原因（2013—2015 年）

选项	总计			2013 年（安徽省）		2014 年				2015 年（安徽省）				2015 年（2）与 2013 年比较率差
						全国部分省（市）(少数民族地区)（1）		安徽省（2）		（1）		（2）		
	人数	比率	排序	人数	比率	人数	比率	人数	比率	人数	比率	人数	比率	
未成年人的风气不好	8	5.93	5	2	5.26	2	7.69	1	3.03	2	11.76	1	4.76	－0.50

(续表8-162)

选项	总计			2013年(安徽省)		2014年				2015年(安徽省)				2015年(2)与2013年比较率差
						全国部分省(市)(少数民族地区)(1)		安徽省(2)		(1)		(2)		
	人数	比率	排序	人数	比率	人数	比率	人数	比率	人数	比率	人数	比率	
未成年人中影响较坏的道德问题比较突出	28	20.74	2	9	23.68	5	19.23	7	21.21	4	23.53	3	14.29	-9.39
未成年人的道德追求普遍降低了	48	35.56	1	9	23.68	5	19.23	19	57.58	6	35.29	9	42.86	19.18
讲诚信的未成年人太少	6	4.44	6	2	5.26	0	0.00	1	3.03	3	17.64	0	0.00	-5.26
不懂感恩的未成年人太多	21	15.56	3	8	21.05	7	26.92	2	6.06	1	5.88	3	14.29	-6.76
知行一致的未成年人太少	17	12.59	4	3	7.89	5	19.23	3	9.09	1	5.88	5	23.81	15.92
不孝顺父母的未成年人太多	2	1.48	8	1	2.63	1	3.85	0	0.00	0	0.00	0	0.00	-2.63
其他	5	3.70	7	4	10.55	1	3.85	0	0.00	0	0.00	0	0.00	-10.55
合计	135	100	—	38	100	26	100	33	100	17	100	21	100	—

3. 受访群体看法的比较

如表8-163所示,在对受访群体的调查中,中学校长对于未成年人价值观现状评价不太高的原因选择主要集中在"未成年人的道德追求普遍降低了""未成年人的风气不好"与"未成年人中影响较坏的道德问题比较突出"等方面。而在德育工作者与小学校长的选择中,结果也较为类似,但这两者选择"不懂感恩的未成年人太多"的比率较高。中学老师认为是未成年人自身的道德素质普遍不高所致,家长则认为未成年人的风气不好是主因。

表 8-163　受访群体看法的比较

受访群体	未成年人的风气不好	未成年人中影响较坏的道德问题比较突出	未成年人的道德追求普遍降低了	讲诚信的未成年人太少	不懂感恩的未成年人太多	知行一致的未成年人太少	不孝顺父母的未成年人太多	其他	有效样本量/人
未成年人（2016年）	34.54%	19.29%	17.11%	6.15%	3.31%	3.46%	1.45%	14.68%	1934
中学老师（2014—2016年）	25.36%	21.56%	26.99%	3.80%	12.50%	5.98%	1.81%	1.99%	552
家长（2014—2016年）	24.74%	19.59%	23.37%	3.78%	17.70%	3.09%	2.06%	5.67%	582
中学校长（2013—2016年）	22.60%	20.04%	34.97%	4.69%	11.09%	4.05%	0.64%	1.92%	469
德育工作者（2013年）	13.95%	23.26%	25.58%	2.33%	20.93%	4.65%	0.00%	9.30%	43
小学校长（2013—2015年）	5.93%	20.74%	25.56%	4.44%	15.56%	12.59%	1.48%	3.70%	135
比率平均值	21.19%	20.75%	27.26%	4.20%	13.52%	5.64%	1.24%	6.21%	—

（二）综合认识

1. 社会评价对未成年人价值观的形成与发展具有一定的"引导性"作用

对未成年人价值观的评价更多地表现为社会性评价，这种评价是针对未成年人群体在价值观方面存在的多种问题以及现状所做出的。该评价对未成年人价值观的形成与发展具有一定的"引导性"，这种引导性更多地表现为，未成年人通过评价认识到自身存在的问题，并积极地予以改变。此外，积极性评价有助于未成年人"固化"已有的成果，做出积极的改变。

2. 未成年人应通过自身努力逐渐消弭负性评价

在所测定的指标中，针对未成年人的风气、未成年人中的消极群体性事件以及对未成年人价值观的消极性评价，未成年人应当从多个方面着手，从生活中的点滴小事做起，确立正确的价值观,从而消弭这种负面的评价。

3. 努力促成社会评价与未成年人阶段性发展特征的契合性

对未成年人的评价应当注意结合未成年人自身的阶段性发展特征,既不能超出未成年人群体具备的特性,也不能出现"一片好"的评价,评价要中肯、针对未成年人的实际。只有保持较高的契合性,未成年人才能在评价中找出自身价值观演变过程中出现的不足,从而形成正确的认识。

七、对未成年人价值观变化与教育问题成因的总体认识

(一)未成年人价值观与教育受到多种因素的共同作用

从调查的数据与分析来看,未成年人的价值观更多地表现为社会因素、学校因素、家庭因素以及未成年人自身等多方面因素共同作用的结果。因此,从侧面也可以看出,未成年人价值观内涵与组成的复杂性与多维度性。其受多种因素的影响,应当注意各种因素影响的范围、性质以及状态。在范围上,注意对影响因素的分层,诸如宏观、中观与微观。在性质上,可划分为正性影响因素与阻滞影响因素。在状态上,进一步可扩充为开放性影响因素以及封闭性影响因素。综合看待多种因素的影响,注重从多个维度对影响因素进行分析,从而促使影响因素合力的形成,为未成年人价值观的健康发展打下坚实的基础。

(二)注意协调因素间的"分散性"与"共融性"关系

各个因素有其自身的特点与个性化的成分,即各种因素存在"分散性",这种分散性的存在更多地侧重于作用渠道的单一性,并不是指作用效果的分散性。所谓"共融性",是指多种因素间潜在或间接存在的某种趋于效果最大化的联系。因此,在未成年人价值观形成的过程中,应注意把握各种因素的"分散性"与"共融性"之间的关系,从而形成影响因素的合力。影响因素合力的形成,在一定程度上有助于强化未成年人价值观积极的一面,对出现的消极或不良趋势进行相应的抑制与管控,从而促使未成年人的价值观朝着符合社会预期的方向发展。

(三)充分发挥"原始性"因素的基础作用

在对多种影响因素的分析中,作为能动性较强的因素之一的未成年人自身,应当主动积极地发挥主观能动性。未成年人的"原始性"因素更多地侧重于能动作用发挥的自我主动性,这种主动性的萌发是未成年人基于评价、分析以及对自身的认识而产生的。应当看到,对未成年人价值观培养的过程中,未成年人是重要的参与主体。未成年人应在把握各种因素积极性影响的前提下,结合自身实际,通过自己的努力以及借助其他教育力量(家长、老师等)来促使自身价值观的健康稳定发展。

第九章　当代未成年人价值观教育的主要策略

本章在第三章至第八章的基础上,从知晓依靠力量与明确效仿群体、重视传统美德的继承与传续、充分发挥媒体的教育功能等社会层面,从领导要高度重视、工作难点要明确、教育方向要选准、引导方法要对路、充分发挥教育者的引导作用等学校层面,从进一步调动家长的积极性、家长要以身作则等家庭层面,从切实正视自身不足、精确了解价值取向、努力强化接受心理、积极培育幸福体系、认真做到慎独自律等未成年人个人层面,探讨未成年人价值观教育的主要策略。

一、社会层面

(一)知晓依靠力量

1. 受访群体的看法

(1)未成年人的看法。

如表9-1所示,在2013—2016年对未成年人认为自身价值观演化的依靠力量的调查中,各选项的排序:"政策引导"(19.20%)、"家庭的影响"(17.64%)、"学校教育培养"(16.51%)、"各种因素都有"(14.74%)、"社会价值导向的影响"(11.93%)、"父母、亲属的影响"(7.30%)、"成年人行为的引领"(4.78%)、"社会思潮的影响"(3.76%)、"不清楚"(2.14%)、"传统美德的影响"(2.01%)。可见,从未成年人自身来看,"政策引导"、家庭的力量与学校教育是很值得依靠的。同时,未成年人认为依靠力量是多元的,并不一定是某个单一力量在发挥作用。从比率上来看,各依靠力量的选择比率较为平均,这也反映了未成年人认同依靠力量多元化的观点。

表9-1　未成年人认为自身价值观演化的依靠力量（2013—2016年）

选项	总计			2013年		2014年		2015年		2016年		2016年与2013年比较率差
	人数	比率	排序	人数	比率	人数	比率	人数	比率	人数	比率	
政策引导	1797	19.20	1	455	15.33	506	17.22	274	18.05	562	29.06	13.73
社会价值导向的影响	1116	11.93	5	373	12.57	297	10.11	198	13.04	248	12.82	0.25
学校教育培养	1545	16.51	3	472	15.90	583	19.84	179	11.79	311	16.08	0.18
家庭的影响	1651	17.64	2	581	19.58	526	17.90	280	18.45	264	13.65	-5.93
父母、亲属的影响	683	7.30	6	222	7.48	169	5.75	129	8.50	163	8.43	0.95
传统美德的影响	188	2.01	10	46	1.55	36	1.23	75	4.94	31	1.60	0.05
成年人行为的引领	447	4.78	7	146	4.92	201	6.84	44	2.90	56	2.90	-2.02
社会思潮的影响	352	3.76	8	72	2.43	0	0.00	152	10.01	128	6.62	4.19
各种因素都有	1379	14.74	4	541	18.23	587	19.98	154	10.14	97	5.02	-13.21
不清楚	200	2.14	9	60	2.02	33	1.12	33	2.17	74	3.83	1.81
合计	9358	100	—	2968	100	2938	100	1518	100	1934	100	—

（2）中学老师的看法。

如表9-2所示，在2013—2016年对中学老师认为未成年人的价值观演化的依靠力量的调查中，各选项的排序："社会价值导向的影响"（35.77%）、"家庭的影响"（14.99%）、"政策引导"（12.75%）、"父母、亲属的影响"（8.03%）、"社会思潮的影响"（7.44%）、"学校教育培养"（6.73%）、"各种因素都有"（6.14%）、"成年人行为的引领"（4.84%）、"传统美德的影响"（2.83%）、"不清楚"（0.47%）。可见，中学老师的选择与未成年人的选择有着一定程度的不同。其中，中学老师认为"社会价值导向的影响"处于第一位，且接近四成的中学老师做出了这样的选择。而在其他选项上的选择率则相对较低，这与未成年人选择较为平均有所区别。

表9-2　中学老师认为未成年人价值观演化的依靠力量（2013—2016年）

选项	总计			2013年		2014年		2015年		2016年		2016年与2013年比较率差
	人数	比率	排序	人数	比率	人数	比率	人数	比率	人数	比率	
政策引导	108	12.75	3	26	8.81	26	11.21	17	11.04	39	23.49	14.68
社会价值导向的影响	303	35.77	1	130	44.07	84	36.21	51	33.12	38	22.89	-21.18
学校教育培养	57	6.73	6	18	6.10	14	6.03	9	5.84	16	9.64	3.54
家庭的影响	127	14.99	2	26	8.81	48	20.69	31	20.13	22	13.25	4.44

(续表 9-2)

选项	总计			2013 年		2014 年		2015 年		2016 年		2016 年与 2013 年比较率差
	人数	比率	排序	人数	比率	人数	比率	人数	比率	人数	比率	
父母、亲属的影响	68	8.03	4	22	7.46	13	5.60	14	9.09	19	11.45	3.99
传统美德的影响	24	2.83	9	7	2.37	4	1.72	5	3.25	8	4.82	2.45
成年人行为的引领	41	4.84	8	19	6.44	6	2.59	8	5.19	8	4.82	-1.62
社会思潮的影响	63	7.44	5	0	0.00	37	15.95	17	11.04	9	5.42	5.42
各种因素都有	52	6.14	7	44	14.92	0	0.00	2	1.30	6	3.61	-11.31
不清楚	4	0.47	10	3	1.02	0	0.00	0	0.00	1	0.60	-0.42
合计	847	100	—	295	100	232	100	154	100	166	100	—

(3) 家长的看法。

如表 9-3 所示,在 2013—2016 年对家长认为未成年人的价值观演化的依靠力量的调查中,各选项的排序:"社会价值导向的影响"(23.10%)、"政策引导"(19.47%)、"各种因素都有"(14.44%)、"学校教育培养"(11.55%)、"家庭的影响"(10.70%)、"社会思潮的影响"(5.67%)、"成年人行为的引领"(5.24%)、"父母、亲属的影响"(5.13%)、"不清楚"(2.78%)、"传统美德的影响"(1.93%)。从排序上来看,家长的看法与中学老师比较接近,从比率上来看,家长的选择则相对平均。

表 9-3 家长认为未成年人价值观演化的依靠力量(2013—2016 年)

选项	总计			2013 年		2014 年		2015 年		2016 年		2016 年与 2013 年比较率差
	人数	比率	排序	人数	比率	人数	比率	人数	比率	人数	比率	
政策引导	182	19.47	2	44	14.97	44	14.97	28	18.18	66	34.20	19.23
社会价值导向的影响	216	23.10	1	76	25.85	76	25.85	31	20.13	33	17.10	-8.75
学校教育培养	108	11.55	4	32	10.88	32	10.88	21	13.64	23	11.92	1.04
家庭的影响	100	10.70	5	30	10.20	30	10.20	13	8.44	27	13.99	3.79
父母、亲属的影响	48	5.13	8	15	5.10	15	5.10	8	5.19	10	5.18	0.08
传统美德的影响	18	1.93	10	2	0.68	2	0.68	4	2.60	10	5.18	4.50
成年人行为的引领	49	5.24	7	18	6.12	18	6.12	10	6.49	3	1.55	-4.57
社会思潮的影响	53	5.67	6	0	0.00	0	0.00	39	25.32	14	7.25	7.25
各种因素都有	135	14.44	3	65	22.11	65	22.11	0	0.00	5	2.59	-19.52
不清楚	26	2.78	9	12	4.08	12	4.08	0	0.00	2	1.04	-3.04
合计	935	100	—	294	100	294	100	154	100	193	100	—

（4）中学校长的看法。

如表9-4所示，在2013—2016年对中学校长认为未成年人的价值观演化的依靠力量的调查中，各选项的排序："社会价值导向的影响"（35.18%）、"政策引导"（14.50%）、"学校教育培养"（12.15%）、"家庭的影响"（10.23%）、"社会思潮的影响"（8.32%）、"各种因素都有"（6.40%）、"父母、亲属的影响"（5.76%）、"成年人行为的引领"（4.90%）、"传统美德的影响"（2.35%）、"不清楚"（0.21%）。在中学校长的选择中，"社会价值导向的影响"同样被放在了首位，且占据了较高的比率。其次是"政策引导"，这一点是与其他群体选择不同的地方，反映了"政策引导"对于未成年人价值观演化的作用较大。

表9-4 中学校长认为未成年人价值观演化的依靠力量（2013—2016年）

选项	总计		2013年		2014年(1)		2014年(2)		2015年(1)		2015年(2)		2015年(3)		2015年(4)		2016年		2016年与2013年比较率差
	人数	比率	人数	比率	人数	比率	人数	比率	人数	比率	人数	比率	人数	比率	人数	比率	人数	比率	
政策引导	68	14.50	28	15.38	6	8.70	11	23.40	3	15.00	1	5.00	0	0.00	3	6.12	16	25.00	9.62
社会价值导向的影响	165	35.18	77	42.31	26	37.68	8	17.02	5	25.00	6	30.00	7	38.89	21	42.86	15	23.44	-18.87
学校教育培养	57	12.15	9	4.95	7	10.14	10	21.28	3	15.00	7	35.00	1	5.56	6	12.24	14	21.88	16.93
家庭的影响	48	10.23	19	10.44	4	5.80	11	23.40	2	10.00	1	5.00	1	5.56	4	8.16	6	9.38	-1.06
父母、亲属的影响	27	5.76	12	6.59	3	4.35	0	0.00	1	5.00	0	0.00	2	11.11	6	12.24	3	4.69	-1.90
传统美德的影响	11	2.35	3	1.65	3	4.35	0	0.00	1	5.00	0	0.00	1	5.56	3	6.12	0	0.00	-1.65

(续表9-4)

选项	总计		2013年		2014年				2015年								2016年		2016年与2013年比较率差
					(1)		(2)		(1)		(2)		(3)		(4)				
	人数	比率	人数	比率	人数	比率	人数	比率	人数	比率	人数	比率	人数	比率	人数	比率	人数	比率	
成年人行为的引领	23	4.90	8	4.40	2	2.90	2	4.26	1	5.00	2	10.00	1	5.56	4	8.16	3	4.69	0.29
社会思潮的影响	39	8.32	3	1.65	18	26.09	5	10.64	4	20.00	3	15.00	0	0.00	0	0.00	6	9.38	7.73
各种因素都有	30	6.40	23	12.64	0	0.00	0	0.00	0	0.00	0	0.00	4	22.22	2	4.08	1	1.56	−11.08
不清楚	1	0.21	0	0.00	0	0.00	0	0.00	0	0.00	0	0.00	1	5.56	0	0.00	0	0.00	0.00
合计	469	100	182	100	69	100	47	100	20	100	20	100	18	100	49	100	64	100	—

（5）德育工作者的看法。

如表9-5所示，在2013年对德育工作者认为未成年人的价值观演化的依靠力量的调查中，各选项的排序："社会价值导向的影响"（34.88%）、"家庭的影响"（18.60%）、"学校教育培养"（16.28%）、"政策引导"（11.63%）、"成年人行为的引领"（6.98%）、"各种因素都有"（4.65%）、"父母、亲属的影响"（2.33%）、"社会思潮的影响"（2.33%）、"不清楚"（2.33%）、"传统美德的影响"（0.00%）。在德育工作者的选择中，家庭的影响排在了第二位，反映了德育工作者对于家庭力量的重视。此外，德育工作者对"学校教育影响"的选择比率也较高。

从性别、地域、职别的比较来看，男性德育工作者、乡镇德育工作者、普通德育工作者较多地认为社会价值导向的力量较大。而女性德育工作者、城市德育工作者与职别高的德育工作者则较多地认为家庭的力量较为重要。

表9-5 德育工作者认为未成年人价值观演化的依靠力量（2013年）

选项	总计			性别			地域			职别		
	人数	比率	排序	比率 男	比率 女	比较率差	比率 城市	比率 乡镇	比较率差	比率 领导	比率 管理干部	比较率差
政策引导	5	11.63	4	10.53	12.50	-1.97	15.15	0.00	15.15	0.00	18.52	-18.52
社会价值导向的影响	15	34.88	1	42.11	29.17	12.94	33.33	40.00	-6.67	31.25	37.04	-5.79
学校教育培养	7	16.28	3	15.79	16.67	-0.88	9.09	40.00	-30.91	25.0	11.11	13.89
家庭的影响	8	18.60	2	15.79	20.83	-5.04	21.21	10.00	11.21	25.00	14.83	10.17
父母、亲属的影响	1	2.33	7	0.00	4.17	-4.17	3.03	0.00	3.03	0.00	3.70	-3.70
传统美德的影响	0	0.00	10	0.00	0.00	0.00	0.00	0.00	0.00	0.00	0.00	0.00
成年人行为的引领	3	6.98	5	10.53	4.17	6.36	6.06	10.00	-3.94	12.50	3.70	8.80
社会思潮的影响	1	2.33	7	0.00	4.17	-4.17	3.03	0.00	3.03	0.00	3.70	-3.70
各种因素都有	2	4.65	6	0.00	8.32	-8.33	6.06	0.00	6.06	6.25	3.70	2.55
不清楚	1	2.33	7	5.25	0.00	5.26	3.04	0.00	3.04	0.00	3.70	-3.70
合计	43	100	—	100	100		100	100		100	100	

（6）小学校长的看法。

如表9-6所示，在2013—2015年对小学校长认为未成年人价值观演化的依靠力量的调查中，各选项的排序："社会价值导向的影响"（39.26%）、"社会思潮的影响"（12.59%）、"各种因素都有"（11.85%）、"家庭的影响"（9.63%）、"政策引导"（8.15%）、"成年人行为的引领"（6.67%）、"学校教育培养"（5.19%）、"父母、亲属的影响"（5.19%）、"传统美德的影响"（0.74%）、"不清楚"（0.74%）。小学校长认为未成年人价值观演化依靠力量中"社会价值导向的影响"居多，将近四成的小学校长予以选择，而在其他方面的影响则相对较少。

表9-6 小学校长认为未成年人价值观演化的依靠力量(2013—2015年)

选项	总计			2013年(安徽省)		2014年 全国部分省(市)(少数民族地区)(1)		2014年 安徽省(2)		2015年(安徽省)(1)		2015年(2)		2015年(2)与2013年比较率差
	人数	比率	排序	人数	比率	人数	比率	人数	比率	人数	比率	人数	比率	
政策引导	11	8.15	5	3	7.89	3	11.54	1	3.03	2	11.76	2	9.52	1.63
社会价值导向的影响	53	39.26	1	22	57.89	8	30.77	10	30.30	3	17.65	10	47.62	-10.27
学校教育培养	7	5.19	7	1	2.63	2	7.69	2	6.06	2	11.76	0	0.00	-2.63
家庭的影响	13	9.63	4	2	5.26	1	3.85	5	15.15	1	5.88	4	19.05	13.79
父母、亲属的影响	7	5.19	7	2	5.26	1	3.85	2	6.06	2	11.76	0	0.00	-5.26
传统美德的影响	1	0.74	9	0	0.00	0	0.00	0	0.00	1	5.88	0	0.00	0.00
成年人行为的引领	9	6.67	6	0	0.00	5	19.23	2	6.06	1	5.88	1	4.76	4.76
社会思潮的影响	17	12.59	2	0	0.00	0	0.00	10	30.30	3	17.65	4	19.05	19.05
各种因素都有	16	11.85	3	8	21.05	6	23.08	1	3.03	1	5.88	0	0.00	-21.05
不清楚	1	0.74	9	0	0.00	0	0.00	0	0.00	0	0.00	0	0.00	0.00
合计	135	100	—	38	100	26	100	33	100	17	100	21	100	—

(7)受访群体看法的比较。

如表9-7所示,在2013—2016年对受访群体的调查中,各群体对于未成年人价值观演化依靠力量的选择主要集中在"社会价值导向的影响""政策引导""家庭的影响""学校教育培养"等方面。其中,中学老师、中学校长以及小学校长较多地选择了"社会价值导向的影响",未成年人与德育工作者较多地选择了"家庭的影响"以及"学校教育培养"。可见各群体的选择大同小异,各有侧重点,并且均表示综合因素的影响作用是不容忽视的。

表9-7 受访群体看法的比较

选项	政策引导	社会价值导向的影响	学校教育培养	家庭的影响	父母、亲属的影响	传统美德的影响	成年人行为的引领	社会思潮的影响	各种因素都有	不清楚	有效样本量/人
未成年人（2013—2016年）	19.20%	11.93%	16.51%	17.64%	7.3%	2.01%	4.78%	3.76%	14.74%	2.14%	9358
中学老师（2013—2016年）	12.75%	35.77%	6.73%	14.99%	8.03%	2.83%	4.84%	7.44%	6.14%	0.47%	847
家长（2013—2016年）	19.47%	23.10%	11.55%	10.70%	5.13%	1.93%	5.24%	5.67%	14.44%	2.78%	935
中学校长（2013—2016年）	14.50%	35.18%	12.15%	10.23%	5.76%	2.35%	4.90%	8.32%	6.40%	0.21%	469
德育工作者（2013年）	11.63%	34.88%	16.28%	18.60%	2.33%	0.00%	6.98%	2.33%	4.65%	2.33%	43
小学校长（2013年）	7.89%	57.89%	2.63%	5.26%	5.26%	0.00%	0.00%	0.00%	21.05%	0.00%	38
比率平均值	14.24%	33.13%	10.98%	12.90%	5.64%	1.52%	4.46%	4.59%	11.24%	1.32%	—

2. 访谈结果分析

（1）中学校长（副校长）、中学政教处主任（副主任）的看法。

除了问卷调查，本研究还设计了一些访谈，对象基本涵盖了问卷调查的所有群体。为方便分析，笔者将访谈结果量化，得出一些访谈结果分析表，来佐证问卷调查的结果。

如表9-8所示，校长（副校长）与政教处主任（副主任）分别选择了未成年人价值观演化的依靠因素。其中，在25个访谈对象中，选择"社会价值导向的影响"与"学校教育培养"的人数最多，选择其余方面的影响如"政策引导""家庭的影响"等也较多，表明了中学校长（副校长）与政教处主任（副主任）对于未成年人价值观演化的影响因素的关注点较为广泛。从两个群体的对比来看，中学校长（副校长）与政教处主任（副主任）对于各项的选择较为类似。

表9-8 中学校长（副校长）、政教处主任（副主任）认为未成年人价值观演化的依靠力量（多选题）（2013年）

选项	总计	中学校长（副校长）					中学政教处主任（副主任）				
		合计	合肥市巢湖市第二中学	芜湖市无为县襄安中学	淮南市凤台县左集中学	安庆市潜山中学	合计	合肥市巢湖市第二中学	芜湖市无为县襄安中学	淮南市凤台县左集中学	安庆市潜山中学
政策引导	3	1		√			2		√		√
社会价值导向的影响	4	2	√	√			2		√		√
学校教育培养	4	2		√	√		2	√	√		
家庭的影响	3	1		√			2	√		√	
父母、亲属的影响	1	1									
传统美德的影响	3	2	√	√			1	√			
成年人行为的引领	1	1	√								
社会思潮的影响	3	1	√				2	√			√
各种因素都有	3	2		√		√	1				√
不清楚	0										
合计	25	13	4	7	1	1	12	4	3	1	4

（2）中学班主任与中学老师的看法。

表9-9反映了中学班主任与中学老师对于未成年人价值观演化依靠力量的看法。在33位班主任与老师中，有11位表示未成年人价值观演化的依靠力量是"社会价值导向的影响"，占据了三分之一。余下较多地选择了"学校教育培养"以及"家庭的影响"等方面。

从两个群体的对比来看，班主任与老师的选择也很类似，主要集中点基本相同。

表9-9 中学班主任、中学老师认为未成年人价值观演化的依靠力量（2013年）

选项	总计	中学班主任									中学老师				
		合计	合肥市巢湖市第二中学		芜湖市无为县襄安中学		淮南市凤台县左集中学		安庆市潜山中学		合计	合肥市巢湖市第二中学	芜湖市无为县襄安中学	淮南市凤台县左集中学	安庆市潜山中学
			1	2	3	4	5	6	7	8		1	2	3	4
政策引导	3	3		√	√	√									
社会价值导向的影响	11	7		√	√	√	√	√	√	√	4	√	√	√	√
学校教育培养	5	4		√	√	√			√		1	√			
家庭的影响	5	4	√		√	√			√		1				√
父母、亲属的影响	3	3	√		√				√						
传统美德的影响	1	1			√										
成年人行为的引领	1	1			√										
社会思潮的影响	2	2	√						√						
各种因素都有	2	2			√	√									
不清楚	0														
合计	33	26	2	4	7	6	1	1	1	5	6	3	1	1	1

（3）家长的看法。

如表9-10所示，家长的选择主要集中在"社会价值导向的影响""家庭的影响"以及"父母、亲属的影响"等方面。与其他群体的选择相比，家长更加侧重学校、家庭成员对于未成年人价值观演化的影响，对于其他方面的选择则相对较少。

表9-10 家长认为未成年人价值观演化的依靠力量（2013年）

选项	总计	合肥市巢湖市第二中学					芜湖市无为县襄安中学					淮南市凤台县左集中学					安庆市潜山中学			
		1	2	3	4	5	6	7	8	9	10	11	12	13	14	15	16	17	18	19
政策引导	4	√		√								√					√			
社会价值导向的影响	10			√	√	√							√	√			√	√	√	√

(续表9-10)

选项	总计	合肥市巢湖市第二中学					芜湖市无为县襄安中学					淮南市凤台县左集中学					安庆市潜山中学			
		1	2	3	4	5	6	7	8	9	10	11	12	13	14	15	16	17	18	19
学校教育培养	12	√	√	√	√	√		√		√	√					√		√	√	√
家庭的影响	8	√		√	√	√										√		√	√	√
父母、亲属的影响	8	√		√	√	√		√	√									√	√	
传统美德的影响	4			√		√												√	√	
成年人行为的引领	4			√	√										√				√	
社会思潮的影响	3			√	√										√					
各种因素都有	2								√						√					
不清楚	0																			
合计	55	4	1	8	4	7	1	2	1	1	1	1	1	1	1	5	2	3	3	6

3. 其他研究者的调研成果分析

如表9-11所示，李祖超、向菲菲在2011年对上海市、湖北省、广东省、河南省、福建省、安徽省等6省（市）28所中等学校未成年人的调查显示，对未成年人价值观形成与变化影响排在前三位的是："父母"（49.8%）、"老师"（20.7%）、"朋友"（16.7%）。父母对未成年人的影响最大。

洪明在2016年5月对北京、湖南、安徽、陕西、新疆、广西等12省（市）未成年人的调查显示，在三个类别的首要因素中，"重要他人"类别中的家长对未成年人价值观的形成具有重要的影响，"文化环境"类别中的社会风气的影响比重最大，"教育活动"类别中的课堂教学的比重较大。从其他研究者的调研成果来看，未成年人价值观的形成主要受到社会风气、家长以及课堂教学的影响。

总的来说，其他研究者的调研成果与本研究的调查结果相似，具有较高的吻合度，从侧面可看出本研究结果的可信度。

表 9-11 未成年人认为价值观形成的依靠力量

2011年上海市、湖北省、广东省、河南省、福建省、安徽省等6省（市）28所中等学校的未成年人调查（N：1996）[①]		2016年5月北京、湖南、安徽、陕西、新疆、广西等12省（市）的未成年人调查（N：5137）[②]					
哪类人对青少年思想道德形成影响最大		影响未成年人价值观形成的力量					
		重要他人		文化环境		教育活动	
选项	比率	选项	比率	选项	比率	选项	比率
父母	49.8	家长	65.2	社会风气	42.4	课堂教学	13.1
老师	20.7	教师	48.4	文学作品	22.8	主题教育活动	7.8
朋友	16.7	同伴	47.6	网络环境	22.5	志愿行动	7.0
同学	7.1	明星	9.7	—	—	共青团/少先队	4.3
亲戚	1.6	—	—	—	—	—	—
其他	4.0	—	—	—	—	—	—
合计	100	合计	100	合计	100	合计	100

4. 基本认识

（1）鼓励未成年人积极参与社会实践活动，了解社会发展动态。

在未成年人价值观演化依靠的力量方面，本研究列举了8种比较具有代表性的影响力量。从各群体的选择来看，"社会价值导向的影响"是除未成年人之外其他群体认为的对于未成年人价值观演化的最大依靠力量，对此认识的高度一致，可见社会价值导向的作用所在。社会价值导向，是从宏观层面来透视未成年人价值观的发展。应当落实到未成年人自身的实际，并结合社会价值的导向，注重鼓励未成年人积极参与社会实践活动，了解社会发展动态。未成年人积极参加社会实践活动，在社会实践活动中，增进人与人之间的了解，增强对社会的了解。此外，鼓励未成年人了解社会发展的动态，因势利导，加强对未成年人的教育与引导，使未成年人的价值观发展契合社会主流意识形态的发展。

[①] 李祖超，向菲菲. 我国青少年思想道德建设现状调查分析 [J]. 学校党建与思想教育，2011 (6)：34-36.

[②] 洪明. 我国中学生核心价值观素养状况调查报告 [J]. 中国青年研究，2016 (9)：73-84.

(2) 学校应开展形式多样的教育活动以加强对未成年人价值观的教育。

从未成年人价值观演化的依靠力量的调查中，学校层面的教育因素对未成年人价值观的形成与发展产生积极性作用。从学校的教学实际来看，学校应当开展形式多样的教育活动来加强对未成年人的价值观教育，让学生在互动中增进对彼此的了解，增强集体的凝聚力、团队协作等能力。未成年人积极参与学校组织的教育活动，其身心健康得到发展，这无疑也会促进其价值观的形成与发展。

(3) 在考虑主导力量的前提下，从其他途径具体了解未成年人价值观的发展。

如表9-12所示，在2016年受访群体眼中未成年人知晓自身价值观发展依靠力量的途径的调查中，选择"常听老师说""自己体悟""常听家长说"位居前三位。从未成年人与成年人群体的比较来看，未成年人更加注重自身的体悟对价值观形成的影响。在考虑主导力量的前提下，应当注重考虑家庭以及自身的体悟。未成年人本身则把"家庭的影响"视为最重要的依靠力量，究其原因应该是未成年人主要接触的是家庭成员，对于他们这个年纪的群体来说，一直与家人在一起，受到的影响必定很多。而家庭的影响在其他群体的选择中所占据的比率也没有表现得很高。家长应当以身作则，为未成年人树立良好的榜样。

表9-12 受访群体眼中未成年人知晓自身价值观发展依靠力量的途径（2016年）

选项	总计			未成年人		成年人群体								未成年人与成年人群体比较率差
						合计		中学老师		家长		中学校长		
	人数	比率	排序	人数	比率	人数	比率	人数	比率	人数	比率	人数	比率	
常听老师说	825	35.00	1	638	32.99	187	44.21	60	36.14	96	49.74	31	48.44	-11.22
常听家长说	360	15.27	3	284	14.68	76	17.97	31	18.67	30	15.54	15	23.44	-3.29
自己体悟	395	16.76	2	354	18.30	41	9.69	19	11.45	17	8.81	5	7.81	8.61
从网络上了解	104	4.41	7	89	4.60	15	3.55	7	4.22	7	3.63	1	1.56	1.05
从电视上了解	131	5.56	6	109	5.64	22	5.20	10	6.02	7	3.63	5	7.81	0.44
从社会现象中了解	213	9.04	5	158	8.17	55	13.00	23	13.86	27	13.99	5	7.81	-4.83
其他	46	1.95	8	36	1.86	10	2.36	7	4.22	2	1.04	1	1.56	-0.5
不清楚	283	12.01	4	266	13.75	17	4.02	9	5.42	7	3.63	1	1.56	9.73
合计	2357	100	—	1934	100	423	100	166	100	193	100	64	100	—

（二）明确效仿群体

1. 教师与公务员是道德标准群体

（1）未成年人的看法。

如表9-13所示，在2013年、2016年就未成年人对我国公民道德水平应以哪个群体为标准的看法的调查中，各选项的排序："公务员"（23.22%）、"教师"（17.24%）、"其他"（16.14%）、"科技工作者"（10.26%）、"工人"（9.73%）、"农民"（9.65%）、"民营企业家"（5.32%）、"律师"（3.49%）、"打工者"（3.14%）、"企业家"（1.82%）。在未成年人眼中，公务员是道德水平最高的群体，然后是教师及其他群体，但总的来说分布较为均匀。

表9-13 未成年人对我国公民道德水平应以哪个群体为标准的看法（2013年、2016年）

选项	总计			2013年			2016年			2016年与2013年比较率差
	人数	比率	排序	人数	比率	排序	人数	比率	排序	
公务员	1138	23.22	1	564	19.00	2	574	29.68	1	10.68
工人	477	9.73	5	276	9.30	6	201	10.39	4	1.09
农民	473	9.65	6	290	9.77	5	183	9.46	6	-0.31
民营企业家	261	5.32	7	183	6.17	7	78	4.03	7	-2.14
科技工作者	503	10.26	4	303	10.21	4	200	10.34	5	0.13
教师	845	17.24	2	587	19.78	1	258	13.34	3	-6.44
律师	171	3.49	8	120	4.04	8	51	2.64	9	-1.4
打工者	154	3.14	9	102	3.44	9	52	2.69	8	-0.75
企业家	89	1.82	10	73	2.46	10	16	0.83	10	-1.63
其他	791	16.14	3	470	15.84	3	321	16.60	2	0.76
合计	4902	100	—	2968	100	—	1934	100	—	—

（2）中学老师、家长的看法。

如表9-14所示，在2013年、2016年就中学老师对我国公民道德水平应以哪个群体为标准的看法的调查中，各选项的排序："教师"（33.19%）、"公务员"（21.91%）、"科技工作者"（13.23%）、"其他"（12.36%）、"工人"（8.89%）、"农民"（4.99%）、"打工者"（2.39%）、"民营企业家"（1.52%）、"律师"（0.87%）、"企业家"（0.65%）。中学老师选择以教师的道德水平作为公民道德水平的标准的比率较高，体现了教师的自信。

在 2013 年、2016 年就家长对我国公民道德水平应以哪个群体为标准的看法的调查中，各选项的排序："公务员"（30.60%）、"教师"（23.41%）、"其他"（14.78%）、"科技工作者"（8.62%）、"工人"（8.01%）、"农民"（7.19%）、"民营企业家"（2.26%）、"律师"（2.05%）、"打工者"（1.85%）、"企业家"（1.23%）。在家长眼中，"公务员"排在第一位，但与"教师"与"其他"群体的比率差距不大，而"其他"选择比率较高，说明家长观点具有多元性特点。

表 9-14 中学老师、家长对我国公民道德水平应以哪个群体为标准的看法（2013 年、2016 年）

选项	总计			中学老师						家长					
				合计		2013 年		2016 年		合计		2013 年		2016 年	
	人数	比率	排序	人数	比率	人数	比率	人数	比率	人数	比率	人数	比率	人数	比率
公务员	250	26.37	2	101	21.91	58	19.66	43	25.90	149	30.60	77	26.19	72	37.31
工人	80	8.44	5	41	8.89	26	8.81	15	9.04	39	8.01	21	7.14	18	9.33
农民	58	6.12	6	23	4.99	15	5.08	8	4.82	35	7.19	24	8.16	11	5.70
民营企业家	18	1.90	8	7	1.52	1	0.34	6	3.61	11	2.26	4	1.36	7	3.63
科技工作者	103	10.86	4	61	13.23	34	11.53	27	16.27	42	8.62	25	8.50	17	8.81
教师	267	28.16	1	153	33.19	101	34.24	52	31.33	114	23.41	64	21.77	50	25.91
律师	14	1.48	9	4	0.87	3	1.02	1	0.60	10	2.05	6	2.04	4	2.07
打工者	20	2.11	7	11	2.39	7	2.37	4	2.41	9	1.85	7	2.38	2	1.04
企业家	9	0.95	10	3	0.65	1	0.34	2	1.20	6	1.23	5	1.70	1	0.52
其他	129	13.61	3	57	12.36	49	16.61	8	4.82	72	14.78	61	20.75	11	5.70
合计	948	100	—	461	100	295	100	166	100	487	100	294	100	193	100

（3）中学校长、德育工作者、小学校长的看法。

如表 9-15 所示，在 2013 年和 2016 年就中学校长对我国公民道德水平应以哪个群体为标准的看法的调查中，各选项的排序："教师"（33.33%）、"公务员"（27.64%）、"科技工作者"（12.60%）、"其他"（7.72%）、"工人"（6.91%）、"农民"（6.10%）、"民营企业家"（2.85%）、"律师"（1.63%）、"打工者"（0.81%）、"企业家"（0.41%）。与未成年人以及中学老师一样，中学校长也将"教师"放在了首位，且比率高于中学老师的选择。

在 2013 年就德育工作者对我国公民道德水平应以哪个群体为标准的看法的调查中，各选项的排序："公务员"（34.88%）、"教师"（30.23%）、"其他"（18.60%）、"工人"（6.98%）、"农民"（4.65%）、"科技工作者"（2.33%）、"打工者"（2.33%）、"民营企业家"（0.00%）、"律师"（0.00%）、"企业家"（0.00%）。从比率上来看，德育工作者的选择主要集中在"公务员"与"教师"这两个群体。

在2013年就小学校长对我国公民道德水平应以哪个群体为标准的看法的调查中，各选项的排序："其他"（28.95%）、"公务员"（26.32%）、"教师"（15.79%）、"工人"（10.53%）、"农民"（10.53%）、"科技工作者"（5.26%）、"打工者"（2.63%）、"民营企业家"（0.00%）、"律师"（0.00%）、"企业家"（0.00%）。小学校长的选择中，比率最高的是"其他"选项，说明了小学校长对这个问题的看法的多样性。面对当前社会越来越复杂的社会结构，以单一群体的标准作为整体公民道德的标准可能较为牵强。

表9-15 中学校长、德育工作者、小学校长对我国公民道德水平应以哪个群体为标准的看法（2013年、2016年）

选项	总计			中学校长						德育工作者（2013年）		小学校长（2013年）		中学校长与小学校长比较率差
				合计		2013年		2016年						
	人数	比率	排序	人数	比率	人数	比率	人数	比率	人数	比率	人数	比率	
公务员	93	28.44	2	68	27.64	50	27.47	18	28.13	15	34.88	10	26.32	1.32
工人	24	7.34	5	17	6.91	7	3.85	10	15.63	3	6.98	4	10.53	-3.62
农民	21	6.42	6	15	6.10	9	4.95	6	9.38	2	4.65	4	10.53	-4.43
民营企业家	7	2.14	7	7	2.85	5	2.75	2	3.13	0	0.00	0	0.00	2.85
科技工作者	34	10.40	4	31	12.60	24	13.19	7	10.94	1	2.33	2	5.26	7.34
教师	101	30.89	1	82	33.33	67	36.81	15	23.44	13	30.23	6	15.79	17.54
律师	4	1.22	8	4	1.63	3	1.65	1	1.56	0	0.00	0	0.00	1.63
打工者	4	1.22	8	2	0.81	0	0.00	2	3.13	1	2.33	1	2.63	-1.82
企业家	1	0.31	10	1	0.41	0	0.00	1	1.56	0	0.00	0	0.00	0.41
其他	38	11.62	3	19	7.72	17	9.34	2	3.13	8	18.60	11	28.95	-21.23
合计	327	100	—	246	100	182	100	64	100	43	100	38	100	—

（4）受访群体看法的比较。

如表9-16所示，在对受访群体的调查中，"公务员"与"教师"是各群体认同度较高的可作为道德标准的群体，各群体对于这两者的选择比率之和基本超过了半数。在余下的选择中，未成年人的选择较为平均，几乎各项都有涉及。此外，各群体对于"其他"选项也有较高的选择率，说明道德标准群体多样化的趋势开始显现，不同的群体对此有着不同的看法，很难以一个群体来作为标准。

表 9-16 受访群体看法的比较

选项	公务员	工人	农民	民营企业家	科技工作者	教师	律师	打工者	企业家	其他	有效样本量/人
未成年人（2013年、2016年）	23.22%	9.73%	9.65%	5.32%	10.26%	17.24%	3.49%	3.14%	1.82%	16.14%	4902
中学老师（2013年、2016年）	21.91%	8.89%	4.99%	1.52%	13.23%	33.19%	0.87%	2.39%	0.65%	12.36%	461
家长（2013年、2016年）	30.60%	8.01%	7.19%	2.26%	8.62%	23.41%	2.05%	1.85%	1.23%	14.78%	487
中学校长（2013年、2016年）	27.64%	36.91%	6.10%	2.85%	12.60%	33.33%	1.63%	0.81%	0.41%	7.72%	246
德育工作者（2013年）	34.88%	6.98%	4.65%	0.00%	2.33%	30.23%	0.00%	2.33%	0.00%	18.6%	43
小学校长（2013年）	26.32%	10.53%	10.53%	0.00%	5.26%	15.79%	0.00%	2.63%	0.00%	28.95%	38
比率平均值	27.43%	13.51%	7.19%	1.99%	8.72%	25.53%	1.34%	2.19%	0.69%	16.43%	—

2. 共产党员是道德标杆群体

（1）未成年人的看法。

如表 9-17 所示，在 2013 年、2016 年对未成年人认为的道德水平最好的群体的调查中，各选项的排序："中国共产党员"（43.19%）、"其他"（24.38%）、"中国共青团员"（14.63%）、"民主党派"（9.12%）、"宗教人士"（8.69%）。在未成年人眼中，共产党员的道德水平是最好的，这也是共产党员一直都是未成年人心目中的榜样的一个重要体现。

表9-17 未成年人认为的道德水平最好的群体（2013年、2016年）

选项	总计			2013年			2016年			2016年与2013年比较率差
	人数	比率	排序	人数	比率	排序	人数	比率	排序	
中国共产党员	2117	43.19	1	1222	41.17	1	895	46.28	1	5.11
中国共青团员	717	14.63	3	505	17.01	3	212	10.96	3	-6.05
民主党派	447	9.12	4	296	9.97	5	151	7.81	4	-2.16
宗教人士	426	8.69	5	307	10.34	4	119	6.15	5	-4.19
其他	1195	24.38	2	638	21.50	2	557	28.80	2	7.30
合计	4902	100	—	2968	100	—	1934	100	—	—

（2）中学老师、家长的看法。

如表9-18所示，在2013年、2016年对中学老师认为的道德水平最好的群体的调查中，各选项的排序："中国共产党员"（42.08%）、"其他"（30.37%）、"宗教人士"（13.02%）、"中国共青团员"（7.81%）、"民主党派"（6.72%）。中学老师同样也认为共产党员是道德水平最好的群体，但其比率较未成年人稍低，排在第二位的"其他"选项的比率略低于选择"中国共产党员"的比率。

在2013年、2016年对家长认为的道德水平最好的群体的调查中，各选项的排序："中国共产党员"（50.51%）、"其他"（23.00%）、"中国共青团员"（12.32%）、"宗教人士"（7.19%）、"民主党派"（6.98%）。从排序上来看，家长的选择与未成年人相似。但家长对于"宗教人士"的选择率较高，这一点与中学老师的选择接近。

表9-18 中学老师、家长认为的道德水平最好的群体（2013年、2016年）

选项	总计			中学老师				家长			
				合计		2013年	2016年	合计		2013年	2016年
	人数	比率	排序	人数	比率	人数	比率	人数	比率	人数	比率	人数	比率
中国共产党员	440	46.41	1	194	42.08	110	37.29	84	50.60	246	50.51	119	40.48	127	65.80
中国共青团员	96	10.13	3	36	7.81	18	6.10	18	10.84	60	12.32	33	11.22	27	13.99
民主党派	65	6.86	5	31	6.72	20	6.78	11	6.63	34	6.98	22	7.48	12	6.22
宗教人士	95	10.02	4	60	13.02	47	15.93	13	7.83	35	7.19	29	9.86	6	3.11
其他	252	26.58	2	140	30.37	100	33.90	40	24.10	112	23.00	91	30.95	21	10.88
合计	948	100	—	461	100	295	100	166	100	487	100	294	100	193	100

(3) 中学校长、德育工作者、小学校长的看法。

如表9-19所示,在2013年、2016年对中学校长认为的道德水平最好的群体的调查中,各选项的排序:"中国共产党员"(50.41%)、"其他"(15.04%)、"中国共青团员"(13.41%)、"宗教人士"(13.01%)、"民主党派"(8.13%)。中学校长对于"中国共产党员"的选择比率较前面的群体都要高,接近半数,而余下选项的选择率分布较为均匀。

在2013年对德育工作者认为的道德水平最好的群体的调查中,各选项的排序:"中国共产党员"(65.12%)、"其他"(11.63%)、"民主党派"(9.30%)、"宗教人士"(9.30%)、"中国共青团员"(4.65%)。德育工作者选择共产党员作为道德水平最高的群体的比率在所有群体中最高,反映了德育工作者对于共产党员的道德表现的高度认同。

在2013年对小学校长认为的道德水平最好的群体的调查中,各选项的排序:"中国共产党员"(44.74%)、"其他"(21.05%)、"民主党派"(15.79%)、"宗教人士"(10.53%)、"中国共青团员"(7.89%)。小学校长的选择与前面其他群体的选择大致相同,但小学校长的选择更加平均,对于"民主党派"的选择率最高,反映了他们对这一群体道德水平的肯定。

表9-19 中学校长认为的道德水平最好的群体(2013年、2016年)

选项	总计			中学校长						德育工作者（2013年）		小学校长（2013年）		中学校长与小学校长比较率差
				合计		2013年		2016年						
	人数	比率	排序	人数	比率	人数	比率	人数	比率	人数	比率	人数	比率	
中国共产党员	169	51.68	1	124	50.41	87	47.80	37	57.81	28	65.12	17	44.74	5.67
中国共青团员	38	11.62	4	33	13.41	23	12.64	10	15.63	2	4.65	3	7.89	5.52
民主党派	30	9.17	5	20	8.13	13	7.14	7	10.94	4	9.30	6	15.79	-7.66
宗教人士	40	12.23	3	32	13.01	26	14.29	6	9.38	4	9.30	4	10.53	2.48
其他	50	15.29	2	37	15.04	33	18.13	4	6.25	5	11.63	8	21.05	-6.01
合计	327	100	—	246	100	182	100	64	100	43	100	38	100	—

(4) 受访群体看法的比较。

如表9-20所示,在对受访群体的调查中,各群体都认为共产党员的道德水平最高,尤其是德育工作者,其选择共产党员道德水平最高的比率高达65%以上,其他群体对该项的选择均在40%左右,各群体对于中国共产党员道德水平最高的选择比率平均值为49.34%,接近半数。此外,对于其他列举的几个群体的选择率均不高。

表 9-20 受访群体看法的比较

选项	中国共产党员	中国共青团员	民主党派	宗教人士	其他	有效样本量/人
未成年人（2013年、2016年）	43.19%	14.63%	9.12%	8.69%	24.38%	4902
中学老师（2013年、2016年）	42.08%	7.81%	6.72%	13.02%	30.37%	461
家长（2013年、2016年）	50.51%	12.32%	6.98%	7.19%	23.00%	487
中学校长（2013年、2016年）	50.41%	13.41%	8.13%	13.01%	15.04%	246
德育工作者（2013年）	65.12%	4.65%	9.3%	9.3%	11.63%	43
小学校长（2013年）	44.74%	7.89%	15.79%	10.53%	21.05%	38
比率平均值	49.34%	10.12%	9.34%	10.29%	20.91%	—

（5）其他研究者的调研成果分析。

如表 9-21 所示，龚萱、李斌雄和侯欣在 2011 年 10 月对湖北省武汉市青少年的调查显示，青少年选择"共产党"在生活中的重要程度为第一位的比率达到 59.7%。未成年人心目中共产党员的重要程度最高。

庞君芳在 2018 年对浙江省 11 个城市开展的大样本中学生理想信念教育现状的调查显示，"几乎所有的学生'对中国共产党带领全国人民实现繁荣富强'充满信心"[①]。

可见，中国共产党与共产党员对未成年人的影响力巨大。

本研究的结果与其他调研者的成果具有较高的一致性。

---

① 庞君芳. 中学生理想信念教育的现状调查：以浙江省为例 [J]. 中国德育，2018（6）：16-19.

表 9-21 未成年人心目中的群体

2011 年 10 月湖北省武汉市的青少年调查（N：不详）①							2018 年浙江省 11 个城市大样本中学生理想信念教育现状调查（N：4528）②	
在青少年生活中的重要程度							对中国共产党带领全国人民实现繁荣富强	
选项	比率						选项	比率
	总计	6～10 岁	11～15 岁	16～20 岁	21～25 岁	26～30 岁	31～35 岁		
共产党（第一位）	59.7	51.0	52.2	53.7	64.9	78.0	79.6	充满信心	几乎所有
共青团（第二位）	—	—	—	—	—	—	—	—	—
少先队（第三位）	—	—	—	—	—	—	—	—	—
合计	—	—	—	—	—	—	—	合计	100

3. 基本认识

（1）教师与公务员应当以身作则，发挥榜样引领效应。

"道德标准是衡量道德与否的尺度，其评价标准可以从个人道德标准与社会道德标准两个方面来进行。"③ 从选择情况来看，"教师"与"公务员"是公认的道德水平最高的两个群体，并且这两个群体的选择率较其他群体高出很多，说明其地位在受访者中无可撼动，是最具代表性的道德水平标准的群体。教师教书育人，是为人师表的典范，可以说是道德水平要求最高的群体，如果教师的道德品行败坏，势必会对未成年人造成严重影响，带来严重的社会危害。见诸报端的个别教师的恶劣言行在一定程度上损害了教师的形象，教师需要继续加强道德修养，以弥补形象缺陷，为其他群体标示道德水准。而公务员作为人民的公仆，时刻以为人民服务为准则，人民对他们的期望值很高，为此公务员更应当以身作则，不断努力提升自身的道德水准，为人民做出一个良好的榜样。教师与公务员应当立足于自身的工作职责，兢兢业业地工作，在岗位上发挥先锋模范作用，切实为未成年人提供学习的榜样。

---

① 龚萱，李斌雄，侯欣. 武汉市青少年公民素质发展状况的调查与分析 [J]. 学校党建与思想教育，2011（10）：23-27.

② 庞君芳. 中学生理想信念教育的现状调查：以浙江省为例 [J]. 中国德育，2018（6）：16-19.

③ 许东黎. 道德标准辨析 [J]. 现代哲学，1998（3）：39-41.

(2) 积极开展"党员活动日"活动,多与未成年人交流沟通。

中国共产党是中国工人阶级的有共产主义觉悟的先锋战士,其具有先锋模范作用,其道德理应处于一个较高的水平,调查结果也反映了中国共产党员的道德水平备受人们的赞许。以高标准来要求自身,就应以中国共产党员的道德水平为标杆。各级党组织应当结合自身实际,以适当的方式开展"党员活动日"活动,积极与未成年人群体接触,了解该群体内心真实的想法,在交流过程中,发挥党员的先锋模范作用,促进未成年人全面健康发展,逐步构建未成年人的价值观。

(3) 应注重发挥未成年人的自主性与个性培养。

如表9-22所示,在受访群体中,未成年人选择明确效仿对象的途径前三名的分别是"常听老师说""自己体悟"以及"常听家长说"。从未成年人与成年人群体的比较来看,未成年人更加注重自身自主性与个性的培养。在未成年人价值观的塑造过程中,各级教育工作者应当从未成年人的实际出发,尊重未成年人的个性与行为习惯,在价值观教育的过程中,注意发挥未成年人自身的积极性因素。

表9-22 受访群体眼中的未成年人选择明确效仿对象的途径(2016年)

选项	总计			未成年人		成年人群体									未成年人与成年人群体比较率差
						合计		中学老师		家长		中学校长				
	人数	比率	排序	人数	比率	人数	比率	人数	比率	人数	比率	人数	比率			
常听老师说	784	33.26	1	566	29.27	218	51.54	79	47.59	112	58.03	27	42.19			-22.27
常听家长说	336	14.26	3	268	13.86	68	16.08	28	16.87	25	12.95	15	23.44			-2.22
自己体悟	450	19.09	2	398	20.58	52	12.29	24	14.46	19	9.84	9	14.06			8.29
从网络上了解	63	2.67	7	50	2.59	13	3.07	6	3.61	6	3.11	1	1.56			-0.48
从电视上了解	126	5.35	6	111	5.74	15	3.55	9	5.42	6	3.11	0	0.00			2.19
从社会现象中了解	208	8.82	5	165	8.53	43	10.17	20	12.05	15	7.77	8	12.50			-1.64
在偶像中精心选择	54	2.29	9	49	2.53	5	1.82	0	0.00	4	2.07	1	1.56			0.71
其他	58	2.46	8	53	2.74	5	1.82	0	0.00	3	1.55	2	3.13			0.92
不清楚	278	11.79	4	274	14.17	4	0.95	0	0.00	3	1.55	1	1.56			13.22
合计	2357	100	—	1934	100	423	100	166	100	193	100	64	100			—

(三) 重视美德传承

1. 受访群体最看重的传统道德

(1) 中学老师的看法。

如表9-23所示，在2012—2016年对中学老师最看重的中国传统美德的调查中，各选项的排序："仁爱孝悌"（32.16%）、"诚信知报"（20.61%）、"谦和好礼"（13.93%）、"勤俭廉政"（6.01%）、"克己奉公"（5.15%）、"精忠报国"（4.58%）、"修己慎独"（4.10%）、"勇毅力行"（3.91%）、"见利思义"（3.72%）、"笃实宽厚"（3.63%）、"不知道"（2.19%）。在中学老师的选择中，"仁爱孝悌"与"诚信知报"分别处于前两位，且两者的比率之和接近半数，远远超过了其余选项的比率。

从2016年与2012年的比较来看，"仁爱孝悌"有所上升，而"诚信知报"则有所下降。

表9-23 中学老师最看重的中国传统美德（2012—2016年）

选项	总计			2012年		2013年		2014年		2015年		2016年		2016年与2012年比较率差
	人数	比率	排序	人数	比率	人数	比率	人数	比率	人数	比率	人数	比率	
仁爱孝悌	337	32.16	1	57	28.36	71	24.07	77	33.19	67	43.51	65	39.16	10.80
谦和好礼	146	13.93	3	14	6.97	38	12.88	45	19.40	26	16.88	23	13.86	6.89
诚信知报	216	20.61	2	53	26.37	42	14.24	55	23.71	35	22.73	31	18.67	-7.70
精忠报国	48	4.58	6	24	11.94	17	5.76	0	0.00	1	0.65	6	3.61	-8.33
克己奉公	54	5.15	5	22	10.95	14	4.75	6	2.59	6	3.90	6	3.61	-7.34
修己慎独	43	4.10	7	10	4.98	10	3.39	7	3.02	8	5.19	8	4.82	-0.16
见利思义	39	3.72	9	6	2.99	18	6.10	9	3.88	2	1.30	4	2.41	-0.58
勤俭廉政	63	6.01	4	5	2.49	30	10.17	17	7.33	5	3.25	6	3.61	1.12
笃实宽厚	38	3.63	10	6	2.99	17	5.76	6	2.59	4	2.60	5	3.01	0.02
勇毅力行	41	3.91	8	4	1.96	26	8.81	4	1.72	0	0.00	7	4.22	2.26
不知道	23	2.19	11	0	0.00	12	4.07	6	2.59	0	0.00	5	3.01	3.01
合计	1048	100	—	201	100	295	100	232	100	154	100	166	100	—

(2) 中学校长的看法。

如表9-24所示，在2013—2016年对中学校长最看重的中国传统美德的调查中，各选项的排序："仁爱孝悌"（43.92%）、"谦和好礼"（17.48%）、"诚信知报"（17.06%）、

"修己慎独"（6.40%）、"笃实宽厚"（4.90%）、"精忠报国"（2.99%）、"克己奉公"（2.77%）、"勤俭廉政"（1.92%）、"勇毅力行"（1.28%）、"不知道"（1.07%）、"见利思义"（0.21%）。同样，"仁爱孝悌"在中学校长的选择中也处于第一位，且比率高于中学老师的选择，其次是"谦和好礼"，"诚信知报"则处在三位。从2016年与2013年的比较来看，中学校长对"仁爱孝悌"与"精忠报国"越来越看重。

表9-24 中学校长最看重的中国传统美德（2013—2016年）

选项	总计		2013年		2014年				2015年								2016年		2016年与2013年比较率差
					（1）		（2）		（1）		（2）		（3）		（4）				
	人数	比率	人数	比率	人数	比率	人数	比率	人数	比率	人数	比率	人数	比率	人数	比率	人数	比率	
仁爱孝悌	206	43.92	75	41.21	29	42.03	23	48.94	9	45.00	9	45.00	7	38.89	26	53.06	28	43.75	2.54
谦和好礼	82	17.48	37	20.33	12	17.39	10	21.28	4	20.00	1	5.00	4	22.22	3	6.12	11	17.19	-3.14
诚信知报	80	17.06	29	15.93	14	20.29	7	14.89	5	25.00	4	20.00	1	5.56	11	22.45	9	14.06	-1.87
精忠报国	14	2.99	7	3.85	1	1.45	0	0.00	0	0.00	0	0.00	0	0.00	0	0.00	6	9.38	5.53
克己奉公	13	2.77	5	2.75	2	2.90	0	0.00	0	0.00	5	25.00	0	0.00	1	2.04	0	0.00	-2.75
修己慎独	30	6.40	14	7.69	1	1.45	5	10.64	1	5.00	1	5.00	4	22.22	1	2.04	3	4.69	-3.00
见利思义	1	0.21	0	0.00	1	1.45	0	0.00	0	0.00	0	0.00	0	0.00	0	0.00	0	0.00	0.00
勤俭廉政	9	1.92	2	1.10	4	5.80	0	0.00	0	0.00	0	0.00	0	0.00	0	0.00	3	4.69	3.59
笃实宽厚	23	4.90	12	6.59	2	2.90	0	0.00	0	0.00	0	0.00	0	0.00	7	14.29	2	3.13	-3.46
勇毅力行	6	1.28	1	0.55	2	2.90	0	0.00	1	5.00	0	0.00	0	0.00	0	0.00	2	3.13	2.58
不知道	5	1.07	0	0.00	1	1.45	2	4.26	0	0.00	0	0.00	2	11.11	0	0.00	0	0.00	0.00
合计	469	100	182	100	69	100	47	100	20	100	20	100	18	100	49	100	64	100	—

（3）德育工作者的看法。

如表9-25所示，在2013年对德育工作者最看重的中国传统美德的调查中，各选项的排序："仁爱孝悌"（53.49%）、"谦和好礼"（16.28%）、"精忠报国"（9.30%）、"诚信知报"（6.98%）、"修己慎独"（4.65%）、"勤俭廉政"（4.65%）、"笃实宽厚"（2.33%）、"克己奉公"（2.33%）、"勇毅力行"（0.00%）、"见利思义"（0.00%）、"不知道"（0.00%）。德育工作者同样最看重"仁爱孝悌"这样的传统美德，且选择比率超过了半数。

从性别、地域和职别的比较来看，城市德育工作者与职别高的德育工作者更倾向于选择"仁爱孝悌"，而乡镇德育工作者、职别低的德育工作者较多地表示最看重"谦和好礼"这样的传统美德。

表9-25　德育工作者最看重的中国传统美德（2013年）

选项	总计			性别			地域			职别		
	人数	比率	排序	比率 男	比率 女	比较率差	比率 城市	比率 乡镇	比较率差	比率 领导	比率 管理干部	比较率差
仁爱孝悌	23	53.49	1	52.63	54.17	-1.54	60.61	30.00	30.61	68.75	44.44	24.31
谦和好礼	7	16.28	2	21.05	12.50	8.55	12.12	30.00	-17.88	0.00	25.93	-25.93
诚信知报	3	6.98	4	0.00	12.50	-12.50	9.09	0.00	9.09	6.25	7.41	-1.16
精忠报国	4	9.30	3	15.80	4.17	11.63	6.06	20.00	-13.94	12.50	7.41	5.09
克己奉公	1	2.33	7	0.00	4.17	-4.17	3.03	0.00	3.03	0.00	3.70	-3.70
修己慎独	2	4.65	5	5.26	4.17	1.10	6.06	0.00	6.06	0.00	7.41	-7.41
见利思义	0	0.00	9	0.00	0.00	0.00	0.00	0.00	0.00	0.00	0.00	0.00
勤俭廉政	2	4.65	5	0.00	8.32	-8.32	3.03	10.00	-6.97	12.50	0.00	12.50
笃实宽厚	1	2.33	7	5.26	0.00	5.26	0.00	10.00	-10.00	0.00	3.70	-3.70
勇毅力行	0	0.00	9	0.00	0.00	0.00	0.00	0.00	0.00	0.00	0.00	0.00
不知道	0	0.00	9	0.00	0.00	0.00	0.00	0.00	0.00	0.00	0.00	0.00
合计	43	100	—	100	100	—	100	100	—	100	100	—

（4）小学校长的看法。

如表9-26所示，在2013—2015年对小学校长最看重的中国传统美德的调查中，各选项的排序："仁爱孝悌"（32.59%）、"诚信知报"（28.89%）、"谦和好礼"（14.07%）、"修己慎独"（7.41%）、"勤俭廉政"（5.93%）、"精忠报国"（5.93%）、"笃实宽厚"

(2.96%)、"克己奉公"(1.48%)、"不知道"(0.74%)、"勇毅力行"(0.00%)、"见利思义"(0.00%)。在小学校长的选择中，前几项的排序与其他群体差别不大。从比率上来说，小学校长对于各项的选择比率都不高，分布较为均匀。

表9-26 小学校长最看重的中国传统美德（2013—2015年）

选项	总计			2013年（安徽省）		2014年				2015年（安徽省）				2015年(2)与2013年比较率差
						全国部分省(市)(少数民族地区)(1)		安徽省(2)		(1)		(2)		
	人数	比率	排序	人数	比率	人数	比率	人数	比率	人数	比率	人数	比率	
仁爱孝悌	44	32.59	1	12	31.58	1	3.85	17	51.52	7	41.18	7	33.33	1.75
谦和好礼	19	14.07	3	5	13.16	9	34.62	2	6.06	1	5.88	2	9.52	-3.64
诚信知报	39	28.89	2	10	26.32	4	15.38	12	36.36	5	29.41	8	38.10	11.78
精忠报国	8	5.93	5	1	2.63	2	7.69	2	6.06	2	11.76	1	4.76	2.13
克己奉公	2	1.48	8	1	2.63	1	3.85	0	0.00	0	0.00	0	0.00	-2.63
修己慎独	10	7.41	4	5	13.16	1	3.85	0	0.00	1	5.88	3	14.29	1.13
见利思义	0	0.00	10	0	0.00	0	0.00	0	0.00	0	0.00	0	0.00	0.00
勤俭廉政	8	5.93	5	3	7.89	5	19.23	0	0.00	0	0.00	0	0.00	-7.89
笃实宽厚	4	2.96	7	1	2.63	3	11.54	0	0.00	0	0.00	0	0.00	-2.63
勇毅力行	0	0.00	10	0	0.00	0	0.00	0	0.00	0	0.00	0	0.00	0.00
不知道	1	0.74	9	0	0.00	0	0.00	0	0.00	1	5.88	0	0.00	0.00
合计	135	100	—	38	100	26	100	33	100	17	100	21	100	—

（5）受访群体看法的比较。

如表9-27所示，在对受访群体的调查中，"仁爱孝悌"是选择比率最高的选项，可见各群体对此非常看重。余下选项各群体的选择各有侧重，例如，中学校长较多地选择了"谦和好礼"，小学校长较多地选择了"诚信知报"与"修己慎独"，而中学老师较多地选择了"诚信知报"与"勤俭廉政"等。总的来说，各群体的选择大同小异，基本一致。

表9-27 受访群体看法的比较

受访群体	仁爱孝悌	谦和好礼	诚信知报	精忠报国	克己奉公	修己慎独	见利思义	勤俭廉政	笃实宽厚	勇毅力行	不知道	有效样本量/人
未成年人（2012—2016年）	24.07%	12.88%	14.24%	5.76%	4.75%	3.39%	6.10%	10.17%	5.76%	8.81%	4.07%	295
中学老师（2012—2016年）	32.16%	13.93%	20.61%	4.58%	5.15%	4.10%	3.72%	6.01%	3.63%	3.91%	2.19%	1048
中学校长（2013—2016年）	43.92%	17.48%	17.06%	2.99%	2.77%	6.40%	0.21%	1.92%	4.90%	1.28%	1.07%	469
德育工作者（2013年）	53.49%	16.28%	6.98%	9.30%	2.33%	4.65%	0.00%	4.65%	2.33%	0.00%	0.00%	43
小学校长（2013—2015年）	32.59%	14.07%	28.89%	5.93%	1.48%	7.41%	0.00%	5.93%	2.96%	0.00%	0.74%	135
比率平均值	37.25%	14.93%	17.56%	5.71%	3.30%	5.19%	2.01%	5.74%	3.92%	2.80%	1.61%	—

2. 受访群体赞同的传统基本价值观念

（1）未成年人、中学老师、家长的看法。

如表9-28所示，在2016年就未成年人、中学老师与家长对我国社会应大力弘扬"和谐、忠孝、仁爱、信义、和平"等传统基本价值观念的看法调查中，48.45%的受访群体非常赞同我国社会应大力弘扬"和谐、忠孝、仁爱、信义、和平"中，选择"赞同"选项的比率为20.85%。大部分受访群体认为应当大力弘扬和谐等传统价值观念。

从未成年人与成年人群体的比较来看，中学老师与家长更加注重传统的基本价值观念。传统价值观念对未成年人价值观的形成与发展具有重要的影响作用。

表9-28 未成年人、中学老师、家长对我国社会应大力弘扬"和谐、忠孝、仁爱、信义、和平"等传统基本价值观念的看法（2016年）

选项	总计			未成年人		成年人群体						未成年人与成年人群体比较率差
						合计		中学老师		家长		
	人数	比率	排序	人数	比率	人数	比率	人数	比率	人数	比率	
非常赞同	1111	48.45	1	883	45.66	228	63.51	106	63.86	122	63.21	-17.85
赞同	478	20.85	2	405	20.94	73	20.33	29	17.47	44	22.80	0.61
一般	242	10.55	4	224	11.58	18	5.01	9	5.42	9	4.66	6.57
不太赞同	61	2.66	5	55	2.84	6	1.67	4	2.41	2	1.04	1.17
不赞同	401	17.49	3	367	18.98	34	9.47	18	10.84	16	8.29	9.51
合计	2293	100	—	1934	100	359	100	166	100	193	100	—

（2）学校校长、德育工作者、小学校长的看法。

如表9-29所示，在2013年和2016年对中学校长、2013年对德育工作者、2013年对小学校长就我国社会应大力弘扬"和谐、忠孝、仁爱、信义、和平"等传统基本价值观念的看法调查中，中学校长的各选项排序："赞同"（44.72%）、"非常赞同"（43.09%）、"一般"（9.35%）、"不太赞同"（2.03%）、"不赞同"（0.81%）。表示赞同的比率之和达到了87.81%，说明绝大多数的中学校长对于弘扬传统基本价值观念表示支持。

德育工作者的各选项排序："非常赞同"（55.81%）、"赞同"（37.21%）、"一般"（4.65%）、"不太赞同"（2.33%）、"不赞同"（0.00%）。德育工作者同样表示出了很高的赞同度，且相对于中学校长而言，德育工作者当中选择"非常赞同"的比率超过了半数，表明德育工作者的确定性更强。

小学校长的各选项排序："非常赞同"（44.74%）、"赞同"（39.47%）、"一般"与"不太赞同"（均为7.89%）、"不赞同"（0.00%）。与德育工作者一样，小学校长选择"非常赞同"的比率最高，但比率较德育工作者略低。

表 9-29 中学校长、德育工作者、小学校长对我国社会应大力弘扬
"和谐、忠孝、仁爱、信义、和平"等传统基本价值观念的看法（2013 年、2016 年）

选项	总计			中学校长						德育工作者（2013 年）		小学校长（2013 年）		中学校长与小学校长比较率差
				合计		2013 年		2016 年						
	人数	比率	排序	人数	比率	人数	比率	人数	比率	人数	比率	人数	比率	
非常赞同	147	44.95	1	106	43.09	66	36.26	40	62.50	24	55.81	17	44.74	-1.65
赞同	141	43.12	2	110	44.72	100	54.95	10	15.63	16	37.21	15	39.47	5.25
一般	28	8.56	3	23	9.35	15	8.24	8	12.50	2	4.65	3	7.89	1.46
不太赞同	9	2.75	4	5	2.03	1	0.55	4	6.25	1	2.33	3	7.89	-5.86
不赞同	2	0.61	5	2	0.81	0	0.00	2	3.13	0	0.00	0	0.00	0.81
合计	327	100	—	246	100	182	100	64	100	43	100	38	100	—

（3）受访群体看法的比较。

如表 9-30 所示，在对受访群体的调查中，受访群体对于我国社会应大力弘扬"和谐、忠孝、仁爱、信义、和平"等传统基本价值观念均表示出较高的赞同度，"非常赞同"与"赞同"的合比率达到 83.17%，表明传统价值观念与取向仍有强大的生命力，从侧面也可看出其对未成年人价值观发展的影响也很大。

表 9-30 受访群体看法的比较

受访群体	非常赞同	赞同	一般	不太赞同	不赞同	有效样本量/人
未成年人（2016 年）	45.66%	20.94%	11.58%	2.84%	18.98%	1934
中学老师（2016 年）	63.86%	17.47%	5.42%	2.41%	10.84%	166
家长（2016 年）	63.21%	22.80%	4.66%	1.04%	8.29%	193
中学校长（2013 年、2016 年）	43.09%	44.72%	9.35%	2.03%	0.81%	246
德育工作者（2013 年）	55.81%	37.21%	4.65%	2.33%	0.00%	43
小学校长（2013 年）	44.74%	39.47%	7.89%	7.89%	0.00%	38
比率平均值	52.73%	30.44%	7.26%	3.09%	6.49%	—

3. 受访群体认为作用大的传统基本价值观念

(1) 未成年人、中学老师、家长的看法。

如表 9-31 所示,在 2016 年对未成年人、成年人群体认为的"仁、义、礼、智、信"等传统道德对未成年人价值观发展的作用的调查中,43.74% 的受访群体认为"作用很大",选择"作用较小"与"没有作用"的占比较小。

从未成年人与成年人群体的比较来看,成年人群体认为传统价值观的影响较大。在未成年人价值观的形成与发展过程中,应当注重发挥传统价值观的塑造作用。

表 9-31 未成年人、成年人群体认为的"仁、义、礼、智、信"等
传统道德对未成年人价值观发展的作用(2016 年)

选项	总计			未成年人		成年人群体						未成年人与成年人群体比较率差
						合计		中学老师		家长		
	人数	比率	排序	人数	比率	人数	比率	人数	比率	人数	比率	
作用很大	1003	43.74	1	802	41.47	201	55.99	91	54.82	110	56.99	-14.52
作用较大	427	18.62	2	357	18.46	70	19.50	34	20.48	36	18.65	-1.04
有一定作用	353	15.39	4	306	15.82	47	13.09	24	14.46	23	11.92	2.73
作用较小	140	6.11	5	130	6.72	10	2.79	3	1.81	7	3.63	3.93
没有作用	370	16.14	3	339	17.53	31	8.64	14	8.43	17	8.81	8.89
合计	2293	100	—	1934	100	359	100	166	100	193	100	—

(2) 中学校长、德育工作者、小学校长的看法。

如表 9-32 所示,在 2013 年和 2016 年对中学校长、2013 年对德育工作者、2013 年对小学校长就"仁、义、礼、智、信"等传统道德对未成年人价值观发展的作用的调查中,选择"作用很大""作用较大"与"有一定作用"的合比率为 92.05%。其中,选择"作用很大"的比率为 34.86%,居于第一位。从三个群体的比较来看,更多的德育工作者认为传统道德对未成年人的价值观发展具有很大的作用。

表 9-32　中学校长、德育工作者、小学校长认为"仁、义、礼、智、信"等传统道德对未成年人价值观发展的作用（2013 年、2016 年）

| 选项 | 总计 | | | 中学校长 | | | | | | 德育工作者（2013 年） | | 小学校长（2013 年） | | 中学校长与小学校长比较率差 |
| | | | | 合计 | | 2013 年 | | 2016 年 | | | | | | |
	人数	比率	排序	人数	比率	人数	比率	人数	比率	人数	比率	人数	比率	
作用很大	114	34.86	1	84	34.15	51	28.02	33	51.56	19	44.19	11	28.95	5.2
作用较大	74	22.63	3	57	23.17	42	23.08	15	23.44	7	16.28	10	26.32	-3.15
有一定作用	113	34.56	2	86	34.96	79	43.41	7	10.94	14	32.56	13	34.21	0.75
作用较小	21	6.42	4	14	5.69	9	4.95	5	7.81	3	6.98	4	10.53	-4.84
没有作用	5	1.53	5	5	2.03	1	0.55	4	6.25	0	0.00	0	0.00	2.03
合计	327	100	—	246	100	182	100	64	100	43	100	38	100	—

（3）受访群体看法的比较。

如表 9-33 所示，在对受访群体的调查中，受访群体就"仁、义、礼、智、信"等传统道德对未成年人价值观发展的作用均表示出了较高的认同度，认为有作用的比率（除去"没有作用"项）高达 93.87%，可见传统道德对未成年人价值观发展的影响之大。

表 9-33　受访群体看法的比较

受访群体	作用很大	作用较大	有一定作用	作用较小	没有作用	有效样本量/人
未成年人（2016 年）	41.47%	18.46%	15.82%	6.72%	17.53%	1934
中学老师（2016 年）	54.82%	20.48%	14.46%	1.81%	8.43%	166
家长（2016 年）	56.99%	18.65%	11.92%	3.63%	8.81%	193
中学校长（2013 年、2016 年）	34.15%	23.17%	34.96%	5.69%	2.03%	246
德育工作者（2013 年）	44.19%	16.28%	32.56%	6.98%	0.00%	43
小学校长（2013 年）	28.95%	26.32%	34.21%	10.53%	0.00%	38
比率平均值	43.43%	20.56%	23.99%	5.89%	6.13%	—

4. 基本认识

(1) 从内容与形式层面把握传统道德的内涵。

中华民族传统道德的基本特征包括：与社会政治紧密结合、群体重于个体与突出主体地位，强调内向用力等方面。[①]为此演化出诸如"仁爱孝悌""诚信知报"以及"谦和好礼"等优秀的传统美德。对于传统美德方面，当代人的看法也不尽相同。从受访群体来看，"仁爱孝悌"是他们最看重的传统美德，且选择的比率均很高。余下选择较多的分别是"谦和好礼"与"诚信知报"等，而这些也是中国古代居于主导地位的儒家思想主要提倡的。要注重从内容与形式层面来加强未成年人对传统道德内涵的把握和认知。就具体内涵而言，教育工作者通过课堂教学、课后交流等一系列的措施来向未成年人"灌输"相关传统道德理念。此外，还应不断创新教育的形式，可以通过微格教学、视频演示以及实地考察等形式增进未成年人的认识，切实使传统道德的内涵为未成年人所熟知、熟记，并积极付诸行动。

(2) 要积极实现对传统道德的"扬弃"，并结合未成年人的实际展开教育。

对于传统道德在未成年人价值观当中的运用是值得肯定的，传统道德虽然有不适应当下社会发展需要的地方，但其中的精华非常珍贵。例如，传统的"三纲""五常"，其中"三纲"已被世俗所摒弃，而"仁、义、礼、智、信"这"五常"则至今仍被人传颂。从当前我国社会大力弘扬的"和谐、忠孝、仁爱、信义、和平"来看，基本传承了"五常"的精髓。而各群体对于新时期弘扬的传统道德价值观念的认同度很高，表示赞同的比率达到83.17%（见表9-30，第668页），明确表示"不赞同"的比率很少。可见，现代道德与传统道德一脉相承，传统道德的精华被很好地继承下来并得到当代人较普遍的认可。这种传统美德与基本价值观念要通过教育者自身的传承并影响未成年人，让未成年人像接过接力棒一样继续传承下去。应实现对传统道德的"扬弃"，并结合未成年人的心智发展水平，针对未成年人的实际开展道德教育。

(3) 加强未成年人传统道德教育须多主体共同参与。

如表9-34所示，在2016年对受访群体的调查中，36.61%的受访群体认为应当让未成年人了解中华优秀传统道德的具体内涵，19.77%的受访群体认为应让未成年人了解传统道德在历史上发挥的作用。此外，部分受访群体还认为应当从全社会、未成年人日常生活中以及未成年人自身的角度来传承优秀传统道德。

从未成年人与成年人群体的比较来看，成年人群体认为应让未成年人知晓传统道德的具体内涵及其渊源，未成年人群体倾向于认为应当从社会氛围的大环境以及为何传承优秀传统道德的角度来阐释。总的来说，传承优秀传统道德是一项系统性工程，需要多主体的共同参与。多主体在参与的过程中，要注重发挥联动与协调的机制，以增强传统道德教育的实效性。

---

① 刘太恒. 论中国传统道德的当代价值 [J]. 道德与文明，2000 (1)：41-45.

表9-34 受访群体认为应如何在未成年人中传承优秀传统道德（2016年）

选项	总计			未成年人		成年人群体								未成年人与成年人群体比较率差
						合计		中学老师		家长		中学校长		
	人数	比率	排序	人数	比率	人数	比率	人数	比率	人数	比率	人数	比率	
让未成年人了解中华优秀传统道德的具体内容	863	36.61	1	701	36.25	162	38.30	61	36.75	74	38.34	27	42.19	-2.05
未成年人了解这些传统道德在历史上发挥过的作用	466	19.77	2	381	19.70	85	20.09	34	20.48	40	20.73	11	17.19	-0.39
让未成年人清楚为何要传承这些传统道德，了解其现实意义	335	14.21	3	279	14.43	56	13.24	15	9.04	27	13.99	14	21.88	1.19
在网络、电视上大张旗鼓地宣传造声势	78	3.31	7	58	3.00	20	4.73	11	6.63	8	4.15	1	1.56	-1.73
在全社会营造传承的良好氛围	252	10.69	4	217	11.22	35	8.27	15	9.04	15	7.77	5	7.81	2.95
成年人做出传承的表率供未成年人学习效仿	48	2.04	8	30	1.55	18	4.26	7	4.22	9	4.66	2	3.13	-2.71
在未成年人的日常生活中潜移默化地渗透	102	4.33	6	81	4.19	21	4.96	11	6.63	9	4.66	1	1.56	-0.77
在未成年人的自我感悟中融入	23	0.98	9	17	0.88	6	1.42	2	1.20	2	1.04	2	3.13	-0.54
其他	18	0.76	10	11	0.57	7	1.65	2	1.20	4	2.07	1	1.56	-1.08
不清楚	172	7.30	5	159	8.22	13	3.07	8	4.82	5	2.59	0	0.00	5.15
合计	2357	100	—	1934	100	423	100	166	100	193	100	64	100	—

（四）发挥媒体功能

1. 网络的教育功能

（1）网络对未成年人世界观、人生观、价值观的影响。

第一，未成年人的自述。随着互联网的迅猛发展，未成年人与网络的接触度越来越高，其世界观、人生观、价值观受到网络的影响越来越大。

如表9-35所示，在2010—2013年、2016年对未成年人认为的网络对未成年人世界观、人生观、价值观的影响的调查中，54.77%的未成年人认为网络对其世界观、人生观与价值观有一定的影响，其中选择"有影响"的比率为31.60%，居于第一位。23.36%的未成年人认为影响不大。

从2016年与2010年的比较来看，2016年选择"有很大影响"的比率较2010年高4.42%。网络对未成年人"世界观、人生观、价值观"的影响较大。因此，要注意积极培育未成年人的媒介素养，帮助未成年人正确认识网络，发挥网络的育人功能。

表9-35　未成年人认为的网络对未成年人世界观、人生观、价值观的影响（2010—2013年、2016年）

选项	总计			2010—2013年[①]		2010年比率	2016年		2016年与2010年比较率差
	人数	比率	排序	人数	比率		人数	比率	
有很大影响	2519	23.17	3	1985	22.21	23.19	534	27.61	4.42
有影响	3436	31.60	1	2900	32.44	35.12	536	27.71	-7.41
影响不大	2540	23.36	2	2162	24.19	20.92	378	19.54	-1.38
不影响	1055	9.70	4	874	9.78	11.21	181	9.36	-1.85
不知道	798	7.34	5	647	7.24	9.56	151	7.81	-1.75
从不上网	525	4.83	6	371	4.15	0.00	154	7.96	7.96
合计	10873	100	—	8939	100	100	1934	100	—

第二，受访群体的看法。如表9-36所示，在2016年对受访群体的调查中，59.70%的受访群体认为网络对未成年人的"世界观、人生观、价值观"有一定的影响，其中选择"有很大影响"的比率为30.17%。可见，大部分受访群体认为网络的影响力较大。

从未成年人与成年人群体的比较来看，成年人群体选择"有很大影响""有影响"的比率均较未成年人高。成年人群体更倾向于认为网络对未成年人的世界观、人生观与

[①] 叶松庆. 当代未成年人道德观发展变化与引导对策的实证研究 [M]. 芜湖：安徽师范大学出版社，2016：335.

价值观的影响大。

表9-36 受访群体认为的网络对未成年人世界观、人生观、价值观的影响（2016年）

选项	总计			未成年人		成年人群体								未成年人与成年人群体比较率差
						合计		中学老师		家长		中学校长		
	人数	比率	排序	人数	比率	人数	比率	人数	比率	人数	比率	人数	比率	
有很大影响	711	30.17	1	534	27.61	177	41.84	72	43.37	77	39.90	28	43.75	-14.23
有影响	696	29.53	2	536	27.71	160	37.83	60	36.14	77	39.90	23	35.94	-10.12
影响不大	410	17.39	3	378	19.54	32	7.57	13	7.83	14	7.25	5	7.81	11.97
不影响	192	8.15	4	181	9.36	11	2.60	2	1.20	7	3.63	2	3.13	6.76
不知道	176	7.47	5	151	7.81	25	5.91	7	4.22	15	7.77	3	4.69	1.90
从不上网	172	7.30	6	154	7.96	18	4.26	12	7.23	3	1.55	3	4.69	3.70
合计	2357	100	—	1934	100	423	100	166	100	193	100	64	100	—

（2）网络对提高未成年人思想道德素质的帮助。

第一，未成年人的自述。如表9-37所示，在2010—2016年对未成年人认为网络对提高自身的思想道德素质有帮助的看法的调查中，57.20%的未成年人同意网络对提高自身思想道德素质有帮助，其中选择"比较同意"的比率为31.38%，居于第一位。选择"不太同意"与"很不同意"的合比率28.79%。

从2016年与2010年的比较来看，选择"比较同意"与"很不同意"的比率均有所下降，选择"非常同意"的比率有所增加。可见，未成年人更倾向于认为网络有助于提高未成年人的思想道德素质。

表9-37 未成年人认为网络对提高自身的思想道德素质有帮助的看法（2010—2016年）

选项	总计			2010—2013年①		2010年比率	2014年		2015年		2016年		2016年与2010年比较率差
	人数	比率	排序	人数	比率		人数	比率	人数	比率	人数	比率	
非常同意	3958	25.82	2	2206	24.68	26.39	780	26.55	391	25.76	581	30.04	3.65
比较同意	4810	31.38	1	2769	30.98	38.12	1024	34.85	519	34.19	498	25.75	-12.37

---

① 叶松庆. 当代未成年人道德观发展变化与引导对策的实证研究[M]. 芜湖：安徽师范大学出版社，2016：335.

(续表 7-37)

选项	总计			2010—2013 年①		2010 年比率	2014 年		2015 年		2016 年		2016 年与 2010 年比较率差
	人数	比率	排序	人数	比率		人数	比率	人数	比率	人数	比率	
不太同意	3492	22.78	3	2153	24.09	17.82	688	23.42	305	20.09	346	17.89	0.07
很不同意	922	6.01	5	635	7.10	6.82	131	4.46	91	5.99	65	3.36	-3.46
不确定	2147	14.01	4	1176	13.16	10.85	315	10.72	212	13.97	444	22.96	12.11
合计	15329	100	—	8939	100	100	2938	100	1518	100	1934	100	—

第二,受访群体的看法。如表 9-38 所示,在 2016 年对受访群体的调查中,56.18% 的受访群体认为网络对提高未成年人思想道德素质有帮助,其中选择"非常同意"的比率为 30.17%,居于第一位。选择"不太同意"与"很不同意"的比率分别为 18.84% 与 4.29%。选择"不确定"的比率为 20.70%,可见部分受访群体对网络的影响仍存在模糊性认识。

从未成年人与成年人群体的比较来看,成年人群体更倾向于认为网络的影响具备确证性,未成年人选择"不确定"的比率较成年人群体要高,受制于其心智发展水平,未成年人仍存在一定的模糊性认识。

表 9-38 受访群体认为网络对提高未成年人思想道德素质有帮助的看法(2016 年)

选项	总计			未成年人		成年人群体							未成年人与成年人群体比较率差
						合计		中学老师		家长		中学校长	
	人数	比率	排序	人数	比率	人数	比率	人数	比率	人数	比率	人数	比率	
非常同意	711	30.17	1	581	30.04	130	30.73	51	30.72	61	31.61	18	28.13	-0.69
比较同意	613	26.01	2	498	25.75	115	27.19	44	26.51	52	26.94	19	29.69	-1.44
不太同意	444	18.84	4	346	17.89	98	23.17	41	24.70	41	21.24	16	25.00	-5.28
很不同意	101	4.29	5	65	3.36	36	8.51	13	7.83	17	8.81	6	9.38	-5.15
不确定	488	20.70	3	444	22.96	44	10.40	17	10.24	22	11.40	5	7.81	12.56
合计	2357	100	—	1934	100	423	100	166	100	193	100	64	100	—

(3)网络对强化未成年人社会适应性的帮助。

第一,未成年人的自述。如表 9-39 所示,在 2010—2013 年、2016 年对未成年人认

---

① 叶松庆. 当代未成年人道德观发展变化与引导对策的实证研究 [M]. 芜湖:安徽师范大学出版社,2016:335.

为网络对强化未成年人的社会适应性有帮助的看法的调查中，55.17%的未成年人认为网络具备一定的强化作用，其中选择"比较同意"的比率为30.60%，居于第一位。未成年人选择含有不同意意味选项的比率接近30%，选择"不确定"的比率为16.24%。

从2016年与2010年的比较来看，选择"非常同意"与"不确定"的比率均有所增加，可见，未成年人认为网络能强化其适应性，但同时也存在一定的模糊性认识。

表9-39 未成年人认为网络对强化未成年人的社会适应性有帮助的看法（2010—2013年、2016年）

选项	总计			2010—2013年[①]		2010年比率	2016年		2016年与2010年比较率差
	人数	比率	排序	人数	比率		人数	比率	
非常同意	2671	24.57	2	2091	23.39	20.66	580	29.99	9.33
比较同意	3327	30.60	1	2780	31.10	31.15	547	28.28	-2.87
不太同意	2356	21.67	3	2074	23.20	23.66	282	14.58	-9.08
很不同意	753	6.93	5	688	7.70	8.32	65	3.36	-4.96
不确定	1766	16.24	4	1306	14.61	16.22	460	23.78	7.56
合计	10873	100	—	8939	100	100	1934	100	—

第二，受访群体的看法。如表9-40所示，在2016年对受访群体的调查中，58.47%的受访群体认为网络对强化未成年人社会适应性有一定的帮助，其中选择"非常同意"的比率为29.70%。选择"不确定"的比率相对较高。

从未成年人与成年人群体的比较来看，未成年人选择"非常同意"的比率较成年人群体高。在未成年人眼中，网络是促成其社会化的重要途径与载体，对提高其社会适应性具有重要的意义。此外，未成年人在认识上的不确定性增加，反映了其认识存在模糊性。

表9-40 受访群体认为网络对强化未成年人的社会适应性有帮助（2016年）

选项	总计			未成年人		成年人群体								未成年人与成年人群体比较率差
						合计		中学老师		家长		中学校长		
	人数	比率	排序	人数	比率	人数	比率	人数	比率	人数	比率	人数	比率	
非常同意	700	29.70	1	580	29.99	120	28.37	45	27.11	60	31.09	15	23.44	1.62
比较同意	678	28.77	2	547	28.28	131	30.97	54	32.53	49	25.39	28	43.75	-2.69

---

① 叶松庆. 当代未成年人道德观发展变化与引导对策的实证研究 [M]. 芜湖：安徽师范大学出版社，2016：337.

(续表 7-40)

选项	总计			未成年人		成年人群体								未成年人与成年人群体比较率差
						合计		中学老师		家长		中学校长		
	人数	比率	排序	人数	比率	人数	比率	人数	比率	人数	比率	人数	比率	
不太同意	360	15.27	4	282	14.58	78	18.44	29	17.47	40	20.73	9	14.06	-3.86
很不同意	111	4.71	5	65	3.36	46	10.87	21	12.65	20	10.36	5	7.81	-7.51
不确定	508	21.55	3	460	23.78	48	11.35	17	10.24	24	12.44	7	10.94	12.43
合计	2357	100	—	1934	100	423	100	166	100	193	100	64	100	

(4) 网络对未成年人学习的帮助。

第一,未成年人的自述。如表 9-41 所示,在 2010—2011 年、2016 年就未成年人认为网络对自身学习的帮助的看法调查中,31.43% 的未成年人认为网络对自身学习的帮助很大,选择"帮助不多"的比率为 31.34%,基本与"帮助很大"的比率持平,其他选项的选择比率相对较低。未成年人认为网络对其学习有一定的帮助。

从 2016 年与 2010 年的比较来看,选择"帮助很大"的比率有轻微上升,选择"从不上网"的比率有较大幅度上升。可见,总体而言,网络对未成年人学习的作用比重有所降低。

表 9-41 未成年人认为网络对自身学习的帮助的看法(2010—2011 年、2016 年)

选项	总计			2010—2011 年[①]		2010 年比率	2016 年		2016 年与 2010 年比较率差
	人数	比率	排序	人数	比率		人数	比率	
帮助很大	1823	31.43	1	1177	30.44	32.49	646	33.40	0.91
帮助不多	1818	31.34	2	1247	32.25	32.18	571	29.52	-2.66
帮助很少	495	8.53	5	317	8.20	9.04	178	9.20	0.16
会耽误学习	518	8.93	4	420	10.86	11.88	98	5.07	-6.81
没多大关系	757	13.05	3	582	15.05	14.41	175	9.05	-5.36
从不上网	390	6.72	6	124	3.21	0.00	266	13.75	13.75
合计	5801	100	—	3867	100	100	1934	100	—

---

① 叶松庆. 当代未成年人道德观发展变化与引导对策的实证研究 [M]. 芜湖:安徽师范大学出版社,2016:338.

第二，受访群体的看法。如表9-42所示，在2016年对受访群体的调查中，32.84%的受访群体认为帮助很大，选择"帮助不多"的比率为30.76%，选择其他选项的比率相对较低。

从未成年人与成年人群体比较来看，未成年人更倾向于认为网络对其学习帮助较大。未成年人选择"没多大关系"与"从不上网"的比率较成年人群体选择的比率要高。

表9-42 受访群体认为网络对未成年人学习的帮助的看法（2016年）

选项	总计			未成年人		成年人群体								未成年人与成年人群体比较率差
						合计		中学老师		家长		中学校长		
	人数	比率	排序	人数	比率	人数	比率	人数	比率	人数	比率	人数	比率	
帮助很大	774	32.84	1	646	33.40	128	30.26	49	29.52	64	33.16	15	23.44	3.14
帮助不多	725	30.76	2	571	29.52	154	36.41	62	37.35	63	32.64	29	45.31	-6.89
帮助很少	220	9.33	4	178	9.20	42	9.93	12	7.23	19	9.84	11	17.19	-0.73
会耽误学习	159	6.75	6	98	5.07	61	14.42	26	15.66	30	15.54	5	7.81	-9.35
没多大关系	191	8.10	5	175	9.05	16	3.78	6	3.61	9	4.66	1	1.56	5.27
从不上网	288	12.22	3	266	13.75	22	5.20	11	6.63	8	4.15	3	4.69	8.55
合计	2357	100	—	1934	100	423	100	166	100	193	100	64	100	—

2. 手机的教育功能

（1）手机对未成年人学习的帮助——以阅读手机报为例。

第一，未成年人的自述。如表9-43所示，在2010—2016年对未成年人阅读手机报的情况的调查中，选择"经常阅读"与"偶尔阅读"的合比率为54.02%，其中选择"偶尔阅读"的比率为34.14%。选择"从不阅读"的比率为22.70%。

从2016年与2010年的比较来看，选择"经常阅读"的比率有所增加。此外，没有手机的比率也有所上升。大部分未成年人会使用手机阅读，手机阅读凭借其一定的优势，逐渐受到包括未成年人群体在内的学生群体的青睐。

表 9-43 未成年人阅读手机报的情况（2010—2016 年）

选项	总计			2010—2012 年①		2010 年比率	2013 年		2014 年		2015 年		2016 年		2016 年与 2010 年比较率差
	人数	比率	排序	人数	比率		人数	比率	人数	比率	人数	比率	人数	比率	
经常阅读	3047	19.88	3	1235	20.69	23.45	576	19.41	336	11.44	269	17.72	631	32.63	9.18
偶尔阅读	5234	34.14	1	2143	35.89	38.12	943	31.77	984	33.49	561	36.96	603	31.18	-6.94
从不阅读	3480	22.70	2	1359	22.76	24.74	734	24.73	747	25.43	347	22.86	293	15.15	-9.59
不知道	2104	13.73	4	1234	20.66	13.69	269	9.06	290	9.87	154	10.14	157	8.12	-5.57
没有手机	1464	9.55	5	0	0.00	0.00	446	15.03	581	19.78	187	12.32	250	12.93	12.93
合计	15329	100	—	5971	100	100	2968	100	2938	100	1518	100	1934	100	—

第二，受访群体的看法。如表 9-44 所示，在 2016 年对受访的调查中，32.12% 的受访群体选择"偶尔阅读"，选择"经常阅读"的比率为 31.65%，选择"从不阅读"和"没有手机"的占比均在 10% 左右。大部分的受访群体会阅读手机报。

从未成年人与成年人群体的比较来看，未成年人选择"经常阅读"的比率较成年人选择的比率要高。

表 9-44 受访群体认为的未成年人阅读手机报的情况（2016 年）

选项	总计			未成年人		成年人群体								未成年人与成年人群体比较率差
						合计		中学老师		家长		中学校长		
	人数	比率	排序	人数	比率	人数	比率	人数	比率	人数	比率	人数	比率	
经常阅读	746	31.65	2	631	32.63	115	27.19	43	25.90	63	32.64	9	14.06	5.44
偶尔阅读	757	32.12	1	603	31.18	154	36.41	66	39.76	63	32.64	25	39.06	-5.23
从不阅读	358	15.19	3	293	15.15	65	15.37	20	12.05	32	16.58	13	20.31	-0.22

---

① 叶松庆. 当代未成年人的微阅读现状与引导对策 [J]. 中国出版，2013 (21)：62-65.

(续表9-44)

选项	总计			未成年人		成年人群体								未成年人与成年人群体比较率差
						合计		中学老师		家长		中学校长		
	人数	比率	排序	人数	比率	人数	比率	人数	比率	人数	比率	人数	比率	
不知道	212	8.99	5	157	8.12	55	13.00	26	15.66	18	9.33	11	17.19	-4.88
没有手机	284	12.05	4	250	12.93	34	8.04	11	6.63	17	8.81	6	9.38	4.89
合计	2357	100	—	1934	100	423	100	166	100	193	100	64	100	—

（2）手机微信对未成年人世界观、人生观、价值观与思想道德的影响。

如表9-45所示，在2016年对未成年人与成年人群体的调查中，30.46%的受访群体选择"有很大影响"选项，选择"有影响"的比率为24.78%。选择"影响不大"与"不影响"的合比率为21.05%。选择"从不上网"的比率为12.09%。

从未成年人与成年人群体的比较来看，成年人群体更倾向于认为手机微信对未成年人的影响很大。

表9-45　受访群体认为的手机微信对未成年人世界观、人生观、价值观与思想道德的影响（2016年）

选项	总计			未成年人		成年人群体								未成年人与成年人群体比较率差
						合计		中学老师		家长		中学校长		
	人数	比率	排序	人数	比率	人数	比率	人数	比率	人数	比率	人数	比率	
有很大影响	718	30.46	1	560	28.96	158	37.35	54	32.53	82	42.49	22	34.38	-8.39
有影响	584	24.78	2	437	22.60	147	34.75	62	37.35	59	30.57	26	40.63	-12.15
影响不大	340	14.43	3	298	15.41	42	9.93	15	9.04	21	10.88	6	9.38	5.48
不影响	156	6.62	6	137	7.08	19	4.49	11	6.63	6	3.11	2	3.13	2.59
不知道	274	11.62	5	239	12.36	35	8.27	14	8.43	18	9.33	3	4.69	4.09
从不上网	285	12.09	4	263	13.60	22	5.20	10	6.02	7	3.63	5	7.81	8.40
合计	2357	100	—	1934	100	423	100	166	100	193	100	64	100	—

3. 平面媒体的教育功能

（1）未成年人的自述。

如表9-46所示，在2011—2016年就书刊阅读对未成年人道德素质提高作用的调查中，28.43%的未成年人认为书刊阅读能提高其思想道德素质；26.90%的未成年人认为能促使其精神上获得满足；选择占比在10%左右的选项包括"知识有了长进"与"减轻学习考试压力"；其他选项比率均在10%以下。

从2016年与2011年的比较来看，未成年人认为书刊阅读有助于促进自身思想道德素质的提高，这一比率呈较高的增长趋势。选择"不知道"的比率也有所上升。其他选项的比率有所降低。未成年人认为书刊阅读对其思想道德的提升具有重要的积极意义。

表9-46 书刊阅读对未成年人道德素质提高的作用（2011—2016年）

选项	总计			2011—2013年[①]		2011年[②]比率	2014年		2015年		2016年		2016年与2011年比较率差
	人数	比率	排序	人数	比率		人数	比率	人数	比率	人数	比率	
思想道德素质提高	3808	28.43	1	1790	25.56	17.71	828	28.18	544	35.84	646	33.40	15.69
精神上获得满足	3603	26.90	2	1934	27.62	25.38	828	28.18	416	27.40	425	21.98	-3.40
知识有了长进	2037	15.21	3	1005	14.35	16.11	594	20.22	201	13.24	237	12.25	-3.86
弥补了课堂学习的不足	658	4.91	6	380	5.43	5.49	120	4.08	59	3.89	99	5.12	-0.37
减轻学习考试压力	1551	11.58	4	929	13.27	15.38	271	9.22	155	10.21	196	10.13	-5.25
达到休闲目的	1174	8.77	5	724	10.34	16.00	226	7.69	97	6.39	127	6.57	-9.43
没有任何收获	139	1.04	8	70	1.00	1.24	39	1.33	11	0.72	19	0.98	-0.26
不知道	423	3.16	7	171	2.44	2.69	32	1.09	35	2.31	185	9.57	6.88
合计	13393	100	—	7003	100	100	2938	100	1518	100	1934	100	—

（2）受访群体的看法。

如表9-47所示，在2016年对受访群体的调查中，33.26%的受访群体认为书刊阅读有助于提升未成年人的思想道德素质。选择"精神上获得满足"选项的比率为21.51%。选择"知识有了长进"的比率为12.39%。其他选项的比率均不足10%。相关群体认为书刊阅读在提高未成年人思想道德素质的基础上，有助于未成年人在精神上获得满足。

[①] 叶松庆. 当代未成年人道德观发展变化与引导对策的实证研究[M]. 芜湖：安徽师范大学出版社，2016：469.

[②] 叶松庆. 当代未成年人阅读行为对道德观发展的积极影响[J]. 中国出版，2015(7)：12-15.

从未成年人与成年人群体的比较来看,未成年人选择"减轻学习考试压力""达到休闲目的"的比率较成年人群体要高。在未成年人眼中,对书刊的阅读逐渐向精神需求的方向转变。

表9-47 受访群体认为的书刊阅读对未成年人道德素质提高的作用(2016年)

选项	总计			未成年人		成年人群体								未成年人与成年人群体比较率差
						合计		中学老师		家长		中学校长		
	人数	比率	排序	人数	比率	人数	比率	人数	比率	人数	比率	人数	比率	
思想道德素质提高	784	33.26	1	646	33.40	138	32.62	42	25.30	77	39.90	19	29.69	0.78
精神上获得满足	507	21.51	2	425	21.98	82	19.39	27	16.27	39	20.21	16	25.00	2.59
知识有了长进	292	12.39	3	237	12.25	55	13.00	19	11.45	27	13.99	9	14.06	-0.75
弥补了课堂学习的不足	180	7.64	6	99	5.12	81	19.15	37	22.29	32	16.58	12	18.75	-14.03
减轻学习考试压力	223	9.46	4	196	10.13	27	6.38	14	8.43	11	5.70	2	3.13	3.75
达到休闲目的	144	6.11	7	127	6.57	17	4.02	10	6.02	2	1.04	5	7.81	2.55
没有任何收获	24	1.02	8	19	0.98	5	1.18	3	1.81	2	1.04	0	0.00	-0.20
不知道	203	8.61	5	185	9.57	18	4.26	14	8.43	3	1.55	1	1.56	5.31
合计	2357	100	—	1934	100	423	100	166	100	193	100	64	100	—

4. 影视文化的教育功能

(1)影视文化对未成年人价值观的影响。

第一,未成年人的自述。如表9-48所示,在2014—2016年就未成年人认为的影视文化对自身价值观的影响的调查中,34.69%的未成年人认为影视文化的"影响不大,难以察觉"。33.66%的未成年人表示影视文化产生了一定的影响,但还不足以指导其日常行为。认为影响明显,并且有时会依照影视剧中的行为标准衡量自己的占比为13.80%。选择"其他"的比率为13.91%。大部分未成年人认为影视剧对自身价值观产生了一定的影响,但影响的具体程度各异。

从 2016 年与 2014 年的比较来看,选择"影响不大,难以察觉"的比率有所增加。与此同时,选择"影响明显"的比率也有所增加。应正视影视文化对价值观的导向作用,发挥影视文化的积极、正面的引导,以促进未成年人价值观的形成与发展。

表 9-48 未成年人认为的影视文化对未成年人价值观的影响(2014—2016 年)

选项	总计			2014 年		2015 年		2016 年		2016 年与 2014 年比较率差
	人数	比率	排序	人数	比率	人数	比率	人数	比率	
影响不大,难以察觉	2217	34.69	1	972	33.08	514	33.86	731	37.80	4.72
产生了一定的影响,但还不足以指导日常行为	2151	33.66	2	1092	37.17	568	37.42	491	25.39	-11.78
影响较为明显,有时会以影视剧中的行为标准来衡量自己	882	13.80	4	396	13.48	250	16.47	236	12.20	-1.28
影响明显,有些美式精神成为自己的人生信条	251	3.93	5	94	3.20	91	5.99	66	3.41	0.21
其他	889	13.91	3	384	13.07	95	6.26	410	21.20	8.13
合计	6390	100	—	2938	100	1518	100	1934	100	—

第二,受访群体的看法。如表 9-49 所示,在 2016 年对受访群体的调查中,37.34%的受访群体表示"影响不大,难以察觉"。选择"产生一定的影响,但还不足以指导日常行为"的比率为 27.32%。选择"其他"的比率为 19.01%。总的来看,大部分受访群体表示影视文化对未成年人价值观造成一定的影响。

从未成年人与成年人群体的比较来看,未成年人群体更倾向于认为影视文化对未成年人价值观的影响不大。未成年人选择"其他"的比率较成年人群体要高,未成年人对这一问题的认识呈现出多样性。

表9-49 受访群体认为的影视文化对未成年人价值观的影响（2016年）

选项	总计			未成年人		成年人群体								未成年人与成年人群体比较率差
						合计		中学老师		家长		中学校长		
	人数	比率	排序	人数	比率	人数	比率	人数	比率	人数	比率	人数	比率	
影响不大，难以察觉	880	37.34	1	731	37.80	149	35.22	44	26.51	88	45.60	17	26.56	2.58
产生了一定的影响，但还不足以指导日常行为	644	27.32	2	491	25.39	153	36.17	59	35.54	64	33.16	30	46.88	-10.78
影响较为明显，有时会以影视剧中的行为标准来衡量自己	305	12.94	4	236	12.20	69	16.31	36	21.69	22	11.40	11	17.19	-4.11
影响明显，有些美式精神成为自己的人生信条	80	3.39	5	66	3.41	14	3.31	10	6.02	2	1.04	2	3.13	0.10
其他	448	19.01	3	410	21.20	38	8.98	17	10.24	17	8.81	4	6.25	12.22
合计	2357	100	—	1934	100	423	100	166	100	193	100	64	100	—

（2）影视文化对未成年人认知观的影响。

第一，未成年人的自述。如表9-50所示，在2013—2016年就未成年人对新中国、中国共产党的认识是否受到电影、电视剧的影响的调查中，56.20%的未成年人认为"受到"电影、电视剧的影响，选择"没受到"与"很少"的比率分别为27.55%、16.25%。大部分未成年人认为在一定程度上受到了影响。

从2016年与2013年的比较来看，选择"很少"的比率有所增加，未成年人的认识虽受到电影与电视剧的影响，但对新中国、中国共产党等相关关键核心问题的认识较为清晰，有较为坚定的信念。

表 9-50　未成年人对新中国、中国共产党的认识是否受到电影、电视剧的影响（2013—2016 年）

选项	总计			2013 年①		2014 年		2015 年		2016 年		2016 年与 2013 年比较率差
	人数	比率	排序	人数	比率	人数	比率	人数	比率	人数	比率	
受到	5259	56.20	1	1715	57.78	1700	57.86	890	58.63	954	49.33	-8.45
没受到	2578	27.55	2	865	29.14	914	31.11	370	24.37	429	22.18	-6.96
很少	1521	16.25	3	388	13.07	324	11.03	258	17.00	551	28.49	15.42
合计	9358	100	—	2968	100	2938	100	1518	100	1934	100	—

第二，受访群体的看法。如表 9-51 所示，在 2016 年对受访群体的调查中，52.10% 的受访群体认为受到电影、电视剧的影响。选择"没受到"与"很少"的比率分别为 22.78% 与 25.12%。大部分的受访群体表示未成年人对新中国、中国共产党的认识受到了电影、电视剧的影响。

从未成年人与成年人群体的比较来看，成年人群体选择"受到"的比率较未成年人选择的比率要高。未成年人群体选择"很少"的比率较成年人选择的比率要高，未成年人群体对自身抵抗电影、电视剧影响的能力更具信心。

表 9-51　受访群体认为的未成年人对新中国、中国共产党的认识是否受到电影、电视剧的影响（2016 年）

选项	总计			未成年人		成年人群体								未成年人与成年人群体比较率差
						合计		中学老师		家长		中学校长		
	人数	比率	排序	人数	比率	人数	比率	人数	比率	人数	比率	人数	比率	
受到	1228	52.10	1	954	49.33	274	64.78	111	66.87	125	64.77	38	59.38	-15.45
没受到	537	22.78	3	429	22.18	108	25.53	40	24.10	56	29.02	12	18.75	-3.35
很少	592	25.12	2	551	28.49	41	9.69	15	9.04	12	6.22	14	21.88	18.80
合计	2357	100	—	1934	100	423	100	166	100	193	100	64	100	—

（3）影视剧对未成年人世界观、人生观、价值观的影响。

第一，未成年人的自述。如表 9-52 所示，在 2013—2016 年对未成年人认为的影视剧对自身世界观、人生观、价值观的影响的调查中，29.54% 的未成年人认为受到的影响

---

① 叶松庆，罗永，荣梅. 电视剧文化对未成年人价值观的影响方式、特点及其问题：以安徽省未成年人的调查为例 [J]. 皖西学院学报，2015，31 (6)：29-33.

"大"和"很大",选择"不大"比率为48.87%,选择"没有什么影响"与"不知道"的比率均在10%左右。影视剧对未成年人世界观、人生观、价值观的影响是客观存在的。

从2016年与2013年的比较来看,选择"不大"的比率较2013年有所上升。总的来说,电视剧对未成年人世界观、人生观、价值观的影响较大。

表9-52 未成年人认为的影视剧对自身世界观、人生观、价值观的影响(2013—2016年)

选项	总计			2013年①		2014年		2015年		2016年		2016年与2013年比较率差
	人数	比率	排序	人数	比率	人数	比率	人数	比率	人数	比率	
不大	4573	48.87	1	1494	50.34	1304	44.38	737	48.55	1038	53.67	3.33
大	2211	23.63	2	693	23.35	838	28.52	399	26.28	281	14.53	-8.82
很大	553	5.91	5	170	5.73	196	6.67	106	6.98	81	4.19	-1.54
没有什么影响	1025	10.95	3	383	12.90	327	11.13	151	9.95	164	8.48	-4.42
不知道	996	10.64	4	228	7.68	273	9.29	125	8.23	370	19.13	11.45
合计	9358	100	—	2968	100	2938	100	1518	100	1934	100	—

第二,受访群体的看法。如表9-53所示,在2016年对受访群体的调查中,51.51%的受访群体认为影响不大。18.71%的受访群体认为影响大。选择"不知道"的占比为17.48%。大部分受访群体认为影视剧有一定的影响力。

从未成年人与成年人群体的比较来看,未成年人群体选择"不大""没什么影响"与"不知道"的比率均较成年人群体要高。成年人群体更倾向于认为影视剧对未成年人世界观、人生观、价值观的影响大。

表9-53 受访群体认为的影视剧对未成年人世界观、人生观、价值观的影响(2016年)

选项	总计			未成年人		成年人群体								未成年人与成年人群体比较率差
						合计		中学老师		家长		中学校长		
	人数	比率	排序	人数	比率	人数	比率	人数	比率	人数	比率	人数	比率	
不大	1214	51.51	1	1038	53.67	176	41.61	61	36.75	94	48.70	21	32.81	12.06
大	441	18.71	2	281	14.53	160	37.83	71	42.77	63	32.64	26	40.63	-23.30

---

① 叶松庆,罗永,荣梅.电视剧文化对未成年人价值观的影响方式、特点及其问题:以安徽省未成年人的调查为例[J].皖西学院学报,2015,31(6):29-33.

(续表9-53)

选项	总计			未成年人		成年人群体								未成年人与成年人群体比较率差
						合计		中学老师		家长		中学校长		
	人数	比率	排序	人数	比率	人数	比率	人数	比率	人数	比率	人数	比率	
很大	109	4.62	5	81	4.19	28	6.62	9	5.42	12	6.22	7	10.94	-2.43
没有什么影响	181	7.68	4	164	8.48	17	4.02	7	4.22	6	3.11	4	6.25	4.46
不知道	412	17.48	3	370	19.13	42	9.93	18	10.84	18	9.33	6	9.38	9.20
合计	2357	100	—	1934	100	423	100	166	100	193	100	64	100	—

(4) 影视剧对提高未成年人道德素质的帮助。

第一,未成年人的自述。如表9-54所示,在2013—2016年就未成年人认为的影视剧对提升自身思想道德素质的影响的调查中,32.98%的未成年人认为影响"大"与"很大",选择"不大"的比率为48.08%,选择"没什么影响"与"不知道"的比率均在9%左右。影视剧对未成年人思想道德素质的提升有重要影响。

从2016年与2013年的比较来看,选择"不知道"的增幅较大,选择"大"的降幅较大。

表9-54 未成年人认为的影视剧对提升自身思想道德素质的影响(2013—2016年)

选项	总计			2013年①		2014年		2015年		2016年		2016年与2013年比较率差
	人数	比率	排序	人数	比率	人数	比率	人数	比率	人数	比率	
不大	4499	48.08	1	1610	54.25	1238	42.14	662	43.61	989	51.14	-3.11
大	2412	25.77	2	724	24.39	940	31.99	446	29.38	302	15.62	-8.77
很大	675	7.21	5	192	6.47	209	7.11	146	9.62	128	6.62	0.15
没有什么影响	903	9.65	3	251	8.46	306	10.42	168	11.07	178	9.20	0.74
不知道	869	9.29	4	191	6.44	245	8.34	96	6.32	337	17.43	10.99
合计	9358	100	—	2968	100	2938	100	1518	100	1934	100	—

---

① 荣梅. 电视剧文化对未成年人价值观形成与发展的影响:以安徽省未成年人的调查为例[J]. 安徽广播电视大学学报,2015(2):64-68,77.

第二，受访群体的看法。如表9-55所示，在2016年对受访群体的调查中，49.98%的受访群体选择"不大"。选择"大"与"很大"的合比率为25.33%。选择"没什么影响"和"不知道"的比率分别为8.91%和15.78%。

从未成年人与成年人群体的比较来看，未成年人选择"不大"和"不知道"的比率较成年人群体要高。成年人群体选择"大"的比率较未成年人要高。成年人群体更倾向于认为影视剧对提升未成年人思想道德素质的影响较大。

表9-55 受访群体认为的影视剧对提升未成年人思想道德素质的影响（2016年）

选项	总计			未成年人		成年人群体								未成年人与成年人群体比较率差
						合计		中学老师		家长		中学校长		
	人数	比率	排序	人数	比率	人数	比率	人数	比率	人数	比率	人数	比率	
不大	1178	49.98	1	989	51.14	189	44.68	66	39.76	101	52.33	22	34.38	6.46
大	439	18.63	2	302	15.62	137	32.39	62	37.35	47	24.35	28	43.75	-16.77
很大	158	6.70	5	128	6.62	30	7.09	14	8.43	13	6.74	3	4.69	-0.47
没有什么影响	210	8.91	4	178	9.20	32	7.57	9	5.42	15	7.77	8	12.50	1.63
不知道	372	15.78	3	337	17.43	35	8.27	15	9.04	17	8.81	3	4.69	9.16
合计	2357	100	—	1934	100	423	100	166	100	193	100	64	100	—

（5）影视剧对未成年人成长的影响。

第一，未成年人的自述。如表9-56所示，在2013—2016年就未成年人认为影视剧对自身成长的影响的调查中，36.30%的未成年人表示影视剧对自己的成长影响"大"与"很大"，选择"不大"的比率为45.54%，选择"没什么影响"与"不知道"的比率分别为9.69%与8.46%。影视剧对未成年人的成长有重要影响。

从2016年与2013年的比较来看，未成年人认为影视剧对自身成长的影响有所降低。

表9-56 未成年人认为的影视剧对自身成长的影响（2013—2016年）

选项	总计			2013年[①]		2014年		2015年		2016年		2016年与2013年比较率差
	人数	比率	排序	人数	比率	人数	比率	人数	比率	人数	比率	
不大	4262	45.54	1	1455	49.02	1199	40.81	664	43.74	944	48.81	-0.21
大	2657	28.39	2	869	29.28	962	32.74	479	31.55	347	17.94	-11.34
很大	740	7.91	5	220	7.41	246	8.37	136	8.96	138	7.14	-0.27
没有什么影响	907	9.69	3	252	8.49	307	10.45	164	10.80	184	9.51	1.02
不知道	792	8.46	4	172	5.80	224	7.62	75	4.94	321	16.60	10.80
合计	9358	100	—	2968	100	2938	100	1518	100	1934	100	—

第二，受访群体的看法。如表9-57所示，在2016年对受访群体的调查中，46.75%的受访群体认为影视剧对未成年人的影响不大。选择"大"和"很大"的合比率为29.70%。选择"没什么影响"和"不知道"的比率分别为8.74%与14.81%。大部分受访群体认为影视剧对其成长的影响不大。

从成年人群体与未成年人的比较来看，成年人群体更倾向于认为影视剧对未成年人的影响较大。

表9-57 受访群体认为的影视剧对未成年人成长的影响（2016年）

选项	总计			未成年人		成年人群体								未成年人与成年人群体比较率差
						合计		中学老师		家长		中学校长		
	人数	比率	排序	人数	比率	人数	比率	人数	比率	人数	比率	人数	比率	
不大	1102	46.75	1	944	48.81	158	37.35	49	29.52	91	47.15	18	28.13	11.46
大	519	22.02	2	347	17.94	172	40.66	79	47.59	57	29.53	36	56.25	-22.72
很大	181	7.68	5	138	7.14	43	10.17	18	10.84	20	10.36	5	7.81	-3.03
没有什么影响	206	8.74	4	184	9.51	22	5.20	7	4.22	13	6.74	2	3.13	4.31
不知道	349	14.81	3	321	16.60	28	6.62	13	7.83	12	6.22	3	4.69	9.98
合计	2357	100	—	1934	100	423	100	166	100	193	100	64	100	—

[①] 叶松庆，罗永，荣梅. 电视剧文化对未成年人价值观的影响方式、特点及其问题：以安徽省未成年人的调查为例 [J]. 皖西学院学报，2015，31（6）：29-33.

(6) 影视剧对未成年人学习的帮助。

第一，未成年人的自述。如表 9-58 所示，在 2013—2016 年就未成年人认为的影视剧对自身学习的帮助的调查中，48.26% 的未成年人认为对学习"有帮助"，选择"没有帮助"的比率为 16.73%，选择"帮助很少"的比率为 26.13%，选择"其他"的比率为 8.88%。大部分未成年人认为影视剧对其自身学习有一定的帮助。

从 2016 年与 2013 年的比较来看，选择"有帮助"与"帮助很少"的比率有所下降，选择"没有帮助"和"其他"的比率均有所增加。

表 9-58 未成年人认为的影视剧对自身学习的帮助（2013—2016 年）

选项	总计			2013 年①		2014 年		2015 年		2016 年		2016 年与 2013 年比较率差
	人数	比率	排序	人数	比率	人数	比率	人数	比率	人数	比率	
有帮助	4516	48.26	1	1535	51.72	1505	51.23	746	49.14	730	37.75	-13.97
没有帮助	1566	16.73	3	511	17.22	362	12.32	270	17.79	423	21.87	4.65
帮助很少	2445	26.13	2	731	24.63	906	30.84	397	26.15	411	21.25	-3.38
其他	831	8.88	4	191	6.44	165	5.62	105	6.92	370	19.13	12.69
合计	9358	100	—	2968	100	2938	100	1518	100	1934	100	—

第二，受访群体的看法。如表 9-59 所示，在 2016 年对受访群体的调查中，37.68% 的受访群体认为影视剧对未成年人学习"有帮助"，认为"没有帮助"的比率为 25.24%。选择"帮助很少"和"其他"的比率分别为 19.26% 和 17.82%。

从未成年人与成年人群体的比较来看，未成年人群体选择"有帮助"的比率较成年人群体要稍高。此外，未成年人选择"帮助很少"的比率也较成年人群体要高。相较于未成年人群体而言，未成年人倾向于认为影视剧对自身学习帮助不大。

---

① 荣梅，徐青青，叶松庆. 利用电视剧文化促进未成年人价值观发展的教育引导对策 [J]. 淮北师范大学学报：哲学社会科学版, 2015, 36 (5)：167-172.

表 9-59 受访群体认为的影视剧对未成年人学习的帮助（2016 年）

选项	总计			未成年人		成年人群体								未成年人与成年人群体比较率差
						合计		中学老师		家长		中学校长		
	人数	比率	排序	人数	比率	人数	比率	人数	比率	人数	比率	人数	比率	
有帮助	888	37.68	1	730	37.75	158	37.35	49	29.52	91	47.15	18	28.13	0.40
没有帮助	595	25.24	2	423	21.87	172	40.66	79	47.59	57	29.53	36	56.25	-18.79
帮助很少	454	19.26	3	411	21.25	43	10.17	18	10.84	20	10.36	5	7.81	11.08
其他	420	17.82	4	370	19.13	50	11.82	20	12.05	25	12.95	5	7.81	7.31
合计	2357	100	—	1934	100	423	100	166	100	193	100	64	100	—

5. 媒体内容对未成年人价值观演化的潜在作用

（1）未成年人最感兴趣的网络内容。

第一，未成年人的自述。如表 9-60 所示，在 2010—2016 年对未成年人最感兴趣的网络内容的调查中，各选项的排序："国内新闻"（22.26%）、"国际新闻"（15.82%）、"文学阅读与音乐欣赏"（11.51%）、"游戏"（7.38%）、"社会趣闻"（6.00%）、"青少年事件"（5.82%）、"企业家成功之路"（5.43%）、"爱情"（3.96%）、"科学文化知识"（3.52%）、"其他"（2.97%）、"不知道"（2.90%）、"网聊"（2.52%）、"军事"（2.13%）、"涉黄"（1.99%）、"凶杀暴力"（1.70%）、"无所谓"（1.59%）、"创业就业信息"（0.89%）、"通信"（0.82%）、"网恋"（0.46%）、"网婚"（0.33%）。可见，国内外新闻是未成年人最为感兴趣的网络内容，其次是电子阅读与音乐欣赏等。同时，网络游戏也是未成年人关注的一个较为重要的方面，但总的来说选择率较低。

从历年的比较来看，各选项的比率差距均不大，说明未成年人对此问题的看法具有一定的稳定性。

表 9-60 未成年人最感兴趣的网络内容（2010—2016 年）

选项	总计			2010 年		2011 年		2012 年		2013 年		2014 年		2015 年		2016 年		2016 年与 2010 年比较率差
	人数	比率	排序	人数	比率	人数	比率	人数	比率	人数	比率	人数	比率	人数	比率	人数	比率	
国内新闻	3413	22.26	1	281	14.51	330	17.09	489	23.24	601	20.25	662	22.53	399	26.28	651	33.66	19.15
国际新闻	2425	15.82	2	309	15.96	283	14.66	308	14.64	385	12.97	554	18.86	268	17.65	318	16.44	0.48

(续表9-60)

选项	总计			2010年		2011年		2012年		2013年		2014年		2015年		2016年		2016年与2010年比较率差
	人数	比率	排序	人数	比率	人数	比率	人数	比率	人数	比率	人数	比率	人数	比率	人数	比率	
企业家成功之路	833	5.43	7	112	5.79	83	4.30	125	5.94	213	7.18	154	5.24	28	1.84	118	6.10	0.31
青少年事件	892	5.82	6	145	7.49	132	6.84	141	6.70	172	5.80	141	4.80	99	6.52	62	3.21	-4.28
爱情	607	3.96	8	79	4.08	52	2.69	94	4.47	138	4.65	90	3.06	40	2.64	114	5.89	1.81
涉黄	305	1.99	14	36	1.86	16	0.83	42	2.00	68	2.29	76	2.59	47	3.10	20	1.03	-0.83
凶杀暴力	261	1.70	15	33	1.70	40	2.07	25	1.19	46	1.55	59	2.01	26	1.71	32	1.65	-0.05
社会趣闻	920	6.00	5	130	6.71	116	6.01	119	5.66	175	5.90	197	6.71	82	5.40	101	5.22	-1.49
科学文化知识	540	3.52	9	103	5.32	42	2.18	65	3.09	97	3.27	54	1.84	103	6.79	76	3.93	-1.39
文学阅读与音乐欣赏	1764	11.51	3	223	11.52	266	13.78	256	12.17	345	11.62	397	13.51	158	10.41	119	6.15	-5.37
游戏	1131	7.38	4	134	6.92	156	8.08	187	8.89	230	7.75	252	8.58	97	6.39	75	3.88	-3.04
创业就业信息	136	0.89	17	14	0.72	18	0.93	19	0.90	36	1.21	19	0.65	17	1.12	13	0.67	-0.05
军事	327	2.13	13	44	2.27	62	3.21	27	1.28	80	2.70	30	1.02	46	3.03	38	1.96	-0.31
网聊	386	2.52	12	72	3.72	90	4.66	45	2.14	74	2.49	58	1.97	19	1.25	28	1.45	-2.27
网恋	70	0.46	19	11	0.57	8	0.41	5	0.24	22	0.74	13	0.44	5	0.33	6	0.31	-0.26
网婚	50	0.33	20	10	0.52	9	0.47	4	0.19	13	0.44	5	0.17	4	0.26	5	0.26	-0.26
通信	126	0.82	18	20	1.03	16	0.83	25	1.19	29	0.98	8	0.27	16	1.05	12	0.62	-0.41
其他	456	2.97	10	75	3.87	82	4.25	71	3.37	114	3.84	57	1.94	21	1.38	36	1.86	-2.01
无所谓	243	1.59	16	30	1.55	68	3.52	33	1.57	44	1.48	25	0.85	15	0.99	28	1.45	-0.10
不知道	444	2.90	11	75	3.87	62	3.21	24	1.14	86	2.90	87	2.96	28	1.84	82	4.24	0.37
合计	15329	100	—	1936	100	1931	100	2104	100	2968	100	2938	100	1518	100	1934	100	—

第二，受访群体的看法。如表9-61所示，在2016年对受访群体的调查中，各选项的排序："国内新闻"（31.65%）、"国际新闻"（16.04%）、"文学阅读与音乐欣赏"

(6.07%)、"企业家成功之路"(5.90%)、"社会趣闻"(5.69%)、"爱情"(5.64%)、"游戏"(5.64%)、"青少年事件"(4.16%)、"科学文化知识"(3.95%)、"不知道"(3.69%)、"军事"(2.12%)、"网聊"(1.65%)、"其他"(1.65%)、"凶杀暴力"(1.48%)、"涉黄"(1.40%)、"无所谓"(1.40%)、"创业就业信息"(0.68%)、"通信"(0.59%)、"网恋"(0.38%)、"网婚"(0.21%)。

从未成年人与成年人群体的比较来看,未成年人认为自身群体对新闻感兴趣的比率更高。

表9-61 受访群体认为的未成年人最感兴趣的网络内容(2016年)

选项	总计			未成年人		成年人群体								未成年人与成年人群体比较率差
						合计		中学老师		家长		中学校长		
	人数	比率	排序	人数	比率	人数	比率	人数	比率	人数	比率	人数	比率	
国内新闻	746	31.65	1	651	33.66	95	22.46	25	15.06	58	30.05	12	18.75	11.2
国际新闻	378	16.04	2	318	16.44	60	14.18	18	10.84	33	17.10	9	14.06	2.26
企业家成功之路	139	5.90	4	118	6.10	21	4.96	8	4.82	7	3.63	6	9.38	1.14
青少年事件	98	4.16	8	62	3.21	36	8.51	15	9.04	16	8.29	5	7.81	-5.30
爱情	133	5.64	6	114	5.89	19	4.49	13	7.83	4	2.07	2	3.13	1.40
涉黄	33	1.40	15	20	1.03	13	3.07	6	3.61	3	1.55	4	6.25	-2.04
凶杀暴力	35	1.48	14	32	1.65	3	0.71	2	1.20	1	0.52	0	0.00	0.94
社会趣闻	134	5.69	5	101	5.22	33	7.80	12	7.23	13	6.74	8	12.50	-2.58
科学文化知识	93	3.95	9	76	3.93	17	4.02	9	5.42	6	3.11	2	3.13	-0.09
文学阅读与音乐欣赏	143	6.07	3	119	6.15	24	5.67	9	5.42	14	7.25	1	1.56	0.48
游戏	133	5.64	6	75	3.88	58	13.71	23	13.86	24	12.44	11	17.19	-9.83
创业就业信息	16	0.68	17	13	0.67	3	0.71	3	1.81	0	0.00	0	0.00	-0.04
军事	50	2.12	11	38	1.96	12	2.84	7	4.22	4	2.07	1	1.56	-0.88
网聊	39	1.65	12	28	1.45	11	2.60	5	3.01	4	2.07	2	3.13	-1.15
网恋	9	0.38	19	6	0.31	3	0.71	2	1.20	1	0.52	0	0.00	-0.40
网婚	5	0.21	20	5	0.26	0	0.00	0	0.00	0	0.00	0	0.00	0.26

(续表9-61)

选项	总计			未成年人		成年人群体								未成年人与成年人群体比较率差
						合计		中学老师		家长		中学校长		
	人数	比率	排序	人数	比率	人数	比率	人数	比率	人数	比率	人数	比率	
通信	14	0.59	18	12	0.62	2	0.47	0	0.00	2	1.04	0	0.00	0.15
其他	39	1.65	12	36	1.86	3	0.71	2	1.20	1	0.52	0	0.00	1.15
无所谓	33	1.40	15	28	1.45	5	1.18	5	3.01	0	0.00	0	0.00	0.27
不知道	87	3.69	10	82	4.24	5	1.18	2	1.20	2	1.04	1	1.56	3.06
合计	2357	100	—	1934	100	423	100	166	100	193	100	64	100	—

（2）未成年人最感兴趣的电视内容。

第一，未成年人的自述。如表9-62所示，在2010—2016年对未成年人最感兴趣的电视内容的调查中，各选项的排序："国内新闻"（20.58%）、"国际新闻"（14.25%）、"国产电视连续剧"（10.01%）、"外国电影"（6.09%）、"情感故事"（6.08%）、"青少年事件"（4.93%）、"企业家成功之路"（4.69%）、"国产电影"（4.59%）、"音乐欣赏"（4.48%）、"案件侦破"（4.21%）、"科学文化知识"（4.01%）、"不知道"（2.41%）、"其他"（2.34%）、"军事节目"（2.32%）、"文学阅读"（2.05%）、"社会新闻"（1.89%）、"无所谓"（1.66%）、"人生纪实"（1.36%）、"外国电视连续剧"（1.28%）、"创业就业信息"（0.77%）。从电视内容来看，未成年人对新闻类的内容较为感兴趣，其次是电视剧与电影类。从历年的比较来看，新闻类的内容比率增幅较大。

从未成年人的实际来看，关注新闻有助于其了解国内外现实的动态，扩大其知识面。

表9-62 未成年人最感兴趣的电视内容（2010—2016年）

选项	总计			2010年		2011年		2012年		2013年		2014年		2015年		2016年		2016年与2010年比较率差
	人数	比率	排序	人数	比率	人数	比率	人数	比率	人数	比率	人数	比率	人数	比率	人数	比率	
国内新闻	3155	20.58	1	294	15.19	329	17.04	488	23.19	616	20.75	569	19.37	262	17.26	597	30.87	15.68
国际新闻	2184	14.25	2	199	10.28	203	10.51	358	17.02	453	15.26	482	16.41	213	14.03	276	14.27	3.99

(续表9-62)

选项	总计			2010年		2011年		2012年		2013年		2014年		2015年		2016年		2016年与2010年比较率差
	人数	比率	排序	人数	比率	人数	比率	人数	比率	人数	比率	人数	比率	人数	比率	人数	比率	
企业家成功之路	719	4.69	7	117	6.04	84	4.35	108	5.13	141	4.75	82	2.79	67	4.41	120	6.20	0.16
青少年事件	756	4.93	6	83	4.29	78	4.04	136	6.46	198	6.67	127	4.32	74	4.87	60	3.10	-1.19
情感故事	932	6.08	5	116	5.99	110	5.70	126	5.99	185	6.23	228	7.76	54	3.56	113	5.84	-0.15
国产电影	704	4.59	8	89	4.60	108	5.59	99	4.71	136	4.58	137	4.66	65	4.28	70	3.62	-0.98
国产电视连续剧	1534	10.01	3	282	14.57	242	12.53	145	6.89	281	9.47	297	10.11	140	9.22	147	7.60	-6.97
外国电影	933	6.09	4	85	4.39	100	5.18	162	7.70	147	4.95	202	6.88	142	9.35	95	4.91	0.52
外国电视连续剧	196	1.28	19	19	0.98	12	0.62	23	1.09	45	1.52	30	1.02	37	2.44	30	1.55	0.57
社会新闻	290	1.89	16	51	2.63	31	1.61	46	2.19	54	1.82	57	1.94	38	2.50	13	0.67	-1.96
科学文化知识	614	4.01	11	95	4.91	78	4.04	83	3.94	125	4.21	105	3.57	58	3.82	70	3.62	-1.29
文学阅读	314	2.05	15	46	2.38	40	2.07	29	1.38	56	1.89	55	1.87	38	2.50	50	2.59	0.21
音乐欣赏	686	4.48	9	111	5.73	102	5.28	56	2.66	113	3.81	143	4.87	89	5.86	72	3.72	-2.01
创业就业信息	118	0.77	20	31	1.60	19	0.98	14	0.67	19	0.64	5	0.17	22	1.45	8	0.41	-1.19
军事节目	356	2.32	14	66	3.41	67	3.47	57	2.71	69	2.32	43	1.46	37	2.44	17	0.88	-2.53

(续表 9-62)

选项	总计			2010年		2011年		2012年		2013年		2014年		2015年		2016年		2016年与2010年比较率差
	人数	比率	排序	人数	比率	人数	比率	人数	比率	人数	比率	人数	比率	人数	比率	人数	比率	
人生纪实	209	1.36	18	46	2.38	39	2.02	20	0.95	20	0.67	39	1.33	26	1.71	19	0.98	-1.40
案件侦破	646	4.21	10	79	4.08	124	6.42	77	3.66	105	3.54	126	4.29	67	4.41	68	3.52	-0.56
其他	359	2.34	13	62	3.20	52	2.69	33	1.57	92	3.10	48	1.63	27	1.78	45	2.33	-0.87
无所谓	255	1.66	17	29	1.50	63	3.26	15	0.71	70	2.36	30	1.02	26	1.71	22	1.14	-0.36
不知道	369	2.41	12	36	1.86	50	2.59	29	1.38	43	1.45	133	4.53	36	2.37	42	2.17	0.31
合计	15329	100	—	1936	100	1931	100	2104	100	2968	100	2938	100	1518	100	1934	100	—

第二，受访群体的看法。如表9-63所示，在对受访群体的调查中，受访群体选择"国内新闻"和"国际新闻"的合比率为43.66%，其中选择"国内新闻"的比率居于第一位。其他选项的比率均在10%以下。大部分受访群体认为未成年人最感兴趣的电视内容是新闻类节目。

从未成年人与成年人群体的比较来看，未成年人选择"国内新闻"的比率较成年人群体要高，而成年人群体选择选择"青少年事件""国产电视连续剧"与"国产电影"的比率均较未成年人群体要高。

从数据比较来看，成年人对这一问题的认识带有强烈的自身视角，而未成年人实际关注的是与自身密切度较高，具有一定的可行性与契合性，体现其阶段性发展特征的内容。

表9-63 受访群体认为的未成年人最感兴趣的电视内容（2016年）

选项	总计			未成年人		成年人群体								未成年人与成年人群体比较率差
						合计		中学老师		家长		中学校长		
	人数	比率	排序	人数	比率	人数	比率	人数	比率	人数	比率	人数	比率	
国内新闻	693	29.40	1	597	30.87	96	22.70	34	20.48	48	24.87	14	21.88	8.17
国际新闻	336	14.26	2	276	14.27	60	14.18	19	11.45	33	17.10	8	12.50	0.09
企业家成功之路	136	5.77	4	120	6.20	16	3.78	5	3.01	6	3.11	5	7.81	2.42

(续表9-63)

选项	总计			未成年人		成年人群体								未成年人与成年人群体比较率差
						合计		中学老师		家长		中学校长		
	人数	比率	排序	人数	比率	人数	比率	人数	比率	人数	比率	人数	比率	
青少年事件	90	3.82	8	60	3.10	30	7.09	12	7.23	12	6.22	6	9.38	-3.99
情感故事	133	5.64	5	113	5.84	20	4.73	11	6.63	3	1.55	6	9.38	1.11
国产电影	92	3.90	7	70	3.62	22	5.20	9	5.42	11	5.70	2	3.13	-1.58
国产电视连续剧	195	8.27	3	147	7.60	48	11.35	22	13.25	20	10.36	6	9.38	-3.75
外国电影	124	5.26	6	95	4.91	29	6.86	14	8.43	13	6.74	2	3.13	-1.95
外国电视连续剧	32	1.36	15	30	1.55	2	0.47	1	0.60	1	0.52	0	0.00	1.08
社会新闻	23	0.98	17	13	0.67	10	2.36	4	2.41	4	2.07	2	3.13	-1.69
科学文化知识	90	3.82	8	70	3.62	20	4.73	8	4.82	7	3.63	5	7.81	-1.11
文学阅读	60	2.55	12	50	2.59	10	2.36	5	3.01	4	2.07	1	1.56	0.23
音乐欣赏	89	3.78	10	72	3.72	17	4.02	7	4.22	7	3.63	3	4.69	-0.30
创业就业信息	13	0.55	20	8	0.41	5	1.18	3	1.81	2	1.04	0	0.00	-0.77
军事节目	22	0.93	19	17	0.88	5	1.18	1	0.60	3	1.55	1	1.56	-0.30
人生纪实	23	0.98	17	19	0.98	4	0.95	0	0.00	3	1.55	1	1.56	0.03
案件侦破	79	3.35	11	68	3.52	11	2.60	3	1.81	7	3.63	1	1.56	0.92
其他	51	2.16	13	45	2.33	6	1.42	3	1.81	3	1.55	0	0.00	0.91
无所谓	29	1.23	16	22	1.14	7	1.65	3	1.81	4	2.07	0	0.00	-0.51
不知道	47	1.99	14	42	2.17	5	1.18	1	0.60	2	1.04	2	3.13	0.99
合计	2357	100	—	1934	100	423	100	166	100	193	100	64	100	—

(3) 未成年人最感兴趣的书刊内容。

第一，未成年人的自述。如表9-64所示，在2006—2016年对未成年人最感兴趣的书刊内容的调查中，各选项的排序："科学知识"（30.05%）、"休闲"（14.68%）、"科幻"（11.99%）、"情感"（10.32%）、"武侠"（8.66%）、"案件侦破"（7.73%）、"爱情"（5.79%）、"不清楚"（5.20%）、"带有色情"（2.94%）、"暴力凶杀"（1.46%）、"黄色"（1.19%）。其中，选择比率超过10%的有"科学知识""休闲""科幻"与"情感"四个，而尤以"科学知识"的选择比率最高，说明了未成年人最渴望在书刊中获取平常学习不到的科学知识,以增长自己的见识。

从历年的比较来看,未成年人对于从书刊中获取科学知识的愿望一直都很强烈。此外,未成年人对科幻书刊的感兴趣程度有所提高,对休闲类书刊内容的感兴趣程度有所降低。

表9-64 未成年人最感兴趣的书刊内容(2006—2016年)

选项	总计			2006—2013年①②③④⑤⑥⑦⑧		2006年比率	2014年		2015年		2016年		2016年与2006年比较率差
	人数	比率	排序	人数	比率		人数	比率	人数	比率	人数	比率	
科学知识	8125	30.05	1	5875	28.45	12.41	1013	34.48	534	35.18	703	36.35	23.94
武侠	2343	8.66	5	1766	8.55	12.98	214	7.28	125	8.23	238	12.31	-0.67
科幻	3242	11.99	3	2317	11.22	3.71	463	15.76	219	14.43	243	12.56	8.85
情感	2790	10.32	4	2201	10.66	8.74	292	9.94	159	10.47	138	7.14	-1.60
带有色情	794	2.94	9	653	3.16	5.11	23	0.78	37	2.44	81	4.19	-0.92
休闲	3969	14.68	2	3211	15.55	24.90	470	16.00	136	8.96	152	7.86	-17.04
爱情	1567	5.79	7	1258	6.09	8.52	166	5.65	81	5.34	62	3.21	-5.31
案件侦破	2089	7.73	6	1611	7.80	6.31	203	6.91	141	9.29	134	6.93	0.62
黄色	321	1.19	11	245	1.19	1.73	14	0.48	35	2.31	27	1.40	-0.33
暴力凶杀	395	1.46	10	352	1.70	3.13	9	0.31	20	1.32	14	0.72	-2.41
不清楚	1406	5.20	8	1162	5.63	12.45	71	2.42	31	2.04	142	7.34	-5.11
合计	27041	100	—	20651	100	100	2938	100	1518	100	1934	100	—

---

① 叶松庆.对部分中学生阅读与购买书刊状况的调查[J].出版发行研究,2007(4):17-22.
② 叶松庆.不同年代青少年阅读状况比较研究[J].出版发行研究,2009(9):21-24.
③ 叶松庆.安徽城乡未成年人的阅读现状与趋向[J].中国出版,2010(17):63-65.
④ 叶松庆.当代青少年书刊阅读与购买现状的实证分析[J].中国出版,2011(9):51-52.
⑤ 荣梅.当代青少年课外阅读现状的实证分析[J].出版发行研究,2012(12):67-69.
⑥ 叶松庆.当代未成年人的微阅读现状与引导对策[J].中国出版,2013(21):62-65.
⑦ 叶松庆,朱琳.2013年未成年人的阅读趋势及引导策略[J].出版发行研究,2014(4):53-56.
⑧ 叶松庆.当代未成年人阅读行为对道德观发展的积极影响[J].中国出版,2015(7):12-15.

第二，受访群体的看法。如表9-65所示，在2016年对受访群体的调查中，选择"科学知识"比率为35.51%，居于第一位。选择"科幻"与"武侠"的比率分别为14.26%与13.11%，均超过10%。其他选项的比率均较低。

从未成年人与成年人群体的比较来看，未成年人选择"科学知识"与"情感"的比率较成年人群体要高。

表9-65 受访群体认为的未成年人最感兴趣的书刊内容（2016年）

选项	总计			未成年人		成年人群体								未成年人与成年人群体比较率差
						合计		中学老师		家长		中学校长		
	人数	比率	排序	人数	比率	人数	比率	人数	比率	人数	比率	人数	比率	
科学知识	837	35.51	1	703	36.35	134	31.68	43	25.90	71	36.79	20	31.25	4.67
武侠	309	13.11	3	238	12.31	71	16.78	33	19.88	27	13.99	11	17.19	-4.47
科幻	336	14.26	2	243	12.56	93	21.99	37	22.29	42	21.76	14	21.88	-9.43
情感	159	6.75	6	138	7.14	21	4.96	9	5.42	9	4.66	3	4.69	2.18
带有色情	93	3.95	8	81	4.19	12	2.84	7	4.22	4	2.07	1	1.56	1.35
休闲	177	7.51	4	152	7.86	25	5.91	8	4.82	13	6.74	4	6.25	1.95
爱情	80	3.39	9	62	3.21	18	4.26	10	6.02	6	3.11	2	3.13	-1.05
案件侦破	152	6.45	7	134	6.93	18	4.26	6	3.61	9	4.66	3	4.69	2.67
黄色	31	1.32	10	27	1.40	4	0.95	3	1.81	1	0.52	0	0.00	0.45
暴力凶杀	20	0.85	11	14	0.72	6	1.42	4	2.41	1	0.52	1	1.56	-0.70
不清楚	163	6.92	5	142	7.34	21	4.96	6	3.61	11	5.70	1	1.56	2.38
合计	2357	100	—	1934	100	423	100	166	100	193	100	64	100	

（4）未成年人最感兴趣的影视剧。

如表9-66所示，在2013—2016年对未成年人最感兴趣的影视剧的调查中，各选项的排序："青春励志类"（18.07%）、"古装历史类"（15.99%）、"情景喜剧类"（15.12%）、"仙侠奇幻类"（14.92%）、"悬疑迷幻类"（10.86%）、"战争军旅类"（9.71%）、"纪实探索类"（7.79%）、"革命教育类"（4.07%）、"人物歌颂类"（3.45%）。未成年人最感兴趣的是青春励志、古装历史、情景喜剧、仙侠奇幻与悬疑迷幻类影视剧。

从2016年与2013年的比较来看，未成年人对古装历史类影视剧感兴趣的程度有所提升，选择青春励志类的比率有所降低。

表9-66 未成年人最感兴趣的影视剧（限选3项）（2013—2016年）

选项	总计			2013年[①]		2014年		2015年		2016年		2016年与2013年比较率差
	人数	比率	排序	人数	比率	人数	比率	人数	比率	人数	比率	
古装历史类	3496	15.99	2	1038	15.38	1349	16.42	416	11.26	693	21.69	6.31
仙侠奇幻类	3262	14.92	4	1096	16.23	1162	14.14	473	12.81	531	16.62	0.39
战争军旅类	2123	9.71	6	702	10.40	674	8.20	422	11.43	325	10.17	-0.23
青春励志类	3949	18.07	1	1210	17.92	1519	18.48	717	19.42	503	15.74	-2.18
悬疑迷幻类	2377	10.86	5	682	10.10	915	11.13	442	11.97	338	10.58	0.48
革命教育类	890	4.07	8	318	4.71	301	3.66	172	4.66	99	3.10	-1.61
人物歌颂类	754	3.45	9	240	3.56	220	2.68	202	5.47	92	2.88	0.68
情景喜剧类	3304	15.12	3	1015	15.03	1367	16.63	507	13.73	415	12.99	-2.04
纪实探索类	1702	7.79	7	450	6.67	711	8.65	342	9.26	199	6.23	-0.44
合计	21857	100	—	6751	100	8218	100	3693	100	3195	100	—

6. 基本认识

（1）加强对未成年人新媒介素养的培育，提高其利用新媒体的能力。

随着互联网络的迅猛发展，未成年人接触手机以及与之相关的自媒体（如微信）的比率逐渐增加。应在充分认识到互联网络对未成年人道德观的影响的前提下，不断培育未成年人的新媒体素养。新媒体素养的培育一方面要鼓励未成年人积极接触相关的新媒体，了解新媒体的使用方法、用途以及适用范围。与此同时，未成年人应不断提高自身的能力与水平，甄别在新媒体运用过程中出现的"混沌"之处。新媒体并非洪水猛兽，包括未成年人在内的多个主体要清晰地认识到新媒体的作用，趋利避害，提高运用新媒体的能力。

（2）未成年人须不断进阶运用平面媒体的水平，发挥平面媒体的教育功能。

互联网络不断渗透未成年人的日常生活与学习过程，但未成年人与平面媒体的接触度较高。在提升未成年人新媒介素养的同时，要提高其运用平面媒体的水平。具体而言，未成年人要不断扩大纸质书刊阅读数量，提高纸质阅读的质量，阅读纸质书刊以弥补课堂学习的不足，愉悦身心，减轻心理压力。未成年人对国内外新闻、电视剧以及科学知识较感兴趣。

---

① 荣梅.电视剧文化对未成年人价值观形成与发展的影响：以安徽省未成年人的调查为例［J］.安徽广播电视大学学报，2015（2）：64-68，77.

(3) 提高未成年人的甄别能力,是发挥媒介教育功能的重要抓手。

无论是传统的平面媒体抑或新媒介,其对未成年人思想与道德等方面均有不同的影响,其积极的一面不容忽视。在对未成年人的调查中,未成年人对新闻类、电视剧以及科学知识等方面的内容较为感兴趣。也应看到,不断提高未成年人的甄别能力尤为重要。未成年人心智发展水平不高,对事物的认识不足,教授未成年人如何正确地甄别网络信息以及如何正确、合适地使用网络载体显得尤为重要。提高未成年人的甄别能力需要积极协调多种教育力量,协同发挥家庭、学校与社会等多种力量。

(4) 社会对抵制网络的不良影响最需要做的重要工作。

第一,未成年人、家长的看法。如表9-67所示,在2016年对未成年人与家长认为的为了抵制网络的不良影响,社会最需要做的重要工作的调查中,44.66%的受访群体认为社会应当加强网络法制建设,以更好地抵制网络的不良影响。16.83%的受访群体认为应加强网络道德建设。选择从技术、网站建设以及禁止青少年上网等层面做工作的比率均不足10%,大部分受访群体认为应当把网络法制建设作为重要的抓手。

从未成年人与家长的比较来看,未成年人更倾向于选择网络法制建设,而家长在技术上、学校以及家庭教育等方面选择的比率较未成年人要高。加强网络法制建设是抵制网络不良影响的重要工作,也是未成年人法制观教育的重要途径与载体。

表9-67 未成年人、家长认为的为了抵制网络的不良影响,社会最需要做的重要工作(2016年)

选项	总计			未成年人			家长			未成年人与家长比较率差
	人数	比率	排序	人数	比率	排序	人数	比率	排序	
加强网络法制建设	950	44.66	1	882	45.60	1	68	35.23	1	10.37
加强网络道德建设	358	16.83	2	325	16.80	2	33	17.10	2	-0.30
从技术上加以限制	185	8.70	4	167	8.63	4	18	9.33	5	-0.70
禁止青少年上网吧	166	7.80	5	143	7.39	5	23	11.92	4	-4.53
加强青少年网站建设	134	6.30	6	126	6.51	6	8	4.15	8	2.36
加强学校教育	42	1.97	8	32	1.65	8	10	5.18	6	-3.53
加强家庭教育	55	2.59	7	46	2.38	7	9	4.66	7	-2.28
其他	237	11.14	3	213	11.01	3	24	12.44	3	-1.43
合计	2127	100	—	1934	100	—	193	100	—	—

第二,中学老师的看法。如表9-68所示,在2013—2016年对中学老师认为的为了抵制网络的不良影响,社会最需要做的重要工作的调查中,45.81%的中学老师认为加强

网络法制建设是首要的，中学老师选择的比率均较未成年人与家长要高。中学老师选择"加强网络道德建设"的比率为20.31%，剩余选项的比率均不足10%。中学老师认为法制与道德建设是社会的重要工作。

从2016年与2013年的比较来看，中学老师选择"加强网络法制建设"的比率有所下降，其他选项的比率有均有不同程度的上升。从数据的比较来看，中学老师认为要抵制网络的不良影响，社会应从不同维度与层次来做相应的工作，以增强其实效性。

表9-68 中学老师认为的为了抵制网络的不良影响，社会最需要做的重要工作（2013—2016年）

选项	总计			2013年		2014年		2015年		2016年		2016年与2013年比较率差
	人数	比率	排序	人数	比率	人数	比率	人数	比率	人数	比率	
加强网络法制建设	388	45.81	1	172	58.31	108	46.55	76	49.35	32	19.28	-39.03
加强网络道德建设	172	20.31	2	59	20.00	47	20.26	28	18.18	38	22.89	2.89
从技术上加以限制	51	6.02	5	11	3.73	17	7.33	8	5.19	15	9.04	5.31
禁止青少年上网吧	62	7.32	3	15	5.08	17	7.33	13	8.44	17	10.24	5.16
加强青少年网站建设	59	6.97	4	15	5.08	16	6.90	13	8.44	15	9.04	3.96
加强学校教育	32	3.78	8	12	4.07	6	2.59	4	2.60	10	6.02	1.95
加强家庭教育	43	5.08	6	7	2.37	17	7.33	8	5.19	11	6.63	4.26
其他	40	4.72	7	4	1.36	4	1.72	4	2.60	28	16.87	15.51
合计	847	100	—	295	100	232	100	154	100	166	100	—

第三，中学校长的看法。如表9-69所示，在2013—2016年对中学校长认为的为了抵制网络的不良影响，社会最需要做的重要工作的调查中，51.67%的中学校长认为应该加强网络法制建设，这一比率超过中学老师、家长以及未成年人的同项选择。20.48%的中学校长认为应当加强网络道德建设。从数据来看，中学校长认为社会要做的主要工作是在加强网络法制建设的前提下注重网络道德建设。

从2016年与2014年的比较来看,中学校长选择加强网络法制建设的比率有所降低,选择从技术上、网站建设以及学校教育层面来抵制网络不良影响的比率有所上升。

表9-69 中学校长认为的为了抵制网络的不良影响,社会最需要做的重要工作(2013—2016年)

选项	总计		2013年		2014年				2015年						2016年		2016年与2013年比较率差
					(1)		(2)		(1)		(2)		(3)				
	人数	比率	人数	比率	人数	比率	人数	比率	人数	比率	人数	比率	人数	比率	人数	比率	
加强网络法制建设	217	51.67	109	59.89	41	59.42	9	19.15	10	50.00	11	55.00	5	27.78	32	50.00	-9.89
加强网络道德建设	86	20.48	34	18.68	13	18.84	14	29.79	3	15.00	5	25.00	6	33.33	11	17.19	-1.49
从技术上加以限制	38	9.05	13	7.14	5	7.25	11	23.40	1	5.00	1	5.00	0	0.00	7	10.94	3.80
禁止青少年上网吧	36	8.57	13	7.14	4	5.80	8	17.02	3	15.00	2	10.00	1	5.56	5	7.81	0.67
加强青少年网站建设	21	5.00	6	3.30	1	1.45	3	6.38	1	5.00	1	5.00	4	22.22	5	7.81	4.51
加强学校教育	13	3.10	6	3.30	2	2.90	0	0.00	1	5.00	0	0.00	0	0.00	4	6.25	2.95
加强家庭教育	5	1.19	1	0.55	3	4.35	0	0.00	0	0.00	0	0.00	0	0.00	0	0.00	-0.55
其他	4	0.95	0	0.00	0	0.00	2	4.26	0	0.00	0	0.00	2	11.11	0	0.00	0.00
合计	420	100	182	100	69	100	47	100	20	100	20	100	18	100	64	100	—

(5) 充分发挥媒体的教育功能。

如表9-70所示,在2016年对受访群体的调查中,41.71%的受访群体认为应当强化媒体从业人员的思想道德素质来发挥媒体的教育功能,17.61%的受访群体选择"媒体提供健康的传播内容与精神食粮"。选择"有关部门科学合理地选择媒体形式与内容"的比率为12.39%。其余选项的比率均在10%以下。受访群体认为应着力在从业人员思想道德素质、传播内容以及媒介本身等方面来发挥媒体的教育功能。

从未成年人与成年人群体的比较来看,未成年人倾向于认为应坚持弘扬主旋律来发挥媒体的教育功能。

表9-70 受访群体认为的应如何充分发挥媒体的教育功能（2016年）

选项	总计			未成年人		成年人群体								未成年人与成年人群体比较率差
						合计		中学老师		家长		中学校长		
	人数	比率	排序	人数	比率	人数	比率	人数	比率	人数	比率	人数	比率	
强化媒体从业人员的思想道德素质	983	41.71	1	785	40.59	198	46.81	78	46.99	94	48.70	26	40.63	-6.22
有关部门科学合理地选择媒体形式与内容	292	12.39	3	237	12.25	55	13.00	25	15.06	19	9.84	11	17.19	-0.75
媒体提供健康的传播内容与精神食粮	415	17.61	2	332	17.17	83	19.62	27	16.27	44	22.80	12	18.75	-2.45
媒体坚持党性原则与人民性原则	57	2.42	8	43	2.22	14	3.31	5	3.01	4	2.07	5	7.81	-1.09
坚持弘扬主旋律	149	6.32	5	136	7.03	13	3.07	4	2.41	7	3.63	2	3.13	3.96
全面提升未成年人的媒体素养	76	3.22	6	61	3.15	15	3.55	4	2.41	7	3.63	4	6.25	-0.40
保护未成年人使用新媒体的积极性	36	1.53	10	23	1.19	13	3.07	4	2.41	8	4.15	1	1.56	-1.88
增强未成年人的选择性和防御性	60	2.55	7	50	2.59	10	2.36	3	1.81	5	2.59	2	3.13	0.23
其他	57	2.42	8	48	2.48	9	2.13	6	3.61	2	1.04	1	1.56	0.35
不清楚	232	9.84	4	219	11.32	13	3.07	10	6.02	3	1.55	0	0.00	8.25
合计	2357	100	—	1934	100	423	100	166	100	193	100	64	100	—

（五）综合认识

1. 树立典型并发挥榜样群体的示范效应

对未成年人进行价值观教育，重要的是发挥榜样群体的示范效应。榜样群体包含教师、公务员以及其他道德品质良好的群体。从榜样群体的视角来看，这些榜样群体是能较为轻易地被找到的，且未成年人通过观察以及学习，是可以从该群体中汲取有益影响的。发挥榜样群体的示范效应要从未成年人身心发展的实际入手，适应学生的实际需求，尊重学生的主体地位。与此同时，不断创新榜样教育的形式与方法，注重利用现代的新传播载体，逐步完善教育系统的各个环节。让未成年人真正在榜样群体的引导中锻炼自己、完善自己，不断形成教育的良好氛围。

2. 更新教育方式，盘活传统道德资源

优良的传统道德资源是中华文明重要的积淀，是对未成年人进行思想道德教育的重要手段与载体。更好地盘活传统道德资源，重要的是从资源本身以及教育的方式来展开。就传统道德资源而言，要注重传统道德资源配置以及更新教育方式。就道德资源的配置而言，主要表现为主动配置与被动配置。具体而言，未成年人群体积极主动参与，并通过不断学习，了解优良的道德传统，并内化于心，体现在自身的行动过程中。被动配置强调整合社会中的不同力量来加强对未成年人思想道德建设，注重传承传统道德资源。就教育内容与形式而言，社会教育主体运用新的形式来传播传统道德资源，切实契合未成年人的接受能力与水平。

3. 多出精品电视与电影，充分挖掘本土特色

媒体作为重要的载体，对未成年人价值观具有一定的影响，无论是传统媒体抑或新媒体，都要牢牢把握传播内容的导向性，要多出精品电视与电影，充分挖掘本土特色。具体来说，社会媒体从业人员应遵循未成年人成长的实际，尊重客观规律，出品的电视与电影要能反映未成年人的思想倾向。与此同时，要挖掘本土特色，充分阐释中华传统文化，从优秀文化中汲取有益成分，保持较高的本土化特色。

二、学校层面

（一）领导重视要强化

1. 受访群体的看法

（1）未成年人的看法。

如表9-71所示，在2012—2016年对未成年人认为的应如何改进学校的德育工作的调查中，排在第一位且比率达到34%的是"领导要高度重视"。选择"深入了解学生的内心需求"的比率为19.50%，选择"鼓励与惩戒相结合"与"保护学生的个性发展"的比率分别为12.21%与11.67%，其他选项的比率均不足10%。"领导要高度重视"居于首位，应在高度重视的前提下，从不同的侧面开展工作以改进学校的德育工作。

从 2016 年与 2012 年的比较来看，选择"领导要高度重视"的比率有所上升，增幅达 7.83%。可见，未成年人认为领导的高度重视显得尤为重要。相比而言，未成年人认为深入了解学生群体的内心需求对改进学校德育工作的效用有所降低。

表 9-71　未成年人认为的应如何改进学校的德育工作（2012—2016 年）

选项	总计			2012 年①		2013 年②		2014 年		2015 年		2016 年		2016 年与 2012 年比较率差
	人数	比率	排序	人数	比率	人数	比率	人数	比率	人数	比率	人数	比率	
领导要高度重视	3897	34.00	1	772	36.69	942	31.74	869	29.58	453	29.84	861	44.52	7.83
表扬为主，批评为辅	1053	9.19	5	164	7.79	284	9.57	257	8.75	134	8.83	214	11.07	3.28
鼓励与惩戒相结合	1400	12.21	3	188	8.94	408	13.75	417	14.19	202	13.31	185	9.57	0.63
保护学生的个性发展	1338	11.67	4	293	13.93	389	13.11	276	9.39	217	14.30	163	8.43	-5.50
深入了解学生的内心需求	2235	19.50	2	446	21.20	493	16.61	800	27.23	317	20.88	179	9.26	-11.94
转变老师的教育态度与方式	490	4.27	7	68	3.23	144	4.85	178	6.06	60	3.95	40	2.07	-1.16
要真抓实干	488	4.26	8	107	5.09	147	4.95	96	3.27	84	5.53	54	2.79	-2.30
不知道	561	4.89	6	66	3.14	161	5.42	45	1.53	51	3.36	238	1.23	-1.91
合计	11462	100	—	2104	100	2968	100	2938	100	1518	100	1934	100	—

（2）中学老师的看法。

如表 9-72 所示，在 2012—2016 年对中学老师认为的应如何改进学校的德育工作的调查中，22.61% 的中学老师认为领导要高度重视，21.18% 的中学老师认为应当"深入了解学生的内心需求"，选择"鼓励与惩戒结合"的比率为 18.99%，选择"表扬为主，批评为辅"的比率为 10.78%。其余选项的比率均不足 10%。中学老师认为学校领导的

---

①② 叶松庆. 当代未成年人道德观发展变化与引导对策的实证研究［M］. 芜湖：安徽师范大学出版社，2016：438.

重视显得尤为重要。此外,了解学生内心诉求也很重要。

从2016年与2012年的比较来看,中学老师选择"领导要高度重视"的比率有所上升,是增幅最大的选项。选择了解学生内心诉求的比率有所降低。

表9-72 中学老师认为的应如何改进学校的德育工作(2012—2016年)

选项	总计			2012年[①]		2013年[②]		2014年		2015年		2016年		2016年与2012年比较率差
	人数	比率	排序	人数	比率	人数	比率	人数	比率	人数	比率	人数	比率	
领导要高度重视	237	22.61	1	45	22.39	60	20.34	47	20.26	27	17.53	58	34.94	12.55
表扬为主,批评为辅	113	10.78	4	15	7.46	38	12.88	30	12.93	11	7.14	19	11.45	3.99
鼓励与惩戒相结合	199	18.99	3	41	20.40	41	13.90	58	25.00	33	21.43	26	15.66	-4.74
保护学生的个性发展	96	9.16	5	7	3.48	32	10.85	16	6.90	24	15.58	17	10.24	6.76
深入了解学生的内心需求	222	21.18	2	56	27.86	58	19.66	56	24.14	34	22.08	18	10.84	-17.02
转变老师的教育态度与方式	68	6.49	6	8	3.98	26	8.81	15	6.47	8	5.19	11	6.63	2.65
要真抓实干	51	4.87	7	12	5.97	13	4.41	4	1.72	13	8.44	9	5.42	-0.55
学校与家长多联系沟通	42	4.01	8	17	8.46	13	4.41	2	0.86	3	1.95	7	4.22	-4.24
不知道	20	1.91	9	0	0.00	14	4.75	4	1.72	1	0.65	1	0.60	0.60
合计	1048	100	—	201	100	295	100	232	100	154	100	166	100	—

---

①② 叶松庆. 当代未成年人道德观发展变化与引导对策的实证研究 [M]. 芜湖:安徽师范大学出版社,2016:439.

（3）中学校长的看法。

如表9-73所示,在2013—2016年对中学校长认为的应如何改进学校的德育工作的调查中,22.17%的中学校长认为改进学校德育工作需要"领导要高度重视",也需要"深入了解学生的内心需求"(22.17%)。选择"表扬为主,批评为辅"的比率为11.30%,其他选项的比率均不足10%。

从2016年与2013年的比较来看,中学校长"选择领导要高度重视"的比率有所增加,增幅达13.96%,是增幅最大的选项。

表9-73 中学校长认为的应如何改进学校的德育工作（2013—2016年）

选项	总计		2013年①		2014年				2015年								2016年		2016年与2013年比较率差
					（1）		（2）		（1）		（2）		（3）		（4）				
	人数	比率	人数	比率	人数	比率	人数	比率	人数	比率	人数	比率	人数	比率	人数	比率	人数	比率	
领导要高度重视	104	22.17	40	21.98	6	8.70	20	42.55	4	20.00	3	15.00	0	0.00	8	16.33	23	35.94	13.96
表扬为主,批评为辅	53	11.30	18	9.89	18	26.09	4	8.51	2	10.00	3	15.00	0	0.00	2	4.08	6	9.38	-0.51
鼓励与惩戒相结合	66	14.07	30	16.48	5	7.25	12	25.53	2	10.00	0	0.00	3	16.67	4	8.16	10	15.63	-0.85
保护学生的个性发展	38	8.10	12	6.59	13	18.84	2	4.26	1	5.00	0	0.00	0	0.00	5	10.20	5	7.81	1.22
深入了解学生的内心需求	104	22.17	47	25.82	15	21.74	9	19.15	4	20.00	4	20.00	5	27.78	10	20.41	10	15.63	-10.19

① 叶松庆.当代未成年人道德观发展变化与引导对策的实证研究[M].芜湖:安徽师范大学出版社,2016:440.

(续表9-73)

选项	总计		2013年①		2014年				2015年								2016年		2016年与2013年比较率差
					(1)		(2)		(1)		(2)		(3)		(4)				
	人数	比率	人数	比率	人数	比率	人数	比率	人数	比率	人数	比率	人数	比率	人数	比率	人数	比率	
转变老师的教育态度与方式	46	9.81	15	8.24	2	2.90	0	0.00	2	10.00	8	40.00	4	22.22	8	16.33	7	10.94	2.70
要真抓实干	25	5.33	11	6.04	7	10.14	0	0.00	2	10.00	0	0.00	1	5.56	2	4.08	2	3.13	-2.91
学校与家长多联系沟通	29	6.18	9	4.95	3	4.35	0	0.00	2	10.00	0	0.00	4	22.22	10	20.41	1	1.56	-3.39
不知道	4	0.85	0	0.00	0	0.00	0	0.00	1	5.00	2	10.00	1	5.56	0	0.00	0	0.00	0.00
合计	469	100	182	100	69	100	47	100	20	100	20	100	18	100	49	100	64	100	—

(4)访谈结果分析。

第一,中学校长(副校长)、中学政教处主任(副主任)的看法。如表9-74所示,在对中学校长(副校长)、政教处主任(副主任)的访谈中,表示"鼓励与惩戒相结合"的态度最多,这一点在政教处主任(副主任)的选择中尤为明显。此外,政教处主任(副主任)还强调"领导要高度重视",校长(副校长)还表示要"深入了解学生的内心需求"。

---

① 叶松庆.当代未成年人道德观发展变化与引导对策的实证研究[M].芜湖:安徽师范大学出版社,2016:440.

表9-74 中学校长（副校长）、中学政教处主任（副主任）认为的应如何改进学校的思想道德教育（多选题）（2013年）

选项	总计	中学校长（副校长）					中学政教处主任（副主任）				
		合计	合肥市巢湖市第二中学	芜湖市无为县襄安中学	淮南市凤台县左集中学	安庆市潜山中学	合计	合肥市巢湖市第二中学	芜湖市无为县襄安中学	淮南市凤台县左集中学	安庆市潜山中学
领导要高度重视	2	0					2	√			√
表扬为主，批评为辅	2	1	√				1	√			
鼓励与惩戒相结合	4	1		√			3		√	√	√
保护学生的个性发展	0	0					0				
深入了解学生的内心需求	3	2	√		√		1	√			
转变老师的教育态度与方式	1	1	√				0				
要真抓实干	1	1				√	0				
学校与家长多联系沟通	2	0					2	√			√
不知道	0	0					0				
合计	15	6	3	1	1	1	9	4	1	1	3

第二，中学班主任、中学老师的看法。如表9-75所示，在中学班主任与中学老师的访谈中，两者均较多地选择应当通过"领导要高度重视"与"表扬为主，批评为辅"等措施来改进学校的思想道德教育。其中，就每个群体而言，班主任更倾向于"表扬为主，批评为辅"，而老师则较多地表示"领导要高度重视"。总的来说，老师对于其他方面的选择较为平均，班主任则还侧重于"保护学生的个性发展"等方面的选择。

表9-75 中学班主任、中学老师认为的应如何改进学校的思想道德教育（2013年）

选项	总计	中学班主任									中学老师				
		合计	合肥市巢湖市第二中学		芜湖市无为县襄安中学		淮南市凤台县左集中学		安庆市潜山中学		合计	合肥市巢湖市第二中学	芜湖市无为县襄安中学	淮南市凤台县左集中学	安庆市潜山中学
			1	2	3	4	5	6	7	8		1	2	3	4
领导要高度重视	6	3		√		√				√	3	√	√		√
表扬为主，批评为辅	6	6	√		√	√	√	√	√		0				
鼓励与惩戒相结合	4	3			√	√				√	1			√	
保护学生的个性发展	4	4	√	√		√				√	0				
深入了解学生的内心需求	4	3	√			√				√	1	√			
转变老师的教育态度与方式	3	2				√				√	1	√			
要真抓实干	2	2				√				√	0				
学校与家长多联系沟通	4	3	√			√				√	1	√			
不知道	0	0									0				
合计	33	26	4	2	1	8	1	1	1	8	7	4	1	1	1

第三，家长的看法。如表9-76所示，在家长的看法中，"深入了解学生的内心需求"是最为重要的改进学校思想道德教育的一个方面，体现了家长以人为本的观念。此外，家长也较多地表达了"领导要高度重视"与"表扬为主，批评为辅"等看法，这一点与前面的群体较为相似。

表9-76 家长认为的应如何改进学校的思想道德教育工作（2013年）

选项	总计	合肥市巢湖市第二中学					芜湖市无为县襄安中学					淮南市凤台县左集中学					安庆市潜山中学			
		1	2	3	4	5	6	7	8	9	10	11	12	13	14	15	16	17	18	19
领导要高度重视	9			√	√						√	√		√		√		√	√	√
表扬为主，批评为辅	9	√	√	√	√	√	√	√										√		√

（续表9-76）

选项	总计	合肥市巢湖市第二中学					芜湖市无为县襄安中学					淮南市凤台县左集中学					安庆市潜山中学			
		1	2	3	4	5	6	7	8	9	10	11	12	13	14	15	16	17	18	19
鼓励与惩戒相结合	5					√		√									√		√	√
保护学生的个性发展	5			√	√			√												√
深入了解学生的内心需求	10	√						√	√						√	√				√
转变老师的教育态度与方式	9		√	√		√				√					√			√		
要真抓实干	3			√		√									√					
学校与家长多联系沟通	7	√		√	√			√										√	√	
不知道	0																			
合计	57	3	1	7	5	6	1	5	3	1	1	1	1	1	1	4	2	5	3	6

（5）其他研究者的调研成果分析。

表9-77是其他研究者的相关研究成果分析。

李祖超、向菲菲在2011年对上海市、湖北省、广东省、河南省、福建省、安徽省等6省（市）28所中等学校未成年人的调查反映了学校对于未成年人道德观教育采取的一些有效的新措施状况。具体来说，这几项措施均有较高的选择比率，都接近甚至超过了半数，表明了未成年人对于学校采取的这些措施均较为认可，未成年人参加的积极性有所提高。只有未成年人认可了，这些活动才能取得好的效果。

陶元红、左群英（教科院德育研究中心）在2011年对重庆市未成年人的调查显示，在未成年人认为最有效的思想道德教育方式当中，"开展社会实践"排在第一位。

张晓琴、张丽和黄永红在2016年对四川省成都市崇州农村中学的调查显示，对中学生进行思想政治教育的方式以"思想政治课上进行教育""召集学生大会，由校领导进行说教""办主题墙报，张贴名言警句"等为主要形式，深受中学生欢迎的类似"请模范、先进做报告""参观爱国主义教育基地""进行社会实践活动"这类教育方式则采用较少。"学校德育教育内容和方法落后，必然影响青少年的思想道德水平。"[1]

丛瑞雪在2018年对山东省德州市中小学生的调查结果表明，中小学生选择思想品德

---

[1] 张晓琴，张丽，黄永红. 网络时代农村青少年思想道德建设现状与对策：以四川崇州市为例[J]. 开封教育学院学报，2017，37（5）：145-146.

课的比率较低,"社会实践课最受中小学生欢迎,但学校出于安全的考虑很少采用"①。

由此可见未成年人对于实践的重视。对未成年人进行价值观教育,不能光依赖于课本上的知识以及老师的讲授,还应当让未成年人走出去,去践行自己的所学,这样才能有更多的收获。对比这两者的研究可以发现,未成年人均渴望自己能走出学校去做一些真真切切的有意义的事情。

表9-77 对未成年人进行价值观教育的新措施

2011年上海市、湖北省、广东省、河南省、福建省、安徽省等6省(市)28所中等学校的未成年人调查(N: 1996)②		2011年重庆市教科院德育研究中心的未成年人调查(N: 11617)③		2016年四川省成都市崇州农村中学的调查(N: 691)④		2018年山东省德州市的中小学生调查(N: 392)⑤			
学校应采取一些有效的新措施		初中生认为的最有效的思想道德教育方式		学校目前开展的德育活动		最受中小学生欢迎的教育形式			
选项(该题多选)	比率	选项	排序	选项	比率	选项	比率		
							小学生	初中生	高中生
帮助弱势群体子女及孤残儿童	55.2	开展社会实践	1	思想政治课上进行教育	72.0	思想品德课	8.93	8.14	8.93
城市与老少边穷地区儿童结对子爱心互动	51.9	主题班会	2	召集学生大会,由校领导进行说教	62.0	开展社会实践	34.82	59.26	62.95
及时宣传道德榜样及先进模范的事迹	48.8	模范人物先进事迹	3	办主题墙报,张贴名言警句	57.0	未标明	56.25	32.6	28.12

---

①⑤ 丛瑞雪. 德州市中小学生社会主义核心价值观教育现状的调查与思考 [J]. 现代交际, 2018 (20): 154-155.

② 李祖超, 向菲菲. 我国青少年思想道德建设现状调查分析 [J]. 学校党建与思想教育, 2011 (6): 34-36.

③ 陶元红, 左群英. 重庆市90后中学生思想道德素质现状调查与研究报告 [J]. 中小学德育, 2011 (5): 21-25.

④ 张晓琴, 张丽, 黄永红. 网络时代农村青少年思想道德建设现状与对策: 以四川崇州市为例 [J]. 开封教育学院学报, 2017, 37 (5): 145-146.

(续表9-77)

选项 (该题多选)	比率	选项	排序	选项	比率	选项	比率		
							小学生	初中生	高中生
开展学习博客、个人主页设计竞赛活动	41.3	个别交谈	4	开班会，同学自主发言	39.0	—	—	—	—
充分发挥红色网站的作用	36.8	—	—	请模范、先进做报告	18.0	—	—	—	—
—	—	—	—	参观爱国主义教育基地	14.0	—	—	—	—
—	—	—	—	进行社会实践活动	13.0	—	—	—	—
合计	—	合计	—	合计	100	合计	100	100	100

2. 受访群体认为如何做到"领导高度重视"

如表9-78所示，在2016年对受访群体的调查中，33.94%的受访群体认为领导应当"时刻牢记这是自己的重要任务，敷衍不得，马虎不得，放松不得"。25.46%的受访群体认为要具体落实于行动。认为应当不定期检查与对执行效果实行赏罚分明的比率均为8.02%。选择"不清楚"的比率为11.33%。其他选项的占比均较低。大部分受访群体认为领导要牢记自身的任务，并落实到具体行动中。

从未成年人与成年人群体的比较来看，成年人群体侧重认为领导要高度重视，而未成年人则认为领导要切实执行，落实到行动中。

表9-78 受访群体认为的如何做到"领导高度重视"（2016年）

选项	总计			未成年人		成年人群体							未成年人与成年人群体比较率差
						合计		中学老师		家长		中学校长	
	人数	比率	排序	人数	比率	人数	比率	人数	比率	人数	比率	人数	比率	
时刻牢记这是自己的重要任务，敷衍不得，马虎不得，放松不得	800	33.94	1	631	32.63	169	39.95	52	31.33	90	46.63	27	42.19	-7.32

(续表9-78)

选项	总计			未成年人		成年人群体								未成年人与成年人群体比较率差
						合计		中学老师		家长		中学校长		
	人数	比率	排序	人数	比率	人数	比率	人数	比率	人数	比率	人数	比率	
要具体落实于行动，千万不能"说起来重要，做起来次要，忙起来不要"	600	25.46	2	501	25.90	99	23.40	47	28.31	37	19.17	15	23.44	2.50
不定期地亲自检查工作开展的情况与效果	189	8.02	4	151	7.81	38	8.98	14	8.43	16	8.29	8	12.50	-1.17
对执行的效果实行奖罚分明	189	8.02	4	152	7.86	37	8.75	15	9.04	16	8.29	6	9.38	-0.89
敢于负责，也敢于担责	153	6.49	6	129	6.67	24	5.67	11	6.63	11	5.70	2	3.13	1.00
既要对上级负责，也要对教育对象负责	56	2.38	8	39	2.02	17	4.02	7	4.22	7	3.63	3	4.69	-002
自觉接受师生监督	70	2.97	7	52	2.69	18	4.26	8	4.82	8	4.15	2	3.13	-1.57
其他	33	1.40	9	27	1.40	6	1.42	4	2.41	2	1.04	0	0.00	-0.02
不清楚	267	11.33	3	252	13.03	15	3.55	8	4.82	6	3.11	1	1.56	9.48
合计	2357	100	—	1934	100	423	100	166	100	193	100	64	100	—

3. 基本认识

（1）领导要注重加强对未成年人思想道德教育的认识。

加强对未成年人的思想道德建设，领导应不断发挥主导力量，注重加强对未成年人思想道德教育工作的引导与指导。领导重视要强化，要求其在实际工作中切实关注未成年人的现实诉求,从多渠道了解相关的信息。从未成年人的实际处境以及实际生活来了解未成年人的思想症结,帮助未成年人更好地了解相关现实性需求,更好地引导未成年人。

(2) 制定相应的规章制度以保证行动的落实。

领导要切实通过实际走访与调研了解未成年人群体的现实性需求,并通过严格制定相应的规章制度来保证落实行动与成效。规章制度的制定要求通过制度规定与约束来促使多个主体按照制度实现相应的关怀与指导。就未成年人思想道德建设而言,制定相应的规章制度既要注重实际的物质关怀,又要关注未成年人精神层面的关怀,切实提高教育的实效性与针对性。

(3) 注重监督与反馈,提高落实成效。

领导的关怀要通过相应的行动体现出来,认真执行相应的规章制度,切实将工作落到实处。在制度执行的过程中,要注重行动的监督与反馈,切实提高落实的成效。监督与反馈一方面要求各级领导在制度或政策的落实过程中切实以未成年人为本;另一方面要注重工作成效的反馈,及时反馈相关结果,确保更好地教育与引导未成年人。

(二) 工作难点要明确

1. 受访群体的看法

(1) 未成年人、家长的看法。

如表9-79所示,在2016年对未成年人与家长认为的对未成年人最难做的教育的调查中,各选项的排序:"政治教育"(30.37%)、"思想教育"(27.60%)、"道德教育"(9.07%)、"其他"(7.85%)、"人生观教育"(5.12%)、"心理教育"(4.09%)、"价值观教育"(3.62%)、"世界观教育"(3.57%)、"生活教育"(2.87%)、"做人教育"(2.30%)、"社会教育"(1.32%)、"劳动教育"(0.94%)、"课堂教育"(0.85%)、"学校教育"(0.42%)。未成年人与家长均认为未成年人最难做的教育为"政治教育""思想教育"与"道德教育"。

从未成年人与家长的比较来看,率差最大的是"价值观教育",家长倾向于认为价值观教育更为难做。

表9-79 未成年人、家长认为的对未成年人最难做的教育(2016年)

选项	总计			未成年人			家长			未成年人与家长比较率差
	人数	比率	排序	人数	比率	排序	人数	比率	排序	
政治教育	646	30.37	1	581	30.04	1	65	33.68	1	-3.64
思想教育	587	27.60	2	539	27.87	2	48	24.87	2	3.00
道德教育	193	9.07	3	177	9.15	3	16	8.29	3	0.86

(续表9-79)

选项	总计			未成年人			家长			未成年人与家长比较率差
	人数	比率	排序	人数	比率	排序	人数	比率	排序	
世界观教育	76	3.57	8	71	3.67	7	5	2.59	9	1.08
人生观教育	109	5.12	5	100	5.17	5	9	4.66	6	0.51
价值观教育	77	3.62	7	62	3.21	8	15	7.77	4	-4.56
生活教育	61	2.87	9	56	2.90	9	5	2.59	9	0.31
社会教育	28	1.32	11	26	1.34	11	2	1.04	11	0.30
课堂教育	18	0.85	13	17	0.88	13	1	0.52	12	0.36
学校教育	9	0.42	14	9	0.47	14	0	0.00	13	0.47
劳动教育	20	0.94	12	20	1.03	12	0	0.00	13	1.03
心理教育	87	4.09	6	72	3.72	6	15	7.77	4	-4.05
做人教育	49	2.30	10	43	2.22	10	6	3.11	7	-0.89
其他	167	7.85	4	161	8.32	4	6	3.11	7	5.21
合计	2127	100	—	1934	100	—	193	100	—	

（2）中学老师的看法。

未成年人教育方向的多样性体现出未成年人全面发展的需求，不同群体对这些教育的有效性的评价各不相同，并且认为不同的教育，实施难度也不尽相同。

如表9-80所示，在2008—2016年对中学老师认为的对未成年人最难做的教育的调查中，各选项的排序："思想教育"（31.98%）、"政治教育"（14.00%）、"道德教育"（13.92%）、"价值观教育"（9.06%）、"心理教育"（7.38%）、"人生观教育"（6.49%）、"做人教育"（5.83%）、"世界观教育"（3.71%）、"社会教育"（2.08%）、"其他"（1.70%）、"生活教育"（1.56%）、"课堂教育"（0.94%）、"劳动教育"（0.93%）、"学校教育"（0.42%）。可见，在中学教师眼中，"思想教育"被认为是最难做的，因为"思想"是很抽象的概念，难以被捕捉把握，加上未成年人理解能力的局限，所以给中学老师带来了一定的教育难度。

从2008—2016年的数据来看，"思想教育"一直被认为是最难做的教育，其在2008年选择率最低，在2012年选择率最高，接近半数。2013年虽有一定的下降，但仍高于2008年的比率。说明中学老师对此的体会有所加深。从比较率差来看，中学老师认为"政治教育"的工作难度越来越大。

表9-80 中学老师认为的对未成年人最难做的教育（2008—2016年）

选项	总计		比率									2016年与2008年比较
	比率	排序	2008年	2009年	2010年	2011年	2012年	2013年	2014年	2015年	2016年	率差
政治教育	14.00	2	9.68	7.17	8.84	21.56	9.45	13.90	18.97	11.69	24.70	15.02
思想教育	31.98	1	25.16	38.57	38.14	35.78	44.78	33.22	21.98	27.27	22.89	-2.27
道德教育	13.92	3	12.26	14.35	10.70	12.84	24.38	13.56	10.34	13.64	13.25	0.99
世界观教育	3.71	8	3.23	0.90	6.51	3.21	2.49	2.71	2.59	4.55	7.23	4.00
人生观教育	6.49	6	6.45	4.04	5.58	4.13	4.98	5.42	12.07	9.09	6.63	0.18
价值观教育	9.06	4	7.10	11.66	6.05	5.05	4.48	11.19	13.79	15.58	6.63	-0.47
生活教育	1.56	11	3.23	2.69	0.93	0.46	0.00	1.02	0.00	3.90	1.81	-1.42
社会教育	2.08	9	1.29	2.69	0.47	2.29	1.00	0.68	5.17	3.90	1.20	-0.09
课堂教育	0.94	12	1.29	2.24	0.47	0.92	1.00	0.68	0.00	0.65	1.20	-0.09
学校教育	0.42	14	0.00	0.45	0.93	0.00	0.48	0.00	1.29	0.65	0.00	0.00
劳动教育	0.93	13	1.29	0.00	0.93	0.00	0.00	0.00	4.31	0.00	1.81	0.52
心理教育	7.38	5	16.13	6.73	7.91	7.80	3.48	12.54	6.90	1.95	3.01	-13.12
做人教育	5.83	7	11.61	6.73	11.16	5.96	3.48	4.07	2.59	3.90	3.01	-8.60
其他	1.70	10	1.28	1.78	1.38	0.00	0.00	1.01	0.00	3.25	6.63	5.35
合计	100	—	100	100	100	100	100	100	100	100	100	—

（3）中学校长的看法。

如表9-81所示，在2013—2016年对中学校长认为的对未成年人最难做的教育的调查中，各选项的排序："思想教育"（24.95%）、"政治教育"（18.76%）、"道德教育"（13.65）、"价值观教育"（12.58%）、"心理教育"（7.89%）、"人生观教育"（6.40%）、"家庭教育"（5.33%）、"世界观教育"（5.33%）、"社会教育"（2.13%）、"生活教育"（0.85%）、"劳动教育"（0.85%）、"课堂教育"（0.43%）、"学校教育"（0.43%）、"其他"（0.43%）。在中学校长的选择中，"思想教育"同样是最难的教育之一，其次是"政治教育"与"道德教育"等。

从2016年与2013年的比较来看，中学校长认为做未成年人的"思想教育"与"世界观教育"的难度有所增加。

表9-81 中学校长认为的对未成年人最难做的教育（2013—2016年）

选项	总计		2013年		2014年				2015年								2016年		2016年与2013年比较率差
					（1）		（2）		（1）		（2）		（3）		（4）				
	人数	比率	人数	比率	人数	比率	人数	比率	人数	比率	人数	比率	人数	比率	人数	比率	人数	比率	
政治教育	88	18.76	36	19.78	7	10.14	20	42.55	1	5.00	2	10.00	2	11.11	10	20.41	10	15.63	-4.15
思想教育	117	24.95	50	27.47	19	27.54	8	17.02	2	10.00	7	35.00	1	5.56	8	16.33	22	34.38	6.91
道德教育	64	13.65	25	13.74	11	15.94	5	10.64	3	15.00	1	5.00	2	11.11	8	16.33	9	14.06	0.32
世界观教育	25	5.33	5	2.75	4	5.80	0	0.00	2	10.00	0	0.00	4	22.22	4	8.16	6	9.38	6.63
人生观教育	30	6.40	11	6.04	7	10.14	2	4.26	2	10.00	0	0.00	0	0.00	4	8.16	4	6.25	0.21
价值观教育	59	12.58	24	13.19	9	13.04	4	8.51	3	15.00	6	30.00	0	0.00	5	10.20	8	12.50	-0.69
生活教育	4	0.85	1	0.55	1	1.45	0	0.00	1	5.00	0	0.00	1	5.56	0	0.00	0	0.00	-0.55
社会教育	10	2.13	2	1.10	2	2.90	2	4.26	2	10.00	0	0.00	0	0.00	0	0.00	2	3.13	2.03
课堂教育	2	0.43	0	0.00	0	0.00	0	0.00	0	0.00	0	0.00	0	0.00	2	4.08	0	0.00	0.00

(续表 9-81)

选项	总计		2013 年		2014 年				2015 年								2016 年		2016 年与 2013 年比较率差
					(1)		(2)		(1)		(2)		(3)		(4)				
	人数	比率	人数	比率	人数	比率	人数	比率	人数	比率	人数	比率	人数	比率	人数	比率	人数	比率	
学校教育	2	0.43	0	0.00	1	1.45	0	0.00	0	0.00	0	0.00	0	0.00	1	2.04	0	0.00	0.00
劳动教育	4	0.85	1	0.55	0	0.00	0	0.00	0	0.00	0	0.00	0	0.00	3	6.12	0	0.00	-0.55
心理教育	37	7.89	17	9.34	5	7.25	6	12.77	2	10.00	2	10.00	2	11.11	0	0.00	3	4.69	-4.65
家庭教育	25	5.33	10	5.49	3	4.35	0	0.00	1	5.00	2	10.00	5	27.78	4	8.16	0	0.00	-5.49
其他	2	0.43	0	0.00	0	0.00	0	0.00	1	5.00	0	0.00	1	5.56	0	0.00	0	0.00	0.00
合计	469	100	182	100	69	100	47	100	20	100	20	100	18	100	49	100	64	100	—

(4) 德育工作者的看法。

如表 9-82 所示,在 2013 年对德育工作者认为的对未成年人最难做的教育的调查中,各选项的排序:"思想教育"(30.23%)、"道德教育"(18.60%)、"心理教育"(13.95%)、"政治教育"(11.63%)、"价值观教育"(9.30%)、"世界观教育"(4.65%)、"人生观教育"(2.33%)、"家庭教育"(2.33%)、"社会教育"(2.33%)、"生活教育"(2.33%)、"其他"(2.33%)、"劳动教育"(0.00%)、"课堂教育"(0.00%)、"学校教育"(0.00%)。德育工作者将"道德教育"的困难性放在一个较为显著的位置,也从侧面反映了他们对此的重视度较高。

从性别、地域、职别的比较来看,女性德育工作者、城市德育工作者、职务高的德育工作者较多地表示"道德教育"最难做;男性德育工作者、普通德育工作者较多地认为"思想教育"最难做。

表 9-82 德育工作者认为的对未成年人最难做的教育(2013 年)

选项	总计			性别			地域			职别		
				比率		比较率差	比率		比较率差	比率		比较率差
	人数	比率	排序	男	女		城市	乡镇		领导	管理干部	
政治教育	5	11.63	4	21.05	4.17	16.89	9.09	20.00	-10.91	12.50	11.11	1.39
思想教育	13	30.23	1	31.58	29.17	2.41	30.30	30.00	0.30	12.50	40.76	-28.26
道德教育	8	18.60	2	15.79	20.83	-5.04	21.21	10.00	11.21	25.00	14.81	10.19
世界观教育	2	4.65	6	10.53	0.00	10.53	0.00	20.00	-20.00	6.25	3.70	2.55

(续表9-82)

选项	总计			性别			地域			职别		
	人数	比率	排序	比率 男	比率 女	比较率差	比率 城市	比率 乡镇	比较率差	比率 领导	比率 管理干部	比较率差
人生观教育	1	2.33	7	0.00	4.17	-4.17	3.03	0.00	3.03	6.25	0.00	6.25
价值观教育	4	9.30	5	5.26	12.50	-7.24	12.12	0.00	12.12	12.50	7.41	5.09
生活教育	1	2.33	7	0.00	4.17	-4.17	3.03	0.00	3.03	0.00	3.70	-3.70
社会教育	1	2.33	7	0.00	4.17	-4.17	3.03	0.00	3.03	6.25	0.00	6.25
课堂教育	0	0.00	12	0.00	0.00	0.00	0.00	0.00	0.00	0.00	0.00	0.00
学校教育	0	0.00	12									
劳动教育	0	0.00	12									
心理教育	6	13.95	3	10.53	16.65	-6.12	15.16	10.00	5.16	12.50	14.81	-2.31
家庭教育	1	2.33	7	0.00	4.17	-4.17	0.00	10.00	-10.00	6.25	0.00	6.25
其他	1	2.33	7	5.26	0.00	5.26	3.03	0.00	3.03	0.00	3.70	-3.70
合计	43	100	—	100	100	—	100	100	—	100	100	—

(5) 访谈结果分析。

第一，中学校长（副校长）、中学政教处主任（副主任）的看法。如表9-83所示，在2013年对中学校长（副校长）与中学政教处主任（副主任）的访谈中，"思想教育""道德教育"与"政治教育"是两个群体认为的在中学生中最难做的教育工作。在具体每个群体的选择中，中学校长（副校长）较为侧重"政治教育"，中学政教处主任（副主任）较为侧重"思想教育"与"道德教育"，反映了两个群体不同的侧重点。

表9-83 中学校长（副校长）、中学政教处主任（副主任）认为的在未成年人中最难做的教育工作（多选题）（2013年）

选项	总计	中学校长（副校长）					中学政教处主任（副主任）				
		合计	合肥市巢湖市第二中学	芜湖市无为县襄安中学	淮南市凤台县左集中学	安庆市潜山中学	合计	合肥市巢湖市第二中学	芜湖市无为县襄安中学	淮南市凤台县左集中学	安庆市潜山中学
政治教育	3	2		√	√		1				√
思想教育	4	1				√	3	√	√		√
道德教育	4	1	√				3	√		√	√
世界观教育	1	0					1	√			

(续表9-83)

选项	总计	中学校长（副校长）					中学政教处主任（副主任）				
		合计	合肥市巢湖市第二中学	芜湖市无为县襄安中学	淮南市凤台县左集中学	安庆市潜山中学	合计	合肥市巢湖市第二中学	芜湖市无为县襄安中学	淮南市凤台县左集中学	安庆市潜山中学
人生观教育	1	0					1	√			
价值观教育	1	0					1	√			
生活教育	0	0					0				
社会教育	1	1	√				0				
课堂教育	0	0					0				
学校教育	0	0					0				
劳动教育	0	0					0				
心理教育	0	0					0				
做人教育	1	1	√				0				
其他	0	0					0				
合计	16	6	3	1	1	1	10	5	1	1	3

第二，中学班主任、中学老师的看法。如表9-84所示，在2013年对中学班主任与中学老师的访谈中，"思想教育"是两者表示最难做的教育工作，超过了其他的教育工作形式，而就中学班主任与中学老师的比较来看，两者对于"思想教育"的选择均较多，体现了"思想教育"是这两个群体均认可的最难做的教育工作。

表9-84 中学班主任、中学老师认为的在未成年人中最难做的教育工作（2013年）

选项	总计	中学班主任					中学老师				
		合计	合肥市巢湖市第二中学	芜湖市无为县襄安中学	淮南市凤台县左集中学	安庆市潜山中学	合计	合肥市巢湖市第二中学	芜湖市无为县襄安中学	淮南市凤台县左集中学	安庆市潜山中学
			1	2	3	4	5	6	7	8	1	2	3	4
政治教育	1	1							√		0				
思想教育	7	4	√	√		√		√			3	√	√	√	

(续表9-84)

选项	总计	中学班主任									中学老师				
		合计	合肥市巢湖市第二中学		芜湖市无为县襄安中学		淮南市凤台县左集中学		安庆市潜山中学		合计	合肥市巢湖市第二中学	芜湖市无为县襄安中学	淮南市凤台县左集中学	安庆市潜山中学
			1	2	3	4	5	6	7	8		1	2	3	4
道德教育	1	1	√								0				
世界观教育	2	1					√				1	√			
人生观教育	3	2	√				—		√		1	√			
价值观教育	3	3	√	√					√		0				
生活教育	0	0									0				
社会教育	1	0									1	√			
课堂教育	0	0									0				
学校教育	0	0									0				
劳动教育	0	0									0				
心理教育	4	3	√	√					√		1	√			
做人教育	4	3	√	√					√		1				√
其他	0	0									0				
合计	26	18	4	5	1	1	1	1	1	4	8	5	1	1	1

(6)受访群体看法的比较。

如表9-85所示,在对受访群体的调查中,"思想教育""政治教育"以及"道德教育"等是受访群体选择最多的几种最难做的教育。对比前面的比较可以发现,各群体选择的最有效的教育往往也是他们认为比较难做的教育。可见,对于未成年人的教育,通常情况下,有效性与难度挂钩。这就需要教育者在开展这些教育时迎难而上,不能退缩,只有把最难做的教育工作做好了,才能把未成年人的教育工作全部做到位。

表9-85 受访群体认为的在未成年人中最难做的教育工作看法的比较

选项	政治教育	思想教育	道德教育	世界观教育	人生观教育	价值观教育	生活教育	社会教育	课堂教育	学校教育	劳动教育	心理教育	家庭教育	其他	有效样本量/人
未成年人（2016年）	30.04%	27.87%	9.15%	3.67%	5.17%	3.21%	2.90%	1.34%	0.88%	0.47%	1.03%	3.72%	2.22%	4.24%	1934
家长（2016年）	33.68%	29.53%	8.29%	2.59%	4.66%	7.77%	2.59%	1.04%	0.52%	0.00%	0.00%	7.77%	3.11%	3.11%	193
中学老师（2008—2016年）	14.00%	34.39%	13.92%	3.71%	6.49%	9.06%	1.56%	2.08%	0.94%	0.42%	0.93%	7.38%	5.83%	1.70%	1859
中学校长（2013—2016年）	18.76%	24.95%	13.65%	5.33%	6.40%	12.85%	0.85%	2.13%	0.43%	0.43%	0.85%	7.89%	5.33%	0.43%	469
德育工作者（2013年）	11.63%	30.23%	18.60%	4.65%	2.33%	9.30%	2.33%	2.33%	0.00%	0.00%	0.00%	13.95%	2.33%	2.33%	43
比率平均值	21.62%	29.39%	12.72%	3.99%	5.01%	8.44%	2.05%	1.78%	0.55%	0.26%	0.56%	8.14%	3.76%	2.37%	547
排序	2	1	3	7	6	4	10	11	13	14	12	5	8	9	—

2. 基本认识

(1) 教育本身的繁复性与未成年人不成熟间的矛盾加剧教育的难度。

如表 9-86 所示,在 2016 年对受访群体的调查中,37.80% 的受访群体认为教育本身的复杂性与无常性在一定程度上会加剧教育的难度。25.03% 的受访群体认为未成年人心理不成熟也会导致教育难度增加。选择"教育者无法驾驭与难以施行所致"与"教育者的价值取向与教育的价值取向不一致所致"的比率分别为 9.84% 与 8.44%。

从未成年人与成年人群体的比较来看,更多成年人群体认为教育本身复杂性与无常性会导致教育难做。从未成年人教育的实际过程与效果来看,无论是思想教育、政治教育抑或道德教育,教育内容的繁复性与未成年人心智发展的实际水平存在较大差距,在一定程度上加剧了教育的难度。增强教育的实效性应当针对不同的教育内容创新教育手段,使教育内容贴近未成年人的生活、实际与心智发展阶段。

表 9-86 受访群体认为的难做的教育是如何形成的(2016 年)

选项	总计			未成年人		成年人群体								未成年人与成年人群体比较率差
						合计		中学老师		家长		中学校长		
	人数	比率	排序	人数	比率	人数	比率	人数	比率	人数	比率	人数	比率	
教育本身的复杂性、无常性所致	891	37.80	1	686	35.47	205	48.46	89	53.61	88	45.60	28	43.75	-12.99
未成年人心理上不愿接受所致	590	25.03	2	497	25.70	93	21.99	37	22.29	45	23.32	11	17.19	3.71
教育者无法驾驭与难以施行所致	232	9.84	4	188	9.72	44	10.40	13	7.83	24	12.44	7	10.94	-0.68
教育者的价值取向与教育的价值取向不一致所致	199	8.44	5	150	7.76	49	11.58	14	8.43	22	11.40	13	20.31	-3.82
其他	140	5.94	6	124	6.41	16	3.78	12	7.23	3	1.55	1	1.56	2.63
不清楚	305	12.94	3	289	14.94	16	3.78	1	0.60	11	5.70	4	6.25	11.16
合计	2357	100	—	1934	100	423	100	166	100	193	100	64	100	—

(2) 厘清影响教育成效的原因并适时调整教育方式与方法。

如表 9-87 所示,在 2016 年对受访群体的调查中,43.11% 的受访群体认为应当进一步弄清楚难做的原因,21.00%的受访群体认为要适度调整教育者的认知观与价值取向。10.90%的受访群体认为应积极寻求解难的办法,选择"知难而进,不能退却"的比率为7.64%。大部分受访群体认为弄清原因尤为重要,对难做的教育内容应当注重厘清难做的原因,并适时调整教育方式与方法。

可以从教育者、受教育者以及教育的载体等多维度来探寻难做的原因。从教育者角度来说,是否运用了未成年人喜闻乐见的教育方式来教育引导未成年人。从未成年人自身实际来说,未成年人要不断提高自身的认知。从教育载体层面来看,要不断丰富载体的形式,增强教育的实效性。

表9-87 受访群体认为对待难做的教育的办法（2016年）

选项	总计			未成年人		成年人群体								未成年人与成年人群体比较率差
						合计		中学老师		家长		中学校长		
	人数	比率	排序	人数	比率	人数	比率	人数	比率	人数	比率	人数	比率	
弄清楚难做的原因	1016	43.11	1	828	42.81	188	44.44	78	46.99	96	49.74	14	21.88	-1.63
适度调整教育者的认知观与价值取向	495	21.00	2	391	20.22	104	24.59	45	27.11	46	23.83	13	20.31	-4.37
知难而进,不能退却	180	7.64	5	141	7.29	39	9.22	9	5.42	14	7.25	16	25.00	-1.93
积极寻求解难的办法	257	10.90	4	196	10.13	61	14.42	26	15.66	24	12.44	11	17.19	-4.29
其他	111	4.71	6	94	4.86	17	4.02	4	2.41	8	4.15	5	7.81	0.84
不清楚	298	12.64	3	284	14.68	14	3.31	4	2.41	5	2.59	5	7.81	11.37
合计	2357	100	—	1934	100	423	100	166	100	193	100	64	100	—

（三）教育方向要选准

1. 受访群体的看法

（1）未成年人的看法。

如表9-88所示,在2007—2016年对未成年人认为的对自己最有效的教育的调查中,各选项的排序:"思想教育"（15.83%）、"政治教育"（13.77%）、"道德教育"（13.54%）、"人生观教育"（11.00%）、"心理教育"（10.19%）、"家庭教育"（8.46%）、"价值观教育"（5.68%）、"社会教育"（5.37%）、"生活教育"（5.29%）、"课堂教育"（3.46%）、"学校教育"（3.28%）、"其他"（2.60%）、"劳动教育"（1.52%）。比率在

10%以上的主要有思想、政治、道德、人生观与心理教育。

从2016年与2007年的比较来看，未成年人认为政治教育与思想教育是对自己最有效的教育，未成年人选择其他教育选项的比率有所减少。

表9-88 未成年人认为的对自己最有效的教育（2007—2016年）

选项	总计			2007—2013年①		2007年②比率	2014年		2015年		2016年		2016年与2007年比较率差
	人数	比率	排序	人数	比率		人数	比率	人数	比率	人数	比率	
政治教育	3390	13.77	2	2185	11.99	10.28	509	17.32	248	16.34	448	23.16	12.88
思想教育	3896	15.83	1	2448	13.43	0.00	649	22.09	312	20.55	487	25.18	25.18
道德教育	3334	13.54	3	2710	14.87	16.58	303	10.31	153	10.08	168	8.69	-7.89
人生观教育	2708	11.00	4	2023	11.10	14.35	456	15.52	125	8.23	104	5.38	-8.97
价值观教育	1399	5.68	7	1143	6.27	9.69	72	2.45	81	5.34	103	5.33	-4.36
生活教育	1301	5.29	9	1041	5.71	9.89	99	3.37	74	4.87	87	4.50	-5.39
社会教育	1321	5.37	8	1008	5.53	10.71	176	5.99	70	4.61	67	3.46	-7.25
课堂教育	852	3.46	10	598	3.28	3.42	85	2.89	53	3.49	116	6.00	2.58
学校教育	808	3.28	11	616	3.38	6.08	90	3.06	53	3.49	49	2.53	-3.55
劳动教育	375	1.52	13	307	1.68	2.99	39	1.33	23	1.52	6	0.31	-2.68
心理教育	2509	10.19	5	2200	12.07	6.34	151	5.14	115	7.58	43	2.22	-4.12
家庭教育	2082	8.46	6	1635	8.97	9.69	236	8.03	142	9.35	69	3.57	-6.12
其他	640	2.60	12	311	1.71	0.00	73	2.48	69	4.55	187	9.67	9.67
合计	24615	100	—	18225	100	100	2938	100	1518	100	1934	100	—

（2）中学老师的看法。

如表9-89所示，在2008—2016年对中学老师认为的对未成年人最有效的教育的看法调查中，各选项的排序："思想教育"（16.14%）、"家庭教育"（11.78%）、"生活教育"（11.62%）、"道德教育"（11.35%）、"社会教育"（7.64%）、"心理教育"（7.53%）、"人生观教育"（6.99%）、"价值观教育"（6.29%）、"政治教育"（5.81%）、"学校教育"（4.46%）、"课堂教育"（4.36%）、"世界观教育"（3.34%）"劳动教育"（1.56%）与"其他"（1.13%）。在中学老师眼中对未成年人最有效的教育主要有"思想教育""家庭教育"与"生活教育"。

---

①② 叶松庆. 当代未成年人道德观发展变化与引导对策的实证研究［M］. 芜湖：安徽师范大学出版社，2016：443.

从 2016 年与 2008 年的比较来看，中学老师逐渐认为政治教育与思想教育的成效更为显著。

表 9-89 中学老师对未成年人最有效的教育的看法（2008—2016 年）

选项	总计			2008—2013 年①		2008年比率	2014 年		2015 年		2016 年		2016 年与 2008 年比较率差
	人数	比率	排序	人数	比率		人数	比率	人数	比率	人数	比率	
政治教育	108	5.81	9	54	4.13	3.87	13	5.60	16	10.39	25	15.06	11.19
思想教育	300	16.14	1	221	16.91	10.32	28	12.07	22	14.29	29	17.47	7.15
道德教育	211	11.35	4	149	11.40	11.61	19	8.19	26	16.88	17	10.24	-1.37
世界观教育	62	3.34	12	31	2.37	2.58	9	3.88	8	5.19	14	8.43	5.85
人生观教育	130	6.99	7	91	6.96	12.26	26	11.21	5	3.25	8	4.82	-7.44
价值观教育	117	6.29	8	83	6.35	6.45	19	8.19	7	4.55	8	4.82	-1.63
生活教育	216	11.62	3	166	12.70	15.48	21	9.05	18	11.69	11	6.63	-8.85
社会教育	142	7.64	5	113	8.65	7.74	8	3.45	8	5.19	13	7.83	0.09
课堂教育	81	4.36	11	63	4.82	5.16	10	4.31	3	1.95	5	3.01	-2.15
学校教育	83	4.46	10	57	4.36	5.16	12	5.17	8	5.19	6	3.61	-1.55
劳动教育	29	1.56	13	14	1.07	1.29	5	2.16	0	0.00	10	6.02	4.73
心理教育	140	7.53	6	117	8.95	6.45	5	2.16	6	3.90	12	7.23	0.78
家庭教育	219	11.78	2	130	9.95	10.97	57	24.57	25	16.23	7	4.22	-6.75
其他	21	1.13	14	18	1.38	0.65	0	0.00	2	1.30	1	0.60	-0.05
合计	1859	100	—	1307	100	100	232	100	154	100	166	100	—

（3）中学校长的看法。

如表 9-90 所示，在 2013—2016 年对中学校长认为的对未成年人最有效的教育的调查中，各选项的排序："生活教育"（17.06%）、"思想教育"（14.50%）、"道德教育"（13.01%）、"学校教育"（9.17%）、"家庭教育"（8.32%）、"课堂教育"（7.68%）、"社会教育"（5.97%）、"政治教育"（5.54%）、"人生观教育"（4.69%）、"心理教育"（4.48%）、"价值观教育"（3.84%）、"世界观教育"（3.20%）、"劳动教育"（1.28%）与"其他"（1.28%）。中学校长认为对未成年人最有效的教育主要是"生活教育""思想教育""道德教育"与"学校教育"。

从 2016 年与 2013 年的比较来看，选择"政治教育""思想教育""道德教育"与"世界观教育"的比率有所增加。

---

① 叶松庆. 当代未成年人道德观发展变化与引导对策的实证研究 [M]. 芜湖：安徽师范大学出版社，2016：443.

表 9-90 中学校长认为的对未成年人最有效的教育（2013—2016 年）

选项	总计		2013年[①]		2014年						2015年								2016年		2016年与2013年比较率差
	人数	比率	人数	比率	(1)		(2)		(1)		(2)		(3)		(4)			人数	比率	
					人数	比率	人数	比率	人数	比率	人数	比率	人数	比率	人数	比率				
政治教育	26	5.54	3	1.55	1	1.45	9	19.15	2	10.00	1	5.00	0	0.00	0	0.00		10	15.63	13.98
思想教育	68	14.50	13	7.14	23	33.33	12	25.53	2	10.00	0	0.00	2	11.11	2	4.08		14	21.88	14.74
道德教育	61	13.01	18	9.89	7	10.14	5	10.64	4	20.00	5	25.00	1	5.56	10	20.41		11	17.19	7.30
世界观教育	15	3.20	2	1.10	2	2.90	0	0.00	1	10.00	0	0.00	1	5.56	1	2.04		7	10.94	9.84
人生观教育	22	4.69	7	3.85	4	5.80	4	8.51	0	5.00	0	0.00	1	5.56	3	6.12		2	3.13	-0.72
价值观教育	18	3.84	6	3.30	1	1.45	0	0.00	1	5.99	0	0.00	2	11.11	1	2.04		7	10.94	7.64
生活教育	80	17.06	41	22.53	10	14.49	7	14.89	1	5.00	4	20.00	3	16.67	10	20.41		4	6.25	-16.28
社会教育	28	5.97	13	7.14	0	0.00	4	8.51	1	5.00	1	5.00	1	5.56	5	10.20		3	4.69	-2.45
课堂教育	36	7.68	23	12.64	3	4.35	0	0.00	0	0.00	3	15.00	2	11.11	4	8.16		1	1.56	-11.08
学校教育	43	9.17	27	14.84	10	14.49	0	0.00	1	5.00	2	10.00	1	5.56	2	4.08		0	0.00	-14.84
劳动教育	6	1.28	2	1.10	0	0.00	2	4.26	2	10.00	0	0.00	0	0.00	0	0.00		1	1.56	0.46
心理教育	21	4.48	11	6.04	2	2.90	2	4.26	2	10.00	1	5.00	0	0.00	1	2.04		3	4.69	-1.35
家庭教育	39	8.32	13	7.14	5	7.25	2	4.26	2	10.00	4	20.00	3	16.67	9	18.37		1	1.56	-5.58
其他	6	1.28	3	1.65	0	0.00	0	0.00	1	5.00	0	0.00	1	5.56	1	2.04		0	0.00	-1.65
合计	469	100	182	100	69	100	47	100	20	100	20	100	18	100	49	100		64	100	—

① 叶松庆. 当代未成年人道德观发展变化与引导对策的实证研究[M]. 芜湖：安徽师范大学出版社，2016：445.

(4) 访谈结果分析。

第一,中学校长(副校长)、中学政教处主任(副主任)的看法。如表9-91所示,在2013年对中学校长(副校长)与中学政教处主任(副主任)的访谈中,两个群体认为"思想教育"与"社会教育"是对未成年人最有效的。而在每个群体的选择中,中学校长(副校长)侧重于"社会教育",中学政教处主任(副主任)则侧重于"思想教育"。

表9-91 中学校长(副校长)、中学政教处主任(副主任)对未成年人最有效的教育的看法(多选题)(2013年)

选项	总计	中学校长(副校长)					中学政教处主任(副主任)				
		合计	合肥市巢湖市第二中学	芜湖市无为县襄安中学	淮南市凤台县左集中学	安庆市潜山中学	合计	合肥市巢湖市第二中学	芜湖市无为县襄安中学	淮南市凤台县左集中学	安庆市潜山中学
政治教育	0	0					0				
思想教育	3	1		√			2	√	√		
道德教育	1	1	√				0				
世界观教育	0	0					0				
人生观教育	0	0					0				
价值观教育	1	1	√				0				
生活教育	1	0					1				√
社会教育	3	2	√		√		1				√
课堂教育	1	1			√		0				
学校教育	1	0					1	√			
劳动教育	1	0					1				√
心理教育	0	0					0				
家庭教育	1	0					1	√			
其他	0	0					0				
合计	13	6	3	1	1	1	7	2	1	1	3

第二,中学班主任、中学老师的看法。如表9-92所示,在2013年就中学班主任与中学老师认为的对未成年人最有效的教育的调查中,"价值观教育""道德教育"与"家庭教育"是较受关注的三个方面。但从每个群体的具体选择来看,中学班主任与中学老师的选择都较为均匀,没有一个侧重的方面。

表 9-92 中学班主任、中学老师对未成年人最有效的教育的看法（2013 年）

选项	总计	中学班主任								中学老师				
		合计	合肥市巢湖市第二中学	芜湖市无为县襄安中学		淮南市凤台县左集中学		安庆市潜山中学		合计	合肥市巢湖市第二中学	芜湖市无为县襄安中学	淮南市凤台县左集中学	安庆市潜山中学
			1	2	3	4	5	6	7	8		1	2	3	4
政治教育	0	0									0				
思想教育	2	2		√	√						0				
道德教育	3	2		√		√					1			√	
世界观教育	0	0									0				
人生观教育	2	2						√		√	0				
价值观教育	3	2		√						√	1	√			
生活教育	1	0									1				√
社会教育	0	0									0				
课堂教育	2	2					√		√		0				
学校教育	0	0									0				
劳动教育	0	0									0				
心理教育	2	2			√					√	0				
家庭教育	3	2	√							√	1		√		
其他	0	0									0				
合计	18	14	1	4	1	1	1	1	1	4	4	1	1	1	1

（5）其他研究者的调研成果分析。

如表 9-93 所示，赵中源、王丹在 2014 年对广东省广州市 10 所完全中学的调查显示，初高中生的兴趣点与兴奋点表现出明显的年龄特点与认知能力差异，初中生列前三位的依次是生态意识教育、劳动教育、青春期教育；而高中生的排序为现代公民教育、心理健康教育、生态意识教育；"生态意识教育"是被初高中生同时排在前三位的教育。从总体上看，初中生对所列 10 项德育教育的认同度（48%）要高于高中生（37%）。一般而言，学生感兴趣的教育实施后会取得较好的效果。

表9-93 未成年人最感兴趣的教育

2014年广东省广州市10所完全中学的调查 （N：中学生1432、教师285）[1]				
中学生最感兴趣的教育				
选项	认同度		排序	
	初中生	高中生	初中生	高中生
理想信念教育	48.0	37.0	—	—
爱国主义教育			—	—
民族精神教育			—	—
现代公民意识教育			—	1
传统道德教育			—	—
社会主义荣辱观教育			—	—
心理健康教育			—	2
劳动教育			2	—
生态意识教育			1	3
青春期教育			3	—
合计	—	—	—	—

2. 受访群体认为的选择教育方向的原则

如表9-94所示，在2016年对受访群体的调查中，31.95%的受访群体认为选择教育方向的原则是"党与国家的要求"。23.63%的受访群体认为是"社会发展的需要"。15.53%的受访群体认为是"未成年人成长的需要"。选择"未成年人的心理需求"的比率为9.89%，选择"教育者有能力驾驭与施行"的比率为5.26%。受访群体认为选择教育方向的原则主要是党与国家以及社会发展的需要，同时要契合未成年人的成长与心理需要。

从未成年人与成年人群体的比较来看，成年人侧重于认为教育要符合国家以及社会需要，注重从宏观方面来把握。未成年人则认为教育的原则应注重未成年人心理的需求。

---

[1] 赵中源，王丹. 回归"德性"：中学德育的应然抉择：基于广州10所中学德育现状调查的思考[J]. 当代教育理论与实践，2014，6(5)：55-57.

表 9-94 受访群体认为的选择教育方向的原则（2016 年）

选项	总计			未成年人		成年人群体								未成年人与成年人群体比较率差
						合计		中学老师		家长		中学校长		
	人数	比率	排序	人数	比率	人数	比率	人数	比率	人数	比率	人数	比率	
党与国家的要求	753	31.95	1	591	30.56	162	38.30	56	33.73	78	40.41	28	43.75	-7.74
社会发展的需要	557	23.63	2	442	22.85	115	27.19	53	31.93	50	25.91	12	18.75	-4.34
未成年人成长的需要	366	15.53	3	290	14.99	76	17.97	34	20.48	32	16.58	10	15.63	-2.98
未成年人的心理需求	233	9.89	5	215	11.12	18	4.26	24	14.46	25	12.95	7	10.94	6.86
教育者有能力驾驭与施行	124	5.26	6	101	5.22	23	5.44	6	3.61	14	7.25	3	4.69	-0.22
其他	57	2.42	7	48	2.48	9	2.13	5	3.01	1	0.52	3	4.69	0.35
不清楚	267	11.33	4	247	12.77	20	4.73	12	7.23	7	3.63	1	1.56	8.04
合计	2357	100	—	1934	100	423	100	166	100	193	100	64	100	—

3. 受访群体认为的改进教育方式的原则

如表 9-95 所示，在 2016 年对受访群体的调查中，53.37% 的受访群体认为应当"根据未成年人的实际需要，选择侧重点"。14.72% 的受访群体认为"几种教育相互贯通，不必区分类型"。11.41% 的受访群体认为"教育方式不能分得过细，可综合使用"。选择"其他"与"不清楚"的比率分别为 6.15% 和 14.34%。大部分受访群体认为应当根据未成年人的实际需要选择侧重点，改进教育方式。

从未成年人与成年人群体的比较来看，成年人群体更倾向于根据未成年人实际改进教育。此外，未成年人选择"不清楚"的比率较成年人群体要高，对这一问题的认识更模糊。

表9-95 受访群体认为的改进教育方式的原则（2016年）

选项	总计			未成年人		成年人群体								未成年人与成年人群体比较率差
						合计		中学老师		家长		中学校长		
	人数	比率	排序	人数	比率	人数	比率	人数	比率	人数	比率	人数	比率	
根据未成年人的实际需要，选择侧重点	1258	53.37	1	1008	52.12	250	59.10	98	59.04	122	63.21	30	46.88	-6.98
几种教育相互贯通，不必区分类型	347	14.72	2	281	14.53	66	15.60	28	16.87	24	12.44	14	21.88	-1.07
教育方式不能分得过细，可综合使用	269	11.41	4	202	10.44	67	15.84	24	14.46	33	17.10	10	15.63	-5.40
其他	145	6.15	5	130	6.72	15	3.55	7	4.22	3	1.55	5	7.81	3.17
不清楚	338	14.34	3	313	16.18	25	5.91	9	5.42	11	5.70	5	7.81	10.27
合计	2357	100	—	1934	100	423	100	166	100	193	100	64	100	—

4. 基本认识

（1）创新政治教育与思想教育的形式，提高教育的实效性与针对性。

政治教育与思想教育是未成年人教育的重要内容，也是塑造未成年人基本品德与社会主义现代化建设相适应的基本需要。在教育实践过程中，政治教育与思想教育往往出现实效性与针对性不强等问题。因此，在对未成年人的教育中，要不断创新政治教育与思想教育的形式，诸如开展政治讲座、名人面对面交流、观看相关主题教育片等形式，教育工作者要切实提高对这两个问题的认识，在自身思想高度上重视政治与思想教育。未成年人心智发展水平不成熟，教育工作者要注重从未成年人的视角出发，吸引未成年人的兴趣，以贴近其认知水平的形式开展政治与思想教育。

（2）教育的选择与运用要兼顾"宏观性"与"微观性"。

未成年人是社会主义事业的后备力量，对未成年人的教育既要着眼于中华民族的伟大复兴的要求，又要注重契合未成年人的身心发展实际。对未成年人教育方式的选择与运用要兼顾"宏观性"，即在教育目标与要求上，体现国家发展的内在要求，培养社会主义事业的接班人。"微观性"，即注重教育的现实性。在具体教育实践中，要针对未成年人群体的发展特征有针对性地开展教育,教育工作者同时要付诸耐心与真实的情感,注重与未成年人进行情感交流与沟通,充分运用共情,进一步增强教育的成效。

(3)"以生为本"的理念要贯穿整个教育过程。

未成年人教育的出发点在于未成年人更好地发展,其落脚点在于未成年人更好地接受教育,促进其社会化,并使其符合社会发展的预期。在整个教育过程中,要牢牢把握"以生为本"的教育理念,要遵循未成年人的发展实际,充分了解未成年人的现实诉求,从不同维度发力,更好地教育与引导未成年人。

(四)引导方法要对路

1. 对未成年人最有效的方法

(1)未成年人的看法。

如表9-96所示,在2007—2016年对未成年人认为的对自己最有效的引导方法的调查中,各选项的排序:"谈心"(47.59%)、"表扬与批评相结合"(13.88%)、"鼓励法"(11.35%)、"老师与家长配合"(4.44%)、"成年人的身教"(4.29%)、"榜样法"(3.49%)、"老师的充分信任"(3.32%)、"同伴帮助"(3.00%)、"典型案例分析"(2.81%)、"其他"(2.50%)、"崇拜者的言论"(1.33%)、"时政学习"(1.04%)、"名人报告"(0.94%)。未成年人认为"谈心"是对自己最为有效的引导方法。

从2016年与2007年的比较来看,未成年人选择"表扬与批评相结合"的比率有所上升。对未成年人的教育与引导要切实贴近其实际,契合其内心需要,同时善于运用多种方法来将"谈心"细化。

表9-96 未成年人认为的对自己最有效的引导方法(2007—2016年)

选项	总计			2007—2013年①		2007年比率	2014年		2015年		2016年		2016年与2007年比较率差
	人数	比率	排序	人数	比率		人数	比率	人数	比率	人数	比率	
谈心	11714	47.59	1	8735	47.93	43.09	1527	51.97	661	43.54	791	40.90	-2.19
表扬与批评相结合	3416	13.88	2	2280	12.51	8.37	429	14.60	272	17.92	435	22.49	14.12
鼓励法	2794	11.35	3	2189	12.01	15.53	292	9.94	138	9.09	175	9.05	-6.48
成年人的身教	1056	4.29	5	722	3.96	5.81	172	5.85	94	6.19	68	3.52	-2.29
榜样法	859	3.49	6	722	3.96	4.83	41	1.40	55	3.62	41	2.12	-2.71

---

① 叶松庆.当代未成年人道德观发展变化与引导对策的实证研究[M].芜湖:安徽师范大学出版社,2016:450.

(续表9-96)

选项	总计			2007—2013年①		2007年比率	2014年		2015年		2016年		2016年与2007年比较率差
	人数	比率	排序	人数	比率		人数	比率	人数	比率	人数	比率	
典型案例分析	692	2.81	9	585	3.21	3.58	36	1.23	38	2.50	33	1.71	-1.87
老师与家长配合	1094	4.44	4	752	4.13	4.33	181	6.16	66	4.35	95	4.91	0.58
老师的充分信任	818	3.32	7	665	3.65	4.60	81	2.76	50	3.29	22	1.14	-3.46
同伴帮助	739	3.00	8	642	3.52	5.45	47	1.60	36	2.37	14	0.72	-4.73
崇拜者的言论	328	1.33	11	283	1.55	2.00	13	0.44	20	1.32	12	0.62	-1.38
名人报告	232	0.94	13	186	1.02	1.28	18	0.61	18	1.19	10	0.52	-0.76
时政学习	257	1.04	12	203	1.11	1.12	23	0.78	18	1.19	13	0.67	-0.45
其他	616	2.50	10	261	1.43	—	78	2.65	52	3.43	225	11.63	11.63
合计	24615	100	—	18225	100	100	2938	1518	100	100	1934	100	—

(2) 中学老师的看法。

如表9-97所示,在2008—2016年对中学老师认为的对未成年人最有效的引导方法的调查中,各选项的排序:"表扬与批评相结合"(27.86%)、"谈心"(22.05%)、"鼓励法"(12.86%)、"老师与家长配合"(8.77%)、"成年人的身教"(5.38%)、"典型案例分析"(5.33%)、"其他"(4.63%)、"榜样法"(4.57%)、"同伴帮助"(3.60%)、"老师的充分信任"(3.44%)、"崇拜者的言论"(1.13%)、"时政学习"(0.22%)、"名人报告"(0.16%)。中学老师认为对未成年人进行教育要注重表扬与批评,同时运用"谈心"的方式。

从2016年与2008年的比较来看,选择"谈心"方式的比率有所降低,选择"表扬与批评相结合"的比率有所上升。

---

① 叶松庆. 当代未成年人道德观发展变化与引导对策的实证研究 [M]. 芜湖:安徽师范大学出版社, 2016:450.

表 9-97 中学老师认为的对未成年人最有效的引导方法（2008—2016 年）

选项	总计			2008—2013 年[①]		2008年比率	2014 年		2015 年		2016 年		2016年与2008年比较率差
	人数	比率	排序	人数	比率		人数	比率	人数	比率	人数	比率	
谈心	410	22.05	2	306	23.41	43.09	27	11.64	25	16.23	52	31.33	-11.76
表扬与批评相结合	518	27.86	1	358	27.39	8.37	79	34.05	37	24.03	44	26.51	18.14
鼓励法	239	12.86	3	190	14.54	15.53	12	5.17	15	9.74	22	13.25	-2.28
成年人的身教	100	5.38	5	51	3.90	5.81	26	11.21	20	12.99	3	1.81	-4.00
榜样法	85	4.57	8	29	2.22	4.83	41	17.67	10	6.49	5	3.01	-1.82
典型案例分析	99	5.33	6	62	4.74	3.58	21	9.05	4	2.60	12	7.23	3.65
老师与家长配合	163	8.77	4	113	8.65	4.33	9	3.88	26	16.88	15	9.04	4.71
老师的充分信任	64	3.44	10	57	4.36	4.60	0	0.00	3	1.95	4	2.41	-2.19
同伴帮助	67	3.60	9	63	4.82	5.45	0	0.00	3	1.95	1	0.60	-4.85
崇拜者的言论	21	1.13	11	18	1.38	2.00	0	0.00	0	0.00	3	1.81	-0.19
名人报告	3	0.16	13	2	0.15	1.28	0	0.00	0	0.00	1	0.60	-0.68
时政学习	4	0.22	12	2	0.15	1.12	0	0.00	1	0.65	1	0.60	-0.52
其他	86	4.63	7	56	4.28	0.00	17	7.33	10	6.49	3	1.81	1.81
合计	1859	100	—	1307	100	100	232	100	154	100	166	100	—

（3）中学校长的看法。

如表 9-98 所示，在 2013—2016 年对中学校长认为的对未成年人最有效的引导方法的调查中，各选项的排序："表扬与批评相结合"（27.51%）、"谈心"（20.68%）、"鼓励法"（12.37%）、"老师与家长配合"（11.51%）、"成年人的身教"（8.10%）、"老师的充分信任"（5.12%）、"榜样法"（5.12%）、"典型案例分析"（2.56%）、"崇拜者的言论"（2.13%）、"同伴帮助"（1.28%）、"其他"（0.85%）、"时政学习"（0.00%）、"名人报告"（0.00%）。中学校长与中学老师的认识较为相似，认为对未成年人的引导要注重表扬与批评相结合并运用谈心的方式。

从 2016 年与 2013 年的比较来看，中学校长认为"谈心"方式的重要性与适用性更为凸显。

[①] 叶松庆. 当代未成年人道德观发展变化与引导对策的实证研究 [M]. 芜湖：安徽师范大学出版社，2016：451.

表 9-98 中学校长认为的对未成年人最有效的引导方法（2013—2016 年）

选项	总计		2013 年[①]		2014 年						2015 年								2016 年		2016 年与 2013 年比较率差
	人数	比率	人数	比率	（1）		（2）		（1）		（2）		（3）		（4）						
					人数	比率	人数	比率	人数	比率	人数	比率	人数	比率	人数	比率			人数	比率	
谈心	97	20.68	32	17.58	12	17.39	11	23.40	5	25.00	1	5.00	3	16.67	8	16.33			25	39.06	21.48
表扬与批评相结合	129	27.51	59	32.42	17	24.64	16	34.04	4	20.0	5	25.00	2	11.11	12	24.49			14	21.88	-10.54
鼓励法	58	12.37	36	19.78	8	11.59	2	4.26	3	15.00	3	15.00	0	0.00	2	4.08			4	6.25	-13.53
成年人的身教	38	8.10	14	7.69	3	4.35	5	10.64	2	10.00	3	15.00	0	0.00	3	6.12			8	12.50	4.81
榜样法	24	5.12	3	1.65	4	5.80	7	14.89	1	5.00	0	0.00	3	16.67	4	8.16			2	3.13	1.48
典型案例分析	12	2.56	6	3.30	2	2.90	0	0.00	0	0.00	0	0.00	0	0.00	0	0.00			4	6.25	2.95
老师与家长配合	54	11.51	13	7.14	3	4.35	6	12.77	2	10.00	5	25.00	8	44.44	13	26.53			4	6.25	-0.89
老师的充分信任	24	5.12	6	3.30	14	20.29	0	0.00	2	10.00	0	0.00	0	0.00	1	2.04			1	1.56	-1.74
同伴帮助	6	1.28	2	1.10	3	4.35	0	0.00	0	0.00	0	0.00	0	0.00	1	2.04			0	0.00	-1.10
崇拜者的言论	10	2.13	6	3.30	2	2.90	0	0.00	1	5.00	0	0.00	0	0.00	1	2.04			0	0.00	-3.30
名人报告	0	0.00	0	0.00	0	0.00	0	0.00	0	0.00	0	0.00	0	0.00	0	0.00			0	0.00	0.00
时政学习	0	0.00	0	0.00	0	0.00	0	0.00	0	0.00	0	0.00	0	0.00	0	0.00			0	0.00	0.00
社会实践	13	2.77	3	1.65	1	1.45	0	0.00	0	0.00	3	15.00	1	5.56	3	6.12			2	3.13	1.48
其他	4	0.85	2	1.10	0	0.00	0	0.00	0	0.00	0	0.00	1	5.56	1	2.04			0	0.00	-1.10
合计	469	100	182	100	69	100	47	100	20	100	20	100	18	100	49	100			64	100	—

① 叶松庆. 当代未成年人道德观发展变化与引导对策的实证研究［M］. 芜湖：安徽师范大学出版社，2016：452.

(4)访谈结果分析。

第一,中学校长(副校长)、中学政教处主任(副主任)的看法。如表9-99所示,在2013年对中学校长(副校长)与中学政教处主任(副主任)的访谈中,"表扬与批评相结合""鼓励法"以及"老师与家长配合"等是两个群体较为关注的对于未成年人最有效的引导方法。具体到每个群体当中,两个群体并没有对哪种引导方法更为侧重,选择较为平均。

表9-99 中学校长(副校长)、中学政教处主任(副主任)认为的对未成年人最有效的引导方法(2013年)

选项	总计	中学校长(副校长)					中学政教处主任(副主任)				
		合计	合肥市巢湖市第二中学	芜湖市无为县襄安中学	淮南市凤台县左集中学	安庆市潜山中学	合计	合肥市巢湖市第二中学	芜湖市无为县襄安中学	淮南市凤台县左集中学	安庆市潜山中学
			1	2	3	4		1	2	3	4
谈心	2	0					2	√		√	
表扬与批评相结合	4	2	√	√			2		√		√
鼓励法	3	1			√		2	√			√
成年人的身教	0	0					0				
榜样法	1	1	√				0				
典型案例分析	0	0					0				
老师与家长配合	3	1				√	2	√			√
老师的充分信任	1	0					1	√			
同伴帮助	0	0					0				
崇拜者的言论	0	0					0				
名人报告	0	0					0				
时政学习	0	0					0				
社会实践	1	0					1				√
其他	0	0					0				
合计	15	5	2	1	1	1	10	4	1	1	4

第二,中学班主任、中学老师的看法。表9-100反映了中学班主任与中学老师认为的对未成年人最有效的引导方法。其中,"表扬与批评相结合"同样也是中学班主任与

中学老师选择的对于中学生最有效的引导方法。其次是"谈心"等。就每个群体的选择来看,"表扬与批评相结合"在中学班主任的选择中最为侧重,中学老师的侧重点则体现在"谈心"上。

表9-100 中学班主任、中学老师认为的对未成年人最有效的引导方法(2013年)

选项	总计	中学班主任								中学老师				
		合计	合肥市巢湖市第二中学	芜湖市无为县襄安中学		淮南市凤台县左集中学		安庆市潜山中学		合计	合肥市巢湖市第二中学	芜湖市无为县襄安中学	淮南市凤台县左集中学	安庆市潜山中学
			1	2	3	4	5	6	7	8		1	2	3	4
谈心	4	2		√						√	2	√		√	
表扬与批评相结合	5	4			√	√		√		√	1		√		
鼓励法	3	3	√						√	√	0				
成年人的身教	3	3	√				√			√	0				
榜样法	3	3									1	√			
典型案例分析	2	2		√							0				
老师与家长配合	3	2	√							√	1				√
老师的充分信任	2	1								√	1	√			
同伴帮助	2	2	√							√	0				
崇拜者的言论	1	1		√							0				
名人报告	0	0									0				
时政学习	0	0									0				
社会实践	1	1								√	0				
其他	0	0									0				
合计	29	23	3	5	1	1	1	1	1	10	6	3	1	1	1

第三,家长的看法。如表9-101所示,在2013年就家长认为的对未成年人最有效的引导方法的调查中,"谈心"是选择率最高的对未成年人最有效的教育方法,可见家长对于这种教育方法的偏爱。此外,"鼓励法""成年人的身教"以及"典型案例分析"等方式也是家长选择较多的最有效的道德教育方法。

表 9-101 家长认为的对未成年人最有效的引导方法（2013年）

选项	总计	合肥市巢湖市第二中学					芜湖市无为县襄安中学					淮南市凤台县左集中学					安庆市潜山中学			
		1	2	3	4	5	6	7	8	9	10	11	12	13	14	15	16	17	18	19
谈心	12		√	√	√		√				√		√	√			√	√	√	√	√
表扬与批评相结合	5	√				√				√										√	√
鼓励法	8	√				√		√				√					√				
成年人的身教	6			√		√									√		√				
榜样法	3														√						
典型案例分析	6			√	√													√	√		
老师与家长配合	4			√	√			√													√
老师的充分信任	2																				
同伴帮助	3			√															√		
崇拜者的言论	2				√																
名人报告	3				√													√			
时政学习	0																				
社会实践	4				√	√										√					√
其他	0																				
合计	58	2	1	6	5	7	1	1	1	1	1	1	1	1	1	4	4	4	8	8

第四，未成年人的看法。如表9-102所示，在2013年对未成年人的访谈中，未成年人自身较多地表示"用实例去教育"是对他们最有效的道德教育方法，可见未成年人认为最具体的引导方法对他们的效果最佳。同时结合其他选项可以看出，未成年人渴望引导是通过一个平等的方式进行的。

表 9-102 未成年人认为的对他们最有效的引导方法（2013年）

选项	总计	合肥市巢湖市第二中学					芜湖市无为县襄安中学					淮南市凤台县左集中学					安庆市潜山中学				
		1	2	3	4	5	6	7	8	9	10	11	12	13	14	15	16	17	18	19	20
爱的教育	1												√								
亲切和蔼地对我进行教育	3	√				√					√										
提高人们的道德素质	1		√																		

(续表9-102)

选项	总计	合肥市巢湖市第二中学					芜湖市无为县襄安中学					淮南市凤台县左集中学					安庆市潜山中学				
		1	2	3	4	5	6	7	8	9	10	11	12	13	14	15	16	17	18	19	20
谈心	2			√					√												
换一种角度教育	1				√																
用实例去教育	5						√	√									√			√	√
看德育电影	1									√											
批评	1												√								
勉励	1													√							
志愿者	2														√			√			
合计	18	1	1	1	1	1	1	1	1	1	1	1	1	1	1	1	1	1	1	1	1

（5）其他研究者的调研成果分析。

如表9-103所示，管雷在2014年1—5月对四川省青少年的调查显示，初高中生认为通过彼此的交流讨论以及通过观看影视作品能加强自身的理想信念教育。

陈翠芳、姜雅楠在2015年9—11月对湖北省武汉市未成年人的调查显示，活动参与以及新闻媒介是未成年人较为喜闻乐见的教育引导方法。

任谢元在2015年10月对山东济南市中学生的调查显示，加强学校以及社会等多元主体的配合教育，对未成年人教育成效更大。

表9-103 最受未成年人欢迎的教育引导方式（一）

2014年1—5月四川省的青少年调查（N: 4739，其中，小学生1271、初中生1302、高中生1163、大学生1003)[1]	2015年9—11月湖北省武汉市的未成年人调查（N: 2358)[2]	2015年10月山东济南市中学生调查（N: 中学生20、大学生53)[3]
你最喜欢的理想信念教育方式	你最乐意接受的环境教育方式	最受欢迎的教育方式（多选题）

---

[1] 管雷. 共青团增强青少年学生政治理想信念引导有效性研究报告：以四川省4739份6～22岁青少年学生问卷调查为例 [C] //当代青少年树立和践行社会主义核心价值观研究报告：第十届中国青少年发展论坛（2014）优秀论文集. 天津：天津社会科学出版社，2015：322-329.

[2] 陈翠芳，姜雅楠. 中学生环境道德素质现状调查研究：以湖北中学生为例 [J]. 决策与信息，2016（9）：50-57.

[3] 任谢元. 青少年对社会主义核心价值观认同的调查研究：基于济南市在校学生的实证调查 [J]. 中共济南市委党校学报，2016（1）：96-98.

(续表9-103)

选项	排序			选项	比率	选项	比率
	初中生	高中生	大学生				
社会实践	1	1	1	新闻媒介	24.94	学校教育和家庭教育	60.0～65.0之间
外出参观体验	2	2	3	课堂讲座	13.18	加强社会环境建设	
交流讨论	3	—	2	活动参与	43.52	动员全社会参与	
文化影视作品欣赏	—	3	—	阅读环境保护书籍	16.71	思政课程	55.0～80.0之间
—				其他	1.65	主题报告会、主题竞赛活动、主题论坛	接近50.0
合计	—	—	—	合计	100	合计	—

如表9-104所示，陈浩苗等在2015年6—8月对湖北省武汉市青少年的调查显示，32.7%的未成年人认为应该营造良好的社会诚信氛围，家长与学校也应加强努力，营造良好的氛围。

蒋亚辉、丘毅清在2016年对广东省广州市未成年人的调查显示，60.2%的未成年人认为去爱国主义教育基地参观有助于其加强爱国主义教育。55.6%的未成年人较为看重纪念日活动，54.6%的未成年人选择观看爱国主义电影，选择参加爱国主义教育主题班会的比率为52.1%，选择"升旗礼"的比率为48.3%。从调查数据来看，爱国主义教育的方式丰富多样，实践性活动更受未成年人的青睐。

表9-104 最受未成年人欢迎的教育引导方式（二）

2015年6—8月湖北省武汉市的青少年调查（N：1561，其中，小学生175、初中生360、高中生396、大学生630)[1]		2016年广东省广州市的未成年人调查（N：1776，其中，小学生442、初中生769、高中生565)[2]	
最受欢迎的诚信观教育方式		你最喜欢的爱国主义教育方式（多选题）	
选项	比率	选项	比率
社会提高诚信度，营造诚信环境	32.7	去爱国主义教育基地参观	60.2
家长为孩子提供诚信环境	29.3	看重纪念日活动	55.6

---

[1] 陈浩苗，严聪慧，邓慧雯，等. 青少年对公民个人层面社会主义核心价值观认同现状调查：以湖北武汉地区为例[J]. 领导科学论坛，2015（3）：21-23.

[2] 蒋亚辉，丘毅清. 中小学生践行社会主义核心价值观现状的调查与思考：以广州市为例[J]. 青年探索，2016（1）：69-73.

(续表9-104)

选项	比率	选项	比率
学校加强诚信教育	19.8	观看爱国主义电影	54.6
身边朋友的良好示范、榜样作用	18.2	参加爱国主义教育主题班会	52.1
—	—	升旗礼	48.3
—	—	政治课学习	37.3
—	—	其他	2.5
合计	100	合计	—

2. 最能影响未成年人的老师做人形象、适时行为、教育方式、具体行为

(1) 最能感染未成年人的老师做人形象。

如表9-105所示,在2016年对受访群体的调查中,各选项的排序:"老师的人格力量感召我前行"(40.60%)、"高素质的老师是我学习的表率"(16.50%)、"老师的真切关心让我不敢犯错"(11.41%)、"老师的谆谆教诲让我很受用"(8.57%)、"其他"(8.02%)、"老师对每位学生的关爱让我久存敬意"(4.20%)、"老师的敬业增强了我的勤奋意识"(3.31%)、"我很钦羡不讲假话、大话、空话的老师"(3.22%)、"老师的无私奉献让我知道应知恩图报"(2.80%)、"讲诚信的老师的话我愿意听"(1.36%)。在受访群体眼中,老师的人格更易感染未成年人,老师的素质修养与老师的关心对受访群体的影响较大。

从未成年人与成年人群体的比较来看,未成年人群体选择"高素质的老师是我学习的表率"的比率较成年人群体要高。

表9-105 受访群体眼中最能感染未成年人的老师做人形象(2016年)

选项	总计			未成年人		成年人群体							未成年人与成年人群体比较率差
						合计		中学老师		家长		中学校长	
	人数	比率	排序	人数	比率	人数	比率	人数	比率	人数	比率	人数	比率	
老师的人格力量感召我前行	957	40.60	1	783	40.49	174	41.13	66	39.76	76	39.38	32	50.00	-0.64
高素质的老师是我学习的表率	389	16.50	2	321	16.60	68	16.08	33	19.88	25	12.95	10	15.63	0.52

(续表 9-105)

选项	总计			未成年人		成年人群体								未成年人与成年人群体比较率差
						合计		中学老师		家长		中学校长		
	人数	比率	排序	人数	比率	人数	比率	人数	比率	人数	比率	人数	比率	
老师的真切关心让我不敢犯错	269	11.41	3	210	10.86	59	13.95	23	13.86	26	13.47	10	15.63	-3.09
老师的谆谆教诲让我很受用	202	8.57	4	160	8.27	42	9.93	18	10.84	18	9.33	6	9.38	-1.66
老师的敬业增强了我的勤奋意识	78	3.31	7	66	3.41	12	2.84	3	1.81	7	3.63	2	3.13	0.57
老师对每位学生的关爱让我久存敬意	99	4.20	6	77	3.98	22	5.20	6	3.61	14	7.25	2	3.13	-1.22
我很钦羡不讲假话、大话、空话的老师	76	3.22	8	62	3.21	14	3.31	5	3.01	9	4.66	0	0.00	-0.10
讲诚信的老师的话我愿意听	32	1.36	10	23	1.19	9	2.13	4	2.41	5	2.59	0	0.00	-0.94
老师的无私奉献让我知道应知恩图报	66	2.80	9	46	2.38	20	4.73	7	4.22	12	6.22	1	1.56	-2.35
其他	189	8.02	5	186	9.62	3	0.71	1	0.60	1	0.52	1	1.56	8.91
合计	2357	100	—	1934	100	423	100	166	100	193	100	64	100	—

(2) 对未成年人最有效的老师适时行为。

如表 9-106 所示，在 2016 年对受访群体的调查中，44.46% 的受访群体选择"当我有了进步老师能及时鼓励"，选择"当我迷茫时老师能耐心点拨引导"的比率为

18.75%。选择"当我做了好事时老师能适度表扬"的比率为11.62%。选择其他选项的比率均在10%以下。从数据来看,受访群体认为教师对未成年人的进步给予一定的关注并及时予以鼓励的影响很大。

从未成年人与成年人群体的比较来看,未成年人群体选择"当我做了好事时老师能适度表扬"的比率较成年人群体要高。

表9-106 受访群体眼中对未成年人最有效的老师适时行为(2016年)

选项	总计			未成年人		成年人群体								未成年人与成年人群体比较率差
						合计		中学老师		家长		中学校长		
	人数	比率	排序	人数	比率	人数	比率	人数	比率	人数	比率	人数	比率	
当我有了进步老师能及时鼓励	1048	44.46	1	846	43.74	202	47.75	79	47.59	91	47.15	32	50.00	-4.01
当我做了好事时老师能适度表扬	274	11.62	3	239	12.36	35	8.27	14	8.43	17	8.81	4	6.25	4.09
当我迷茫时老师能耐心点拨引导	442	18.75	2	358	18.51	84	19.86	39	23.49	39	20.21	6	9.38	-1.35
当我情绪低落时老师能悉心开导	126	5.35	5	86	4.45	40	9.46	11	6.63	20	10.36	9	14.06	-5.01
当我有偏轨苗头时老师能及时矫正	85	3.61	7	70	3.62	15	3.55	5	3.01	6	3.11	4	6.25	0.07
当我犯了错老师能不嫌不弃帮助我	125	5.30	6	95	4.91	30	7.09	8	4.82	15	7.77	7	10.94	-2.18
当我有自满情绪张扬时老师能就及时抚平	30	1.27	8	22	1.14	8	1.89	2	1.20	5	2.59	1	1.56	-0.75
其他	227	9.63	4	218	11.27	9	2.13	8	4.82	0	0.00	1	1.56	9.14
合计	2357	100	—	1934	100	423	100	166	100	193	100	64	100	—

(3) 最能影响未成年人的老师具体行为。

第一，未成年人的看法。如表9-107所示，在2007—2013年、2016年对未成年人认为的最能影响其自身的老师具体行为的调查中，各选项的排序："认真上课"（30.31%）、"言谈举止"（21.39%）、"为学生着想"（16.36%）、"衣着穿戴"（6.38%）、"对社会的不好评价"（4.22%）、"其他"（4.10%）、"袒护学生过错"（3.32%）、"说别人坏话"（2.67%）、"遵纪守法"（2.59%）、"为自己打算"（2.57%）、"见义勇为"（2.26%）、"同情弱者"（2.17%）、"说谎话"（1.65%）。未成年人认为老师首要的是认真上课，认真上课对其影响较大，其次是言谈举止。

从2016年与2007年的比较来看，选择"认真上课"与"衣着穿戴"的比率均有所上升，未成年人认为老师上好课程对其影响较大。

表9-107 未成年人认为的最能影响其自身的老师具体行为（2007—2013年、2016年）

选项	总计			2007—2013年[①]		2007年比率	2016年		2016年与2007年比较率差
	人数	比率	排序	人数	比率		人数	比率	
认真上课	4852	30.31	1	4056	28.82	24.86	796	41.16	16.30
衣着穿戴	1021	6.38	4	761	5.41	8.80	260	13.44	4.64
言谈举止	3424	21.39	2	3165	22.49	19.44	259	13.39	-6.05
说别人坏话	427	2.67	8	396	2.81	3.38	31	1.60	-1.78
对社会的不好评价	676	4.22	5	632	4.49	6.37	44	2.28	-4.09
见义勇为	362	2.26	11	327	2.32	3.35	35	1.81	-1.54
为学生着想	2619	16.36	3	2462	17.49	8.60	157	8.12	-0.48
袒护学生过错	532	3.32	7	517	3.67	4.96	15	0.78	-4.18
为自己打算	412	2.57	10	398	2.83	6.01	14	0.72	-5.29
同情弱者	347	2.17	12	332	2.36	5.22	15	0.78	-4.44
遵纪守法	415	2.59	9	400	2.84	5.39	15	0.78	-4.61
说谎话	264	1.65	13	258	1.83	2.53	6	0.31	-2.22
其他	656	4.10	6	369	2.64	1.08	287	14.84	13.76
合计	16007	100	—	14073	100	100	1934	100	—

[①] 叶松庆.当代未成年人道德观发展变化与引导对策的实证研究［M］.芜湖：安徽师范大学出版社，2016：303.

第二，受访群体的看法。如表9-108所示，在2016年对受访群体的调查中，各选项的排序："认真上课"（41.75%）、"言谈举止"（14.51%）、"衣着穿戴"（13.32%）、"其他"（12.52%）、"为学生着想"（8.78%）、"对社会的不好评价"（2.29%）、"见义勇为"（2.08%）、"说别人坏话"（1.57%）、"遵纪守法"（0.85%）、"同情弱者"（0.76%）、"袒护学生过错"（0.64%）、"为自己打算"（0.59%）、"说谎话"（0.34%）。受访群体较为看重老师的上课、言谈举止以及衣着穿戴。

从未成年人与成年人群体的比较来看，未成年人较为关注老师的衣着穿戴、袒护学生过错以及为自己打算等具体行为。总的来说，对老师具体行为的关注主要体现在老师的本职工作以及其他方面，这就要求老师要以更高的标准严格要求自己。

表9-108 受访群体眼中的最能影响未成年人的老师具体行为（2016年）

选项	总计			未成年人		成年人群体								未成年人与成年人群体比较率差
						合计		中学老师		家长		中学校长		
	人数	比率	排序	人数	比率	人数	比率	人数	比率	人数	比率	人数	比率	
认真上课	984	41.75	1	796	41.16	188	44.44	79	47.59	91	47.15	18	28.13	-3.28
衣着穿戴	314	13.32	3	260	13.44	54	12.77	20	12.05	25	12.95	9	14.06	0.67
言谈举止	342	14.51	2	259	13.39	83	19.62	32	19.28	39	20.21	12	18.75	-6.23
说别人坏话	37	1.57	8	31	1.60	6	1.42	0	0.00	3	1.55	3	4.69	0.18
对社会的不好评价	54	2.29	6	44	2.28	10	2.36	6	3.61	4	2.07	0	0.00	-0.08
见义勇为	49	2.08	7	35	1.81	14	3.31	4	2.41	4	2.07	6	9.38	-1.50
为学生着想	207	8.78	5	157	8.12	50	11.82	18	10.84	24	12.44	8	12.50	-3.70
袒护学生过错	15	0.64	11	15	0.78	0	0.00	0	0.00	0	0.00	0	0.00	0.78
为自己打算	14	0.59	12	14	0.72	0	0.00	0	0.00	0	0.00	0	0.00	0.72
同情弱者	18	0.76	10	15	0.78	3	0.71	2	1.20	0	0.00	1	1.56	0.07
遵纪守法	20	0.85	9	15	0.78	5	1.18	3	1.81	1	0.52	1	1.56	-0.40
说谎话	8	0.34	13	6	0.31	2	0.47	1	0.60	0	0.00	1	1.56	-0.16
其他	295	12.52	4	287	14.84	8	1.89	1	0.60	2	1.04	5	7.81	12.95
合计	2357	100	—	1934	100	423	100	166	100	193	100	64	100	—

（4）未成年人最易接受的老师教育方式。

如表9-109所示，在2016年对受访群体的调查中，各选项的排序："老师有针对性地和我促膝谈心让我知错改错"（42.09%）、"老师总还关注自卑的我，让我有了信心"（14.47%）、"老师的说教让我知情达理"（13.24%）、"其他"（10.65%）、"老师以真情实感打动我,让我愿意认错纠错"(4.20%)、"老师的严厉批评使我猛醒顿悟"(3.95%)、"我犯了错老师不当众批评给我留面子,让我羞愧难当知错就改"(3.31%)、"老师和风细雨般的灌输让我倍感亲切"(2.93%)、"老师的当众表扬让我倍感荣耀"(2.84%)、"老师的亲切建议似有清泉流淌于我心间"(2.33%)。未成年人更易接受老师有针对性地与其知心交谈,并希冀老师关注其心理状态。

从未成年人与成年人群体的比较来看,未成年人选择"老师的说教让我知情达理"的比率较成年人群体要高。

表9-109 受访群体眼中的未成年人最易接受的老师教育方式(2016年)

选项	总计			未成年人		成年人群体								未成年人与成年人群体比较率差
						合计		中学老师		家长		中学校长		
	人数	比率	排序	人数	比率	人数	比率	人数	比率	人数	比率	人数	比率	
老师有针对性地和我促膝谈心让我知错改错	992	42.09	1	803	41.52	189	44.68	70	42.17	91	47.15	28	43.75	-3.16
老师的说教让我知情达理	312	13.24	3	270	13.96	42	9.93	18	10.84	17	8.81	7	10.94	4.03
老师总还关注自卑的我,让我有了信心	341	14.47	2	271	14.01	70	16.55	30	18.07	31	16.06	9	14.06	-2.54
我犯了错老师不当众批评给我留面子,让我羞愧难当知错就改	78	3.31	7	58	3.00	20	4.73	5	3.01	11	5.70	4	6.25	-1.73
老师的严厉批评使我猛醒顿悟	93	3.95	6	77	3.98	16	3.78	8	4.82	5	2.59	3	4.69	0.20
老师的当众表扬让我倍感荣耀	67	2.84	9	41	2.12	26	6.15	10	6.02	11	5.70	5	7.81	-4.03

(续表9-109)

选项	总计			未成年人		成年人群体								未成年人与成年人群体比较率差
						合计		中学老师		家长		中学校长		
	人数	比率	排序	人数	比率	人数	比率	人数	比率	人数	比率	人数	比率	
老师以真情实感打动我，让我愿意认错纠错	99	4.20	5	74	3.83	25	5.91	11	6.63	12	6.22	2	3.13	-2.08
老师和风细雨般的灌输让我倍感亲切	69	2.93	8	54	2.79	15	3.55	7	4.22	6	3.11	2	3.13	-0.76
老师的亲切建议似有清泉流淌于我心间	55	2.33	10	40	2.07	15	3.55	5	3.01	7	3.63	3	4.69	-1.48
其他	251	10.65	4	246	12.72	5	1.18	2	1.20	2	1.04	1	1.56	11.54
合计	2357	100	—	1934	100	423	100	166	100	193	100	64	100	—

3. 受访者施行过的有效引导方法（访谈结果）

（1）中学校长（副校长）、中学政教处主任（副主任）的看法。

表9-110反映了中学校长（副校长）与中学政教处主任（副主任）在价值观教育中采取的有效引导方法，其中"激励"与"谈心"是较为有效的方式。对于中学政教处主任（副主任）来说，"谈心"的效果最佳。

表9-110　中学校长（副校长）、中学政教处主任（副主任）在进行引导时所采用过的有效引导方法（2013年）

选项	总计	中学校长（副校长）					中学政教处主任（副主任）				
		合计	合肥市巢湖市第二中学	芜湖市无为县襄安中学	淮南市凤台县左集中学	安庆市潜山中学	合计	合肥市巢湖市第二中学	芜湖市无为县襄安中学	淮南市凤台县左集中学	安庆市潜山中学
开座谈会、做报告、主题班会	1	1		√			0				
激励	2	1		√			1				√

(续表 9-110)

选项	总计	中学校长（副校长）					中学政教处主任（副主任）				
		合计	合肥市巢湖市第二中学	芜湖市无为县襄安中学	淮南市凤台县左集中学	安庆市潜山中学	合计	合肥市巢湖市第二中学	芜湖市无为县襄安中学	淮南市凤台县左集中学	安庆市潜山中学
谈心	2	0					2	√		√	
评选道德（文明）之星	1	1				√	0				
思想教育	1	0					1		√		
摆事实，讲道理，以社会现行来说教	1	1	√				0				
合计	8	4	1	1	1	1	4	1	1	1	1

（2）中学班主任、中学老师的看法。

如表 9-111 所示，中学班主任与老师在进行引导时采用过的有效方法集中在"说教"与"谈心"等方面，其中以中学班主任的选择较为明显，其对这两个选项的选择率均稍高于其他选项的选择率。

表 9-111 中学班主任、中学老师在进行引导时采用过的有效方法（2013 年）

选项	总计	中学班主任									中学老师				
		合计	合肥市巢湖市第二中学		芜湖市无为县襄安中学		淮南市凤台县左集中学		安庆市潜山中学		合计	合肥市巢湖市第二中学	芜湖市无为县襄安中学	淮南市凤台县左集中学	安庆市潜山中学
			1	2	3	4	5	6	7	8		1	2	3	4
说教	3	2	√			√					1	√			
参加公益劳动，以身作则	2	1							√		1				√
谈心	3	2			√			√			1		√		
看爱国电影	1	1		√							0				
主题班会	1	1					√				0				
榜样效应	2	1							√		0				
震撼教育	1	0									1		√		
合计	12	8	1	1	1	1	1	1	1	1	4	1	1	1	1

（3）家长的看法。

如表9-112所示，家长表示在对未成年人进行引导时采用过的有效方法也是"谈心"，与其他群体的看法基本相同。这表明了"谈心"教育是各群体都认可的有效引导方法，值得推广。

表9-112　家长在对未成年人进行引导时所采用过的有效方法（2013年）

选项	总计	合肥市巢湖市第二中学					芜湖市无为县襄安中学					淮南市凤台县左集中学					安庆市潜山中学			
		1	2	3	4	5	6	7	8	9	10	11	12	13	14	15	16	17	18	19
讲做人的道理	1											√								
身教	2						√								√					
说教	1	√																		
言传身教	2							√							√					
谈心	5		√		√									√			√		√	
分析解决问题，不逃避问题	1									√										
先讲，后谈认识	1																	√		
诱导法、例证法	2			√																√
不知道	1					√														
合计	16	1	1	1	1	1	1	1	0	1	0	1	0	1	2	0	1	1	1	1

4. 受访者认为的学校采取的有效教育方法（访谈结果）

（1）中学校长（副校长）、中学政教处主任（副主任）的看法。

如表9-113所示，在2013年与中学校长（副校长）、中学政教处主任（副主任）的访谈中，"主题班会、讲座报告等"是这两个群体认为的对于培养未成年人各方面素质较为有效的措施，两个群体均较多地选择此项，而在其他方面的选择则较为均衡。

表9-113 中学校长（副校长）、中学政教处主任（副主任）认为的培养未成年人各方面素质方面的有效措施（多选题）（2013年）

选项	总计	中学校长（副校长）					中学政教处主任（副主任）				
		合计	合肥市巢湖市第二中学	芜湖市无为县襄安中学	淮南市凤台县左集中学	安庆市潜山中学	合计	合肥市巢湖市第二中学	芜湖市无为县襄安中学	淮南市凤台县左集中学	安庆市潜山中学
主题班会、讲座报告等	4	2	√	√			2		√		√
道德教育	1	1	√				0				
法制教育	2	2	√		√		0				
诚信教育	1	1			√		0				
礼仪教育	1	1			√		0				
爱国主义教育	1	1			√		0				
成人礼教育	1	1			√		0				
社会实践活动	1	1			√		0				
安全教育	1	1			√		0				
艺术节活动	1	1			√		0				
体育节活动	1	1			√		0				
学习规章制度	1	1				√	0				
主题演讲	2	1				√	1		√		
评选道德之星	1	1				√	0				
敬老院献爱心活动	1	0					1		√		
道德宣传月	1	0					1			√	
倡议、承诺书活动	1	0					1			√	
宣传好人好事	1						1	√			
合计	23	16	3	1	9	3	7	1	3	2	1

（2）中学班主任、中学老师的看法。

如表9-114所示，在2013年与中学班主任、中学老师的访谈中，"主题班会"与"表扬先进，激励后进"是两者较为侧重的对于培养未成年人各方面素质的有效措施，其中中学班主任倾向于"主题班会"，而中学老师稍倾向于"表扬先进，激励后进"方面。

表9-114 中学班主任、中学老师认为的培养未成年人各方面素质的有效措施（2013年）

选项	总计	中学班主任									中学老师				
		合计	合肥市巢湖市第二中学	芜湖市无为县襄安中学			淮南市凤台县左集中学		安庆市潜山中学		合计	合肥市巢湖市第二中学	芜湖市无为县襄安中学	淮南市凤台县左集中学	安庆市潜山中学
			1	2	3	4	5	6	7	8		1	2	3	4
定期教育，名人榜样宣传	2	1	√								1	√			
放相关电影	1	1			√						0				
国旗下讲话	1	1			√						0				
听报告	2	2			√	√					0				
主题班会	3	3				√			√	√	0				
动员大会	1	1				√					0				
表扬先进，激励后进	3	1							√		2		√		√
广播会	1	1								√	0				
讲座	1	0									1			√	
建立规章制度	1	0									1				√
合计	16	11	1	0	3	3	0	0	2	2	5	1	1	1	2

（3）未成年人的看法。

如表9-115所示，未成年人表示，学校培养自身各方面素质所采取的较为有效的措施主要包括"开展道德教育活动""班主任谈心"以及"主题班会"等形式。可见，这些都是较为常见的道德教育活动，已经获得未成年人的认可，对他们道德素质的影响较大。

表9-115 未成年人认为的学校培养自身各方面素质所采取的有效措施（2013年）

选项	总计	合肥市巢湖市第二中学					芜湖市无为县襄安中学					淮南市凤台县左集中学					安庆市潜山中学				
		1	2	3	4	5	6	7	8	9	10	11	12	13	14	15	16	17	18	19	20
班主任谈心	4	√						√			√							√			
课堂教育、广播宣传	3		√			√												√			

(续表 9-115)

选项	总计	合肥市巢湖市第二中学					芜湖市无为县襄安中学					淮南市凤台县左集中学					安庆市潜山中学				
		1	2	3	4	5	6	7	8	9	10	11	12	13	14	15	16	17	18	19	20
主题演讲	2			√								√									
评选文明班级、四好青年	1				√																
开展道德教育活动	5						√							√	√	√				√	
老师不许说脏话,为学生做榜样	1								√												
主题班会	4									√			√				√				√
合计	20	1	1	1	1	1	1	1	1	1	1	1	1	1	1	1	1	1	1	1	1

5. 受访者在加强未成年人思想道德建设中的成功经验(访谈结果)

(1)中学校长(副校长)、中学政教处主任(副主任)的看法。

如表 9-116 所示,在 2013 年与中学校长(副校长)、中学政教处主任(副主任)的访谈中,"让学生参与,互动"与"表彰先进,弘扬正气。批评落后,激励改变"是两个群体选择稍多的方面。但就每个群体的选择而言,单个群体并没有侧重,而所列举的两项是两者共同选择的方面,表明两者对此都比较重视。

表 9-116 中学校长(副校长)、中学政教处主任(副主任)认为的在加强未成年人思想道德建设中的成功经验(2013 年)

选项	总计	中学校长(副校长)					中学政教处主任(副主任)				
		合计	合肥市巢湖市第二中学	芜湖市无为县襄安中学	淮南市凤台县左集中学	安庆市潜山中学	合计	合肥市巢湖市第二中学	芜湖市无为县襄安中学	淮南市凤台县左集中学	安庆市潜山中学
让学生参与,互动	2	1		√			1		√		
开展多种形式活动、开展社会实践活动	1	1		√			0				
表彰先进,弘扬正气。批评落后,激励改变	2	1			√		1			√	
班主任队伍建设	1	0					1		√		

(续表9-116)

选项	总计	中学校长（副校长）					中学政教处主任（副主任）				
		合计	合肥市巢湖市第二中学	芜湖市无为县襄安中学	淮南市凤台县左集中学	安庆市潜山中学	合计	合肥市巢湖市第二中学	芜湖市无为县襄安中学	淮南市凤台县左集中学	安庆市潜山中学
法制教育报告会	1	0					1	√			
邀请名人来演讲	1	1	√				0				
合计	8	4	1	1	1	1	4	1	1	1	1

（2）中学班主任、中学老师的看法。

如表9-117所示，在中学班主任与中学老师的看法中，"谈心"与"寓教于乐，深入浅出"是较受青睐的在未成年人思想道德建设中的成功经验。其中中学班主任对这两方面的经验尤为侧重，而中学老师的选择则较为均衡，没有明显偏向于某一个成功经验的倾向。

表9-117 中学班主任、中学老师认为的在加强未成年人思想道德建设中的成功经验（2013年）

选项	总计	中学班主任					中学老师				
		合计	合肥市巢湖市第二中学	芜湖市无为县襄安中学	淮南市凤台县左集中学	安庆市潜山中学	合计	合肥市巢湖市第二中学	芜湖市无为县襄安中学	淮南市凤台县左集中学	安庆市潜山中学
			1 2	3 4	5 6	7 8		1	2	3	4
寓教于乐，深入浅出	2	2	√	√			0				
表彰先进学生	1	1			√		0				
针对不良现象，制定规章制度	1	1			√		0				
班主任队伍建设	1	1		√			0				
对家长进行交流、培训	1	1				√	0				
国旗下讲话	1	0					1		√		
专题讲座	1	0					1			√	
主题班会	1	0					1	√			
谈心	3	2	√		√		1				√
合计	12	8	1 1	1 1	1 1	1 1	4	1	1	1	1

6. 深受未成年人欢迎的教育内容

（1）未成年人的看法。

如表9-118所示，在2013年对未成年人的访谈中，"感恩教育、环境教育、勤俭教育"与"孝顺、环保、遵守纪律、诚实、热心肠"等是未成年人较为欢迎的道德教育内容。在其他方面选择的人数均较少。

表9-118　未成年人认为的对自身最有效的道德教育内容（2013年）

选项	总计	合肥市巢湖市第二中学					芜湖市无为县襄安中学					淮南市凤台县左集中学					安庆市潜山中学				
		1	2	3	4	5	6	7	8	9	10	11	12	13	14	15	16	17	18	19	20
感恩教育、环境教育、勤俭教育	5	√			√									√					√		√
"不要让爱你的人失望"主题演讲	2		√	√																	
孝顺、环保、遵守纪律、诚实、热心肠	5					√									√		√		√	√	
身边人的影响	3						√					√					√				
真人真事	2							√		√											
看影片	1								√												
珍惜生命，乐于助人	2										√			√							
合计	20	1	1	1	1	1	1	1	1	1	1	1	0	2	1	1	1	1	1	1	1

（2）家长的看法。

如表9-119所示，"从身边小事，具体事例教育说起，多鼓励，多引导"与"感恩回报"等是家长选择稍多的对未成年人最有效的道德教育内容。在其他方面的选择则较为平均。

表9-119　家长认为对未成年人最有效的道德教育内容（2013年）

选项	总计	合肥市巢湖市第二中学					芜湖市无为县襄安中学					淮南市凤台县左集中学					安庆市潜山中学			
		1	2	3	4	5	6	7	8	9	10	11	12	13	14	15	16	17	18	19
品格	1		√																	
从身边小事，具体事例教育说起，多鼓励，多引导	2				√			√												

(续表9-119)

选项	总计	合肥市巢湖市第二中学					芜湖市无为县襄安中学					淮南市凤台县左集中学					安庆市潜山中学			
		1	2	3	4	5	6	7	8	9	10	11	12	13	14	15	16	17	18	19
进行社会实践活动	1											√								
讲历史故事	1													√						
说真话,做真人	1														√					
社会应营造良好氛围,言传身教	1															√				
唱红歌、革命传统教育	1																√			
孝顺	1																	√		
感恩回报	2																		√	√
励志教育	1																			√
合计	12	0	1	0	1	0	0	1	0	0	0	1	0	1	1	1	1	1	1	2

7. 未成年人认为提高了他们素质的学校教育

如表9-120所示,在2013年对未成年人的访谈中,未成年人较多地表示"爱的教育""班会"等是能有效提高他们的道德素质的方式。同时,未成年人的选择较为宽泛,体现了提升他们道德素质的方式较为丰富。

表9-120 未成年人认为的能提高自身道德素质的教育工作(2013年)

选项	总计	合肥市巢湖市第二中学					芜湖市无为县襄安中学					淮南市凤台县左集中学					安庆市潜山中学				
		1	2	3	4	5	6	7	8	9	10	11	12	13	14	15	16	17	18	19	20
老师的教育	2					√											√				
爱的教育	4	√						√		√								√			
宽容	2				√			√													
班会	3								√						√	√					
生命安全	2											√	√								
巢湖人、巢湖事	2		√									√									

(续表9-120)

选项	总计	合肥市巢湖市第二中学					芜湖市无为县襄安中学					淮南市凤台县左集中学					安庆市潜山中学				
		1	2	3	4	5	6	7	8	9	10	11	12	13	14	15	16	17	18	19	20
志愿者	2			√											√						
很少	1																			√	
慈爱和感恩的活动	2						√														√
合计	20	1	1	1	1	1	1	1	1	1	1	1	1	1	1	1	1	1	1	1	1

8. 有效的教育方法的应有原则

如表9-121所示,在2016年对受访群体的调查中,47.94%的受访群体选择"未成年人能够普遍接受"选项,选择"深受未成年人欢迎"的比率为16.42%,选择"不清楚"的比率为10.99%。选择"突出针对性、个性化、多样化"选项的比率为9.46%,选择"教育效果比较显著"的比率为7.25%,选择"教育者有能力也乐意施行"的比率为6.02%,选择"其他"选项的比率为1.91%。受访群体认为,有效的教育方法要遵循普遍性原则,要被未成年人所接受,在此基础上要深受未成年人的欢迎。

从未成年人与成年人群体的比较来看,未成年人选择"深受未成年人欢迎"的比率较成年人群体要高。

表9-121 受访群体认为的有效的教育方法的应有原则(2016年)

选项	总计			未成年人		成年人群体								未成年人与成年人群体比较率差
						合计		中学老师		家长		中学校长		
	人数	比率	排序	人数	比率	人数	比率	人数	比率	人数	比率	人数	比率	
未成年人能够普遍接受	1130	47.94	1	912	47.16	218	51.54	83	50.00	109	56.48	26	40.63	-4.38
深受未成年人欢迎	387	16.42	2	329	17.01	58	13.71	25	15.06	25	12.95	8	12.50	3.30
教育效果比较显著	171	7.25	5	137	7.08	34	8.04	14	8.43	14	7.25	6	9.38	-0.96
教育者有能力也乐意施行	142	6.02	6	112	5.79	30	7.09	13	7.83	11	5.70	6	9.38	-1.30

(续表 9-121)

选项	总计			未成年人		成年人群体								未成年人与成年人群体比较率差
						合计		中学老师		家长		中学校长		
	人数	比率	排序	人数	比率	人数	比率	人数	比率	人数	比率	人数	比率	
突出针对性、个性化、多样化	223	9.46	4	153	7.91	70	16.55	27	16.27	31	16.06	12	18.75	-8.64
其他	45	1.91	7	37	1.91	8	1.89	2	1.20	1	0.52	5	7.81	0.02
不清楚	259	10.99	3	254	13.13	5	1.18	2	1.20	2	1.04	1	1.56	11.95
合计	2357	100	—	1934	100	423	100	166	100	193	100	64	100	—

9. 基本认识

（1）教育工作者要善于运用谈心法，帮助未成年人释疑解惑。

教育工作者在对未成年人进行教育的过程中，要善于运用谈心法，通过谈心了解未成年人内在的真实想法与困惑。由于多种原因，有时未成年人不会轻易找老师谈心。老师要积极主动地找未成年人，通过诸如心理访谈等多种方式来帮助未成年人释疑解惑，解开其心中的症结，使其更积极愉悦地投入到日常的教育与生活中，促进其更好地发展与成长。

（2）教育工作者自身要注意加强各方面的修养，提高自身的综合素质，以更好地教育未成年人。

未成年人的教育工作，尤其是价值观教育，是一项系统性工程，不仅要求教育工作者具备相应的专业知识，同时对教育工作者的综合素质有更高的要求。因此，要求各级教育工作者，包括家长在内，要不断提高自身各方面的修养，切实以身作则，在日常的点滴生活中，践行教育理念，潜移默化地影响未成年人，让未成年人逐渐接受教育。

（3）教育引导方法要兼顾"同一性"与"差异性"。

对未成年人的教育引导方法要注重"同一性"与"差异性"的统一。"同一性"是指教育引导的方法要贴近未成年人的实际，要对大部分未成年人有一定成效，受多数未成年人的欢迎。因此，不同的教育工作者要根据自身工作的不同特点，采取普遍适用的方法。"差异性"则是针对未成年人的不同需求，采取不同的教育方法或者集中教育方法，突出多样化与个性化。

（五）引领措施要得力

1. 发挥教育者的道德引领与指导作用

（1）中学老师的道德引领与指导作用。

下面从讲诚信、主动搀扶跌倒的人、遵守交通规则、劝导他人遵守规则、崇尚为人真诚等5个角度来分析。

第一,道德引领:

带头讲诚信。如表9-122所示,在2013年、2016年对中学老师是否讲诚信的调查中,68.33%的中学老师选择"讲",居于第一位。余下选项的排序:"不太讲"(8.03%)、"别人不讲我也不讲"(7.81%)、"不愿讲"(5.64%)、"不知道"(5.21%)、"不讲"(4.99%)。大部分中学老师诚信意识较强。

从2016年与2013年的比较来看,选择"讲"的比率上升了20.31%,是增幅最大的选项,中学老师的诚信意识强。

表9-122 中学老师讲诚信的自述(2013年、2016年)

选项	总计			2013年			2016年			2016年与2013年比较率差
	人数	比率	排序	人数	比率	排序	比率	人数	排序	
讲	315	68.33	1	180	61.02	1	135	81.33	1	20.31
不太讲	37	8.03	2	25	8.47	3	12	7.23	2	-1.24
不讲	23	4.99	6	19	6.44	5	4	2.41	4	-4.03
不愿讲	26	5.64	4	25	8.47	3	1	0.60	6	-7.87
别人不讲我也不讲	36	7.81	3	34	11.53	2	2	1.20	5	-10.33
不知道	24	5.21	5	12	4.07	6	12	7.23	2	3.16
合计	461	100	—	295	100	—	166	100	—	—

如表9-123所示,在2013年、2016年对未成年人与家长认为中学老师是否讲诚信的调查中,51.40%的受访群体选择"讲",居于第一位。其他选项的排序:"不太讲"(25.74%)、"不知道"(12.84%)、"不讲"(6.11%)、"别人不讲他也不讲"(1.97%)、"不愿讲"(1.95%)。大部分未成年人与家长认为中学老师具有较强的诚信意识。

从未成年人与家长的比较来看,家长认为中学老师"讲"诚信的比率较未成年人的同项比率高15.73%,家长对中学老师的看法好于未成年人。

表9-123 未成年人、家长眼中中学老师讲诚信的情况（2013年、2016年）

选项	总计			未成年人						家长						未成年人与家长比较率差
				合计		2013年		2016年		合计		2013年		2016年		
	人数	比率	排序	人数	比率	人数	比率	人数	比率	人数	比率	人数	比率	人数	比率	
讲	2770	51.40	1	2450	49.98	1371	46.19	1079	55.79	320	65.71	180	61.22	140	72.54	-15.73
不太讲	1387	25.74	2	1293	26.38	957	32.24	336	17.37	94	19.30	67	22.79	27	13.99	7.08
不讲	329	6.11	4	321	6.55	243	8.19	78	4.03	8	1.64	4	1.36	4	2.07	4.91
不愿讲	105	1.95	6	102	2.08	73	2.46	29	1.50	3	0.62	1	0.34	2	1.04	1.46
别人不讲他也不讲	106	1.97	5	102	2.08	56	1.89	46	2.38	4	0.82	1	0.34	3	1.55	1.26
不知道	692	12.84	3	634	12.93	268	9.03	366	18.92	58	11.91	41	13.95	17	8.81	1.02
合计	5389	100	—	4902	100	2968	100	1934	100	487	100	294	100	193	100	—

如表9-124所示，在2016年对中学老师认为自身所在群体是否讲诚信的调查中，各选择的排序："讲"（78.31%）、"不太讲"（12.05%）、"不知道"（5.42%）、"不讲"（3.01%）、"不愿讲"（0.60%）、"别人不讲他也不讲"（0.60%）。大部分中学老师认为中学老师群体有较强的诚信意识和良好的诚信行为。

如表9-124所示，在2016年对中学校长的调查中，各选项的排序："讲"（62.50%）、"不太讲"（20.31%）、"不愿讲"（6.25%）、"不知道"（6.25%）、"不讲"（3.13%）、"别人不讲他也不讲"（1.56%）。大部分中学校长认为中学老师的诚信意识较强。

从中学老师与中学校长的比较来看，中学校长的肯定性评价少于中学老师，中学老师对自身群体的看法好于中学校长。

表9-124 中学老师、中学校长眼中中学老师群体讲诚信的情况（2016年）

选项	中学老师			中学校长			中学老师与中学校长比较率差
	人数	比率	排序	人数	比率	排序	
讲	130	78.31	1	40	62.50	1	15.81
不太讲	20	12.05	2	13	20.31	2	-8.26
不讲	5	3.01	4	2	3.13	5	-0.12
不愿讲	1	0.60	5	4	6.25	3	-5.65

(续表9-124)

选项	中学老师			中学校长			中学老师与中学校长比较率差
	人数	比率	排序	人数	比率	排序	
别人不讲他也不讲	1	0.60	5	1	1.56	6	-0.96
不知道	9	5.42	3	4	6.25	3	-0.83
合计	166	100	—	64	100	—	—

带头主动搀扶跌倒的人。如表9-125所示,在2010—2016年对中学老师看到有人摔倒是否去扶的调查中,各选项的排序:"上前去扶"(61.78%)、"不会去扶"(18.37%)、"不知道怎么办"(15.94%)、"根本不管"(3.92%)。可见,中学老师多数表示见到有人摔倒会主动上前去扶,展现了一个良好的为人师表的形象。但仍有部分中学老师对摔倒的人"不会去扶",要么"不知道该怎么办",要么"根本不管",这部分中学老师需要加深对于助人为乐精神的认识。

从2016年与2010年的比较来看,表示会"上前去扶"的比率总体呈现下降趋势,而表示"不知道怎么办"的比率在上升,说明了中学老师对待这种问题的困惑。

表9-125 中学老师看到有人摔倒是否去扶的情况(2010—2016年)

选项	总计			2010年		2011年		2012年		2013年		2014年		2015年		2016年		2016年与2010年比较率差
	人数	比率	排序	人数	比率	人数	比率	人数	比率	人数	比率	人数	比率	人数	比率	人数	比率	
上前去扶	915	61.78	1	162	75.35	147	67.43	145	72.14	160	54.24	119	51.29	85	55.19	97	58.43	-16.92
不会去扶	272	18.37	2	34	15.81	41	18.81	19	9.45	50	16.95	61	26.29	36	23.38	31	18.67	2.86
根本不管	58	3.92	4	3	1.40	7	3.21	7	3.48	18	6.10	12	5.17	5	3.25	6	3.61	2.21
不知道怎么办	236	15.94	3	16	7.44	23	10.55	30	14.93	67	22.71	40	17.24	28	18.18	32	19.28	11.84
合计	1481	100	—	215	100	218	100	201	100	295	100	232	100	154	100	166	100	—

带头遵守交通规则。如表 9-126 所示，在 2010—2013 年、2016 年对中学老师过马路是否闯红灯的调查中，各选项的排序："不会"（49.50%）、"有时会"（36.16%）、"经常会"（11.51%）、"不清楚"（2.83%）。从比率上来看，接近半数的中学老师表示自己过马路的时候"不会"闯红灯，但余下半数的中学老师则几乎都表示自己"有时会"甚至"经常会"闯红灯。这种情况不容乐观，说明中学老师在这方面做得还不够到位，有待加强。

从 2016 年与 2010 年的比较来看，表示"不会"闯红灯的比率总体下降，2013 年降至最低。说明了这种情况已经较为严峻，中学老师需要加强对此的认识。

表 9-126 中学老师过马路闯红灯的情况（2010—2013 年、2016 年）

选项	总计			2010 年		2011 年		2012 年		2013 年		2016 年		2016 年与 2010 年比较率差
	人数	比率	排序	人数	比率	人数	比率	人数	比率	人数	比率	人数	比率	
经常会	126	11.51	3	5	2.33	15	6.88	19	9.45	58	19.66	29	17.47	15.14
有时会	396	36.16	2	79	36.74	96	44.04	73	36.32	102	34.58	46	27.71	-9.03
不会	542	49.50	1	131	60.93	106	48.62	108	53.73	116	39.32	81	48.80	-12.13
不清楚	31	2.83	4	0	0.00	1	0.46	1	0.50	19	6.44	10	6.02	6.02
合计	1095	100	—	215	100	218	100	201	100	295	100	166	100	—

带头劝导他人遵守规则。前面分析了中学老师闯红灯的情况，那么中学老师劝阻他人闯红灯的情况是什么样的呢？

如表 9-127 所示，在 2011—2013 年、2016 年对中学老师见到别人过马路闯红灯时是否会劝阻的调查中，各选项的排序："不会"（42.27%）、"有时会"（33.41%）、"会"（20.00%）、"不清楚"（4.32%）。有接近半数的中学老师表示"不会"劝阻他人闯红灯，而明确表示"会"劝阻他人闯红灯的比率仅为 20.00%，这个比率低于人们的期望值。可见，中学老师对自身与对他人的要求还有较大的提升空间。

从历年的比较来看，表示"不会"劝阻的比率在降低，表示"会"劝阻的比率在上升，但同时表示"不清楚"的比率也有所上升。

表 9-127　中学老师见到别人过马路闯红灯时会不会劝阻（2011—2013 年、2016 年）

选项	总计			2011 年		2012 年		2013 年		2016 年		2016 年与 2011 年比较率差
	人数	比率	排序	人数	比率	人数	比率	人数	比率	人数	比率	
会	176	20.00	3	37	16.97	21	10.45	55	18.64	63	37.95	20.98
有时会	294	33.41	2	71	32.57	77	38.31	100	33.90	46	27.71	-4.86
不会	372	42.27	1	106	48.62	103	51.24	119	40.34	44	26.51	-22.11
不清楚	38	4.32	4	4	1.84	0	0.00	21	7.12	13	7.83	5.99
合计	880	100	—	218	100	201	100	295	100	166	100	—

带头崇尚为人真诚。如表 9-128 所示，在 2010—2013 年、2016 年就中学老师对"人真诚好不好"的看法的调查中，各选项的排序："好"（72.97%）、"不好评价"（15.53%）、"不好"（9.32%）、"不知道"（2.19%）。可见，多数中学老师表示为人真诚是一件好事，明确表示为人真诚不好的比率很低，他们肯定日常生活中的言而有信，不背信弃义。

从历年的比较来看，2012 年中学老师选择为人真诚"好"的比率最高，但在 2013 年有了一定幅度的下降，相应地，在 2013 年有较多的中学老师表示对此"不好评价"。

表 9-128　中学老师对"人真诚好不好"的看法（2010—2013 年、2016 年）

选项	总计			2010 年		2011 年		2012 年		2013 年		2016 年		2016 年与 2010 年比较率差
	人数	比率	排序	人数	比率	人数	比率	人数	比率	人数	比率	人数	比率	
好	799	72.97	1	174	80.93	176	80.73	169	84.08	171	57.97	109	65.66	-15.27
不好	102	9.32	3	13	6.05	15	6.88	9	4.48	40	13.56	25	15.06	9.01
不好评价	170	15.53	2	27	12.56	26	11.93	23	11.44	70	23.73	24	14.46	1.90
不知道	24	2.19	4	1	0.47	1	0.46	0	0.00	14	4.74	8	4.82	4.36
合计	1095	100	—	215	100	218	100	201	100	295	100	166	100	—

第二，加强指导：

指导未成年人的课外科技活动。如表 9-129 所示，在 2013—2016 年对中学老师指导未成年人课外科技活动情况的调查中，各选项的排序："有时指导"（49.23%）、"不指导"（21.72%）、"经常指导"（18.54%）、"学校没有课外科学活动"（10.51%）。大部分中学老师会指导课外科技活动。

从 2016 年与 2013 年的比较来说，选择"经常指导"的比率较 2013 年的要高，中学老师的参与度较高。

表 9-129　中学老师指导未成年人课外科技活动的情况（2013—2016 年）

选项	总计			2013 年		2014 年		2015 年		2016 年		2016 年与 2013 年比较率差
	人数	比率	排序	人数	比率	人数	比率	人数	比率	人数	比率	
经常指导	157	18.54	3	50	16.95	22	9.48	24	15.58	61	36.75	19.80
有时指导	417	49.23	1	162	54.92	104	44.83	82	53.25	69	41.57	-13.35
不指导	184	21.72	2	47	15.93	82	35.34	37	24.03	18	10.84	-5.09
学校没有课外科学活动	89	10.51	4	36	12.20	24	10.34	11	7.14	18	10.84	-1.36
合计	847	100	—	295	100	232	100	154	100	166	100	—

指导未成年人的课外阅读。如表 9-130 所示，在 2013—2016 年对中学老师指导未成年人课外阅读情况的调查中，各选项的排序："有时指导"（54.07%）、"经常指导"（27.39%）、"不指导"（15.11%）、"无所谓"（3.42%）。81.46% 的中学老师会指导未成年人的课外阅读。

从 2016 年与 2013 年的比较来看，选择"经常指导"的比率有所上升，中学老师的指导频率有所上升。

表 9-130　中学老师指导未成年人课外阅读的情况（2013—2016 年）

选项	总计			2013 年		2014 年		2015 年		2016 年		2016 年与 2013 年比较率差
	人数	比率	排序	人数	比率	人数	比率	人数	比率	人数	比率	
经常指导	232	27.39	2	76	25.76	48	20.69	41	26.62	67	40.36	14.60
有时指导	458	54.07	1	187	63.39	121	52.16	78	50.65	72	43.37	-20.02
不指导	128	15.11	3	28	9.49	51	21.98	33	21.43	16	9.64	0.15
无所谓	29	3.42	4	4	1.36	12	5.17	2	1.30	11	6.63	5.27
合计	847	100	—	295	100	232	100	154	100	166	100	—

支持未成年人的体育锻炼。如表9-131所示,在2013—2016年对中学老师支持未成年人体育锻炼的调查中,83.83%的中学老师表示"支持",其中选择"非常支持"的比率为56.79%,居于第一位。选择"不支持""无所谓"与"不知道"的比率分别为6.14%、7.20%与2.83%。大部分中学老师支持未成年人的体育锻炼。

从2016年与2013年的比较来看,选择"非常支持"与"支持"的比率均有所上升。随着对未成年人健康素质的重视程度的日益加深,各级教育工作者(包含中学老师)对体育锻炼的意识均有所上升。

表9-131 中学老师支持未成年人体育锻炼的情况(2013—2016年)

选项	总计			2013年		2014年		2015年		2016年		2016年与2013年比较率差
	人数	比率	排序	人数	比率	人数	比率	人数	比率	人数	比率	
非常支持	481	56.79	1	146	49.49	148	63.79	96	62.34	91	54.82	5.33
支持	229	27.04	2	67	22.71	64	27.59	50	32.47	48	28.92	6.21
不支持	52	6.14	4	19	6.44	15	6.47	6	3.90	12	7.23	0.79
无所谓	61	7.20	3	51	17.29	5	2.16	2	1.30	3	1.81	-15.48
不知道	24	2.83	5	12	4.07	0	0.00	0	0.00	12	7.23	3.16
合计	847	100	—	295	100	232	100	154	100	166	100	—

妥善对待未成年人的网络行为。如表9-132所示,在2006年、2008—2009年、2011年、2016年就未成年人眼中中学老师对自身上网的态度的调查中,73.35%的未成年人认为老师对未成年人上网持管束的态度,37.20%的未成年人认为老师"管得很紧",36.15%的未成年人认为老师"管,但管得不紧"。选择"不闻不问"与"见了也不管"的比率分别为16.86%与6.85%。选择"从不上网"的比率为2.94%。在未成年人眼中,中学老师对未成年人上网持管束的态度,只是管教松弛度有所差异。

从2016年与2006年的比较来看,选择"不闻不问"与"见了也不管"的比率均有所上升,中学老师对未成年人上网的态度逐渐缓和,不拘泥于严加管教。

表 9-132　未成年人眼中中学老师对未成年人上网的态度
（2006 年、2008—2009 年、2011 年、2016 年）

选项	总计			2006 年		2008 年		2009 年		2011 年		2016 年		2016 年与 2006 年比较率差
	人数	比率	排序	人数	比率	人数	比率	人数	比率	人数	比率	人数	比率	
不闻不问	2113	16.86	3	440	18.14	631	15.68	226	10.20	312	16.16	504	26.06	7.92
见了也不管	858	6.85	4	223	9.19	169	4.20	61	2.75	107	5.54	298	15.41	6.22
管，但管得不紧	4530	36.15	2	682	28.11	1578	39.20	869	39.21	884	45.78	517	26.73	-1.38
管得很紧	4662	37.20	1	1081	44.56	1647	40.92	1060	47.83	467	24.18	407	21.04	-23.52
从不上网	369	2.94	5	0	0.00	0	0.00	0	0.00	161	8.34	208	10.75	10.75
合计	12532	100	—	2426	100	4025	100	2216	100	1931	100	1934	100	—

如表 9-133 所示，在 2016 年就中学老师对未成年人上网的态度的调查中，36.14% 的中学老师选择"管，但管得不紧"，选择"不闻不问"的比率为 21.69%。选择"管得很紧""见了也不管"与"从不上网"的比率分别为 18.07%、15.66% 与 8.43%。

从性别比较来看，男性中学老师对未成年人上网的态度较为宽松。随着网络尤其是自媒体的发展，对于未成年人上网，中学老师持逐渐开放的态度。

表 9-133　中学老师对未成年人上网的态度（2016 年）

选项	总计			男			女			比较率差
	人数	比率	排序	人数	比率	排序	人数	比率	排序	
不闻不问	36	21.69	2	27	24.55	2	9	16.07	4	8.48
见了也不管	26	15.66	4	16	14.55	3	10	17.86	3	-3.31
管，但管得不紧	60	36.14	1	41	37.27	1	19	33.93	1	3.34
管得很紧	30	18.07	3	15	13.64	4	15	26.79	2	-13.15
从不上网	14	8.43	5	11	10.00	5	3	5.36	5	4.64
合计	166	100	—	110	100	—	56	100	—	—

（2）发挥中学校长、德育工作者、小学校长的道德引领。

下面从讲诚信、主动搀扶跌倒的人、遵守交通规则、劝导他人遵守规则、崇尚为人真诚等5个角度来分析。

第一,道德引领:

带头讲诚信。如表9-134所示,在2013年和2016年对中学校长、2013年对德育工作者、2013年对小学校长是否讲诚信的调查中,85.93%的受访群体选择"讲",选择"不太讲""不讲""不愿讲"和"别人不讲我也不讲"的合比率为12.23%,选择"不知道"的比率为1.83%。

从三个成年人群体的比较来看,德育工作者选择"讲"诚信的比率较中学校长与小学校长都要高。德育工作者是未成年人思想道德建设的具体实施者之一,其认知水平与行为表现潜在地影响着未成年人的行为选择。

表9-134 中学校长、德育工作者、小学校长讲诚信的自述(2013年、2016年)

选项	总计		中学校长						德育工作者(2013年)		小学校长(2013年)		中学校长与小学校长比较率差
			合计		2013年		2016年						
	人数	比率	人数	比率	人数	比率	人数	比率	人数	比率	人数	比率	
讲	281	85.93	208	84.55	164	90.11	44	68.75	39	90.70	34	89.47	-4.92
不太讲	24	7.34	17	6.91	11	6.04	6	9.38	3	6.98	4	10.53	-3.62
不讲	2	0.61	2	0.81	0	0.00	2	3.13	0	0.00	0	0.00	0.81
不愿讲	6	1.83	6	2.44	0	0.00	6	9.38	0	0.00	0	0.00	2.44
别人不讲我也不讲	8	2.45	7	2.85	5	2.75	2	3.13	1	2.33	0	0.00	2.85
不知道	6	1.83	6	2.44	2	1.10	4	6.25	0	0.00	0	0.00	2.44
合计	327	100	246	100	182	100	64	100	43	100	38	100	—

如表9-135所示,在2013年、2016年对未成年人认为学校领导是否讲诚信的调查中,41.94%的未成年人认为学校领导"讲"诚信。选择"不太讲""不讲"和"不愿讲"的比率分别为26.87%、7.51%和2.63%。选择"别人不讲他也不讲"的比率为3.35%。选择"不知道"的比率为17.71%。未成年人选择学校领导的诚信状况良好的比率最高。

从2016年与2013年的比较来看,未成年人选择"讲"的比率有所上升,是增幅最大的选项。可见,在未成年人眼中学校领导的诚信意识逐渐增强。

表9-135 未成年人眼中学校领导讲诚信的情况（2013年、2016年）

选项	总计			2013年			2016年			2016年与2013年比较率差
	人数	比率	排序	人数	比率	排序	人数	比率	排序	
讲	2056	41.94	1	1082	36.46	1	974	50.36	1	13.90
不太讲	1317	26.87	2	980	33.02	2	337	17.43	3	-15.59
不讲	368	7.51	4	276	9.30	4	92	4.76	4	-4.54
不愿讲	129	2.63	6	80	2.70	6	49	2.53	6	-0.17
别人不讲他也不讲	164	3.35	5	105	3.54	5	59	3.05	5	-0.49
不知道	868	17.71	3	445	14.99	3	423	21.87	2	6.88
合计	4902	100	—	2968	100	—	1934	100	—	—

如表9-136所示，在2013年、2016年对中学老师与家长认为学校领导是否讲诚信的调查中，46.10%的受访群体认为其"讲"诚信。选择"不太讲"的比率为31.54%，选择"不讲""不愿讲"与"别人不讲他也不讲"的比率分别为4.43%、2.11%与4.32%。中学老师与家长选择学校领导讲诚信的情况良好的比率最高。

从中学老师与家长的比较来看，家长选择"讲"的比率较中学老师要高。

表9-136 中学老师、家长眼中学校领导讲诚信的情况（2013年、2016年）

选项	总计			中学老师					家长					中学老师与家长比较率差
				合计		2013年		2016年		合计		2013年		2016年	
	人数	比率	排序	人数	比率	人数	比率	人数	比率	人数	比率	人数	比率	人数	比率	
讲	437	46.10	1	197	42.73	84	28.47	113	68.07	240	49.28	114	38.78	126	65.28	-6.55
不太讲	299	31.54	2	142	30.80	114	38.64	28	16.87	157	32.24	121	41.16	36	18.65	-1.44
不讲	42	4.43	4	21	4.56	18	6.10	3	1.81	21	4.31	16	5.44	5	2.59	0.25
不愿讲	20	2.11	6	16	3.47	12	4.07	4	2.41	4	0.82	3	1.02	1	0.52	2.65
别人不讲他也不讲	41	4.32	5	31	6.72	30	10.17	1	0.60	10	2.05	5	1.70	5	2.59	4.67
不知道	109	11.50	3	54	11.71	37	12.54	17	10.24	55	11.29	35	11.90	20	10.36	0.42
合计	948	100	—	461	100	295	100	166	100	487	100	294	100	193	100	—

如表9-137所示,在2016年对中学校长认为学校领导是否讲诚信的调查中,62.50%的中学校长认为学校领导"讲"诚信。选择"不太讲""不讲""不愿讲"与"别人不讲他也不讲"的比率分别为10.94%、1.56%、6.25%与4.69%,选择"不知道"的比率为14.06%。

从性别比较来看,男性中学校长选择"讲"的比率较女性中学校长要高,男性中学校长对自身所属群体的评价好于女性中学校长。

表9-137 中学校长眼中学校领导讲诚信的情况(2016年)

选项	总计			男			女			比较率差
	人数	比率	排序	人数	比率	排序	人数	比率	排序	
讲	40	62.50	1	34	66.67	1	6	46.15	1	20.52
不太讲	7	10.94	3	6	11.76	2	1	7.69	4	4.07
不讲	1	1.56	6	0	0.00	6	1	7.69	4	-7.69
不愿讲	4	6.25	4	2	3.92	5	2	15.38	3	-11.46
别人不讲他也不讲	3	4.69	5	3	5.88	4	0	0.00	6	5.88
不知道	9	14.06	2	6	11.76	2	3	23.08	2	-11.32
合计	64	100	—	51	100	—	13	100	—	—

带头主动搀扶跌倒的人。如表9-138所示,在2013年和2016年对中学校长、2013年对德育工作者、2013年对小学校长看到有人摔倒是否去扶情况的调查中,各选项的排序:"上前去扶"(64.53%)、"不知怎么办"(19.57%)、"不会去扶"(12.84%)、"根本不管"(3.06%)。

从总体上看,三个群体在"看到有人摔倒是否去扶"的选择中均较多地表示会去扶。具体到每个群体,中学校长表示会的比率最高,德育工作者表示不会去扶的比率相比之下稍高。另外,三个群体当中均有少部分人表示"不知怎么办",对于有人摔倒表示困惑,态度不够明确。

表9-138 中学校长、德育工作者、小学校长看到有人摔倒是否去扶的情况（2013年、2016年）

选项	总计			中学校长						德育工作者（2013年）		小学校长（2013年）		中学校长与小学校长比较率差
				合计		2013年		2016年						
	人数	比率	排序	人数	比率	人数	比率	人数	比率	人数	比率	人数	比率	
上前去扶	211	64.53	1	164	66.67	126	69.23	38	59.38	24	55.81	23	60.53	6.14
不会去扶	42	12.84	3	27	10.98	20	10.99	7	10.94	10	23.26	5	13.16	-2.18
根本不管	10	3.06	4	8	3.25	3	1.65	5	7.81	0	0.00	2	5.26	-2.01
不知怎么办	64	19.57	2	47	19.11	33	18.13	14	21.88	9	20.93	8	21.05	-1.94
合计	327	100	—	246	100	182	100	64	100	43	100	38	100	—

如表9-139所示，从中学校长、德育工作者与小学校长看法的比较来看，中学校长"上前去扶"的选择比率最高，其次是小学校长，德育工作者在三个群体中的选择比率最低，但也超过了半数。与之相对应的是德育工作者"不会去扶"的选择比率最高，高出中学校长与小学校长10多个百分点。

表9-139 中学校长、德育工作者、小学校长看法的比较

选项	上前去扶	不会去扶	根本不管	不知怎么办	有效样本量/人
中学校长（2013年、2016年）	66.67%	10.98%	3.25%	19.11%	246
德育工作者（2013年）	55.81%	23.26%	0.00%	20.93%	43
小学校长（2013年）	60.53%	13.16%	5.26%	21.05%	38
比率平均值	61.00%	15.80%	2.84%	20.36%	—

带头遵守交通规则。如表9-140所示，在2013年和2016年对中学校长、2013年对德育工作者、2013年对小学校长过马路闯红灯情况的调查中，各选项的排序："不会"（58.10%）、"有时会"（35.17%）、"经常会"（3.67%）、"不清楚"（3.06%）。三个群体当中虽然表示"经常会"闯红灯的比率很低，但表示"有时会"闯红灯的比率接近40%，其中，德育工作者与小学校长的选择比率均超过了40%，代表了这类群体的多数选择。而明确表示"不会"闯红灯的比率不到60%，说明中学校长、德育工作者与小学校长

在约束自身过马路闯红灯的行为上还需要加强。

表9-140 中学校长、德育工作者、小学校长过马路闯红灯的情况（2013年、2016年）

选项	总计			中学校长						德育工作者（2013年）		小学校长（2013年）		中学校长与小学校长比较率差
				合计		2013年		2016年						
	人数	比率	排序	人数	比率	人数	比率	人数	比率	人数	比率	人数	比率	
经常会	12	3.67	3	12	4.88	2	1.10	10	15.63	0	0.00	0	0.00	4.88
有时会	115	35.17	2	78	31.71	65	35.71	13	20.31	21	48.84	16	42.11	-10.40
不会	190	58.10	1	146	59.35	108	59.34	38	59.38	22	51.16	22	57.89	1.46
不清楚	10	3.06	4	10	4.07	7	3.85	3	4.69	0	0.00	0	0.00	4.07
合计	327	100	—	246	100	182	100	64	100	43	100	38	100	—

如表9-141所示，从中学校长、德育工作者与小学校长看法的比较来看，三个群体均较多地表示不会去闯红灯，其中中学校长与小学校长的选择比率接近60%，德育工作者则较低，其选择"不会"与"有时会"的比率接近。可见，作为教育者，闯红灯的比率仍然较高，需要加强这方面的认识，以身作则，才能教育好未成年人。

表9-141 中学校长、德育工作者、小学校长看法的比较

选项	经常会	有时会	不会	不清楚	有效样本量/人
中学校长（2013年、2016年）	4.88%	31.71%	59.35%	4.07%	246
德育工作者（2013年）	0.00%	48.84%	51.16%	0.00%	43
小学校长（2013年）	0.00%	42.11%	57.89%	0.00%	38
比率平均值	1.63%	40.89%	56.13%	1.36%	—

带头劝导他人遵守规则。如表9-142所示，在2013年和2016年对中学校长、2013年对德育工作者、2013年对小学校长见到有人过马路闯红灯是否会劝阻的调查中，各选项的排序："不会"（49.85%）、"有时会"（37.31%）、"经常会"（9.48%）、"不清楚"（3.36%）。可见，在三个群体中，表示"不会"对闯红灯的人进行劝阻的比率均排在第一位，说明他们对于此类事情的干预不够。作为教育工作者，有责任教导那些不文明行

为的实施者，但在现实生活中则很容易被理解成多管闲事，这种矛盾的心理使他们感到左右为难。

表9-142 见到别人过马路闯红灯时是否会劝阻（2013年、2016年）

选项	总计			中学校长						德育工作者（2013年）		小学校长（2013年）		中学校长与小学校长比较率差
				合计		2013年		2016年						
	人数	比率	排序	人数	比率	人数	比率	人数	比率	人数	比率	人数	比率	
经常会	31	9.48	3	24	9.76	2	1.10	22	34.38	5	11.63	2	5.26	4.50
有时会	122	37.31	2	88	35.77	65	35.71	23	35.94	17	39.53	17	44.74	-8.97
不会	163	49.85	1	123	50.00	108	59.34	15	23.44	21	48.84	19	50.00	0.00
不清楚	11	3.36	4	11	4.47	7	3.85	4	6.25	0	0.00	0	0.00	4.47
合计	327	100	—	246	100	182	100	64	100	43	100	38	100	—

如表9-143所示，从中学校长、德育工作者与小学校长看法的比较来看，三个群体中表示"不会"劝阻别人闯红灯的比率接近半数，表示会劝阻的多集中在"有时会"的选择上，表示"经常会"劝阻别人闯红灯的比率均较低。

表9-143 中学校长、德育工作者、小学校长看法的比较

选项	经常会	有时会	不会	不清楚	有效样本量/人
中学校长（2013年、2016年）	9.76%	35.77%	50%	4.47%	246
德育工作者（2013年）	11.63%	39.53%	48.84%	0.00%	43
小学校长（2013年）	5.26%	44.74%	50.00%	0.00%	38
比率平均值	8.88%	40.01%	49.61%	1.49%	—

带头崇尚为人真诚。如表9-144所示，在2013年和2016年对中学校长，2013年对德育工作者，2013年对小学校长认为"人真诚好不好"的看法的调查中，各选项的排序："好"（74.62%）、"不好评价"（20.18%）、"不好"（4.59%）、"不知道"（0.61%）。在三个群体中，德育工作者对于为人忠诚"好"的选择比率最高，其次是中学校长，小

学校长对此的选择比率最低。此外，小学校长"不好评价"的选择率更高。

表9-144 中学校长、德育工作者、小学校长对"人真诚好不好"的看法（2013年、2016年）

选项	总计			中学校长						德育工作者（2013年）		小学校长（2013年）		中学校长与小学校长比较率差
				合计		2013年		2016年						
	人数	比率	排序	人数	比率	人数	比率	人数	比率	人数	比率	人数	比率	
好	244	74.62	1	185	75.20	147	80.77	38	59.38	34	79.07	25	65.79	9.41
不好	15	4.59	3	12	4.88	5	2.75	7	10.94	1	2.33	2	5.26	-0.38
不好评价	66	20.18	2	48	19.51	30	16.48	18	28.13	8	18.60	10	26.32	-6.81
不知道	2	0.61	4	1	0.41	0	0.00	1	1.56	0	0.00	1	2.63	-2.22
合计	327	100	—	246	100	182	100	64	100	43	100	38	100	—

如表9-145所示，从中学校长、德育工作者与小学校长看法的比较来看，三个群体均表达了为人真诚是好的看法，中学校长与德育工作者的选择比率更高，明确表示"不好"的比率很低。此外，小学校长还较多地表示了对此不好评价的态度。

表9-145 中学校长、德育工作者、小学校长看法的比较（2013年、2016年）

选项	好	不好	不好评价	不知道	有效样本量/人
中学校长（2013年、2016年）	75.20%	4.88%	19.51%	0.41%	246
德育工作者（2013年）	79.07%	2.33%	18.60%	0.00%	43
小学校长（2013年）	65.79%	5.26%	26.32%	2.63%	38
比率平均值	73.35%	4.16%	21.48%	1.01%	—

第二，加强指导：
指导未成年人的课外科技活动。如表9-146所示，在2013年和2016年对中学校长、2013年对德育工作者、2013年对小学校长指导未成年人课外科技活动的情况的调查中，78.59%的受访群体指导过课外科技活动，其中选择"有时指导"的比率为60.55%，该选项的居于第一位。选择"不指导"与"学校没有课外科学活动"的比率分别为15.29%与6.12%。总的来说，中学校长、德育工作者与小学校长三个群体对未

成年人课外科技活动的关注度较高。

从三个群体的比较来看，小学校长指导未成年人课外科技活动的比率最高。

表9-146 中学校长、德育工作者、小学校长指导未成年人课外科技活动的情况（2013年、2016年）

| 选项 | 总计 | | | 中学校长 | | | | | | 德育工作者（2013年） | | 小学校长（2013年） | | 中学校长与小学校长比较率差 |
| | | | | 合计 | | 2013年 | | 2016年 | | | | | | |
	人数	比率	排序	人数	比率	人数	比率	人数	比率	人数	比率	人数	比率	
经常指导	59	18.04	2	45	18.29	28	15.38	17	26.56	7	16.28	7	18.42	-0.13
有时指导	198	60.55	1	147	59.76	120	65.93	27	42.19	22	51.16	29	76.32	-16.56
不指导	50	15.29	3	41	16.67	26	14.29	15	23.44	7	16.28	2	5.26	11.41
学校没有课外科学活动	20	6.12	4	13	5.28	8	4.40	5	7.81	7	16.28	0	0.00	5.28
合计	327	100	—	246	100	182	100	64	100	43	100	38	100	—

指导未成年人的课外阅读。如表9-147所示，在2013年和2016年对中学校长、2013年对德育工作者、2013年对小学校长指导未成年人课外阅读的情况的调查中，85.93%的受访群体会指导未成年人的课外阅读，其中选择"有时指导"的比率为68.50%，该选项居于第一位。选择"不指导"与"无所谓"的比率分别为11.62%与2.45%。

从三个群体的比较来看，选择"经常指导"的比率最高的群体是德育工作者。

表9-147 中学校长、德育工作者、小学校长指导未成年人课外阅读的情况（2013年、2016年）

| 选项 | 总计 | | | 中学校长 | | | | | | 德育工作者（2013年） | | 小学校长（2013年） | | 中学校长与小学校长比较率差 |
| | | | | 合计 | | 2013年 | | 2016年 | | | | | | |
	人数	比率	排序	人数	比率	人数	比率	人数	比率	人数	比率	人数	比率	
经常指导	57	17.43	2	39	15.85	20	10.99	19	29.69	10	23.26	8	21.05	-5.20
有时指导	224	68.50	1	173	70.33	142	78.02	31	48.44	26	60.47	25	65.79	4.54
不指导	38	11.62	3	26	10.57	20	10.99	6	9.38	7	16.28	5	13.16	-2.59
无所谓	8	2.45	4	8	3.25	0	0.00	8	12.50	0	0.00	0	0.00	3.25
合计	327	100	—	246	100	182	100	64	100	43	100	38	100	—

支持青少年的体育锻炼。如表9-148所示，在2013年和2016年对中学校长、2013年对德育工作者、2013年对小学校长支持未成年人体育锻炼情况的调查中，94.80%的受访群体支持未成年人体育锻炼，其中选择"非常支持"的比率为51.68%，居于第一位。选择"不支持""无所谓"与"不知道"的比率分别为1.53%、3.06%与0.61%。大部分受访群体支持青少年的体育锻炼。

从三个群体的比较来看，德育工作者选择"非常支持"的比率最高，其次是小学校长。

表9-148 中学校长、德育工作者、小学校长支持未成年人体育锻炼情况（2013年、2016年）

选项	总计			中学校长						德育工作者（2013年）		小学校长（2013年）		中学校长与小学校长比较率差
				合计		2013年		2016年						
	人数	比率	排序	人数	比率	人数	比率	人数	比率	人数	比率	人数	比率	
非常支持	169	51.68	1	125	50.81	93	51.10	32	50.00	24	55.81	20	52.63	-1.82
支持	141	43.12	2	104	42.28	89	48.90	15	23.44	19	44.19	18	47.37	-5.09
不支持	5	1.53	4	5	2.03	0	0.00	5	7.81	0	0.00	0	0.00	2.03
无所谓	10	3.06	3	10	4.07	0	0.00	10	15.63	0	0.00	0	0.00	4.07
不知道	2	0.61	5	2	0.81	0	0.00	2	3.13	0	0.00	0	0.00	0.81
合计	327	100	—	246	100	182	100	64	100	43	100	38	100	—

2. 受访群体认为的如何充分发挥教育者的道德引领作用

如表9-149所示，在2016年对受访群体的调查中，各选项的排序："打铁还需自身硬"（34.28%）、"做到以身作则、为人师表"（20.11%）、"保持良好的道德形象"（18.75%）、"不清楚"（10.22%）、"不断自省，提高综合素质与能力"（10.01%）、"其他"（4.71%）、"消极思想与情绪不能展现在未成年人面前"（1.91%）。受访群体认为教育者自身要注重能力建设，打铁还需自身硬。教育者还应注重保持良好的道德形象与做到以身作则。

从未成年人与成年人群体的比较来看，成年人群体更侧重认为教育者要强化自身素质并要做到以身作则与为人师表。

表9-149 受访群体认为的如何充分发挥教育者的道德引领作用（2016年）

选项	总计			未成年人		成年人群体								未成年人与成年人群体比较率差
						合计		中学老师		家长		中学校长		
	人数	比率	排序	人数	比率	人数	比率	人数	比率	人数	比率	人数	比率	
打铁还需自身硬	808	34.28	1	644	33.30	164	38.77	64	38.55	77	39.90	23	35.94	-5.47
保持良好的道德形象	442	18.75	3	366	18.92	76	17.97	31	18.67	33	17.10	12	18.75	0.95
做到以身作则、为人师表	474	20.11	2	362	18.72	112	26.48	39	23.49	57	29.53	16	25.00	-7.76
不断自省，提高综合素质与能力	236	10.01	5	185	9.57	51	12.06	22	13.25	22	11.40	7	10.94	-2.49
消极思想与情绪不能展现在未成年人面前	45	1.91	7	36	1.86	9	2.13	4	2.41	2	1.04	3	4.69	-0.27
其他	111	4.71	6	104	5.38	7	1.65	5	3.01	0	0.00	2	3.13	3.73
不清楚	241	10.22	4	237	12.25	4	0.95	1	0.60	2	1.04	1	1.56	11.3
合计	2357	100	—	1934	100	423	100	166	100	193	100	64	100	—

3. 基本认识

（1）教育者要不断加强学习，开拓自身视野，切实提高教育的能力。

教育者作为未成年人教育的主要指导者与引领者，需要不断加强自身的学习，加强学习既要从专业学习的角度与层面来展开，又要注重自身的道德素质以及相关能力建设，不断开拓自身的视野。教育者的专业学习要注重与未成年人的学习、生活实际相结合，突出针对性，又要有可操作性。面对未成年人群体，无论是在道德层面（如诚信教育、交通规则意识、真诚待人等方面）还是具体的指导方面（如科技活动、课外阅读以及自身道德形象的维系等方面），均需要教育者有较强的能力与水平教授未成年人。

（2）对未成年人的道德引领与指导应从细节处着手。

未成年人的道德修养关系未成年人价值观的形成与发展，对未成年人的道德引领要注重从细微处着手，观察未成年人日常细微的行为，在具体行为发生过程中，及时加以引导与纠偏。就整个教育过程来说，在行为发生过程中，运用多种教育方式加强教育，有助于未成年人清晰认识自身、厘清误区。

(3) 教育者要充分开发与利用学校提供的平台，逐渐培养未成年人良好的素质。

未成年人以及包含中小学校长、德育工作者与老师在内的教育者，应当注重在学校挖掘、利用与开发学校的平台，通过不同的平台加强对未成年人的道德引领与专业指导。可通过利用学校现有资源来开发学校的平台，同时也要加强同社会、家庭以及其他不同的社会组织的协作，更好地利用相关平台逐渐培养未成年人良好的素质。

（六）综合认识

1. 学校教育要注重课堂内外相结合，做到全方位育人

学校对未成年人的价值观教育不仅要善于利用课堂阵地，更重要的是从课堂外挖掘教育资源，以便更好地引导未成年人。在课堂教育中，教育工作者要进一步明晰教育过程中的重点与难点，选择适当的教育方式与方法，充分发挥教育工作者的教育引导作用。在课堂外，学校要积极联系家长群体，针对未成年人的特点，充分发挥家长的教育力量。与此同时，学校、家庭与社区应加强深度交流与合作，为未成年人教育提供更为广阔的平台。

2. 学校要联动多元主体加强对未成年人的教育，做到全员育人

学校并不是孤立的教育主体，学校教育成效的落实不仅需要教师、未成年人等主体，还需要包括社会群团组织中的专业人员、家长以及社区工作人员等多元主体，全员育人是凝聚教育主体力量的重要手段。未成年人的教育，需要领导层面的高度重视，德育工作者以及教师、家长注重引导方法的契合性，发挥教育的主导作用，更好地教育未成年人。

3. 学校要注重从教育理念、方法、实施步骤等方面发力，做到全过程育人

学校教育作为一项系统性工程，教育工作者要注重从教育理念、方法以及实施步骤等多方面展开，真正做到全过程育人。在教育理念层面，学校教育要切实树立"以生为本"的理念，注重解决关涉未成年人实际利益的有关问题。在教育方法上，要注重契合未成年人的实际，遵循科学的教育引导方法。在教育实施步骤上，要分步骤实施，针对不同年级的未成年人，分阶段加强教育与引导，力求取得更大的教育成效。

三、家庭层面

（一）进一步调动家长的积极性

1. 进一步调动家长做未成年人思想教育工作的积极性

在第八章的问题成因分析中，连续 3 年对家长的调查反映出有 8.59% 的家长对做未成年人的思想教育工作表现出较消极的状态（见表 8-80，第 560 页），还有 9.33% 的家长不大愿意主动配合老师开展未成年人的思想教育工作（见表 8-81，第 561 页），使未成年人的思想教育工作有时处在缺少家长支持的境地。这部分家长的积极性需要设法调动起来。

如表9-150所示，在2016年对受访群体的调查中，81.76%的受访群体认为家长愿意做未成年人的思想道德教育工作，其中选择"非常愿意"的比率为49.94%，居于第一位。选择"不大愿意""不愿意"与"非常不愿意"的合比率为10.98%。大部分受访群体认为家长愿意做未成年人思想道德教育工作。

从未成年人与成年人群体的比较来看，未成年人群体选择"非常愿意"选项的比率较成年人群体要高。家长作为与未成年人群体接触度较高的群体，其对未成年人的思想道德影响较大。

表9-150　受访群体对家长是否愿意做未成年人的思想道德教育工作的看法（2016年）

选项	总计			未成年人		成年人群体								未成年人与成年人群体比较率差
						合计		中学老师		家长		中学校长		
	人数	比率	排序	人数	比率	人数	比率	人数	比率	人数	比率	人数	比率	
非常愿意	1177	49.94	1	984	50.88	193	45.63	64	38.55	110	56.99	19	29.69	5.25
愿意	750	31.82	2	574	29.68	176	41.61	77	46.39	69	35.75	30	46.88	-11.93
不大愿意	187	7.93	3	160	8.27	27	6.38	14	8.43	7	3.63	6	9.38	1.89
不愿意	39	1.65	5	35	1.81	4	0.95	2	1.20	0	0.00	2	3.13	0.86
非常不愿意	33	1.40	6	25	1.29	8	1.89	4	2.41	2	1.04	2	3.13	-0.60
无所谓	171	7.25	4	156	8.07	15	3.55	5	3.01	5	2.59	5	7.81	4.52
合计	2357	100	—	1934	100	423	100	166	100	193	100	64	100	—

2. 家长要多给予未成年人一些道德教育

家长不仅不能有不道德的行为，更不能"经常有不道德行为"，平时的言行举止要能起表率作用，以身作则，还要多给予未成年人一些道德教育与行为示范。家长在对未成年人进行道德教育的过程中，应注意厘清道德教育的内涵，同时在日常的行为过程中，注意自身点滴言行，潜移默化地影响未成年人，促进其更好地成长与发展。

3. 高度重视家长主动与未成年人谈心

（1）家长的实际行为。

如表9-151所示，在2010—2013年、2016年对家长主动与未成年人谈心的情况的调查中，各选项的排序："经常"（47.48%）、"有时"（45.63%）、"不谈"（5.96%）、"不清楚"（0.92%）。其中，90%以上的家长表示和未成年人谈过心，表示"经常"谈心的比率接近半数，说明家长对于和未成年人谈心方面较为主动。值得注意的是，仍然有少部分家长在此方面做得不够，很少甚至不和未成年人谈心，这样就很难把握未成年人的内心想法，对于未成年人的内心问题不能及时发现与解决，长此以往可能会带来较为严重的后果。

表9-151　家长主动与未成年人谈心的情况（2010—2013年、2016年）

选项	总计			2010年		2011年		2012年		2013年		2016年		2016年与2010年比较率差
	人数	比率	排序	人数	比率	人数	比率	人数	比率	人数	比率	人数	比率	
经常	462	47.48	1	36	36.73	68	37.16	113	55.12	135	45.92	110	56.99	20.26
有时	444	45.63	2	61	62.24	89	48.63	78	38.05	141	47.96	75	38.86	-23.38
不谈	58	5.96	3	1	1.02	23	12.57	13	6.34	16	5.44	5	2.59	1.57
不清楚	9	0.92	4	0	0.00	3	1.64	1	0.49	2	0.68	3	1.55	1.55
合计	973	100	—	98	100	183	100	205	100	294	100	193	100	—

（2）家长访谈的结果。

如表9-152所示，在2013年对家长的访谈中，多数家长表示会"经常"与未成年人谈心，余下的表示"有时"会和孩子谈心，没有家长表示不会和未成年人谈心。家长会与未成年人进行交流，但部分家长的交流积极性还有待加强。

表9-152　家长经常找未成年人谈心的情况（2013年）

选项	总计	合肥市巢湖市第二中学					芜湖市无为县襄安中学					淮南市凤台县左集中学					安庆市潜山中学			
		1	2	3	4	5	6	7	8	9	10	11	12	13	14	15	16	17	18	19
经常	12		√		√		√	√		√	√	√	√	√			√			√	
有时	7	√		√		√			√						√	√		√			
不谈	0																				
不清楚	0																				
合计	19	1	1	1	1	1	1	1	1	1	1	1	1	1	1	1	1	1	1	1

4. 大力支持未成年人的科技活动

如表9-153所示，在2010—2016年对家长支持未成年人科技活动情况的调查中，各选项的排序："有时指导"（43.35%）、"不指导"（27.16%）、"经常指导"（16.19%）、"学校没有课外科学活动"（13.30%）。可见，家长表示指导过未成年人进行科技活动的比率超过了半数,其中多数表示"有时指导"。另外,有部分家长表示学校没有相应的课外科技活动,因此无从对未成年人进行此方面的指导。其实,除了学校举办的相关活动外,家长应当有着敏锐的嗅觉,带领未成年人参加各种途径的科技活动,这对于增长未成年人的科技知识有着非常重要的作用。

表9-153 家长支持未成年人科技活动的情况(2010—2016年)

选项	总计		2010—2011年①		2010年比率	2012年		2013年		2014年		2015年		2016年		2016年与2010年比较率差
	人数	比率	人数	比率		人数	比率	人数	比率	人数	比率	人数	比率	人数	比率	
经常指导	230	16.19	29	10.32	3.06	33	16.10	35	11.90	37	12.59	29	18.83	67	34.72	31.66
有时指导	616	43.35	104	37.01	40.82	98	47.80	124	42.18	134	45.58	76	49.35	80	41.45	0.63
不指导	386	27.16	110	39.15	34.69	34	16.59	96	32.65	82	27.89	33	21.43	31	16.06	-18.63
学校没有课外科学活动	189	13.30	38	13.52	21.43	40	19.51	39	13.27	41	13.95	16	10.39	15	7.77	-13.66
合计	1421	100	281	100	100	205	100	294	100	294	100	154	100	193	100	—

5. 努力指导未成年人的课外阅读

如表9-154所示,在2010—2016年对家长指导未成年人课外阅读情况的调查中,各选项的排序:"有时指导"(53.91%)、"经常指导"(21.96%)、"不指导"(19.14%)、"无所谓"(5.00%)。在家长的选择中,表示指导过未成年人课外阅读的比率超过70%,表明多数家长能做到指导未成年人进行课外阅读,帮助他们增长课外知识,这对于未成年人的全面发展起了较好的作用。但从指导过的家长来看,多数选择的是"有时指导",能够做到"经常指导"的家长并不多,说明家长在这方面做得还不够到位,仍须加强。

从2016年与2010年的比较来看,家长表示"不指导"与"无所谓"的比率有所上升,说明家长还有较大的提升空间。

---

① 叶松庆. 青少年的科学素质发展状况实证分析[J]. 青年研究,2011(5):39-50.

表9-154 家长指导未成年人课外阅读的情况（2010—2016年）

选项	总计			2010—2013年①		2010年比率	2014年		2015年		2016年		2016年与2010年比较率差
	人数	比率	排序	人数	比率		人数	比率	人数	比率	人数	比率	
经常指导	312	21.96	2	127	16.28	36.73	71	24.15	31	20.13	83	43.01	6.28
有时指导	766	53.91	1	419	53.72	62.24	169	57.48	96	62.34	82	42.49	-19.75
不指导	272	19.14	3	173	22.18	1.02	54	18.37	24	15.58	21	10.88	9.86
无所谓	71	5.00	4	61	7.82	0.00	0	0.00	3	1.95	7	3.63	3.63
合计	1421	100	—	780	100	100	294	100	154	100	193	100	—

6. 真诚鼓励未成年人体育锻炼

如表9-155所示，在2010—2016年对家长支持未成年人体育锻炼情况的调查中，各选项的排序："非常支持"（48.70%）、"支持"（34.20%）、"不支持"（11.54%）、"无所谓"（3.45%）、"不知道"（2.11%）。可见，对于未成年人体育锻炼方面，家长普遍表现出较高的支持力度，说明他们对于未成年人身体健康的关注度很高。但仍有部分家长对于未成年人的体育锻炼表示了"不支持"的态度，这部分家长可能由于担心未成年人锻炼身体会影响学习成绩，因此反对未成年人进行体育锻炼，却不知这样做可能会使未成年人身体处于亚健康状态。

表9-155 家长支持未成年人体育锻炼的情况（2010—2016年）

选项	总计			2010—2012年②		2010年比率	2013年		2014年		2015年		2016年		2016年与2010年比较率差
	人数	比率	排序	人数	比率		人数	比率	人数	比率	人数	比率	人数	比率	
非常支持	692	48.70	1	101	20.78	0.00	197	67.01	193	65.65	96	62.34	105	54.40	54.40
支持	486	34.20	2	218	44.86	73.47	69	23.47	77	26.19	56	36.36	66	34.20	-39.27
不支持	164	11.54	3	129	26.54	23.47	10	3.40	9	3.06	2	1.30	14	7.25	-16.22
无所谓	49	3.45	4	31	6.38	1.02	7	2.38	5	1.70	0	0.00	6	3.11	2.09
不知道	30	2.11	5	7	1.44	2.04	11	3.74	10	3.40	0	0.00	2	1.04	-1.00
合计	1421	100	—	486	100	100	294	100	294	100	154	100	193	100	—

---

① 叶松庆. 2013年当代未成年人的阅读趋势及引导对策[J]. 出版发行研究, 2014 (4): 53-56.
② 叶松庆. 当代未成年人体育行为对道德观发展的作用[J]. 成都体育学院学报, 2013, 39 (8): 80-85.

7. 妥善对待未成年人的网络行为

（1）未成年人的自述。

如表9-156所示，在2006—2011年、2016年就未成年人眼中家长对未成年人上网态度的调查中，各选项的排序："限制"（35.17%）、"反对"（25.22%）、"默许"（24.82%）、"支持"（13.18%）、"不上网"（1.62%）。表示"反对"与"限制"的比率过半数。

从2016年与2006年的比较来看，选择"支持"与"默许"的比率均有所上升，选择"反对"与"限制"的比率有所下降。可见，未成年人眼中家长对其上网的态度的悦纳度有所上升。但明确表示"支持"的仅占13.18%，说明家长对于未成年人上网的管控较为严格。而引导未成年人正确上网、合理使用网络、最大限度地发挥网络对未成年人的积极作用，是每个家长都需要认真考虑的问题。

表9-156 未成年人眼中家长对未成年人上网的态度（2006—2011年、2016年）

选项	总计			比率							2016年与2006年比较率差
	人数	比率	排序	2006年	2007年	2008年	2009年	2010年	2011年	2016年	
支持	2308	13.18	4	12.44	12.05	12.50	9.70	9.56	10.15	27.92	15.48
默许	4347	24.82	3	23.02	27.19	23.93	24.73	25.00	25.74	24.25	1.23
反对	4416	25.22	2	27.03	27.13	26.83	25.45	31.15	20.46	15.10	-11.93
限制	6159	35.17	1	37.51	33.63	36.74	40.12	34.29	36.50	25.23	-12.28
不上网	283	1.62	5	0.00	0.00	0.00	0.00	0.00	7.15	7.50	7.50
合计	17513	100	—	100	100	100	100	100	100	100	—

（2）家长的态度。

如表9-157所示，在2016年就家长对未成年人上网的态度的调查中，35.23%的家长选择"限制"，该选项居于第一位。其他各选项的比率分别为："支持"（25.39%）、"默许"（20.73%）、"反对"（13.99%）、"孩子不上网"（4.66%）。家长对于未成年人上网的态度趋于温和，持反对意见的选项与支持意见的选项的比率大致相当。从性别比较来看，男性家长选择"默许"的比率较女性家长要高。

表 9-157 家长对未成年人上网的态度（2016 年）

选项	总计			性别				比较率差
				男		女		
	人数	比率	排序	人数	比率	人数	比率	
支持	49	25.39	2	24	23.53	25	27.47	-3.94
默许	40	20.73	3	24	23.53	16	17.58	5.95
反对	27	13.99	4	12	11.76	15	16.48	-4.72
限制	68	35.23	1	38	37.25	30	32.97	4.28
孩子不上网	9	4.66	5	4	3.92	5	5.49	-1.57
合计	193	100	—	102	100	91	100	—

8. 基本认识

（1）家长要注重从多方面培育未成年人的思想道德。

未成年人的思想道德培育是一项复杂的系统工程，涉及多方面。家长作为教育主体中的一员，需要进一步明晰未成年人思想道德培育的组成要素。未成年人思想道德素质的培育不仅需要注重其日常良好行为的养成，还需要从知识的习得等方面来培育。家长要注意在日常生活中的细微之处给予引导，促使未成年人形成良好的思想道德素质。

（2）家长要努力成为未成年人的道德偶像。

未成年人具有较强的模仿能力，家长的一言一行可能对未成年人的道德观念产生一定的影响。因此，在对未成年人进行思想道德教育的过程中家长要以身作则，要求未成年人做到的，自己首先要做到，从行为上引导未成年人，要积极努力地成为未成年人的道德偶像。

（3）家长要在对未成年人教育的过程中积极运用合适的教育方式与方法。

家长对未成年人的教育过程中要注重契合未成年人身心发展的实际，运用多种教育方式与方法来加强对未成年人的教育与引导。教育的方式与方法可以是谈心法、说理教育以及案例分析等。家长在对未成年人开展思想道德教育的过程中，综合利用多种教育方式与方法是发挥家长教育的重要手段。

（二）充分发挥家长的积极作用

如表 9-158 所示，在 2016 年对受访群体的调查中，47.35% 的受访群体认为家长应当好启蒙老师的角色。24.82% 的受访群体认为应当做到以身作则。选择"不断提高引导能力"与"消极思想与情绪不能展现在未成年人面前"的比率分别为 7.85% 与 5.77%。大部分受访群体认为家长应当做好启蒙老师的角色，并以身作则。

从未成年人与成年人群体的比较来看，未成年人更倾向于认为家长要不断提高教育引导能力。

表 9-158 受访群体认为的如何充分发挥家长的积极作用（2016 年）

选项	总计			未成年人		成年人群体								未成年人与成年人群体比较率差
						合计		中学老师		家长		中学校长		
	人数	比率	排序	人数	比率	人数	比率	人数	比率	人数	比率	人数	比率	
当好启蒙老师的角色	1116	47.35	1	899	46.48	217	51.30	84	50.60	105	54.40	28	43.75	-4.82
做到以身作则	585	24.82	2	456	23.58	129	30.50	54	32.53	57	29.53	18	28.13	-6.92
不断提高引导能力	185	7.85	4	156	8.07	29	6.86	12	7.23	12	6.22	5	7.81	1.21
消极思想与情绪不能展现在未成年人面前	136	5.77	5	101	5.22	35	8.27	11	6.63	15	7.77	9	14.06	-3.05
其他	73	3.10	6	65	3.36	8	1.89	4	2.41	2	1.04	2	3.13	1.47
不清楚	262	11.12	3	257	13.29	5	1.18	1	0.60	2	1.04	2	3.13	12.11
合计	2357	100	—	1934	100	423	100	166	100	193	100	64	100	—

（三）综合认识

1. 家长要注重全面培养未成年人的道德素质

家长在家庭日常生活中要对未成年人加强教育，应注重指导未成年人的课外阅读、课外科技活动以及其他社会实践活动。通过这些活动，可以直接或间接地帮助未成年人提高其思想道德素质。家长指导未成年人的阅读有助于未成年人提高自身的文学修养，并开拓自身的视野；积极参与课外科技活动有助于培养其良好的创新实践能力；参与其他社会实践活动，有助于提高未成年人的综合素质，促进其道德素质的提升。

2. 家长要积极与未成年人建立良好的沟通机制

"在一个正常的家庭中，父亲、母亲对未成年人的影响最大，近六成的未成年人有这种认同，因为这些未成年人最愿听父亲、母亲的话，而通常认为，能听谁的话，表明最能接受谁的影响。"[1] 既然是这样，家长与未成年人之间要建立良性的交流与沟通的机制，让未成年人接受影响。在未成年人的眼中，家长长期处于相对威严的地位，表现得较为

---

[1] 叶松庆. 当代未成年人价值观的基本状况与原因分析 [J]. 中国教育学刊, 2007 (8): 20-23.

严肃,从某种程度上来说不利于与未成年人间的交流与沟通。因此,家长应当放下架子,认真聆听未成年人内心的诉求,拉近与未成年人之间的心理距离。良好的交流与沟通,很大程度上有助于未成年人逐渐接受家长潜移默化的教育,加深两者间的情感,有助于未成年人思想道德素质的提升。

3. 家长要以身作则,注重提高未成年人对其价值观发展的关注度

未成年人对价值观的概念存在认识上的不清晰,需要家长注重教育与引导。家长作为未成年人的首任教师,应以身作则,提高未成年人对自身价值观发展的关注度。未成年人价值观的形成与发展,是多种要素共同作用形成的。家长除了进行详细的引导与教育之外,还需要在生活实践中注重规范自身的行为,切实通过行为的"正向影响"来促进未成年人价值观的发展。

四、未成年人个人层面

(一)切实正视自身不足

1. 未成年人自身存在的弱点

(1)未成年人的自述。

如表9-159所示,在2013年、2016年对未成年人认同的自身弱点的调查中,各选项的排序:"不太关心父母"(24.24%)、"怕受挫折"(13.08%)、"生活自理能力差"(10.08%)、"很少帮助家长干活"(9.63%)、"其他"(8.85%)、"不太尊重他人"(8.38%)、"乱花钱买东西"(7.98%)、"与同学团结不好"(6.45%)、"说假话"(5.22%)、"不太关心集体"(4.24%)、"不遵守纪律"(1.86%)。未成年人认为自身的弱点主要表现在不太关心父母、怕受挫折以及生活自理能力差等方面。

从2016年与2013年的比较来看,"不太关心父母""不太尊重他人"以及"说假话"的比率有所增加。

表9-159 未成年人认同的自身弱点(2013年、2016年)

选项	总计			2013年			2016年			2016年与2013年比较率差
	人数	比率	排序	人数	比率	排序	人数	比率	排序	
不太关心父母	1188	24.24	1	702	23.65	1	486	25.13	1	1.48
不太尊重他人	411	8.38	6	233	7.85	7	178	9.20	5	1.35
说假话	256	5.22	9	140	4.72	9	116	6.00	9	1.28
生活自理能力差	494	10.08	3	307	10.34	3	187	9.67	3	-0.67

(续表9-159)

选项	总计			2013年			2016年			2016年与2013年比较率差
	人数	比率	排序	人数	比率	排序	人数	比率	排序	
与同学团结不好	316	6.45	8	199	6.70	8	117	6.05	8	-0.65
很少帮助家长干活	472	9.63	4	291	9.80	4	181	9.36	4	-0.44
不太关心集体	208	4.24	10	129	4.35	10	79	4.08	10	-0.27
不遵守纪律	91	1.86	11	52	1.75	11	39	2.02	11	0.27
乱花钱买东西	391	7.98	7	253	8.52	6	138	7.14	7	-1.38
怕受挫折	641	13.08	2	390	13.14	2	251	12.98	2	-0.16
其他	434	8.85	5	272	9.16	5	162	8.38	6	-0.78
合计	4902	100	—	2968	100	—	1934	100	—	—

（2）受访群体的看法。

如表9-160所示，在2016年对受访群体的调查中，各选项的排序："不太关心父母"（24.18%）、"怕受挫折"（12.43%）、"生活自理能力差"（10.99%）、"不太尊重他人"（9.97%）、"很少帮助家长干活"（9.59%）、"乱花钱买东西"（7.25%）、"其他"（7.09%）、"与同学团结不好"（6.07%）、"说假话"（5.90%）、"不太关心集体"（4.20%）、"不遵守纪律"（2.33%）。受访群体认为未成年人身上的弱点主要体现在不太关心父母、怕受挫折以及生活自理能力差等方面。

从未成年人与成年人群体的比较来看，未成年人群体更倾向于认为自身的弱点主要体现在不太关心父母。

表9-160 受访群体眼中未成年人身上的弱点（2016年）

选项	总计			未成年人		成年人群体								未成年人与成年人群体比较率差
						合计		中学老师		家长		中学校长		
	人数	比率	排序	人数	比率	人数	比率	人数	比率	人数	比率	人数	比率	
不太关心父母	570	24.18	1	486	25.13	84	19.86	32	19.28	40	20.73	12	18.75	5.27
不太尊重他人	235	9.97	4	178	9.20	57	13.48	23	13.86	22	11.40	12	18.75	-4.28

(续表 9-160)

选项	总计			未成年人		成年人群体								未成年人与成年人群体比较率差
						合计		中学老师		家长		中学校长		
	人数	比率	排序	人数	比率	人数	比率	人数	比率	人数	比率	人数	比率	
说假话	139	5.90	9	116	6.00	23	5.44	10	6.02	9	4.66	4	6.25	0.56
生活自理能力差	259	10.99	3	187	9.67	72	17.02	27	16.27	33	17.10	12	18.75	-7.35
与同学团结不好	143	6.07	8	117	6.05	26	6.15	9	5.42	14	7.25	3	4.69	-0.10
很少帮助家长干活	226	9.59	5	181	9.36	45	10.64	11	6.63	26	13.47	8	12.50	-1.28
不太关心集体	99	4.20	10	79	4.08	20	4.73	13	7.83	5	2.59	2	3.13	-0.65
不遵守纪律	55	2.33	11	39	2.02	16	3.78	8	4.82	7	3.63	1	1.56	-1.76
乱花钱买东西	171	7.25	6	138	7.14	33	7.80	13	7.83	16	8.29	4	6.25	-0.66
怕受挫折	293	12.43	2	251	12.98	42	9.93	18	10.84	19	9.84	5	7.81	3.05
其他	167	7.09	7	162	8.38	5	1.18	2	1.20	2	1.04	1	1.56	7.20
合计	2357	100	—	1934	100	423	100	166	100	193	100	64	100	—

2. 未成年人的失当行为

（1）受访群体的看法。

第一，未成年人的自述。如表9-161所示，在2016年对未成年人认为的自己存在的失当行为的调查中，各选项的排序："不孝敬父母"（19.21%）、"不诚实"（11.24%）、"满口脏话"（10.89%）、"随地吐痰"（9.00%）、"不尊重老师"（8.44%）、"总在背后议论人"（7.28%）、"欺骗他人"（6.92%）、"不遵守公共秩序"（6.51%）、"破坏公物"（6.10%）、"说谎话"（5.86%）、"拾金归己"（4.62%）、"其他"（3.93%）。未成年人认为自身存在的失当行为突出表现在不孝敬父母、不诚实、满口脏话以及随地吐痰等方面。

从性别比较来看，男性未成年人认为自身存在"不孝敬父母"行为的比率较女性未成年人要高。从省域比较来看，安徽省外省（市）未成年人选择"不尊重老师"的比率相对较低。

表9-161　未成年人认为自己存在的失当行为（2016年）

选项	总计			性别					省域				
				男		女		比较率差	安徽省		外省（市）		比较率差
	人数	比率	排序	人数	比率	人数	比率		人数	比率	人数	比率	
不孝敬父母	947	19.21	1	552	21.83	395	16.44	-5.39	541	19.27	406	19.11	0.16
不诚实	554	11.24	2	296	11.70	258	10.74	-0.96	323	11.51	231	10.88	0.63
不尊重老师	416	8.44	5	198	7.83	218	9.08	1.25	265	9.44	151	7.11	2.33
欺骗他人	341	6.92	7	179	7.08	162	6.74	-0.34	189	6.73	152	7.16	-0.43
随地吐痰	444	9.00	4	219	8.66	225	9.37	0.71	262	9.33	182	8.57	0.76
满口脏话	537	10.89	3	268	10.60	269	11.20	0.6	293	10.44	244	11.49	-1.05
不遵守公共秩序	321	6.51	8	150	5.93	171	7.12	1.19	184	6.56	137	6.45	0.11
说谎话	289	5.86	10	144	5.69	145	6.04	0.35	160	5.70	129	6.07	-0.37
拾金归己	228	4.62	11	126	4.98	102	4.25	-0.73	132	4.70	96	4.52	0.18
破坏公物	301	6.10	9	150	5.93	151	6.29	0.36	165	5.88	136	6.40	-0.52
总在背后议论人	359	7.28	6	160	6.33	199	8.28	1.95	200	7.13	159	7.49	-0.36
其他	194	3.93	12	87	3.44	107	4.45	1.01	93	3.31	101	4.76	-1.45
合计	4931	100	—	2529	100	2402	100	—	2807	100	2124	100	—

第二，中学老师、家长的看法。如表9-162所示，在2013年、2016年对中学老师、家长认为未成年人存在的失当行为的调查中，各选项的排序："不诚实"（24.79%）、"不孝敬父母"（16.35%）、"满口脏话"（13.08%）、"不尊重老师"（8.44%）、"不遵守公共秩序"（8.33%）、"说谎话"（7.70%）、"欺骗他人"（6.33%）、"随地吐痰"（4.54%）、"其他"（4.22%）、"总在背后议论人"（3.06%）、"破坏公物"（2.32%）、"拾金归己"（0.84%）。中学老师与家长认为未成年人的失当行为主要表现在不诚实、不孝敬父母与满口脏话等。

从中学老师与家长的比较来看，中学老师认为未成年人的失当行为主要表现在不诚实。

表9-162 中学老师、家长认为未成年人存在的失当行为（2013年、2016年）

选项	总计			中学老师						家长						中学老师与家长比较率差
				合计		2013年		2016年		合计		2013年		2016年		
	人数	比率	排序	人数	比率	人数	比率	人数	比率	人数	比率	人数	比率	人数	比率	
不孝敬父母	155	16.35	2	65	14.10	36	12.20	29	17.47	90	18.48	55	18.71	35	18.13	-4.38
不诚实	235	24.79	1	122	26.46	97	32.88	25	15.06	113	23.20	89	30.27	24	12.44	3.26
不尊重老师	80	8.44	4	38	8.24	22	7.46	16	9.64	42	8.62	31	10.54	11	5.70	-0.38
欺骗他人	60	6.33	7	28	6.07	19	6.44	9	5.42	32	6.57	20	6.80	12	6.22	-0.50
随地吐痰	43	4.54	8	19	4.12	5	1.69	14	8.43	24	4.93	3	1.02	21	10.88	-0.81
满口脏话	124	13.08	3	68	14.75	52	17.63	16	9.64	56	11.50	36	12.24	20	10.36	3.25
不遵守公共秩序	79	8.33	5	44	9.54	24	8.14	20	12.05	35	7.19	13	4.42	22	11.40	2.35
说谎话	73	7.70	6	38	8.24	25	8.47	13	7.83	35	7.19	20	6.80	15	7.77	1.05
拾金归己	8	0.84	12	2	0.43	0	0.00	2	1.20	6	1.23	1	0.34	5	2.59	-0.8
破坏公物	22	2.32	11	11	2.39	3	1.02	8	4.82	11	2.26	3	1.02	8	4.15	0.13
总在背后议论人	29	3.06	10	13	2.82	5	1.69	8	4.82	16	3.29	5	1.70	11	5.70	-0.47
其他	40	4.22	9	13	2.82	7	2.37	6	3.61	27	5.54	18	6.12	9	4.66	-2.72
合计	948	100	—	461	100	295	100	166	100	487	100	294	100	193	100	—

第三，中学校长、德育工作者、小学校长的看法。如表9-163所示，在2013年和2016年对中学校长、2013年对德育工作者、2013年对小学校长认为未成年人存在的失当行为的调查中，各选项的排序："不诚实"（16.51%）、"满口脏话"（11.62%）、"不遵守公共秩序"（11.62%）、"说谎话"（11.31%）、"不孝敬父母"（11.31%）、"随地吐痰"（9.48%）、"不尊重老师"（7.03%）、"破坏公物"（6.73%）、"欺骗他人"（5.81%）、"总在背后议论人"（3.98%）、"其他"（2.45%）、"拾金归己"（2.14%）。受访群体认为未成年人的失当行为主要表现在不诚实、满口脏话以及不遵守公共秩序等方面。

从三个群体的比较来看，德育工作者认为未成年人的存在的失当行为主要是不诚实。

表9-163 中学校长、德育工作者、小学校长认为未成年人存在的失当行为（2013年、2016年）

选项	总计			中学校长						德育工作者（2013年）		小学校长（2013年）		中学校长与小学校长比较率差
				合计		2013年		2016年						
	人数	比率	排序	人数	比率	人数	比率	人数	比率	人数	比率	人数	比率	
不孝敬父母	37	11.31	4	27	10.98	18	9.89	9	14.06	5	11.63	5	13.16	-2.18
不诚实	54	16.51	1	37	15.04	28	15.38	9	14.06	13	30.23	4	10.53	4.51
不尊重老师	23	7.03	7	19	7.72	14	7.69	5	7.81	2	4.65	2	5.26	2.46
欺骗他人	19	5.81	9	15	6.10	9	4.95	6	9.38	2	4.65	2	5.26	0.84
随地吐痰	31	9.48	6	26	10.57	19	10.44	7	10.94	0	0.00	5	13.16	-2.59
满口脏话	38	11.62	2	25	10.16	18	9.89	7	10.94	10	23.26	3	7.89	2.27
不遵守公共秩序	38	11.62	2	30	12.20	23	12.64	7	10.94	3	6.98	5	13.16	-0.96
说谎话	37	11.31	4	27	10.98	22	12.09	5	7.81	5	11.63	5	13.16	-2.18
拾金归己	7	2.14	12	5	2.03	4	2.20	1	1.56	0	0.00	2	5.26	-3.23
破坏公物	22	6.73	8	20	8.13	16	8.79	4	6.25	1	2.33	1	2.63	5.50
总在背后议论人	13	3.98	10	10	4.07	8	4.40	2	3.13	1	2.33	2	5.26	-1.19
其他	8	2.45	11	5	2.03	3	1.65	2	3.13	1	2.33	2	5.26	-3.23
合计	327	100	—	246	100	182	100	64	100	43	100	38	100	—

（2）未成年人的不文明表现。

第一，未成年人的自述。如表9-164所示，在2014—2016年对未成年人不文明的具体表现的调查中，53.59%的未成年人表示从不"穿拖鞋或背心去上课"与"上课迟到、早退"，19.97%的未成年人选择"很少"的选项，选择"频繁""经常"与"有时"的合比率为26.44%。大部分未成年人的行为习惯表现良好，但仍有部分未成年人在日常的生活中不注意自身的行为。

从连续年份的比较来看，选择"频繁"选项的比率有所上升，应加强对未成年人不文明行为的纠偏，以更好地教育与引导未成年人。

表9-164 未成年人不文明的具体表现（2014—2016年）

选项	总计			穿拖鞋或背心去上课						上课迟到、早退					
				2014年		2015年		2016年		2014年		2015年		2016年	
	人数	比率	排序	人数	比率	人数	比率	人数	比率	人数	比率	人数	比率	人数	比率
频繁	1319	10.32	3	157	5.34	131	8.63	453	23.42	91	3.10	52	3.43	435	22.49
经常	777	6.08	5	101	3.44	97	6.39	209	10.81	95	3.23	65	4.28	210	10.86
有时	1283	10.04	4	332	11.30	116	7.64	103	5.33	363	12.36	181	11.92	188	9.72
很少	2552	19.97	2	477	16.24	254	16.73	123	6.36	956	32.54	427	28.13	315	16.29
从不	6849	53.59	1	1871	63.68	920	60.61	1046	54.08	1433	48.77	793	52.24	786	40.64
合计	12780	100	—	2938	100	1518	100	1934	100	2938	100	1518	100	1934	100

第二，受访群体的看法。如表9-165所示，在2016年对中学老师、家长、中学校长认为未成年人不文明的具体表现的调查中，39.72%的受访群体认为未成年人会穿拖鞋或背心去上课，选择"很少"与"从不"选项的合比率为60.28%，49.41%的受访群体认为未成年人会上课迟到、早退，选择"很少"与"从不"的合比率为50.59%。

从三个群体的比较来看，中学校长认为未成年人穿拖鞋或背心去上课的比率较低，中学校长认为未成年人上课迟到、早退的比率偏低。

表9-165 受访群体眼中未成年人不文明的具体表现（2016年）

选项	总计		穿拖鞋或背心去上课								上课迟到、早退							
			合计		中学老师		家长		中学校长		合计		中学老师		家长		中学校长	
	人数	比率	人数	比率	人数	比率	人数	比率	人数	比率	人数	比率	人数	比率	人数	比率	人数	比率
频繁	162	19.15	87	20.57	30	18.07	50	25.91	7	10.94	75	17.73	25	15.06	43	22.28	7	10.94
经常	95	11.23	36	8.51	15	9.04	12	6.22	9	14.06	59	13.95	26	15.66	27	13.99	6	9.38
有时	120	14.18	45	10.64	19	11.45	20	10.36	6	9.38	75	17.73	30	18.07	35	18.13	10	15.63
很少	248	29.31	106	25.06	45	27.11	38	19.69	23	35.94	142	33.57	59	35.54	53	27.46	30	46.88
从不	221	26.12	149	35.22	57	34.34	73	37.82	19	29.69	72	17.02	26	15.66	35	18.13	11	17.19
合计	846	100	423	100	166	100	193	100	64	100	423	100	166	100	193	100	64	100

第三，其他研究者的调研成果分析。如表9-166所示，陈浩苗等在2015年6—8月就湖北省武汉市的青少年对逃课、迟到现象看法的调查显示，47.1%的青少年认为上课不应该迟到，33.2%的青少年认为逃课和迟到很正常，19.7%的青少年表示说不清。从与本研究的调研数据比较来看，两者间的数据基本吻合。

表9-166　未成年人的上课迟到、早退现象

2015年6—8月湖北省武汉市的青少年调查 （N：1561，其中，小学生175、初中生360、高中生396、大学生630）[1]	
对逃课、迟到现象的看法	
选项	比率
上课不应该迟到	47.1
逃课和迟到很正常	33.2
说不清	19.7
合计	100

3. 未成年人道德方面存在的最主要问题

在就中学校长对未成年人价值观发展中存在的主要问题的调查中，各选项的排序："道德观念淡薄"（38.17%）、"道德意识差"（19.40%）、"传统道德与现代道德衔接不够"（16.20%）、"传统美德没有传承"（12.79%）、"道德基础不牢"（8.74%）、"现代道德没有建立"（3.84%）、"其他"（0.85%）（见表7-1，第360页）。总的来说，中学校长认为未成年人价值观变化存在的主要问题在于观念与意识相对较差且重视程度较低。

4. 未成年人的违反公德行为

（1）未成年人的自述。

未成年人社会公德行为的表现，反映在未成年人群体细微且具体的行为中。可通过未成年人见到跌倒的人是否去搀扶、过马路闯不闯红灯、爱不爱护公物来管窥未成年人的社会公德状况。

如表9-167所示，在2009—2016年对未成年人见到跌倒的人是否去搀扶的调查中，62.37%的未成年人会"上前去扶"，13.52%的未成年人表示"不会去扶"，6.23%表示"根本不管"，选择"不知道怎么办"的比率为17.89%。

在2009—2016年对未成年人过马路闯不闯红灯的调查中，39.92%的未成年人"会"闯红灯，其中表示"有时会"的比率为27.81%，选择"不会"与"不清楚"的比率分别为56.48%与3.60%。

在2010—2013年、2016年对未成年人爱不爱护公物的调查中，75.66%的未成年人表示会"爱护"公物，选择"不爱护"与"无所谓"的合比率为19.85%。

调查数据反映出部分未成年人有违反社会公德的行为。

---

[1] 陈浩苗，严聪慧，邓慧雯，等. 青少年对公民个人层面社会主义核心价值观认同现状调查：以湖北武汉地区为例 [J]. 领导科学论坛，2015（3）：21-23.

表9-167　未成年人的社会公德行为

见到跌倒的人是否去搀扶 (2009—2016年)			过马路闯不闯红灯 (2009—2016年)			爱不爱护公物 (2010—2013年、2016年)		
选项	人数	比率	选项	人数	比率	选项	人数	比率
上前去扶	10942	62.37	会	2125	12.11	爱护	8226	75.66
不会去扶	2372	13.52	有时会	4879	27.81	不爱护	978	8.99
根本不管	1093	6.23	不会	9910	56.48	无所谓	1181	10.86
不知道怎么办	3138	17.89	不清楚	631	3.60	不知道	488	4.49
合计	17545	100	合计	17545	100	合计	10873	100

(2) 其他研究者的调研成果分析。

如表9-168所示，孙瑞宁、霍然在2015年6—8月对湖北省武汉市青少年的调查显示，56.7%的青少年表示"会"去扶跌倒的人。

蒋亚辉、丘清毅在2016年对广东省广州市未成年人"看到一位陌生人跌倒在路旁"的调查显示，29.3%的未成年人表示会"毫不犹豫地去搀扶"，34.7%的青少年表示"找好证人后再施救"，选择"打电话报警求援""参与围观"与"迅速离开现场"的比率分别为26.5%、3.5%与6.0%。

与本研究的调查结果相似，大部分未成年人表现出良好的公德观，但有部分未成年人存在违反社会公德的行为。

表9-168　未成年人会不会去扶跌倒的人

2015年6—8月湖北省武汉市的青少年调查 (N: 1561，其中，小学生175、初中生360、高中生396、大学生630)[①]		2016年广东省广州市的未成年人调查 (N: 1776，其中，小学生442、初中生769、高中生565)[②]	
会不会去扶跌倒的老人		看到一位陌生人跌倒在路旁	
选项	比率	选项	比率
会	56.7	毫不犹豫地去搀扶	29.3
未标明	43.3	找好证人后再施救	34.7
—	—	打电话报警求援	26.5
—	—	参与围观	3.5
—	—	迅速离开现场	6.0
合计	100	合计	100

---

① 孙瑞宁，霍然. 高中生社会主义核心价值观教育的成效分析与优化对策：基于江苏省南京市部分高中的调研分析 [J]. 经营管理者，2017 (3)：312-313.

② 蒋亚辉，丘清毅. 中小学生践行社会主义核心价值观现状的调查与思考：以广州市为例 [J]. 青年探索，2016 (1)：69-73.

6. 未成年人的不当表现

（1）未成年人的自述。

如表9-169所示，在2014—2016年对未成年人有时候会很自然地做出一些不道德行为的看法的调查中，选择含有不同意意味选项的合比率为67.59%，其中选择"非常不同意"的比率为28.53%，居于第一位。选择含有同意意味选项的合比率为32.41%。

从2016年与2014年的比较来看，选择"非常不同意"的比率有所上升，是增幅最大的选项。总的来说，大部分未成年人会注意规范自身的言行，做出道德行为。但是仍有部分未成年人不注意自身言行，行为表现不当。

表9-169　未成年人有时候会很自然地做出一些不道德的行为（2014—2016年）

选项	总计			2014年		2015年		2016年		2016年与2014年比较率差
	人数	比率	排序	人数	比率	人数	比率	人数	比率	
非常不同意	1823	28.53	1	639	21.75	404	26.61	780	40.33	18.58
不同意	1460	22.85	2	738	25.12	318	20.95	404	20.89	-4.23
有点不同意	1036	16.21	4	546	18.58	264	17.39	226	11.69	-6.89
有点同意	1078	16.87	3	647	22.02	271	17.85	160	8.27	-13.75
同意	532	8.33	5	289	9.84	133	8.76	110	5.69	-4.15
非常同意	461	7.21	6	79	2.69	128	8.43	254	13.13	10.44
合计	6390	100	—	2938	100	1518	100	1934	100	—

（2）受访群体的看法。

如表9-170所示，在2016年对未成年人与成年人群体的调查中，对于"未成年人有时会很自然地做出一些不道德的行为"，71.70%的受访群体不同意这种观点，其中选择"非常不同意"的比率为38.52%，居于第一位。选择含有同意意味选项的合比率为28.29%。

从未成年人与成年人群体的比较来看，未成年人群体选择"非常不同意"的比率较成年人群体的比率要高。

在三个成年人群体的比较中，家长的评价较好，其认为未成年人很少会自然地做出不道德的行为。总的来说，未成年人的思想道德素质有一定提升，能注意规范自身的行为。

表 9-170 受访群体认为的未成年人有时会很自然地做出一些不道德的行为（2016年）

选项	总计			未成年人		成年人群体								未成年人与成年人群体比较率差
						合计		中学老师		家长		中学校长		
	人数	比率	排序	人数	比率	人数	比率	人数	比率	人数	比率	人数	比率	
非常不同意	908	38.52	1	780	40.33	128	30.26	46	27.71	64	33.16	18	28.13	10.07
不同意	505	21.43	2	404	20.89	101	23.88	36	21.69	47	24.35	18	28.13	-2.99
有点不同意	277	11.75	3	226	11.69	51	12.06	23	13.86	19	9.84	9	14.06	-0.37
有点同意	236	10.01	5	160	8.27	76	17.97	37	22.29	30	15.54	9	14.06	-9.70
同意	157	6.66	6	110	5.69	47	11.11	21	12.65	21	10.88	5	7.81	-5.42
非常同意	274	11.62	4	254	13.13	20	4.73	3	1.81	12	6.22	5	7.81	8.40
合计	2357	100	—	1934	100	423	100	166	100	193	100	64	100	—

7. 受访群体如何看待未成年人的弱点、问题与不当表现

如表 9-171 所示，在 2016 年对受访群体的调查中，各选项的排序："是未成年人成长过程中难以避免的，并不奇怪"（41.49%）、"存在的原因很复杂，要认真分析甄别"（21.81%）、"了解认清是好事，便于对症下药"（17.90%）、"不清楚"（14.55%）与"其他"（4.24%）。大部分受访群体认为未成年人存在的弱点、问题以及不当表现是存在于其成长过程中的必然现象，是其心智发展的必经阶段。

从未成年人与成年人的比较来看，成年人群体更倾向于认为是必经阶段。

表 9-171 受访群体认为的如何看待未成年人的弱点、问题与不当表现（2016年）

选项	总计			未成年人		成年人群体								未成年人与成年人群体比较率差
						合计		中学老师		家长		中学校长		
	人数	比率	排序	人数	比率	人数	比率	人数	比率	人数	比率	人数	比率	
是未成年人成长过程中难以避免的，并不奇怪	978	41.49	1	765	39.56	213	50.35	86	51.81	94	48.70	33	51.56	-10.79
存在的原因很复杂，要认真分析甄别	514	21.81	2	422	21.82	92	21.75	41	24.70	41	21.24	10	15.63	0.07

(续表9-171)

选项	总计			未成年人		成年人群体								未成年人与成年人群体比较率差
						合计		中学老师		家长		中学校长		
	人数	比率	排序	人数	比率	人数	比率	人数	比率	人数	比率	人数	比率	
了解认清是好事，便于对症下药	422	17.90	3	343	17.74	79	18.68	24	14.46	46	23.83	9	14.06	-0.94
其他	100	4.24	5	85	4.40	15	3.55	8	4.82	2	1.04	5	7.81	0.85
不清楚	343	14.55	4	319	16.49	24	5.67	7	4.22	10	5.18	7	10.94	10.82
合计	2357	100	—	1934	100	423	100	166	100	193	100	64	100	—

8. 基本认识

（1）未成年人的不当行为表现可通过日常生活窥见。

未成年人群体自身存在诸如不关心父母、怕受挫折、生活自理能力差等弱点，以及诸如不诚实、满口脏话、穿拖鞋背心上课、上课迟到早退等不当行为。这些不当行为主要通过日常的行为表现呈现出来。在对未成年人进行教育与引导的过程中，要注重从其日常生活中挖掘教育引导因素。

（2）未成年人的不当行为表现是其身心发展的阶段性产物。

未成年人自身存在的弱点、问题以及相关的不当行为是其身心发展的阶段性特征的重要表现，未成年人心智发展不成熟，对事物的认知处于不稳定的态势。在日常生活中，受到心智发展水平的影响，虽然知道有些行为是不该做的，有些行为是明显违反纪律要求的，但是未成年人未能充分认识到事件的后果，导致其做出不当行为。教育工作者要针对未成年人身心发展实际制定相应的教育引导对策。

（3）注重教育与引导来帮助未成年人纠正不当行为。

对未成年人的不当行为纠偏要观察未成年人的日常学习与生活，从日常的行为动向中加以教育与引导。对未成年人的教育要注重针对现实发生的问题，通过案例教育、说理引导以及其他的方法来展开教育。对未成年人的引导可通过与未成年人的互动与交流，切实了解未成年人做出行为时的心理状态与现实想法，来帮助其解决内心深处的症结，纠正其不当行为。

（二）精准了解价值取向

1. 未成年人认为对自己最重要的问题

如表9-172所示，在2009—2013年、2016年对未成年人认为自己最重要的问题的调查中，各选项的排序："身体健康"（48.38%）、"道德修养"（14.06%）、"学习成绩"

(9.53%)、"人的尊严"(9.11%)、"考上大学"(5.62%)、"政治思想进步"(3.14%)、"上好的中学"(2.44%)、"不知道"(2.38%)、"科学素质"(2.03%)、"其他"(1.87%)、"企业家精神"(1.44%)。未成年人首要关注的是自身的身体健康,其次是道德修养与学习成绩等。

从2016年与2009年的比较来看,未成年人对身体健康、学习成绩以及上好的中学的关注度有所上升。

表9-172 未成年人认为对自己最重要的问题(2009—2013年、2016年)

选项	总计			2009—2013年[①]		2009年比率	2016年		2016年与2009年比较率差
	人数	比率	排序	人数	比率		人数	比率	
身体健康	6332	48.38	1	5434	48.71	43.05	898	46.43	3.38
学习成绩	1247	9.53	3	974	8.73	9.30	273	14.12	4.82
上好的中学	320	2.44	7	220	1.97	1.90	100	5.17	3.27
考上大学	735	5.62	5	660	5.92	6.77	75	3.88	-2.89
政治思想进步	411	3.14	6	328	2.94	4.96	83	4.29	-0.67
道德修养	1840	14.06	2	1661	14.89	18.05	179	9.26	-8.79
科学素质	266	2.03	9	210	1.88	1.35	56	2.90	1.55
企业家精神	189	1.44	11	175	1.57	2.17	14	0.72	-1.45
人的尊严	1192	9.11	4	1120	10.04	9.93	72	3.72	-6.21
其他	245	1.87	10	229	2.05	2.26	16	0.83	-1.43
不知道	312	2.38	8	144	1.29	0.26	168	8.69	8.43
合计	13089	100	—	11155	100	100	1934	100	—

2. 未成年人最看重的问题

如表9-173所示,在2012—2013年、2016年对未成年人认为自己最看重的问题的调查中,各选项的排序:"成绩好"(21.42%)、"升学"(20.67%)、"思想素质好"(17.19%)、"道德品质好"(13.50%)、"家庭和睦"(11.62%)、"与同学关系好"(5.27%)、"不清楚"(3.35%)、"其他"(2.95%)、"与老师的关系好"(1.57%)、"能得到经济资助"(1.00%)、"评上'三好学生'或'优秀学生干部'"(0.94%)、

[①] 叶松庆. 当代未成年人道德观发展变化与引导对策的实证研究[M]. 芜湖:安徽师范大学出版社,2016:475.

"受到老师的表扬"(0.51%)。大部分未成年人较为关注自身的成绩与升学。

从2016年与2012年的比较来看,选择"升学"的比率有所上升。总的来说,未成年人对自身的升学更为看重。

表9-173 未成年人认为自己最看重的问题(2012—2013年、2016年)

选项	总计			2012年		2013年		2016年		2016年与2012年比较率差
	人数	比率	排序	人数	比率	人数	比率	人数	比率	
升学	1448	20.67	2	368	17.49	494	16.64	586	30.30	12.81
成绩好	1501	21.42	1	507	24.10	628	21.16	366	18.92	-5.18
思想素质好	1204	17.19	3	526	25.00	440	14.82	238	12.31	-12.69
道德品质好	946	13.50	4	267	12.69	450	15.16	229	11.84	-0.85
与老师的关系好	110	1.57	9	22	1.05	52	1.75	36	1.86	0.81
与同学的关系好	369	5.27	6	88	4.18	204	6.87	77	3.98	-0.20
家庭和睦	814	11.62	5	207	9.84	428	14.42	179	9.26	-0.58
受到老师表扬	36	0.51	12	5	0.24	23	0.77	8	0.41	0.17
评上"三好学生"或"优秀学生干部"	66	0.94	11	7	0.33	42	1.42	17	0.88	0.55
能得到经济资助	70	1.00	10	12	0.57	52	1.75	6	0.31	-0.26
其他	207	2.95	8	74	3.52	91	3.07	42	2.17	-1.35
不清楚	235	3.35	7	21	1.00	64	2.16	150	7.76	6.76
合计	7006	100	—	2104	100	2968	100	1934	100	—

3. 未成年人认为社会对自身最关心的问题

(1) 未成年人的自述。

第一,未成年人认为中学老师对自身最关心的问题。如表9-174所示,在2011—2013年、2016年就未成年人认为老师对自身最关心的问题的调查中,各选项的排序:"学习成绩"(53.65%)、"身体健康"(20.38%)、"道德品质"(8.27%)、"政治素质"

(5.23%)、"不知道"(4.38%)、"思想进步"(4.02%)、"其他"(1.71%)、"同学关系"(1.35%)、"孝顺长辈"(1.02%)。与未成年人自身最关注的问题不同,未成年人认为老师最关注的是自己的学习成绩,而且这一比率接近60%,也超过了未成年人对自己最关注的"身体健康"选项的选择率(48.38%,见表9-171)。未成年人认为在中学老师眼中,未成年人的"身体健康"排在了第二位,而"道德品质"虽然排在了第三位,但其选择比率已经不到10%。

从2016年与2011年的比较来看,2016年较2011年未成年人认为中学老师关注"学习成绩"的比率有所降低,关注"身体健康"的比率在上升,同时对未成年人"道德品质"的关注有所下降。说明了中学老师对未成年人的关注向度有所转变,虽然较为缓慢,但多样化的态势开始出现。

表9-174 未成年人认为老师对自身最关心的问题(2011—2013年、2016年)

选项	总计			2011年		2012年		2013年		2016年		2016年与2011年比较率差
	人数	比率	排序	人数	比率	人数	比率	人数	比率	人数	比率	
身体健康	1821	20.38	2	242	12.53	439	20.87	502	16.91	638	32.99	20.46
学习成绩	4795	53.65	1	1260	65.25	1222	58.08	1597	53.81	716	37.02	-28.23
政治素质	467	5.23	4	118	6.11	82	3.90	172	5.80	95	4.91	-1.20
思想进步	359	4.02	6	56	2.90	96	4.56	135	4.55	72	3.72	0.82
道德品质	739	8.27	3	160	8.29	173	8.22	303	10.21	103	5.33	-2.96
同学关系	121	1.35	8	13	0.67	15	0.71	74	2.49	19	0.98	0.31
孝顺长辈	91	1.02	9	13	0.67	7	0.33	51	1.72	20	1.03	0.36
其他	153	1.71	7	18	0.93	16	0.76	67	2.26	52	2.69	1.76
不知道	391	4.38	5	51	2.64	54	2.57	67	2.26	219	11.32	8.68
合计	8937	100	—	1931	100	2104	100	2968	100	1934	100	—

第二,未成年人认为家长对自身最关心的问题。如表9-175所示,在2009—2013年、2016年就未成年人认为的家长对自身最关心的问题的调查中,各选项的排序:"身体健康"(49.20%)、"学习成绩"(30.90%)、"道德品质"(7.46%)、"政治素质"(3.24%)、"不知道"(2.77%)、"思想进步"(2.38%)、"孝顺长辈"(1.60%)、"其他"(1.43%)、"同学关系"(1.02%)。与未成年人自身一样,未成年人认为家长最关注的也是自己的"身体健康",且这一比率接近半数,是未成年人认为老师对该项选择比率(见表9-174)的近2.5倍。其次,未成年人还表示家长很关注自己的"学习成绩"。这两者比率之和超过80%,代表了大多数家长的意向。

从 2016 年与 2009 年的比较来看，未成年人认为家长对自己"学习成绩"的关注度有所下降，而相应的其他方面有所上升。

表 9-175　未成年人认为家长对自身最关心的问题（2009—2013 年、2016 年）

选项	总计			2009 年		2010 年		2011 年		2012 年		2013 年		2016 年		2016 年与 2009 年比较率差
	人数	比率	排序	人数	比率	人数	比率	人数	比率	人数	比率	人数	比率	人数	比率	
身体健康	6440	49.20	1	946	42.69	856	44.21	811	42.00	1324	62.93	1520	51.21	983	50.83	8.14
学习成绩	4044	30.90	2	816	36.82	749	38.69	751	38.89	478	22.72	797	26.85	453	23.42	-13.40
政治素质	424	3.24	4	57	2.57	53	2.74	65	3.37	47	2.23	106	3.57	96	4.96	2.39
思想进步	311	2.38	6	57	2.57	37	1.91	49	2.54	24	1.14	95	3.20	49	2.53	-0.04
道德品质	976	7.46	3	215	9.70	158	8.16	154	7.98	134	6.37	197	6.64	118	6.10	-3.60
同学关系	134	1.02	9	16	0.72	6	0.31	20	1.04	13	0.62	66	2.22	13	0.67	-0.05
孝顺长辈	210	1.60	7	51	2.30	25	1.29	23	1.19	21	1.00	64	2.16	26	1.34	-0.96
其他	187	1.43	8	35	1.58	15	0.77	22	1.14	21	1.00	76	2.56	18	0.93	-0.65
不知道	363	2.77	5	23	1.04	37	1.91	36	1.86	42	2.00	47	1.58	178	9.20	8.16
合计	13089	100	—	2216	100	1936	100	1931	100	2104	100	2968	100	1934	100	—

第三，未成年人认为校长对自身最关心的问题。如表 9-176 所示，在 2016 年就未成年人认为的中学校长对自身最关心自己的问题的调查中，各选项的排序："身体健康"（32.01%）、"学习成绩"（31.23%）、"不知道"（17.27%）、"政治素质"（6.15%）、"道德品质"（5.02%）、"孝顺长辈"（3.31%）、"思想进步"（2.59%）、"同学关系"（1.34%）、"其他"（1.09%）。未成年人认为校长较为关心自身的身体健康以及学习成绩。未成年人认为的校长的认识与家长的认识较为相似，将"身体健康"排在第一位，其次是学习成绩。

表9-176 未成年人认为校长对自身最关心的问题（2016年）

选项	人数	比率	排序
身体健康	619	32.01	1
学习成绩	604	31.23	2
政治素质	119	6.15	4
思想进步	50	2.59	7
道德品质	97	5.02	5
同学关系	26	1.34	8
孝顺长辈	64	3.31	6
其他	21	1.09	9
不知道	334	17.27	3
合计	1934	100	—

（2）受访群体的看法。

如表9-177所示，在2016年就受访群体认为自己对未成年人最关心的问题的调查中，各选项的排序："身体健康"（43.97%）、"学习成绩"（20.33%）、"道德品质"（13.24%）、"思想进步"（6.86%）、"政治素质"（6.15%）、"同学关系"（2.84%）、"孝顺长辈"（2.60%）、"其他"（2.13%）、"不知道"（1.89%）。受访群体认为自己最关心的是未成年人的身体素质、学习成绩以及道德品质。

从三个成年人群体的比较来看，家长选择"身体健康"的比率最高，其最为关心未成年人的身体素质。

表9-177 受访群体认为自己对未成年人最关心的问题（2016年）

选项	合计		中学老师		家长		中学校长		中学老师与家长比较率差
	人数	比率	人数	比率	人数	比率	人数	比率	
身体健康	186	43.97	63	37.95	100	51.81	23	35.94	-13.86
学习成绩	86	20.33	35	21.08	38	19.69	13	20.31	1.39
政治素质	26	6.15	11	6.63	12	6.22	3	4.69	0.41
思想进步	29	6.86	11	6.63	8	4.15	10	15.63	2.48
道德品质	56	13.24	25	15.06	20	10.36	11	17.19	4.70
同学关系	12	2.84	5	3.01	5	2.59	2	3.13	0.42
孝顺长辈	11	2.60	5	3.01	6	3.11	0	0.00	-0.10

(续表9-177)

选项	合计		中学老师		家长		中学校长		中学老师与家长比较率差
	人数	比率	人数	比率	人数	比率	人数	比率	
其他	9	2.13	6	3.61	2	1.04	1	1.56	2.57
不知道	8	1.89	5	3.01	2	1.04	1	1.56	1.97
合计	423	100	166	100	193	100	64	100	—

(3) 其他研究者的相关研究。

表9-178列举了其他研究者对于该问题做过的研究情况。可以看出，不管是家长还是班主任老师，他们最关心的都是未成年人的学习成绩，但在具体比率上，老师对于未成年人的学习成绩的期望更高，家长则相对较弱，这与本研究的结果基本一致。

秦永芳在2007年对桂林市所辖十二县五区未成年人的调查显示，50.7%的家长最关注未成年人的"学习成绩"。

曹瑞、孟四清和麦清（天津市教育科学研究院）在2011年对全国未成年人的调查显示，46.3%的家长关注未成年人的"学习成绩"，班主任把未成年人的"学习成绩"摆在关注的第一位。

余逸群（北京青少年研究所）在2011年对北京市中学生的调查显示，65.8%的班主任最关心未成年人的"学习成绩"。

本研究有得出与以往研究不同的结论，比如，就未成年人自身来说，他们的家长并非只是关注他们的学习，对于他们的身体健康状况的关心往往处在第一位（见表9-175）。

表9-178 父母与老师最关心未成年人的什么问题

2007年广西桂林市加强与改进未成年人思想道德建设实效性研究课题组对桂林市所辖十二县五区的未成年人调查（N：不详）[1]	2011年天津市教科院的全国未成年人调查（N：5167）[2]	2007年北京市青少年研究所、首都精神文明建设委员会办公室的中学生调查（N：9546）[3]

---

[1] 秦永芳. 关注未成年人的思想道德建设：来自桂林市的调查分析报告[J]. 当代广西，2008 (1)：50-51.

[2] 曹瑞，孟四清，麦清. 中学生德育环境状况的基本判断与建议：基于2011年全国中学生德育环境状况的调查与分析[J]. 思想理论教育，2012 (22)：29-34.

[3] 余逸群. 首都未成年人思想道德现状实证研究[J]. 中国青年政治学院学报，2007 (4)：29-33.

(续表 9-178)

家长最关心你的什么		父母最关心你的什么		班主任最关心你的什么		班主任最关心你哪方面的情况	
选项	比率	选项	比率	选项	排序	选项	比率
学习成绩	50.7	学习成绩	46.3	学习成绩	1	学习成绩	65.8
		人品	27.3			思想品德	15.8
未标明	49.3	生活得是否愉快	15.7	思想品德	2	心理健康	5.9
		衣食住行	10.6			身体健康	5.4
合计	100	合计	100	身体健康	3	同学朋友交往	3.4
						社会上的人际交往	1.3
				心理健康	4	精神生活	2.0
						合计	100

4. 受访群体认为的未成年人如何精准把握价值取向

如表 9-179 所示,在 2016 年对受访群体的调查中,各选项的排序:"深刻、全面地了解自己"(51.29%)、"适时了解社会,关注形势发展与变化"(16.21%)、"不清楚"(13.11%)、"根据社会发展及时调整自己的需求"(10.14%)、"善于与同龄人做比较"(5.43%)、"以父辈的价值取向做参照"(2.21%)、"其他"(1.61%)。从数据来看,大部分受访群体认为未成年人首先应当深刻全面地了解自己,并结合社会以及社会形势的发展与变化精准把握自身的价值取向。

从未成年人与成年人群体的比较来看,未成年人选择"不清楚"选项的比率有所增加,表明其对这一问题的认识较为模糊。

表 9-179 受访群体认为的未成年人如何精准把握价值取向(2016 年)

选项	总计			未成年人		成年人群体								未成年人与成年人群体比较率差
						合计		中学老师		家长		中学校长		
	人数	比率	排序	人数	比率	人数	比率	人数	比率	人数	比率	人数	比率	
深刻、全面地了解自己	1209	51.29	1	977	50.52	232	54.85	88	53.01	115	59.59	29	45.31	-4.33
适时了解社会,关注形势发展与变化	382	16.21	2	290	14.99	92	21.75	40	24.10	37	19.17	15	23.44	-6.76

(续表7-179)

选项	总计			未成年人		成年人群体								未成年人与成年人群体比较率差
						合计		中学老师		家长		中学校长		
	人数	比率	排序	人数	比率	人数	比率	人数	比率	人数	比率	人数	比率	
根据社会发展及时调整自己的需求	239	10.14	4	192	9.93	47	11.11	18	10.84	20	10.36	9	14.06	-1.18
善于与同龄人做比较	128	5.43	5	106	5.48	22	5.20	8	4.82	12	6.22	2	3.13	0.28
以父辈的价值取向做参照	52	2.21	6	39	2.02	13	3.07	6	3.61	3	1.55	4	6.25	-1.05
其他	38	1.61	7	27	1.40	11	2.60	5	3.01	3	1.55	3	4.69	-1.20
不清楚	309	13.11	3	303	15.67	6	1.42	1	0.60	3	1.55	2	3.13	14.25
合计	2357	100	—	1934	100	423	100	166	100	193	100	64	100	—

5. 基本认识

（1）帮助未成年人树立全面发展的理念，既要注重学习成绩也要注重身体健康等素质。

大部分未成年人的价值取向呈现多元化，有诸多的追求，社会群体对未成年人的关注也是多方面的。从未成年人的选择来看，未成年人较为看重学习成绩以及身体健康等素质，从比率来看，这两项占比较高。从未成年人全面发展的角度来看，未成年人不仅要注重学习成绩以及身体健康，还要关注诸如政治素质、道德品质以及孝顺父母等素质。各级教育工作者要帮助未成年人积极适应新的形势，树立全面发展的理念，促进其健康成长。

（2）未成年人自身要脚踏实地，从点滴行为做起，逐渐形成良好的价值取向。

努力帮助未成年人养成全面发展的价值理念，未成年人自身要脚踏实地，从日常行为的点滴做起。如学习层面，未成年人要注意在课堂中认真听讲，养成独立思考的学习习惯。在身体健康素质的培育上，未成年人要积极参与形式多样的体育锻炼。此外，未成年人要注重点滴养成，脚踏实地，逐渐养成良好的行为习惯与形成良好的价值取向。

（3）教育工作者要注意引导未成年人树立远大的道德理想。

道德理想是未成年人道德素质与发展水平的重要体现，各级教育工作者要注意积极引导未成年人树立远大的道德理想。在未成年人的日常学习与生活中，教育工作者在厘清道德理想概念内涵与外延的基础上，要注重从细节处入手，教育未成年人规范自身的行为，养成良好的习惯，注重德行的培育，从小树立远大的道德理想。

(三)努力强化接受心理

1. 将倾诉心理转化为接受心理

(1)从最愿和谁讲心里话方面。

第一,未成年人和老师讲心里话的情况:

未成年人的自述。如表9-180所示,在2007—2011年、2015—2016年对未成年人和老师讲心里话情况的调查中,32.24%的未成年人选择"有时讲",居于第一位。选择"不愿讲"的比率为27.59%。选择"不敢讲"和"讲"的比率分别为26.85%和13.32%。大部分未成年人会和老师讲心里话。

从2016年与2007年的比较来看,选择"讲"的比率有所上升,是增幅最大的选项。大部分未成年人会和老师讲心里话,但仍有部分未成年人因为胆怯或者其他的想法不愿与中学老师讲心里话。

表9-180 未成年人和老师讲心里话的情况(2007—2011年、2015—2016年)

选项	总计			2007—2011年[①]			2007年比率	2015年		2016年		2016年与2007年比较率差
	人数	比率	排序	人数	比率	排序		人数	比率	人数	比率	
讲	2212	13.32	4	1221	9.28	4	9.82	276	18.18	715	36.97	27.15
有时讲	5353	32.24	1	4319	32.84	1	34.88	557	36.69	477	24.66	-10.22
不敢讲	4458	26.85	3	3901	29.66	2	30.67	310	20.42	247	12.77	-17.9
不愿讲	4582	27.59	2	3712	28.22	3	24.63	375	24.70	495	25.59	0.96
合计	16605	100	—	13153	100	—	100	1518	100	1934	100	—

中学老师眼中的未成年人和老师讲心里话的情况。如表9-181所示,在2008—2013年、2016年对中学老师认为的未成年人和老师讲心里话情况的调查中,46.84%的中学老师认为未成年人和老师很少讲心里话,选择"讲"的比率为37.20%。选择"不敢讲"与"不愿讲"的比率分别为8.42%与7.54%。

从2016年与2008年的比较来看,选择"讲"的比率有所上升。总的来说,大部分中学老师眼中未成年人很少与老师讲心里话。

---

① 叶松庆.当代未成年人道德观发展变化与引导对策的实证研究[M].芜湖:安徽师范大学出版社,2016:484.

表9-181 中学老师认为的未成年人和老师讲心里话的情况（2008—2013年、2016年）

选项	总计			2008—2013年①			2008年比率	2016年		2016年与2008年比较率差
	人数	比率	排序	人数	比率	排序		人数	比率	
讲	548	37.20	2	487	37.26	2	32.26	61	36.75	4.49
很少讲	690	46.84	1	606	46.37	1	49.03	84	50.60	1.57
不敢讲	124	8.42	3	119	9.10	3	10.97	5	3.01	-7.96
不愿讲	111	7.54	4	95	7.27	4	7.74	16	9.64	1.90
合计	1473	100	—	1307	100	100		166	100	—

中学校长、德育工作者、小学校长眼中的未成年人和老师讲心里话的情况。如表9-182所示，在2013年和2016年对中学校长、2013年对德育工作者、2013年对小学校长认为未成年人和老师（指中学校长、德育工作者、小学校长）讲心里话情况的调查中，各选项的排序："有时讲"（57.49%）、"讲"（24.77%）、"不愿讲"（9.79%）、"不敢讲"（7.95%）。在这三个群体中，超过半数表示未成年人很少和自己讲心里话，明确表示会讲的比率较前面的群体相比最少。

从中学校长、德育工作者与小学校长的比较来看，小学校长表示未成年人会和他们讲心里话的比率最高。

表9-182 中学校长、德育工作者和小学校长认为的未成年人和老师讲心里话的情况（2013年、2016年）

选项	总计			中学校长					德育工作者（2013年）		小学校长（2013年）		中学校长与小学校长比较率差
				合计		2013年		2016年					
	人数	比率	排序	人数	比率	人数	比率	人数	比率	人数	比率	人数	比率	
讲	81	24.77	2	52	21.14	41	22.53	11	17.19	14	32.56	15	39.47	-18.33
有时讲	188	57.49	1	146	59.35	109	59.89	37	57.81	22	51.16	20	52.63	6.72
不敢讲	26	7.95	4	20	8.13	15	8.24	5	7.81	4	9.30	2	5.26	2.87
不愿讲	32	9.79	3	28	11.38	17	9.34	11	17.19	3	6.98	1	2.63	8.75
合计	327	100	—	246	100	182	100	64	100	43	100	38	100	—

---

① 叶松庆. 当代未成年人道德观发展变化演化与引导对策的实证研究［M］. 芜湖：安徽师范大学出版社，2016：485.

第二,未成年人和父母讲心里话的情况:

未成年人的自述。如表9-183所示,在2007—2011年、2015—2016年对未成年人和父母讲心里话情况的调查中,41.62%的未成年人表示有时会和父母讲心里话。其余选项的排序:"讲"(30.47%)、"不愿讲"(18.02%)、"不敢讲"(9.89%)。大部分的未成年人会和父母讲心里话,只是讲的频率不高。

从2016年与2007年的比较来看,选择"讲"的比率有所提高,是增幅最大的选项。

表9-183 未成年人和父母讲心里话的情况(2007—2011年、2015—2016年)

选项	总计			2007—2011年[①]			2007年比率	2015年		2016年		2016年与2007年比较率差
	人数	比率	排序	人数	比率	排序		人数	比率	人数	比率	
讲	5059	30.47	2	3684	28.01	2	26.27	512	33.73	863	44.62	18.35
有时讲	6911	41.62	1	5703	43.36	1	41.18	685	45.13	523	27.04	-14.14
不敢讲	1643	9.89	4	1382	10.51	4	14.65	124	8.17	137	7.08	-7.57
不愿讲	2992	18.02	3	2384	18.13	3	17.90	21.25	197	12.98	411	3.35
合计	16605	100	—	13153	100	—	100	1518	100	1934	100	—

家长眼中的未成年人对父母讲心里话的情况。如表9-184所示,在2010—2013年、2016年对家长认为未成年人对父母讲心里话情况的调查中,44.30%的家长认为未成年人会和父母讲心里话。其他选项的排序:"讲"(39.47%)、"不愿讲"(9.76%)与"不敢讲"(6.47%)。

从2016年与2010年的比较来看,选择"讲"的比率有所上升,从与未成年人自身表述的对比来看,家长认为未成年人与自己讲心里话的比率较高。

[①] 叶松庆. 当代未成年人道德观发展变化与引导对策的实证研究[M]. 芜湖:安徽师范大学出版社,2016:486.

表9-184 家长认为的未成年人对父母讲心里话的情况（2010—2013年、2016年）

选项	总计			2010—2013年①			2010年比率	2016年		2016年与2010年比较率差
	人数	比率	排序	人数	比率	排序		人数	比率	
讲	384	39.47	2	293	37.56	2	36.73	91	47.15	10.42
很少讲	431	44.30	1	355	45.51	1	50.00	76	39.38	-10.62
不敢讲	63	6.47	4	59	7.56	4	5.10	4	2.07	-3.03
不愿讲	95	9.76	3	73	9.36	3	8.16	22	11.40	3.24
合计	973	100	—	780	100	100	—	193	100	—

受访群体的看法。如表9-185所示，在2016年对受访群体的调查中，43.06%的受访群体认为未成年人和父母讲心里话。其他选项的比率为："很少讲"（30.80%）、"不愿讲"（19.60%）与"不敢讲"（6.53%）。总的来说，大部分受访群体认为未成年人和父母会讲心里话。

从未成年人与成年人群体的比较来看，未成年人选择"讲"的比率较成年人群体要高。

表9-185 受访群体认为的未成年人对父母讲心里话的情况（2016年）

选项	总计			未成年人		成年人群体							未成年人与成年人群体比较率差
						合计		中学老师		家长		中学校长	
	人数	比率	排序	人数	比率	人数	比率	人数	比率	人数	比率	人数	比率	
讲	1015	43.06	1	863	44.62	152	35.93	51	30.72	91	47.15	10	15.63	8.69
很少讲	726	30.80	2	523	27.04	203	47.99	89	53.61	76	39.38	38	59.38	-20.95
不敢讲	154	6.53	4	137	7.08	17	4.02	10	6.02	4	2.07	3	4.69	3.06
不愿讲	462	19.60	3	411	21.25	51	12.06	16	9.64	22	11.40	13	20.31	9.19
合计	2357	100	—	1934	100	423	100	166	100	193	100	64	100	

---

① 叶松庆. 当代未成年人道德观发展变化与引导对策的实证研究［M］. 芜湖：安徽师范大学出版社，2016：486.

第三，未成年人对同学讲心里话的情况：

未成年人的自述。如表9-186所示，在2007—2011年、2015—2016年对未成年人对同学讲心里话情况的调查中，各选项的排序："有时讲"（41.59%）、"讲"（41.40%）、"不愿讲"（12.10%）、"不敢讲"（4.91%）。未成年人愿意和同学讲心里话的比率超过80%，超过了他们愿意对家长讲心里话的比率，也高于愿意对中学老师讲心里话的比率。未成年人的同学也是他们的朋友，作为同辈群体，他们之间的沟通最为容易，也最容易产生共鸣。此外，他们对于同辈群体没有畏惧感，无须带着压力交流，这是他们容易沟通的重要原因。

从2016年与2007年的比较来看，未成年人和同学讲心里话的选择有一定的变化。

表9-186 未成年人对同学讲心里话的情况（2007—2011年，2015—2016年）

选项	总计			2007年		2008年		2009年		2010年		2011年		2015年		2016年		2016年与2007年比较率差
	人数	比率	排序	人数	比率	人数	比率	人数	比率	人数	比率	人数	比率	人数	比率	人数	比率	
讲	6875	41.40	2	1626	40.40	1256	41.25	905	40.84	871	44.99	803	41.58	559	36.82	855	44.21	3.81
有时讲	6906	41.59	1	1891	46.98	1153	37.87	992	44.77	803	41.48	832	43.09	674	44.40	561	29.01	-17.97
不敢讲	815	4.91	4	115	2.86	295	9.69	59	2.66	64	3.31	97	5.02	73	4.81	112	5.79	2.93
不愿讲	2009	12.10	3	393	9.76	341	11.20	260	11.73	198	10.23	199	10.31	212	13.97	406	20.99	11.23
合计	16605	100	—	4025	100	3045	100	2216	100	1936	100	1931	100	1518	100	1934	100	—

受访群体的看法。如表9-187所示，在2016年对受访群体的调查中，45.23%的受访群体选择"讲"。其他选项的排序："很少讲"（30.72%）、"不愿讲"（18.46%）与"不敢讲"（5.60%）。大部分受访群体认为未成年人会和同学讲心里话，但是经常性的频率较低。

从未成年人与成年人群体的比较来看，未成年人群体选择"不愿讲"的比率较成年人群体要高。应注意厘清其不愿讲的原因，并提出针对性较强的教育引导对策。

表 9-187　受访群体认为的未成年人对同学讲心里话的情况（2016 年）

选项	总计			未成年人		成年人群体								未成年人与成年人群体比较率差
						合计		中学老师		家长		中学校长		
	人数	比率	排序	人数	比率	人数	比率	人数	比率	人数	比率	人数	比率	
讲	1066	45.23	1	855	44.21	211	49.88	78	46.99	112	58.03	21	32.81	-5.67
很少讲	724	30.72	2	561	29.01	163	38.53	66	39.76	66	34.20	31	48.44	-9.52
不敢讲	132	5.60	4	112	5.79	20	4.73	12	7.23	6	3.11	2	3.13	1.06
不愿讲	435	18.46	3	406	20.99	29	6.86	10	6.02	9	4.66	10	15.63	14.13
合计	2357	100	—	1934	100	423	100	166	100	193	100	64	100	—

（2）从主动与老师汇报学习、生活状况方面。

第一，未成年人的自述。如表 9-188 所示，在 2014—2016 年对未成年人主动和老师交流生活、学习状况的调查中，79.36% 的未成年人会主动和老师交流生活、学习状况。就交流的频率来看，选择"频繁"与"经常"的比率分别为 15.70% 与 13.08%。

从 2016 年与 2014 年的比较来看，选择"频繁"的比率有所增加，表明未成年人主动与老师交流的意识逐渐增强。通过积极主动地同老师交流生活与学习状况，有助于逐渐排解未成年人心中的疑惑，促进其健康全面发展。

表 9-188　未成年人主动和老师交流生活、学习状况（2014—2016 年）

选项	总计		2014 年		2015 年		2016 年		2016 年与 2014 年比较率差
	人数	比率	人数	比率	人数	比率	人数	比率	
频繁	1003	15.70	225	7.66	195	12.85	583	30.14	22.48
经常	836	13.08	322	10.96	197	12.98	317	16.39	5.43
有时	1507	23.58	857	29.17	348	22.92	302	15.62	-13.55
很少	1725	27.00	1067	36.32	362	23.85	296	15.31	-21.01
从不	1319	20.64	467	15.90	416	27.40	436	22.54	6.64
合计	6390	100	2938	100	1518	100	1934	100	—

第二，受访群体的看法。如表 9-189 所示，在 2016 年对受访群体的调查中，80.27% 的受访群体认为未成年人会主动和老师交流生活、学习状况，其中选择"频繁"的比率为 29.02%。选择"从不"的比率为 19.73%。大部分未成年人会主动和老师交流生活、学习状况。

从未成年人与成年人群体的比较来看，未成年人群体选择"频繁"的比率较成年人群体要高 6.26%。

表 9-189 受访群体认为的未成年人主动和老师交流生活、学习状况（2016 年）

选项	总计			未成年人		成年人群体								未成年人与成年人群体比较率差
						合计		中学老师		家长		中学校长		
	人数	比率	排序	人数	比率	人数	比率	人数	比率	人数	比率	人数	比率	
频繁	684	29.02	1	583	30.14	101	23.88	38	22.89	58	30.05	5	7.81	6.26
经常	413	17.52	4	317	16.39	96	22.70	42	25.30	38	19.69	16	25.00	-6.31
有时	440	18.67	3	302	15.62	138	32.62	57	34.34	54	27.98	27	42.19	-17.00
很少	355	15.06	5	296	15.31	59	13.95	18	10.84	30	15.54	11	17.19	1.36
从不	465	19.73	2	436	22.54	29	6.86	11	6.63	13	6.74	5	7.81	15.68
合计	2357	100	—	1934	100	423	100	166	100	193	100	64	100	—

（3）从主动与父母亲汇报学习、生活状况方面。

第一，未成年人的自述。如表 9-190 所示，在 2014—2016 年对未成年人主动与父母汇报学习、生活状况的调查中，各选项的排序："有时"（28.69%）、"频繁"（21.21%）、"经常"（20.80%）、"很少"（16.70%）、"从不"（12.61%）。大部分未成年人会主动与父母汇报学习、生活状况。

从 2016 年与 2014 年的比较来看，选择"频繁"的比率有所上升。未成年人主动与父母汇报学习与生活状况，有助于父母深入指出其学习与生活中存在的困惑。

表 9-190 未成年人主动与父母亲汇报学习、生活状况（2014—2016 年）

选项	总计		2014 年		2015 年		2016 年		2016 年与 2014 年比较率差
	人数	比率	人数	比率	人数	比率	人数	比率	
频繁	1355	21.21	388	13.21	283	18.64	684	35.37	22.16
经常	1329	20.80	583	19.84	333	21.94	413	21.35	1.51
有时	1833	28.69	1110	37.78	370	24.37	353	18.25	-19.53
很少	1067	16.70	620	21.10	293	19.30	154	7.96	-13.14
从不	806	12.61	237	8.07	239	15.74	330	17.06	8.99
合计	6390	100	2938	100	1518	100	1934	100	—

第二，受访群体的看法。如表9-191所示，在2016年对受访群体的调查中，33.81%的受访群体认为未成年人会"频繁"与父母汇报学习、生活状况。选择"经常"的比率为21.93%。选择"有时""很少"与"从不"的比率分别为20.53%、8.87%与14.85%。

从未成年人与成年人群体的比较来看，未成年人选择"频繁"的比率较成年人群体要高。

表9-191 受访群体认为的未成年人与父母亲汇报学习、生活状况（2016年）

选项	总计			未成年人		成年人群体								未成年人与成年人群体比较率差
						合计		中学老师		家长		中学校长		
	人数	比率	排序	人数	比率	人数	比率	人数	比率	人数	比率	人数	比率	
频繁	797	33.81	1	684	35.37	113	26.71	31	18.67	70	36.27	12	18.75	8.66
经常	517	21.93	2	413	21.35	104	24.59	36	21.69	54	27.98	14	21.88	-3.24
有时	484	20.53	3	353	18.25	131	30.97	70	42.17	40	20.73	21	32.81	-12.72
很少	209	8.87	5	154	7.96	55	13.00	19	11.45	24	12.44	12	18.75	-5.04
从不	350	14.85	4	330	17.06	20	4.73	10	6.02	5	2.59	5	7.81	12.33
合计	2357	100	—	1934	100	423	100	166	100	193	100	64	100	—

2. 直接强化接受心理

（1）未成年人平时最愿听谁的话。

第一，未成年人的自述。如表9-192所示，在2014—2016年对未成年人平时最愿听谁的话的调查中，各选项的排序："父亲"（36.64%）、"母亲"（30.78%）、"爷爷、奶奶或外祖父、外祖母"（9.94%）、"其他"（8.70%）、"班主任"（5.41%）、"好朋友"（3.69%）、"所崇拜的人"（2.75%）、"任课老师"（1.49%）、"同学"（0.59%）。结果表明，未成年人平时最愿听父亲和母亲的话。

表9-192 未成年人平时最愿听谁的话（2014—2016年）

选项	总计			2014年		2015年		2016年		2016年与2014年比较率差
	人数	比率	排序	人数	比率	人数	比率	人数	比率	
父亲	2341	36.64	1	1078	36.69	547	36.03	716	37.02	0.33
母亲	1967	30.78	2	982	33.42	496	32.67	489	25.28	-8.14

(续表9-192)

选项	总计			2014年		2015年		2016年		2016年与2014年比较率差
	人数	比率	排序	人数	比率	人数	比率	人数	比率	
爷爷、奶奶或外祖父、外祖母	635	9.94	3	295	10.04	114	7.51	226	11.69	1.65
班主任	346	5.41	5	172	5.85	72	4.74	102	5.27	-0.58
任课老师	95	1.49	8	43	1.46	22	1.45	30	1.55	0.09
好朋友	236	3.69	6	83	2.83	54	3.56	99	5.12	2.29
同学	38	0.59	9	12	0.41	13	0.86	13	0.67	0.26
所崇拜的人	176	2.75	7	54	1.84	78	5.14	44	2.28	0.44
其他	556	8.70	4	219	7.45	122	8.04	215	11.12	3.67
合计	6390	100	—	2938	100	1518	100	1934	100	—

第二，中学老师的看法。如表9-193所示，在2008—2013年、2016年对中学老师认为的未成年人平时最愿听谁的话的调查中，各选项的排序："班主任"（29.26%）、"所崇拜的人"（21.93%）、"好朋友（同学）"（19.08%）、"父亲"（10.73%）、"母亲"（9.57%）、"任课老师"（4.34%）、"校长"（2.17%）、"祖辈"（2.04%）、"其他"（0.88%）。中学老师认为未成年人平时最愿听班主任以及其所崇拜的人的话。

从2016年与2008年的比较来看，中学老师认为未成年人平时最愿听"父亲"的话的比率所增加。

表9-193 中学老师认为的未成年人平时最愿听谁的话（2008—2013年、2016年）

选项	总计			2008—2013年①			2008年比率	2016年		2016年与2008年比较率差
	人数	比率	排序	人数	比率	排序		人数	比率	
父亲	158	10.73	4	122	9.33	4	12.26	36	21.69	9.43
母亲	141	9.57	5	119	9.10	5	5.81	22	13.25	7.44
祖辈	30	2.04	8	19	1.45	8	1.94	11	6.63	4.69
班主任	431	29.26	1	430	32.90	1	35.47	1	0.60	-34.87
任课老师	64	4.34	6	24	1.84	7	3.87	40	24.10	20.23
校长	32	2.17	7	25	1.91	6	0.65	7	4.22	3.57

---

① 叶松庆. 当代未成年人道德观发展变化与引导对策的实证研究[M]. 芜湖：安徽师范大学出版社，2016：489.

(续表9-193)

选项	总计			2008—2013年①			2008年比率	2016年		2016年与2008年比较率差
	人数	比率	排序	人数	比率	排序		人数	比率	
好朋友（同学）	281	19.08	3	259	19.82	3	21.29	22	13.25	-8.04
所崇拜的人	323	21.93	2	302	23.11	2	18.71	21	12.65	-6.06
其他	13	0.88	9	7	0.54	9	0.00	6	3.61	3.61
合计	1473	100	—	1307	100	—	100	166	100	—

第三，家长的看法。如表9-194所示，在2010—2013年、2016年对家长认为的未成年人平时最愿听谁的话的调查中，各选项的排序："班主任"（28.37%）、"父亲"（17.88%）、"母亲"（17.37%）、"好朋友（同学）"（12.54%）、"所崇拜的人"（11.51%）、"任课老师"（5.24%）、"祖辈"（2.98%）、"其他"（2.98%）、"校长"（1.13%）。家长认为未成年人平时最愿意听班主任以及父母的话。

从2016年的与2010年的比较来看，家长认为未成年人平时最愿听"父亲"话的人数增多幅度较大，"所崇拜的人"的比率降幅较大。

表9-194 家长认为的未成年人平时最愿听谁的话（2010—2013年、2016年）

选项	总计			2010—2013年②			2010年比率	2016年		2016年与2010年比较率差
	人数	比率	排序	人数	比率	排序		人数	比率	
父亲	174	17.88	2	134	17.18	3	12.24	40	20.73	8.49
母亲	169	17.37	3	137	17.56	2	19.39	32	16.58	-2.81
祖辈	29	2.98	7	25	3.21	8	0.00	4	2.07	2.07
班主任	276	28.37	1	218	27.95	1	29.59	58	30.05	0.46
任课老师	51	5.24	6	28	3.59	6	5.10	23	11.92	6.82
校长	11	1.13	9	7	0.90	9	0.00	4	2.07	2.07
好朋友（同学）	122	12.54	4	102	13.08	4	14.29	20	10.36	-3.93
所崇拜的人	112	11.51	5	102	13.08	4	19.39	10	5.18	-14.21
其他	29	2.98	8	27	3.46	7	0.00	2	1.04	1.04
合计	973	100	—	780	100	—	100	193	100	—

---

① 叶松庆. 当代未成年人道德观发展变化与引导对策的实证研究[M]. 芜湖：安徽师范大学出版社，2016：489.

② 叶松庆. 当代未成年人道德观发展变化与引导对策的实证研究[M]. 芜湖：安徽师范大学出版社，2016：490.

第四，中学校长、德育工作者、小学校长的看法。如表9-195所示，在2013年和2016年对中学校长、2013年对德育工作者、2013年对小学校长认为的未成年人平时最愿听谁的话的调查中，各选项的排序："任课老师"（34.86%）、"所崇拜的人"（16.51%）、"好朋友（同学）"（13.15%）、"母亲"（11.93%）、"父亲"（8.56%）、"班主任"（7.03%）、"祖辈"（3.67%）、"校长"（3.67%）、"其他"（0.61%）。中学校长等三个群体认为未成年人平时最愿听任课老师以及其所崇拜的人的话。

从三个成年人群体的比较来看，中小学校长认为未成年人平时最愿意听任课老师的话，而德育工作者则认为未成年人平时最愿意听班主任的话。

表9-195 中学校长、德育工作者、小学校长认为的未成年人平时最愿听谁的话（2013年、2016年）

| 选项 | 总计 | | | 中学校长 | | | | | | 德育工作者（2013年） | | 小学校长（2013年） | | 中学校长与小学校长比较率差 |
| | | | | 合计 | | 2013年[①] | | 2016年 | | | | | | |
	人数	比率	排序	人数	比率	人数	比率	人数	比率	人数	比率	人数	比率	
父亲	28	8.56	5	21	8.54	12	6.59	9	14.06	2	4.65	5	13.16	-4.62
母亲	39	11.93	4	31	12.60	19	10.44	12	18.75	3	6.98	5	13.16	-0.56
祖辈	12	3.67	7	11	4.47	6	3.30	5	7.81	1	2.33	0	0.00	4.47
班主任	23	7.03	6	8	3.25	1	0.55	7	10.94	15	34.88	0	0.00	3.25
任课老师	114	34.86	1	98	39.84	78	42.86	20	31.25	2	4.65	14	36.84	3.00
校长	12	3.67	7	10	4.07	6	3.30	4	6.25	1	2.33	1	2.63	1.44
好朋友（同学）	43	13.15	3	34	13.82	30	16.48	4	6.25	6	13.95	3	7.89	5.93
所崇拜的人	54	16.51	2	31	12.60	29	15.93	2	3.13	13	30.23	10	26.32	-13.72
其他	2	0.61	9	2	0.81	1	0.55	1	1.56	0	0.00	0	0.00	0.81
合计	327	100	—	246	100	182	100	64	100	43	100	38	100	—

第五，受访群体看法的比较。如表9-196所示，对受访群体的调查中，未成年人表示平时最愿听"父亲"与"母亲"的话，中学老师、德育工作者认为未成年人平时最愿听"班主任"与"所崇拜的人"的话，家长认为未成年人平时最愿听"班主任"与"父亲"的话，中学校长认为未成年人平时最愿听"任课老师"与"好朋友（同学）"的话，小学校长则认为未成年人最愿听"任课老师"与"所崇拜的人"的话。从这里可以看

[①] 叶松庆．当代未成年人道德观发展变化与引导对策的实证研究[M]．芜湖：安徽师范大学出版社，2016：490.

出,"班主任""任课老师""父亲""所崇拜的人""母亲""好朋友(同学)"对未成年人有较强的影响力。

表 9-196 受访群体看法的比较

选项	父亲	母亲	祖辈	班主任	任课老师	校长	好朋友（同学）	所崇拜的人	其他	有效样本量/人
未成年人（2014—2016 年）	36.64%	30.78%	9.94%	5.41%	1.49%	3.69%	0.59%	2.75%	8.70%	6390
中学老师（2010—2013 年、2016 年）	10.73%	9.57%	2.04%	29.26%	4.34%	2.17%	19.08%	21.93%	0.88%	1473
家长（2010—2013 年、2016 年）	19.53%	19.42%	4.01%	22.61%	6.27%	1.13%	12.54%	11.51%	2.98%	973
中学校长（2013 年、2016 年）	8.54%	12.60%	4.47%	3.25%	39.84%	4.07%	13.82%	12.60%	0.81%	246
德育工作者（2013 年）	4.65%	6.98%	2.33%	34.88%	4.65%	2.33%	13.95%	30.23%	0.00%	43
小学校长（2013 年）	13.16%	13.16%	0.00%	0.00%	36.84%	2.63%	7.89%	26.32%	0.00%	38
比率平均值	15.54%	15.42%	3.80%	15.90%	15.57%	2.67%	11.31%	17.56%	2.23%	—

(2) 未成年人平时最愿和谁倾诉苦恼。

第一,未成年人的自述。如表 9-197 所示,在 2006—2013 年、2016 年对未成年人平时最愿和谁倾诉苦恼的调查中,30.66% 的未成年人表示会和"最要好的朋友"倾诉。其他选项的排序:"母亲"(16.97%)、"闷在心里"(12.69%)、"父亲"(12.49%)、"最好的同学"(12.00%)、"兄弟姐妹"(6.03%)、"和谁都想讲"(3.65%)、"其他"(2.20%)、"老师"(1.70%)、"亲戚"(1.62%)。未成年人平时遇到苦恼时愿意与好朋友倾诉,朋辈群体间有更多的共同话语,有助于拉近彼此间的距离,更容易交流。

从 2016 年与 2006 年的比较来看,选择"父亲"与"母亲"的比率有所上升。

表 9-197　未成年人平时最愿和谁倾诉苦恼（2006—2013 年、2016 年）

选项	总计			2006—2013 年①		2006 年比率	2016 年		2016 年与 2006 年比较率差
	人数	比率	排序	人数	比率		人数	比率	
父亲	2820	12.49	4	2284	11.06	10.59	536	27.71	17.12
母亲	3832	16.97	2	3380	16.37	14.47	452	23.37	8.90
兄弟姐妹	1362	6.03	6	1214	5.88	1.85	148	7.65	5.80
亲戚	366	1.62	10	329	1.59	0.78	37	1.91	1.13
老师	384	1.70	9	338	1.64	2.06	46	2.38	0.32
最要好的朋友	6924	30.66	1	6644	32.17	26.22	280	14.48	-11.74
最好的同学	2710	12.00	5	2647	12.82	22.26	63	3.26	-19.00
和谁都想讲	825	3.65	7	798	3.86	3.63	27	1.40	-2.23
闷在心里	2865	12.69	3	2729	13.21	18.14	136	7.03	-11.11
其他	497	2.20	8	288	1.39	0.00	209	10.81	10.81
合计	22585	100	—	20651	100	100	1934	100	—

第二，中学老师的看法。如表 9-198 所示，在 2008—2013 年、2016 年对中学老师认为的未成年人平时最愿和谁倾诉苦恼的调查中，各选项的排序："最要好的朋友"（50.78%）、"最好的同学"（17.31%）、"母亲"（7.13%）、"闷在心里"（6.86%）、"父亲"（6.04%）、"兄弟姐妹"（3.46%）、"老师"（2.99%）、"和谁都想讲"（2.85%）、"亲戚"（2.10%）、"不清楚"（0.48%）。中学老师认为未成年人最愿意和最要好的朋友倾诉苦恼，其次是最好的同学。

从 2016 年与 2008 年的比较来看，中学老师认为未成年人选择父母作为倾诉对象的比率有所增加。

---

① 叶松庆. 当代未成年人道德观发展变化与引导对策的实证研究 [M]. 芜湖：安徽师范大学出版社，2016：479.

表9-198 中学老师认为的未成年人平时最愿和谁倾诉苦恼(2008—2013年、2016年)

选项	总计			2008—2013年①			2008年比率	2016年		2016年与2008年比较率差
	人数	比率	排序	人数	比率	排序		人数	比率	
父亲	89	6.04	5	57	4.36	5	0.65	32	19.28	18.63
母亲	105	7.13	3	85	6.50	4	7.74	20	12.05	4.31
兄弟姐妹	51	3.46	6	40	3.06	7	0.65	11	6.63	5.98
亲戚	31	2.10	9	29	2.22	9	0.65	2	1.20	0.55
老师	44	2.99	7	40	3.06	7	5.81	4	2.41	-3.40
最要好的朋友	748	50.78	1	693	53.02	1	51.61	55	33.13	-18.48
最好的同学	255	17.31	2	225	17.21	2	25.81	30	18.07	-7.74
和谁都想讲	42	2.85	8	41	3.14	6	1.29	1	0.60	-0.69
闷在心里	101	6.86	4	95	7.27	3	5.79	6	3.61	-2.18
不清楚	7	0.48	10	2	0.15	10	0.00	5	3.01	3.01
合计	1473	100	—	1307	100	—	100	166	100	—

第三,家长的看法。如表9-199所示,在2010—2013年、2016年对家长认为的未成年人平时最愿和谁倾诉苦恼的调查中,各选项的排序:"最要好的朋友"(31.04%)、"母亲"(20.45%)、"最好的同学"(18.09%)、"父亲"(11.51%)、"兄弟姐妹"(6.58%)、"闷在心里"(4.73%)、"不清楚"(4.52%)、"和谁都想讲"(1.23%)、"老师"(1.23%)、"亲戚"(0.62%)。大部分家长认为未成年人平时最愿与最要好的朋友倾诉。

从2016年与2010年的比较来看,家长认为未成年人平时愿意与父母以及兄弟姐妹倾诉苦恼的比率有所增加。

---

① 叶松庆. 当代未成年人道德观发展变化与引导对策的实证研究[M]. 芜湖:安徽师范大学出版社,2016:480.

表9-199 家长认为的未成年人平时最愿和谁倾诉苦恼（2010—2013年、2016年）

选项	总计			2010年		2011年		2012年		2013年		2016年		2016年与2010年比较率差
	人数	比率	排序	人数	比率	人数	比率	人数	比率	人数	比率	人数	比率	
父亲	112	11.51	4	4	4.08	14	7.65	15	7.32	24	8.16	55	28.50	24.42
母亲	199	20.45	2	17	17.35	37	20.22	27	13.17	69	23.47	49	25.39	8.04
兄弟姐妹	64	6.58	5	2	2.04	9	4.92	22	10.73	19	6.46	12	6.22	4.18
亲戚	6	0.62	10	0	0.00	0	0.00	3	1.46	2	0.68	1	0.52	0.52
老师	12	1.23	8	1	1.02	4	2.19	1	0.49	3	1.02	3	1.55	0.53
最要好的朋友	302	31.04	1	46	46.94	72	39.34	46	22.44	97	32.99	41	21.24	-25.70
最好的同学	176	18.09	3	23	23.47	28	15.30	62	30.24	42	14.29	21	10.88	-12.59
和谁都想讲	12	1.23	8	1	1.02	7	3.83	2	0.98	2	0.68	0	0.00	-1.02
闷在心里	46	4.73	6	4	4.08	12	6.56	6	2.93	17	5.78	7	3.63	-0.45
不清楚	44	4.52	7	0	0.00	0	0.00	21	10.24	19	6.46	4	2.07	2.07
合计	973	100	—	98	100	183	100	205	100	294	100	193	100	—

第四，中学校长、德育工作者、小学校长的看法。如表9-200所示，在2013年和2016年对中学校长、2013年对德育工作者、2013年对小学校长就未成年人平时最愿和谁倾诉苦恼的调查中，各选项的排序："最要好的朋友"（46.18%）、"最好的同学"（23.55%）、"母亲"（11.62%）、"父亲"（4.59%）、"兄弟姐妹"（4.28%）、"老师"（2.45%）、"闷在心里"（2.45%）、"和谁都想讲"（2.14%）、"不清楚"（1.53%）、"亲戚"（1.22%）。大部分受访群体认为未成年人平时最愿和最要好的朋友倾诉。

表9-200 中学校长、德育工作者、小学校长认为的未成年人平时最愿和谁倾诉苦恼（2013年、2016年）

选项	总计			中学校长						德育工作者（2013年）		小学校长（2013年）		中学校长与小学校长比较率差
				合计		2013年①		2016年						
	人数	比率	排序	人数	比率	人数	比率	人数	比率	人数	比率	人数	比率	
父亲	15	4.59	4	14	5.69	6	3.30	8	12.50	0	0.00	1	2.63	3.06
母亲	38	11.62	3	31	12.60	22	12.09	9	14.06	6	13.95	1	2.63	9.97
兄弟姐妹	14	4.28	5	12	4.88	4	2.20	8	12.50	0	0.00	2	5.26	-0.38

---

① 叶松庆.当代未成年人道德观发展变化与引导对策的实证研究［M］.芜湖：安徽师范大学出版社，2016：481.

(续表9-200)

| 选项 | 总计 | | | 中学校长 | | | | | | 德育工作者(2013年) | | 小学校长(2013年) | | 中学校长与小学校长比较率差 |
| | | | | 合计 | | 2013年① | | 2016年 | | | | | | |
	人数	比率	排序	人数	比率	人数	比率	人数	比率	人数	比率	人数	比率	
亲戚	4	1.22	10	4	1.63	0	0.00	4	6.25	0	0.00	0	0.00	1.63
老师	8	2.45	6	5	2.03	2	1.10	3	4.69	1	2.33	2	5.26	-3.23
最要好的朋友	151	46.18	1	118	47.97	102	56.04	16	25.00	20	46.51	13	34.21	13.76
最好的同学	77	23.55	2	52	21.14	41	22.53	11	17.19	12	27.91	13	34.21	-13.07
和谁都想讲	7	2.14	8	2	0.81	1	0.55	1	1.56	2	4.65	3	7.89	-7.08
闷在心里	8	2.45	6	4	1.63	3	1.65	1	1.56	1	2.33	3	7.89	-6.26
不清楚	5	1.53	9	4	1.63	1	0.55	3	4.69	1	2.33	0	0.00	1.63
合计	327	100	—	246	100	182	100	64	100	43	100	38	100	—

(3) 未成年人解除烦恼的最佳途径。

第一,未成年人的自述。如表9-201所示,在2006—2013年、2016年对未成年人排解苦恼的途径的调查中,各选项的排序:"自我发泄"(26.34%)、"和最好的朋友诉说"(21.64%)、"做自己乐意做的事,以此淡忘"(16.37%)、"上网聊天"(10.15%)、"和母亲说"(8.09%)、"在网上玩游戏"(5.37%)、"和父亲说"(4.99%)、"其他"(2.76%)、"和班主任说"(2.32%)、"和信得过的老师说"(1.97%)。未成年人排解苦恼的途径主要是通过自我发泄以及和最好的朋友诉说。

从2016年与2006年的比较来看,2016年未成年人选择"自我发泄"的比率较2006年要高。

表9-201 未成年人排解苦恼的途径(2006—2013年、2016年)

| 选项 | 总计 | | | 2006—2013年② | | 2006年比率 | 2016年 | | 2016年与2006年比较率差 |
	人数	比率	排序	人数	比率		人数	比率	
自我发泄	5948	26.34	1	5229	25.32	10.59	719	37.18	26.59
上网聊天	2292	10.15	4	2009	9.73	14.47	283	14.63	0.16
在网上玩游戏	1212	5.37	6	1102	5.34	1.85	110	5.69	3.84

---

① 叶松庆. 当代未成年人道德观发展变化与引导对策的实证研究 [M]. 芜湖:安徽师范大学出版社,2016:481.

② 叶松庆. 当代未成年人道德观发展变化与引导对策的实证研究 [M]. 芜湖:安徽师范大学出版社,2016:483.

(续表9-201)

选项	总计			2006—2013年①		2006年比率	2016年		2016年与2006年比较率差
	人数	比率	排序	人数	比率		人数	比率	
和最好的朋友诉说	4887	21.64	2	4706	22.79	0.78	181	9.36	8.58
和父亲说	1128	4.99	7	1072	5.19	2.06	56	2.90	0.84
和母亲说	1828	8.09	5	1701	8.24	26.22	127	6.57	-19.65
和信得过的老师说	444	1.97	10	430	2.08	22.26	14	0.72	-21.54
和班主任说	524	2.32	9	516	2.50	3.63	8	0.41	-3.22
做自己乐意做的事,以此淡忘	3698	16.37	3	3513	17.01	18.14	185	9.57	-8.57
其他	624	2.76	8	373	1.81	0.00	251	12.98	12.98
合计	22585	100	—	20651	100	100	1934	100	—

第二,受访群体的看法。如表9-202所示,在2016年对受访群体的调查中,各选项的排序:"自我发泄"(36.36%)、"上网聊天"(14.81%)、"和最好的朋友诉说"(11.96%)、"其他"(11.16%)、"做自己乐意做的事,以此淡忘"(8.74%)、"和母亲说"(6.58%)、"在网上玩游戏"(5.77%)、"和父亲说"(2.89%)、"和信得过的老师说"(1.19%)"和班主任说"(0.55%)。大部分受访群体认为未成年人排解苦恼的途径主要是自我发泄以及上网聊天等。

从未成年人与成年人群体的比较来看,未成年人选择"自我发泄"的比率较成年人群体高,成年人群体选择"和最好的朋友诉说"的比率较未成年人高。

表9-202 受访群体认为的未成年人排解苦恼的途径(2016年)

选项	总计			未成年人		成年人群体							未成年人与成年人群体比较率差
						合计		中学老师		家长		中学校长	
	人数	比率	排序	人数	比率	人数	比率	人数	比率	人数	比率	人数	比率	
自我发泄	857	36.36	1	719	37.18	138	32.62	49	29.52	80	41.45	9	14.06	4.56
上网聊天	349	14.81	2	283	14.63	66	15.60	26	15.66	28	14.51	12	18.75	-0.97
在网上玩游戏	136	5.77	7	110	5.69	26	6.15	14	8.43	5	2.59	7	10.94	-0.46
和最好的朋友诉说	282	11.96	3	181	9.36	101	23.88	45	27.11	30	15.54	26	40.63	-14.52

---

① 叶松庆.当代未成年人道德观发展变化与引导对策的实证研究[M].芜湖:安徽师范大学出版社,2016:483.

(续表9-202)

选项	总计			未成年人		成年人群体								未成年人与成年人群体比较率差
						合计		中学老师		家长		中学校长		
	人数	比率	排序	人数	比率	人数	比率	人数	比率	人数	比率	人数	比率	
和父亲说	68	2.89	8	56	2.90	12	2.84	6	3.61	4	2.07	2	3.13	0.06
和母亲说	155	6.58	6	127	6.57	28	6.62	8	4.82	19	9.84	1	1.56	−0.05
和信得过的老师说	28	1.19	9	14	0.72	14	3.31	8	4.82	5	2.59	1	1.56	−2.59
和班主任说	13	0.55	10	8	0.41	5	1.18	3	1.81	1	0.52	1	1.56	−0.77
做自己乐意做的事,以此淡忘	206	8.74	5	185	9.57	21	4.96	4	2.41	15	7.77	2	3.13	4.61
其他	263	11.16	4	251	12.98	12	2.84	3	1.81	6	3.11	3	4.69	10.14
合计	2357	100	—	1934	100	423	100	166	100	193	100	64	100	—

第三,其他研究者的调研成果分析。如表9-203所示,阚言婷在2016年5月对四川省绵阳市中小学生排解苦恼的途径的调查显示,各选项的排序:"对同学或好朋友倾诉以寻求帮助"(37.5%)、"闷在心里,自我调节,自我解决"(35.3%)、"未标明"(17.7%)、"与父母或老师交流"(9.5%)。中小学生排解苦恼的途径主要是对同学或好朋友倾诉以寻求帮助或者闷在心里,自我调节,自我解决。

表9-203 未成年人排解苦恼的途径

2016年5月四川省绵阳市的中小学生调查(N:1885)[①]	
未成年人排解苦恼的途径	
选项	比率
与父母或老师交流	9.5
对同学或好朋友倾诉以寻求帮助	37.5
闷在心里,自我调节,自我解决	35.3
未标明	17.7
合计	100

① 阚言婷.中小学生思想道德建设的调查与对策:以绵阳市为例[J].产业与科技论坛,2016,15(20):203-204.

3. 基本认识

(1) 强化未成年人与朋辈群体间的交流与沟通。

如表9-204所示,是2013年未成年人访谈的结果。未成年人表示最愿意讲心里话的对象是"好朋友",可见同辈群体特别是关系好的同辈群体在未成年人内心当中处于重要的位置。另外,有部分未成年人表示也会向"家长"倾诉心里话,但比率不高。在未成年人正确价值观的形成与发展过程中,要注重强化未成年人与朋辈群体间的交流与沟通,朋辈群体间处于相对平等的地位,彼此交流较为直接,没有较大的心理负担与顾忌。未成年人与朋辈群体之间更容易实现平等交流从而排解其心中的苦恼,促进其身心的愉悦。

表9-204 你最愿意和谁讲心里话?(2013年)

选项	总计	合肥市巢湖市第二中学					芜湖市无为县襄安中学					淮南市凤台县左集中学					安庆市潜山中学				
		1	2	3	4	5	6	7	8	9	10	11	12	13	14	15	16	17	18	19	20
父母	5	√		√	√			√		√											
同学	1		√																		
好朋友	11					√	√		√		√		√	√	√	√		√		√	√
自己	1											√									
心理医生	1																√				
合计	19	1	1	1	1	1	1	1	1	1	1	1	1	1	1	1	1	1	0	1	1

(2) 成年人群体应积极营造良好氛围并及时了解未成年人的心理与情感需求。

如表9-205所示,在2016年对受访群体的调查中,各选项的排序:"宽松、和谐的未成年人成长环境"(43.91%)、"尽可能满足未成年人的心理需求与实际需要"(15.61%)、"充分尊重未成年人的个性发展"(14.13%)、"不清楚"(11.88%)、"多开辟未成年人的倾诉渠道"(5.90%)、"畅通排解未成年人烦恼的途径"(5.64%)、"其他"(2.93%)。受访群体认为应当注重营造良好的成长氛围,并切实了解未成年人的心理需求,切实尊重未成年人的个性发展,促进未成年人形成正确的价值观。

表 9-205 受访群体认为的强化未成年人的接受心理，学校应做的工作（2016 年）

选项	总计			未成年人		成年人群体								未成年人与成年人群体比较率差
						合计		中学老师		家长		中学校长		
	人数	比率	排序	人数	比率	人数	比率	人数	比率	人数	比率	人数	比率	
宽松、和谐的未成年人成长环境	1035	43.91	1	832	43.02	203	47.99	81	48.80	99	51.30	23	35.94	-4.97
尽可能满足未成年人的心理需求与实际需要	368	15.61	2	305	15.77	63	14.89	28	16.87	26	13.47	9	14.06	0.88
充分尊重未成年人的个性发展	333	14.13	3	260	13.44	73	17.26	30	18.07	30	15.54	13	20.31	-3.82
多开辟未成年人的倾诉渠道	139	5.90	5	105	5.43	34	8.04	12	7.23	15	7.77	7	10.94	-2.61
畅通排解未成年人烦恼的途径	133	5.64	6	109	5.64	24	5.67	6	3.61	10	5.18	8	12.50	-0.03
其他	69	2.93	7	58	3.00	11	2.60	7	4.22	2	1.04	2	3.13	0.40
不清楚	280	11.88	4	265	13.70	15	3.55	2	1.20	11	5.70	2	3.13	10.15
合计	2357	100	—	1934	100	423	100	166	100	193	100	64	100	—

（3）未成年人自身要从所处环境、社会心态以及排解渠道来强化接受心理。

如表 9-206 所示，在 2016 年对受访群体的调查中，各选项的排序："要认识到未成年阶段就应接受教育的阶段，任何时代都如此"（38.82%）、"要觉得老师、家长的教育都是为自己好"（19.01%）、"不清楚"（10.78%）、"认为成长在这样安定和谐的环境中已很幸运，要珍惜"（10.22%）、"要根据实际适时调整心理期望"（8.66%）、"尽量平衡自己的心理需要"（5.39%）、"努力畅通烦恼的排解渠道，以期得到帮助"（3.10%）、"积极寻找最佳倾诉对象，以期得到抚慰"（2.08%）、"其他"（1.95%）。

总的来说，未成年人要注重从自身所处环境、社会心态以及排解渠道来强化接受心理。就所处环境而言，未成年人要积极适应周围的环境，这种环境包含人际关系等软环境，要树立良好的社会心态，注重良好社会心态的培育。在排解渠道上，未成年人要寻求不同群体的帮助，及时化解心理症结，促进自身价值观的形成与发展。

表9-206 受访群体认为的未成年人如何强化接受心理（2016年）

选项	总计			未成年人		成年人群体								未成年人与成年人群体比较率差
						合计		中学老师		家长		中学校长		
	人数	比率	排序	人数	比率	人数	比率	人数	比率	人数	比率	人数	比率	
要认识到未成年阶段就应接受教育的阶段，任何时代都如此	915	38.82	1	744	38.47	171	40.43	59	35.54	84	43.52	28	43.75	-1.96
要觉得老师、家长的教育都是为自己好	448	19.01	2	341	17.63	107	25.30	43	25.90	51	26.42	13	20.31	-7.67
认为成长在这样安定和谐的环境中已很幸运，要珍惜	241	10.22	4	210	10.86	31	7.33	13	7.83	10	5.18	8	12.50	3.53
尽量平衡自己的心理需要	127	5.39	6	105	5.43	22	5.20	13	7.83	5	2.59	4	6.25	0.23
要根据实际适时调整心理期望	204	8.66	5	164	8.48	40	9.46	13	7.83	21	10.88	6	9.38	-0.98
积极寻找最佳倾诉对象，以期得到抚慰	49	2.08	8	29	1.50	20	4.73	9	5.42	10	5.18	1	1.56	-3.23
努力畅通烦恼的排解渠道，以期得到帮助	73	3.10	7	56	2.90	17	4.02	10	6.02	5	2.59	2	3.13	-1.12
其他	46	1.95	9	37	1.91	9	2.13	5	3.01	3	1.55	1	1.56	-0.22
不清楚	254	10.78	3	248	12.82	6	1.42	1	0.60	4	2.07	1	1.56	11.40
合计	2357	100	—	1934	100	423	100	166	100	193	100	64	100	—

（四）积极培育幸福体系

1. 培育未成年人的幸福体系

（1）未成年人内心的最大幸福。

如表9-207所示，在2006—2013年、2016年对未成年人内心最大的幸福情况的调查中，各选项的排序："助人为乐"（26.41%）、"有知心朋友"（25.48%）、"有个好伴侣"（16.44%）、"功成名就"（14.74%）、"见义勇为"（6.21%）、"能挣大钱"（5.22%）、"其他"（2.89%）、"能当大官"（2.60%）。可见，"助人为乐"是未成年人内心最大的幸福，其次是可以"有知心朋友"，两者的比率之和超过了半数，代表了多数未成年人的想法，也符合未成年人现阶段的特点。

从2016年与2006年的比较来看，未成年人认为的内心的最大幸福的各选项比率有所波动，但主要排序变化不大。

表9-207 未成年人内心的最大幸福（2006—2013年、2016年）

选项	总计			2006—2010年		2006年比率	2011年		2012年		2013年		2016年		2016年与2006年比较率差
	人数	比率	排序	人数	比率		人数	比率	人数	比率	人数	比率	人数	比率	
助人为乐	6041	26.41	1	3152	23.09	16.74	589	26.58	859	40.83	773	26.04	668	34.54	17.80
见义勇为	1420	6.21	5	805	5.90	5.40	99	4.47	106	5.04	159	5.36	251	12.98	7.58
有个好伴侣	3760	16.44	3	2286	16.75	20.16	345	15.57	359	17.06	509	17.15	261	13.50	-6.66
能挣大钱	1193	5.22	6	839	6.15	5.48	113	5.10	55	2.61	111	3.74	75	3.88	-1.60
能当大官	595	2.60	8	423	3.10	1.85	21	0.95	31	1.47	73	2.46	47	2.43	0.58
功成名就	3372	14.74	4	2459	18.02	23.62	359	16.20	172	8.17	298	10.04	84	4.34	-19.28
有知心朋友	5827	25.48	2	3684	26.99	26.75	690	31.14	403	19.15	808	27.22	242	12.51	-14.24
其他	662	2.89	7	0	0.00	0.00	0	0.00	119	5.66	237	7.99	306	15.82	15.82
合计	22870	100	—	13648	100	100	2216	100	2104	100	2968	100	1934	100	—

（2）让未成年人感到最幸福的事。

如表9-208所示，在2009—2013年、2016年对让未成年人感到最幸福的事情的调查中，各选项的排序："身体好"（29.75%）、"学习成绩好"（15.75%）、"实现个人价值"（10.38%）、"生活好"（6.71%）、"考上名牌大学"（6.65%）、"得到别人尊重"（5.25%）、"家长对自己好"（5.01%）、"经常帮助别人"（3.82%）、"能挣大钱"（3.11%）、

"谈恋爱"(3.06%)、"其他"(2.44%)、"经常受到表扬"(1.84%)、"有商业头脑"(1.51%)、"老师对自己好"(1.30%)、"见义勇为"(1.26%)、"评上好学生"(1.25%)。可见,"身体好"是让未成年人感到最幸福的事情,其次是"学习成绩好""实现个人价值",然后是"生活好",三者的比率之和接近半数,代表了未成年人的主要想法,也符合未成年人现阶段的特点。

从2016年与2009年的比较来看,"生活好"的率差较大,趋于增长,"考上名牌大学"的比率减少比较明显。

表9-208 让未成年人感到最幸福的事情(2009—2013年、2016年)

选项	总计			2009年		2010年		2011年		2012年		2013年		2016年		2016年与2009年比较率差
	人数	比率	排序	人数	比率	人数	比率	人数	比率	人数	比率	人数	比率	人数	比率	
身体好	3894	29.75	1	591	26.67	439	22.68	427	22.11	1023	48.62	886	29.85	528	27.30	0.63
学习成绩好	2062	15.75	2	419	18.91	356	18.39	357	18.49	199	9.46	326	10.98	405	20.94	2.03
生活好	878	6.71	4	108	4.87	107	5.53	127	6.58	127	6.04	226	7.61	183	9.46	4.59
家长对自己好	656	5.01	7	101	4.56	115	5.94	93	4.82	78	3.71	162	5.46	107	5.53	0.97
老师对自己好	170	1.30	14	19	0.86	16	0.83	15	0.78	15	0.71	31	1.04	74	3.83	2.97
评上好学生	164	1.25	16	35	1.58	11	0.57	15	0.78	16	0.76	59	1.99	28	1.45	-0.13
经常帮助别人	500	3.82	8	113	5.10	80	4.13	59	3.06	50	2.38	143	4.82	55	2.84	-2.26
见义勇为	165	1.26	15	22	0.99	19	0.98	14	0.73	20	0.95	61	2.06	29	1.50	0.51
有商业头脑	197	1.51	13	34	1.53	50	2.58	17	0.88	22	1.05	40	1.35	34	1.76	0.23
谈恋爱	401	3.06	10	57	2.57	74	3.82	63	3.26	69	3.28	93	3.13	45	2.33	-0.24
能挣大钱	407	3.11	9	110	4.96	117	6.04	46	2.38	23	1.09	64	2.16	47	2.43	-2.53
考上名牌大学	871	6.65	5	207	9.34	227	11.73	141	7.30	84	3.99	131	4.41	81	4.19	-5.15
实现个人价值	1358	10.38	3	172	7.76	94	4.86	308	15.95	236	11.22	402	13.54	146	7.55	-0.21
经常受到表扬	241	1.84	12	74	3.34	90	4.65	14	0.73	9	0.43	20	0.67	34	1.76	-1.58
得到别人尊重	687	5.25	6	96	4.33	80	4.13	119	6.16	84	3.99	217	7.31	91	4.71	0.38
其他	320	2.44	11	38	1.71	48	2.48	88	4.56	34	1.62	79	2.66	33	1.71	0.00
不知道	118	0.90	16	20	0.90	13	0.67	28	1.45	15	0.71	28	0.94	14	0.72	-0.18
合计	13089	100	—	2216	100	1936	100	1931	100	2104	100	2968	100	1934	100	—

(3) 未成年人最大的幸福反映出强烈的利他性。

幸福是每个人都渴望得到的,人们也在通过不同的方式去追求自己的幸福。幸福有大有小,对于未成年人来说,他们最大的幸福就是能够拥有知心的朋友。前面的分析也显示未成年人不论是心里话还是烦恼,都倾向于对自己的好朋友述说,说明朋友在他们心目中的地位十分重要,这也成为衡量他们是否幸福的最重要的标志之一。在本研究的调查中,未成年人的幸福更多表现在利他方面,"助人为乐"等也是未成年人获取幸福的方式,而未成年人成就自我的利己性幸福则排在了后面。

生活中的幸福处处可见,人们也常因一些事情而感到幸福。对于未成年人来说,他们最感幸福的事情是身体好,其次是学习成绩好。身体好是未成年人最看重的,这与他们在此前选择的"最关注的问题"的结果相一致。未成年人基本能够意识到有一个好身体的重要性。而学习成绩好对于他们来说也是一项很重要的事情,是他们在学校努力学习所获得的回报,他们也为此感到幸福。但在利他性上,未成年人"感到最幸福的事"与"最大的幸福"之间有一定差距,如在"感到最幸福的事"中的"经常帮助别人"(3.82%,见表9-208)与"最大的幸福"中的"助人为乐"(26.41%,见表9-207)的比较率差较大,说明未成年人在不同的语境下有不同的认识,其认识存在一定的波动性。

2. 基本认识

(1) 未成年人有着较强的幸福感。

如表9-209所示,在2009—2013年、2016年对未成年人幸福感的调查中,各选项的排序是:"很幸福"(59.26%)、"不太幸福"(23.52%)、"不知道"(7.27%)、"不幸福"(6.36%)、"无所谓"(3.59%)。可见,多数的未成年人表示自己幸福感较强,明确表示自己不幸福的比率很低。此外有部分未成年人表示自己不是很幸福,幸福指数还有较大的提升空间。

从2016年与2009年的比较来看,未成年人对各选项的排序变化不大,选择的比率有略微的波动,但2016年表示幸福的比率比2009年有所下降。

表9-209 未成年人的幸福感(2009—2013年、2016年)

选项	总计			2009年		2010年		2011年		2012年		2013年		2016年		2016年与2009年比较率差
	人数	比率	排序	人数	比率	人数	比率	人数	比率	人数	比率	人数	比率	人数	比率	
很幸福	7756	59.26	1	1384	62.45	1107	57.18	1149	59.50	1387	65.92	1701	57.31	1028	53.15	-9.30
不太幸福	3079	23.52	2	569	25.68	469	24.23	527	27.29	446	21.20	726	24.46	342	17.68	-8.00
不幸福	832	6.36	4	93	4.20	168	8.68	113	5.85	98	4.66	198	6.67	162	8.38	4.18
无所谓	470	3.59	5	71	3.20	66	3.41	58	3.00	60	2.85	142	4.78	73	3.77	0.57
不知道	952	7.27	3	99	4.47	126	6.50	84	4.35	113	5.37	201	6.78	329	17.01	12.54
合计	13089	100	—	2216	100	1936	100	1931	100	2104	100	2968	100	1934	100	—

(2) 未成年人找寻到自己不幸福的原因。

如表9-210所示,在2009—2013年、2016年对未成年人自己感到不幸福的原因的调查中,各选项的排序:"自己不够努力"(64.92%)、"不知道"(15.36%)、"社会不公"(7.98%)、"机遇不好"(7.95%)、"家庭条件不好"(3.77%)。可见,"自己努力不够"是未成年人感到不幸福的最主要原因,代表了大部分未成年人的想法,认识到自己的不足。但"自己不够努力"这个原因的比率明显逐年下降;相反"不知道"呈不断上升趋势,率差较大。从中可以看出未成年人对自己感到不幸福的原因的认知存在不确定性与模糊性。

表9-210 未成年人自己感到不幸福的原因(2009—2013年、2016年)

选项	总计			2009年		2010年		2011年		2012年		2013年		2016年		2016年与2009年比较率差
	人数	比率	排序	人数	比率	人数	比率	人数	比率	人数	比率	人数	比率	人数	比率	
自己不够努力	8498	64.92	1	1573	70.98	1279	66.06	1377	71.31	1479	70.29	1865	62.84	925	47.83	-23.15
社会不公	1045	7.98	3	121	5.46	151	7.80	146	7.56	124	5.89	249	8.39	254	13.13	7.67
机遇不好	1041	7.95	4	132	5.96	144	7.44	110	5.70	215	10.22	265	8.93	175	9.05	3.09
家庭条件不好	494	3.77	5	109	4.92	97	5.01	46	2.38	70	3.33	120	4.04	52	2.69	-2.23
不知道	2011	15.36	2	281	12.68	265	13.69	252	13.05	216	10.27	469	15.80	528	27.30	14.62
合计	13089	100	—	2216	100	1936	100	1931	100	2104	100	2968	100	1934	100	—

(3) 未成年人懂得幸福要靠自己努力。

如表9-211所示,在2009—2013年、2016年对未成年人认为获得幸福的途径的调查中,各选项排序:"靠争取"(73.37%)、"不知道"(11.23%)、"靠等待"(7.93%)与"靠机遇"(7.47%)。大部分未成年人认为获得幸福的途径主要是自身的争取与努力。

从2016年与2009年的比较来看,未成年人选择"靠争取"选项的比率较2009年要低22.27%,选择"不知道"的比率有所上升。

表9-211　未成年人认为获得幸福的途径（2009—2013年、2016年）

选项	总计			2009—2013年①		2009年比率	2016年		2016年与2009年比较率差
	人数	比率	排序	人数	比率		人数	比率	
靠争取	3045	73.37	1	1856	83.75	83.75	1189	61.48	-22.27
靠等待	329	7.93	3	102	4.60	4.60	227	11.74	7.14
靠机遇	310	7.47	4	144	6.50	6.50	166	8.58	2.08
不知道	466	11.23	2	114	5.14	5.15	352	18.20	13.05
合计	4150	100	—	2216	100	100	1934	100	—

（4）发挥幸福感对未成年人成长发展的作用。

如表9-212所示，在2016年对受访群体的调查中，各选项的排序："有助于增强成长发展的信心"（44.08%）、"有助于矫正价值取向"（16.33%）、"有助于全面、客观地认识社会与他人"（16.29%）、"不清楚"（12.64%）、"有助于平衡自己的实际需要"（5.01%）、"有助于调整自己的心理预期"（3.95%）、"其他"（1.70%）。增强未成年人的幸福感有助于增强其成长发展的信心与矫正其价值取向。因此，要不断提升未成年人的幸福感，帮助未成年人树立完整的价值观念，养成健康的人格。

本研究的调查显示，未成年人拥有良好的人际关系，与人交往频繁，他们的社交范围较广（见表3-93，第124页；表3-106，第133页）。未成年人大体可以判断出自己是否幸福，有较好的幸福感，并且，他们对于提升自身幸福感的归因可以放在自我方面，认为是自己对于幸福的追求不够。他们还认为若要提高幸福感则需要通过自身的努力，幸福是靠自己的努力争取来的，而不是别人赐给的。在经历不幸时，不怨天尤人，而是从自身寻找原因。只要踏踏实实奋斗，勤勤恳恳做人，他们相信幸福自然会来到他们的身边。

表9-212　受访群体认为的发挥幸福感对未成年人成长发展的作用（2016年）

选项	总计			未成年人		成年人群体								未成年人与成年人群体比较率差
						合计		中学老师		家长		中学校长		
	人数	比率	排序	人数	比率	人数	比率	人数	比率	人数	比率	人数	比率	
有助于增强成长发展的信心	1039	44.08	1	820	42.40	219	51.77	86	51.81	96	49.74	37	57.81	-9.37

---

① 叶松庆．当代未成年人道德观发展变化与引导对策的实证研究［M］．芜湖：安徽师范大学出版社，2016：501．

(续表9-212)

选项	总计			未成年人		成年人群体								未成年人与成年人群体比较率差
						合计		中学老师		家长		中学校长		
	人数	比率	排序	人数	比率	人数	比率	人数	比率	人数	比率	人数	比率	
有助于全面、客观地认识社会与他人	384	16.29	3	289	14.94	95	22.46	40	24.10	41	21.24	14	21.88	-7.52
有助于矫正价值取向	385	16.33	2	321	16.60	64	15.13	25	15.06	35	18.13	4	6.25	1.47
有助于平衡自己的实际需要	118	5.01	5	100	5.17	18	4.26	3	1.81	11	5.70	4	6.25	0.91
有助于调整自己的心理预期	93	3.95	6	82	4.24	11	2.60	6	3.61	2	1.04	3	4.69	1.64
其他	40	1.70	7	33	1.71	7	1.65	4	2.41	2	1.04	1	1.56	0.06
不清楚	298	12.64	4	289	14.94	9	2.13	2	1.20	6	3.11	1	1.56	12.81
合计	2357	100	—	1934	100	423	100	166	100	193	100	64	100	—

（5）消除或减轻未成年人的烦恼显得很重要。

未成年人也有较多的烦恼，这些烦恼来自多个方面。其中，学习方面的事情可以说是最主要的部分，有四成左右的未成年人表示学习方面的事情是让他们最感苦恼的（表4-40）。学习是未成年人在学校当中最为主要的事情，学习不好让他们感到烦恼是很正常的，而要解决这样的烦恼，一方面需要未成年人自己好好学习，另一方面需要帮助他们摆正学习心态。此外，不能被人理解也是未成年人的主要烦恼之一，未成年人的想法与成年人的想法很不相同，家长或者老师经常会将自己的观念强加给未成年人而不顾其的心理感受，对于有些未成年人来说，他们心里所想的并不是大人们所期望他们所做的。因此，家长与老师逼迫他们从事自己不想做的事情，会让他们苦不堪言。青春期的逆反心理便是未成年人反抗成年人的不理解的一种较普遍的现象。因此，解决未成年人的烦恼应当引起教育者、家长与未成年人自身足够的重视。

（6）对症下药方能有效。

苦恼是每个人都必须面对的问题，如何有效地排解苦恼更是一个重要的问题。我们知道未成年人的苦恼主要来自学习与生活，因此要对症下药。

在学习方面，学不好是他们最为担忧而引致烦恼的主要问题。对于未成年人来说，最关键的问题不是他们的学习成绩不好,而是他们在学习上的付出没有得到应有的回报。学不好的原因是多方面的,听不懂,有可能是老师的教学方式有问题等。如果能及时发现问题,老师与家长配合解决,相信这样的问题可以迎刃而解。

在生活方面,主要是未成年人的心理与道德问题。处于青春期的未成年人极其敏感,他们脆弱的神经需要成年人精心维护。成年人应当多和未成年人交流,及时倾听他们的想法,对于未成年人的教育不能采用严格的高压政策,而应当晓之以理,动之以情,全方位帮助未成年人去分析问题,拓宽未成年人的心理安慰与道德解困渠道。

(五)努力做到慎独自律

1. 未成年人的慎独、自律意识

如表9-213所示,在2014—2016年对未成年人能明确自律的重要性,并以此为动力,去做自己认为应该做的事情的看法的调查中,未成年人自述的各选项的排序:"同意"(25.05%)、"有点同意"(20.85%)、"非常同意"(18.22%)、"有点不同意"(14.95%)、"非常不同意"(13.47%)、"不同意"(7.46%)。可见大部分未成年人持赞同的意见,能做到慎独与具备自律意识。

从不同年份的比较来看,选择"非常不同意"的比率增幅较大,未成年人的认识呈现出明显的波动性。

表9-213 未成年人能明确自律的重要性,并以此为动力,去做自己认为应该做的事情的看法(2014—2016年)

选项	总计			2014年		2015年		2016年		2016年与2014年比较率差
	人数	比率	排序	人数	比率	人数	比率	人数	比率	
非常不同意	861	13.47	5	171	5.82	123	8.10	567	29.32	23.50
不同意	477	7.46	6	196	6.67	101	6.65	180	9.31	2.64
有点不同意	955	14.95	4	479	16.30	197	12.98	279	14.43	-1.87
有点同意	1332	20.85	2	731	24.88	272	17.92	329	17.01	-7.87
同意	1601	25.05	1	871	29.65	427	28.13	303	15.67	-13.98
非常同意	1164	18.22	3	490	16.68	398	26.22	276	14.27	-2.41
合计	6390	100	—	2938	100	1518	100	1934	100	—

2. 未成年人的慎独、自律表现

(1)调查结果分析。

第一,在有人无人情况时的表现。如表9-214所示,在2016年对受访群体的调查中,各选项的排序:"一样"(40.81%)、"不一样"(24.14%)、"不知道"(17.78%)、"很不一样"(17.27%)。其中,近半数的未成年人表示自己在有人和没人的情况下能保持一样的状态,说明了未成年人有着较好的自我控制能力。当然,余下的未成年人则有约四成表示在有人无人情况下自己的表现会不一样。这种不一样体现在两个方面,一种是表现得害羞、内敛,另一种是表现得更加放纵。不管怎么样,未成年人应当在外人面前给人留以好印象。

从未成年人与成年人群体的比较来看,未成年人选择"一样"的比率较成年人群体要高。

表9-214 受访群体对未成年人有人无人时的表现的看法(2016年)

选项	总计			未成年人		成年人群体								未成年人与成年人群体比较率差
						合计		中学老师		家长		中学校长		
	人数	比率	排序	人数	比率	人数	比率	人数	比率	人数	比率	人数	比率	
一样	962	40.81	1	815	42.14	147	34.75	41	24.70	94	48.70	12	18.75	7.39
很不一样	407	17.27	4	320	16.55	87	20.57	40	24.10	36	18.65	11	17.19	-4.02
不一样	569	24.14	2	449	23.22	120	28.37	51	30.72	35	18.13	34	53.13	-5.15
不知道	419	17.78	3	350	18.10	69	16.31	34	20.48	28	14.51	7	10.94	1.79
合计	2357	100	—	1934	100	423	100	166	100	193	100	64	100	—

第二,未经允许的行为。如表9-215所示,在2014—2016年对未成年人偷看、翻阅他人日记或其他私人物品的行为的调查中,各选项的排序:"从不"(58.61%)、"很少"(18.09%)、"频繁"(9.81%)、"有时"(8.61%)、"经常"(4.88%)。可见,"从不"的比率占了大半,表现了未成年较尊重他人的隐私,但"频繁"的比率逐年增加,"从不"的比率逐年减少。

表9-215 未成年人偷看、翻阅他人日记或其他私人物品的行为(2014—2016年)

选项	总计			2014年		2015年		2016年		2016年与2014年比较率差
	人数	比率	排序	人数	比率	人数	比率	人数	比率	
频繁	627	9.81	3	73	2.48	48	3.16	506	26.16	23.68
经常	312	4.88	5	62	2.11	47	3.10	203	10.50	8.39
有时	550	8.61	4	313	10.65	88	5.80	149	7.70	-2.95
很少	1156	18.09	2	672	22.87	240	15.81	244	12.62	-10.25
从不	3745	58.61	1	1818	61.88	1095	72.13	832	43.02	-18.86
合计	6390	100	—	2938	100	1518	100	1934	100	—

(2) 访谈结果分析。

表9-216是2013年与未成年人的访谈结果。多数未成年人表示有人在和无人在时会"不一样",可见印象管理在未成年人当中也普遍存在,他们在别人面前表现出来的样子和自己一个人时的表现会有所不同,给人以不一样的印象。但访谈中也有部分未成年人表示,不论有无人在场,自己表现都是"一样"的,并没有什么不同。

表9-216 未成年人当有人在与无人在时的表现（2013年）

选项	总计	合肥市巢湖市第二中学					芜湖市无为县襄安中学					淮南市凤台县左集中学					安庆市潜山中学				
		1	2	3	4	5	6	7	8	9	10	11	12	13	14	15	16	17	18	19	20
一样	6	√					√	√	√	√		√									
很不一样	2			√												√					
不一样	11		√		√	√							√	√	√		√	√	√	√	√
不知道	1										√										
合计	20	1	1	1	1	1	1	1	1	1	1	1	1	1	1	1	1	1	1	1	1

(3) 其他研究者的调研成果分析。

如表9-217所示,孙瑞宁、霍然在2016年对江苏省南京市3所高中的中学生的调查显示,在"无人监管的情况下暴露自己的惰性"的调查中,选择"暴露"的比率在50.0%以上。在"能够在学校、家庭与社会上都保持良好的品质（里外一致）"的调查中,28.6%的未成年人表示能够做到。总的来说,还须进一步加强对未成年人的教育与引导,促使其在无人在场环境下也有好的表现。

表9-217 未成年人于无人在场环境下的表现

2016年江苏省南京市3所高中的中学生调查（N：800）[①]			
在无人监管的情况下暴露自己的惰性		能够在学校、家庭和社会上都保持良好的品质（里外一致）	
选项	比率	选项	比率
暴露	50.0以上	能够	28.6
未标明	50.0以下	未标明	71.4
合计	100	合计	100

[①] 孙瑞宁,霍然. 高中生社会主义核心价值观教育的成效分析与优化对策：基于江苏省南京市部分高中的调研分析 [J]. 经营管理者,2017 (3)：312-313.

3. 未成年人的遵纪守法

(1) 未成年人的自述。

第一,2010—2013年的情况。如表9-218所示,在2010—2013年、2016年对未成年人遵纪守法的情况的调查中,各选项的排序:"遵守"(78.03%),"有人无人不一样"(7.94%),"不遵守"(7.11%),"不知道"(6.93%)。其中,大多数未成年人表示自己是遵纪守法的,明确表示不遵纪守法的比率很小。此外,也有少部分未成年人表示,自己是否遵纪守法还和有没有人在场有关系,没有人在场时自己就会任性一些,而有人在场时可能会有所收敛。

从2016年与2010年的比较来看,未成年人表示遵纪守法的比率在2012年达到最高,但在2016年下降了近25.72个百分点。与此同时,表示不遵纪守法的比率则有所上升。

表9-218 未成年人遵纪守法的情况(2010—2013年、2016年)

选项	总计			2010年		2011年		2012年		2013年		2016年		2016年与2010年比较率差
	人数	比率	排序	人数	比率	人数	比率	人数	比率	人数	比率	人数	比率	
遵守	8484	78.03	1	1634	84.40	1563	80.94	1814	86.22	2303	77.59	1170	60.50	-23.90
不遵守	773	7.11	3	119	6.15	115	5.96	92	4.37	230	7.75	217	11.22	5.07
有人无人不一样	863	7.94	2	103	5.32	203	10.51	137	6.51	271	9.13	149	7.70	2.38
不知道	753	6.93	4	80	4.13	50	2.59	61	2.90	164	5.53	398	20.58	16.45
合计	10873	100	—	1936	100	1931	100	2104	100	2968	100	1934	100	—

第二,2014—2016年的情况。如表9-219所示,在2014—2016年就未成年人对"我能遵守法律,违反法律必须要接受法律的制裁"的看法调查中,各选项的排序:"非常同意"(31.61%)、"同意"(30.23%)、"非常不同意"(12.41%)、"有点同意"(11.11%)、"有点不同意"(7.65%)、"不同意"(6.98%)。可见,"同意""非常同意""有点同意"占了72.95%,表明大部分未成年人都能遵守法律,认同违反法律必须接受法律的制裁这一观点。同时发现"非常不同意"这个选项在2016的比率将近30%,变化幅度较大,而"同意""非常同意"在2016年的比率减少较多。

表9-219 未成年人对"我能遵守法律,违反法律必须要接受法律的制裁"的看法(2014—2016年)

选项	总计			2014年		2015年		2016年		2016年与2014年比较率差
	人数	比率	排序	人数	比率	人数	比率	人数	比率	
非常不同意	793	12.41	3	148	5.04	83	5.47	562	29.06	24.02
不同意	446	6.98	6	114	3.88	110	7.25	222	11.48	7.60
有点不同意	489	7.65	5	189	6.43	117	7.71	183	9.46	3.03
有点同意	710	11.11	4	412	14.02	201	13.24	97	5.02	-9.00
同意	1932	30.23	2	1075	36.59	439	28.92	418	21.61	-14.98
非常同意	2020	31.61	1	1000	34.04	568	37.42	452	23.37	-10.67
合计	6390	100	—	2938	100	1518	100	1934	100	—

(2)受访群体的看法。

如表9-220所示,在2016年对受访群体的调查中,各选项的排序:"遵守"(62.66%)、"不知道"(18.20%)、"不遵守"(11.37%)、"有人无人不一样"(7.76%)。在受访群体眼中,大部分的未成年人都遵纪守法。

从未成年人与成年人群体的比较来看,未成年人选择"遵守"的比率少于成年人群体,而在"不知道"这个方面,未成年人的比率比成年人群体高。同时在"中学老师""家长""中学校长"这3个成年人群体中,中学校长选择"遵守"的比率比前两者都要小。

表9-220 受访群体眼中未成年人的遵纪守法情况(2016年)

选项	总计			未成年人		成年人群体								未成年人与成年人群体比较率差
						合计		中学老师		家长		中学校长		
	人数	比率	排序	人数	比率	人数	比率	人数	比率	人数	比率	人数	比率	
遵守	1477	62.66	1	1170	60.50	307	72.58	121	72.89	144	74.61	42	65.63	-12.08
不遵守	268	11.37	3	217	11.22	51	12.06	17	10.24	27	13.99	7	10.94	-0.84
有人无人不一样	183	7.76	4	149	7.70	34	8.04	15	9.04	11	5.70	8	12.50	-0.34
不知道	429	18.20	2	398	20.58	31	7.33	13	7.83	11	5.70	7	10.94	13.25
合计	2357	100	—	1934	100	423	100	166	100	193	100	64	100	—

4. 基本认识

（1）未成年人有一定的自律意识。

道德自律是道德主体认识社会道德规范合理性之后的自我约束，它更多地表现为主体的意志和心理。"道德自律根植于社会关系与社会实践中，其表现出极主观化的形式。"① 本研究考察了未成年人的慎独、遵纪守法情况，从侧面反映了当代未成年人的道德自律状况。可以看出未成年人的道德自律情况良好，基本可以做到约束自己不去做一些违反道德的事情。

（2）未成年人能够遵纪守法。

未成年人能够做到遵纪守法，并且表示在缺乏监管的网络上不会经常说谎，在有人和没人的情况下能够做到保持一致、不做作、不过分地表现自己，这些均表明大部分的未成年人能够做到慎独并积极遵纪守法。未成年人良好的规则与法纪意识有助于其行为符合相关规范，不至出现行为"越轨"。

（3）未成年人应进一步做到自律。

第一，发挥网络作用。如表9-221所示，未成年人同意网络"对提高未成年人思想道德素质有帮助"与"网络对强化未成年人的社会适应性有帮助"比率分别为57.20%与55.17%，说明半数以上的未成年人认为网络对自己的成长与发展是有好处的。超过半数的未成年人认为网络对自身的三观以及学习有一定的影响，且这种影响发挥的正向作用较为显著。慎独、自律是人的思想道德素质与社会适应性的组成部分，网络能够提高未成年人的思想道德素质并强化其社会化，也就是能强化未成年人的慎独、自律意识与行为。

表9-221 未成年人认为网络对自己成长发展的影响与帮助

选项	网络对提高未成年人思想道德素质有帮助（2010—2013年、2016年）（见表9-37，第674页）		网络对强化未成年人的社会适应性有帮助（2010—2013年、2016年）（见表9-39，第676页）		网络对未成年人世界观、人生观、价值观的影响（2010—2013年、2016年）（见表9-35，第673页）			网络对未成年人学习的帮助（2010—2011年、2016年）（见表9-41，第677页）		
	人数	比率	人数	比率	选项	人数	比率	选项	人数	比率
非常同意	3958	25.82	2671	24.57	有很大影响	2519	23.17	帮助很大	1823	31.43

---

① 郑廷坤.论道德自律及其培养途径[J].河南师范大学学报（哲学社会科学版），2002（3）：114-116.

(续表9-221)

选项	网络对提高未成年人思想道德素质有帮助(2010—2013年、2016年)(见表9-37,第674页)		网络对强化未成年人的社会适应性有帮助(2010—2013年、2016年)(见表9-39,第676页)		网络对未成年人世界观、人生观、价值观的影响(2010—2013年、2016年)(见表9-35,第673页)			网络对未成年人学习的帮助(2010—2011年、2016年)(见表9-41,第677页)		
	人数	比率	人数	比率	选项	人数	比率	选项	人数	比率
比较同意	4810	31.38	3327	30.60	有影响	3436	31.60	帮助不多	1818	31.34
不太同意	3492	22.78	2356	21.67	影响不大	2540	23.36	帮助很少	495	8.53
很不同意	922	6.01	753	6.93	不影响	1055	9.70	会耽误学习	518	8.93
不确定	2147	14.01	1766	16.24	不知道	798	7.34	没多大关系	757	13.05
—	—	—	—	—	从不上网	525	4.83	从不上网	390	6.72
合计	15329	100	10873	100	合计	10873	100	合计	5801	100

第二,重在平时养成。表9-222反映了未成年人在不小心弄坏了别人的东西,又没有被人看到时的做法。

陈延斌、徐锋在2004年对江苏省徐州市未成年人的调查显示,各选项的排序:"主动承认自己干的"(81.4%)、"有人问时再承认"(8.7%)、"不承认,但会受到良心的责备"(8.1%)、"就不承认"(1.8%)。

吴潜涛在2006年对全国部分省市未成年公民道德状况的调查显示,各选项的排序:"主动承认自己干的"(68.35%)、"有人问时再承认"(23.48%)、"不承认,但会受到良心的责备"(6.63%)、"就不承认"(1.53%)。

在2013年与2016年本研究的调查中,各选项的排序:"主动承认自己干的"(57.24%)、"有人问时再承认"(22.38%)、"不承认,但会受到良心的责备"(12.46%)、"就不承认"(7.92%)。

多数未成年人表示损坏别人的东西且周围没有人对能做到主动承认,但也有少部分未成年人表示不会承认,并且未成年人主动承认的比率在降低。

表9-222 未成年人在不小心弄坏了别人的东西，恰巧周围没有人的做法

选项	总计			2004年江苏省徐州市的未成年人调查（N:1000）①		2006年全国部分省市未成年公民道德状况调查（N:2095）②		2013年与2016年本研究的全国部分省（市）的未成年人调查						2016年与2006年比较率差
								2013年		2016年		合计		
	人数	比率	排序	人数	比率	人数	比率	人数	比率	人数	比率	人数	比率	
主动承认自己干的	5052	63.17	1	814	81.4	1432	68.35	1748	58.89	1058	54.71	2806	57.24	-13.64
有人问时再承认	1676	20.96	2	87	8.7	492	23.48	815	27.46	282	14.58	1097	22.38	-8.90
不承认，但会受到良心的责备	831	10.39	3	81	8.1	139	6.63	280	9.43	331	17.11	611	12.46	10.48
就不承认	438	5.48	4	18	1.8	32	1.53	125	4.21	263	13.60	388	7.92	12.07
合计	7997	100	—	1000	100	2095	100	2968	100	1934	100	4902	100	—

第三，保持心理认同。在社会舆论下，网络对未成年人的危害往往被过分夸大，造成了很多偏见；网络对未成年人的正向影响也由于其特殊性而受到了很多的质疑。但从未成年人自身的认识来看，超过半数的未成年人认为网络有助于他们的思想道德素质的提高（见表9-37，第674-675页）。说明在未成年人的内心深处认为网络有着较多的益处，这种心理认同需要保持。

第四，重视网络自律习惯的养成。如表9-223所示，在2016年对受访群体的调查中，52.40%的受访群体认为应当"培养起自己健康的人格与品德"，11.67%的受访群体认为应当"注意清理隐藏在思想深处的不健康因素"，10.56%的受访群体认为应当"经常检讨在微小的事情上暴露出来的错误想法"。

在未成年人道德自律中，网络自律是其中重要的一环。未成年人无论在日常生活中还是在网络生活中都可以做到较好地自律，表明他们已有一定的道德自律能力。这种能力要保持与提高需要依靠以下两点：一是学校与家长平时的教育与引导，要充分信任未

---

① 陈延斌，徐锋. 公民品德塑造重在从青少年抓起：徐州市未成年人思想道德现状的调查与思考[J]. 道德与文明，2004（6）：46-50.

② 吴潜涛，等. 当代中国公民道德状况调查[M]. 北京：人民出版社，2010：212.

成年人，相信他们有能力分辨哪些是道德的、哪些是不道德的行为，关注未成年人的网络行为，防止他们过度偏好而引起主轨偏离；二是未成年人自身的经验积累，要从把握上网情绪、平衡情感投入、培养控制能力、防止过度偏好，打破网络行为的专一性等做起，养成良好的网络自律习惯。

表9-223 受访群体认为的未成年人如何做到慎独与自律（2016年）

选项	总计			未成年人		成年人群体								未成年人与成年人群体比较率差
						合计		中学老师		家长		中学校长		
	人数	比率	排序	人数	比率	人数	比率	人数	比率	人数	比率	人数	比率	
培养起自己健康的人格与品德	1235	52.40	1	968	50.05	267	63.12	101	60.84	128	66.32	38	59.38	-13.07
注意清理隐藏在思想深处的不健康因素	275	11.67	2	240	12.41	35	8.27	12	7.23	15	7.77	8	12.50	4.14
经常检讨在微小的事情上暴露出来的错误想法	249	10.56	3	233	12.05	16	3.78	10	6.02	4	2.07	2	3.13	8.27
无人在场时有做坏事的可能但坚持不做	61	2.59	7	49	2.53	12	2.84	4	2.41	5	2.59	3	4.69	-0.31
坦荡做人，谨微做事	115	4.88	5	90	4.65	25	5.91	13	7.83	7	3.63	5	7.81	-1.26
学得在我自己面前比在别人面前更知耻	59	2.50	8	41	2.12	18	4.26	8	4.82	8	4.15	2	3.13	-2.14
始终做到言行一致、表里如一	65	2.76	6	38	1.96	27	6.38	9	5.42	14	7.25	4	6.25	-4.42

(续表 9-223)

选项	总计			未成年人		成年人群体								未成年人与成年人群体比较率差
						合计		中学老师		家长		中学校长		
	人数	比率	排序	人数	比率	人数	比率	人数	比率	人数	比率	人数	比率	
不心存侥幸，无人时也要觉得有人在看	28	1.19	9	24	1.24	4	0.95	3	1.81	1	0.52	0	0.00	0.29
其他	115	4.88	5	102	5.27	13	3.07	5	3.01	8	4.15	0	0.00	2.20
不清楚	155	6.58	4	149	7.70	6	1.42	1	0.60	3	1.55	2	3.13	6.28
合计	2357	100	—	1934	100	423	100	166	100	193	100	64	100	—

（六）综合认识

1. 未成年人自身要注重自省意识的培育与注重多元化发展

自省意识是注重自身的反思，反思自己的行为是否符合社会规范以及相应的规章制度。未成年人自省意识是其不断自我完善与提高的重要参照，未成年人通过反思，充分了解并正视自身存在的不足，为积极改正奠定基础。注重多元化发展，是未成年人全面发展的内在要求。当前社会价值取向多元化，未成年人在坚持主流价值观念的基础上，要注重多元化发展趋向，努力适应现代社会的需求。

2. 未成年人身心发展要努力做到平衡与协调

未成年人心智发展不成熟，对事物的认识不够明确与清晰，与此同时，未成年人的体质处在不断增强与发展的过程中。在对未成年人进行教育与引导的过程中，要努力促成未成年人身心平衡与协调发展。未成年人身心健康发展能够更好地满足其学习与生活的内在要求，有利于其思想、情感与行为的全面发展，有助于良好人际关系的建立与发展。

3. 未成年人价值观的引导要凸显形成过程中的动态性

对未成年人价值观的教育与引导既要着眼于未成年人的实际，更要注重未成年人价值观形成与发展的动态过程。动态的形成与发展过程要求教育工作者不能采取一成不变的教育方式与方法来引导和教育未成年人，要注意结合当前形势变化的要求，因势利导，注重丰富教育的内容并积极改变教育形式，更好地促进其正确价值观的形成。

五、对未成年人价值观教育主要策略的总体认识

（一）充分发挥学校教育的主力军作用

未成年人阶段是一个极为重要的时期，未成年人的身体健康以及智力发展均离不开系统的与正规的学校教育。学校作为基本的教育场所，教育水平与教育资源状况对未成年人的学习与生活以及价值观的形成与发展具有重要的影响。学校教育不仅给未成年人传授科学文化知识，更重要的是教育学生如何积极适应社会、融入社会并最终服务社会，促使其形成正确的价值观并实现其社会化程度的提升。在未成年人价值观发展变化的主要策略中，要全面认识学校教育的主力军作用，从未成年人实际的身心发展层面来充分认识学校教育，从未成年人德智体美劳等方面全面进行学校的软实力建设，让学生在学校环境中充分获得优异的教育资源，接受良好的教育，提升自身综合素质。学校教育要尽可能在学生全面发展的过程中起到积极的作用。还要看到，学校教育是对具备一定认知水平、具有一定价值观念的未成年人进行的引导与教育，是帮助其修正价值观，促进其发展的载体。

（二）注意协调社会、学校、家庭力量，形成教育合力

未成年人价值观的形成与发展并不是孤立地发生的，而是在多种要素的共同作用下形成的。多种作用因素的主体是由社会、学校以及家庭等多种力量组成的。家庭教育作为未成年人的启蒙教育，对未成年人价值观的"原始性"影响较为深远。未成年人在家庭中接受的教育是学校教育的前提与基础，学校教育是社会教育与家庭教育的扩充与加深。因此，各级教育主体要注意协调社会、学校以及家庭等多主体的教育力量，必须认清多种教育力量形成的合力是适应新时期未成年人价值观教育的关键，孤立与分散的单个主体教育无法满足未成年人的价值观的发展需求。只有发挥多主体的联动效应，注重协调，逐步打破传统学校教育在时间与空间上的禁锢，发挥家庭与社会的链接纽带作用，建立相应的信息共享机制，让家长积极参与到未成年人价值观的引导与教育过程中，让未成年人、家长以及学校教育工作者积极参与社会实践，在实践中发挥合力，才能实现未成年人的全面健康发展。

（三）大力强化未成年人的主体意识与自我教育

未成年人的主体意识是其主体性地位的获得以及具备主体能力的重要体现，是其存在与发展的重要性特征。未成年人的主体意识是其把握现实关系的重要参照标准。在未成年人价值观教育策略中，要大力强化未成年人的主体意识，使其通过反思并确证其价值追求，不断自我完善、自我发展与自我提高，并通过积极地参与到实践中，在实践活动中充分发挥自身的主观能动性。这种主观能动性的发挥，主要表现在未成年人能积极主动地适应环境变化，树立良好的社会心态，并根据变化的因素不断进行调整，促进自

身身心统一与平衡发展。未成年人主体意识的发展要求未成年人能进行自我教育，自我教育是促进其主体人格完善的重要手段，也是其价值观形成与发展的重要手段。未成年人独立的自我教育具有自觉性与开拓性，独立思考，包括思考其自身存在的弱点以及不当行为，有助于其主动并勇敢直面现实生活中存在的困境，主动适应，运用理性思维解决问题，做到不盲从与迷信外部力量，最大限度地发挥自身的潜能，促进其正确价值观的形成与发展。

参 考 文 献

1. 专著类

中共中央马克思恩格斯列宁斯大林著作编译局. 马克思恩格斯选集：一至四卷[M]. 北京：人民出版社，1972.

毛泽东. 毛泽东选集：一至四卷[M]. 2版. 北京：人民出版社，1991.

中共中央文献编辑委员会. 邓小平文选：第三卷[M]. 北京：人民出版社，1995.

江泽民. 江泽民文选[M]. 北京：人民出版社，2006.

中共中央文献编辑委员会. 胡锦涛文选[M]. 北京：人民出版社，2016.

习近平. 之江新语[M]. 杭州：浙江人民出版社，2007.

习近平. 在同各界优秀青年代表座谈时的讲话[G]//十八大以来重要文献选编：上. 北京：中央文献出版社，2014：281.

中共中央宣传部. 习近平总书记系列重要讲话读本：2016年版[M]. 北京：人民出版社，2016.

中共中央宣传部. 习近平新时代中国特色社会主义思想三十讲[M]. 北京：学习出版社，2018.

陈锡喜. 平易近人：习近平的语言力量[M]. 上海：上海交通大学出版社，2014.

本书编写组. 《中共中央关于深化文化体制改革推动社会主义文化大发展大繁荣若干重大问题的决定》辅导读本[M]. 北京：人民出版社，2011.

顾明远. 未成年人思想道德建设工作经验与案例精选[M]. 北京：中国轻工业出版社，2007.

吴潜涛，等. 当代中国公民道德状况调查[M]. 北京：人民出版社，2010.

朱小蔓. 中小学德育专题[M]. 南京：南京师范大学出版社，2006.

沈壮海. 新时期未成年人思想道德建设概论[M]. 武汉：湖北科技出版社，2005.

佘双好. 青少年思想道德现状及健全措施研究[M]. 北京：中国社会科学出版社，2010.

戚万学. 道德学习与道德教育[M]. 济南：山东教育出版社，2006.

檀传宝. 大众传媒的价值影响与青少年德育[M]. 福州：福建教育出版社，2005.

刘俊彦，宁龙，沈千帆. 当代青少年与青少年工作研究[M]. 北京：中国青年出版社，2006.

孙云晓. 教育的秘诀是真爱[M]. 北京：同心出版社，2004.

易连云. 重建精神家园[M]. 北京：教育科学出版社，2003.

关颖，鞠青．全国未成年犯抽样调查分析报告［M］．北京：群众出版社，2005．

王湘琳．未成年人思想道德建设必读［M］．北京：中国人事出版社，2004．

刘济良．青少年价值观教育研究［M］．广州：广东教育出版社，2003．

林岳新．多元文化背景下当前青少年价值观培养研究［M］．北京：中国社会科学出版社，2011．

苏宁．关注成长：未成年人思想道德建设前沿问题研究［M］．北京：人民出版社，2005．

方卫平，刘宣文．中国儿童文化研究［M］．杭州：浙江少年儿童出版社，2009．

中央综治委预防青少年违法犯罪领导小组办公室，中国青少年研究中心．预防闲散未成年人违法犯罪研究报告［M］．北京：中国档案出版社，2002．

中国青少年研究中心，中国青少年发展基金会．中国青少年发展状况研究报告（1992、1994、1996）［M］．北京：中国青年出版社，1997．

李文革，沈杰，季为民．中国未成年人新媒体运用报告（2011—2012）［M］．北京：社会科学文献出版社，2012．

叶松庆．当代未成年人价值观的演变与教育［M］．合肥：安徽人民出版社，2007．

叶松庆．青少年思想道德素质发展状况的实证研究［M］．芜湖：安徽师范大学出版社，2010．

叶松庆．当代未成年人的道德观现状与教育 2006—2010［M］．芜湖：安徽师范大学出版社，2013．

叶松庆．当代未成年人道德观发展变化与引导对策的实证研究［M］．芜湖：安徽师范大学出版社，2016．

叶松庆．创新力的早期养成［M］．北京：科学出版社，2019．

管雷．共青团增强青少年学生政治理想信念引导有效性研究报告：以四川省 4739 份 6～22 岁青少年学生问卷调查为例［C］//当代青少年树立和践行社会主义核心价值观研究报告：第十届中国青少年发展论坛（2014）优秀论文集．天津：天津社会科学出版社，2015：322—329．

2．期刊类

习近平．在同全国劳动模范代表座谈时的讲话［J］．中国工运，2013（5）：4-6．

刘云山．着力培育和践行社会主义核心价值观［J］．求是，2014（2）：3-6．

刘奇葆．让未成年人在核心价值观的沐浴下健康成长［J］．中国农村教育，2014（3）：1．

罗国杰．关于集体主义原则的几个问题［J］．思想理论教育导刊，2012（6）：36-39．

陈瑛．同心同德　共建中华：学习雷锋精神［J］．伦理学研究，2012（2）：7-10．

万俊人．论诚信：社会转型期的社会伦理建设研究之一［J］．苏州大学学报（哲学社会科学版），2012（2）：26-30．

李德顺. 从价值观到公民道德 [J]. 理论学刊, 2012 (9): 58-61.

唐凯麟, 陈仁仁. 孝: 常情与变异 [J]. 孔子研究, 2009 (3): 115-117.

刘启林. 重视道德榜样的作用 [J]. 高校理论战线, 2003 (10): 18-19.

夏伟东. 应当认真总结两年来的成功经验 [J]. 高校理论战线, 2003 (10): 18-19.

温克勤. 试析传统社会的道德示范群体 [J]. 天津社会科学, 2013 (2): 27-30.

单光鼐. "县域青年"的认同困惑与整合不良 [J]. 中国青年政治学院学报, 2012 (1): 18-21.

黄志坚. 党的十七大精神与青少年思想道德教育 [J]. 广东青年干部学院学报, 2008, 22 (1): 3-5.

何怀宏. 底线伦理的概念、含义与手法 [J]. 道德与文明, 2010 (1): 17-21.

杜时忠. 论德育走向 [J]. 教育研究, 2012 (2): 60-64.

关颖. 学校教育对未成年人犯罪影响的调查 [J]. 预防青少年犯罪研究, 2012 (3): 89-13.

杨雄. 当前须关注的青少年四大问题 [J]. 当代青年研究, 2008 (1): 9.

陈延斌, 徐锋. 公民品德塑造重在从青少年抓起: 徐州市未成年人思想道德现状的调查与思考 [J]. 道德与文明, 2004 (6): 46-50.

孙抱弘. 青少年的现代公共伦理素质分析: 以上海的调查为例 [J]. 中国青年研究, 2008 (6): 81-86.

史佳露, 刘济良. 论新世纪流行歌曲对青少年价值观的消极影响及教育对策 [J]. 教育研究与实验, 2017 (1): 80-84.

洪明. 我国中学生核心价值观素养状况调查报告 [J]. 中国青年研究, 2016 (2): 73-84.

曾燕波. 上海未成年人思想品德现状调查 [J]. 当代青年研究, 2006 (9): 13-22.

余逸群, 纪秋发. 盛世隐忧: 关于北京青少年社会公德的报告 [J]. 中国青年政治学院学报, 2001, 20 (2): 15-19.

王定华. 新形势下我国中小学生品德状况调查与思考 [J]. 教育科学研究, 2013 (1): 25-32.

罗兆夫, 张秀传. 河南省中小学生思想道德状况调查报告 [J]. 中国德育, 2006, 1 (1): 44-56.

牛绍娜, 陈延斌. 优秀家风培育与社会主义核心价值观建设 [J]. 湖南大学学报 (社会科学版), 2017, 31 (1): 46-51.

龚超. 当代青少年思想道德现状的研究综述 [J]. 中国青年研究, 2007 (9): 19-23.

刘文亮. 我国青少年价值观研究综述 [J]. 山西青年管理干部学院学报, 2008, 21 (1): 16-19.

薛忠祥. 改革开放 30 年来青少年价值观的演变特征及教育策略 [J]. 中国德育,

2008, 3 (2): 12-17.

常进锋, 汪龙鑫. 近二十年中国青少年问题研究进展 [J]. 当代青年研究, 2016 (1): 121-128.

骆风. 现代化进程中青少年道德面貌比较研究 [J]. 青年研究, 2016 (3): 1-10.

何伊丽. 青少年价值观研究综述 [J]. 东莞工学院学报, 2016, 23 (4): 38-41.

穆青. 首都中学生思想道德特征 [J]. 北京青年政治学院学报, 2006, 15 (3): 16-21.

熊孝梅. 未成年人思想道德现状与教育对策 [J]. 学校党建与思想教育, 2010 (6): 63-64.

张博颖, 孟兰芳. 近期未成年人道德建设研究综述 [J]. 道德与文明, 2004 (4): 74-75.

荣梅. 不同性别未成年人情感观的比较研究 [J]. 安徽广播电视大学学报, 2008 (3): 66-70.

荣梅. 当代未成年人道德观发展变化的基本现状、特点与趋势 [J]. 安徽广播电视大学学报, 2014 (2): 87-90.

荣梅, 崔玉凤. 新时期未成年人道德观教育对策研究 [J]. 安徽广播电视大学学报, 2012 (4): 60-63.

荣梅. 电视剧文化对未成年人价值观的影响方式、途径与程度 [J]. 安徽广播电视大学学报, 2017 (1): 71-74.

雷于佳. "屏奴"现象对未成年人的影响与对策 [J]. 佳木斯职业技术学院学报, 2016 (6): 436-437.

杨迪. 警惕当前青少年偶像崇拜行为的调查分析及应对策略 [J]. 管理观察, 2017 (5): 95-96, 99.

蒋道平. 青少年社会主义核心价值观现状及培育路径: 基于四川省青少年抽样调查分析 [J]. 西南科技大学学报 (哲学社会科学版), 2017, 34 (1): 60-65.

郭青, 李奋生. 泛偶像时代青少年榜样教育的困境与出路 [J]. 中国青年社会科学, 2017 (1): 81-87.

荣梅, 叶松庆, 王淑清, 等. 当代青少年科技创新素质培养的问题与对策: 以安徽省芜湖市的调查为例 [J]. 安徽师范大学学报 (自然科学版), 2016, 39 (6): 602-607.

叶松庆. 当代未成年人价值观的演变特点与影响因素: 对安徽省2426名未成年人的调查分析 [J]. 青年研究, 2006 (12): 1-9.

叶松庆. 当代青少年社会公德的现状、特点与发展趋向 [J]. 青年研究, 2008 (12): 28-34.

叶松庆. 当代未成年人价值观的基本状况与原因分析 [J]. 中国教育学刊, 2007 (8): 36-38.

叶松庆. 当代未成年人价值观的基本特征与发展趋向 [J]. 青年探索, 2008 (1):

6-10.

叶松庆. 未成年人人生价值观研究 [J]. 当代青年研究, 2007 (4): 46-49.

叶松庆. 城市未成年人与农村未成年人学习观的比较研究 [J]. 广西青年干部学院学报, 2007, 17 (6): 4-7.

叶松庆. 当代未成年人情感观现状与特点 [J]. 中国青年政治学院学报, 2007 (5): 33-37.

叶松庆. 偏移与矫正：当代未成年人的道德变异与纠偏策略 [J]. 山西青年管理干部学院学报, 2007, 20 (1): 20-23.

叶松庆. 城市未成年人与农村未成年人道德观的比较研究 [J]. 青年探索, 2007 (4): 3-9.

叶松庆. 城市未成年人与农村未成年人现代观的比较研究 [J]. 北京青年政治学院学报, 2008, 17 (1): 59-66.

叶松庆. 不同地域的未成年人社交观比较研究 [J]. 山西青年管理干部学院学报, 2007, 20 (4): 15-20.

叶松庆. 当代未成年人的学习观现状与特点 [J]. 青年探索, 2007 (2): 7-10.

叶松庆. 当代未成年人的道德观问题调查与对策分析 [J]. 山东省青年管理干部学院学报, 2007 (3): 20-24.

叶松庆. 当代未成年人道德观发展的影响因素分析 [J]. 中国青年政治学院学报, 2011 (1): 56-61.

叶松庆. 对安徽当代未成年人购买书刊的调查分析 [J]. 出版发行研究, 2011 (10): 28-31.

叶松庆. 男、女未成年人社会公德的比较研究 [J]. 思想政治教育研究, 2012 (辑): 384-407.

叶松庆. 当代未成年人体育行为对道德观发展的作用 [J]. 成都体育学院学报, 2013, 39 (8): 80-85.

叶松庆. 当代未成年人的微阅读现状与引导对策 [J]. 中国出版, 2013 (21): 62-65.

叶松庆, 王良欢, 荣梅. 当代青少年道德观发展变化的现状、特点与趋向研究 [J]. 中国青年研究, 2014 (3): 102-109.

叶松庆, 吴巍, 荣梅. 当代未成年人道德观发展变化的环境因素分析 [J]. 中国青年政治学院学报, 2014 (4): 67-71.

叶松庆, 徐辉, 荣梅. 当代男、女未成年人道德观发展变化的比较分析 [J]. 淮北师范大学学报（哲学社会科学版）, 2014, 35 (1): 46-50.

叶松庆, 朱琳. 2013 年未成年人的阅读趋势及引导策略 [J]. 出版发行研究, 2014 (4): 53-56.

叶松庆. 当代未成年人阅读行为对道德观发展的积极影响 [J]. 中国出版, 2015 (7): 12-15.

叶松庆, 罗永, 荣梅. 电视剧文化对未成年人价值观的影响方式、特点及其问题:以安徽省未成年人的调查为例 [J]. 皖西学院学报, 2015, 31 (6): 29-33.

叶松庆, 李伟龙, 陈德友. 社会转型中当代未成年人道德观探析:以安徽省为例 [J]. 中国青年社会科学, 2015, 34 (5): 112-119.

叶松庆, 陈寿弘, 王淑清, 等. 当代青少年科技创新素质培养现状分析:以安徽省芜湖市的调查为例 [J]. 安徽师范大学学报 (自然科学版), 2016, 39 (5): 498-504.

叶松庆, 叶超. 安徽省农村留守儿童教育与关爱现状述评 [J]. 安徽广播电视大学学报, 2017 (3): 54-60.

叶松庆, 赵婧. 安徽省农村留守儿童思想与行为现状及对策研究 [J]. 池州学院学报, 2017, 31 (6): 86-91.

叶松庆, 郭瑞. 安徽省农村留守儿童教育与关爱的现行做法及特点分析 [J]. 安徽广播电视大学学报, 2017 (4): 56-61.

叶松庆, 卢慧莲. 安徽省农村留守儿童教育与关爱机制研究:以合肥市肥西县、肥东县、庐江县为例 [J]. 淮北师范大学学报 (哲学社会科学版), 2017 (5): 51-58.

叶松庆, 程秀霞. "服务三角"模型建构中的农村留守儿童教育与关爱供给机制研究 [J]. 中国青年社会科学, 2018, 37 (4): 70-78.

叶松庆, 刘燕. 安徽省农村留守儿童教育与关爱模式研究:以肥西、肥东、庐江三县为例 [J]. 安庆师范大学学报 (社会科学版), 2018, 37 (1): 115-120.

朱琳, 叶松庆. 当代青少年道德教育的现状与对策研究 [J]. 教育科学, 2016, 32 (1): 20-26.

崔玉凤, 叶松庆. 当代未成年人道德观发展变化的一般规律探析 [J]. 河北青年管理干部学院学报, 2016 (3): 1-6.

徐青青, 叶松庆, 荣梅. 现代新儒学伦理思想对当代未成年人道德观教育的启示 [J]. 安徽广播电视大学学报, 2015 (1): 83-86.

王淑清, 叶松庆. 关于社会工作介入青少年盲目追星问题的研究 [J]. 宿州学院学报, 2015, 30 (11): 48-50.

陈寿弘, 叶松庆, 徐青青, 等. 青少年体育消费现状、影响因素及对策研究:以安徽省芜湖市青少年的调查为例 [J]. 安徽广播电视大学学报, 2016 (1): 77-80.

王淑清, 叶松庆. 当代青少年盲目追星群体的价值观现状与引导 [J]. 黄山学院学报, 2016, 18 (2): 135-140.

程秀霞, 荣梅, 陈寿弘. 安徽省农村留守儿童教育与关爱机制及模式研究述评 [J]. 安徽广播电视大学学报, 2017 (4): 74-77.

任谢元. 青少年对社会主义核心价值观认同的调查研究 [J]. 中共济南市委党校学报, 2016 (1): 96-98.

孙瑞宁, 霍然. 高中生社会主义核心价值观教育的成效分析与优化对策:基于江苏省南京市部分高中的调研分析 [J]. 经营管理者, 2017 (3): 312-313.

朱小蔓, 刘巧利. 尊重价值观学习特性及学习者 [J]. 中国教育学刊, 2016, (3):

84-88.

蒋道平. 青少年社会主义核心价值观现状及培育路径：基于四川省青少年抽样调查分析[J]. 西南科技大学学报（社会科学版），2017，34（1）：60-65.

褚菊香. 新时期旅游地区中学生价值观现状调查："新时期旅游地区中学生价值观研究"课题阶段性研究报告[J]. 中国校外教育，2017（4）：20-21.

骆风. 现代化进程中青少年道德面貌比较研究[J]. 青年研究，2016（3）：1-10.

洪明. 我国中学生核心价值观素养状况调查报告[J]. 中国青年研究，2016（9）：73-84.

夏晴. 移动互联网时代青少年偶像崇拜文化的变迁研究[J]. 中国青年研究，2015（12）：17-22.

方立明，沈珠楹. 温州市未成年人思想品质和行为方式的调查分析[J]. 浙江社会科学，2010（11）：120-123.

陈翠芳，姜雅楠. 中学生环境道德素质现状调查研究：以湖北中学生为例[J]. 决策与信息，2016（9）：50-57.

吴亚林. 学生如何看待社会主义核心价值观教育[J]. 教育研究与实验，2017（5）：7-8.

庞君芳. 中学生理想信念教育的现状调查：以浙江省为例[J]. 中国德育，2018（6）：16-19.

王岩. 上海市中学生社会主义核心价值观教育现状：基于上海市10所中学的抽样分析[J]. 现代基础教育研究，2018（3）：155-160.

王星星. 中学生认同和践行核心价值观研究：以上海市部分中学为例[J]. 好家长，2018（3）：42-43.

丛瑞雪. 德州市中小学生社会主义核心价值观教育现状的调查与思考[J]. 现代交际，2018（20）：154-155.

李志勇，曹然. 山西省未成年人思想道德现状调查分析[J]. 山西青年职业学院学报，2018，31（4）：15-18.

贺永泉，王艳红. 强化生命意识教育 培塑健康向上的生命价值观：对乐山市中学生生命意识状态的调查与思考[J]. 中共乐山市委党校学报，2018，20（6）：99-103.

黄鹂鹂，梁端，陈胜辉. 中职学生价值观现状调查与教育对策[J]. 广西教育，2018（10）：4-6，19.

郭志英. 天津市小学生价值观现状调查研究[J]. 天津教科院学报，2019（1）：66-73.

周友焕，张标，金杰，等. 中学生生命教育实践调查与对策研究[J]. 校园心理，2019，17（3）：180-184.

3. 报纸类

全党全社会共同做好未成年人思想道德建设工作　大力培育中国特色社会主义事业建设者和接班人［N］. 人民日报，2004–05–12（1）.

胡锦涛. 牢固树立社会主义荣辱观［N］. 人民日报，2006–04–28（1）.

习近平. 从小积极培育和践行社会主义核心价值观：在北京市海淀区民族小学主持召开座谈会时的讲话［N］. 人民日报，2014–05–31（2）.

习近平. 青年要自觉践行社会主义核心价值观：在北京大学师生座谈会上的讲话［N］. 人民日报，2014–05–05（2）.

霍小光，黄小希. 习近平在会见中国少年先锋队第七次全国代表大会代表时寄语全国各族少年儿童强调：美好的生活属于你们　美丽的中国梦属于你们［N］. 光明日报，2015–06–02（1）.

张晓松，黄小希. 让祖国的花朵在阳光下绽放：以习近平同志为总书记的党中央关心少年儿童和少先队工作纪实［N］. 人民日报，2015–06–01（1）.

孙铁翔. 刘奇葆在未成年人思想道德建设工作电视电话会上强调：让未成年人在核心价值观沐浴下健康成长［N］. 人民日报，2014–02–19（4）.

詹万生. "和谐德育"论［N］. 光明日报，2006–03–22（5）.

徐惟诚. 首届中国未成年人思想道德建设论坛发言摘登［N］. 光明日报，2008–12–30（3）.

中央文明办召开《全国未成年人思想道德建设工作测评体系》电视电话培训会议［N］. 天津日报，2008–09–09（2）.

吴潜涛，陈延斌. 未成年人道德品质养成的理论与实践：首届中国未成年人思想道德建设论坛综述［N］. 光明日报，2012–11–26（2）.

把社会主义核心价值体系融入未成年人思想道德建设：全国未成年人思想道德建设工作视讯会议发言摘登［N］. 光明日报，2012–02–19（14）.

刘利民，任贤良，吴靖平，等. 培育和践行社会主义核心价值观，让未成年人健康快乐成长：全国未成年人思想道德建设工作电视电话会议发言摘要［N］. 人民日报，2014–02–19（8）.

沈壮海. 培育与践行社会主义核心价值观的重要遵循［N］. 光明日报，2014–01–29（13）.

社会主义核心价值观基本内容［N］. 人民日报，2014–02–12（1）.

陆士桢. 用社会主义核心价值观培养新一代［N］. 中国教育报，2014–05–19（2）.

本报评论员. 知行合一培育道德责任感：三论着力培育和践行社会主义核心价值观［N］. 人民日报，2014–02–26（1）.

蒋肖斌. 孩子：谎言意在维护自我边界［N］. 中国青年报，2015–03–31（11）.

李劲强. 为何受教育程度越高越缺乏诚信意识［N］. 中国青年报，2015–06–05（2）.

李超，李攀. 三年救人为何不是"见义勇为"［N］. 中国青年报，2017–03–32（1）.

4. 博士论文类

邓验. 青少年网瘾现状及监控机制研究 [D]. 长沙：中南大学，2012

蒋桂芳. 基于需要理论的青少年道德问题研究 [D]. 郑州：郑州大学，2013.

田训龙. 十八大以来我国社会主义道德建设思想研究 [D]. 北京：北京交通大学，2017.

沈妩. 农村未成年人价值观研究 [D]. 南京：南京理工大学，2017.

杨静慧. 家庭变迁背景下未成年人道德养成研究 [D]. 徐州：中国矿业大学，2018.

5. 硕士论文类

樊翠红. 郑州市未成年人成长环境调研报告 [D]. 郑州：郑州大学，2012.

唐芸. 社会转型期家庭教育对未成年人价值观形成的影响 [D]. 贵阳：贵州师范大学，2014.

黄为康. 青少年思想政治教育存在的问题及对策研究：以漯河地区中学生为例 [D]. 武汉：武汉工程大学，2015.

王泽林. 中学生有神论现象调查及教育策略研究：基于马克思主义宗教观教育视角 [D]. 扬州：扬州大学，2016.

李鑫. 中学生社会主义核心价值观培育研究：以石家庄二中为例 [D]. 石家庄：河北师范大学，2016.

刘子健. 中学生社会主义核心价值观培育研究 [D]. 石家庄：石家庄铁道大学，2018.

郑平平. 习近平未成年人教育思想研究 [D]. 漳州：闽南师范大学，2017.

姜兴晨. 未成年人诚信缺失的表现、成因及对策 [D]. 信阳：信阳师范学院，2018.

李琳. 镇江市未成年人思想道德建设政府职能优化 [D]. 南京：南京大学，2019.

后　　记

在 2017 年 5 月申请国家社会科学基金后期资助项目时，本书稿已完成了 70% 左右，专家评审时给我提了不少宝贵的修改意见，在此谨表衷心感谢！我利用近 2 年的时间对书稿进行了修改、完善，历经艰辛，今天终于可以掩卷了。

在本书付梓之际，谨向国家社科基金规划办公室的领导及同志们、中山大学出版社的领导及编辑老师们表示衷心感谢！谨向安徽师范大学领导与安徽师范大学科研处的领导及同志们表示衷心感谢！谨向《安徽师范大学学报》编辑部的领导及同事、安徽师范大学马克思主义学院、历史与社会学院的领导及老师们表示衷心感谢！

同时向为调研做出贡献的、我在安徽师范大学物理系工作时期的学生们（现都是中学教育的骨干）与在安徽师范大学马克思主义学院、历史与社会学院毕业和在读的研究生们表示诚挚感谢！向为调研提供方便与条件的中学领导与朋友们表示诚挚感谢！向热忱帮助过我的所有人士致以诚挚谢意！

在调研、撰稿、修稿过程中，荣梅、叶超、陈寿弘辛勤地做了大量卓有成效的工作。在调研与数据统计及文稿初校的过程中，程秀霞、朱琳、张师帅、李霞、廖仲明、张园园、赵婧、田光喜、张磊、徐玲、龚伟、崔玉凤、井红波、卢慧莲、侯娴婷、郭瑞、刘燕等做了较多的工作。

由于笔者水平有限，拙作难免有不妥之处，祈盼赐教。

叶松庆
2019 年 10 月 1 日于安徽师范大学赭山校区